彩图 1　1983 年河北省首例
胚胎移植所产牛犊——冀胚 1 号

彩图 2　1985—1986 年我国首批黄牛
“借腹怀胎”所生奶牛犊

彩图 3　1984 年河北省首例
兔冷冻胚胎成功产子

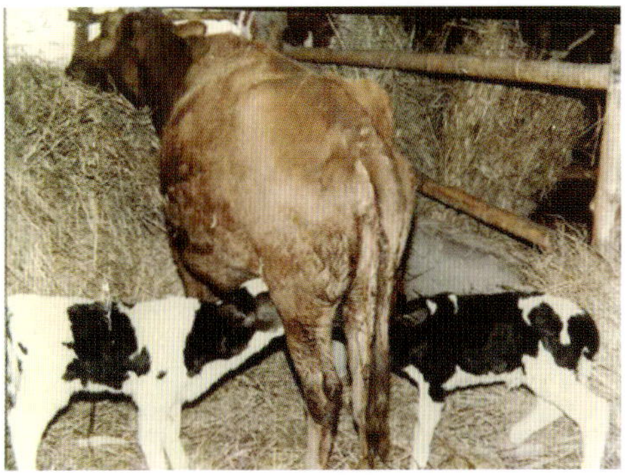

彩图 4　1989 年我国首例奶牛胚胎
分割移植黄牛获得的同卵双犊

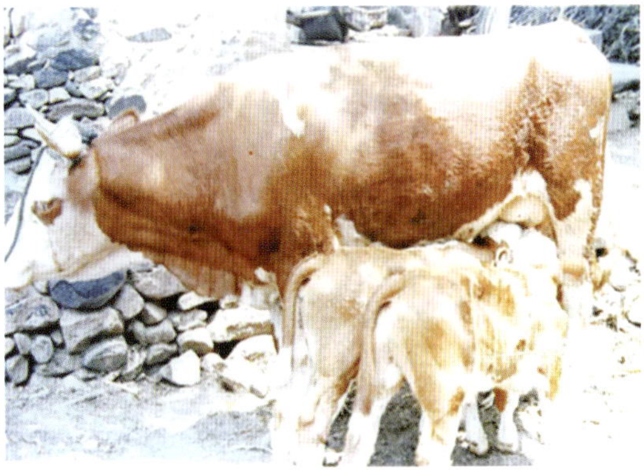

彩图 5　人工诱导双胎获得的双胎牛犊

彩图 6　我国首例南江黄羊胚胎移植所产
羔羊 2001 年在河北邯郸种羊场降生

彩图 7　冻胚洲际引种所生西门塔尔牛犊

彩图 8　我国首例牛胚胎玻璃化冷冻
牛犊于 1998 年产于河北临漳县狄丘牛场

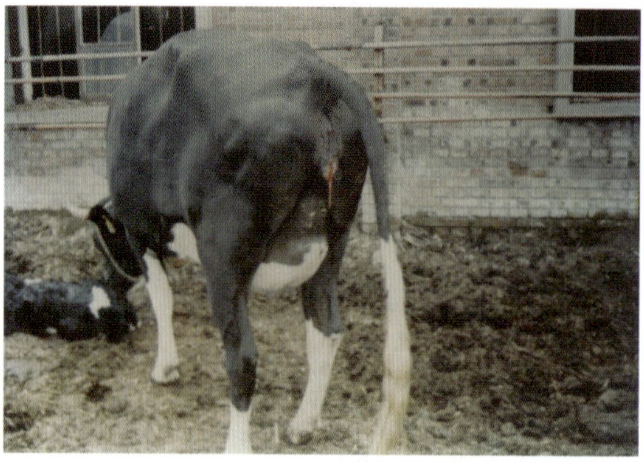

彩图 9　首例经玻璃化冷冻分割的牛犊于
1999 年产于河北省邯郸市奶牛公司奶牛场

彩图 10　我国首例玻璃化冷冻试管牛于
2000 年产于河北临漳县狄丘牛场

彩图 11　3 号波尔山羊供体一次超排移植产
18 只纯种波尔羔羊

彩图 12　首例杜寒杂交幼羔试管绵羊
2007 年产于河北蠡县羊场

彩图 13　首例 1 月龄幼羔试管奶山羊
2008 年产于河北唐县羊场

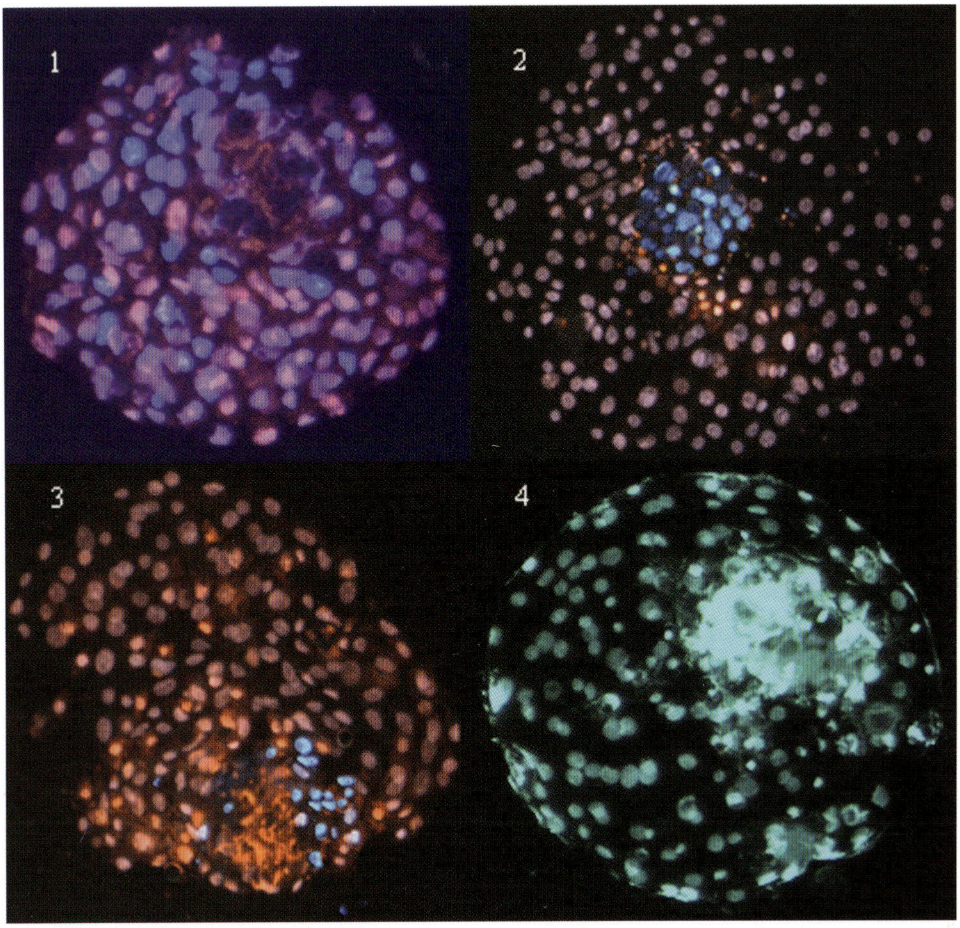


**彩图 15　牛囊胚双重染色**

1. Triton X-100 处理 50～59 s 囊胚双重染色(×200)；2. Triton X-100 处理 60～69 s 囊胚双重染色(×200)；3. Triton X-100 处理 70～79 s 囊胚双重染色(×200)；4. Triton X-100 处理 0 s 囊胚双重染色(×200)

**彩图 14　我国首例奶牛性控双母犊 2007 年产于迁安奶牛场**

**彩图 16　主编研究生教材——《动物繁殖生物技术》2002 年第一版**

彩图 17 主编研究生教材——《动物繁殖生物技术》2006 年第二版

彩图 18 芦台农场奶牛实验站主要科技人员

彩图 19 1995 年应邀在黑龙江 8511 农场做学术报告

彩图 20 1989 年参加全国劳模会在天安门城楼

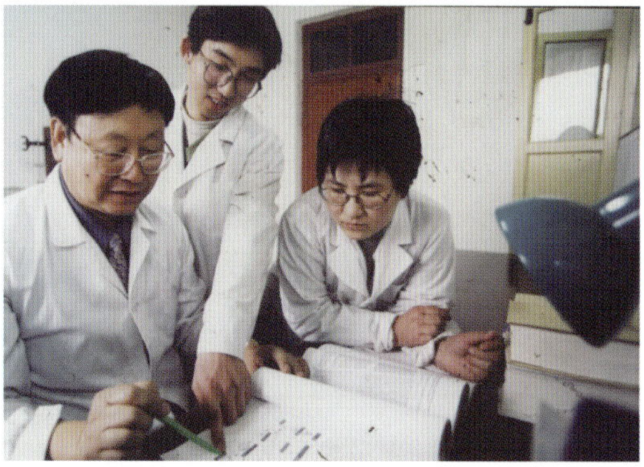

彩图 21 桑润滋教授和研究生进行交流

彩图 22 1997 年应邀在韩国晋州产业大学做学术报告

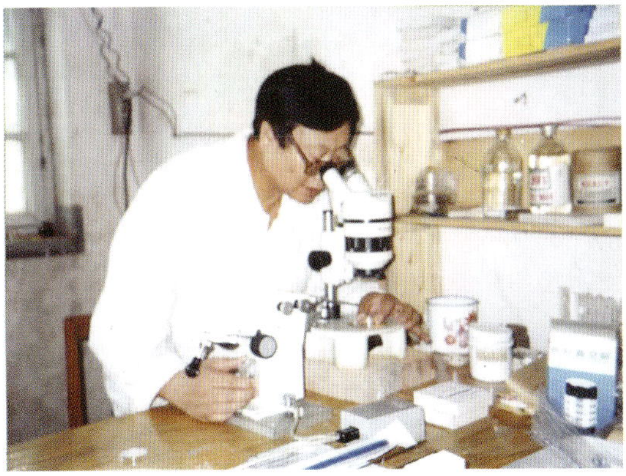

彩图 23　桑润滋教授在河北
临漳牛场现场进行胚胎分割

彩图 24　桑润滋教授与部分研究生合影

彩图 25　1997 年刘健生副省长
亲切接见桑润滋教授

彩图 26　2001 年省委书记王旭东来“中心”指导工作

彩图 27　2002 年陪同钮茂生省长访问悉尼大学

彩图 28　2004 年在澳大利亚访问期间和
大利亚南太平洋生物技术公司签订合作协议

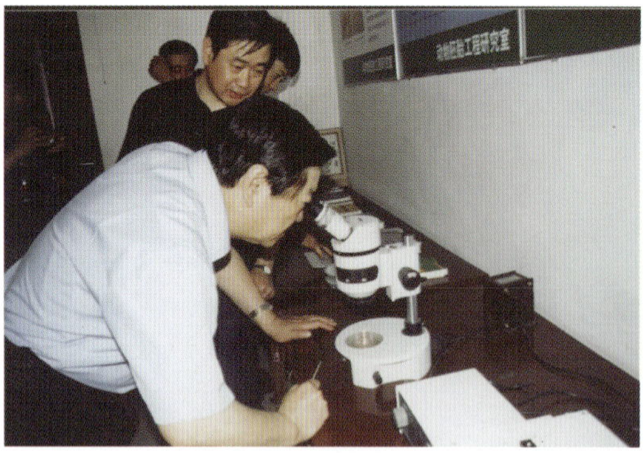

彩图 30　2004 年省委书记白克明参观“中心”实验室

彩图 32　吴常信院士主持“中心”建立论证会

彩图 34　马峙英副校长陪同吴常信院士参观实验室

彩图 33　“中心”实验室一角

彩图 29　2004 年省委书记白克明视察河北农业大学，与桑润滋教授亲切握手

彩图 31　2005 年宋恩华副省长参观“中心”实验室

彩图 35　吴常信院士来“中心”指导工作

彩图 36　河北省牛羊胚胎工程技术研究中心揭牌仪式全体人员合影

彩图 37　李宁院士主持桑润滋教授承担的“肉羊快速繁殖技术研究、集成与推广”鉴定会

彩图 38　日本名古屋大学教授来“中心”进行学术交流

彩图 39　桑润滋教授在西北农林科技大学举行的首届海峡两岸畜牧兽医学术交流会上做学术报告

彩图 40　桑润滋教授在河北省第五次奶业协会上做报告

彩图 **41**　桑润滋教授参加
李宁院士主持的科研项目鉴定会

彩图 **42**　王志刚校长
向桑润滋教授颁发督导证书

彩图 **43**　桑润滋教授参加
**2004** 年河北省政府举行的国庆招待会

彩图 **44**　桑润滋教授全家福

彩图 **45**　桑润滋教授出席河北省科技奖励大会

彩图 **46**　桑润滋教授被动物
繁殖学会授予功勋奖

国家出版基金项目
NATIONAL PUBLICATION FOUNDATION

现代农业高新技术成果丛书

# 动物高效繁殖理论与实践

## Theory and Practice of Animal High-Efficiency Reproduction

桑润滋　等著

中国农业大学出版社
·北京·

## 内容简介

《动物高效繁殖理论与实践》一书是桑润滋教授和他的科研团队，依据承担国家和省(部)级多项科研课题取得的科研成果和发表的论文、著作，并结合多年的生产实践编著而成。全书共分5章26节。从生殖生理、繁殖控制、胚胎移植、配子与胚胎生物技术等方面进行了全面论述，并对国内、外动物繁殖领域研究的新进展进行了综述。本书既有生殖生理的研究和发现，又有实验方法的改进和探索，同时还有繁殖技术的完善和创新，反映了国内、外动物繁殖领域最新研究成果和进展，内容十分丰富。本书对从事生殖生物学、发育生物学、细胞生物学、动物胚胎学、动物繁殖学、兽医临床学(产科学)、低温生物学、实验动物学、动物繁殖生物技术以及辅助生殖等专业(领域)的师生和科研人员具有指导和参考价值。

**图书在版编目(CIP)数据**

动物高效繁殖理论与实践/桑润滋等著. —北京：中国农业大学出版社，2011.5
ISBN 978-7-5655-0265-1

Ⅰ.①动… Ⅱ.①桑… Ⅲ.①动物-繁殖-研究 Ⅳ.①S814

中国版本图书馆CIP数据核字(2011)第076615号

| | | | |
|---|---|---|---|
| **书　名** | 动物高效繁殖理论与实践 | | |
| **作　者** | 桑润滋　等著 | | |
| **策划编辑** | 潘晓丽 | **责任编辑** | 潘晓丽　赵　欢 |
| **封面设计** | 郑　川 | **责任校对** | 陈　莹　王晓凤 |
| **出版发行** | 中国农业大学出版社 | | |
| **社　址** | 北京市海淀区圆明园西路2号 | **邮政编码** | 100193 |
| **电　话** | 发行部 010-62731190,2620 | | 读者服务部 010-62732336 |
| | 编辑部 010-62732617,2618 | | 出　版　部 010-62733440 |
| **网　址** | http://www.cau.edu.cn/caup | **E-mail** | cbsszs@cau.edu.cn |
| **经　销** | 新华书店 | | |
| **印　刷** | 涿州市星河印刷有限公司 | | |
| **版　次** | 2011年6月第1版　2011年6月第1次印刷 | | |
| **规　格** | 787×1092　16开本　34.25印张　848千字　彩插2 | | |
| **定　价** | 118.00元 | | |

# 现代农业高新技术成果丛书
# 编审指导委员会

主　任　石元春

副主任　傅泽田　刘　艳

委　员　（按姓氏拼音排序）

高旺盛　李　宁　刘庆昌　束怀瑞

佟建明　汪懋华　吴常信　武维华

谨以此书献给伟大的

中国共产党90华诞！

献给我的母校——

河北农业大学110华诞！

桑润滋

2011年3月

四十年的科学探索

四十年的生产实践

四十年的丰硕果实

桑润滋先生用自己的人生经历证明了，一个科技工作者只要矢志不渝和刻苦努力，是可以在科学探索、教书育人和服务社会等诸多领域都取得丰硕成果的。

中国工程院 院士

中国农业生物技术学会动物生物技术分会 理事长

中国农业大学 教授

李宁

2011.1.16

辛勤耕耘桃李天下
刻苦攻关硕果累累
老骥伏枥志在千里
开拓进取再创辉煌

中国畜牧兽医学会动物繁殖学分会

理事长 朱士恩

二〇一二年二月

# 出版说明

瞄准世界农业科技前沿，围绕我国农业发展需求，努力突破关键核心技术，提升我国农业科研实力，加快现代农业发展，是胡锦涛总书记在2009年五四青年节视察中国农业大学时向广大农业科技工作者提出的要求。党和国家一贯高度重视农业领域科技创新和基础理论研究，特别是863计划和973计划实施以来，农业科技投入大幅增长。国家科技支撑计划、863计划和973计划等主体科技计划向农业领域倾斜，极大地促进了农业科技创新发展和现代农业科技进步。

中国农业大学出版社以973计划、863计划和科技支撑计划中农业领域重大研究项目成果为主体，以服务我国农业产业提升的重大需求为目标，在“国家重大出版工程”项目基础上，筛选确定了农业生物技术、良种培育、丰产栽培、疫病防治、防灾减灾、农业资源利用和农业信息化等领域50个重大科技创新成果，作为“现代农业高新技术成果丛书”项目申报了2009年度国家出版基金项目，经国家出版基金管理委员会审批立项。

国家出版基金是我国继自然科学基金、哲学社会科学基金之后设立的第三大基金项目。国家出版基金由国家设立、国家主导，资助体现国家意志、传承中华文明、促进文化繁荣、提高文化软实力的国家级重大项目；受助项目应能够发挥示范引导作用，为国家、为当代、为子孙后代创造先进文化；受助项目应能够成为站在时代前沿、弘扬民族文化、体现国家水准、传之久远的国家级精品力作。

为确保“现代农业高新技术成果丛书”编写出版质量，在教育部、农业部和中国农业大学的指导和支持下，成立了以石元春院士为主任的编审指导委员会；出版社成立了以社长为组长的项目协调组并专门设立了项目运行管理办公室。

“现代农业高新技术成果丛书”始于“十一五”，跨入“十二五”，是中国农业大学出版社“十二五”开局的献礼之作，她的立项和出版标志着我社学术出版进入了一个新的高度，各项工作迈上了新的台阶。出版社将以此为新的起点，为我国现代农业的发展，为出版文化事业的繁荣做出新的更大贡献。

**中国农业大学出版社**

2010年12月

# 序

动物繁殖学是畜牧科学的重要组成部分，是研究动物生殖规律和提高动物繁殖效率的一门学科，对动物数量的增长、质量的提高有重要的理论和实践意义。动物繁殖是加速品种改良的主要手段和保证畜牧业高速发展的重要条件。

动物繁殖在国内、外均属发展迅速且热门的学科。我国的动物繁殖学科建立于 20 世纪 60 年代，在广大从事动物繁殖科技和生产工作者的积极努力下，已取得了举世瞩目的成绩。

桑润滋教授 1967 年毕业于河北农业大学牧医系畜牧专业，毕业后在河北省御道口牧场从事畜牧生产和技术工作 14 年，以其丰富的实践经验，为从事动物繁殖教学、科研奠定了实践基础。1982 年在河北省国营芦台农场奶牛实验站，即后来的河北省奶牛胚胎移植技术研究中心从事奶牛胚胎移植研究工作 8 年，又为开展动物胚胎生物技术教学、科研奠定了科研基础。1990 年在河北农业大学和河北省牛羊胚胎工程技术研究中心，从事动物繁殖的教学、科研、推广工作至今。

桑润滋教授在 40 余年的工作中，始终从事动物（主要是牛、羊）繁殖的生产、教学、科研和推广工作，特别是 20 世纪 80 年代以来，以牛羊的繁殖调控和胚胎工程为主要研究方向，先后承担国家 863、科技攻关、科技支撑计划、农业部生物技术、河北省重大攻关和省自然科学基金等科研项目近 30 项，获省（部）级科技奖励 16 项（其中一等奖 4 项，二等奖6 项，三等奖6 项）；发表论文 200 余篇；主编研究生教材（《动物繁殖生物技术》、《牛羊繁殖控制十大技术》）和著作 10 多部；培养研究生 26 人。

以他为学科带头人，河北农业大学动物遗传育种与繁殖学科，先后获得硕士和博士学位授予权，该学科被评为河北省重点学科，并建成了河北省重点实验室——河北省牛羊胚胎工程技术研究中心。他讲授的《动物繁殖学》被评为河北省精品课程。

桑润滋教授依据承担的国家和省（部）级科技攻关、科技支撑计划等多项科研成果和发表的论文、著作，结合本人多年生产实践，编著了《动物高效繁殖理论与实践》一书，从生殖生理、繁殖控制技术、胚胎移植技术、配子与胚胎生物技术几个方面进行了全面论述，并对国内、外动物繁殖领域研究的新进展进行了综述，既有生殖机理的研究和发现，又有实验方法的改进和创造，同时还有繁殖技术的完善和创新，反映了国内、外动物繁殖领域最新研究成果和进展，内容十分丰富。

此书是桑润滋教授40余年辛勤工作的结晶，体现了他脚踏实地、勇于进取的工作态度和团结协作、与时俱进的工作精神。桑润滋教授是我国动物繁殖学科造诣很深的专家之一，他对我国动物繁殖学科的发展做出了重要贡献。为此，曾被国务院授予全国劳动模范，被中国畜牧兽医学会动物繁殖学分会授予建国60年功勋奖等多种荣誉称号。相信此书的出版一定会对我国动物繁殖学科的科研和教学以及畜牧生产水平的提高起到积极促进作用。

中国科学院院士
中国畜牧兽医学会名誉理事长
中国农业大学教授

2011.02

# 前 言

动物繁殖学是畜牧科学的重要组成部分，是研究动物生殖规律和提高动物繁殖效率的一门学科，对动物数量的增长、质量的提高有重要的理论和实践指导意义。40 多年来在从事动物繁殖的专家、教授及广大科技和生产工作者的积极努力下，我国动物繁殖取得了举世瞩目的成绩，但与发达国家相比仍存在一定差距。

本书以本人和科研团队“六五”至“十一五”期间承担国家和省(部)级科技攻关、科技支撑计划等科研课题的成果和发表的论文、著作为主，并结合本人生产实践撰写而成。

全书共分 5 章 26 节。

第 1 章：生殖生理研究。本章主要内容包括影响母牛乏情因素及机理研究、热应激对牛繁殖性能和泌乳性能的影响及机理研究、生殖激素诱导成年肉牛卵泡发育(双胎)效果及机理研究、影响家畜超排效果因素及机理研究等。

第 2 章：繁殖控制技术研究。本章主要通过对同期发情、人工授精、诱导双胎、性别控制等繁殖控制技术的研究，探讨提高动物繁殖率。

第 3 章：胚胎移植技术。本章主要包括动物新鲜胚胎移植研究、奶牛胚胎移植黄牛研究、提高超数排卵和胚胎移植妊娠率研究等内容。

第 4 章：配子与胚胎生物技术研究。本章主要包括配子与胚胎冷冻保存、胚胎分割、体外受精、胚胎干细胞、细胞核移植(克隆)、诱导幼畜卵泡发育与体外胚胎生产效果研究等内容。

第 5 章：动物繁殖技术进展。本章主要对生殖生理、配子冷冻保存、性别控制技术、诱导卵泡发育(超数排卵)与体外(受精)胚胎生产技术、细胞核移植(克隆)技术、胚胎干细胞技术及我国家畜繁殖技术等国内、外动物繁殖研究进展进行了综述。

本书研究内容的时间跨度为 1973—2010 年，经过了长达 30 余年连续研究和积累。本书研究的动物品种涉及马、牛(奶牛、肉牛)、羊(肉用羊、毛用羊)、兔、小鼠，但主要以牛、羊为主。

本书的研究内容既有生殖规律和机理的探讨，又有繁殖控制技术和配子与胚胎生物技术研究方法、手段的改进、创新，同时还有国内、外动物繁殖技术新的研究进展。本书从研究深度看，由群体到个体再到细胞(配子和胚胎)，也涉及分子水平。主要以动物细胞研究为主，研究逐渐深入，水平逐年提高。纵观整个研究工作，体现了脚踏实地、与时俱进的工作态度和不断进取、团结协作的工作精神。研究的单位涉及十几个，研究人员涉及近百人(作者均在每一节的后面列出)，包括高校和科研院所科研人员、研究生以及在基层工作的技术人员，因此本书是集体智慧的结晶。

本书共查阅国内外参考文献900余篇。为达到图文并茂的效果，全书有100多幅插图(照片)。

本书能及时与广大读者见面，是与广大科研团队成员辛勤工作、奋力拼搏分不开的。感谢付士昌、杨国欣、贾庆瑞、郑新生、李建国、孙少华、贾青、李运起、田树军、李铁栓、金东航、孙树春等课题组成员，感谢张志胜、王志刚、韩建永、李俊杰、卫恒习等26位研究生。

感谢河北农业大学、河北省科技厅、教育厅、畜牧局、原农垦局、科技部、农业部等多年的大力支持；感谢河北省御道口牧场、芦台农场、河北省畜牧良种工作站、承德市畜牧研究所、北京奶牛中心、临西、临漳、隆化、丰宁、丰润、行唐等单位的支持与协作。

对中国科学院院士、中国畜牧兽医学会原理事长吴常信教授为本书作序表示诚挚的感谢！对李宁院士、朱士恩理事长为本书题词表示诚挚的感谢！

对为本书的出版给予大力支持的中国农业大学出版社和中国畜牧兽医学会动物繁殖学分会表示衷心的感谢！

对在本书编排过程中给予帮助的孙树春、陈红伟老师，李瑞岐、张艳普、刘志涛、温兵强等研究生表示感谢！对我的家人给予的支持表示感谢！

愿本书的问世能为我国动物繁殖学科及相关学科的教学、科研起到促进作用，对我国动物繁殖力的提高起到有益作用。

由于本人学术水平和知识面所限，书中难免存在不妥之处，恳请读者批评指正。

**桑润滋**

2011年3月

# 目　　录

第 1 章　生殖生理研究 …… 1
1.1　影响母牛乏情因素及机理研究 …… 4
1.1.1　概述 …… 4
1.1.2　营养和低温对母牛乏情的影响及其机制 …… 6
1.1.3　犊牛早期断奶对母牛产后乏情的影响与机理研究 …… 10
1.1.4　塑膜暖棚和补饲提高北方冬季母牛发情率及机理 …… 12
1.1.5　小结 …… 16
1.2　热应激对牛繁殖性能和泌乳的影响与机理 …… 16
1.2.1　概述 …… 16
1.2.2　热应激对奶牛生理常值、血液生化指标、繁殖及泌乳性能的影响 …… 18
1.2.3　热应激对荷斯坦种公牛精液品质的影响及机理 …… 22
1.2.4　不同季节肉用种公牛精液品质与生理常值、血清及精清生化指标相关关系研究 …… 27
1.2.5　小结 …… 36
1.3　生殖激素诱导成年牛卵泡发育(双胎)效果与机理研究 …… 36
1.3.1　概述 …… 36
1.3.2　抑制素主动免疫对母牛卵泡发育的影响 …… 37
1.3.3　生殖激素诱导母牛双胎效果及机理研究 …… 39
1.3.4　小结 …… 43
1.4　影响动物超排效果因素及机理研究 …… 44
1.4.1　概述 …… 44
1.4.2　He - Ne 激光照射对牛超排效果的影响机理 …… 45
1.4.3　抑制素(IB)主动免疫对牛超排效果的影响及机制 …… 48
1.4.4　外源注射 LRH - $A_3$ 和 $P_4$ 对波尔山羊超排效果的影响及其机理研究 …… 52
1.4.5　山羊超排过程中主要生殖激素变化规律的研究 …… 56

1.4.6 绵羊与山羊超排差异性及机理研究…… 59
1.4.7 小结…… 65
参考文献 …… 66

第2章 繁殖控制技术研究 …… 70
2.1 发情控制技术——同期发情技术…… 70
2.1.1 概述…… 70
2.1.2 国产氯前列烯醇诱导河北细毛羊同期发情试验…… 72
2.1.3 利用孕酮栓＋PMSG＋PG法诱导羊同期发情的试验研究 …… 75
2.1.4 国产前列腺素类似物诱导荷斯坦青年母牛同期发情试验…… 78
2.1.5 孕酮阴道栓诱导奶牛同期发情效果的试验研究…… 80
2.1.6 小结…… 83
2.2 配种控制技术——人工授精技术…… 84
2.2.1 概述…… 84
2.2.2 提高群牧马繁殖成活率的主要措施…… 87
2.2.3 苏联美利奴、高加索、斯达夫细毛羊纯繁效果观察…… 90
2.2.4 提高细毛羊繁殖成活率的措施…… 94
2.2.5 国产 LRH-$A_3$ 提高细毛羊受胎率试验 …… 96
2.2.6 细管冻精与颗粒冻精输配母牛受胎效果对比试验…… 97
2.2.7 应用促排卵3号、维生素E及亚硒酸钠提高母牛受胎率研究 …… 99
2.2.8 应用B超检测奶牛黄体提高受胎率的研究 …… 100
2.2.9 利用经济杂交提高河北细毛羊出栏羔羊生产性能的试验研究 …… 101
2.2.10 西门塔尔牛级进杂交本地黄牛适宜代数的研究…… 104
2.2.11 肉牛杂交优势预测、评估及其应用研究 …… 107
2.2.12 小结…… 114
2.3 产仔控制技术——诱导双胎技术 …… 115
2.3.1 概述 …… 115
2.3.2 应用胚胎工程诱导肉牛双胎技术的研究 …… 118
2.3.3 应用猪精液抑制素主动免疫法诱导黄牛孪生研究 …… 120
2.3.4 人工诱导肉牛双胎途径及效果研究 …… 124
2.3.5 小结 …… 127
2.4 性别控制技术——性控精液产母犊技术 …… 127
2.4.1 X、Y精子分离与胚胎性别鉴定概述 …… 127
2.4.2 性控精液对奶牛受胎率、母犊率及其后代生长发育的影响(一)…… 131
2.4.3 性控精液对奶牛受胎率、母犊率及其后代生长发育的影响(二)…… 135
2.4.4 X精液在奶牛诱导双胎中产双母犊试验 …… 136
2.4.5 小结 …… 138
参考文献…… 138

第 3 章 胚胎移植技术 …… 141
3.1 牛羊新鲜胚胎移植技术 …… 142
3.1.1 概述 …… 142
3.1.2 奶牛(非手术)胚胎移植试验研究初报 …… 146
3.1.3 南江黄羊胚胎移植试验 …… 150
3.1.4 杜泊羊胚胎移植试验 …… 151
3.1.5 美利奴超细毛羊胚胎移植试验 …… 154
3.1.6 小结 …… 156
3.2 奶牛胚胎移植黄牛受体技术 …… 157
3.2.1 概述 …… 157
3.2.2 黑白花奶牛胚胎移植黄牛试验 …… 158
3.2.3 应用胚胎移植使黄牛繁殖奶牛的综合技术研究 …… 160
3.2.4 小结 …… 166
3.3 成年牛羊超数排卵技术 …… 167
3.3.1 概述 …… 167
3.3.2 注射国产 LRH 对提高奶牛超数排卵后胚胎质量的作用 …… 172
3.3.3 激光穴位照射提高中国荷斯坦牛超排效果试验研究 …… 175
3.3.4 影响波尔山羊超排效果因素的研究 …… 176
3.3.5 波尔山羊超排后黄体的类别对超排、移植妊娠率及产羔效果的影响 …… 181
3.3.6 EB+$P_4$+阴道栓对荷斯坦青年牛超数排卵效果的影响 …… 184
3.3.7 绵羊离体卵巢上卵泡与黄体的 B 超影像差异性研究 …… 188
3.3.8 用 B 超仪监测山羊卵巢上卵泡和黄体数量预测超排效果的研究 …… 190
3.3.9 小结 …… 192
3.4 提高家畜胚胎移植妊娠率研究 …… 194
3.4.1 概述 …… 194
3.4.2 影响牛胚胎移植妊娠率因素的探讨 …… 199
3.4.3 提高波尔山羊胚胎移植妊娠率研究 …… 201
3.4.4 同期发情不同处理方法对移植妊娠率及产羔率的影响 …… 204
3.4.5 小结 …… 206
参考文献 …… 206

第 4 章 配子与胚胎生物技术研究 …… 209
4.1 胚胎冷冻保存技术研究 …… 210
4.1.1 概述 …… 210
4.1.2 兔胚胎超低温两步法冷冻保存研究 …… 212
4.1.3 奶牛胚胎冷冻保存移植研究 …… 214
4.1.4 安格斯牛冻胚洲际间引种试验 …… 217
4.1.5 肉牛冷冻胚胎洲际引种扩大试验 …… 218

4.1.6 提高牛冷冻胚胎成活率和移植受胎率的研究 …… 220
4.1.7 牛胚胎玻璃化冷冻保存研究 …… 223
4.1.8 影响山羊胚胎冷冻效果因素的研究 …… 225
4.1.9 小结 …… 228
4.2 精子(液)与卵子(卵母细胞)冷冻保存技术研究 …… 229
4.2.1 概述 …… 229
4.2.2 Diludine 对夏洛来种公牛精液品质和生产性能的影响研究 …… 231
4.2.3 离心处理对波尔山羊冻精品质的影响 …… 234
4.2.4 单细胞凝胶电泳技术检测不同处理山羊精子 DNA 损伤研究 …… 237
4.2.5 影响山羊卵母细胞 OPS 法冷冻效果因素的研究 …… 241
4.2.6 冷冻方法和冷冻保护液对山羊卵母细胞发育的影响 …… 244
4.2.7 小结 …… 248
4.3 胚胎分割技术研究 …… 249
4.3.1 概述 …… 249
4.3.2 HB-8804 型胚胎分割仪的研制及分割牛胚胎试验 …… 251
4.3.3 奶牛半胚移植于农户黄牛试验 …… 252
4.3.4 奶牛新鲜和冷冻胚胎分割移植试验 …… 254
4.3.5 玻璃化冷冻牛胚胎分割移植试验 …… 256
4.3.6 小结 …… 257
4.4 体外受精技术研究 …… 258
4.4.1 概述 …… 258
4.4.2 牛卵母细胞体外成熟及体外受精的研究 …… 260
4.4.3 牛体外受精胚胎的生产及玻璃化冷冻保存、移植研究 …… 263
4.4.4 提高绵羊卵母细胞发育能力的研究 …… 266
4.4.5 影响绵羊体外胚胎生产主要因素的研究 …… 269
4.4.6 影响山羊体外胚胎生产效果的主要因素 …… 277
4.4.7 影响奶牛活体采卵及体外受精效果的主要因素 …… 283
4.4.8 影响山羊腹腔镜法活体采卵及体外受精效果的研究 …… 285
4.4.9 影响山羊胞质内单精子注射(ICSI)效果因素的研究 …… 291
4.4.10 DMSO 和 FBS 对绵羊孤雌胚胎发育的影响 …… 295
4.4.11 小鼠囊胚内细胞团(ICM)和滋养层(TE)细胞双重染色方法 …… 297
4.4.12 以囊胚双重染色方法检测果糖对牛早期胚胎发育效果的影响 …… 301
4.4.13 小结 …… 305
4.5 胚胎干细胞技术研究 …… 307
4.5.1 概述 …… 307
4.5.2 从早期胚胎分离和培养兔胚胎干细胞 …… 313
4.5.3 从原始生殖细胞分离和克隆兔的类胚胎干细胞 …… 316
4.5.4 山羊 PGCs 用于分离与克隆类 ES 细胞 …… 319

4.5.5　山羊类 ES 细胞的分离与克隆 …… 323
4.5.6　小结 …… 328
4.6　细胞核移植(克隆)技术研究 …… 329
4.6.1　概述 …… 329
4.6.2　动物胚胎细胞核移植显微操作用针的制备与应用 …… 332
4.6.3　家兔胚胎细胞核移植的研究 …… 334
4.6.4　兔胚胎细胞核移植重组胚的发育力 …… 338
4.6.5　不同去核、注核方法对山羊胚胎细胞核移植重构胚体外发育能力的影响 …… 342
4.6.6　秋水仙碱化学去核对山羊卵丘细胞核移植胚胎体外发育的影响 …… 347
4.6.7　组蛋白乙酰化水平对山羊卵丘细胞核移植胚胎体外发育的影响 …… 351
4.6.8　5-氮-2′-脱氧核苷对绵羊体细胞核移植胚胎发育的影响 …… 356
4.6.9　不同来源的山羊供核细胞对核移植重构胚发育的影响 …… 360
4.6.10　小结 …… 363
4.7　诱导幼畜卵泡发育(超排)与体外胚胎生产技术研究 …… 363
4.7.1　概述 …… 363
4.7.2　诱导绵羊幼羔卵泡发育及体外胚胎生产 …… 365
4.7.3　影响羔山羊超排及体外胚胎发育效果因素研究 …… 369
4.7.4　诱导荷斯坦犊牛卵泡发育及体外受精研究 …… 376
4.7.5　小结 …… 381
参考文献 …… 382

第 5 章　动物繁殖技术进展 …… 397
5.1　生殖生理研究进展 …… 397
5.1.1　促性腺激素释放激素及其类似物在动物繁殖上的应用 …… 397
5.1.2　一氧化氮对下丘脑 - 垂体 - 卵巢轴的生理调控 …… 399
5.2　配子冷冻保存技术研究进展 …… 402
5.2.1　羊精液冷冻保存技术研究进展 …… 402
5.2.2　家畜卵母细胞冷冻保存技术研究进展 …… 406
5.3　性别控制技术研究进展 …… 408
5.3.1　精子分离技术研究进展及其在畜牧生产上的应用 …… 408
5.3.2　应用分子生物学方法鉴定胚胎性别的研究进展 …… 414
5.4　诱导卵泡发育(超数排卵)与体外(受精)胚胎生产技术研究进展 …… 417
5.4.1　牛羊超数排卵方法研究进展 …… 417
5.4.2　牛活体采卵技术研究进展 …… 420
5.4.3　哺乳动物胚胎体外生产技术研究概况 …… 422
5.4.4　卵胞浆内单精子显微注射的研究进展 …… 427
5.4.5　诱导羔羊卵泡发育及体外胚胎生产研究进展 …… 430
5.4.6　影响犊牛早期胚胎体外发育的因素 …… 434

5.4.7 幼畜与成年畜超排卵发育潜能差异研究进展 …… 437
5.5 细胞核移植(克隆)技术研究进展 …… 440
5.5.1 哺乳动物细胞核移植机理研究进展 …… 440
5.5.2 基因组表观重编程对体细胞核移植成功率的影响 …… 444
5.5.3 影响哺乳动物细胞核移植效果的因素 …… 446
5.5.4 体细胞核移植(克隆)研究进展及机理 …… 449
5.6 胚胎干细胞技术研究 …… 453
5.6.1 影响动物胚胎干细胞分离和克隆效果的因素研究进展 …… 453
5.6.2 哺乳动物 PGCs 用于多能性干细胞培养的研究进展 …… 456
5.7 我国动物繁殖技术研究进展 …… 459
5.7.1 河北省动物繁殖技术的研究进展 …… 459
5.7.2 我国奶牛胚胎移植和胚胎工程现状及"十一五"的重点研究领域 …… 464
5.7.3 我国奶牛繁殖技术研究进展——我国奶牛繁殖 60 年回顾 …… 469
5.7.4 我国羊胚胎移植及胚胎工程研究进展 …… 475
5.7.5 我国奶牛、肉牛胚胎移植技术研究进展 …… 480
5.7.6 成绩卓著的我国动物繁殖科学 30 年——纪念我国改革开放 30 周年 …… 485
5.7.7 中国畜牧兽医学会动物繁殖学分会十五次(1978—2010)学术研讨会回顾 …… 489
参考文献 …… 501
编后 …… 519

# 第1章

# 生殖生理研究

动物生殖生理是动物繁殖学的重要内容，是研究动物繁殖调控、繁殖生物技术的理论依据。动物生殖生理是揭示动物生殖过程中的各种生理现象，分析其调节规律，探索其发生与发育的机理。动物性别分化、配子的发生与发育、发情、排卵、受精、妊娠、分娩、泌乳等整个生殖过程都与生殖生理有重要、密切的联系。20 世纪 70 年代以来，生殖生理研究取得长足进展，主要体现在以下几个方面。

1. 丘脑下部－垂体－性腺轴(hypothalamus-pituitary-gonadalaxis)的确立

生殖是动物最基本的生命活动形式之一，它的作用不但保证了动物种族的繁衍，而且与人类生存环境的保持以及生产水平和生活水平的提高都有密切关系。因此，对动物生殖活动及其调控机理的研究一直是人们最感兴趣的课题之一。人类对动物生殖活动调控机理的认识经过了一个漫长的历史过程。早在公元前 11 世纪(西周时期)，我国人民就认识到阉割对动物和人生殖能力的影响。到公元前 4 世纪，古希腊哲学家 Aristotle 十分精确地描述了阉割对鸟类的影响，并把阉割引起的性征退化现象同人阉割后所产生的变化进行了比较。但直到 20 世纪 20～30 年代，雌激素(estrogen)和雄激素(androgen)的相继发现和分离，才使人们认识到动物的卵巢和睾丸不仅分别产生卵子和精子，而且还含有影响生殖过程的激素。到 20 世纪 70 年代以后，随着生物化学和生理学等生命科学的进展以及放射免疫测定等现代分析方法的建立，丘脑下部的激素被连续发现、分离、提纯和鉴定，丘脑下部与垂体、性腺之间的密切关系得以确定，人们对生殖调控机理的认识获得重大进展。人们认识到，在各种动物体内存在着完善的内分泌系统，这一系统分泌的激素起着信使作用，调节着各系统或器官的功能，使生命活动正常进行。在内分泌系统中，丘脑下部、垂体和性腺分泌的激素在功能和调节上相互作用，构成了一个完整的生殖内分泌调节体系。人们将这一体系称为丘脑下部－垂体－性腺轴(hyopthalamus-pituitary-gonadalaxis)，它在生殖调节活动中起着核心作用。

2. 免疫－神经－内分泌网络(immune-neuro-endocrine network，I－NEN)学说的提出

20 世纪 70 年代以后，由于神经科学、分子免疫学研究的不断深入，使内分泌学的研究日

新月异，获得了两个方面的重要进展，一是一些新的肽能神经递质（类阿片肽、P 物质等）的相继发现和分离，以及对经典的肽能或单胺能、胆碱能神经递质，如促肾上腺皮质激素（adrenocorticotropic hormone，ACTH）等的重新认识，使人们认识到丘脑下部以外的高级中枢和外周神经系统在内分泌调节中的重要作用；二是发现免疫细胞产生的细胞因子（cytokines）对神经系统和内分泌系统有重要影响，使原先认为互不相干的调节系统之间的紧密联系得到肯定。根据这些研究进展，1977 年 Besedovsky 提出了免疫-神经-内分泌网络（immune-neuroendocrine network，I-N-EN）学说，这一学说首次从分子水平上阐述了神经、免疫和内分泌 3 大系统之间在功能上的密切联系，从而为用微观分子的活动研究机体整体功能提供了模式，对生命科学的发展具有重大意义。

I-N-EN 学说的主要内容是：免疫系统可产生免疫调质（细胞因子），如白细胞介素（interleukin，IL）、干扰素（interferon，IFN）、肿瘤坏死因子（tumor necrosis factor，TNF）等，甚至还能产生神经活性物质；这些物质通过自分泌（autocrine）、旁分泌（paracrine）或内分泌（endocrine）的方式影响神经系统和内分泌系统的活动；神经系统除了通过直接的神经支配外，还能产生具有激素样作用的神经递质，如肾上腺素、多巴胺、内啡肽等，有的神经细胞还能合成免疫调质，这些神经递质或免疫调质可影响免疫系统和内分泌系统的活动；而内分泌系统则可通过激素来直接或间接影响神经系统和免疫系统；免疫系统、神经系统和内分泌系统之间不仅存在大的回路，而且彼此间有直接的双向联系。在生殖内分泌调节活动中，神经系统除了通过丘脑下部控制垂体激素的分泌以外，近年来还发现，神经纤维可与内分泌腺或内分泌细胞密切接触，甚至形成突触联系。例如，有人观察到大鼠垂体前叶内 5-羟色胺和生长抑素免疫反应阳性的神经纤维呈串珠状分布在同一区域，并可位于生长激素和促甲状腺素细胞的近旁，说明垂体前叶接受肽能和胺能神经支配。

免疫系统对生殖内分泌的影响近些年亦获得许多例证。细胞因子可在多位点对丘脑下部-垂体-性腺轴进行调控，例如，它们可作用于中枢神经的某些部位，促进阿片肽的合成，抑制 GnRH 和促性腺激素的释放或直接作用于性腺细胞，影响性腺功能。有人发现，给阉鼠脑室注射 IL-1α 可引起剂量依赖性血浆 LH 浓度降低；TNF-α 通过影响 cAMP 的形成抑制 FSH 对卵巢的作用，使雌激素分泌减少和 LH 受体数目下降；干扰素则抑制睾丸间质细胞分泌睾酮，并抑制滋养层的胚内睾酮向雌二醇转化。

以上事实说明 I-N-EN 在生殖活动调节中具有重要作用。但是 I-N-EN 所涉及的因子众多，它们调节生殖活动的机理仍未清楚，需要进一步研究。

3. 对调节繁殖机能的物质种类认识更加清楚

调节繁殖机能的物质有以下几类。

（1）激素　神经激素，促性腺激素，性腺激素，前列腺素，外激素；其他激素如胰岛素，生长激素，肾上腺皮质激素等。

（2）神经递质和神经调质　乙酰胆碱，氨基酸类（甘氨酸、*L*-谷氨酸），胺类（5-羟色胺、组胺等），多肽类（类阿片肽、神经肽丫、P 物质等）；无机分子（NO、CO 等）。

（3）生长因子（细胞因子）　胰岛素样生长因子（IGF），表皮生长因子（EGF），转化生长因子（TGF-B），成纤维生长因子（FGF）等。

4. 对激素分析手段大有提高

特别是放射免疫分析方法的发展，已能够测出血液、乳汁、毛发中的激素水平，从而提供了监测生殖内分泌变化的方法。

5. 生殖生理学研究与分子生物学密切结合

已经产生了分子繁殖学，使动物生殖生理的研究发展到一个崭新阶段，近年来细胞因子（生长因子）对生殖生理的调控是研究热点。

我国从建国初期就非常重视生殖生理学基础研究，分别在牛（包括奶牛、肉牛、水牛、牦牛）、羊、猪、马等主要家畜，鸡、鸭、鹅、火鸡等主要家禽以及经济动物和实验动物中开展了广泛的研究，涉及的动物种类众多，研究的领域十分宽广。

新中国成立初期，由于研究手段落后，国内基础薄弱，生殖生理的研究主要以形态学和繁殖规律的初步观察为主。采用外部观察、试情、阴道和直肠检查并结合实验室检验方法研究了公、母畜的生殖生理指标，确定了不同品种家畜的生殖系统解剖、初情期年龄、性成熟年龄、适配年龄、发情周期、卵泡发育、排卵时间及妊娠期等。这些初步的研究结果，对当时的畜牧生产起到了重要的指导作用。

“文革”期间，关于动物生殖生理的研究几乎停滞。

“文革”结束后的20世纪70年代末到80年代，生殖激素的测定方法的建立及其应用加速了畜禽生殖生理研究进展，如酶联免疫吸附法、放射免疫分析法。研究阐明了母畜发情周期、妊娠期等不同繁殖阶段及卵巢疾病状态下生殖激素浓度变化规律。从内分泌角度探讨了我国主要家畜品种的初情期、早熟性、多胎性机理及母畜屡配不孕的原因。这些研究为利用激素制剂提高母畜受胎率和治疗母畜发情排卵障碍等提供了理论依据。在禽类生殖生理研究方面，首先对各种禽类种蛋孵化过程中胚胎发育变化特点进行观察研究，优化孵化条件和控制胚胎发育规律。这些研究对我国研制自动孵化机和操作技术发挥了重要作用。在肉鸡研究了如何控制育成期发育以保证其不降低产蛋性能，而建立了我国的肉种鸡培育技术。研究了光照对鹅繁殖活动的影响，提出了短日照繁殖鸟（禽）类的繁殖季节调控新理论，提出了南方短日照促进鹅的繁殖活动，而北方和长江流域长日照促进繁殖的季节调控技术。自20世纪80年代中期以后，开展了禽类性腺和卵泡发育的调控机理、就巢机理等方面的内分泌学和分子生物学研究。

20世纪90年代以后，动物生殖生理研究进入细胞水平和分子水平阶段，研究高繁殖力的分子标记或主效基因、繁殖性状相关基因表达和生殖过程的基因调控分子机理，大大缩小了与国际研究水平的差距。近几年在母牛生殖生理研究中超声波技术被广泛应用，如对卵泡发育、卵泡波、卵巢形态结构的变化的规律及特点进行观察和分析。

改革开放前，我国对禽类生殖生理方面的研究较少。改革开放后，产生了提高禽类繁殖性能和增进对禽类生殖生理理解认识的需求，从而促进了禽类生殖生理研究的发展。

此外，我国在动物的繁殖免疫、营养与繁殖的研究方面也取得了一些进展。

本章主要从影响母牛乏情的因素及机理、热应激对牛繁殖性能和泌乳性能的影响及机理、生殖激素诱导牛卵泡（双胎）发育效果及机理、影响动物超排效果因素及机理等进行了研究。

## 1.1 影响母牛乏情因素及机理研究

### 1.1.1 概述

1. 乏情的概念

达到初情期的雌性动物不出现发情周期的现象，称为乏情(anestrus)。主要表现为卵巢无周期性的活动，处于相对静止状态。引起动物乏情的因素很多，有季节性的、生理性的和病理性的，等等。

2. 乏情的危害

由于乏情卵泡不发育，更不能排卵，外部无发情表现，使得动物不能配种、受孕、产仔，严重影响家畜的繁殖力，进而影响养殖业的经济效益。

母牛正常妊娠期一般为 280 d 左右。如何让产犊间隔缩短到 12 个月左右，进而实现一年一胎，对提高母牛繁殖率有重要意义。母牛产后均有一段时间乏情——产后乏情期，母牛产后乏情期的长短直接影响母牛的繁殖率及养牛业的经济效益。

3. 乏情的种类

动物的乏情，除由季节性的因素引起的季节性乏情外，主要是泌乳性乏情(产后乏情)和营养性乏情。

(1)泌乳性乏情(产后乏情)　家畜在泌乳期间，由于促乳素对促性腺激素的分泌有抑制作用，使卵巢周期活动受到抑制，卵泡不能发育，不出现发情，称为泌乳性乏情。猪是最常见的泌乳期乏情动物(太湖猪例外)，虽然在泌乳期间血液中可检出雌激素和孕激素，但卵巢无活性，只有当仔猪断奶后，母猪很快出现发情。黄牛和水牛在泌乳早期虽有一部分可出现发情，但配种受胎率不高。泌乳性乏情的出现与持续时间因畜种、品种不同而有很大差异。例如，母猪一般是在仔猪断乳后才发情。母牛产后发情出现的时间，由于挤乳或幼畜哺乳的方式不同有所差异，哺乳牛(肉牛和我国的黄牛)往往需要 90～100 d。而挤奶牛一般在产后 37～70 d 即可发情。挤乳次数增加，牛出现发情的时间要晚一些，这是由于乳头受到刺激的次数增加，使促乳素分泌量增加，从而抑制垂体促性腺激素的分泌。绵羊的泌乳性乏情持续 5～7 周，可是大部分母羊要在羔羊断奶后约两周才发情。母马在产驹后 6～12 d 开始发情，哺乳的影响并不明显，这与母马妊娠黄体退化较早有关。母畜的分娩季节、泌乳量、挤奶次数、哺乳仔畜数和产后子宫复原的程度对乏情的发生率和持续时间也有一定的影响。

(2)营养性乏情　日粮营养水平对卵巢活动有显著的影响，因为营养不良会造成母畜乏情，青年母畜比成年母畜更为严重。放牧的牛和羊因缺磷等微量元素会引起卵巢机能失调，从而导致初情期延迟，发情征状不明显，最后停止发情。小母猪和母牛由于日粮中缺乏锰元素会造成卵巢机能障碍，发情不明显，甚至不发情。日粮中维生素 A、维生素 D、维生素 E 的缺乏也可引起发情周期无规律或不发情。

4. 影响母牛乏情的因素及机理研究发展概况(以影响母牛产后乏情的因素和机理为例)

产后乏情这一问题是 Hammoud 在 1927 年提出的，但对于产后乏情的研究进展缓慢，只是近 30 年来这方面的研究工作才活跃起来。研究初步证明，影响母牛产后乏情的主要因素是营养和哺乳，此外还受到季节、品种、胎次、与公牛接触程度、上次妊娠的遗留作用等次要因素的影响。这些因素作用的生理机制是抑制丘脑下部 GnRH 的“脉冲发生”。

(1)营养　营养对母牛产后乏情的影响，Wiltbank 等(1962、1963)已有综述。有关文献认为营养影响一直主要用能量作为测定标准，营养的分配是按一定次序进行的，首先用于维持生命活动，然后用于繁殖。当母牛营养不良的时候，就能减弱母牛的各个器官的生理机能，其中包括生殖器官和分泌器官在内。母牛分娩后，采食高峰落后于泌乳高峰，产后早期 6～8 周，正是卵巢重新出现正常周期活动和进行第一次配种的重要时期，体况差的母牛机体内能量代谢出现负平衡，负平衡的程度及持续时间是影响母牛产后卵巢机能恢复的主要因素。李碧春等(1993)认为牛摄入能量的多少对繁殖性能影响很大，一方面能量代谢的调节和神经内分泌系统之间具有一种反馈机制，另一方面能量影响着瘤胃细菌的合成作用及蛋白质的供给。Bergman(1973)和 Mcclure(1972)研究认为碳水化合物和能量的短缺在 4 h 内可出现低血糖，持久的低血糖可以影响促性腺激素的分泌，出现乏情、妊娠率低以及子宫机能减退。母牛产后卵巢机能恢复正常的，受胎率高，空怀时间短；卵巢机能恢复迟缓的，受胎率明显下降，空怀时间延长。在营养成分中，可消化总养分满足率越低，卵巢机能恢复越迟缓。Wright 等(1992)研究认为体况差的母牛视前区阿片肽增加，这对丘脑下部 - 垂体 - 卵巢轴的调节有直接影响，减少了 GnRH 的合成与释放，降低了体内胰岛素样生长因子 - I 浓度，同时使垂体对生长剂量的GnRH反应性降低。

(2)哺乳　哺乳也是影响母牛产后乏情的主要因素，哺乳的肉用母牛产后早期的特点是卵巢周期活动被抑制。Williams 等(1982)研究，母牛分娩后立即断乳，在产后 10～14 d 即恢复卵巢的周期活动，在此情况下，产后 7～14 d，血液中脉冲式 LH 释放增加，至产后 20 d，不哺乳母牛的基础和脉冲式 GnRH 的分泌均已开始，而哺乳母牛则没有。也有人证实，通常哺乳母牛比非哺乳母牛的卵泡不仅数量少、体积小，而且卵泡液中分泌的雌激素也低。有人推测，由于哺乳行为可以刺激泌乳母牛释放 PRL(促乳素释放激素)，并可抑制卵泡发育，PRL 对卵泡发育有间接调节作用，PRL 在调节排卵前的卵泡生长、类固醇激素发生和卵泡闭锁过程中起到一定作用。但也有人用多巴胺类似物麦角隐亭(ergocryptine，CB2154)处理产后早期母牛，催乳素释放被阻断，但促性腺激素浓度和产后发情间隔不受影响。顺序注射孕酮和雌二醇可诱发卵巢周期及较早受孕，但 CB2154 不能加强这些效应。给切除卵巢的青年母牛灌注催乳素不能改变 LH 分泌的模式或水平，所以，尽管在哺乳母牛催乳素和 LH 分泌之间存在相反的关系，但抑制促性腺激素分泌的是哺乳本身，而不是随哺乳而来的高浓度催乳素。这主要是由于乳房(包括乳头)上有丰富的神经分布，哺乳对乳头的刺激，使乳头的感受器兴奋，然后发出冲动经传入神经传到下丘脑，传入神经元末梢分泌神经递质，使下丘脑神经元对雌激素的负反馈作用的敏感性增加，从而降低脉冲发生器的功能，GnRH 和垂体 LH 的分泌受到抑制，卵泡发育受阻。Troxel 等(1980)及其他一些研究者采取不同的断乳方式，即母牛长期乏情后突然断乳也可导致下丘脑 - 垂体 - 卵巢轴功能的改变，垂体贮存的 LH 释放增加，促使卵泡发育，雌激素分泌增加，后者再反过来增加腺体对 GnRH 的反应，出现 LH 峰，引起排卵。有关母牛产后断乳时间和哺乳对 FSH 分泌模式的影响，研究结果也不一致，有人研究发现，产后 FSH 分泌呈脉冲式，哺乳时被抑制，而急剧断乳时增加。而也有学者认为分娩时和产后早期垂体 FSH 含量与产后晚期和发情周期中没有不同，哺乳对 FSH 平均浓度没有影响。尽管关于哺乳对 FSH 分泌模式的影响说法各不相同，但是大多数学者普遍认为控制哺乳和泌乳刺激是缩短产后间隔的有效方法，这其中包括：完全断乳、短时间（48 h）断乳或部分断乳（每天控制哺乳或缩短哺乳时间）几种方法来达到促使母牛产后尽早发情，缩短乏情期，提高母牛的繁殖率。

（3）气候　除了营养水平和哺乳两个主要因素外，气候因素对母牛产后乏情的影响也很重要，其中气温影响最甚。有研究表明，炎热气候环境容易引起母牛热应激，母牛繁殖力下降，空怀期延长，产犊间隔增大（顾德章等，1994；董辉等，1996）。有人研究提出，母牛发情要求有一个适宜的日照范围，在范围之外，均有不良影响，成年母牛比青年母牛对高温影响更敏感，这主要是因为成年母牛泌乳负担较重，体内热增耗也较大，因此对高温更敏感（王前，1993）。在北方寒冷的冬季，外境低温和营养条件差的母牛，由于能量摄入的不足，能量代谢出现负平衡，易造成母牛产后体况较差甚至掉膘，使繁殖机能受到影响，表现出长时间的乏情。

5. 影响母牛产后乏情的机理

营养水平、哺乳以及气候因素对母牛产后乏情的影响，归根到底是影响到下丘脑-垂体-性腺轴的周期活动，使母牛脉冲式 GnRH 释放受到抑制（杨利国等，1995）。通过实验发现，虽然外源 GnRH 对于提高超排效果的作用不明显，但在超排处理母牛发情排卵前应用 GnRH 抗体中和内源 GnRH，可以阻断排卵。这充分说明维持下丘脑 GnRH 的正常分泌机能，是母牛进行发情排卵的基本要求。

本节主要对营养、温度、泌乳等对母牛乏情的影响因素及机理进行了研究，提出解决乏情的方法和措施，以提高母牛繁殖力。

### 1.1.2　营养和低温对母牛乏情的影响及其机制

在河北北部山区，12 月至次年 3 月的日平均气温为－8.1℃，最低达－23.8℃。饲草资源缺乏，加之农户很少补充能量饲料，母牛产后营养摄入严重不足，体况下降。营养的供给不足和外界低温环境成为影响母牛乏情的主要因素（Short R E, *et al*. 1990）。我们于 1998 年 12 月1 日至 1999 年 6 月 1 日在河北省隆化县汤头沟乡通过搭建塑膜暖棚和进行补饲来改善母牛的营养摄入和提高畜舍温度，观察了其对母牛乏情的影响，并从血液生殖激素的变化探讨了营养和低温对母牛乏情的影响机制。

1. 材料与方法

（1）试验动物　选择年龄 4～5 岁，膘情、体况相当，冬季不发情的健康母牛 26 头，随机分为 3 组。试验 1 组 9 头，搭建塑膜暖棚，并在日常饲喂的基础上每天每头补充 2 kg 饲料（饲料配比为：85％玉米面，15％豆饼，另加 1％尿素）；试验 2 组 7 头，只搭建塑膜暖棚，饲养管理与日常相同；对照组 10 头，饲养管理按日常方式。在试验 1 组和试验 2 组搭建塑膜暖棚的棚内中央和棚外分别悬挂温湿度表。

（2）样品采集　各试验组母牛每月颈静脉采血 1 次，每次 10 mL，清晨空腹时进行。采样后，现场离心（2 500 r/min，20 min），分离出血清，－20℃保存。

（3）试验记录　每天观察棚舍内外温度和湿度；每次采血的同时，对各组母牛进行称重；每日观察母牛，以外部特征结合直肠检查触摸卵泡发育情况进行发情鉴定。

（4）激素水平测定　FSH、LH、$E_2$ 和 $P_4$ 水平的测定，按北京北方生物技术研究所生产的放射免疫分析测定盒说明书进行。

(5)数据处理 采用 $t$ 检验法分析血液中激素水平的变化。

2. 结果

(1)母牛发情情况 见表 1.1。经 $t$ 检验分析,试验 1 组发情率与其他 2 组差异极显著($P<0.01$)。

表 1.1 试验期间母牛发情情况

| 组 别 | 参试数/头 | 发情数/头 | 发情率 |
|---|---|---|---|
| 试验 1 组 | 9 | 6 | 6/9 |
| 试验 2 组 | 7 | 2 | 2/7 |
| 对照组 | 10 | 0 | 0 |

(2)母牛体重变化 见表 1.2。由表 1.2 可见,试验结束时,试验 1 组体重比试验开始时(12 月 1 日)增加 5.5 kg,试验 2 组体重下降 21.0 kg,对照组体重下降 43.1 kg,差异极显著($P<0.01$)。

表 1.2 母牛体重变化 kg

| 组别 | $n$ | 12 月 1 日 | 1 月 1 日 | 2 月 1 日 | 3 月 1 日 | 4 月 1 日 | 5 月 1 日 | 6 月 1 日 |
|---|---|---|---|---|---|---|---|---|
| 试验 1 组 | 9 | 322.2±55.3 | 318.0±57.9 | 314.0±64.5 | 313.3±52.7 | 319.2±55.4 | 324.8±55.5 | 327.7±51.2 |
| 试验 2 组 | 7 | 340.8±57.6 | 332.8±57.0 | 324.1±49.0 | 324.4±42.9 | 321.4±43.2 | 320.5±42.3 | 319.8±52.6 |
| 对照组 | 10 | 332.9±55.6 | 317.3±58.0 | 306.2±58.1 | 298.8±55.7 | 289.2±66.0 | 290.8±42.2 | 289.8±46.5 |

(3)牛舍温度变化 本试验选择当地有代表性的母牛畜舍 5 间,在原畜舍的基础上搭建塑膜暖棚,每天记录棚内外温度,结果见表 1.3。表中棚内、外温度为每日 8:00 和 17:30 暖棚内、外温度均值的月平均值。由表 1.3 可见,12 月至次年 4 月,通过搭建塑膜暖棚,母牛舍温度平均提高 8.2℃。

表 1.3 牛舍月平均气温 ℃

| 部位 | 12 月 | 1 月 | 2 月 | 3 月 | 4 月 |
|---|---|---|---|---|---|
| 棚内 | −27 | −3.1 | 0.2 | 3.8 | 5.3 |
| 棚外 | −10.5 | −12.9 | −7.3 | −3.7 | −3.2 |
| 内外温差 | 7.8 | 9.8 | 7.5 | 7.5 | 8.5 |

(4)母牛饲养水平 本试验只是粗略地对母牛维持净能和摄入能量进行比较。通常在生产条件下,根据动物活动量的大小,其维持能量需要比基础代谢增加 20%~100%(杨凤,1993)。动物的基础代谢一般根据下列公式计算:$NE=aW^{0.75}$。在温度适宜区 15~25℃时,$a=0.322\,2$;在最适环境温度外,温度每变化 1℃,$a$ 要相应变化 0.002 93,或者维持代谢变化 0.91%。本试验母牛均以上山放牧为主,主要采食干草和秸秆,调查统计每日摄入干物质约 6 kg,试验 1 组补充 1.7 kg 玉米面和 0.3 kg 豆饼,由于放牧饲养,母牛活动量很大,其维持能量按基础代谢增加 100%。计算 3 组母牛能量摄入情况见表 1.4。

表 1.4　母牛能量摄入情况

| 组别 | 项目 | 12月1日 | 1月1日 | 2月1日 | 3月1日 | 4月1日 | 5月1日 | 6月1日 |
|---|---|---|---|---|---|---|---|---|
| 试验1组 | 体重/kg | 322.2 | 318.0 | 314.0 | 313.3 | 319.2 | 324.8 | 327.7 |
| | 维持净能/MJ | 57.03 | 56.47 | 54.63 | 52.78 | 52.61 | 52.41 | 51.40 |
| | 摄入能量/MJ | 52.32 | 52.32 | 52.32 | 52.32 | 52.32 | 52.32 | 52.32 |
| | 舍内平均温度/℃ | −2.7 | −3.1 | 0.2 | 3.8 | 5.3 | 7.3 | 10.6 |
| | 舍外平均温度/℃ | −10.5 | −12.9 | −7.3 | −3.7 | −3.2 | 7.3 | 10.6 |
| 试验2组 | 体重/kg | 340.8 | 332.8 | 324.1 | 324.4 | 321.4 | 320.5 | 319.8 |
| | 维持净能/MJ | 59.48 | 58.42 | 55.93 | 54.19 | 52.92 | 51.92 | 50.51 |
| | 摄入能量/MJ | 36.16 | 36.16 | 36.16 | 36.16 | 36.16 | 36.16 | 36.16 |
| | 舍内平均温度/℃ | −27 | −3.1 | 0.2 | 3.8 | 5.3 | 7.3 | 10.6 |
| | 舍外平均温度/℃ | −10.5 | −12.9 | −7.3 | −3.7 | −3.2 | 7.3 | 10.6 |
| 对照组 | 体重/kg | 332.9 | 317.3 | 306.2 | 298.8 | 289.2 | 290.8 | 289.8 |
| | 维持净能/MJ | 61.64 | 60.35 | 56.60 | 53.89 | 52.59 | 48.24 | 47.32 |
| | 摄入能量/MJ | 36.16 | 36.16 | 36.16 | 36.16 | 36.16 | 36.16 | 36.16 |
| | 舍外平均温度/℃ | −10.5 | −12.9 | −7.3 | −3.7 | −3.2 | 7.3 | 10.6 |

由表 1.4 可见，试验初期气温较低，尽管试验 1 组和试验 2 组通过搭建暖棚使牛舍温度平均提高 8.2℃，但母牛所摄入的能量不能满足其维持需要，体重不断下降，体况下降。试验进行到 4 月份时，气温回升，母牛的维持需要下降，试验 1 组母牛摄入能量基本能够满足，体重有所上升，体况开始好转。但试验 2 组摄入能量仍不能满足维持需要，体重仍不断下降。对照母牛所处的低温环境使其维持需要不断增加，摄入能量远远不能满足维持需要，体重不断下降，体况更差。

(5)母牛增重变化　对 3 组母牛体重变化和月增重进行统计分析，作出月增重变化曲线图(图 1.1)。试验 1 组母牛月增重平均为(0.89±4.48)kg、试验 2 组(−3.51±3.93)kg、对照组(−7.19±6.24)kg，试验 1 组与试验 2 组、对照组之间差异显著($P<0.05$)，试验 2 组与对照组之间差异不显著。3 组母牛体重均呈现下降趋势。试验进行到第 4 个月时，试验 1 组母牛体重开始上升，并有 6 头母牛出现了发情。见表 1.5。

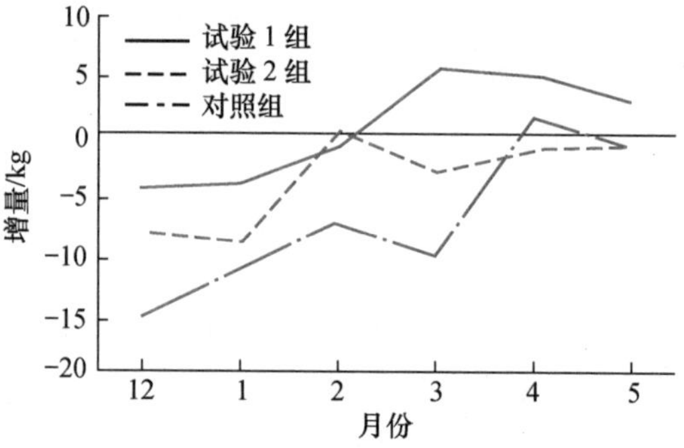


图 1.1　母牛增重变化曲线

由表 1.5 可见，试验开始前，3 组母牛血液中各种激素水平差异不显著($P>0.05$)；试验开始至母牛发情前各激素平均水平，$E_2$ 水平 3 组间差异显著($P<0.05$)，试验 1 组显著高于试验 2 组和对照组，试验 2 组与对照组之间差异不显著，见图 1.2。FSH 和 LH 水平 3 组间差异不显著($P>0.05$)。统计数据分析表明，对照组

FSH 平均水平比试验开始前下降 2.57 IU/L,试验1 组和试验 2 组 FSH 平均水平比试验开始时略有上升。

表 1.5 母牛血清中各种激素水平

| 激素 | 组别 | 试验前 | 试验开始至发情 |
|---|---|---|---|
| FSH/(IU/L) | 试验 1 组 | 8.53±3.92 | 7.04±1.45 |
| | 试验 2 组 | 6.33±2.86 | 7.61±1.18 |
| | 对照组 | 8.95±8.10 | 6.38±1.50 |
| LH/(IU/L) | 试验 1 组 | 17.28±13.44 | 11.45±2.89 |
| | 试验 2 组 | 11.42±4.77 | 12.43±3.02 |
| | 对照组 | 12.84±5.61 | 10.68±1.62 |
| $E_2$/(ng/L) | 试验 1 组 | 12.06±10.37 | 8.75±5.20[a] |
| | 试验 2 组 | 7.74±4.36 | 3.97±2.19[b] |
| | 对照组 | 6.37±4.91 | 3.81±1.64[b] |

注:表中数字上标字母不同表示差异显著($P<0.05$)。

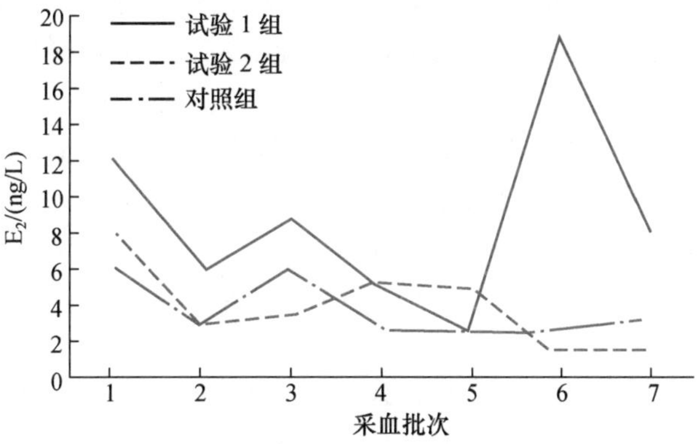


图 1.2 $E_2$ 含量变化曲线

在检测 $P_4$ 时,只检测出试验 1 组含有少量的 $P_4$,试验 2 组和对照组未检出 $P_4$。试验 1 组母牛 $P_4$ 水平变化曲线见图 1.3。试验初期,有少量的 $P_4$(0.102 66 ng/L);第 2～4 个月时,$P_4$ 有一峰值(0.049 4 ng/L);第 5 个月,$P_4$ 分泌降到低点(0.004 9 ng/L)。在 $E_2$ 和 $P_4$ 的协同作用下,试验 1 组有 6 头母牛出现发情症状。

3. 讨论

营养的供给不足和低温环境,造成母牛摄入量低于消耗量,不能满足其维持需要,代谢出现负平衡,体况开始下降。持久的体况下降是造成母牛乏情的原因。分析母牛血液 FSH、LH、$E_2$ 和 $P_4$ 水平的变化可以看出,3 组 $E_2$ 水平均出现下降趋势。但试验 1 组母牛体况下降幅度较小,$E_2$ 平均水平高于其他 2 组,试验进行到第 4 个月时,气温开始上升,试验 1 组母牛能量摄入高于其他 2 组,维持需要得到满足,体况好转,体重开始增加,$E_2$ 分泌出现高峰,而 $P_4$ 含量则降到低点。由 $E_2$ 和 $P_4$ 的变化曲线可见,当 $E_2$ 水平降低时,$P_4$ 的分泌处在高水平状态,而当 $E_2$ 升高时,$P_4$ 分泌降到了低点,母牛出现了发情症状。这主要是由于大量的 $P_4$ 对丘

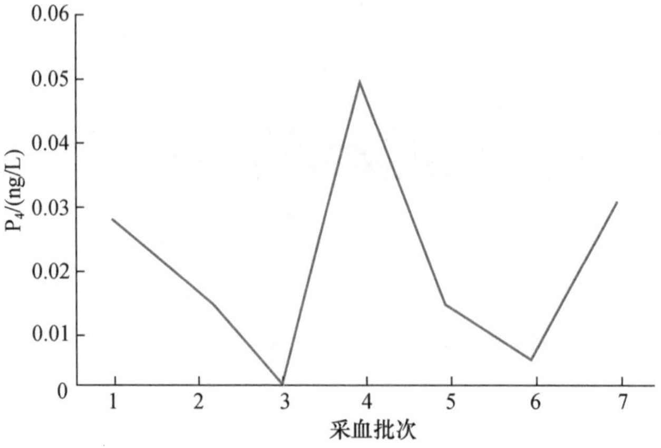


图 1.3 **$P_4$ 含量变化曲线**

脑下部和垂体前叶具有负反馈作用，能抑制垂体促性腺激素的分泌，但少量 $P_4$ 与 $E_2$ 协同、抗衡作用可使中枢神经接受 $E_2$ 的刺激，促进发情。能量摄入的多少对母牛的繁殖性能影响很大，能量代谢的调节和神经内分泌系统之间具有一种反馈机制。体况差的母牛视前区阿片肽增加，这对丘脑下部-垂体-卵巢轴的调节有直接影响。持久的营养不足，可抑制下丘脑促性腺激素的分泌，同时使垂体对生理剂量的促性腺激素反应性降低，阈值升高。当母牛营养摄入能够满足维持生命活动时，体重开始上升，体况的转变可促使垂体对生理剂量的促性腺激素反应敏感性增加，阈值下降，母牛出现发情。在试验过程中，各组母牛 FSH、LH 分泌水平差异不显著，但试验 1 组母牛提早发情也证实了这一点。

### 1.1.3 犊牛早期断奶对母牛产后乏情的影响与机理研究

随着经济的不断发展，我国养牛业发展较快。农民养牛正从役用向肉用、奶用方向过渡，河北省农村户养母牛主要以西杂、荷杂与本地牛为主。通过对河北省户养母牛产后繁殖情况的调查，农村养牛仍处在一家一户的分散状态，管理水平低，母牛产犊后，犊牛一直跟随母牛哺乳，有的长达 5～6 个月。由于犊牛的长期哺乳，造成母牛产后乏情时间长，严重制约着母牛的繁殖能力。针对河北省农村户养母牛哺乳对母牛产后乏情的影响与机理研究目前尚未开展，为此笔者于 1998 年 3—5 月份在大厂县郭村等 5 个村进行了该试验。

1. *材料和方法*

(1)材料与分组　河北省大厂县地处河北省中北部，饲料资源丰富，农民户养母牛以荷杂、西杂为主，杂交代数多为二代。母牛产犊后，一般不进行早期断奶，犊牛一直随母牛哺乳。选择产后 50～60 d 饲养管理条件、膘情、体况相当、年龄 4～5 岁，身体健康的母牛 20 头，随机分为 2 组，每组 10 头。一组实施犊牛断奶，为试验组，另一组犊牛继续跟随母牛哺乳，为对照组。

(2)采样　试验组从断奶之日起，对照组从试验开始之日起，每隔 7 d 由颈静脉采血 1 次，每次采血 10 mL，直至发情为止，发情当日采血 1 次。采样后，现场离心(2 500 r/min，20 min)，分离出血清，置小瓶中，－20℃冷冻保存待测。

(3)发情鉴定　采样期间，以外部特征结合直肠检查触摸卵泡发育情况，对母牛进行发情鉴定。记录母牛产后至第1次发情时间。

(4)激素测定 用放射免疫分析法测定样品中的促卵泡素(FSH)、促黄体素(LH)、雌二醇($E_2$)、孕酮($P_4$)和促乳素(PRL)含量。测定方法按北京北方生物技术研究所生产的放射免疫分析测定盒说明书进行。

(5)数据处理方法 采用 $t$ 检验法分析母牛血液中激素含量的变化。

2. 结果与分析

(1)犊牛早期断奶对母牛产后至第一次发情时间的影响 由表1.6可见:试验组母牛产后至第1次发情时间比对照组缩短30 d左右,经统计检验,差异极显著($P<0.01$)。从而可以说明,通过犊牛早期断奶可缩短母牛产后至第1次发情时间。

表1.6 犊牛早期断奶对母牛产后至第1次发情时间的影响

| 组别 | 重复/头 | 产后至第一次发情时间/d |
|---|---|---|
| 试验组 | 10 | 69±7.04 |
| 对照组 | 10 | 98.8±24.63 |

(2)激素水平的变化 通过对试验母牛血清中FSH,LH,$E_2$,$P_4$和PRL含量的分析,试验开始、试验开始至母牛发情前和发情当日各激素含量的平均值见表1.7。

表1.7 血清中各种激素水平变化

| 激素种类 | 组别 | 试验开始时 | 发情前 | 发情当日 |
|---|---|---|---|---|
| FSH/($10^{-11}$ mol/(s·mL)) | 试验 | 9.55±3.22 | 10.2±1.07[a] | 9.04±2.42 |
| | 对照 | 10.30±0.03 | 8.90±0.75[b] | 9.45±1.80 |
| LH/($10^{-11}$ mol/(s·mL)) | 试验 | 13.70±4.38 | 13.90±1.63 | 14.05±3.17 |
| | 对照 | 12.98±4.23 | 13.27±1.80 | 12.77±5.30 |
| $E_2$/(pg/mL) | 试验 | 33.5±2.69 | 38.49±7.15[a] | 42.8±15.8[a] |
| | 对照 | 31.7±1.1 | 20.08±2.96[b] | 33.74±11.32[b] |
| $P_4$/(pg/mL) | 试验 | 0.04 | 0.034±0.001[a] | 0.024±0.001[a] |
| | 对照 | 0.039 | 0.044±0.001[b] | 0.044±0.001[b] |
| PRL/(ng/mL) | 试验 | 118±22.6 | 128.53±12.13 | 107.5±45.7 |
| | 对照 | 108.5±46.6 | 120.27±17.83 | 122.3±86.2 |

注:表中数字上标字母不同表示差异显著($P<0.05$)。

由表1.7可见,试验开始时,两组母牛血液中各种激素含量差异均不显著($P>0.05$);发情当日,$E_2$和$P_4$含量差异显著($P<0.05$),试验组$E_2$含量明显高于对照组,而$P_4$含量则明显低于对照组,FSH、LH和PRL含量两组差异不显著($P>0.05$);试验开始至母牛发情前各激素平均水平,FSH、$E_2$和$P_4$含量两组之间差异显著($P<0.05$),母牛在试验开始至发情前各阶段平均含量FSH,$E_2$明显高于对照组,而$P_4$则明显低于对照组,LH,PRL含量两组之间差异不显著($P>0.05$)。

3. 讨论

(1)早期断奶对血液中激素含量变化的影响 从本试验5种激素水平的变化曲线可以看

出，试验组母牛在发情前一段时间内 FSH，$E_2$ 水平高于对照组。这主要是由于试验组在母牛长期乏情后突然断奶，导致下丘脑-垂体-卵巢轴功能的改变，垂体贮存的 FSH，LH 释放增加，促使卵泡发育，卵泡在生长发育过程中，FSH 与大卵泡颗粒细胞结合，刺激产生少量的 $E_2$，随着 $E_2$ 分泌的增加，其在血液中的浓度不断上升，高浓度的 $E_2$ 通过增加垂体对 GnRH 的敏感性和刺激丘脑下部释放 GnRH 两种途径，正反馈调节作用下 LH 分泌增加，使 FSH、LH 浓度相继提高，导致卵泡生长发育、成熟并排卵，排卵前的 FSH 峰、$E_2$ 峰和 LH 峰出现，母畜表现出发情症状。本试验由于采血间隔较长，未观察到排卵前 LH 峰。

大量的 $P_4$ 对丘脑下部和垂体前叶具有负反馈作用，能抑制垂体促性腺激素特别是 FSH 的释放。$P_4$ 成为休情期长短的调节者，一旦黄体停止分泌 $P_4$，FSH 水平迅速上升，引起卵泡的生长发育，从而促使母畜发情。从本试验结果可见，试验组母牛 $E_2$ 含量明显高于对照组，而 $P_4$ 含量却明显低于对照组，这主要是由于 $E_2$ 分泌与 $P_4$ 分泌之间具有负反馈作用，由于 $E_2$ 的不断增加抑制着 $P_4$ 的分泌。

(2)早期断奶影响母牛产后乏情的机理　本试验证实，通过早期断奶可促使母牛产后提早发情，母牛血液中 FSH 和 $E_2$ 平均含量早期断奶组[$(10.2\pm1.07)\times10^{-11}$ mol/(s · mL)、$(38.49\pm7.15)$ pg/mL]显著高于对照组[$(8.90\pm0.75)\times10^{-11}$ mol/(s · mL)、$(30.08\pm2.96)$ pg/mL]，而 $P_4$ 平均含量早期断奶组$(0.034\pm0.001)$ pg/mL 却显著低于对照组$(0.044\pm0.001)$ pg/mL，通过早期断奶改变了母牛下丘脑-垂体-促性腺轴的调节作用，这是造成母牛产后提早发情的主要原因。关于早期断奶造成母牛下丘脑-垂体-促性腺轴调节作用改变的机理目前尚未统一，有学者认为，由于哺乳可以刺激泌乳母牛释放 PRL，PRL 的旺盛分泌影响垂体促性腺激素的分泌，并且对卵泡发育有间接调节作用，在调节排卵前的卵泡生长、类固醇激素发生和卵泡闭锁过程中起到一定的作用，抑制卵泡的生长、发育，从而影响母牛产后乏情。从本试验 PRL 分泌水平变化曲线可以看出，母牛 PRL 的分泌水平早期断奶组$(128.53\pm12.13)$ ng/mL 比未断奶组$(120.24\pm17.83)$ ng/mL 没有显著差异，说明尽管在哺乳母牛 PRL 和 LH 分泌存在相反的关系，但抑制促性腺激素分泌的是哺乳本身，而不是随哺乳而来的高浓度 PRL。这主要是由于乳房(包括乳头)上有丰富的神经分布，哺乳对乳头的刺激，使乳头的感受器兴奋，然后发出冲动经传入神经传到下丘脑，传入神经元末梢分泌神经递质，使下丘脑神经元对 $E_2$ 的负反馈作用的敏感性增加，从而降低脉冲发生器的功能，GnRH 和垂体 LH 的分泌受到抑制，卵泡发育受阻。有关母牛产后哺乳对 FSH 分泌模式的影响，研究结果亦不一致，有人研究发现，产后 FSH 分泌呈脉冲式，哺乳时被抑制，而急剧断乳时增加。也有学者认为，分娩时和产后早期垂体 FSH 含量与产后晚期和发情周期中没有不同，哺乳对 FSH 平均浓度没有影响。结合本试验研究结果，母牛在发情前的各个试验阶段 FSH 平均含量试验组$(10.2\pm1.07)\times10^{-11}$ mol/(s · mL)高于对照组$(8.90\pm0.75)\times10^{-11}$ mol/(s · mL)，差异显著($P<0.05$)，因此可以认为，早期断奶可以促进母牛产后 FSH 的分泌，从而促使母牛产后提早发情。

### 1.1.4　塑膜暖棚和补饲提高北方冬季母牛发情率及机理

目前，我国农村户养母牛主要集中在草场较好、有放牧条件的地区。母牛的繁殖力低下是制约母牛养殖效益的关键。我国北方地区冬季寒冷，饲草饲料欠缺，造成母牛体况下降，导致母牛乏情期延长，直接影响了母牛的繁殖率。Wiltbank(1990)认为饲料能量欠缺是影响母牛繁殖性能的主要营养因素。Bergman(1973)和 McClure(1972)研究表明，动物摄入碳水化合物和能量的短缺，在 4 h 内可出现低血糖，持久的低血糖可以影响促性腺激素的分泌导致乏情期延长、妊娠率低及子宫机能减退等现象(蒿迈道，1989)。解决北方冬季户养母牛繁殖率的问题，对提高养母牛效益和推动养牛业的进一步发展十分必要。故此，我们在河北省隆化县进行了冬季暖棚和补饲试验，并对冬季母牛乏情机理进行了初步探讨。为养母牛农户提供一个简便易行的提高母牛繁殖率的方法，并为开展同类研究提供基础材料。

1. 材料和方法

(1)试验设计　河北省隆化县地处河北省北部，境内绝大部分为丘陵山区，属大陆性季风气候。年平均气温 7.3℃，冬季(12 月至次年 2 月)平均气温 −8.1℃，最低气温 −23.8℃。放牧为主要饲养方式。一般情况下，对母牛很少补饲。

采用完全随机设计，在隆化县汤头沟镇选择养牛户 10 户，选择年龄 4～5 岁，膘情中等，体况相当，产后未发情的健康空怀母牛 26 头，按户随机等量分为 3 组。对照组 10 头，饲养管理与当地传统方式相同。试验一组 7 头，在原牛舍改建简易塑料薄膜暖棚，其他饲养管理方式同对照组。试验 2 组 9 头，在第一组基础上每头每日补充 2 kg 饲料。饲料配比为玉米 85%，豆饼 15%，另加 1%尿素。试验牛均为西杂牛。

试验期从 1998 年 11 月 20 日至 1999 年 5 月 1 日，前 10 d 为预试期。

(2)试验记录　在试验一组和试验二组暖棚内中央悬挂温湿度表，棚外悬挂低温温度计。试验期间，每天傍晚和清晨观察记录牛入棚时与出棚时暖棚内温、湿度和棚外温度。

每月对参试牛进行空腹称重，并记录。

试验期间注意观察母牛发情情况，记录母牛发情日期。

(3)血样采集　每次称重的同时，对每头参试牛颈静脉采血 20 mL，接入预装 NaF - KCl 抗凝剂并干燥的采血管中，现场离心(2 500 r/min，20 min)，分离出血浆。倒入安瓿瓶中，分别贴好标签，−20℃冷冻保存待测。

(4)血糖和血清白蛋白测定　采用保定长城临床试剂公司出品的血糖测定试剂盒，葡萄糖氧化酶——过氧化物酶法测定血糖浓度(mmol/L)。溴甲酚绿法测定血清白蛋白浓度(g/dL)。

(5)数据处理方法　使用 SAS 软件，单因子方差分析法对各组母牛血糖、白蛋白和体重变化进行统计分析。用独立性 $\chi^2$ 检验法对各组母牛发情情况进行数据分析。

2. 结果与分析

(1)暖棚温度与气温　试验期内暖棚温度和气温的每月平均值见表 1.8。其中棚内温度为每日早 8:00 和晚 5:30 暖棚内温度均值的月平均值，棚外温度为同时刻舍外温度均值的月平均值。

表 1.8　暖棚内外月平均气温变化　℃

| | 12 月份 | 1 月份 | 2 月份 | 3 月份 | 4 月份 |
|---|---|---|---|---|---|
| 棚内温度 | −2.7 | −3.1 | 0.2 | 3.8 | 5.3 |
| 棚外温度 | −10.5 | −12.9 | −7.3 | −3.7 | −3.2 |
| 温差 | 7.8 | 9.8 | 7.5 | 7.5 | 8.5 |

从表 1.8 可见，棚内温度平均比舍棚外提高 8.2℃，在一定程度上缓解了冬季严寒对母牛体况的不利影响。

(2)体重变化　由表 1.9 所示，试验二组体重在试验期内无明显变化，试验一组体重平均下降 20 kg，对照组下降 42 kg。各组间在试验期结束时体重差异极显著。按增重计算，在各月份试验组与对照组间均存在显著差异(除 2 月份 $P=0.069$ 外)。

**表 1.9　试验母牛体重变化**　　kg

| 组别 | 重复 | 12 月 1 日 | 1 月 1 日 | 2 月 1 日 | 3 月 1 日 | 4 月 1 日 | 5 月 1 日 |
|---|---|---|---|---|---|---|---|
| 试验 1 组 | 7 | 340.8±57.6 | 332.8±57.0 | 324.1±49.0 | 324.4±42.9 | 321.4±43.2 | 320.5±42.3 |
| 试验 2 组 | 9 | 322.2±55.3 | 318.0±57.9 | 314.0±64.5 | 313.3±52.7 | 319.2±55.4 | 324.8±55.5 |
| 对照组 | 10 | 332.9±55.6 | 317.3±58.0 | 306.2±58.1 | 298.8±55.7 | 289.2±66.0 | 290.8±42.2 |

(3)血糖浓度　由表 1.10 可见，经过 12 月份低温后，试验二组与试验一组、对照组间存在显著差异($P<0.05$)，3 月份后 3 组间都出现显著差异($P<0.05$)或极显著差异($P<0.01$)。说明暖棚和暖棚加补料对保持母牛体况有积极作用。

**表 1.10　试验母牛血糖浓度变化***

| 组别 | 12 月 1 日 | 1 月 1 日 | 2 月 1 日 | 3 月 1 日 | 4 月 1 日 | 5 月 1 日 |
|---|---|---|---|---|---|---|
| 试验 1 组 | 3.968±0.865 | 3.666±0.826$^{ab}$ | 3.373±0.826$^{ab}$ | 3.212±06.658$^{ABb}$ | 3.197±0.602$^{AB}$ | 3.089±0.376$^{ABb}$ |
| 试验 2 组 | 3.987±0.359 | 4.045±0.598$^{a}$ | 3.902±0.476$^{a}$ | 3.817±0.704$^{A}$ | 3.775±0.532$^{A}$ | 3.976±0.578$^{Aa}$ |
| 对照组 | 4.043±0.451 | 3.248±0.724$^{b}$ | 2.968±0.600$^{b}$ | 2.456±0.686$^{Bc}$ | 2.525±0.544$^{B}$ | 2.428±0.363$^{Bc}$ |

* 表中数字上标小写字母不同表示差异显著($P<0.05$)，大写字母不同表示差异极显著($P<0.01$)，下列各表同样表示。

(4)白蛋白浓度　由表 1.11 可见，试验二组在整个试期白蛋白含量无显著变化，试验一组下降近 21%。对照组下降了近 50%。在试验期，各组白蛋白存在极显著差异。

**表 1.11　试验母牛血浆白蛋白浓度变化**

| 组别 | 12 月 1 日 | 1 月 1 日 | 2 月 1 日 | 3 月 1 日 | 4 月 1 日 | 5 月 1 日 |
|---|---|---|---|---|---|---|
| 试验 1 组 | 50.40±4.09 | 49.08±7.33 | 47.52±8.97$^{Ab}$ | 49.45±8.98$^{ABc}$ | 44.72±6.76$^{A}$ | 38.12±3.87$^{B}$ |
| 试验 2 组 | 51.49±3.38 | 52.76±9.80 | 48.78±4.22$^{Aa}$ | 51.04±6.69$^{Aa}$ | 48.43±8.96$^{A}$ | 46.15±2.81$^{A}$ |
| 对照组 | 51.01±4.10 | 50.50±9.67 | 40.47±2.92$^{Bc}$ | 35.93±1.06$^{Bc}$ | 32.04±5.40$^{B}$ | 26.26±4.28$^{c}$ |

(5)母牛发情情况　截止到 5 月 1 日，参试母牛发情情况见表 1.12。经 $\chi^2$ 检验，各组间发情头数差异显著($P<0.05$)。进一步统计分析表明，试验 2 组与其他两组差异极显著($P<0.01$)。

3. 讨论

(1)气温与体况　健康经产母牛在良好的体况下，停止哺乳后通常会很快发情。母牛过度瘦弱，会导致乏情期延长，甚至死亡。河北北部冬季气温低、风速大、冬季草场条件差，母牛单靠放牧很难得到充足的营养，多数情况下，难以达到维持所需的营养需要（杨凤等，1993）。加之夜晚低温和圈舍条件差，抵抗寒冷要付出许多能量，从而导致北方牲畜常见的“秋肥、冬瘦、春乏”现象的发生。研究表明，在最适温度 0～15℃范围内气温每降低 1℃，牛的代谢能需要相应增加 1%，在 0℃以下，每降低 1℃，代谢能增加 3%左右（周明，1991）。据此推算，试验所在地冬季（12 月至次年 2 月）平均每天因抵御寒冷要增加约 45%以上的代谢能需要。在营养需要不能保证的情况下，势必导致冬季寒冷季节掉膘现象发生。因此，改善其营养条件和提高牛舍舍温成为有针对性解决母牛冬季掉膘现象发生的首选措施。在本研究中，对照组在没有或很少补饲的情况下，冬季试验期内体重平均下降 42 kg，与当地冬季恶劣的自然条件是十分符合的。

**表 1.12　参试母牛发情情况**

| 组别 | 参试数/头 | 发情数/头 | 发情率/% |
|---|---|---|---|
| 试验 1 组 | 7 | 2 | 28.6 |
| 试验 2 组 | 9 | 6 | 66.7 |
| 对照组 | 10 | 0 | 0.0 |

（2）母牛营养状况与发情　研究表明，能量水平是影响母牛繁殖性能的最主要的因素。荷斯坦牛在低营养水平下（饲养标准的 60%），初情期延长 23 周，产后限制饲养的母牛受胎率降低 19%～37%。研究表明，能量供给负平衡会导致下丘脑下部 - 垂体 - 卵巢轴维持 LH 脉冲释放能力下降，而一定水平 LH 为卵巢卵泡发育和排卵所必需，能量负平衡还影响丘脑下部 - 垂体 - 卵巢轴的调节功能，使垂体对正常剂量促性腺激素反应性降低，阈值升高（王建辰等，1998）。蛋白质摄入不足同样影响母牛受胎率和妊娠率。在本试验中，着重分析了母牛体重、血中血糖、白蛋白的变化。试验二组由于营养状况较好，又在一定程度上减轻了严寒造成的能量消耗，因此在试验结束前已有 6 头出现发情，而对照组体况严重下降，能量水平短缺，较大程度地抑制了母牛的生殖内分泌活动，使发情时间推迟。

（3）冬季暖棚和补料的作用　针对冬季北方寒冷地区畜禽生产现状，采用搭建塑料暖棚的方式，改善低温对牲畜的不良影响，是一种成功应用的方法。马克琴（1999）利用塑膜暖棚育肥西杂牛的试验，平均提高牛舍温度 11.2℃，头均日增重提高 0.16 kg，料肉比下降 1.05。本试验是在试验所在地传统牛舍（坐西朝东）的基础上改建的，因未能充分利用中午至下午这段时间气温最高时阳光的作用，仅平均提高舍温 8.2℃，但就此推算已为母牛越冬减少因抵御寒冷造成的能量消耗 24%以上，效果十分可观。血糖和白蛋白的测定值也反映出此项措施的可行性。如能按向阳方式搭建塑膜暖棚，则效果应更加明显。同时可见，在河北北部寒冷地区冬季仅靠改建简易暖棚，尚不足以保持母牛体况，还要适当增加能量饲料补充，以保证母牛机体正常的生殖激素分泌水平，提高其繁殖力。

4. 结论

（1）在北方地区冬季严寒条件下，能量摄入不足是造成母牛乏情期延长的主要因素。血糖浓度和白蛋白含量下降，与体重下降呈正比例关系。

（2）增加能量摄入，改善体况，可提高母牛产后发情率。

(3)搭建简易暖棚可在一定程度上改善母牛的能量消耗,缓解母牛因冬季寒冷带来的对体况的不利影响,但仍不能完全消除恶劣环境条件的影响。

(4)搭建暖棚并适当补充能量饲料是解决冬季母牛体况下降,提高其繁殖性能的简便易行的方法。

### 1.1.5 小结

(1)在我国北方营养供给不足和低温环境造成母牛摄入量低于消耗能量,不能满足其维持需要,代谢出现负平衡,体况开始下降,使得血糖浓度和蛋白含量下降,持久的体况下降是造成母牛乏情的主要原因。搭建暖棚并适当补充能量饲料是解决冬季母牛体况下降、缩短乏情期、提高繁殖性能的简便易行的方法。

(2)经对荷杂、西杂二代母牛的研究发现,哺乳引起的母牛产后乏情的原因并不是由于哺乳母牛 PRL 水平升高所致,而主要是由于哺乳行为对乳头的刺激使乳头的感受器兴奋,然后发出冲动经传入神经传到下丘脑,传入神经元末梢分泌神经递质,使下丘脑神经元对 $E_2$ 的负反馈作用的敏感性增加,从而降低脉冲发生器的功能,GnRH 的分泌受到抑制,使 FSH,LH 处于低水平,卵泡发育受阻,因而造成母牛乏情。

(3)产后犊牛早期断奶可促使母牛提早发情。其机理是早期断奶可使母牛血液中 FSH,$E_2$ 分泌水平明显升高所致。

(作者:桑润滋、张志胜、贾青、丁玉臣)

## 1.2 热应激对牛繁殖性能和泌乳的影响与机理

### 1.2.1 概述

1. 应激概念的提出

"应激"一词源于英文"stress",原意为"紧张、压力、应力",而应激学说则是由加拿大病理专家 Selye(1936)首先提出,并将其定义为机体对外界或内部的各种异常刺激所产生的非特异性应答反应的总和。而 Lee(1997)提出的应激是指"施与机体系统的取代原来状态的外在力量"。Stott(1962)则进一步指出应激应该包括所有的内、外在压力或刺激,它可导致机体变化以适应其所处的环境。因此,在许多情况下,应激度量是采用"原因与效果"法。

应激的目的是为了克服应激源(stressor)的危害,以保持体内平衡,所以它是一种适应性的非特异性防御反应。但如果刺激强度过大或作用时间过长,机体就会逐渐失去应付能力,表现出衰竭现象,出现病理状态,所以,对应激的整个发展过程和最后的结果,Selye 称之为"全身适应性综合征"(general adaptation syndrome, GAS)。而热应激(heat stress)是指处于极端高环境温度中的热环境对机体提出的任何要求所做的非特异性的生理反应的总和。随着畜牧业集约化和产业化程度的提高,热应激在畜禽生产上的危害已日趋严重。因此,国内外学者对此进行了广泛的研究。日、美、英等国从 20 世纪 50～70 年代就开展了该领域研究,我国起步较晚，自20世纪80年代初涉足该领域，但发展较快，现已取得了许多重要成果（李俊杰等，2000）。

2. 热应激对种公畜繁殖机能影响研究发展概况

对于种公牛产生精子的体外睾丸来说，尽管有机体及阴囊对其生精温度有一定程度的调节，但外界环境温度的极端作用仍会对精子发生产生不利影响。一般情况下，温度是影响精子发生的主要气象因子，因此，高温环境下造成的热应激会对精子的发生及其性状产生不利影响。

精子的性状对受精率影响较大，这些性状包括精子数量、精子活力、异常精子数及顶体完整率等。在热应激环境下，种公畜的这些性状均受到较大的影响，致使精液品质下降，直接影响受精率。

（1）热应激对射精量和精子数的影响　一般情况下，夏季种公牛的射精量和精子数要高于其他3个季节，但其冻后活力则是最低的，这可能是由于高温环境下，睾丸升温，使精子受损，从而使废精增加的结果。但热应激环境下，射精量和精子数所受的影响结果不尽一致。张忠诚等（1989）对北京市种公牛站的黑白花公牛研究后发现，气温的变化对采精量的影响不大，而Bhosrekar等（1988）研究发现，采精量受季节的影响显著，夏季最低，冬季最高。这可能是因为精子发生主要受下丘脑-垂体-睾丸轴的调节，而气象因子仅起约30%的作用。因此，当热应激时间较短或强度较小时，很可能对射精量和精子数的影响不显著。

（2）热应激对精子活力的影响　高温环境下，精子的活力显著降低。杨殿军等（1989）通过研究气象因素对种公牛精液品质的影响发现，7～8月份高温期，精液的各性状指标均呈下降趋势，且气温对这种下降趋势起主要作用，可直接导致9～10月份的精子活力由原来的0.59左右下降到0.51～0.52。桑润滋等（2002）报道荷斯坦种公牛夏季热应激期原精活力、精子密度、活精子百分数、顶体完整率均处于最低水平，夏季原精活力为0.62，极显著低于春、秋、冬3个非热应激季节（0.64∶0.63∶0.64，$P<0.01$）。精子畸形率在夏、秋2季处于最高水平，分别为12.17%和12.03%，极显著高于春季和冬季（$P<0.01$）。而采精量所受的影响不大（$P>0.05$）。李俊杰等（2006）对利木赞肉用种公牛夏、春、秋、冬的精子活力进行了测定，依次为0.51±0.18、0.64±0.03、0.61±0.04、0.63±0.02，表明夏季热应激严重影响利木赞种公牛的精液活力。这是由于在高温环境下，附睾内精子的呼吸作用增强，同时消耗大量的代谢基质，因此，当精子排出后，其活力已大大降低。

（3）热应激对顶体完整率的影响　顶体位于精子头部，内含与受精有关的蛋白酶、透明质酸酶和穿透酶等，它容易发生变性而从头部脱落，尤其对热应激的敏感性更大。马玉胜等（1994）测定分析了冷冻精子顶体完整率的季节性变化，发现夏季，尤其是8、9月顶体完整率最低，分别为30.44%和32.75%。Terawaki等（1995）报道在8月份高温环境下，活精子数与有完整顶体的活精子数分别占76.7%与72.7%，在全年各月份中水平最低。

（4）热应激对精子密度的影响　热应激状态下，阴囊和睾丸的热调节能力失去作用，使睾丸的生精机能受到了损害，抑制了精子的发生，异常精子数明显增多，造成了热应激状态下精子浓度严重下降。据报道，荷斯坦公牛、瑞士褐牛及两者与辛地红牛杂交种公牛，每天处于27.8～40℃循环变化的气候室内，经7 d全部公牛的精子浓度和精子总数都下降（Jahnson等，1963）。Singh等（1994）研究发现，夏季过后的两个月内精子的浓度最低。

综上所述，热应激影响种公牛的繁殖机能的机理，可能是因为高温环境直接导致种公牛的体温升高，引起阴囊皮温和睾丸温度升高，造成睾丸变性，使精子的成熟和贮存受到影响，性腺分泌量和成分发生变化，造成夏季不育公牛增多或影响其繁殖机能。

3. 热应激对母畜繁殖机能和泌乳性能影响研究发展概况

高温对奶牛繁殖的影响极为明显。据报道，夏季产犊奶牛比冬季产犊奶牛情期受胎率和胎衣不下率分别降低 22.7 和提高 26.4 个百分点。李建国等(1998)对中国荷斯坦母牛不同繁殖季节受胎率和胎衣不下率进行了比较，结果夏季受胎率比冬季下降 13.1 个百分点(61.43∶74.53)；夏季胎衣不下率比冬季提高 23.33 个百分点(38.53∶15.20)。每日平均气温从 33.3℃升高到 41.7℃，牛的受胎率由 61.5%降到 31%。输精后 1 d 的最高气温与受胎率关系更为密切，如最高气温由 21.1℃升到 35℃，则受胎率由 40%降到 32%。Lee(1993)报道，配种当日或次日阴道温度增加 0.5℃，即可降低受胎率；直肠温度增加 1℃，则受胎率下降 16%。

热应激对奶牛产奶量影响显著，据报道，夏季产犊的奶牛产奶量较冬季下降 12.4%。王前等(1993 年)报道，以 12 月和 1 月分娩的母牛产奶量较高，7—8 月分娩母牛的泌乳量最低，比 12 月和 1 月分娩母牛低 25%～38%。奶牛分娩后 21～55 d 期间对温湿度变化最为敏感。但也有结果表明泌乳中、后期奶牛受暑热应激反应最厉害。

李建国等(1998)夏季慢性热应激期，奶牛泌乳阶段及头平均泌乳量均呈下降趋势。与冬季非热应激期相比，热应激期牛的泌乳前期、中期和后期产奶量分别下降 19.30%($P<0.01$)，15.88%($P<0.01$)和 13.83%($P<0.01$)。说明泌乳前期奶牛较中、后期奶牛对热应激的反应敏感。

研究表明热应激对种公畜生殖机能，如精液产量、精液品质，对母畜繁殖机能如发情、排卵、妊娠、泌乳等均产生显著影响，热应激已成为影响家畜生产性能的重要因素之一。

本节主要从生理常值(呼吸频率、直肠湿度)，血清(钠、钾、镁、球蛋白)生化指标(LH、睾酮、雌二醇、甲状腺素、T3、皮质醇)与生殖激素含量，精清(钠、钾、钙)生化指标与睾酮、ALP 等生殖激素含量对牛繁殖机能和泌乳性能的关系进行了研究，在此基础上探讨其机理，提出判断种公牛热应激的生理常值标准和缓解热应激措施。

### 1.2.2 热应激对奶牛生理常值、血液生化指标、繁殖及泌乳性能的影响

奶牛对热应激反应极为明显，不仅产奶量明显下降，而且对繁殖性能亦有不良影响。据报道，夏季产犊奶牛的产奶量较冬季产犊下降 12.40%，情期受胎率和胎衣不下率也分别降低 22.7 和提高 26.4 个百分点，给奶牛业带来巨大的经济损失。因此，对奶牛热应激发病机理及营养调控和管理的研究受到国内外广泛重视。近年来，国内外主要集中于评定奶牛耐热性指标的研究，而有关热应激对奶牛影响的机理研究较少，且结果不尽一致。本研究旨在阐明热应激和非热应激期奶牛生理变化、血清中相关激素、蛋白质、电解质和维生素的变化规律以及与繁殖和泌乳的关系，为进一步揭示奶牛热应激发病机理和制定缓解奶牛热应激的技术措施提供理论依据。

1. 材料与方法

(1)试验牛的选择　试验 1：在不同季节分别选择胎次和泌乳量相近($P>0.5$)的泌乳前期、中期和后期荷斯坦母牛 18 头，饲养水平与管理方法一致。研究热应激对奶牛生理常值、血清中甲状腺素、皮质醇、$\gamma$-球蛋白、钾、钠、镁和抗坏血酸含量变化规律与产奶量的关系。

试验2:在不同季节,分别选择胎次和泌乳量相近的分娩母牛及产后70～90 d母牛16头,供试牛统一饲喂和管理。研究奶牛血清孕酮、促黄体素、雌二醇和钙水平变化规律及其与受胎率和胎衣不下发病率关系。

试验3:统计分析同年不同季节乳房炎发病率。

(2)血样的采集和预处理　在不同季节,对各试验牛颈静脉采血,每期采血3次,采血后分离血清,－30℃冷冻保存待测。

(3)舍温及温湿指数测定　在牛舍中部南墙距地面1.5 m处挂置干、湿球温度计,测定每日8:00,14:00和20:00的干、湿温度,并换算成温湿指数(THI)＝0.72($T_d$＋$T_w$)＋40.6,式中$T_d$和$T_w$分别指干、湿球温度读数(℃)。

(4)生理生化指标测定　在采血当日11:00左右测定各试验牛的直肠温度和呼吸频率。

分析血清中γ-球蛋白、钙、镁、钾、钠和抗坏血酸含量。血清中游离三碘甲腺原氨酸(T3)、皮质醇、孕酮和促黄体素(LH)均采用放射免疫分析法(RIA),测定药盒由北京北方免疫试剂研究所提供,操作步骤按药盒使用说明书进行。

(5)繁殖及泌乳性能测定　奶牛分娩后,胎衣在12 h以内不能自然完全脱落者,确诊为胎衣不下,统计不同季节牛胎衣不下发病率。对供试牛在产后70～90 d,用细管精液进行人工授精,并计算受胎率。

试验牛每10 d抽测1次产奶量。

(6)数据处理　对试验结果采用SAS统计软件进行方差分析和多重比较。

2. 结果与分析

(1)试验牛舍的环境温度　经实际测定,不同季节的牛舍温度及THI见表1.13。

表1.13　不同季节的牛舍温度及THI

| 项目 | 春季(3—5月) | 夏季(6—8月) | 秋季(9—11月) | 冬季(12月至次年2月) |
|---|---|---|---|---|
| 气温/℃ | 18.53 | 28.10 | 16.04 | 4.00 |
| THI | 64.20 | 79.93 | 62.26 | 45.64 |

由表1.13可见,夏季牛舍平均气温达到28.1℃ ,THI为79.93。当牛舍THI达到69以上时可对奶牛造成热应激,本研究条件下,夏季足以引起荷斯坦母牛严重热应激,而其他季节处于非应激状态。

(2)不同季节对荷斯坦牛直肠温度及呼吸频率的影响　本研究表明,夏季慢性热应激期牛的直肠温度、呼吸频率极显著地高于冬季非热应激期(表1.14)。

表1.14　不同季节对荷斯坦牛直肠温度及呼吸频率的影响

| 项目 | 春季 | 夏季 | 秋季 | 冬季 |
|---|---|---|---|---|
| 直肠温度/℃ | $38.38\pm0.37^{bA}$ | $39.17\pm0.17^{aA}$ | $38.23\pm0.38^{bA}$ | $37.54\pm0.26^{cB}$ |
| 呼吸频率/(次/min) | $35.33\pm1.67^{bB}$ | $51.08\pm1.66^{aA}$ | $29.80\pm1.54^{dB}$ | $26.25\pm1.09^{dB}$ |

注:表内横行具有不同大写字母者差异极显著($P<0.01$),不同小写字母者差异显著($P<0.05$),下表同。

(3)不同季节对荷斯坦牛血液生化指标的影响　由表1.15可知,热应激能改变荷斯坦牛内分泌激素的分泌模式。夏季慢性热应激牛血清孕酮水平比冬季非应激期提高 32.20%($P<0.05$),而血清中 $T_3$、皮质醇、LH 和雌二醇水平均呈明显下降趋势($P<0.05$)。

表 1.15 不同季节对荷斯坦牛血液生化指标的影响

| 项目 | 春季 | 夏季 | 秋季 | 冬季 |
|---|---|---|---|---|
| T3/(ng/mL) | 1.23±0.17$^{b}$ | 1.02±0.18$^{c}$ | 1.22±0.25b | 1.34±0.29$^{a}$ |
| 皮质醇/(ng/mL) | 3.23±0.74$^{b}$ | 2.46±0.56$^{c}$ | 3.21±0.47$^{b}$ | 5.03±0.61$^{a}$ |
| 孕酮/(ng/mL) | 0.45±0.09$^{b}$ | 0.78±0.05$^{a}$ | 0.41±0.02$^{b}$ | 0.59±0.03$^{b}$ |
| LH/(ng/mL) | 4.21±1.01 | 3.21±0.93$^{b}$ | 3.22±0.85$^{b}$ | 5.93±0.99$^{a}$ |
| 雌二醇/(pg/mL) | 23.18±2.30$^{a}$ | 16.95±1.72$^{b}$ | 29.35±2.41$^{a}$ | 26.36±2.50$^{a}$ |
| γ-球蛋白/(g/100 mL) | 2.29±0.56$^{aA}$ | 1.47±0.63$^{bB}$ | 1.76±0.44$^{bB}$ | 2.43±0.36$^{aA}$ |
| 抗坏血酸/(mg/100 mL) | 9.47±2.03$^{bB}$ | 8.44±2.38$^{cB}$ | 9.93±3.25$^{bB}$ | 11.41±2.12$^{aA}$ |
| Ca/(mg/100 mL) | 10.23±1.02$^{aA}$ | 7.39±1.78$^{cC}$ | 9.87±1.45$^{aB}$ | 11.65±1.33$^{bA}$ |
| K/(mmol/L) | 17.46±2.30$^{bA}$ | 14.56±2.56$^{cC}$ | 16.25±2.78$^{bB}$ | 18.31±2.31$^{aA}$ |
| Na/(mmol/L) | 357.58±34.20$^{bAB}$ | 292.67±35.11$^{cB}$ | 334.80±33.52$^{bB}$ | 364.17±34.74$^{aA}$ |
| Mg/(mg/100 mL) | 4.05±1.03$^{a}$ | 3.89±1.22$^{a}$ | 3.98±1.30$^{a}$ | 4.12±1.25$^{a}$ |

夏季荷斯坦牛血清中 $\gamma$-球蛋白水平最低，比非应激期冬、春和秋季分别降低 39.51%($P<0.01$),35.81%($P<0.01$)和 16.48%($P>0.05$)。夏季牛血清中抗坏血酸含量分别比冬、春、秋季分别降低 26.03%($P<0.01$),13.35%($P<0.05$)和 15.01%($P<0.05$)。荷斯坦牛在夏季慢性热应激期，血清钙、钾、钠的水平极显著低于冬季非应激期($P<0.01$),热应激对血清镁水平无显著影响($P>0.05$)。

(4)不同季节荷斯坦牛乳房炎发病率　对全年各月乳房炎发病率的检测与统计结果表明，外界环境温度与乳房炎发病率有密切关系，1 月份发病率最低(3.75%),然后随气温的升高，发病率逐渐上升，8 月份发病率最高，达到 18.10%。之后，发病率又随着气温的降低而减少。夏季乳房炎发病率较冬季高 9.42 个百分点($P<0.05$)。

(5)不同季节对牛繁殖性能的影响(表 1.16)　由表 1.16 可见，夏季荷斯坦牛胎衣不下率高达 38.53%,冬季最低(15.20%),两者差异极显著($P<0.01$)。热应激可显著影响冷配母牛的受胎率，夏季冷配母牛受胎率较冬季降低 13.1 个百分点($P<0.05$)。

表 1.16 不同季节对荷斯坦牛繁殖性能的影响

| 项目 | 春季 | 夏季 | 秋季 | 冬季 |
|---|---|---|---|---|
| 胎衣不下率/% | 34.20±2.41$^{aA}$ | 38.53±2.32$^{aA}$ | 28.25±2.37$^{bA}$ | 15.20±2.05$^{cB}$ |
| 受胎率 796 | 70.43±1.02$^{a}$ | 61.43±1.13$^{b}$ | 73.57±1.04$^{a}$ | 74.53±0.97$^{a}$ |

(6)不同季节对荷斯坦牛泌乳性能的影响(表 1.17)　由表 1.17 可以看出，夏季慢性热应激期，奶牛泌乳阶段头平均泌乳量均呈下降趋势。与冬季非热应激期相比，热应激期牛的泌乳前期、中期和后期产奶量分别下降 19.30%($P<0.01$),15.88%($P<0.01$)和 13.83%($P<$

0.01)。说明泌乳前期奶牛较中、后期奶牛对热应激的反应敏感。

表 1.17　试验牛泌乳量测定结果

| 项目 | 春季 | 夏季 | 秋季 | 冬季 |
| --- | --- | --- | --- | --- |
| 泌乳前期 | $2\,036.9 \pm 172.27^{B}$ | $1\,890.0 \pm 159.41^{C}$ | $2\,160.4 \pm 187.52^{B}$ | $2\,342.1 \pm 156.43^{A}$ |
| 泌乳中期 | $1\,897.8 \pm 167.63^{bAB}$ | $1\,721.0 \pm 170.10^{cB}$ | $1\,926.2 \pm 150.60^{bA}$ | $2\,046.0 \pm 165.49^{aA}$ |
| 泌乳后期 | $1\,528.4 \pm 180.30b^{AB}$ | $1\,430.7 \pm 165.24^{cB}$ | $1\,623.6 \pm 198.20^{aA}$ | $1\,660.4 \pm 130.16^{aA}$ |
| 平均 | $1\,821.0 \pm 279.51^{B}$ | $1\,680.3 \pm 264.25^{C}$ | $1\,885.4 \pm 294.71^{B}$ | $2\,016.2 \pm 272.63^{A}$ |

3. 讨论

(1)直肠温度和呼吸频率的变化　当气温升高到某一限度时，牛开始加快呼吸。在严重热应激下，可进行热性喘息(呼吸频率可达 200 次/min)。从而影响其体热平衡，最终导致牛体温升高。据报道，荷斯坦牛当气温超过 15.6℃时，对呼吸频率发生影响；当气温超过 21.1℃时，对体温开始发生影响。本研究表明，牛舍温度为 16.04℃，所测得呼吸频率和直肠温度较冬季有所增加；当气温达到 28.1℃时，两者极显著升高($P<0.01$)，这与史彬林等(1996)报道的结果相一致。

(2)内分泌激素的变化规律　热应激对牛血液激素水平影响的试验结果不尽一致。Wise(1988 年)报道，热应激时，牛血清中皮质醇水平升高，孕酮和雌二醇含量无变化，促黄体素水平有下降趋势。但亦有报道，热应激使牛血清中促黄体素水平升高。本试验表明，热应激使牛血清中孕酮水平显著增加，而促黄体素和雌二醇水平均呈下降趋势，这一结论支持 Lee(1993)提出的观点。热应激时，牛的甲状腺活动减弱，代谢率降低，减少产热，以增加机体对炎热环境的适应。本试验发现，热应激使牛血清 $T_3$ 水平下降，这与 Buter 等(1989)试验结果相一致。一般认为，急性热应激时牛血清皮质醇水平升高，而慢性热应激时则降低，本研究得到相同结论。夏季慢性热应激时的皮质醇水平极显著低于冬季，说明高温下皮质醇水平下降，有降低代谢率、减少产热的作用。

(3)血液 $\gamma$-球蛋白、电解质及抗坏血酸水平的变化　热应激对奶牛血清球蛋白水平影响的研究未见报道。本研究表明，热应激可显著降低荷斯坦牛血清球蛋白水平，说明热应激时荷斯坦牛出现免疫抑制，导致血清免疫球蛋白合成下降。

高温可引起荷斯坦牛血清钙水平明显下降。本试验中，夏季牛血清钙水平比冬季下降 36.56%($P<0.01$)其原因可能是热应激引起钙摄入不足，干扰小肠黏膜上皮对钙的转运，不能从动员骨钙进入血流得到补偿，尿钙排出增加。大量研究证实，耐热牛的红细胞钾含量低而稳定、可遗传，可作为评价奶牛耐热性的可靠指标。本研究证实，热应激使牛血清钾、钠水平明显下降($P<0.01$)，血清镁水平也呈减少趋势，但差异不显著($P>0.05$)说明高温时牛采食量减少，钾、钠、镁摄入量相应不足，同时唾液大量分泌，皮肤蒸发量增加，最终导致血液中电解质的丧失。

关于抗坏血酸对家禽抗热应激作用研究较多，而对牛的作用研究颇为鲜见。布列柯夫等研究表明奶牛日粮中添加抗坏血酸钠具有刺激红细胞生成作用，增加碱储，使瘤胃液中纤毛虫数量和挥发性脂肪酸含量增加。本研究表明，热应激可显著降低牛血清中抗坏血酸含量，这可能是由于热应激期牛体内抗坏血酸的合成效率降低。

(4)热应激对繁殖的影响及机理　高温对奶牛繁殖的影响极为明显。每日平均气温从33.3℃升高到41.7℃，牛的受胎率由61.5%下降到31%。输精后1 d的最高气温与受胎率关系更为密切，如最高气温由21.1℃升到35℃，则受胎率由40%降到32%。Lee(1993)报道，配种当日或次日阴道温度增加0.5℃，即可降低受胎率；当直肠温度增加1℃，则受胎率下降16%。本研究也证实热应激可显著降低母牛的受胎率。其机理是：在高温情况下，牛血清中雌二醇水平急剧下降，发情行为明显减弱，发情时间缩短，同时还引起子宫血流量减少，胚胎营养和水分的利用不足，抑制子宫代谢过程，异常胚和死胚率增加；血液中孕酮水平上升限制发情期LH的波动，抑制其释放及阻止排卵；血液中甲状腺激素水平的降低同样也会损害繁殖机能，造成受胎率降低。

刘智喜等(1994年)报道，产犊季节与胎衣不下无关。本研究发现，夏季产犊牛的胎衣不下发病率较冬季产犊高23.33个百分点($P<0.01$)，与其他多数资料相一致。这可能是因为热应激引起母牛激素分泌失调，代谢紊乱，通向胎盘的血管扩张、血液供应过多，绒毛膜绒毛在腺窝内膨胀，使分离困难，从而使胎衣不下增多。本研究发现，热应激降低血钙水平，可能会导致宫缩力减弱。

(5)热应激对泌乳性能的影响及机理　王前等(1993)报道，12月和1月分娩的母牛产奶量较高，7—8月分娩母牛的泌乳量最低，比12月和1月分娩母牛低25%～38%。奶牛分娩后21～55 d期间对温湿度变化最为敏感。但也有结果表明泌乳中、后期奶牛受暑热应激反应最厉害。本试验结果与王前等(1993)的观点相一致。热应激降低牛泌乳力的机理是：高温引起牛代谢机能和酶活性改变，$T_3$和皮质醇分泌减少，代谢机能减弱，产热量减少，采食量下降，营养摄入不足，体内维生素合成减少。呼吸频率增加，体温升高，造成电解质及维生素的损失，产奶量下降。另外，夏季牛体内免疫球蛋白合成下降，血清中抗坏血酸水平降低，机体抵抗力减弱，乳房炎发病率上升，影响牛泌乳性能的发挥。

### 1.2.3　热应激对荷斯坦种公牛精液品质的影响及机理

热应激对荷斯坦种公牛的精液品质有严重的影响。据报道，阴囊受热应激影响3 d后，活精子百分数即明显减少。生产中有些单位夏季甚至停止采精，给养牛业带来了巨大的经济损失。目前，国内外关于种公牛热应激的研究主要集中于耐热性和提高生产力方面，而有关热应激对荷斯坦种公牛精液品质影响机理的研究则较少。本试验通过对1年中(尤其是夏季)荷斯坦种公牛精液品质、血清及精清生化指标的测定，结合其生理常值(直肠温度和呼吸频率)的变化规律，对热应激影响种公牛精液品质下降的机理进行了探讨。

1. 材料与方法

(1)试验牛　纯种荷斯坦种公牛(4岁左右)5头，河北省种公牛站提供，均采精正常、健康无病。试验期间(2000年3月至2001年2月)保持相同的饲养管理条件。

(2)血液及精液的采集和处理　颈静脉采血(6、7、8、9月每月采血2次，其余每月采血1次)，每次采血30 mL，低温(0℃)离心分离血清。在当日采血前采集种公牛的精液，立即测定其精液品质，然后低温(0℃)离心分离精清。所得血清与精清均在－30℃保存。

(3)舍温及牛舍温湿指数测定　在牛舍中部距地面1.5 m处挂置干、湿球温度计，测定每日8:00、12:00、20:00的干、湿温度，并换算成温湿指数(THI)$=0.72(T_d+T_w)+40.6$，式中

$T_d$ 和 $T_w$ 分别指干、湿球温度计读数(℃)。

(4)精液品质各项指标的检测

①采精量。直接由集精杯刻度读数即可。

②精子活力。取精液 50 μL 置于载玻片上,加盖玻片立即在 200～400 倍带有电视显微装置的显微镜的荧光屏上观察活力(注意环境温度或载物台温度保持 38℃)。

③精子密度。先用生理盐水将精液按 1∶5 比例稀释,再利用精子密度测定仪测得。

④顶体完整率。将每份样品制作 2 个抹片,用 1～2 mL 中性福尔马林固定,风干后用姬姆萨染液染色 1.5 h,随即用清水冲洗,然后利用显微镜进行观察。顶体完整率计算公式如下:

$$顶体完整率 = 顶体完整精子数 / 精子总数 \times 100\%$$

⑤精子畸形率。制片、染色按照 1、(4)、④方法进行。

$$精子畸形率 = 畸形精子数 / 精子总数(正常 + 畸形) \times 100\%$$

⑥活精子百分数。用伊红 - 苯胺黑法染色,随即制作抹片,自然风干后,于显微镜下观察。

$$活精子百分数 = 未着色的精子数 / 精子总数 \times 100\%$$

⑦生理生化指标的测定。在采血当日 11:00 左右测定各试验牛的直肠温度和呼吸频率。血清钠、钾、钙、镁、血糖及精清钠、钾、钙、镁、磷均采用终点法测定,测定药盒由北京中生生物工程高技术公司提供;血清 GPT、GOT、CK 及精清 ALP、ACP 均采用动力学方法测定,测定药盒由北京中生生物工程高技术公司提供;血清睾酮、促黄体素(LH)、皮质醇、游离三碘甲腺原氨酸($T_3$)及精清睾酮均采用放射性免疫分析法(RIA)测定,测定药盒由北京华英免疫试剂研究所提供。

⑧数据处理。应用 SAS 软件包的 ANOVA 程序,用方差分析确定不同季节对种公牛精液品质各指标、血清生化指标及精清生化指标的影响,不同处理平均数的比较用 Student-Newman-Keuls 检验。

2. 结果

(1)试验牛舍的环境温度　实际测定的不同季节的牛舍温度及 THI 见表 1.18。夏季牛舍平均气温达到 32.63℃,THI 为 75.17。当牛舍平均温度达 28.1℃、平均 THI 达 69 以上时可对荷斯坦奶牛造成热应激。本试验条件下,夏季的气温足以引起荷斯坦种公牛严重热应激,而其他季节处于非热应激状态。

表 1.18　不同季节的牛舍温度及 THI

| 项目 | 春季 | 夏季 | 秋季 | 冬季 |
|---|---|---|---|---|
| 气温/℃ | 18.07 | 32.63 | 15.17 | 1.29 |
| THI | 63.23 | 75.17 | 57.23 | 42.67 |

注:春季指 3—5 月,夏季指 6—8 月,秋季指 9—11 月,冬季指 12 月至次年 2 月。表 1.19 同。

(2)不同季节对荷斯坦种公牛直肠温度及呼吸频率的影响　夏季热应激期荷斯坦公牛的直肠温度、呼吸频率极显著地高于春、秋、冬 3 个非热应激期(表 1.19)。

(3)不同季节对荷斯坦种公牛精液品质各指标的影响　结果见表 1.20。夏季热应激期原精活力、精子密度、活精子百分数、顶体完整率均处于最低水平,极显著低于春、秋、冬 3 个非热应激季节(0.62∶0.64∶0.63∶0.64,$P<0.01$)。精子畸形率在夏、秋两季处于最高水平,分

别为 12.17％和 12.03％，极显著高于春季和冬季（$P<0.01$）。而采精量所受的影响不大（$P>0.05$）。

表 1.19　不同季节对荷斯坦种公牛直肠温度及呼吸频率的影响

| 项目 | 春季 | 夏季 | 秋季 | 冬季 |
| --- | --- | --- | --- | --- |
| 直肠温度/℃ | 38.20±0.21** | 38.84±0.18 | 38.27±0.28** | 38.09±0.27** |
| 呼吸频率/(次/min) | 24.00±2.62 | 43.75±6.75 | 31.10±5.60** | 10.80±2.22** |

注：** 表示与夏季相比 $P<0.01$。表 1.20 同。

表 1.20　不同季节对荷斯坦种公牛精液品质的影响

| 项目 | 春季 | 夏季 | 秋季 | 冬季 |
| --- | --- | --- | --- | --- |
| 原精活力 | 0.64±0.01** | 0.62±0.01 | 0.63±0.04 | 0.64±0.01 |
| 采精量/mL | 5.40±1.96 | 6.12±1.10 | 5.20+1.39 | 5.07±0.72 |
| 精子密度/(亿/mL) | 18.40±0.37** | 12.00±0.12 | 15.60±0.48** | 15.10±0.31** |
| 冻精活力 | 0.359±0.007** | 0.355±0.005 | 0.355±0.004** | 0.368±0.003** |
| 活精子百分数/% | 75.93±3.87** | 64.53±2.07 | 75.20±3.85** | 72.73±13.39** |
| 顶体完整率/% | 86.73±2.55** | 71.26±3.06 | 83.50±6.30 | 84.27±4.96 |
| 精子畸形率/% | 9.07±0.55** | 12.17±1.20 | 12.03±3.08 | 10.97±3.93** |

(4)不同季节对荷斯坦种公牛血液生化指标的影响　由表 1.21 可知，夏季荷斯坦种公牛血清睾酮含量为 3.41 ng/L，极显著低于春季与秋季（$P<0.01$）；$T_3$ 含量为 1.29 ng/L，极显著低于秋季与冬季，与春季相比，下降不显著（$P>0.05$）；夏季皮质醇和促黄体素的含量分别为 5.05 ng/L 和 45.11 ng/L，均极显著低于春、秋、冬 3 个非热应激季节（$P<0.01$）。夏季荷斯坦种公牛血糖水平仅为 2.51 mmol/L，与春、秋、冬 3 个非热应激季节相比分别下降 47.0％（$P<0.01$）、30.5％（$P<0.01$）、29.5％（$P<0.01$）。夏季热应激期荷斯坦种公牛血清钠、钾、钙、镁均处于最低水平，其中钾、钙、镁极显著低于春、秋、冬 3 个非热应激季节（$P<0.01$）。

荷斯坦种公牛在热应激期血清酶活性发生了显著变化，其中 GPT、GOT 在夏季处于最高水平，CK 在夏季极显著低于春、秋 2 季（$P<0.01$），但与冬季相比差异不显著。

(5)不同季节对荷斯坦种公牛精清生化指标的影响　由表 1.22 可知，高温可引起荷斯坦种公牛精清睾酮含量下降，夏季睾酮含量比春、秋、冬 3 个季节分别下降 62.7％（$P<0.01$）、61.8％（$P<0.01$）、70.8％（$P<0.01$）。荷斯坦种公牛夏季精清钠极显著低于春季（$P<0.01$），但高于秋季（$P<0.01$），与冬季差异不显著；精清钾、钙均处于最低水平，极显著低于春、秋、冬季（$P<0.01$）；精清镁与春季相比，呈极显著下降趋势（$P<0.01$）；精清磷夏季处于最高水平，为 4.03 mmol/L，极显著高于其他季节（$P<0.01$）。夏季荷斯坦种公牛精清酸性磷酸酶处于最高水平，比春、秋、冬季分别高 30.5％（$P<0.01$）、35.4％（$P<0.01$）、18.9％（$P<0.01$）；碱性磷酸酶在夏季含量为 1 597 U/L，极显著高于春、秋两季（$P<0.01$），与冬季相比，差异不显著（$P>0.05$）。

表 1.21 不同季节对荷斯坦种公牛血清生化指标的影响

| 项目 | 春季 | 夏季 | 秋季 | 冬季 |
|---|---|---|---|---|
| 睾酮/(ng/L) | 20.05±9.30** | 3.41±1.69 | 9.71±3.59** | 3.58±1.99 |
| $T_3$/(ng/L) | 1.20±0.52 | 1.29±0.25 | 1.73±0.29** | 1.62±0.30** |
| LH(ng/L) | 97.27±15.42** | 45.11±4.55 | 222.63±25.43** | 158.36±50.40** |
| Cor/(ng/L) | 6.36±2.06** | 5.05±0.58 | 7.87±1.46** | 14.85±2.85** |
| 血糖/(mmol/L) | 4.74±0.13** | 2.51±0.24 | 3.61±0.24** | 3.56±0.88** |
| 钠/(mmol/L) | 290.33±18.19* | 123.15±8.29 | 150.91±8.63 | 161.21±23.48* |
| 钾/(mmol/L) | 6.34±0.40** | 3.84±0.14 | 4.89±0.31** | 5.13±0.52** |
| 钙/(mmol/L) | 3.50±0.42** | 2.46±0.15 | 3.18±0.15** | 3.35±0.10** |
| 镁/(mmol/L) | 0.76±0.06** | 0.49±0.05 | 0.68±0.13** | 0.62±0.20** |
| GPT/(U/L) | 19.52±1.35** | 33.99±17.34 | 21.09±0.73** | 25.91±3.87** |
| GOT/(U/L) | 53.09±10.30** | 82.38±9.91 | 46.49±1.63** | 65.43±9.74** |
| CK/(U/L) | 74.24±29.29** | 50.81±13.94 | 85.50±34.57** | 30.83±11.52 |

注：* 表示与夏季相比 $P<0.05$。下表同。

表 1.22 不同季节对荷斯坦种公牛精液生化指标的影响

| 项目 | 春季 | 夏季 | 秋季 | 冬季 |
|---|---|---|---|---|
| 睾酮/(ng/L) | 11.57±5.24** | 4.31±1.63 | 11.28±0.51** | 14.78±0.43** |
| 钠/(mmol/L) | 185.35±28.43** | 111.00±23.69 | 95.52±20.67** | 111.65±13.22 |
| 钾/(mmol/L) | 40.47±10.30** | 19.20±10.76 | 47.04±16.81** | 51.62±20.87** |
| 钙/(mmol/L) | 6.66±0.55** | 4.88±0.17 | 6.41±0.17** | 6.48±0.78** |
| 镁/(mmol/L) | 6.12±0.87** | 3.35±0.44 | 1.43±0.42** | 2.02±0.32* |
| 磷/(mmol/L) | 2.98±0.37** | 4.03±0.12 | 2.08±0.24** | 1.48±0.36** |
| ALP/(U/L) | 1 030.6±448.9** | 1 597.3±245.7 | 877.0±401.2** | 1 394.5±795.7 |
| ACP($U\cdot L^{-1}$) | 16.98±1.36** | 24.44±4.72 | 15.78±2.30** | 19.83±1.81** |

3. 讨论

(1)直肠温度和呼吸频率的变化　当气温升高到某一限度时，荷斯坦种公牛呼吸开始加快。在严重的热应激下，可进行热性喘息(呼吸频率可达 200 次/min)，从而影响其体热平衡，最终导致牛体温升高。本试验表明，牛舍温度为 22.81℃，呼吸频率和直肠温度较冬季有所增加。当牛舍温度达到 27.94℃时，2 项指标较 22.81℃时显著升高($P<0.05$)。

(2)精液品质各指标的变化　夏季热应激对种公牛精液品质有显著影响(Tomar，*et al.*，1996)。这是因为夏季高温高湿，公牛食欲减退，体况下降，直接导致公牛体温升高，引起阴囊皮温和睾丸温度升高，并且由于阴囊调节温度的能力较差，持续高温会影响睾丸功能，使精子的成熟和贮存遇到困难。本试验结果表明，夏季热应激期荷斯坦种公牛的原精活力、精子密度、活精子百分数、顶体完整率均处于最低水平；精子畸形率处于最高水平；而热应激对荷斯坦种公牛采精量的影响不大。

(3)内分泌激素的变化规律　热应激对牛血清激素水平影响的试验结果不尽一致。Madan, *et al*.(1973)发现,高温使荷斯坦牛垂体释放的 LH 下降,而 Katongolt, *et al*.(1974)则认为血清 LH 随温度的变化不显著。本试验表明,热应激使牛血清 LH 和睾酮及精清睾酮均极显著降低,其可能原因是由于热应激状态下,下丘脑-垂体-睾丸轴的功能受到抑制,造成血清 LH 的分泌减少,从而导致血清睾酮分泌降低,最终导致精清睾酮的含量下降。

一般认为,夏季热应激使牛血清皮质醇水平显著降低,本试验得到相同结论,说明高温环境下皮质醇水平下降,有降低代谢率、减少产热的作用。另外,热应激时,牛的甲状腺活动减弱,代谢率降低,产热减少,以增加机体对炎热环境的适应。本试验发现,夏季牛血清 $T_3$ 极显著下降。这与李建国等(1998)的试验结果相一致。

(4)血糖、电解质元素及酶活性的变化　一般认为,热应激常导致牛血糖水平降低。本试验结果表明,夏季牛血糖水平极显著低于其他非热应激季节。这与 Olbrich, *et al*.(1971)报道相一致。这主要是因为夏季时,牛下丘脑-垂体-甲状腺轴和下丘脑-垂体-肾上腺皮质轴的调节功能减弱。因此,造成甲状腺素及皮质醇的含量降低,最终导致血糖含量的下降。电解质在维持动物的正常代谢方面有非常重要的功能。本试验中,夏季血清钠、钾、钙、镁均处于最低水平,与其他季节相比呈明显下降趋势。这与李建国等(1998)观点相一致。说明高温时牛采食量减少,钠、钾、钙、镁摄入量相应不足,同时唾液大量分泌,皮肤蒸发量增加,最终导致血液中电解质的丧失。热应激对精清电解质水平的影响不尽一致。Bhupal,*et al*.(1969)报道,精清钠离子随温度的升高而降低,但钾离子变化不明显。Kapoor, *et al*.(1973)发现,夏季钙离子和镁离子含量明显降低。

但亦有报道高温环境下钙离子含量升高,镁离子变化不明显。本试验结果显示,夏季精清钠、钾、钙、镁含量均呈明显下降趋势,精清磷极显著升高。这主要是因为精清电解质与维持精子活力和活精子数有关,并且精清中高浓度的磷有抑制精子代谢和活力的作用。

酶是动物进行新陈代谢的催化剂,对动物体内多种化学反应起着重要作用。在热应激状态下,随着机体出现呼吸性碱中毒,造成血清及精清酶活性发生了显著变化。本试验表明,夏季血清 GPT、GOT 处于最高水平,这主要因为在高温环境下,机体为抵抗应激原的危害,使血红蛋白转化成糖的能力加强的结果。血清 CK 在夏季和冬季处于较低的水平,极显著低于春季和秋季($P<0.01$),这与 Agarwal 等(1991)报道的结果不一致。其原因可能是,公牛的饲养管理方式及生产性能与母牛存在差异,因此热应激对其作用的机制亦有所不同。热应激状态下,精清酶活性亦发生了显著变化。夏季精清 ALP、ACP 均处于最高水平,这主要是因为高温刺激下丘脑分泌促皮质素释放因子(CRF)作用于腺垂体,促使其分泌促肾上腺皮质激素(ACTH),以促使糖皮质激素的分泌,从而提高了碱性磷酸酶活性之故。而 ACP 活性的升高主要是因为精子内高浓度的钙调素与精清钙离子结合后,使酸性磷酸酶活性升高的结果。

(5)热应激影响荷斯坦种公牛精液品质下降的机理　综上所述,热应激状态下,机体的应激系统被激活,抑制了下丘脑-垂体-睾丸轴的功能,造成垂体分泌的 LH 减少。由于 LH 的分泌减少,直接导致睾酮的合成降低,抑制了精母细胞的发育,因此高温环境下,精母细胞的分裂增殖与发育受阻,导致精子的生成减少,精子密度降低,同时由于高温环境造成阴囊和睾丸温度的上升,使性腺的分泌量及所含的成分均发生了显著变化,不利于精子的生存,并且生成的精子进入附睾以后，持续高温引起的热应激使精子在附睾内的运行与成熟遇到了困难，导致活精子百分数与原精活力的下降。

另外，热应激环境下，血清中的电解质水平、酶活性及其他生化指标发生了显著变化，导致睾丸和附睾局部的微循环障碍，使得血液－睾丸屏障和血液－附睾屏障的功能降低，因此造成精清中的电解质水平、酶活性及其他生化指标也发生了变化，不利于精子的成活和贮存。可见，由于上述多方面的综合原因，使得夏季热应激造成了种公牛的原精活力、原精密度、活精子百分数、顶体完整率均显著下降，精子畸形率明显提高。

### 1.2.4 不同季节肉用种公牛精液品质与生理常值、血清及精清生化指标相关关系研究

Ahmad, *et al*. (1996)；Jantee, *et al*. (2003)；Gizejewski(2004)；Brito, *et al*. (2002)报道，公畜的精液品质受季节变化影响很大，不同季节会引起羊、马、鹿、牛的精液品质发生显著变化。肉用种公牛因其体重较大，不同季节尤其是夏季炎热气候对其精液品质的影响更为明显，大大降低了肉用种公牛的利用效率，因此，亟需开展不同季节对肉用种公牛精液品质影响及机理的研究。目前国外从睾丸形态、血液与精液生化指标的变化对此进行了报道，而国内却很少研究。本试验通过对利木赞种公牛和夏洛来种公牛一年中精液品质、生理常值及血清、精清生化指标的测定，系统地对上述指标全年的变化规律进行了综合分析，旨在探讨季节因素引起肉用种公牛精液品质下降的机理。

1. 材料和方法

(1)试验牛　选择河北省石家庄市河北省种公牛站4岁左右的采精正常、健康无病的纯种肉用种公牛(夏洛来牛、利木赞牛)为试验牛。试验期间保持相同的饲养管理条件。

(2)血液及精液的采集和处理　对试验牛颈静脉采血(每月采血1～2次)，每次采血30 mL，离心分离血清。在采血当日利用假阴道采集种公牛的精液，部分经常规检查检测其精液品质，其余部分离心分离精清，所得血清与精清均于－30℃保存。

(3)舍温及牛舍温湿指数　在牛舍中部距地面1.5 m处挂置干湿球温度计，测定每日8:00、12:00、20:00的干湿温度，并换算成温湿指数 $THI=0.72(T_d+T_w)+40.6$，式中 $T_d$ 和 $T_w$ 分别指干、湿球温度计读数(℃)。

(4)精液品质各项指标的检测

①原精活力。取精液50 μL置于载玻片上加盖玻片立即在200～400倍带有电视显微装置的显微镜的荧光屏上观察活力(注意环境温度或载物台温度保持38℃)。

②精子密度。将精液按1∶5比例稀释，利用精子密度测定仪测定。

③顶体完整率。将样品制作抹片，用1～2 mL中性福尔马林固定，风干后用姬母萨染液染色1.5 h，随即用清水冲洗，然后利用显微镜进行观察。

计算公式如下：

$$顶体完整率=\frac{顶体完整精子数}{精子总数}\times 100\%$$

④精子畸形率。制片、染色采用本章1.4.3的方法。

$$精子畸形率 = \frac{畸形精子数}{察数的精子总数(正常+畸形)} \times 100\%$$

⑤活精子百分数。用伊红-苯胺黑法染色，随即制作抹片，自然风干后，于显微镜下观察。

$$活精子百分数 = \frac{未着色的精子数}{察数的精子总数} \times 100\%$$

(5)血清生化指标测定　血清睾酮、促黄体素(LH)、游离三碘甲腺原氨酸($T_3$)和皮质醇(Cor)均采用放射性免疫分析法(RIA)，测定药盒由北京华英免疫试剂研究所提供。血清钠、钾、钙、镁均采用终点法测定，测定药盒由北京中生生物工程高技术公司提供。

(6)精清生化指标的测定　精清睾酮采用放射性免疫分析法测定，测定药盒由北京华英免疫试剂研究所提供。精清钠、钾、钙、镁、磷均采用终点法测定，测定药盒由北京中生生物工程高技术公司提供；精清碱性磷酸酶(ALP)采用动力学法测定，测定药盒由北京中生生物工程高技术公司提供。

(7)数据处理　调用 SAS(6.12)软件包的 ANOVA 过程，用方差分析确定品种和不同季节对肉用种公牛精液品质各指标和血清生化指标的影响，不同处理平均数的比较用 Student-Newman-Keuls 检验。调用 CORR 过程确定精液品质各指标与精清生化指标的相关，精清生化指标与血清生化指标的相关，生理常值与精液品质各指标的相关，生理常值与血清生化指标的相关，生理常值与精清生化指标的相关。

2. 结果与分析

(1)不同季节牛舍的环境温度　由表 1.23 可知，不同季节牛舍平均气温和 THI 变化明显，以夏季最高，平均气温达 31.74℃，THI 达 79.41。资料表明，当牛舍平均温度达 31℃时，可对肉用种公牛造成热应激，而冬季牛舍平均气温和 THI 则最低，分别为 4.44℃和 49.24。因此，不同季节肉用种公牛所处的环境发生了显著的变化，据此，将 6—8 月份划为夏季，9—11 月份划为秋季，12、1、2 月份划为冬季，3—5 月份划为春季。

表 1.23　**不同季节的牛舍温度及 THI**

| 项目 | 春季<br>3—5 月 | 夏季<br>6—8 月 | 秋季<br>9—11 月 | 冬季<br>(12 月至次年 2 月) |
|---|---|---|---|---|
| 气温/℃ | 19.74 | 31.74 | 17.56 | 4.44 |
| THI | 66.55 | 79.41 | 63.03 | 49.24 |

(2)季节变化对肉用种公牛冻精产量的影响　通过对全年各月肉用种公牛冻精生产量的统计，结果表明，外界环境温度与冻精产量的高低有密切关系。从春季 4 月份至夏季，随着气温的升高，冻精产量逐渐下降，7、8 月份冻精产量最低，分别降到 5 114 支与 5 823 支。之后，冻精产量又随着气温的降低而升高。不同季节分析表明，夏季每月冻精产量最低，平均为 7 388支；冬季每月冻精产量最高，达 23 322 支。

(3)不同季节对肉用种公牛精液品质的影响　由表 1.25 可知，肉用种公牛原精活力与冻精活力夏季最低，显著低于春、秋和冬季($P<0.05$)；精子密度以夏季过后的秋季最低，为 9.9 亿/mL。活精子百分数和顶体完整率夏季分别为 55.63%和 66.32%，均显著低于春、秋、冬季($P<0.01$)。精子畸形率在夏、秋两季均处于较高水平，分别为 19.54%和 21.63%，显著

高于春季和冬季($P<0.01$)。

表 1.24 不同季节对肉用种公牛冻精产量影响

| 项目 | 月份(春季) | | | 月份(夏季) | | | 月份(秋季) | | | 月份(冬季) | | |
|---|---|---|---|---|---|---|---|---|---|---|---|---|
| | 3 | 4 | 5 | 6 | 7 | 8 | 9 | 10 | 11 | 12 | 1 | 2 |
| 冻精产量/支 | 19 539 | 23 679 | 21 078 | 11 228 | 5 114 | 5 823 | 10 832 | 16 108 | 17 071 | 27 798 | 22 855 | 19 313 |
| 平均/支 | | 21 432 | | | 7 388 | | | 14 670 | | | 23 322 | |

表 1.25 不同季节对肉用种公牛精液品质的影响

| 项目 单位 | 品种 | 春季<br>(3—5 月) | 夏季<br>(6—8 月) | 秋季<br>(9—11 月) | 冬季<br>(12 月至次年 2 月) |
|---|---|---|---|---|---|
| 原精活力 | 利木赞牛 | $0.64\pm0.03^{**}$ | $0.51\pm0.18$ | $0.61\pm0.04^{**}$ | $0.63\pm0.02^{**}$ |
| | 夏洛来牛 | $0.62\pm0.01^{**}$ | $0.47\pm0.09$ | $0.56\pm0.02^{**}$ | $0.62\pm0.04^{**}$ |
| | 平 均 | $0.63\pm0.02^{**}$ | $0.49\pm0.14$ | $0.58\pm0.03^{**}$ | $0.62\pm0.03^{**}$ |
| 冻精活力 | 利木赞牛 | $0.38\pm0.02^{**}$ | $0.33\pm0.06$ | $0.35\pm0.04^{*}$ | $0.38\pm0.07^{**}$ |
| | 夏洛来牛 | $0.37\pm0.03^{**}$ | $0.32\pm0.09$ | $0.33\pm0.03$ | $0.35\pm0.05^{*}$ |
| | 平 均 | $0.37\pm0.03^{**}$ | $0.32\pm0.08$ | $0.34\pm0.04^{*}$ | $0.36\pm0.06^{**}$ |
| 精子密度/(亿/mL) | 利木赞牛 | $17.3\pm0.28^{A**}$ | $14.0\pm0.35^{A}$ | $10.8\pm0.42^{A**}$ | $19.2\pm0.43^{A**}$ |
| | 夏洛来牛 | $15.3\pm0.07^{B**}$ | $11.7\pm0.19^{B}$ | $8.9\pm0.18^{B**}$ | $12.2\pm0.18^{B**}$ |
| | 平 均 | $16.3\pm0.17^{**}$ | $12.8\pm0.27$ | $9.9\pm0.30^{**}$ | $15.7\pm0.30^{**}$ |
| 活精子百分数/% | 利木赞牛 | $71.40\pm5.49^{**}$ | $55.74\pm6.72$ | $61.87\pm5.76^{**}$ | $64.17\pm12.41^{**}$ |
| | 夏洛来牛 | $74.80\pm3.27^{**}$ | $55.53\pm4.38$ | $63.37\pm6.84^{**}$ | $58.20\pm8.97^{**}$ |
| | 平 均 | $73.10\pm4.38^{**}$ | $55.63\pm5.55$ | $65.64\pm6.30^{**}$ | $61.18\pm10.7^{**}$ |
| 顶体完整率/% | 利木赞牛 | $85.61\pm3.38^{**}$ | $66.35\pm9.54$ | $74.40\pm16.10^{**}$ | $74.83\pm10.23^{**}$ |
| | 夏洛来牛 | $84.68\pm1.88^{**}$ | $66.30\pm3.07$ | $75.00\pm6.50^{**}$ | $67.88\pm14.16^{**}$ |
| | 平 均 | $85.14\pm2.63^{**}$ | $66.32\pm6.31$ | $74.70\pm11.3^{**}$ | $71.36\pm12.19^{**}$ |
| 精子畸形率/% | 利木赞牛 | $10.80\pm1.89^{**}$ | $16.57\pm7.57^{b}$ | $18.95\pm8.76^{b}$ | $13.57\pm4.08^{**}$ |
| | 夏洛来牛 | $12.10\pm2.25^{**}$ | $22.52\pm3.97^{a}$ | $24.30\pm1.67^{a}$ | $14.18\pm6.43^{**}$ |
| | 平 均 | $11.45\pm2.07^{**}$ | $19.54\pm5.77$ | $21.63\pm5.21$ | $13.88\pm5.25^{**}$ |

注:表内同列肩标具有不同大写字母者差异极显著($P<0.01$),不同小写字母者差异显著($P<0.05$);表内同行肩标 ** 表示与夏季相比差异极显著($P<0.01$),* 表示与夏季相比差异显著($P<0.05$),下同。

(4)不同季节肉用种公牛血清内分泌激素的变化 由表 1.26 可知,夏季肉用种公牛血清 LH、Cor 的含量分别为 48.12 ng/L 与 4.89 ng/L,均显著低于春、秋、冬季($P<0.01$);血清睾酮含量为 4.15 ng/L,显著低于春季与秋季($P<0.01$),但高于冬季;夏季 $T_3$ 含量为 1.11 ng/L,显著低于秋季与冬季($P<0.05$),与春季相比,呈下降趋势($P>0.05$)。

表 1.26 不同季节对肉用种公牛血清内分泌激素的影响 ng/L

| 项目 | 品种 | 春季（3—5月） | 夏季（6—8月） | 秋季（9—11月） | 冬季（12月至次年2月） |
|---|---|---|---|---|---|
| 促黄体素（LH） | 利木赞牛 | 116.81±14.53** | 63.80±2.43 | 224.17±53.51** | 209.20±80.87** |
| | 夏洛来牛 | 55.70±24.82** | 32.43±2.97 | 169.65±35.94** | 230.72±118.75** |
| | 平均 | 86.26±19.68** | 48.12±2.70 | 196.91±44.73** | 219.96±99.81** |
| 睾酮（testosterone） | 利木赞牛 | 18.74±10.47** | 3.48±1.77 | 8.66±3.67** | 2.31±1.49 |
| | 夏洛来牛 | 12.44±6.56** | 4.81±1.92 | 7.78±2.86** | 4.42±3.71 |
| | 平均 | 15.57±8.51** | 4.15±1.84 | 8.22±3.26** | 3.36±2.60 |
| 三碘甲腺原氨酸（$T_3$） | 利木赞牛 | 1.38±0.15* | 1.09±0.16 | 1.44±0.11** | 1.45±0.18** |
| | 夏洛来牛 | 1.22±0.19 | 1.14±0.19 | 1.59±0.23** | 1.33±0.22** |
| | 平均 | 1.30±0.17 | 1.11±0.17 | 1.51±0.17** | 1.39±0.20** |
| 皮质醇（Cor） | 利木赞牛 | 6.92±3.00** | 4.33±0.86 | 8.44±1.48** | 15.15±3.43** |
| | 夏洛来牛 | 7.38±0.93** | 5.44±0.67 | 7.12±1.27** | 16.10±2.10** |
| | 平均 | 7.15±1.96** | 4.89±0.76 | 7.78±2.27** | 15.63±2.76** |

（5）不同季节血清电解质水平的变化　由表 1.27 可知，夏季肉用种公牛血清钠、钾、钙、镁含量均处于最低水平，显著低于春、秋、冬季（$P<0.05$）。

表 1.27 不同季节对肉用种公牛血清电解质水平的影响 mmol/L

| 项目 | 品种 | 春季（3—5月） | 夏季（6—8月） | 秋季（9—11月） | 冬季（12月至次年2月） |
|---|---|---|---|---|---|
| 钠 | 利木赞牛 | 116.24±35.63 | 124.37±17.95 | 148.06±22.82* | 161.81±11.58* |
| | 夏洛来牛 | 127.28±35.20* | 93.96±6.01 | 138.17±27.84* | 152.78±12.87* |
| | 平均 | 122.10±35.41* | 109.17±11.98 | 143.11±25.33* | 157.30±12.23* |
| 钾 | 利木赞牛 | 6.63±0.71** | 3.75±0.10 | 4.40±0.22** | 5.06±0.31** |
| | 夏洛来牛 | 6.03±0.41** | 3.94±0.11 | 5.09±0.28** | 6.20±0.47** |
| | 平均 | 6.33±0.76** | 3.84±0.10 | 4.75±0.25** | 5.63±0.39** |
| 钙 | 利木赞牛 | 3.62±0.35** | 2.36±0.12 | 2.84±0.19** | 3.18±0.09** |
| | 夏洛来牛 | 3.41±0.11** | 2.31±0.10 | 2.85±0.12** | 3.28±0.17** |
| | 平均 | 3.51±0.51** | 2.33±0.11 | 2.85±0.15** | 3.23±0.13** |
| 镁 | 利木赞牛 | 0.76±0.05** | 0.61±0.06 | 1.00±0.19** | 0.75±0.18** |
| | 夏洛来牛 | 0.86±0.09** | 0.77±0.09 | 0.74±0.12** | 1.00±0.10** |
| | 平均 | 0.81±0.07** | 0.69±0.08 | 0.87±0.15** | 0.86±0.14** |

（6）不同季节对种公牛精清睾酮的影响　由表 1.28 可知，夏季可引起肉用种公牛精清睾酮含量显著下降，仅为 10.83 ng/L，显著低于春、秋、冬季（$P<0.01$）。品种间利木赞牛的精清睾酮含量显著高于夏洛来牛（$P<0.05$）。

表 1.28 不同季节对肉用种公牛精清睾酮的影响 ng/L

| 项目 | 品种 | 春季（3—5月） | 夏季（6—8月） | 秋季（9—11月） | 冬季（12月至次年2月） |
| --- | --- | --- | --- | --- | --- |
| 睾酮 | 利木赞牛 | 27.23±5.31A** | 14.91±1.65A | 25.79±1.60A** | 15.96±0.76a** |
| | 夏洛来牛 | 13.61±2.94B** | 6.74±1.61B | 15.45±0.41B** | 13.23±0.26b** |
| | 平　均 | 20.42±4.13** | 10.83±1.63 | 20.62±1.01** | 14.60±0.51 |

（7）不同季节对种公牛精清电解质水平和酶活性的影响　见表 1.29。

表 1.29 不同季节对肉用种公牛精清电解质水平和 ALP 影响

| 项目 | 单位 | 品种 | 春季（3—5月） | 夏季（6—8月） | 秋季（9—11月） | 冬季（12月至次年2月） |
| --- | --- | --- | --- | --- | --- | --- |
| 钠 | mmol/L | 利木赞牛 | 149.69±35.81** | 84.08±14.70 | 89.58±25.25 | 118.63±7.16a** |
| | | 夏洛来牛 | 119.80±32.79** | 82.17±8.90 | 104.03±17.09** | 109.24±11.30** |
| | | 平　均 | 134.75±34.3** | 83.12±11.80 | 96.81±21.17 | 113.94±9.23** |
| 钾 | mmol/L | 利木赞牛 | 28.45±14.05a* | 21.48±9.52a | 50.89±13.20a** | 41.66±11.57a** |
| | | 夏洛来牛 | 27.82±10.02b** | 16.06±3.40b | 37.23±8.61b** | 33.91±13.39b** |
| | | 平　均 | 28.14±12.03** | 18.77±6.46 | 44.06±10.91** | 37.79±12.48** |
| 钙 | mmol/L | 利木赞牛 | 6.48±0.24A** | 4.75±0.18A | 6.37±0.10A** | 5.66±0.33A** |
| | | 夏洛来牛 | 5.85±0.31B** | 4.52±0.22B | 5.63±0.39B** | 5.20±0.35B** |
| | | 平　均 | 6.17±0.27** | 4.63±0.20 | 6.00±0.24** | 5.43±0.34** |
| 镁 | mmol/L | 利木赞牛 | 7.22±1.47a** | 3.94±0.23a | 0.96±0.17b** | 2.15±0.17* |
| | | 夏洛来牛 | 5.20±0.82b** | 3.38±0.14b | 1.44±0.19a** | 2.15±0.29* |
| | | 平　均 | 6.21±1.14** | 3.66±0.18 | 1.20±0.18** | 2.15±0.23* |
| 磷 | mmol/L | 利木赞牛 | 2.66±0.69B** | 4.33±0.15B | 2.64±0.36B** | 1.56±0.55A** |
| | | 夏洛来牛 | 2.80±0.45A** | 4.97±0.27A | 2.90±0.22A** | 1.98±0.24B** |
| | | 平　均 | 2.73±0.57** | 4.65±0.21 | 2.77±0.29** | 1.77±0.39** |
| 碱性磷酸酶（ALP） | U/L | 利木赞牛 | 1 514.2±162.8** | 1 764.7±139.1 | 1 479.8±164.2** | 2 390.7±291.7* |
| | | 夏洛来牛 | 1 296.0±203.3** | 1 803.9±317.8 | 1 462.1±505.4** | 2 359.5±233.3* |
| | | 平　均 | 1 405.1±183.1** | 1 784.3±228.5 | 1 471.0±334.8** | 2 375.1±262.5* |

夏季精清钠含量显著低于冬季与春季（$P<0.01$），与秋季相比，差异不显著（$P>0.05$）。精清钾和钙夏季含量最低，分别为 18.77 mmol/L 和 4.63 mmol/L；精清镁含量由春季至秋季显著下降（$P<0.01$），春季最高，为 6.21 mmol/L，秋季最低，为 1.20 mmol/L，随后冬季开始回升。精清磷含量夏季最高，为 4.65 mmol/L，显著高于春季、秋季和冬季。肉用种公牛精清碱性磷酸酶（ALP）在夏季和冬季含量分别为 1 784.3 U/L 和 2 375.1 U/L，显著高于春、秋两季（$P<0.01$），说明冷、热应激均可导致精清碱性磷酸酶活性上升。

（8）精液品质各指标与精清各指标的相关性　由表 1.30 可知，精清睾酮与精子密度（$r=0.696$）、原精活力（$r=0.788$）呈显著正相关（$P<0.01$），与精子畸形率呈显著负相关（$r=-0.569$，$P<0.05$），与活精子百分数（$r=0.411$）、顶体完整率（$r=0.338$）均呈正相关，但差异均不显著（$P>0.05$）。精清磷与原精活力呈显著负相关（$r=-0.502$，$P<0.05$），精清 Mg 与

顶体完整率呈显著正相关($r$=0.469,$P$<0.05)。表明精清矿物质对种公牛精液品质变化有一定的影响。

(9)血清与精清生化指标之间的相关　由表1.31可知,精清睾酮与血清睾酮、LH相关系数分别为0.696($P$<0.01)和0.568($P$<0.05),差异显著,精清钠、钾、钙、镁分别与血清钠、钾、钙、镁存在显著正相关,精清ALP与血清皮质醇($r$=−0.612)、$T_3$($r$=−0.508)均存在显著负相关($P$<0.05)。可见,夏季高温环境导致肉用种公牛睾丸和附睾局部的微循环障碍,使血液—睾丸屏障功能降低,造成精清睾酮、电解质水平、酶活性随血清激素、电解质水平的变化而变化。

**表1.30　精清生化指标与精液品质各指标的相关**

| 名　称 | 精子密度 | 原精活力 | 顶体完整率 | 活精子百分数 | 精子畸形率 |
|---|---|---|---|---|---|
| 精清睾酮 | 0.696[A] | 0.788[A] | 0.338 | 0.411 | −0.569[a] |
| 精清Na | 0.389 | 0.392 | 0.138 | 0.192 | −0.089 |
| 精清K | 0.399 | 0.126 | −0.269 | −0.226 | 0.091 |
| 精清Ca | 0.287 | 0.183 | −0.012 | 0.298 | −0.256 |
| 精清Mg | 0.066 | 0.376 | 0.469[a] | 0.409 | −0.312 |
| 精清P | 0.252 | −0.502[a] | 0.416 | 0.418 | −0.328 |
| 精清ALP | 0.096 | −0.206 | −0.367 | −0.213 | −0.007 |

A表示差异极显著($P$≤0.01),a表示差异显著($P$≤0.05)。下同。

**表1.31　血清生化指标与精清生化指标的相关**

| 名　称 | 精清睾酮 | 精清钠 | 精清钾 | 精清钙 | 精清镁 | 精清磷 | 精清ALP |
|---|---|---|---|---|---|---|---|
| 血清睾酮 | 0.696[A] | 0.383 | 0.013 | 0.293 | 0.264 | −0.354 | −0.311 |
| 血清LH | 0.568[a] | 0.121 | 0.097 | 0.216 | 0.125 | −0.132 | −0.085 |
| 血清皮质醇 | 0.368 | 0.362 | 0.298 | 0.327 | 0.256 | −0.213 | −0.612[A] |
| 血清$T_3$ | 0.352 | 0.386 | 0.376 | 0.421 | 0.269 | −0.308 | −0.508[a] |
| 血清钠 | 0.399 | 0.576[a] | 0.661[A] | 0.306 | 0.244 | −0.184 | 0.025 |
| 血清钾 | 0.230[A] | 0.569[a] | 0.672[A] | 0.463 | 0.350 | −0.322 | −0.125 |
| 血清钙 | 0.269[a] | 0.093 | 0.015 | 0.652[A] | 0.186 | −0.189 | 0.141 |
| 血清镁 | 0.400 | −0.247 | 0.016 | 0.158 | 0.513[a] | −0.018 | 0.065 |

(10)不同季节对肉用种公牛生理常值的影响　由表1.32可知,夏季肉用种公牛的呼吸频率显著提高($P$<0.01),分别比春、秋、冬季提高43.9%、31.6%、65.7%。夏季高温环境下种公牛的平均直肠温度最高,达38.94℃,与春、秋、冬季相比分别上升1.33%($P$<0.01)、1.17%($P$<0.01)、1.67%($P$<0.01)。

(11)生理常值与精液品质、血清生化指标的相关　由表1.33可知,直肠温度与原精活力、活精子百分数、精子密度均呈显著负相关,与精子畸形率呈显著正相关($P$<0.05);呼吸频率与活精子百分数、原精活力、精子密度、顶体完整率呈显著负相关($P$<0.05),与精子畸形率呈显著正相关($P$<0.01)。

表 1.32 不同季节对肉用种公牛呼吸频率及直肠温度的影响

| 项目 | 单位 | 品种 | 春季（3—5月） | 夏季（6—8月） | 秋季（9—11月） | 冬季（12月至次年2月） |
|---|---|---|---|---|---|---|
| 呼吸频率 | 次/min | 利木赞牛 | 30.47±6.71** | 52.22±2.31 | 33.83±5.67** | 14.10±2.34** |
| | | 夏洛来牛 | 23.47±2.21** | 41.98±6.29 | 29.42±6.44** | 22.34±6.82** |
| | | 平　均 | 25.98±7.64** | 45.98±7.83 | 31.45±11.2** | 15.75±1.86** |
| 直肠温度 | ℃ | 利木赞牛 | 38.58±0.13** | 39.00±0.28 | 38.57±0.22** | 38.31±0.31** |
| | | 夏洛来牛 | 38.51±0.26** | 38.97±0.25 | 38.61±0.12** | 38.49±0.26** |
| | | 平　均 | 38.43±0.09** | 38.94±0.16 | 38.49±0.28** | 38.30±0.18** |

表 1.33 生理常值(直肠温度和呼吸频率)与精液品质各指标的相关

| 项目 | 原精活力 | 精子密度 | 顶体完整率 | 活精子百分数 | 精子畸形率 |
|---|---|---|---|---|---|
| 直肠温度 | −0.723$^{A}$ | −0.585$^{a}$ | −0.325 | −0.525$^{a}$ | 0.570$^{a}$ |
| 呼吸频率 | −0.801$^{A}$ | −0.664$^{A}$ | −0.547$^{a}$ | −0.643$^{A}$ | 0.692$^{a}$ |

由表1.34可知，直肠温度与血清皮质醇、三碘甲腺原氨酸、钠、钾、钙均呈显著负相关($P<0.05$)；呼吸频率与血清皮质醇、三碘甲腺原氨酸、钠、钾、钙、镁均呈显著负相关($P<0.05$)。

表 1.34 生理常值(直肠温度和呼吸频率)与血清生化指标的相关

| 项目 | 血清 LH | 血清睾酮 | 血清钠 | 血清钾 | 血清钙 | 血清镁 |
|---|---|---|---|---|---|---|
| 直肠温度 | −0.378 | −0.246 | −0.492 | −0.583 | −0.606$^{a}$ | −0.463 |
| 呼吸频率 | −0.402 | −0.156 | −0.678$^{A}$ | −0.610 | −0.592$^{a}$ | −0.515$^{a}$ |

由表1.35可知，直肠温度、呼吸频率与精清碱性磷酸酶(ALP)相关系数较高，分别为0.498和0.505，但差异不显著($P>0.05$)，与其他精清生化指标亦不存在显著相关性。

表 1.35 生理常值(直肠温度和呼吸频率)与精清生化指标的相关

| 项目 | 精清睾酮 | 精清钠 | 精清钾 | 精清钙 | 精清镁 | 精清磷 | 精清 ALP |
|---|---|---|---|---|---|---|---|
| 直肠温度 | −0.330 | −0.306 | −0.375 | −0.295 | −0.378 | 0.272 | 0.498 |
| 呼吸频率 | −0.270 | −0.374 | −0.350 | −0.325 | −0.411 | 0.057 | 0.505 |

3. 讨论

(1)不同季节对肉用种公牛冻精产量和精液品质的影响　公牛产生精子的器官是睾丸，阴囊对其温度有一定程度的调节，但外界环境温度的极端作用仍会对精子的发生产生不利影响。本试验结果表明夏季炎热气候对肉用种公牛冻精产量影响较大，而冬季寒冷气候对肉用种公牛冻精产量影响不大。这与王自科报道一致。

夏季高温对肉用种公牛精液品质有严重的负面影响，主要是因为高温刺激睾丸的温度升高，使从事精原细胞发生的干细胞受到影响，造成其数量和活力下降，从而直接影响所生成的精子数量和活力。Tomar 等(1996)发现,原精活力、冻精活力和精子密度各季节间差异显著,炎热气候条件下这两项指标均处于最低水平。王自科亦报道西门塔尔种公牛原精活力和精子密度与季节变化明显,由春季至秋季呈下降趋势,尤其以夏末秋初或者 6—9 月份,原精活力和精子密度最低,甚至无法生产冻精,进入冬季后又明显上升。本试验结果与其一致。并且本试验结果表明夏季肉用种公牛活精子百分数和顶体完整率处于最低水平,而精子畸形率处于较高水平。新鲜精液中有完整顶体的精子对受精作用至关重要,这是因为顶体中包含一些在受精过程中起重要作用的酶类,顶体异常的精子常因此失去受精能力。因此,在冻精生产中,有完整顶体的活精子数是评定精液品质的一项重要指标。Teraaki 等(1995)研究发现,活精子顶体对热应激的敏感性极强,本试验结果支持了上述论点,这主要是因为顶体异常发生的原因与精子生成过程和附性腺分泌物性状的不良有关。夏季肉用种公牛睾丸、阴囊及附性腺的功能发生了异常,使性腺的分泌和成分发生了变化,从而造成顶体完整率下降,畸形精子数增加。

品种间利木赞牛各季节精子密度均高于夏洛来牛($P<0.01$),精子畸形率夏、秋两季利木赞牛显著低于夏洛来牛($P<0.05$),可见,季节因素对利木赞种公牛精液品质影响总体上低于夏洛来种公牛。其原因可能是由于利木赞牛原产地生存条件较差,土壤贫瘠多石,锻炼了利木赞牛结实的体质和良好的抗逆能力,使利木赞牛血统中有良好的抗逆型基因,能够适应在寒冷及炎热地区的温差变化,因此其对热和冷的耐受能力高于夏洛来种公牛。

(2)不同季节对肉用种公牛血清内分泌激素的影响　夏季高温造成的热应激使种公牛体内促皮质素释放激素(CRH)的分泌增加,随着 CRH 的增多能直接抑制下丘脑促黄体素释放激素(LHRH)的分泌;CRH 也可通过刺激 β 内啡肽(β - EP)的释放对 LHRH 产生抑制作用,从而引起血浆促黄体素水平降低。亦有报道高温环境下低水平的血清促黄体素是充分维持睾丸和附性腺功能所必需的。而睾酮的分泌受下丘脑 - 垂体 - 睾丸轴的调控,正常情况下,腺垂体分泌促黄体素(LH)刺激睾丸间质细胞分泌睾酮。但是夏季高温环境促黄体素分泌减少,使睾酮水平降低。这与 Rhynes 等(1973)和 Sundby 等(1978)结果一致。

$T_3$ 具有加强组织代谢、提高组织产热量、促进糖类的吸收和利用、加速脂肪的分解等作用,其分泌受下丘脑 - 垂体 - 甲状腺轴的调控,并且与大脑皮层接受外界的冷、热刺激有关。因此,肉用种公牛为防止夏季过分产热,降低代谢率,必须通过内分泌途径减少产热,使甲状腺机能减弱,血清 $T_3$ 水平的下降正是这种调节的表现。另外,发生急性应激反应时,下丘脑 - 垂体 -肾上腺皮质轴(HPA)兴奋性增高,从而促进 ACTH 释放,引起较长时间的皮质醇水平升高,因此急性应激条件下常造成皮质醇水平上升。但如果刺激强度过大或作用时间过长,机体就会逐渐失去应付能力,表现出衰竭现象,出现病理状态,因此造成下丘脑 - 垂体 - 肾上腺皮质轴失调,从而使皮质醇的分泌降低,本试验发现肉用种公牛长期处于夏季高温环境中 $T_3$ 和皮质醇水平均下降。Sidibe 亦证实夏季种公牛皮质醇水平下降。

(3)不同季节对血清电解质水平的影响　高温可引起肉用种公牛血清钙水平明显下降。本试验中,夏季种公牛血清钙水平比春季下降 33.6%($P<0.01$)。其原因可能是夏季高温引起钙摄入不足,干扰小肠黏膜上皮对钙的转运,不能从动员骨钙进入血流得到补偿,尿钙排出增加的结果。研究表明,低温会使红细胞钾含量升高,而高温则使钾含量降低,本研究证实,夏季可使种公牛血清钾、钠水平明显下降($P<0.01$),血清镁水平也呈减少趋势,但差异不显著($P>0.05$)。说明高温时牛采食量减少,钾、钠、镁摄入量相应不足,同时唾液大量分泌,皮肤蒸发量增加,最终导致血液中电解质的丧失。

(4)不同季节对种公牛精清睾酮的影响　睾酮是睾丸间质细胞分泌的主要激素之一，其合成后经淋巴循环扩散到曲细精管、附睾与输精管等部位，成为精清中睾酮的主要来源。夏季高温环境下，下丘脑-垂体-睾丸轴的活动受到抑制，造成血清睾酮的合成下降，而精清睾酮与血清睾酮存在显著正相关，因此精清睾酮夏季亦处于较低的水平。目前有关高温影响种公牛精液品质下降的研究中，对血清睾酮的报道较多，有关精清睾酮的报道较少。但血浆或血清睾酮含量为血液循环中睾酮的总量，即游离睾酮与结合睾酮的总和。而在公牛体内真正起生物作用的是游离睾酮，其含量仅占总量的3%。在种公牛精清中睾酮多以游离态存在。因此，测定精清睾酮含量对研究不同季节影响种公牛精液品质下降的机制更准确。并且本试验发现精清睾酮与精液品质各指标存在显著相关，因此张居农等(2002)利用睾酮与促性腺激素、维生素E配合，提高了夏季公羊的精液品质，证实外源补充睾酮可提高公畜精液品质。

(5)不同季节对种公牛精清电解质水平和碱性磷酸酶活性的影响　本试验结果表明精清生化指标与血清生化指标存在显著相关，因此夏季高温环境下，由于血液酸碱度及渗透压的变化，使得精液中的电解质也发生了相应的变化。精清中电解质主要用于维持精液的渗透压，对精液品质各指标影响较大。精清中钙离子有调节精子运动能力的作用，通常情况下，精子内高浓度钙调素与钙离子结合成复合物后，可以使精子膜泵出钙离子并增加精子的活力。$Ca^{2+}$—钙调素复合物还可以改变鞭毛蛋白ATP酶及肌球蛋白轻链激酶的活性，从而使精子的运动能力发生改变。因此随着高温季节钙调素与钙离子结合的比例增加，精清中钙离子浓度呈下降趋势。关于精清中的磷，本试验结果表明，夏季精清磷含量最高。这主要是因为夏季精清磷酸化酶活性升高，将分解磷酸酯产生磷之故。资料表明，精清磷与受精率呈负相关，一般情况下，精清中高浓度的磷有抑制精子代谢和活力的作用(Marcus *et al.*, 1995)。因此在冻精生产中，精液稀释液通常含磷酸酯丰富的蛋黄，以保持精子在解冻后有良好的活力和受精能力。

肉用种公牛精清碱性磷酸酶(ALP)在夏季处于较高的水平，主要是由于高温刺激下丘脑分泌促皮质素释放因子(CRF)作用于腺垂体，促使其分泌促肾上腺皮质激素(ACTH)，以促使糖皮质激素的分泌，从而提高了碱性磷酸酶活性之故。

(6)直肠温度与呼吸频率　直肠温度是衡量机体热平衡的重要指标，在适宜的环境温度条件下，牛直肠温度总是保持稳定。当环境温度超过最高或最低极限时，牛开始呼吸加快，直肠温度出现升高或降低，表明体热平衡已遭破坏。在严重高温环境下，可进行热性喘息(每分钟呼吸频率可达200次)，最终导致牛直肠温度升高。本试验发现，当种公牛直肠温度达38.7℃，呼吸频率达37次/min时，可初步判定种公牛已受到热应激作用。相关分析表明直肠温度、呼吸频率与血清皮质醇、三碘甲腺原氨酸、钠、钾、钙均呈显著负相关($P<0.05$)。因此史彬林认为可将直肠温度和呼吸频率作为评定奶牛耐热性指标。

另外，本试验发现，当平均直肠温度达38.9℃，平均呼吸频率达54.3次/min时，种公牛的原精活力和精子密度明显下降；当种公牛平均直肠温度达39.2℃、平均呼吸频率57次/min时，原精活力降至全年最低值，活精子百分数、精子密度、顶体完整率亦趋近于全年各月份最低值，而精子畸形率达全年各月份最高水平。相关分析证实直肠温度、呼吸频率与与原精活力、活精子百分数、精子密度均呈显著负相关，与精子畸形率呈显著正相关($P<0.05$)。因此，直肠温度和呼吸频率亦可作为种公牛精液品质变化的衡量指标。

### 1.2.5 小结

(1)热应激降低牛泌乳力的机理　高温引起牛代谢机能和酶活性改变，$T_3$ 和皮质醇分泌减少，代谢机能减弱，产热量减少，采食量下降，营养摄入不足，体内维生素合成减少。呼吸频率增加，体温升高，造成电解质及维生素的损失，产奶量下降。另外，夏季牛体内免疫球蛋白合成下降，血清中抗坏血酸水平降低，机体抵抗力减弱，乳房炎发病率上升，影响牛泌乳性能的发挥。

(2)热应激降低种公牛精液品质的机理　种公牛在热应激状态下，机体的应激系统被激活，抑制了下丘脑－垂体－睾丸轴的功能，造成垂体分泌的 LH 减少。由于 LH 的分泌减少，直接导致睾酮的合成降低，抑制了精母细胞的发育，因此高温环境下，精母细胞的分裂增殖与发育受阻，导致精子的生成减少，精子密度降低，同时由于高温环境造成阴囊和睾丸温度的上升，使性腺的分泌量及所含的成分均发生了显著变化，不利于精子的生存，并且生成的精子进入附睾以后，持续高温引起的热应激使精子在附睾内的运行与成熟遇到了困难，导致活精子百分数与原精活力的下降。另外，热应激环境下，血清中的电解质水平、酶活性及其他生化指标发生了显著变化，导致睾丸和附睾局部的微循环障碍，使得血液－睾丸屏障和血液－附睾屏障的功能降低，因此造成精清中的电解质水平、酶活性及其他生化指标也发生了变化，不利于精子的成活和贮存。可见，由于上述多方面的综合原因，使得夏季热应激造成了种公牛的原精活力、原精密度、活精子百分数、顶体完整率均显著下降，精子畸形率明显提高。

(3)直肠温度和呼吸频率亦可作为种公牛热应激与否的判定指标　当平均直肠温度达 38.9℃，平均呼吸频率达 54.3 次/min 时，种公牛的原精活力和精子密度明显下降；当种公牛平均直肠温度达 39.2℃、平均呼吸频率达 57 次/min 时，原精活力降至全年最低值，活精子百分数、精子密度、顶体完整率亦趋近于全年各月份最低值，而精子畸形率达全年各月份最高水平。相关分析证实直肠温度、呼吸频率与原精活力、活精子百分数、精子密度均呈显著负相关，与精子畸形率呈显著正相关($P<0.05$)。

(作者：桑润滋、李建国、李俊杰、田树军、倪俊卿、张军辉)

## 1.3 生殖激素诱导成年牛卵泡发育(双胎)效果与机理研究

### 1.3.1 概述

FSH 和 PMSG 均属于促性腺激素，它们主要的作用是促进卵泡发育、生长，广泛用于动物的超数排卵。根据促性腺激素上述作用，国内外专家在激素的用量上加以控制，使母牛发育成熟两个卵泡，排两个卵，人工授精后即有可能产双胎。应用于单胎动物让其排双卵、产双仔，已在国内外多有报道。应用生殖激素免疫法诱导单胎母畜卵泡发育排双卵、产双仔是近些年来新的方法，以生殖激素为抗原主动或被动免疫动物，中和体内相应激素使其生物活性部分或全部丧失，引起生殖内分泌的动态平衡系统发生定向移动，产生预期的生理变化。在羊、牛的双胎诱导中常用作免疫原的有类固醇激素和抑制素两类。

类固醇激素免疫法，在诱导羊的双胎及多胎中应用较多。1983 年澳大利亚 CSIR 和 Glaxo公司研制成世界第一个绵羊双羔苗——Fecundin。应用这一产品可提高产羔率 20%～30%、20 世纪 80 年代以来，我国有多个单位用类固醇激素免疫法研制成双羔素，产羔率平均提高 20%以上。

Martins 和 Rocha(1932)用大鼠睾丸水溶性提取物进行试验，发现睾丸提取物可以抑制去势雄鼠垂体 GTH 分泌细胞的机能，同年 Mecallagh 正式将这种可以抑制垂体 GTH 分泌睾丸水溶性物质命名为抑制素(inhibin, Ibn)。Ibn 的主要生理作用是降低体外培养的垂体细胞 FSH 的基础分泌，促进 GnRH 刺激下的 FSH 分泌；在体内能特异作用于腺垂体细胞，抑制 FSH 的合成和分泌；对性腺有调节作用，能使睾丸精液生成量减少，抑制卵巢雌激素的合成。

本节主要用猪精液抑制素粗提物主动免疫母牛，研究对母牛卵泡发育和内分泌的影响。此外对 PMSG、FSH 诱导母牛双胎，血清中 $E_2$、LH、$P_4$ 等与双胎的关系进行了研究。

### 1.3.2 抑制素主动免疫对母牛卵泡发育的影响

抑制素是一种糖蛋白类激素，主要来源于动物性腺中，自 20 世纪 80 年代以来，先后在许多动物的卵泡液和精液中发现抑制素的存在，并分离成功。目前认为其主要生理功能是在下丘脑-垂体-性腺轴中起重要的调控作用，反馈性的抑制垂体 FSH 的释放，调控动物的生殖活动。近年来，人们利用各种来源的抑制素或人工合成的抑制素片段为免疫原主动或被动免疫雌性动物，均发现不同程度地提高排卵数和产仔数。牛是单胎动物，自然状态下在每个发情周期只排一个卵，从而限制了母牛的繁殖能力。笔者拟以取材方便的猪精液抑制素为免疫原探索其对母牛卵泡发育的影响。

1. 材料与方法

(1)猪精液抑制素粗提物的制备　精液来源于南京农业大学畜牧试验场饲养的大约克种猪，制备方法参考文献(鲁新等，1984)。免疫母牛来源于河北秦皇岛市抚宁县农户饲养的荷杂、西杂母牛。

(2)免疫抗原制备　称取粗提物冻干粉(5～10 mg/头)溶于 0.05 mol/L NaAc，4 mol/L 尿素(pH 4.0)缓冲液中加入等体积福氏佐剂(石蜡油与羊毛脂之比为 5∶1)，加入 4%吐温-20 混匀灭菌，首免以 3～5 mg/L 加入卡介苗，混匀后充分乳化备用。

(3)免疫母牛　选择供试荷杂和西杂母牛共 20 头，年龄 2～5 岁，产后空怀 1 个月以上，无生殖疾患。供试牛首次免疫于颈部两侧皮下注射经完全福氏佐剂乳化的抗原共计 5～10 mg/头，首免后 20 d 以不完全福氏佐剂乳化的抗原加免 1 次，剂量减半，二免后第 10 天肌肉注射氯前列烯醇 2 支进行同期发情，发情母牛通过直肠触摸卵巢检查卵泡发育情况，适时配种。并于发情后第 10 天直检黄体数目。对照组 5 头，注射等量福氏佐剂和缓冲液，其他处理同试验组。

(4)血样采集及测定　供试牛分别于首免前、加免前、加免后发情时定时颈静脉采血 10 mL，置于 37℃水浴中 30 min，凝固后 3 000 r/min 离心 15 min，吸取血清－20℃保存。

血清中 FSH，LH，$E_2$ 浓度测定采用放射免疫法(RIA)，试剂盒购自北方免疫试剂研究所，操作按说明书进行，批内变异系数＜5%，批间变异系数＜10%。

2. 试验结果

(1)粗提物主动免疫对母牛卵泡发育的影响　供试 20 头牛经 2 次免疫后同期发情处理,有 11 头牛明显发情,同期发情率为 55%,对照组 5 头中有 3 头发情,发情率 60%,供试 11 头发情牛直检后双卵泡牛 3 头,三卵泡牛 1 头,发情后 10 d 黄体数目共 13 枚,对照组发情母牛均为单卵和一枚黄体。如表 1.36 所示。

表 1.36　粗提物主动免疫对母牛卵泡发育的影响

| 组别 | 参试牛/头 | 发情牛/头 | 卵泡数/枚 | 黄体数/枚 | 卵泡发育率/% | 排卵率/% |
|---|---|---|---|---|---|---|
| 试验组 | 20 | 11 | 16 | 13 | 145.5[a] | 118.2[b] |
| 对照组 | 5 | 3 | 3 | 3 | 100 | 100 |

a:$P<0.01$,b:$P<0.05$。

由表 1.36 可见,试验牛卵泡发育率和排卵率分别比对照组提高 45.5%和 18.2%,抑制素粗提物主动免疫可促进母牛卵泡发育,提高排卵率。

(2)抑制素粗提物主动免疫对母牛内分泌的影响　对血样中 FSH,LH,$E_2$ 水平测定结果如图 1.4 至图 1.6 所示。

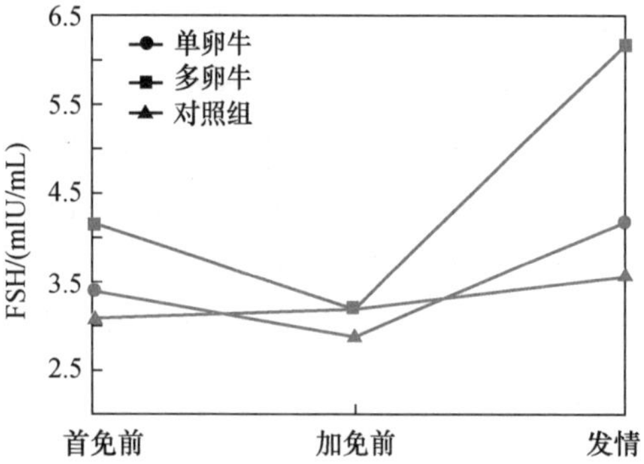


图 1.4　粗提物免疫对母牛 FSH 的影响

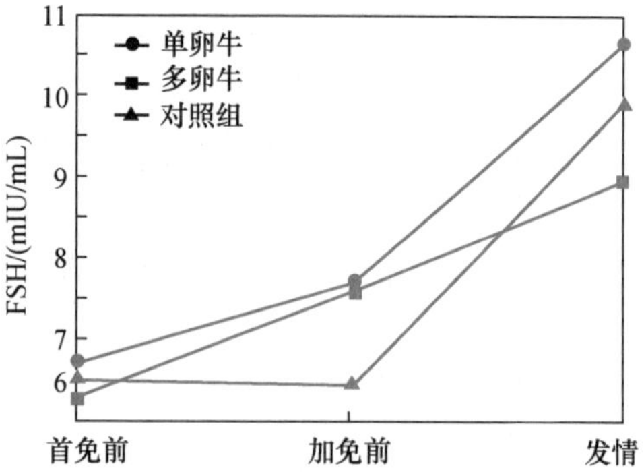


图 1.5　粗提物免疫对母牛 LH 的影响

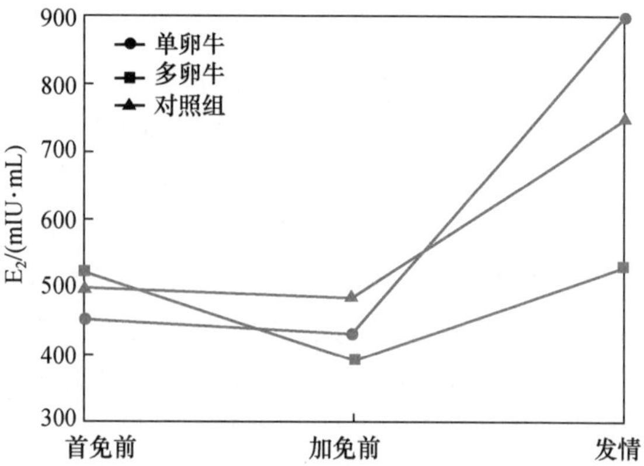


图 1.6　粗提物免疫对母牛 $E_2$ 的影响

一免前后试验牛 FSH 水平较对照组差异不显著,发情时多卵牛体内 FSH 水平明显高于单卵牛和对照组(6.074,4.260,3.650 mIU/mL)($P<0.05$),单卵发育牛略高于对照牛(4.260,3.650 mIU/mL),但差异不显著。一免前后各组牛体内 LH 水平及每次采血三组牛间 LH 水平相差不大,三组母牛发情时 LH 水平均高于未发情时,多卵牛发情时 LH 水平略高于单卵牛和对照组(10.639,8.977,9.939 mIU/mL),但差异不显著($P>0.05$),单卵牛和对照牛间差异也不显著。

一免前后单卵牛、多卵牛及对照组 $E_2$ 水平相差不大,采血次数间差异不显著,发情时单卵

牛和对照牛体内 $E_2$ 高于未发情时，单卵牛和对照牛间差异不显著，而多卵牛体内 $E_2$ 水平却低于单卵牛和对照牛。可能是因为 2 头双卵牛和 1 头三卵牛在发情采血时直检已各有 1 个卵泡排卵，采血错过了 $E_2$ 峰，故双卵牛 $E_2$ 水平低于其他组，1 头两侧均有浅层卵泡发育牛体内 $E_2$ 水平达到 1 619.71 pg/mL，高出对照牛达 2 倍多。

3. 分析与讨论

(1)抑制素在动物卵泡发育中的作用　动物的卵泡发育受体内下丘脑-垂体-性腺轴的调控，使动物卵巢上的卵泡在性周期中由原始卵泡经过补充、选择、优势化至成熟排卵循环有序地进行着，且保持着该种动物的典型排卵数目。不少研究表明抑制素是动物卵巢卵泡发育过程中的一种主要反馈调控因素，牛在发情周期中 FSH、抑制素二者呈负相关关系。Cummins 等也发现高产的布罗拉系美利奴羊的平均排卵数为 3.5 枚，显著高于普通美利奴羊，而布罗拉系羊卵巢中抑制素含量只是其他美利奴羊的 1/3。抑制素极可能是作为卵巢卵泡发育数目的信号，调控垂体 FSH 分泌，从而保持动物的典型排卵数目(Ginther 等，1996)。

(2)免疫作用机制　以免疫手段通过调节 FSH 和 LH 分泌来促进卵泡发育是试验设计的初衷。本试验所采用的粗提物抗原，据杨利国等报道可产生相应抗体且可与牛卵泡 32 kDa 的抑制素片段结合，即可中和牛体内抑制素，从而解除其对垂体 FSH 的抑制作用，利用各种类型的免疫原大多发现 FSH 浓度的升高。在本试验中发现在未发情时，试验组与对照组间 FSH 差异不显著，发情时多卵牛体内 FSH 水平高出单卵牛 42%，单卵牛也较对照组提高 16%。免疫多卵牛发情时 LH 浓度也高于对照组 7%，但差异不显著。可见，精液抑制素免疫也是通过上述途径起作用的。此外最近发现抑制素极可能存在卵巢内部的旁分泌作用，同时在卵泡液中存在游离 α 亚基和与抑制素结构具有同源性但生理作用相反的激活素(activin)存在，所以卵巢内免疫的机制值得进一步深入研究。

抑制素种间有很大的同源性，目前用的免疫原主要有 3 种：天然提取的抑制素、抑制素 α 亚基肽段、重组抑制素 α 亚基。以天然提取的抑制素作免疫原多用于不同种间的免疫。本试验以猪精液抑制素免疫母牛所得结果与牛树理等(1995)报道相近。可见，猪精液可作为抑制素免疫原的来源，但受纯度和品种的影响，免疫效果不稳定，且用各种免疫原目前都尚未找到一个与排卵高度相关的可精确控制的量化指标。Bleach(1996) 以 BIa1-29 主动免疫牛，统计抗体滴度与排卵率相关($r=0.89$)，而也有报道发现相关不大，且 FSH 浓度、抗体滴度、排卵率三者相关性尚未完全确定，所以抑制素免疫的机制仍需进一步探索。

### 1.3.3 生殖激素诱导母牛双胎效果及机理研究

据中国农业年鉴(1995)公布，我国有牛 12 331.79 万头，其中黄牛 9 239.57 万头(包括牦牛约 1 600 万头)，奶牛 384.34 万头，水牛 2 291.32 万头。黄牛占牛总数的 76.15%，随着农业机械化程度和人民生活水平的提高，黄牛已逐渐朝着肉用方向发展。近几年来我国牛肉产量以每年 20%的幅度上升。然而在肉牛生产中，目前存在的主要问题之一是繁殖率低，据林诚玉、陈幼春 1985 年报道，我国能繁母牛 3 233.9 万头，当年产犊 1 298.2 万头，繁活率只有 40.1%。近些年来有提高，从全国讲，估计在 50%左右。

另据报道，1994 年河北省存栏肉牛 237 万头，半数架子牛靠从外省购入。本省所繁殖的牛数满足不了育肥牛的需要。这种不同步现象长期下去必将影响养牛业的继续发展，因此研究如何提高母牛繁殖力，以缓解牛源不足，势在必行。牛为单胎动物，通常一胎产一犊，据Nmore(1992)报道，综合20万头(次)之多的分娩记录，肉牛的双胎率仅为0.5%；另据杨利国(1992)报道，在自然状况下，肉牛双胎率极低，仅为0.15%～2.27%；所以如能人工诱导母牛一胎双犊，那么将大大提高母牛繁殖力，为此开展了应用生殖激素诱导母牛双胎效果及机理研究，现报告如下。

1. 材料和方法

(1)试验牛和药品　参试牛因本试验要求对牛采血次数较多，为便利起见，选用某国营畜牧场3～9岁产后50 d以上且生殖机能正常的中国荷斯坦母牛，每天早、中、晚3次观察发情，并做好发情记录，待试验。

激素药品：PMSG(孕马血清促情腺激素)和抗PMSG均为天津实验动物中心产。纯化FSH(促卵泡生成素)为中国科学院动物研究所产。氯前列烯醇为上海计划生育研究所产。$LRH-A_3$(促性腺激素释放激素)为宁波激素制品厂产。

(2)试验方法

①生殖激素处理母牛。经发情鉴定的18头参试牛，随机分成两组即PMSG组(12头)，FSH组(6头)。PMSG组：将12头参试牛按发情顺序随机分成3组(每组4头)，3组牛在发情周期的第10天，分别各肌肉注射PMSG 2000，1650，1350 IU，间隔48 h后再肌肉注射氯前列烯醇2支(4 mL)，发情后输第1次精同时再肌肉注射与PMSG等量的抗PMSG，间隔12 h再输精1次。上述3组牛中，每组随机选2头牛，在输第一次精时肌肉注射$LRH-A_3$ 200 μg。FSH处理组：将6头参试牛按发情顺序随机分成2组，每组3头，一组肌肉注射FSH总剂量6 mg，另一组为5 mg。其方法是分别在发情周期的第10，11，12，13天，每天分早、晚两次给参试牛肌肉注射FSH，共注6次，在第一次肌肉注射FSH的同时肌肉注射氯前列烯醇2支(4 mL)，发情后正常输1次精，间隔12 h再输精1次。在上述6头参试牛中，随机选3头牛于第一次输精的同时肌肉注射$LRH-A_3$ 200 μg。

②血清制备。每头参试牛，于不同生理时期共采血10次，第1次：注生殖激素前的当天即发情周期第10天，第2次：肌肉注射生殖激素后24 h；第3次：肌肉注射生殖激素48 h；第4次：肌肉注射氯前列烯醇24 h后；第5次：肌肉注射氯前列烯醇48 h即发情期；第6次：发情后48 h即排卵后；第7次：排卵后(或妊娠)5 d；第8次：排卵后或妊娠10 d；第9次：排卵后或妊娠20 d；第10次：排卵后或妊娠60 d。于上述计划采血日，从牛颈静脉采血10 mL，然后置于38℃培养箱中加热30 min使其凝固，再放入离心机(3 000 r/min)离心20 min，吸取上清液血清于－20℃冰冻保存。

③血清中激素测定。血清中孕酮($P_4$)，雌二醇($E_2$)和促黄体素(LH)测定均按北京北方生物技术研究所生产的放射免疫分析测定盒说明书进行。

2. 结果与讨论

用PMSG处理母牛12头，妊娠7头，其中3头产双犊，双胎率为42.9%；用FSH处理母牛6头，妊娠3头，其中1头产双犊，双胎率为33.3%。用生殖激素共处理母牛18头，妊娠10头，其中4头产双胎，双胎率为40%(4/10)。

(1)不同种类生殖激素对诱导母牛双胎效果如表1.37所示。

(2)不同剂量的PMSG和FSH对诱导母牛双胎效果的影响如表1.38和表1.39所示。

(3)注射$LRH-A_3$对诱导母牛双胎率的效果如表1.40所示。

表 1.37　不同种类的生殖激素对诱导母牛双胎效果的影响

| 激素种类 | 参试牛/头 | 妊娠牛/头 | 产双胎牛/头 | 双胎率/% |
|---|---|---|---|---|
| PMSG | 12 | 7 | 3 | 42.9 |
| FSH | 6 | 3 | 1 | 33.3 |
| 合计 | 18 | 10 | 4 | 40.0 |

由表 1.37 可知，用 PMSG 和纯化的 FSH 均能诱导母牛产双胎，PMSG 似乎优于 FSH，但二者差异不显著($P>0.05$)，另外，本试验用 PMSG 诱导母牛获得 42.9%(3/7)双胎率，这一结果比 Cztonkowska,M. 等(1982)报道的 23.7%(4/15)双胎率高 16.2 个百分点；与 1995 年任培欣等人报道的 43.31(68/157)双胎率相一致。

由表 1.38 看出，以 2 000 IU 剂量为宜，最佳剂量是多少，因试验头数少，有待进一步试验。

由表 1.39 看出，以 5 mg 效果较好，因试验头数少，有待进一步试验。

表 1.38　不同剂量的 PMSG 对诱导母牛双胎效果的影响

| PMSG 剂量 | 参试牛/头 | 妊娠牛/头 | 产双胎牛/头 | 双胎率/% |
|---|---|---|---|---|
| 2 000 | 4 | 3 | 2 | 66.7 |
| 1 650 | 4 | 2 | 0 | 0 |
| 1 350 | 4 | 2 | 1 | 50.0 |

表 1.39　不同剂量的 FSH 对诱导母牛双胎效果的影响

| FSH 剂量 | 参试牛/头 | 妊娠牛/头 | 产双胎牛/头 | 双胎率/% |
|---|---|---|---|---|
| 6 mg | 3 | 2 | 0 | 0 |
| 5 mg | 3 | 1 | 1 | 100 |

由表 1.40 看出，注射 LRH - $A_3$ 组较对照组的双胎率高，这可能是 LRH - $A_3$ 有促进排卵的作用，增加了卵子与精子受精的机会。但二者差异不显著($P>0.05$)。

表 1.40　注射 LRH - $A_3$ 对双胎率的影响

| 组别 | 参试牛/头 | 妊娠牛/头 | 产双胎牛/头 | 双胎率/% |
|---|---|---|---|---|
| 试验组 | 10 | 6 | 3 | 50.0 |
| 对照组 | 8 | 4 | 1 | 25.0 |

表 1.41　生殖激素诱导母牛双胎对其情期受胎率的影响

| 组别 | 参试牛/头 | 妊娠牛/头 | 情期受胎率/% |
|---|---|---|---|
| 试验组 | 18 | 10 | 55.6 |
| 对照组* | 23 | 12 | 52.2 |

* 对照组为与试验牛同一时期的自然发情的牛。

由表 1.41 看出，用生殖激素诱导母牛双胎对其情期受胎率无影响。

(4)生殖激素诱导母牛双胎对其情期受胎率的影响如表 1.42 所示。

(5)用 FSH 处理后不同生理时期母牛血清中激素水平变化与单双胎之关系如图 1.7 至图 1.9 所示。

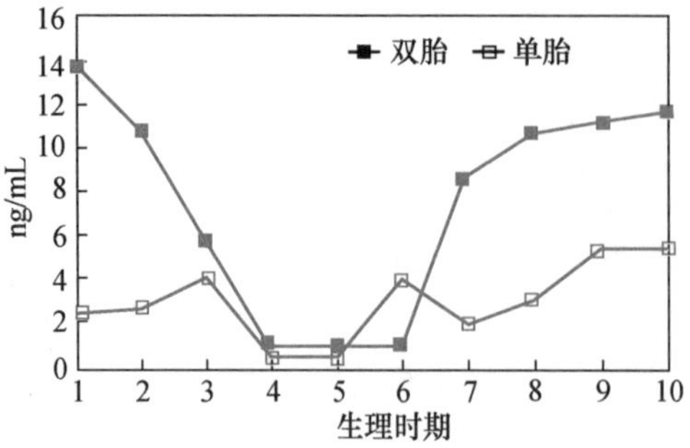


图 1.7　**FSH 对母牛不同生理时期 $P_4$ 水平的影响**

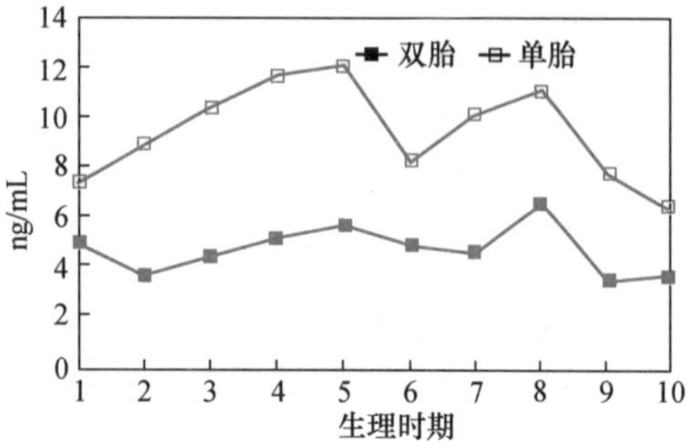


图 1.8　**FSH 对妊娠母牛 LH 水平的影响**

①FSH 处理后单双胎牛孕酮($P_4$)水平变化如图 1.7 所示。由图 1.7 看出，在妊娠早期(5～60 d)，随妊娠期增长，单、双胎牛 $P_4$ 均呈上升趋势，单胎牛由妊娠第 5 天的 2.01 ng/mL 升至 60 d 的 5.46 ng/mL，双胎牛相应从 8.70 ng/mL 升至 11.80 ng/mL。但从妊娠 5，10，20，60 d 的 $P_4$ 水平看，双胎牛比单胎牛均高出 1 倍以上。这可能是由于双胎牛比单胎牛需更高水平的 $P_4$ 才能维持妊娠。这是否为普遍规律？因试验头数少，有待进一步验证。

②FSH 处理后，单、双胎牛促黄体素(LH)水平变化如图 1.8 所示。由图 1.8 看出，双胎和单胎牛 LH 分别由注射 FSH 前当天(发情周期的第 10 天)的 5.04 ng/mL 和 7.43 ng/mL 到发情时分别升至 5.89 ng/mL 和 12.30 ng/mL，由于本试验采血间隔时间较长，可能未测到 LH 最高峰。排卵后分别降至 5.0 ng/mL 和 8.42 ng/mL。另外还看出双胎牛在各个生理时期的 LH 均低于单胎牛。

③FSH 处理后，单双胎牛雌二醇($E_2$)水平变化。由图 1.9 看出，单双胎牛 $E_2$ 水平不是在发情期最高，这可能是由于采血间隔时间较长，未测到发情时 $E_2$ 的高峰所致。另外还可看出，从注射 FSH 前当天到发情、排卵、妊娠的各个生理时期 $E_2$ 水平，单胎牛比较平稳(132.2～162.90 pg)而双胎牛 $E_2$ 水平相对变动幅度较大(106.70～197.10 pg)。

(6)用 PMSG 处理后，母牛不同生理时期血清中激素水平与单、双胎之关系如图 1.10 至图 1.12 所示。

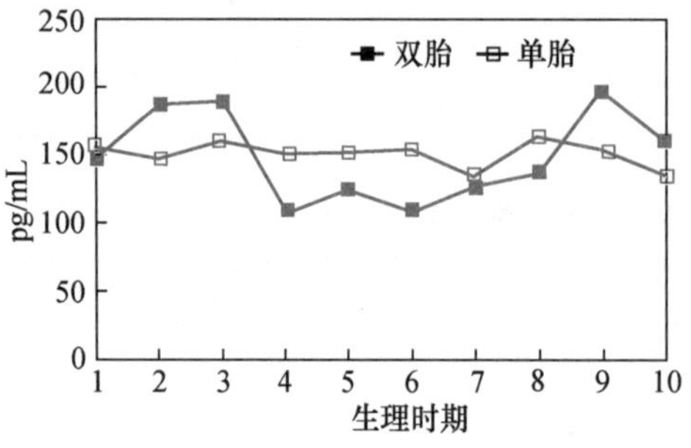


图 1.9　**FSH 对妊娠母牛 $E_2$ 水平的影响**

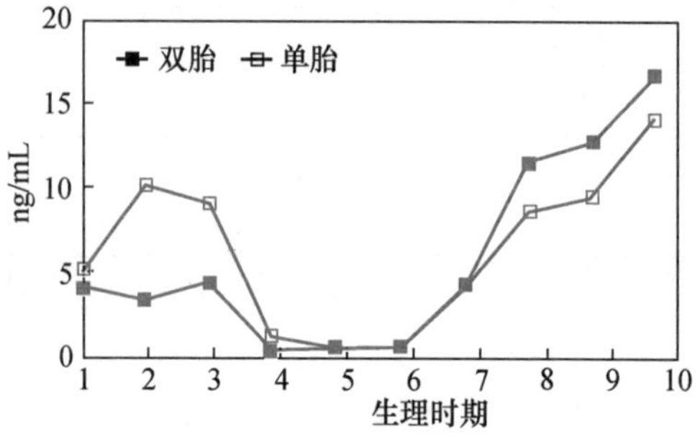


图 1.10　**PMSG 对母牛 $P_4$ 水平的影响**

①PMSG 处理后单、双胎牛 $P_4$ 水平的变化如图 1.10 所示。

由图 1.10 看出，妊娠早期(10～60 d)双胎牛的孕酮水平普遍高于单胎牛，双胎牛妊娠第

10,20,60 天的 $P_4$ 水平分别为(11.42±11.79) ng/mL、(12.63±1.91) ng/mL、(16.96±10.42) ng/mL,而单胎牛依次为(8.68±2.82) ng/mL、(9.44±1.14) ng/mL、(14.19±2.71) ng/mL,但二者差异不显著($P>0.05$)。此结果与杨利国报道的水牛的妊娠早期(配种后 8～60 d)血浆中 $P_4$ 水平随妊娠胚胎数的增加而升高相一致(杨利国等,1992)。

②PMSG 处理后,单、双胎牛 LH 水平的变化如图 1.11 所示。

由图 1.11 看出,双胎牛和单胎牛 LH 水平分别由注射 PMSG 前当天(发情周期的第10 天)的(5.22±2.81) ng/mL 和(5.51±2.92) ng/mL 逐渐升至发情时的(6.77±1.59) ng/mL和(8.09±3.69) ng/mL,排卵后又分别降到(5.74±2.04) ng/mL 和(7.82±2.85) ng/mL。到妊娠 60 d 时双胎牛升至(9.57±6.94) ng/mL,而单胎牛和妊娠初期相比变化不大。

③PMSG 处理后,单、双胎牛 LH 水平变化如图 1.12 所示。

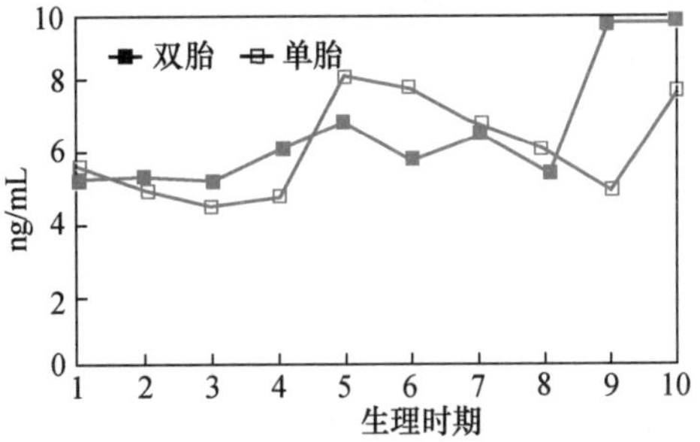


图 1.11 PMSG 对母牛 LH 水平的影响

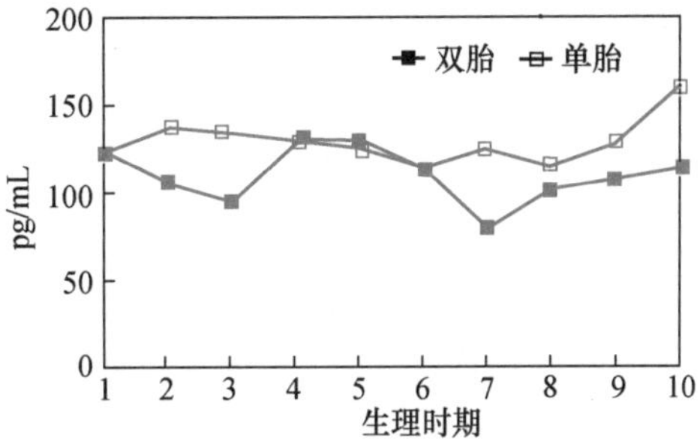


图 1.12 PMSG 对妊娠母牛 $E_2$ 水平的影响

由图 1.12 看出,双胎牛和单胎牛 $E_2$ 在发情时分别为(127.77±76.76) pg/mL 和(123.49±32.85) pg/mL,二者比较接近。排卵后分别降至(111.20±48.04) pg/mL 和(113.21±41.29) pg/mL,也比较接近。妊娠早期(5～60 d)$E_2$ 水平双胎牛较单胎牛均低,但差异不显著。这与杨利国报道的水牛的妊娠早期 $E_2$ 水平随妊娠胚胎数的增加而升高不太一致(杨利国等,1992)。

3. 结论

(1)本研究结果表明,给母牛外源注射适量生殖激素(PMSG 1 350～2 000 IU、纯化 FSH 5 mg)均可以诱导母牛产双胎,并且对情期受胎率无影响。

(2)本研究结果表明,在输精的同时肌注 LRH - $A_3$ 200 μg 有助于提高双胎率。

通过本研究对不同生理时期单、双胎妊娠母牛血清中生殖激素水平测定结果表明,无论用 PMSG 还是用纯化 FSH 诱导母牛双胎,在妊娠早期(5、10、20、60 d)牛血清中 $P_4$ 平均水平,双胎牛均高于单胎牛。

### 1.3.4 小结

(1)动物的卵泡发育受体内下丘脑 - 垂体 - 性腺轴的调控,使动物卵巢上的卵泡在性周期中由原始卵泡经过补充、选择、优势化至成熟排卵循环有序地进行着,且保持着该种动物的典型排卵数目。研究表明抑制素是动物卵巢卵泡发育过程中的一种主要反馈调控因素,牛在发情周期中 FSH、抑制素二者呈负相关关系。抑制素极可能是作为卵巢卵泡发育数目的信号,调控垂体 FSH 分泌，从而保持动物的典型排卵数目。

(2)给母牛外源注射适量生殖激素(PMSG 1 350～2 000 IU、纯化 FSH 5 mg)均可以诱导母牛产双胎，并且对情期受胎率无影响。在输精的同时肌注 LRH - $A_3$ 200 μg 有助于提高双胎率。

(3)通过对不同生理时期单、双胎妊娠母牛血清中生殖激素水平测定结果表明，无论用 PMSG 还是用纯化 FSH 诱导母牛双胎，在妊娠早期(5、10、20、60 d)牛血清中 $P_4$ 平均水平，双胎牛均高于单胎牛。

(作者：桑润滋、刘春海、牛树理、王凤鸣、黄亚新、高锐)

## 1.4 影响动物超排效果因素及机理研究

### 1.4.1 概述

超数排卵是胚胎移植的关键技术之一，因为超数排卵受多种因素影响，其效果还不够稳定。近些年来国内外学者，从超数排卵后动物体内主要生殖激素变化规律，探讨超排的机理。

促性腺激素处理：正常母牛卵巢上卵泡的周期性生长发育是一个极其复杂的过程，牛体内丘脑下部，垂体、性腺的多个水平调控，各水平上的激素和因子相互协同制约构成复杂调控体系，调节着卵泡的发生，补充、选择、优势化至成熟排卵或闭锁，并依此维持该品种典型的排卵数目。克服卵泡闭锁、消除优势化大卵泡的控制作用是促进更多卵泡发育成熟的关键。有关卵泡闭锁机制尚不完全清楚，但研究发现适量的促性腺激素能保护卵泡不致闭锁或使早期卵泡得到挽救，因而提高其体内促性腺激素水平可以促使牛排卵数增加。

抑制素免疫：抑制素(inhibin)是一种糖蛋白类激素，主要来源于卵泡颗粒细胞及睾丸支持细胞。由 A、B 两个亚单位构成的异二聚体蛋白，B 亚基又分 A、B 两种，不同种属动物抑制素结构极为相近，具有很强的同源性。目前一般认为抑制素的主要生理功能是对垂体 FSH 合成和分泌具有选择性抑制作用，对抗下丘脑释放的 GnRH 对垂体的作用，从而减少垂体细胞及外周血液中 FSH 含量，参与卵泡发育调控。在发情周期中外周抑制素浓度随卵泡的生长发育而升高。此外还有资料表明，抑制素与卵泡的闭锁有关，抑制素是反馈性抑制垂体 FSH 分泌的主要因素。用各种来源的抑制素免疫原主动或被动免疫母牛均可使体内 FSH 水平升高，增加排卵率。因此目前普遍认为抑制素免疫是调控排卵率诱导母牛双胎的新途径。目前常用的免疫原有卵泡液或精液中提取的抑制素活性物，合成的抑制素多肽片段，重组 α 亚基等。牛羊只有用异源抑制素产品才能产生免疫效应，免疫原的反应存在种间差异，合成的抑制素多肽片段必须与载体蛋白结合才有免疫原性。Price 等(1987)用 Matrex GelRedA 纯化的羊卵液泡免疫杂交 Herfers 牛，发现牛排卵数增加到 3 个。牛树理等(1996)用猪精液中抑制素活性粗提物配合福氏佐剂主动免疫黄牛，分别得到 31.6%(6/19)和 36%(4/11)的发情母牛排双卵率。国外研究中现多用合成的抑制素多肽片段结合载体蛋白质做免疫原，不同的肽段及不同免疫佐剂产生的免疫反应不同。Morris 等(1993)利用合成的 BI218 - 30、BI263 - 72、BI2107 - 122 三个肽段分别与人血清白蛋白结合主动免疫母牛，BI218 - 30 组 1/5 牛增加排卵数；

BI263-72 组 60%(3/5)牛排双卵且生双犊;BI2107 - 122 组 20%(1/5)产双犊。Bleach 等(1996)以合成的 BI21 - 29、BI2108 - 123、BI263 - 72 肽段结合卵白蛋白分别主动免疫母牛发现:BI21 - 16 和 BI2108 - 123 肽段未见排卵率变化;BI21 - 29 及 BI263 - 72 肽段抗体滴定度较高免疫母牛的多卵排放率提高 18%～65%;且平均抗体滴定度与多卵排放率、血液中 FSH 浓度相关($r=0.89$,$r=0.42$),平均抗体滴定度与每周期排卵数相关($r=0.88$),排卵数与血液中 FSH 浓度无关。Scancon(1993)利用 BI21 - 26、Gly - Tyr 分别与人 A 球蛋白(HAG)和人血清白蛋白(HBA)结合主动免疫母牛,结果发现 HAG 未见排卵数增加,而其他条件均相同的 HBA 组多卵排放率达 32%。可见相同肽段与不同载体蛋白结合得到的免疫反应不同,HBA 优于 HAG。众多实验表明抑制素免疫不改变母牛发情周期、发情持续期,三卵及三卵以上情况少,且对母牛繁殖能力未发现不利影响。但目前效果尚不完全统一,在选择免疫原、免疫佐剂、免疫程序、抗体产生规律、精确控制双卵排放上还需继续深入研究。

激光技术自 20 世纪 60 年代初应用以来,以其生物学效应高的特点,在畜牧兽医领域广泛引起关注,国内学者利用不同方式的 He - Ne 激光照射做了一些研究,结果表明 He - Ne 激光照射对动物体生殖生理、内分泌等均有一定的影响。

一氧化氮(nitric oxide, NO)是近年来生命科学领域中研究热点之一,NO 是由一氧化氮合成酶(NOS)催化 *L* - 精氨酸(*L* - Arg)合成的。哺乳动物体内存在 3 种不同形式的 NOS,其中神经元型(nNOS)和内皮细胞型(eNOS)属于构成型,第 3 种是诱导型(iNOS)。NO 生物学效应是通过激活鸟苷酸环化酶引起 cGMP 增加,从而发挥生理调节作用。近年来的研究证明,NO 在雌性生殖系统中起着十分重要的调节作用。NO 通过在下丘脑和垂体水平的作用调控生殖活动(Dixit 等,2001),刺激 GnRH 和 LH 的分泌。在卵母细胞和卵泡膜细胞中存在 iNOS 和 eNOS,NO 对于体外培养卵泡的正常发育是必须的,卵泡发育受阻和排卵抑制都与 NO 合成抑制相关(Leila 等,2004);杨涛等发现 NO 参与恢复卵母细胞的减数分裂(Toy 等,2004);Dong 等(1999)在大鼠体内发现,排卵后,NO 对孕酮合成和维持黄体有积极的效应。但在黄体溶解时期 NO 刺激 $PGF_{2\alpha}$的合成而减少孕酮的分泌(杨涛等,2004)。大量的材料证明 NO 可以调节不同的生殖过程,如调节卵泡的发育,卵母细胞减数分裂成熟,卵巢类固醇激素合成,排卵,黄体的功能等。

本节主要从 He - Ne 激光照射、抑制素主动免疫、LRH - $A_3$ 和 $P_4$ 对波尔山羊超排效果的影响及机理进行了研究;LRH - $A_3$ 和 $P_4$ 对波尔山羊超排效果的影响及机理进行了研究;对山羊、绵羊超数排卵期间血清中主要生殖激素和一氧化氮变化规律进行了系统研究,为提高超排效果提供科学依据。

### 1.4.2 He - Ne 激光照射对牛超排效果的影响机理

随着胚胎移植技术的迅速发展,超数排卵作为胚胎移植的关键技术之一,其作用显得越来越重要。因超排效果的好坏同胚胎移植的效益有直接关系,故国内外学者进行了大量的研究,以建立稳定的超排程序,但由于超排是动物体内复杂的生理过程,至今人们还不能对每头供体超排效果有十分的把握。激光技术自 20 世纪 60 年代初期应用以来,以其生物学效应高的特点,得到畜牧兽医学领域的广泛关注(于船等,1982;王洪斌,1993;田文儒等,1993;桑润滋等,1995;王新庄等,1996;钟秀会等,1997)。利用不同方式的 He - Ne 激光照射,做了大量的试验研究，表明 He-Ne 激光照射对动物体生殖机能、内分泌等均有一定的影响。本试验采用 He-Ne 激光穴位照射结合外源超排结合的方法，并通过放免法测定供体牛血浆中相关生殖激素水平的变化，以揭示激光照射对牛超排效果的影响机理，为提高牛超排效果提供理论依据。

1. 材料和方法

(1)试验材料

①参试牛。河北邯郸市牛奶公司 3～5 岁荷斯坦母牛，年产奶量 5 000 kg 左右，膘情中、下等，河北临漳县肉牛养殖场西杂青年母牛，膘情中等。

②激素药品。纯化 FSH 为中国科学院动物研究所产(批号:980001)。氯前列烯醇为上海计划生育研究所产(批号:970326)。

③He-Ne 激光器。为南京激光器厂生产，激光管为北京朝阳激光器厂生产。

(2)试验方法

①分组。将 23 头母牛(荷斯坦牛 11 头，西杂牛 12 头)按发情顺序随机分成 2 组，一组 11 头(荷斯坦牛 5 头，西杂牛 6 头)作为试验组，另一组 12 头(荷斯坦牛 6 头，西杂牛 6 头)作为对照组。

②超排处理和激光照射。试验组参试牛在发情后第 9～12 天开始用 FSH 做超排处理和激光照射，FSH 总剂量为 7 mg，连续超排处理 4 d，每天剂量分别为 3.0、2.0、1.2、0.8 mg，每天早晚间隔 12 h 各注射 1 次，并在超排处理的第 3 天同时肌肉注射氯前列烯醇 2 支(4 mL)，与超排同步，每天上午注射 FSH 之前进行激光照射，采用 30 mV 功率、距离 10 cm 交巢穴照射，每天 1 次，每次 10 min，激光照射至供体牛发情为止，一般为 5～6 次。对照组超排处理的方法、剂量与试验组完全相同，只是不进行激光照射。超排结束后，观察发情，发情鉴定以接受爬跨站立不动为主要依据。供体牛发情后 8～12 h 第 1 次输精，间隔 12 h 再输精 1～2 次。

③供体的胚胎采集、鉴定及分级。于输精后第 7 天，用非手术常规方法采集胚胎，按河北奶牛胚胎移植技术研究中心鉴定标准对所采集的胚胎进行形态鉴定、分级，依质量好坏分为 A、B、C、D 级。A、B、C 级为可用胚胎，但本试验只将 A、B 级胚胎进行玻璃化冷冻保存，备用。

④采血及血清制备。每头供体牛于不同生理时期采血 7 次，即第 1 次:肌肉注射 FSH 当天即超排第 1 天(试验组也是激光照射第 1 天)；第 2 次:肌肉注射 FSH 后 24 h；第 3 次:肌肉注射 FSH 后 48 h；第 4 次:肌肉注射氯前列烯醇后 24 h；第 5 次:肌肉注射氯前列烯醇后 48 h，即发情期；第 6 次:发情后 48 h，即排卵后 48 h；第 7 次:采卵时，即输精后第 7 天。采血是在每天上午超排处理前(试验组是在每天上午超排处理和激光照射前)颈静脉采血 10 mL，置于 38～40℃温箱中静置 30 min 使其凝固，再放入离心机(3 000 r/min)离心 20 min，吸取上清液血清于－20℃冷冻保存。

⑤血清中生殖激素测定。血清中 FSH、LH(促黄体素)、$E_2$(雌二醇)、$P_4$(孕酮)测定均按北京北方生物技术研究所生产的放射免疫分析测定盒说明书进行。

2. 结果与讨论

(1)He-Ne 激光照射对牛超排效果的影响(表 1.42)　由表 1.42 可知，试验组头均胚胎数、头均可用胚胎数分别比对照组多 2.2 枚和 1.9 枚，差异显著($P<0.05$)。可用胚胎率略高于对照组。本试验结果表明，He-Ne 激光照射可提高牛的超排效果，增加胚胎数和可用胚胎数。这一结果同本课题组 1995 年的试验结果基本一致。于船采用激光照射牛阴蒂的方法，表

明对牛的发情排卵和受胎有一定的促进作用，王新庄采用 PMSG＋激光照射牛阴蒂的方法，表明有增加头均采卵数和头均可用胚胎数的趋势，本试验同这些结果也基本吻合。

表 1.42　He-Ne 激光照射对牛超排效果的影响

| 组别 | 参试牛/头 | 获胚胎数/枚 | 可用胚数/枚 | 头均胚胎数/枚 | 头均可用胚胎数 | 可用胚胎率/% |
|---|---|---|---|---|---|---|
| 试验组 | 11 | 59 | 52 | 5.4±2.8[a] | 4.7±2.5[b] | 88.2 |
| 对照组 | 12 | 38 | 33 | 3.2±2.1 | 2.8±1.7 | 86.7 |

a：$P<0.05$，b：$P<0.05$。

(2)He-Ne 激光照射对母牛血清中激素水平的影响

①He-Ne 激光照射对 FSH 水平的影响。由表 1.43 和图 1.13 看出，试验组 FSH 水平普遍高于对照组，并且在照射第 4 天和发情时出现显著性差异($P<0.05$)，荷斯坦牛效果略优于西杂牛。

此结果说明，He-Ne 激光照射可提高供体牛血浆中 FSH 水平。其原因可能是激光刺激因子通过下丘脑-腺垂体-性腺卵巢轴及靶腺激素的反馈作用来调节的，即在激光刺激因子作用下，下丘脑 GnRH 神经元释放 GnRH(促性腺激素释放激素)，进而刺激腺垂体，促进 FSH 和 LH 的分泌，在 FSH 和 LH 的协同作用下，促使卵巢卵泡同步发育，提高卵泡成熟率，减小闭锁率，为供体母牛多排卵、增加胚胎数创造了很重要的前提条件。

表 1.43　He-Ne 激光照射对 FSH 水平的影响　　mIU/mL

| 组别 | | 第 1 天 | 第 25 天 | 第 35 天 | 第 45 天 | 发情时 |
|---|---|---|---|---|---|---|
| 荷斯坦牛 | 试验组 | 4.56±0.81[a] | 5.22±0.43[a] | 5.45±0.35[a] | 0.84±0.59[b] | 15.95±0.85[b] |
| | 对照组 | 4.19±0.37 | 5.17±0.47 | 4.85±0.62 | 5.1±0.27 | 13.13±1.04 |
| 西杂牛 | 试验组 | 3.15±0.19[a] | 5.93±0.11[a] | 6.17±0.22[a] | 7.54±0.32[b] | 17.27±0.37[b] |
| | 对照组 | 3.02±0.12 | 5.75±0.21 | 5.0±0.09 | 5.97±0.14 | 15.97±0.69 |

a：$P<0.05$，b：$P<0.05$。

②He-Ne 激光照射对 LH 水平的影响。由图 1.14 看出，激光照射对 He-Ne 水平影响不大，从各生理时期的平均水平看，荷斯坦牛试验组整体平均水平与对照组水平相当[(8.30±2.82) mIU/mL，(8.58±3.14) mIU/mL]，差异不显著($P<0.05$)，而西杂牛试验组高于对照组[(8.53±3.77) mIU/mL，(6.96±0.41) mIU/mL]，这可能是由于采血间隔时间长，未测到 LH 峰值。

③He-Ne 激光照射对 $E_2$ 水平的影响。由图 1.15 可知，试验组 $E_2$ 水平高于对照组，其整体平均水平也高于对照组[荷斯坦牛：(29.05±28.71) mIU/mL，(26.85±23.51) mIU/mL]西杂牛：(46.25±16.59) mIU/mL，(42.26±11.87) mIU/mL]，差异显著($P<0.05$)，并且试验组个别供体牛 $E_2$ 峰值达 353.7 pg/mL。这说明，激光照射能显著提高 $E_2$ 水平。这一方面荷斯坦牛和西杂牛效果一致。这是因为激光照射首先提高 FSH 水平，FSH 作用于卵巢，促使了 $E_2$ 的大量分泌；另一方面，激光照射改善了卵巢的机能，增加了 $E_2$ 的合成和分泌。

$E_2$ 水平的升高，促使了母牛的发情。

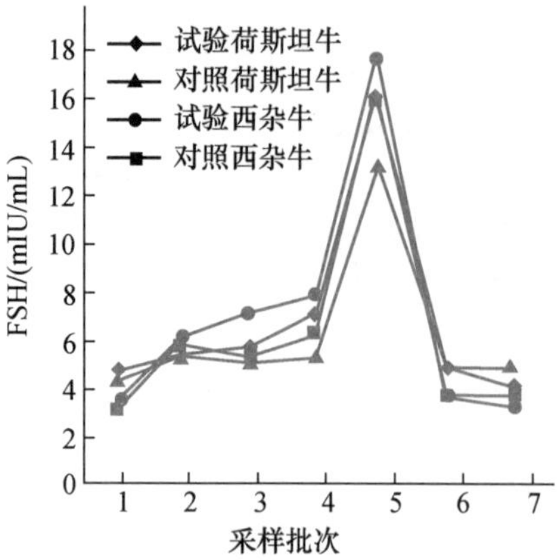


图 1.13 **He - Ne 激光照射对 FSH 的影响**

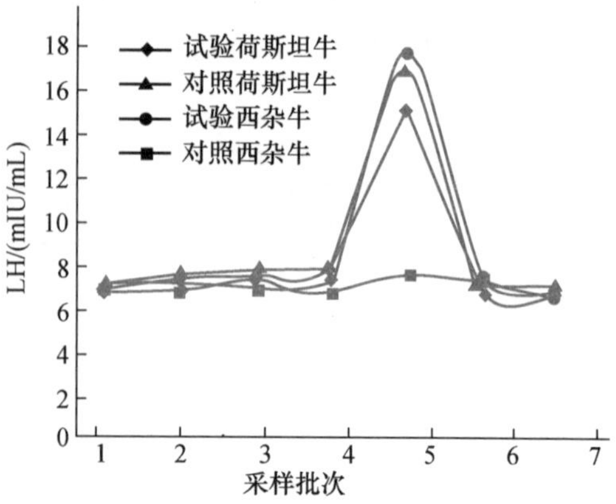


图 1.14 **He - Ne 激光照射对 LH 的影响**

④He - Ne 激光照射对 $P_4$ 水平的影响。由图 1.16 看出，在发情前，试验组和对照组 $P_4$ 水平相当，但是在发情后第 7 天采卵时，两组均出现高峰，试验组 $P_4$ 的峰值比对照组更明显(荷斯坦牛：14.69\13.18 pg/mL；西杂牛：13.76\12.73 pg/mL)，个别母牛达到了 33.9 pg/mL。这说明，He - Ne 激光照射在发情前对 $P_4$ 分泌影响不大，这有利于发情，而在输精后 $P_4$ 水平明显提高，有利于母牛的受胎。原因可能是因为激光照射通过改善母牛的生殖机能，在供体牛发情后促使了黄体的形成，增加了 $P_4$ 的合成和分泌。这或许正是 He - Ne 激光照射的双相调节作用的恰当体现。

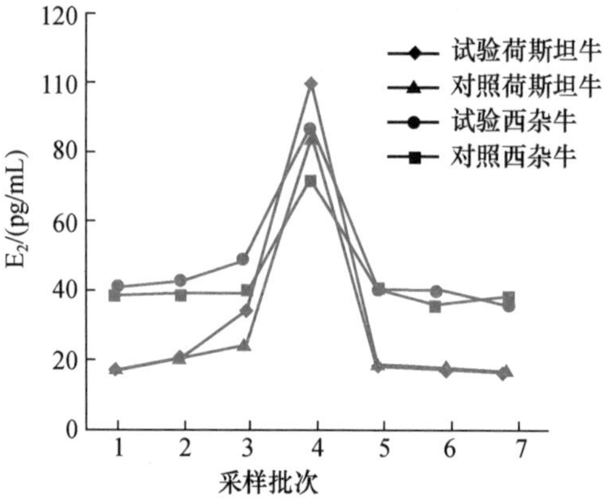


图 1.15 **He - Ne 激光照射对 $E_2$ 的影响**

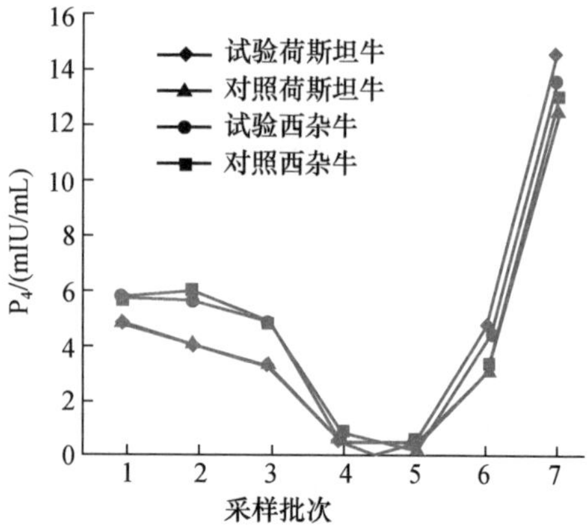


图 1.16 **He - Ne 激光照射对 $P_4$ 的影响**

3. 结论

(1)本研究结果表明，He - Ne 激光照射可提高牛的超排效果，增加胚胎数和可用胚胎数。

(2)He - Ne 激光照射可通过神经和体液调节，提高供体母牛血浆中 FSH 水平，而 FSH 水平的提高是促使卵泡发育，增加胚胎数和可用胚胎数的主要原因。

### 1.4.3 抑制素(IB)主动免疫对牛超排效果的影响及机制

抑制素(inhibin，IB)是一种糖蛋白类激素，主要由雌性动物卵巢颗粒细胞和雄性动物睾丸足细胞所分泌。Erick 等(1978);王根林(1997);桑润滋(2001)等研究表明,IB 对动物生殖活动有重要的调控作用,IB 抗原免疫可以有效地提高动物排卵率。目前,常用的超排药物主要是 FSH,但由于超排是一项复杂的生理过程,加之 FSH 生产厂家批号不同以及动物个体的差异,致使生产中 FSH 超排效果不够稳定。本试验将 IB 主动免疫同外源纯化 FSH 肌肉注射合并使用,研究了 IB 免疫对牛超排效果的影响及作用机理,以为提高牛超排效果提供理论依据。

1. 材料与方法

(1)激素药品 IB,为本课题组利用乙醇分级沉淀法从猪精液分离出的抑制素粗提物冻干粉;纯化 FSH(促卵泡生成素),为中国科学院动物研究所生产(批号:980001);氯前列烯醇,为上海计划生育研究所产(批号:970326)。

(2)参试牛及分组 河北省邯郸市牛奶公司 3~5 岁荷斯坦母牛(产后 50 d 以上),年产奶量 5 000 kg 左右,膘情中下等;河北省临漳县肉牛养殖场西杂青年母牛(产后 50 d 以上),膘情中等。将参试牛按发情顺序随机分成 2 组:试验组 12 头(荷斯坦牛 6 头,西杂牛 6 头),对照组 12 头(荷斯坦牛 6 头,西杂牛 6 头)。

(3)IB 免疫抗原的制备 IB 粗提物冻干粉按 10 mg/头剂量用 4 mol/L 尿素、0.05 mol/L 醋酸钠缓冲液(pH 4.0)稀释,加入同体积福氏佐剂和卡介苗(3~5 mg/头)乳化,放于小瓶中 4℃保存,作为首免用。2 免时,冻干粉剂量减半,即 5 mg/头,乳化时不加卡介苗。

(4)IB 抗原免疫及 FSH 超排处理 试验组牛首次免疫在颈部两侧皮下各注射经完全福氏佐剂乳化的 IB 免疫抗原 0.5 mL(5 mg),首免后 11 d 注射氯前列烯醇 2 支(4 mL)进行同期发情处理,为以后 FSH 超排作准备。首免后 20 d,以不完全福氏佐剂乳化 IB 免疫抗原加免 1 次,剂量减半,即在试验牛颈部一侧皮下注射 1 mL(5 mg)。首免后 26 d,开始用纯化 FSH 做超排处理,FSH 总剂量为 7 mg,连续超排处理 4 d,剂量递减,分别是 3.0、2.0、1.2、0.8 mg,每天早晚间隔 12 h 各注射 1 次,并在超排处理后 3 d 肌肉注射氯前列烯醇 2 支(4 mL)。超排结束后,观察发情。发情后 8~12 h 第 1 次输精,间隔 12 h 再输精 1~2 次。对照组与试验组同步进行超排处理,方法和 FSH 剂量与试验组完全相同,只是不作 IB 主动免疫。

(5)供体胚胎的采集、鉴定及分级 于输精后 7 d,用常规非手术方法采集胚胎,按形态鉴定法对其进行鉴定、分级。A 级(优)胚胎发育阶段与胚龄一致,卵裂球紧密充实,大小均匀成一整体,无游离细胞,卵裂球界限明显,透明度好,透明带圆而平滑。若是早囊或囊胚,胚结、滋养层细胞、囊胚腔明显可见。B 级(良)胚胎发育阶段与胚龄基本一致,卵裂球有基本结构,比较紧密,但有个别细胞游离,透明度较好,透明带呈圆形。C 级(中)胚胎发育阶段与胚龄不太一致,细胞团松散,游离细胞较多,细胞界限模糊,发暗。D 级(劣)有碎片的卵,细胞变性,没有细胞组织结构。A、B、C 级为可用胚胎,本试验只用 A、B 级胚胎进行玻璃化冷冻保存。

(6)采血及血清制备 试验组和对照组牛于不同生理时期采血 10 次:第 1 次,首免当天;第 2 次,首免后 11 d,同期发情处理前;第 3 次,加免当天,即首免后 20 d;第 4 次,肌肉注射 FSH 当天,即首免后 26 d(加免后 6 d);第 5 次,肌肉注射 FSH 后 24 h;第 6 次,肌肉注射 FSH 后 48 h;第 7 次,肌肉注射氯前列烯醇后 24 h;第 8 次,肌肉注射氯前列烯醇后 48 h,即发情期;第 9 次,发情后 48 h,即排卵后;第 10 次,采卵时,即输精后 7 d。每次采血 10 mL,置于 38~40℃温箱中静置 30 min 使其凝固,再以 3 000 r/min 离心 20 min,吸取血清于 -20℃保存。

(7)血清中生殖激素的测定　血清中 FSH、LH、$E_2$、$P_4$ 测定，均按北京北方生物技术研究所生产的放射免疫分析测定盒说明书进行。

2. 结果与讨论

(1)抑制素主动免疫对牛超排效果的影响　由表 1.44 结果可以看出，IB 主动免疫可提高牛的超排效果，增加胚胎数和可用胚胎数，但可用胚胎率则稍低，这可能是由于卵泡发育多、不同步，个别卵泡在未成熟的情况下排卵引起的。本试验试验组超排效果虽然优于对照组，但 2 组头均胚胎数和头均可用胚胎数并不高，根据本课题组以往研究结果，这可能与参试牛营养欠佳和 FSH 质量有关。刘春海等(1998)、牛树理等(1996)研究表明，IB 抗原免疫可提高牛排卵率 20%～60%，而在本试验中，试验组头均胚胎数高出对照组 75%，可见，IB 抗原免疫可弥补 FSH 质量不稳定和母牛个体差带来的影响。

表 1.44　抑制素主动免疫对牛超排效果的影响

| 组别 | 参试牛/头 | 获胚胎数/枚 | 可用胚胎数/枚 | 头均胚胎数/枚 | 头均可用胚胎数/枚 | 可用胚胎率/% |
|---|---|---|---|---|---|---|
| 试验组 | 12 | 67 | 57 | 5.6[a] | 4.2[b] | 85.1 |
| 对照组 | 12 | 38 | 33 | 3.2 | 2.8 | 86.7 |

注：a、b 均表示 $P<0.05$。

(2)IB 主动免疫对母牛血清激素水平的影响

①FSH 水平。见表 1.45 和图 1.17。在首免当天，试验组和对照组 FSH 水平基本相当，表明 2 组间个体差异不显著。首免后至加免时，试验组略高于对照组，差异均不显著($P>0.05$)，2 组平均水平(荷斯坦牛(5.22±0.03)/(4.81±0.03) IU/L，西杂牛(4.77±0.37)/(4.28±0.11) IU/L)差异也不显著($P>0.05$)，但也看出首免后 IB 的免疫作用已经表现出来。在加免后至发情时，试验组 FSH 水平明显高于对照组($P<0.05$)，这期间平均水平也明显高于对照组(荷斯坦牛(8.14±4.39)/(6.81±4.09) IU/L，西杂牛(9.01±4.29)/(7.54±4.35) IU/L)，差异显著($P<0.05$)，可见，加强免疫可明显提高 FSH 水平。IB 主动免疫之所以可提高血清中 FSH 水平，一方面是由于所产生的抗体中和了血浆中的 IB，减弱了其对垂体的负反馈作用，即减轻了 IB 对垂体分泌 FSH 的抑制作用，从而增加了 FSH 分泌，还可能通过刺激腺苷酸环化酶的活性促进了 FSH 的合成；另一方面是 IB 免疫直接阻止了排卵前 FSH 的降解，相对提高了 FSH 水平。FSH 在 LH 的协同作用下，保障了较多卵泡发育和排卵，从而可获得较多胚胎和可用胚胎。关于 IB 免疫原的剂量，有学者认为，一般剂量越大，产生免疫反应就越强，但其并不总是与排卵反应呈正比。究竟 IB 抗原剂量多大为适宜，还有待于进一步研究。

表 1.45　B 免疫对 FSH 水平的影响　IU/L

| 牛别 | 组别 | 首免当天 | 首免后 1 d | 首免后 20 d(加免当天) | 加免后 6 d(超排当天) | 加免后 10 d(发情时) |
|---|---|---|---|---|---|---|
| 荷斯坦牛 | 试验组 | 4.24±0.70 | 5.20±0.42[a] | 5.25±0.34[c] | 6.36±0.29[e] | 15.84±1.46[g] |
| | 对照组 | 4.31±0.27 | 4.79±0.57 | 4.83±0.63 | 4.89±0.17 | 14.13±1.14 |
| 西杂牛 | 试验组 | 3.51±0.09 | 5.03±0.10[b] | 4.50±0.12[d] | 6.48±0.11[f] | 16.63±0.36[h] |
| | 对照组 | 3.17±0.12 | 4.36±0.11 | 4.20±0.09 | 5.02±0.13 | 15.97±0.49 |

注：a、b、c、d 均表示 $P>0.05$；e、f、g、h 均表示 $P<0.05$。

②LH 水平。见图 1.18。试验组 LH 水平在首免后至加免前与对照组基本相当，只是在加免后略高于对照组，荷斯坦牛较西杂牛明显。这说明一次性加入 IB 抗原对 LH 基础分泌无影响，可能是合成分泌 LH 和 FSH 是同一垂体细胞，但 LH 较 FSH 对 IB 反应敏感性低，合成慢。本试验西杂牛的 LH 在第 8 次采血时(即发情期)没有出现峰值，可能是采血时间间隔长，错过了发情高峰，并不是牛品种差异所致，但尚需进一步研究确定。

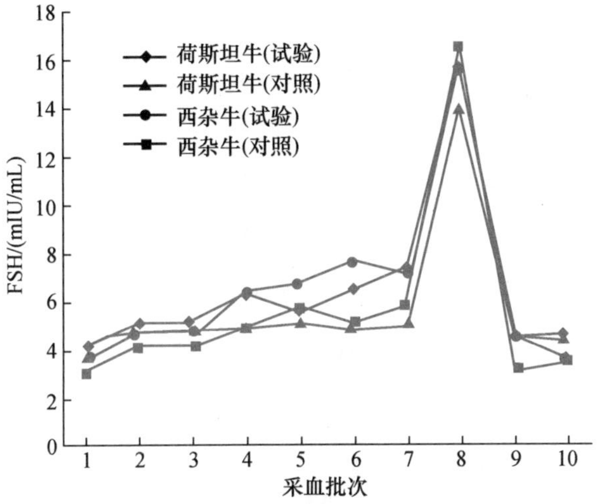


图 1.17 IB 免疫对 FSH 的影响

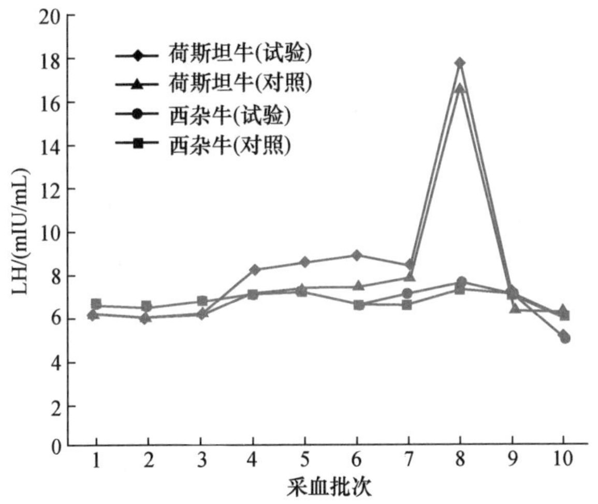


图 1.18 IB 免疫对 LH 的影响

③$E_2$ 水平。见图 1.19。IB 抗原主动免疫对 $E_2$ 水平影响不大，只在超排后 4 d(发情前)明显高于对照组(荷斯坦牛 90.53/84.1 ng/L，西杂牛 74.17/71.15 ng/L)。试验组发情前 $E_2$ 水平高于对照组，可能是由于血浆中较多 FSH 间接调节，促进了 $E_2$ 的分泌。

④$P_4$ 水平。见图 1.20。在各生理时期试验组和对照组 $P_4$ 水平相当，说明 IB 抗原免疫对 $P_4$ 基础分泌无影响。这与牛树理等(1996)、张家骅(1991)研究结果基本一致。

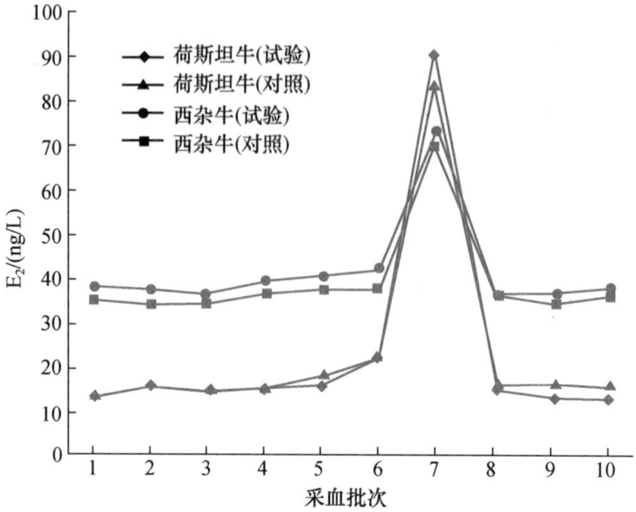


图 1.19 IB 免疫对 $E_2$ 的影响

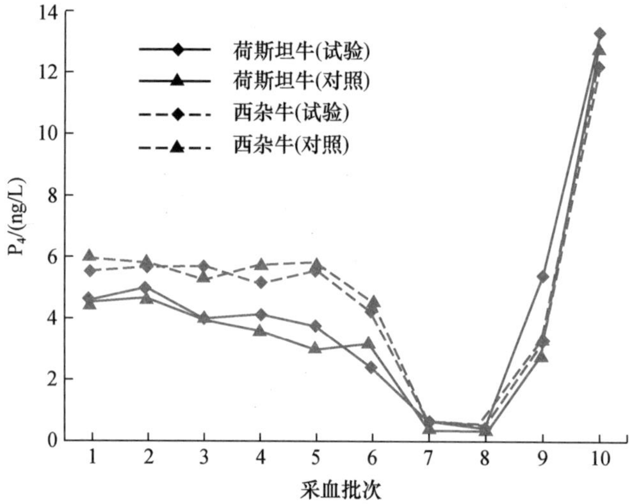


图 1.20 IB 免疫对 $P_4$ 的影响

### 1.4.4 外源注射 LRH - $A_3$ 和 $P_4$ 对波尔山羊超排效果的影响及其机理研究

胚胎移植作为一项家畜繁殖和育种技术，已在世界范围内得到了广泛的应用。虽然胚胎分割和卵子体外受精在技术方面已取得了成功，可获得供移植的胚胎，但目前还没达到可实用的程度。超数排卵仍然是获得大量可移植胚胎的有效手段。Simth 和 Engle 首先发现了超排现象，他们在小鼠上做了垂体前叶组织肌肉埋植实验，结果从输卵管内回收了 60 多个卵，大约是正常时的 45 倍。此后不久，Cole 和 Hart 发现孕马血清可使未成熟大鼠超排，以此奠定了超排的技术基础（桑润滋，2001）。目前山羊的超数排卵已有较为固定的程序，但是在促黄体素释放激素 $A_3$（LHRH - $A_3$）和孕酮（$P_4$）是否应用方面还存在着一些分歧。因此，为了进一步提高超排效果，本试验对山羊超排过程血液中主要生殖激素的含量的变化进行了研究，从机理方面分析了超排过程中注射 LHRH - $A_3$ 和 $P_4$ 是否必要。

1. 材料与方法

(1)试验羊 选择体况较好且一致的波尔山羊 10 只，年龄 1.5～2.5 岁，体重 45～55 kg。试验羊按年龄和体重配对分成 2 组，分别为试验组和对照组，每组 5 只。

(2)试验药品及仪器 日产促卵泡素(FSH)，批号：009301；注射用 LHRH - $A_3$，宁波市激素制品有限公司生产，批号：030711；$P_4$ 注射液，天津金耀氨基酸有限公司生产，批号：0206201；氯前列醇钠(PG)，宁波市激素制品有限公司生产，批号：20030102；澳大利亚产 CIDR；所用试剂盒为天津九鼎医学生物工程有限公司生产，其中促黄体素(LH)试剂盒批号为 RG2312，FSH 试剂盒批号为 RG1312，$P_4$ 试剂盒批号为 RG5312，雌二醇($E_2$)试剂盒批号为 RG6312。$\gamma_2$ 免疫计数器为中国国营二六二厂生产，型号：XH6020。

(3)处理方案

①超排方案。以埋栓(CIDR)当天为 0 d，第 11 天换栓，第 16 天开始以 4 d 8 次注射 FSH(总量 12 mL)，第 19 天撤栓时同时注射 PG 1 mg，撤栓后第 2 天羊发情配种。试验组羊在发情配种时注射 LHRH - A3 15 $\mu$g，在发情配种后第 3 天开始采用 3 d 6 次注射 $P_4$(总量 6 mL)；对照组在试验组注射 LHRH - $A_3$、$P_4$ 时注射生理盐水，2 组均在发情配种后第 6 天采用手术法冲胚。

②采血及血清的制备。试验组和对照组每只羊于处理的不同阶段采血 11 次。第 1 次：埋栓前的任意天；第 2、3、4 次分别为埋栓后第 16、17、19 天；第 5～8 次采血为上次采血间隔 12 h 后；第 9、10、11 次，采血时间分别为发情后第 4、5、6 天。每次颈静脉采血 10 mL，静置 30 min 后，3 500 r/min 离心 10 min，取上层血清保存待用。

③胚胎的收集。2 组均在发情配种后第 6 天手术法冲胚，详细记录胚胎的收集情况。

(4)激素检测 采用放射免疫法测定 FSH、LH、$E_2$、$P_4$，所用试剂盒为天津九鼎医学生物工程有限公司生产。测定过程严格按说明书进行。

2. 结果与讨论

(1)LHRH - $A_3$＋$P_4$ 对波尔山羊超排效果的影响 试验中在发情配种后第 6 天用手术法冲胚。试验组较对照组平均每只羊黄体数多 1.6 个，卵泡数少 0.2 个，获胚数高 1.0 枚，可用胚数高 0.8 枚，可用胚率高 2.11 个百分点。可以看出，试验组较对照组有良好趋势。说明注射 LHRH - $A_3$＋$P_4$ 对提高波尔山羊排卵率和可用胚率有一定的作用(表 1.46)。

表 1.46 LHRH - $A_3$＋$P_4$ 对波尔山羊超排效果的影响

| 组别 | 头均黄体/个 | 头均卵泡/个 | 头均获胚/枚 | 头均可用胚数/枚 | 可用胚率/% |
|---|---|---|---|---|---|
| 试验组 | 14.40±2.07 | 1.40±1.95 | 15.40±8.68 | 13.80±7.79 | 89.61 |
| 对照组 | 12.80±5.54 | 1.60±2.30 | 14.40±11.24 | 12.60±8.89 | 87.50 |

(2)LHRH - $A_3$＋$P_4$ 对血清中激素水平的影响及其与获胚结果的关系

①对 FSH 水平的影响。从图 1.21 可见，2 组羊均在发情当天出现排卵前 FSH 峰，但对照组的 FSH 峰不明显，可能是因为采血间隔时间过长，没有测到 FSH 峰。而且试验组的 FSH 峰较对照组高 0.75 mU/mL，可能是因为注射 LHRH - $A_3$ 后，血液中 LHRH - $A_3$ 水平升高，作用于垂体，促使其分泌少量 FSH，从而使试验组的 FSH 含量略高于对照组。而较高的 FSH 水平可以促进卵泡的发育，使较多的卵泡发育到可排卵阶段。由采胚结果可以看出，

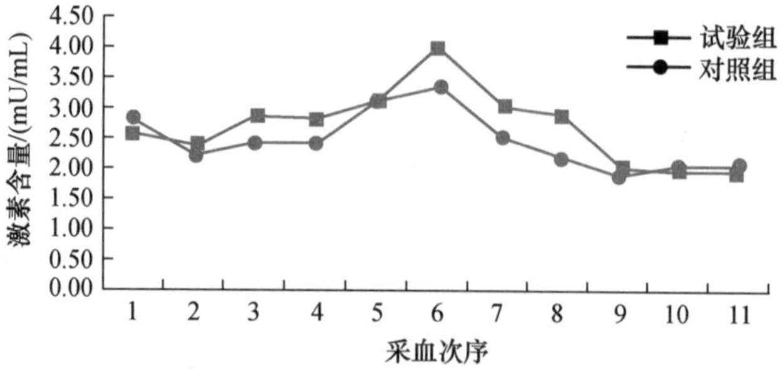


图 1.21 **LHRH - $A_3$ + $P_4$ 对波尔山羊超排过程中 FSH 的影响**

试验组较对照组平均每只羊黄体数多 1.6 个，即试验组平均每只羊发育到可排卵阶段的卵泡较对照组羊多 1.6 个。排卵后，FSH 水平降到埋植孕酮栓时的水平。张汤杰等报道超排山羊在发情天出现 FSH 峰，且 FSH 峰值与排卵数和收集胚胎数无显著相关。本试验结果与其报道基本一致。

②对 LH 水平的影响。从图 1.22 可见，2 组羊 LH 曲线相似。在埋植孕酮栓前，LH 含量为(2.08±0.73) mU/mL，埋植孕酮栓后 LH 含量降为(0.89±0.62) mU/mL，说明高水平的 $P_4$ 对 LH 的释放具有抑制作用。撤栓后，LH 的释放增加，在发情盛期出现 LH 峰，试验组(3.80±0.89) mU/mL，对照组(2.96±0.41) mU/mL，试验组在排卵前 LH 峰较对照组高 0.84 mU/mL，而且对照组的 LH 峰不明显。可能是因为采血频率低，时间间隔长而未测到 LH 峰，而试验组注射 LHRH - $A_3$ 后血液中 LH 浓度较其他生理阶段高，从而检测到 LH 峰。据报道，排卵前 LH 峰值和排卵率有密切的关系，其原因可能是卵巢上具备排卵能力的卵泡实际上多于由内源性促性腺激素引发排卵的卵泡，而 LHRH - $A_3$ 所诱导的 LH 则能弥补内源性 LH 的不足，促使所有具备排卵能力的卵泡成熟排卵，从而提高排卵率。因而冲胚时试验组的未排卵泡数较对照组平均少 0.2 个/只。

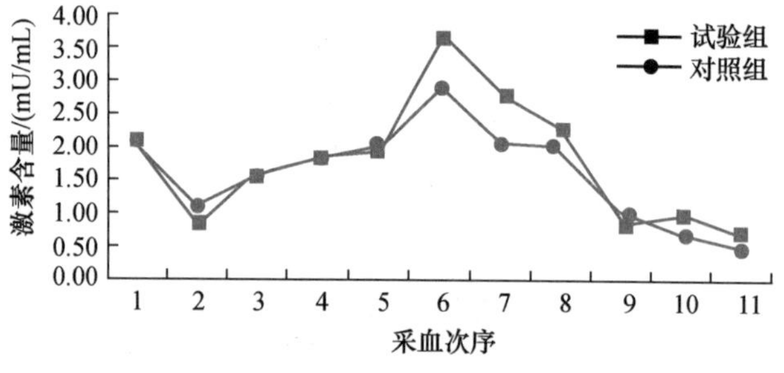


图 1.22 **LHRH - $A_3$ + $P_4$ 对波尔山羊超排过程中 LH 的影响**

③对 $E_2$ 水平的影响。从图 1.23 可见，试验组和对照组 $E_2$ 水平变化曲线近似，说明注射 LHRH - $A_3$ 对血液中的 $E_2$ 含量影响不大。2 组羊均在发情时出现 $E_2$ 峰，说明 $E_2$ 对羊的发情的外部表现有一定作用。张汤杰等(1997)、徐向明等(1996)发现山羊发情时 $E_2$ 峰值浓度与排卵数和收集胚胎数之间呈显著正相关。但在本试验中未发现此显著相关性，这可能是由个体差异较大引起的，也可能是因为样本较少的缘故。

④对 $P_4$ 水平的影响。由图 1.24 可见，2 个组在排卵前 $P_4$ 水平均很低，而在排卵后 $P_4$ 水

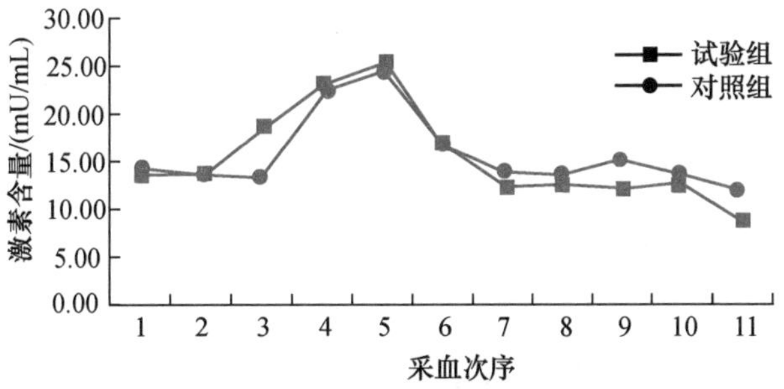


图 1.23 **LHRH-$A_3$+$P_4$ 对波尔山羊超排过程中 $E_2$ 的影响**

平均急剧提高。在埋栓前因每只羊所处发情周期不同，其 $P_4$ 含量差异较大，其平均值为(0.21±0.23) ng/mL。在埋植孕酮栓期间 $P_4$ 含量平均值为(0.40±0.20) ng/mL，在此期间，$P_4$ 水平较高，抑制了卵泡的生长和 FSH、$E_2$ 的分泌，从而起到同期发情的作用。在撤栓10 h后，$P_4$ 含量降为(0.01±0.01) ng/mL，在发情初期为(0.02±0.02) ng/mL，在发情盛期，$P_4$ 含量为 0 ng/mL，这说明只有在少量 $P_4$ 的协同作用下，中枢神经才能接受 $E_2$ 的刺激，而出现发情的外部表现和交配欲。黄群山等报道 $P_4$ 对山羊具有抑制发情的作用，当山羊从 $P_4$ 抑制状解脱出来后还需要 1 d 左右才能发情。而波尔山羊在 $P_4$ 含量达低量 12 h 后发情，这可能是因为在撤栓的同时注射了氯前列烯醇的原因。氯前列烯醇是前列腺素 $F_{2\alpha}$的衍生物，具有溶解黄体的作用，使 $P_4$ 分泌量减少，从而使 $P_4$ 对卵泡的发育及分泌抑制降低，使卵泡分泌较多雌激素，从而使其较早有发情表现。在排卵后，$P_4$ 由黄体波动性分泌，2 组羊血液中 $P_4$ 含量均急剧升高，但试验组较对照组高 0.75 ng/mL，说明外源注射孕酮可以提高血液中 $P_4$ 的含量。张振汉等(1999)报道在相同黄体条件下怀有两个胎儿的比怀一个胎儿的山羊的外周血中 $P_4$ 含量高。Kleemann 等(1994)报道外源 $P_4$ 可以提高胚胎的成活率，在绵羊妊娠前 3 d 注射 $P_4$ 可以促进其胚胎的生长。这些都表明较高孕酮水平是较多胚胎早期生长所必需的，因此外源注射孕酮，可以弥补因为超排而引起的体内 $P_4$ 含量相对较低而产生的一些问题。

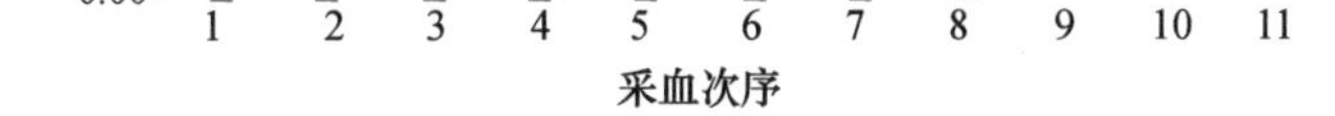


图 1.24 **LHRH-$A_3$+$P_4$ 对波尔山羊超排过程中 $P_4$ 的影响**

3. 结论

卵巢上卵泡在 FSH 作用下生长、发育和成熟，分泌大量雌二醇，正反馈作用于垂体，释放 LH，在 LH 作用下产生的孕酮可以触发排卵酶的形成和释放，且在 LH 的作用下，成熟卵泡能分泌前列腺素，后者可使成熟卵泡周围间质平滑肌纤维收缩，促使卵泡破裂排卵。注射外源 FSH 进行超排，可使较多的卵泡发育到可排卵阶段。GnRH 是一种生殖调节激素，主要引起

LH 的分泌，同时也引起少量 FSH 的分泌。在排卵前给供体羊外源注射 GnRH 类似物 LHRH - $A_3$，可以作用于垂体，促其分泌 LH 而形成 LH 峰，还可使卵泡腔中维持合理的 LH 和 FSH 比例，因而促进卵泡的成熟并提高排卵的同期化程度，使得超排羊同期排出较多成熟卵子。而胚胎生长早期，$P_4$ 对其生长有促进作用，可以减少早期胚胎的退化，使可用胚率增加，所以，试验组较对照组获可用胚数多。总之，本试验结果表明在超排过程中注射 LHRH - $A_3+P_4$，在一定程度上可以提高超排效果。

### 1.4.5 山羊超排过程中主要生殖激素变化规律的研究

超数排卵可诱导大量卵泡成熟排卵，增加可移植胚胎的数量，在家畜胚胎移植中起着至关重要的作用，同时对供体进行超排也是进行转基因动物生产和动物克隆等研究的基础手段之一。Simth 和 Engle(1927)首先发现了超排现象，他们在小鼠上做了垂体前叶组织肌肉埋植实验，结果从输卵管内回收了 60 多枚卵，大约是正常时的 4～5 倍。此后不久 Cole 和 Hart (1930)发现孕马血清可使未成熟大鼠超排，以此奠定了超排的技术基础。目前山羊的超数排卵已有较为固定的程序，但是在超排过程中促黄体素(LH)、孕酮($P_4$)是否应用还存在着一些意见分歧。因此，本试验对杂交关中奶山羊超排过程中注射 LH、$P_4$ 后血液中主要生殖激素的含量的变化规律进行了研究，从机理方面分析了超排过程中注射 LH、$P_4$ 是否有必要。

1. 材料和方法

(1)试验羊　选择体况较好且年龄体重较一致的杂交关中奶山羊 12 只，年龄 1.5～2.5 岁，体重 40～50 kg，按年龄和体重配对分成 2 组，分别作为试验组和对照组，每组 6 只羊。

(2)药品及仪器　注射用垂体促卵泡素(FSH)，宁波市激素制品有限公司生产，批号：20030102；注射用垂体促黄体素(LH)，宁波市激素制品有限公司生产，批号：030901；南京农业大学家畜繁殖研究室研制羊用情酮栓；黄体酮注射液($P_4$)，天津金耀氨基酸有限公司生产，批号：0206201；氯前列醇钠(PG)，宁波市激素制品有限公司生产，批号：20030102；所用试剂盒为天津九鼎医学生物工程有限公司生产，其中 LH 试剂盒批号为 RG2312，FSH 试剂盒批号为 RG1312，$P_4$ 试剂盒批号为 RG5312，$E_2$ 试剂盒批号为 RG6312。$\gamma_2$ 免疫计数器为中国国营二六二厂生产，型号：XH6020。

(3)处理方案

①超排方案。以埋栓当天为 0 d，则第 11 天换栓，第 16 天开始以 4 d 8 次法注射 FSH(总量 160 U)，第 19 天撤栓的同时注射 PG 0.1 mg，撤栓后第 2 天羊发情配种。试验组羊在发情配种时注射 LH 80 U，在发情配种后第 3 天开始采用 3 d 6 次法注射 $P_4$(总量 6 mL)，而对照组羊在相应时期注射生理盐水。2 组均在发情配种后第 6 天手术法冲胚。

②采血及血清的制备。试验组和对照组每只羊于处理的不同阶段采血 11 次。第 1 次：埋栓后第 16 天；第 2 次：埋栓后第 17 天；第 3 次：埋栓后第 19 天；第 4 次：撤栓后第 2 天上午；第 5～8 次采血时间为上次采血 12 h 后；第 9 次和第 10 次采血为发情后第 4 天和第 5 天；最后一次为发情后第 6 天。每次颈静脉采血约 8 mL，静置 30 min 后，以 3 500 r/min 转速离心 10 min，取上层血清冷冻保存待测。

③胚胎的收集。2 组均在发情配种后第 6 天手术法冲胚，详细记录胚胎的收集情况。

(4)激素检测　采用放射性免疫法测定激素 FSH、LH、$E_2$、$P_4$，所用试剂盒为天津九鼎医学生物工程有限公司生产，测定过程严格按其说明书进行。

2. 结果与讨论

(1)注射 LH＋$P_4$ 对超排效果的影响　在发情配种后第 6 天用手术法冲胚，试验组较对照组平均黄体数多 10 个/只，平均卵泡数少 4.67 个/只，平均获胚数高 4.00 枚/只，可用胚数高 6.13 枚/只，可用胚率高 16.85 个百分点。可以看出，试验组较对照组有良好趋势，说明注射 LH＋$P_4$ 对提高排卵率和可用胚率有一定的作用(表 1.47)。

表 1.47　LH＋$P_4$ 对关中杂交奶山羊超排效果的影响

| 组别 | 参试羊/只 | 头均黄体/个 | 头均卵泡/个 | 头均获胚数/枚 | 头均可用胚数/枚 | 可用胚率/% |
|---|---|---|---|---|---|---|
| 试验组 | 6 | 22.17±9.06 | 2.33±3.83 | 19.50±10.89 | 17.30±9.42 | 88.89 |
| 对照组 | 6 | 12.17±7.05 | 7.00±4.20 | 15.50±4.85 | 11.17±6.43 | 72.04 |

(2)不同生理时期血清中激素水平的变化及其与冲胚结果的关系

①FSH 水平的变化及其与冲胚结果的关系。由图 1.25 可见，2 组羊在整个超排过程中的 FSH 浓度变化曲线基本一致，说明外源注射 LH＋$P_4$ 对 FSH 没有显著影响。2 组羊均在发情当天出现排卵前 FSH 峰，而且试验组的 FSH 峰较对照组高 1.51 mU/mL，但出现时间有些差异，这可能是因为个体差异引起的，也可能是因为 LH 注射液不纯，含有少量 FSH 的缘故。而较高的 FSH 水平可以促进卵泡的发育，使较多的卵泡发育到可排卵阶段。由采胚结果可以看出试验组较对照组平均每只羊黄体数多 10 个，即试验组平均每只羊较对照组羊约多排卵 10 个。张汤杰等(1997)报道超排山羊在发情当天出现 FSH 峰，且 FSH 峰值与排卵数和收集胚胎数无显著相关。本试验结果与该报道基本一致。

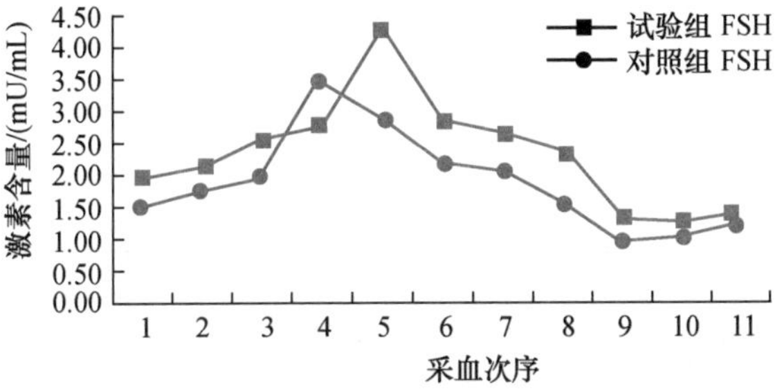


图 1.25　LH＋$P_4$ 对杂交关中奶山羊超排过程中的 FSH 影响

②LH 水平的变化及其与冲胚结果的关系。从图 1.26 可见，2 组羊在发情前和发情后的 LH 含量基本在同一水平上，说明 2 组羊的黄体功能近似。试验组羊在发情配种注射 LH 后约 12 h 时出现 LH 高峰[(4.64 ± 1.22) mIU/mL]，而且对照组的 LH 峰[(2.94 ± 1.62)mIU/mL]不明显。这可能是因为采血频率低，时间间隔长从而未检测到 LH 峰值，而试验组注射 LH 后血液中 LH 浓度较高，从而检测到 LH 峰值。排卵后，2 组羊的 LH 含量均降到和埋植孕酮栓时的水平近似，说明高水平的 $P_4$ 抑制了 LH 的释放。据报道，排卵前 LH 峰值和排卵率有密切的关系，其原因可能是进行超排处理后，卵巢上具备排卵能力的卵泡实际上多于由内源性促性腺激素引发排卵的卵泡，而外源注射 LH 则能弥补内源性 LH 的不足，促使所有具备排卵能力的卵泡成熟排卵，从而提高排卵率。因而冲胚时试验组的未排卵泡数较对照组平均每只羊少 4.67 个。徐向明等(1996)报道在超排时辅以 LH，对超排效果影响不大，

从本试验结果看，2 组数据差异虽不显著，但超排时辅以 LH，对超排效果有较大影响。这可能是因为试验羊品种不同的原因，也可能是注射 LH 时间或剂量的影响造成的。

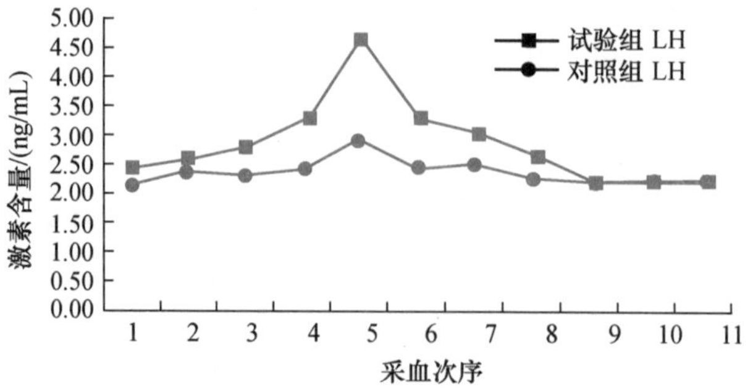


图 1.26 **LH+$P_4$ 对杂交关中奶山羊超排过程中 LH 的影响**

③$E_2$ 水平的变化及其与冲胚结果的关系。从图 1.27 可见，试验组 $E_2$ 较对照组总体水平低，且变化较一致，注射 LH+$P_4$ 后对血液中的 $E_2$ 含量没有大的影响。2 组羊均在发情时出现 $E_2$ 峰，说明 $E_2$ 对羊的发情的外部表现有一定作用。张汤杰等(1997)、徐向明等(1996)发现山羊发情时 $E_2$ 峰值浓度与排卵数和收集胚胎数之间呈显著正相关。但在本试验中未发现此显著相关性，这可能是由个体差异较大引起的，也可能是因为样本较少的缘故。

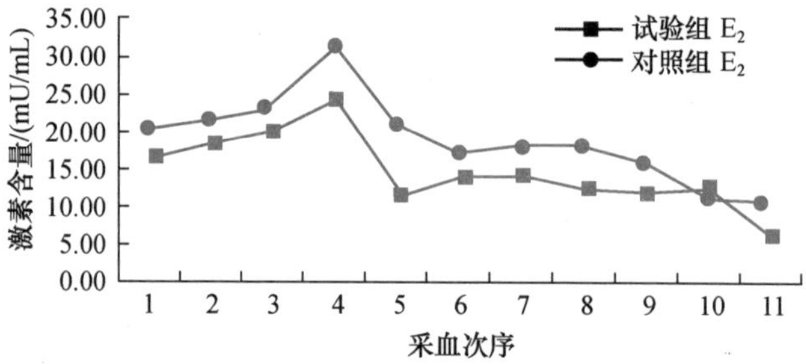


图 1.27 **LH+$P_4$ 对杂交关中奶山羊超排过程中 $E_2$ 的影响**

④$P_4$ 水平的变化及其与冲胚结果的关系。从图 1.28 可见，2 组羊在排卵前 $P_4$ 水平均很低，而在排卵后 $P_4$ 水平均急剧提高。在埋栓期间 $P_4$ 水平较高为(0.35±0.26) ng/mL，在此期间，$P_4$ 水平较高，抑制了卵泡的生长及 FSH、$E_2$ 的分泌，从而起到同期发情的作用。撤栓后 $P_4$ 水平降到(0.04±0.05) ng/mL，发情时为(0.03±0.04) ng/mL。这符合只有在少量 $P_4$ 的协同作用下，中枢神经才能接受 $E_2$ 的刺激，而出现发情的外部表现和交配欲这一理论。黄群山等(1994)报道 $P_4$ 对山羊具有抑制发情的作用，当山羊从 $P_4$ 抑制状态解脱出来后还需要 24 h 左右才能发情。而本次试验中山羊在 $P_4$ 含量降低后 12 h 发情，这可能是因为在撤栓的同时注射了氯前列醇钠。氯前列醇钠是前列腺素 $F_{2\alpha}$的衍生物，具有溶解黄体的作用，使 $P_4$ 分泌量迅速减少，从而使 $P_4$ 对卵泡的发育及分泌抑制降低，使卵泡分泌较多雌激素，从而使其较早有发情表现。排卵后，$P_4$ 由新黄体波动性地分泌，2 组羊 $P_4$ 含量均急剧升高，但试验组较对照组高 4.19 ng/mL。说明注射孕酮可以显著提高血液中的 $P_4$ 含量。Kleemann 等(1991)报道外源 $P_4$ 可以提高胚胎的成活率。Jarrell 等(1991)报道在相同黄体条件下怀有 2 个胎儿的比怀 1 个胎儿的山羊的外周血中 $P_4$ 含量高，张振汉等(1999)也报道了类似的结果。Kleemann 等(1994)报道在绵羊妊娠前 3 d 注射 $P_4$ 可以促进其胚胎的生长。这些都表明较高孕酮水平是较多胚胎早期生长所必需的,因此外源注射孕酮,可以弥补因为超排而引起的体内 $P_4$ 含量相对较低而产生的一些问题,在本试验中的具体体现就是试验组比对照组可用胚率高 16.85 个百分点。

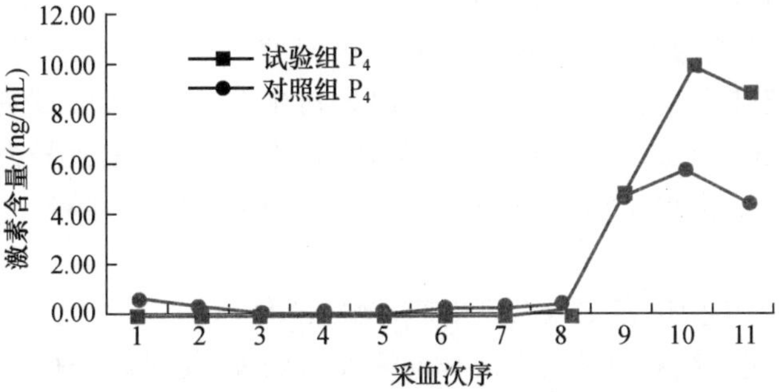


图 1.28 LH+$P_4$ 对杂交关中奶山羊超排过程中 $P_4$ 的影响

3. 结论

卵巢上卵泡在 FSH 作用下,生长、发育、成熟,分泌大量雌二醇,正反馈作用于垂体,释放 LH 排卵峰,在 LH 作用下产生的孕酮可以触发排卵酶的形成和释放,且在 LH 的作用下,成熟卵泡能分泌前列腺素,后者可使成熟卵泡周围间质平滑肌纤维收缩,促使卵泡破裂排卵。在超排过程中,外源 FSH 可以促进大量卵泡生长到可排卵阶段。卵巢上具备排卵能力的卵泡实际上多于由内源性促性腺激素引发排卵的卵泡,而外源注射 LH 则能弥补内源性 LH 的不足,促使所有具备排卵能力的卵泡成熟排卵,从而提高排卵率。因而试验组较对照组的排卵数、获胚数为多。而胚胎生长早期,$P_4$ 对其生长又有促进作用,可以减少早期胚胎的退化,使可用胚率获胚数增加。注射外源 $P_4$ 可以增加血液中 $P_4$ 水平,试验组较对照组获可用胚数为多。因此,本试验结果表明在超排过程中外源注射 $P_4$+LH 可以提高超排效果。

### 1.4.6 绵羊与山羊超排差异性及机理研究

通过对绵羊和山羊超数排卵多年的实践研究发现,绵羊超排后黄体数、获胚数、可用胚数大大低于山羊。为什么会出现这种情况?除品种差异外,超排期间生殖激素变化规律是否不同?此外,大量的研究表明,一氧化氮(nitric oxide, NO)作为一种信息递质,可以调控卵泡发育、卵母细胞的成熟和排卵等生殖过程。近年来研究表明 NO 变化水平与超排效果有密切联系。国外有学者进行过对小鼠超排与 NO 关系的研究。但对于有关 NO 水平对绵羊和山羊超排影响的研究,国内外至今尚未见报道。为此,本试验拟从绵羊和山羊超排期间血清中主要生殖激素与 NO 水平的变化入手,研究分析探讨其超排效果差异性的原因。

1. 材料和方法

(1)试验羊　选择体况较好、健康无病、生殖机能正常、体重较一致的 1.5～2.5 岁波尔山羊种公羊 2 只、小尾寒羊公羊 2 只,关中杂交奶山羊和小尾寒羊母羊各 20 只为实验羊,分为 4 组,即关中杂交奶山羊(简称山羊)对照组和山羊超排组、小尾寒羊(简称绵羊)对照组和绵羊超排组,每组各 10 只,母羊年龄 1.5～2.5 岁,体重 40～45 kg。

(2)药品及仪器

孕酮栓　南京农业大学家畜繁殖研究室

孕马血清促性腺激素(PMSG)1 000 IU/支,批号:20031022　天津生物技术研究中心

垂体促滤泡素(FSH),批号:20050102　宁波激素制品有限公司

氯前列烯醇(PG),0.2 mg/支,批号:20030917　宁波激素制品有限公司

LHRH(促黄体释放激素)0.2 mg/支,批号:030102　宁波激素制品有限公司

所用试剂盒为天津九鼎医学生物工程有限公司生产,其中 LH 试剂盒批号为 RG2312,FSH 试剂盒批号为 RG1312,P4 试剂盒批号为 RG5312,E2 试剂盒批号为 RG6312。

硝酸还原酶一氧化氮(NO)试剂盒 50T ,为南京建成生物工程研究所生产,批号:20050112。

$\gamma$-免疫计数器为中国国营二六二厂生产,型号:XH-6020。

(3)超排方案　超排组和对照组同时作同期发情处理,超排组进行超排处理,以埋栓当天为 0 d,则第 11 天换栓,第 16 天开始以 4 d 8 次注射 FSH(总量 8 mg/只),第 19 天撤栓时同时注射 PG 0.1 mg/只,撤栓后第 2 天羊发情配种。对照组不注射 FSH,注射相同剂量的生理盐水,用孕酮拴+PG 法诱导同期发情。配种是在母羊接受爬跨或从阴道流出透明黏液时,用公羊(精子活率为 0.8 以上)交配,本交间隔约 12 h 进行第二次配种,直至母羊拒绝为止。两组均在发情配种后第 6 天手术法冲胚。

(4)采血及血清的制备　超排组和对照组每只羊于处理的不同阶段采血 10 次。第 1 次:埋栓后第 1 天 6:00(在第一次注射 FSH 前);第 2 次:埋栓后第 16 天 6:00(第 3 次注射 FSH 前);第 3 次:埋栓后第 17 天 6:00(第 5 次注射 FSH 前);第 4 次:埋栓后第 18 天 6:00(撤栓当天,第 7 次注 FSH、PG 前);第 5 次:撤栓当天 12:00;第 6 次:撤栓当天 18:00(第 8 次注射 FSH 之前);第 7 次:撤栓当天 24:00;第 8 次:撤栓第 2 天 6:00(发情第 1 天上午 6:00);第 9 次:撤栓第 2 天 12:00。第 10 次:配种后第 3 天 7:00。

每次空腹颈静脉采血 10 mL,置于不含抗凝剂的试管中静置后,以 3 500 r/min 转速离心 10 min,分离血清,−20℃冰箱保存待用。

(5)激素与一氧化氮的检测　利用硝酸还原酶法测定血清 NO,所用试剂盒为南京建成生物工程研究所生产。采用液相平衡竞争放射免疫分析法(RIA)测定促卵泡生成素(FSH)、促黄体生成素(LH)、孕酮($P_4$)和雌二醇($E_2$)水平。所用试剂盒为天津九鼎医学生物工程有限公司生产。

(6)数据分析　将所得数据用 SPSS11.5 版进行 $t$ 检验和 Bivariate 相关分析。

2. 结果与分析

(1)绵羊与山羊超排效果　山羊和绵羊超排组头均黄体数、头均获胚数、头均可用胚数与各自的对照组比较,差异极显著($P<0.01$);山羊超排组头均黄体数、头均获胚数、头均可用胚数与绵羊超排组相比均差异极显著($P<0.01$)。

(2)血清中 FSH 的变化规律

①山羊对照组与绵羊对照组血清中 FSH 的变化分析。如图 1.29 所示:山羊与绵羊对照组血清中 FSH 水平曲线走势基本相似,但是绵羊对照组 FSH 总量平均值高于山羊对照组 FSH 的平均水平[(3.18±1.11) mIU/mL 对(2.27±0.99) mIU/mL)],差异极显著($P<0.01$)。这说明小尾寒羊体内正常 FSH 水平一般较高,而关中奶山羊体内正常 FSH 水平较小

尾寒羊水平略低。这也可能是小尾寒羊产羔率高的原因。

表 1.48　山羊与绵羊超排效果比较

| 组别 | 参验羊/只 | 有效超排数/只 | 头均黄体数/枚 | 头均获胚数/枚 | 头均可用胚数/枚 |
|---|---|---|---|---|---|
| 绵羊超排组 | 10 | 8 | 7.9±2.85[A] | 6.8±2.25[A] | 4.9±1.20[A] |
| 绵羊对照组 | 10 | 9 | 2.4±0.84[a] | 2.1±0.57[a] | 1.8±0.63[a] |
| 山羊超排组 | 10 | 9 | 17.5±8.38[B] | 15.9±8.67[B] | 12.1±5.51[B] |
| 山羊对照组 | 10 | 10 | 2.7±0.95[b] | 2.0±0.94[b] | 1.4±0.70[b] |

注:同列肩标大写字母不同表示差异极显著($P<0.01$);同一字母不同大小写表示差异极显著($P<0.01$)。

②山羊超排组与绵羊超排组血清中 FSH 的变化分析。如图 1.30 所示,山羊超排组与绵羊超排组比较发现:山羊与绵羊超排处理前 FSH 值分别为(1.86±0.58) mIU/mL 与(3.22±1.51) mIU/mL,差异显著($P<0.05$)。注射 FSH 后山羊超排组迅速上升到(3.35±1.12) mIU/mL,绵羊超排组为(3.14±0.55) mIU/mL,随后二者维持平稳的上升趋势,差异不显著($P>0.05$);在 PG 处理后 18 h 绵羊超排组 FSH 达到峰值(5.17±1.27) mIU/mL,24 h 后山羊超排组达到峰值(4.17±1.53) mIU/mL,二者差异不显著($P>0.05$);在发情后第 3 天山羊下降到注射 FSH 前基础水平[(2.06±0.72) mIU/mL],绵羊下降到注射 FSH 前水平[(2.98±0.46) mIU/mL],二者差异显著($P<0.05$)。

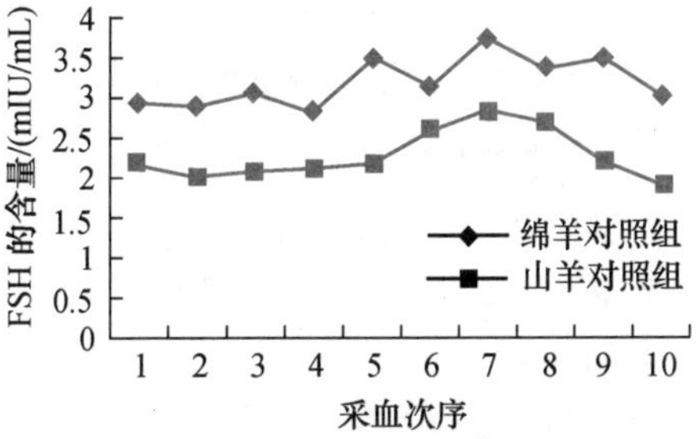


图 1.29　山羊对照组与绵羊对照组血清中 FSH 含量曲线

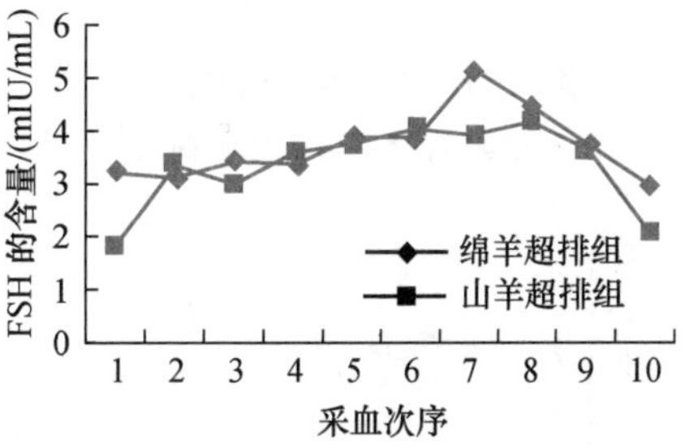


图 1.30　山羊超排组、绵羊超排组血清中 FSH 含量曲线

在整个超排过程中,山羊超排组和绵羊超排组各次血清中 FSH 水平与头均黄体数、头均获胚数、头均可用胚数相关性差异不显著($P>0.05$)。

(3)血清中 LH 的变化规律

①山羊对照组与绵羊对照组血清中 LH 的变化分析。如图 1.31 所示,山羊与绵羊对照组血清中 LH 水平曲线走势基本相似,但是绵羊对照组 LH 总量平均值高于山羊对照组 LH 的平均水平[(2.62±1.98) mIU/mL 对(2.17±0.89) mIU/mL],差异显著($P<0.05$)。这说明小尾寒羊体内正常 LH 水平一般较高,而关中奶山羊体内正常 LH 水平较小尾寒羊水平略低。

②山羊超排组与绵羊超排组血清中 LH 的变化分析。如图 1.32 所示,山羊超排处理前 LH 值为(1.94±0.99) mIU/mL,超排处理后开始震荡上升,峰值出现于 PG 注射大概 30 h 后,达到峰值(4.25±2.21) mIU/mL,并且显著高于其他各次采血的含量(第 7、8 次血中含量除外),差异显著($P<0.05$)。其后迅速下降,在发情后的第 3 天降到基础水平(2.23±1.32) mIU/mL。绵羊超排组 LH 水平走势与山羊超排组相似,绵羊超排处理前 LH 值为(2.35±1.75) mIU/mL,

超排处理后开始震荡上升，峰值出现于 PG 注射大概 24 h 后，达到(4.39±1.57) mIU/mL，并且显著高于其他各次采血的含量，差异显著($P<0.05$)。其后迅速下降，在发情后的第 3 天降到基础水平(2.53±1.23) mIU/mL，在整个超排过程中山羊与绵羊比较相应各次血清中 LH 含量，差异不显著($P>0.05$)。山羊超排组和绵羊超排组各次血清中 LH 水平与黄体数、获胚数、可用胚数相关性差异不显著($P>0.05$)。

(4)血清中 $E_2$ 的变化规律

①山羊对照组与绵羊对照组血清中 $E_2$ 的变化分析。如图 1.33 所示，山羊与绵羊对照组血清中 $E_2$ 水平比较发现山羊对照组 $E_2$ 总量平均值高于绵羊对照组 $E_2$ 的平均水平[(21.63±7.43) pg/mL 对(18.74±7.18) pg/mL]，差异极显著($P<0.01$)。这说明关中杂交奶山羊体内正常 $E_2$ 水平一般较高，而小尾寒羊体内正常 $E_2$ 水平较关中杂交奶山羊水平略低。

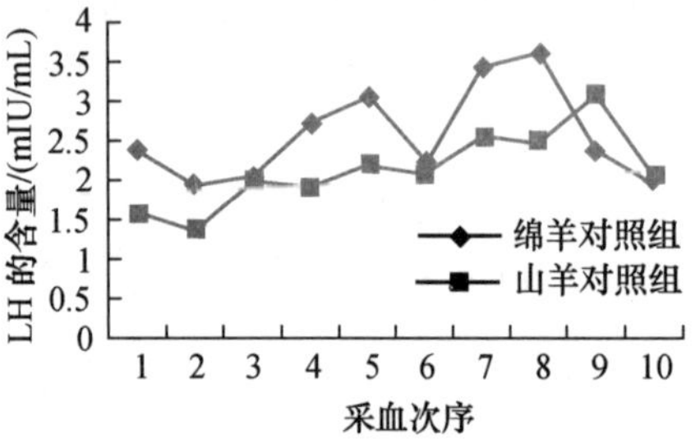


图 1.31　**山羊对照组与绵羊对照组血清中 LH 含量曲线**

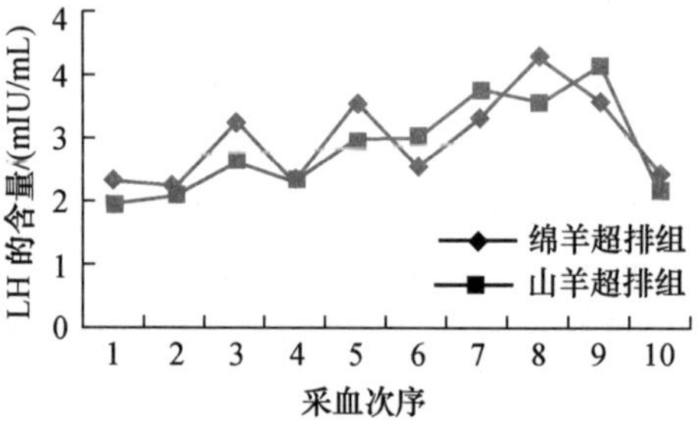


图 1.32　**山羊超排组与绵羊超排组血清中 LH 含量曲线**

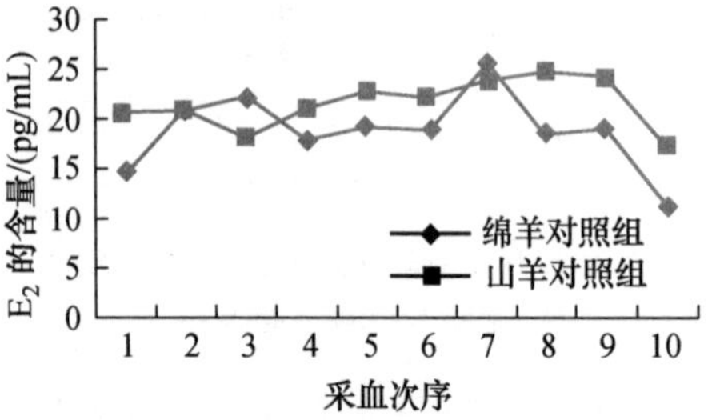


图 1.33　**山羊对照组与绵羊对照组血清中 $E_2$ 含量曲线**

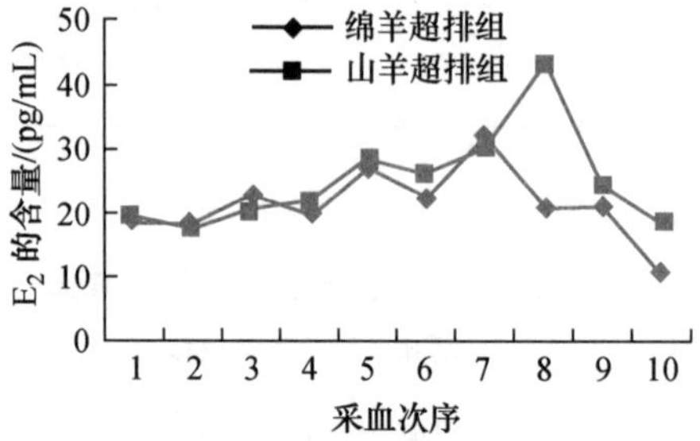


图 1.34　**山羊超排组与绵羊超排组血清中 $E_2$ 含量曲线**

②山羊超排组与绵羊超排组血清中 $E_2$ 的变化分析。由图 1.34 所示，山羊超排组与绵羊超排组血清中 $E_2$ 含量变化曲线基本一致。山羊与绵羊超排处理前 $E_2$ 值[分别为(19.34±6.23) pg/mL 对(18.78±4.60) pg/mL]，差异不显著($P>0.05$)；超排处理后都开始升高，山羊超排组在 PG 注射 24 h 后(发情时)达到峰值(44.19±15.14) pg/mL，并且显著高于其他各次血清的含量，差异极显著($P<0.01$)。绵羊超排组在 PG 注射 18 h 后(发情时)达到峰值(32.41±8.62) pg/mL，并且显著高于其他各次血清的含量，差异极显著($P<0.01$)。超排组山羊发情时 $E_2$ 的含量[(44.19±15.14) pg/mL]显著高于超排组绵羊发情时的含量(32.41±8.62) pg/mL($P<0.05$)。

③山羊超排组血清中 $E_2$ 水平与采胚结果的相关分析。山羊超排组发情时 $E_2$ 峰值水平(第 8 次采血)与黄体数、获胚数、可用胚数均呈正相关(分别为 $r=0.746$，$P<0.05$；$r=0.688$，

$P<0.05$；$r=0.663$，$P<0.05$)(表 1.49)。

表 1.49　超排山羊血清中 $E_2$ 含量与采胚结果的相关分析

| | NO1 | NO2 | NO3 | NO4 | NO5 | NO6 | NO7 | NO8 | NO9 | NO10 |
|---|---|---|---|---|---|---|---|---|---|---|
| 黄体数 | 0.455 | 0.525 | 0.158 | 0.548 | 0.386 | 0.565 | 0.475 | 0.746* | 0.685* | 0.107 |
| 获胚数 | 0.471 | 0.504 | 0.079 | 0.576 | 0.426 | 0.555 | 0.461 | 0.688* | 0.610 | 0.095 |
| 可用胚数 | 0.516 | 0.561 | −0.009 | 0.552 | 0.306 | 0.435 | 0.360 | 0.663* | 0.547 | 0.101 |

注：* 表示差异显著($P<0.05$)。

④绵羊超排组血清中 $E_2$ 水平与采胚结果的相关分析。绵羊超排组发情时 $E_2$ 水平峰值(第 7 次采血)与黄体数、获胚数、可用胚数均呈正相关(分别为 $r=0.846$，$P<0.01$；$r=0.791$，$P<0.01$；$r=0.682$，$P<0.05$)(表 1.50)。

表 1.50　超排绵羊血清中 $E_2$ 含量与采胚结果的相关分析

| | NO1 | NO2 | NO3 | NO4 | NO5 | NO6 | NO7 | NO8 | NO9 | NO10 |
|---|---|---|---|---|---|---|---|---|---|---|
| 黄体数 | 0.431 | −0.031 | 0.149 | 0.045 | 0.250 | 0.351 | 0.846** | 0.545 | 0.628 | 0.042 |
| 获胚数 | 0.424 | 0.017 | 0.251 | 0.156 | 0.361 | 0.332 | 0.791** | 0.224 | 0.599 | −0.003 |
| 可用胚数 | 0.440 | 0.269 | 0.377 | 0.395 | 0.455 | 0.405 | 0.682* | −0.171 | 0.557 | 0.082 |

注：* 表示差异显著($P<0.05$)，** 表示差异极显著($P<0.01$)。

(5)血清中 $P_4$ 的变化规律

①山羊对照组与绵羊对照组血清中 $P_4$ 的变化分析。如图 1.35 所示，山羊与绵羊对照组血清中 $P_4$ 水平走势非常相似，绵羊对照组 $P_4$ 总量平均值高于山羊对照组 $P_4$ 的平均水平[(0.86±0.66) ng/mL]对(0.85±0.61) ng/mL，差异不显著($P>0.05$)。这可能是由于对试验羊作同期发情处理(孕酮栓＋PG 法)，使得山羊和绵羊体内繁殖系统的内环境极为相似的结果。

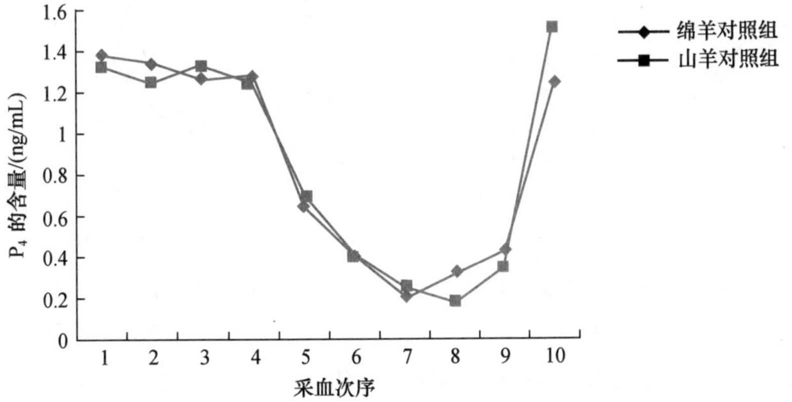


图 1.35　绵羊对照组与山羊对照组血清中 $P_4$ 含量曲线

②山羊超排组与绵羊超排组血清中 $P_4$ 的变化分析。如图 1.36 所示，山羊超排组与绵羊超排组血清中 $P_4$ 含量变化曲线基本一致。山羊和绵羊超排组在排卵前 $P_4$ 水平均很低，而在排卵后 $P_4$ 水平均急剧提高。在埋栓期间 $P_4$ 水平较高[(1.38±0.55) ng/mL 对(1.34±0.91) ng/mL]，差异不显著($P>0.05$)，在此期间，$P_4$ 水平较高，抑制了卵泡的生长、FSH、$E_2$ 的分泌，从而起到同期发情的

作用。发情时 $P_4$ 水平降到最低值[(0.25±0.18) ng/mL 对(0.26±0.20) ng/mL],差异不显著($P>0.05$)。这符合理论:只有在少量 $P_4$ 的协同作用下,中枢神经才能接受 $E_2$ 的刺激,而出现发情的外部表现和交配欲。排卵后,$P_4$ 由新黄体波动性的分泌,两组羊 $P_4$ 含量均急剧升高,在发情 3 d 后达到(1.49±0.62) ng/mL 的正常水平。在整个超排过程中山羊与绵羊比较相应各次血清中 $P_4$ 含量,差异不显著($P>0.05$)。

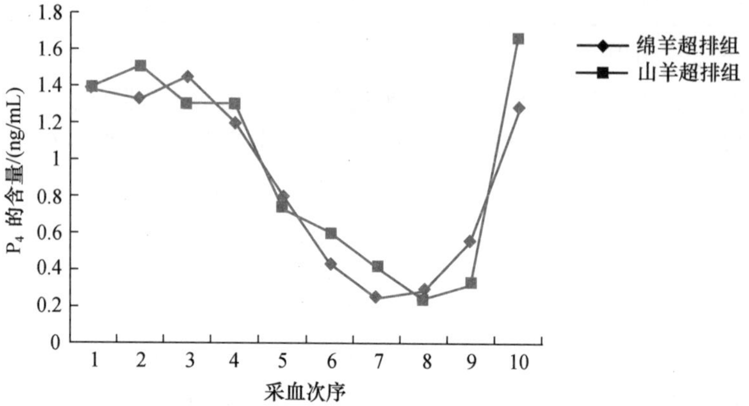


图 1.36 山羊超排组与绵羊超排组血清中 $P_4$ 含量曲线

(6)血清中 NO 的变化规律

①山羊对照组与绵羊对照组血清中 NO 的变化分析。如图 1.37 所示,山羊与绵羊对照组血清中 NO 水平走势非常相似,山羊对照组 NO 总量平均值高于绵羊对照组 NO 的平均水平[(7.09±2.69) μmol/L 对(6.11±2.66) μmol/L],差异显著($P<0.05$)。这说明关中杂交奶山羊体内正常 NO 水平一般较高,而小尾寒羊体内正常 NO 水平较关中杂交奶山羊水平略低。

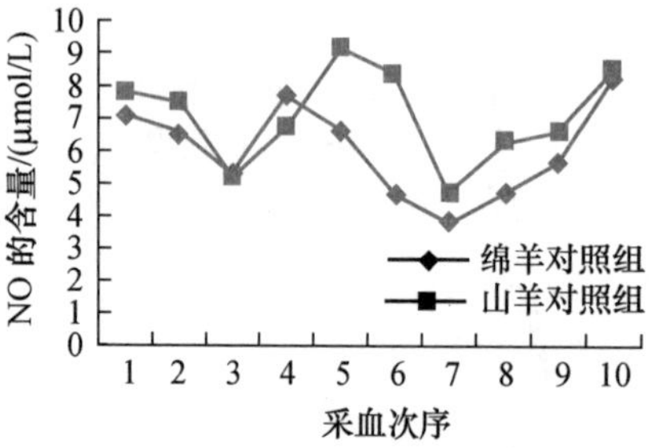


图 1.37 山羊对照组与绵羊对照组血清中 NO 含量曲线

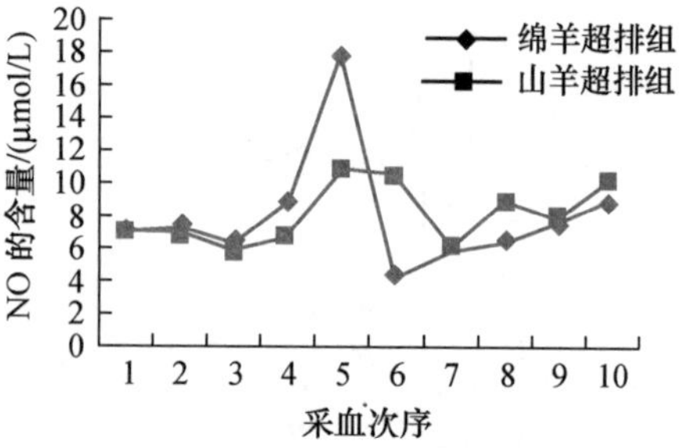


图 1.38 山羊超排组与绵羊超排组血清中 NO 含量曲线

②山羊超排组与绵羊超排组血清中 NO 的变化分析。山羊超排组与绵羊超排组血清中 NO 的含量变化曲线基本相似。山羊与绵羊超排处理前 NO 值分别为(7.0±2.38) μmol/L 和(7.1±3.16) μmol/L,差异不显著($P>0.05$);随后在第 3 天略微下降到分别为(5.83±2.13) μmol/L和(6.29±2.89) μmol/L,差异不显著($P>0.05$);PG 处理后山羊 NO 水平迅速上升[(6.87±1.68) μmol/L],在 6 h 后达到峰值[(10.93±4.76) μmol/L],并且 12 h 后仍然维持在峰值水平[(10.81±6.31) μmol/L],峰值水平显著高于 PG 处理之前的 NO 水平,差异显著 ($P<0.05$);PG 处理后 18 h NO 水平陡降至最低水平,在发情后第 3 天缓慢上升到

[(10.47±9.17) μmol/L];而 PG 处理后绵羊 NO 水平迅速上升[(9.03±3.39 ) μmol/L]并在 6 h 后达到峰值[(17.80±8.99) μmol/L]显著高于 PG 处理之前的 NO 水平,差异极显著($P<0.01$);PG 处理后 12 h NO 水平陡降至最低水平,在发情后第 3 天缓慢上升到[(9.18±4.48) μmol/L](图 1.38)。

山羊超排组与绵羊超排组相比较发现:在整个试验期间,绵羊超排组 NO 峰值水平显著高于山羊超排组峰值水平[(17.80±8.99) μmol/L 对(10.93±4.76 ) μmol/L,$P<0.05$]。

③山羊超排组血清中 NO 水平与采胚结果的相关分析。

山羊结果:黄体数、获胚数、可用胚数与第 5 次采血中的一氧化氮呈负相关($r=-0.631$,$P<0.05$;$r=-0.693$,$P<0.05$;$r=-0.745$,$P<0.05$)(表 1.51)。

表 1.51 超排山羊 NO 与采胚结果的相关分析

| | NO1 | NO2 | NO3 | NO4 | NO5 | NO6 | NO7 | NO8 | NO9 | NO10 |
|---|---|---|---|---|---|---|---|---|---|---|
| 黄体数 | −0.142 | −0.027 | −0.427 | −0.185 | −0.631 | −0.528 | −0.108 | −0.020 | −0.280 | −0.279 |
| 获胚数 | −0.187 | −0.011 | −0.440 | −0.159 | −0.693* | −0.597 | −0.213 | 0.027 | −0.317 | −0.295 |
| 可用胚数 | −0.202 | −0.040 | −0.480 | −0.282 | −0.745* | −0.624 | −0.225 | −0.008 | −0.334 | −0.242 |

注:* 表示差异显著($P<0.05$)。

④绵羊超排组血清中 NO 水平与采胚结果的相关分析。绵羊黄体数与第 4 次采血中的一氧化氮呈负相关($r=-0.670$,$P<0.05$);可用胚数与第 2 次采血中的一氧化氮呈负相关($r=-0.764$,$P<0.05$)(表 1.52)。

表 1.52 超排绵羊 NO 与采胚结果的相关分析

| | NO1 | NO2 | NO3 | NO4 | NO5 | NO6 | NO7 | NO8 | NO9 | NO10 |
|---|---|---|---|---|---|---|---|---|---|---|
| 黄体数 | −0.134 | −0.291 | −0.324 | −0.670* | −0.536 | −0.389 | −0.176 | −0.244 | −0.306 | −0.552 |
| 获胚数 | −0.383 | −0.603 | −0.548 | −0.536 | −0.503 | −0.375 | −0.173 | −0.149 | −0.254 | −0.508 |
| 可用胚数 | −0.481 | −0.764* | −0.536 | −0.232 | −0.255 | −0.173 | 0.002 | 0.153 | −0.010 | −0.273 |

注:* 表示差异显著($P<0.05$)。

3. 结论

山羊超排组头均黄体数为 17.5 枚,头均获胚数为 15.9 枚,头均可用胚数为 12.1 枚,显著高于绵羊的 7.9 枚、6.8 枚、4.9 枚。山羊组超排效果优于绵羊超排组的机理:一是由于山羊对外源性 FSH 作用比绵羊更敏感,超排后外周血中 FSH 增加显著,利于卵泡生成。二是由于发情时山羊组外周血中 $E_2$ 水平显著高于绵羊组,表明山羊组优势卵泡数量远远高于绵羊组,这些卵泡分泌大量的 $E_2$ 使 LH 达到峰值,有助于排卵,本研究结果证实发情时 $E_2$ 的峰值与黄体数、获胚数、可用胚数呈正相关。三是发情前期绵羊组外周血中 NO 水平升高的速度和幅度明显高于山羊组,此时卵泡发育正处于由优势卵泡期向成熟卵泡过渡,绵羊组较高水平的 NO 会导致卵泡的闭锁。

### 1.4.7 小结

(1)He-Ne 激光照射可提高牛的超排效果,增加胚胎数和可用胚胎数。He-Ne 激光照射可通过神经和体液调节，提高供体母牛血浆中 FSH 水平，而 FSH 水平的提高是促使卵泡发育，增加胚胎数和可用胚胎数的主要原因。

（2）抑制素（IB）主动免疫可提高牛的超排效果，增加胚胎数和可用胚胎数，但可用胚胎率则稍低，这可能是由于卵泡发育多、不同步，个别卵泡在未成熟的情况下排卵引起的。加强免疫可明显提高 FSH 水平。IB 主动免疫之所以可提高血清中 FSH 水平，一方面是由于所产生的抗体中和了血浆中的 IB，减弱了其对垂体的负反馈作用，即减轻了 IB 对垂体分泌 FSH 的抑制作用，从而增加了 FSH 分泌，还可能通过刺激腺苷酸环化酶的活性促进了 FSH 的合成；另一方面是 IB 免疫直接阻止了排卵前 FSH 的降解，相对提高了 FSH 水平。FSH 在 LH 的协同作用下，保障了较多卵泡发育和排卵，从而可获得较多胚胎和可用胚胎。

（3）GnRH 是一种生殖调节激素，主要引起 LH 的分泌，同时也引起少量 FSH 的分泌。在排卵前给波尔山羊供体羊外源注射 GnRH 类似物 LRH - $A_3$，可以作用于垂体，促其分泌 LH 而形成 LH 峰，还可使卵泡腔中维持合理的 LH 和 FSH 比例，因而促进卵泡的成熟并提高排卵的同期化程度，使得超排羊同期排出较多成熟卵子。而胚胎生长早期，$P_4$ 对其生长有促进作用，可以减少早期胚胎的退化，使可用胚率增加，所以，在超排过程中注射 LRH - $A_3$ + $P_4$ 在一定程度上可以提高羊超排效果。

（4）山羊卵巢上卵泡在 FSH 作用下，生长、发育、成熟，分泌大量雌二醇，正反馈作用于垂体，释放 LH 排卵峰，在 LH 作用下产生的孕酮可以触发排卵酶的形成和释放，且在 LH 的作用下，成熟卵泡能分泌前列腺素，后者可使成熟卵泡周围间质平滑肌纤维收缩，促使卵泡破裂排卵。在超排过程中，外源 FSH 可以促进大量卵泡生长到可排卵阶段。卵巢上具备排卵能力的卵泡实际上多于由内源性促性腺激素引发排卵的卵泡，而外源注射 LH 则能弥补内源性 LH 的不足，促使所有具备排卵能力的卵泡成熟排卵，从而提高排卵率，排卵数、获胚数增多。而在胚胎生长早期，$P_4$ 对其生长又有促进作用，可以减少早期胚胎的退化，使可用胚率获胚数增加。注射外源 $P_4$ 可以增加血液中 $P_4$ 水平，试验组较对照组获可用胚数为多。因此，在超排过程中外源注射 $P_4$+LH 可以提高超排效果。

（5）山羊超排组头均黄体数为 17.5 枚，头均获胚数为 15.9 枚，头均可用胚数为 12.1 枚，显著高于绵羊的 7.9 枚、6.8 枚、4.9 枚。山羊组超排效果优于绵羊超排组的机理：一是由于山羊对外源性 FSH 作用比绵羊更敏感，超排后外周血中 FSH 增加显著，利于卵泡生成。二是由于发情时山羊组外周血中 $E_2$ 水平显著高于绵羊组，表明山羊组优势卵泡数量远远高于绵羊组，这些卵泡分泌大量的 $E_2$ 使 LH 达到峰值，有助于排卵，本研究结果证实发情时 $E_2$ 的峰值与黄体数、获胚数、可用胚数呈正相关。三是发情前期绵羊组外周血中 NO 水平升高的速度和幅度明显高于山羊组，此时卵泡发育正处于由优势卵泡期向成熟卵泡过渡，绵羊组较高水平的 NO 会导致卵泡的闭锁。

（作者：桑润滋、王志刚、吕津、吴向丰、田树军、张志胜、李俊杰）

## 参考文献

[1] 董辉，等. 北方寒区季节因素对奶牛受胎率的影响调查研究. 草与畜杂志，1996(2):14 - 15.

[2] 顾德章，等. 母黄牛发情周期的观察. 黄牛杂志，1994，20(4):12 - 14.

[3] 蒿迈道. 影响牛繁殖力的营养因素——能量和蛋白质. 畜牧兽医杂志,1989(2):33-37.
[4] 黄群山,张家骅,王建辰. 山羊黄体孕酮分泌的特点. 中国兽医学报,1994,14(2):172-175.
[5] 李建国,桑润滋,张正姗,等. 热应激对母牛内分泌及繁殖机能的影响. 中国奶牛,1998(3):31-32.
[6] 李建国,桑润滋,张正姗,等. 热应激对奶牛生理常值、血液生化指标、繁殖及泌乳性能的影响. 河北农业大学学报,1998,21(4):69-75.
[7] 李俊杰,等. 不同季节肉用种公牛精液品质与生理常值、血清及精清生化指标相关关系研究. 畜牧兽医学报,2006(3):232-241.
[8] 李俊杰,等. 热应激对种公牛精液品质的影响研究进展. 草食家畜,2000(4):26-28.
[9] 刘春海,桑润滋. 抑制素主动免疫对母牛卵泡发育的影响. 河北农业大学学报,1999(3):26-29.
[10] 刘智喜,等. 奶牛胎衣不下的病因探讨. 畜牧兽医杂志,1994(2):15-18.
[11] 鲁新,刘树铮. 猪精液抑制素的制备及其放射免疫分析. 生殖与避孕,1984,4(4):27-33.
[12] 马克琴,马彩琴,张晓琴. 寒冷地区塑膜暖棚育肥西杂牛试验研究. 黄牛杂志,1999,25(2):20-21.
[13] 马玉胜,朱国生,李华芬. 中国奶牛. 1994(4):50-51.
[14] 牛树理,叶荣,杨利国. 猪精液抑制素主动免疫黄牛诱导超数排卵的研究. 南京农业大学学报,1996,19(4):52-55.
[15] 任培欣,等. 黄牛双胎苿的研究. 畜牧与兽医,1995,27(2):52.
[16] 桑润滋,刘春海. 人工诱导母牛双胎的研究进展. 黄牛杂志,1998,24 (1):28-31.
[17] 桑润滋,王凤鸣. 激光穴位照射提高中国荷斯坦牛超排效果试验研究初报. 黑龙江动物繁殖,1995,3(3):8-9.
[18] 桑润滋. 动物繁殖生物技术. 北京:中国农业出版社,2002:218-219.
[19] 桑润滋. 热应激对荷斯坦种公牛精液品质的影响及机理. 中国兽医学报,2002(4):408.
[20] 史彬林,闫素梅. 奶牛耐热评定指标的研究. 中国奶牛,1996(2):20-22.
[21] 田文儒,胡春山. 氦氖激光对母兔生殖功能的影响. 黑龙江畜牧兽医,1993(8):2-4.
[22] 王根林. 抑制素对动物排卵的免疫调节. 国外畜牧科技,1997,24(3):35-39.
[23] 王洪斌. 激光疗法在兽医领域的应用. 黑龙江畜牧兽医,1993(7):39-41.
[24] 王建辰,章孝荣. 动物生殖调控. 合肥:安徽科学技术出版社,1998:19-20,141-146.
[25] 王前,林玲,林继生,等. 气候因子与荷斯坦奶牛产奶量的关系研究. 广州奶牛,1995(1):1-3.
[26] 王前. 影响荷斯坦奶牛受胎率的气候因子的分析. 中国畜牧杂志,1993,29(6):10-12.
[27] 王新庄,窦忠英. 牛超排技术的研究. 黄牛杂志,1996(4):20-23.
[28] 王新庄,王居强,张敏,等. 奶牛超数排卵期间血浆 $P_4$、$E_2$ 和 LH 水平变化. 草食家畜,2003(增刊):92-95.
[29] 徐向明,叶进培,张朝昆. 山羊血浆生殖激素浓度与超排反应的关系. 江苏农学院学报,1996,17(1):77-82.
[30] 徐秀娣,严忠慎,丁家桐. 海门山羊发情周期和妊娠期外周血浆中孕酮、雌二醇和睾酮的浓度变化. 江苏农学院学报,1990,11(1):61-66.
[31] 杨殿军,王力波,陈忠孝,等. 黑龙江畜牧兽医,1989(2):9-12.
[32] 杨凤,等. 动物营养学. 北京:农业出版社,1993:222-223.
[33] 杨利国,等. 母牛孪生机理研究. 草与畜,1992(2):11-12.
[34] 杨利国. GnRH 对人工孪生处理母牛下丘脑-垂体-性腺轴的调控. 畜牧与兽医,1995,27(6):243-246.
[35] 于船,吴玉贵. 激光穴位照射对黄牛发情排卵和受胎作用的试验观察. 中国兽医学杂志,1982(1):38-41.
[36] 张家骅. 抑制素的研究与应用前景. 黑龙江畜牧兽医,1991(12):40-41.
[37] 张居农,张再清,闫增平,等. 繁殖与非繁殖季节公羊生殖保健技术的研究. 云南畜牧兽医,2002(4):

23-25.
[38] 张敏红. 畜禽应激与抗应激新技术. 北京:中国农业大学出版社,2000.
[39] 张汤杰,叶进培,徐向明,等. 超排山羊 172 雌二醇和促卵泡素与卵巢反应的关系. 甘肃畜牧兽医,1997,27(5):13-15.
[40] 张振汉,魏智清,王晞炜,等. 产双羔母滩羊生殖周期中血清几种性激素含量的分析研究. 甘肃畜牧兽医,1999,29(3):16-17.
[41] 张忠诚,夏广莉,朱捷,等. 中国奶牛,1993(5):43-44.
[42] 钟秀会,李呈敏. 激光穴位照射对子宫卵巢病牛血浆内啡肽含量和发情的影响. 畜牧兽医学报,1997,289(3):261-265.
[43] 周明. 蛋白质和能量对母牛繁殖机能的影响. 国外畜牧学——草食家畜,1991(4):29-31.
[44] Adams N R, Atkinsow S, Martin G B, *et al*. Frequent block sampling changes the plasma concentration of LH and FSH and the ovulation rate in Mermo ewes [J]. Reprod Fertil, 1993, 99: 689-694.
[45] Agarwal S P, Dixit N K, Agarwal V K, *et al*. Seasonal variation in serum electro lytes and their correction with seminal quality in buffalo bulls[J]. Indian J Dairy Sci, 1991, 44 (5): 354-357.
[46] Ahmad N, Noakcs D E. Seasonal variations in the semen quality of young British goats [J]. Br Vet J, 1996, 152(2): 225-236.
[47] Basini G, Baratta M, Ponderato N, *et al*. Is nitric oxide an autocrine modulator of bovine granulosa cell function [J]. Reprod, Fertil. Dev, 1998, 10: 471-478.
[48] Bhupal Singh, M ahapatro B B, Sadhu D P. Chemical composition of cattle and buffalo spermatozoa and seminal plasma under different climatic conditions [J]. J Rep rod Fertil, 1969(20): 175-178.
[49] Bleach E C L, Muttukrishna S, Cunningham F J. Effect of inhibin immunization using different synthetic peptide fragment of the bovine $\alpha$-subunit on plasma anti-inhibit titres, FSH concentrations in heifers. Animal Reproduction Science, 1996, 41: 1-12.
[50] Brito L F, Silva A E, Rodrigues L H, *et al*. Effects of environmental factors, age and genotype on sperm production and semen quality in Bos indicus and Bos Taurus AI bulls in Brzail [J]. Anim Reprod Sci, 2002, 70(3-4): 181-190.
[51] Cztonkowska M, Jedruch. hormonal inoluction of twin pregnancy in clouble-muscleolcows. Roczniki Naukowe zootechniki, 1982, 9(1): 21-26.
[52] Downey B R, Pierce A R, Sanford L M, *et al*. Seasonal differences in pituitary and testicular functions in bulls[D]. Urbana: University of Illinois, 1984 (2): 146-168.
[53] D'occhioM J, Sudha G, Jillell S D, *et al*. Close synchrony of ovulation in superstimulated heifers that have a down regulated anterior pituitary gland and are induced to ovulate with exogenous LH [J]. Theriogenology, 1998, 49: 637-644.
[54] Fleshner M, Deak T, Spencer R L, *et al*. A long term increase in basal levels of corticosterone and a decrease in corticosteroid-binding globulin after acute stress or exposure [J]. Endocrinology, 1995, 136 (12): 5336-5342.
[55] Ginther I J, Fricke P M. Selection of the dominant Follicle in cattle. Biology of Reproduction, 1996, 55: 1187-1194.
[56] Gizejewski Z. Effect of season on characteristics of red deer (Cervus eleaphus L) semen collected using modified artificial vagina [J]. Reprod Biol, 2004, 4(1): 51-66.
[57] Hefler L A, Gregg A R. Inducible and endothelial nitric oxide synthase: Genetic background affects ovulation inmice[J]. Fertil Steril, 2002, 77: 147-151.
[58] Ishop M W H, Salisbury G W. Effect of dilution with saline and phosphate solutions on oxygen up take

of bull semen [J]. Am J Physiol, 1955(181): 114-118.

[59] Jablonka- Shariff A, Olson L M. Hormonal regulation of nitric oxide synthases and their cell specific expression during the follicular development in the rat ovary[J]. Endocrinology, 1997, 138: 460-468.

[60] Janett F, Thun R, Niederer K, *et al*. Seasonal changes in semen quality and freezability in the Warmblood stallion [J]. Theriogenology, 2003, 60(3): 453-461.

[61] Katongole C B, Naftolin F, Short R V. Seasonal variations in blood luteinizing hormone and testo sterone levels in rams [J]. J Endocrinol, 1974(60): 101-106.

[62] Kleemann D O, Walker S K, Seamark R F. Enhanced fetal growth in sheep administered progesterone during the first three days of pregnancy [J]. Rep rod Fertil, 1994, 102 (2): 411-417.

[63] Madan M L, Johnson H D. Environmental heat effects on bovine luteinizing hormone [J]. J Dairy Sci, 1973, 56: 1420-1423.

[64] Marcus W, Bishop M, Salisbury G W. Effect of dilution with saline and phosphate solutions on oxygen uptake of bull semen [J]. American Journal of Physiology, 1955, 181(3): 114-118.

[65] Olbrich S E, Martz F A, Tumbleson M E, *et al*. Semen quality and behavior of Holstein bulls exposed to estradio l2treated bulls for mounts [J]. J Dairy Sci, 1971, 54: 793-805.

[66] Rhynes W E, Ewing L L. Testicular endocrine function in Hereford bulls exposed to high ambient temperature [J]. Endocrinology, 1973, 92(2): 509-515.

[67] Rosseli M, Imthurm B, Macas E, *et al*. Circulating nitrite/nitrate levels increase with follicular development: Indirect evidence for estradiol mediated NO release [J]. Biochem Biophys Res Commun,1994,202 (3): 1543-1552.

[68] Rosselli M, Keller P J, Dubey R K. Role of nitric oxide in the biology[J]. HumReprod Update, 1998, 4 (1): 3-24.

[69] Saumande J. Concentrations of luteinizing hormone, oestradiol-17beta and progesterone in the plasma of heifers treated to induce superovulation [J], Endocrinol, 1980, 84: 425-437.

[70] Sundby A, Tollman R. Plasma testosterone in bulls: seasonal variation [J]. Acta Veterinary Scand, 1978, 19(3): 263-278.

[71] Terawaki Y. Effect of hot season on live spermatozoa with intact aorosome in Holstein Bulls [J]. Asian-Australian Journal of Animal Science, 1995, 8(5): 415-418.

[72] Tomar N S, Misra B S, Johari S B. Seasonal variations in reaction time and semen production and prediction of some semen attributes on initial motility of spermatozoa in Hariana and Murrah bulls [J]. Indian Journal of Dairy Science, 1966, 19(4): 552-555.

# 第2章

# 繁殖控制技术研究

近些年来，随着科学技术突飞猛进地发展，促进了发育生物学、生殖内分泌以及动物繁殖生物技术等的快速发展，使得动物繁殖科学领域出现了许多新技术，目前从动物的发情、排卵、配种、受精、妊娠、性别、分娩、产仔等繁殖环节，逐渐形成了一套完整的繁殖控制技术，人们通过应用这些控制技术，能使动物繁殖在很大程度上摆脱自然因素的直接影响，使得人为控制动物繁殖活动成为可能，这些技术为畜牧业的又好又快发展提供了技术支撑。目前主要形成以下十大繁殖控制技术：发情控制——同期发情、诱导发情；排卵控制——超数排卵、诱导排卵；配种控制——人工授精；受精控制——体外受精、显微授精；性别控制——X、Y精子分离、胚胎性别鉴定；妊娠控制——胚胎移植；分娩控制——同期分娩；产仔控制——诱导双胎；产后发情控制——早期断奶、生殖激素诱导；产仔间隔控制——高频繁殖、早期妊娠诊断。

本章主要对影响发情控制技术（同期发情技术）、配种控制技术（人工授精技术）、产仔控制技术（诱导双胎技术）、性别控制技术（性控精液产母犊技术）的效果进行了研究和探讨。排卵控制技术（超数排卵技术）、妊娠控制技术（胚胎移植技术）放在第3章论述。受精控制技术（体外受精、显微授精技术）放在第4章论述。

## 2.1 发情控制技术——同期发情技术

### 2.1.1 概述

1. 同期发情的概念

同期发情是指利用外源激素制剂及其类似物对母畜进行处理，人为地控制并调整一群母畜的发情周期，使它们在特定的时间内集中表现发情并排卵的方法。同期发情是近年来现代化畜牧业生产中发展起来的新的繁殖调控技术，是由诱导发情演化而来。

2. 同期发情的意义

(1)有利于人工授精技术的推广，促进家畜品种改良　同期发情在畜牧业生产中具有十分重要的意义，可以促进冷冻精液更广泛地应用，使人工授精成批集中进行，改变家畜发情周期，以提高繁殖力。常规的人工授精需要对个体母畜作发情鉴定，这对于生产规模较大、群体数量较多的现代畜牧业是难以实施的。同期发情可省去发情鉴定这一费力费时的工作环节。

发展中国家的畜种多是生产性能较低的原始品种，往往要利用生产性能高的品种的公畜来杂交改良。特别是边远地区，畜群品质差，饲养分散，交通不便，畜群自然发情出现的时间参差不齐，给人工授精技术的开展带来很大不便，同期发情技术则可解决这些难题。

(2)有计划、合理地组织配种，为集约化管理带来方便　对大型养殖场来说，集约化管理是提高经济效益的重要手段之一，利用同期发情技术有计划、合理地组织配种，使同期出生的幼畜整齐成批地进行培育、出栏，为集约化管理带来方便。同时也为畜产品均衡地供应市场成为可能。

(3)胚胎移植技术的重要环节　胚胎移植技术成功的关键技术是通过同期发情，使供受体母畜的生殖器官处于相同的生理状态，提供胚胎正常发育的生理环境。在胚胎移植的应用中同期发情有两方面的意义。其一，为受体的同期发情化，即在同一时间内为超排供体或冷冻胚胎准备足够可用于移植的受体；其二，在鲜胚移植中供体和受体的发情同期化，也就是使同期化处理的畜群和供体再同期化，以期达到供、受体处于相同的生理状态。

3. 同期发情发展概况

1948 年，Cristian 首次报道了给母牛连续 14 d 注射孕酮，使群体母牛发情同期化，从而开创了母畜同期发情技术乃至发情控制技术的先河。由于孕激素在动物体内的半衰期很短，如孕酮只有 20 min，因此，孕激素必须每日供给。而口服法和肌肉注射法又受很多条件制约。为此，研究开发出了能将孕激素药物埋植到皮下或放置到阴道内的方法，这些方法可保证孕激素稳定持续释放，在用药期间有效抑制母畜发情和排卵，一旦皮下埋植物或阴道栓取出后，被处理母畜卵巢上卵泡即迅速生长发育、成熟和排卵，表现发情症状。

羊同期发情研究始于 20 世纪 50 年代。1956 年，Robinson 开始用孕酮注射法对绵羊进行同期发情处理。1964 年，Dziuk 等和 Hincls 相继用口服、皮下埋植孕酮进行绵羊同期发情。早期的处理方法是口服或注射一定量的孕激素，持续 16～20 d，因受胎率仅为正常配种的约 70%，未能显示其经济效益，因而没有受到重视。

20 世纪 60 年代后，生殖生理和生殖内泌方面的知识迅速积累，多种经济有效的激素制剂上市，为同期发情技术研究及应用奠定了坚实基础。同期发情技术在生产上得以推广利用始于 1965 年，Robinson 采用阴道海绵栓埋植孕酮法。

20 世纪 70 年代，发现 $PGF_{2\alpha}$ 的溶黄体作用后，又开辟了另一个同期发情的途径。使用 $PGF_{2\alpha}$ 及其高效类似物 PGc 一次或二次用药以及结合孕激素的方法。1970 年 Scaramuzzi，1971 年 Barrett 等和 1972 年 Coding 等以及 1973 年 Douglas 和 Ginther 等首次用 PG 或其类似物对家畜进行肌肉、皮下注射或子宫注入法进行绵羊同期发情，都取得了理想效果。

20 世纪 80 年代以后，人们从激素的搭配和使用剂量等方面展开了广泛研究，特别是进入 90 年代后，由于胚胎移植技术在生产中的应用，加速了同期发情技术的研究与应用，形成了多种处理方法，但基本方法是两种：孕激素和 PG 法，只是在这些激素使用剂量和注射时间以及激素搭配方面不同。

我国在同期发情方面的研究始于 1976 年，原北京农业大学畜牧系开始研究进口和国产激素控制母牛同期发情技术。各地的科学工作者对国外报道的方法都进行了重复试验，在黄牛和水牛中同时开展。稍后在绵羊、山羊以及其他动物中进行了试验。目前，同期发情技术主要用于牛、羊的胚胎移植方面，其次应用于农、牧区牛和水牛人工授精杂交改良中。从国内应用效果来看，对饲养管理良好的畜群基本达到或接近国外水平。随着同期发情技术在生产中的广泛应用，也促进了药品开发进程。国产氯前列烯醇质量已基本稳定，由于其用药方便、价格便宜，已被广泛采用。用于牛、羊同期发情用孕激素制剂已有“牛欢”、“情酮栓”、“羊乐”等产品问世，其质量及同期发情效果也在逐步提高。

60 多年来，国内外学者，对动物同期发情的方法、效果进行了大量研究，使该技术日趋完善并在畜牧生产上得到了广泛应用。目前同期发情主要有孕激素法、前列腺素法和孕激素＋前列腺素 3 种方法。由于同期发情技术可使畜群发情一致，进而达到同期配种、同期分娩、同期断奶、同期培育（育肥）、同期出栏等目的，该技术已成为畜牧业集约化和产业化生产的重要手段，也是胚胎移植技术的重要环节。

本节主要从不同处理方法、剂量等，对牛羊同期发情效果的影响进行了研究。

### 2.1.2　国产氯前列烯醇诱导河北细毛羊同期发情试验

河北省张、承坝上地区，是河北细毛羊主要分布地区。养羊生产是坝上畜牧业的支柱产业。因绵羊属季节性发情家畜，每年大都在 8～10 月发情配种，1～3 月产羔，产羔季节气候严寒，最低气温达－20℃以下，由于配种期较长，产羔时间拖得也较久，加之取暖条件较差，给接产工作带来极大不便，羔羊死亡率较高，对坝上养羊生产影响较大。为使河北细毛羊集中发情配种，集中产羔，以提高羔羊成活率，促进坝上养羊业的发展，开展了应用国产氯前列烯醇诱导河北细毛羊同期发情试验。

1. 材料和方法

试验羊为张北县小二台乡小二台村农户养的河北细毛羊，年龄 3～7 岁，体重 45～60 kg，羊群由专人放牧。氯前列烯醇为上海计划生育研究所制，批号 920428，2 mL/支。

在河北细毛羊配种季节 8—9 月，不考虑母羊个体性周期的情况下，将未配种的 243 只母羊，随机分成 3 组。试验一组：28 只，每只在颈部肌肉注射氯前列烯醇 1.0 mL，试验二组：29 只，每只在颈部肌肉注射氯前列烯醇 0.5 mL；对照组：186 只，自然发情。因氯前列烯醇只对功能性黄体有作用而又无法知道母羊所处发情周期的阶段，故在进行第一次处理后未发情的母羊，间隔 9 d 后按第一次处理相同的方法和剂量对试验一组和试验二组母羊进行第二次处理，试验组于处理后的 24、48、72 和 96 h 定时放入试情公羊，检出发情母羊，用人工授精方法输精（新鲜精液）注射氯前列烯醇后 24～96 h 内发情者，判定为同期。

对照组羊，按试验组同样的方法试情和输精。

2. 试验结果与分析

（1）不同剂量的氯前列烯醇诱导河北细毛羊同期发情效果　见表 2.1。

（2）氯前列烯醇处理河北细毛羊同期发情时间分布情况　见表 2.2。

表 2.1 不同剂量氯前列烯醇诱导河北细毛羊同期发情效果

| 组别 | 第一次处理 | | | 第二次处理 | | | 合计 | | |
|---|---|---|---|---|---|---|---|---|---|
| | 处理只数 | 发情只数 | 同期率/% | 处理只数 | 发情只数 | 同期率/% | 处理只数/只 | 发情只数 | 同期率/% |
| 实验一组 | 28 | 21 | 75.0 | 7 | 5 | 71.4 | 28 | 26 | 92.9 |
| 实验二组 | 29 | 1.1 | 44.8 | 16 | 12 | 75.0 | 29 | 25 | 86.2 |
| 对照组 | 186 | 21 | 11.3 | 109 | 22 | 20.2 | 186 | 43 | 23.2 |

(3)河北细毛羊用氯前列烯醇进行发情处理后对受胎率的影响　见表 2.3。

表 2.2 氯前列烯醇处理河北细毛羊同期发情时间分布情况

| 24 h | | 48 h | | 72 h | | 96 h | | 合计 | |
|---|---|---|---|---|---|---|---|---|---|
| 发情只数/只 | 所占百分数/% | 发情只数/只 | 所占百分数/% | 发情只数/只 | 所占百分数/% | 发情只数/只 | 所占百分数/% | 发情只数/只 | 所占百分数/% |
| 2 | 3.9 | 34 | 66.7 | 12 | 23.5 | 3 | 5.9 | 51 | 100 |

表 2.3 用氯前列烯醇进行同期发情处理对河北细毛羊受胎率的影响

| 组别 | 配种羊数/只 | 受胎羊数/只 | 受胎率/% |
|---|---|---|---|
| 实验组 | 51 | 32 | 60.8 |
| 对照组 | 43 | 31 | 72.1 |

为降低成本,利于推广,低于 0.5 mL 是否有效?为此在 1992 年试验成功的基础上,于 1993 年在同一地点,同一羊群,又进行国产氯前列烯醇诱导河北细毛羊同期发情有效剂量的试验,即供试羊分试验一组、二组、三组,每只羊分别肌肉注射 0.3 mL、0.2 mL、0.1 mL,对照组不注射。

(4)不同剂量氯前列烯醇诱导河北细毛羊同期发情效果　见表 2.4。

表 2.4 不同剂量氯前列烯醇诱导河北细毛羊同期发情效果

| 组别 | 参试母羊/只 | 96 h 内发情母羊/只 | 同期发情率/% |
|---|---|---|---|
| 试验一组 | 16 | 7 | 43.8 |
| 试验二组 | 15 | 7 | 46.7 |
| 试验三组 | 10 | 2 | 20.0 |
| 对照组 | 166 | 32* | 19.3** |

* 系指与试验组相同时间内(96 h)自然发情羊只数。

** 系指自然发情率。

由表 2.4 看出,0.3 mL、0.2 mL 组同期发情率分别为 43.8%(7/16)、46.7%(7/15),比对照组自然发情率 19.3%(32/166)高 24.5 和 27.4 个百分点,差异均显著($P<0.05$)。而 0.1 mL 组的同期发情率仅为 20%(2/10)与自然发情率 19.3%十分接近。说明肌肉注射

0.1 mL 氯前列烯醇，达不到诱导河北细毛羊同期发情的剂量。综合两年的试验结果，可以认为氯前列烯醇诱导河北细毛羊同期发情的有效剂量在 0.2 mL 以上，其范围在 0.2～1.0 mL。

(5)综合 1992 年、1993 年两年试验结果，不同(有效)剂量的氯前列烯醇对诱导河北细毛羊同期发情的影响　见表 2.5。

表 2.5　不同剂量的氯前列烯醇诱导河北细毛羊同期发情时间分布的影响

| 有效剂量 | 参试母羊/只 | 96 h 内发情母羊/只 | 同期发情率/% | 从注射到发情所需时间/h | 其中 48～72 h 发情所占的百分比/% | 备注 |
|---|---|---|---|---|---|---|
| 1.0 mL 和 0.5 mL 组 | 57 | 34 | 59.7 | 58.2 | 91.2(31/30) | 1992 年 |
| 0.3 mL 和 0.2 mL 组 | 31 | 14 | 45.2 | 70.3 | 78.6(11/10) | 1993 年 |

由表 2.5 看出，0.3 和 0.2 mL 组同期发情率为 45.2%，48～72 h 的发情母羊占 96 h 发情母羊的比例为 78.6%，分别比 1.0 mL 和 0.5 mL 组的 59.7%和 91.2%下降 14.5 和 12.6 个百分点，说明随氯前列烯醇剂量减少，虽能达到同期发情目的，但同期发情率和 48～72 h 集中发情所占比例均有下降趋势。从表 2.5 还可看出 0.3 mL 和 0.2 mL 从注射到发情所需平均时间为 70.3 h，比 1.0 mL 和 0.5 mL 组的 58.2 h，延长 12.1 h，说明随氯前列烯醇剂量减小，达到同期发情所需时间有延长的趋势。分析其原因，这主要是由于随氯前列烯醇用量的减小，其溶解细毛羊卵巢黄体的作用减小，溶解黄体的速度也减慢所致。

3. 结论

(1)在配种季节，用国产氯前列烯醇可以诱导河北细毛羊同期发情，而且效果良好，在不考虑母羊性周期情况下，一次处理后 24～96 h 的同期发情率在 44.8%～75.0%，第二次处理同期发情率在 71.4%～75.0%，经两次处理同期发情率在 86.2%～92.5%，显著高于相应时间内的自然发情率 11.3%、20.2%和 23.2%。

(2)试验结果表明用 1 mL 和 0.5 mL 氯前列烯醇进行处理，均可使河北细毛羊达到同期效果。从同期率看 1 mL 优于 0.5 mL(92.5%与 86.2%)，但差异不显著($P>0.05$)。从经济效益考虑，0.5 mL 为宜，0.5 mL 以下剂量是否有效有待进一步试验。

(3)用氯前列烯醇诱导河北细毛羊同期发情，从发情时间看，多集中在处理后的 48～72 h，占处理后 96 h 内发情母羊数的 90.2%(48/51)。

(4)用氯前列烯醇诱导河北细毛羊同期发情的情期受胎率为 60.8%，比自然发情情期受胎率 72.1%偏低，但差不显著($P>0.05$)。

(5)用氯前列烯醇诱导坝上河北细毛羊同期发情，集中配种，缩短配种、接产时间，有利于提高羔羊的成活率。

(6)综合两年的试验结果表明，一次肌肉注射国产氯前列烯醇诱导河北细毛羊同情发情的有效剂量为 0.2 mL 以上，其范围在 0.2～1.0 mL，同期发情率为 44.8%～75.0%；究竟氯前列烯醇诱导河北细毛羊同期发情的最佳剂量是多少，有待进一步研究试验。

(7)应用同期发情技术，集中配种缩短了配种期，相应地缩短了接产期，便于集中接产护羔，提高了羔羊成活率，全年羔羊成活率创历史最高纪录达 83.7%，较往年提高 15～30 个百分点。

### 2.1.3 利用孕酮栓＋PMSG＋PG法诱导羊同期发情的试验研究

工厂化养羊是我国养羊业发展的必然趋势，这就需要在生产中做到羊的同期发情、集中配种、集中产羔、集中管理、集中出栏。其中同期发情控制技术，对工厂化养羊尤为必要。此项技术是近年来迅速发展的一项适用于养羊生产的生物技术，对于山羊与绵羊的集约化管理、品种改良以及提高繁殖率都具有重要作用。Rohinson(1965)首次用孕酮阴道海绵栓对羊进行同期发情处理，Moore(1979)报道了用孕酮栓和PG综合处理可有效地进行山羊的同期发情。随后，Evans(1988)报道用孕酮栓、PG与PMSG结合处理，可显著增强山羊的发情表现和提高排卵率。王安江(1999)和张一铃等(2000)分别用此种方法对奶山羊和波尔山羊进行同期处理，均收到了良好的效果。由于孕酮栓＋PMSG＋PG法综合处理诱导山羊同期发情具有同期率高、效果可靠等优点，逐步被人们重视和应用。因此，本试验采用孕酮栓＋PMSG＋PG法在不同季节对河北省5个地区的本地山羊、小尾寒羊进行了同期发情处理，现将结果报告如下。

1. 材料与方法

试验羊：选择河北省承德、唐山、衡水、邢台、邯郸5个地区的本地山羊、小尾寒羊为试验羊。

试验药品：孕酮栓，南京农业大学家畜繁殖研究室提供；PMSG，天津市华孚高新生物技术公司生产，批号为020121，规格为1 000 U/支；PG(氯前列烯醇)，宁波市激素制品有限公司生产，批号为011225，规格为0.2 mg/支。

同期发情处理：采用孕酮栓＋PMSG＋PG法。其程序是试验羊阴道埋植孕酮栓20 d，将埋栓之日作为0 d，于孕酮栓埋植的第10天，将第一个栓取出并重新放入另一个孕酮栓；于孕酮栓埋植的第18小时，肌肉注射PMSG，在撤栓(第19天)时每只羊颈部肌肉注射。记录撤栓后母羊发情情况。

试验设计：分别在2002年的春季、秋季与冬季进行山羊的同期发情处理，比较不同季节山羊的同期发情结果。

在2002年的秋季对承德、唐山、衡水、邢台、邯郸5个地区的本地山羊进行同期处理，比较不同地区对发情的影响。

在2002年秋季，利用承德市畜牧研究所的本地山羊进行试验，研究孕酮栓埋植时间长短(埋植12 d与20 d)对同期发情的影响。其中长时间埋栓方法与前述方法相同，短时间埋栓方法为：试验羊阴道埋植孕酮栓12 d，将埋栓之日作为0 d，于孕酮栓埋植的第10天，肌肉注射PMSG，在撤栓(第11天)时颈部肌肉注射。

在2002年的秋季对唐山市迁西县种羊场的小尾寒羊与本地山羊进行同期发情处理，比较绵羊与山羊的发情效果。

母羊发情鉴定：以母羊接受试情公羊的爬跨为发情判定标准。

统计方法：应用SAS软件进行方差分析。

2. 结果与分析

(1)不同季节对山羊同期发情效果的影响　由表2.6可知，春季、秋季与冬季山羊的0～72 h同期率分别为90.6%、91.5%、86.6%，差异不显著($P>0.05$)，说明用孕酮栓＋PMSG＋PG法对山羊进行同期发情处理，在春、秋、冬季均可收到良好的效果。比较0～24 h、25～48 h

与 49～72 h 春、秋、冬季各自的发情率，结果 0～24 h 的发情率春、秋两季显著高于冬季($P<0.05$)；25～48 h 同期率春、秋、冬季差异不显著($P>0.05$)；49～72 h 的同期率春、秋两季显著低于冬季($P<0.05$)，春、秋两季显著不显著($P>0.05$)。这说明尽管应用孕酮栓＋PMSG＋PG 法对山羊进行同期发情处理，在春、秋、冬季均能取得良好的效果，但山羊在春季和秋季的同期效果相对较集中。

表 2.6　不同季节山羊同期发情效果

| 季节 | 处理总数/只 | 发情羊数/只(同期率/%) | | | |
|---|---|---|---|---|---|
| | | 0～72 h | 0～24 h | 25～48 h | 49～72 h |
| 春季 | 159 | 144(90.6) | 100(62.9) | 40(25.2) | 4(2.5) |
| 秋季 | 1 707 | 1 562(91.5) | 1 124(65.8) | 391(22.9) | 47(2.8) |
| 冬季 | 217 | 188(86.6) | 122(56.2) | 50(23.0) | 16(7.4) |

(2)孕酮栓＋PMSG＋PG 法对不同地区山羊同期发情效果的影响　由表 2.7 可见，承德、唐山、衡水、邢台和邯郸 5 个地区本地山羊 0～72 h 的发情率分别为 90.2%、96.3%、92.3%、91.8%、89.1%，其中唐山地区同期率最高，邯郸地区同期率最低($P<0.05$)，其他地区相比差异不显著($P>0.05$)。唐山地区同期效果最好，可能与样本较少有关。而邯郸地区同期率低，主要是由于样本中含有较多老羊、弱羊之故。剔除这两个因素的影响，则地区间的同期发情率应相差不大。比较 5 个地区 0～20 h 和 25～48 h 及 49～70 h 的发情率，其中 0～24 h 与 25～48 h 各个地区的同期率相差不大，而 49～72 h 的发情率则是邯郸地区最高，这可能与老羊、弱羊发情后移有关。

表 2.7　不同区域山羊同期发情效果

| 区域 | 处理总数/只 | 发情羊数/只(同期率/%) | | | |
|---|---|---|---|---|---|
| | | 0～72 h | 0～24 h | 25～48 h | 49～72 h |
| 承德地区 | 287 | 259(90.2) | 187(65.2) | 65(22.6) | 7(2.4) |
| 唐山地区 | 54 | 52(96.3) | 40(74.1) | 11(20.4) | 1(1.9) |
| 衡水地区 | 271 | 250(92.3) | 164(66.8) | 72(26.6) | 14(5.2) |
| 邢台地区 | 958 | 879(91.8) | 640(66.8) | 226(23.6) | 13(1.4) |
| 邯郸地区 | 137 | 122(89.1) | 93(67.9) | 17(12.4) | 12(8.8) |
| 合计 | 1 707 | 1 562(91.5) | 1 124(65.8) | 391(22.9) | 47(2.8) |

(3)埋栓时间长短对同期发情的影响　由表 2.8 可知，长时间埋栓组与短时间埋栓组 0～72 h 同期率分别为 90.7%与 89.4%，差异不显著($P>0.05$)。比较 0～24 h 与 25～48 h 同期率，其中 0～24 h 与 25～48 h 同期率，长时间埋栓组略高于短时间埋栓组($P>0.05$)。比较长时间埋栓组与短时间埋栓组各自 0～24 h 与 25～48 h、49～72 h 同期率，两组中 0～24 h 与 25～48 h 发情率均极显著高于 49～72 h($P<0.01$)，说明采用孕酮栓＋PMSG＋PG 法对山羊进行同期发情处理，不论埋栓时间长短，山羊发情时间均主要集中于撤栓后 0～24 h 与 25～48 h。

表 2.8 埋栓时间长短对同期发情的影响

| 埋栓时间 | 处理总数/只 | 发情羊数/只(同期率/%) | | | |
|---|---|---|---|---|---|
| | | 0～72 h | 0～24 h | 25～48 h | 49～72 h |
| 长期埋栓(20 d) | 193 | 175(90.7) | 131(67.9) | 44(22.8) | 0(0) |
| 短期埋栓(12 d) | 94 | 84(89.4) | 56(59.6) | 21(22.3) | 7(7.4) |

(4)绵羊与山羊同期发情效果的比较　表 2.9 表明,利用孕酮栓+PMSG+PG 法对绵羊与山羊进行同期发情处理,0～72 h 绵羊同期率为 96.3%,显著低于山羊的同期率($P<0.05$)。比较绵羊与山羊各自 0～24 h 与 25～48 h、49～72 h 的发情率,绵羊组发情率分别为 35.6%、34.7%、10.2%,山羊组发情率分别为 74.1%、50.4%、1.9%,其中 0～24 h 与 25～48 h 绵羊组发情率显著低于山羊组($P<0.05$),而 49～72 h 的发情率则绵羊组发情率显著高于山羊组($P<0.05$)。说明用此法对绵羊进行处理,其总发情率及发情集中程度均不及山羊。

表 2.9 绵羊与山羊同期发情效果

| 品种 | 处理总数/只 | 发情羊数/只(同期率/%) | | | |
|---|---|---|---|---|---|
| | | 0～72 h | 0～24 h | 25～48 h | 49～72 h |
| 绵羊 | 118 | 95(80.5) | 42(35.6) | 41(34.7) | 12(10.2) |
| 山羊 | 54 | 52(96.3) | 40(74.1) | 11(50.4) | 1(1.9) |

3. 讨论

(1)不同季节和地区对山羊同期发情的影响　众所周知,山羊为全年发情动物,但山羊的发情呈现一定的季节性变化,秋、冬两季发情率较高(发情旺季),春、夏两季发情率相对较低(发情淡季)。但是应用孕酮栓+PMSG+PG 法对山羊进行同期发情处理后,春季、秋季与冬季山羊的 0～72 h 同期率差异不显著($P>0.05$),这对于提高山羊在发情淡季的发情率有一定的意义。但是 0～24 h 与 25～48 h 的发情率春、秋两季显著高于冬季,说明采用孕酮栓+PMSG+PG 法对山羊进行同期发情处理后,春、秋两季发情比较集中,这对于要求 0～24 h 与 25～48 h 同期率较高的羊胚胎移植技术,有极高的应用价值。

本试验结果表明,在 2002 年秋季承德、唐山、衡水、邢台和邯郸 5 个地区的本地山羊 0～72 h 平均同期率为 91.5%,低于吴广安等(1999)报道的用三合激素对山羊处理的同期率(99.67%),但由于三合激素中含有较高的雌激素,处理后虽有发情表现,但可能不排卵造成配种后出现高返情率,使其在生产中的应用受到了限制,而孕酮栓+PMSG+PG 法则未见此方面的报道。

比较承德、唐山、衡水、邢台和邯郸 5 个地区各自的发情率,0～72 h 各地区的发情率差异不显著($P>0.05$)。从地理位置上看,承德地区位于河北省的北部,地处燕山山麓,境内多山,冬季相对时间较长,春、秋两季时间相对较短;邯郸、邢台地区位于河北省的南部,地处华北平原,与承德地区相比,春、秋两季相对时间较长。从理论上说,邢台、邯郸地区山羊的发情效果应好于承德地区,但是本试验结果发现,邢台、邯郸两地与承德地区山羊的发情率差异不显著。另外对位于河北省中部的唐山地区、衡水地区其 0～72 h 发情率也均差异不显著($P>0.05$)。可见用孕酮栓+PMSG+PG 法对山羊进行同期发情处理,可减弱甚至消除因地区不同造成的山羊同期发情效果的差异。

另外，0～24 h 与 25～48 h 5 个地区的同期率也相差不大，用此法均可以使山羊在较短的时间内集中发情。因此，对于山区及平原的大型羊场，应用此法均有利于规模化养殖同期发情、集中配种、集中产羔、统一管理，对提高集约化养羊的高效管理具有一定的现实意义。

(2)埋栓时间长短对同期发情效果影响　本试验结果表明，长时间埋栓组(20 d)与短时间埋栓组(12 h)在 0～24 h 与 25～48 h 及 0～72 h 的同期率均差异不显著。可见采用短时间埋栓进行同期发情处理，孕酮释放量也能够始终维持抑制羊发情的有效剂量，以保证撤栓后集中发情，这在生产中可大大降低同期发情的成本。但对同期发情处理羊胚胎移植妊娠产羔的结果看，短时间埋栓组 84 只母羊发情，根据其卵巢黄体发育状况仅移植 26 只母羊，淘汰率高达 69%，移植母羊仅 8 只产羔，移植妊娠产羔比例仅为 30.8%；长时间埋栓组 175 只母羊发情，移植 133 只母羊，淘汰率仅为 24%，移植母羊 69 只产羔，移植妊娠产羔比例高达 51.9%。综合同期发情效果及发情母羊移植妊娠产羔情况，长时间埋栓优于短时间埋栓组。至于长时间埋栓组与短时间埋栓组同期发情母羊配种受胎效果是否有差别，有待进一步研究。

(3)孕激素种类对同期发情的影响　利用孕酮栓＋PMSG＋PG 法对绵羊进行同期发情处理，0～72 h 同期率为 80.5%，低于用氯前列烯醇(PG)或三合激素对绵羊的同期发情处理效果，但是本试验 0～24 h 与 25～48 h 同期率分别为 35.6%与 34.7%，均高于已报道的用 PG 或三合激素对绵羊处理的结果，可见采用孕酮栓＋PMSG＋PG 法对绵羊进行同期处理，比利用 PG 或三合激素在 0～48 h 的同期集中程度高，这对于大规模胚胎移植缩短供、受体同步差，提高受体羊的利用率和移植妊娠效果具有一定的现实意义。另外与山羊相比，本试验中绵羊的同期效果相对较低($P<0.05$)，其原因有待于进一步研究。

(4)科学合理地选择供试羊　通过试验，认为在组织实施同期发情处理时必须认真选择供试母羊，不能认为所有母羊都适于进行同期发情处理，对于那些老羊、体质较弱的羊以及有生殖器官疾病的母羊，要严格进行淘汰，否则既浪费了药品，又影响了生产效益。本试验中由于邯郸地区的供试羊选择不太严格，造成同期率相对较低充分说明了这一点。

(5)阴道里放孕酮栓应注意事项　该方法要求尽可能避免孕酮栓与羊阴道壁粘连。因此首先要求操作人员了解羊阴道结构，送栓器应在羊不努责时趁机沿阴道方向自然插入阴道底部，以免造成阴道黏膜机械损伤；其次必须保证孕酮栓无菌和浸油充分；此外取栓要慢要轻，并用另一只手触摸羊的阴蒂，将栓全部取出。若撤栓时母羊阴道发炎，要及时用抗生素进行冲洗。另外，在早春、深秋及冬季进行阴道放栓时，还应注意避免送栓器过凉，以防止因冷应激引起的阴道突然收缩，造成阴道外口出血乃至放栓困难。最好将待用的栓和送栓器分别放在 40℃的植物油或清水中，以避免阴道受损。

### 2.1.4　国产前列腺素类似物诱导荷斯坦青年母牛同期发情试验

前列腺素及其类似物，从 20 世纪 70 年代进入畜牧领域以来，在家畜方面越来越多地显示出了它的重要性。在第八届国际家畜繁殖及人工授精会议上，有许多学者报告了前列腺素 $F_{2\alpha}$ 及其类似物对牛、羊同期发情的试验结果。20 世纪 80 年代以来，国内在牛的同期发情方面也做了大量研究工作，但尚未有对中国荷斯坦青年牛同期发情的报道。

诱导母畜同期发情可使母畜同时配种、分娩和幼畜培育从时间上相对集中，便于商品家畜成批生产，对于畜牧业工厂化生产有很大的实用价值，特别对于机械化挤奶的奶牛群尤为重要。

邯郸市牛奶公司第二奶牛场，为了减轻挤奶工的劳动强度、减少奶的污染、提高奶制品质量和劳动生产率，1992年开始采用机器挤奶代替人工挤奶，通过一年多的实践，收到良好效果，但也出现了一些问题，因机器挤奶是流水作业，每批40头牛同时进入挤奶厅，要求几分钟内同时挤完。但由于产犊时间不一致，产奶牛处于不同的泌乳阶段，产奶量相差较大，处于泌乳高峰的个别产奶牛，奶还未完全挤净，由于集体运行只好停止挤奶，对产奶量造成一定影响。如果能控制同期发情、同期配种、同期产犊，那么产奶牛就会处于相同的泌乳阶段，这样就可克服上述缺点。为解决奶牛生产中的实际问题，我们进行了国产前列腺素类似物诱导中国荷斯坦青年母牛同期发情试验，现报告如下。

1. 试验材料

(1)试验牛　邯郸市牛奶公司第二奶牛场的荷斯坦青年母牛，年龄在16.5～20月龄，体重350 kg左右。

(2)前列腺素类似物　一种是上海五洲物药厂生产的15甲基$PGF_{2\alpha}$；另一种是上海计划生育研究所生产的氯前列烯醇。规格均为2 mL/支。

2. 试验方法

因前列腺素类似物只对具有功能性黄体的母牛有效，为了节省用药，我们先对青年母牛进行直肠检查，最后选择卵巢上有功能性黄体的青年母牛20头作为参试牛。对参试牛按月龄和体重相近分成3组；试验1组8头，每头颈部肌肉注射15甲基$PGF_{2\alpha}$ 3 mL；试验2组8头，每头颈部肌肉注射氯前列烯醇3 mL；试验3组4头，每头子宫灌注氯前列烯醇1.5 mL。施药后认真观察母牛的发情情况，以接受其他牛爬跨站立不动为判定发情的主要标准，且以施药后96 h内发情者，判定为有效。发情后按常规人工授精方法输冷冻精液2次，70 d后经直肠检查确定是否受胎。

3. 试验结果

3组试验牛，在施药后的96 h内均100%发情。发情时间主要集中在施药后的48～96 h，占全部发情牛的95%(19/20)，发情输精后70 d，20头试验牛经直肠检查16头妊娠，第一情期受胎率为80%(16/20)。该场当年同群内青年母牛自然发情的第一情期受胎率为74%(37/50)。详见表2.10、表2.11。

**表2.10　前列腺素类似物控制青年母牛同期发情效果**

| 组别(药品) | 给药途径 | 剂量/mL | 试验头数 | 发情头数 | 同期发情率/% | 给药后不同小时发情头数分布及其所占比例/% | | | |
|---|---|---|---|---|---|---|---|---|---|
| | | | | | | 36 | 48 | 72 | 96 |
| 试验1组<br>(15甲$PGF_{2\alpha}$) | 肌肉注射 | 3.0 | 8 | 8 | 100 | 1<br>(12.5) | 2<br>(25.0) | 3<br>(37.5) | 2<br>(25.0) |
| 试验2组<br>(氯前列烯醇) | 肌肉注射 | 3.0 | 8 | 8 | 100 | 0 | 2<br>(25.0) | 3<br>(37.5) | 3<br>(37.5) |
| 试验3组<br>(氯前列烯醇) | 子宫灌注 | 1.5 | 4 | 4 | 100 | 0 | 2<br>(50.0) | 1<br>(25.0) | 1<br>(25.0) |
| 合计 | | | 20 | 20 | 100 | 1<br>(5.0) | 6<br>(30.0) | 7<br>(35.0) | 6<br>(30.0) |

表 2.11 前列腺素类似物控制青年母牛同期发情对受胎率影响

| 组别 | 配种头数 | 受胎头数 | 情期受胎率/% |
|---|---|---|---|
| 试验1组 | 8 | 7 | 87.5 |
| 试验2组 | 8 | 6 | 75.0 |
| 试验3组 | 4 | 3 | 75.0 |
| 小计 | 20 | 16 | 80.0 |
| 自然发情组 | 50 | 37 | 74.0 |

4. 结论

(1)本试验结果表明,给中国荷斯坦青年母牛肌肉注射15甲基 $PGF_{2\alpha}$ 3 mL、肌肉注射氯前列烯醇3 mL、子宫灌注氯前列烯醇1.5 mL,均能100%诱导青年母牛在96 h达到同期发情的目的。

从发情时间分布看,主要集中在施药后的48~96 h,占全部发情牛的95%(19/20)。从给药途径看,子宫灌注比肌肉注射可节约用药1倍。

(2)用前列腺素类似物诱导青年母牛发情的第一情期受胎率为80%(16/20),与该群当年内自然发情的青年母牛的第一情受胎率74.0%(37/50)比较,提高6个百分点,但差异不显著($P>0.05$),说明对受胎率无影响。

(3)前列腺素类似物控制青年母牛同期发情的成功,可以实现同期配种、同期产犊,使产奶牛泌乳阶段相一致,解决了机器挤奶中由于产奶牛泌乳阶段不同而影响产奶量这一难题,说明同期发情技术,对奶牛场的现代化、集约化生产有重要意义。

### 2.1.5 孕酮阴道栓诱导奶牛同期发情效果的试验研究

同期发情技术可为规模化人工授精和胚胎移植提供大量同期发情的母牛。近年来,根据“卵泡波”的原理,采用 $P_4$+EB诱发新的卵泡波,引起卵泡波的更替,可在发情周期的任一天开始处理(发情当天除外),撤栓后孕激素对卵泡发育的抑制解除,注射 $PGF_{2\alpha}$,溶解黄体,卵泡发育成熟并排卵。雌激素和PG配合可以提高同期发情效果,比单独使用PG的同期发情效果要好,且发情时间集中,广泛的应用于胚胎移植和人工授精。本试验比较了在超数排卵中常用的3种阴道栓诱导供体奶牛同期发情的效果,探讨国产“牛欢”阴道栓是否可以代替进口的“CIDR”和“DIB”阴道栓。并且研究不同的季节(春、秋)、膘情(地点)以及不同的雌二醇水平(1 mg、2 mg)是否对同期发情效果有影响,由于青年母牛和经产母牛对同期发情处理的反应存在差异,本文也进行了比较,并且统计了撤栓后3个不同时间段两者的发情同期化情况,以期掌握青年母牛和经产母牛的发情规律。国产“牛欢”阴道栓价格便宜,且诱导同期发情效果较好,所以本试验二的同期发情处理均采用国产“牛欢”阴道栓。

1. 材料与方法

(1)试验时间与地点 试验时间为2005年10月至2006年6月,试验地点为北京奶牛中心、邯郸滏阳乳业公司奶牛场、沧州献县和保定长城奶牛场。

(2)试验动物 从上述四地选取性周期正常、无繁殖疾病、体况正常的荷斯坦母牛289头。

(3)试验药品

“CIDR”阴道栓(新西兰,1.9 g),生产批号:021205;

“DIB”阴道栓(阿根廷,1.0 g),生产批号:22930;

“牛欢”阴道栓,浙江东牧动物药业有限公司,生产批号:040810;051230;

苯甲酸雌二醇(EB),南京龙耀科技实业有限公司动物激素分公司,规格:4 mg/支,生产批号:050112;

黄体酮($P_4$),南京龙耀科技实业有限公司动物激素分公司,规格:50 mg/支,生产批号:040621;

促卵泡素(FSH),加拿大生产 Folltropin-V,规格:20 mg/mL,生产批号:DIN00867357;

氯前列烯醇($PGF_{2\alpha}$),上海市计划生育科学研究所,规格:0.2 mg/支,生产批号:040428。

(4)实验设计

试验一:参试牛 30 头,在发情周期的任意一天(发情当天除外),进行 3 种阴道栓(国产“牛欢”阴道栓、新西兰产“CIDR”、阿根廷产“DIB”)埋植处理,并肌肉注射苯甲酸雌二醇 2 mg,配合注射黄体酮 50 mg。放栓当天为 0 d,第 4 天开始连续 4 d 8 次递减肌肉注射 Folltropin-V 260 mg,剂量分别为 60 mg、40 mg、20 mg、10 mg,每天两次注射;在第 6 天上午肌肉注射 FSH,同时肌肉注射 $PGF_{2\alpha}$ 0.4 mg,下午撤出阴道栓,诱导供体牛的同期发情。

试验二:参试牛 259 头,在发情周期的任意一天(发情当天除外),全部采用国产阴道栓(“牛欢”)埋植处理,并肌肉注射苯甲酸雌二醇(1 mg、2 mg),配合注射黄体酮 50 mg。放栓当天为 0 d,第 10 天撤出阴道栓并肌肉注射 $PGF_{2\alpha}$ 0.4 mg,诱导母牛的同期发情。记录撤栓后 0~24 h、25~48 h、49~72 h 三个时间段青年母牛与经产母牛的发情情况。

(5)同期发情判定

①试验牛于撤栓后 3 d(72 h)内表现发情即判断为同期发情,3 d(72 h)后表现发情判断为非同期发情。

②发情鉴定主要以母牛阴户充血肿胀,阴道黏膜潮红,有黏液流出并接受爬跨等现象为依据。

(6)试验组间差异的显著性分析采用卡方检验分析。

2. 结果

(1)“CIDR”、“DIB”、“牛欢”3 种阴道栓对供体奶牛同期发情率的影响　从表 2.12 可看出,3 种阴道栓诱导的奶牛同期发情率均为 100%,差异不显著($P>0.05$),上述结果表明国产阴道栓(“牛欢”)可代替进口产品。

**表 2.12　“CIDR”、“DIB”、“牛欢”3 种阴道栓对供体奶牛同期发情率的影响**

| 组别 | 处理头数 | 同期发情率/% |
| --- | --- | --- |
| “牛欢”组 | 10 | 10/10(100.00)$^{A}$ |
| “CIDR”组 | 10 | 10/10(100.00)$^{A}$ |
| “DIB”组 | 10 | 10/10(100.00)$^{A}$ |

注:同列中英文大写字母不同为差异极显著($P<0.01$);小写字母不同为差异显著($P<0.05$);字母相同为差异不显著($P>0.05$)。以下各表相同。

(2)不同季节对奶牛同期发情率的影响　从表 2.13 可看出,春季和秋季的同期发情率差异不显著($P>0.05$)。

表 2.13 不同季节对奶牛同期发情率的影响

| 季节 | 处理头数 | 同期发情率/% |
|---|---|---|
| 春季 | 74 | 60/74(81.08)[A] |
| 秋季 | 100 | 80/100(80.00)[A] |

(3)不同膘情(地点)对奶牛同期发情率的影响　依据参试单位奶牛膘情状况,按地点将参试牛分为良好、一般、较差3类。从表2.14可看出,膘情良好与膘情一般的奶牛以及膘情一般好与膘情较差的奶牛的同期发情率差异均不显著($P>0.05$);膘情良好的奶牛与膘情较差的奶牛的同期发情率差异显著($P<0.05$)。

表 2.14 不同膘情(地点)对奶牛同期发情率的影响

| 膘情(地点) | 处理头数 | 同期发情率/% |
|---|---|---|
| 良好(保定) | 31 | 28/31(90.32)[b] |
| 一般(邯郸) | 174 | 140/174(80.46)[ab] |
| 较差(沧州献县) | 54 | 41/54(75.93)[a] |

(4)不同的雌二醇注射剂量对同期发情率的影响　从表2.15可看出,注射1 mg 雌二醇和注射2 mg 雌二醇的同期发情率差异不显著($P>0.05$)。

表 2.15 不同的雌二醇注射剂量对同期发情率的影响

| 雌二醇剂量/mg | 处理头数 | 同期发情率/% |
|---|---|---|
| 1 | 174 | 140/174(80.46)[A] |
| 2 | 85 | 69/85(81.18)[A] |

(5)青年母牛与经产母牛同期发情效果的比较　从表2.16可看出,青年母牛的同期发情率极显著高于经产母牛($P<0.01$)。

表 2.16 青年母牛与经产母牛同期发情效果的比较

| 组别 | 处理头数 | 同期发情率/% |
|---|---|---|
| 青年母牛 | 101 | 90/101(89.11)[A] |
| 经产母牛 | 158 | 119/158(75.32)[B] |

(6)青年母牛与经产母牛发情同期化程度的比较　从表2.17可看出,25～48 h 青年母牛的发情同期化程度极显著高于经产母牛($P<0.01$);49～72 h 经产母牛的发情同期化程度显著高于青年母牛($P<0.05$);0～24 h 两者的发情同期化程度差异不显著($P>0.05$)。青年母牛的发情高峰期出现在撤栓后25～48 h,经产母牛的发情高峰期出现在撤栓后49～72 h。

表 2.17 青年母牛与经产母牛发情同期化程度的比较

| 组别 | 0～24 h | 25～48 h | 49～72 h |
|---|---|---|---|
| 青年母牛 | 10/90(11.11)[a] | 46/90(51.11)[A] | 34/90(37.77)[a] |
| 经产母牛 | 17/119(14.29)[a] | 34/119(28.57)[B] | 68/119(57.14)[b] |

3. 讨论

(1)试验一的同期发情率达到 100%，与呼革吉勒图的报道相符。同期发情率如此高的原因主要是在超排处理过程中注射了 FSH，FSH 可促进卵泡的发育成熟，大大提高了同期发情率。国产“牛欢”阴道栓与国外的“CIDR”、“DIB”两种阴道栓诱导供体奶牛同期发情的效果差异不显著，因此可用国产“牛欢”阴道栓代替国外的“CIDR”和“DIB”阴道栓以节约成本。

(2)通过本试验我们发现春季和秋季的同期发情率差异不显著。这有可能是在气候比较温和的春、秋两季，舍饲奶牛的生殖生理状况处于大致相同的状态。另外，牛属常年发情动物，在气温及饲养管理状况大致相同的情况下，其发情状况也应该是基本一致的。

(3)不同的试验地点由于饲养管理条件及营养水平不同，对同期发情率也有影响。沧州献县奶牛场由于缺少经验丰富的管理人员，在饲养管理方面一直存在一些问题，膘情较差，撤栓后又经过一次调群，对新环境的不适应造成一定的应激，处于应激之下的母牛，下丘脑-垂体-性腺轴的分泌机能会出现暂时性调节紊乱，发情率相对较低。

(4)在同期发情率方面青年母牛要显著高于经产母牛，这可能是由于青年母牛生理机能较经产母牛旺盛，加之经产母牛由于泌乳而使生殖机能受到抑制。因此，青年母牛的生殖机能要好于经产母牛，发情症状也比经产母牛明显。但这一结果与蒋如明等人报道的情况不一致。

(5)同期发情处理后的母牛发情主要集中在撤栓后 25～72 h(87.08%)，青年母牛的发情高峰期出现在撤栓后 25～48 h(51.11%)，而经产母牛的发情高峰出现在撤栓后 49～72 h(57.14%)，与青年母牛相比，发情有向后延迟的趋势，其机理有待进一步研究。

(6)“牛欢”作为孕激素的缓释剂，为协同应用其他激素调控奶牛发情周期起到了积极作用，本试验用于奶牛，同期发情率达 80.69%(209/259)，比杨利国等(2005)报道的 85%稍低，其中青年牛的同期发情率为 89.11%(90/101)，加之价格比进口产品低，因此，“牛欢”可代替进口的“CIDR”和“DIB”阴道栓用于奶牛的同期发情。但其应用也存在一些问题，如孕激素的载体 - 海绵对阴道壁的刺激比较大，造成阴道分泌物增多，个别牛阴道黏膜损伤，如操作不当还会引起子宫炎。埋植时注意用植物油浸润，防止海绵与阴道壁粘连。由于埋植后阴道向外努责，会出现个别掉栓现象，据本试验统计，掉栓率为 5.6%，对同期发情率有一定的影响。撤栓时由于线绳不够结实，特别是青年牛阴道比较窄，容易将绳拉断或将海绵栓拉断，部分海绵栓残留在阴道内，造成阴道异物残留，建议厂家进一步改进提高。

### 2.1.6 小结

(1)一次肌肉注射国产氯前列烯醇诱导河北细毛羊同期发情的有效剂量为 0.2 mL 以上，其范围在 0.2～1.0 mL，同期发情率在 44.8%～75.0%。应用同期发情技术，集中配种缩短了配种期，相应地缩短了接产期，便于集中接产护羔，提高了羔羊成活率，全年羔羊成活率创历史最高纪录达83.7%，较往年提高15～30个百分点。

(2)利用孕酮栓＋PMSG＋PG法对绵羊与山羊进行同期发情处理，0～72 h绵羊同期率为96.3%，显著低于山羊的同期率($P<0.05$)。长时间埋栓组与短时间埋栓组0～72 h同期率分别为90.7%与89.4%，差异不显著($P>0.05$)。春季、秋季与冬季山羊的0～72 h同期率分别为90.6%、91.5%、86.6%，差异不显著($P>0.05$)，表明用孕酮栓＋PMSG＋PG法对山羊进行同期发情处理在春、秋、冬季均可收到良好的效果。

(3)给中国荷斯坦青年母牛肌肉注射15甲基$PGF_{2\alpha}$ 3 mL、肌肉注射氯前列烯醇3 mL、子宫灌注氯前列烯醇1.5 mL，均能100%诱导青年母牛在96 h达到同期发情的目的。从发情时间分布看主要集中在施药后的48～96 h，占全部发情牛的95%(19/20)。从给药途径看，子宫灌注比肌肉注射可节约用药1倍。用前列腺素类似物诱导青年母牛发情的第一情期受胎率为80%(16/20)，与该群当年内自然发情的青年母牛的第一情受胎率74.0%(37/50)比较，提高6个百分点，但差异不显著($P>0.05$)，说明对受胎率无影响。前列腺素类似物控制青年母牛同期发情的成功，可以实现同期配种、同期产犊，使产奶牛泌乳阶段相一致，解决了机器挤奶中，由于产奶牛泌乳阶段不同而影响产奶量这一难题，说明同期发情技术，对奶牛场的现代化、集约化生产有重要意义。

(4)春季和秋季的奶牛同期发情率差异不显著($P>0.05$)。膘情良好与膘情一般的奶牛以及膘情一般好与膘情较差的奶牛的同期发情率差异均不显著($P>0.05$)；膘情良好的奶牛与膘情较差的奶牛的同期发情率差异显著($P<0.05$)。青年母牛的同期发情率极显著高于经产母牛($P<0.01$)。

(作者：桑润滋、孙国庆、王凤鸣、李建国、李俊杰、孙树春、张国磊)

## 2.2 配种控制技术——人工授精技术

### 2.2.1 概述

配种控制技术主要是指人工授精技术。

1. 人工授精的概念

人工授精是指用器械以人工的方法采集雄性动物的精液，经特定处理后，再输入到发情的雌性动物生殖道的特定部位，使其妊娠的一种动物繁殖技术。

2. 人工授精的意义

(1)最大限度地提高了种公畜的利用效率　在自然交配的情况下，公畜的一次射精只能使一头(只)母畜授精，而通过采精，将精液稀释就可使相当数量的母畜授精，如公牛每次射出精液经稀释后可使200～300头母牛授精，一生可产生高达300 000输精剂量的精液。

(2)加速品种改良　由于人工授精选用的精液来自优良的种公畜，随配种母畜头数的增加，特别是冷冻精液的应用，极大地提高了优良公畜的配种潜力，从而扩大了优良基因的影响。充分地利用含有优良遗传物质的种公畜，就可显著地促进家畜改良。

(3)大幅度减少种公畜的饲养费用　人工授精技术可大大提高种公畜的利用率，减少了种公畜的饲养头数，从而降低饲养成本，提高经济效益。

(4)控制疾病的转播　人工授精用种公畜必须经过严格检查，确认无遗传性、传染性等疾病后方可用于精液生产，因此不会带来疾病传播。尤其是人工授精避免了公、母畜的直接接触，也杜绝了伴随着自然交配所带来的生殖道疾病的传播。

(5)克服公、母畜交配困难　改良公畜一般体型较大，与本地小型品种交配会有一定困难，更重要的是改良公畜在性能力方面已部分失去原始品种的野性，自然交配的能力显著降低，人工授精技术的运用可克服这些问题。

(6)可扩展优良种畜的应用范围　随着精液冷冻技术的发展与普及，使精液永久性保存成为可能，可使母畜的配种不受时间和地域的限制，扩大了家畜配种的地区范围。同时，也使国际间的精液交流成为可能。

(7)是推广繁殖新技术的一项基本措施　人工授精技术是胚胎移植、同期发情等其他繁殖新技术的一项配套措施，可按计划进行集中或定时输精，同时，为远缘杂交提供了行之有效的技术手段。

如上所述，尽管人工授精技术有诸多优点，但如利用不当也会带来一些弊端。比如，正是由于最大限度地提高了种公畜的利用效率，也使尚未被人们发现的有害隐性基因大范围传播的风险性加大。另外，在生产实践中，不严格按操作规程，卫生要求不严，而造成受胎率低下，生殖道疾病传播的情况也时有发生。因此，人工授精只有在对种公畜进行全面鉴定及严格遵守操作规程的情况下，才能充分发挥其应有的巨大优越性，以促进畜牧业发展和生产力的提高。

3. 人工授精发展概况

和其他技术相同，人工授精技术也经历了最初的试验阶段到应用阶段，乃至冷冻精液阶段的发展过程。

1780 年，意大利的生理学家 L. Spallanzani 用犬做试验，首次用人工授精的方法获得了 3 只小狗。此后，俄国学者 E. I. Ivanoff 在 1899 年开始进行家畜人工授精的研究，并于 20 世纪初期在马的人工授精上获得成功，随后成功地进行了牛和绵羊的人工授精。到 20 世纪 30 年代，家畜人工授精初步形成了一套较为完善的操作程序，使人工授精从试验阶段步入实用阶段。

从 20 世纪 40～60 年代，人工授精技术的应用得到了蓬勃发展，成为家畜改良的最有效技术手段。世界许多国家，特别是欧洲大多数国家，北美洲、大洋洲、日本和前苏联等畜牧业发达国家，各种家畜的人工授精已相当普及，其中在奶牛的繁殖方面应用最广、发展最快、技术水平最高。随着大规模高度集约化的现代畜牧业的出现，更加促进了人工授精技术研究与应用的进一步发展，特别是冷冻精液技术的问世，使人工授精技术进入了一个崭新的阶段。

1951 年，A. S. Parkes 和 C. Polge 在研究冷冻和解冻鸡精子的过程中，发现甘油起到了保护作用，但用于哺乳动物的精液冷冻并不成功。后来，他们发现，把甘油加入精液后停留一晚上再进行冷冻就能成功。并采用干冰作为制冷剂，在 −79℃ 下贮存精子。英国科学家 Smith 等将甘油用于牛精液的冷冻保存获得成功，于 1951 年产下世界上第一头冷冻精液牛犊，这是家畜人工授精技术发展史上的一个新的里程碑。目前，牛的冷冻精液已广泛应用于生产实践，其他家畜如猪、马、羊、兔及家禽和野生动物冷冻精液的研究发展也很快，但由于冷冻精液的受胎率仍低于鲜精水平，目前基本上仍处于试验改进阶段或中间试验阶段。

我国家畜人工授精技术始于1953年的句容种马场。在20世纪40年代初进行了绵羊、山羊及奶牛的人工授精。1951年以后主要在东北地区大力推广马匹的人工授精，此后，其重点转向奶牛和猪。奶牛的人工授精于20世纪50年代中期开始，到70年代已经普及，对中国黑白花奶牛的培育起到了极其重要的作用。目前，奶牛应用冷冻精液的普及率已在90%以上，重点奶源区已达100%。而马及羊的人工授精，由于马匹数量的减少，养羊业饲养方式的改变，及冷冻精液的受胎率低于正常水平等原因，在应用上受到一定的限制。

4. 促进人工授精发展的几项关键技术

人工授精技术从产生、应用到现在，已有100多年的历史了。总结这100多年的发展史，其中有几项关键技术的发明与开发对人工授精技术的发展及应用起到了决定性作用。

(1)假阴道的发明　采集雄性动物的精液，是人工授精的首要步骤，在最初的试验中，研究者是用勺类的器具从雌性动物的阴道内提取精液。直到1914年，罗马大学的人体生理学教授G. Amantea模仿雌性动物阴道条件，研制成了世界上第一个假阴道，用于狗的采精。随后，俄国科学家仿制成马、牛、绵羊用假阴道。迄今假阴道采精仍然是公牛、绵羊、山羊、公马采精的首选器具。假阴道的发明无疑是人工授精技术中的重要进展。

(2)稀释液的开发　在20世纪30年代的晚期，人工授精技术的一个限制因素是精液必须在采精当天使用才能得到好的受胎结果。威斯康星大学的P. H. Phillips和H. A. Lardy发现了一种具有缓冲和营养作用的稀释液。他们开发了一种卵黄-磷酸盐稀释液，在精子从体温冷却到5℃能起到保护作用，且提供了精子代谢所需的营养来源，阻止了pH的改变。采用这种稀释液稀释精液，精子能存活和保持受精能力3～4 d。G. W. Salisbary等对这种稀释液进行了改进，用柠檬酸钠代替了磷酸盐。卵黄-柠檬酸盐的优点是精子在显微镜下能清楚地看见，以便稀释后能更准确地评定精子活率。

(3)抗生素的应用　在人工授精进入应用阶段后，生殖疾病的传播仍然制约着人工授精技术的发展。尽管努力地从健康公牛采集精液，但仍严重地爆发了几次生殖疾病。最常见的传播疾病是弧菌病。二战之后，青霉素和链霉素开始用于畜牧行业。宾夕法尼亚大学的J. O. Almquist第一个报告使用这"神奇的药品"来控制牛精液中的细菌污染。它被人工授精行业迅速采用，显著地抑制了精液污染，提高了受胎率。

(4)输精方法的改进　输精是人工授精技术的最后环节，输精方法的好坏直接影响到受胎率的高低。早期的输精只简单地把精液输送到母畜的阴道内。后来输精技术得到改进，阴道扩张器和玻璃的输精管(输精器)得到使用，扩张器插入阴道后，借助光源可看见子宫颈口，输精器经由子宫颈外口插入到子宫颈内，把精液输送到子宫颈内约2 cm深处。1937年，丹麦的兽医又开发了母牛的直肠-阴道输精法(也称直肠子宫颈把握法)，这种方法沿用至今。输精方法的改进进一步提高了受胎率。

(5)冷冻精液的发明与甘油的使用　A. S. Parkes和C. Polge(1951)研究成功一种冷冻和超低温保存精子的方法。在冷冻和解冻鸡精子的过程中，他们发现甘油能起到保护作用。起初这种方法用于哺乳动物的精子并不成功。最后他们发现，把甘油加入精液后停留一晚上再进行冷冻就能成功。这段停留的时间现在被称作平衡，其作用是让精子细胞吸收甘油分子以替代精子细胞内的一部分自由水。甘油起到的"抗冻"作用是在冷冻过程中阻止水分子结冰。这些研究者采用干冰作为制冷剂，并在-79℃贮存精子。抗冻保护剂甘油的使用，使家畜精液在超低温环境下永久保存成为可能。

(6)液氮的使用及液氮容器的开发 1957 年，美国育种服务组织（American Breeders Service）率先使用液氮作为制冷剂来冷冻和贮存精液。随后 Linde 公司开发生产了一种只需 60～90 d 补充一次液氮的大型不锈钢真空容器。这使得远距离运送和在畜牧场贮存精液变为实际可行。

(7)塑料细管用于分装精液 Sorensen 于 1940 年最早把细管引进到美国。法国的 Cassouses(凯苏氏)研究小组在把细管通过 3 个阶段发展到实际应用方面享有盛誉。第一阶段，是在 1964 年，细管的容量是 1.2 mL，与 1 mL 的玻璃安瓿相比，冻后精子活率有了令人鼓舞的提高。意识到冷冻表面系数是决定冻后活率的主要因素，他们转向直径只有原来一半的细管，容量是 0.5 mL。这种细管应用效果良好，称为“中型细管”。中型细管在美国的应用几乎遍布全国。凯苏氏研究小组于 1968 年又开发出更小的细管，容量只有 0.25 mL，称为“微型细管”，其应用效果更进了一步。目前微型细管在世界范围内广泛应用，有逐渐取代 0.5 mL 细管的趋势。使用细管制作冷冻精液不易污染，便于标记，容积小，易贮存，效果好，适于机械化生产，使用时解冻方便。目前所生产的牛冷冻精液几乎全部是细管制作的。

总之，人工授精技术经历了试验研究阶段(18 世纪 80 年代至 20 世纪 30 年代)、实用阶段(20 世纪 30～60 年代)、精液冷冻应用阶段(20 世纪 60 年代至今)，其间国内外学者从假阴道、输精器的改进、稀释液、输精方法、冷冻保护剂、剂型、精液品质评定、输精剂量等方面进行大量研究工作，已形成比较完善的技术方法。人工授精技术是至今应用推广最普遍、最有价值的技术之一。

本节主要从母畜饲养管理，生殖激素、维生素、微量元素的应用，B 超检测卵巢黄体状况等方面提高牛、羊人工授精受胎率、繁活率及杂交改良效果进行研究。

### 2.2.2 提高群牧马繁殖成活率的主要措施

御道口牧场地理坐标为北纬 42°18′，东经 116°42′，位于河北省围场县最北部的塞罕坝上。系属内蒙古高原的东南边缘。西与内蒙古多伦县接壤。属丘陵地形，海拔1 300～1 700 m，大陆性气候，据御道口气象站 1969—1978 年(10 年平均值)统计，年均气温 −0.4℃，极高气温 33℃，极低气温 −42.9℃，有 5 个月(11、12、1、2、3 月)平均气温在 0℃以下。无霜期 83.2 d，年降雨量 436.2 mm，土壤为灰色森林土，场内小滦河贯穿南北，沼泽、河流交错分布。全场共有大小河流 13 条，另外有较大湖 21 个，常年不冻的暖泉 30 余个，水源充足，全场总面积 149 万亩，其中放牧打草地约 75 万亩，草场广阔，牧草以禾本科为主，平均亩产青干草 65 kg，打草地亩产 200 kg 左右，历年 4 月上旬青草开始萌芽，10 月上旬牧草渐转枯萎。因本场有充足的水源和广阔的草原，适合发展畜牧业。该场建于 1953 年，到 1976 年该场主要以细毛羊和养马为主。

御道口牧场十三队位于该场的西北部，面积 20 余万亩，该队基础母马存栏在 160～170 匹，品种主要为苏高血与蒙古马杂一代。基础母马 80～90 匹为一群，夏秋昼夜放牧，冬春白天放牧，夜间补饲，属传统粗放的群牧马方式。配种采用人工授精方法。该队养马生产水平一直较低，特别是 1968—1969 年，发生了由沙门氏杆菌引起的流产大暴发，流产率高达 72.4%，繁活率仅为 20.9%。面对如此严峻的养马形势，全队群策群力，在总结以前马匹饲养管理和保胎防流产的经验教训的基础上，从 1969 年下半年开始采用综合防制办法，收到显著效果，使马流产率逐年降低，繁殖成活率逐年提高，流产率稳定在10%左右，繁殖成活率稳定在85%左右。见表2.18。

表2.18 御道口牧场十三队1967—1972年群牧马生产情况表

| 年度 | 基础母马/匹 | 妊娠母马/匹 | 总受胎率/% | 流产数/匹 | 流产率/% | 马驹成活数/匹 | 繁殖成活率/% | 备注 |
|---|---|---|---|---|---|---|---|---|
| 1967—1968 | 167 | 119 | 71.3 | 22 | 18.4 | 97 | 58.1 | |
| 1968—1969 | 158 | 134 | 84.8 | 97 | 72.4 | 33 | 20.9 | 经中国兽医监察所确定为沙氏流产上年流产母马较多，所以受胎率低 |
| 1969—1970 | 174 | 136 | 78.2 | 19 | 13.9 | 116 | 66.6 | |
| 1970—1971 | 175 | 165 | 94.3 | 17 | 10.3 | 148 | 84.6 | |
| 1971—1972 | 177 | 166 | 93.8 | 15 | 9.0 | 151 | 85.3 | |

为此，该队1971年、1972年连续两年夺得全场养马生产流动红旗，并于1973年在该队召开了全场养马生产现场会。从技术方面我们主要采取了以下措施。

1. 把抓膘贯穿在马匹全年放牧的各个时期

马膘情好，说明营养好。马膘是配种和保胎防流的基础，马匹只有好的膘情才能配好种产好驹。因此不论在放牧期还是在舍饲期都把重点放在抓膘保胎上。俗话说“同样草，同样料，不同喂法不同膘”。对群牧马就是放好牧，抓好膘，让马吃饱吃好。具体做法如下。

春季：夜间舍饲，白天放牧。此时气候干燥，气温冷热不均，变化剧烈。细菌开始活动，如果放牧不好，或饮水不足，马膘情下降，抗病力降低，易发高烧，对妊娠马威胁较大，对保胎极为不利。此时大部分马处于妊娠后期，行动迟缓，而此季节马放牧最易跑青，为防止马跑青，尽量控制马群，采取多放阴坡，这样即能使马吃得饱，又能防止跑青。

夏季：马群是昼夜放牧，此时青草长高，但随之天气变热，蚊虻等对马骚扰极大，马群大多扎堆在一起，不能很好吃草，夏季要把抓膘重点放在夜间，在放牧地选择上，白天让马在河流两岸、湖周围放牧，让马多吃水草，傍晚和夜间为防止蚊虻骚扰，要选高岗和通风地方放牧。夏季遇有打雷、打闪下雨情况，要稳住马群，防止惊群。夏季是马流脑易发季节，在抓膘的同时要注意防止流脑的发生，具体做法是，勤喂盐，多饮水，责任心是首位，片要大，群要小，早发现，早治疗。在放牧技术上要经常调坡轮牧，使马总能吃上鲜草，这样即利抓膘又利于牧草生长。春季和夏季是产驹季节，在放好牧、抓好膘的同时，要做好跟踪马群放牧，随时观察母马是否有临产症状，做好接产和幼驹护理工作。

秋季：马群仍是昼夜放牧。气候渐凉，草生旺盛，蚊蝇减少，是昼夜放牧抓膘的黄金季节，在放牧地利用上，除留作打草场的地区外都可放牧，尽量放牧地要远些，留下近的牧地供冬天放牧，在放牧技术上，要经常移换牧地，夏、秋季在出牧点（牧工居住的地点）经常保持有盐让马自由舔食。夏秋每天饮水3次。

冬季：气候严寒，牧地积雪较厚，实行夜间补饲、白天放牧的方法，放牧地选择背风、向阳地方。

2. 冬春舍饲期精心饲养管理

在饲养管理方面主要采取了以下措施：

（1）搭建暖棚　该队马舍为北、东、西3面围墙，上面有棚顶的建筑，南面无围墙是敞口，每栋马舍只能容纳40匹马，而每群是90匹马，有多一半马，在露天过夜，遇上雪天，马身上布满雪花，加之寒风侵袭，马冻得打哆嗦，低头站立，不爱吃草，马体热能消耗入不敷出，马膘下降，易造成流产，为此，该队自己动手，在原有棚顶处向外搭建暖棚，使马匹全部生活在能防寒避风的棚舍内。

(2)由夜间一次补草，改为前半夜和后半夜各补一次的两次补草　因马舍内无马槽，就把草添在圈舍地面上，任马随意吃，晚上回牧马进圈舍吃一夜，连踩再加之粪尿，草污染严重，马不爱吃，不仅马吃不饱且饲草浪费很大。为此，改为分前、后半夜两次补草，这样就使得马又能吃饱，又利于保胎。此外，依据天气状况，灵活掌握，白天天气晴朗且风小时，马在牧地能吃到草，夜间补草量可适当减少。白天寒冷风大时，马群多躲在背风处，站立不动，不爱吃草，夜间适当多补一些。每年12月、1月、2月这3个月为最冷季节，每匹每夜补青干草由以前的每匹每天6～7 kg增加到8 kg，适当延长夜间舍饲期，夜间舍饲期由以前的120 d延长到135 d。

(3)改由饮泉水为饮井水　以前均为饮泉水，每天早晨出圈后，在山上放牧几小时，把马赶到有常年流水的暖泉处饮水，但一到春季水位下降，许多马喝不上水，因饮水不足，只好到山上吃冰雪，易引起流产。为此，从1969年冬开始安装了手压水泵，改用井水，每日早晨出圈后饮井水一次，晚上入圈前再饮井水一次。实践证明90匹的马群采用10 m长的水槽20～30 min即可饮完，其优点是：①两次饮水间隔相当，可防止暴饮；②出圈后就饮足了水，避免马到山上吃冰雪；③井水较泉水清洁，水温比较恒定。

(4)依马妊娠生理特性，合理补喂精料　冬春(1—4月)正值马妊娠后期，此时是胎儿生长发育最快阶段，胎儿初生重的2/3在妊娠后期完成，如果此时期营养供应不上去，易发生流产。例如1969年3月、4月共流产48匹，这与营养缺乏有很大关系。从1969年冬开始给马有计划地增喂精料，由以前每匹每天补0.65 kg，增加到1 kg。

在精料补喂上要区别对待，对瘦弱又领驹的马和年青(3～4岁)妊娠马适当多补一些。

(5)补喂胡萝卜和微量元素　维生素A对马生长发育及生殖机能有重要影响，从1969年开始，每年的11—12月和每年的2月份分两个阶段补喂胡萝卜，累计补喂时间45～60 d，每天每匹补喂1 kg。

该地区为缺硒地区，在冬春每月补喂一次亚稀酸钠，共补喂4次。每匹每次补喂量100 mg，拌在料中喂给。

3. 搞好马匹人工授精，提高配种受胎率

(1)加强配种期种公马的饲养管理　种公马为苏高血，马配种季节为4—8月，配种前1个月，即从3月种公马除补喂混合精料(玉米、麸皮、胡麻饼)外，还增喂鸡蛋、胡萝卜和麦芽。3—5月补喂青干草，6—8月补喂鲜草。加强种马骑乘运动，每天运动1.5 h，行进10～12 km，每匹每星期采精3～4次，每次射精量在80～120 mL，活动在0.7左右。

(2)准确掌握母马卵泡发育特点，适时输精　发情鉴定方法：在用结扎输精管试情马进行试情的基础上，主要采用直肠检查方法，触摸卵泡发育情况，确定输精时间，与牛羊不同，马的发情持续期长，一般在5～7 d，准确依据卵泡发育阶段，适时输精，是提高马配种受胎率的关键。根据卵泡发育的大小、卵泡壁的弹性、薄厚，结合每匹马的特点，综合判断输精时间，争取每个情期输1～2次精即排卵，输精次数过多，稀释液在子宫内易腐败，造成子宫疾患，不易受胎。母马大多在产后10 d左右发情，此时配种受胎率高(俗称配血驹)，应根据母马分娩时间，抓紧配血驹，是提高马受胎率措施之一。

(3)认真做好采精器械，输精器械及稀释液的灭菌消毒　稀释液为7%葡萄糖，上述器械和稀释液均用蒸煮方法消毒。

(4)实行有卵泡侧子宫角深部输精　输精前首先对发情母马外阴部用清水冲洗，最后用消毒的纱布擦拭干净，将稀释的精液用输精管通过阴道、子宫颈直接输到有卵泡侧母马子宫角，每次输精剂量25～30 mL。输完精后为防止母马弓腰努责使精液倒流，应及时用手按压其腰部。

(5)及早进行妊娠检查　母马妊娠15 d左右，可触摸到卵巢周期妊娠黄体，此时子宫角开始收缩，20 d左右子宫角有弯曲，子宫角间沟明显，在孕角基部可触摸到有乒乓球大小胎胞。轻轻触摸有波动感，此时可确定为妊娠。未妊马及早下个情期再配。

图2.1为母马通过人工授精产双驹。

图2.1　1970年河北省御道口牧场十三队一母马通过人工授精后产双驹

### 2.2.3　苏联美利奴、高加索、斯达夫细毛羊纯繁效果观察

农业部于1953年和1954年先后从苏联进口斯达夫、高加索、美利奴(以下简称苏美)细毛羊，分配给御道口牧场605只，进行饲养繁育。当时进口斯达夫1岁公羊28只，1岁母羊198只，高加索1岁母羊86只，1岁公羊没进口，后由察北牧场引入4只。苏美细毛羊，当时进口1岁公羊15只，1岁母羊278只。在本场始终进行纯种繁殖(20世纪50年代用其改良过蒙古羊)，为全国各地提供优良种羊10万余只，分布在21个省(区、市)。经过近30年的风土驯化，已完全适应当地的风土气候条件，其主要生产性能，绝大部分已超过20世纪50年代进口初期的水平，并且创造出一些高产典型。如：产毛量高达25.8 kg的155只斯达夫公羊；繁活率达143.37%的高加索羊高产队(600只基础母羊)；繁活率达150.0%的苏美羊高产群(162只基础母羊)。现将3个品种细毛羊纯繁效果报告如下。

1. 体质外貌

(1)苏美　体质结实，结构匀称，骨骼坚实，外形良好，颈部有1～3个皱褶，黄油汗较多，毛密但较短，公羊有角，部分母羊也有角，有角母羊占 24.9%（据对 141 只苏美成母羊统计）。

（2）高加索　体质结实，结构良好，骨骼坚实，体躯长大，四肢稍高，颈部有 1～2 个皱褶，腹毛着生良好，头毛、四肢毛较差。油汗适中，分黄、白二色，公羊有角，少数母羊也有角，有角羊占 11.1%（据2 615只成母羊统计）。

（3）斯达夫　体躯长大，结构良好，低身广躯，外形优美，颈部有 1～3 个裙形皱褶，头、腹、四肢毛着生良好，油汗适中，多为白色，毛较长，公羊有角，部分母羊也有角，有角羊占 32.2%（据对 990 只斯达夫成母羊统计）。

2. 春繁及杂交改良效果

（1）生长发育　现在 3 种细毛羊的初生重均超过 20 世纪 50 年代，但断奶重、一岁羊剪毛后重普遍低于 50 年代，说明 3 种细毛羊在育成阶段，因精料偏低、营养不足，致使发育受阻。3 种细毛羊生长发育情况见表 2.19。

（2）生产性能

①繁殖能力。3 种细毛羊的繁殖能力基本上是逐年提高，20 世纪 80 年代由于发展快，转成羊占比例大，繁殖能力受到一定影响，但较 20 世纪 50 年代仍有显著提高。见表 2.20。

**表 2.19　3 种细毛羊生长发育情况**　　kg

| 品种 | 年代 | 羔羊初生重 | | | | | | | | 断乳重 | | | | 1 岁羊剪毛后重 | | | |
|---|---|---|---|---|---|---|---|---|---|---|---|---|---|---|---|---|---|
| | | 公羔 | | | | 母羔 | | | | 公羔 | | 母羔 | | 公羊 | | 母羊 | |
| | | 单胎 | | 双胎 | | 单胎 | | 双胎 | | 只数 | 平均 | 只数 | 平均 | 只数 | 平均 | 只数 | 平均 |
| | | 只数 | 平均 | 只数 | 平均 | 只数 | 平均 | 只数 | 平均 | | | | | | | | |
| 斯达夫 | 50 | 506 | 4.8 | 286 | 4.0 | 504 | 4.5 | 389 | 3.7 | 697 | 25.4 | 760 | 23.0 | 481 | 39.1 | 644 | 33.3 |
| | 60 | 941 | 4.4 | 318 | 3.6 | 988 | 4.3 | 363 | 3.5 | 1 264 | 19.9 | 1 412 | 19.3 | 602 | 30.1 | 816 | 26.1 |
| | 70 | 511 | 5.1 | 595 | 4.2 | 503 | 4.8 | 575 | 4.0 | 644 | 24.2 | 1 004 | 21.8 | 204 | 32.4 | 2 701 | 27.8 |
| | 80 | 471 | 5.1 | 609 | 4.1 | 486 | 4.8 | 577 | 3.9 | 486 | 20.4 | 519 | 20.1 | 942 | 31.0 | 1 327 | 28.9 |
| 高加索 | 50 | | 4.9 | | 3.9 | | 4.7 | | 3.6 | | 27.8 | | 24.9 | 114 | 40.2 | 159 | 34.6 |
| | 60 | 843 | 4.3 | 474 | 3.3 | 912 | 4.3 | 489 | 3.4 | 1 227 | 21.6 | 1 332 | 19.9 | 725 | 27.7 | 1 264 | 25.8 |
| | 70 | 626 | 4.8 | 852 | 4.1 | 691 | 4.7 | 726 | 3.9 | 2 527 | 24.5 | 2 658 | 22.9 | 3 409 | 31.3 | 4 463 | 30.0 |
| | 80 | 1 466 | 5.2 | 1 147 | 4.3 | | | | | | | | | 638 | 33.3 | 422 | 30.8 |
| 美利奴 | 50 | | 4.3 | | 3.7 | | 4.2 | | 3.5 | 189 | 22.4 | 206 | 21.5 | 498 | 33.6 | 513 | 31.3 |
| | 60 | 591 | 4.2 | 415 | 3.5 | 678 | 4.0 | 456 | 3.2 | 1 913 | 24.1 | 1 886 | 22.4 | 1 320 | 35.6 | 1 961 | 27.0 |
| | 70 | 2 125 | 4.5 | 2 081 | 3.5 | 2 123 | 4.2 | 2 066 | 3.3 | 4 824 | 21.9 | 4 618 | 20.5 | 4 016 | 31.2 | 5 898 | 30.2 |
| | 80 | 199 | 4.7 | 237 | 4.1 | 184 | 4.8 | 275 | 3.8 | 85 | 18.2 | 101 | 17.6 | 730 | 33.2 | 923 | 31.2 |

注：80 年代为 1980 年、1981 年两年平均数，以下同。

②产毛性能。3 种细毛羊的产毛量均以 20 世纪 70 年代高。现在，苏美羊产毛量都超过 20 世纪 50 年代，并且提高幅度较大。高加索育成羊超过 50 年代，成年羊低于 50 年代；斯达夫成年羊接近 50 年代，育成羊低于 50 年代。这是由于 80 年代（1980 年、1981 年）高加索、斯达夫两个品种羊，发展快，育成羊占比例大，产毛量受到影响，见表 2.21。

表 2.20 3 种细毛羊繁殖情况 只

| 年代 | 品种 | 基母 | 受胎 | | 分娩 | 产羔 | | 成活 | |
|---|---|---|---|---|---|---|---|---|---|
| | | | 数 | 比例/% | 窝数 | 数 | 比例/% | 数 | 比例/% |
| 50 | 斯达夫 | 1 954 | 1 866 | 95.5 | 1 729 | 2 157 | 124.8 | 1 625 | 75.3 |
| 60 | | 6 573 | 5 692 | 86.6 | 5 452 | 6 425 | 117.8 | 5 370 | 83.6 |
| 70 | | 12 894 | 12 620 | 97.1 | 12 002 | 15 806 | 131.7 | 15 057 | 95.3 |
| 80 | | 6 728 | 6 548 | 97.3 | 6 297 | 8 277 | 131.5 | 7 791 | 94.1 |
| 50 | 高加索 | 415 | 354 | 85.3 | 358 | 468 | 130.7 | 378 | 80.8 |
| 60 | | 3 129 | 2 669 | 88.1 | 2 536 | 3 159 | 124.6 | 2 824 | 89.4 |
| 70 | | 14 631 | 14 121 | 96.5 | 13 686 | 18 057 | 131.9 | 17 472 | 96.8 |
| 80 | | 8 245 | 7 938 | 96.3 | 7 669 | 9 640 | 125.3 | 9 228 | 95.7 |
| 50 | 苏美 | 1 972 | 1 916 | 97.2 | 1 828 | 2 110 | 115.4 | 1 861 | 88.2 |
| 60 | | 7 501 | 6 932 | 92.4 | 6 681 | 7 968 | 119.7 | 7 061 | 88.6 |
| 70 | | 17 889 | 17 179 | 96.0 | 16 755 | 21 868 | 130.5 | 21 157 | 96.8 |
| 80 | | 9 549 | 9 224 | 96.5 | 8 859 | 11 553 | 129.5 | 11 116 | 96.2 |

表 2.21 3 种细毛羊产毛量 kg

| 年代（20 世纪） | 品种 | 种公羊 | | 成母羊 | | 育成公 | | 育成母 | |
|---|---|---|---|---|---|---|---|---|---|
| | | 只数 | 平均 | 只数 | 平均 | 只数 | 平均 | 只数 | 平均 |
| 50 | 斯达夫 | 96 | 11.9 | 2 008 | 6.5 | 491 | 5.2 | 545 | 5.2 |
| 60 | | 72 | 12.6 | 5 106 | 5.6 | 1 094 | 3.6 | 1 507 | 3.7 |
| 70 | | 464 | 12.3 | 16 035 | 6.6 | 6 313 | 4.6 | 5 660 | 4.6 |
| 80 | | 112 | 11.9 | 6 663 | 6.4 | 2 225 | 4.5 | 2 364 | 4.5 |
| 50 | 高加索 | 28 | 12.3 | 594 | 5.9 | 114 | 4.3 | 159 | 3.9 |
| 60 | | 59 | 10.6 | 2 504 | 5.3 | 707 | 3.6 | 925 | 3.5 |
| 70 | | 269 | 11.3 | 14 280 | 6.1 | 5 225 | 5.3 | 4 391 | 5.4 |
| 80 | | 149 | 11.5 | 4 959 | 5.8 | 3 060 | 4.5 | 6 402 | 4.9 |
| 50 | 苏美 | 65 | 11.9 | 2 369 | 5.1 | 499 | 4.4 | 522 | 4.2 |
| 60 | | 130 | 12.9 | 7 380 | 5.7 | 1 834 | 3.9 | 2 439 | 4.1 |
| 70 | | 416 | 13.2 | 22 061 | 6.2 | 7 201 | 4.6 | 7 840 | 5.3 |
| 80 | | 155 | 12.8 | 9 215 | 6.2 | 3 094 | 4.8 | 2 582 | 5.3 |

③羊毛品质。1981 年对 3 种细毛羊的羊毛品质进行鉴定。现在，3 种细毛羊的羊毛细度、密度变化不大，符合品种要求，唯羊毛长度变短，见表 2.22。

(3)杂交改良效果　该场于 1953 年由内蒙古锡盟购入蒙古母羊 2 600 只，以斯达夫为主进行杂交改良。1956 年又从河北围场县购入蒙古母羊 1 300 只，主要用苏美羊进行杂交改良。从改良效果看，一代杂种羊(斯×蒙和美×蒙的平均数)的初生重、成母羊产毛量、剪毛后体重、繁殖率比蒙古羊分别提高 1.14 kg、1.49 kg、5.42 kg、4.33%。二代杂种羊(斯×蒙二代和美×蒙二代的平均数)的初生重、成母羊产毛量、剪毛后体重、繁殖率比蒙古羊分别提高 0.51 kg、2.51 kg、3.01 kg、10.35%。杂二代成母羊产毛量、繁殖率又比杂一代分别提高 1.02 kg、5.78%。而羔羊初生重、成母羊剪毛后体重比杂一代分别降低 0.63 kg、2.41 kg。

**表 2.22 1981 年 3 种细毛羊羊毛皮品质调查** 只

| 品种 | 群别 | 只数 | 细度(S) | | | | | | 长度/cm | | | | | | | 密度/m | | | | | |
|---|---|---|---|---|---|---|---|---|---|---|---|---|---|---|---|---|---|---|---|---|---|
| | | | 60 支 | | 64 支 | | 70 支 | | 平均毛长 | 6.5 以上 | | 7~8 | | 8.5 以下 | | 密一 | | 密 | | 密十 | |
| | | | 数 | 比例/% | 数 | 比例/% | 数 | 比例/% | | 数 | 比例/% | 数 | 比例/% | 数 | 比例/% | 数 | 比例/% | 数 | 比例/% | 数 | 比例/% |
| 斯达夫 | 种公 | 16 | 5 | 31.2 | 7 | 43.8 | 4 | 25.0 | 7.2 | 4 | 25.0 | 11 | 68.8 | 1 | 6.2 | 0 | 0 | 8 | 50.0 | 8 | 50.0 |
| | 成母 | 922 | 175 | 19 | 591 | 64.1 | 156 | 16.9 | 6.7 | 464 | 50.3 | 434 | 47.1 | 24 | 2.6 | 33 | 3.5 | 528 | 57.3 | 361 | 39.2 |
| | 育公 | 97 | 3 | 3 | 36 | 37 | 58 | 60 | 8.8 | 0 | 0 | 10 | 10.3 | 87 | 89.6 | 1 | 1.3 | 56 | 57.7 | 40 | 41.8 |
| | 育母 | 420 | 29 | 6.9 | 366 | 87.1 | 25 | 6.0 | 8.1 | 18 | 43 | 251 | 59.8 | 151 | 35.9 | 25 | 15.8 | 232 | 55.4 | 163 | 28.8 |
| 高加索 | 种公 | 8 | 0 | 0 | 8 | 100 | 0 | 0 | 7.7 | 3 | 37.5 | 1 | 12.5 | 4 | 50 | 0 | 0 | 0 | 0 | 8 | 100 |
| | 成母 | 632 | 95 | 15.0 | 485 | 76.7 | 52 | 8.2 | 6.9 | 182 | 28.8 | 377 | 59.7 | 73 | 11.5 | 5 | 0.8 | 166 | 26.2 | 461 | 73.0 |
| | 育公 | 116 | 25 | 21.5 | 68 | 58.6 | 23 | 19.8 | 8.6 | 1 | 0.8 | 9 | 7.7 | 106 | 91.3 | 5 | 4.5 | 75 | 64.5 | 36 | 31.0 |
| | 育母 | 199 | 39 | 19.6 | 154 | 77.4 | 6 | 3.0 | 8.4 | 11 | 5.5 | 42 | 21.2 | 146 | 7.3 | 5 | 2.5 | 68 | 34.2 | 126 | 63.3 |
| 苏美 | 种公 | 36 | 1 | 2.7 | 31 | 86.1 | 4 | 11.1 | 7.6 | 4 | 11.1 | 19 | 52.8 | 13 | 3.6 | 2 | 5.5 | 19 | 52.7 | 15 | 41.6 |
| | 成母 | 121 | 2 | 1.7 | 51 | 42.1 | 68 | 56.2 | 6.9 | 47 | 38.8 | 61 | 50.4 | 13 | 10.7 | 2 | 1.7 | 71 | 58.7 | 48 | 39.7 |
| | 育公 | 102 | 1 | 1.0 | 24 | 23.5 | 77 | 75.5 | 7.8 | 12 | 11.8 | 33 | 32.4 | 57 | 55.5 | 6 | 5.9 | 68 | 66.7 | 28 | 27.5 |
| | 育母 | 330 | 6 | 1.8 | 142 | 43 | 182 | 55.2 | 7.7 | 44 | 13.3 | 141 | 42.7 | 145 | 43.9 | 6 | 1.8 | 194 | 58.9 | 130 | 39.4 |

3. *适应性观察*

经过近 30 年风土驯化,3 种细毛羊的适应性均表现很好。冬季－20～30℃的天气照常放牧,夏季中午气功温达 30℃以上,同样放牧,不需回圈遮凉。虽然经过 1960—1961 年两年严重的自然灾害和低劣的饲养条件,生产性能下降很大,但 1962 年以后,饲养条件稍有改变,生产力又开始恢复,说明 3 种细毛羊的适应性是非常强的。从 3 种细毛羊死亡率逐年降低,也可反映适应能力越来越强。据推广全国不同地区的 3 个品种羊的反馈情况看,也均表现较好。

4. *存在问题及今后意见*

(1)存在问题

①成年母羊和育成羊精料标准偏低。现在的精料标准,成母羊为 20 世纪 50 年代的 51.0%,育成羊为 20 世纪 50 年代的 48.5%。而且蛋白质饲料不足。影响 3 个品种细毛羊生产性能的充分发挥(斯达夫羊尤为突出)。同时也造成育成羊发育受阻。

②过去在种公羊的选留上,对体质结构、体型外貌、体重和产毛量要求严格,但对羊毛长度注意不够,导致毛长变短。

(2)今后意见

①采用科学的饲养管理方法,提高饲养水平。建议在条件允许的情况下,适当提高现有成母羊、育成羊精料标准,特别是育成羊。另外应增加蛋白质饲料的比重。在饲料的利用上,应

按不同品种、不同生长发育阶段和不同生理状况所需营养不同，确定饲料配方进行补饲，提高饲料利用率。

②加强育种工作，特别在毛长的选育上下功夫。

### 2.2.4 提高细毛羊繁殖成活率的措施

1981 年，河北省国营御道口牧场140 000只基础母羊，繁殖成活率为 120.0%，并创造出繁殖成活率达 150.0%的高产群，其主要技术措施如下。

1. 想方设法提高母羊的受胎率和产羔率

(1)狠抓基础母羊配种前放牧　营养对绵羊的繁殖力影响很大，尤其是配种前母羊营养好坏，对繁殖力影响更大。据 1 070 只苏联美利奴母羊统计，见表 2.23。

表 2.23　母羊营养与双胎率的关系

| 配种前体重/kg | 分娩母羊数/只 | 产单胎母羊数/只 | 产双胎母羊数/只 | 双胎率/% |
|---|---|---|---|---|
| 55 以下 | 247 | 189 | 58 | 23.48 |
| 56～60 | 264 | 162 | 102 | 38.63 |
| 61～65 | 263 | 145 | 118 | 44.86 |
| 66～70 | 234 | 116 | 118 | 50.42 |
| 71 以上 | 62 | 22 | 40 | 64.51 |

由表 2.23 看出，母羊营养好坏与双胎率成正相关。为此，我们狠抓母羊配种前的移场放牧，抓好膘。近年来，此阶段成母羊平均每天增重 180 g 左右，成年母羊配种前体种(平均)都能达到 60 kg 以上。

(2)选留多产亲代　公、母羊个体多产性具有明显的遗传性。据 24 只(5 只双胎、19 只单胎)公羊和 796 只(445 只单胎、351 只双胎)母羊的统计见表 2.24。

表 2.24　公、母羊个体遗传性与双胎率的关系　只

| 母羊 | 双胎公羊 | | | 单胎公羊 | | |
|---|---|---|---|---|---|---|
| | 单胎 | 双胎 | 双胎率/% | 单胎 | 双胎 | 双胎率/% |
| 双胎母羊 | 36 | 36 | 50.0 | 155 | 124 | 44.4 |
| 单胎母羊 | 67 | 32 | 32.3 | 245 | 101 | 29.2 |

由表 2.24 看出，双♂ ×双♀>单♂ ×双♀>双♂ ×单♀>单♂ ×单♀。因此，我们十分注意选留双胎公羊作为种公羊，双胎母子羊作为基础母羊。

(3)严格淘汰，保持基础母羊群的合理结构　母羊的年龄(胎次)与产羔率有密切关系，据 1 793 只苏美母羊的统计，见表 2.25。

由表 2.25 看出，母子羊随年龄(胎次)的增长，双胎率上升，10 岁(9 胎)后，则开始下降。为稳产、高产，适龄母羊要保持一定比例(65%)左右。严格淘汰老龄羊和生殖器官有缺陷的母羊，每年淘汰为基础母羊的 15%左右。

表 2.25 母羊年龄与双胎率的关系 只

| 年龄 | 胎次 | 统计只数 | 其中 | | |
|---|---|---|---|---|---|
| | | | 单胎 | 双胎 | 双胎率/% |
| 2 岁 | 1 胎 | 288 | 258 | 30 | 10.4 |
| 3 岁 | 2 胎 | 244 | 186 | 58 | 23.8 |
| 4 岁 | 3 胎 | 300 | 195 | 105 | 35.0 |
| 5 岁 | 4 胎 | 200 | 120 | 80 | 40.0 |
| 6 岁 | 5 胎 | 203 | 112 | 91 | 44.8 |
| 7 岁 | 6 胎 | 89 | 49 | 40 | 44.9 |
| 8 岁 | 7 胎 | 63 | 33 | 30 | 47.6 |
| 9 岁 | 8 胎 | 30 | 11 | 9 | 45.0 |
| 9 岁以上 | 9 胎以上 | 386 | 236 | 150 | 38.9 |

(4)选择适宜的配种时期　配种时期与双胎率有一定关系，见表 2.26。

表 2.26 配种时期与双胎率的关系 只

| 配种时间 | 情期 | 受胎母羊总数 | 产双胎母羊数 | 双胎率/% |
|---|---|---|---|---|
| 9 月 1—17 日 | 第一情期 | 418 | 240 | 57.41 |
| 9 月 18 日至 10 月 4 日 | 第二情期 | 113 | 42 | 37.16 |
| 10 月 5 日至 10 月 22 日 | 第三情期 | 83 | 26 | 31.32 |

由表 2.26 看出，9 月 1—17 日(第一情期)受胎的母羊，产双胎的明显高于后两期受胎的母羊，这是因为母羊卵巢的活动，一般在前半期比后半期活跃。该场的多年实践证明，配种时间以 9 月上旬开始为宜，此时母羊营养(膘)最好，性腺活动旺盛，发情正常，可提出高双胎率。

(5)加强种公羊的饲养管理　种公羊饲料，常年不断，力求多样，全价。坚持合理的运动，使其产生优质精液。这是提高受胎率的重要保证。

2. 加强妊娠后期和哺乳前期母羊饲养管理

妊娠后期(2 个月)，胎儿迅速生长，此时期(12 月 1 日至次年 2 月 1 日)，除每天放牧 6 h 外，每只羊需补喂青草干草 0.65～2 kg，玉米秸青贮 1～2.25 kg，精料 0.15～0.45 kg。哺乳前期(2 月 1 日至 4 月 1 日)，除每天放牧 4～10 h 外(产后 10 d 内不放牧)。需补喂青干草 2～1.5 kg，玉米秸青贮 2.25～1.0 kg。精料 0.75～0.35 kg，方能满足哺乳母羊的营养需要。补喂时节应按母子羊膘情及所带单、双羔区别对待，喂饲方法要少给勤添。

3. 做好新生羔羊的护理

(1)要做好断脐　及早进行人工辅助吃饱初乳。

(2)加强缺奶羔羊的护理　除对缺奶母羊加强饲养管理外，可找多乳母羊代为哺乳。

(3)提前补草补料　随着羔羊日龄的增加，应在羔羊生后 10 d 开始锻炼其吃草吃料，以增进胃肠消化能力。

(4)做好双羔、弱羔、晚生羔哺乳　在母羊放牧回圈时，先将双羔、弱羔、晚生羔放在小圈内，待母羊回来后，将这些羔羊分别放于母羊前吃奶，促进羔羊的平衡发育。

(5)注意羔羊的放牧运动　羔羊生后 10 d 左右，可在中午将羔羊放入运动场进行日光浴，随其日龄增加，放牧运动时间逐渐加长，以锻炼其抗寒、抗病能力。

(6)做好防湿、防冻工作　细毛羔羊毛稀短，最怕寒冷，特别在阴冷潮湿的情况下最易发病，所以圈舍一定要保持温暖、干燥。

4. 常年放牧，四季抓膘，使母羊始终保持良好体况

放牧是养羊生产中最基本和十分重要的工作。只有全年放好牧，抓好膘，保好膘，才能多配、多产、多活。根据季节地形、草场及绵羊不同的生理阶段，采取不同的放牧方法。春季，天气严寒，又是产羔季节，母羊负担重，体质弱，在放牧时，一定要严格控制好羊群，要拦强等弱，要少跑路，多吃草。夏季，天热，蚊蝇多，要抓好早、晚两头放牧，给羊创造凉爽的采草环境，此时草很茂密，营养丰富，要尽量延长放牧时间，多采草。具体方法是："热天放梁岗，雨天放阴滩，有风顶风放，无风背太阳，平滩一字形，丘陵满天星。"秋季，天气凉爽蚊蝇少，百草结籽营养高，是抓膘的黄金季节，要勤变换牧地，选有草籽的地方放牧，促使羊多蓄积脂肪，为越冬打好基础，此时又是配种季节，要做到抓膘配种两不误。冬季，气候寒冷，母羊处于妊娠后期，放牧要稳，运动量要适当。无论哪个季节都要让羊饮足水。

此外，领导的重视，各种技术操作规程以及养羊生产责任制的贯彻落实，是细毛羊繁殖成活率高的重要保证。

### 2.2.5　国产 LRH-$A_3$ 提高细毛羊受胎率试验

国产 LRH-$A_3$，又称促排卵 3 号，它是 GnRH(促性激素释放激素)的一种合成类药物。据国外报道，给家畜注射 GnRH 或其类似物，能提高受胎率。Phatak(1986)考察了 GnRH 对 961 头屡配不孕奶牛受胎率的影响，发现 GnRH 能显著提高其受胎率(47.0%对 37.7%，$P<0.01$)。Stevenson 等(1984)报道，在输精后 30 min 注射 GnRH，能使屡配不孕荷斯坦牛的受胎率提高 21%。

国内蔡荣相等(1987)报道，对 537 头荷斯坦奶牛，在输精时肌肉注射 LRH-$A_3$，情期受胎率为 71.5%，563 头对照组为 44.3%。长毛兔肌注 LRH-$A_3$ 平均窝产仔 7.6 只，比对照组多 1.4 只。然而 LRH-$A_3$ 对提高细毛羊受胎率效果如何，其最佳剂量是多少，尚未有报道。为提高养羊业的经营效益，为"两高一优"养羊业探索新途径，我们进行了国产 LRH-$A_3$ 提高河北细毛羊受胎率最佳剂量试验，现报告如下。

1. 材料和方法

(1)材料　LRH-$A_3$ 为南京动物激素厂生产，批号分别为 920110、930402。试验羊为河北省国营察北牧场饲养的河北细毛羊，年龄 2.5～7.5 岁，胎次 1～6 胎，配种前体重 45 kg 左右。

(2)方法　第 1 年(1992)，于细毛羊配种季节(8—9 月)，在羊群中放入试情公羊，挑选发情母羊。根据每天发情羊只数，随机分别 3 组，即试验 1 组、2 组和对照组，采用人工授精方法，用同 1 只公羊精液(鲜精)输精 1～2 次。试验 1 组在输精的同时每只羊肌肉注射 LRH-$A_3$ 40 $\mu$g；试验 2 组注射 80 $\mu$g；对照组只输精不注射，然后比较其情期受胎率。第 2 年(1993)在同一配种季节、同一羊群，根据上年试验结果，调整 LRH-$A_3$ 的剂量，其他方法均同于上年，以

筛选 LRH-$A_3$ 的最佳剂量。试验 3 组每只羊注射 LRH-$A_3$ 50 μg,试验 4 组 100 μg。

2. 结果与分析

试验结果见表 2.27、表 2.28。

表 2.27 不同齐量 LRH-$A_3$ 对细毛羊受胎率的影响(1992)

| 组别 | 参试只数 | 受胎只数 | 情期受胎率/%* | 与对照组比较/% |
|---|---|---|---|---|
| 试验 1 组(40 μg) | 43 | 32 | 74.4 | +6.3 |
| 试验 2 组(80 μg) | 33 | 29 | 87.9 | +25.6 |
| 对照组 | 43 | 30 | 70.0 | |

* 情期受胎率为 2 个情期(35 d)的不返情率,下同。

表 2.28 不同齐量 LRH-$A_3$ 对细毛羊受胎率的影响(1993)

| 组别 | 参试只数 | 受胎只数 | 情期受胎率/%* | 与对照组比较/% |
|---|---|---|---|---|
| 试验 3 组(50 μg) | 31 | 29 | 93.5 | +27.2 |
| 试验 4 组(100 μg) | 36 | 24 | 66.7 | −9.3 |
| 对照组 | 34 | 25 | 73.5 | |

从表 2.27、表 2.28 看出,50 μg 组最佳,情期受胎率为 93.5%(29/31),比对照 73.5%(25/34)提高 27.2%,经 $\chi^2$ 检验,差异显著($P<0.05$)。其他各组差异均不显著。

3. 讨论与结论

(1)在输精的同时给河北细毛羊注射适宜剂量(40~80 μg)的 LRH-$A_3$,有提高受胎率的作用。其情期受胎率在 74.4%(32/43)和 93.5%(29/31)之间,比对照组提高 6.3%~27.2%。其机理给细毛羊外源注射适宜剂量的 LRH-$A_3$ 后,通过下丘脑-垂体-卵巢轴,先引起垂体释放 LH(促黄体素)和 FSH(促卵泡素),LH 在 FSH 的协同下,作用于卵巢上,促进卵泡成熟和排卵。

(2)本试验结果表明:LRH-$A_3$ 的最佳剂量为 50 μg,情期受胎率达 93.5%(29/31),比对照组的 73.5%(25/34)提高 27.2%,差异显著($P<0.05$),此方法简单易行,效果明显,可作为提高养羊生产经济效益的一项技术措施进行推广。

(3)本试验结果表明:LRH-$A_3$ 的注射剂量过大影响其效果。如注射 100 μg 组,情期受胎率为 66.7%(24/36),比对照组的 73.5%(25/34)低 9.3%,分析其原因,可能是由于 LRH-$A_3$ 剂量过大,产生抗生育作用,抑制排卵、阻碍妊娠所致。

### 2.2.6 细管冻精与颗粒冻精输配母牛受胎效果对比试验

随着精液冷冻保存与冻精配种技术的发展,冷冻精液的剂型已由安瓶、颗粒发展到塑料细管。在国外,从 20 世纪 70 年代开始普遍采用细管冻精;我国近年来各地冻精也在由颗粒逐渐改为细管,河北省细管冻精主要用于荷斯坦奶牛,肉牛生产则用之较少。为了加快河北省肉牛细管冻精的推广应用,我们于 1997 年和 1998 年先后在大厂、隆化、抚宁、赞皇等县开展了本项试验。

1. 试验材料

(1)冷冻精液

①精液来源。颗粒冻精和细管冻精购于内蒙古家畜改良站，为西门塔尔 8、210、213 号和 216 号公牛的冻精。各公牛均购买细管和颗粒两种冻精剂型，并且各剂型冻精数量大致相等，生产日期相近，活力相同。

②精液质量。颗粒冻精有效精子数 1 200 万以上，细管冻精有效精子数1 000万以上，活力均为 0.35～0.4。

(2)解冻液　采用 500 mL 瓶装生理盐水或购买的解冻液。

(3)受配母牛　参加配种的本地牛或改良杂种牛。

2. 试验方法

(1)分组　按上站参加配种母牛的先后顺序，交替用细管和颗粒冻精输配，输配颗粒冻精者为颗粒组，输配细管冻精者为细管组。

(2)输精方法　采用情期一次输精。颗粒冻精于 38～40℃温水解冻，细管冻精于 40～42℃温水中 10～20 s 快速解冻，均采用直肠把握法进行子宫深部输精。

(3)准胎确定　以本次输配后 60～80 d 直肠检查确定为准。

3. 试验结果

见表 2.29。

表 2.29　细管冻精与颗粒冻精输配母牛受胎情况表　头

| 县别 | 细管冻精 | | | 颗粒冻精 | | |
|---|---|---|---|---|---|---|
| | 输配头数 | 准胎头数 | 情期受胎率/% | 输配头数 | 准胎头数 | 情期受胎率/% |
| 大厂 | 152 | 103 | 67.8 | 116 | 65 | 56.0 |
| 抚宁 | 56 | 38 | 67.9 | 36 | 20 | 55.6 |
| 赞皇 | 121 | 87 | 71.9 | 109 | 62 | 56.9 |
| 隆化 | 47 | 32 | 68.1 | 53 | 28 | 52.8 |
| 合计 | 376 | 260 | 69.1 | 314 | 175 | 55.7 |

从表 2.29 看出，用细管冻精输配母牛较颗粒冻精可以明显提高受胎率。对 4 个县 690 头试验牛统计结果表明，细管冻精的情期受胎率(69.1%)较颗粒冻精的情期受胎率(55.7%)提高 13.4 个百分点($P<0.01$)；其中隆化县提高幅度最大，情期受胎率提高 15.3 个百分点，大厂县提高幅度最小，情期受胎率提高 11.8 个百分点。以上结果与潘清等(1996)报道结果相一致。

4. 结果分析

应用细管冻精较颗粒冻精之所以能够提高母牛配种受胎率，主要与以下几个环节有关。

(1)精液冷冻及保存　据张进义等(1997)报道，使用相同鲜精制作成的细管和颗粒冻精，解冻后活力细管冻精较颗粒冻精高 5～7 个百分点。原因是颗粒冻精由于精液直接与液氮接触，使一部分精子被冻死，而细管冻精的精液由于受到细管壁的保护，精子受害程度低。

(2)冻精的解冻　细管冻精解冻，可在塑料细管内直接解冻，精液不被外界污染，不影响冻精质量。而颗粒冻精必须用解冻液解冻，精液在空气中暴露而受污染，加之解冻器具等消毒不彻底，也使冻精质量下降。

(3)输精　颗粒冻精解冻后要将精液吸入输精管,精液与精管接触,增加了精液污染机会,细管冻精解冻后直接装入输精枪中,输精不与外界接触。

### 2.2.7 应用促排卵3号、维生素E及亚硒酸钠提高母牛受胎率研究

适时输精是提高母牛受胎率的一项主要措施。母牛发情一般持续2～3 d,排卵多发生于发情末期,因此在母牛发情末期输精较为适宜。然而由于大多养牛户不懂这方面的知识,往往是一发现母牛发情则马上牵至配种站要求输精,结果由于输精时间偏早使复配率增高,受胎率降低;此外,基层配种员技术水平参差不齐,对输精适宜时间把握不准,也是导致准胎率低的一个重要因素。为解决上述问题,提高配种受胎率,节省冷冻精液配种的人力、物力消耗,我们于1997—1998年在赞皇县的院头、大家峪两配种站开展了该项研究。

1. 材料与方法

(1)药物　促排卵3号:国营南京动物激素厂生产,每支200 μg,批号70326、98010。维生素E:上海第九制药厂生产,每支50 mg,批号950103。亚硒酸钠:课题组自己配制0.25%亚硒酸钠注射液。

(2)试验方法　试验牛为本地黄牛和西杂牛的母牛。A(试验一组)、B(试验二组)、C(试验三组)3组。将上站参加冷冻精液配种母牛按上站先后顺序轮流进行分组。即第1、4、7…参加配种母牛为A组;第2、5、8…参加配种母牛为B组;第3、6、9…参加配种母牛为C组。各组处理方法如下:

A组;每头母牛输精前0～6 h内肌肉注射促排卵3号1支;B组,每头母牛输精前0～6 h内肌肉注射促排卵3号1支,输精后立即分别肌肉注射维生素E 250 mg和亚硒酸钠20 mL;C组,母牛输精前后不做任何处理。

2. 结果与分析

(1)结果　具体结果详见表2.30。试验表明,应用促排卵3号、维生素E及亚硒酸钠对提高母牛受胎率有明显效果。A、B组较C组情期受胎率分别提高25.6和30.1个百分点($P<0.05$),B组较A组高4.5个百分点($P<0.05$)。对院头和大家峪两配种站试验效果进行比较,A、B两组较C组,其中大家峪提高30.3、35.1个百分点,院头配种站提高34.9、39.4个百分点,大家峪配种站提高效果优于院头配种站。

(2)分析　应用促排卵3号、维生素E及亚硒酸钠可以极显著地提高母牛情期受胎率,分析其原因:第一,促排卵3号为人工合成的一种下丘脑促性腺激素的类似物,在卵泡期适量应用具有促进排卵和黄体形成的双重作用。输精前注射促排卵3号,一方面可促进卵泡破裂排卵,减小由于输精时间偏早而造成的精子在受精部位长久等待与卵子结合而衰老失去受孕能力的几率;另一方面可通过促进LH分泌,有利于黄体的形成,对保胎也有好处。第二,母牛输精时结合注射补充适量微量元素硒及维生素E,将有利于胚胎的存活,可减少由于早期胚胎死亡而导致的不孕,从而也对提高受胎率有利。对院头和大家峪两配种站试验效果进行对比,大家峪A、B组较C组情期受胎率提高百分点均高于院头,这是由于大家峪C组情期受胎率(33.3%)远低于院头C组情期受胎率(66.6%)所致。而两配种站地理位置相毗邻,到两站参加配种母牛的放牧条件一致,膘情基本相同,故可排除由于试验母牛情况不一致而造成的差异。查找原因,我们认为是大家峪较院头配种员技术较差,对输精适宜时间掌握不准所致。

表 2.30 应用促排卵 3 号、维生素 E 及亚硒酸钠提高母牛受胎率情况表

| 组别 | | 参配牛头数 | 第一情期准胎头数 | 该情期受胎率/% |
|---|---|---|---|---|
| A(试验一组) | 大家峪 | 66 | 45 | 68.2 |
| | 院头 | 51 | 39 | 76.5 |
| | 合计 | 117 | 84 | 71.8 |
| B(试验二组) | 大家峪 | 66 | 48 | 72.7 |
| | 院头 | 48 | 39 | 81.3 |
| | 合计 | 114 | 87 | 76.3 |
| C(试验三组) | 大家峪 | 72 | 24 | 33.3 |
| | 院头 | 45 | 30 | 66.6 |
| | 合计 | 117 | 54 | 46.2 |

### 2.2.8 应用 B 超检测奶牛黄体提高受胎率的研究

黄体的主要功能是合成和分泌孕酮。孕酮对生殖调控具有重要作用,可促使子宫腺分泌子宫乳及乳腺发育,为维持妊娠做好准备。因此,黄体质量的好坏直接影响到人工授精母牛是否能够妊娠。尤其是在进行胚移植选择受体牛时,黄体的质量直接影响到受胎率,在以往牛胚胎移植技术的实施过程中,对受体牛黄体的选择一般是通过直肠检查法,触摸卵巢上黄体的大小、形状、质感等,来判断黄体是否符合要求。然而这种方法需要一定的经验积累,且主观性较强。为此,本试验通过用 B 超监测奶牛发情配种后 7 d 的黄体形态,对黄体的大小进行定量分析,探讨黄体的大小与受胎率的关系,为挑选适合人工授精母体、提高受胎率和选择适宜胚胎移植的受体、提高移植妊娠效果提供客观的理论依据。

1. 试验材料与方法

(1)试验牛　试验牛为胎次为 1～5 胎,产后 2 个月以上并经直肠检查无生殖系统疾病的荷斯坦奶牛。

(2)试验用药品　*D*-氯前列醇,上海市计划生育科学研究所产,批号为 20060720;2%利多卡因。

(3)试验用仪器　荷兰产 50S Tringa 便携式兽用 B 超仪;变频直肠直阵探头,频率 5.0/7.5 MHz。

(4)同期发情处理　对空怀奶牛用 *D*-氯前列醇进行同期发情处理。每头肌肉注射 0.4 mL。

(5)人工授精　对同期发情处理后有发情表现的牛只用常规方法进行人工授精。精液来源与河北省畜牧良种工作站。

(6)B 超监测方法　对发情配种后 7 d 的奶牛先用 2%的利多卡因(4～6 mL)进行尾椎硬膜外麻醉,待直肠松弛后用 B 超监测卵巢、黄体状况。首先先尽可能地掏出宿粪,然后手握 B 超探头,将其伸入直肠,对有黄体侧卵巢进行扫描,在显示仪上测定卵巢、黄体的大小。

(7)妊娠检查　配种 60 d 后用 B 超仪结合直肠检查进行妊娠诊断,统计受胎率。

(8)数据处理　试验数据采用 $t$ 检验进行显著性分析。

2. 结果与分析

(1)B超检测黄体的状况　和卵巢实质相比，黄体对声波的反射较弱，在显示器上会有明显的差异，表现为黑灰色暗区，但黄体边缘对声波的反射较强，能明显地显示出黄体的轮廓。从形状来看，发情第7天的黄体多表现为较规则的椭圆形，如图2.2所示。

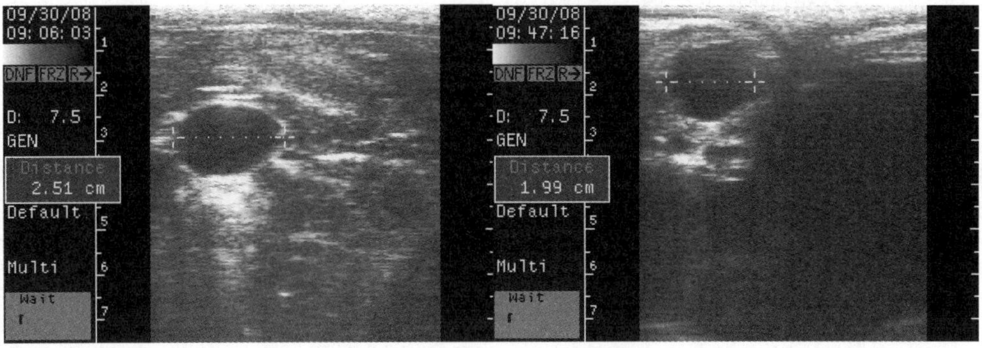


图2.2　发情第7天卵巢上的黄体

(2)B超检测黄体的面积与受胎率的关系　共检测1～5胎成年母牛37头，黄体面积大于3.0 $cm^2$ 的受胎率为80.0%(4/5)，2.0～3.0 $cm^2$ 的受胎率为58.3%(14/24)，小于2.0 $cm^2$ 的为37.5%(3/8)，见表2.31。

表2.31　卵巢黄体的面积与受胎率的关系

| 黄体面积/$cm^2$ | 测定头数 | 妊娠头数 | 妊娠率/% |
| --- | --- | --- | --- |
| >3.0 | 5 | 4 | 80.0 |
| 2.0～3.0 | 24 | 14 | 58.3 |
| <2.0 | 8 | 3 | 37.5 |

3. 结论

从本试验可看出，配种后7 d的黄体面积大小与受胎率呈正相关，随黄体面积的增大，受胎率有增高的趋势。

### 2.2.9　利用经济杂交提高河北细毛羊出栏羔羊生产性能的试验研究

张家口、承德坝上地区是河北细毛羊主要产区，海拔1 400 m，年均气温2.74℃，年绝对无重霜期70～100 d，属高寒半干旱半农半牧区，区内草场退化严重，适宜发展细毛羊。以羊毛为主产品的细毛羊养羊业，在国际、国内市场羊毛价格低廉的市场经济面前势必陷入困境。细毛羊养羊业只有在继续提高羊毛产量和品质的同时，瞄准价格逐年上扬的羊肉市场，大幅度提高羊肉产量，增加经济收益，才能摆脱困境，促进自身的发展和提高。

目前的生态条件不允许河北细毛羊改变其生产方向，所以要想提高产肉性能只能进行经济杂交。为探索其理想的经济杂交组合及肥羔生产途径，确定新的生产体系，我们进行了经济杂交试验研究。

1. 材料和方法

(1)时间、地点和试验羊选择　1992 年 8 月，对张北县小二台村三群河北细毛羊的适龄母羊随机用夏洛来羊、边区来斯特羊进行杂交，1993 年进行了重复试验。

(2)试验方法

①采用人工授精配种，母羊统一编号记录。

②参试母羊及所生羔羊均在原群放牧，回牧后各户自由管理。

③为进一步探明饲养条件改善后杂种羔羊的生产潜力，1993 年 9 月 1 日至 10 月 15 日进行了羔羊单独放牧与单独放牧加少量补饲的对比试验。参试羔羊单独组群放牧，统一管理，补饲羔羊早、晚各补混合精料一次，每只羔羊日补混合精料 0.23 kg、尿素 3.5 g，另加精料量百分之一的食盐。混合精料组成为：玉米 71.4%、麸皮 14.3%和胡麻饼 14.3%。

④杂种羔羊均进行初生 3、4、5、6、7 月龄体重测定。

⑤放牧加少量补饲与放牧的对比试验羔羊进行始重末重测定和屠宰测定。

2. 结果与分析

(1)初生到月龄体重测定结果　见表 2.32。7 月龄河北细毛羊羔羊体重最低仅 25.64 kg，与其他组比较差异极显著($P<0.01$)。夏洛来杂种公、母羔羊和边区来斯特杂种公羔都达到 30 kg 以上，而且它们的 5 月龄体重已达到或接近 25 kg，可以进行肥羔肉生产，开拓羊肉生产新途径。

表 2.32　河北细毛羊经济杂交羔羊体重测定统计表*　kg

| 组别 | | 初生 | | 3 月龄 | | 4 月龄 | | 5 月龄 | | 6 月龄 | | 7 月龄 | |
|---|---|---|---|---|---|---|---|---|---|---|---|---|---|
| | | $n$ | $\bar{x}+s$ | $n$ | $\bar{x}+s$ | $n$ | $\bar{x}+s$ | $n$ | $\bar{x}+s$ | $n$ | $\bar{x}+s$ | $n$ | $\bar{x}+s$ |
| 夏 | 公羔 | 20 | 4.47 ±0.25 | 18 | 15.32 ±2.44 | 18 | 15.55[ab] ±2.58 | 17 | 25.00[ab] ±2.69 | 16 | 28.60[ab] ±2.74 | 14 | 31.18[a] ±6.78 |
| × | 母羔 | 22 | 4.16 ±0.57 | 19 | 14.82 ±2.74 | 19 | 17.99[abc] ±3.18 | 18 | 24.10[ab] ±3.59 | 17 | 27.06[ab] ±3.27 | 16 | 30.34[ab] ±3.67 |
| 河 | 公、母羔 | 42 | 4.17 ±0.53 | 37 | 15.06 ±2.54 | 37 | 18.26 ±2.93 | 35 | 24.55 ±3.17 | 33 | 27.80 ±3.08 | 30 | 30.73 ±2.91 |
| 边 | 公羔 | 20 | 4.26 ±0.65 | 16 | 16.25 ±3.06 | 16 | 19.73[a] ±3.13 | 16 | 25.60[a] ±3.46 | 16 | 29.16[a] ±4.04 | 14 | 31.20[a] ±3.35 |
| × | 母羔 | 25 | 3.89 ±0.60 | 24 | 13.96 ±2.14 | 24 | 16.71[cc] ±2.33 | 24 | 22.60[cd] ±2.95 | 24 | 25.59[d] ±2.90 | 17 | 29.10[b] ±2.61 |
| 河 | 公、母羔 | 45 | 4.05 ±0.64 | 40 | 14.88 ±2.73 | 40 | 17.92 ±3.09 | 40 | 23.78 ±3.45 | 40 | 27.02 ±3.79 | 31 | 30.05 ±3.10 |
| | 公羔 | | | | | | | | | | | 15 | 30.70[ab] ±2.16 |
| 河 | 母羔 | | | | | | | | | | | 18 | 25.64[d] ±3.19 |
| | 公、母羔 | | | | | | | | | | | 33 | 27.94 ±2.94 |

*注：表中纵行比较，角字母按 a、b、c…顺序排列。两字母有相同者表示差异不显著($P>0.05$)，无相同而有相邻者差异显著($P<0.05$)，仅有相间者差异极显著($P<0.01$)。

(2)单独放牧加少量补饲与单独放牧对比试验结果　见表 2.33。体重以河北细毛羊放牧组最小仅 29.48 kg，与其他各组比较差异极显著($P<0.01$)。特别是夏洛来杂种羔单独放牧

加少量补饲组达 39.25 kg，比河北细毛羊放牧羔重将近 10 kg。从增重效果看，河北细毛羊放牧羔最少，仅 1.85 kg(平均日增重 4.11 g)，与其他组比较，差异显著($P<0.05$)或极显著($P<0.01$)。从两个处理看，同种羔羊单独放牧加少量补饲比单独放牧体重大，说明随着营养状况改善，还有很大的生产潜力，1994 年由于雨量较多、草场状况好，7 月龄夏洛来公母杂种羔体重平均 39.89 kg，边区来斯特杂种羔为 37.90 kg，均极显著($P<0.01$)高于同期河北细毛羊羔羊 34.44 kg，进一步说明了这一点。

表 2.33　放牧加少量补饲与放牧对比试验结果统计表*

| 组别 | 只数 | 始重/kg | 末重/kg | 增重/kg | 日增重/g |
|---|---|---|---|---|---|
| 夏×河牧补 | 8 | 32.25±2.38 | $39.25^{ab}$±3.96 | $7.00^{ab}$±2.31 | $155.55^{ab}$±51.37 |
| 边×河牧补 | 8 | 30.88±2.42 | $38.30^{abc}$±2.54 | $7.43^{a}$±2.23 | $165.00^{a}$±49.53 |
| 夏×河牧 | 8 | 31.63±3.20 | $35.59^{abcd}$±3.43 | $3.96^{de}$±0.63 | $88.07^{de}$±14.00 |
| 边×河牧 | 8 | 30.88±2.90 | $35.01^{cd}$±2.92 | $4.14^{d}$±1.30 | $91.95^{d}$±28.93 |
| 河×河牧 | 12 | 27.63±1.85 | $29.48^{e}$±2.87 | $1.85^{e}$±1.53 | $41.11^{e}$±34.00 |

(3)屠宰测定结果　见表 2.34。胴体重仍然是河北细毛羊放牧组最小，仅 11.25 kg，和所有单独放牧加补饲组差异极显著($P<0.01$)，与单独放牧边区来斯特杂种羔差异显著($P<0.05$)。单独放牧加补饲组的夏洛来和边区来斯特杂种羔羊胴体重分别是 17.90 kg 和 16.40 kg，都超过了发达国家 1992 年出栏羊平均胴体重 16 kg 的水平。

表 2.34　屠宰试验统计表*

| 组别 | 只数 | 宰前重/kg | 胴体重/kg | 花油重/kg | 屠宰率/% | 净肉重/kg | 净肉率/% | 胴体净肉率/% | 净重/kg | 肉骨比 |
|---|---|---|---|---|---|---|---|---|---|---|
| 夏×河牧补 | 4 | 38.63±2.69 | 17.90ab±0.82 | 0.53±0.16 | 46.77 | 13.87±1.07 | 36.06 | 78.18 | 3.59±0.39 | 3.91∶1 |
| 边×河牧补 | 4 | 37.13±1.49 | 16.40abc±0.78 | 0.53±0.13 | 44.20 | 12.05±0.65 | 32.46 | 72.82 | 3.79±0.33 | 3.19∶1 |
| 夏×河牧 | 4 | 33.00±3.81 | 13.82cdef±2.11 | 0.37±0.12 | 41.81 | 10.88±1.95 | 31.77 | 74.87 | 3.33±0.47 | 3.26∶1 |
| 边×河牧 | 4 | 34.13±3.28 | 14.81bcde±2.00 | 0.51±0.16 | 43.39 | 11.47±1.57 | 32.26 | 75.53 | 3.62±0.69 | 3.38∶1 |
| 河×河牧 | 1 | 31 | 11.25f | 0.50 | 37.90 | 8.45 | 27.26 | 71.91 | 2.63 | 3.21∶1 |

(4)夏洛来单独放牧杂种羔与河北细毛羊羔羊胴体重差异不显著的原因　可能是前者屠宰个体较小(低于平均重)，而后者个体重超过期末体重平均值较多所致。

3. 结论

夏洛来和边区来斯特羊是河北细毛羊理想的经济杂交父本，若从开发肥羔肉生产考虑夏洛来羊更理想。单独放牧和单独放牧加少量补饲试验说明羔羊单独组群放牧有提高出栏羔羊产肉性能的效果。随着草场和营养条件的改善，杂种羔的产肉性能还会提高，而且 1994 年草场较好，7月龄杂种羔体重显著地超过了1993年同期杂种羔，进一步说明了这一点。

### 2.2.10 西门塔尔牛级进杂交本地黄牛适宜代数的研究

西门塔尔牛原产于欧洲阿尔卑斯山区，具有生长快、产奶量高、肉用性能好、耐粗饲、改良效果好等特点，是世界著名肉牛品种之一。近年来已成为河北省广大农民喜爱的肉牛品种。目前全省西杂牛存栏万头以上的县市达42个。通过杂交改良，已取得了良好的经济效益和社会效益。

经过20多年来的努力，目前西门塔尔牛改良本地黄牛已级进到四代以上。但随着级进代数的提高，杂种后代的适应性和生产性能能否保持较高水平、对肉牛生产有何影响需作认真评价，从而指导肉牛生产开发与利用。在对河北省养牛基地丰宁县调查研究的基础上，于1997年选择本地黄牛及西杂 $F_1$、$F_2$ 和 $F_3$ 母牛为母本，用西门塔尔乳肉兼用型公牛作父本进行级进杂交，并对母本的产奶量和不同杂交后代的生长发育状况进行综合分析，以探讨西门塔尔牛级进杂交本地黄牛的适宜代数。

1. 材料与方法

供试个体为西门塔尔乳肉兼用型公牛与本地黄牛及西杂 $F_1$、$F_2$、$F_3$ 母牛杂交所产的 $F_1$、$F_2$、$F_3$、$F_4$ 杂种犊牛，分别在初生、6月龄、12月龄测定其体重；本地犊牛由于数量较少，因而其数据采用往年积累资料。

用完全随机方法选择西杂 $F_1$、$F_2$、$F_3$ 泌乳母牛进行产奶量测定，于产犊日起每10 d测定1次产奶量，每月抽测1次乳脂率，最后统计实际奶量，并换算成标准奶量；试验期间母牛每产2.5 kg标准乳供给1 kg配合日粮。

体重数据采用单因子方差分析进行检验，如存在显著性则采用新复极差法分析各组间的均数差异显著性；产奶量数据利用最小二乘线性模型进行处理，模型如下：

$$y_{ijkl} = \mu + c_i + m_j + s_k + t_l + e_{jikl}$$

其中，$y_{ijkl}$ 为个体产奶量，$\mu$ 为群体均数，$c_i$ 为第 $i$ 个胎次效应，$m_j$ 为第 $j$ 个产犊季节效应，$s_k$ 为第 $k$ 泌乳天数效应，$t_1$ 为第1个杂交代数效应，$e_{jikl}$ 为随机残差效应，服从 $N(0,\sigma^2)$，且相互独立。

2. 结果与分析

(1)级进杂交对犊牛体重的影响

①级进杂交对初生重的影响。犊牛初生重对于肉牛生长十分重要，初生重小的犊牛缺乏活力，缺乏对寒冷刺激的耐受性和对病原体侵袭的抵抗力，因而对生后的生长带来不利影响。

由表2.35可知，西杂犊牛初生重和本地犊牛相比有明显的提高。其中，西杂公犊初生重比本地犊牛分别提高73.89%、78.89%、95.00%和103.89%；母犊分别提高68.7%、84.9%、90.17%、99.42%，平均提高70.15%、80.19%、90.07%和100.45%，差异均极显著（$P<0.01$），且高于全国平均水平（李福岭等，1996）。不同代数间的西杂犊牛初生重有逐渐增加的趋势，但方差分析各代之间没有差异（$P>0.05$）。西杂犊牛初生重的提高为其以后的生长发育创造了条件。

表 2.35 各代犊牛的初生重

| 代数 | 公犊 | | | 母犊 | | |
|---|---|---|---|---|---|---|
| | $n$ | $\bar{x}$ | $s$ | $n$ | $\bar{x}$ | $s$ |
| $F_1$ | 33 | 31.26 | 3.59 | 29 | 29.24 | 3.42 |
| $F_2$ | 29 | 32.21 | 4.00 | 27 | 32.00 | 4.87 |
| $F_3$ | 27 | 35.06 | 3.40 | 33 | 32.89 | 3.69 |
| $F_4$ | 33 | 36.74 | 3.49 | 27 | 34.48 | 4.12 |
| 本地 | 41 | 18.05 | 2.29 | 32 | 17.52 | 3.58 |

表 2.36 各代犊牛 6 月龄体重

| 代数 | 公犊 | | | 母犊 | | |
|---|---|---|---|---|---|---|
| | $n$ | $\bar{x}$ | $s$ | $n$ | $\bar{x}$ | $s$ |
| $F_1$ | 25 | 149.14 | 24.20 | 20 | 142.64 | 28.34 |
| $F_2$ | 24 | 162.94 | 23.33 | 21 | 148.79 | 26.29 |
| $F_3$ | 19 | 185.16 | 22.25 | 23 | 151.00 | 26.13 |
| $F_4$ | 23 | 158.13 | 25.57 | 24 | 149.04 | 20.24 |
| 本地 | 24 | 103.36 | 23.24 | 22 | 99.91 | 24.91 |

②级进杂交对 6 月龄体重的影响。与初生重相似，西杂犊牛 6 月龄体重亦明显大于本地犊牛。其中公犊绝对增重达 45.78、59.58、81.80 和 54.77 kg，比本地犊牛分别增加 44.20%、57.54%、79.11% 和 52.90%；母犊绝对增重达 42.74、48.90、51.09、49.13 kg，分别增加 43.03%、49.25%、51.45% 和 49.45%，公母犊平均增加 43.73%、53.65%、63.59%、50.85%，差异均极显著($P<0.01$)(表 2.36)。和 $F_1$ 相比，西杂犊牛的 $F_2$、$F_3$、$F_4$ 公犊体重分别增加 9.26%、24.21%、6.04%，差异达极显著水平；母犊分别增加 4.44%、5.95%、4.98%，其中 $F_2$、$F_3$ 和 $F_1$ 相比差异显著($P<0.05$)，而 $F_4$ 与 $F_1$ 间没有差异($P>0.05$)。

结果说明，随着级进代数的提高，杂种优势也逐渐增加。其中 $F_3$ 表现最为突出，而 $F_4$ 犊牛体重低于 $F_3$，而且母犊体重与 $F_1$ 没有差异，未能表现出更高的杂种优势，这可能与当地的饲养条件较差有关。因为随着杂交代数的提高，杂交后代对环境条件的要求亦越来越高，而当地饲养条件水平较低，犊牛又随母牛一起自由放牧，导致 $F_4$ 的优良基因型不能表达。因此，在当地饲养条件下，级进杂交进行到 $F_3$ 较为合适。

③级进杂交对 12 月龄体重的影响。表 2.37 表明，和本地犊牛相比，12 月龄体重亦有明显提高。其中各代公犊分别比本地犊牛增加 21.50%、44.29%、55.48% 和 44.56%；母犊分别增加 22.77%、51.58%、56.28% 和 47.68%，平均增加 22.99%、48.11%、55.85% 和 46.73%，差异均极显著($P<0.01$)，其中 $F_3$ 表现最为突出，说明在当地饲养条件下，$F_3$ 既有较好的适应能力，也能较充分地发挥其杂种优势。

表 2.37　各代犊牛 12 月龄体重

| 代数 | 公犊 | | | 母犊 | | |
|---|---|---|---|---|---|---|
| | $n$ | $\bar{x}$ | $s$ | $n$ | $\bar{x}$ | $s$ |
| $F_1$ | 20 | 204.43 | 31.04 | 14 | 190.68 | 25.51 |
| $F_2$ | 21 | 424.76 | 32.59 | 18 | 235.42 | 35.65 |
| $F_3$ | 16 | 261.59 | 43.71 | 17 | 242.74 | 29.32 |
| $F_4$ | 20 | 243.23 | 28.78 | 16 | 229.53 | 37.49 |
| 本地 | 20 | 168.25 | 29.88 | 21 | 145.31 | 25.51 |

(2)级进杂交对母牛泌乳性能的影响　西门塔尔牛是乳肉兼用型品种，在级进杂交本地黄牛的过程中，不仅使杂交后代的生长发育状况得到了明显改善，而且也使其泌乳性能明显提高(表 2.38)，而泌乳性能的提高，又有利于杂种犊牛的生长发育，从而使杂种后代的生产性能有了明显改进。

表 2.38　西杂母牛的泌乳性能

| 胎次 | 头数 | | | 泌乳天数/d | | | 实际产奶量/kg | | | 240 天标准乳量/kg | | |
|---|---|---|---|---|---|---|---|---|---|---|---|---|
| | $F_1$ | $F_2$ | $F_3$ | $F_1$ | $F_2$ | $F_3$ | $F_1$ | $F_2$ | $F_3$ | $F_1$ | $F_2$ | $F_3$ |
| 1 | 5 | 6 | 6 | 185.4 | 185.67 | 211.33 | 877.20 | 1 493.83 | 2 161.08 | 1 145.90 | 1 865.67 | 2 589.42 |
| 2 | 5 | 6 | 6 | 184.5 | 213.67 | 248.33 | 1 382.83 | 2 029.75 | 3 048.75 | 1 835.00 | 2 350.83 | 3 105.83 |
| 3 | 6 | 5 | 6 | 193.0 | 243.00 | 252.50 | 1 535.42 | 3 096.20 | 3 409.08 | 1 949.33 | 3 050.50 | 3 417.92 |
| 4 | 6 | 6 | 6 | 217.17 | 251.50 | 264.17 | 1 965.42 | 3 466.00 | 3 677.83 | 2 205.92 | 3 458.08 | 3 524.67 |
| ≥5 | 4 | 6 | 6 | 195.25 | 213.17 | 232.33 | 1 590.38 | 2 729.92 | 3 012.75 | 1 990.88 | 2 946.17 | 3 288.92 |

由表 2.38 可知，随着级进代数提高，西杂母牛的泌乳期天数和产奶量均随之增加。由于母牛的产奶量受多种因素影响，因此，为了获得西门塔尔杂种母牛各杂交代的产奶量，采用最小二乘线性模型，消除产犊季节、胎次和泌乳天数等因素对产奶量的影响，从而求出各个代次产奶量的最小二乘均数。

根据线性模型，利用软件计算 $F_1$、$F_2$、$F_3$ 的产奶量分别为(2 120.09±74.68)、(2 833.05±63.07)、(3 065.58±58.85)kg，由此可见，产奶量随级进代数的提高而增加，$F_3$ 达到高峰，经方差分析，各代间差异达显著水平($P<0.05$)。因此，级进杂交到 $F_3$ 较为合适。

3. 讨论

(1)试验结果表明，级进杂交可以显著改善当地犊牛的生产性能，改良效果十分明显，尤其是 $F_3$ 个体表现较为突出，但级进代数最高的 $F_4$ 其 6 月龄、12 月龄体重反而下降。另外，西杂犊牛的初生体重显著高于本地犊牛，但随着月龄增大，这一优势逐渐减弱。这是因为动物的表现型是遗传和环境共同作用的结果，一个携带有优良基因型的个体若没有优良的饲养管理条件，不一定显示优良的表现型(于泉等，1990)。当地饲养条件较差，饲养方式以自由放牧为主，而且冬春季节粗饲料缺乏，是导致 $F_4$ 犊牛和大龄犊牛表现欠佳的主要原因，说明后期饲养对于西杂犊牛尤其重要。因此，对于西杂犊牛，特别是 $F_4$ 犊牛，为了充分发挥其杂种优势，宜采用异地育肥方式，即 6 月龄断奶后适逢当地进入枯草期，此时将犊牛由牧区转移到南部农区，利用农区丰富的秸秆资源进行舍饲育肥，既能充分发挥西杂犊牛的生长潜力，又能消化利用农区的秸秆资源，其经济效益和社会效益将进一步提高。

(2)由于当地农户均选择西杂母牛进行牛奶生产，因此，未能获得本地牛产奶量资料。但农户选择西杂牛挤奶的事实，说明西杂牛的产奶量高于当地母牛，而且随着级进代数的提高，产奶量也随之增加，到 $F_3$ 代达到高峰。另外由表 2.38 可知，西杂母牛产奶量在胎次上表现为 3～4 胎产量最高，其维持高产的时间低于荷斯坦奶牛，因而为提高其产奶量，延长利用年限，可适当引进荷斯坦奶牛的血液进行改良，以提高当地畜牧业的经济效益。

(3)综合考虑西杂犊牛 6 月龄、12 月龄体重和各代母牛的产奶性能，在当地饲养条件下，级进杂交进行到 $F_3$ 较为适宜。另外，为了充分发挥西杂牛的优良遗传基础，应改变目前重改良、轻饲养的现象，特别是改自由放牧为科学的划区轮牧，同时结合秸秆的加工调制和干草贮备，解决冬春粗饲料缺乏问题，这样可更充分地发挥西杂牛的生长潜力和产奶潜力，从而提高养牛业的经济效益。

### 2.2.11 肉牛杂交优势预测、评估及其应用研究

现代肉牛业已把广泛利用杂种优势以获得最大产出率作为主要发展目标之一，因而，探索利用杂种优势的简捷、有效途径，在理论及实践上均有很大意义。现代杂种优势理论认为，杂种优势的大小在一定程度上取决于亲本间遗传差异的大小，即遗传距离的大小。可以说差别越大的群体间杂交，所产生的杂种优势越大(盛士廉等，1995)。因此采用不同的方法研究分析品种(或群体)间遗传差异的大小，就成为杂种优势预测工作的突破口。群体间遗传变异主要是由遗传物质 DNA 差异造成的。因此，用 DNA 多态性预测品种或系间的差异，并据此作出遗传距离要比根据其他材料稳定，用来预测杂种优势也更为准确(吴常信，1997)。目前用分子遗传标记研究群体遗传变异，预测杂交组合的效果见于 RLFP、RAPD、DNA 指纹分析技术对鸡、猪，以及植物的研究上，用微卫星技术对肉牛的研究尚未见有报道。本研究利用微卫星多态性分析技术对肉牛杂交亲本群体的遗传结构、遗传变异进行了分析，在分子水平上对最优杂交组合进行了预测。在此基础上，进行实际杂交组合实验，并结合现代数量遗传学，利用含有母体效应的个体动物模型，在同时考虑了所有的固定效应和所有的随机效应，加入了所有动物个体的遗传关系信息，校正了系统环境等因素的影响下，对 18 个肉牛杂交组合进行组合效应分析，使残差方差比以往的线性模型最小，得到的杂交组合效应的评估结果具有较高的准确性。因此，利用分子数量遗传学进行综合评选适合当地条件的最优杂交组合，可减少杂交工作的盲目性，避免人力、物力的浪费，提高选择效率和准确性。

1. *材料和方法*

(1)实验时间　1996 年 6 月至 1999 年 10 月。

(2)微卫星 DNA 多态性分析　通过采集 3 个母本种群(分别来自赞皇县西门塔尔杂种牛、丰宁—隆化县西门塔尔杂种牛和抚宁县荷斯坦杂种牛)100 个不相关个体的血样；5 个父本品种(夏洛来、利木赞、皮埃蒙特、安格斯、海伏特)62 个不相关个体的冻精样品。参考 Sambrook 等(1991)方法和 Lien(1990)方法提取基因组总 DNA。根据 Barker 微卫星选择标准，参考 Michacl 等(1994)发表的 6 个牛微卫星位点(表 2.39)，用德国 Personer cycler PCR 仪进

行 PCR 扩增。扩增反应结束后,根据卢圣栋方法,用 8%变性聚丙酰胺凝胶电泳分离 PCR 扩增产物,并用银染法显色,观片灯观察电泳结果并拍照。以 pBR322/Msp I 为分子量标记物,根据里德伍克公式计算微卫星 DNA 片段分子量方法,判定肉牛个体基因型。在此基础上直接计算微卫星等位基因频率;多态信息含量(polymorphism information contents,PIC)根据 Bostein(1980)公式计算;有效等位基因数(effective number of alleles)根据 Hines 公式计算;平均杂合度根据根井正利公式计算;遗传距离根据 Nei 标准遗传距离公式计算;系统聚类分析根据 Saitou(1987)和 Nei(1972)提出的 Neighbor-joining 方法。

(3)杂交实验设计　本研究从河北省肉牛生产实际出发,根据国内外市场对牛肉的需求、河北省的自然环境条件、牛群现状,以及以往肉牛杂交改良经验,采用经纬杂交实验设计(潘玉春等,1994),即以赞皇西杂母牛(ZH,246 头)、丰宁—隆化西杂母牛(FN,479 头)和抚宁荷杂母牛(FU,287 头)为母本,以大型瘦肉率高的夏洛来(CL,5 头)、利木赞(LM,5 头)、皮埃蒙特(PT,5 头)和肥牛型安格斯(AG,5 头)海伏特(HF,5 头)为父本的三元杂交组合,分别生产瘦肉型和肥牛型的杂种肉犊,以适应不同的市场需要,并走出一条奶肉结合(母牛产奶,杂种犊产肉)的双效益新路。实验另设西本和荷本的二元杂交对照组合。此实验共 18 个杂交组合(15 个实验组合,3 个对照组合,见表 2.39)。

为达到各区县杂交组合环境条件一致性,要求集中配种,集中产犊,统一饲养管理条件,并对产犊月份、区域等环境效应的影响,采用适当的统计方法加以剔除。

凡符合杂交实验条件要求的西本杂种(ZH,FN)或荷本杂种(FU)的健康成母牛,均与 6 个品种公牛(LM、PT、CL、AG、HF、SM 或 HoL)进行轮流人工授精,以使与配母牛分组随机化。经最小二乘法分析,每个区县中各杂交组合的亲本母牛体重、杂交代数、年龄均差异不显著,说明各杂交组合母牛基本条件一致。

表 2.39　肉牛经纬杂交实验设计

| 品种 | | CL | LM | PT | AG | HF | SM | HOL |
|---|---|---|---|---|---|---|---|---|
| | ZH | C4 | L4 | P4 | A4 | H4 | S4 | |
| | | C5 | L5 | P5 | A5 | H5 | S5 | |
| 西门塔尔杂种母牛 | FN | C1 | L1 | P1 | A1 | H1 | S1 | |
| | | C2 | L2 | P2 | A2 | H2 | | |
| | | C3 | L3 | P3 | A3 | H3 | S2 | |
| | | C4 | L4 | P4 | A4 | H4 | | |
| | | C5 | L5 | P5 | A5 | H5 | S3 | |
| 荷斯坦杂种母牛 | FU | C1 | L1 | P1 | A1 | H1 | | B1 |
| | | C2 | L2 | P2 | A2 | H2 | | |
| | | C3 | L3 | P3 | A3 | H3 | | B2 |

(4)杂种犊牛体重、体尺测定和分析　体重和体尺按照常规方法由专人测定,记录出生日期、地点、性别、体质外貌、系谱等,并编打耳号。体重按张沅(1996)介绍的公式进行校正。

对于一个区县来说,为了获得准确的各杂交组合各月龄体重,用最小二乘分析线性模型,剔除产犊月份和性别效应的影响，则最小二乘线性模型为：

$$y_{ijk} = u + c_i + m_j + s_k + e_{ijk}$$

其中，$y_{ijk}$为初生、6、12月龄体重的观察值；$u$为群体均值；$c_i$为第$i$个杂交组合效应；$c_i$为第$j$个产犊月效应；$s_k$为第$k$个性别效应；$e_{ijk}$为随机残差效应，服从于$N(0,\delta^2)$，正态分布，且相互独立。

杂种犊牛初生、6月龄、12月龄体重最小二乘均值列于表2.40。

**表2.40 杂种犊牛各主要生长阶段体重最小二乘均值**

| | | AG | | HF | | LM | | PT | | CL | | SM | | Hol | |
|---|---|---|---|---|---|---|---|---|---|---|---|---|---|---|---|
| | | 头数 | 体重 | 头数 | 体重 | 头数 | 体重 | 头数 | 体重 | 头数 | 体重 | 头数 | 体重 | 头数 | 体重 |
| 初生 | ZH | 37 | 32.99 | 48 | 33.50 | 45 | 37.44 | 36 | 36.95 | 41 | 36.71 | 39 | 32.55 | | |
| | FN | 73 | 33.80 | 72 | 35.85 | 89 | 36.20 | 93 | 35.94 | 67 | 35.48 | 85 | 32.95 | | |
| | FU | 51 | 34.53 | 62 | 36.31 | 49 | 37.11 | 56 | 37.17 | 41 | 34.80 | | | 28 | 33.81 |
| 6月龄 | ZH | 58 | 199.4 | 43 | 196.4 | 36 | 195.8 | 26 | 190.8 | 32 | 190.1 | 28 | 173.8 | | |
| | FN | 66 | 163.0 | 63 | 176.1 | 82 | 176.3 | 85 | 170.8 | 58 | 165.5 | 71 | 159.7 | | |
| | FU | 45 | 197.3 | 56 | 206.7 | 39 | 218.4 | 43 | 202.4 | 32 | 198.9 | | | 23 | 188.6 |
| 12月龄 | ZH | 27 | 309.2 | 34 | 303.1 | 25 | 297.0 | 21 | 284.4 | 31 | 298.6 | 26 | 273.6 | | |
| | FN | 49 | 225.4 | 43 | 236.1 | 58 | 252.3 | 84 | 246.1 | 50 | 262.5 | 62 | 223.1 | | |
| | FU | 32 | 303.2 | 47 | 319.9 | 27 | 329.1 | 36 | 323.2 | 25 | 315.6 | | | 18 | 282.2 |

由表2.40看出：在初生、6月龄和12月龄的体重，三元杂交组合均大于二元杂交对照组合，分别为1.34%～15.01%、2.07%～15.08%和1.03%～17.66%。

(5)个体动物模型分析　本研究采用目前公认最好的线性混合模型——个体动物模型(张沅等，1995)，并考虑杂种犊牛体重性状受母体效应的影响，因此，进一步配合出了含母体效应的个体动物模型。利用非求导约束最大似然法(derivation free restricted maximum likelihood method，DFEML)，估计杂交组合的固定效应Blue值和个体、母体等随机效应Blup值，分析影响杂交组合效应的各种因素，筛选出适合当地条件的最优杂交组合。其所用的一般模型为：

$$Y = \mathbf{X}\square + \mathbf{Z}a + \mathbf{V}m + \mathbf{W}p + e$$

其中，$Y$为体重观察值向量；□为包括区县一产犊月效应，性别效应，父、母本组合效应在内的所有固定效应向量；$a$为动物的直接遗传效应向量；$m$为母亲的母体遗传效应向量；$p$为母体永久环境效应向量；$e$为随机残差效应向量；$\mathbf{X}$、$\mathbf{Z}$、$\mathbf{V}$、$\mathbf{W}$分别为对应□、$a$、$m$、$p$的关联矩阵。设$E(a)=0$，$E(m)=0$，$E(p)=0$，$E(e)=0$，$E(Y)=X\square$。

$$Var\begin{bmatrix} a \\ m \\ p \\ e \end{bmatrix} = \begin{bmatrix} A\sigma_a^2 & A\sigma_{am} & 0 & 0 \\ A\sigma_{am} & A\sigma_m^2 & 0 & 0 \\ 0 & 0 & I\sigma_p^2 & 0 \\ 0 & 0 & 0 & I\sigma_e^2 \end{bmatrix}$$

相对应的混合模型方程组为：

$$\begin{bmatrix} X'X & X'Z & X'V & X'W \\ & Z'Z+g^{11}A^{-1} & Z'V+g^{12}A^{-1} & Z'W \\ & & V'V+g^{22}A^{-1} & V'W \\ sym & & & W'W+KI \end{bmatrix} \begin{bmatrix} \hat{\beta} \\ \hat{\alpha} \\ \hat{m} \\ \hat{p} \end{bmatrix} = \begin{bmatrix} X'Y \\ Z'Y \\ V'Y \\ W'Y \end{bmatrix}$$

其中：

$$\begin{bmatrix} g^{11} & g^{12} \\ g^{12} & g^{22} \end{bmatrix} = \begin{bmatrix} \sigma_a^2 & \sigma_{am} \\ \sigma_{am} & \sigma_m^2 \end{bmatrix}^{-1} \cdot \sigma_e^2, K = \sigma_e^2/\sigma_p^2$$

注：初生、6、12月龄体重的方差先验值参考 Rodriguez Almeida 等(1997)。

2. 结果与分析

(1)微卫星位点及多态性(表 2.41)　由表 2.41 看出：6 个微卫星位点的多态信息含量(PIC)范围为 0.37～0.77，根据 Vaiman 等(1994)确定位点多态性标准：PIC>0.5 为高度多态性位点，0.5>PIC>0.25 为中度多态性位点，PIC<0.25 为低度多态性位点。6 个位点 IDVGAII 和为 ETH10 中度多态性位点，其余 4 个位点在 0.5 以上，均为高度多态性位点。

表 2.41　6 个位点微卫星引物及 PCR 条件

| 微卫星位点 | 染色体 | 片段长工度/bp | 多态信息/pzc | $Mg^{++}$ /mmol | 退火温度/℃ | 引物序列 5′-3′ |
|---|---|---|---|---|---|---|
| IDVGA11 | 8 | 205～258 | 0.37 | 1.5 | 65 | CCT TCT GGC AAC CAC CTA TTT GCCA<br>CCT AAG TGT CTC CTG ATG GA |
| BM2113 | 2 | 125～149 | 0.74 | 1.5 | 58 | GCT GCC TTC TAC CAA ATA CCC CTT CCT<br>GAG AGA AGC AAC ACC |
| Bm1824 | 1 | 172～196 | 0.77 | 1.5 | 59 | GAG CAA GGT GTT TTT CCA ATC CAT<br>TCT CCA ACT GCT TCC TTG |
| ETH225 | 9 | 141～167 | 0.76 | 2.0 | 68 | GAT CAC CTT GCC ACT ATT TCC T ACA<br>TGA CAG CCA GCT GCT ACT |
| ETH10 | 5 | 209～225 | 0.44 | 1.5 | 68 | GTT CAG GAC TGG CCC TGC TAA CA CCT<br>CCA GCC CAC TTT CTC TTC TC |
| ETH3 | 19 | 105～131 | 0.71 | 2.0 | 65 | GAA CCT GCC TCT CCT GCA TTG G ACT<br>CTG CCT GTG GCC AAG TAG G |

(2)肉牛群体内遗传变异　6 个位点微卫星在 8 个肉牛群体中的位点的平均多态信息含量、平均有效等位基因数和平均杂合度见表 2.42。

表 2.42　肉牛微卫星 DNA 的群体内遗传变异

| 遗传变异测度 | 杂交亲本群体 | | | | | | | | 平均 |
|---|---|---|---|---|---|---|---|---|---|
| | FN | ZH | FU | CL | LM | PT | AG | HF | |
| 多态信息含量(PIC) | 0.60 | 0.71 | 0.68 | 0.59 | 0.364 | 0.61 | 0.57 | 0.683 | 0.64 |
| 有效等位基因(NEA) | 3.48 | 4.88 | 5.28 | 3.33 | 3.39 | 3.23 | 3.40 | 4.13 | 3.89 |
| 平均杂合度(Het.) | 0.62 | 0.73 | 0.70 | 0.61 | 0.68 | 0.65 | 0.59 | 0.72 | 0.66 |

注：FN=丰宁、隆化西本杂种牛；ZH=赞皇西本杂种牛；FU=抚宁荷本杂种牛；CL=夏洛来；LM=利本赞；PT=皮埃蒙特；AG=安格斯；HF=海福特牛。

由表 2.42 看出:平均有效等位基因数最高为抚宁荷本杂种牛(5.28),最低为皮埃蒙特(3.23);平均多态信息含量和平均杂合度均为赞皇西本杂种牛最高(分别为 0.71 和 0.73),最低为安格斯牛(分别为 0.57 和 0.590)。

(3)肉牛群体间的遗传变异 由 6 个微卫星位点分析 8 个肉牛杂交亲本群体间遗传变异——遗传距离,结果列于表 2.43。

表 2.43 肉牛品种(或群体)间遗传距离

| 品种 | FN | ZH | FU | CL | LM | PT | AG | HF |
|---|---|---|---|---|---|---|---|---|
| FN | | | | | | | | |
| ZH | 0.107 89 | | | | | | | |
| FU | 0.124 64 | 0.127 69 | | | | | | |
| CL | 0.141 89 | 0.114 55 | 0.128 45 | | | | | |
| LM | 0.336 14 | 0.288 87 | 0.285 00 | 0.187 46 | | | | |
| PT | 0.244 73 | 0.250 55 | 0.207 89 | 0.223 82 | 0.313 44 | | | |
| AG | 0.247 73 | 0.185 08 | 0.187 14 | 0.276 14 | 0.378 24 | 0.334 45 | | |
| HF | 0.480 20 | 0.396 96 | 0.430 10 | 0.494 17 | 0.511 40 | 0.462 90 | 0.415 65 | |

由表 2.43 看出:在丰宁、隆县区,以 FN 为母本,以引进的 5 个公牛品种 CL、LM、PT、AG 和 CL 为父本的群体间遗传距离大小(以父本品种代表组合)依次为 HF、LM、AG、PT 和 CL 组合;在赞皇和抚宁县区,分别以 ZH 牛和 FU 为母本,以 5 个引进公牛品种为父本的群体间遗传距离大小依次均为 HF、LM、AG、PT 和 CL 组合。总的来看,3 个区县父、母本群体间遗传距离均以 HF 牛、LM 牛为父本的杂交组合为最大,预测它们能获得较大的杂种优势。

(4)系统聚类分析结果 根据微卫星 DNA 多态性分析结果进行 Neighbor-Joining 法聚类,结果如图 2.3 所示。

邻节法系统聚类(无根)树

```
       +CL
     +—1
+···· 4   +------------ LM
!    !
!    +------------ PT
!
!    +········ AG
···· 6 ········ 2
!    +------------ HF
!
!    +···· FN
!    +···· 3
+···· 5   +···· ZH
     !
     +········ FU
```

各节点间距离长度

| 节点 | 节点 | 距长 |
|---|---|---|
| 6 | 4 | 0.020 4 |
| 4 | 1 | 0.038 6 |
| 1 | CL | 0.032 6 |
| 1 | LM | 0.154 9 |
| 4 | PT | 0.136 3 |
| 6 | 2 | 0.044 3 |
| 2 | AG | 0.108 7 |
| 2 | HF | 0.307 0 |
| 6 | 5 | 0.002 9 |
| 5 | 3 | 0.020 5 |
| 3 | FN | 0.066 6 |
| 3 | ZH | 0.041 3 |
| 5 | FU | 0.051 7 |

图 2.3 8 个肉牛亲本群体系统聚类图

由图 2.3 可见：由体大、瘦肉型的原法国 CL 和 LM 牛，以及邻国意大利的 PT 牛聚为第一类；由英国的中小型肥牛 AG 和 HF 聚为第二类；由含中国黄牛血液的 FN、ZH 和 FU 聚为第三类。这一结果与 8 个牛群体的地理分布、遗传分化等实际情况相符。说明由 6 个位点微卫星计算的遗传距离所绘制的系统聚类图能清晰、客观地反映这 8 个牛群的地理分布、遗传分化特点，以及亲缘关系远近程度。

(5)杂交组合效应的动物模型估计结果

①初生重性状的各杂交组合效应估计值结果见表 2.44。

表 2.44 中列出的各杂交组合效应值，其值越大，说明该杂交组合越好，杂种优势也越大。a. 在赞皇县初生重性状各杂交组合的优劣依次为 LZ(LM×ZH)、PZ(PT×ZH)、AZ(AG×ZG)、HZ(HF×ZH)和 SZ(SM×ZH)。b. 在丰宁-隆化县各杂交组合优劣次序为、HN(HF×ZH)、CN(CL×FN)、PN(PT×FN)、SN(SM×FN)和 AN(AG×FN)。c. 抚宁县各杂交组合优劣次序为 HU(HF×FU)、CU(CL×FU)、PU(PT×FU)、LU(LM×FU)、HOU(HoL×FU)和 AU(AG×FU)。

**表 2.44　初生重性状的各杂交组合效应值**

| | AG | HF | LM | PT | CL | SM | HOL |
|---|---|---|---|---|---|---|---|
| ZH | −1.605 4 | −2.622 5 | 3.147 7 | 1.741 1 | 1.280 2 | −2.734 0 | |
| FN | −2.835 6 | 0.671 3 | −0.014 2 | −0.215 1 | 0.231 1 | −2.702 2 | |
| FU | −2.013 9 | 2.016 9 | 1.461 9 | 1.677 8 | 1.729 8 | | −1.257 4 |

注：①②…名次。

②6 月龄体重性状各杂交组合效应估计值见表 2.45。

由表 2.45 看出：6 月龄体重性状的各杂交组合优劣。a. 在赞皇县依次为 AZ、LZ、HZ、CZ、PZ 和 SZ；b. 丰宁-隆化县依次为 HN、LN、PN、CN、AN 和 SN；c. 在抚宁县依次为 LU、HU、PU、AU、CU 和 HOU。总的来看，在 6 月龄体重性状上各区县母牛与 LM 和 HF 牛的杂交组合较好；三元杂交组合均优于对照组的二元杂交组合。

**表 2.45　6 月龄体重性状各杂交组合效应估计值**

| | AG | HF | LM | PT | CL | SM | HOL |
|---|---|---|---|---|---|---|---|
| ZH | 10.914 7 | 7.821 5 | 8.522 9 | 1.663 1 | 3.624 6 | −3.626 8 | |
| FN | −28.338 5 | −15.017 8 | −16.358 0 | −17.800 2 | −25.473 8 | −34.184 9 | |
| FU | 21.544 7 | 29.765 2 | 40.524 7 | 22.363 3 | 20.351 0 | | 13.779 2 |

注：①②…名次。

③12 月龄体重性状各杂交组合效应估计值见表 2.46。

**表 2.46　12 月龄体重性状各杂交组合效应估计值**

| | AG | HF | LM | PT | CL | SM | HOL |
|---|---|---|---|---|---|---|---|
| ZH | 26.838 | 16.017 | 8.663 | −8.771 | 9.302 | −13.148 | |
| FN | 0.000 | 8.005 | 18.506 | 14.592 | 34.330 | −5.169 | |
| FU | 29.939 | 50.551 | 58.178 | 45.672 | 41.313 | | 13.779 2 |

注：①②…名次。

由表 2.46 看出:12 月龄体重性状的各杂交组合优劣。a. 在赞皇县依次为 AZ、HZ、CZ、LZ、PZ 和 SZ;b. 丰宁一隆化县依次为 CN、LN、PN、HN、AN 和 SN;c. 在抚宁县依次为 LU、HU、PU、CU、AU 和 HOU。总的来看,在 12 月龄体重性状上各区县三元杂交组合均优于对照的二元杂交组合。

(6)分子数量遗传学综合评估　杂交组合的优劣表现是脱离不开特定环境条件的,它不仅受配合力(包括父、母本遗传因素)的影响,也受环境条件的影响,必须在适应了特定的环境条件下,才能表现出杂种优势。因此,选择最优杂交组合时把用分子遗传距离的预测与实际杂交组合的效应值估计综合起来考虑为好,即用微卫星遗传距离预测杂交组合的优劣,使实际杂交实验避免盲目性。然后,缩小杂交组合实验范围,并用个体动物模型对杂交组合的优劣进行评估,其准确性效果比单一评估会更好。建议使用分子数量遗传学综合评选新方法,即假定各种评估方法的重要性相同,则可把各种方法(包括分子遗传学预测和数量遗传学评估)的评估值按大小排队,并给予加权值。例如第一名 5 分,第二名 4 分……第五名 1 分,依此类推,最后哪个杂交组合累加分多,即可确定为最优杂交组合(表 2.47)。

**表 2.47　杂交组合优劣综合评估表**

| 品种 | FN | | | | | ZH | | | | | FU | | | | |
|---|---|---|---|---|---|---|---|---|---|---|---|---|---|---|---|
| | AG | HF | LM | PT | CL | AG | HF | LM | PT | CL | AG | HF | LM | PT | CL |
| 微卫星遗传距离排序 | 3 | 1 | 2 | 4 | 5 | 4 | 1 | 2 | 3 | 5 | 4 | 1 | 2 | 3 | 5 |
| 初生重组合效应排序 t | 5 | 1 | 3 | 4 | 2 | 4 | 5 | 1 | 2 | 3 | 5 | 1 | 4 | 3 | 2 |
| 6 月龄重组合效应排序 | 5 | 1 | 2 | 3 | 4 | 1 | 3 | 2 | 5 | 4 | 4 | 2 | 1 | 3 | 5 |
| 12 月龄重组合效应排序 | 5 | 4 | 2 | 3 | 1 | 2 | 2 | 4 | 5 | 3 | 5 | 2 | 1 | 3 | 4 |
| 综合评分 | 6 | 17 | 15 | 10 | 12 | 14 | 13 | 15 | 10 | 9 | 6 | 18 | 16 | 12 | 8 |
| 名次 | ⑤ | ① | ② | ④ | ③ | ② | ③ | ① | ④ | ⑤ | ⑤ | ① | ② | ③ | ④ |

由表 2.47 的综合评分可以看出,各区县杂交组合优劣的排序(以父本为代表):在赞皇区县依次为 LM、HF、AG、PT、CL 为父本的组合;在丰宁-隆化区县依次为 HF、LM、CL、PT、AG 为父本的组合;在抚宁区县依次为 HF、LM、PT、CL、AG 为父本的组合;以上各代表区县的前 3 名组合确定为最优杂交组合。

3. 讨论

(1)关于群体遗传变异　多态信息含量(PIC)和平均杂合度都是表示群体内遗传变异大小的测度。PIC 高、杂合度大,说明群体内基因一致性差、遗传变异大、选择潜力也大;反之亦然。由表 2.47 可以看出,6 个微卫星位点得到的平均多态信息量和平均杂合度均高,其 8 个群体 PIC 平均为 0.64 以上,这与 Vaiman(1980)报道牛微卫星平均多态信息含量为 0.6 的结果相似。品种(或群体)间的遗传变异由遗传距离表示。由表 2.43 和图 2.3 看到:在 3 个区县的母本与父本 HF 牛组合或与牛组合的遗传距离最大,并且 HF 牛、LM 牛与河北 3 个区县的 FN、ZH 和 FU 牛的亲缘关系也最远。根据杂种优势理论,预测与 HF 牛或 LM 牛组成的杂交组合可能产生较大的杂种优势。

(2)关于个体动物模型　本研究采用了含有母体效应的个体动物模型,在配合模型中既考虑了剔除系统环境(如区域、产犊月份)、性别等固定效应的影响,又考虑了所有个体血缘相关和母体效应的影响，以及估计了个体加性遗传效应(未列出)使杂交组合效应值估计得更为准确。Solkner(1991)对遗传模型的研究结果也证明利用信息资料来源越广泛，各种效应值剖分的越细，杂交参数估计的准确性就越高。因此该模型对体重性状的分析，要比最小二乘等其他线性模型估计的组合效应值准确得多。

(3)关于微卫星预测　由表 9 的综合评分可以看出，各区县杂交组合优劣排队顺序与各区县微卫星的遗传距离大小的排列顺序基本相似，分析二者 Spearman 相关也非常显著(秩相关系数 $r=0.77$，显著水准 $P<0.0009$)，这说明用微卫星遗传距离预测杂交组合优劣是可行的。

因时间关系，本研究只对犊牛 12 月龄体重性状进行了分析(实验仍在进行中)，其分析方法是先进的、可行的。从准确评估杂交组合优劣来说，进一步分析 18 月龄以后的体重、育肥性状、屠宰肉质等性状，然后对各性状进行加权，制定综合评定指标，再利用动物模型估计其杂交组合效应，这样则对最优杂交组合的选择会更准确、合理。

### 2.2.12　小结

(1)在传统粗放的群牧马方式下，把马匹抓膘贯穿在全年放牧的各个时期；加强冬春舍饲期的饲养管理；搞好马匹人工授精和提高受胎率是提高群牧马繁殖成活率的主要技术措施。

(2)细毛羊在以放牧为主要的条件下，常年放牧、四季抓膘，使细毛羊始终保持良好体状；抓好配种前的放牧抓膘；在选种上选留多产亲代；抓好母羊人工授精技术；加强妊娠后期和哺乳前期母羊饲养管理以及做好新生羔羊的护理，是提高细毛羊繁殖成活率的主要措施。

(3)在输精的同时给河北细毛羊注射适宜剂量(40～80 μg)的 LRH-$A_3$，有提高受胎率的作用。其情期受胎率在 74.4%(32/43)和 93.5%(29/31)之间，比对照组提高 6.3%～27.2%。其机理给细毛羊外源注射适宜剂量的 LRH-$A_3$ 后，通过下丘脑－垂体－卵巢轴，先引起垂体释放 LH(促黄体素)和 FSH(促卵泡素)，LH 在 FSH 的协同下，作用于卵巢上，促进卵泡成熟和排卵。LRH-$A_3$ 的最佳剂量为 50 μg，情期受胎率达 93.5%(29/31)，比对照组的 73.5%(25/34)提高 27.2%，差异显著($P<0.05$)。

(4)由于细管冻精比颗粒冻精可减少对精液的污染，用细管冻精对母牛人工授精较颗粒冻精情期受胎率提高 13.4 个百分点。

(5)对黄牛和西杂母牛在输精前注射促排 3 号或输精前注射促排 3 号和维生素 E 和亚硒酸钠有提高受胎率效果。

(6)应用 B 超仪检测配种后 7 d 奶牛黄体，表明黄体面积大小与受胎率有一定相关，随黄体面积增大，受胎率有增高的趋势。

(7)夏洛来和边区来斯特羊是河北细毛羊理想的经济杂交父本，若从开发肥羔肉生产考虑夏洛来羊更理想。单独放牧和单独放牧加少量补饲试验，说明羔羊单独组群放牧有提高出栏羔羊产肉性能的效果。随着草场和营养条件的改善，杂种羔的产肉性能还会提高。

(8)选择本地(河北)黄牛及西杂 $F_1$、$F_2$、$F_3$ 母牛为母本，利用西门塔尔乳肉兼用公牛的冷冻精液作为父线，用人工授精方法进行级进杂交，综合考虑西杂犊牛 6 月龄、12 月龄体重和各代母牛的产奶性能，在当地饲养条件下，级进杂交进行到 $F_3$ 较为适宜。另外，为了充分发挥西杂牛的优良遗传基础，应改变目前重改良、轻饲养的现象，特别是改自由放牧为科学的划区轮牧，同时结合秸秆的加工调制和干草贮备，解决冬春粗饲料缺乏问题，这样可更充分地发挥西杂牛的生长潜力和产奶潜力，从而提高养牛业的经济效益。

(9)采用微卫星 DNA 标记方法，进行杂交优势评估、预测(海福特)和(利木赞)组成的杂交组合可能产生较大的杂种优势，依据分子数量遗传学综合评估；综合评分可以看出各区县杂交组合优劣的排序(以父本为代表)：在赞皇区县依次为 LM、HF、AG、PT、CL 为父本的组合；在丰宁一隆化区县依次为 HF、LM、CL、PT、AG 为父本的组合；在抚宁区县依次为 HF、LM、PT、CL、AG 为父本的组合；以上各代表区县的前 3 名组合确定为最优杂交组合。用上述方法筛选出适合当地 9 个最优三元杂交组合，其 12 月龄体重平均达 292.5 kg，比当地杂交牛提高 12.6%。

(作者：桑润滋、田树军、孙少华、李运起、孙树春、郭刚、孔祥浩、付士昌、高聚山、丁治育、闫国志、武东鹏、师守堃)

## 2.3 产仔控制技术——诱导双胎技术

产仔控制技术主要是指通过人为方法使单胎动物牛、羊等产双胎的技术，即诱导双胎技术。

### 2.3.1 概述

1. 诱导双胎的概念

通过遗传选择、生殖激素、胚胎移植及营养调控等途径，人为地使单胎动物产双仔的技术，称为诱导双胎。

2. 诱导双胎的意义

应用一胎双犊(羔)技术可提高双犊(羔)率，可成倍提高牛、羊的繁殖力，增加后代数量；相对减少基础母牛、母羊饲养头(只)数，节省饲养管理费用，降低生产成本；X、Y 精子分离的成功，让奶牛产双犊成为可能，为加快良种奶牛繁殖，开辟了新的途径。

3. 诱导双胎的发展概况

自 20 世纪 30 年代以来，国内外学者利用各种途径展开了对人工诱导母牛双胎的研究。尤其是近年来，随着人们对母畜繁殖生理研究的深入和胚胎生物技术的快速发展，人工诱导母牛双胎已成为可能。当前诱导母牛(羊)双胎主要从遗传选择、促性腺激素、生殖激素免疫、胚胎移植和营养调控等途径开展研究和应用。目前国内外应用上述方法可使母牛双胎率达 20%～70%。使羊的双胎率提高 10%～68%。

4. 诱导双胎的方法

(1)遗传选择法　牛双胎的遗传力很低，双卵率及双犊率遗传力分别为 0.07 和 0.03，且世代间隔较长，一般认为利用遗传选择法提高牛的双胎率很难。美国学者 Neale 经数十年选择，孪生率只提高 0.9%。但也有进展较大的报道，Morris(1991)对有双胎史的牛进行选择，6 年间双胎率增加 9.5 个百分点(0.8%相对 10.3%)。Vleck(1996)在 1981—1993 年间通过对遗传力相对较高的双卵率的选择来间接选择双犊率，使牛双胎率提高 25.3 个百分点(28.5%相对 3.2%)，牛双胎率和双卵率的平均遗传值分别增加了 18.2%和 15.0%。世界上尚不存在双胎品种的牛，近年来在多胎的 Booroola 羊中发现了多胎基因(fecundity gene)，且发现这个基因与生殖调节激素——抑制素有关。利用转基因技术，将 F 基因转移到牛中或对牛体内编码抑制素的基因进行人工改造，也许可以培育出双胎品种的牛。目前通过选用合适的选择方法，建立高双胎率的公母牛群，并与胚胎移植技术结合，以遗传选择方式提高牛群双胎率也是可能的。

绵羊的多胎在很大程度上是自然选择的结果，是可以遗传的，其表现主要决定于基因型。因此，通过强化多胎基因的选择无疑可提高多胎基因型的频率，使群体的多胎率获得迅速提高。新西兰、法国、英国等国家在品种内严格进行以提高繁殖率为主的选育，使他们许多品种产羔率达到 150%～170%。Hanrahan 以绵羊每次发情排卵个数为直接选择性状，对其多产性进行间接选择结果发现，产羔率年进展可提高 2%～3%。在公绵羊的选择上，Land 发现多产性高的品种，早期睾丸生长发育快，睾丸大的公羊后代排卵率高于睾丸小的公绵羊后代；张春林通过分析绵羊的历史繁育资料及组织专门试验证实，种公羊对母羊的多胎有着至关重要的影响。因此，在绵羊生产实践中，建立以公羊为主的家系选择制度，并在公羊选择时以睾丸大小为主选性状，母羊选择时以每次发情排卵个数为主选性状，则可以提高产羔率的遗传进展。

除进行本品种选育外，在生产实践中，还可通过引入多产性高的品种进行杂交改良，它不仅具有杂种优势，且具有加性效应。目前在绵羊生产上广泛应用的多产性高的绵羊品种，主要有芬兰羊和罗曼诺羊。据 Roylan 报道，用芬兰羊杂交改良兰布列羊、陶赛特羊、萨福克和塔基羊，其杂交一代的产羔率提高 30%。加之对成活率的杂种优势，断奶羔羊数提高 50%以上。另外，由澳大利亚联邦科工组织利用民间多胎美利奴羊扩大选育而成的布鲁拉美利奴羊(Booroola)，它的多胎性状受一个主要基因的控制，它因含有 F - 基因(多胎基因)而享誉世界，在保留本品种外貌体型特征和羊毛类型的同时，将布鲁拉的多产性能引入任何一个绵羊品种都是可行的，即布鲁拉羊为所有绵羊品种提高产羔率提供了机会。F - 基因已成为当今世界上改良羊群的重要遗传资源。

(2)促性腺激素法　目前常用于诱导母畜双胎的促性腺激素主要有 PMSG、FSH、hCG、LH 等。FSH 用以诱导母牛(羊)排双卵效果较一致，但 FSH 半衰期很短，使用时需小剂量多次注射，比较麻烦，且价格较贵，一般很少采用。PMSG 半衰期较长，处理时只需一次注射，生产中应用较多。任培欣(1993)利用 PMSG 为主的复合促性腺激素法处理母牛得到 43.31%的双胎率。

利用 PMSG 诱导牛双胎虽操作简便，但双胎率一直徘徊在 20%～25%，主要原因是 PMSG 半衰期较长(56～130 h)，在体内残留持续发挥作用，引起卵巢囊肿，发情持续期延长，成熟卵泡不能及时排卵，卵子老化，同时受精后发情，影响早期胚胎附植或使已着床胚胎死亡。应用 PMSG 抗血清中和残留 PMSG，基本消除了 PMSG 的不利影响。杨利国等对 PMSG 抗血清的效果进行了研究，发现给用 PMSG 处理的母牛在发情时注射兔抗 PMSG 血清可明显缩短发情持续期，促进囊肿卵巢的恢复，维持子宫内环境的孕向变化，并取得了 53.3%的活产双犊率，明显优于对照组(不用 PMSG 抗血清)20%的双胎率。桑润滋等(2000)应用“双胎灵”(主要成分是 PMSG 和抗 PMSG 为主的复合促性腺激素)对 516 头黄牛西杂牛、荷杂牛诱导双胎，双胎率达 31.4%(109/347)。王风瑞(1994)应用“新八一”绵羊双羔素(复合促性腺激素)，试验绵羊1 685只，双羔率较对照组增加 45.10%。20 世纪 90 年代根据 X 和 Y 精子 DNA 含量的微小差异，应用流氏细胞仪可将分离开，用分离后的 X 或 Y 精子结合激素诱导奶牛排双卵的母牛输精，可使奶牛产双母犊或双公犊，克服以前异性孪生母犊不育，即所谓的自由马丁(freemartinism)现象。

(3)生殖激素免疫法　以生殖激素为抗原主动或被动免疫动物，中和体内相应激素，使其生物活性部分或全部丧失，引起生殖内分泌的动态平衡系统发生定向移动，产生所预期的生理变化。在羊的双胎诱导中常用作免疫原的有类固醇激素和抑制素两类。

①类固醇激素免疫。将小分子量的类固醇类激素与大分子蛋白质结合成有抗原性的类固醇蛋白复合物，再结合免疫佐剂主动或被动免疫动物。目前常用的抗原主要有睾酮、雄烯二酮和雌激素、孕激素等。睾酮较常用，并且效果明显。

类固醇类激素免疫法在诱导羊的双胎及多胎中应用较多。1983 年澳大利亚 CSIR 和 Glaxo公司研制成一种用 DEAD - Dextran 为佐剂、雄烯二酮 - 7HAS 为抗原的混合制剂，名字为 Fecundin，这是世界上第一个绵羊双羔苗。截至 1987 年共生产性试验、推广 60 万头，多产羔 15 万只，提高产羔率 20%～30%。20 世纪 80 年代以来，我国有多个单位用类固醇激素免疫法研制成双羔素。如中国农科院兰州畜牧研究所与中兽医研究所的联合研究小组；中国科学院新疆化学研究所；南京农业大学与中国科学院上海有机化学研究所的联合研究小组；以及中国科学院上海生物化学研究所等。到 2001 年用我国自行生产的双羔素已累计生产性试验、推广 380 多万只，平均提高产羔率 20%以上。

单独以类固醇激素免疫法来诱导母牛双胎的报道尚未见到，但有资料表明将抑制素与雌二醇一起免疫用于促使牛多排卵比单独使用抑制素效果好。用雄烯二酮和抑制素共同免疫西门塔尔杂种母牛发现优势化大卵泡数目增多，但排卵率未增加。

②抑制素免疫。抑制素是由 α、β 两个亚单位（又称亚基）构成的异二聚体蛋白，β 亚基又分 A、B 两种，不同种属动物抑制素结构极为相近具有很强的同源性。抑制素是反馈性抑制垂体 FSH 分泌的主要因素。用各种来源的抑制素免疫原主动或被动免疫母牛均可使体内 FSH 水平升高，增加排卵率，因此目前普遍认为抑制素免疫是调控排卵率诱导母羊母牛双胎的新途径。

目前常用的免疫原有卵泡液或精液中提取的抑制素活性物，合成的抑制素肽片段，重组 α 亚基等。牛羊只有用异源抑制素产品才能产生免疫效应，免疫原的反应存在种间差异，合成的抑制素多肽片段必须与载体蛋白结合才有免疫原性。牛树理等(1996)用猪精液中抑制素活性粗提物配合福氏佐剂主动免疫黄牛分别得到 31.6%(6/19)和 36%(4/11)的发情母牛排双卵率。国外研究中现多用合成的抑制素多肽片段结合载体蛋白做免疫原，不同的肽段及不同免疫佐剂产生的免疫反应不同。Morris 等(1993)利用合成的 $IB_{\alpha 18-30}$、$BI_{\alpha 63-72}$、$BI_{\alpha 107-122}$3 个肽段分别与人血清白蛋白结合主动免疫母牛，$IB_{\alpha 18-30}$ 组 1/5 牛增加排卵数；$IB_{\alpha 63-72}$ 组 60%(3/5)牛排双卵且生双犊；$IB_{\alpha 107-122}$ 组 20%(1/5)产双犊。Bleach 等(1996)以合成的 $IB_{\alpha 1-29}$、$IB_{\alpha 108-123}$、$IB_{\alpha 63-72}$ 肽段结合卵白蛋白分别主动免疫母牛发现：$IB_{\alpha 1-16}$ 和 $IB_{\alpha 108-123}$ 肽段未见排卵率变化；$IB_{\alpha 1-29}$ 及 $IB_{\alpha 63-72}$ 肽段抗体滴度较高，免疫母牛的多排卵率提高 18%～65%。众多实验表明抑制素免疫不改变母牛发情周期，发情持续期，三卵及三卵以上情况少，且对母牛繁殖能力未发现不利影响。杨利国等(2000)用从猪精液中提取的抑制素，主动免疫黄牛，结果双胎率为 26.3%(15/59)。张居农等(1998)采用抑制素主动免疫绵羊，使母羊的双羔率达 50%～

80%,对照组仅为5%。但目前效果尚不完全统一,在选择免疫原、免疫佐剂、免疫程序、抗体产生规律,精确控制双卵排放上还需继续深入研究。

(4)胚胎移植法　利用胚胎移植技术向已输精母牛黄体同侧或对侧追加1枚同日龄胚胎或向发情母牛两侧子宫角各移1枚或向一侧移2枚同期化胚胎,使母牛怀双胎。胚胎移植法目前在国内外使用较多,也是成功率最高的一种方法。

①人工授精+胚胎移植(AI+ET)。即追加1枚胚胎到已输精母牛体内,这种方法使用最多。卢克焕等(1994)移植1枚IVF胚,得到65.4%(34/52)的双胎率。

②双胚移植法。向经同期发情处理后子宫孕向变化的母牛移植双胚。Renard等(1977)将体内胚胎双侧移植后的双胎率达50%。卢克焕等(1994)将IVF胚胎给受体移植2枚(卵巢黄体同侧子宫角),双胎率为50.0%(26/52);将冷冻的IVF胚胎,每头受体移植2枚(卵巢黄体同侧子宫角),双胎率为25.0%(35/140)。邓瑞广等(1991)向受体牛移植两枚体内胚胎,双胎率为57.1%,并发现移到黄体同侧子宫角的部分胚胎自动迁移到对侧。Pai(1992)、桑润滋等(1993)利用半胚移植得到34.6%的双犊率,可见利用胚胎分割法,诱导同卵孪生犊牛不仅可获得较高双胎率,还可解决异性孪生母犊不育问题。

(5)营养调控法　所谓营养调控系指在母羊配种前短期优饲、补饲维生素E和维生素A制剂和微量元素等措施,实践证实,采取这些措施可以提高母羊的繁殖率。对配种前(一般一个月以前)的母羊实行营养调控处理,可提高母羊双胎率。Brien指出,在补充高级蛋白质条件下,可增加母羊的排卵数和产羔数,配种前母羊体重与双羔率有密切关系。据桑润滋(1983)报道,对1 070只苏联美利分娩母羊统计,实行母羊配种前移场放牧抓膘,成年母羊平均日增重180 g左右,母羊配种前体重在55 kg以下、56~60 kg、61~65 kg、66~70 kg、71 kg以上,其双胎率依次为23.48%(58/247)、38.63%(102/264)、44.86%(118/263)、50.42%(118/234)、64.51%(40/62)。一般配种母羊体重每增加3~5 kg,可以提高双羔率5%~10%。

本节主要从应用胚胎工程(人工授精+胚胎移植、移入两枚整胚、移入分割的半胚)、抑制素主动免疫、复合生殖激素3条途径,对诱导肉牛产双胎效果进行了研究。

### 2.3.2　应用胚胎工程诱导肉牛双胎技术的研究

在肉牛生产中,因其是单胎动物,通常一胎产一犊,据Gilmore(1992)报道,综合20万头(次)之多的分娩记录,肉牛的双胎率仅为0.5%。另据杨利国(1992)报道,在自然状态下,肉牛双胎率极低,仅为0.15%~2.27%。近年来,我国肉牛业发展较快,特别是肉牛易地育肥技术更是迅猛发展,许多省都建立了很多肉牛育肥场。但牛源不足是制约我国肉牛业发展的主要限制因素之一。以河北省为例,1994年出栏肉牛237万头,近一半靠从外省市购入架子牛,本省所繁殖牛的数目远远满足不了育肥牛的需要,如何提高母牛繁殖率,以缓解牛源不足的矛盾势在必行。另一方面,若能提高母牛双胎率,不仅可以成倍提高牛的繁殖率,增后代数量和扩大商品牛群,而且可相对减少饲养基础母牛费用,降低生产成本,提高肉牛业的效益。近些年来,国外的学者Renard等(1977)、Sreenan等(1988)进行了应用胚胎移植技术诱导肉牛一胎双犊的研究,但因所用胚胎是新鲜胚胎,在生产应用中受到限制。为了提高肉牛生产效率,促进我国肉牛业发展,为此开展了"应用胚胎工程诱导肉牛双胎的研究。"

1. 材料和方法

(1)胚胎的获得　用纯化的 FSH 按常规方法对供体牛(西门塔尔公牛与北方黄牛母牛杂交的高代改良牛)进行超排处理。FSH 总剂量为 6.5～7.5 mg,于供体牛超排处理输精后的第 7 天,非手术法采集胚胎,按形态鉴定法对胚胎进行分级,选 A、B 级胚胎进行冷冻。

(2)胚胎冷冻和解冻

①试验 1 组、2 组所用冻胚的冷冻和解冻方法如下:将采得的 A、B 级新鲜胚胎,在室温下依次移入含 3.3%、6.7%、10%的甘油冷冻液中分别平衡 5～7、5～7、10 min 后,装入塑料细管以 1℃/min 的速率降至－7℃,在此温度下诱发结晶并平衡 10 min,然后以 0.3℃/min 的速率降至－38℃,投入液氮中冷冻保存。采用 35℃水浴法解冻,用 10%、6.7%、3.3%梯度浓度甘油法或用 0.5 mol 蔗糖液法脱除冷冻保护剂,然后在含 20%犊牛血清的 PBS 中洗涤 3 次。选解冻后可用胚胎,待移植。

②试验 3 组的胚胎冷冻和解冻方法:将大多数定为 A 级的胚胎,在室温下依次移入 1/3 10%甘油冷冻液＋2/3 20%犊牛血清的 PBS 液平衡 7～8 min、10%甘油冷冻液平衡 15 min,而后迅速装入塑料细管按试验 1.2.1 的冷冻速度进行冷冻。采用 35℃水浴解冻,将解冻后的胚胎依次移入 1/3 1.0 mol 蔗糖液＋2/3 10%甘油冷冻液、1/3 1.0 mol 蔗糖液＋1/3 10%甘油冷冻液＋1/3 20%犊牛血清 PBS 液,每档 7～8 min,然后将胚胎移入含 20%犊牛血清的 PBS 液中冲洗 3 次,选可用胚胎,待分割。

(3)冻胚分割　用 1.2.2 方法获得的可用胚胎,放入盛有含 20%犊牛血清的 PBS 液的培养皿中,操纵分割仪旋钮,分割针将胚胎一分为二。将分割半胚在上述培养液中平衡 5～10 min 后,将裸半胚成对装入 0.25 mL 塑料细管内待移植。

(4)诱导双胎方法　试验 1 组为人工授精＋胚胎移植,即在母牛人工授精后的第 7 天,在其卵巢黄体对侧子宫角内再移入一枚 1.2.1 法的 7 日龄可用冻胚。试验 2 组:移入双冷冻整胚,母牛发情后不输精,在发情周期的第 7 天,向卵巢黄体同侧子宫角内移入 2 枚 1.2.1 法的可用 7 日龄冷冻整胚。试验 3 组:移入冷冻后经分割的成对裸半胚。即母牛发情后不输精,第 7 天移入将用 1.3 法获得冷冻裸半胚,成对移植到受体牛的卵巢黄体同侧子宫角内。

2. 结果

胚胎工程技术诱导母牛双胎的情况如表 2.48 所示。由表 2.48 可知,妊娠率以试验 1 组最高(61.5%),试验 3 组最低(42.9%);双胎率以试验 3 组最高(66.7%),试验 2 组最低(41.7%)。

表 2.48　应用胚胎工程诱导母牛双胎情况表

| 诱导双胎方法 | 移植受体母牛数/头 | 妊娠数/头 | 妊娠率/% | 双胎数*/头 | 双胎率/% |
|---|---|---|---|---|---|
| 试验 1 组 | 13 | 8 | 61.6 | 4 | 50.0 |
| 试验 2 组 | 23 | 12 | 52.2 | 5 | 41.7 |
| 试验 3 组 | 7 | 3 | 42.9 | 2 | 66.7 |
| 合　计 | 43 | 23 | 53.5 | 11 | 47.8 |

* 包括流产、死产双胎。

3. 讨论与结论

本研究结果表明,在母牛人工授精后,再给其移入一枚冻胚,是诱导母牛双胎的一条有效的途径。利用该方法可使妊娠率达 61.5%,略高于人工授精的结果(50%)。所获双胎率达到 50.0%(4/8),比自然状态下的双胎率(0.15%～2.27%)提高 48.85～47.73 个百分点。给受体母牛移入两枚冻胚(整胚或半胚),妊娠率分别为 52.2%和 42.9%,与人工授精结果相当,双胎率分别为 41.7%和 66.7%,分别比自然状态下的双胎率提高 41.55～39.43 和 66.56～64.43 个百分点,利用双冻胚(整胚或半胚)移植技术,是诱导母牛双胎另一条有效途径,特别是冷冻胚胎经分割后,可成倍提高胚胎来源。本研究移植 2 枚冷冻胚胎获 52.2%的妊娠率,该结果比卢克焕等人(1994)的结果(61.7%)低,而所获双胎率(41.7%)较之(25%)提高 16.7 个百分点。

需要指出的是,在实验中发现,怀双胎母牛的流产率比单胎母牛高,而犊牛成活率比单胎母牛低,如何降低怀双胎母牛流产率和提高双胎犊牛成活率,有待进一步加以研究。

利用胚胎移植诱导母牛双胎技术一般分为两种:一种为双侧移植法,即将两枚胚胎,分别入受体牛两侧子宫角内;另一种为单侧移植法,即将两枚胚胎同时移入受体牛卵巢黄体同侧的子宫角内。本研究采用单侧移植法,试验 2 组妊娠率达 52.2%,试验 3 组的双胎率达 66.7,这些结果与 Renard 等人的结果基本一致。本研究结果表明,双胚一侧移植可得到较高的妊娠率和双胎率,比双侧移植更简便易行。

本研究所用胚胎是经超数排卵后从母牛体内获得,成本相对较高,若能以体外生产的胚胎作为胚胎的来源,必然会大大降低生产成本,有待进一步研究。

应用胚胎生物工程技术,即在母牛人工授精后再移入一枚冻胚或直接移入双冻胚(整胚或半胚),不仅是诱导肉牛双胎的一条可取的途径,也是提高肉牛生产效率的一种有效方法。

### 2.3.3 应用猪精液抑制素主动免疫法诱导黄牛孪生研究

为了降低肉牛生产的繁殖成本,提高经济效益,本实验室自 1983 年以来,一直在进行人工诱导黄牛和水牛孪生的机理和技术研究(杨利国等,1986,1991,1995)。虽然结合应用孕马血清促性腺激素(PMSG)及其抗体已成功地诱导了 54%妊娠母牛生双胎,但由于该法成本较高,而且操作麻烦,所以推广应用比较困难。为了简化人工孪生技术的操作程序,降低使用成本,促进推广应用,自 1995 年开始改变研究思路,采用抑制素主动免疫方法进行了人工孪生试验,成功地诱导了 20%左右母牛排双卵(牛树理等,1996)。

抑制素是由卵巢颗粒细胞或睾丸支持细胞分泌的异二聚体糖蛋白质,具有抑制垂体促卵泡素(FSH)分泌的作用。迄今,虽然应用从卵泡液中提取的抑制素制剂或基因重组的卵泡抑制素 α-亚基片段主动免疫母牛、母猪和母羊,均提高了排卵数,并成功地诱导了 4 头母牛生双胎。虽然用基因重组的卵泡抑制素 α-亚基主动免疫公牛和公羊,可以改善生殖内分泌机能,提高精液品质。但是,除本实验室于 1996 年首次报道应用精液抑制素主动免疫提高母牛排卵率外,有关应用精液抑制素主动免疫诱导母牛孪生及精液抑制素抗体与排卵数相互关系的研究,国内外尚未报道。本研究通过扩大实验牛群数量,旨在研究应用精液抑制素主动免疫方法诱导母牛孪生的效果,分析血中抑制素抗体效价与排卵数的关系,为进一步完善肉牛人工孪生新技术提供试验数据。

1. 材料与方法

(1)精液抑制素制剂　根据以前介绍的方法(叶荣等,1996)从猪精液中提取并纯化抑制素，冷冻干燥后抑制素纯度为1 000 U/mg蛋白。抑制素生物活性检测采用Chari等(1978)介绍的人绒毛膜促性腺激素诱导小白鼠卵巢增重抑制法。

(2)牛群及其处理　在安徽省固镇和灵璧两县及新疆等地农户牛群中选择270头体重275～325 kg、年龄4～9岁的经产母黄牛，分成Th、Tl和C三组。自母牛产后1～3个月开始，Th和Tl两组母牛分别在颈部肌肉注射1 mL含精液抑制素2 mg和1 mg的福氏完全佐剂乳化液(主动免疫)，3～4周后，分别在颈部肌肉注射1 mL含精液抑制素1 mg和0.5 mg的福氏不完全佐剂乳化液(加强免疫)。C组母牛用同样剂量、但不含抑制素生物活性的精液抽提物。活性的精液抽提物冷冻干燥物与福氏完全佐剂或不完全佐剂进行主动免疫或加强免疫，用作对照。

自加强免疫后第8天开始，每天观察母牛发情情况。母牛发情时，经直肠触摸卵巢上的卵泡，以判断适时输精时间。应用冷冻精液间隔8～12 h输精两次。在配种后第8～12天，由有经验的配种员经直肠触摸卵巢上的黄体判断排卵数。

(3)血样收集和抗抑制素抗体测定　在主动免疫前和加强免疫后第8～12天，采集颈静脉血5～10 mL，室温静置2～6 h，分离血清，－20℃冷冻保存。用双扩散凝胶沉淀法(DDAP)检测血中抗抑制素抗体的存在，用酶联免疫吸附测定法(ELISA)测定血中抗抑制素抗体滴度及精液抑制素抗体与卵泡抑制素的免疫交叉反应性。

抗抑制素抗体凝胶沉淀法操作方法简述如下：在凝胶板中打间距3 mm的3排孔，在中间一排孔中加10 μL抑制素溶液(用0.04 mol/L、pH 7.2的磷酸缓冲液稀释成含抑制素制剂2 mg/mL)，两边孔中加10 μL待测血清，在室温于湿盒中静置16 h，观察沉淀线。

抗抑制素抗体ELISA方法简述如下：用戊二醛法将相对分子质量为32 000的牛卵泡抑制素α-亚基N-端1～29片段(由美国生产，德国Elsaesser F博士惠赠)与辣根过氧化物酶(HRP，Sigma公司产品)偶联(HRP-INB)，用纯化的抗卵泡抑制素抗体免疫球蛋白(日本Taya博士惠赠)作阳性参考血清。测定抗体效价时，先用pH 9.6、0.05 mol/L碳酸缓冲液将阳性血清作梯度稀释，将待测血清作100倍稀释，在微量反应板各孔内加稀释后的抗血清100 μL，每样复重3孔，4℃静置过夜。倾出反应液，加HRP-INB磷酸缓冲液(pH 7.4，0.04 mol/L，100 μL/孔)，37℃避光反应2 h后，倾出反应液并洗涤反应板，于各孔内加150 μL四甲基联苯胺(TMP)-过氧化脲底物液显色，用2 mol/L硫酸(50 μL/孔)终止反应后读取450 nm波长吸光值。根据标准曲线计算抗抑制素抗体效价，各测定的板内和板间变异系数分别为4.3%和8.9%。

(4)统计分析　该试验是在生产条件下进行的。由于23头牛在处理后被出售或死亡，所以实际只有247头牛有完整记录。采用Genstat 5软件包(Release 3.1，1994，Lawes Agricultural Trust，英国)进行统计分析，百分数比较采用卡方分析法，排卵数平均值比较采用ANOVA法，排卵数与抗体效价的关系采用回归分析法。

2. 结果

(1)抗抑制素抗体水平　应用双扩散凝胶沉淀法检测血中抗抑制素抗体，发现在用猪精液抑制素主动免疫后8～12 d的所有母牛血样中均出现明显的沉淀线；而在对照母牛血清以及所有抑制素免疫母牛在免疫前收集的血清中，未发现明显的沉淀线，表明抑制素免疫牛血中存在抗精液抑制素抗体。应用ELISA方法进一步证明，抗精液抑制素抗体与牛卵泡抑制素α-亚基片段有交叉反应。所有用抑制素免疫的母牛血清中抗抑制素抗体滴度变动于1/100～

1/3 200。卵巢上有 2 个黄体的母牛，血中抗抑制素抗体平均水平为 1/(2 800±253)，显著高于卵巢上只有一个黄体[1/(1 361±231)]($P<0.01$)或没有黄体的母牛[1/(500±188)，($P<0.01$)，图 2.4]。而在对照组母牛和所有免疫组母牛在免疫前的血清中，未检出抗卵泡抑制素抗体。

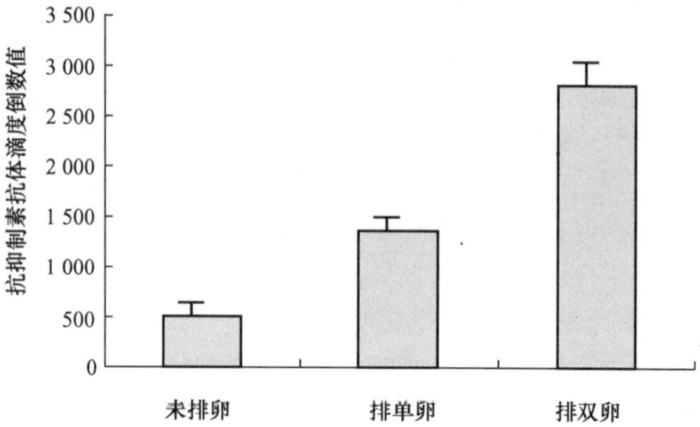


**图 2.4　未排卵和排 1、2 枚卵的母牛血中抗牛卵泡抑制素抗体水平**
**(平均数±标准误)。三组母牛间差异显著($P<0.001$)**

(2)发情　在 Th 组有完整记录的 87 头母牛中，73 头(83.9%，73/87)在加强免疫后 4 周内出现发情征状。在 Tl 和 C 组中，有完整记录的母牛头数分别为 72 和 88，在加强免疫后 4 周内发情的母牛数分别为 44(61.1%，44/72)和 55(62.5%，55/88)。Th 组母牛发情率分别比 Tl 组和 C 组高 22.8%和 21.4%($P<0.05$，表 2.49)。

(3)排卵率及其与抗抑制素抗体水平的关系　在 Th 组 73 头发情母牛中，3 头未排卵，51 头排单卵，19 头排双卵。70 头排卵牛共排卵 89 枚，平均排卵率为 1.27±0.03；平均每头发情母牛排卵(1.22±0.03)枚；平均每头处理母牛排卵(1.02±0.03)枚。与 Tl 组和 C 组比较，发情率分别增加 22.8%和 21.4%($P<0.01$)，平均每头排卵母牛的排卵率分别增加 0.17($P<0.01$)和 0.27($P<0.01$)，平均每头发情母牛的排卵率分别增加 0.17($P<0.05$)和 0.27($P<0.01$)，平均每头处理母牛的排卵率分别增加 0.38($P<0.01$)和 0.42($P<0.01$)；排双卵率分别增加 17.6%($P<0.05$)和 27.1%($P<0.01$，表 2.49)。

所有母牛在加强免疫后第 8～12 天，外周血中抗精液抑制素抗体滴度与排卵率有显著的正相关关系($r=0.750\,7$, $P<0.01$)。排双卵的母牛，血中抗精液抑制素抗体水平显著高于排单卵或不排卵的母牛($P<0.01$，图 2.4)。

(4)产犊率和孪生率　在 Th 组中，59 头母牛配种后受胎，其中 57 头母牛在妊娠期末正常分娩，共产下 72 头犊牛，孪生母牛占分娩母牛总数的 26.3%，产犊数占分娩母牛总数、妊娠母牛总数、发情母牛总数和处理母牛总数的百分比分别为 126.3%、122.0%、98.6%和 82.8%。与 Tl 组和 C 组相比，孪生率分别增加 22.8%($P<0.05$)和 26.3%($P<0.01$)，产犊率分别增加 23.2%($P<0.05$)和 26.3%($P<0.05$)，产犊数占处理母牛数的百分比分别增加 37%($P<0.05$)和 36.2%($P<0.05$，表 2.50)。

表 2.49 各组母牛的发情和排卵情况比较*

| 组别 | 观察牛数/% | 发情牛数/% | 发情率/% | 排卵牛数/% | 排双卵 | | 排卵率(M±SE) | 发情母牛平均排卵率(M±SE) | 处理母牛平均排卵率(M±SE) |
|---|---|---|---|---|---|---|---|---|---|
| | | | | | 母牛数/% | 排双卵率/% | | | |
| Th | 87 | 73 | 83.9[a] | 70 | 19 | 27.1[a] | 1.27±0.03[a] | 1.22±0.03[a] | 1.02±0.03[a] |
| Tl | 72 | 44 | 61.1[A] | 42 | 4 | 9.5[b] | 1.10±0.03[b] | 1.05±0.04[B] | 0.64±0.04[b] |
| C | 88 | 55 | 62.5[A] | 52 | 0 | 0.0[c] | 1.00±0.00[c] | 0.95±0.02[b] | 0.60±0.02[b] |
| 合计 | 247 | 172 | 69.6 | 164 | 23 | 14.0 | 1.14±0.02 | 1.09±0.03 | 0.76±0.02 |

* 同一栏内不同小写字母标注的显著性水准为 $P<0.01$，不同字母，且其中一个为大写字母标注的显著性水准为 $P<0.05$，不论大小写、用相同字母标注的显著性水准为 $P>0.05$。

表 2.50 各组母牛的妊娠率和产犊率比较(Mean±SE)*

| 组别 | 妊娠母牛数/头 | 受胎率/% | 产犊母牛数/头 | | | 孪生率/% | 产犊率/% | | | |
|---|---|---|---|---|---|---|---|---|---|---|
| | | | 单胎 | 双胎 | 合计 | | 占发情母牛数/% | 占处理母牛数/% | 占妊娠母牛数/% | 占分娩母牛数/% |
| Th | 59 | 80.8 | 42 | 15 | 57 | 26.3[a] | 98.6[a] | 82.8[a] | 122.0[a] | 126.3[a] |
| Tl | 33 | 75.0 | 31 | 1 | 32 | 3.1[B] | 75.0[B] | 45.8[b] | 100.0[b] | 103.1[B] |
| C | 43 | 78.2 | 41 | 0 | 41 | 0[c] | 74.5[b] | 46.6[b] | 95.4[b] | 100.0[B] |
| Total | 135 | 78.5 | 114 | 16 | 130 | 12.8 | 76.2 | 59.1 | 108.2 | 112.3 |

* 同一栏内不同小写字母标注的显著性水准为 $P<0.01$，不同字母，且其中一个为大写字母标注的显著性水准为 $P<0.05$，不论大小写、用相同字母标注的显著性水准为 $P>0.05$。

3. 讨论

本研究结果表明，应用猪精液抑制素主动免疫方法可以诱导母牛孪生，尤其当主动免疫所用抑制素剂量为 2 mg、加强免疫所用免疫原为 1 mg 时(Th 组)，孪生率达到 26.3。此外，应用双扩散凝胶沉沔试验和 ELISA 证明，用猪精液抑制素免疫所产生的抗体可与猪精液抑制素和牛卵泡抑制素结合，而且抗抑制素抗体滴度与排卵数呈正相关系。这些试验结果进一步证明精液抑制素与卵泡抑制素有类似的生物学作用与免疫活性。

迄今，关于精液抑制素主动免疫诱导母牛孪生的研究，国内外尚无报道。即使关于卵泡抑制素主动免疫诱导母牛孪生的报道，也仅检索到两篇，前后由 Morris 等(1993，1995)报道。他们应用人工合成的牛卵泡抑制素 α-亚基五种片段(氨基端 8～20，18～30，63～72，107～122，153～167)共处理了 25 头海福特杂交青年母牛，结果有 7 头产下双胎，孪生率达 28%(4/15)。本研究应用精液抑制素主动免疫母牛的孪生率(26.3%，15/57)与卵泡抑制素主动免疫的效果接近。

由表 2.49 可知，Th 组的发情率为 83.9%，分别比 Tl 组和 C 组高 22.8%($P<0.05$)和 21.4%($P<0.05$)，说明精液抑制素主动免疫可以促进母牛发情。而在 Morris 等(1993，1995)的研究中，所有免疫母牛和对照牛均表现正常的发情周期，因此认为免疫对发情周期长度和发情母牛比率没有影响。引起这种差异的原因，可能与牛群的生殖状况有关，即 Morris 等(1993，1995)的研究是在试验条件下进行，所用牛群均为正常发情周期牛，而本研究是在生

产条件下进行，部分牛群在分娩后的发情周期可能异常。

比较各组母牛的情期受胎率(表 2.50)，发现统计差异不显著($P<0.05$)，表明用精液抑制素主动免疫对情期受胎率没有影响，这一结果与 Morris 等(1993,1995)的报道一致。

关于抗抑制素抗体水平与排卵数或孪生率的关系问题，迄今的报道结果尚不一致。Glencross 等(1994)应用人工合成的牛卵泡抑制素 α-亚基片段免疫母牛后，发现随着加强免疫次数的增加，排卵数增加。Morris 等(1993,1995)比较人工合成的牛卵泡抑制素 α - 亚基 3 种片段($F_1$,$F_2$,$F_3$)的免疫效果，发现用 $F_1$ 免疫的母牛孪生率最高，为 60%(3/5)，$F_3$ 免疫组其次(20%,1/5)，$F_1$ 免疫组最低(0,0/5)；这三组免疫牛血清与抑制素的结合率依次为 27.5%(范围 22%～33.5%)，5.5%(范围 2.9%～8.8%)和 21.5%(范围 16.5%～27.1%)。在 $F_2$ 组，排卵率与抗抑制素抗体效价呈正相关；而在 $F_3$ 组，排卵数与抗体效价呈负相关。Scanlon 等(1993)用牛卵泡抑制素 α-亚基片段 N 端 1～26 主动免疫青年母牛，并进行 3 次加强免疫，结果发现在第 2 次和第 3 次加强免疫后不同时期的排卵率与抗抑素抗体水平的相关系数变化较大，最高的发生于第 3 次加强免疫后第 36 天，相关系数达 0.89，最低的发生于第 2 次加强免疫后第 69 天，相关系数为 0.04。第 3 次加强免疫后各发情周期排卵数与抗抑制素抗体水平的相关系数(0.4～0.89)高于第 2 次加强免疫后的值(0.04～0.42)。本研究证明，排双卵的母牛血中抗抑制素抗体水平显著高于排单卵或未排卵的母牛，而且排卵数与抗精液抑制素抗体水平呈强正相关($r=0.75$)。

Scanlon 等(1993)用牛卵泡抑制素 α-亚基片段免疫青年母牛时认为，免疫效果(抗体滴度和排卵率)与免疫程度有关，而与免疫原用量无关。而在本研究中，Th 组的免疫效果明显优于 Tl 组，说明免疫效果与免疫原用量有关。引起这种差异的原因，可能与免疫原的纯度有关。本研究所用免疫原是用化学方法提纯化的，其纯度不及用抑制素 α-亚基片段与大分子蛋白质偶联后制备的免疫原。在免疫原纯度有限的情况下，可能需要一定量的免疫原才能保证免疫原对动物免疫系统的刺激作用，所以在一定范围内免疫效果可能与免疫原用量有关。

与 Tl 组和 C 组相比较，Th 组的产犊率高 32%以上，产犊数占处理母牛的比例高 22%以上(表 2.50)，说明猪精液抑制素主动免疫方法对于提高母牛繁殖效率是有效的。

### 2.3.4 人工诱导肉牛双胎途径及效果研究

牛为单胎动物，通常一胎产一犊，据 Gilmore(1992)报道，综合 20 万头(次)的产犊记录，双胎率仅为 0.5%。另据杨利国(1992)报道，在自然情况下，我国肉牛双胎率极低，仅为 0.15%～2.27%。如何能让牛产双犊，是提高肉牛业经济效益的关键所在。近年来随着人们对母牛繁殖生理和生殖内分泌研究的深入，以及胚胎工程的快速发展。国内外围绕肉牛产双犊问题，开展了许多研究。本研究拟从胚胎工程、复合生殖激素(双胎灵)、抑制素免疫 3 方面对人工诱导肉牛双胎进行综合性研究，为人工诱导肉牛双胎技术提供科学依据，并在生产实践中提高肉牛繁殖率，增加肉牛业的经济效益，加快肉牛业发展。

1. 材料与方法

(1)抑制素主动免疫途径诱导双胎试验材料与方法

①抑制素来源。参见刘春海等(1999)方法。

②试验牛及免疫方法。经产黄牛 159 头，产后 1～3 个月，饲养于农户和国营牧场，体重

275～352 kg，年龄 4～9 岁。随机分为 2 组，Th 组（$n=87$）颈部免疫 2 mg/头，抑制素抗原经同等剂量的完全福氏佐剂乳化。加免剂量 1.0 mg/头，以不完全福氏佐剂（sigma，USA）乳化，两次免疫间隔 3～4 周。T1 组（$n=72$）首免剂量 1.0 mg 加免剂量 0.5 mg。免疫程序和方法同 Th 组。

③统计各组妊娠、双胎及产犊情况。

（2）注射复合生殖激素（“双胎灵”）途径诱导双胎试验材料和方法

①“双胎灵”为自制。主要成分是以促性腺激素为主的复合生殖激素，分为“双胎灵”1 号、2 号、3 号和 4 号。“双胎灵”1 号和“双胎灵”4 号按剂量大小依次分为 A、B、C、D 四个组。

②参试牛为 3～7 岁的黄牛、西杂牛和荷杂牛，计 586 头，在发情周期的第 10～12 天，肌肉注射双胎灵 1 号，间隔 48 h 肌肉注射双胎灵 2 号，发情后 8～12 h 输第一次精同时肌肉注射双胎灵 3 号和 4 号，依发情情况间隔 12 h 再输精 1 次。统计妊娠、流产、产犊、双胎、犊牛成活等情况。

（3）应用胚胎工程途径诱导双胎试验材料与方法

①胚胎的获得。对供体牛超排：用纯化的 FSH（中国科学院动物研究所产）按常规方法对供体牛（高代西杂母牛和部门中国荷斯坦牛）进行超排处理，FSH 总剂量为 7.5 mg 左右。于供体牛超排输精后的第 7 天，非手术采集胚胎。按形态鉴定法对胚胎进行分级，选 A、B 级胚胎待冷冻。

应用体外受精法：按曾申明、朱士恩等（1998）报道的方法体外生产胚胎。

②胚胎冷冻和解冻及胚胎鉴定。体内或体外获得胚胎均按桑润滋、朱士恩等（1999）报道方法进行玻璃化冷冻保存。

③胚胎工程方法。用 3 种方法：试验一组，人工授精＋胚胎移植（Al＋ET）。即人工授精后的第 7 天，在其卵巢黄体对侧子宫角再移入一枚体内受精冻胚。试验二组，母牛发情后不输精，在发情后的第 7 天，向卵巢黄体同侧子宫角移入两枚体内受精冻胚。试验三组，方法同试验二组，只是移入两枚体外受精冻胚。

④对各组妊娠、双胎情况进行统计。

2. 结果与分析

用抑制素主动免疫、复合生殖激素（双胎灵）、胚胎工程 3 条途径诱导肉牛双胎，参试（有效）牛 727 头，妊娠 491 头，妊娠率为 67.5%，其中 148 头产双胎；双胎率为 30.3%，见表 2.51。

表 2.51 不同途径诱导双胎效果

| 诱导途径 | 参试（有效）牛 | 妊娠牛 | 妊娠率/% | 产双胎牛 | 双胎率/% | 备注 |
|---|---|---|---|---|---|---|
| 抑制素主动免疫 | 117 | 92 | 78.6 | 16 | 18.0 | 分娩牛为 89 头 |
| 复合生殖激素 | 516 | 347 | 67.2 | 109 | 31.4 | |
| 胚胎工程 | 94 | 52 | 55.3 | 23 | 44.2 | 尚有 2 头待产 |
| 合计 | 727 | 491 | 67.5 | 148 | 30.3 | 尚有 2 头待产 |

（1）不同免疫剂量对双胎率及产犊率的影响 在 3.0 mg 组，59 头母牛配种后受胎，其中 57 头母牛正常分娩，共产下 72 头犊牛，双胎母牛占分娩母牛总数的 26.3%，产犊数占分娩母牛总数、妊娠母牛总数、发情母牛总数的百分率分别为 126.3%、122.0% 和 98.6%。与 1.5 mg 组相比，双胎率增加 23.2%（$P<0.05$），分娩牛产犊率增加 23.2%。说明 3.0 mg 组

优于 1.5 mg(表 2.52)。

表 2.52 不同免疫剂量对双胎率及产犊率的影响

| 组别 | 发情母牛数 | 妊娠母牛数 | 产犊母牛数 | | | 双胎率/% | 产犊率/% | | |
|---|---|---|---|---|---|---|---|---|---|
| | | | 单胎 | 双胎 | 合计 | | 占发情牛 | 占妊娠牛 | 占分娩牛 |
| 3.0 mg(Th) | 73 | 59 | 42 | 15 | 57 | 26.3[a] | 98.6[a] | 122.0[a] | 126.3[a] |
| 1.5 mg 组(T1) | 44 | 33 | 31 | 1 | 32 | 3.1[B] | 75.0[B] | 100.0[b] | 103.1[b] |
| 合 计 | 117 | 92 | 73 | 16 | 89 | 18.0 | 86.8 | 111.0 | 113.4 |

注:同一栏内不同小写字母标注的显著性水准为 $P<0.01$,不同字母,且其中一个为大写字母标注的显著性水准为 $P<0.05$,不论大小写,用相同字母标注的显著性水准为 $P<0.05$。

(2)不同剂量的“双胎灵”诱导母牛双胎效果 经统计分析,发情率、双(多)胎率 4 个剂量组间无显著差异($P>0.05$);双胎率 D 组则显著低于(40.5%)、B 组 40.2%($P<0.05$),A 组与其他三组无显著差异($P>0.05$),因此从提高双胎率方面考虑,以选择 C、B 效果为好;流产率 D 组(16.3%)显著高于 A(0)、B(3.3%)、C(3.8%)三组($P<0.05$),其他三组间则无显著差异($P>0.05$),因此从降低流产率方面考虑,以选择 A、B、C 效果为好;多胎(≥3 胎)率有随双胎灵剂量增大而升高的趋势,D 组(11.6%)显著高于 B、A 组($P>0.05$),C 组与其他三组则无显著差异($P>0.05$),从降低多胎(≥3 胎)率方面考虑,以选择 A、B 组效果较好。妊娠牛产犊率以 C 组(144.5%)、B 组(141.3%)为高。综合考虑上述因素,笔者认为,利用“双胎灵”诱导母牛产双胎,以 C、B 组效果为好,见表 2.53。诱导双胎获得的双胎牛犊见彩图 5。

表 2.53 不同剂量双胎灵诱导母牛双胎统计表

| 组别 | 参试牛头数 | 有效(发情)牛头数/% | 妊娠牛头数 | 情期受胎率/% | 流产头数/% | 产双胎母牛数/% | 产多胎(>3头)牛数/% | 产犊头数 | 妊娠牛产犊率/% |
|---|---|---|---|---|---|---|---|---|---|
| A | 160 | 136(85.0) | 90 | 66.2 | 0(0) | 25(27.8) | 0 | 115 | 127.8 |
| B | 148 | 132(89.2) | 92 | 69.7 | 3(3.3) | 37(40.2) | 2(2.27) | 130 | 141.3 |
| C | 140 | 125(89.3) | 79 | 63.2 | 3(3.8) | 32(40.5) | 3(3.8) | 114 | 144.3 |
| D | 138 | 123(89.4) | 86 | 69.9 | 14(16.3) | 15(17.4) | 10(11.6) | 111 | 129.1 |
| 合 计 | 586 | 516(88.1) | 347 | 67.2 | 21(6.1) | 109(31.4) | 15(4.3) | 470 | 135.5 |

(3)应用胚胎工程诱导双胎效果 由表 2.54 看出,在母牛人工授精后,再移入一枚体内冻胚、移入两枚体内冻胚,移入两枚体外冻胚的双胎率,依次为 61.3%、52.7%、50.0%,分别比自然情况下的双胎率(0.15%~2.27%)提高 50.33~52.45,39.13~41.25,47.73~49.85 个百分点。

表 2.54 应用胚胎工程诱导肉牛双胎情况表

| 诱因双胎方法 | 移植受体母牛头数 | 妊娠头数 | 妊娠率/% | 产双胎母牛头数 | 双胎率/% | 备注 |
|---|---|---|---|---|---|---|
| 试验 1 组 | 31 | 19 | 61.3 | 10 | 52.6 | |
| 试验 2 组 | 55 | 29 | 52.7 | 12 | 41.4 | |
| 试验 3 组 | 8 | 4 | 50.0 | 1 | 50.0 | 尚有 2 头待产 |
| 合 计 | 94 | 52 | 55.3 | 23 | 44.2 | 尚有 2 头待产 |

移植双胚一般分为两种方法，一种为双侧移植法，即将两枚胚胎分别移入受体牛两侧子宫角内，另一种为单侧移植法，将两枚胚胎同时移入受体牛黄体同侧的子宫角内。本研究采用单侧移植法，移入两枚体内冻胚妊娠率达 52.7%，双胎率达 41.4%，这一结果与 Renard 等(1997)移植鲜胚妊娠率 60%，双胎率 50%结果接近。移入 2 枚体外冻胚妊娠率 50.0%，低于卢克焕等(1994)61.7%的妊娠率，而双胎率 50.0%，高于卢克焕等(1994)的 25.0%的结果。

抑抑素主动免疫、复合生殖激素（双胎灵）、胚胎工程 3 条途径，诱导肉牛双胎率依次为 18.0%、31.4%、44.2%，从双胎率看，依次升高，从产双犊成本看，依次加大，尤其胚胎工程成本最高，从推广难易程度看，以前两种方法较为简便，容易掌握，便于推广。

3. 结论

应用从猪精液中提取的抑制素主动免疫、应用复合生殖激素（双胎灵）和胚胎工程 3 条途径，均可诱导肉牛产双胎成功。

### 2.3.5 小结

应用从猪精液中提取的抑制素主动免疫母牛、给母牛注射复合生殖激素、应用胚胎工程(AI+ET，或移入两枚胚胎)3 条途径均可诱导肉牛产双胎，双胎率依次为 18.0%、31.4%、44.2%。从双胎率看，3 种方法依次升高，从产双犊成本看，依次加大，综合考虑，以前两种方法为简便易行，利于推广。

（作者：桑润滋、刘春海、田树军、郑德富、杨利国、张居农）

## 2.4 性别控制技术——性控精液产母犊技术

### 2.4.1 X、Y 精子分离与胚胎性别鉴定概述

性别控制主要有两条途径，一是在受精之前的性别控制——X 精子与 Y 精子分离，二是在受精之后的性别控制——胚胎性别鉴定。

1. X、Y 精子分离与胚胎性别鉴定概念

(1)X、Y 精子分离概念　X、Y 精子分离是指根据 X 精子和 Y 精子在密度、重量、形态、大小、活力、表面电荷、表面抗原以及 DNA 含量等方面的不同特点，通过相应方法进行分离 X、Y 精子的一种性别控制方法。

(2)胚胎性别鉴定概念　胚胎性别鉴定是根据不同性别胚胎在组型、表面抗原、特异性片断等方面的差异，进行鉴定从而鉴别胚胎的性别。

2. X、Y 精子分离与胚胎性别鉴定意义

性别控制之所以引起人们浓厚兴趣和高度重视并做出很大努力，是因为性别控制对人类和动物尤其是家畜的育种和生产有着深远的意义。其重要意义至少有以下几点：①可使受性别限制的生产性状（如泌乳性状）和受性别影响的生产性状（如肉用、毛用性状等）能获得更大的经济效益。如牛，奶牛场主希望从其优质、高产的核心群中繁殖出更多的小母牛来更换奶牛

群。而肉用牛场主则希望繁殖出更多的小公牛，因为牛的生产速度和肉的品质与性别有关，公牛生长速度比母牛快，而且阉公牛肉的价格较高。②可增强良种选种中的强度和提高育种效率，以获得最大的遗传进展。对于家畜育种者来说，根据市场需求，可利用性别控制技术以更高的效率繁殖出所需要的性别种畜。同时，对后裔测定来说，性别控制比无性别控制至少可以节省一半的时间、精力和费用。③对人类来说，通过精子性别的选择，可以避免怀孕一个与X相关隐性疾病的婴儿。而与X相关的隐性疾病至今已有370多种。同时，性别控制对于平衡一个家庭后代的性比例也将起到积极的作用，从而可以控制人口的增长。④通过人工授精良种改良方式，需要15～20年获得一头高产奶牛，品种改良慢，周期太长，效率太低，而对胚胎进行性别鉴定，移植预知性别的胚胎，可提高优秀种畜的利用效率，大大加快育种进程，能在短期内实现品种良种化。

3. X、Y精子分离与胚胎性别鉴定发展概况

(1)X、Y精子分离发展概况　有关动物出生前的性别控制研究最初报道于1925年，Lush是最早研究性别控制的科学家之一。1944年，Averg等人发现了DNA是遗传信息的携带者。20世纪60年代后期流式细胞仪问世。1976年Gledhill等人首先利用流式细胞仪测定X和Y精子的DNA。1979年Moruzzi发现X和Y精子中的DNA含量存在差异。1983年Garner等人，测定家畜X和Y精子DNA含量的差异为3.6%～4.0%。1986年Johnson和Pinkel改良了普通的流式细胞仪，使其专门适用于分离活精子。1989年Johnson等人首先报道用流式细胞仪成功地分离兔子活的X和Y精子，并用分离的精子授精产下后代，才使这一技术的研究取得突破性进展。随后，在牛(Cran, *et al*, 1993; Seidel, *et al*, 1997)、猪(Johnson, 1991; Rath, *et al*, 1997)、羊(Cran, *et al*, 1997)、马(Buchanan, *et al*, 2000)都相继取得成功。

2000年以来，随着精子分离速度的不断提高，X、Y精子分离技术逐渐进入商业化应用阶段。英国的Cogent公司是世界上第一家利用分离精子技术投入生产的公司。直至2000年7月，该公司已在其属下的162个农场进行了2 000头牛的AI，分离精子的平均妊娠率为52%，而非分离精子对照组的为56%。美国XY公司从2000年开始性控精液的商业化生产应用，至今已利用分离X精子冷冻精液对10 787头青年母牛进行了人工授精，情期受胎率达到53%。目前效益最好是墨西哥XY公司，该公司于2004年正式大量向市场提供良种奶牛的X精子冷冻精液，分离准确率都在90%以上，用X精子冷冻精液对青年母牛进行人工授精，情期受胎率保持在60%以上。

我国奶牛性控精液的实验研究工作起步较晚，但近年来发展迅速。2001年10月，黑龙江省大庆市田丰生物工程公司注册成立并率先进行精液分离研究，2003年11月我国第一头性控奶牛犊在该公司顺利诞生。桑润滋等(2007)获得我国首例经激素诱导、用X精液输精的3对荷斯坦双母犊。2004年，内蒙古赛科星生物科技有限责任公司、XY种畜(天津)有限公司先后从美国引进精子分离设备和技术，进行奶牛性控精液的试验研究和规模化生产；与此同时，加拿大爱德牛业发展集团、深圳澳西姆畜牧生物技术有限公司(代理销售美国GRI公司的性控冻精)等也开始向全国各地供应性控冻精。目前，国内利用性控冻精人工授精生产的母犊已有10万头以上(桑润滋，2009)。

(2)胚胎性别鉴定发展概况　从牛羊早期胚胎性别鉴定免疫学方法到胚胎细胞的染色体核型分析，取得了巨大的发展，但真正进入实用化阶段是PCR技术在早期胚胎性别鉴定中的应用。Herr等(1990)首先应用PCR技术成功地鉴定了牛羊早期胚胎性别，准确率分别为

91.6%和96.5%。国内曾溢滔等应用PCR方法扩增雄性特异性序列SRY基因进行牛胚胎的性别鉴定首次在我国获得成功。黄淑帧用PCR技术通过共同扩增SRY基因和$\beta$-酪蛋白基因进行试管牛和试管羊胚胎性别的鉴定，鉴定准确率为100%。1992年宫云浩等用PCR方法鉴定绵羊胚胎性别并进行了移植试验，准确率达100%。1997年，柏学进等人应用PCR技术鉴定牛胚胎性别，符合率也达100%。肖海霞等优化了胚胎PCR性别鉴定方法的条件，建立了巢式PCR鉴定方法，并证明该法可用于生产。曹越等建立了全套式PCR法，对牛胚胎性别进行鉴定，具有很高的灵敏性和稳定性。这些成果表明我国已具备把PCR胚胎性别鉴定技术应用于生产的科研基础，为家畜的性别控制研究和发展提供了一种可行的技术手段。目前，PCR技术在牛、羊早期胚胎性别鉴定中已取得了突破性的进展，使胚胎的性别鉴定进入了一个崭新的发展阶段。LAMP法是日本荣研化学株式会独自发明的一种崭新的DNA扩增方法，具有简单、快速、特异性强的特点。张立等(2006)应用LAMP法性别鉴定体内鲜胚移植291头，妊娠158头，妊娠率54.30%，其中公犊3头，母犊155头，准确率98.10%。

4. X、Y精子分离方法

1925年Lush首先报道根据X、Y精子的密度差异用离心法分离兔子的X和Y精子，80多年来，科学家们依据X精子和Y精子之间，如密度、重量、形态、大小、活力、表面电荷、表面抗原以及DNA含量等不同对精子进行分离。可概括为物理分离法、免疫学分离法和流式细胞仪分离法。

(1)物理分离法　物理分离法是以X和Y精子之间存在一定的物理性差异为依据，如密度、大小、重量、形态、活力和表面电荷等。

①Percoll密度梯度离心(沉积分离)法。此法是根据X精子比Y精子稍重，在Percoll分离液中X精子的沉降速率快于Y精子，通过适当的离心作用，力图将X和Y精子分开。

②电泳分离法。此法是根据X精子和Y精子表面带有不同电荷的原理，力图将X、Y精子分开。

③层流分离法。此法是根据X精子和Y精子具有不同的运动方式或特点，力图将X和Y精子分开。这种方法经Y特异探针检查证实是成功的，但仍须重复试验以及在其他动物进行试验加以证实。

④白蛋白液柱分离法。此方法是根据在黏滞的白蛋白液柱中，Y精子的游动速率比X精子快的原理。因为这种方法仅较适用于分离Y精子，而且只是收集到少量的Y精子，其效率较低。

⑤上游法。此法的根据是Y精子的游动速率快于X精子，其密度也比X精子低，在上游液中停留时间比X精子长，故可在上游液中富集到Y精子。

此外还有传递逆流电流法，Sephadex凝胶过滤法、称重法、形态大小分辨法等物理学方法。

(2)免疫学分离法　此法是根据H-Y抗原在X精子和Y精子表面上存在差异，故利用H-Y抗体检测精子质膜上存在的H-Y抗原，力图将X精子和Y精子分离开。据罗承浩等(2004)报道，应用此法可使奶牛提高10.7%的产母犊率。但由于免疫法对精子处理的时间较长，影响精子活力，导致受胎率下降，因此该法目前还无法推广应用。

(3)流式细胞仪分离法　物理学方法和免疫学方法都缺乏可靠性和可重复性，目前，只有流式细胞仪分离法才是比较科学，比较可靠，准确性较高的分离精子的方法。

①分离精子的理论基础。在哺乳动物中,每一个体的X精子和Y精子,其DNA含量都是恒定的。但X染色体的DNA含量都要高于Y染色体,如牛的X染色体的DNA含量大约比Y染色体的多3.8%,羊为4.2%。因而X和Y精子之间DNA含量的差异,就为流式细胞仪进行X和Y精子分离提供了理论依据。

②分离精子的过程。收集精液稀释,与荧光染料Hoechst 33342共同培养,这种染料定量与DNA结合。由于X精子比Y精子含较多的DNA,所以X精子放射出较强的荧光信号。放射出的信号通过仪器和计算机系统扩增,分析并分辨出哪些是X精子或是Y精子,或是分辨模糊的精子。当含有精子的缓冲液离开激光系统时借助于颤动的流动室将垂直流下的液柱变成微小的液滴。含有单个精子的液滴被充上正电荷或负电荷,并借助两块各自带正电或负电的偏斜板,把X或Y精子分别引导到两个收集管中。在分离过程中排除死精子和受损的精子的方法是在精液中添加食用色素,死精子和细胞膜受损的精子将被染色,而细胞膜完整的精子能排除食用色素,被食用色素染色的死精子和受损的精子用Hoechst 33342染色后,会由于荧光减弱而在分离过程中被排除。

③分离精子的效率与纯度。20世纪90年代初每小时只能分离X和Y精子各36万个,而现在约各为1 100万个。由于目前技术条件的限制,只有30%左右的精子通过流式细胞仪时能够准确地根据其荧光量大小而得到分离,其中X和Y精子各占15%。从分析纯度看,Welch and Johnson(1999)对猪和牛精子分析结果,其纯度在85%~90%之间。陆阳清(2004)用流式细胞分离仪对水牛精子进行分析,X和Y精子的分离纯度分别为94%和89%。

5. 胚胎性别鉴定方法

(1)性染色质鉴定法　性染色质鉴定法是世界上第一种鉴定胚胎性别的方法。该技术的准确率很高,可达100%,但比较复杂,且对胚胎损伤大,成功率甚低,在生产实际中没有多大的价值。

(2)染色体组型鉴定法　染色体组型分析法是从胚胎中取出小部分细胞进行染色体分析,从而鉴定胚胎的性别。鉴定时对胚胎具有很大损伤,因此缺乏应用价值。主要用于验证其他性别鉴定方法的准确性。

(3)雄性特异抗原鉴定法　哺乳动物的雄性胚胎表达一种细胞表面H-Y抗原,通过鉴定H-Y抗原的有无来鉴别动物胚胎的性别。对鉴定牛、羊和猪胚胎性别的准确率可达80%~90%。但H-Y抗原是弱抗原,H-Y抗血清的特异性较差。由于死细胞无特异荧光反应,故一些胚胎无法作性别鉴定。此法在生产实际中的应用仍有一定的局限性。

(4)分子生物学方法

①雄性特异性DNA探针法。从Y染色体分离筛选出雄性特异性片段作为探针,然后用放射性同位素等标记,与被检测胚胎进行Southern或斑点杂交,并根据显示的斑点来判断是否有Y染色体存在。结果如果是阳性则胚胎为雄性,否则为雌性。由于该方法对胚胎损伤较大,并且鉴定时间较长以及各种家畜必须采用同种的雄性特异性DNA探针等都使该法在广泛应用上仍受到一定限制。

②PCR检测法。PCR技术是20世纪80年代中期发展起来的一项DNA体外扩增技术。PCR法用于胚胎性别鉴定的实质就是Y-染色体特异性片段或Y-染色体上的性别决定基因(SRY)的检测技术。即通过合成SRY基因或锌指结构基因(ZFY)或其他Y-染色体上特异性片段的部分序列作为引物,用少部分胚胎细胞中的DNA为模板,在一定条件下进行PCR

扩增反应,能扩增出目标片段的胚胎即为雄性胚胎,否则为雌性胚胎。由于这种方法对胚胎损害较小,准确率也较高,可达90%以上,同时还具有快速、简便、经济等优点,是目前最具有商业应用价值的鉴定胚胎性别的方法。

③LAMP法。LAMP法是由日本岩株式会社建立的一种新式恒温核酸扩增方法,其基本原理是分别使用不同的引物,在65℃左右,不到1 h的时间里进行核酸的指数级扩增,反应副产物焦磷酸镁沉淀可用肉眼观测到,以判断是否发生扩增。LAMP法的特点是准确率和灵敏度都达到或优于PCR法,但条件要求高。

本节主要从性控精液的输精剂量、部位、时间及母牛年龄等对情期受胎率、母犊率及后代生长发育的影响,以及X精液在诱导奶牛双胎产双母犊等进行了研究。

### 2.4.2 性控精液对奶牛受胎率、母犊率及其后代生长发育的影响(一)

性别控制一直是人类的梦想,直至1989年Johnson等人首先报道用流动细胞检索仪成功地分离兔子活的X和Y精子,用分离的精子授精并产下后代以后,这一技术的研究才取得突破性和实质性的进展,随后在牛、猪、羊、人、马都相继取得成功。近年来,随着分离效率的不断提高,性控精液已经进入商品化应用阶段,在生产中为快速、高效扩繁高产优质奶牛提供了一条新的途径,具有诱人的应用前景。目前生产的性控精液精子数少,体外存活时间短,据王建国等(2006)报道奶牛X性控冻精体外存活时间为5~12 h,比同种普通精子的存活时间短2~10 h。这些都造成性控精液受胎率低,据Garner DL等人(2005)报道性控精液的受胎率为常规精液的70%~80%。人们对精液分离过程对后代的生长发育是否会产生不良影响还存在疑问,本试验针对上述问题展开研究,以期提高性控精液的受胎率,探明精液分离是否对后代产生影响。

1. 材料与方法

(1)试验时间与地点　本试验于2005年10月、2006年3月及2006年12月在河北邯郸滏阳乳业有限公司奶牛场进行。

(2)试验牛选择　试验牛为荷斯坦奶牛,分青年牛与成母牛两部分,青年牛为16~20月龄,有1~2个正常发情周期,成母牛为2~6胎、产犊在2个月以上,并经直肠检查无生殖系统疾病的母牛。

(3)同期发情用药品　氟孕酮阴道海绵栓(牛欢),浙江东牧动物药业有限公司产,批号为040810、051230;苯甲酸雌二醇,南京动物激素厂产,批号为030102;黄体酮,南京龙耀科学技术有限公司产,批号为040621;氯前列醇钠,宁波市激素制剂有限公司产,批号为050201。

(4)试验用性控精液和常规精液　试验用性控精液为国内两个厂家生产,种公牛号为♂1、♂2和♂3。常规精液为北京奶牛中心生产。

(5)试验方法

①同期发情方法。受试牛于发情周期任意一天放入"牛欢",同时肌肉注射雌二醇1 mg、孕酮50 mg。第10天取出"牛欢",同时肌肉注射氯前列醇钠0.4 mg。在取出"牛欢"后的4 d内分早、中、晚3次观察发情,牛发情鉴定以接受爬跨为准,并结合直肠检查卵泡发育情况。

②人工授精的方法。将同期发情后的母牛分为试验组(性控精液)和对照组(常规精液)。在输精方法上对照组采用常规的子宫颈输精。试验组分为2种,均为有卵泡发育侧子宫角,一种是子宫角深部(子宫角大弯处)输精;另一种是子宫角浅部(子宫角分岔处)输精。在输精时

间上对照组采用上午发情下午输精,下午发情第 2 天早晨输精的方法。试验组比对照组推迟 4～5 h,并结合直肠检查卵泡发育情况进行输精。90 d 经直检进行妊娠诊断。

③接产统计母犊率、流产率,统计犊牛成活率。

④测初生、3 月龄、6 月龄体尺及体重。

(6)数据处理　试验数据用 spass 1.2 统计软件进行显著性检验。

2. 结果与分析

(1)年龄对奶牛性控精液人工授精情期受胎率的影响　由表 2.55 可知,青年牛的受胎率显著高于成年母牛(0.01<$P$<0.05)。

表 2.55　年龄对奶牛性控精液人工授精情期受胎率的影响

| 组别 | 输精头数/头 | 受胎头数/头 | 受胎率/% |
|---|---|---|---|
| 青年牛 | 80 | 50 | 62.50[a] |
| 成年牛 | 94 | 41 | 43.62[b] |

注:同列数据肩标不同大写字母为差异极显著($P$<0.01);不同小写字母为差异显著($P$<0.05);字母相同为差异不显著($P$>0.05)。下表同。

(2)不同输精部位对奶牛性控精液人工授精情期受胎率的影响　由表 2.56 可知,子宫角深部输精的受胎率有高于浅部输精的趋势,但经卡方检验两者差异不显著($P$>0.05)。

表 2.56　不同输精部位对奶牛性控精液人工授精情期受胎率的影响

| 输精部位 | 输精头数/头 | 受胎头数/头 | 受胎率/% |
|---|---|---|---|
| 子宫角深部 | 76 | 43 | 56.58[a] |
| 子宫角浅部 | 98 | 48 | 48.98[a] |

(3)不同种公牛的性控精液对奶牛人工授精情期受胎率的影响　由表 2.57 可知,♂3 号种公牛生产的性控精液人工授精的受胎率显著高于♂1 号种公牛生产的性控精液人工授精的受胎率($P$<0.05);♂3 号种公牛与♂2 号种公牛以及♂1 号种公牛与♂2 号种公牛生产的性控精液人工授精的受胎率差异不显著($P$>0.05)。

表 2.57　不同种公牛对奶牛性控精液人工授精情期受胎率的影响

| 种公牛 | 输精头数/头 | 受胎头数/头 | 受胎率/% |
|---|---|---|---|
| ♂1 | 57 | 24 | 42.11[a] |
| ♂2 | 43 | 22 | 51.16[ab] |
| ♂3 | 74 | 45 | 60.81[b] |

(4)季节对奶牛性控精液人工授精情期受胎率的影响　由表 2.58 可知,春季的受胎率最高(58.46%),秋季次之(51.43%),冬季最低(43.59%),但经卡方检验,春季、秋季、冬季的受胎率差异不显著($P$>0.05)。

表 2.58 不同季节对奶牛性控精液人工授精情期受胎率的影响

| 季节 | 输精头数/头 | 受胎头数/头 | 受胎率/% |
|---|---|---|---|
| 春季 | 65 | 38 | 58.46[a] |
| 秋季 | 70 | 36 | 51.43[a] |
| 冬季 | 39 | 17 | 43.59[a] |

(5)性控精液(试验组)与常规精液(对照组)情期受胎率的比较 由表 2.59 可知,试验组的情期受胎率(52.30%)低于对照组的受胎率(59.49%),但经卡方检验,两者之间差异不显著($P>0.05$)。

(6)性控精液对母犊率、流产率及犊牛存活率的影响 由表 2.60 可知,性控精液组的母犊率极显著高于常规精液组的母犊率($P<0.01$);流产率、犊牛成活率两者差异不显著($P>0.05$)。

(7)性控犊牛与常规精液所产犊牛体尺及体重的比较 由表 2.60 可知,性控犊牛与常规精液所产犊牛初生、3 月龄、6 月龄的体尺及体重均无显著差异($P>0.05$)。

表 2.59 试验组与对照组情期受胎率的比较

| 组别 | 试验牛年龄 | 输精头数/头 | 受胎头数/头 | 情期受胎率/% |
|---|---|---|---|---|
| 试验组 | 青年牛 | 80 | 50 | 62.50[a] |
| | 成年牛 | 94 | 41 | 43.62[b] |
| | 小 计 | 174 | 91 | 52.30[a] |
| 对照组 | 青年牛 | 38 | 26 | 68.42[a] |
| | 成年牛 | 41 | 21 | 51.22[b] |
| | 小 计 | 79 | 47 | 59.49[a] |

表 2.60 性控精液对母犊率、流产率及犊牛成活率的影响

| 组别 | 产犊头数/头 | 母犊数/头 | 母犊率/% | 流产头数/头 | 流产率/% | 犊牛成活率/% |
|---|---|---|---|---|---|---|
| 试验组 | 66 | 63 | 95.45[A] | 2 | 2.94[a] | 92.42[a] |
| 对照组 | 38 | 18 | 47.37[B] | 2 | 5.00[a] | 92.11[a] |

表 2.61 性控犊牛与常规精液所产犊牛体尺及体重的比较

| 月龄 | 组别 | 样本数/头 | 体高/cm | 体长/cm | 胸围/cm | 管围/cm | 体重/kg |
|---|---|---|---|---|---|---|---|
| 初生 | 试验组 | 15 | 74.00±2.62[a] | 67.13±3.53[a] | 72.38±2.98[a] | 10.37±0.71[a] | 37.83±3.25[a] |
| | 对照组 | 15 | 73.33±2.23[a] | 67.27±2.40[a] | 73.13±2.64[a] | 10.47±0.64[a] | 39.00±2.72[a] |
| 3 月龄 | 试验组 | 15 | 92.38±2.84[a] | 88.92±5.01[a] | 108.08±4.54[a] | 12.36±0.15[a] | 95.23±12.75[a] |
| | 对照组 | 15 | 93.40±3.42[a] | 90.73±4.74[a] | 109.07±3.65[a] | 12.73±0.14[a] | 97.67±8.52[a] |
| 6 月龄 | 试验组 | 15 | 97.64±2.41[a] | 107.43±2.93[a] | 119.36±2.62[a] | 13.57±0.51[a] | 142.38±6.84[a] |
| | 对照组 | 15 | 99.85±3.83[a] | 108.62±4.81[a] | 121.38±5.84[a] | 13.77±0.83[a] | 149.77±18.48[a] |

3. 讨论

(1)年龄对情期受胎率的影响　青年牛由于未产过犊,子宫内环境要好于经产成年母牛,另外没有泌乳负担,生殖机能更加旺盛,所以青年牛的受胎率显著高于成年母牛,本试验结果与王建国等人(2006)的报道一致。由于性控精液的成本较高,因此只将性控精液应用于青年牛将获得更大的经济效益,邯郸釜阳乳业奶牛场现行的配种方案为只对青年牛输性控精液,头胎以后用常规精液输精,既保证了一定的受胎率,又提高了母犊率,获得了较好的经济效益。

(2)输精部位对情期受胎率的影响　据 K. A. Weigel(2004)报道子宫体输精与子宫角输精对受胎率没有显著影响,本试验的输精部位更接近受精部位,采用子宫角深部输精,理论上可减少精子到达受精部位所消耗的能量,进而提高受胎率,试验表明,子宫角深部输精的受胎率有高于子宫角浅部输精的趋势,但两者差异不显著,与 Kurykin J. 等人(2006)报道的结果相似。

(3)种公牛个体差异的影响　不同种公牛生产的精液的受胎率存在差异,当精子数足够多时,这种差异并不明显,即使是受精能力差的种公牛精液也能达到可以接受的受胎率。但随着精子数的下降这种差异会变得更加明显,由于性控精液的精子数只有 200 万,使得一些种公牛的精液因达不到可以接受的受胎率而不适于进行分离。本试验结果也表明不同种公牛生产的性控精液的受胎率也存在差异,与 I. Cerchiaro 等人(2007)报道的结果一致,因此在生产中选择受胎率高的种公牛的精液进行分离,成为提高性控精液受胎率的一条途径。

(4)季节对情期受胎率的影响　夏季因为气候炎热,奶牛由于受热应激内分泌紊乱,对发情受胎影响较大,所以未进行试验。从试验结果来看,春季、秋季、冬季的受胎率没有显著差异,均可应用性控精液输精。

(5)性控精液对受胎率的影响　通过改进输精部位和输精时间,青年牛和成年牛用性控精液输精的受胎率与用常规精液输精的受胎率并没有显著差异,说明选择最佳的输精部位和输精时间可以在一定程度上弥补分离过程以及精子数少对受胎率造成的负面影响。张文等1994—1995 年对2 369头母牛采取偏角输精情期受胎率比常规输精提高 12.9%。针对性控精液体外存活时间短的特点,在输精时间上比常规精液推迟 4～5 h,更接近排卵时间,提高性控精液的受胎率。一般早上发情牛较多,输精时间推迟后要到晚上 9 点以后输精,给生产带来不便。

(6)性控精液对母犊率及后代生长发育的影响　性控精液的母犊率远高于常规精液的母犊率,说明精液分离的准确率是相当高的。性控犊牛的流产率为 2.94%,与 L. M. Tubman 等人(2004)报道的 2.8%相似。据 Andersson M. 等人(2006)报道性控精液和常规精液所产健康犊牛的比例分别为 100%和 97%,本试验结果表明性控犊牛的流产率、犊牛成活率以及初生、3 月龄、6 月龄体尺体重与常规精液所产的母犊并没有显著差异,说明精液分离过程并不会对后代的生长发育造成不良影响。

4. 结论

(1)从试验结果来看,性控精液对奶牛情期受胎率无影响,应用以青年牛为宜。

(2)性控精液显著提高了母犊率,对后代的初生重、体尺无影响,对 3 月龄、6 月龄的生长发育无影响。

(3)不同的种公牛所生产的性控精液,其人工授精后的受胎率存在差异。

### 2.4.3 性控精液对奶牛受胎率、母犊率及其后代生长发育的影响(二)

为了进一步探讨性控精液对奶牛受胎率的影响，我们与天津 XY 公司合作，对天津 XY 公司 03162 号种公牛所采精液一部分进行常规冷冻，一部分经分离后进行冷冻。然后用同一头种公牛生产的常规冻精和性控冻精进行人工授精，比较对情期受胎率的影响。

1. 试验方法

同(一)，试验地点仍选择在河北邯郸滏阳乳业有限公司奶牛场进行。

2. 结果与分析

(1)性控精液与常规精液情期受胎率的比较　由表 2.62 可知，青年牛试验组与对照组的情期受胎率分别为 80.00%和 60.00%，两者差异不显著($P>0.05$)。成年母牛试验组与对照组的情期受胎率分别为 33.33%和 57.14%，两者差异不显著($P>0.05$)。

表 2.62　性控精液与常规精液情期受胎率的比较

| 试验牛年龄 | 组别 | 输精头数/头 | 受胎头数/头 | 情期受胎率/% |
|---|---|---|---|---|
| 青年牛 | 试验组 | 10 | 8 | 80.00[a] |
| | 对照组 | 10 | 6 | 60.00[a] |
| 成母牛 | 试验组 | 18 | 6 | 33.33[a] |
| | 对照组 | 21 | 12 | 57.14[a] |

(2)性控精液与常规精液所产犊牛体尺及体重的比较(对以前所产情控犊牛继续跟踪测试见表 2.63)　由表 2.63 可知，性控精液与常规精液所产犊牛初生、3 月龄、6 月龄、12 月龄的体尺及体重均无显著差异($P>0.05$)。

表 2.63　性控精液与常规精液所产犊牛体尺及体重的比较

| 月龄 | 分组 | 样本数/头 | 体高/cm | 体长/cm | 胸围/cm | 管围/cm | 体重/kg |
|---|---|---|---|---|---|---|---|
| 初生 | 试验组 | 15 | 74.00±2.62[a] | 67.13±3.53[a] | 72.38±2.98[a] | 10.37±0.71[a] | 37.83±3.25[a] |
| | 对照组 | 15 | 73.33±2.23[a] | 67.27±2.40[a] | 73.13±2.64[a] | 10.47±0.64[a] | 39.00±2.72[a] |
| 3 月龄 | 试验组 | 15 | 92.38±2.84[a] | 88.92±5.01[a] | 108.08±4.54[a] | 12.36±0.15[a] | 95.23±12.75[a] |
| | 对照组 | 15 | 93.40±3.42[a] | 90.73±4.74[a] | 109.07±3.65[a] | 12.73±0.14[a] | 97.67±8.52[a] |
| 6 月龄 | 试验组 | 15 | 97.64±2.41[a] | 107.43±2.93[a] | 119.36±2.62[a] | 13.57±0.51[a] | 142.38±6.84[a] |
| | 对照组 | 15 | 99.85±3.83[a] | 108.62±4.81[a] | 121.38±5.84[a] | 13.77±0.83[a] | 149.77±18.48[a] |
| 12 月龄 | 试验组 | 15 | 119.3±0.57[a] | 135.75±5.22[a] | 148.42±2.59[a] | 16.92±0.19[a] | 263.38±11.54[a] |
| | 对照组 | 15 | 121.3±0.97[a] | 137.33±1.74[a] | 151.83±2.73[a] | 17.00±0.17[a] | 278.62±11.76[a] |

3. 性控精液推广情况

对内蒙赛科星生物科技有限责任公司和天津 XY 公司生产的奶牛性控精液，在邯郸釜阳乳业公司奶牛场、唐山迁安、保定容城牛场进行性控精液的推广应用，结果表明，三处的情期受胎率分别为 53.0%、55.2%和 45.6%，差异不显著($P>0.05$)，平均情期受胎率为 52.1%；流产率分别为3.9%、4.3%和6.8%，差异不显著($P>0.05$)，平均流产率为4.5%；产母犊率分别为93.7%、94.6%和94.1%，差异不显著($P>0.05$)，平均产母犊率为94.0%(表2.64)。

表2.64　性控精液推广情况

| 单位 | 参试牛/头 | 情期受胎率/% | 流产率/% | 产母犊率/% |
|---|---|---|---|---|
| 邯郸釜阳乳业公司 | 436 | 53.0[a](231/436) | 3.9[a](9/231) | 93.7[a](208/222) |
| 唐山迁安 | 210 | 55.2[a](116/210) | 4.3[a](5/116) | 94.6[a](105/111) |
| 保定容城 | 160 | 45.6[a](73/160) | 6.8[a](5/73) | 94.1[a](64/68) |
| 小计 | 806 | 52.1(42.0/806) | 4.5(19/420) | 94.0(377/401) |

4. 结论

(1)用性控精液与常规精液对青年牛进行人工授精，情期受胎率差异不显著。

(2)性控精液与常规精液人工授精所生后代(出生至12月龄)，在体尺、体重方面差异不显著。

图2.5、图2.6为奶牛场所产性控母犊。

图2.5　邯郸釜阳乳业奶牛场产性控母犊

图2.6　保定双丰牛场所产性控母犊

## 2.4.4　X精液在奶牛诱导双胎中产双母犊试验

牛属单胎动物，通常一胎产一个犊，繁殖率低。自然产双胎的母牛很少见，在自然繁殖情况下，母牛的双胎率一般在0.15%～2.99%。应用诱导双胎技术，提高双胎率可成倍提高牛的繁殖力，增加后代数量，扩大商品牛群，相对减少基础母牛饲养费用，从而降低生产成本，提高养牛业经济效益。自20世纪30年代以来，国内外学者利用各种途径展开了对人工诱导母牛双胎的研究，尤其是近年来，随着人们对母牛繁殖机理研究的深入和胚胎生物技术的快速发展，人工诱导母牛双胎已成为可能。母牛怀双胎的最大不利影响是异性孪生不孕，据Fujislliro A.等(1995)报道有92%的异性孪生母犊不孕，因此诱导双胎技术无法在奶牛上应用。随着性别控制技术的发展，用性控精液(X精液)对诱导排双卵的母牛输精，让其产双母犊，可解决异性孪生不孕的问题，从而能成倍提高奶牛繁殖效率，为此开展此项研究。

1. 试验材料

(1)试验牛　试验牛为荷斯坦奶牛，分青年牛与成母牛两部分，青年牛为16～20月龄，有

1～2 个正常发情周期，成年母牛为 2～4 胎，产后 2 个月以上，并经直肠检查无生殖系统疾病的母牛。

(2)试验用药品

氟孕酮阴道海绵栓(牛欢)，浙江东牧动物药业有限公司产，批号为 051230；

苯甲酸雌二醇，南京动物激素厂产，批号为 030102；

黄体酮，南京龙耀科学技术有限公司产，批号为 040621；

孕马血清，宁波第二激素厂产，批号为 060413；

氯前列醇钠，宁波市激素制剂有限公司产，批号为 050201。

(3)试验用性控精液　试验用性控精液为天津 XY 种畜公司生产。

2. 试验方法

(1)试验牛的分组　按 PMSG 注射剂量将试验牛分为三组，即1 500 IU、1 200 IU、800 IU 3 组。

(2)同期发情处理　于发情周期任意一天放入“牛欢”，同时肌肉注射雌二醇 2 mg、孕酮 50 mg。第 8 天 3 个组分别肌肉注射 PMSG 1 500 IU、1 200 IU、800 IU，第 10 天取出“牛欢”，同时肌肉注射氯前列醇钠 0.4 mg。

(3)发情鉴定　在取出“牛欢”后的 4 d 内分早、中、晚 3 次观察发情，牛发情鉴定以接受爬跨为准。

(4)人工授精　直肠检查卵泡发育情况，对 3 个以上卵泡发育的奶牛不进行人工授精，3 个及 3 个以下卵泡发育的根据卵泡发育情况输精一次或两次。

(5)妊娠检查　60 d 后用 B 超仪进行妊娠诊断，统计受胎率、双胎率。

(6)接产　妊娠足月统计流产率、双母犊率。

(7)数据处理　试验数据用 SPSS 12.0 统计软件进行显著性检验。

3. 结果

三个组输精后 60 d 的受胎率分别为 44.4%、37.5%和 72.7%，差异不显著($P>0.05$)；双胎率分别为 50.0%、33.3%和 12.5%，差异不显著($P>0.05$)；流产率为 25%，4 头双胎妊娠奶牛中，流产 1 头，为双胎母犊。另外 3 头产 6 头母犊，其中 1 头为死胎，其他 5 头生长发育正常(表 2.65)，见彩图 14。

表 2.65　性控精液在诱导双胎中产双母犊试验

| PMSG 剂量/IU | 输精头数/头 | 60 d 受胎率/% | 双胎率/% | 流产率/% | 产双母犊头数/头 |
|---|---|---|---|---|---|
| 1 500 | 9 | 44.4a(4/9) | 50.0$^{a}$(2/4) | 50(1/2) | 1(双母犊) |
| 1 200 | 8 | 37.5 a(3/8) | 33.3$^{a}$(1/3) | 0 | 1(双母犊) |
| 800 | 11 | 72.7 a(8/11) | 12.5$^{a}$(1/8) | 0 | 1(双母犊，其一为死胎) |
| 小计 | 28 | 53.6a(15/28) | 26.7$^{a}$(4/15) | 25(1/4) | 3(产 6 头母犊，其中死胎 1 头) |

注：同列数据肩标不同大写字母为差异极显著($P<0.01$)；不同小写字母为差异显著($P<0.05$)；字母相同为差异不显著($P>0.05$)。

4. 结论

本试验结果表明，应用低剂量促性腺激素 PMSG 诱导奶牛排卵，并用 X 精液进行人工授精可使奶牛产双母犊，但要想使该技术在奶牛生产中应用仍有许多问题需要解决。第一，双胎率低。本试验仅为26.7%,只有提高双胎率才能提高奶牛繁殖效率。第二,双胎会造成流产率升高、犊牛成活率降低等负面影响,研究双胎妊娠母牛的营养需要,加强饲养管理,减少流产,提高双胎母犊成活率,显得十分重要。

### 2.4.5 小结

(1)不同个体种公牛生产的性控精液对母牛情期受胎率有显著影响,因此在生产性控精液前,需对种公牛进行选择。

(2)生产性控精液的过程中精液活力受到一定影响,存活时间不如常规精液长,性控精液输精时间比常规精液推迟5 h为宜。

(3)性控精液与常规精液在情期受胎率相比无差异,建议性控精液在青年牛使用为宜。

(4)性控精液母犊率可达90%以上,表明性控精液对控制母犊率是可靠的。经对后代初生重、3月龄、6月龄、12月龄体重、体尺测定结果表明,对后代生长发育无影响。

(5)应用低剂量促性腺激素PMSG诱导奶牛排卵,并用X精液进行人工授精可使奶牛产双母犊,但要想使该技术在奶牛生产中应用,仍有许多问题需要解决。第一,双胎率低。本试验仅为26.7%,只有提高双胎率才能提高奶牛繁殖效率。第二,双胎会造成流产率升高、犊牛成活率降低等负面影响,研究双胎妊娠母牛的营养需要,加强饲养管理,减少流产,提高双胎母犊成活率,显得十分重要。

(作者:桑润滋、孙国庆、孙树春、李殿华、朱卫生、胡金全、许增福、赵驻军)

## 参考文献


[1]“第四次全国家畜繁殖与人工授精学术研讨会论文(摘要)选编”. 1987,21.

[2] 黄金样. 利用世界银行贷款河北农业发展项目科技成果论文集. 专利文献出版社,1997,4:133-144.

[3] 李福岭,许守英. 杂种优势在肉牛业中的应用. 黄牛杂志,1996,22(1):44-42.

[4] 刘春海,等. 抑制素主动免疫对母牛卵泡发育的影响. 河北农业大学学报,1999,23(3):72-74.

[5] 卢克焕,黄凤玲,阳年生. 牛体外受精胚胎移植后的怀孕率及双胎率,广西农业大学学报,1994(1):83-85.

[6] 牛树理,叶荣,杨利国. 猪精液抑制素主动免疫黄牛诱导超数排卵的研究. 南京农业大学学报,1996,19(4):52-55.

[7] 潘清,等. 应用颗粒冻精与细管冻精输配母牛受胎效果观察. 辽宁畜牧兽医,1996(6):9.

[8] 潘玉春,盛志廉. 动物杂交试验设计研究. 中国农业科学,1994,27(4):64-70.

[9] 桑润滋,等. X精液在奶牛诱导双胎中产双母犊试验. 中国奶业协会繁殖专业委员会,第2次繁殖技术研讨会论文集,2008:113-115.

[10] 桑润滋,等. 奶牛新鲜和冷冻胚胎分割移植试验. 中国畜牧杂志,1993(4):6-7.

[11] 桑润滋,朱士恩,等. 牛胚胎玻璃化冷冻保存研究初报. 中国畜牧杂志,1999,35(5):24-25.

[12] 桑润滋. 动物繁殖生物技术. 北京:中国农业出版社,2002:148-150.

[13] 桑润滋. 牛羊繁殖控制十大技术. 北京:中国农业出版社,2009:105-106.

[14] 桑润滋. 提高细毛羊繁殖成活率的措施. 辽宁畜牧兽医,1983(3):14-16.

[15] 盛志廉,吴常信. 数量遗传学. 北京:中国农业出版社,1995.

[16] 王安江，张健，李强，等. 孕激素海绵栓＋PMSG＋PG 处理与自然发情的山羊排卵率的比较. 草食家畜，1999(2):18 - 19.

[17] 王建国，周文忠，钱松晋，等. 奶牛 X 性控冻精应用研究. 广西农业生物科学，2006，25:191 - 192.

[18] 吴常信. 分子数量遗传学与动物育种. 遗传，1997(19)(增刊):1 - 3.

[19] 吴广安，薛建华，海龙. 应用三合激素对山羊进行同期发情试验. 黑龙江动物繁殖，1999，7(4):5 - 6.

[20] 杨利国，韩正康. GnRH 对人工孪生处理母牛下丘脑-垂体-性腺轴的调控. 畜牧与兽医，1995，27(6):243 - 246.

[21] 杨利国，沈家森，张爱菊，等. 母牛孪生机理研究. 草与畜杂志，1991(2):8 - 13.

[22] 杨利国，谢成侠. 人工诱导黄牛和水牛生双胎. 南京农业大学学报，1986(4):93 - 98.

[23] 杨利国，熊家军. 奶牛繁殖生殖内分泌调节研究进展. 中国奶牛，2005(4):25 - 28.

[24] 杨利国. 促性腺激系释放激素及其在母牛繁殖上的主应用. 畜牧与畜医，1991，23(2):90 - 93.

[25] 叶荣，牛树理，杨利国. 猪精液抑制素的提取与纯化及其生物学测定. 新疆农业大学学报，1996，19(3):8 - 11.

[26] 于泉，张效普. 蒙山牛及其杂交牛生长发育规律的研究. 黄牛杂志，1990，15(1):21 - 26.

[27] 张文，等. 偏角输精提高母牛受胎率的效果观察. 黑龙江动物繁殖，1996，2:36.

[28] 张一玲，渊锡藩，尹海科，等. 山羊同期发情技术的应用. 畜牧兽医杂志，2000(5):21 - 22.

[29] 张沅，张勤. 畜禽育种中的线性模型. 北京:中国农业大学出版社，1995.

[30] 张沅. 动物育种学各论. 北京:中国农业大学出版社，1996.

[31] A F Flint, P L Chapman, G E Seidel Jr. Fertility assessment through heterospermic insemination of flow-sorted sperm in cattle [J]. Anim. Sci, 2003, 81: 1814 - 1822.

[32] Andersson M, Taponen J, Kommeri M, *et al*. Pregnancy rates in lactating Holstein-Friesian cows after artificial insemination with sexed sperm [J]. Reprod Domest Anim, 2006, 41(2): 95 - 7.

[33] Barker J S F. A global protocol for determining genetic distance among domestic livestock breeds ptoc. 5th World Congr. Genet. Appl. Livest. Prod., 1994, 21: 501 - 508.

[34] Bostein D, White R L *et al*. Construction of a genetic linkage map in man using restriction fragment length polymorphisms. Amer. J. Hum. Genet. 1980, 32: 314 - 331.

[35] Chari S, Duraiswami S, Franchimont P. Isolation and characterization of inhibin from bull seminal plasma. Acta Endocrinol (Copenh), 1978, 87: 434 - 448.

[36] Fujishiro A, kawajura K, Miyake Y I *et al*. Convenient diagnosis of the freemartin syndrome using polymerase chain teaction [J]. Theriogenology, 1995, 43: 663 - 891.

[37] Garner D L. Flow cytometric sexing of mammalian sperm [J]. Theriogenology, 2006, 65(5): 943 - 957.

[38] Glencross R G, Bleach E C, Wood S C, *et al*. Active immunization of heifers against inhibin: effects on plasma concentrations of gonadotrophins, steroids and ovarian follcular dynamics during prostaglandin-synchronized cycles. J Reprod Fertil, 1994, 100: 599 - 605.

[39] Hines H C *et al*. Linkage relationships among loci of polymorphisms in blood and milk of cattle, J. Dairy Sci., 1981, 64: 71 - 76.

[40] I. Cerchiaro, M. Cassandro, R. Dal Zotto, *et al*. A Field Study on Fertility and Purity of Sex-Sorted Cattle Sperm [J]. Dairy Sci, 2007, 90: 2538 - 2542.

[41] Johnson L A, *et al*. Sex preselection in rabbits: live births from X and Y spermatozoa separated by DNA and cell sorting [J]. Biol Reprod, 1989, 41: 199 - 203.

[42] K. A. Weigel. Exploring the Role of Sexed Semen in Dairy Production Systems [J]. Dairy Sci, 2004, 87: 120 - 130.

[43] Kondriguez-Almeida F A, Van Vleck L D. Heterogeneity of variance by sire breed sex and dam breed in

200 and 365 day weight of beef cattle from a top cross experiment. J. Anim. Sci., 1997, 73: 2579 - 2588.

[44] L. M. Tubman, Z. Brink, T. K. Suh, *et al*. Characteristics of calves produced with sperm sexed by flow cytometry/cell sorting [J]. Anim Sci, 2004, 82: 1029 - 1036.

[45] Lien S. A method for isolation of DNA from frozen (A. I) bulls semen J. Anim. Breed Genet, 1990, 107: 74.

[46] Moore N W. The control of oestrous, ovulation and fertility in relation to artificial insemination in the Angora goat [J]. J Agric Res, 1979, 30: 965 - 972.

[47] Morris D G, McDermott M G, Diskin M G, *et al*. Effect of immunization against synthetic peptide sequences of bovine inhibin $\alpha$-subunit on ovulation rate and twin-calving rate in heifers. J Reprod Fertil, 1993, 97: 255 - 261.

[48] Morris D G, McDermott M G, Grealy M, *et al*. Effect of immunization against synthetic peptide sequences of the $\alpha_N$-subunit of bovine inhibin on ovulation rate, gonadotrophin concentrations and fertility in heifers. J Reprod Fertil, 1995, 103: 285 - 291.

[49] Nei M. Genetic Distance between populations. American Naturalist, 1972, 106: 283 - 292.

[50] Renard J P, Heyman Y, DuMesnil du Buisson F. Unilateral and bilateral cervical transfer of bovine embryos at blastocyst stage. Theriogenlolgy, 1977, 7: 189 - 914.

[51] Saitou N Nei M. The Neighbor-joining Method: A new method for reconstruction phylogenetic tress. Mol. Biol. Evol., 1987, 4: 406 - 425.

[52] Sambrook J *et al*. In: Molecular Cloning Ataboratory Manual. (2nd ed.) Cold Spring Herbor Laboratory Press, 1991.

[53] Scanlon A R, Sunderland S J, Martin T L, *et al*. Active immunization of heifers against a synthetic fragment of bovine inhibin. J Reprod Fertil, 1993, 97: 213 - 222.

[54] Solknet J. The impact of different genetic models on the optimum of crossbreeding experiments. Anim. Prod., 1991, 52: 255 - 262.

[55] Sreenan J M, Diskin M G. The induction of unilateral and bilateral twin pregnancy in the cow. Proceedings 115 h Int Congr Anim Reprod and AI (Dublin), 1988, 2: 109.

[56] Vaiman D. Mercier Detal. A set of 99 cattle miromatellites characterization synteny mapping and polymorphism. Maromalian. Genome, 1994, 5: 288 - 297.

# 第3章

# 胚胎移植技术

动物胚胎移植首次试验成功距今已有100余年，但只是近些年来才作为提高母畜繁殖的一种技术和家畜育种、胚胎工程的手段而得到实际应用。国际上，动物胚胎移植的发展大体经历了以下4个阶段。

(1)实验生物学阶段　1890年4月27日英国剑桥大学Walter Heape首次获得兔受精卵移植成功。此后，直到20世纪30年代，在兔、大鼠和小鼠方面进行了更多试验，成为实验生物学中研究受精、胚胎发育等的重要方法。

(2)家畜试验阶段　家畜的胚胎移植，最早是20世纪30年代在羊身上进行的。从此，绵羊(Warwicik等，1934)、山羊(Warwick等，1949)、猪(Kvansnicii，1951)、牛(Willett，1951)和马(Oguri，1974)相继获得成功。但直到20世纪60年代，由于超数排卵、同期发情、胚胎采集和移植方法的改进，尤其是Sugie设计一种带有气囊装置的非手术采卵的成功，使胚胎移植技术才作为一种有效的技术应用到畜牧生产中去。

(3)畜牧生产应用阶段　20世纪70年代中期以来，胚胎移植技术发展到实际应用阶段。1971年首次成立了家畜胚胎移植的商业公司(Alberta家畜胚胎移植有限公司)，1973年胚胎超低温冷冻保存的成功，使胚胎移植不受时间、地域的限制，为该技术的应用推广提供了便利条件。牛的胚胎移植虽然比羊晚，但由于牛的经济价值高，加之采胚和移植均可用非手术方法，所以牛胚胎移植的研究和应用近30年来发展最快，从世界范围来看，1991年全世界移植受体240 730头，到1996年增加到412 573头。美国、法国等发达国家近年参加后裔测定的青年公牛中，80%以上为胚胎移植的后代。

(4)胚胎工程研究与开发阶段　20世纪80年代以来，随着胚胎移植研究工作的不断拓展和深入，兴起了胚胎工程的研究与开发，如胚胎冷冻、胚胎分割、胚胎嵌合、胚胎性别鉴定、体外受精、细胞核移植、基因转移、胚胎干细胞等。

(5)我国的胚胎移植起步　虽然起步较晚(始于20世纪70年代初)，但进展较快。30多年来，取得了有目共睹的成绩，缩小了与发达国家的差距。我国胚胎移植的发展大体经历了以下 3 个阶段。

(6)试验研究阶段(20 世纪 70 年代初至 80 年代中期)　我国胚胎移植研究首先在家兔(陈玉奇,1973)获得成功,以后在绵羊(中科院遗传研究所,1974)、牛(中科院遗传研究所和上海市牛奶公司,1978)、奶山羊(王建辰等,1980)、马(马玉斌等,1982)等相继获得成功。此阶段的特点是,试验头数少,水平低,以新鲜胚胎为主。

(7)发展提高阶段(80 年代中期至 90 年代中期)　在此期间,中国奶牛协会和中国畜牧兽医学会家畜繁殖学分会先后召开了 4 次全国奶牛胚胎移植技术研讨会,就提高超数排卵和采胚效果,提高冷冻胚胎成活率,提高胚胎移植妊娠率以及如何结合我国国情,尽快使牛胚胎移植技术在生产中应用等问题进行了交流和研讨,对推动我国牛胚胎移植技术的发展起到重要作用。此阶段特点是,开展胚胎移植研究的单位增多、群体规模增大,水平有所提高,冷冻胚胎比例增大,以奶牛做供体,让黄牛做受体"借腹怀胎"生奶牛,是我国胚胎移植的特色。

(8)推广应用阶段(20 世纪 90 年代中期至现在)　随着技术的逐渐成熟,特别是奶牛业、肉牛业、肉羊业的兴起,纯种奶牛、肉牛、肉羊紧缺。促进了胚胎移植技术走向市场,使胚胎移植技术达到实际应用水平,在纯种扩繁和家畜育种以及胚胎高技术研究中发挥重要作用。

目前,我国胚胎移植技术正向胚胎工程方面延伸,向产业化方向迈进。

本章从家畜新鲜胚胎移植、奶牛胚胎移植黄牛、提高超排效果、提高移植妊娠率等方面技术进行了较系统的研究。

## 3.1　牛羊新鲜胚胎移植技术

### 3.1.1　概述

1. 胚胎移植的概念

胚胎移植(embryo transfer, ET)也称受精卵移植。其含义是将体内、外生产的哺乳动物早期胚胎,移植到另一头同种的生理状态相同的雌性动物的生殖道内,使之继续发育成为新个体,所以又称之为借腹怀胎。提供胚胎的个体称为供体(donor),接受胚胎的个体称为受体(recipient)。胚胎移植实际上是产生胚胎的供体和养育胚胎的受体分工合作共同繁殖后代的过程。

2. 胚胎移植的意义

如果说人工授精是提高良种公畜配种效率的有效方法,那么胚胎移植则为提高良种母畜的繁殖力提供了新的技术途径。胚胎移植和人工授精是分别从母畜和公畜两个方面提高家畜繁殖力的有效方法,同时也是进行育种工作的有效手段。从目前看胚胎移植的意义体现在以下几个方面。

(1)充分发挥优良母畜的繁殖潜力,提高繁殖效率　作为供体的优良母畜,通过超数排卵处理,一次即可获得多枚胚胎,所以,不论在一次配种后或从一生来看,都能产生更多的后代,比在自然情况下增加若干倍。据新疆畜牧科学院报道,他们对一头供体母牛一次超数排卵经移植获 23 头犊牛。据河北农业大学牛羊胚胎工程技术研究中心报道,他们对一只波尔山羊一次超数排卵经移植后获 18 只羔羊。国外已利用重复超排成功地从一头供体牛在一年中获得

60 多头犊牛。

(2)缩短世代间隔,加快遗传进展　通过超数排卵和胚胎移植技术(MOET)可使供体繁殖的后代增加 7～10 倍。在家畜育种工作中,应用 MOET,可以加大选择强度和提高选择准确性,并缩短世代间隔,对于加快遗传进展尤为重要。权富生对陕北马海毛山羊 MOET 育种进展进行了预估,他指出,若 $F_2$ 代的基础母羊群为 500 只,要得到 1 000 只 $F_3$ 代的基础母羊,一般繁殖需 6～9 年,实施 MOET 计划后,则只需一个世代 2～3 年的时间。由此可见,MOET 技术比传统方法成几倍至几十倍的速度繁殖优良畜种。

(3)诱导肉畜怀双胎,提高生产效率　在肉牛业和肉羊业中,一种方法是向未配种的母畜移植两枚胚胎。另一种方法是向已配种的母畜(排卵的对侧子宫角)再移植一枚胚胎,这样可提高受体母畜的受胎率和双胎率,目前,双胎率可达 30%～70%,生产效率大为提高。

(4)代替种畜的引进　胚胎的冷冻保存可以使胚胎的移植不受时间和地点的限制,通过胚胎的运输代替种畜的进出口,节约购买和运输种畜的费用。此外,通过引进胚胎繁殖的家畜,由于在当地生长发育,较容易适应本地区的环境条件,也可从养母得到一定的免疫能力。

(5)保存品种资源　胚胎的长期保存是保存某些特有家畜品种和野生动物资源的理想方式,把优良品种的胚胎贮存起来,还可以避免某一地区的良种一旦因遭受自然灾害或战争的意外打击而绝种。而且比保存活畜的费用低得多,容易实行。冷冻胚胎、冷冻精液和冷冻卵母细胞共同构成动物优良性状的基因库。

(6)使不孕母畜获得生殖能力　有些优良母畜容易发生习惯性流产或难产,或是由于其他原因不宜负担妊娠过程的情况下(如年老体弱),可让其专作供体,使之正常繁殖后代。对有些母畜由于输卵管堵塞或有炎症不能受胎时,可让其作受体,正常怀孕产仔。据报道,美国科罗拉多州立大学,从一头长期屡配不孕的母牛通过胚胎移植,在 15 个月期间内得到 30 头犊牛。

(7)防疫需要　在养猪业中,为了培育无特异病原体(SPF)猪群,向封闭猪群引进新的个体时,作为控制疾病的一种措施,往往采用胚胎移植技术代替剖腹取仔的方法。

(8)研究手段　胚胎移植是研究受精生物学、遗传学、胚胎学、细胞学、动物育种学、免疫学以及生殖生理学等理论问题的一种很好的手段。也是研究胚胎工程如胚胎分割、胚胎嵌合、体外受精、性别鉴定、核移植、转基因动物等的基础。

3. 胚胎移植发展概况

动物胚胎移植首次试验成功距今已有 100 余年,但长期以来并未用于畜牧生产,只是近些年来才作为提高母畜繁殖的一种技术和家畜育种、胚胎工程的手段而得到实际应用。国际上,动物胚胎移植的发展大体经历了以下 4 个阶段。

(1)实验生物学阶段　1890 年 4 月 27 日,英国剑桥大学 Walter Heape 首次利用兔受精卵移植并获得成功,他从交配后 32 h 的安哥拉母兔取出 2 个 4 细胞期的胚胎,移植到一只比利时母兔输卵管上端(用同种兔交配后 3 h),结果生出 2 只安哥拉仔兔(胚胎移植后代)和 4 只比利时仔兔(自然交配后代),这次试验第一次证实受精卵(早期胚胎)在寄主母体内发育的可能。此后,直到 20 世纪 30 年代,在兔、大鼠和小鼠方面进行了更多试验,成为实验生物学中研究受精、胚胎发育等的重要方法。

(2)家畜试验阶段　家畜的胚胎移植,最早是 20 世纪 30 年代在羊上进行的。从此,胚胎移植不仅局限于理论研究的范畴,几种家畜如绵羊(Warwicik 等,1934)、山羊(Warwick 等,1949)、猪(Kvansnicii,1951)、牛(Willett,1951)和马(Oguri,1974)相继获得成功。20 世纪

50 年代常有羊和猪胚胎移植试验的报道，但未能推广到生产中去。60 年代，由于许多科学工作者进行了大量卓有成效的实验，如超数排卵、同期发情、胚胎采集和移植方法的改进，尤其是 Sugie 设计一种带有气囊装置的非手术采卵的成功，使该技术得到进一步发展，并作为一种有效的技术应用到畜牧生产中去。

(3)畜牧生产应用阶段　70 年代中期以来，胚胎移植技术发展到实际应用阶段。1971 年首次成立了家畜胚胎移植的商业公司(Alberta 家畜胚胎移植有限公司)，1973 年 Wilmut 将在液氮中(−196℃)冷冻保存 6 d 的牛胚胎，经解冻后移植获得一头公犊。胚胎超低温冷冻保存的突破，使胚胎移植不受时间、地域的限制，为该技术的应用推广提供了便利条件。

牛的胚胎移植虽然比羊晚，但由于牛的经济价值高，加之采卵和移植均可用非手术方法，所以牛胚胎移植的研究和应用近 30 年来发展最快，成果最多，且具有一定规模，在良种扩繁、品种改良上已经产生巨大的经济和社会效益。

目前在美国、加拿大、法国、德国、英国、澳大利亚、新西兰、日本等许多国家都建立了牛胚胎移植专业性公司。近年来全世界每年移植几十万头，就整体水平而言，每次由一头供体采集的胚胎，经过移植，获得 2～9 头犊牛。

1975 年 1 月，在美国科罗拉多州的丹佛市召开了第一届国际胚胎移植学会(IETS)的成立大会，会上进行了学术交流，并规定每年召开一次年会。国际胚胎移植学会的成立标志着胚胎移植技术的发展已有美好的前景。从世界范围来看，牛胚胎移植的增长速度最快，1991 年全世界移植受体 240 730 头，到 1996 年增加到 412 573 头。美国、法国等发达国家近年参加后裔测定的青年公牛中，80%以上为胚胎移植的后代。

(4)胚胎工程研究与开发阶段　20 世纪 80 年代以来，随着胚胎移植研究工作的不断拓展和深入，涉及的内容更为广泛，人们已不局限于原先的内容和技术，又开始对胚胎进行加工改造，以期进一步提高胚胎的利用价值，因而兴起了胚胎工程的研究与开发，如胚胎冷冻、胚胎分割、胚胎嵌合、胚胎性别鉴定、体外受精、细胞核移植、基因转移、胚胎干细胞等。例如，1988 年，卢克焕首次采用完全体外化培养牛胚胎，产出了成批试管牛犊，为胚胎工厂化生产奠定了基础。爱尔兰跨国公司 Mastock 及时利用这一成果，建立了世界上第一家生产胚胎的公司(Ovamass)，不仅降低了胚胎移植成本，而且极大地促进了胚胎工程研究与开发。目前英国剑桥 ABC 公司(Animal Biotechnology Cambridge Co. Ltd.)年生产牛体外受精胚胎 10 万～16 万枚。

1982 年，Palmiter 和 Brinster 把大鼠的生长激素基因导入小鼠受精卵中，然后移植给受体小鼠，获得出生重为原小鼠 2 倍的超级小鼠，这项研究成果在学术界引起了强烈轰动。20 世纪 90 年代又出现了利用转基因动物的乳腺作为生物发酵工厂，大规模生产一些急需的生物活性物质或药用蛋白的新技术。Wright 等(1991)在绵羊乳腺中成功表达了人抗胰蛋白酶基因(ATT)，得到一只高效表达的个体，其乳汁抗胰蛋白酶的含量高达 35 g/L，目前已进入产品的二期开发。人抗胰蛋白酶是一种治疗肺气肿的特效药物。这一结果立即引起了研究者和企业界的巨大反响。以乳腺生物反应器为支柱的新型制药将成为 21 世纪人们研究开发的热点，将使胚胎工程更加充满生机，前景更加辉煌。

Wilmut(1997)体细胞(乳腺上皮细胞)克隆羊——多莉(Dolly)的诞生，震惊了全世界，接着体细胞克隆牛(Butler，1998)、小鼠(Wakayama 和 Perry 等，1998)、山羊(张涌等，2000)陆续获得成功。体细胞克隆的成功，不仅将为人类创造巨大的经济价值，而且在科学研究上也有挑战性的重大意义。目前，胚胎工程正向分子水平深入发展。

我国的胚胎移植虽然起步较晚（始于20世纪70年代初），但进展较快。30年来，取得了有目共睹的成绩，缩小了与发达国家的差距。我国胚胎移植的发展大体经历了以下3个阶段。

1. 试验研究阶段（20世纪70年代初期至80年代中期）

我国胚胎移植研究首先在家兔（陈玉奇，1973）获得成功，以后在绵羊（中科院遗传研究所，1974）、牛（中科院遗传研究所和上海市牛奶公司，1978）、奶山羊（王建辰等，1980）、马（马玉斌等，1982）等相继获得成功。

此阶段的特点是：试验头数少，水平低，以新鲜胚胎为主。以奶牛胚胎移植为例，据1985年召开的第二次全国牛胚胎移植研讨会对芦台农场奶牛实验站等11个单位（1983—1984年）统计，共超排奶牛329头，头均获胚胎2.9枚，其中可用胚胎1.5枚。鲜胚移植受体160头，妊娠38头，移植妊娠率仅为23.8%。冷冻胚胎技术在多个单位开展研究，仅两个单位获得成功，共移植29头受体，妊娠5头，移植妊娠率仅为17.2%。

2. 发展提高阶段（20世纪80年代中期至90年代中期）

在此期间，中国奶牛协会和中国畜牧兽医学会家畜繁殖学分会先后于1983年、1985年、1986年、1988年在西安、南昌、唐山、北京召开了4次全国奶牛胚胎移植技术研讨会，就提高超数排卵和采卵效果，提高冷冻胚胎成活率，提高胚胎移植妊娠率以及如何结合我国国情，尽快使牛胚胎移植技术在生产中应用等问题进行了交流和研讨，对推动我国牛胚胎移植技术的发展起到重要作用。

在国内开展学术交流的基础上积极开展国际间学术交流，加拿大、美国、日本等国家从事胚胎移植的同行、专家，多次来华讲学和进行学术交流，我国也多次派团和派员赴国外考察学习和进行合作研究；并分别于1990年、1992年、1996年、1997年在乌鲁木齐、南京、北京召开多次动物胚胎移植及相关生物技术国际学术会议。与此同时，在河北、吉林、内蒙古、新疆、北京等地举办多次全国性牛胚胎移植培训班，培训技术人员数百人次，上述活动对提高我国胚胎移植技术水平，发挥了重要作用，也为胚胎移植的应用推广奠定了基础。此阶段特点是，开展胚胎移植研究的单位增多，群体规模增大，水平有所提高，冷冻胚胎比例增大，以奶牛做供体，让黄牛做受体"借腹怀胎"生奶牛，是我国胚胎移植的特色。据1986年和1988年召开的第三、第四次全国牛胚胎移植交流会对芦台农场奶牛实验站等16个单位的统计，共超排供体奶牛1 501头（次），头均获胚胎5.6枚，其中可用胚胎3.6枚，新鲜胚胎移植妊娠率为39.4%（666/1 687），其中以黄牛做受体移植妊娠率为38.7%（471/1 217），奶牛做受体移植妊娠率为41.5%（195/470），黄牛做受体占72.1%，冷冻胚胎移植妊娠率为21.5%（131/610），冷冻胚胎移植所占比例为37.2%。

据陈静波、郭志勤等（1995）报道，新疆家畜生物工程实验中心，从1991—1994年共超排供体牛402头（次），获可用胚胎2 024枚，头均5.04枚；鲜胚移植1 040头，产犊519头，产犊率达49.9%，冻胚移植173头，产犊45头，产犊率达26.0%。

3. 推广应用阶段（20世纪90年代中期至现在）

目前正向胚胎工程和产业化方向发展。随着技术的逐渐成熟，特别是奶牛业、肉牛业、肉羊业的兴起，纯种奶牛、肉牛、肉羊紧缺，促进了胚胎移植技术走向市场，使胚胎移植技术达到实际应用水平，在纯种扩繁和家畜育种以及胚胎高技术研究中发挥重要作用。

据郭志勤等（2001）报道，自1998年至2001年5月，新疆共超排荷斯坦奶牛399头，其中获可用胚胎 2 235 枚，头均 5.6 枚；超排西门塔尔、安格斯肉牛 407 头，获可用胚胎 2 508 枚，头均 6.16 枚；用新鲜胚胎移植 936 头受体，妊娠 592 头，移植妊娠率为 63.25%；冻胚移植 2 870 头，妊娠 1 413 头，移植妊娠率达 50.11%。据中国农科院畜牧研究所罗应荣、朱化彬等(2001)报道，1996—2000 年，北京奶牛中心和黑龙江畜牧研究所共超排荷斯坦奶牛 857 头次，获可用胚胎 5 067 枚，头均 5.91 枚，移植受体 2 123 头，移植妊娠率为 51.76%。据桑润滋(2000)报道，河北、山东、河南 1996—1997 年从国外引进西门塔尔、利木赞、夏洛来等肉牛冻胚，移植受体 600 头，妊娠 241 头，移植妊娠率为 40.17%。据李树静等(1998)报道，自 1993—1997 年内蒙古家畜改良站，累计超排绵羊 630 只，共获可用胚胎 6 155 枚，头均 9.77 枚，累计移植受体绵羊 5 363 只，妊娠 3 776 只，移植妊娠率为 70.4%。1995 年我国开始从国外引入波尔山羊(Boer goat)，因其改良本地山羊效果显著，种羊供不应求，从而为山羊胚胎移植提供了市场条件。为满足种羊的需求，国内许多省、市、自治区，纷纷用胚胎移植技术迅速扩繁波尔山羊，据 1999—2001 年召开的 3 次全国养羊生产交流会不完全统计，波尔山羊超排头均可用胚胎大都在 10 枚以上；新鲜胚胎移植妊娠率在 50%～70%；截至 2001 年，全国存栏波尔山羊 6 000 只以上，除进口约 3 000 只外，其中 2 000 余只均是应用胚胎移植技术迅速扩繁增加的。胚胎移植技术不仅在提高波尔山羊供种能力方面发挥了巨大作用，而且也取得显著的经济效益。

目前，我国以生产和经营纯种奶牛、肉牛或胚胎、纯种羊或胚胎的企业和公司 100 多个，开展胚胎移植技术服务单位几十个。

在牛、羊育种上，胚胎移植技术作为一种手段发挥了重要作用。例如，我国在“八五”国家科技攻关项目中，对奶牛 MOET 育种进行研究，结果表明，较现行的常规育种的遗传进展提高 50%～100%。再如，我国在优质细毛羊(羊毛细度为 18.1～21.5 μm)新品种选育中，在核心群中每年选择部分优秀公、母羊，采用胚胎移植技术扩繁种羊，截至 2000 年，采用该技术累计繁育羔羊 1 330 只，占繁殖羔羊总数 6 476 只的 20.54%。

胚胎移植技术在胚胎工程的研究中也发挥了重要作用，因胚胎移植是胚胎性别鉴定、体外受精、胚胎分割、嵌合、胚胎细胞核移植、体细胞核移植、转基因动物等的基础。上述技术最终都得通过胚胎移植技术产下后代才能获得成功，如果胚胎移植技术不过关，很可能使上述胚胎工程研究前功尽弃。目前，我国胚胎移植技术正向胚胎工程方面延伸，向产业化方向迈进。

本节主要从供受体选择、同期发情处理、超数排卵、胚胎采集、胚胎鉴定、受体移植等对奶牛非手术新鲜胚胎移植，山羊(南江黄羊)、绵羊(杜泊羊、美利奴超细毛羊)手术新鲜胚胎移植进行了全面研究。

### 3.1.2 奶牛(非手术)胚胎移植试验研究初报

河北省芦台农场奶牛实验站于 1983 年 2 月至 1984 年 1 月开展了奶牛非手术胚胎移植试验研究，现将试验情况报告如下：

1. *材料和方法*

所用供、受体牛均为黑白花奶牛。

(1)供体母牛的选择　供体母牛的选择以历年繁殖史好，已正常产犊 1～8 胎，产后经 1～2 个性周期的观察，确认性周期正常(因考虑生产，对部分牛未经性周期观察)，生殖器官正常的牛方能选为供体母牛。

(2)超数排卵的处理(以下简称超排) 我们采用促卵泡生成素 FSH(武汉肉联厂产 820119、830401),肌肉注射,于上次发情后的 14～16 d 开始注射,一日两次,连注 3 d 或 4 d,于第 3 天同时肌肉注射前列腺素 2 mg,以增强超排效果(部分牛未注),促卵泡素(FSH)总剂量 400～660 单位。

(3)供体母牛的发情鉴定和输精 超排处理后的供体母牛的发情鉴定以接受其他牛爬跨、卵泡发育正常、子宫颈口开张良好为标准。于发情后 8～12 h 内进行第一次输精,而后以 8～12 h 的间隔再输精 2～4 次,每次输冻精 2 粒,在第一次输精时肌肉注射促黄体生成素(LH) 150～250 单位,以促进排卵。

(4)受体母牛的选择和发情鉴定 基于本场成母牛头数较多,我们从自然发情的母牛中选取,方法是在观察供体母牛发情的同时,注意其他牛的情况,当确定供体母牛发情后,立即从牛群选择与供体牛发情时间接近的受体母牛(不授精,等待从供体母牛采出卵后移植)发情同步差在 24 h 内,其发情鉴定方法同供体母牛。因受发情同步差的限制,受体母牛的选择不如供体母牛严格。

(5)非手术采卵 供体母牛的非手术采卵于超排发情后的 6～8 d 进行,采卵前 15 min 给供体母牛肌肉注射 2%静松灵 1 mL,使其镇静以利采卵,采卵管为上海橡胶五厂的两路式胶管,一路通气囊充气用,一路进出冲卵液。采卵前将不锈钢钎插入采卵管内,后端用止水夹固定,然后用开膣器打开阴道将采卵管插入子宫颈,按直肠把握输精法,经子宫颈将采卵管插入子宫角内合适位置时,再充气使气囊固定,用止水夹夹牢通气管,抽出全部钢钎,然后用杜氏磷酸盐缓冲液(PBS 液 pH 7.0～7.2,用前加温至 35～37℃)。对子宫角进行冲洗,收于集卵器中,每次注入冲卵液量为 30～60 mL,注入一次,回收一次。每侧冲卵液总量为 240～300 mL。待一侧冲洗结束后再把气放掉,取出采卵管,按上述方法重复冲洗另一侧子宫角,气囊充气量依子宫角粗细、插入深浅不一样,一般为 15～25 mL,两侧子宫角冲洗结束后,通过采卵管向子宫注入青、链霉素预防感染。

(6)胚胎的鉴定 待回收的冲卵液盛入集卵器中,在检卵室(20～25℃)静置 25 min。分次放出回收液入检卵器中,置体视显微镜下对胚胎进行形态鉴定,选择正常胚胎,鉴定标准和方法是根据“法国农业研究院动物生理中心试验站所制超排牛胚泡的鉴定和形态选择胚泡的方法”进行。

(7)胚胎的移植 在体视显微镜下,用牛用玻璃输精器吸取经过鉴定的胚胎,按直肠把握输精法,移入卵巢有黄体侧的子宫角内。移完后要马上检查输精器内是否有胚胎存留。以证实胚胎确已移入。

(8)移植后受体牛的管理 受体移植后,肌肉注射黄体酮和维生素 E 各 150 mL。注意观察其发情与否。2 个月后进行直检确定妊娠与否。对确定怀孕的受体则要落实保胎措施。

2. 试验结果

(1)超排、采卵结果 见表 3.1。

(2)移植结果 共给 17 头受体母牛移植,30 枚卵,有 3 头受胎,移植妊娠率为 17.7%, 3142 号受体牛于 1983 年 12 月 19 日产下一母犊。妊娠期 275 d;1407 号受体牛于 1984 年 1 月11 日产下一母犊。妊娠期 285 d;2401 号受体因患流行热于 1983 年 10 月 16 日流产,生下一公犊,妊娠 211 d,未能成活。

表 3.1 1983 年超排采卵结果

| 超排头数 | 超排成功 | | 排卵情况/头 | | | 采到卵 | | | | | 其中正常卵 | | |
|---|---|---|---|---|---|---|---|---|---|---|---|---|---|
| | 头数 | 率/% | 采卵母牛头数 | 总数 | 平均 | 采到卵头数 | 采卵成功率/% | 总数/头 | 平均/枚 | 采卵率/% | 总数/枚 | 平均/枚 | 正常卵率/% |
| 31 | 25 | 80.6 | 27 | 208 | 7.7 | 17 | 63.6 | 49 | 1.8 | 23.6 | 14 | 0.5 | 28.6 |

注：超排有效(成功)系指有 3 个卵泡以上且发情正常的，排卵数为触摸黄体估计数字。

3. 讨论及体会

(1)关于超排和采卵效果

①超排激素的不同组合对超排和采卵效果的影响。见表 3.2。

表 3.2 超排激素的不同组合对超排和采卵效果的影响

| 超排激素组合 | 超排头数 | 超排成功 | | 采卵头数 | 排卵情况/枚 | | 采到卵 | | 采到卵/枚 | | | 正常卵 | | |
|---|---|---|---|---|---|---|---|---|---|---|---|---|---|---|
| | | 头数 | 率/% | | 总数 | 平均 | 采到卵头数 | 采卵成功率/% | 总数 | 平均 | 采卵率/% | 总数/枚 | 平均/枚 | 正常卵率/% |
| FSH＋PG＋LH | 24 | 20 | 83.3 | 20 | 167 | 8.4 | 15 | 75.0 | 46 | 2.3 | 27.5 | 14 | 0.7 | 30.4 |
| FSH＋LH | 4 | 3 | 75.0 | 4 | 26 | 6.5 | 1 | 25.0 | 2 | 0.5 | 7.7 | 0 | 0 | 0 |
| FSH＋三合激素 | 3 | 2 | 66.7 | 3 | 15 | 5.0 | 1 | 33.3 | 1 | 0.3 | 6.7 | 0 | 0 | 0 |
| 合计 | 31 | 25 | 80.6 | 27 | 208 | 7.7 | 17 | 63.0 | 49 | 1.8 | 23.6 | 14 | 0.5 | 28.6 |

由表 3.2 看出 FSH＋PG＋LH 组。在超排、排卵、采卵效果方面均优于另外两组。

②不同的 FSH 剂量对超排和采卵效果的影响。见表 3.3。

表 3.3 不同的 FSH 剂量对奶牛超排和采卵效果的影响

| FSH 剂量(单位) | 超排头数 | 超排成功 | | 采卵头数 | 排卵情况/枚 | | 采到卵头数 | 采卵成功率/% | 采到卵/枚 | | | 正常卵 | | |
|---|---|---|---|---|---|---|---|---|---|---|---|---|---|---|
| | | 头数 | 率/% | | 总数 | 平均 | | | 总数 | 平均 | 采卵率/% | 总数/枚 | 平均/枚 | 正常卵率/% |
| 400～500 | 25 | 20 | 80 | 22 | 170 | 7.7 | 14 | 63.6 | 40 | 1.8 | 23.6 | 14 | 0.6 | 35.0 |
| 510～660 | 6 | 5 | 83.3 | 5 | 38 | 7.6 | 3 | 60.0 | 9 | 1.8 | 23.7 | 0 | 0 | 0 |
| 合计 | 31 | 25 | 80.6 | 27 | 208 | 7.7 | 17 | 63.0 | 49 | 1.8 | 23.6 | 14 | 0.5 | 28.6 |

由表 3.3 看出，400～500 剂量组在采卵成功率，头平均正常卵数，正常卵率方面均高于 510～660 剂量组，510～660 剂量组没见到一个正常卵，剂量过大对卵泡的刺激过强，可能会降低卵的品质。

③不同批号的 FSH 对超排和采卵效果的影响。见表 3.4。由表 3.4 看出 1983 年产促卵

泡素在头平均均排卵数,采卵成功率,头平均采卵数、采卵率及平均正常卵数较1982年产促卵泡素高,但在正常卵率方面比1982年产的促卵泡素低。

表3.4 不同批号的FSH对奶牛超排和采卵效果的影响

| FSH批号 | 超排头数 | 超排成功 头数 | 超排成功 率/% | 采卵头数 | 排卵情况/枚 总数 | 排卵情况/枚 平均 | 采到卵头数 | 采卵成功率/% | 采到卵/枚 总数 | 采到卵/枚 平均 | 采卵率/% | 正常卵 总数/枚 | 正常卵 平均/枚 | 正常卵 正常卵率/% |
|---|---|---|---|---|---|---|---|---|---|---|---|---|---|---|
| 1982年生产820119 | 20 | 16 | 80 | 18 | 127 | 7.1 | 9 | 50.0 | 22 | 1.2 | 17.3 | 8 | 0.4 | 36.4 |
| 1983年生产830401 | 11 | 9 | 81.8 | 9 | 81 | 9.0 | 8 | 88.9 | 27 | 3.0 | 33.3 | 6 | 0.7 | 22.2 |
| 合计 | 31 | 25 | 80.6 | 27 | 208 | 7.7 | 17 | 63 | 49 | 1.8 | 23.6 | 14 | 0.5 | 28.6 |

④不同的采卵管对采卵结果的影响。见表3.5。

由表3.5看出,除采卵操作技术外,采卵管对采卵结果是有影响的。

表3.5 不同的采卵管对采卵结果的影响

| 采卵管型号 | 采卵头数 | 采到卵头数 | 采卵成功率/% | 每侧插管时需时间/min | 总进液量/mL | 总回收量/mL | 回收率/% | 排卵总数/枚 | 采到卵 总数/枚 | 采到卵 平均/枚 | 采卵成功率/% |
|---|---|---|---|---|---|---|---|---|---|---|---|
| 上海产长管 | 19 | 10 | 52.6 | (平均)12.6 | 9 870 | 7 755 | 78.6 | 142 | 29 | 1.5 | 20.4 |
| 上海产短管 | 8 | 7 | 87.5 | 7.4 | 3 915 | 3 610 | 92.2 | 66 | 20 | 2.5 | 30.3 |
| 合计 | 27 | 17 | 63.0 | 8.9 | 13 785 | 11 365 | 82.4 | 208 | 49 | 1.8 | 23.6 |

注:长、短管均为上海橡胶五厂产。

(2)关于移植妊娠效果　共移植17头受体牛,其中移入正常胚胎(桑葚胚和囊胚)的10头受体牛的移植妊娠率为30%(3/10)、移入异常胚胎的7头受体牛没有一头受孕。胚胎质量是影响移植受胎率的重要因素。

(3)超排、采卵对供体母牛性周期和配种受胎的影响　据对20头超排采卵的母牛统计,超排、采卵后第一个性周期平均为35.0 d(17～71)。较正常牛的性周期有推迟现象,对上半年超排的23头牛统计,截至1983年12月底。已配准19头,占82.6%,其中超排、采卵后第一次发情配准的13头。第一情期受胎率为54.2%,由此可见,只要剂量合适,操作细心,注意防止污染对受胎率影响不大。由于我们初次试验,对个别牛采卵时子宫刺激较大,超排时剂量较大,对卵巢刺激较强,对个别牛配种受胎有些影响,有待今后进一步改进提高。

(4)超排、采卵对产奶量的影响　据对16头处理牛统计,日产奶平均下降8.68%。一般影响20 d左右。从试验结果观察个体差异较大。

(5)关于在采卵前给供体牛注射镇静剂问题　根据河北省芦台农场奶牛的情况,结合我们实际操作的体会,初步认为,采卵前15 min给供体母牛肌肉注射2%静松灵1 mL左右即可起到使牛镇静,以利采卵效果。

本次试验取得初步阶段性成果，开试当年见到犊牛，见彩图 1。由于初次试验，加之试验头数少，各项指标都比较低，许多方面有待进一步试验探索、完善和提高。

### 3.1.3 南江黄羊胚胎移植试验

自 1949 年世界首例山羊胚胎移植获得成功后，在一段时间内，山羊胚胎移植并未能在生产上应用。20 世纪 70 年代澳大利亚每年要进口价值 300 万美元的"马海毛"，这就使得安哥拉山羊的地位大大提高，从而为山羊胚胎移植提供了市场条件，1983 年 Armstrong 等对安哥拉山羊的胚胎移植进行了较系统研究，1988 年 Bessoado 等开展了大规模的胚胎移植，移植受体 1 500 多只，产羔 1 300 多只。1989—1990 年处理供体 300 只，移植胚胎达 4 900 枚，羔羊移植受胎率达 56%。

我国山羊的胚胎移植起步较晚，王建辰等(1980)获得奶山羊胚胎移植成功。此后有山羊胚胎移植成功的报道，但也未能及时在生产上应用推广。1995 年我国从国外开始引入波尔山羊，因其改良本地山羊效果显著，种羊供不应求，为满足种羊的需求，国内许多省(市、自治区)纷纷开展波尔山羊胚胎移植，不仅获得成功，而且为迅速扩大波尔山羊数量，提高波尔山羊供种能力发挥了巨大作用，同时也取得显著的经济效益。

南江黄羊原产四川南江县，是我国畜牧科技人员经长期选择培育而成的我国第一个肉用山羊新品种，它具有适应性、产肉性能好、羊肉品质佳、板皮质量优、改良本地山羊效果显著等特点。为迅速扩大我国地方优良肉用种羊数量、加快我国肉羊良种化进程，为此开展了南江黄羊胚胎移植试验。

1. 材料与方法

(1)供、受体羊的选择　选择繁殖性能正常的周岁青年南江黄羊供体母羊 7 只，受体羊为当地购买的奶山羊与本地山羊杂交的改良羊。对上述受体羊事先用氯前列烯醇进行处理，以确保是空怀母羊。

(2)超排和同期发情所用药物　促卵泡素(FSH)，一种为中科院动物所产，规格为 10 mg/瓶；另一种为新西兰产，规格为 20 mL/盒。氯前列烯醇为上海计划生育科研所产，批号为 010015，孕激素海绵栓为南京农业大学家畜繁殖研究室产。

(3)超排方法　用孕激素＋FSH＋PG 法对供体母羊进行超排处理，超排供体羊发情后，间隔 8～12 h，用公羊配种 2～4 次。

(4)供、受体羊同期发情处理　受体羊分别用孕激素(栓塞)＋PMSG＋PG 法(简称栓塞法)和两次 PG 法进行同期发情处理，以达到与供体发情同期的目的。

(5)胚胎采集　采用外科手术法，在超排供体羊发情配种后第 6 天从子宫角采集早期胚胎。

(6)胚胎的鉴定与移植　用形态鉴定法对胚胎进行鉴定，选择可用胚胎。用外科手术法移入与供体发情同期(发情同步差在±24 h 内)受体子宫内，每只羊移入 1～2 枚胚胎。经移植的受体羊经两个情期的观察，未返情者为妊娠。

2. 结果与分析

共对 82 只受体羊进行同期发情处理，结果同期发情率为 82.9%(68/82)；共对 7 只供体母羊进行超排，头均获可用胚胎 8.6 枚(60/7)，2001 年 4 月 24 日共移植 29 只受体，其中 9 只受体母羊于当年 9 月 7—18 日共产南江黄羊羔羊 14 只，这是我国南江黄羊胚胎移植首次成功。见彩图 6。其具体结果见表 3.6 至表 3.8。

(1)同期发情结果

表 3.6 不同处理方法对同期发情效果的影响

| 同期方法 | 参试羊/只 | 24～48 h 发情羊/只 | 同期率/% |
|---|---|---|---|
| 栓塞法 | 46 | 39 | 84.8a |
| PG 法 | 36 | 29 | 80.6a |

注：同一字母表示差异不显著($P>0.05$)。

由表 3.6 看出，用两种同期发情处理方法均能达到同期效果，栓塞法略优于 PG 法，但二者差异不显著($P<0.05$)。

(2)超排与采卵结果　由表 3.7 可知，用进口(新西兰)FSH 超排母羊，头均获胚胎数和头均可用胚胎数分别比国产(动物所)多 5.3 枚和 3.0 枚，但可用胚胎率比国产低 13.1 个百分点。由于试验只数少，有待进一步验证。

表 3.7 不同厂家 FSH 对超排效果的影响

| FSH 来源 | 超排供体只数 | 获胚胎总数/枚 | 头均获胚/枚 | 其中可用胚总数/枚 | 头均可用胚/枚 | 胚胎可用率/% |
|---|---|---|---|---|---|---|
| 进口(新西兰) | 3 | 40 | 13.3 | 31 | 10.3 | 77.5 |
| 国产(动物所) | 4 | 32 | 8.0 | 29 | 7.3 | 90.6 |
| 进口与国产比较 | | | +5.3 | | +3.0 | −13.1 |

(3)移植妊娠及产羔结果　由表 3.8 看出，2 个情期未返情的 21 只母羊，只有 9 只母羊产羔，仅占妊娠羊的 42.9%(9/21)。羔羊初生重，单羔仅为 2.25 kg，双羔仅为 1.76 kg。分析其原因，主要是由于移植后九鼎种羊场资金补缺，经常断草、断料，妊娠母羊严重营养不足，体质极度虚弱造成的。因此，胚胎移植要想取得好的效果，移植后受体羊饲养管理不可忽视。

表 3.8 移植妊娠与产羔情况

| 移植母羊只数 | 妊娠率/% | 产羔母羊只数 | 产羔数/只 | 羔羊初生重/kg | | 备　注 |
|---|---|---|---|---|---|---|
| | | | | 单羔 | 双羔 | |
| 29 | 72.4 (21/29) | 9 | 14 | 2.25 | 1.70 | 妊娠率按 2 个情期不返情计算，其中 5 只羊产双产羔 |

## 3.1.4 杜泊羊胚胎移植试验

杜泊绵羊原产于南非，由有角多赛特和黑头波斯羊杂交育成，具有早期生长发育快、胴体瘦肉率高、肉质细嫩等特点，被誉为 21 世纪世界超级肉用绵羊品种。目前我国引进的纯种杜泊羊较少，有必要对其进行快速扩繁。胚胎移植是快速扩繁良种后代的繁殖技术。为迅速扩大良种肉羊数量，开展了本试验。

1. 材料和方法

(1)供受体羊的选择和管理　以国外引进的纯种杜泊羊为供体，小尾寒羊为受体。为确保受体羊为空怀羊，受体羊在移植前1～2个月用氯前列烯醇引产并加强饲养管理。

(2)试验药品　孕酮栓由南京农业大学家畜繁殖实验室提供。PMSG，天津市华孚高新生物技术有限公司生产，批号为02021，规格为1 000 U/支。PG，宁波激素有限公司生产，批号为01125，规格为0.2 mg/支。FSH分别为日本产，批号912071，1 Au/mL；中科院动物所产(2003)，10 mg/瓶；加拿大产20 mL/瓶，400 mg；新西兰产，批号220169，0.88 mg/mL；宁波激素制品厂生产，批号为020415，每支100 U。CIDR，新西兰产，每支含0.3 g孕酮。速眠新、速醒灵，解放军军需大学生物制品厂生产，分别为1.5 mL/支，2 mL/支。

(3)受体同期发情处理　采用孕酮栓＋PMSG＋PG法。即受体与同一批供体同步埋植孕酮栓14 d，将埋植之日作为0 d，于孕酮栓埋植的第13天肌肉注射PMSG 250 U/只，在撤栓(第14天)同时每只羊肌肉注射PG 0.1 mg。

(4)供体超排处理　采用CIDR＋FSH＋PG法。即供体羊在阴道内放入CIDR，从埋植的第12天开始肌肉或皮下注射FSH，以递减剂量注射3 d，共6次，每次间隔12 h，在第5次注射FSH的同时肌肉注射PG 0.1 mg/只。超排羊发情后用种公羊自然交配，间隔8～12 h配种1次，直至不接受交配为止。

(5)胚胎的采集　在超排羊发情后第6天用常规外科手术法从子宫采集胚胎。供体在手术前每只肌肉注射速眠新1.0～1.5 mL、青霉素320万U、链霉素100万U。手术后每只羊肌肉注射速醒灵2 mL。

(6)胚胎的检查与鉴定　胚胎采出后，检胚，并按形态鉴定法对胚胎进行鉴定分级，做好详细记录。

(7)胚胎移植　一般选择和供体同期发情相差前后1 d的受体进行胚胎移植。移植手术时，牵引出卵巢，记录黄体数和卵泡数，将可用胚胎移入有黄体的受体羊的子宫角前1/3处。

2. 结果与分析

(1)受体同期发情效果　受体同期发情结果见表3.9。统计结果显示，0～48 h、0～24 h和25～48 h内的同期发情率分别为64.94%(289/445)，44.04%(196/445)，20.90%(93/445)。0～48 h的同期发情率低于田树军等(2004)报道的用孕酮栓＋PMSG＋PG法对小尾寒羊处理时0～48 h的同期率89.9%(89/99)。

(2)供体超排结果　共对48只杜泊羊进行了超排处理，结果39只供体采到胚(卵)，采胚(卵)成功率为81.25%，共获胚(卵)293枚，其中可用胚250枚，可用胚率为85.32%。按超排供体计算，头均获胚6.10枚，头均获可用胚5.21枚；按采到胚(卵)供体计算，头均获胚7.51枚，头均获可用胚6.41枚。

①不同产地FSH对超排效果的影响。由表3.9可看出，以新西兰产FSH超排效果最佳。但经检验，不同产地FSH头均获胚数及头均获可用胚数差异均不显著($P>0.05$)。

②供体羊年龄对超排效果的影响。由表3.10可见，青年母羊头均获胚数、头均获可用胚均较经产母羊低，但因参试供体羊数较少，标准差较大，因而青年母羊与经产母羊头均获胚数、头均获可用胚数均差异不显著($P>0.05$)。

表 3.9 不同产地 FSH 对杜泊羊超排效果的比较

| FSH 产地 | 处理羊数/只 | 获胚总数 | 头均获胚数 | 可用胚数 | 头均获可用胚数 |
|---|---|---|---|---|---|
| 新西兰 | 4 | 30 | 7.50±1.73 | 24 | 6.00±1.41 |
| 中国(宁波) | 9 | 64 | 7.11±6.43 | 44 | 4.89±6.41 |
| 日本 | 14 | 87 | 6.21±5.81 | 74 | 5.29±4.92 |
| 中国(动物所) | 8 | 47 | 5.88±6.99 | 47 | 5.88±6.99 |
| 加拿大 | 13 | 65 | 5.00±4.62 | 61 | 4.69±4.25 |
| 合计 | 48 | 293 | 6.10±5.48 | 250 | 5.21±5.09 |

表 3.10 供体年龄对超排效果的影响

| 组　别 | 超排供体数 | 采到胚的供体数 | 移植成功率/% | 获胚总数 | 头均获胚数 | 可用胚数 | 头均获可用胚数 |
|---|---|---|---|---|---|---|---|
| 青年母羊 | 38 | 30 | 78.9 | 203 | 6.77±4.91 | 177 | 5.90±4.87 |
| 经产母羊 | 10 | 9 | 90.0 | 90 | 10.00±5.32 | 73 | 8.11±4.96 |
| 合　计 | 48 | 39 | 81.3 | 293 | 7.51±5.12 | 250 | 6.41±4.92 |

注:头均获胚数及头均获可用胚数均按采到胚的供体计算。

(3)移植妊娠及产羔结果分析　445 只受体羊中共有 289 只在撤栓后 48 h 内发情,移植 209 只合格受体,植入可用胚胎 250 枚,共有 91 只受体产羔,其中 10 只受体产双羔,共产羔羊 101 只,公羔 44 只,母羔 57 只,成活 91 只。受胎率、产羔率、成活率分别为 43.54%、48.33%、91.10%。

①移植胚胎数量对受胎率的影响。移植胚胎数量对受胎率的影响见表 3.11。统计结果表明移植三胚、双胚受体的产羔率显著高于移单胚受体的产羔率($P<0.01$),与赵霞等(2002)报道的结果一致;移三胚受体的双羔率与双胚受体差异不显著($P>0.05$),与王怀友等(2003)报道的双羔率与移入的胚胎数关系不大一致。

表 3.11 移胚数对产羔率的影响　　只

| 组别 | 移植受体数 | 产羔数 | 产双羔受体数 | 产羔率/% | 产双羔率/% |
|---|---|---|---|---|---|
| 移单胚 | 181 | 72 | 0 | 39.78 | 0.00 |
| 移双胚 | 19 | 20 | 7 | 105.30 | 36.84 |
| 移三胚 | 9 | 9 | 3 | 100.00 | 33.33 |

②受体卵巢黄体数量对受胎率的影响。由表 3.12 可知,受体的移入侧卵巢上有 3 个及 3 个以上黄体的受胎率较 1 个黄体和 2 个黄体的受胎率高,但差异不显著($P>0.05$)。

表 3.12 受体卵巢黄体数量对受胎率的影响

| 组　别 | 移植受体数/只 | 产羔受体数/只 | 受胎率/% | 备　注 |
|---|---|---|---|---|
| 移入侧 1 个黄体 | 87 | 36 | 41.38 | 按产羔受体与移植受体比计算 |
| 移入侧 2 个黄体 | 91 | 41 | 45.05 | |
| 移入侧 3 个及以上黄体 | 31 | 14 | 45.16 | |

③不同饲养管理水平对受胎率及初生重的影响。209 只受体羊分别来自 4 个羊场。本试验比较了不同饲养管理水平对受胎率及初生重的影响，见表 3.13。结果显示，A、B、C 3 个羊场的受胎率较饲养水平较差的 D 场分别高 14.63、9.56、3.28 个百分点，但经检验，差异不显著($P>0.05$)；C 羊场平均初生重较 D 场高 0.44 kg，差异显著($P<0.05$)；A、B 羊场双胎羔羊较多，因而平均初生重偏低。

表 3.13 不同羊场饲养管理水平对受胎率及羔羊初生重的影响

| 羊场及饲养管理水平 | 移植受体数/只 | 产羔受体数/只 | 受胎率/% | 初生重/kg |
|---|---|---|---|---|
| A(优良) | 26 | 14 | 53.85 | 3.78±0.96 |
| B(优良) | 41 | 20 | 48.78 | 3.83±0.90 |
| C(优良) | 40 | 17 | 42.50 | 4.47±0.71 |
| D(较差) | 102 | 40 | 39.22 | 4.03±0.76 |

④单双羔初生重、性别比、妊娠期、成活率比较。胎产羔数与初生重、性别比、妊娠期、成活率的关系见表 3.14。

表 3.14 单双羔初生重、性别比、妊娠期、成活率的比较

| 组别 | 初生重/kg | 性别比 | 平均妊娠期/d | 成活率/% |
|---|---|---|---|---|
| 单羔 | 4.13±0.81 | 1∶1.46 | 148.7±2.43 | 95.06 |
| 双羔 | 3.54±0.83 | 1∶0.82 | 146.9±1.73 | 70.00 |

统计结果表明，单羔平均初生重较双羔高 0.58 kg，差异显著($P<0.05$)；单羔公、母比例为 1∶1.46，双羔公、母比例为 1∶0.82，但经独立性检验，胎产羔数与性别无关；双羔妊娠期较单羔短，差异显著($P<0.05$)，与闫振富等(2001)报道的胎产羔数越多，妊娠期越短一致；单羔成活率为 95.06%，较双羔高 25.06 个百分点，差异极显著($P<0.01$)。由于双羔数量较少，上述结果还需进一步探讨。

### 3.1.5 美利奴超细毛羊胚胎移植试验

澳洲美利奴超细毛羊是世界上最著名的细毛羊品种。其羊毛精细，被毛密度大，白油汗，细度均匀，大中弯曲，光泽好。我国从 1986 年以来引入澳洲美利奴种公羊，与当地细毛羊进行杂交，改良效果十分明显，对我国细毛羊的发展起到了积极的作用。但从国外引种，不仅费用高，而且种羊质量不能保障。胚胎移植技术可使优种澳洲美利奴细毛羊迅速得到扩繁，充分发挥优种羊的作用，为此开展此项研究。

1. 材料与方法

(1)试验动物 供体母羊：主要为经产 2～3 胎美利奴超细毛羊，少数采用初产母羊。受体母羊为经产小尾寒羊。

(2)试验药品 FSH(Flltropin - V，澳大利亚)、PMSG(新西兰，含 0.3 g 孕酮；宁波激素制药厂；内蒙古赤峰博恩药业)。冲胚液(新西兰)、保存液(美国)。

(3)试验方法

①供受体母羊同期发情处理。供体羊置栓第 13 天时撤栓，在第 14～15 天时试情、配种。

对发情母羊连续配种 3～4 次，每次间隔 8～10 h。受体羊分别分别用孕酮栓法和自然发情法进行发情处理。

②超数排卵。试验组在放置阴道栓的第 11～13 天早晚肌肉注射 FSH 各一次，FSH 用量为 4 mL×2+2.5 mL×2+1.5 mL×2，总计量为 320 mg FSH(20 mg/mL)，同时第 11 天早注射孕马血清促性腺激素(PMSG)400～500 IU，对照组为不用阴道栓和 PMSG 处理，只注射 FSH。

③胚胎的采集。在出现发情后第 6 天(发情日为 0 天)采用常规外科手术方法进行。

④胚胎评定。按形态鉴定法评定胚胎等级。

⑤胚胎移植。选择同供体母羊同期发情±1 日的受体母羊进行胚胎移植。将采集的胚胎移植到受体母羊黄体侧的子宫角，视黄体情况移植 1～2 枚胚胎。手术方法同供体母羊采胚法。术后加强护理，术后用抗菌素处理 1～3 d，7～9 d 创口拆线。

⑥妊娠鉴定。用 B 超仪在移植后 45～50 d 进行妊娠诊断。

2. 结果与分析

(1)孕激素制剂预处理对超细毛美利奴羊超排效果影响(表 3.15)

表 3.15 孕激素制剂预处理对超排细毛羊超排效果影响

| 组别 | 超排供体/只 | 采胚供体/只 | 超排成功率/% | 获胚总数/枚 | 头均获胚数/枚 | 可用胚数/枚 | 头均可用胚数/枚 | 可用胚率/% |
|---|---|---|---|---|---|---|---|---|
| 对照组 | 26 | 23 | 88.5[a] | 127 | 5.5[b] | 106 | 4.6[b] | 83.5[a] |
| 实验组 | 28 | 26 | 96.4[a] | 219 | 8.4[a] | 170 | 6.5[a] | 77.6[a] |

由表 3.15 可知，用孕激素预处理超细毛羊供体，可显著提高头均获胚数和头均可用胚数($P<0.05$)。

(2)超细毛羊年龄对超排效果的影响(表 3.16)

表 3.16 超细毛羊年龄对超排效果的影响

| 组别 | 超排羊数/只 | 采胚羊数/只 | 超排反应率/% | 获胚总数/枚 | 头均获胚数/枚 | 可用胚数/枚 | 头均可用胚数/枚 | 可用胚率/% |
|---|---|---|---|---|---|---|---|---|
| 经产母羊 | 149 | 135 | 95.7[a] | 1 151 | 8.6[a] | 857 | 6.4[a] | 74.5[a] |
| 青年母羊 | 69 | 60 | 87.0[a] | 316 | 5.3[b] | 271 | 4.5[b] | 85.8[b] |

由表 3.16 可知，经产羊头均获胚数、头均可用胚数、可用胚率均显著高于青年母羊($P<0.05$)。

(3)应激对超细毛羊超排效果的影响(表 3.17)

表 3.17 应激对超细毛羊超排效果的影响

| 组别 | 超排羊数/只 | 采胚羊数/只 | 超排反应率/% | 获胚总数/枚 | 头均获胚数/枚 | 可用胚数/枚 | 头均可用胚数/枚 | 可用胚率/% |
|---|---|---|---|---|---|---|---|---|
| 正常组 | 149 | 135 | 95.7[a] | 1 151 | 8.6[a] | 857 | 6.4[a] | 74.5[a] |
| 应激组 | 105 | 70 | 66.7[b] | 546 | 7.8[b] | 259 | 3.7[b] | 47.4[b] |

注：环境应激组为温度突然降低 10℃以上。

由表 3.17 可知，在超排发情(反应)率、头均获胚数、头均可用胚数、可用胚率均显著低于正常组母羊($P<0.05$)。

(4)不同产地 PMSG 对经产超细毛羊超排效果影响(表 3.18)

**表 3.18 不同产地 PMSG 对经产超细毛羊超排效果影响**

| PMSG 产地 | PMSG 用量/IU | 超排羊数/只 | 采卵羊数/只 | 供体羊超排反应率/% | 采卵数 | | 可用胚胎数 | | |
|---|---|---|---|---|---|---|---|---|---|
| | | | | | 总数/枚 | 枚/只 | 总数/枚 | 枚/只 | 可用率/% |
| 新西兰 | 500 | 48 | 47 | 97.9 | 404 | 8.6 | 342 | 7.2 | 84.7 |
| 宁波 | | 48 | 37 | 77.1 | 297 | 8.0 | 187 | 5.1 | 63.0 |
| 内蒙古 | | 53 | 51 | 96.2 | 450 | 8.8 | 328 | 6.4 | 72.9 |
| 合　计 | | 149 | 135 | 95.7 | 1 151 | 8.6 | 857 | 6.4 | 74.5 |

(5)受体不同发情方法对超细毛羊妊娠率的影响　由表 3.19 可知，孕酮栓法诱导发情与自然发情母羊移植妊娠率没有差异。

**表 3.19 受体不同发情方法处理对胚胎移植效果影响**

| 同期发情方法 | 移植受体羊数/只 | 妊娠受体数/只 | 妊娠率/% |
|---|---|---|---|
| 孕酮栓同期发情 | 627 | 426 | 67.9 |
| 自然发情 | 468 | 328 | 70.0 |

注：(1)孕酮栓法，在母羊阴道内放置孕酮栓，13 d 后撤栓。

(2)自然发情法，将母羊每天与供体羊同时试情，与同时发情的供体羊做相同标记后等待移植。

(6)B 超对 45 d 妊娠诊断效果　对移植 285 只受体羊 45 d 用 B 超做妊娠诊断。结果 195 只确妊，妊娠率 68.4%。其中 90 只未妊。对未妊的 90 只受体在 60 d 后再次用 B 超进行妊娠诊断，结果又有 3 只确妊，结果表明用 B 超 45 d 进行妊娠诊断，准确率为 98.5%(195/198)。

3. 结论

(1)环境(温度降低)应激对美利奴超细毛超排效果影响明显，这是因为环境应激的突然改变造成机体应激反应，使母羊体内相关的生殖激素的分泌发生改变。环境应激使 HPA(下丘脑-垂体-肾上腺皮质激素)轴兴奋，使 CRH 分泌增加，CRH 对 GnRH 分泌有抑制作用，进而影响 LH(促黄素)和 FSH(促卵素)的分泌，最终影响美利奴超细毛羊的超排效果。

(2)孕酮栓法同期发情和自然发情对胚胎移植效果的影响。两种方法对移植效果无影响，但孕酮栓法同期发情处理的受体羊不受发情季节和发情周期限制，利用率比自然发情高，且适宜规模化移植。

(3)让当地小尾寒羊“借腹怀胎”产纯种超细毛羊，是多快好省扩繁超细毛羊的有效方法。

### 3.1.6 小结

(1)无论是牛还是羊，鲜胚移植的优点是由于胚胎在体外停留的时间短，胚胎受到的外部影响小，胚胎活力强，移植妊娠率较高。缺点是胚胎在体外存活时间较长，不利于广范推广。

(2)牛由于子宫颈粗大,可不通过手术,而直接采用非手述采胚、移胚,相对小家畜用手术采胚、移胚方便了很多,这也是牛胚胎移植较其他家畜易于推广的主要原因之一。

(3)经超排、采胚后的供体母牛,平均在 35.0 d 出现第一个发情周期,较正常牛的发情周期有推迟现象,只要超排激素剂量合适,按规程操作,采胚后对受胎率无影响,据统计采胚后人工授精第一情期受胎率为 54.2%。与常规人工授精期受胎率无差异。

(4)超排采胚后的供体奶牛,对其产奶量有一定影响,日产奶平均下降 8.6%,影响时间 20 d 左右。

(5)用孕激素+FSH+PG 法对南江黄羊进行超数排卵后手术采胚,用新西兰产 FSH,头均获胚数为 13.3 枚,头均可用胚 10.3 枚,而用国产 FSH,依次为 8.0 枚、7.3 枚。将南江黄羊可用胚胎移植本地山羊,妊娠足月后产 14 只波尔山羊,这是我国南江黄羊胚胎移植的首次成功。

(6)采用 CIDR+FSH+PG 法对 48 只杜泊羊进行超排处理,用手术法采胚,采胚成功率为 81.5%(39/48),头均获胚 6.10 枚,头均可用胚 5.21 枚,将 209 枚可用胚胎用手术法移入小尾寒羊受体内,结果有 91 只受体产下杜泊羔羊。

(7)研究表明,杜泊羊单羔平均初生重较双羔高 0.58 kg,差异显著($P<0.05$);单羔公、母比例为 1∶1.46,双羔公、母比例为 1∶0.82,但经独立性检验,胎产羔数与性别无关;双羔妊娠期较单羔短,差异显著($P<0.05$),单羔成活率为 95.06%,较双羔高 25.06 个百分点,差异极显著($P<0.01$)。由于双羔数量较少,上述结果还需进一步探讨。

(8)环境(温度降低)应激对美利奴超细毛超排效果影响明显,这是因为环境应激的突然改变造成机体应激反应,使母羊体内相关的生殖激素的分泌发生改变。环境应激使 HPA(下丘脑-垂体-肾上腺皮质激素)轴兴奋,使 CRH 分泌增加,CRH 对 GnRH 分泌有抑制作用,进而影响 LH(促黄素)和 FSH(促卵素)的分泌,最终影响美利奴超细毛羊的超排效果。孕酮栓法同期发情和自然发情对胚胎移植效果的影响。两种方法对移植效果无影响,但孕酮栓法同期发情处理的受体羊不受发情季节和发情周期限制,利用率比自然发情高,且适宜规模化移植。让当地小尾寒羊"借腹怀胎"产纯种超细毛羊,是多快好省扩繁超细毛羊的有效方法。

(作者:桑润滋、陈岳云、李承义、杨国欣、贯庆瑞、郑新生、田树军、李铁栓、金东航、杜劲松、王保安、李俊、李俊杰、韩建永)

## 3.2 奶牛胚胎移植黄牛受体技术

### 3.2.1 概述

国际上在奶牛胚胎移植研究推广中,大多都是将高产奶牛做供体,低产奶牛做受体,让低产奶牛"借腹怀胎"生产高产奶牛后代。这是迅速扩群良种奶牛的重要途径之一。我国国情与发达国家不同,纯种奶牛少(20 世纪 80 年代初可繁纯种奶牛 200 万头左右),而我国黄牛资源丰富(同期可繁黄牛在 6 000 万头左右),如果让黄牛做受体"借腹怀胎"生奶牛,那么就可大大加速我国奶牛业发展。从理论上讲是可行的。但必须指出,我国黄牛长期以来以役用为主,做受体存在许多不足之处。一是体型小，结构差。成年母牛体重在 300 kg 左右，后躯狭窄，多斜尻、尖尻，犊牛初生重 20 kg 左右，荷斯坦犊牛初生重一般在 40 kg 左右。让黄牛“借腹怀胎”生奶牛极易造成难产。二是黄牛主要以役用为主，大都粗放饲养，营养水平低，膘情差，发情不规律，特别是冬春根本就不发情。

让黄牛“借腹怀胎”安全生奶牛，上述问题必须解决，否则会前功尽弃。为此，桑润滋等在 1983 年取得高产奶牛移植低产奶牛成功的基础上，从 1984 年上半年开始，从当地购入黄牛 20 余头，单独饲养，开展荷斯坦(当时叫黑白花)奶牛移植黄牛的相关技术研究，从受体黄牛的选择、饲养管理、接产助产、供受体同期发情处理、供体超排、提高移植妊娠率及推广模式等进行全面系统研究，截至 1986 年底产出我国首批 15 头黄牛“借腹怀胎”所生奶牛犊。并研究出受体黄牛选择标准、饲养管理和接产、助产等措施，为黄牛“借腹怀胎”生奶牛提供了科学依据和经验。为迅速扩繁良种奶牛开辟了一条新途径。此后国内多有奶牛胚胎移植黄牛的报道。让黄牛“借腹怀胎”生奶牛，是中国胚胎移植的特色，此技术让黄牛改良成纯种奶牛的时间由以前的 10 年左右缩短为 1 年。

农业部于 2002 年在北京、河北、内蒙古、黑龙江、山西、陕西、宁夏、山东和新疆 9 个省(市、自治区)组织实施了万枚高产奶牛富民工程，让黄牛“借腹怀胎”生高产奶牛 5 000 头左右。

本节主要从受体黄牛的选择，饲养管理、供体超排、胚胎鉴定、胚胎移植、接产助产等进行综合研究，并对推广模式进行了探讨。

### 3.2.2 黑白花奶牛胚胎移植黄牛试验

牛的胚胎移植技术，近年来国内外进展很快，国内有些单位对奶牛移植黄牛进行了尝试，但未见成功的报道。

河北省芦台农场奶牛实验站在 1983 年取得了奶牛移植奶牛成功的基础上，从 1984 年开始用黑白花奶牛的胚胎移植给黄牛的研究工作，经过一年多的努力，初见结果，现报告如下。

1. 材料和方法

(1)材料　所用 11 头供体为河北省芦台农场饲养的黑白花奶牛。8 头受体母牛是从河北省抚宁县和文安县购入的黄牛，体重 300～350 kg。

FSH，LH：武汉生物制药厂 1983 年产品。

15 甲基 - $PGF_{2\alpha}$：上海第五制药厂 1984 年产品。

采卵管：上海橡胶五厂生产的两路式胶管。

移植器：中国农业科学院畜牧研究所生产。

(2)方法

①供体牛的选择。为已正常产犊 1～4 胎，生殖机能正常，体质健壮，产奶量 6 200 kg 左右的母牛。

②受体牛的选择。体格大，体况良好，生殖机能正常的青年母牛和已正常产犊 1～3 胎的母牛。

③供体牛的超排处理。供体牛需在产后 60 d 以上，在发情周期的 11～13 d，用 FSH 进行超排处理。采用均等或递减剂量，每天分早晚两次肌肉注射，共 4 d 8 次。FSH 总剂量为 420 IU。在超排注射第 5 次和第 6 次的同时肌肉注射 15 甲基 - $PGF_{2\alpha}$ 各 0.2 mg。

④供、受体牛的同期发情处理。方法之一，从自然发情的受体中挑选与供体同期发情的牛

只。方法之二,PG 法。在供体牛超排处理开始注射 $PGF_{2\alpha}$ 的同时或提前 12 h 给黄牛(受体)肌肉注射 2 次 $PGF_{2\alpha}$。每次 0.2 mg。间隔时间为 12 h(受体需在发情周期的第 6 天以后注射)。一般在注射 PG 后 48～72 h 内,供受体均可见发情。选择与供体牛发情同步差别小的,且发情正常的黄牛作胚胎移植的受体。

⑤供体牛的输精。供体牛在出现静立反射,接受其他牛的爬跨后 8 h 第 1 次输精(冻精解冻,以下同),同时肌肉注射 LH 200 单位。以后每间隔 8～12 h 再输精 2～3 次。每次输精量为正常的 2 倍。

⑥供体牛胚胎的采集。在输精后的第 7 天,对供体母牛进行非手术采卵。按常规方法将采卵管插入子宫角前部。气囊充气,然后将加温至 37℃,pH 值为 7.2 的杜氏磷酸盐缓冲液(PBS)分次注入子宫角内进行冲洗,注入一次,回收一次,每次回收的冲卵液存入集卵杯内。PBS 每次用量为 30～50 mL,每侧子宫角总进液量为 300 mL 左右,冲洗一侧子宫后再冲洗另一侧。

⑦胚胎的检查和鉴定。所收集到的集卵杯中的冲卵液静置 20 min 后,从杯底放取冲卵液入检卵皿内,每次 20 mL 左右,于 20～30 倍体式显微镜下检查,然后将胚胎移入盛有含 20% 的灭活犊牛血清的 PBS 液的凹玻片内,在 80 倍的体式显镜下作形态鉴定,选择可用胚胎。

⑧胚胎的移植。首先将胚胎吸入塑料细管内,然后将含有胚胎的细管装入移卵器内,清洗受体外阴并消毒。用直肠把握法将移植器插入有黄体侧子宫角前部。调整移植器,准星朝下,用力推移植器钢钎,将胚胎移入受体子宫角内,旋转式抽出移植器,为利于着床和保胎,给受体肌肉注射黄体酮 100 mg,维生素 E 200 mg,维生素 A 50 单位。

2. 结果与分析

(1)移植后的结果及产犊情况　先后将 10 个晚桑葚期和囊胚期的胚胎移植给 9 头(次)黄牛受体,结果有两头牛妊娠并产犊,移植妊娠率为 22.2%(2/9)。3 号黄牛妊娠 269 d,正常产下 39 kg 的黑白花公犊;5 号黄牛妊娠 275 d,正常产下 1 头 33 kg 的黑白花公犊。详细情况见表 3.20,表 3.21。

表 3.20　受体牛移植胚胎情况

| 受体牛号 | 同期发情方法 | 供、受体发情同步差±* | 移胚数,类别及等级 | 胚胎在体外时间 | 妊否 | 备注 |
|---|---|---|---|---|---|---|
| 3 | 自然发情 | +8 h | 1 个早囊 A 级 | 3 h 20 min | 妊 | |
| 5 | 自然发情 | 0 | 1 个早囊 B 级 | 2 h | 未 | |
| 2 | 自然发情 | +12 h | 早囊、桑葚各 1 个,均为 A 级 | 2 h 40 min | 未 | 胚胎受污染 |
| 10 | 自然发情 | −14 h | 1 个桑葚,B 级 | 2 h 20 min | | |
| 5 | PG 处理 | −7 h | 一个桑葚,A 级 | 1 h 40 min | | |
| 4 | PG 处理 | 0 | 一个桑葚,A 级 | 1 h 35 min | | |
| 2 | PG 处理 | −12 h | 一个桑葚,C 级 | 1 h 45 min | | 受体黄体不好 |
| 7 | PG 处理 | −24 h | 一个桑葚,B 级 | 2 h | | |
| 12 | PG 处理 | −24 h | 一个桑葚,A 级 | 1 h 40 min | | 受体黄体不好 |

* 受体较少供体发情早为"+",晚为"−",以下同。

表 3.21 黄牛(受体)产犊情况

| 受体牛号＼项目 | 移植日期 | 产犊日期 | 妊娠天数/d | 性别 | 初生体尺 体高/cm | 体长/cm | 胸围/cm | 管围/cm | 体重/kg | 备注 |
|---|---|---|---|---|---|---|---|---|---|---|
| 3号黄牛 | 1984年10月9日 | 1985年7月5日 | 269 | 公 | 73 | 72 | 76 | 11 | 39 | 正产 |
| 5号黄牛 | 1985年1月26日 | 1985年10月28日 | 275 | 公 | 70 | 70 | 72 | 10.5 | 33 | 正产 |

(2)超排采卵结果　先后对 11 头黑白花牛进行处理，并采卵，共采到卵 30 枚，平均每头 2.7 枚；其中可用卵 17 枚，平均每头 1.5 枚，可利用卵率为 56.7%。

(3)供、受体用 PG 处理同期发情结果　用注射 PG 方法后，先对 7 头黑白花供体奶牛和 12 头(次)黄牛受体进行同期发情处理，结果表明 3 头供体和 6 头受体发情同步差别为(14.67±7.61) h；4 头供体和 6 头受体发情同步差别为(12.00±9.17) h。

3. 讨论与结论

(1)胚胎质量好坏是影响受胎率的主要因素之一，此外受体牛子宫和黄体状况的好坏也直接影响受胎率。胚胎在体外停留时间长短，在一定期限内似乎对受胎率影响不大。例如停留 3 h 20 min 移植后仍能受胎。

(2)从超排结果来看，无论在获卵总数还是可用卵方面，均较少，说明超排效果欠佳，经初步分析，影响超排效果的主要因素可能是激素不纯所致。

(3)用注射 PG 的方法，使供受体牛同期发情效果比较理想，同步差在±24 h 内。

(4)用 PG 处理的 12 头(次)黄牛发情后，经直肠检查，11 头(次)正常排卵，其中有一头仅有发情症状而未排卵，是否与连续用 PG 处理有关，有待进一步探讨。

(5)只要饲养管理合理，在本地区气候条件下，冬季黄牛同样能正常发情排卵。据对 4 头黄牛 9 个自然发情期的观察，发情期平均为 19.6 d(17～22 d)。

### 3.2.3 应用胚胎移植使黄牛繁殖奶牛的综合技术研究

20 世纪 80 年代以来，牛的胚胎移植技术在国内外发展均很快。尤其是国外，一些发达国家，牛胚胎移植技术已进入商品化生产。如何结合我国的实际情况尽快将此项技术在生产中应用推广，是摆在我国广大畜牧工作者面前的一项光荣而艰巨的任务。河北省奶牛胚胎移植技术研究中心，从 1984 年开始进行用奶牛胚胎移植黄牛的研究工作，并于 1985 年 7 月和 10 月使两头黄牛产下两头奶牛犊，在此基础上，为使这一技术趋于完善，以加速我国奶牛业的发展，于 1985 年下半年经专家论证，列题开展了“应用胚胎移植技术使黄牛繁殖奶牛的综合研究”工作，经一年多的努力，提前完成了研究任务，其间重点研究了受体黄牛的选择标准；提高黄牛移植妊娠率；受体黄牛的饲养管理；黄牛产奶牛的接产助产；供受体的同期发情；胚胎的形态鉴定和供体奶牛的超数排卵等七个方面的实用技术。在“研究中心”的实验黄牛群，移植妊娠率为 48.4%(15/31)，其中 1986 年移植妊娠率达 52%(13/25)，妊娠的 15 头黄牛除 1 头流产外，其余 14 头已全部安全分娩，共产黑白花犊牛 15 头(其中 24 号黄牛产双犊)，并做到了全活全壮。现将研究情况报告如下。

1. 材料与方法

(1)试验牛 试验受体黄牛为从当地卢龙县、抚宁县购买的户养北方黄牛,体重 300～350 kg。

供体牛为 2～4 胎黑白花奶牛,年产奶量 5 000～6 000 kg。

(2)FSH 一种是武汉生物制药厂 1983 年产品,一种是美国 1985 年产品,FSH - P、PG 均为上海五洲药厂生产。

(3)超排方法 供体母牛于发情周期的 11 d 开始超排,每天分早、晚两次注射 FSH,共注 4 d 8 次,注射第 5 次 FSH 时,子宫灌注 $PGF_{2\alpha}$ 0.2 mg。

(4)胚胎鉴定 采用形态鉴定法。

(5)胚胎采集 超排后第 7～8 天用非手术采卵。

(6)胚胎移植 用非手术方法将可用胚胎移入与胚胎发育阶段相一致的受体子宫角内。

(7)受体黄牛的饲养管理

①建有简易式牛舍,三面有墙,一面敞开向阳。牛舍前设有比较宽敞的运动场。

②饲养方式。采取每天两次上槽制。每头牛有固定的槽位。上午 7 点半至 10 点半,下午 4 点至 7 点为上槽饲喂时间,其余时间在运动场休息或逍遥运动。

③每天早、晚各饮水 1 次。

④饲喂方法。采取先喂草,后喂草拌精料。为了节约饲草,无论青草或干草均铡碎(1 寸左右)后饲喂。

⑤饲养日粮。为保证牛的体质健康,正常发情、排卵,维持妊娠需要,并防止胎儿过大造成难产,无论空怀牛、妊娠前期和妊娠后期的黄牛,都采用均等的饲养日粮。日粮组成如下。

混合料:9～11 月份,每天每头 1.5 kg;12 月份至次年 2 月份每天每头多喂防寒料 0.5 kg。混合料的配合比例是:豆饼 15%、麸皮 20%,玉米 40%,高粱 25%。另在混合料中加盐、骨粉、碳酸钙各 2%。

青草:5～10 月份每天每头喂 25～30 kg。

干草和青贮饲料:11 月份至次年 4 月份每头每天喂干草 12 kg,玉米青贮 2.5 kg 左右。

以上饲养日粮,依牛的膘情不同,可上下稍加浮动抽肥补瘦。

2. 结果与分析

(1)受体黄牛与奶牛体型结构、体重的差异性 黄牛和奶牛虽同属,但由于饲养目的不同,前者为了使役,后者为了产奶,在长期人为定向选育的条件下,体型结构,繁殖性能,饲养管理方法,生活习性等方面都存在差异,经对我省部分平原地区这两种牛的比较,其主要不同点见表 3.22。

(2)受体黄牛的选择标准 为了黄牛"借腹怀胎"繁殖奶牛,并提高繁殖成活率,根据上述黄牛与奶牛的差别,我们认为首先应对受体黄牛进行严格选择,尽量挑选体型结构适于繁殖奶牛,生殖机能良好,而且没有疾病的受体黄牛。在实践中经过摸索,初步确定了以下受体黄牛选择标准:

①体型结构良好。体高不低于 112 cm,120 cm 以上为宜。体斜长不低于 140 cm,150 cm 以上为宜。骨盆比较宽大,因骨盆大小不能直接测定,可依十字部宽、坐骨结节宽和尻长 3 方面间接判断。

②对黄牛进行补饲,使其营养状况中等以上。其目的是保证黄牛正常发情、排卵、维持正

常妊娠。

③繁殖机能正常。主要是生殖器官的生理机能正常，子宫没有炎症，过去配种易于受胎，产犊情况良好，没有难产及胎衣不下等病史。

④没有传染性疾病。对受体黄牛要进行检疫，为的是防止疫病传播，干扰胚移工作的正常进行。

⑤年龄(胎次)。以产过1～2胎犊的牛为好，若符合上述其他条件，年龄大些也可选为受体。

⑥为保证其正常体况，促使其及早发情，带犊的黄牛应及早断乳。

⑦排卵侧卵巢有黄体存在。

⑧与供体发情同步差在±24 d内。

表3.22 黄牛与奶牛在体型结构、体重等方面的差异性

| 类别 | 黄　牛 | 奶　牛 |
| --- | --- | --- |
| 体型结构 | 体小、成年母牛一般300 kg左右，后躯狭窄，多斜尻、尖尻，肢蹄强健，运步灵活，新生犊牛体重小，20 kg左右 | 体大，成年母牛一般550 kg左右，结构良好，蹄质较软，运步迟缓，新生犊牛体重大，40 kg左右 |
| 繁殖性能与方法 | 成熟较晚，2岁左右开始配种，生殖器官(子宫颈、卵巢、子宫等)较小，虽属长年发情，但多为季节配种，多为自然交配套，犊牛自然哺乳期长，产后发情晚。发情持续期长，在气温寒冷和饲养管理条件差时，有些牛长期不发情(乏情) | 成熟较早，18月龄左右开始配种，生殖器官如子宫颈比黄牛粗，卵巢比黄牛大1倍左右，常年发情配种，多为人工授精，产后发情早 |
| 饲养管理方法 | 分散在千家万户饲养，管理差异大，大多粗放，营养水平低，多数膘情差 | 多集中在奶牛场饲养，管理比较细致合理，营养水平较高，膘情较好 |
| 生活习性 | 耐寒、耐热、耐粗饲，长年使役，运动量大，性情暴躁，抗病力强 | 适应能力差，运动量小，性情温驯，抗病力较差 |

(3)受体子宫、卵巢中黄体生理状况与移植妊娠率的关系　见表3.23。

表3.23 受体黄牛子宫、黄体生理状况与移植妊娠的关系

| 子宫、黄体生理状况 | 移植黄牛/头 | 妊娠黄牛/头 | 移植妊娠率/% |
| --- | --- | --- | --- |
| ++(好) | 10 | 7 | 70.0 |
| ++(较好) | 7 | 4 | 57.1 |
| +(一般) | 8 | 2 | 25.0 |

从以上试验结果可以明显看出，黄牛受体子宫和卵巢黄体的生理状况对移植妊娠率的影响很大，我们的试验头数虽然还少，但这个趋势是比较明显的。

(4)胚胎发育阶段对移植妊娠率的影响　见表3.24。

表 3.24　胚胎的不同发育阶段与移植妊娠的关系

| 胚胎发育阶段 | 移植受体/头 | 妊娠受体/头 | 移植妊娠率/% |
|---|---|---|---|
| 囊胚或早囊 | 31 | 19 | 61.3 |
| 桑葚胚 | 56 | 24 | 42.9 |

上述结果表明,鲜胚移植用囊胚或早期囊胚比桑葚胚的移植妊娠率高。

(5)季节对移植妊娠率的影响　见表 3.25。

表 3.25　季节与移植妊娠率的关系

| 移植时间 | 移植受体/头 | 妊娠受体/头 | 妊娠率/% |
|---|---|---|---|
| 1—3 月 | 9 | 3 | 33.3 |
| 4—6 月 | 16 | 10 | 62.5 |

由表 3.25 看出,1—3 月份较 4—6 月份的移植妊娠率高。

(6)不同品种的受体牛对移植妊娠的影响　见表 3.26。

表 3.26　奶牛、黄牛(受体)对移植妊娠的影响

| 受体牛品种 | 移植头数/头 | 妊娠头数/头 | 妊娠率/% |
|---|---|---|---|
| 黄牛 | 25 | 13 | 52.0 |
| 奶牛 | 24 | 14 | 58.3 |

由表 3.26 看出,奶牛胚胎移植,奶牛受体的妊娠率高于移植黄牛受体,而经显著性检验差异不显著($P>0.05$)。

(7)受体黄牛所生黑白花犊牛体尺、体重　见表 3.27。

表 3.27　黄牛所生黑白花犊牛体尺、体重

| 统计头数 | 犊牛性别 | 体高/cm | 体斜长/cm | 胸围/cm | 管围/cm | 体重/kg |
|---|---|---|---|---|---|---|
| 12 | 单♂ | $\bar{x}=72.9$ | $\bar{x}=71.4$ | $\bar{x}=74.8$ | $\bar{x}=11.3$ | $\bar{x}=39.7$ |
| | | $S=29.9$ | $S=25.7$ | $S=2.25$ | $S=0.72$ | $S=4.28$ |
| 3 | 单♀ | $\bar{x}=73.7$ | $\bar{x}=70.7$ | $\bar{x}=76.0$ | $\bar{x}=10.8$ | $\bar{x}=39.7$ |
| | | $S=4.16$ | $S=40.4$ | $S=2.19$ | $S=0.76$ | $S=0.29$ |
| 2 | 双♀ | $\bar{x}=60.5$ | $\bar{x}=57.5$ | $X=61.5$ | $X=10$ | $X=21.8$ |

(8)黄牛体尺、体重对安全分娩的影响　见表 3.28。

(9)不同品种的受体牛妊娠期的比较　见表 3.29。

表 3.28 黄牛体尺、犊牛初生体重与分娩的关系

| 黄牛号 | 体高/cm | 体斜长/cm | 胸围/cm | 管围/cm | 十字部宽/cm | 坐骨结节宽/cm | 尻长/cm | 犊牛初生重/kg | 分娩情况 |
|---|---|---|---|---|---|---|---|---|---|
| 21 | 120 | 149 | 183 | 16 | 49 | 13 | 50 | 33.5 | 经助产安全分娩 |
| 33 | | 143 | 160 | 15 | 50 | 13.5 | 45 | 41 | 经助产安全分娩 |
| 3 | 114 | 150 | 168 | 15 | 54 | 13 | 46 | 40 | 经助产安全分娩 |
| 31 | 120 | 150 | 176 | 16 | 52 | 15 | 52 | 46 | 经助产安全分娩 |
| 20 | | 141 | 156 | 15 | 48 | 14 | 46 | 40 | 阴门双侧切口,经助产安全分娩 |
| 22 | 121 | 151 | 180 | 16.5 | 45 | 14 | 52 | 46.5 | 经助产安全分娩 |
| 16 | 122 | 158 | 177 | 17 | 50 | 15 | 50 | 39.5 | 经助产安全分娩 |
| 35 | 116 | 153 | 169 | 15 | 50 | 12.5 | 49 | 39.5 | 经助产安全分娩 |
| 17 | 123 | 154 | 167 | 16 | 49 | 14 | 49 | 39 | 经助产安全分娩 |
| 18 | 123 | 150 | 166 | 16 | 40 | 15.5 | 46 | 35 | 阴门一侧切口,经助产安全分娩 |
| 15 | 128 | 165 | 182 | 16.5 | 56 | 15.5 | 54 | 42 | 经助产安全分娩 |
| 9 | 127 | 159 | 172 | 16 | 53 | 13 | 56 | 40.5 | 阴门一侧切口,经助产安全分娩(青年牛) |
| 24 | 119 | 143 | 163 | 15 | 46 | 13.5 | 45 | 21.5 双<br>22.0 胎 | 经助产安全分娩 |
| $\bar{x}$ | | | | 15.77 | 49.77 | 13.81 | 49.23 | 40.21 | 未包括双犊 |
| $S$ | 4.17 | 6.81 | 8.52 | 0.70 | 3.56 | 0.90 | 3.56 | 3.7 | 未包括双犊 |

表 3.29 不同品种受体牛妊娠期的比较

| 受体牛品种 | 统计头数/头 | 妊娠期($\bar{x}$)/d | 标准差($S$)/d | 范围/d | 备注 |
|---|---|---|---|---|---|
| 黄牛 | 16 | 273.6 | ±9.37 | 251~298 | 未包括在受 |
| 奶牛 | 21 | 270.81 | ±8.35 | 259~291 | 体内的日龄 |

经显著性检验差异不显著:$P>0.05$。

(10)不同品种的受体牛所生黑白花犊牛体尺、体重的比较 见表 3.30。

表 3.30 不同品种受体牛所生黑白花犊牛体尺、体重比较

| 受体牛品种 | 单双胎 | 性别 | 头数 | 黑白花牛体尺、体重($\bar{x}$) | | | | | 备注 |
|---|---|---|---|---|---|---|---|---|---|
| | | | | 体高/cm | 体斜长/cm | 胸围/cm | 管围/cm | 体重/kg | |
| 黄牛 | 单 | 公 | 12 | 72.3 | 71.4 | 74.8 | 11.3 | 39.7 | |
| 奶牛 | 单 | 公 | 4 | 72.8 | 75.0 | 78.8 | 11.9 | 43.9 | |

续表 3.30

| 受体牛品种 | 单双胎 | 性别 | 头数 | 黑白花牛体尺、体重($\bar{x}$) 体高/cm | 体斜长/cm | 胸围/cm | 管围/cm | 体重/kg | 备注 |
|---|---|---|---|---|---|---|---|---|---|
| 黄牛 | 单 | 母 | 3 | 73.7 | 70.7 | 76.0 | 10.8 | 39.7 | |
| 奶牛 | 单 | 母 | 3 | 73.3 | 76.0 | 77.0 | 11.5 | 41.8 | |
| 黄牛 | 双 | 母 | 2 | 60.5 | 57.5 | 61.5 | 10.0 | 21.8 | |
| 奶牛 | 双 | 母 | 2 | 68.5 | 70.5 | 79.0 | 11.0 | — | 为生后 7 d 测体尺 |

(11)自然发情与诱导发情对移植妊娠率的影响　见表 3.31。

**表 3.31　自然发情、诱发发情与移植妊娠的关系**

| 类别 | 移植头数/头 | 妊娠头数/头 | 移植妊娠率/% |
|---|---|---|---|
| 自然发情 | 17 | 9 | 52.9 |
| PG 诱发发情 | 8 | 4 | 50.0 |

由表 3.31 看出，自然发情受体母牛的移植妊娠率稍高于诱发发情的受体母牛，但经显著性检验差异不显著：$P>0.05$(因试验头数较少有待进一步验证)。

(12)进口与国产 FSH 对超排、移植妊娠率的影响　见表 3.32。

**表 3.32　美国与国产 FSH 对超排与妊娠效果比较**

| 组别 | 超排头数 | 剂量 | 头均获卵数/个 | 头均获可用卵数/个 | 可用卵率/% | 移植受体头数/头 | 妊娠受体头数/头 | 移植妊娠率/% |
|---|---|---|---|---|---|---|---|---|
| 美国激素 | 20 | 35～40 mg | 1.9 | 1.4 | 75.7 | 23 | 10 | 43.5 |
| 国产激素 | 21 | 400～420 IU | 4.8 | 3.7 | 78.0 | 53 | 26 | 49.1 |

(13)胚胎质量对移植妊娠率的影响　见表 3.33。

**表 3.33　胚胎质量(等级)与移植妊娠率的关系**

| 胚胎质量(等级) | 移植受体 | 妊娠受体 | 妊娠率/% |
|---|---|---|---|
| A 级 | 54 | 30 | 55.6 |
| B 级 | 33 | 13 | 39.4 |
| C 级 | 10 | 2 | 20.0 |

注：受体包括奶牛和黄牛。

3. 结论与讨论

(1)奶牛和黄牛在生理上的一些差异不会影响胚胎移植技术的实际应用。据同期实验：奶牛胚胎移植奶牛受体，妊娠率为 58.3%(14/24)；奶牛胚胎移植黄牛受体，妊娠率为 52.0%(13/25)，共产犊牛 15 头。这是我国首批“借腹怀胎”所生奶牛犊，见彩图 2。实践证明，应用胚胎移植技术使黄牛繁殖奶牛是完全可能的，技术上也是可行的。

(2)我国奶牛资源少(184 万头，1986 年数字)，亟待发展；黄牛资源丰富(全国可繁母牛

5 000 余万头，我省可繁母牛 70 万头)，亟待改良。应用此项技术比用常规技术，可缩短改良时间 15 年左右。对加速发展奶牛业有重要意义。

(3)当前在受体黄牛的选择上，最好是体型大，生殖机能正常，营养状况良好，无疫病，年龄较轻的母牛。这样有利于黄牛的妊娠和安全分娩。

(4)提高受体黄牛移植妊娠率应注意以下几个方面。

①胚胎的质量和正确的形态鉴别；

②受体黄牛有良好体况，子宫、黄体生理状况正常；

③准确掌握黄牛的发情时间，供、受体牛的发情同步差应小于 24 h；

④移植前给黄牛注射镇静剂(静松灵)，可使黄牛安定，以利于操作；

⑤防止移植过程中的污染；

⑥熟练的操作技巧。

(5)受体黄牛饲养管理的重点是适当提高营养水平。饲养日粮应是能保证黄牛正常发情、排卵、维持正常妊娠和胎儿发育。为防止胎儿过大，妊娠后期需适当控制饲养标准。

(6)受体黄牛分娩进行助产是十分必要的，除技术措施外，组织管理工作不可忽视。

(7)用国产前列腺素(15 甲基 $PGF_{2\alpha}$)人工诱导发情，能够达到供、受体同期发情的目的，可以提高鲜胚利用率和工作效率。

(8)使用国产激素或进口激素，同样可以达到超数排卵的效果，应用国产激素进行超排，可以大大降低胚胎移植费用，有利于胚胎移植推广应用。但生产激素的厂家在激素的质量和稳定性上需要进一步提高。

(9)本研究结果是受体黄牛在特定饲养条件下取得的。今后如何在广大农村和牧区推广应用，有待进一步试验研究和解决。

(10)应用胚胎移植使黄牛繁殖奶牛包括很多技术环节，我们的研究是初步的。目前我们的供体牛超排获可用胚胎数较少，胚胎冷冻技术尚不过关；胚胎移植的推广应用和技术经济方面的研究还很不够等。这些都有待于继续研究，努力完善，尽快形成一配套的有较高经济效益的技术应用于生产。

### 3.2.4 小结

(1)奶牛和黄牛在生理上的一些差异不会影响胚胎移植技术的实际应用。据同期实验：奶牛胚胎移植奶牛受体，妊娠率为 58.3%(14/24)；奶牛胚胎移植黄牛受体，妊娠率为 52.0%(13/25)。实践证明，应用胚胎移植技术使黄牛繁殖奶牛是完全可能的，技术上也是可行的。我国奶牛资源少(184 万头，1986 年数字)，亟待发展；黄牛资源丰富，全国可繁母牛 5 000 余万头，亟待改良。应用此项技术比用常规技术把黄牛改良成纯种奶牛的时间可缩短 10 年左右，对加速发展奶牛业有重要意义。

(2)受体黄牛的选择标准可参照以下内容：

①体型结构良好。体高不低于 112 cm，120 cm 以上为宜。体斜长不低于 140 cm，150 cm 以上为宜。骨盆比较宽大，因骨盆大小不能直接测定，可依十字部宽、坐骨结节宽和尻长 3 方面间接判断。

②对黄牛进行补饲，使其营养状况中等以上。其目的是保证黄牛正常发情、排卵、维持正

常妊娠。

③繁殖机能正常。主要是生殖器官的生理机能正常，子宫没有炎症，过去配种易于受胎，产犊情况良好，没有难产及胎衣不下等病史。

④没有传染性疾病。对受体黄牛要进行检疫，为的是防止疫病传播，干扰胚移工作的正常进行。

⑤年龄(胎次)。以产过1～2胎犊的牛为好，若符合上述其他条件，年龄大些也可选为受体，但带犊的黄牛应及早断乳。

⑥排卵侧卵巢有黄体存在，与供体发情同步差在±24 d内。

(作者：桑润滋、陈岳云、陈兆源、杨国欣、贾庆瑞、郑新生、董伟)

## 3.3 成年牛羊超数排卵技术

### 3.3.1 概述

1. 成年牛、羊超数排卵概念

超数排卵(superovulation)：简称“超排”，是指成年母畜在其发情周期的适当时间，施以外源性促性腺激素，使卵巢中比自然情况下有较多的卵泡发育并排卵的技术。

2. 成年牛、羊超数排卵意义

由于大多数家畜均为单胎或双胎，因此，超排是推广家畜胚胎移植的重要前提和基础，其主要意义主要有以下几点。

(1)胚胎移植的关键技术　超排是获得胚胎的关键环节，可为胚胎移植提供大量可用胚胎，其效率的高低是制约胚胎移植技术发展的关键因素，直接影响胚胎的生产数量和胚胎的生产成本。

(2)充分发掘优良母畜的繁殖潜力，加速品种改良　通过超排处理后，人工回收卵母细胞，经培养成熟，使之受精而形成胚胎，将会开发利用卵巢上的卵母细胞资源，提高优良母畜的繁殖能力，对利用它们的高产基因和加速品种改良以及加快育种步伐具有重要的意义。

(3)为胚胎生物技术研究提供更多可用资源，增加排卵数量　在自然条件下，1个雌性哺乳动物一生中卵泡数量在20万～40万之间，而最终能排卵的仅占极少数部分，大部分在发育的不同阶段闭锁消失，应用超排技术可使每次排卵由1～3个增加到20个左右，从而为胚胎工程等方面的研究提供更多可用资源。

(4)为应用性控精液产双犊提供技术支撑　目前，利用细胞流式分离仪已能大批量生产牛性控精液，通过与超数排卵技术相结合可使母牛产双母犊，可显著提高繁殖效率和生产效益。

3. 成年牛、羊超数排卵研究概况

超数排卵技术的研究始于20世纪20年代。Smith和Engle(1927)首先在小鼠上发现了超数排卵现象，牛的超数排卵始于1940年，于1951年在牛的胚胎移植中获得成功。Armstrong等(1983)在安哥拉山羊超排处理中，对PMSG和FSH-P作了比较，结果FSH-P的效果(平均获卵数16.1±8.0)明显优于一次性注射PMSG组(平均获卵数10.8±1.2)。

Mpaetlotf 等(1988)报道,利用 FSH 对供体奶牛进行超排,采用 4 d 和 5 d 等量超排和递减超排,结果显示 4 d 组的等量超排和递减超排黄体数与 5 d 组的等量超排和递减超排差异不显著($P<0.05$)。因此,4 d 超排方案可以代替 5 d 超排方案。Pintado 等(1998)采取 PMSG 和 FSH 相结合的方法,用 PMSG 代替了部分 FSH 进行超排处理,获得了和单纯使用 FSH 一样数量的可用胚胎,大大降低了超排成本。近年来对卵巢动力学的研究使人们对卵巢的功能有了进一步的了解,也推动了对牛羊超排的研究。Lindsell 等(1986)证明在牛发情周期的第 9 天开始超排比第 3、6、12 天时超排效果好,这一结果被最近的超声波探测所证实(Gintheretal,1989)。Rajamajendran 等(1987) 证明,采用预处理超排方法可提高排卵率,增加卵数。但是也有相反报道,Grasso (1989) 以及 Lusiter (1989) 等研究都表明,FSH 对供体牛进行预处理,降低超排反应可能与超排处理开始前内源 FSH 分泌量减少有关。

随着羊、牛胚胎移植的成功,对超排的研究越来越深入,影响动物超排效果的因素非常复杂,有个体情况,如品种、年龄(胎次)、泌乳阶段、体况、生殖机能等。还有,就是环境条件,如季节、营养水平、畜舍环境卫生等。再有就是处理方法,如促性腺激素的类别、剂量、生产激素的厂家和批号、辅助方法等。从畜种讲,牛、羊超排比马、驴敏感且效果好。从品种讲,山羊比绵羊超排效果好。从促性腺激素类别讲,FSH 优于 PMSG。动物在超排的情况下,由于人为提供的外源激素的参与,使动物生殖内分泌(丘脑下部 - 垂体 - 卵巢)轴的活动,经历着复杂的刺激。因此超排是极为复杂的过程。经多年的研究积累,在牛、羊已形成比较成熟的超排方法,而且效果比以前大有提高。但由于上述影响因素,目前人们对每次超排结果无十分把握,以牛为例,一次超排有时丰收,头均获几十枚可用胚,有时歉收,仅几枚,有时绝收 0 枚。牛和绵羊每次超排头均获可用胚为 6~8 枚,山羊可达 10 枚以上。

我国在 20 世纪 70 年代初开始进行这方面的试验,1978 年牛及 1980 年奶山羊超排后鲜胚移植成功,此后对山羊、黄牛、奶牛的超排相继有专题报道。王志刚等(1999) 用 He - Ne 激光照射穴位结合外源性 FSH 处理牛,能够显著增加可用胚胎数。桑润滋(2000)用抑制素免疫母牛并结合纯化 FSH,结果试验组头均获胚数和可用胚数分别比对照组增加 2.4 枚和 1.4 枚。岳奎忠等(2000)于第一次注射 FSH 的同时,加注 PMSG 200 IU,平均获卵数显著超过了单纯使用 FSH 处理。芮荣等(1991)用 4 种方法对 30 只山羊进行超数排卵。结果发现:肌肉注射 PMSG+hCG 静脉注射得到的平均排卵数最高(7.4 个/只);其次为 FSH 肌肉注射+LH 静脉注射(6.5 个/只),这两种方法较为有效。肖红卫等(2005)分别用促卵泡素(FSH Folltropin - V)等量法(400 mg)和逐日递减法(360 mg 和 320 mg)两个水平对这 81 头奶牛进行超数排卵处理。结果显示,采用总剂量 360 mg 的 FSH 按逐日递减法超排,效果较好而且比较稳定(桑润滋,2009)。

*4. 成牛牛、羊超数排卵主要激素*

从目前的情况看,用外源性激素诱导家畜超数排卵仍是获得大量可用胚胎的重要手段之一,用于牛羊超数排卵的激素主要有促卵泡素(FHS)、孕马血清促性腺激素(PMSG)、前列腺素($PGF_{2\alpha}$)、促黄体素(LH)、孕激素(海绵栓或 CIDR)促性腺激素释放激素(GnRH)等,其中最为常用的是 FHS、PMSG、$PGF_{2\alpha}$和孕激素。

*5. 成年牛超数排卵的方法*

目前大量使用的超排程序是 20 世纪 80 年代初成型推广的,20 多年来没有大的改进。常用的超排方案大同小异,一般为以递减剂量每天两次注射 FSH,连续注射 4 d 或一次 PMsG

(也可配合抗 PMsG)注射。

(1)FSH+$PGF_{2\alpha}$法　在发情周期 9～13 天开始注射 FSH,采用递减法肌肉注射 FSH 每日 2 次,连续 4 d,总量为 400～440 IU,开始注射 FSH 48 h 后肌肉注射 $PGF_{2\alpha}$(3.6 mg),待发情后 12 h 输精,间隔 10～12 h 后再输精一次。安志兴等(2003)采用此方法超排青年荷斯坦奶牛,平均获得胚胎 7.07 枚,可用胚 5.98 枚。

(2)CIDR+FSH+$PGF_{2\alpha}$法　此法是将同期发情和超数排卵相结合的方法,在供体牛处理前,不用考虑其处于发情周期那个阶段,是目前使用最多的牛羊超排方法。具体操作是给供体在阴道内放置第一个 CIDR,10 d 后取出,同时放入第 2 个 CIDR,记为第 0 天,在第 5 天开始注射 FSH,FSH 用法同方法(1)。或者在给供体放置第 1 个 CIDR 后 9～10 d 开始注射 FSH,在第 7 次注射 FSH 时取出 CIDR,并同时注射 $PGF_{2\alpha}$,待发情 12 h 后输精,间隔 10～12 h 后再输精一次。郭志勤(2001)报道,使用中科院产 FSH 超排处理荷斯坦牛、西门塔尔牛和安格斯肉牛 3 种供体牛 553 头次,获胚数 3 401 枚,头均 6.15 枚,获得了理想的超排效果。

(3)FSH+CIDR+$E_2$+$P_4$ 法　在供体牛发情周期的任意一天(发情当天除外),将阴道栓(CIDR 或“牛欢”)放置于供体牛阴道内,同时肌肉注射苯甲酸钠雌二醇(EB)2 mg,或配合注射孕激素($P_4$)100 mg。放置阴道栓的第 4 天(放置阴道栓当天为 0 天)开始 FSH 处理,递减法连续 4 d 肌肉注射 Folltropin - V,成年母牛总剂量为 400 mg,青年母牛为成年牛剂量的 70%左右;超排处理的第 3 天上午肌肉注射氯前列烯醇 2 支(0.4 mg),发情后 8～12 h 进行人工授精,间隔 12 h 第 2 次输精。第 1 次输精后第 7 天用非手术法采集胚胎,采胚结束后肌肉注射氯前列烯醇 2 支(0.4 mg),并间隔 3～4 d 再次注射氯前列烯醇。据北京奶牛中心 2005 年报道采用上述方法对 163 头高产供体奶牛超排处理 406 次,头均获胚 10.22 枚,头均获可用胚 6.35 枚,分别比传统超排方法提高 0.59 枚和 0.40 枚。段保宁等(2006)用海绵栓代替 CIDR,头均获胚数为 13.2,头均可用胚数为 5.7,效果同样较为理想。

(4)PMSG+抗 PMSG(APMSG)+$PGF_{2\alpha}$法　发情周期第 9～13 天,一次肌肉注射 PMSG 3 000 IU,48 h 后,肌肉注射 $PGF_{2\alpha}$4 mg,共 2 次,等发情后一次肌肉注射抗 PMSG 3 000 IU,然后人工授精。Kummer 等(1981)用此方法超排时头均获卵 17.8 枚,显著高于对照组。

(5)FSH+GnRH　Fry 等(1999)在牛的试验中报道,超排时用促性腺激素刺激 72 h 后,给予一定量的 GnRH 大大增加卵巢上直径≥5 mm 的卵泡数量,提高了超排效果。

6. 成年羊超数排卵方法

(1)绵羊超排方法

①CIDR+FSH+$PGF_{2\alpha}$法。李俊杰等(2004) 对 54 只(次)萨福克羊采用 CIDR+FSH+PG 法进行超数排卵(以下简称超排),发情配种后第 6 天从子宫角采胚,只均获胚数和只均获可用胚数分别为(6.89±2.62)枚(372/54)和(6.07±2.28)枚(328/54)。

②CIDR+FSH+PMSG 法。雷赵民等(2005)用 CIDR+FSH+PMSG 法对波德代、无角陶赛特和德美三种绵羊进行超排处理:同期化发情率,波德代、无角陶赛特和德美分别为 100.00%、88.89%和 93.33%。超数排卵效果品种间存在差异,波德代、无角陶赛特、德美分别为(6.60±2.97)枚、(3.63±2.25)枚、(5.50±3.32)枚,波德代羊、无角陶赛特羊、德美羊只均可移植胚胎数分别为 2.40±2.31、2.75±2.05、4.07±3.79。

③单纯 FSH 注射法。余文莉等(2001) 用新西兰 Ovagen 对特克赛尔、道赛特、白萨福克肉羊进行 3 d 3 次和 3 d 6 次超排。结果表明 FSH 3 d 6 次超排的平均采胚数、可用胚数明显

高于 3 d 3 次注射组(6.64 相对 4.48 和 4.69 相对 3.60)。李福俊等(2006) 针对 FSH 注射方法对绵羊超排效果进行研究,结果发现 FSH 减量法/恒量法只均回收卵数分别为 11.08 枚和 5.25 枚,只均可移胚数分别 6.67 和 5.25,FSH 减量法优于 FSH 恒量法。

④FSH+PVP 法。曾培坚(1997)报道,分别用 7.5 mg (中科院动物所生产)、250 IU, 300 IU (武汉生物制药厂生产)FSH 溶于 10 mL 15%PVP 中进行一次性注射超排绵羊,头均获胚数分别为 5.0、4.67 枚和 5.0 枚。李键(2002)等用 30% PVP 溶液稀释 FSH 后一次注射总剂量超排处理波尔山羊与 FSH 递减法多次注射对比,分别获得可用胚(22±1.0)枚和(19.0±11.1)枚,差异不显著。试验表明,将 FSH 溶于 PVP 载体中一次注射,可用于家畜的超排,但 PVP 的最佳分子量和浓度等,有待进一步试验研究。

⑤抑制素免疫法。Wheaton 等(1992)用高度纯化的抑制素抗血清动免疫绵羊,排卵率较对照组提高 3.3 倍。大量的事实表明,供体进行抑制素免疫后,所产生的抗体中和了外周血浆中的抑制素,减弱了其对垂体的负反馈作用,从而使 FSH 分泌增加,促进卵泡发育并提高了排卵率。

(2)山羊超排方法

①孕激素+FSH+$PGF_{2\alpha}$法。即在供体羊发情周期的任意一天,在阴道放入第一个阴道栓(CIDR),于第 10 天取出并放入第二个阴道栓,在放入第二个栓的第 5 天开始,连续 4 d 肌肉注射 FSH(每天 2 次,间隔 12 h),第 8 天撤栓并同时注射 PG,发情后输精或配种,配种后第 6 天手术采集胚胎。河北省牛羊胚胎工程技术研究中心(2002)应用上述方法,对 61 只波尔山羊进行超排处理,只均获可用胚胎 16.8 枚。

②PMSG 法。PMSG 是最初在山羊的胚胎移植的科研和生产中广泛应用的超排激素。早在 1983 年,Armstrong 就曾用 PMSG 对山羊进行超排,一次注射 750 ~1 250 IU,平均获胚(10.8±1.2)个。Durant 等(1985) 给山羊一次注射 PMSG 500 IU,取得了同样的效果。

③FSH+PMSG。岳奎忠等(2000)于第 1 次注射 FSH 的同时,加注 PMSG 200 IU。超排山羊的平均红体数为(13.94±1.11)个,平均获卵(10.59±0.97)个,获卵率为 78.20%,显著超过了单纯使用 FSH 处理。

④PMSG+APMSG 法。Pintado 等(1998)于撤去孕酮阴道栓前第 36 小时给山羊注射 1 000 IU PMSG,在撤栓后的第 28 小时静脉注射 PMSG 抗体,得到的可用胚数比对照组(仅用 PMSG)几乎增加 1 倍(5.75/2.75,$P<0.01$)。武浩等(1998)认为,应用 APMSG 可以显著改善 PMSG 的超排效果,增加优质胚胎数量(5.5 枚相对 2.67 枚)和大幅度减少未排卵卵泡数(1.38 个相对 3.33 个)。

⑤PMSG+hCG。Saharrea 等(1998)在山羊发情开始后 84 h 给予 hCG,有力地阻止了 PMSG 超排引起的黄体早期退化。郭晓昭等(2004)采用 PMSG+hCG 法对山羊进行超排处理后配种,手术采胚结果,胚胎回收率和可移植胚胎比率分别达到了 80.5% 和 78.8%。

⑥FSH+GnRH 法。Akinlosotu 等(1993)对山羊用 FSH 进行超排时,在发情开始时给予一定量的 GnRH,可以减少胚胎回收时不排卵大卵泡数量的出现,结果不但提高了胚胎质量,而且提高了可移胚数和受孕率。吕津,桑润滋等(2005)用 FSH 对波尔山羊进行超数排卵,试验组在发情配种时注射 $LRH\text{-}A_3$ 15 μg,发情后第 3 天开始注射 3 d 6 次孕酮($P_4$)6 mL,对照组不注射,第 6 天采胚,结果试验组比对照组每只头均多获可用胚 1.2 枚(桑润滋,2009)。

7. 羊胚胎直径和透明带厚度以及正常胚胎与异常胚胎所占比例

(1)胚胎直径及透明带厚度　蒋世娥等(1984)对超排小尾寒羊、湖羊的6、7和8日龄胚胎的形态学观察和测定结果，见表3.34。

表3.34 小尾寒羊、湖羊胚胎直径及透明带厚度

| 胚胎类型及测量部位 | 小尾寒羊 | | 湖羊 | | 透明带厚度 | |
|---|---|---|---|---|---|---|
| | 测量数/个 | 平均直径/μm | 测量数/个 | 平均直径/μm | 测量数/个 | 平均厚度/μm |
| 桑葚胚透明带直径 | 3 | 172.26±17.13 | 3 | 177.81±7.86 | 3 | 17.86 |
| 囊胚透明带直径 | 27 | 177.2±10.78 | 19 | 180.34±5.52 | 3 | 17.86 |
| 囊胚胚泡透明带直径 | 12 | 122.94±9.7 | | | | |
| 膨胀泡透明带直径 | 8 | 191.71±12.5 | 43 | 215.66±39.31 | 5 | 7.67 |
| 膨胀后胚腔又收缩的胚胎直径 | 4 | 125.03±10.21 | 12 | 154.69±29.96 | | |
| 孵化膨胀胚泡直径 | 28 | 209.57±41.24 | 14 | 231.83±52.46 | | |
| 胚腔收缩的孵化胚泡直径 | 24 | 143.78±15.54 | 33 | 142.2±24.38 | | |

(2)不同绵羊品种正常胚胎与异常胚胎所占胚胎的比例　蒋世娥等(1984)对超排小尾寒羊、湖羊的6、7和8日龄胚胎的形态鉴定结果见表3.35。

表3.35 6～8日龄小尾寒羊、湖羊异常胚胎所占采出胚胎的比例

| 胚龄(日) | 小尾寒羊 | | | 湖羊 | | | 小尾寒羊+湖羊 | | |
|---|---|---|---|---|---|---|---|---|---|
| | 正常和异常胚胎数 | 异常数 | 比例/% | 正常和异常胚胎数 | 异常数 | 比例/% | 正常和异常胚胎数 | 异常数 | 比例/% |
| 6 | 118 | 4 | 3.39 | 121 | 9 | 7.43 | 239 | 13 | 5.44 |
| 7 | 70 | 4 | 5.17 | 144 | 7 | 4.86 | 214 | 11 | 5.14 |
| 8 | 60 | 6 | 10.0 | 44 | 6 | 13.64 | 104 | 12 | 11.54 |
| 合计 | 248 | 14 | 5.64 | 309 | 22 | 7.12 | 557 | 36 | 6.46 |

(3)波尔山羊超排配种后6 d所获胚胎发育阶段及所占百分率　据桑润滋等(2002)报道，他们对超排波尔山羊所获3 135枚胚胎(卵)统计结果见表3.37。

表3.36 配种后6 d所获胚胎的发育阶段及其所占百分率

| 采胚时间 | 获胚总数 | 胚胎发育阶段 | | | | | | | | | |
|---|---|---|---|---|---|---|---|---|---|---|---|
| | | 早囊和囊胚/枚 | 百分比/% | 桑葚胚/枚 | 百分比/% | 8～16细胞/枚 | 百分比/% | 退化胚/枚 | 百分比/% | 未受精/枚 | 百分比/% |
| 配种后6 d | 3 135 | 304 | 9.70 | 2 328 | 74.26 | 22 | 0.70 | 119 | 3.80 | 326 | 11.55 |

另据桑润滋等(2002)报道，据统计，共对204只(次)超排处理的波尔山羊采胚，结果188只(次)供体羊采到胚(卵)，采胚(卵)成功率为92.16%。共获得胚胎(卵)3 135枚，其中可

用胚 2 654 枚。可用胚率为 84.7%，异常胚为 481 枚，异常胚率为 15.3%。

由表 3.36 看出，波尔山羊超排配种后 6 d 采胚胎，绝大部分处于桑葚胚阶段，占 74.26%，早期囊胚和囊胚占 9.70%（桑润滋，2003）。

本节主要从激光穴位照射，注射 LRH、EB＋P4＋阴道栓、异常黄体，FSH 不同剂量、产地、不同季节、左右侧卵巢等影响牛羊超排效果的因素进行了较系统的研究。

### 3.3.2 注射国产 LRH 对提高奶牛超数排卵后胚胎质量的作用

在牛的胚胎移植技术中，可用胚胎的来源问题是限制胚胎移植应用于畜牧生产的主要问题，所以，如何使供体牛取得好的超排效果，一直是国内外研究的主要内容之一。

近年来一些研究报道说明，GnRH 及其类似物通过促使垂体分泌 LH，能够提高超排牛的排卵同期化程度和卵子的受精率，从而提高超排效果。Wubist 等（1986）报道，超排奶牛在发情时注射 200 μg GnRH，排卵数和采卵数略有提高（$P>0.05$），但发育胚胎数从每头 6.2 枚提高到 9.4 枚，受精率从 76%提高到 92%（$P<0.01$）。马玉山（1988）报道，从利用 PMSG 与 LRH-A 相配合的超排效果看，所采到的胚胎，质量是十分可信的，可利用胚胎达到 96%以上。Foote 等（1989）报道，用一种 GnRH 类似物 Buserelin 能够提高超排奶牛的受精率，但是对排卵数、获卵数及可用胚胎数没有影响。Prado Delgaado 等（1984）报道，GnRH 对超排母牛的各项指标均没有显著影响。总之一些报道认为 GnRH 能够提高母牛的超排效果，有的报道则认为 GnRH 对母牛超排效果影响不大或没有显著影响。

综上所述，可以推测，GnRH 及其类似物可能通过垂体 - 性腺（卵巢）轴的调节对卵母细胞的成熟，排卵、受精及胚胎的早期发育具有影响，从而提高奶牛超排效果。

$LRH\text{-}A_2$ 和 $LRH\text{-}A_3$ 是两种国内人工合成的下丘脑促性腺激素释放激素的类似物，具有促使垂体释放 LH 和少量 FSH 的功能。本试验的目的是验证这两种国产试剂对奶牛超排后胚胎质量的作用，以提高胚胎质量，并在实际生产中得到应用。

1. *试验材料和方法*

（1）激素制剂

①促黄体激素释放激素类似物。$LRH\text{-}A_2$ 和 $LRH\text{-}A_3$ 均为宁波激素制品厂生产，批号分别为 860108、860101。

②促卵泡生成素（FSH）。武汉生化制药厂生产，批号为 860501。

③前列腺素（15 甲基 - $PGF_{2\alpha}$）。上海五洲药厂生产，批号为 871101。

（2）试验时间和地点　1988 年 6 月、10 月，1989 年 5 月在河北省奶牛胚移中心。1988 年 7 月、1989 年 8 月在河北省察北牧场。1989 年 7—8 月，在辽宁省阜新县畜牧示范场。上述时间均为该地区牛繁殖的适宜季节。

（3）参试牛概况　参试牛为中国黑白花奶牛，年龄 3～9 岁（1～7 胎），体重 400～500 kg，每头年产奶量4 000～5 000 kg；参试牛依饲养标准和膘情属 3 种营养水平：河北奶牛胚移中心 20 头（次）为良；辽宁阜新县畜牧示范场 11 头为中；河北省察北牧场 17 头（次）为差。

（4）超数排卵处理程序和人工授精　参试牛经 1 或 2 个发情周期观察，于发情周期的 9～13 d 开始用 FSH 处理，以递减剂量，间隔 12 h，连续处理（肌肉注射）4 d 8 次，FSH 总剂量 400 IU 左右，FSH 处理 48 h 后，子宫灌注 $PGF_{2\alpha}$ 0.2 mg，间隔 12 h 再肌肉注射 $PGF_{2\alpha}$

0.4 mg，超排牛在静立发情后6～8 h输第一次精，间隔8～12 h再输精2～3次，每次授以符合国标的牛冷冻精液2个剂量。

(5) $LRH-A_2$ 或 $LRH-A_3$ 的处理方法　将参试牛按超排处理时间顺序，随机分成两组，即安排1头试验牛，再安排1头对照牛，依此类推。试验牛在超排静立发情后6～8 h输第一次精的同时，肌肉注射 $LRH-A_2$ 200 μg 或 $LRH-A_3$ 100 μg（据试验 $LRH-A_3$ 比 $LRH-A_2$ 具有更高的活性），对照组不注射。

(6)胚胎的采集、检查和鉴定　超排牛在静立发情（当天为零天）后的6.5～7.5 d按常规方法采用非手术法用加入3%的犊牛血清的PBS冲卵，将冲卵液回收至量筒内，用带滤膜的吸管吸去上层冲卵液，将剩余的大约80 mL冲卵液，分次缓缓放入灭菌的玻璃平皿内，在20倍体视显微镜下检查胚胎，然后在80倍下鉴定胚胎质量。胚胎鉴定方法主要是形态鉴定。具体标准是，可用胚胎：胚胎发育阶段与胚龄基本一致；透明带呈球形且完整；桑葚胚，细胞团比较完整，也可有少部分游离细胞，胚细胞比较清晰；早期囊胚或囊胚，滋养层细胞、胚结、囊胚腔等明显可见。属下列之一者为不可用胚胎：①未受精卵；②碎裂卵；③胚细胞离散、退化比较明显；④胚胎发育阶段和胚龄严重不符。超排牛非手术采卵后，仔细触摸两侧卵巢，估测并记录两侧卵巢的排卵数（黄体数）。

2. 试验结果

(1)注射LRH对奶牛超数排卵效果的影响　从表3.37看出，头均排卵数、获卵数、可用胚胎数、可用胚百分率，试验组比对照组分别提高0.32个、0.41枚、1.67枚、21.60个百分点，经显著性检验，前3项指标差异不显著（$P>0.05$），而可用胚百分率差异极显著（$P<0.01$）。

表3.37　**注射LRH对奶牛超排效果的影响**

| 项　目 | 超排头数/头 | 排卵总数/个 | 头均排卵数/个 | 获卵总数/个 | 头均获卵数/个 | 其中可用胚总数/枚 | 头均可用胚胎数/枚 | 可用胚百分率/% |
|---|---|---|---|---|---|---|---|---|
| 试验组 | 26 | 299 | 11.56±4.83 | 181 | 6.96±5.67 | 112 | 4.31±3.46 | 61.88 |
| 对照组 | 22 | 246 | 11.18±3.62 | 144 | 6.55±4.78 | 58 | 2.64±2.90 | 40.28 |
| 试验与对照比较± | | | +0.32 | | +0.41 | | +1.67 | +21.60 |

(2)牛4个以上可用胚和无可用胚百分率比较　本试验对获4个以上可用胚中的百分率和无可用胚牛的百分率进行了比较，结果，获4个以上可用胚百分率，试验组比对照组高20.63个百分点，而无可用胚牛的百分率比对照组低16.44个百分点，见表3.38。

表3.38　**4个以上可用胚牛和无可用胚牛百分率比较**

| 项　目 | 超排头数/头 | 4个以上可用胚牛头数/头 | 4个以上可用胚牛的百分率/% | 无可用胚牛的头数/头 | 无可用胚牛的百分率/% |
|---|---|---|---|---|---|
| 试验组 | 26 | 16 | 61.54 | 4 | 15.38 |
| 对照组 | 22 | 9 | 40.91 | 7 | 31.82 |
| 试验与对照比较± | | | +20.63 | | −16.44 |

(3)LRH 对不同营养水平超排牛胚胎质量的影响　由表 3.39 看出，营养良、中、差 3 种类型牛，头均可用胚胎数和可用胚百分率，试验组比对照组分别提高 1.3 枚和 10.43 个百分点、3.64 枚和 43.99 个百分点、1.31 枚和 28.58 个百分点。说明无论供体牛营养水平高与低，注射 LRH，对提高其胚胎质量均有一定作用。另外还可以看出，注射 LRH 组的头均可用胚胎数随营养水平的提高而增加。即由 3.56 枚均至 4.14 枚，再增至 5.10 枚。

表 3.39　**LRH($LRH\text{-}A_2$ 或 $LRH\text{-}A_3$)对不同营养水平超排牛胚胎质量的影响**

| 牛营养状况 | 组别 | 超排头数/头 | 获可用胚总数/枚 | 头均可用胚数/枚 | 可用胚百分率/% | 试验地点 |
|---|---|---|---|---|---|---|
| 良 | 试验组 | 10 | 51 | 5.10±3.87 | 68.0 | 河北省胚移中心 |
| | 对照组 | 10 | 38 | 3.80±3.58 | 57.57 | 河北省胚移中心 |
| 中 | 试验组 | 7 | 29 | 4.14±3.28 | 50.88 | 辽宁阜新畜牧示范场 |
| | 对照组 | 4 | 2 | 0.50±0.57 | 6.89 | 辽宁阜新畜牧示范场 |
| 差 | 试验组 | 9 | 32 | 3.56±3.32 | 65.31 | 河北省察北牧场 |
| | 对照组 | 8 | 18 | 2.25±1.98 | 36.73 | 河北省察北牧场 |

3. 分析与讨论

(1)本试验 LRH 处理组的平均排卵数、获卵数、可用胚胎数和可用胚百分率，比对照组分别提高 0.32 枚、0.41 枚、1.67 枚和 21.66 个百分点，前 3 项指标没有显著差异($P>0.05$)，而可用胚胎百分率差异极显著($P<0.01$)　上述结果与 Wubist 等(1986)报道相似。LRH 处理组获 4 个以上可用胚牛的百分率为 61.54%，比对照组的 40.91%高 20.63 个百分点；无可用胚牛的百分率 LRH 处理组为 15.38%，比对照组的 31.80%低 16.44 个百分点。另外，营养良、中、差 3 种类型牛，头均可用胚胎数和可用胚百分率，试验组比对照组分别提高 1.3 枚和 10.43 个百分点、3.64 枚和 43.99 个百分点、1.31 枚和 28.58 个百分点。综上所述说明，LRH 对提高奶牛超排后胚胎的数量和质量有一定作用。

(2)关于 LRH 提高胚胎数量和质量的作用机理

①LRH 可能通过下丘脑 - 垂体 - 性腺(卵巢)轴影响超排牛卵泡卵母细胞的成熟和排卵的同期化程度。生理剂量的 LRH 能引起垂体 LH 和 FSH 的释放与合成，但以对 LH 的刺激作用为主。另据 Cran 等 1976 报道，外周血促性腺激素(LH 和 FSH)能够通过血 - 卵泡屏障进入卵泡。在排卵前给超排牛注射 LRH，通过促使垂体分泌 LH，形成 LH 峰，可使卵泡腔中维持较高的 LH 和 FSH 水平，因而促进卵泡成熟并提高排卵的同期化程度，使得超排牛同期排出较多成熟卵子与精子结合，形成受精卵。

②LRH 可能具有改善超排牛输卵管、子宫环境的作用。超排牛由于激素分泌混乱，可以导致不利于配子运行、受精和早期胚胎发育的输卵管、子宫环境。HauK 等(1988)报道，卵子在超排母牛输卵管中的运行较非超排母牛快 1 d 或更多，因此超排处理的卵子在输卵管中的孵育时间较短。HauK 认为上述结果是由于超排时类固醇激素的分泌变化造成的。LRH 是一种生殖调解激素，它可能通过 LH 和 FSH 对卵泡及卵母细胞的影响，促使类固醇激素的分泌趋向合理，从而改善输卵管、子宫的环境，有利于精子和卵子的运行、受精以及早期胚胎的发育。

(3)关于本实验 LRH 处理组和对照组的一些指标差异不显著的原因　本试验头均排卵数、获胚数、可用胚数，LRH 处理组比对照组虽有提高，但经检验差异不显著($P>0.05$)。据他人和我们的试验结果分析，我们认为，对那些自身 LRH 或 LH 分泌量不足或 LH 峰出现时间与排卵时间相对严重异常的超排牛，外源 LRH 的有利影响就能显示出来，而对那些上述现象均属正常的个体，外源 LRH 可能是不必要的。由于上述原因以及各人所用试验牛的个体情况不同，数量不等，所以各试验结果不同，有的能证明 LRH 的有利作用，有时则不能证明。但无论如何，可以说，在某些情况下，对于某些个体，注射外源 LRH 对提高奶牛超排后胚胎的质量是有益的。

(4)关于 LRH 的最佳用量和适宜的给药时间，有待进一步试验　若能找到最佳方案，LRH 对提高奶牛超排后胚胎质量的作用可能会更明显。

4. 结论

本试验条件下，LRH 处理组，超排牛的可用胚胎数和可用胚胎率比对照组分别提高 1.67 枚和 21.60 个百分点，说明注射国产 LRH-$A_2$ 或 LRH-$A_3$ 有提高奶牛超排后胚胎质量的作用。

### 3.3.3　激光穴位照射提高中国荷斯坦牛超排效果试验研究

牛胚胎移植技术在生产中得以广泛应用的前提条件是有充足的可用胚胎，但胚胎的获得远远不如精液那样容易。迄今为止，能够实际应用获得多量胚胎的方法主要是超数排卵(简称超排)。

董伟等(1987)报道，由于超排是极为复杂的一系列生理过程的累积产生的结果，至今人们还不能完全掌握超排的规律，据 Donalason(1984)统计了 1 263 头供体牛的采卵结果，平均每头采到可用胚胎 4.5 枚，其中 1/3 供体没有采到可用胚胎，1/3 供体可用胚胎数相当或低于平均水平，1/3 供体可用胚胎数高于平均水平。

由于超排效果的好坏与胚胎移植效率有直接关系，国内外学者在超排方法进行了大量研究(Yadav 等，1983；Greve 等，1985；谭丽玲等，1990)，但是至今人们仍常常为超排效果的不可预测大伤脑筋。Greve(1981)指出无论使用怎样的促性腺激素，超排反应的可变性和不可预测性仍然很高，这个问题是牛胚胎移植技术中最严重的问题之一。

自 20 世纪 70 年代，激光技术引用到畜牧兽医领域以来，取得了满意的效果，特别是将激光技术与我国兽医学的经络理论和针灸技术相结合，治疗大家畜疾病性不孕症方面取得了比较明显的效果(李呈敏等，1990；施振声等，1986)。为了探讨激光技术改变牛超排效果方面的可能性，为提高牛超排效果探索一条新的途径，开展了此项研究工作。现报告如下：

1. 材料与方法

(1)试验动物　中国荷斯坦奶牛，年龄 3～6 岁，年产奶量 6 000 kg 左右。

(2)仪器药品　氦氖激光治疗仪为激光仪器厂生产。超排所用 FSH 为宁波激素制品厂生产。

(3)方法　选择生殖机能正常，产后 60 d 以上的中国荷斯坦成年母牛 10 头，按超排顺序随机分成两组，试验组和对照组各 5 头，在发情周期的第 10 天开始用 FSH 分 4 d 8 次进行常规超排处理，每头总剂量 400 单位，于超排的第 3 天肌肉注射 $PFG_{2\alpha}$ 4 mL。发情后输精 2～

3次，于输精后的第7天，用非手术法采集胚胎，后用形态鉴定法对所采集的胚胎进行鉴定，依质量好坏分为A、B、C、D四组，A、B、C级为可用胚胎，D级为不可用胚胎。不同之处是试验组从超排的第3天起用氦氖激光原光束照射超排牛交巢穴，功率为30 mW，距离为60 cm，每天照射一次，每次10 min，连续照射4次左右，直至发情输精为止。

2. 试验结果

(1)超排效率　试验组5头超排牛，其中4头牛对超排有效，1头无效(两侧卵巢均无卵泡发育)。超排有效率为80%(4/5)。对照组和试验组相同，超排有效率也为80%(4/5)，二者无差异。

(2)获胚胎数　试验组共获胚胎63枚，头均12.6枚，其中获可用胚胎37枚，头均7.4枚。对照组共获胚胎34枚，头均68枚，其中获可用胚胎22枚，头均4.4枚。试验组比对照组头均获胚胎、头均获可用胚胎分别增加5.8枚和3.0枚，结果见表3.40。

表3.40　激光穴位照射对中国荷斯坦牛超排效果的影响

| 组别 | 超排头数 | 超排有效头数 | 超排有效率/% | 共获胚胎 | 头均胚胎 | 其中共获可用胚胎 | 头均可用胚胎 |
|---|---|---|---|---|---|---|---|
| 试验组 | 5 | 4 | 80 | 63 | 12.6 | 37 | 7.4 |
| 对照组 | 5 | 4 | 80 | 34 | 6.8 | 22 | 4.4 |
| 比　较 | | | 0 | | +5.8 | | +3.0 |

3. 结论与讨论

(1)从表3.40可知，试验组头均获胚胎数为12.6枚，头均获可用胚胎数为7.4枚，分别比对照组的6.8枚、4.4枚增加5.8枚、3.0枚，差异显著($P<0.05$)。本试验结果表明，应用氦氖激光照射超排牛交巢穴，有增加胚胎数量的作用。这是国内外首次采用激光穴位照射的途径，提高供体牛超排效果的尝试。分析增加胚胎数的原因，可能是当激光照射交巢穴时，激光刺激因子通过神经和体液作用于脑垂体前叶，一方面促进FSH的释放，作用于卵巢上，增加了成熟卵泡数；另一方面促进LH的释放，使LH在排卵前浓度增加，加速了LH峰的形成，促进卵泡破裂排卵，增加卵子与精子受精的机会。因而增加了胚胎数。由于头数少，有待进一步验证。

(2)用激光穴位照射的这一新方法，提高牛超排效果简单、安全、无副作用。

(3)因经费有限，试验头数少，有待进一步扩大试验。

### 3.3.4　影响波尔山羊超排效果因素的研究

波尔山羊原产于南非，是世界公认的理想肉用品种之一。我国自1995年首次引入波尔山羊后，因改良本地山羊效果显著，种羊供不应求，从而为波尔山羊胚胎移植提供了市场，为满足种羊的需求，国内许多单位开展了应用胚胎移植技术迅速扩繁波尔山羊的研究与应用，胚胎移植技术不仅在提高肉用羊供种能力方面发挥了重要作用，而且也取得了显著的经济效益(桑润滋等，2003)。充足、稳定、可靠的胚胎来源是胚胎移植的首要条件，而超排是获得胚胎来源的主要途径之一，如何提高超排效果获得更多胚胎，就显得尤为重要，为此开展了影响波尔山羊超排效果因素的研究。

1. 材料和方法

(1)供体母羊　一部分从澳大利亚直接引进，一部分为国内纯繁波尔山羊后代，年龄1～4岁。繁殖机能正常。除按正常饲养管理外，在超排前1～2个月增加富含蛋白质、维生素的饲料。

(2)受体母羊　绝大部分为奶山羊改良当地母羊的杂交羊，少部分为河北当地山羊。年龄1～5岁，为确保受体为空怀羊，受体羊在移植前1～2个月用氯前列烯醇引产，并加强饲养管理。

(3)激素药品　FSH分别购自4个国家，Australian(澳大利亚)产，批号23078，2.5NIHUNITS/mL；N·Z(新西兰)产，批号220169，0.88 mg/mL；日本产，批号912071，1 AU/mL；中科院动物所(2001年)产，10 mg/瓶。CIDR，Pharmacia & Upjohnpty Limited Company(Newzealad)产，每个CIDR含0.3 g孕酮。PMSG：天津实验动物中心产。孕酮($P_4$)国营南京市动物激素厂生产，20 mg/支；氯前列烯醇(PG)：宁波激素有限公司产，0.2 mg/支；LRH-$A_3$(以下简称LRH)，宁波激素制品有限公司产，15 μg/支；速眠灵、速醒灵，解放军军需大学生物制品厂生产，1.5 mL/支，2 mL /支。

(4)供体羊超排方法　采用孕激素(CIDR)＋FSH＋PG法。即在供体羊发情周期的任意一天，在阴道放入第一个CIDR的10 d取出并放入第二个CIDR，于放入第二个CIDR的第5天开始连续4 d注射FSH(2次/d)，并于放入第二个CIDR的第8天取出CIDR，同时肌肉注射PG 0.1 mg。超排羊发情后即刻用种公羊自然交配，间隔8～12 h配种一次，直至不接受交配为止。上述方法处理的羊为对照组。试验一组：在第一次配种的同时肌注LRH-$A_3$ 15 μg。试验二组：在第一配种后的第3天连续肌肉注射孕酮3 d(2次/d)，20 mg/次。试验三组：在第一次配种的同时肌肉注射LRH-$A_3$ 15 μg；并在第一次配种后第3天连续肌肉注射$P_4$ 3 d(2次/d)，20 mg/次。

(5)胚胎的采集　在超排羊发情后第6天用常规外科手术法从子宫采集胚胎。供体在手术前每只肌肉注射速眠灵1.0～1.5 mL、青霉素320万IU、链霉素100万IU。手术后每只羊肌肉注射速醒灵2 mL。

(6)胚胎检查与鉴定　胚胎采出后，立刻于20～25℃检胚室用体视显微镜检查胚胎，并按形态鉴定法对胚胎进行鉴定分级，做好详细记录。

(7)统计分析　采用$t$检验。

2. 结果与分析

共对204只(次)超排处理的波尔山羊采胚，结果188只(次)供体羊采到胚(卵)，采胚(卵)成功率为92.16%。共获得胚胎(卵)3 135枚，其中可用胚2 653枚，可用胚率为84.14%，按超排供体计算头均获胚15.37枚，其中头均获可用胚13.01枚；按采到胚供体计算头均获胚16.68枚，其中头均获可用胚14.11枚。

对不同国家生产的FSH、同一国家不同剂量、注射LRH、$P_4$、LRH＋$P_4$、不同季节、重复超排、左右侧卵巢等因素对波尔山羊超排效果的影响进行了比较，结果见表3.41至表3.47。

(1)对所获胚胎的发育阶段及其所占比例进行了统计　见表3.41。

表 3.41 配种后 6 d 所获胚胎的发育阶段及其所占百分率

| 采胚时间 | 获胚总数 | 胚胎发育阶段 | | | | | | | | | |
|---|---|---|---|---|---|---|---|---|---|---|---|
| | | 早囊和囊胚/枚 | 百分比/% | 桑葚胚/枚 | 百分比/% | 8～16 细胞/枚 | 百分比/% | 退化胚/枚 | 百分比/% | 未受精/枚 | 百分比/% |
| 配种后 6 d | 3 135 | 304 | 9.70 | 2 328 | 74.26 | 22 | 0.70 | 119 | 3.80 | 362 | 11.55 |

由表 3.41 看出，波尔山羊超排配种后 6 d 所采胚胎绝大部分处于桑葚胚阶段，占 74.26%，早囊和囊胚占 9.70%。

(2)不同国家 FSH 对波尔山羊超排效果比较　见表 3.42。

表 3.42 不同国家 FSH 对波尔山羊超排效果比较

| 国别 | 试验羊数只/次 | 获胚总数/枚 | 头均获胚数/枚 | 可用胚总数/枚 | 头均可用胚数/枚 |
|---|---|---|---|---|---|
| 国产(动物所) | 23 | 398 | 17.30±6.60[a] | 354 | 15.39±6.91[a] |
| 日本 | 89 | 1 599 | 17.97±8.18[a] | 1 394 | 15.66±8.26[a] |
| 新西兰 | 36 | 616 | 17.11±9.11[b] | 538 | 14.94±9.29[a] |
| 澳大利亚 | 40 | 522 | 13.05±5.51[c] | 367 | 9.18±6.77[c] |
| 总计 | 188 | 3 135 | 16.68±7.89 | 2 653 | 14.11±8.37 |

a,b：$P>0.05$；a,c：$P<0.01$；c,b：$P<0.05$。

从本研究结果可看出，以日本产和国产(动物所)FSH 超排效果最佳，新西兰产 FSH 居中，澳大利亚产 FSH 最差。

(3)不同剂量 FSH 对超排效果的影响　见表 3.43。

表 3.43 同一国家不同剂量 FSH 对超排效果影响

| FSH 产地 | FSH 剂量/mL | 采到胚供体数/只 | 获胚总数/枚 | 头均获胚数/枚 | 其中可用胚总数/枚 | 头均可用胚/枚 |
|---|---|---|---|---|---|---|
| 中国(动物所) | 7 | 5 | 81 | 16.20±7.33 | 69 | 13.80±9.88 |
| | 7.6 | 10 | 178 | 17.80±4.69 | 161 | 16.10±4.28 |
| | 8 | 5 | 108 | 21.61±7.73 | 96 | 19.20±7.26 |
| 日本产 | 10～12 | 64 | 1 073 | 16.77±7.46[b] | 922 | 14.41±7.64[c] |
| | 14～16 | 19 | 417 | 21.95±9.31[a] | 373 | 19.63±8.96[a] |
| | 18～20 | 6 | 109 | 18.17±9.24 | 99 | 16.50±9.79 |
| 新西兰产 | 8～9 | 8 | 102 | 12.75±6.27 | 84 | 10.52±5.29 |
| | 10～12 | 12 | 234 | 19.50±11.72 | 206 | 17.17±12.40 |
| | 14～16 | 16 | 280 | 17.50±7.73 | 248 | 15.51±7.80 |
| 澳大利亚产 | 8～9 | 12 | 139 | 11.58±4.10 | 83 | 6.92±6.05 |
| | 10～12 | 26 | 354 | 13.62±5.92 | 266 | 10.23±6.91 |
| | 14～16 | 2 | 29 | 14.50±9.19 | 18 | 9.00±9.90 |

a,b：$P<0.05$；a,c：$P<0.01$。

经 $t$ 检验，除日本产 FSH 14～16 mL 剂量与 10～12 mL 剂量头均获胚数差异显著、头均可用胚数差异极显著外。其他国家产 FSH 各剂量组头均获胚数、头均可用胚数差异均不显著（$P>0.05$），其中以日本产 FSH 14～16 mL 组超排效果最佳，澳大利亚 FSH 8～9 mL 组最差。

（4）注射 LRH、$P_4$ 和 LRH＋$P_4$ 对超排效果的影响　见表 3.44。

**表 3.44　注射 LRH、$P_4$、LRH＋$P_4$ 对超排效果影响**

| 组别 | 试验羊数只/次 | 获胚总数/枚 | 头均获胚数/枚 | 可用胚总数/枚 | 头均可用胚数/枚 | 可用胚率/% |
|---|---|---|---|---|---|---|
| 注 LRH | 20 | 334 | $16.70\pm8.14^{c}$ | 308 | $15.40\pm8.28^{c}$ | $92.22^{b}$ |
| 注 $P_4$ | 26 | 344 | $13.23\pm7.25^{b}$ | 301 | $11.58\pm6.90^{b}$ | $87.50^{b}$ |
| 注 LRH＋$P_4$ | 80 | 1 490 | $18.63\pm8.37^{a}$ | 1 283 | $16.04\pm8.84^{a}$ | $86.06^{b}$ |
| 对照（未注） | 62 | 947 | $15.27\pm6.62^{b}$ | 754 | $12.16\pm7.68^{b}$ | $79.62^{a}$ |

a，b：$P<0.01$；a，c：$P>0.05$；c，b：$P>0.05$。

结果表明 LRH＋$P_4$ 组可提高头均获胚数、头均可用胚数。注 $P_4$ 组、注 LRH＋$P_4$ 组、注 LRH 组均有提高可用胚率的作用。超排结果以注 LRH＋ $P_4$ 超排效果最佳。

（5）不同季节对超排效果的影响　见表 3.45。

**表 3.45　不同季节对超排效果的影响**

| 超排季节（月份） | 超排供体/只 | 采到胚供体/只 | 采胚成功率/% | 获胚总数/枚 | 头均获胚/枚 | 其中可用胚/枚 | 头均可用胚/枚 |
|---|---|---|---|---|---|---|---|
| 春季（4 月） | 10 | 7 | 20.0 | 83 | $11.86\pm5.01^{a}$ | 76 | $10.86\pm5.10^{a}$ |
| 秋季（10 月） | 27 | 23 | 85.2 | 305 | $13.26\pm8.07^{b}$ | 260 | $11.30\pm8.29^{b}$ |
| 冬季（12 月） | 10 | 10 | 100.0 | 129 | $12.90\pm6.42^{c}$ | 110 | $11.00\pm6.17^{c}$ |

注：a，b：$P>0.05$；a，c：$P>0.05$；c，b：$P>0.05$。

由表 3.45 可看出春、秋、冬 3 个季节头均获胚数、头均可用胚数差异均不显著。

（6）重复超排（采胚）对超排效果的影响　见表 3.46。

**表 3.46　重复超排（采胚）对超排效果的影响**

| 超排（采胚）次数（时间） | 重复超排（采胚）羊/只 | 采胚成功率/% | 获胚数/枚 | 头均获胚/枚 | 其中可用胚/枚 | 头均可用胚/枚 |
|---|---|---|---|---|---|---|
| 第一次（2001 年 11 月） | 26 | 96.2%（25/26）[a] | 408 | $16.32\pm4.39^{a}$ | 377 | $15.08\pm5.12^{a}$ |
| 第二次（2002 年 11 月） | 26 | 96.2%（25/26）[b] | 497 | $19.88\pm6.80^{b}$ | 423 | $16.92\pm8.32^{b}$ |

a，b：$P>0.05$。

由表 3.46 看出，第二次超排（采胚）与第一次相比没有影响。

（7）左、右侧卵巢对超排效果的影响　见表 3.47。

表 3.47 左、右侧卵巢对超排效果的影响

| 卵巢 | 采胚供体只/次 | 采到供体只/次 | 采胚成功率/% | 获胚总数/枚 | 头均获胚/枚 |
|---|---|---|---|---|---|
| 左侧 | 204 | 182 | 89.22[a] | 1 538 | 8.45±4.39[a] |
| 左侧 | 204 | 184 | 90.20[b] | 1 519 | 8.26±4.75[b] |

a,b:$P>0.05$。

由表 3.47 可看出,左、右侧卵巢获胚数差异不显著,说明左、右侧卵巢对超排反应是一致的。

3. 讨论

(1)关于孕激素(CIDR)+FSH+PG 超排方法 本研究采用上述方法对 188 只(次)波尔山羊超排处理,手术采胚头均获胚胎(16.68±7.89)枚,结果较为理想,与 Amstrong(1983)报道的用 FSH 处理 47 只供体山羊平均排卵数(16.1±0.8)枚一致。略高于洪琼花等 2002 年报道的对 75 只波尔山羊超排处理头均获胚(13.59±6.82)枚。动物体内分泌孕酮水平的高低与繁殖率有关,往往是一个正相关的关系(郭志勤等,2001)。波尔山羊阴道内放置 CIDR 后,通过阴道将 CIDR 中的孕酮吸收进入血液循环,提高了血液中孕酮浓度,足以抑制来自垂体前叶 LH 和 FSH 的释放。同时在整个阴道放置 CIDR 期间,血液中孕酮维持较高浓度,撤掉 CIDR 和注 PG 后,孕酮水平迅速下降,数小时内回到基础水平,接着出现大量卵泡发育成熟、发情和排卵。这可能是应用 CIDR+FSH+PG 法,取得波尔山羊超排效果较为理想的主要原因。同时该方法不受供体羊发情周期限制,可随时进行超排,大群体波尔山羊集中进行超排处理,利于工厂化生产胚胎。

(2)关于不同国家产 FSH 对超排效果的影响 本研究对 4 个国家所产的 FSH 对超排效果影响进行了比较,结果表明,日本产和国产(动物所)效果最佳(说明国产激素并不比进口差),新西兰产居中,澳大利亚产最差。各国 FSH 对波尔山羊超排效果的差异,除羊个体差异外,主要是由于 FSH 的纯度和 FSH 与 LH 的比率不同造成的。G. K. MackDonald(1998)用超纯度 FSH(商品名为 Follitropin)对牛进行大规模商业超排,结果头均 A. B 级胚胎 8.8 枚。Cognie 等(1999)就绵羊超排激素中 FSH/LH 比率对超排效果的影响进行了研究,对照组 FSH/LH 比率为 1,改变 FSH/LH 的比率,在发情季节,能够提高头均获胚数可用胚数,但差异不显著;在非繁殖季节,头均获胚数和可用胚数比对照组显著提高(差异显著)(王建辰等,1998)。如果能够揭示促使卵泡发育成熟的促性腺激素(FSH 与 LH)的比率,并建立模型,将可大大提高超排效果。

(3)关于 FSH 剂量对超排效果的影响 对各国 FSH 剂量对超排效果影响表明,以日本产 14~16 mL 组超排效果最佳,头胚获胚和头均可用胚分别为(21.95±9.31)枚和(19.63±8.96)枚,与 10~12 mL 组头均获胚数差异显著,头均可用胚差异极显著。而其他国家产 FSH 各种剂量头均获胚数,头均可用胚数差异均不显著,表明上述国家 FSH 最佳超排剂量有待进一步试验。

(4)关于注射 LRH+$P_4$ 提高超排效果问题 本研究头均获胚数、头均可用胚数,可用胚率注 LRH+$P_4$ 组与对照组差异极显著。此结果与仲跻峰等(1992)报道“超排蒙古羊在发情后给予 60 $\mu$g LRH-$A_3$,对超排效果有良好作用,卵巢上未排大卵巢数明显减少,同时总获卵数、受精卵数及可用胚数量也有提高的趋势”相一致。分析其原因,LRH 注入后作用到垂体、

使垂体同时刺激 LH 和 FSH 的释放，并且诱导内源性 LH 提前出现，并和自然 LH 合二为一。一方面利于超排羊形成的多个卵泡的成熟和排卵，也增加了卵子与精子受精的机会，提高了受精卵(胚胎)数量；另一方面提高了超羊排卵的同期化程度，使排卵更趋一致，更加集中，更利于与精子形成受精卵(胚胎)。此外，配种后第 3 天注 $P_4$，对防止黄体早期退化后导致的胚胎变性有一定作用，相对提高了胚胎质量。

(5)关于季节对超排效果影响　本试验结果(表 3.45)表明，春、秋、冬 3 个季节头均获胚数、头均可用胚数差异均不显著，但以秋季为好，这与苏和等 2001 年报道的波尔山羊在山东地区以 10 月中旬至 11 月中旬超排效果为宜基本一致，与李键等(2002)报道的春季头均可用胚数为(19.4±12.14)枚好于秋季的(14.85±9.17)枚结果不太一致。这可能与个体、纬度、温度差异有关。

本试验结果之所以获胚数和头均获胚数低于整体平均水平，分析其原因主要是用澳大利亚和新西兰 FSH 所致。

(6)关于重复超排(采胚)问题　为了充分利用优种山羊，人们对同一母羊进行重复超排试验。但由于重复外科手术的后遗症常造成供体的生殖器官粘连，使得以后重复手术时胚胎产量明显下降，本研究对 26 只波尔山羊以 12 个月龄的间隔时间(第一超排采胚后自然配种，产羔后再进行第二次超排采胚)重复超排(采胚)。结果 26 只羊第二次超排采胚成功率、头均获胚数、头均可用胚数不仅没有比第一次下降而且略有提高。之所以出现这种情况，分析其原因，一是采取了手术时严格消毒和防粘连的措施，二是第二次超排 FSH 剂量较第一次有所增加。本结果表明，采取延长超排处理的间隔时间，进行重复超排采胚，生殖器官尽管存在粘连现象，但并不影响正常繁殖机能，仍可获得较好的超排效果，对充分利用优种波尔山羊有重要意义。

### 3.3.5　波尔山羊超排后黄体的类别对超排、移植妊娠率及产羔效果的影响

黄体是家畜在排卵后，有残留的颗粒细胞和膜间质细胞分化形成的一个暂时性的内分泌器官。主要分泌孕酮，调节发情和维持妊娠，在家畜繁殖中起着重要的作用(刘以训等，2002)。羊发情配种后 6 d 的正常黄体直径一般在 2～6 mm，呈深红色，常见的形态为圆锥形和皇冠形(王建辰等，1998)。2002 年和 2003 年 10—12 月份，本实验室在河北邢台、唐山、廊坊、邯郸、保定、石家庄等地进行了波尔山羊的胚胎移植工作，超排后采胚时常发现各羊场都有不定比例的羊卵巢上出现异常黄体，这种黄体呈全白色或中间呈红色而四周为白色，形状有圆锥状、扁平状等。异常黄体羊的超排效果较差，严重影响了胚胎移植的效率。因此，减少异常黄体羊的出现，也是提高胚胎移植效率的一个有效措施。本试验通过对波尔山羊的胚胎移植，初步研究了异常黄体的出现对超排及胚胎移植效果的影响，并初步探讨了形成异常黄体的原因。

1. 材料与方法

(1)试验羊　供体为体况较好的 1.5～3.5 岁的波尔山羊，受体为体况较好的成年杂交奶山羊。

(2)试验药品　日产 FSH，批号：912071；中科院动物所产 FSH，规格：10 mg/mL；澳大利亚产 FSH，批号 23078；上海市计划生育科学研究所产氯前列烯醇(PG)，批号：010115；新西兰产 CIDR，每个含孕酮 0.3 mg。

(3)处理方案

①超排方案。以埋栓(CIDR)为 0 d,第 11 天换栓,第 16 天开始以 4 d 8 次注射 FSH,第 19 天撤栓时同时注射 PG 0.1 mg,撤栓后第 2 天羊发情配种。

②胚胎的采集、鉴定及移植。供体羊在发情配种后第 6 天手术法采胚,详细记录黄体数量和状态,并在显微镜下用形态鉴定法对所采集的胚胎进行鉴定、分级。选择与供体羊同步发情,时间差在±12 h、卵巢上黄体形态、颜色正常的受体羊,将可用胚胎用手术法移植到受体羊子宫内。

③数据分析。将所得数据用 Excel 软件进行生物统计学分析。

2. 结果与分析

(1)超排羊正常黄体与异常黄体(未成熟退化黄体)形态特征比较　超排处理波尔山羊,发情配种后 6 d 的正常黄体可见部分一般呈深红色。黄体直径一般与其数量有关,直径小的常见于黄体数量多的卵巢上。相反,直径大的多见于黄体数量少的卵巢上。我们发现异常黄体依据形态特征可分为 3 种类型:①中间有"红心",周围包裹发白的组织;②颜色发白,塌陷扁平;③类似于黄体退化后形成的白体,凸起。其形态特征的比较如表 3.48 所示。

表 3.48　超排羊正常黄体与异常黄体形态特征比较

| 黄体类别 | 直径 | 有无血管分布 | 黄体颜色 | 有无凸起 |
|---|---|---|---|---|
| 正常黄体 | 较大(4～8 mm) | 有 | 深红 | 有 |
| 异常黄体 | 较小(2～4 mm) | 无 | 白色(类似黄体退化后形成的白体) | 在 |

(2)波尔山羊超排后卵巢上异常黄体出现率　2002 年、2003 年 10～12 月份,本实验室在河北各地进行了波尔山羊的胚胎移植,共超排处理波尔山羊 10 批次 150 只,配种后 6 d 采胚时,卵巢上形成异常黄体羊的出现率为 0～61.5%,平均 32.7%(49/150)(表 3.49)。

表 3.49　波尔山羊超排后异常黄体出现比例统计表

| 供体类别 | 批次 | | | | | | | | | | |
|---|---|---|---|---|---|---|---|---|---|---|---|
| | 1 | 2 | 3 | 4 | 5 | 6 | 7 | 8 | 9 | 10 | 总计 |
| 异常黄体羊数/只 | 6 | 4 | 5 | 0 | 4 | 8 | 1 | 8 | 6 | 7 | 49 |
| 供体羊总数/只 | 13 | 25 | 20 | 10 | 14 | 13 | 10 | 17 | 12 | 16 | 150 |
| 百分比/% | 46.1 | 16.0 | 25.0 | 0.0 | 28.5 | 61.5 | 10.0 | 47.0 | 50.0 | 43.7 | 32.7 |

(3)异常黄体供体羊和正常黄体供体羊超排效果比较　超排处理波尔山羊 150 只,配种后 6 d 采胚时,正常黄体羊 97 只,异常黄体的羊 49 只,没反应的 4 只。结果形成正常黄体的供体羊和异常黄体的供体羊的平均获胚数和平均可用胚数差异极显著(表 3.50)。

表 3.50　异常黄体羊和正常黄体羊超排效果比较表

| 供体类别 | 供体数量/只 | 平均获胚数/枚 | 平均可用胚数/枚 |
|---|---|---|---|
| 正常黄体羊 | 97 | $18.40\pm8.69^{a}$ | $15.88\pm9.13^{a}$ |
| 异常黄体羊 | 49 | $10.28\pm8.64^{c}$ | $7.55\pm7.98^{c}$ |
| 总　计 | 146 | $15.68\pm9.46$ | $13.09\pm9.58$ |

注:同列肩标不同小写字母者表示差异极显著($P<0.01$),下表同。

(4)异常黄体供体羊与正常黄体供体羊胚胎移植妊娠率及产羔数的比较　胚移结果表明，形成正常黄体的供体平均产羔数极显著高于形成异常黄体的供体羊的平均产羔数，而两者的胚胎移植受体的妊娠率差异不显著(表 3.51)。3 号黄体波尔山羊一次超排移植获 18 只纯种羔羊，见彩图 11。

表 3.51　形成异常黄体的波尔羊与正常黄体波尔山羊的胚移妊娠率及产羔数统计表

| 供体类别 | 数量/只 | 受体数量/只 | 妊娠率/% | 总产羔数/只 | 只均产羔数/只 |
|---|---|---|---|---|---|
| 正常黄体羊 | 97 | 1 010 | 50.69(512/1010) | 613 | 6.32±4.63[a] |
| 异常黄体羊 | 49 | 223 | 55.16(123/223) | 150 | 3.06±4.04[c] |
| 总　计 | 146 | 1 233 | 51.91(640/1233) | 763 | 5.22±4.69 |

注：妊娠率为产羔羊数/胚胎移植总羊数。

(5)超排过程中的天气情况与异常黄体形成的关系　不同批次的供体羊在不同的时间超排。因此，在超排过程中所经历的天气情况也有差别，有的批次超排过程中出现了雨雪天气，或气温突变等恶劣天气，有的批次超排过程中天气晴朗且气温变化不大的良好天气。本试验中发现，恶劣天气时的供体出现异常黄体的比例较大，而良好天气时的供体出现异常黄体的比例较小(表 3.52)。

表 3.52　超排过程中天气情况与形成异常黄体的关系

| 天气情况 | 超排羊总数/只 | 异常黄体羊数/只 | 异常黄体羊出现比例/只 |
|---|---|---|---|
| 恶劣天气 | 61 | 35 | 57.4[a] |
| 良好天气 | 89 | 14 | 15.7[c] |

(6)供体羊子宫疾患(子宫积脓)与异常黄体形成的关系　本试验共超排处理波尔山羊 150 只，配种后 6 d 采胚时，发现其中 11 只供体羊子宫积脓，而这 11 只波尔羊中有 10 只形成异常黄体，即子宫积脓的供体中有 90.9%的形成异常黄体，显著高于子宫正常的供体。

3. 讨论

由表 3.50 和表 3.51 可以看出，异常黄体羊与正常黄体羊的可用胚移植后受体的妊娠率差异不显著。说明异常黄体羊只影响可用胚的数量，而不影响可用胚的质量。但是异常黄体的出现严重影响了波尔山羊的胚胎移植效率，在发情配种后 6 d 时卵巢上出现异常黄体的供体的平均获胚数、平均可用胚数、平均产羔数均极显著地低于形成正常黄体的波尔羊。异常黄体山羊的平均获胚数是正常山羊的 59.0%，平均可用胚数是正常山羊的 47.5%，平均产羔数是正常山羊的 48.4%，这说明异常黄体对超排效果有显著的影响，同时表明异常黄体的出现也是超排效果差的一个重要标志之一。

近来研究表明黄体形成和退化的调节机理相当复杂，有多种生殖激素和细胞因子参与。顾玲芬等(1995)研究发现黄体功能与排卵卵泡类型密切相关：黄体形成和发育取决于排卵前卵泡内外的生化环境，只有充分发育成熟的卵泡排卵后，才能形成正常的良好的黄体，黄体的形态和组织结构可以反映黄体的功能状态。因此，异常黄体的形成可能是未充分成熟的卵泡排卵形成的。试验中供体出现异常黄体而可用胚数少可能就是这个原因造成的。Silva 等(2000)报道在黄体化早期存在黄体钝化或抵抗现象，即 PG 不能诱导黄体溶解。由于某些因素的变化影响了黄体钝化机制，使成熟卵泡排卵形成的黄体快速退化，从而在发情配种后 6 d 时形成异常黄体，或者是羊不典型排卵而形成的，排卵时在卵泡表面形成很细的排卵孔，而卵泡壁的血管没有破裂流血，这样就不能形成正常黄体，而在这两种情况下，对早期胚胎的质量影响较小。本试验中有些形成异常黄体的供体羊的获胚数、可用胚数和正常黄体羊的获胚数、可用胚数差异不显著，可能就是这个原因。

本试验中发现的 90.9%的子宫积浓的供体羊形成的异常黄体，可能是上个情期的黄体未退化的结果。在不同的养殖场不同的时间，超排波尔山羊后，形成异常黄体的比率是 0.0%～61.5%，一般认为这是因为超排时个体的应激反应造成的。本试验中也确实如此，在超排处理期间有雨雪或气温突变的批次形成异常黄体的比例较高，形成异常黄体的比例可达 40%～60%；而在此期间天气晴朗或气温波动较小的批次形成异常黄体的比例较低，形成异常黄体的供体只有 0%～30%。本试验中所选试验羊营养状况均较好，而异常黄体的出现比例差异较大，说明营养状况不是影响异常黄体形成的主要因素。而外界条件如饲养管理、营养水平、天气变化等是通过何种机制造成动物体内各种因素的改变则很复杂，涉及体内“神经 - 垂体 - 卵巢”轴系统，还有待于进一步探讨。

4. *结论*

超排波尔山羊正常黄体和异常黄体头均获胚数和头均可用胚数分别为 18.40、15.88 和 10.28、7.55，差异极显著，因此，异常黄体的有无可作为判定波尔山羊超排效果差与好的重要标志之一。波尔山羊超排后异常黄体的发生，可能是由于外界环境（气温骤降）应激或内部环境（卵巢子宫）异常，使得内分泌失调，造成黄体退化形成未成熟的黄体，使黄体分泌孕酮水平下降造成的。

### 3.3.6 EB＋$P_4$＋阴道栓对荷斯坦青年牛超数排卵效果的影响

利用奶牛卵泡波的原理，采用物理或化学方法对供体奶牛的卵泡波进行同期化处理，可以提高奶牛的同期发情和超数排卵效果。Lammoglia，*et al*.（1998）报道，使用雌激素＋孕激素＋阴道栓有效地促进新的卵泡波的发生，提高排卵前的 LH 峰值，从而提高同期发情效果和超排效果。Martinez，*et al*.（2000）使用苯甲酸钠雌二醇（EB）＋孕激素（$P_4$）＋CIDR（新西兰）阴道栓取得较好的同期发情效果和较高的妊娠率；Martinez，*et al*.（2001）使用 EB＋$P_4$ 诱导新的卵泡波的发生，取得较好的同期发情效果。Gabriel，*et al*.（2006）报道了使用 DIB（阿根廷生产的阴道栓）阴道栓＋2.5 mg EB＋50 mg $P_4$ 进行同期发情处理，使用 Folltropin - V 进行超排处理，取得较好的超排效果。

目前，国内奶牛的同期发情和超排处理主要使用海绵阴道栓，由于该阴道栓埋置后容易与阴道发生粘连，阴道壁的刺激性比国外生产的 CIDR 和 DIB 强一些，容易阻塞阴道分泌物的排出，造成阴道内较多的炎性分泌物，引起奶牛超排过程中的损伤，影响超排效果。本研究比较不同的阴道栓和不同的孕激素剂量对奶牛同期发情和超数排卵效果的影响，从而进一步提高奶牛的超排效果。

1. *材料和方法*

（1）实验材料

①实验动物。供体牛选用北京奶牛中心良种场饲养的体质健康、性周期正常、无生殖疾患和具有优良高产基因的 71 头 13～15 月龄荷斯坦青年母牛用于实验。

②器械和主要药品有开膣器，输精枪，外套膜，外套管，三通管，冲卵管（日本铃木式），集卵杯（日本），体视显微镜等冲胚、检胚器材。

促卵泡素（FSH）为加拿大产 Folltropin - V；前列腺素（$PGF_{2\alpha}$），上海计划生育研究所生产的氯前列烯醇；雌激素，南京动物激素厂生产的苯甲酸钠雌二醇（EB）；孕激素（$P_4$），南京动物激素厂生产的黄体酮；阴道海绵栓由浙江台州东牧动物药业有限公司生产；孕酮缓释阴道栓由上海计划生育研究所生产；冲卵液、胚胎保存液及冷冻液由本实验室配制。

（2）方法

①实验设计。实验于 2005 年 11 月份在北京奶牛中心良种场进行，分为两种不同的阴道栓埋植组（海绵栓/孕酮缓释阴道栓）和两种不同浓度的孕激素处理组（50 mg/100 mg），采用阴道栓埋植方法进行人为诱导新的卵泡波超排处理。

②超排处理。在青年奶牛发情周期的任意一天（发情当天除外），进行阴道栓埋植（海绵栓组和孕酮缓释阴道栓组）处理，并肌肉注射 EB(2 mg)，$P_4$（100 mg/50 mg）。放栓当天为 0 d，第 4 天开始超排处理，采用加拿大进口 Folltropin - V，递减法连续 4 d 肌肉注射 FSH 320 mg；超排处理的第 3 天上午肌肉注射氯前列烯醇 2 支（0.4 mg），下午撤出阴道栓。

③发情观察、输精和采卵。在注射氯前列烯醇（$PGF_{2\alpha}$）后 36 h 开始观察发情，每 4 h 观察一次发情，每次观察 30 min。以供体母牛接受爬跨并站立不动为发情判定标准，另外伴随母牛全身出汗等特征，做发情开始和发情持续期的记录。于供体牛发情后 8～12 h 进行第一次输精，间隔 12 h 第 2 次输精。7 d 后应用非手术法回收胚胎。对回收的胚胎进行镜检，质量鉴定并分级，合格的 A、B 级胚胎冷冻保存。统计回收胚胎的总数、可用胚胎数、变性胚胎数和未受精卵数。

（3）统计分析　实验数据采用 Excel 生物统计学软件进行统计分析，$PGF_{2\alpha}$处理后的发情时间间隔对比，头均获胚数，头均可用胚数等显著性检验均采用 $t$ 检验。

2. 结果和分析

（1）不同阴道栓和 $P_4$ 对同期发情效果的影响　由表 3.53 看出，实验组中的 71 头荷斯坦青年奶牛在 $PGF_{2\alpha}$处理后全部表现发情，发情率达到 100%，说明应用阴道栓＋$PGF_{2\alpha}$方法诱导奶牛同期发情可以使超排牛同期发情率达到 100%。不同的实验组奶牛的发情开始时间和持续时间存在显著差异（$P<0.05$）：海绵栓组在 $PGF_{2\alpha}$处理后 48.3 h 左右开始表现发情，且发情集中程度较高；孕酮缓释阴道栓组在 $PGF_{2\alpha}$ 处理后 39 h 左右表现发情，发情相对集中（图 3.1）。但是，每个实验组中不同浓度的 $P_4$ 处理对发情开始时间和持续时间并没有显著影响（$P>0.05$）。

表 3.53　两种阴道栓的同期发情效果

| 项　目 | 阴道栓 | 孕激素剂量/mg | |
|---|---|---|---|
| | | 50 | 100 |
| 奶牛头数 | BI | 20 | 16 |
| | PRD | 19 | 19 |
| 发情率/% | BI | 100 | 100 |
| | PRD | 100 | 100 |
| 发情时间[1)]/h | BI | $47.9^a$ | $48.9^a$ |
| | PRD | $38.2^b$ | $39.8^b$ |

a，b 表示不同组间差异显著，$P<0.05$；1）$PGF_{2\alpha}$处理后到奶牛发情的时间间隔；BI，海绵栓组；PRD，缓释阴道栓组。

发情同期性与阴道栓孕酮释放稳定性有关，稳定性越好，发情同期性越高。对比两种不同阴道栓的发情效果，说明两种阴道栓的孕酮释放相对稳定，发情同期性高。但是，孕酮缓释阴道栓组比海绵栓组提前发情 10 h 左右，这可能是由于孕酮缓释阴道栓释放孕酮含量低，造成撤栓后孕激素浓度提前降低到基准水平，卵泡迅速生长，并比海绵栓组提前达到排卵卵泡，雌激素浓度迅速上升，从而提前发情。

(2)不同阴道栓和不同 $P_4$ 剂量对超排效果的影响　由表 3.54 可看出，海绵栓组(50 mg $P_4$/100 mg $P_4$)和孕酮缓释阴道栓组(50 mg $P_4$/100 mg $P_4$)头均获胚数分别为 13.6、12.6、8.8 和 8.6 枚，每个实验组中不同孕激素水平的头均获胚数没有显著差别($P>0.05$)，两个实验组之间的差异极显著(13.2 和 8.7 枚，$P<0.05$)。海绵栓组(50 mg $P_4$/100 mg $P_4$)和孕酮缓释阴道栓组(50 mg $P_4$/100 mg $P_4$)头均受精卵数分别为 11.4、10.1、4.5 和 4.9 枚，每个实验组中不同孕激素水平的头均受精卵数没有显著差别($P>0.05$)，两个实验组之间的差异极显著(10.8 和 4.7 枚，$P<0.05$)。同样，海绵栓组(50 mg $P_4$/100 mg $P_4$)和孕酮缓释阴道栓组(50 mg $P_4$/100 mg $P_4$)的头均可用胚数分别为 5.6、5.9、3.4 和 3.1 枚，每个实验组中不同孕激素水平的头均可用胚数没有显著差别($P>0.05$)，两个实验组之间的差异极显著(5.7 和 3.3 枚，$P<0.05$)。

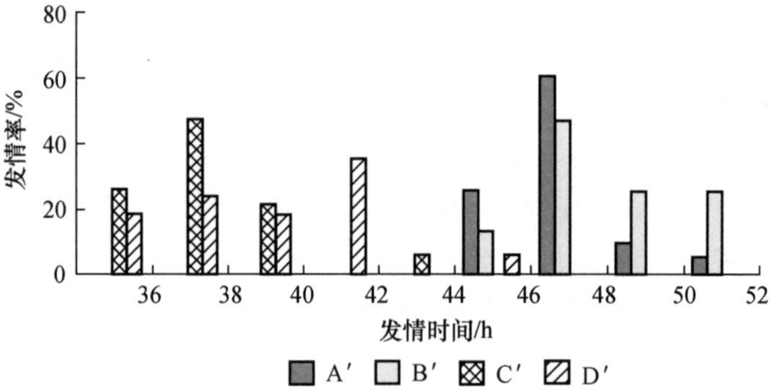


图 3.1　PG 处理后的发情时间和发情率

A. 50 mg $P_4$＋海绵栓组；B. 100 mg $P_4$＋海绵栓组；C. 50 mg $P_4$＋孕酮缓释阴道栓组；
D. 100 mg $P_4$＋孕酮缓释阴道栓组，a，b 表示不同组间差异显著，$P<0.05$。

表 3.54　两种阴道栓的超排结果

| 项目 | 阴道栓 | 孕激素剂量/mg | |
|---|---|---|---|
| | | 50 | 100 |
| 奶牛头数 | BI | 20 | 15 |
| | PRD | 19 | 17 |
| 获胚数 | BI | 272 | 189 |
| | PRD | 167 | 146 |
| 平均获胚数/头 | BI | $13.6^{a}$ | $12.6^{a}$ |
| | PRD | $8.8^{b}$ | $8.6^{b}$ |
| 受精卵/头 | BI | $11.4^{a}$ | $10.1^{a}$ |
| | PRD | $4.5^{b}$ | $4.9^{b}$ |
| 可用胚/头 | BI | $5.6^{a}$ | $5.9^{a}$ |
| | PRD | $3.4^{b}$ | $3.1^{b}$ |

a，b 表示不同组间差异显著，$P<0.05$；BI. 海绵栓组；PRD. 缓释阴道栓组。

3. 讨论

(1)Taft,*et al*.(1996)报道,孕激素的功能,通过直接途径(作用于卵巢,芳香化酶作用)和间接途径(作用于 LH)来实现。超排期间,应用阴道栓人工提高奶牛血浆中孕激素水平,从而抑制优势卵泡的发育,解除优势卵泡对从属卵泡的抑制作用,使更多卵泡发育为优势卵泡。但是,处理时不同的孕激素浓度会导致不同的同期发情效果,Richardson,*et al*.(2002)用 3 种不同的方法进行同期发情($P_4$ +$PGF_{2\alpha}$组,GnRH(促性腺激素释放激素)+$PGF_{2\alpha}$组和 GnRH+$P_4$ +$PGF_{2\alpha}$组),结果 GnRH+$PGF_{2\alpha}$组最先发情,提前 12 h 左右。该实验通过比较发情前期不同孕激素水平发现,孕激素处理组在撤栓当天血浆中的孕激素浓度高于对照组,而雌激素浓度要低于对照组。较小卵泡的奶牛从撤栓到发情开始的间隔时间要长于有较大卵泡的奶牛。卵泡生长速率与 LH 峰频率有关,当孕激素浓度处于低水平时,LH 峰频率加强,卵泡就有较高的生长速率。Utt,*et al*.(2003)报道,第一个卵泡波卵泡的生长速率快于第二个优势卵泡波,主要是因为第一个卵泡波的孕激素浓度低的原因,第一个卵泡波处于早期黄体期间,而第二个卵泡波处于中期黄体期间。本实验中,由于国产孕酮缓释装置释放孕酮含量低,造成撤栓后孕激素浓度提前降低到基准水平,卵泡迅速生长,并比对照组提前达到排卵卵泡,雌激素浓度迅速上升,从而提前发情。

(2)应用国产海绵栓组的超排效果明显高于国产孕酮缓释阴道栓组,孕酮缓释阴道栓组的超排结果在获胚数、头均受精卵数和头均可用胚数显著低于国产海绵栓组($P<0.05$),这主要与国产孕酮阴道栓的孕激素释放量有关。由于孕酮缓释阴道栓的孕激素释放量较小,使得供体奶牛的体内孕激素水平较低,不能抑制优势卵泡的生长,优势卵泡的生长产生大量雌激素,导致奶牛提前发情;并且,优势卵泡的生长抑制了其他从属卵泡的生长,使得从属卵泡不能充分发育,在发情后不能排卵,从而减少了头均获胚数和头均可用胚数。

Savio,*et al*.(1993)报道,持久卵泡的出现会降低受精率,持久卵泡会导致早期胚胎发育畸形率提高和无精卵的出现。持久卵泡的出现可以改变卵泡中雌激素水平,使其浓度升高,改变了卵子的成熟和输卵管功能,从而降低超排效果。Austin,*et al*.(1999)研究发现,在撤栓时雌激素水平高的提前发情。优势卵泡持续期越长,雌激素水平越高,越容易提前发情。但是,当优势卵泡持续期为 2～4 d 时,发情不同步,不能达到一个很好的发情效果。高水平的外源孕激素可以减少持久卵泡的发生和降低雌激素的分泌水平。Wehrman,*et al*.(1993)研究表明,持久卵泡的出现可以使青年牛提前发情 10 h 左右。本实验中,由于国产孕酮缓释装置释放孕酮含量较低,不能充分抑制优势卵泡的生长,产生持久卵泡,使得优势卵泡分泌大量的雌激素,抑制其他从属卵泡的生长,同时提前发情,导致其他从属卵泡的生长时间较短,不能达到排卵卵泡、降低了超排的头均获胚数,头均受精卵数和头均可用胚数,影响了超排效果。EB 和 $P_4$ 的联合使用可以诱导奶牛新的卵泡波的出现,这在大量研究中都有报道。Caccia and Bo′(1998)报道,使用 2.5 mg EB+50 mg $P_4$ +CIDR 可以在 3～4 d 内成功诱导新的卵泡波的发生;Bo′,*et al*.(2002)使用 2.5 mg EB+50 mg $P_4$ 成功地对奶牛进行超排,超排效果与传统的8～12 d自然发情后进行超排的效果没有显著差异。Mapletoft,*et al*.(1999)使用 5 mg E-17β+100 mg $P_4$ 对奶牛进行超排并取得理想的超排效果。本实验采用两种不同孕激素水平(50 mg 和 100mg)诱导新的卵泡波,两种孕激素水平对超排牛的同期发情效果和超排效果都没有显著差异($P<0.05$),说明 50 mg $P_4$ 肌肉注射和 EB 联合使用可以成功地诱导新的卵泡波的发生,达到较好的超排效果。

### 3.3.7 绵羊离体卵巢上卵泡与黄体的B超影像差异性研究

卵巢上卵泡与黄体的存在，对动物繁殖有直接关系，为了提高对卵巢上卵泡与黄体的鉴定的准确性，进而为进一步研究卵泡发育的动态规律奠定基础，为此开展了应用B超仪对绵羊离体卵巢上卵泡与黄体影像差异性的研究。

1. 材料与方法

(1)试验仪器　荷兰产50S Tringa便携式兽用B超仪；变频直肠直阵探头，频率5.0/7.5 MHz；电脑；镊子；手术刀片；水盆等。

(2)供试材料　从屠宰场采取的绵羊离体卵巢。

(3)试验方法　将B超探头放入水盆中，使探头没入水面20 cm左右，选择具有典型特征(如有黄体或卵泡；或既有卵泡又有黄体)的卵巢悬在离探头3～4 cm的上方，调整卵巢和探头之间的距离和方向使之具有最佳成像，然后保存影像。最后将影像输入电脑进行比对分析。

2. 结果与分析

(1)正常卵泡影像图(图3.2)　影像分析：该影像是选择卵巢上有一大卵泡，而没有其他小卵泡及黄体的卵巢，在水中的B超成像图。从图可见卵泡轮廓清晰，卵泡液、卵泡壁及周围组织在密度上相互间具有较好的反差，呈圆形，经测定卵泡直径为0.50 cm。由于卵泡内充满卵泡液，呈无回声暗区，卵泡壁为强回声图像为亮区(图3.2)。

(2)正常黄体影像图　影像分析：图3.3为卵巢上只有黄体的卵巢在水中的B超成像图，其黄体直径为0.95 cm，由图可见黄体几乎占整个卵巢实质(测后将卵巢用手术刀片切开后，也证实其黄体组织几乎占整个卵巢实质，并属无腔黄体)，和周围的介质—水，形成明显的反差，在黄体组织上有散在的、分布均匀的点及线状亮点出现，这可能是黄体组织中的小梁、血管所致，这一点也是和卵泡在影像上的主要区别之一，另一和卵泡影像区别的是黄体组织属于弱回声，在颜色上要比卵泡的浅一些。

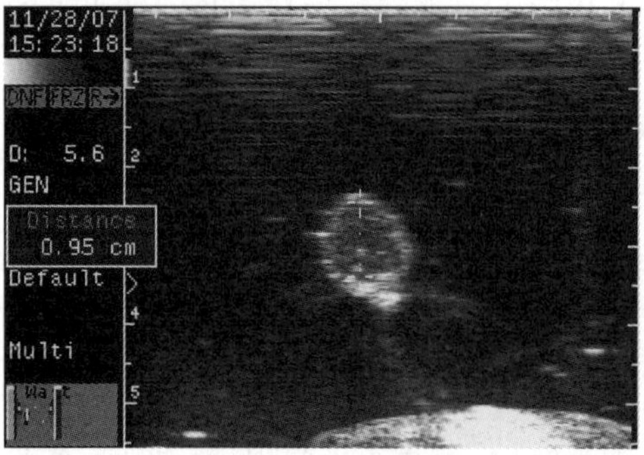


图3.2　正常卵泡影像图

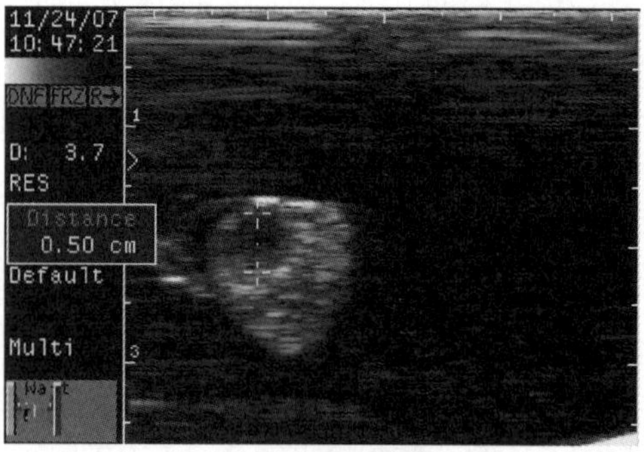


图3.3　正常黄体影像图

(3)黄体和卵泡在同一卵巢上的影像图　影像分析：图3.4、图3.5均为卵巢上既有卵泡又用黄体存在的卵巢在水中的B超成像图。由于黄体和卵泡存在于同一个卵巢上，成像在一个图中，为此更能清楚地比较出卵泡和黄体在B超影像上的区别。由图3.4可见，卵巢的上方为一直径为0.39 cm的卵泡，下方为一直径为0.82 cm的黄体。由图3.5可见，卵巢的右上方为一直径为 0.25 cm 的卵泡，左下方为一直径为 0.71 cm 的黄体。

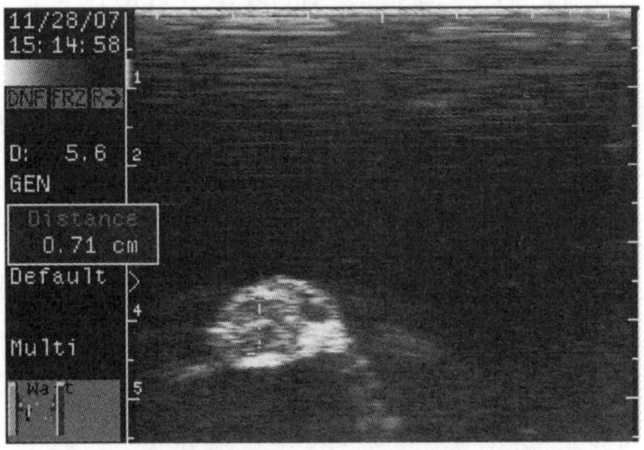


图 3.4 **黄体直径 0.82 cm，卵泡直径 0.39 cm**

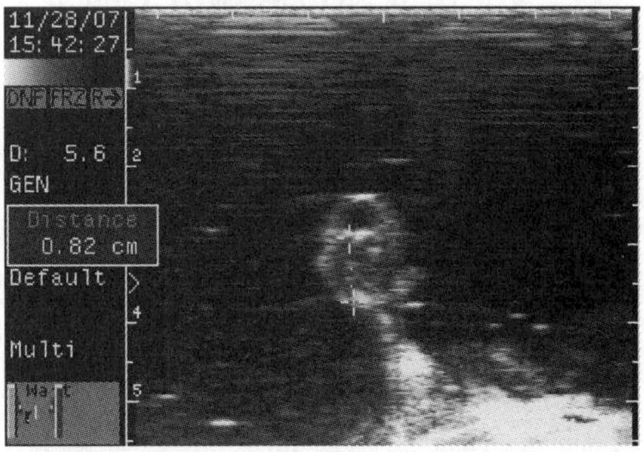


图 3.5 **黄体直径 0.71 cm，卵泡直径 0.25 cm**

(4)卵巢上有多个卵泡存在的影像图　影像分析：图 3.6 为有 2 个卵泡存在的卵巢在水中的 B 超成像图，2 个卵泡清晰可见，直径分别为 0.26 cm 和 0.22 cm。而图 3.7 为多个卵泡存在的 B 超成像图，肉眼观察卵巢可发现有 5 个卵泡，从卵泡大小推断应为有腔卵泡，但从影像上看，只有 2 个卵泡清晰可见，有 1 个卵泡影像较模糊，其余 3 个在影像上没有出现，其原因有可能是两个卵泡重叠在一个横断面上所致。

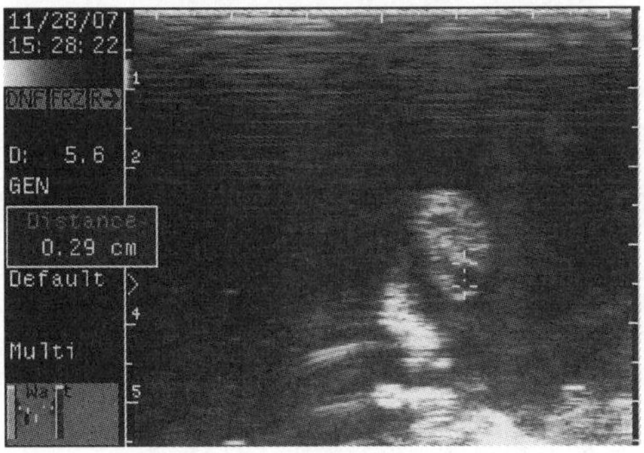


图 3.6 **有 2 个卵泡存在的卵巢**

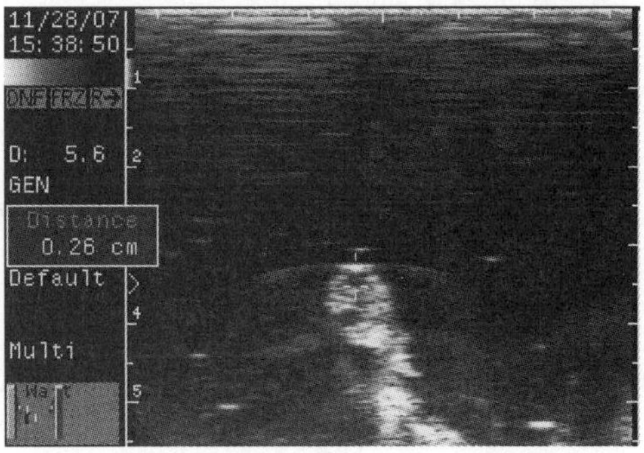


图 3.7 **有多个卵泡存在的卵巢**

3. 结论

本试验共检测绵羊卵巢 30 余枚，对绵羊卵巢上卵泡及黄体在水中 B 超上成像的颜色、形状等指标基本探明。

(1)卵泡的超声影像特征

①从形状上看，大部分为圆形，有少部分为椭圆、梨形等形状。

②从影像的颜色看，由于卵泡内充满卵泡液，超声扫描为无回声，在影像上为暗区，和卵泡壁及周围组织的强回声(亮区)形成明显的对照。

(2)黄体的超声影像特征

①从形状上看黄体组织大部分为圆形或卵圆形。

②由于黄体组织超声扫描为弱回声，因此从影像颜色上看，没有卵泡的颜色深。

(3)卵泡与黄体在影像上的最大区别　由于黄体组织内有小梁、血管的存在，在成像上有散在的点、线亮区存在，而卵泡没有。

### 3.3.8 用B超仪监测山羊卵巢上卵泡和黄体数量预测超排效果的研究

羊卵巢上卵泡与黄体的多少与卵子数量和排卵多少有直接关系，由于技术条件限制，要想观察到卵泡和黄体，只能用手术方法打开腹腔进行观察，这受到很大局限性。B超仪的研制成功，为从体外显示屏观察到体内卵泡和黄体影像成为可能。对超排后的供体羊经手术采卵，很容易造成子宫、输卵管、卵巢的术后粘连，或炎症、蓄浓等病理现象，影响供体的再次利用，通过B超进行超排效果预测，只对超排效果好的供体进行手术采卵，而对黄体数在3个以下的羊不实施手术采卵，让其自然妊娠或人工流产后再次进行超排处理，这就大大提高了供体羊的利用效率，尤其是对价高、质优的供体羊具有较高的实用价值。为此开展了此项研究。

1. 材料与方法

(1)供试羊　试验羊为体质健康、繁殖性能正常的空怀本地山羊，年龄2～4岁。

(2)实验药品及仪器　药品：FSH促卵泡素；PMSG孕马血清促性腺激素；hCG绒毛膜促性腺激素；氯前列烯醇；CIDR。

仪器：荷兰产50S Tringa便携式兽用B超仪；变频直肠直阵探头，频率5.0/7.5 MHz。

(3)超数排卵方法　FSH法：在发情周期的任意一天埋植CIDR(埋植当天为0 d)，在埋植后的第12～14天以递减的方法每天早晚二次(间隔12 h)注射总剂量为180单位/只的FSH，在第5次注射时同时肌肉注射氯前列烯醇0.1 mg，并同时撤掉CIDR。

PMSG法：在发情周期的任意一天埋植CIDR(埋植当天为0 d)，在埋植后的第12天早晨一次肌肉注射PMSG 1 000 IU，第13天早晨肌肉注射氯前列烯醇0.1 mg，并同时撤掉CIDR。

(4)B超监测方法　对10只成年山羊用不同激素制剂(FSH、PMSG)超排处理，自超排处理前1 d开始到超排处理结束后发情配种的前1 d，每天用B超监测卵巢卵泡状况，采卵前对超排羊进行B超监测，并保存声像图。检查时羊只自然站立保定或仰卧保定，首先排尽直肠内宿粪，然后将涂有耦合剂的探头缓缓插入直肠内，先以膀胱为基准找到子宫区域，以左右45°角旋转探头，寻找卵巢位置，当扫描到卵巢最大切面时，冻结图像并用电子测尺测量卵巢、卵泡或黄体的大小。

2. 结果与分析

(1)不同激素对超排山羊卵泡发育规律的声像学研究　从影像资料分析来看，两种激素制剂由于给药方式不同(PMSG法一次用药；FSH法为3 d 6次用药)，对卵巢的影响也有所不同，从卵巢发育来看，在用药后24 h PMSG法明显比FSH法的增大显著。也就是说，两种方法使卵巢达到最大体积的时间有所不同，PMSG法要比FSH法早24 h左右。两种超排方法相比PMSG法在用药24 h后卵巢增大的趋势变缓，而FSH法用药24 h后随着用药次数的增大，卵巢增大的趋势增强，尤其是第4次用药后增大效果明显。

从卵泡的发育情况来看，PMSG法似乎也比FSH法出现的早一些。在用药24 h后PMSG法卵巢表面出现多个≥2.0 mm的卵泡，而FSH法在用药24 h后卵巢表面卵泡数量明显少于PMSG法，而是随着用药次数增多而相应增多的。PMSG法声像图与FSH法声像图见图3.8、图3.9。

(2)超排供体羊B超监测黄体数与手术观察到的黄体数、实际冲卵数的关系　从观测到的影像资料来看，超排效果较好黄体数多的供体羊卵巢体积相对较大，黄体回声数多(图3.10)；当黄体数少时卵巢相对较小，黄体回声数少。因此根据卵巢大小和黄体回声数可估测黄体数量(表3.55)。

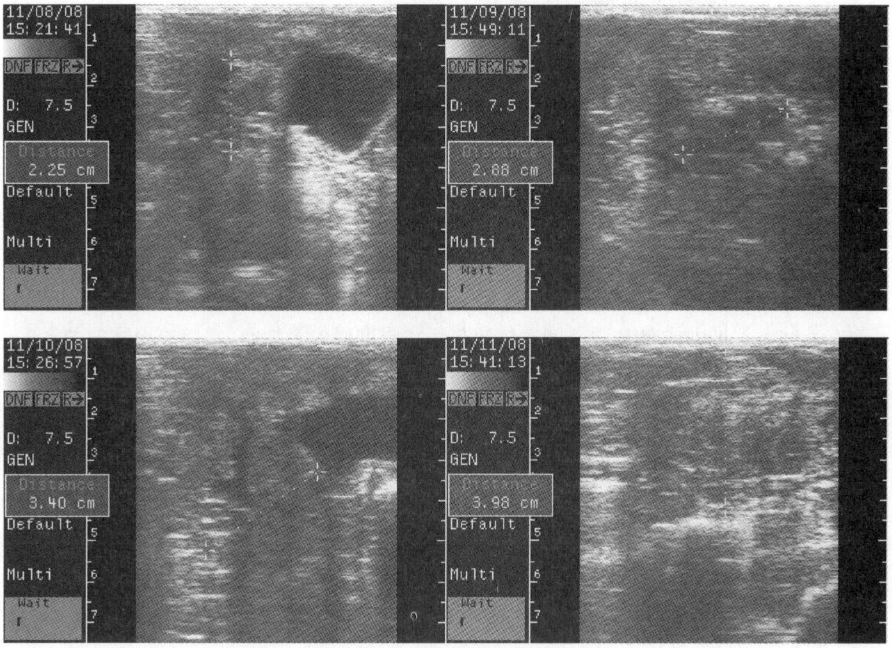


图3.8　PMSG法声像图

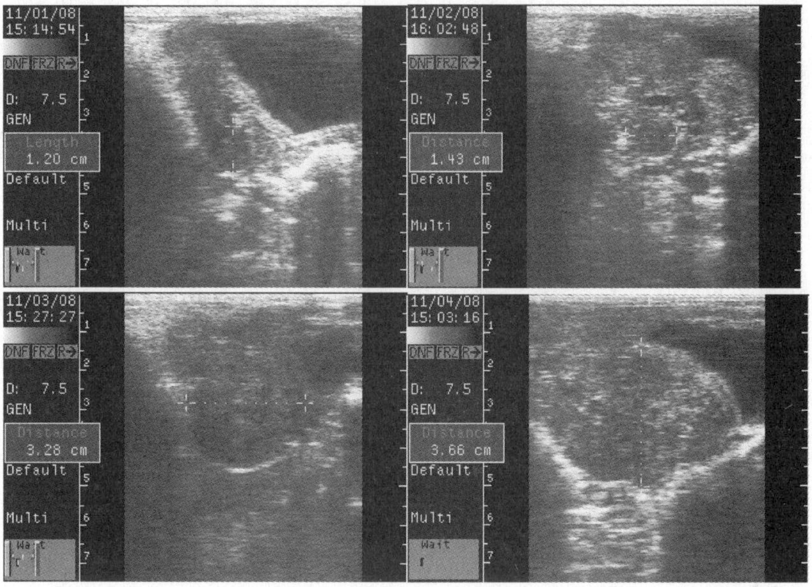


图3.9　FSH法声像图

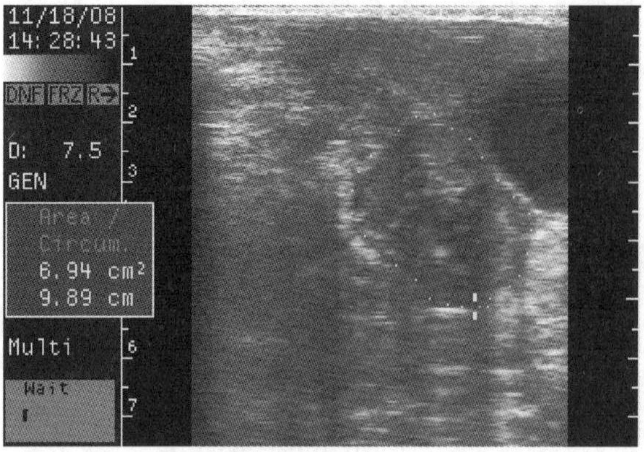


图 3.10 超排山羊多黄体发育的卵巢声像图

表 3.55 超排供体羊 B 超监测黄体数与手术观察到的黄体数、实际冲卵数的关系

| 羊号 | B 超监测黄体数 | | | 手术时黄体数 | | | 冲卵数量 | | | 监测数/手术时黄体数 | 手术时黄体数/冲卵数 | 监测数/冲卵数 |
|---|---|---|---|---|---|---|---|---|---|---|---|---|
| | 左侧 | 右侧 | 小计 | 左侧 | 右侧 | 小计 | 左侧 | 右侧 | 小计 | | | |
| 003 | 5 | 6 | 11 | 6 | 3 | 9 | 4 | 3 | 7 | 11/9 | 9/7 | 11/7 |
| 014 | 0 | 3 | 3 | 0 | 3 | 3 | 0 | 3 | 3 | 3/3 | 3/3 | 3/3 |
| 007 | 8 | 4 | 12 | 7 | 4 | 11 | 7 | 1 | 8 | 12/11 | 11/8 | 12/8 |
| 016 | 10 | 8 | 18 | 12 | 7 | 19 | 6 | 6 | 12 | 18/19 | 19/12 | 18/12 |
| 013 | 0 | 3 | 3 | 0 | 5 | 5 | 0 | 2 | 2 | 3/5 | 5/2 | 3/2 |
| 026 | 9 | 16 | 25 | 12 | 19 | 31 | 10 | 13 | 23 | 25/31 | 31/23 | 25/23 |
| 021 | 6 | 0 | 6 | 8 | 2 | 10 | 7 | 1 | 8 | 6/10 | 10/8 | 6/8 |
| 006 | 7 | 16 | 23 | 6 | 10 | 16 | 3 | 8 | 11 | 23/16 | 16/11 | 23/11 |
| 005 | 15 | 9 | 24 | 12 | 6 | 18 | 16 | 3 | 19 | 24/18 | 18/19 | 24/19 |
| 024 | 11 | 8 | 19 | 10 | 6 | 16 | 9 | 4 | 13 | 19/16 | 16/13 | 19/13 |
| 合计 | 71 | 73 | 144 | 73 | 65 | 138 | 62 | 44 | 106 | 144/138 | 138/106 | 144/106 |

由表 3.55 可见，B 超检测的黄体数和手术时肉眼观测到的黄体数(144/138)基本相符，实际冲卵数比 B 超监测黄体数和手术时肉眼观察到的黄体数基本上均比冲卵数少，这可能是因为冲卵回收不完全所致。

3. 结论

用 B 超检测超排羊卵巢黄体数可预测超排效果的好与差，据此确定是否对供体进行手术采卵有重要的参考价值。

### 3.3.9 小结

(1)在超排供体母牛发情输第一次精液的同时，给母牛肌肉注射 $LRH_{A2}$、$LRH_{A3}$ 有提高胚胎数量和质量的作用，其作用机理是：LRH 通过下丘脑 - 垂体 - 性腺(卵巢)轴影响超排牛卵泡卵母细胞的成熟和排卵的同期化程度。生理剂量的 LRH 能引起垂体 LH 和 FSH 的释放与合成,但以对 LH 的刺激作用为主。外周血促性腺激素(LH 和 FSH)能够通过血-卵泡屏障进入卵泡。在排卵前给超排牛注射 LRH,通过促使垂体分泌 LH,形成 LH 峰,可使卵泡腔中维持较高的 LH 和 FSH 水平,因而促进卵泡成熟并提高排卵的同期化程度,使得超排牛同期排出较多成熟卵子与精子结合形成受精卵。LRH 具有改善超排牛输卵管、子宫环境的作用。超排牛由于激素分泌混乱,可以导致不利于配子运行、受精和早期胚胎发育的输卵管、子宫环境。卵子在超排母牛输卵管中的运行较非超排母牛快 1 d 或更多,因此超排处理的卵子在输卵管中的孵育时间较短。这是由于超排时类固醇激素的分泌变化造成的。LRH 是一种生殖调解激素,它可能通过 LH 和 FSH 对卵泡及卵母细胞的影响,促使类固醇激素的分泌趋向合理,从而改善输卵管、子宫的环境,有利于精子和卵子的运行、受精以及早期胚胎的发育。

(2)从超排母牛的第 3 天起,同时用氦氖激光照射其交巢穴(功率为 30 mW,距离为 60 cm),每天照射一次,每次 10 min,连续照射 4 次,有增加获胚数的作用,试验组头均获胚胎数为 12.6 枚,头均获可用胚胎数为 7.4 枚,分别比对照组的 6.8 枚、4.4 枚增加 5.8 枚、3.0 枚,差异显著($P<0.05$)。结果表明,应用氦氖激光照射超排牛交巢穴,有增加胚胎数量的作用。这是国内外首次采用激光穴位照射的途径,提高供体牛超排效果的尝试。用激光穴位照射这一新方法,简单、安全、无副作用。

(3)采用孕激素(CIDR)+FSH+PG 超排方法。188 只(次)波尔山羊超排处理,手术采胚头均获胚胎(16.68±7.89)枚,效果较为理想。波尔山羊阴道内放置 CIDR 后,通过阴道将 CIDR 中的孕酮吸收进入血液循环,提高了血液中孕酮浓度,足以抑制来自垂体前叶 LH 和 FSH 的释放。同时在整个阴道放置 CIDR 期间,血液中孕酮维持较高浓度,撤掉 CIDR 和注 PG 后,孕酮水平迅速下降,数小时内回到基础水平,接着出现大量卵泡发育成熟、发情和排卵。这可能是应用 CIDR+FSH+PG 法,取得波尔山羊超排效果较为理想的主要原因。同时该方法不受供体羊发情周期限制,可随时进行超排,大群体波尔山羊集中进行超排处理,利于工厂化生产胚胎。

(4)通过对 4 个国家所产的 FSH 对超排效果影响进行了比较,结果表明,日本产和国产(动物所)效果最佳,新西兰产居中,澳大利亚产最差。各国 FSH 对波尔山羊超排效果的差异,除羊个体差异外,主要是由于 FSH 的纯度和 FSH 与 LH 的比率不同造成的。

(5)关于注射 LRH+$P_4$ 提高超排效果问题。研究表明头均获胚数、头均可用胚数,可用胚率注 LRH+$P_4$ 组与对照组差异极显著。分析其原因,LRH 注入后作用到垂体,使垂体同时刺激 LH 和 FSH 的释放,并且诱导内源性 LH 提前出现,并和自然 LH 合二为一。一方面利于超排羊形成的多个卵泡的成熟和排卵,也增加了卵子与精子受精的机会,提高了受精卵(胚胎)数量,另一方面提高了超羊排卵的同期化程度,使排卵更趋一致,更加集中,更利于与精子形成受精卵(胚胎)。此外,配种后第 3 天注射 $P_4$ 对防止黄体早期退化后导致的胚胎变性有一定作用,相对提高了胚胎质量。

(6)关于重复超排(采胚)问题。为了充分利用优种山羊,人们对同一母羊进行重复超排试验。但由于重复外科手术的后遗症常造成供体的生殖器官粘连,使得以后重复手术时胚胎产量明显下降,本研究对 26 只波尔山羊以 12 月龄的间隔时间(第一超排采胚后自然配种,产羔后再进行第二次超排采胚)重复超排(采胚)。结果 26 只羊第二次超排采胚成功率、头均获胚数、头均可用胚数不仅没有比第一次下降而且略有提高。之所以出现这种情况，分析其原因，一是采取了手术时严格消毒和防粘连的措施，二是第二次超排 FSH 剂量较第一次有所增加。结果表明，采取延长超排处理的间隔时间，进行重复超排采胚，生殖器官尽管存在粘连现象，但并不影响正常繁殖机能，仍可获得较好的超排效果，对充分利用优种波尔山羊有重要意义。

(7)超排波尔山羊正常黄体和异常黄体头均获胚数和头均可用胚数分别为 18.40、15.88 和 10.28、7.55，差异极显著，因此，异常黄体的有无可做为判定波尔山羊超排效果差与好的重要标志之一。波尔山羊超排后异常黄体的发生，可能是由于外界环境(气温骤降)应激或内部环境(卵巢子宫)异常，使得内分泌失调，造成黄体退化形成未成熟的黄体，使黄体分泌孕酮水平下降造成的。

(8)用 B 超检测超排羊卵巢黄体数可预测超排效果的好与差，据此确定是否对供体进行手术采卵有重要的参考价值。

(作者：桑润滋、孙树春、王凤鸣、靳胜新、贾洪生、朱玉林、董伟、田树军、李俊杰、丘殿锐、吕津、卫恒习、杨清江、段保宁、闫振富、王贵江、王仲杰、薛建华、张新慧、吴胜权、孙凤俊)

# 3.4 提高家畜胚胎移植妊娠率研究

## 3.4.1 概述

1. 概念

胚胎的移植也称胚胎的植入，是整个胚胎移植技术体系中关键的环节之一。若这一环节做得不好，会使整个胚胎移植技术前功尽弃，因此如何提高胚胎移植妊娠率尤为重要。

2. 胚胎移植的发展概况

(1)世界各大洲牛胚胎移植情况 见表 3.56

**表 3.56 2002 年世界各大洲牛体内胚胎生产统计**

| 地区 | 供体数 | 可用胚 | 鲜胚 | 冻胚 | 合计/% |
|---|---|---|---|---|---|
| 非洲 | 2 436 | 15 641 | 5 557 | 8 785 | 14 342(2.70) |
| 北美 | 42 238 | 265 175 | 89 472 | 99 652 | 189 124(35.10) |
| 南美 | 19 138 | 120 572 | 73 952 | 45 166 | 119 118(22.13) |
| 亚洲 | 17 557 | 120 951 | 39 375 | 53 037 | 92 412(17.17) |
| 欧洲 | 18 294 | 102 996 | 41 753 | 48 618 | 90 371(16.79) |
| 大洋洲 | 7 419 | 37 352 | 17 631 | 15 314 | 32 945(6.12) |
| 总计 | 107 082 | 662 687 | 267 740 | 270 572 | 538 312 |

* 据郭志勤(2005)。

据 IETS(国际胚胎移植学会)的统计，2002 年全世界牛胚胎移植排名前 6 位的国家，是美国、加拿大、巴西、中国、法国和澳大利亚。

2002 年，美国生产牛胚胎 17 余万枚，平均每头供体牛获可用胚 7.5 枚，其中肉牛胚胎占 58%，奶牛占 42%。鲜胚占 34.7%，冻胚占 65.3%；移植后的总平均受胎率分别达到 62.7%和 50%，IVF 胚胎受胎率达 50%。出口胚胎6 674 枚（肉牛胚胎占 52%，奶牛占 48%）。

2001 年，根据加拿大 60 个单位的统计，共处理供体牛 14 380 头；其中奶牛 10 893 头（76%）、肉牛 34 512 头（24%）。生产胚胎 91 927 枚（奶牛 67 981 枚、肉牛 23 946 枚）平均为 6.4 枚/次；其中，生产冻胚 62 008 枚（奶牛 44 381 枚、肉牛 17 627 枚）。鲜胚移植 23 613 头，总受胎率为 60.8%；其中，移植奶牛 20 025 头次，受胎率为 60.2%，肉牛 3 588 头次，受胎率为 64%。冻胚移植 23 244 头次，总受胎率为 59.7%；其中，奶牛 15 665 头次，受胎率为 59.9%，肉牛 7 579 头次，受胎率为 59.1%。

(2)我国牛胚胎移植发展概况　我国自 1978 年奶牛胚胎移植成功以来，在移植规模和技术水平上逐年提高，特别是 2000 年以来，发展十分迅猛，在国际牛胚胎移植中占有很重要地位。现将我国牛胚胎移植进展情况见表 3.57 至表 3.60。

**表 3.57　试验研究阶段我国受体牛移植妊娠情况统计表**

| 鲜胚移植受体/头 | 妊娠受体/头 | 移植妊娠率/% | 冻胚移植受体/头 | 妊娠受体/头 | 移植妊娠率/% | 资料来源 |
|---|---|---|---|---|---|---|
| 160 | 38 | 23.8 | 29 | 5 | 17.2 | 第二次全国牛胚移研讨会(1985)统计资料 |

**表 3.58　发展提高阶段我国受体牛移植妊娠情况统计表**

| 鲜胚移植受体/头 | 妊娠受体/头 | 移植妊娠率/% | 冻胚移植受体/头 | 妊娠受体/头 | 移植妊娠率/% | 资料来源 |
|---|---|---|---|---|---|---|
| 1 687<br>(378) | 666<br>(145) | 39.4<br>(38.4) | 610 | 131 | 21.5 | 1986 年和 1988 年第三、四次全国牛胚移研讨会资料 |

注：(　)内为 1986 年第三次全国胚移会鲜胚移植黄牛情况。

**表 3.59　推广应用阶段我国牛超排、移植妊娠情况统计表**

| 超排头/次 | 头均获胚/枚 | 鲜胚移植/头 | 移植妊娠率/% | 冻胚移植/头 | 移植妊娠率/% | 资料来源 |
|---|---|---|---|---|---|---|
| 806 | 5.6～6.1 | 936 | 63.25 | 2 870 | 50.11 | 郭志勤等(2001) |
| 859 | 5.9 | 2 123 | 51.76 | | | 罗应荣、朱化彬等(2001) |
| 1 332 | 5.8 | — | — | 4 295 | 53.88 | 李树静等(2009) |

表 3.60　我国牛胚胎移植进展情况

| 年　度 | 处理供体牛数/[(头·次)/年] | 移植受体牛数/[(头·次)/年] | 每头(次)超排供体牛获犊牛数 |
| --- | --- | --- | --- |
| 1978—1983 | 50～150 | 100～200 | <0.5 |
| 1984—1986 | 250～350 | 200～700 | <1.0 |
| 1987—1990 | 400 | 600～800 | 1.0 |
| 1991—1995 | 500 | 1 000～2 000 | 1.0～2.0 |
| 1996—1999 | 500～700 | 2 000～5 000 | 2.0 |
| 2000—2002 | 2 000～7 000 | 10 000～35 000 | 2.0～2.5 |
| 2003—2004 | 7 000～9 000 | 40 000～50 000 | 2.5～3.0 |

* 根据陈静波提供的资料整理。

3. 胚胎移植的方法

胚胎的移植分为手术法和非手术法，小动物如猪、羊、兔、鼠等均采用外科手术法，大家畜如牛、马、驴则采用非手术方法。

4. 影响胚胎移植妊娠率的因素

家畜妊娠的确立涉及胚胎、母体子宫环境和卵巢黄体之间的一系列的协调关系。首先胚胎产生某些物质，作为本身存在的信号传递给母本，母体加以接受和识别后，使周期黄体转变为妊娠黄体，使整个生殖系统向有利于妊娠的建立和维持的方向发展。国内外研究表明，影响胚胎移植妊娠率的因素是多方面的，而且各种因素都是相互制约的。胚胎损失的原因很复杂，涉及生理、内分泌、遗传、免疫和环境等因素。从胚胎移植的实践来看，影响胚胎移植妊娠率的主要因素有以下几方面(以羊为例)。

胚胎因素、母体因素和其他因素。

(1)胚胎因素

①胚胎的质量。好的妊娠率和产羔率是以移植质量好的胚胎为前提的。移植胚胎质量是影响妊娠产羔的重要因素之一。据田树军、桑润滋等(2003)报道，他们对波尔山羊 A、B 级桑葚胚移植效果进行了比较，结果表明 A 级桑葚胚较 B 级桑葚胚移植妊娠率高 12.1 个百分点(50.4%/39.3%)，且差异显著。

②胚胎数量。据田树军、桑润滋等(2003)报道，他们对波尔山羊移植胚胎数量对妊娠率的影响进行了比较，结果表明，移植二枚胚胎比移一枚妊娠率均高，移二枚 B 级桑葚较移 1 枚 B 级桑葚妊娠率差异显著。

③胚胎发育阶段。据郭念刚等(1979)报道，移植不同卵裂期(2～16 细胞期)的绵羊早期胚胎，其妊娠率有随卵裂期的增加而提高的趋势。2、4、8、16 细胞妊娠率分别为 35.0%、38.53%、48.12%、69.4%。

胚胎发育阶段是影响移植成功率的因素之一。一些学者在绵羊、山羊胚胎移植研究中发现，2～4 细胞期的胚胎进行输卵管移植，8 细胞期以后的胚胎进行子宫角移植，效果较好；且 2～4细胞期的胚胎输卵管移植妊娠率低于 8 细胞期以上胚胎子宫移植妊娠率。而张锁林等对白绒山羊的研究得出，2～8 细胞期的胚胎进行输卵管移植都可得到满意结果。肖后军等在对波尔山羊的研究中指出，胚胎发育至 2～8 细胞期移植时，妊娠率最高的为 4 细胞期，其次为 2 细胞期，8 细胞期的 2 只受体均未妊娠。另据潘勇等报道，移植 1、2～3、4、6～8、16 细胞期的胚胎受体妊娠率分别为 25%、48.8%、61.9%、58.0%、66.7%。

(2)母体因素

①供受体发情同期化程度。羊胚胎移植要求供、受体发情的同期化，但同期性的范围显然比牛宽。研究测定表明，母羊发情后 6 d 内，卵巢静脉孕酮浓度迅速增加，到第 7 天达最大浓度，并相对地维持恒定至第 15 天。因此，预期在母羊发情稍后的时期，供、受体将可能有一段幅度较大的同期时间，在其他因素适宜的情况下，移植的成功率较大。

②胚胎 - 母体的相互作用。绵羊发情配种后 84 h 以前的早期胚胎，输卵管的环境对它是适宜的，将胚胎移入输卵管内，可以获得很好的结果，再晚的胚胎移植到子宫能更好地存活。但 7 d 内的胚胎留在输卵管内尚能继续正常发育，而 7 d 后若仍留在输卵管，胚胎的进一步发育就要受到阻滞。

羊的胚胎尚有一种一侧性，即子宫 - 胚胎 - 卵巢的相关性。把胚胎移植到与卵巢上有黄体一侧的子宫角，可以获得较高的妊娠率，若局限于对侧子宫角，妊娠率降低。而据贾敏等(2002)报道，胚胎单侧与双侧移植的受体妊娠率分别为 41.2%、56.8%，双侧移植的受体妊娠率明显高于单侧移植的受体。

③移植的部位。移植的部位对妊娠率也很重要。3.5 日龄即 8～16 细胞期以前采集的胚胎，移植到输卵管比子宫角更为合适。表明不同发育阶段的胚胎和移植部位对妊娠率和胚胎存活率有一定影响，也就是说在受体生殖道的内环境与胚胎的发育阶段相适应的情况下，移植结果较好。

④供体母羊。

a. 供体的年龄。据石国庆等(2002)报道，他们对供体羊的年龄对绵羊胚胎移植效果的影响进行了比较，7～8 岁、18 月龄、8 月龄的供体绵羊移植妊娠率分别为 63.4%、50.0%、0。结果表明，供体羊年龄过小，体未成熟，影响超排后的胚胎质量，进而影响移植妊娠效果。

b. 供体的排卵数。用促性腺激素处理供体后，其排卵数可以从 1 到 40 多个，这些卵移植后的妊娠率与供体排卵的数目，究竟有没有关系？郭念刚等(1979)的试验表明，供体羊排卵数≤5、6～10、11～15、16～20、>20，移植妊娠率依次为 33.33%、52.54%、43.18%、40.25%、58.76%。

⑤受体母羊。胚胎移植妊娠率的高低和受体的膘情、发情状态和生殖道内环境有密切关系，因此，认真选择符合胚胎移植要求的受体是移植成功的主要因素。另外与受体母羊的饲养管理也有密切关系。另据钟世芳(1986)报道，生殖器官患病能引起错误判断，受体妊娠率很低，应选择卵巢无囊肿、子宫无炎症的个体做受体。

a. 营养。据陈秀兰等(1979)在一次移植试验中，用两群不同来源的母羊作为受体，一群体大膘好；另一群体小膘差。试验条件相同，供、受体的发情周期也同期，结果是前者的妊娠率为 72.7%(8/11)，后者为 45.1%(61/135)。

b. 卵巢黄体数量。据田树军，桑润滋等(2003)报道，他们对河北当地山羊受体卵巢黄体数量对移植妊娠产羔影响进行了比较。结果表明，以有 3 枚黄体的受体妊娠率高，但组间妊娠产羔无显著差异。另据洪琼花等(2002)报道，他们对波尔山羊胚胎受体黄体数的移植产羔结果进行了比较，结果受体黄体为1、2、3，移植妊娠率分别为50.6%、48.7%、51.6%。

c. 卵巢卵泡数。据田树军，桑润滋等(2003)报道，结果表明，卵巢上无卵泡和有1个卵泡组的妊娠、产羔与卵巢上有2个卵泡组差异显著。

d. 受体羊注射 $LRH\text{-}A_3$。据田树军，桑润滋等(2003)报道，结果表明，注射 $LRH\text{-}A_3$ 组和不注射组移植妊娠率分别为55.5%和51.2%，注射 $LRH\text{-}A_3$ 有提高妊娠率的趋势，但组间无显著差异。

e. 输卵管单侧与双侧移植。据陈建泉，王述宇等(2002)报道，他们用波尔山羊胚胎给受体进行输卵管单侧和双侧移植胚胎试验，结果胚胎单侧与双侧移植的受体分别为398只和161只，其妊娠率分别为41.2%、59.5%，双侧移植的受体妊娠率明显高于单侧移植受体。Amstrong等对山羊胚胎的研究发现，2个胚胎植入同侧卵巢输卵管的成活率(70%)显著高于两侧各移植1个胚胎的成活率(62%)。

f. 品种。不同品种的绵羊，其排卵数不同。多数品种的绵羊只排一个卵，但也有排多个的(如湖羊)。东北细毛羊的自然排双卵率较高，约占36.7%(据109只受体中，卵巢中有两个排卵点的40只)，自然配种双羔率也较高。藏羊几乎没有产双羔的(据55只受体中，没有1只排双卵的)。无论母羊排一个卵或两个卵，当移植双卵时，受体的妊娠率虽有差异，但不显著，双羔率却不同。

g. 供受体发情同步差。另据田树军，桑润滋等(2003)报道，他们对供受体羊发情同步差对妊娠率影响进行了比较。结果表明，发情同步差为0～24 h、25～48 h、>48 h，移植妊娠率分别为52.0%、50.0%、44.1%。妊娠率随供受体发情同步差的加大有下降趋势，但组间差异不显著。

(3)其他因素

①自然发情与人工诱导发情。据余文莉等(1998)报道，对绵羊所做的试验结果为，自然发情组与人工诱导发情组妊娠率分别为83.3%和72.7%。

②移植方向。据田树军，桑润滋等(2003)报道，他们在子宫移植时，向子宫角尖端移植与向子宫角基部移植进行了比较，结果表明，向子宫角尖端方向移植妊娠率高于向子宫角基部移植(58.87%∶40.63%)，但差异不显著。

③术者熟练程度。据田树军，桑润滋等(2003)报道，技术熟练者和技术不熟练者的妊娠率依次为49.0%～54.1%、40.9%，表明术者手术熟练程度对妊娠率有显著影响。

④不同手术方法。丁红等(1999)用常规手术法、小挑法、腹腔镜法对绵羊进行胚胎移植，3种方法的妊娠率分别为47.6%、68.4%、71.4%，无显著差异($P>0.05$)；产羔率为137.6%、125.0%、120.0%，无显著差异($P>0.05$)。常规手术法胚胎移植其妊娠率居中，产羔率最高137.6%，在重复手术中观察到术后粘连较多。小挑法大大降低了术后粘连，但对操作要求较高，技术熟练者胚胎移植妊娠率达66.7%，反之低于30%。腹腔镜法最大的优点是受体应激小，术后未发生粘连，获得很好的移植结果。对于羊的胚胎采集，受体胚胎移植及其他繁殖方面腹腔镜技术是很有应用前景的一项技术。

本节主要从胚胎的质量、移植胚胎数量、黄体数量、子宫、黄体生理状况、胚胎发育阶段、受体的年龄和品种、供、受体发情同步差、移植器械、移植者技术水平(熟练程度)、注射 $LRH\text{-}A_3$ 等对胚胎移植妊娠率的影响进行较系统的研究。

### 3.4.2 影响牛胚胎移植妊娠率因素的探讨

我国自1975年开展牛的胚胎移植研究工作以来，虽已取得了较大进展，但由于妊娠率不同（一般在30%左右），而成为影响我国胚胎移植不能尽快在生产上推广应用的重要原因之一。胚胎移植技术由许多环节组成，无论哪一个环节的疏忽，都会影响移植效果。为此，笔者自1984年开始重点进行了提高移植妊娠率的研究，从而使移植妊娠率由1983年的17.7%(3/17)提高到了1986年的55.1%(24/49)。植移奶牛妊娠率为58.3%(14/24)；移植黄牛妊娠率为52.0%(13/25)。现将影响牛非手术胚胎移植妊娠率的几个主要因素的探讨结果总结如下。

1. 胚胎质量对移植妊娠率的影响

通过对不同质量(等级)的胚胎给97头受体牛移植结果的统计资料如表3.61所示。

表3.61 胚胎质量对移植妊娠的影响

| 胚胎质量(等级) | 移植受体头数/头 | 妊娠受体头数/头 | 妊娠率/% |
|---|---|---|---|
| A级 | 54 | 30 | 55.6 |
| B级 | 33 | 13 | 39.4 |
| C级 | 10 | 2 | 20.0 |

A级：胚胎的发育阶段与采卵天数一致。细胞紧密，成一整体，透明度好，细胞界限明显。囊胚有明显可见的囊胚腔，滋养层细胞，内细胞团。

B级：细胞团明显可见并比较紧密，胚细胞有基本结构，透明度较好，但个别细胞游离透明带厚、薄适中。若是囊胚，囊胚腔明显可见。

C级：细胞团较松散，游离细胞较多，透明度较差，透明带不圆。

由表3.61可知，依胚胎质量的下降，移植妊娠也下降。

2. 受体牛子宫、黄体的生理状况对移植妊娠率的影响

据对子宫、卵巢黄体不同生理状况的25头受体黄牛移植结果见表3.62。

表3.62 受体牛子宫、卵巢黄体生理状况对移植妊娠的影响

| 子宫、黄体生理状况 | 移植受体 | 妊娠受体 | 妊娠率/% |
|---|---|---|---|
| +++(好) | 10 | 7 | 70.7 |
| ++(较好) | 7 | 4 | 57.1 |
| +(一般) | 8 | 2 | 25.0 |

+++：子宫正常、黄体发育良好，明显突出卵巢表面且体积较大。

++：子宫正常，黄本发育一般，体积中等。

+：子宫稍肥厚或稍硬，黄体不明显。

由表3.62得出：受体子宫、黄体生理状况好的妊娠率高，这可能是良好的子宫生理环境有利于胚胎存活和附植。发育良好的黄体有较好分泌孕酮的能力。因而有较好的保胎作用。

3. 胚胎的发育阶段对移植妊娠率的影响

胚胎的级别相同，但是胚胎的发育阶段不同，移植后的妊娠结果见表3.63。

表 3.63 不同发育阶段的胚胎移植妊娠结果

| 胚胎发育阶段 | 移植受体 | 妊娠受体 | 妊娠率/% |
|---|---|---|---|
| A 级囊胚或早期囊胚 | 22 | 14 | 63.6 |
| A 级桑葚胚 | 32 | 16 | 50.0 |
| B 级囊胚或早期囊胚 | 9 | 5 | 55.6 |
| B 级桑葚胚 | 24 | 8 | 33.3 |

表 3.63 说明无论 A 级还是 B 级囊胚或早期囊胚移植妊娠率均高于同等的桑葚胚。这可能与囊胚或早期囊胚较桑葚胚有较强的生命力和对外界环境的变化有较好的耐受力有关。

4. 不同品种的受体牛对移植妊娠率的影响

将 56 枚黑白花奶牛胚胎分别给 25 头黄牛和 24 头受体奶牛移植。其结果是:用奶牛胚胎移植黄牛受体 25 头,妊娠 13 头,妊娠率为 52.0%,用奶牛胚胎移植奶牛 24 头,妊娠 14 头妊娠率为 58.3%。可以看出,奶牛胚胎移植奶牛受体的妊娠率略高于移植黄牛受体,而经显著性检验,差异不显著($P>0.05$)。

5. 受体牛的年龄与移植妊娠率的关系

对 50 头不同年龄的黑白花受体牛移植结果资料统计见表 3.64。

表 3.64 不同年龄的受体牛的移植结果

| 受体年龄(胎次) | 移植头数 | 妊娠头数 | 妊娠率/% |
|---|---|---|---|
| 青年牛(15～20 月龄) | 25 | 15 | 60.0 |
| 2.5～5 岁(1～3 胎) | 18 | 10 | 55.6 |
| 6 岁(4 胎以上)以上 | 7 | 2 | 28.6 |

表 3.64 看出:受体牛随年龄(胎次)的增加,妊娠率呈下降趋势,尤其是 6 岁(4 胎)以上老龄牛更为突出。

6. 自然发情和诱导发情受体母牛对移植妊娠的影响

对 17 头自然发情的黄牛进行移植,结果妊娠 9 头,妊娠率为 52.9%,对 8 头用 PG 诱发同期发情的黄牛进行移植,结果妊娠 4 头,妊娠率为 50.0%。可见自然发情的受体母牛移植妊娠率稍高于 PG 诱发发情受体母牛的移植妊娠率。而经显著性检验,差异不显著($P>0.05$),因试验头数少,有待进一步验证。

7. 移植器械对移植妊娠率的影响

用仿西德移植器与牛用玻璃输精器代替移植器对受体移植结果是:用仿西德移植器移植受体 10 头,妊娠 4 头,妊娠率为 40.0%,用牛用玻璃输精器移植受体 21 头,妊娠 3 头,妊娠率为 14.3%,可以看出,牛用玻璃输精器移植的妊娠率明显低于仿西德的移植器,这是因为:

(1)牛用玻璃输精器较粗硬,容易造成子宫的创伤和出血,而不利于胚胎存活。

(2)不易达到较理想的移植部位。

(3)容易造成移植过程中胚胎丢失和对子宫的污染。所以说,结构科学合理的移植器械对提高妊娠率极为重要。

8. 移植者的技术水平对移植妊娠率的影响

据同期不同移植者的移植结果如下：

比较熟练的移植者(已移过几十头次)，其妊娠率为 31.4%(11/35)，新移植者(以前没有移植过)其妊娠率为 13.3%(2/15)，如此可看出移植者的技术水平(熟练程度)与妊娠率的高低有直接关系。

除上面论述的 8 个影响妊娠率的因素外，胚胎的早期死亡，供、受体牛发情同步差，受体牛饲养管理以及胚胎在体外停留时间等因素也都会对移植效果有影响。

总之，胚胎移植是由许多环节所组成，任何一个环节的忽略都会影响移植妊娠的效果。为了提高移植妊娠率，必须从严格选择、细心鉴定、精心操作和防止胚胎早期死亡等综合措施上下功夫。

### 3.4.3 提高波尔山羊胚胎移植妊娠率研究

影响波尔山羊胚胎移植妊娠效果的因素较多，Torres 等(1987)认为，供受体发情同期化程度和胚胎质量是影响胚胎移植妊娠效果的重要因素，林峰等(2000)报道移植单胚高于移植双胚的妊娠率，杨亚卫等(2002)发现囊胚的妊娠率和产羔率最高。为探索提高波尔山羊胚胎移植妊娠率和产羔率的技术措施，从胚胎质量、胚胎发育阶段、胚胎数量、受体卵巢黄体数、供受体发情同步差以及胚胎移植的方向等方面进行了本研究，以促进我国肉羊胚胎移植技术的产业化进程。

1. 材料和方法

(1)试验材料

①试验羊。供体羊(波尔山羊)为澳大利亚进口的纯种空怀波尔山羊母羊，生殖机能正常。受体羊为本地白山羊及其用萨能奶山羊改良当地母羊的杂交羊。要求供、受体羊均为经产母羊，健康无病，为确保试验羊为空怀羊，在胚胎移植前 1～2 个月用氯前列烯醇引产，并加强饲养管理。

②试验药品。FSH 为新西兰产(IMMUNO2CHEMICAL PRODUCTS LTD，17.6 mg HIADDK2OFSH217/盒，批号 1375)，孕酮栓为澳大利亚和南京农业大学家畜繁殖研究室生产，孕马血清促性腺激素(PMSG)为天津华孚高新生物技术公司生产(10×1 000 U/盒，2002210208)，氯前列烯醇为宁波激素有限公司生产(10×0.2 mg/盒，批号 20020917)，促排卵 3 号($LRH\text{-}A_3$)为宁波激素制品有限公司生产(10×15 μg/盒，批号 20030711)。

(2)试验方法

①供体羊同期发情、超数排卵与胚胎的采集。采用孕激素(CIDR)＋FSH＋PG 法。即在供体羊发情周期的任意一天在阴道放入第 1 个 CIDR，第 10 天取出放入第 2 个 CIDR，于放入 CIDR 的第 17～20 天进行 4 d 8 次超排注射 FSH，第 20 天早晨撤去孕酮栓的同时，肌肉注射氯前列烯醇 0.1 mg。超排羊发情后即刻用种公羊自然交配，间隔 12 h 配种 1 次，直至发情结束。供体羊于发情的第 6 天采用常规外科手术法从子宫采集胚胎。胚胎采出后，立刻于 20～25℃检胚室用体视显微镜对其质量进行鉴定分级。

②受体羊同期发情。受体羊阴道放置孕酮栓 20 d，于供体羊放入第 1 个 CIDR 的当日，受体羊放入孕酮栓，并于供体羊换 CIDR 当日，受体羊换孕酮栓。在放孕酮栓的第 18 天，肌肉注

射 PMSG，撤栓时颈部肌肉注射氯前列烯醇 0.1 mg，记录撤栓后母羊发情情况。注射 LRH-$A_3$ 对移植妊娠效果的影响是在受体羊接受上述处理方法的基础上，于观察到发情时立刻肌肉注射 LRH-$A_3$ 15 μg。

③胚胎的植入。用常规外科手术法将从供体羊的体内采得的鲜胚移入发情同步的受体羊子宫内。

(3)统计分析　采用 $t$ 检验。

2. 结果与分析

(1)胚胎质量、数量、发育阶段对妊娠率的影响　由表 3.65 可知，移植 2 枚 A 级桑葚胚妊娠率与移植 1 枚 A 级桑葚胚妊娠率差异不显著，移植囊胚与移植 A 级桑葚胚、2 枚 B 级桑葚胚妊娠率差异不显著，移植 1 枚 A 级桑葚胚妊娠率显著高于 1 枚 B 级桑葚胚，移植 2 枚 A 级桑葚胚与移植 2 枚 B 级桑葚胚妊娠率差异不显著，移植 2 枚 B 级桑葚胚比移植 1 枚 B 级桑葚胚妊娠率高 39.4%($P<0.05$)。每产 1 只羔羊需胚数以囊胚最低。

(2)受体卵巢黄体数量对妊娠率的影响　由表 3.66 可知，以受体羊卵巢具有 3 个黄体组妊娠率最高，具有 2 个黄体者妊娠率最低，但组间妊娠率无显著差异。每产 1 只羔羊需胚数以受体羊具有 3 个黄体组最低。

表 3.65　移植胚胎数量对移植妊娠率的影响

| 移胚种类 | 数量/枚 | 移植受体/只 | 产羔受体/只 | 妊娠率/% | 总产羔数/只 | 总移胚数/枚 | 每产 1 只羔羊需胚数/枚 |
|---|---|---|---|---|---|---|---|
| A 级桑葚胚 | 1 | 423 | 213 | $50.4^{A}$ | 213 | 423 | 1.98 |
| | 2 | 95 | 58 | $61.1^{A}$ | 90 | 190 | 2.11 |
| B 级桑葚胚 | 1 | 120 | 46 | $38.3^{B}$ | 46 | 120 | 2.61 |
| | 2 | 232 | 124 | $53.4^{A}$ | 166 | 464 | 2.80 |
| 囊胚 | 1 | 241 | 128 | $53.1^{A}$ | 128 | 241 | 1.88 |

注：妊娠率为产羔受体占移植受体百分比，流产未包括在内。以下同；同列数据肩标不同字母表示差异显著($P<0.05$)。下同。

表 3.66　黄体数对移植妊娠率影响

| 黄体数/个 | 移植受体/只 | 产羔受体/只 | 妊娠率/% | 总产羔数/只 | 总移胚数/枚 | 每产 1 只羔羊需胚数/枚 |
|---|---|---|---|---|---|---|
| 1 | 172 | 87 | 50.6 | 87 | 172 | 1.98 |
| 2 | 154 | 75 | 48.7 | 75 | 154 | 2.05 |
| 3 | 124 | 64 | 51.6 | 64 | 124 | 1.93 |

(3)受体羊注射 LRH-$A_3$ 对妊娠率的影响　由表 3.67 可知，注射 LRH-$A_3$ 有提高妊娠率的趋势，但组间无显著差异。注射 LRH-$A_3$ 组每产 1 只羔羊需胚数低于不注射 LRH-$A_3$ 组。

表 3.67 受体羊注射 $LRH-A_3$ 对移植妊娠率的影响

| 组别 | 黄体数/个 | 移植受体/只 | 产羔受体/只 | 妊娠率/% | 总产羔数/只 | 总移胚数/枚 | 每产1只羔羊需胚数/枚 |
|---|---|---|---|---|---|---|---|
| 注 射 | 2.59 | 40 | 22 | 55.0 | 38 | 96 | 2.52 |
| 不注射 | 2.55 | 86 | 44 | 51.2 | 77 | 208 | 2.7 |

(4)供、受体发情同步差对妊娠率影响　由表 3.68 可知,妊娠率随供、受体发情同步差的加大有下降趋势,且同步差在 0～24 h 和 24～48 h 组妊娠显著高于同步差在 48 h 组妊娠率。供受体发情同步差在 0～24 h 组每产 1 只羔羊需胚数最低。

表 3.68 供、受体发情同步差对妊娠率的影响

| 同步差/h | 移植受体/只 | 产羔受体/只 | 妊娠率/% | 总产羔数/只 | 总移胚数/枚 | 每产1只羔羊需胚数/枚 |
|---|---|---|---|---|---|---|
| 0～24 | 1 269 | 660 | $52^{A}$ | 826 | 1 927 | 2.33 |
| 24～48 | 194 | 97 | $50^{A}$ | 154 | 444 | 2.88 |
| 48 以上 | 118 | 52 | $44.1^{B}$ | 54 | 190 | 3.52 |

(5)胚胎移植方向对妊娠率影响　由表 3.69 可知,向子宫角前端方向移植妊娠率比向子宫角基部方向移植妊娠率高 12.2 个百分点,但统计上差异不显著。

表 3.69 移植方向对妊娠率的影响

| 移植方向 | 移植受体/只 | 产羔受体/只 | 妊娠率/% | 总产羔数/只 | 总移胚数/枚 | 每产1只羔羊需胚数/枚 |
|---|---|---|---|---|---|---|
| 子宫角前端 | 87 | 46 | 52.87 | 56 | 116 | 2.07 |
| 子宫角基部 | 64 | 26 | 40.63 | 31 | 74 | 2.39 |

3. 讨论

(1)胚胎质量、发育阶段及数量对移植妊娠效果的影响　胚胎发育阶段及质量优劣是直接影响胚胎移植成功率的首要因素,从试验结果看:囊胚与桑葚胚妊娠率差异不显著。因此,选择采胚时间宜在供体发情配种后第 6 天进行,此时胚胎大多为桑葚胚,有利于胚胎的附植。就胚胎质量而言,A 级桑葚胚移植妊娠率显著高于 B 级桑葚胚,这与张红等(2001)报道一致。从移植胚胎数量对妊娠效果来看,移植 2 枚胚胎比移 1 枚妊娠率均高,且移 2 枚 B 级桑葚胚妊娠率显著高于移植 1 枚 B 级桑葚胚。这与苏和(1999)报道一致。因此,在实际生产中,宜将 B 级桑葚胚移双胚,这样可提高胚胎移植妊娠率。但对于 A 级桑葚胚,尽管移双胚妊娠率高于移单胚,但胚胎利用率下降,且双羔出生重和发育情况均较单羔差,因此,若想充分利用胚胎获得尽可能多的优良后代,对 A 级桑葚胚以移植 1 枚胚胎为佳。

(2)受体卵巢黄体数对移植妊娠效果的影响　黄体为成熟卵泡排卵后形成,具有分泌能维持母畜妊娠的孕酮的作用,因此受体卵巢具有的黄体数越多,则妊娠率越高,而受体卵巢具有的卵泡数越多,则妊娠率越低。但本试验发现,受体羊卵巢黄体数对胚胎移植妊娠率影响差异

不显著，这很可能是黄体数量较多时，往往伴有较多的未排卵的卵泡。

(3)受体羊注射 LRH - $A_3$ 对移植妊娠效果的影响　LRH-$A_3$ 是一种 GnRH 类药物，其主要作用是引起 LH 的分泌，同时也引起 FSH 的分泌。在排卵前给受体羊外源注射 LRH-$A_3$，可以作用于垂体，促其分泌 LH 而形成 LH 峰，还可使卵泡腔中维持合理的 LH 和 FSH 比例。因而促进卵泡的成熟并提高排卵的同期化程度，使得受体羊同期排出较多成熟卵子，从而为胚胎的附植提供良好的环境。因此，注射 LRH-$A_3$ 组较不注射组妊娠率有升高的趋势。并且 LRH-$A_3$ 价格便宜，无论从理论上还是经济上考虑，在超排过程中注射 LRH-$A_3$ 是可行的。但排卵是一个极其复杂的过程，通过受体羊注射 LRH-$A_3$ 提高移植妊娠率还需进一步深入研究。

(4)供受体发情同步差对移植妊娠效果的影响　供受体的同期发情是提高移植妊娠率的关键。本试验发现，供受体发情同步差在 0～24 h 和 24～48 h 妊娠率差异不显著，但二者妊娠率显著高于同步差在 48 h 以上的妊娠率，这与 Torres 等(1987)的结果一致。包呼格吉乐图等(2001)亦发现，供受体发情同期化程度越高，胚胎移植妊娠率越高。因此，在生产中，为提高移植妊娠率应选择与供体发情同步差在 48 h 以内的受体进行移植。

(5)胚胎移植的方向对移植妊娠效果的影响　本试验发现，向子宫角前端方向移植妊娠率比向子宫角基部方向移植妊娠率高 12.2 个百分点，其可能原因是胚胎发育至第 6 天时，大部分位于子宫角的前端。因此，将胚胎植入此部位，对胚胎的附植极为有利，可以在很大程度上避免胚胎移植过程中出现的早期胚胎丢失和隐性流产等问题。

### 3.4.4　同期发情不同处理方法对移植妊娠率及产羔率的影响

同期发情的方法主要有前列腺素(PG)法和孕酮栓法，孕酮法又分为一次埋栓法和二次埋栓法。本研究拟从 3 种同期发情方法对移植妊娠率、产羔率以及产羔成本进行比较。

1. 材料与方法

(1)试验羊　为本地山羊，年龄为 1.5～3.5 岁，体重 35～45 kg。

(2)受体同期发情处理　在试验前所有受体羊统一用 PG 引产。

①PG 组。试验羊发情周期的任意一天颈部肌肉注射 PG 0.01 mg/只，只注射一次。次日开始用试情公羊进行试情，以母羊接受试情公羊爬跨判定为发情。

②一次埋栓组。将埋植孕酮栓的时间记为第 0 天，第 10 天，肌肉注射 PMSG 200 IU/只，于第 11 天取出孕酮栓，同时肌肉注射 PG 0.1 mg/只。次日开始用试情公羊进行试情，以母羊接受试情公羊爬跨判定为发情。取栓时注意观察阴道生理状况并记录。

③二次埋栓组。将埋植孕酮栓的时间记为第 0 天，第 10 天更换一次孕酮栓，于处理的第 18 天肌肉注射 PMSG 200 IU/只，第 19 天取出孕酮栓，同时肌肉注射 PG 0.1 mg/只。次日开始用试情公羊进行试情，以母羊接受试情公羊爬跨判定为发情。第二次取栓时注意观察阴道生理状况并记录。

分别统计记录 3 种处理方法 0～72 h 内的母羊发情情况。

(3)配种　以母羊站立不动并接受公羊爬跨作为发情标准。在接受爬跨或从阴道流出透明黏液时，立即对发情供体羊或试验羊实施自然交配，第一次配种前 1 h，肌肉注射 LHRH 0.2 g/头，以后每隔 8 h 配种 1 次，记录发情停止时间。配种后第 3 天开始注射黄体酮直至冲卵当天。

(4)胚胎的收集与鉴定　发情配种后第 6 天用子宫冲胚法采集胚胎。胚胎采出后，立刻于 20～25℃检胚室用体视显微镜检查胚胎，并按形态鉴定法对胚胎进行鉴定分级，做好详细记录。

(5)胚胎移植　选择黄体形态颜色正常且数量较多的一侧子宫角移植胚胎。术者将子宫暴露于创口表面，用胚胎移植针头吸取 1 枚胚胎，在子宫角上 1/3 处用曲别针插一小孔，然后将移植针头插入小孔，将胚胎投入子宫角。

2. 试验结果

(1)不同处理方法对羊同期发情效果的影响　由表 3.70 可知，PG 组、一次埋栓组和二次埋栓组 0～72 h 的同期发情效果间无显著差异($P>0.05$)。0～48 h 一次埋栓组、二次埋栓组与 PG 组发情效果差异极显著($P<0.01$)，说明埋栓组发情更集中。

表 3.70　**PG 组与一次埋栓组、二次埋栓组同期发情效果**

| 组别 | 处理羊数/只 | 发情羊只数(占处理头数的百分比)/% | | | | |
|---|---|---|---|---|---|---|
| | | 0～24 h | 25～48 h | 49～72 h | 0～48 h | 0～72 h |
| PG 组 | 35 | 2(5.71)$^{Ab}$ | 9(25.71)$^{aa}$ | 12(34.29)$^{B}$ | 11(31.43)$^{A}$ | 23(65.71)$^{a}$ |
| 一次埋栓组 | 35 | 24(68.57)$^{BA}$ | 3(8.57)$^{aB}$ | 0$^{A}$ | 27(77.14)$^{B}$ | 27(77.14)$^{a}$ |
| 二次埋栓组 | 33 | 19(57.58)$^{Bb}$ | 9(27.27)$^{aa}$ | 0$^{A}$ | 28(84.85)$^{B}$ | 28(84.85)$^{a}$ |
| 合计 | 103 | 45(43.69) | 21(20.39) | 12(11.65) | 66(64.08) | 78(75.73) |

注：在同一列中，上标小写字母不同表示差异显著($P<0.05$)；上标大写字母不同表示差异极显著($P<0.01$)。

(2)不同处理方法对受体羊妊娠产羔效果的影响　由表 3.71 可知，一次埋栓组及二次埋栓组的妊娠率高于 PG 组，但差异不显著；而产羔数和产羔率明显高于 PG 组，并且以二次埋栓组为佳($P<0.05$)。

表 3.71　**不同处理方法对波尔山羊妊娠产羔效果的影响**

| 组别 | 移植羊/只 | 流产羊/只 | 妊娠只数(占处理头数的百分比)/% | 产羔数/只 | 产羔率/% |
|---|---|---|---|---|---|
| PG 组 | 16 | 0 | 43.75(7/16) | 7 | 43.75$^{a}$ |
| 一次埋栓组 | 21 | 1 | 57.14(12/21) | 11 | 52.38$^{b}$ |
| 二次埋栓组 | 23 | 0 | 65.22(15/23) | 15 | 65.22$^{c}$ |

注：在同一列中，上标小写字母不同表示差异显著($P<0.05$)。

(3)不同处理方法成本的比较　各组同期发情处理方法成本核算按照产一只羔羊所花费的成本来计算。

一只羔羊的生产成本=(该组花费的药物和激素成本+怀孕羊的饲养成本+发情不怀孕羊的饲养成本)/该组产羔数

一只受体羊花费的药物和激素成本：PG 组 2 元/只，一次埋栓组 6 元/只，二次埋栓组 12 元/只。

一只受体羊的一天的饲养费用为 1 元左右。

受体羊的饲养，从试验开始到发情鉴定要饲养 60 d 左右，从移植到确妊需饲养 30 d，从确妊到产羔需饲养 120 d。

PG 组一只羔羊的生产成本(2×35+1×60×35+1×30×16+1×120×7)/7=727.1(元)；

一次埋栓组一只羔羊的生产成本(6×35+1×60×35+1×30×21+1×120×12)/11=589.1(元)；

二次埋栓组一只羔羊的生产成本(12×35+1×60×33+1×30+23+1×120×15)/15=477.7(元)。

3. 结论

用 PG、孕酮栓一次埋栓法、二次埋栓法诱导受体同期发情，经移植后，移植妊娠率依次为 43.75%(7/16)、57.14%(12/21)、65.22%(15/23)；产羔率依次为 43.75%、52.36%、65.22%；产一只羔羊成本，依次为 727.1 元、589.1 元、477.7 元。表明二次埋栓法效果最佳。

### 3.4.5 小结

(1)影响牛胚胎移植妊娠率的因素，从胚胎因素讲主要是胚胎质量；从母体因素讲主要是受体子宫特别是卵巢黄体生理状况和受体牛的营养水平，从其他因素讲主要是移植者的技术水平即熟练程度。

(2)影响羊胚胎移植妊娠率的因素，胚胎因素主要是胚胎质量；母体因素主要是供受体发情同步差；其他因素讲主要是技术水平(防止子宫、卵巢粘连)。

(3)用 PG、孕酮栓一次埋栓法、二次埋栓法诱导受体同期发情，经移植后，移植妊娠率依次为 43.75%(7/16)、57.14%(12/21)、65.22%(15/23)；产羔率依次为 43.75%、52.36%、65.22%；产一只羔羊成本，依次为 727.1 元、589.1 元、477.7 元。表明二次埋栓法效果最佳。

(作者：桑润滋、杨国欣、郑德富、李俊杰、李铁栓、金东航、田树军、韩建永、张国磊)

## 参考文献

[1] 包呼格吉乐图，佘文莉，李树静，等. 内蒙古白绒山羊超数排卵及鲜胚移植技术的应用. 中国畜牧杂志，2001，37(5)：33-34.

[2] 董伟. 影响牛超排效果的分析. 国外畜牧科技，1987(4).

[3] 顾玲芬，张丽珠，顾方颖，等. 卵泡发育类型和黄体功能关系的探讨. 中华妇产科杂志，1995，30(9)：539-542.

[4] 郭志勤，王安江，高康军. 利用 CIDR 处理供体牛的超数排卵效果. 草食家畜(增刊)，2001：106.

[5] 洪琼花，邵庆勇，廖德芳，等. 波尔山羊胚胎移植技术的研究与应用. 中国兽医学报，2002(4)：354.

[6] 李呈敏，等. 氦氖激光治疗乳牛卵巢和子宫疾病的试验研究初报. 中国奶牛，1990(2).

[7] 李键，张红，马保华，等. 波尔山羊超数排卵研究. 西南农业学报，2002(4)：94.

[8] 林峰，渊锡藩，张英汉，等. 波尔山羊胚胎移植技术应用研究. 华北农学报，2000，15(增刊)：185-188.

[9] 刘以训. 卵泡分化排卵和黄体发生的分子基础. 潍坊学院学报，2002，2(6)：1-12.

[10] 桑润滋，等. 肉羊快繁新技术. 北京：中国农业大学出版社，2003：265-266，270-282.

[11] 桑润滋．动物繁殖生物技术．北京：中国农业出版，2002：225.

[12] 桑润滋．牛、羊胚胎移植在中国的发展．黑龙江动物繁殖，2003(2)：19.

[13] 桑润滋．牛羊繁殖控制十大技术．北京：中国农业出版社，2009：24-25.

[14] 施振声，于船．氦氖激光不同穴位照射对奶牛二种不孕症的疗效及对乳中孕酮含量的影响．畜牧兽医学报，1986(3).

[15] 苏和，赵霞，达来．波尔山羊超数排卵技术的研究．内蒙古畜牧科学，2001(3)：26-27.

[16] 苏和．内蒙古克什克腾旗绵羊鲜胚移植技术应用研究．内蒙古畜牧科学，1999，3：37-39.

[17] 谭丽玲，等．用国产和进口促卵泡素处理奶牛超排效果比较．中国奶牛，1990(4).

[18] 田树军，桑润滋，李俊杰，等．应用生殖激素对小尾寒羊同期发情效果研究．河北农业大学学报，2004(1)：89-91.

[19] 王怀友，曹广其，王保正，等．波尔山羊胚胎移植研究试验．草食家畜，2003(增刊)：120.

[20] 王建辰，章孝荣．动物生殖调控．合肥：安徽科学技术出版社，1998：235.

[21] 王建辰，章孝荣．动物生殖调控．合肥：安徽科学技术出版社，1998：60-124.

[22] 闫振富，王贵江，袁明．波尔山羊胚胎移植试验．河北畜牧兽医，2001，17(7)：14.

[23] 杨亚卫，张林太，王学主，等．胚胎类型对波尔山羊胚胎移植相成功率的影响．中国草食动物，2002，22(5)：18-19.

[24] 张红，李键，马保华，等．波尔山羊胚胎数量、质量与受体移植妊娠率的关系．四川畜牧兽医，2001，28(11)：25-27.

[25] 赵霞，达来，田瑛，等．胚胎移植技术在无角陶赛特羊选育中的作用．畜牧兽医杂志，2000，19(2)：12-13.

[26] 仲跻峰，董伟．使用GnRH类似物对蒙古羊超排及孕酮、雌二醇、LH和FSH分泌的影响．草食家畜(增刊)，1992：58.

[27] Amstrong D T. Superovulation treatments and embryo trnsfer in Angona gonts[J]. Reprod Fertil, 1983, 67(2): 403-410.

[28] Austin E J, Mihm M, Ryan M P, Williams D H and Roche J F. Effect of duration of dominance of the ovulatory follicle onset of estrus and fertility in heifers [J]. Journal of Animal Science, 1999, 77: 2219-2226.

[29] Bo′ G A, Baruselli P S, Moreno D L, Cutaia M, Caccia R and Mapletoft R J. The control of follicular wave development for self-appointed embryo transfer programs in cattle[J]. Theriogenology, 2002, 57: 53-72.

[30] Caccia M and Bo′ G A. Follicle wave emergence following treatment of CIDR-B-implanted beef heifers with estradiol ben-zoate and progesterone[J]. Theriogenology, 1998, 49: 341.

[31] Congie Y. State of artin Shepp-coat embryo trannfer[J]. Therogenology, 1999, 51(1): 25-28.

[32] Gabriel A, Pietro S, Baruselli, Pablo M. Chesta and Claudiney M Martins. The timing of ovulation and insemination schedules in superstimulated cattle[J]. Theriogenology, 2006 (65): 89-101.

[33] Lammoglia M A, Short R E, Bellows R E, Bellows S E, Mac-Neill M D, and Hafs H D. Induced and synchronized estrus in cattle: Dose titration of estradiol benzoate in prepubertal heifers and postpartum cows after treatment with and intravaginal progesterone-releasing insert and prostaglandin $F_{2\alpha}$. Journal of Animal Science, 1998, 76: 1662-1670.

[34] Mapletoft R J, Adams G P, Kastelic J P and Burnley C A. The effect of estradiol preparation on follicular wave emergence and superovulatory response in norgestomet-implanted cattle[J]. Theriogenology, 1999, 51: 411.

[35] Martinez M F, Kastelic J P, Adams G P and Mapletoft R J. The use of GnRH or estradiol to facilitate

timed insemination in an MGA-based synchronization regimen in beef cattle[J]. Animal Reproduction Science, 2001, 67: 221-229.

[36] Martinez M F, Kastelic J P, Adams G P, Janzen E, McCart-ney D H and Mapletoft R J. Estrus synchronization and pregnancy rates in beef cattle given CIDR-B, prostaglandin and estradiol or GnRH[J]. Canadian Veterinary Journal, 2000b, 41: 786-790.

[37] Richardson A M, Hensley B A, Marple T J, Johnson S K and Stevenson J S. Characteristics of estrus before and after first insemination and fertility of heifers after synchronized estrus using GnRH, $PGF_{2\alpha}$ and progesteronel[J]. Journal of Animal Science, 2002, 80: 2792-2800.

[38] Savio J D, Thatcher W W, Badinga L, De la Sota R L and Wolfenson D. Regulation of dominant follicle turnover during the estrous cycle in cows[J]. Journal of Reproduction and Fertility, 1993, 97: 197.

[39] Silva P J, Juengel J L, Jennifer L. Mechanisms controling the function and life span of the corpus luteum [J]. Physiol Rev, 2000, 80: 1-29.

[40] Taft Rob Ahmad Nasim and Inskap E K. Exogenous pulses of luteinizing hormone cause persistence of the largest bovine ovarian follicle[J]. Journal of Animal Science, 1996, 74: 2985-2991.

[41]Torres S, Cognie Ym Colas G. Transfer of superovulated sheep embryos obtained with different FSH2P [J]. Theriogenology, 1987, 27: 407-419.

[42] Utt M D, Jousan F D and Bealland W E. The effects of varying the interval from follicular wave emergence to progestin withdrawal on follicular dynamics and the synchrony of estrus in beef cattle[J]. Journal of Animal Science, 2003, 81: 1562-1567.

[43] Wehrman M E, Roberson M S, Cupp A S, Kojima F N, Stumpf T T, Werth L A, Wolfe M W, Kittok R J and Kinder J E. Increasing exogenous progesterone during syn-chronization of estrus decreases endogenous 17b-estradiol and increases conception in cows [J]. Biology of Reproduction, 1993, 49: 214-220.

# 第4章

# 配子与胚胎生物技术研究

20世纪80年代以来，随着胚胎移植研究工作的不断拓展和深入，涉及内容更为广泛，研究深度更为精细，开始对胚胎进行加工改造，以期进一步提高胚胎的利用价值，现已发展到胚胎工程阶段。胚胎工程主要包括：胚胎冷冻、体外受精、胚胎嵌合、细胞核移植（克隆）、转基因、胚胎干细胞等。20多年来胚胎工程取得了突飞猛进的发展。例如1988年卢克焕用完全体外化培养牛胚胎培育出成批试管牛犊，爱尔兰跨国公司Mastok及时利用这一成果，建立了世界上第一家胚胎公司（ovamass），此项不仅降低了胚胎移植成本，而且极大地促进了胚胎工程研究与开发，目前牛胚胎已实现了工厂化生产。1982年Palmiter和Brinster，把大鼠的生长激素基因导入小鼠受精卵中，然后移植给受体小鼠获得出生重为原小鼠两倍的超级小鼠，这项研究成果在学术界引起了强烈轰动。1991年Wright等利用转基因绵羊乳腺作为生物发酵工厂，成功表达了人抗胰蛋白酶基因（ATT）。以乳腺生物反应器为支柱的新型制药将成为21世纪人们研究开发的热点，将使胚胎工程更加充满生机。20世纪90年代以来，X和Y精子分离取得突破性进展，根据X、Y精子染色体DNA含量微小差异，利用流式细胞分离仪，分离X、Y精子的准确率达90%以上，目前该技术在奶牛上已广泛应用，人们期盼多年的性别控制成为现实。1997年Wilmut等利用体细胞（乳腺上皮细胞）克隆羊——多利（Dolly）的诞生，震惊了全世界，体细胞克隆的成功，不仅将为人类创造巨大的经济价值，而且在科学研究上也具有挑战性的重大意义。人类基因组工作框架图和人类基因图谱的公布为面向新医学发展提供了崭新的前景。胚胎干细胞，1998年，美国Thomson和Shanblote两个研究小组分别从早期胚胎和PGCS建立了人类ES细胞系，当时，在国际上引起巨大轰动，科学杂志（Science）将人类ES细胞研究成果评为1999年世界十大科技进展之首。2006年7月，日本科学家首次宣布发现了将小鼠皮肤细胞转化为多能干细胞的方法；2007年11月，美国和日本科学家将人类细胞诱导为ips细胞（诱导性多能干细胞），又被科学杂志评为2008年世界十大科技进展之首。2009年我国科学家周琪、普凡一等首次利用ips细胞，通过四倍体囊胚注射得到存活并具有繁殖能力的小鼠，从而在世界上第一次证明了ips细胞的全能性。ips细胞在生物和医学领域具有广阔的应用前景，有望成为实施自生医学和细胞治疗的重要细胞来源。

我国已有多种动物的胚胎冷冻、体外受精、胚胎分割、胚胎和体细胞核移植、性别控制获得成功，并具备大规模生产性控奶牛精液和胚胎的能力；已获得小鼠、山羊、牛、猪等动物的类胚胎干细胞，在牛、羊、猪转基因和乳腺生物反应器方面也取得较大进展。其中在动物胚胎玻璃化冷冻保存、牛羊体外受精、动物克隆、胚胎干细胞技术等研究方面达到国际先进水平。在水牛克隆、性控试管水牛等研究领域处于国际领先水平。详细情况见本章各节。

动物胚胎工程已在或将在动物良种扩群、育种、保种、引种、医学、规模化生产等领域发挥巨大作用。

本章从精子、卵子和胚胎冷冻保存、胚胎分割、体外授精、胚胎干细胞、细胞核移植、诱导幼畜卵泡发育与胚胎体外生产等技术进行了较为系统的研究。

## 4.1 胚胎冷冻保存技术研究

### 4.1.1 概述

1. 概念

胚胎的保存，是将胚胎在体内或体外正常发育温度条件下，暂时贮存起来而不使其失去活力；或者是将其保存于低温乃至超低温状态下，使细胞新陈代谢和分裂速度减慢或停止，一旦恢复正常发育温度时，又能继续发育。

2. 意义

(1)适应于胚胎移植产业化　超数排卵技术能够获得较多的胚胎，同时也需要更多的同期发情的母畜进行胚胎移植，既费时、费力且成本高。若将胚胎冷冻保存起来，等待适宜的受体进行移植，不仅可使胚胎移植不受时间和空间的限制，而且能严格筛选受体，保证受体的质量，提高受胎率，将大大地降低成本和促进胚胎移植技术在生产中的应用与推广，是胚胎移植产业化的重要技术保障。

(2)便于胚胎运输　胚胎保存可解决引种和运输种畜的困难，同时可减少或防止传染病的传播。可广泛地进行国际和国内优良品种的交流，加速家畜优良品种的扩繁和改良的进程。

(3)建立动物基因库　胚胎的冷冻保存是动物保种、建立基因库不可缺少的必要手段之一。利用基因库(胚胎库)可以长期保存珍稀或濒危动物和优良品种家畜的遗传资源。还可以避免因自然灾害、战争和传染性疾病等造成不可抗拒的打击而使动物品种灭绝。基因库的建立对诸如组织胚胎学、发育生物学、遗传育种学、动物繁殖学和胚胎生物技术的基础理论研究具有重要的价值。

3. 发展概况

冷冻保存一般指－80～0℃的温度下保存胚胎。而超低温冷冻保存则是在极低的温度(液氮－196℃，液氦－269℃)下保存动物的胚胎。处于超低温下的胚胎，其新陈代谢过程暂时停止，因而可以达到长期保存的目的。朱士恩等(1998)将小鼠扩张囊胚在液氮中冷冻保存 1 h、1 年和 2 年，解冻后的囊胚恢复率分别为 100%、98%、98%。说明保存时间对胚胎的存活力没有影响。

哺乳动物胚胎的冷冻保存研究开始于1972年，由Whittingham等人首先发明了慢速冷冻法（常规冷冻法），对小鼠的胚胎冷冻保存获得成功，解冻后经胚胎移植产下了后代。他们使用的主体抗冻保护剂为DMSO，人工植冰后以0.33℃/min降至－35℃，然后再以1℃/min降至－80℃后投入液氮中冷冻保存。此方法冷冻保存的小鼠胚胎，有80%以上具有继续发育能力（Kasai，1997）。但完成整个程序大约需要3 h。常规冷冻法经过近30年的发展，冷冻效果已基本稳定，目前仍然在世界范围内广泛应用。继Whittingham等对小鼠胚胎冷冻成功之后，牛（Wilmut & Rowson，1973）、家兔（Whittingham & Adams，1976）、大鼠（Whittingham，1975）、山羊（Bilton & Moore，1976）和绵羊（Willadsen，*et al.*，1976）等动物的胚胎超低温冷冻保存也相继取得成功。迄今为止已有20种动物胚胎经慢速冷冻、解冻后移植至受体得到后代。

1977年Willadsen等对上述方法进行了改进，发明了快速冷冻法，将绵羊胚胎于抗冻保护剂溶液中处理后，缓慢降温至－35℃直接投入液氮保存，这种方法比慢速冷冻法缩短降温时间1 h，但以上方法均属于常规冷冻，其冷冻程序较烦琐、费时，而且冷冻过程中需要昂贵的程序降温仪。

1985年Rall等首次发明了玻璃化冷冻法，对小鼠8-细胞胚胎冷冻保存取得成功。此后，玻璃化冷冻法经Schefen等（1986）、Nakagata（1989）、Kasai等（1990）、Zhu等（1993，1994）、Szélld等（1994）、Vincent等（1995）、Saha等（1996）、Dbbinsky等（1997）、Vajta等（1998）、Kong等（2000）、朱等（2004）的不断改进，使这项技术日趋成熟，部分家畜胚胎经玻璃化冷冻后已在生产中示范应用，有望在生产实际中得到推广。

哺乳动物胚胎的冷冻保存研究开始于1972年，由Whittingham等人首先发明了慢速冷冻法（常规冷冻法），对小鼠的胚胎冷冻保存获得成功，解冻后移植产下了后代。继Whittingham等对小鼠胚胎冷冻成功之后，牛（Wilmut & Rowson，1973）、家兔（Whittingham & Adams，1976）、大鼠（Whittingham，1975）、山羊（Bilton，*et al.*，1976）和绵羊（Willadsen，*et al.*，1976）等动物的胚胎超低温冷冻保存也相继取得成功。迄今为止已有16种动物胚胎经慢速冷冻、解冻后移植至受体得到后代（Leibo，*et al.*，1996）。

1977年Willadsen等对上述方法进行了改良，发明了快速冷冻法，将绵羊胚胎于抗冻保护剂溶液中处理后，缓慢降温至－35℃直接投入液氮保存，这种方法比慢速冷冻法缩短降温时间1 h，但以上方法均属于常规冷冻，其冷冻程序较烦琐、费时，而且冷冻过程中需要昂贵的程序降温仪。常规冷冻法经过近30年的发展，冷冻效果已基本稳定，目前仍然在世界范围内广泛应用。

1985年Rall等首次发明了玻璃化冷冻法，对小鼠8-细胞胚胎冷冻保存取得成功。此后，玻璃化冷冻法经Schefen等（1986）、Nakagata（1987）、Kasai等（1990）、Zhu等（1993，1994）、Szélld等（1994）、Vincent等（1995）、Saha等（1996）、Dbbinsky等（1997）研究者的不断改进，使这项技术日趋成熟，玻璃化冷冻较常规冷冻在时间上由几小时缩短为几分钟，且不用价格昂贵的冷冻仪。动物胚胎经玻璃化冷冻法已逐渐在生产中应用（朱士恩，2006）。

我国谭丽玲等（1979）采用家兔胚胎冷冻获得成功，刘守仁等（1979）采用绵羊胚胎冷冻产一羔羊，此后农科院畜牧所（1980）采用绵羊、中科院遗传所和上海市牛奶公司（1982）采用奶牛、王光亚等（1987）采用山羊、冯书堂（1991）采用猪等常规冷冻相继成功。桑润滋、朱士恩（1998）采用牛玻璃化冷冻产犊。

本节主要从家兔、奶牛、山羊常规冷冻方法和奶牛玻璃化冷冻方法以及提高冷冻效果等方面进行了研究。

### 4.1.2 兔胚胎超低温两步法冷冻保存研究

胚胎超低温冷冻保存胚胎，是国际上近十多年来，在胚胎移植基础上发展起来的一项新技术。所谓胚胎的超低温冷冻保存，是指在极低的温度(液氮－196℃)中保存动物胚胎。在此温度下能极大限度地抑制胚胎的新陈代谢，因而可以达到长期保存的目的。要使胚胎移植技术能广泛应用于生产，除解决胚胎来源外，还必须解决胚胎冷冻保存的问题。因此，研究胚胎冷冻保存技术有其重要意义，它可使胚胎移植不受时间、地域的限制，利于胚胎移植技术的应用推广。

为给奶牛胚胎冷冻保存摸索经验，河北省芦台农场奶牛实验站在 1983 年取得奶牛胚胎(鲜胚)移植成功和兔胚胎慢速冷冻(－60℃投入液氮保存)成功的基础上，为简化冷冻程序、便于应用，我们于 1984 年 3—6 月进行了兔胚胎两步法冷冻保存的试验研究。现将试验报告如下。

1. 材料

种公兔和供体家兔是从本场附近购买的比利时种兔，受体家兔是一些血缘不清的当地土种兔及改良兔。用二甲基亚砜(DMSO)做冷冻保护剂。

2. 方法

(1)供体兔的交配和采胚　因家兔是多胎动物，故对供体兔未进行超排处理。用“翻阴”的方法挑选发情母兔与公兔本交，于交配后的 52～56 h 用手术法从输卵管采得胚胎。

(2)冷冻前胚胎的鉴定　在室温 20～30℃的条件下，将采得兔胚胎在体视显微镜下，按形态鉴定法对胚胎进行鉴定，选择形态完整、胚细胞大小均匀、界线清晰的桑葚胚，在杜氏磷酸盐缓冲液(PBS)＋50％兔血清保存液中暂时保存。

(3)冷冻保护剂的加入　用上述保存液把胚胎洗两遍，在 20～30℃环境中，将预冻胚胎依次移入 0.25 mol/L、0.5 mol/L、1.0 mol/L 的 DMSO 中，每档平衡 5～15 min，然后在 1.5 mol/L 的 DMSO 中平衡 15～40 min，再将胚胎移入盛有 0.5 mL 1.5 mol/L DMSO 的安瓿瓶内，封口、标记待冻。

(4)冷冻与解冻　因无冷冻仪，冷冻装置为自制。如图 4.1 所示，包括：①盛有液氮的液氮罐；②低温计；③网状吊栏；④控制吊栏升降的旋钮；⑤使吊栏易于升降的滑轮；⑥支架；⑦定时表。

冷冻时先向液氮罐倒入三分之二容积的液氮，然后将装有胚胎的安瓿瓶和低温计放入网状吊栏内，并调整吊栏位于液氮罐口的正上方，这样吊栏距液氮面的不同高度产生垂直温度差，随吊栏下降与液氮面越近，其温度就越低，反之，当吊栏提起时，随吊栏距液氮面越远其温度就越高。根据试验要求的降温速率、用旋钮控制吊栏的升降，调解吊栏与液氮面距离，低温计显示出来的温度即是安瓿瓶内胚胎的温度。

最初以每 1℃/min 的速率从室温 20～30℃降至－4.5～－5.5℃，在此温度范围内用事先在液氮中浸过的镊子诱发植冰，而后以每 0.3/min 的速率降至－36℃后，直接投入液氮中保存。解冻时从液氮中取出安瓿瓶直接放入 30℃的水浴中摇晃解冻(速率约 360℃/min)。

(5)冷冻保护剂的脱除　解冻后在 20～30℃环境中立即按冷冻时保护剂加入相反的浓度把胚胎依次移入 1.0 mol/L、0.5 mol/L、0.25 mol/L 的 DMSO 中，每档停留 5～15 min，逐步脱除 DMSO。最后将胚胎在不含 DMSO 的 PBS＋50％兔血清的保存液中洗两遍，在体视显微镜下鉴定。

(6)解冻后胚胎的鉴定　凡解冻后形态完整、胚细胞清晰的胚胎认为是正常的，可用做移植。若黏蛋白膜或透明带破裂，胚细胞流失、离散或不清晰，则认为是异常的胚胎，不做移植。

(7)受体兔的交配和移植　家兔是刺激排卵，将发情母兔用结扎输精管的试情公兔交配 52～56 h(与供体发情同期)确认排卵后，把经鉴定认为是正常的胚胎，吸入医用头皮针的塑料细管内，在距宫管接合部 2～3 cm 的输卵管处移入。

3. 结果

从 1984 年 3—6 月先后对 5 只供体母兔进行手术法采卵，共获胚胎 29 枚，头均 5.8 枚，挑选 A、B 级的 28 枚进行冷冻保存，将保存 9～18 d 的 24 枚胚胎解冻，回收到 17 枚，将其中正常的 15 枚移给 3 只受体母兔(每只 5 枚)，有 2 只先后产仔，即 68 号母兔于 4 月 24 日产 1 仔，69 号母兔于 6 月 25 日产 1 仔，产仔率为 13.3%(2/15)，见照片或彩图 3。

4. 讨论与结论

(1)试验结果证明，采用两步冷冻保存法(即以每 1℃/min 的速率从室温降至－4.5～5.5℃，在此温度范围内诱发植冰，而后以每 0.3℃/min 的速率降至－36℃后直接投入液氮保存，在 30℃的水浴中解冻)的兔胚胎进行移植可以成功。

(2)试验结果表明，自制的冷冻装置，基本上能按预定要求的速率降温，这在我国现有条件下，利用简便易行的设备，开展胚胎冷冻试验研究还是有一定价值的。

(3)本试验中解冻后胚胎经形态鉴定，有的认为很好，移植后未能产仔或移植多枚胚胎仅产 1 仔，产仔率仅为 13.3%，说明在胚胎冷冻、解冻、植冰等环节上可能还存一些问题，有待进一步改进提高。

图 4.1　**1984 年自制简易胚胎冷冻仪**

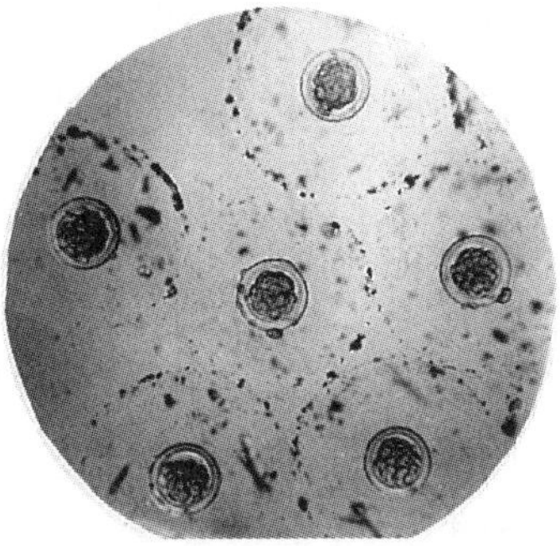

图 4.2　**兔胚胎在冷冻保护液中**

图 4.3　**1984 年河北省首例兔冷冻胚胎成功产仔**

### 4.1.3 奶牛胚胎冷冻保存移植研究

胚胎超低温冷冻保存是在牛的精液冷冻和胚胎移植(鲜胚)成功的基础上发展起来的一项新技术。1973 年 Wilmut 把在液氮冷冻保存 6 d 的牛胚胎经解冻后移植,获得世界上第一头冻胚犊牛。1982 年中国科学院遗传研究所和上海市牛奶公司合作,在我国首次获得牛胚胎冷冻保存成功,产下 3 头冻胚犊牛。河北省奶牛胚胎移植技术研究中心在取得兔胚胎冷冻成功和牛的超数排卵、鲜胚移植妊娠率有较大进展的基础上,为给奶牛胚胎移植技术尽快在生产中应用推广奠定基础,于 1986 年 10 月开展了牛胚胎冷冻保存移植的研究工作,本研究的主要目的是探讨影响冷冻效果的主要因素和适宜在农村条件下解冻、脱档的简易方法,以利于胚胎移植的应用推广。现将研究情况报告于下:

1. 材料和方法

(1)材料　超排所用供体牛为芦台农场黑白花奶牛,年产奶量 5 500 kg 左右,受体牛主要是丰南县田庄乡户养黄牛,也用了芦台农场的黑白花奶牛。冷冻仪为中国农业科学院畜牧研究所生产的人工操作简易冷冻仪,用 FSH(宁波产 860504 和武汉产 86051)和 PG(上海五洲制药厂产)对供体进行超排,用甘油做抗冻剂,抗冻剂的脱除用蔗糖或甘油,上述激素药品均为国产。

(2)方法

①供体牛的超数排卵和采卵。供体经选择确认生殖机能正常,产后 60 d 以上,于发情周期的第 10 天或 11 天用 FSH(总剂量 400 单位左右)分 4 d 8 次肌肉注射,第 5 次注射 FSH 的同时,子宫灌注 15 - 甲基 - $PGF_{2\alpha}$0. 2 mg,间隔 12 h 再肌肉注射 0. 4 mg,发情后人工授精 3～4 次,7 d 或 8 d 后用非手术法采卵。

②胚胎冷冻前的鉴定和抗冻剂的添加。在 18～25℃环境下将采得胚胎,在体视显微镜下按形态鉴定的方法进行鉴定,选择正常胚胎(大部分为 A 级,而少部分为 B 级)放入 20%犊牛血清 PBS 内保存,清洗 2 次后,将预冻胚胎依次移入 3. 3%,6. 7%的甘油抗冻剂中各平衡 10 min,然后移入 10%甘油抗冻剂再平衡 30 min 装入 0. 25 mL 塑料细管,在细管外标明编号,胚胎数、发育阶段和冷冻日期。

③胚胎的冷冻。将装有胚胎的细管放入冷冻仪中,以 1℃/min 的速度由室温降至－6～－7℃,在此温度诱发结晶,并平衡 5～10 min,然后以 0. 3℃/min 的速度降至－35℃,再以 0. 1℃/min 的速度降至－38℃后直接投入液氮中保存。详见胚胎冷冻曲线图 4. 4。

④胚胎的解冻和抗冻剂的脱除及胚胎鉴定。从液氮中取出装有胚胎的细管,立即放入 37℃的水浴解冻,抗冻剂的脱除采用两种方法:其一,在 20～35℃的环境中将解冻后的胚胎移入新配制的 10%甘油 PBS 中冲洗一次,然后移入 0. 5 mol/L 蔗糖液平衡 10 min,接着移入 20%犊牛血清 PBS 平衡 10 min,然后再移入 20%犊牛血清 PBS 平衡 10 min,在体视显微镜下用形态鉴定法观察鉴定胚胎恢复情况,选择可用胚胎。其二,在 20～35℃的环境中将解冻胚胎,放入新配制的 10%甘油 PBS 中片刻,依次移入 10%、6. 7%、3. 3%的甘油抗冻剂中各平衡 10 min,然后移入 20%血清 PBS 平衡 10 min,再移入 20%犊牛血清 PBS 内平衡 10 min,按上述方法选择可用胚胎。上述方法的操作一种是在实验室进行,然后将胚胎运至移植现场;另一种是在农村达不到实验室的条件下,在移植现场制造一个小气候环境(即 A. 用折迭木板组合

成临时操作台以减少污染；B. 用水浴锅保持脱档时温度的恒定）现场解冻胚胎。

⑤受体牛的移植。把经鉴定的可用胚胎吸入 0.25 mL 塑料细管内，然后将细管装入移植器内，用直肠把握法，移入事先检查合格的受体子宫角内。60 d 后进行直检确定是否妊娠。

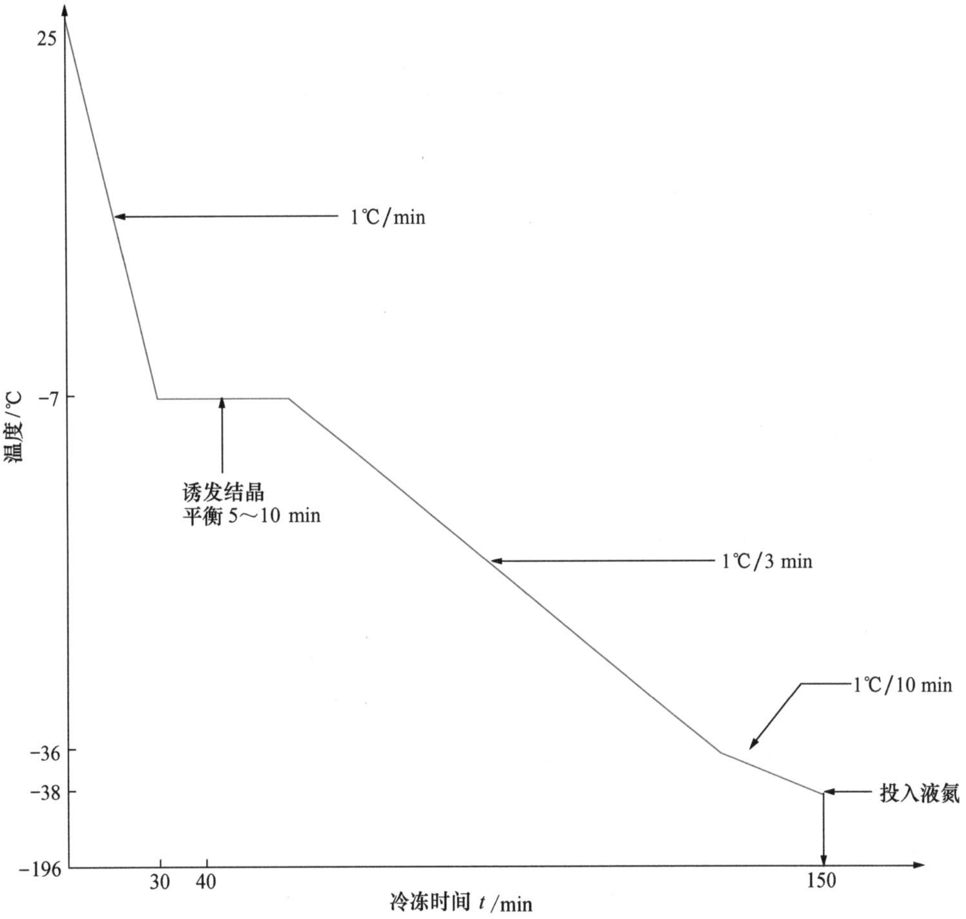


图 4.4 牛胚胎冷冻曲线

2. 结果与分析

共冷冻 7 日龄和 8 日龄黑白花奶牛胚胎 105 枚，截至 1987 年 10 月已解冻 64 枚，回收到 62 枚，其中 43 枚为可用胚胎，可用胚胎率为 69.4%，将这 43 枚可用胚胎（保存期 8～215 d）移植给 33 头受体，妊娠 8 头，移植妊娠率为 24.2%，其中移植黄牛妊娠率为 38.5%（5/13），已有 1 头妊娠牛于 1987 年 7 月 23 日产下 2 头犊牛（♂♀各 1），另外 7 头除 1 头 40 d 误用 PG 流产外，其余 6 头将于 1988 年 1—7 月份分娩。详见表 4.1。比较了不同的方法脱除抗冻剂对胚胎质量的影响其结果如表 4.2。

由表 4.2 看出，用 0.5 mol/L 蔗糖脱除抗冻剂的方法，在胚胎质量上优于高浓度到低浓度甘油法。

比较了不同的方法脱除抗冻剂对移植妊娠的影响，其结果如表 4.3 所示。

表 4.1 妊娠受体及胚胎冷冻、解冻情况

| 供体牛号 | 品种 | 冷冻方法 | 冷冻日期 | 胚龄/d | 解冻方法 | 解冻日期 | 保存期/d | 脱档方法 | 受体牛号（畜主） | 单位 | 品种 | 胚胎等级数量 | 备注 |
|---|---|---|---|---|---|---|---|---|---|---|---|---|---|
| 3645 | 黑白花 | 三步甘油 | 86.10.31 | 7 | 37℃水浴 | 86.11.11 | 11 | 0.5 mol/L 蔗糖 | 李德权 | 丰南县 | 黄牛 | 1A 级 1C 桑 | 87.7.23 产公、母各 1 |
| 3882 | 黑白花 | 〃 | 87.3.6 | 7 | 〃 | 87.4.17 | 42 | 〃 | 高风来 | 〃 | 黄牛 | 2A 级 | 预产期 88.1.17 |
| 4363 | 黑白花 | 〃 | 87.4.22 | 8 | 〃 | 87.6.4 | 43 | 〃 | 3137 | 芦农三分场 | 奶牛 | 1A 桑 | 预产期 88.3.4 |
| 4363 | 黑白花 | 〃 | 〃 | 8 | 〃 | 〃 | 43 | 〃 | 5011 | 〃 | 奶牛 | 1B 桑 | 40 d 误用 PG 流产 |
| 3879 | 黑白花 | 〃 | 87.3.3 | 7 | 〃 | 87.10.6 | 215 | 6 步甘油 | 郭建尊 | 丰南县 | 黄牛 | 1A 桑 1D 桑 | 预产期 88.7.8 |
| 186 | 黑白花 | 〃 | 87.7.30 | 7 | 〃 | 87.10.18 | 80 | 0.5 mol/L 蔗糖 | 王右贤 | 〃 | 黄牛 | 1A 桑 1B 桑 | 预产期 88.7.18 |
| 186 | 黑白花 | 〃 | 〃 | 7 | 〃 | 〃 | 80 | 〃 | 马子民 | 〃 | 黄牛 | 1A 桑 | 预产期 88.7.18 |
| 2562 | 黑白花 | 〃 | 87.10.13 | 8 | 〃 | 87.10.21 | 8 | 〃 | 5058 | 芦农奶牛站 | 奶牛 | 2B 囊 | 预产期 88.7.21 |

表 4.2 不同脱除抗冻剂的方法对胚胎质量的影响 枚

| 脱除抗冻剂方法 | 解冻后回收胚胎数 | 脱除抗冻剂后胚胎质量 | | |
|---|---|---|---|---|
| | | 可用胚胎 | 不可用胚胎 | 可用胚胎率/% |
| 0.5 mol/L 蔗糖 | 52 | 37 | 15 | 71.2 |
| 6 步甘油（高浓度到低浓度） | 10 | 6 | 4 | 60.0 |

表 4.3 不同脱除抗冻剂方法对移植妊娠的影响 头

| 脱除抗冻剂的方法 | 移植头数 | 妊娠头数 | 妊娠率/% |
|---|---|---|---|
| 0.5 mol/L 蔗糖 | 28 | 7 | 25 |
| 6 步甘油（高浓度到低浓度） | 5 | 1 | 20 |

由表 4.3 看出，用 0.5 mol/L 蔗糖脱除抗冻剂的方法，在移植妊娠率上略高于由高浓度到低浓度甘油法。

对不同发育阶段的胚胎经冷冻解冻后的移植结果进行了比较，如表 4.4 所示。

表 4.4 胚胎不同发育阶段对移植妊娠的影响 头

| 胚胎发育阶段 | 移植头数 | 妊娠头数 | 妊娠率/% |
|---|---|---|---|
| 桑葚胚、早期囊胚 | 23 | 6 | 26.1 |
| 囊胚 | 10 | 2 | 20.0 |

由表 4.4 看出:桑葚胚、早期囊胚经冷冻解冻后的移植妊娠娠率略高于囊胚。

用制造小气候环境的方法。在农村现场解冻现场移植 7 头受体,有 2 头妊娠。

3. 讨论与结论

(1)在 20～25℃的环境下,用国产甘油做抗冻剂,按低浓度到高浓度分三步(即 3.3%,6.7%,10%)平衡,使用国产简易冷冻仪按以下降温速度(即从室温到－6℃～－7℃,每分钟 1℃,在此温度诱发结晶,并平衡 5～10 min;从－6～－7℃到－36℃每分钟降 0.3℃,从－36℃～－38℃每分钟降 0.1℃,然后直接投入液氮)对胚胎进行冷冻,用 67℃水浴快速解冻,用 0.5 mol/L 蔗糖或用高浓度到低浓度的甘油分三步(即 10%,6.7%,3.3%)脱除抗冻剂的方法,可使牛胚胎冷冻获得成功。

(2)在农村条件下,采用制造一个小气候环境的方法,进行现场解冻,现场移植,能够获得成功,此方法适于在农村应用推广。

(3)由表 4.2、表 4.3 看出,用 0.5 mol/L 糖脱除抗冻剂的方法,无论在胚胎质量还是在移植妊娠率均优于从高浓度到低浓度的三步甘油法,而且简便易行。

(4)由表 4.4 看出,桑葚胚、早期囊胚的妊娠率略高于囊胚。由于试验头数少,有待进一步验证。

(5)从工作实践中仍感到冷冻程序烦琐费时,应进一步简化。本研究结果移植妊娠率较低,需要在冷冻、解冻、抗冻剂的添加和脱除、移植等关键环节上进一步改进提高。

### 4.1.4　安格斯牛冻胚洲际间引种试验

自 1973 年 Wilmut 和 Rowson(美 E. S. F. 哈弗士主编. 许怀让,范必勤组译. 1982)进行牛冷冻胚胎保存首次成功后,近年来牛胚胎超低温冷冻保存取得了很大进展。1976 年 3 月 Bilton等人,把在液氮罐中冷冻保存 2～3 个月的牛早期胚胎从新西兰空运至澳大利亚获得成功,24 枚冻胚解冻后移植生 5 头牛犊。1977 年 Shea 等把 3 头杂种牛的 7 日龄胚胎放在液氮罐内,海运到哥斯达黎加,胚胎在体外运输 34～38 d 解冻后移植给 16 头受体牛,结果 3 头怀孕(陈秀兰等,1983)。

牛胚胎冷冻保存的成功,使得人们可以不受时间、地点的限制,为国际间的家畜引种创造了方便条件,省去运输活畜的种种困难,只要携带冷冻保存的胚胎即可。

为了探索安格斯牛(Angus)冷冻胚胎进行洲际间引种的可能性,从澳大利亚引入安格斯牛冷冻胚胎 16 枚,开展了“安格斯牛冻胚洲际间引种试验”,现报告如下。

1. 材料和方法

(1)材料　安格斯牛冷冻胚胎来自澳大利亚,供体母牛号为 3144 等,公牛为 Nuage Equiney。于 1987 年 2 月 14 日采卵并冷冻,胚龄 7 d,1987 年 5 月将液氮中保存的 16 枚胚胎横越太平洋空运至北京,然后用汽车运至河北省奶牛胚胎移植技术研究中心保存。1989 年 7 月用汽车运至辽宁阜新县畜牧示范场,当年 7 月 28 日解冻,胚胎在液氮中保存时间长达 849 d。

(2)解冻方法　用 36℃水浴解冻 25 s。

(3)抗冻剂的脱除　共解冻 16 枚,在 27℃的室温下移入自制 10%蔗糖液平衡 10 min,脱除抗冻剂,移入 20%犊牛血清 PBS 10 min,再移入同样浓度的犊血清 PBS 10 min,彻底脱除抗冻剂。

(4)胚胎鉴定　按常规胚胎形态鉴定方法对胚胎鉴定评级,其中10枚为可用胚胎,在可用胚胎中A级(优)胚胎1枚;B级(良)胚胎4枚;C级(可)胚胎5枚。

(5)胚胎的移植　胚胎按质量好坏搭配,每2个胚胎装入1个0.25 mL塑料细管内,用非手术法移入发情周期与胚胎发育期同步的5头受体内。

2. 结果与分析

共解冻16枚冻胚,全部回收。解冻后胚胎可用率为62.5%,移植妊娠率为40%,妊娠足月后有2头受体各产公犊1头,这是安格斯牛冻胚洲际间引种在我国首次获得成功(详见表4.5和表4.6)。

表4.5　安格斯牛冻胚移植受胎情况表

| 受体牛号或畜主 | 受体品种 | 单位 | 与胚龄发情同步差/d | 胚胎保存时间/d | 移植(解冻)日期 | 胚胎发育阶段及等级 | 受体黄牛等级 | 妊否 |
|---|---|---|---|---|---|---|---|---|
| 姜树来 | 杂交 | 哈朋村 | 0 | 894 | 1989年7月28日 | 1B桑1C桑 | 右B级 | 否 |
| 李树田 | 黄牛 | 巨力克村 | +1 | 894 | 1989年7月28日 | 1B桑1C桑 | 右B级 | 否 |
| 8801 | 西门塔尔 | 示范场 | 0 | 894 | 1989年7月28日 | 1A桑1C桑 | 右B级 | 妊 |
| 8803 | 黑白花 | 示范场 | 0 | 894 | 1989年7月28日 | 1B桑1C桑 | 右C级 | 妊 |
| 8509 | 黑白花 | 示范场 | −1 | 894 | 1989年7月28日 | 1B桑1C桑 | 右B级 | 否 |

表4.6　安格斯牛冻胚产犊及体尺情况表　(kg・cm)

| 受体牛号 | 产犊日期 | 性别 | 初生重/kg | 体高/cm | 初生体长/cm | 体尺胸围/cm | 管围/cm |
|---|---|---|---|---|---|---|---|
| 8801 | 1990.5.16 | ♂ | 55 | 74 | 78 | 78 | 13 |
| 8803 | 1990.5.11 | ♂ | 50 | 72 | 74 | 75 | 12 |

3. 结论

在液氮中保存894 d之久的安格斯牛冻胚,进行洲际间引种能够成功。

### 4.1.5　肉牛冷冻胚胎洲际引种扩大试验

20世纪90年代以来,我国肉牛业发展很快,牛肉总产量由1990年的125.6万t增至1996年的494.6万t,牛肉总产量占肉类总产的比重也由4.4%增至8.4%。但我国肉牛生产性能无论在个体产肉量还是肉的品质与先进国家相比仍有较大差距,急需良种肉牛对我国现有品种牛进行改良。由于我国至今尚无自己的专门肉牛品种,因此需要从国外引进大量肉用种公牛,但因价格昂贵,检疫烦琐等使引种受到限制。随着我国胚胎移植技术日臻成熟和完善,引进国外良种肉牛胚胎,利用我国当地母牛"借腹怀胎"生产良种肉牛的后代,代替引进活牛已成为可能,这将大大降低肉牛引种成本。为加大肉用种牛的供种能力,我们在1989年澳大利亚引进安格斯冷冻胚胎移植成功的基础上(桑润滋,1994),于1997年和1998年又相继开展了西门塔尔和夏洛来冻胚引种试验,现将结果报告如下:

1. 材料与方法

(1)冷冻胚胎的引进 冻胚引自加拿大,共计34枚,品种为夏洛来和西门塔尔。供体母牛和种公牛及胚胎按种畜进口出检疫条例和国际胚胎移植协会操作规程进行。

(2)受体牛的选择 选择河北省承德市和邯郸市畜牧局所属的4个奶牛奶场18～20月龄的青年荷斯坦母牛为受体牛。

(3)受体牛的同期发情处理 对所选择受体牛以11 d的间隔,分两次用上海计划生育研究所生产的氯前列烯醇(批号970326、961101)进行肌肉注射,每头每次剂量为1.5 mL。

(4)解冻液及保存液 解冻液为1 mol/L蔗糖PBS液,由美国ABTechnology公司生产,保存液为0.4%BSA的PBS液,由美国AB Technolgy公司生产或自己配制。

(5)胚胎的解冻 胚胎在液氮中取出,在空气中稍作停留后投入32℃水浴解冻,然后用1 mol/L蔗糖PBS解冻液脱除冷冻保护剂甘油(约4 min),最后用保存液冲洗3～4次,装入塑料细管内待移植。

2. 结果与分析

(1)不同保存液对冻胚移植率的影响 如表4.7所示。

表4.7 不同保存液对冻胚移植妊娠率的影响

| 保存液类型 | 移植时间及地点 | 移植头数 | 妊娠头数 | 妊娠率/% |
|---|---|---|---|---|
| 自配保存液 | 1997.9 承德 | 19 | 4 | 21.1 |
| 进口保存液 | 1998.4 邯郸 | 15 | 8 | 53.3 |

从受体情况看,自配保存液胚胎移植受体的营养状况远优于进口保存液胚胎移植受体,但前者妊娠率仅为21.1%,较后者(53.3%)低32.2%($P>0.05$)。肉牛冻胚洲际引种所生牛犊见彩图7。分析原因可能是自配保存液的渗透压、pH值对胚胎存活不利,进而影响移植妊娠率。此外,用自配保存液进行移植过程中,因胚胎标记不清楚,将盛胚胎的提筒反复多次从液氮中提出来和放回去,使胚胎在液氮罐口停留时间过长,温度变化剧烈对胚胎造成损伤,从而导致移植妊娠率低。之后,改用进口保存液,并且在胚胎使用过程中严格按操作规程办,移植妊娠率达53.3%,这与李树静、余文莉(1998)移植妊娠率41.08%～56.25%的结果相一致。

(2)受体牛不同营养状况对移植妊娠率的影响 如表4.8所示。

表4.8 受体牛不同营养状况对移植妊娠率的影响

| 受体营养状况 | 移植头数 | 妊娠头数 | 移植妊娠率/% |
|---|---|---|---|
| 良好(邯郸一场) | 11 | 7 | 63.6 |
| 较差(邯郸二场) | 4 | 1 | 25.0 |

由表4.8看出,在其他条件完全相同的情况下,只是由于两场受体牛营养状况不一样,移植妊娠结果大不相同,营养状况良好的一场移植妊娠率为63.6%,比营养状况差的二场移植妊娠率(25.0%)高38.6%。一场在场部,管理精心,受体牛膘情普遍较好;二场由于远离场部,管理粗放,受体牛膘情普遍较差。可用以下事实证明,对二场18～20月龄的21头青年母

牛用氯前列烯醇以 11 d 的间隔处理 2 次，只有 4 头发情，同期发情率仅为 19.0%。之所以这样低，分析其原因是由于这些牛普遍瘦弱，造成营养乏情，绝大多数青年牛还未排过卵，因而未形成功能性黄体，故氯前列烯醇对其不起作用，自然也就不发情。相反，一场的青年牛营养状况部分良好，同期发情率达 91.7%(11/12)。受体牛营养状况不同，导致不同的妊娠结果，说明受体牛的营养状况是影响移植妊娠率的重要因素之一。

(3)进口冷冻胚胎与进口活种牛成本的比较　从目前我国胚胎移植水平看，移植成活率达 40%没有问题。若按移植成活率 40%计算，每 215 枚胚胎移植成活 1 头犊牛，在犊牛公、母性别比为 1∶1 计，则每 5 枚胚胎可成活一头公犊。每枚胚胎价格按 2 000 元人民币(下同)计算，每成活 1 头公犊的胚胎费用为 1.0 万元；每头荷斯坦青年受体妊娠 10 个月饲养管理费用 0.2 万元；犊牛初生至育成(18 月龄)饲养管理费用为 0.8 万元，以上合计 2.0 万元。即应用胚胎移植“借腹怀胎”每育成 1 头肉用种公牛需 2.0 万元，其应用胚胎移植所产母犊价值忽略不计，仍比引进活种牛(每头 5.0 万元～6.0 万元)节省费用 3.0 万元～4.0 万元。据报道，进口胚胎解冻后分割，半胚移植妊娠率达 50%，相当于整胚移植妊娠率为 100%。这样，引进胚胎费用可降低一倍；若受体牛用改良牛，还可节省一部分饲养管理费用，从而可进一步降低洲际引种的费用。总之，肉牛冻胚洲际引种的成功，为肉牛引种开辟了一条新途径。不仅比直接引进活种牛降低成本，而且简便易行，同时也可防止疾病的传播，对提高我国肉牛供种能力，加快肉牛业的发展有重要意义。

3. 结论

通过冷冻胚胎引种不仅比直接活牛引种降低成本，而且简便易行，同时还减少了疾病的传播，对提高我国肉牛供种能力、加快肉牛业的发展有重要意义。

### 4.1.6　提高牛冷冻胚胎成活率和移植受胎率的研究

畜牧业发达国家，牛胚胎移植技术自 20 世纪 70 年代中期从实验阶段转入了应用阶段，20 世纪 80 年代以来发展更为迅猛，冷冻胚胎的大量应用是目前牛胚胎移植发展中最显著的标志。据朱捷等报道，“1992 年在法国里昂召开的欧洲牛胚胎移植会议上，对德、英、法等 18 个国家统计，1992 年用新鲜和冷冻胚胎共移植 115 571 枚，其中冻胚移植 55 235 枚，占全部移植胚胎数的 47.8%，有 14 个国家还采用了国外的冷冻胚胎……冷冻胚胎的移植受胎率达 50%”(朱捷等，1995)。我国牛冷冻胚胎的研究自 1982 首次获得成功以来，此项研究获广泛重视(陈秀兰等，1983)。据 1988 年 12 月在北京召开的第四次全国牛胚胎移植技术交流会对黑龙江畜牧研究所等 9 个单位统计，1988 年冷冻胚胎使用率 25.5%(158/588)，冻胚移植受胎率为 34.6%，从以上数字可以看出，我国牛冷冻胚胎移植与发达国家相比，一是冻胚使用率低，二是冻胚移植成功率低。这也是我国牛胚胎移植技术至今仍未在生产中应用推广的主要限制因素之一。为使牛胚胎移植这项技术尽快转化为生产力，我们在“八五”期间承担了农业部提高牛冷冻胚胎移植受胎率的研究，现将主要研究结果报告如下。

1. 材料和方法

(1)材料　供体牛为中国荷斯坦牛，年产奶量 6 000 kg 左右，受体牛为中国荷斯坦牛和农村户养黄牛。

(2)胚胎的获得和鉴定　常规法对供体牛进行超排处理，FSH 的总剂量为 7.5 mg，发情输精后的第 7 天，非手术法采集胚胎，按形态鉴定法对胚胎进行鉴定并分级。选择 A、B 级胚胎用于冷冻。

(3)冷冻保护剂的加入及胚胎冷冻过程　将胚胎在室温下依次移入 3.3%、6.7% 的甘油冷冻液中各平衡 5～7 min，接着投入 10% 甘油冷冻液中平衡后，迅速装入塑料细管进行冷冻。冷冻速度为由室温以 1℃/min 的速度降至 −6.5℃，诱发结晶并平衡后，以 0.3℃/min 的速度降至 −38℃，投入液氮中保存。

(4)胚胎解冻　用 35℃水浴法解冻。

(5)冷冻保护剂的脱除　采用以下两种方法。方法 1：胚胎解冻后依次移入 10%、6.7%、3.3% 甘油冷冻保护剂中，每档 8 min，最后将胚胎在 20% 新生犊牛血清的 PBS 中冲洗 3 次。方法 2：解冻胚胎先在 0.5 mol/L 蔗糖溶液中平衡 10 min，将胚胎取出并吸适量液体与等量的含 20% 的 NCS 液的 DPBS 混合，将胚胎在此液中平衡 10 min 后，用含 20% 的 NCS 液冲洗 3 次。

(6)冷冻胚胎鉴定和移植　将解冻后脱除冷冻保护剂的胚胎按形态鉴定法，选择可用胚(分为 A、B、C 级)，凡解冻后可用胚胎即认定为成活胚胎。将可用胚用非手术法移入与胚胎日龄同步的受体牛内(依受体子宫和卵巢黄体的生理状况，把受体牛分为良好和一般 2 个等级)，90 d 后直肠检查确定妊娠与否。

2. 结果

共冷冻牛胚胎 172 枚，解冻 172 枚，回收到 168 枚(丢失 4 枚)，冷冻后成活 128 枚，冻胚成活率为 79.2%，其中 1995 年达到 84.4%(38154)，共移植受体 122 头，受胎 57 头，冻胚移植受胎率为 46.7%，其中 1995 年达到 55.6%(20/30)，不仅达到实用水平，且与国际水平相当。

(1)牛冷冻胚胎成活率的影响因素　影响牛冷冻胚胎成活率的因素试验结果如表 4.9 至表 4.11 所示。

表 4.9　胚胎发育阶段对冻胚成活率的影响

| 发育阶段 | 解冻胚胎/次 | 回收胚胎/枚 | 成活胚胎/枚 | 成活率/% |
|---|---|---|---|---|
| 囊胚和早期囊胚 | 33 | 32 | 20 | 82.3[a] |
| 桑葚胚 | 31 | 30 | 23 | 76.7 |

注：相同字母，$P>0.05$。

从表 4.9 可见冻前囊胚和早期囊胚的成活率同冻前桑葚胚的成活率无显著差异($P>0.05$)。

表 4.10　胚胎冻前质量(等级)对冻胚的成活率的影响

| 胚胎冻前质量 | 冷冻胚胎/枚 | 解冻胚胎/枚 | 回收胚胎/枚 | 成活胚胎/枚 | 成活率/% |
|---|---|---|---|---|---|
| A | 79 | 79 | 78 | 71 | 91.0[a] |
| B | 93 | 93 | 90 | 57 | 63.3[b] |

a，b：$P<0.01$。

表 4.10 结果显示，冻前鉴定为 A 级的胚胎比 B 级胚胎的解冻成活率高 27.3%，二者间差异极显著($P<0.01$)。

胚胎解冻后，采用不同的脱除冷冻保护剂的方法对牛胚胎成活率没有显著影响。结果见表 4.11。

表 4.11　不同脱除冷冻保护剂的方法对牛胚胎成活率的影响

| 组别 | 解冻胚胎/次 | 回收胚胎/枚 | 成活胚胎/枚 | 成活率/% |
|---|---|---|---|---|
| A | 44 | 44 | 29 | 65.9[a] |
| B | 46 | 45 | 38 | 84.44 |

注：相同字母差异不显著，$P>0.05$。

(2)影响牛冷冻胚胎移植受胎率的因素　影响牛冷冻胚胎移植受胎率的因素试验结果如表 4.12 至表 4.14 所示。

表 4.12　冻后胚胎等级对移植受胎率的影响

| 冻后胚胎等级 | 胚胎数/次 | 移植数/枚 | 受胎数/头 | 受胎率/% |
|---|---|---|---|---|
| A | 27 | 27 | 21 | 77.8[a] |
| B | 44 | 44 | 22 | 50.0[b] |
| C | 26 | 26 | 5 | 18.0[c] |

注：a:b，b:c，$P<0.05$；a:c，$P<0.01$。

结果表明，AB 和 BC 两组之间差异显著($P<0.05$)，而 ac 组间差异极显著($P<0.01$)，冻后胚胎等级对移植受胎率影响较大。

受体牛子宫和卵巢黄体生理状况对移植受胎率也有影响，本试验结果(如表 4.13)差异不显著($P>0.05$)。而移植者技术水平对移植受胎率的影响，结果见表 4.14，试验组间差异不显著($P>0.05$)。

表 4.13　受体牛子宫和卵巢黄体生理状况对移植受胎率的影响

| 子宫卵巢黄体生理状况 | 移植头数/头 | 受胎头数/头 | 移植受胎率/% |
|---|---|---|---|
| 良好 | 97 | 49 | 50.5 |
| 一般 | 25 | 8 | 32.0 |

表 4.14　移植者技术水平对移植受胎率的影响

| 移植者技术水平 | 移植头数/头 | 受胎头数/头 | 移植受胎率/% |
|---|---|---|---|
| 熟练 | 101 | 51 | 50.1 |
| 新手 | 21 | 6 | 28.5 |

3. 讨论

冻前鉴定为 A 级和 B 级胚胎，经冷冻解冻后成活率为 91.0%和 63.3%，二者间差异极显著($P<0.01$)。解冻后鉴定为 A，B，C 级胚胎，移植受胎率分别为 77.8%，50.0%和 19.2%，AB 组及 BC 组间差异显著($P<0.05$)，试验结果表明胚胎质量是影响冻胚成活率和移植受胎率的重要因素。选择优质胚胎进行冷冻和移植是提高成活率和移植受胎率的

关键所在。

采用0.5 mol/L蔗糖液脱除冷冻保护剂甘油的方法比用高浓度到低浓度(10.0%,6.7%,3.3%)甘油脱除保护剂甘油的方法,冻胚成活率有提高趋势(提高18.5%)。分析其原因,因蔗糖属非渗透性双糖,在稀释细胞内保护剂时起缓冲渗透压的作用,防止水分大量渗入细胞而引起过分膨胀,从而防止或减少渗透性休克现象的发生。

关于胚胎发育阶段对成熟率的影响,国外报道不一致,Niemann等1982年发现,牛7日龄桑葚胚和囊胚进行快速冷冻的效果明显高于8日龄扩张囊胚,而Sidel等1983年以为,牛囊胚冷冻后的成活率高于桑葚胚,本试验结果,囊胚和早期囊胚的成活率为81.3%,桑葚胚的成活率为76.7%,二者差异不显著($P>0.05$),表明胚胎发育阶段对冻后成活率影响不大。本试验结果表明,受体牛子宫及卵巢黄体生理状况"良好"比"一般"的受胎率有提高的趋势(提高17.5%)。这是因为牛妊娠的确立涉及胚胎与子宫内环境和黄体之间一系列复杂的相互关系,良好的子宫环境和黄体利于胚胎着床受孕。因此,严格选择受体牛对于提高移植受胎率来讲也是不可忽视的因素。此外,移植者的技术水平也是影响移植受胎率的因素,本试验结果表明,移植技术熟练者比移植技术不熟练者的受胎率有提高的趋势(提高21.6%)。

### 4.1.7　牛胚胎玻璃化冷冻保存研究

传统的胚胎冷冻方法需诱发结晶,按一定速率降温,不仅程序复杂费时间(需几小时),而且还得使用价值昂贵的胚胎冷冻仪。为此,1985年Rall等人首先发明了玻璃化冷冻法,不使用冷冻仪,将冷冻时间缩短(约为30 min)。但他们选用的是以大约7 mol/L二甲基亚砜为主的抗冻剂,因其化学毒性大,对胚胎的存活带来一定影响。1986年Scheffen等人,利用丙三醇及丙二醇为抗冻保护剂,因化学毒性仍较大,冷冻保存后的胚胎成活率仍不稳定。针对化学毒性问题,1990年Kasai等人利用化学毒性较低的乙二醇为细胞内液抗冻保护剂,聚蔗糖和蔗糖为细胞外液抗冻保护剂配制而成的玻璃化溶液,将小鼠致密桑葚胚在其中平衡2~5 min后,投入液氮保存,解冻后发育率达97%~98%。但此方法对囊胚期以后阶段胚胎保存效果不佳。Zhu等人(1993)采用乙二醇作为预处理液,二步法对小鼠囊胚进行冷冻保存,解冻后胚胎发育率达94%。当年Tachikawa等(1993)人应用该玻璃化溶液进行了牛体外受精囊胚冷冻保存获得成功,但移植妊娠率不高。朱士恩等人1997年进行了家兔扩张囊胚冷冻保存,解冻后胚胎移植产仔。至今国内还没有用低毒的玻璃化液冷冻牛胚胎成功的报道。为此我们用自制的EFS40液对牛胚胎进行玻璃化冷冻保存研究。

1. 材料和方法

(1)材料　①供、受体牛:供体牛为河北省临漳县狄邱牛场饲养的中国荷斯坦和西杂青年母牛,受体牛为南阳青年母牛。②促卵泡生成素(FSH):为中国科学院动物研究所产纯化FSH,批号为97001。③玻璃化溶液:为含40%乙二醇,18%聚蔗糖和0.3 mol/L蔗糖的mPBS液,即EFS40。

(2)方法　①供体牛的超排处理。供体牛于发情周期的第10天起,每天分早、晚两次肌肉注射FSH,共注4 d 8次,总剂量为6~6.75 mg,在肌肉注射FSH的第3天同时肌肉注射氯前列烯醇2支(4 mL),牛发情(接受其他牛爬跨站立不动)后8~12 h,输第1次精,以12 h间隔再输精2次,每次输精两个剂量。②胚胎采集和鉴定。于供体牛发情输精后第7天,用非手术方法采集胚胎，在实体显微镜下检查胚胎，按形态鉴定法对胚胎质量进行评定，分为 A、B、C、D 4 级，选 A、B 级胚胎进行冷冻。③胚胎冷冻。冷冻前将冷冻液及所用器具在 20℃室温下平衡 1～2 h，用 0.25 mL 塑料细管依次吸入 0.5 mol/L 蔗糖、空气、EFS 40、空气、EFS 40，平行放于操作台上。将胚胎在 10%乙二醇溶液中平衡 5 min 后，用移卵管移入塑料细管的 EFS 40 中平衡 30 s，将塑料细管继续吸入空气、EFS 40、空气、0.5 mol/L 蔗糖后，用聚乙烯醇粉将塑料细管封口，把含有胚胎的细管一端直接投入液氮，另一半用液氮熏蒸冷冻，待蔗糖部分冻结后放入液氮罐中长期保存。④冻胚解冻和冷冻保护剂脱除及胚胎鉴定。用镊子将盛有胚胎的塑料细管从液氮中取出后，平行置于 20℃水浴中轻轻摆动 10 s。待细管中蔗糖液由乳白色变为透明后，拭去细管表面水分，剪掉两端口，用吸有 0.5 mol/L 蔗糖的注射器将细管内容物冲入表面皿内，在实体显微镜下回收胚胎，然后将胚胎移入 0.5 mol/L 蔗糖液中平衡 5 min 去除乙二醇，再用培养液洗涤胚胎两次，除去蔗糖后，按形态鉴定法对胚胎进行鉴定，可用者待移植。⑤胚胎的移植。将可用胚胎吸入 0.25 mL 塑料细管内，用非手术法移入与胚胎日龄同步且子宫、卵巢黄体正常的受体子宫内。

2. 结果与分析

(1)在液氮中保存 1～13 d 的 12 枚冻胚，解冻后全部回收，经形态鉴定全部为可用胚胎，冻胚可用率为 100%　因在将胚胎吸入塑料细管时丢失 1 枚胚胎，故将 11 枚胚胎移入 9 头受体牛(其中两头受体各移入两枚胚胎)，经 90 d 妊检，5 头妊娠，移植妊娠率为 55.6%，5 头受体牛共产犊 6 头(其中 1 头产双犊)。见彩图 8。

(2)胚胎发育阶段对移植妊娠率的影响　见表 4.15。

**表 4.15　胚胎发育阶段对移植妊娠率的影响**

| 胚胎发育阶段 | 移植受体头数 | 妊娠受体头数 | 妊娠率/% | 备注 |
|---|---|---|---|---|
| 桑葚胚 | 3 | 2 | 66.7 | 每头移入 1 枚胚胎 |
| 囊胚 | 4 | 1 | 25.0 | 每头移入 1 枚胚胎 |

由表 4.15 看出，桑葚胚比囊胚的妊娠率高。这与(Scheffen 等，1986；Massip 等，1986、1987；河野和角田，1987)报道的在玻璃化冷冻保存中，桑葚胚的成活率高，囊胚成活率相一致。分析其原因，可能是因为囊胚由两类细胞组成，而且有囊胚腔，对高浓度抗冻剂的化学毒性及渗透压冲击的抵抗性低导致。

(3)移入胚胎数量对移植妊娠率的影响　同样是桑葚胚，对移入 1 枚和 2 枚胚胎进行了比较，见表 4.16。

**表 4.16　移入胚胎数量对移植妊娠率的影响**

| 移入每个受体胚胎数 | 移植受体头数 | 妊娠头数 | 移植妊娠率/% | 产犊数/头 | 产犊率/% |
|---|---|---|---|---|---|
| 2 | 2 | 2 | 100.0 | 3 | 75.0 |
| 1 | 3 | 2 | 66.7 | 2 | 66.7 |

由表 4.16 可知，移植两枚胚胎的妊娠率高于移植 1 枚胚胎，这是由于移植两枚胚胎，增加了受孕的机会。

3. 结论

本研究结果表明，采用40%乙二醇、18%聚蔗糖和0.3 mol/L蔗糖配制的低毒玻璃化液(即EFS 40)，可对牛体内受精的桑葚胚和囊胚进行有效冷冻保存，解冻后移植受体的妊娠率为55.6%，产犊率为54.5%。

### 4.1.8 影响山羊胚胎冷冻效果因素的研究

自Whittingham等(1972)首次采用常规冷冻法成功地保存了小鼠的胚胎以来，经过30余年的发展，冷冻效果已基本稳定，目前已在世界范围内广泛应用。胚胎的冷冻保存方法主要有常规冷冻法和玻璃化冷冻法。常用的抗冻保护剂有甘油、二甲基亚砜(DMSO)、乙二醇(EG)、1,22-丙二醇(PROH)、蔗糖、聚蔗糖等。本研究从已有的冷冻方法和冷冻保护液入手，研究了不同冷冻方法、冷冻保护液、解冻时的水浴温度以及EFS40中的不同添加成分对山羊胚胎冷冻、解冻后发育效果的影响。旨在探索出适合山羊胚胎冷冻保存稳定可靠的方法，从而为胚胎移植的产业化提供技术参考。

1. 材料和方法

(1)开放式拉长塑料细管(OPS)的制备　参照朱士恩等(2002)的方法进行制备。

(2)溶液的配制　除特殊说明外，本研究中所使用的试剂均为Sigma生产。FS液的配制：取300 g/L聚蔗糖(Ficoll 70)，添加0.5 mol/L蔗糖，310 g/L BSA，经DPBS(Gibco)溶解后制备而成。玻璃化液EFS40的配制：FS液与EG按6∶4(*V*/*V*)配比后制备而成。

(3)胚胎的采集　参照田树军等(2004)的方法进行，将第一次埋植情酮栓的时间计为第0天，第11天更换一次情酮栓，于处理的第16～19天开始注射FSH(宁波)，2次/d，每次间隔12 h，总剂量为160～200 U/只，第7次注射FSH的同时撤出情酮栓，并注射PG(宁波)0.1 mg/只，第20天开始进行试情、配种。每只羊以本交的方式配种2～3次/d，至发情结束时止。于发情配种后的第6天采用手术法子宫角冲胚，将获得的胚胎用DPBS+10%FCS洗3遍后，选择A、B级胚胎供冷冻试验用，对照组则直接进行发育培养。

(4)常规冷冻及解冻　冷冻液为DPBS+3.0 g/L BSA+1.5 mol/L甘油[或EG、或PROH(Caledon)]。将待冷冻的胚胎分别在含有0.5 mol/L甘油(或EG、或PROH)和含有110 mol/L甘油(或EG、或PROH)的冷冻液中各平衡5 min，然后转入含有1.5 mol/L甘油(或EG、或PROH)的冷冻液中平衡15 min；同时将胚胎装入0.25 mL塑料细管中，每管装5～10枚，用封口粉封口后放入程序降温仪内降温，先以1.0℃/min的速率从室温(23～25℃)降至6.5℃，保持10 min，同时进行人工植冰，再以0.33℃/min的速率继续降温至−35℃，停留15 min后投入液氮中保存。解冻时，将细管从液氮中取出后，先在空气中停留8～10 s，然后放入37℃(或25℃)的温水中，待细管中的冷冻液变得透明后取出，剪掉细管的两端，用吸有含1.5 mol/L甘油(或EG、或PROH)的冷冻液的注射器将胚胎冲出。然后分三步脱除抗冻保护剂，即分别在含1.0 mol/L、0.5 mol/L甘油(或EG、或PROH)的冷冻液中以及DPBS+3.0 g/LBSA中各停留5 min。用M199(Hyclone)+10%FCS(杭州)(*V*/*V*)洗3遍后，进行发育培养。

(5)玻璃化细管法冷冻及解冻　将待冷冻的胚胎在DPBS+3.0 g/L BSA+10%EG(*V*/*V*)中平衡5 min，然后将胚胎转移至预先装好EFS40的0.25 mL的塑料细管中，用封口粉封口后投入液氮中保存。胚胎从接触到 EFS40 至投入液氮的时间在 25～30 s 之内。解冻时，将细管从液氮中取出，先在空气中停留 8～10 s，然后放入 37℃（或 25℃）的温水中，待细管中的蔗糖端变得透明后取出，剪掉细管的两端，用吸有含 DPBS＋3.0 g/L BSA＋0.5 mol/L 蔗糖的注射器将胚胎从细管中冲入含 DPBS＋3.0 g/L BSA＋0.5mol/L 蔗糖的表面皿中，停留 5 min后，将胚胎转移至 DPBS＋3.0 g/L BSA 中，停留 5 min 后，用 M199＋10％FCS 洗 3 遍后，进行发育培养。

(6)OPS 法冷冻及解冻　将待冷冻的胚胎在 DPBS＋3.0 g/L BSA＋10％EG 中平衡 30 s 后，将卵母细胞移入 EFS40 中 25 s 吸入 OPS 管中后立即投入液氮中保存。解冻时，将 OPS 管尖端直接插入到 37℃的 DPBS＋3.0 g/L BSA＋0.5 mol/L 蔗糖液中，用 1 mL 注射器将胚胎吹出，停留 5 min 后，转移至 DPBS＋3.0 g/L BSA 中，停留 5 min，用 M199＋10％FCS 洗 3 遍后，进行发育培养。

(7)胚胎冷冻效果的评定　把解冻后形态正常的胚胎用 M199＋20％FCS 洗 3 遍后，放入 M199＋20％FCS 中进行发育培养，培养条件为：38.5℃、5％$CO_2$、饱和湿度。观察并记录胚胎发育情况。

(8)统计方法　采用卡方检验和 Excel 软件中的统计方法对试验结果进行统计分析。

2. 结果与分析

(1)不同冷冻方法、冷冻保护液对山羊胚胎解冻后发育效果的影响　各试验组的山羊胚胎解冻后的形态正常率间、胚胎发育率间以及囊胚发育率间差异均不显著。各试验组的胚胎发育率与对照组差异均不显著。对于囊胚发育率而言，除以 PROH 为主体抗冻保护剂的常规冷冻组与对照组差异极显著、以甘油为主体抗冻保护剂的常规冷冻组与对照组差异显著外，其他各组与对照组间的差异均不显著。以 EG 为主体抗冻保护剂的常规冷冻法和以 EFS40 为冷冻保护液的玻璃化细管法冷冻的胚胎发育效果最好（表 4.17）。

表 4.17　不同冷冻方法、冷冻保护液冷冻保存的山羊胚胎解冻后发育效果比较

| 冷冻方法 | 冷冻保护液 | 冷冻胚胎数/枚 | 回收胚 | | 形态正常胚 | | 发育胚 | | 囊胚发育 | |
|---|---|---|---|---|---|---|---|---|---|---|
| | | | 数量/枚 | 百分比/％ | 数量/枚 | 百分比/％ | 数量/枚 | 百分比/％ | 数量/枚 | 百分比/％ |
| 常规冷冻 | 1.5 mol/L EG | 39 | 38 | 97.44 | 32 | 84.21[a] | 25 | 78.13[a] | 22 | 68.75[ab] |
| | 1.5 mol/L PROH | 27 | 27 | 100.00 | 21 | 77.78[a] | 13 | 61.90[a] | 10 | 47.62[Aa] |
| | 1.5 mol/L 甘油 | 26 | 26 | 100.00 | 21 | 80.77[a] | 15 | 71.43[a] | 11 | 52.38[a] |
| 玻璃化法 | EFS40 | 45 | 43 | 65.56 | 34 | 79.07[a] | 26 | 76.47[a] | 23 | 67.65[ab] |
| OPS 法 | EFS40 | 18 | 16 | 88.59 | 12 | 75.00[a] | 8 | 66.67[a] | 7 | 58.33[ab] |
| 对照组 | — | — | — | — | — | — | 45/53 | 84.91[a] | 43/53 | 81.13[Bb] |

注：同列肩标不同的大写字母表示差异极显著（$P<0.01$），同列肩标不同的小写字母表示差异显著（$P<0.05$），具有相同字母者表示差异不显著（$P>0.05$）。下同。

(2)解冻时不同水浴温度对山羊胚胎冷冻保存后发育效果的影响　经常规冷冻和玻璃化细管法冷冻的山羊胚胎分别采用 25℃和 37℃水浴进行解冻，解冻后的形态正常率间、胚胎发育率间以及囊胚发育率间差异均不显著。但 37℃水浴解冻后的胚胎发育效果略好于 25℃水

浴解冻(表 4.18、表 4.19)。

表 4.18 常规冷冻保存的山羊胚胎不同水浴温度解冻后的发育效果

| 冷冻保护液 | 水浴温度/℃ | 冷冻胚胎数/枚 | 回收胚 | | 形态正常胚 | | 发育胚 | | 囊胚发育 | |
|---|---|---|---|---|---|---|---|---|---|---|
| | | | 数量/枚 | 百分比/% | 数量/枚 | 百分比/% | 数量/枚 | 百分比/% | 数量/枚 | 百分比/% |
| 1.5 mol/L EG | 25 | 26 | 26 | 100.00 | 21 | 80.77[a] | 14 | 66.67[a] | 11 | 52.38[a] |
| | 37 | 39 | 38 | 97.44 | 32 | 84.21[a] | 25 | 78.13[a] | 22 | 68.75[a] |

表 4.19 玻璃化细管法冷冻保存的山羊胚胎不同水浴温度解冻后的发育效果

| 冷冻保护液 | 水浴温度/℃ | 冷冻胚胎数/枚 | 回收胚 | | 形态正常胚 | | 发育胚 | | 囊胚发育 | |
|---|---|---|---|---|---|---|---|---|---|---|
| | | | 数量/枚 | 百分比/% | 数量/枚 | 百分比/% | 数量/枚 | 百分比/% | 数量/枚 | 百分比/% |
| EFS 40 | 25 | 23 | 22 | 95.65 | 17 | 77.27[a] | 10 | 58.82[a] | 8 | 47.06[a] |
| | 37 | 45 | 43 | 95.56 | 34 | 79.07[a] | 26 | 76.47[a] | 23 | 67.65[a] |

(3)玻璃化液中不同添加成分对山羊胚胎玻璃化细管法冷冻后发育效果的影响　采用 EFS 40 作为玻璃化液对山羊胚胎进行冷冻保存,添加 BSA 组的形态正常率显著地高于添加 FCS 组和单纯 EFS 40 组;添加 BSA 组的胚胎发育率极显著地高于单纯 EFS 40 组,而添加 BSA 组与添加 FCS 组、添加 FCS 组与单纯 EFS 40 组间则差异不显著;添加 BSA 组的囊胚发育率显著地高于单纯 EFS 40 组,而添加 BSA 组与添加 FCS 组间、添加 FCS 组与单纯 EFS 40 组间则无显著差异(表 4.20)。

表 4.20 EFS 40 中不同添加成分对山羊胚胎玻璃化细管法冷冻后发育效果的影响

| 组别 | 冷冻胚胎数/枚 | 回收胚 | | 形态正常胚 | | 发育胚 | | 囊胚发育 | |
|---|---|---|---|---|---|---|---|---|---|
| | | 数量/枚 | 百分比/% | 数量/枚 | 百分比/% | 数量/枚 | 百分比/% | 数量/枚 | 百分比/% |
| 单纯 EFS 40 组 | 24 | 24 | 100.00 | 11 | 45.83[a] | 3 | 27.27[A] | 2 | 18.18[a] |
| 添加 FCS 组 | 27 | 26 | 96.30 | 16 | 61.54[a] | 8 | 50.00[AB] | 6 | 37.50[ab] |
| 添加 BSA 组 | 45 | 43 | 95.56 | 34 | 79.07[b] | 26 | 76.47[B] | 23 | 67.65[b] |

3. 讨论

(1)冷冻保存方法对山羊胚胎发育效果的影响　采用常规冷冻法(1.5 mol/L EG 为冷冻保护液)、玻璃化细管法和 OPS 法冷冻保存山羊胚胎,解冻后培养,其囊胚发育率分别为 68.75%(22/32)、67.65%(23/34)和 58.33%(7/12),它们之间不存在显著差异,且与对照组的囊胚发育率间差异不显著,这说明 3 种方法均可用于山羊胚胎的冷冻保存。洪琼花等(2004)在波尔山羊的冷冻保存上比较了常规冷冻法、玻璃化细管法和 OPS 法的冷冻效果,其结果与本研究基本一致。张锁链等(1996)在绒山羊胚胎的冷冻保存上对比了常规冷冻法和玻璃化细管法的冷冻效果,其结果与本研究相一致。Gayar 等(2001)比较了常规冷冻法和 OPS 法对波尔山羊胚胎的冷冻效果,OPS 法冷冻的胚胎移植后的产羔率(93%)显著地高于常规冷冻法的结果(50%),其 OPS 法的冷冻效果好于本研究。以 EFS 40 作为玻璃化液在山羊、绵羊(朱士恩等,2000)和牛(Sang Runzi 等,1998)的胚胎冷冻保存上均有报道,且得到了较为理想的结果。

(2)冷冻保护液对山羊胚胎常规冷冻后发育效果的影响　在山羊胚胎的常规冷冻保存上，我们比较了 1.5 mol/L EG、PROH 和甘油的冷冻保护效果，虽然三者的冷冻效果在统计学上无显著差异，但 EG 的冷冻保护效果比 PROH 和甘油分别高 21.13%和 16.37%。张锁链等(1996)采用常规冷冻法分别以 10% EG 和 10%甘油作为冷冻保护液冷冻保存绒山羊的桑葚胚和囊胚时发现，EG 的冷冻保护效果极显著地高于甘油。王光亚等(1996)的试验结果表明 EG 对安哥拉山羊的胚胎有良好的保护效果，且以 1.5 mol/L EG 的冷冻保护效果为佳。Le 等指出，EG 对山羊桑葚胚的冷冻效果好。Martinez 等(1998)在绵羊胚胎的冷冻保存上得出了 EG 优于甘油的结论。Oochi 等(1998)在牛胚胎的冷冻保存时发现，EG 的冷冻保护效果好于 PROH。在胚胎的冷冻保存上，EG 的冷冻保护效果好于其他抗冻保护剂的原因在于：EG 的分子量较小，其渗入细胞与水分子的渗出趋于平衡，在胚胎冷冻过程中能更有效地防止较大冰晶的形成，因而提高了胚胎的冷冻保护效果；相反，甘油的分子量较大，渗入细胞的速度较慢，这会对细胞造成渗透损伤；对于多细胞胚胎的冷冻保存，采用 PROH 作为冷冻保护剂，胚胎的存活率显著下降，其原因可能与细胞的渗透性和表面与体积比的改变有关。此外，选择抗冻保护剂时必须要考虑其毒性，而 EG 的毒性低于甘油和 PROH。

(3)解冻时水浴温度对山羊胚胎发育效果的影响　把常规冷冻法和玻璃化细管法冷冻的山羊胚胎分别用 25℃和 37℃的水浴进行解冻，解冻后的形态正常率、胚胎发育率和囊胚发育率均无显著差异，但 37℃略好于 25℃。另外，在山羊冷冻胚胎解冻时 20℃、30℃、32℃以及 35℃水浴均有使用，可见解冻时的水浴温度对山羊冷冻胚胎解冻后的发育效果影响不大。然而关于冷冻胚胎的解冻主要有以下 3 种类型：①从液氮中取出后直接投入一定温度的水浴中至完全解冻；②完全在空气中解冻；③先在空气中停留 10 s 左右，然后投入温水中进行解冻。第三种方法是目前在解冻胚胎时使用最多的一种方法，因为胚胎从液氮中取出后在空气中稍作停留，待温度缓慢回升到一定程度后再进入温水可降低热应激效应。

(4)冷冻液中添加成分对山羊胚胎冷冻保护效果的影响　在对山羊胚胎进行玻璃化冷冻保存时，比较了 EFS 40 中添加 FCS 和 BSA 后与不添加 FCS 和 BSA 的 EFS 40 对胚胎解冻后发育效果的影响。试验结果表明，添加 BSA 的 EFS 40 的冷冻保护效果最好，但与添加 FCS 的 EFS 40 间不存在统计学上的差异。Vajta 等(1999)在冷冻牛的胚胎时也在冷冻液中添加了 FCS 和 BSA，且添加二者的冷冻液对胚胎的冷冻保护效果间差异不显著。在玻璃化液中添加 BSA 的好处在于可以稳定胚胎细胞膜，并可减少胚胎在解冻过程中胞质内各组分的流失，避免机械性膜损伤及细胞裂解。

### 4.1.9　小结

(1)牛冷冻胚胎引种，代替活畜引种是成功的，冻胚引种不仅比活牛引种降低成本，而且简便易行，同时还可减少疾病的传播。

(2)影响胚胎冷冻效果的主要因素是冷冻方法，冷冻保护剂。常规冷冻牛、羊胚胎方法和冷冻保护剂比较成熟，在生产上已广泛应用。缺点是，冷冻时间较长，而且需昂贵的冷冻仪。玻璃化冷冻较常规冷冻的优点是冷冻时间短，只需几分钟，且不需要昂贵的冷冻仪。虽然在冷冻效果上较常规冷冻稍差一些，因其简便易行，玻璃化冷冻已逐渐在生产中应用。玻璃化冷冻是发展方向。

(3)常规冷冻和玻璃化冷冻虽然在生产上已应用，无论从体外发育培养效果和移植效果看，比新鲜胚胎低10%左右，所以在冷冻方法和冷冻保护剂筛选及浓度等方面仍有待进一步改进提高。

(作者：桑润滋、贾庆瑞、郑新生、杨国欣、郑德富、靳胜新、王凤鸣、李雪松、李俊杰、朱士恩、李树静、于文莉)

## 4.2 精子(液)与卵子(卵母细胞)冷冻保存技术研究

### 4.2.1 概述

1. 精子(液)与卵母细胞冷冻保存的概念

(1)精子(液)保存的概念　精子的冷冻保存是指将采集到的新鲜精液，经过特殊处理后，利用液态氮(－198℃)作为冷液，以冻结的形式保存于超低温环境下，进行长期保存。

(2)卵母细胞冷冻保存的概念　卵母细胞的保存，是指将其在体内或体外正常发育温度条件下，暂时贮存起来而不使其失去活力。或者是将其保存于低温乃至超低温状态下，使细胞新陈代谢和分裂速度减慢或停止，一旦恢复正常发育温度时，又能再继续发育。

2. 精子(液)与卵母细胞冷冻保存的意义

(1)精子冷冻保存的意义　可充分提高优良种公畜利用率，并保证大量母畜配种需要，加快品种改良步伐，推进育种进程；便于开展国内外种质交流；可使发情母畜配种不受时间、地域限制；可推动繁殖新技术在生产上的应用；是建立精子基因库的重要手段。

(2)卵母细胞冷冻保存的意义　卵母细胞的冷冻保存与精子保存一样，具有广泛潜在的应用价值。特别是进入20世纪80年代以来，各项胚胎生物技术，利用超低温冷冻保存方法，将由动物卵巢中活体采卵(ovum pick up，OPU)或由离体卵巢中获得的大量的卵母细胞保存起来，建立"卵子库"。不仅能为珍稀动物、濒危动物及其他有价值的雌性个体(如转基因动物)遗传资源的长期保存和国际、国内长距离运输提供可能；也为胚胎生物技术的开展解除时间和空间的限制。另外，在人类医学研究领域，卵母细胞的冷冻保存将会为那些由于病理或其他原因而过早摘除卵巢或输卵管堵塞的病人提供一个生育的机会。

3. 精子(液)与卵母细胞冷冻保存的发展概况

(1)精子的冷冻保存发展概况　Porkes和Polge(1951)超低温冷冻鸡精液成功。Polge和Smith(1951)用甘油作冷冻保护剂，在－79℃(干冰)超低温保存牛精液授精，生下世界第一头用冷冻精液受胎的牛犊，这是家畜人工授精技术发展史上的一个重要里程碑。但当时受冷源和保存容器的影响，冷冻精液的应用受到一定限制。

1957年，美国育种组织(American Breeders Service)率先使用液态氮(－196℃)作为冷源来冷冻和贮存精液。Linde公司开发生产了大型的不锈钢真空容器——液氮罐。1964年日本永濑(Nagase)和丹羽(Niwa)等发明颗粒冻精，同年法国(Casson)研制出塑料细管冻精，1972年原西德Simmet研究出自动细管印字和精液分装等设备，使人工授精技术进入一个新的发展阶段。随后猪、马、羊、兔及家禽、野生动物冷冻精液均获得成功。50多年来科学家对冷冻保护剂,冷冻、解冻方法、冷源、冻精剂型、精液品质评定等方面进行了大量研究工作。

目前冷冻保护剂用的较多的是DMSO、乙二醇、甘油,它们能快速进入精子细胞膜。由于家畜品种及精子细胞组织结构不同,使用的冷冻保护剂各异。多采用甘油。因高浓度甘油会导致精子顶体膜损伤,改变顶体膜穿透能力,对受精能力有影响,目前甘油使用浓度由以前5%~10%下降到5%~7%,因在常温下添加DMSO对精子的毒害作用远远超过它的保护作用,已不再使用。冷冻方法主要有液氮蒸汽熏蒸法和密集浸入式冷冻法。在冷源上有干冰、液氮、液氨,常用的为液氮。解冻方法,有低温(5℃)缓慢解冻法,美、法、日、墨西哥、印度等国采用此方法。室温(15℃)中速解冻法,新西兰、澳大利亚、芬兰、瑞典等国采用此方法。体温(37~40℃)快速解冻法,匈牙利、比利时、中国等国家大都采用此方法。高温(75℃)瞬间(2~6 s)解冻法,挪威等国家采用此方法,该方法在生产实践中很难掌握,应慎重使用。冷冻精液的剂量由安瓿到颗粒再到细管,现在安瓿和颗粒已淘汰。都采用0.25 mL塑料细管。输精有效精子数逐渐减少,以牛为例,由以前1 500万~1 000万,下降到目前500万~800万。

我国家畜冷冻精液研究始于20世纪50年代末,首先在奶牛身上进行试验,经过20多年的研究,技术基本成熟。1984年颁布《牛冷冻精液》国家标准;1997年实施《种畜禽生产管理办法》;1992年、1996年农业部分别在北京、南京成立牛冷冻精液质量监督检验测试中心。2003年在北京建立种畜品质监督检验测试中心,大面积提高了牛冷冻精液的质量。2007年全国牛冷冻精液质量检测合格率达到96.0%,2008年农业部颁布修改后的牛冷冻精液新标准。数十年经过对一些关键技术的发展变革,奶牛人工授精技术实现了标准化、规模化,达到国际先进水平。牛的冷冻精液人工授精已在全国推广,成为改良育种的主要手段,例如中国荷斯坦奶牛、中国西门塔尔牛,夏南牛、延黄牛等新品种的育成都是应用人工授精技术的成果。近几年,性别控制精液生产结合人工授精已在奶牛繁殖中得到应用。

1974年广西进行颗粒冷冻精液研究。1977年在陕西、贵州、广西分别进行细管冷冻精液研究。据不完全统计,目前全国年生产水牛冷冻精液近100万支。近十年来,结合同期发情技术,水牛的人工授精受胎率得到显著提高。2004年后性控精液人工授精开始对水牛应用。

1958开始应用黑白花奶牛新鲜精液为母牦牛人工授精。1976年开始推广冷冻精液人工授精。1983年利用捕捉驯化的野牦牛,生产颗粒冻精,开始利用野牦牛改良家牦牛试验工作。20世纪90年代开始应用野牦牛冷冻精液改良当地黄牛,以提高当地黄牛改良后代的生长发育、耐粗性和抗寒能力。1988年西藏当雄县成立牦牛冻精站,1988年开始生产细管冷冻精液。

1974年开始进行绵羊精液冷冻保存技术的研究。1981年经全国绵羊冷冻精液研究组的协作攻关,在7个省、区输精7 671只母羊,产羔母羊4 329只,情期受胎率达到56.4%。自1990年开始对山羊和肉羊方面的人工授精及冷冻精液开展了较多的工作。

(2)卵母细胞的冷冻保存发展概况　卵母细胞的冷冻保存于1976年(Tsuneda, *et al.*)开始研究,1977年,Whittingham首次成功地冷冻保存了小鼠的成熟卵母细胞,受精后获得了后代。迄今为止,卵母细胞的冷冻保存以小鼠、牛作为主要对象,其冷冻方法趋于成熟,冷冻后的卵母细胞形态正常率、受精率、发育率及移植后的产仔率等方面均取得了一定进展。20世纪80年代以来,人们已对多种动物的成熟卵母细胞进行冷冻保存,解冻后经体外受精获得的胚胎进行移植,家兔(Hasani,1988)和肉牛(Fuku,1992)均获得了后代。但几乎在同时期Lim等(1991)和Xu等(1992)对冷冻后的牛成熟卵母细胞体外受精,其囊胚发育率不到1%,说明冷冻时的低温对卵母细胞的影响很大。然而Nakagata(1989)用玻璃化冷冻保存的小鼠卵母细胞，经体外受精后能继续发育，移植后产仔率高达 45.8%；Vajta 等(1998)采用 OPS(open pulled straw)法玻璃化冷冻保存牛成熟卵母细胞，目的是提高降温速度，由细管法的 2 000℃/min 提高到约 20 000℃/min。解冻后的卵母细胞经体外受精，获得了 13%的囊胚发育率，并且获得了胚胎移植后的犊牛。但与成熟卵母细胞相比，未成熟卵母细胞的冷冻相对困难。Schroeder 等(1992)人用不同方法冷冻保存了小鼠 GV 期卵母细胞，解冻后大部分卵母细胞能体外成熟，但体外受精后发育到 2 - 细胞的仅占 9%～17.3%，至今还没有产生后代的报道。

多数研究证明，未成熟牛卵母细胞对冷冻更敏感。如 Lim 等(1992)用不同的方法分别冷冻了牛 GV 期卵母细胞及成熟卵母细胞，前者的受精率、卵裂率和发育到 8 - 细胞胚胎以上的比例都低于后者。而 Herrler 等(1991)冷冻的牛 GV 期卵母细胞，体外成熟并受精后发生卵裂的占 73.3%。Arav(1991)用玻璃化冷冻方法对猪 GV 期卵母细胞进行冷冻保存，解冻后体外成熟率达 24.5%。但是 Vajta 等(1998)改用 OPS 法冷冻体外培养 6 h 的牛卵母细胞，结果受精后囊胚发育率高达 25%。国内朱士恩等(2002)采用乙二醇和 DMSO 为主体抗冻保护剂，OPS 法冷冻保存牛体外培养 6 h 卵母细胞，解冻后化学激活，囊胚发育率达 22%，而培养 22 h 的卵母细胞冷冻、解冻后，经体外受精，囊胚发育率达 17%，胚胎移植后获得 7 头犊牛。该方法是目前较为理想的方法。对于卵母细胞的冷冻保存最佳条件及其低温生物学特性，有待进一步研究。

我国卵母细胞冷冻研究起步晚，但进展快，2002 年朱士恩等对体外采集的奶牛卵母细胞进行 OPS 法玻璃化冷冻研究，经体外受精产下 6 头犊牛，2004 年侯云鹏、朱士恩等产下牛卵母细胞为核受体玻璃化冷冻克隆牛 1 头；2007 年朱士恩等获小尾寒羊卵母细胞玻璃化冷冻 4 只“试管”羔羊(朱士恩，2006)。

本节主要就 Diludine 对种公牛精子品质和生产性能的影响、离心处理对波尔山羊冻精品质的影响以及单细胞凝胶电泳技术检测不同处理山羊精子 DNA 损伤等进行了研究。此外对影响山羊卵母细胞 OPS 法冷冻效果以及冷冻方法和冷冻保护剂对山羊卵母细胞发育的影响等进行了研究。

### 4.2.2 Diludine 对夏洛来种公牛精液品质和生产性能的影响研究

Diludine 的化学名称为 2,6 - 二甲基 - 3,5 - 二乙酯基 - 1,4 - 二氢吡啶，通常称之为二氢吡啶。为淡黄色粉末结晶，无毒、无味、微溶于水，熔点 176～183℃，易于氧化，需避光、干燥保存。具有天然抗氧化物维生素 E 的某些作用。能抑制体内生物膜的氧化，提高生物膜中 6 - 磷酸葡萄糖酶的活性，稳定组织细胞。

Diludine 最早是由前苏联合成并应用，据俄音译国内有称“多犊锭”及“吉卢金”的。

Diludine 是一种新型多用途饲料添加剂，在猪、鸡、牛、羊等畜禽业，国内外均进行了大量试验和报道。它不仅可以作为饲料的抗氧化保护剂，而且在促进生长发育、降低饲料消耗、提高动物生产性能方面具有显著效果。同时也有报道称，diludine 还具有改善动物繁殖性能、提高雄性动物精液品质和精液量、提高雌性动物的受胎率和孵化率的报道，但报道量少，结论也有很大差别，为研究 diludine 对种公牛的影响，以及积累必要的翔实数据，特设计本次试验。

1. 材料与方法

(1)材料　①种公牛：河北省种公牛站的夏洛来纯种公牛 16 头。②二氢吡啶：河北农业大学合成。

(2)方法　①试验分组:对 16 头牛配对后随机分为试验与对照两组。生产性能组间差异不显著。②饲养管理和生产管理两组牛条件完全一致。③试验组在日粮中按每日每千克体重 5 mg 添加 diludine 于精料中混匀,一次性饲喂,每月根据体重变化对 diludine 的添加量调整一次。④试验时间:1999 年 3 月 12 日至 1999 年 6 月 11 日,为期 3 个月。⑤测定指标及方法。体重:每月定期用地磅称重;采精次数:生产中实际采集到精液的次数;采精量:每次采集鲜精的实际毫升数;有效精液量:能用于制作冻精的鲜精实际毫升数;实际冻精产量:实际生产冻精的细管支数;活率:采用伊红 Y(Eosjng)染色法,测定鲜精活率和冻精活率;密度:用 LP-300DM 精子密度测定仪测定,用血球计数器法校正;畸形率:采用姬姆萨染色后镜检,评定;顶体完整率:采用姬姆萨染色后镜检,评定。⑥数据处理:Excel97 对数据进行方差分析。

2. 结果分析

(1)平均体重比较　如表 4.21 所示。

**表 4.21　平均体重变化比较表**　　kg

| 组别 | 试验结束 | 试验期中 | 试验开始 | 结束较开始± |
|---|---|---|---|---|
| 试验组 | 872.50 | 878.75 | 872.5 | 0 |
| 对照组 | 878.75 | 881.75 | 876.25 | +2.5 |
| 试验较对照 | −6.25 | −3.0 | −3.75 | |

由表 4.21 可见:参试牛在试验前后及试验期中体重变化不大,经方差分析,各期差异不显著。这表明,在根据体重进行限饲的条件下日粮中添加 diludine 对种公牛无显著增重效果。

(2)精液生产指标　如表 4.22 所示。

**表 4.22　精液生产指标比较表**

| 项　目 | 时　间 | 试验组 | 对照组 | 试验组较对照组 |
|---|---|---|---|---|
| 采精次数/[次/(头·月)] | 试验前 | 14.88 | 15.62 | −0.74 |
| | 试验期 | 15.96 | 15.58 | +0.48 |
| 采精量/[mL/(头·月)] | 试验期较试验前± | +1.60 | −0.04 | |
| | 试验前 | 77.99 | 78.06 | −0.07 |
| 有效精液量/[mL/(头·月)] | 试验期 | 79.58 | 78.12 | +1.46 |
| | 试验期较试验前± | +2.333 | +0.06 | |
| 冻精产量/[支/(头·月)] | 试验前 | 69.7 | 69.5 | +0.2 |
| | 试验期 | 73.25 | 70.63 | +2.62 |
| 采精次数/[次/(头·月)] | 试验期较试验前± | +3.553 | +1.13 | |
| | 试验前 | 1 306 | 1 296 | +10 |
| 采精量/[mL/(头·月)] | 试验期 | 1 395 | 1 265 | +130 |
| | 试验期较试验前± | +89 | −31 | |

由表 4.22 可见：

①采精次数差异不显著，表明在每周 2 d 每天 2 次的采精频率下，添加 diludine 对种公牛的采精次数无明显影响。

②采精量：试验组提高了 2.333 mL/(头·月)，比对照组增高 1.46 mL/(头·月)，差异均显著，表明 diludine 对种公牛的采精量有明显作用。

③有效精液量：试验组提高了 3.553 mL/(头·月)，比对照组增高 2.62 mL/(头·月)，差异均显著，表明 diludine 能明显提高精液量。

④冻精产量：试验组提高了 89 支/(头·月)，比对照组增加 130 支/(头·月)，差异均显著。产量的提高，就意味着效益的提高。

(3)精液质量指标比较　如表 4.23 所示。

表 4.23　精液质量比较

| 指标 | | 试验组 | 对照组 | 试验组较对照组 |
|---|---|---|---|---|
| 鲜活率/% | 试验前 | 53.667 | 54.275 | −0.608 |
| | 试验期 | 63.998 | 55.249 | +8.749* |
| | 对比 | +10.331 | +0.974 | |
| 冻活率/% | 试验前 | 37.33 | 37.525 | −0.192 |
| | 试验期 | 37.425 | 37.675 | −0.25 |
| | 对比 | +0.092 | +0.15 | |
| 鲜密度/(亿/mL) | 试验前 | 13.4 | 13.2 | +0.2 |
| | 试验期 | 14.7 | 13.3 | +1.4 |
| | 对比 | +1.3 | +0.1 | |
| 顶完率/% | 试验期 | 44.96 | 44.10 | +0.86 |
| 畸形率/% | 试验期 | 23.0 | 26.2 | −3.2 |

由表 4.23 可见：

①活率：鲜精试验组提高 10.331%，比对照组提高 8.749%，差异均显著。而冻精活率提高 0.092%，比对照组降低了 0.25%，但差异不显著。

Diludine 具有抗氧化作用，保护生物膜，稳定生物细胞组织，保护精子从而提高精子活率，至于冻精活率，在受鲜精活率影响的同时，也受稀释液、冷冻、解冻方法等影响。更受检测评定方法及操作人员影响。

②密度：鲜精试验组提高 1.3 亿/mL，比对照组增高 1.4 亿/mL，但差异不显著。

③顶体完整率：提高了 0.86%，但差异不显著。

④畸形率：降低了 3.2%，但差异不显著。

3. 讨论

(1)Diludine 对种公牛体重的影响　试验结果表明 diludine 添加后，试验组平均体重无明显增加。虽然报道 diludine 对畜禽有明显促生长作用的资料不少，但一方面鲜有报道对成年种公牛有增重效果的，另一方面通过限饲的管理，并不会使公牛体重增加。总之，本试验结果显示 diludine 不会造成种公牛体重增加而影响生产。

(2)Diludine 对种公牛生产性能的影响　Diludine 对提高采精量、有效精液量效果显著，又由于鲜精活力的增大使得公牛精液产量及可利用精液的量增加，从而使冻精产量增加。采精量、有效精液量、鲜精活力、密度等，都是与冻精生产量正相关的几个指标。而冻精的产量增加意味着公牛生产效益指标的提高。具有最实际的意义。

(3)Diludine 对精液品质的影响　Diludine 在本次试验中，并未表现出对顶体完整率、畸形率、密度有显著影响。这与资料报道的不相一致，有待进一步验证。

(4)本次试验未对血液及精液成分变化进行分析，为确定 diludine 的作用，有待充实这方法的材料。

4. 结论

在夏洛来种公牛日粮中添加 diludine，可以提高种公牛采精量、精子活率、增加有效精液量，使冻精产量提高。可充分发挥优种公牛的生产潜力和获得良好的社会、经济效益。

### 4.2.3　离心处理对波尔山羊冻精品质的影响

山羊精液冷冻保存技术的研究，国外始于 20 世纪 70 年代中期。在我国，1981 年中国农业科学院畜牧所开始进行小规模试验。近几年的研究发现，山羊精清中含有磷脂酶或类磷脂酶等物质，这些物质对精子，尤其对冷冻后精子的品质有十分不利的作用(马毅等，2000；许长龙，2005)。针对此问题，Corteel 在第七届国际家畜繁殖和人工授精会议上首次提出用冲洗离心的方法处理精液，来减少磷脂酶或类磷脂酶对精子的影响(Corteel 等，1976)。据赵晓娥等(1999)和马毅(2002)报道，在制作波尔山羊的细管冷冻精液时，采用离心去精清，获得了良好的冷冻效果。由于离心去精清处理比较烦琐，在生产单位存在不易推广的问题。另外，离心去精清不仅把精清中不利于冷冻保存的磷脂酶或类磷脂酶去除了，同时把精清中对精子起保护作用或对冷冻有利的物质也一并去除了。据此，笔者在生产试验中研究出既有利于精液冷冻，又便于冷冻精液大规模生产的新处理方法——离心不去精清法。经查新认证，采用离心不去精清法制作波尔山羊的细管冷冻精液在国内未见报道。

1. 材料与方法

(1)试验动物和时间　试验所采用的 3 只波尔山羊种公羊为河北省承德市畜牧研究所从澳大利亚引进的原种羊。试验前后这 3 只羊均用于正常的冷冻精液生产。波尔山羊冻精的输配试验在河北省高碑店市三利创新科技有限公司富民种羊场进行。时间为 2002 年 11 月至 2004 年 9 月。

(2)方法

①精液的采集和品质评定用假阴道采精法，精液采出后，目测评定精液的颜色、浑浊度；稀释后镜检，并按生产标准利用精液浓度光度计测定密度，其外观、活率和密度正常才进行冷冻试验。每次每只公羊采精量约 1 mL，间隔 30 min 再采一次，这样两次相加约2 mL原精。

②冻前处理方法。Ⅰ液的配比成分为：Tris、柠檬酸、蔗糖、葡萄糖，以及青、链霉素。Ⅱ液的配比成分为：Ⅰ液 24 mL、卵黄 20 mL、甘油 6 mL。将每只羊的原精分为 4 份，并进行编号，每份约 0.5 mL 原精。按 1∶8 倍稀释制作细管精液，采用 4 种不同处理方法，具体处理见表 4.24。

③离心速度与时间稀释液的配合方法为：Ⅰ液 74 mL、卵黄 20 mL、甘油 6 mL。同样将每只羊的原精分为 4 份，按 1∶8 倍稀释制作细管精液，采用 4 种不同离心速度与时间组合，具体数据见表 4.25。

④精液的分装完成处理后，采用自制的细管分装器分别抽管分装，将抽满精液的0.25 mL细管用封口粉封口。

⑤精液的平衡用多层纱布(或毛巾)将细管包裹，然后再放入4℃的环境中降温。采用上午采精、稀释、灌管，中午平衡，下午冷冻的制作流程。平衡的时间一般为3～4 h。

⑥精液的冷冻采用冷冻槽冷冻，液氮面与细管的距离为1～2 cm，熏蒸5 min，装袋标记并投入液氮中。解冻采用40℃温水。

⑦指标测定：精子活率。利用生物显微镜、专用恒温板、数码摄像仪和彩色显示器，由常年从事冻精生产的专业人员目测观察精子的活率。精子畸形率(蓝墨水染色法)，步骤为：抹片-晾干-染色-水洗-晾干-镜检。顶体完整率(姬姆萨染色法)，步骤为：抹片-晾干-固定-水洗-晾干-染色-水洗-晾干-镜检。室温保存12 h活率，即在20℃左右的室温下，将解冻后的细管精液在细管内保存12 h后，再观察精子的活率。

⑧配种试验：发情鉴定。用公羊试情，抓出愿接受公羊爬跨的母羊，结合母羊阴道黏液状况及子宫颈口的开张情况，确定适宜的输精时间。如果母羊外阴黏液量多、黏稠，子宫颈口开张较好，适宜马上输精。如果外阴部黏液很少，子宫颈口开张差，需继续观察。如果外阴部黏液发黄或干成痂块，则发情已过，不能输精。输精采用倒提后腿法输精。冻精解冻后活力要在0.35以上，现解冻现用。每次输精剂量为0.25 mL，有效精子数不少于1 200万，输精深度要在子宫颈口内0.5 cm以上，动作要轻。输精后，做好记录，间隔8～10 h再输1次；不返情观察。对配种的母羊连续试情观察27 d，不返情的即视为妊娠，返情的补配，做好记录。

表4.24 冻前处理方法

| 处理 | 方法 |
| --- | --- |
| 对照一组 | Ⅰ液和Ⅱ液按1∶1混合，原精和混合而成的稀释液按1∶8倍稀释 |
| 试验一组 | 首先用Ⅰ液按1∶4倍稀释原精，另外多加1 mL Ⅰ液，1 500 r/min离心10 min，取出1 mL上清液(含有部分精液)后，按1∶4倍释释原精的比例加入Ⅱ液 |
| 试验二组 | 首先用Ⅰ液按1∶4倍稀释原精，1 500 r/min离心6 min，然后加入和Ⅰ液等量的Ⅱ液 |
| 对照二组 | Ⅰ液和Ⅱ液按1∶1混合，采用混合而成的稀释液按1∶4倍稀释原精，1 500 r/min离心6 min，然后再加入等量的稀释液 |

表4.25 离心速度与时间

| 编号 | 处理组合 |
| --- | --- |
| A | 800 r/min:10 min |
| B | 1 250 r/min:6 min |
| C | 2 000 r/min:3 min |
| D | 2 000 r/min:6 min |

2. 结果与分析

(1)各处理对细管冻精解冻后品质的影响　见表4.26。

表 4.26 不同处理方法对波尔山羊细管冻精解冻后品质的影响

| 处 理 | 活率/% | 畸形率/% | 顶体完整率/% | 室温保存 12 h 后活率/% |
|---|---|---|---|---|
| 对照一组 | 0.385±0.014 Ba | 14.60±0.522 | 54.05±0.965 | 0.327±0.016 Ba |
| 试验一组 | 0.328±0.017 Bb | 15.22±0.526 | 54.62±0.488 | 0.290±0.014 Bb |
| 试验二组 | 0.447±0.037 A | 14.83±0.476 | 55.30±0.636 | 0.395±0.033 A |
| 对照二组 | 0.438±0.031 A | 14.82±0.560 | 55.60±0.077 | 0.383±0.036A |

注：不同大写字母的组间差异极显著（$P<0.01$）；不同小写字母的组间差异显著（$P<0.05$），下表同。

①不同处理方法对解冻后精子活率的影响。从表 4.26 可知，以试验二组效果最好，经 $t$ 检验，与对照一组和试验一组相比差异极显著，与对照二组相比差异不显著；对照二组与对照一组和试验一组相比差异极显著，对照一组与试验一组相比差异显著；试验一组效果最差。

②不同处理方法对解冻后精子畸形率的影响。从表 4.26 可知，经 $t$ 检验，各方法对精子畸形率的影响虽有差异，但差异不显著。

③不同处理方法对解冻后精子顶体完整率的影响。从表 4.26 可知，经 $t$ 检验，各方法对精子顶体完整率的影响虽有差异，但差异不显著。

④不同处理方法对解冻后室温保存 12 h 活率的影响。从表 4.26 可知，以试验二组效果最好，经 $t$ 检验，与对照一组和试验一组相比差异极显著，与对照二组相比差异不显著；对照二组与试验一组相比差异极显著，与对照一组相比差异显著；试验一组效果最差。

（2）离心处理对细管冻精解冻后品质的影响　见表 4.27。

表 4.27 离心处理对波尔山羊细管冻精解冻后品质的影响

| 处理组合 | 活率/% | 畸形率/% | 顶体完整率/% | 室温保存 12 h 后活率/% |
|---|---|---|---|---|
| A:800 r/min:10 min | 0.397±0.015 B | 13.83±0.351 | 51.23±0.701 | 0.343±0.012 B |
| B:1 250 r/min:6 min | 0.493±0.012 Aa | 13.20±0.361 | 54.57±0.305 a | 0.413±0.015 Aa |
| C:2 000 r/min:3 min | 0.407±0.253 b | 13.37±0.351 | 52.60±0.985 | 0.357±0.025 b |
| D:2 000 r/min:6 min | 0.403±0.015 B | 14.87±0.603 | 50.87±0.929 b | 0.347±0.021 B |

①不同离心速度对解冻后精子活率的影响。从表 4.27 可知，以方案 B(1 250 r/min；6 min)效果最好，经 $t$ 检验，与方案 A(800 r/min；10 min)和方案 D(2 000 r/min；6 min)相比差异极显著；与方案 C(2 000 r/min；3 min)相比差异显著；其他方案之间相比差异不显著。

②不同离心速度对解冻后精子畸形率的影响。从表 4.27 可知，以方案 B 精子畸形率最低，经 $t$ 检验，各方案之间相比差异不显著。

③不同离心速度对解冻后精子顶体完整率的影响。从表 4.27 可知，以方案 B 顶体完整率最高，经 $t$ 检验，与方案 D 相比差异显著，其他方案之间相比差异不显著。

④不同离心速度对解冻后室温保存 12 h 活率的影响。从表 4.27 可知，也是以方案 B 效果最好，经 $t$ 检验，结果和对解冻后精子活率的影响一致。

（3）冻精配种试验　用最佳的稀释液配方，对精液离心但不去除精清，并采用最佳的离心方案制作波尔山羊细管冻精，在富民种羊场给 221 只发情母山羊配种，共有 152 只不返情，不返情率为 68.78%。

3. 讨论

(1)在波尔山羊精液冷冻试验中，离心未去精清组的精子品质优于离心部分去精清组和不作离心处理组。究其原因，可归纳为以下几点：①精清中的糖类、脂类(主要是磷脂)、维生素等对精子有利的物质随着离心冲洗处理而离开精子，这对精子是一种损害(刘铮铸等，2002)。据Tuli等(1994)报道，波尔山羊全精液冷冻比去除精清后冷冻的精子活率和精子成活率高。②低速、短时间的离心处理对精子是有益的。周文莲等(1996)通过对12例正常男性精液稀释后仅作离心处理，发现低速(1 000 r/min)、短时间(6 min)的离心能提高精子运动能力，表现为精子的穿透能力增大。③离心处理可使精子的超微结构发生轻微影响，这种轻微影响可使稀释液中的抗冷冻物质(如甘油、葡萄糖等)较快地穿过精子膜，使精细胞内部和外部环境之间的物质达到平衡，并在冷冻过程中起到对精子的保护作用。马毅(2004)应用透射电子显微镜观察发现，离心处理对冻前精子超微结构有轻微影响，并且这种作用呈可逆性。④离心处理可明显降低解冻后精子的谷草转氨酶(GOT)释放量。Roychudhury等发现精子解冻后活率与GOT释放量之间存在着明显的负相关，也就是说，解冻后精子的GOT释放量低，精子的活率必然高。据Tuli报道，波尔山羊去精清组的精子GOT的释放量在冷冻前较全精液GOT的释放量低，但是解冻后精清组的精子GOT的释放量较全精液高(Tule等，1994)。马毅等(2002)发现波尔山羊冷冻精液解冻后，其精子GOT的释放量，离心去精清组为492.8 U±93.5 U，离心未去精清组为258.4 U±10.8 U，两者相比较差异极显著，这一点为本试验结果的正确性提供了有力的证据。

(2)离心处理的方法3是将稀释液分为Ⅰ液和Ⅱ液，离心前用Ⅰ液稀释，目的是防止Ⅱ液中的卵黄在离心时发生沉淀而对精子产生不良影响，但结果表明，离心处理方法4和方法3相比差异不显著，即直接采用一种稀释液处理精液，也可达到理想的效果，这样在生产中更容易推广。

(3)在对精液进行离心处理时，刘铮铸等(2002)、周文莲等(1996)、汤道玲等(2004)均认为1 000 r/min的效果较好，本试验的结果显示，以1 250 r/min、离心6 min效果最佳。离心速率低，时间短，达不到离心的目的；相反，离心速率高，时间长，将会对精子造成危害。离心试验设计的试验组较少是由于在离心试验过程中，发现以1 500 r/min、6 min离心，会有乳白色的沉淀粘在离心管上，且离心速率高、时间长，沉淀会越多，这样会对精子造成一定的物理伤害，而以1 250 r/min、6 min离心时，没有发现沉淀现象。

(4)对精液进行离心不去精清处理，不可避免地会增加对精子的损伤，但通过冻精配种试验，却获得68.78%的不返情率，充分证明离心处理对精子造成的损伤远不及离心处理的正面影响。

### 4.2.4 单细胞凝胶电泳技术检测不同处理山羊精子DNA损伤研究

精子是遗传物质的直接载体，其DNA损伤情况将直接影响精子的质量及其下一代的生长发育。精子DNA的损伤情况是检测精子质量的一个重要依据。已有研究表明，羊精液在冷冻解冻过程中，会造成精子膜完整性破坏、顶体破坏、线粒体结构等受损，从而影响精子的生存能力和受精能力。但对于冷冻解冻过程、精液解冻后不同处理对山羊精子DNA造成何种程度损伤，国内鲜有报道。

单细胞凝胶电泳（single cell gel electro-phresis，SCGE）又称彗星试验，是一种在单细胞水平上检测真核细胞 DNA 损伤与修复的方法。由于其快速、简便和灵敏，已广泛应用于检测淋巴细胞、人类精细胞、鱼类冷冻精子 DNA、猪冷冻精子等的损伤研究。本研究目的即应用彗星试验研究冷冻解冻、$\beta$-巯基乙醇（βME）处理对山羊精子 DNA 完整性损伤程度，在分子水平上对精子进行检测，以探讨 SCGE 技术在评估羊精液冷冻和体外受精中的意义，对建立适宜的羊精液冷冻解冻程序、羊体外受精技术体系以及优良种羊种用价值评定等方面具有指导意义和广泛实用价值。

1. 材料与方法

（1）精液采集　鲜精采自河北农业大学实验牧场种公羊，假阴道法采集种公羊精液。冷冻精液购自保定市畜牧局冻精销售处。

（2）彗星试验　将细管冻精水浴解冻后迅速用 PBS 洗涤调整细胞密度至 $2\times10^5$ mL。样品用 1%～2% $\beta$-巯基乙醇在 4℃下孵育 1～2 h。根据 Franser 等介绍的方法稍作修改后分析精子 DNA 的损伤情况。鲜精作为对照组。

①制片。剪取医用白胶布，将载玻片围成大小约 2 cm×3 cm 的矩形框。先在该矩形框内铺上 120 $\mu$L 0.75%（w/v）正常熔点的琼脂糖（NMA），盖上盖玻片使胶定型，在室温下静置 5 min，此为底层胶。待胶凝固后取下盖玻片，将 10 $\mu$L 精子细胞悬液与 80 $\mu$L 0.5%的低熔点琼脂糖（LMA）在 37℃条件下轻轻吹打混匀，立即铺在底层凝胶上，盖上盖玻片待胶凝固后取下。

②精子裂解。将铺好胶的盖玻片置于裂解液（2.5 mol/L NaCl，100 mmol/L EDTA-Na2，10 mmol/L 的 Tris，pH 值为 10，1%十二烷基肌氨酸钠，1% Triton X-100）在 4℃条件下裂解 2 h，RNA 酶处理（2.5 mol/L NaCl，5 mmol/L 的 Tris，0.05%十二烷基肌氨酸钠，pH 值为 7.4，用前加 RNase-A 至 20 $\mu$g/mL）4℃条件下作用 4 h。最后将玻片移至蛋白酶 K 浓度为 1 g/L的裂解液中 37℃过夜处理。

③电泳。玻片在含有 300 mmol/L 醋酸钠，100 mmol/L Tris 的弱碱性电泳液（pH 值 9.0）中平衡 20 min，在 12 V、100 mA、室温条件下电泳 1 h。电泳时带负电荷 DNA 片段将离开主核向阳极迁移，形成一个像彗星样的托尾，尾的长短与 DNA 损伤的程度有关。

④中和。取出凝胶载玻片，用预冷的 Tris-HCl（pH 值 7.8）漂洗 2 次，每次 8～10 min。4℃避光进行。

⑤染色和观察。取出凝胶载玻片，用 5 $\mu$g/mL 的 Hoechst 33 342浸染 20 min，4℃避光进行。用倒置荧光显微镜（OLYMPUS IX-71 型）观察。

⑥精子 DNA 的损伤分级。根据彗星尾部的 DNA 含量将 DNA 损伤程度分为 5 级。0 级（G0）：<5%，无损伤，精子核完整；1 级（G1）：5%～20%，轻度损伤，可见彗星尾，精子核基本完整；2 级（G2）：20%～40%，中度损伤，可见明显的彗尾，精子核缩小；3 级（G3）：40%～95%，重度损伤，彗尾荧光信号强而密，并见明显缩小的精子核；4 级（G4）>95%，完全损伤，仅见荧光强而密的彗星，精子核基本消失。

⑦结果判定。精子 DNA 的损伤用精子头部中心处的荧光强度与沿迁移方向的强度来表示细胞的总长和尾长，以尾长代表精子损伤的程度。每个样品随机计数 3 次，每次数 50 个精细胞。

（3）试验设计　设 5 个试验组：鲜精（不添加抗冻保护剂）冷冻组、未冻鲜精组、未冻鲜精

1% βME 处理组、冻精解冻 1% βME 处理组和冻精解冻 2% βME 处理组。

(4)数据统计分析　应用统计软件 SPSS 13.0 中的均值方差分析以及卡方检验进行统计分析。

2. 结果与分析

在山羊冻精解冻后，分别用 1%、2% β-巯基乙醇(V/V)处理精液 1 h，并与鲜精作对照进行单细胞凝胶电泳试验，观测精子损伤情况。不同程度受损精子见图 4.5(a-f)，各组彗星率(精子损伤比例)对比见图 4.6。

由表 4.28 看出，均用 1% β-巯基乙醇处理，解冻冻精的 DNA 损伤明显高于未经冷冻鲜精组($P<0.05$)；未冷冻鲜精组彗星率显著($P<0.05$)和极显著($P<0.01$)低于解冻冻精组。而在 β-巯基乙醇处理的两组之间，差异不显著($P>0.05$)。

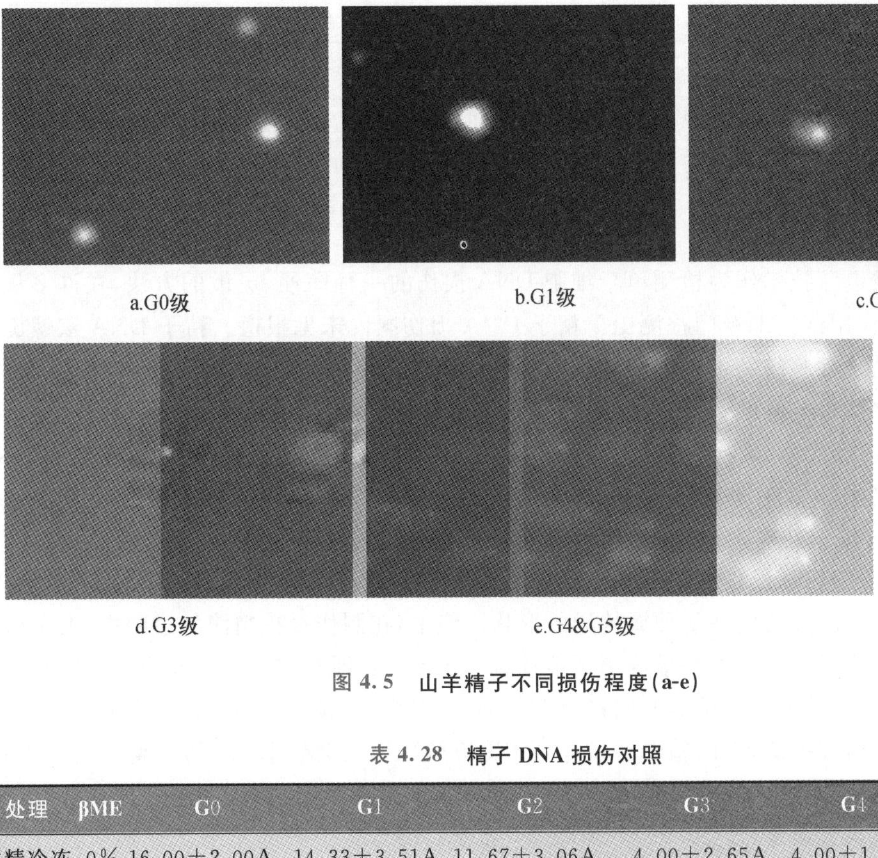

a.G0级　b.G1级　c.G2级

d.G3级　e.G4&G5级

图 4.5　山羊精子不同损伤程度(a-e)

表 4.28　精子 DNA 损伤对照

| 处理 | βME | G0 | G1 | G2 | G3 | G4 | 彗星率/% |
|---|---|---|---|---|---|---|---|
| 鲜精冷冻 | 0% | 16.00±2.00A | 14.33±3.51A | 11.67±3.06A | 4.00±2.65A | 4.00±1.00A | 68.00%Aa |
| 鲜精未冻 | 0% | 45.33±2.31B | 4.33±2.08B | 0.33±0.58Ba | 0Ba | 0B | 9.34%B |
| 鲜精未冻 | 1% | 42.33±1.53B | 4.67±2.08B | 2.00±1.73Bab | 1.00±1.00ABa | 0B | 15.34%BCa |
| 冻精解冻 | 1% | 33.67±3.51Ca | 8.67±3.51BC | 5.00±1.00Bb | 2.67±1.15ABb | 0B | 32.66%CbD |
| 冻精解冻 | 2% | 27.00±5.29Cb | 11.67±2.08AC | 8.67±2.08A | 1.67±1.15ABa | 1.00±1.00B | 46.0%AD |

注：差异极显著($P<0.01$)、差异显著($P<0.05$)分别用不同大、小写字母表示；差异显著者($P<0.05$)先标相同大写字母再标不同小写字母。

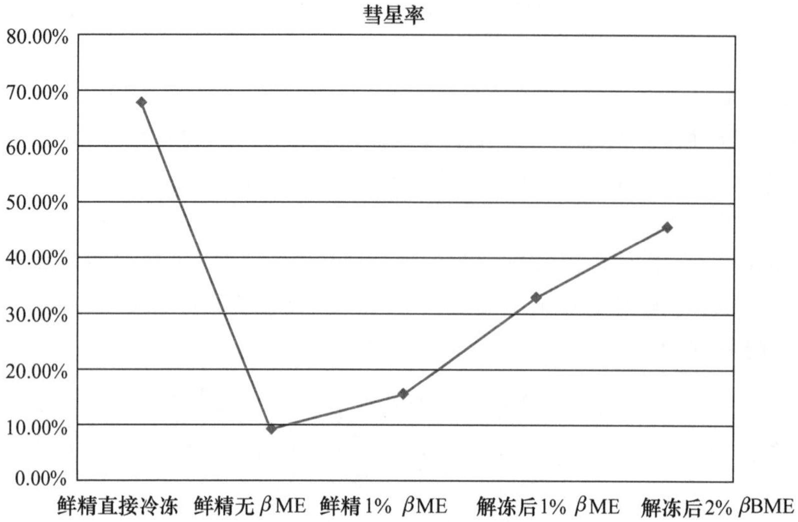


图 4.6 各组彗星率比较

3. 讨论

单细胞凝胶电泳技术作为检测单个细胞 DNA 损伤的一种简便、灵敏的方法，在许多领域得到应用，但是应用该技术专门检测山羊精子 DNA 损伤国内未见报道。精子 DNA 双螺旋与核蛋白构成了精子细胞的基本结构。核蛋白由 85%的鱼精蛋白和 15%的组蛋白组成。DNA 链与鱼精蛋白之间由牢固的二硫键连接，形成了细胞核的独特致密结构，DNA 很难从核蛋白中分离(Ward，1991)。该试验采用 1%～2% β-巯基乙醇对解冻精液进行处理，以破坏 DNA 链与鱼精蛋白之间的二硫键，加快了精子染色体的解聚，造成 DNA 损伤。同时用 RNase-A 和蛋白酶 K 进行消化处理达到分离精子 DNA 的目的。

在精子发生过程中，从精原细胞一直到成熟的精子细胞，其染色体发生了很大的变化，精子发育为具有高度凝集的核并呈种属特异的形状。但是，在制作冷冻精液的过程中，由于精液的稀释、离心，冷冻保护剂的添加量等都可能使精子 DNA 受到损伤。Krzyzosiak 等(2000)研究认为，牛精子在体外处理时精液的稀释及较长时间的孵育会破坏 DNA 的完整性；Hammadehme 等(1999)研究报道，人的精子经过离心和冷冻解冻后也会使 DNA 的完整性发生改变。该试验研究发现，冷冻解冻的山羊精子 DNA 损伤较新鲜羊精液明显升高，未处理鲜精与各处理组彗星率均差异极显著($P<0.01$)。另外，β-巯基乙醇作为一种卵母细胞成熟和胚胎早期发育的促进因子，关于其对山羊精子 DNA 影响的报道较少。本试验结果表明：1%和 2%浓度的 β-巯基乙醇对山羊精子 DNA 均有一定程度损伤。尚江华等(2001)研究了 β-巯基乙醇在水牛体外受精、早期胚胎发育中的作用，发现在体外受精阶段，添加 β-巯基乙醇与不添加组受精卵裂率无显著差异。结合本试验结果，笔者认为，羊卵母细胞体外受精阶段不添加 β-巯基乙醇为宜。

4. 结论

冷冻和 β-巯基乙醇处理均会对山羊精子造成不同程度损伤；山羊体外受精阶段，受精基础液中不宜添加 β-巯基乙醇。单细胞凝胶电泳技术操作简便，是一种简洁有效的检测山羊精子 DNA 损伤的方法。

### 4.2.5 影响山羊卵母细胞 OPS 法冷冻效果因素的研究

OPS 法(即开放式拉长塑料细管法)是目前在卵母细胞的冷冻保存上应用较多的一种方法,它是由丹麦人 Vajta 于 1996 年发明的,并于 1997 年用该法成功地保存了猪的卵母细胞。OPS 管是由 0.25 mL 塑料细管加热后拉制而成,其内径一般为 0.8～1.0 mm,管壁厚度 0.08 mm 左右,约为 0.25 mL 细管直径和管壁厚度的一半。OPS 法的冷冻速率可达 20 000℃/min以上,是细管法的 10 倍左右,这就极大地降低了冷冻损伤,从而提高了冷冻保护效果。Vajta 等(1998)、Hyttel 等(2000)、朱士恩等(2002)、谭世俭等(2002)都曾采用 OPS 法冷冻保存过牛的卵母细胞,且取得了较为理想的结果。刘海军等(2003)用 OPS 法对山羊卵母细胞进行了冷冻保存,得出了 OPS 法冷冻-解冻后卵母细胞的成熟率、受精率和卵裂率等指标均高于常规冷冻法的结论。本试验研究了不同玻璃化液、冷冻基础液以及卵母细胞的成熟阶段等因素对山羊卵母细胞 OPS 法玻璃化冷冻后发育效果的影响,旨在为提高山羊卵母细胞的冷冻保护效果和 OPS 玻璃化冷冻方法的成熟提供技术参考。

1. 材料和方法

(1)材料 ①OPS 管的制备。参照朱士恩等(2002)的方法进行制备。②所需溶液的配制。除特殊说明外,本研究中所使用的试剂均为 Sigma 生产。FS 液的配制:取 300 g/L 聚蔗糖(Ficoll 70),添加 0.5 mol/L 蔗糖,3.0 g/L BSA,经 DPBS(Gibco)溶解后制备而成。玻璃化液 EDFS 40 的配制:FS 液与 EG、DMSO 按 6:2:2(V/V)配比后制备而成。玻璃化液 20% EG+20%DMSO 的配制:EG、DMSO 与 DPBS 按 2:2:6(V/V)配比后制备而成。受精液成分为:SOF(自制)+20 mg/L 肝素钠+20%发情山羊血清(自制)(V/V)。胚胎发育液成分为:SOF+1.0%NEAA(V/V)+2.0%EAA(V/V)。采卵液成分为:M199(Hyclone)+0.420 1 g/L $NaHCO_3$+2.383 g/L Hepes+2.603 g/L Hepes-Na+0.065 g/L 青霉素+0.050 g/L 链霉素+10 mg/L 肝素钠(日本)+1.0 g/L PVP(Amresco)。成熟培养液成分为:M199(Gibco)+10%FCS(杭州)(V/V)+20 AU/L FSH(日本)+5 000 IU/L LH(宁波)+1.0 mg/L $E_2$+0.1 mmol/L $\beta$-巯基乙醇(Merck)。③卵母细胞的采集。卵巢取自河北省唐县畜禽定点屠宰场。将摘取的卵巢放入 30～35℃的生理盐水中,3 h 内带回实验室,用带有 12 号针头的注射器抽吸 2～6 mm 卵泡中的卵母细胞,在实体显微镜下选择带有完整致密卵丘颗粒细胞的卵母细胞复合体(COCs),先用采卵液洗 3～4 遍后,移入成熟培养液,置于 $CO_2$ 培养箱中培养,培养条件为 38.5℃、100%湿度和 5%$CO_2$ 的空气。将入孵 22 h 的卵母细胞用 200 μL 移液器在成熟培养液中吹打卵丘颗粒细胞,以卵母细胞周围留有 2～3 层颗粒细胞为宜,洗 3 遍后先在含 0.75 mg/L 细胞松弛素(CB)的成熟培养液中 37℃处理 30 min,然后用成熟培养液洗 3～4 遍后进行冷冻保存,对照组则直接进行体外受精或激活。

(2)方法 ①卵母细胞的冷冻及解冻。将待冷冻的卵母细胞在 10%EG+10%DMSO 的冷冻液中平衡 30 s 后,将卵母细胞移入 20%EG+20%DMSO(或 EDFS 40)中 25 s 吸入 OPS 管中后立即投入液氮中保存。解冻时,将 OPS 管尖端直接插入到 37℃的 0.5 mol/L 蔗糖液中,用 1 mL 注射器将卵母细胞吹出,停留5 min后,转移至 DPBS+3.0 g/L BSA 中,停留 5 min,用成熟培养液洗 3 遍后,再继续成熟 2 h,进行体外受精或激活。②卵母细胞冷冻效果的评定。体外受精及发育培养：将波尔山羊的冷冻精液解冻后，加 4 mL HSOF（自制）+ 20 mg/L 肝素钠，1 000 r/min 离心 5 min，弃上清，再加入 4 mL HSOF+20 mg/L 肝素钠混匀后，1 000 r/min 离心 5 min，弃上清，加入 1 mL 受精液，混匀后取 10～15 μL 加入到受精液小滴中（使精子密度在 $10^6$ 以上），与成熟卵母细胞共培养 22～24 h 后，用胚胎发育液将多余的精子和颗粒细胞等杂质洗脱掉，最后将其移入胚胎发育液中，38.5℃、5%$CO_2$、饱和湿度培养，观察并记录胚胎发育情况。激活及发育培养：参照敖红等的方法，对冷冻 - 解冻后的成熟山羊卵母细胞进行激活。首先将卵母细胞在含 2 μmol/L 离子酶素的成熟培养液中 37℃处理 4 min，用胚胎发育液洗 3 次，平衡 5 min 后移入含 1.9 mmol/L 6 - 二甲基氨基嘌呤（6-DMAP）的发育液中，在 38.5℃、5%$CO_2$ 和饱和湿度的条件下培养 4 h，用发育液洗 3 遍后，移入胚胎发育液中进行发育培养，观察并记录胚胎发育情况。③统计方法。采用卡方检验和 Excel 软件中的统计方法对试验结果进行统计分析。

2. 结果与分析

(1)不同玻璃化液对山羊卵母细胞冷冻 - 解冻后发育效果的影响　解冻后卵母细胞的形态正常率、体外受精后的卵裂率和囊胚发育率，两种玻璃化液间均不存在显著差异，20%EG+20%DMSO 组与对照组的卵裂率间差异不显著。从囊胚发育率来看，各试验组与对照组间差异均不显著（表 4.29）。

表 4.29　不同玻璃化液冷冻后的山羊卵母细胞体外受精效果

| 玻璃化液 | 冷冻卵母细胞数/枚 | 回收率/% | 形态正常率/% | IVF 后卵裂率/% | 囊胚发育率/% |
|---|---|---|---|---|---|
| 20%EG+20%DMSO | 77 | 93.51 | 79.17a | 33.33ab | 5.26a |
| EDFS 40 | 103 | 94.17 | 73.20a | 30.99a | 4.23a |
| 对照组 | — | — | — | 50.60b | 6.02a |

注：不同的大写字母间表示差异极显著（$P<0.01$），不同的小写字母表示差异显著（$P<0.05$）。下同。

无论是形态正常率、激活后卵裂率，还是囊胚发育率，各试验组间的差异均不显著。但 20%EG+20%DMSO 组激活后的卵裂率与对照组间仍存在显著差异。从激活后的囊胚发育率来看，各试验组与对照组间差异均不显著（表 4.30）。

表 4.30　不同玻璃化液冷冻后的山羊卵母细胞激活效果

| 玻璃化液 | 冷冻卵母细胞数/枚 | 回收率/% | 形态正常率/% | 激活后卵裂率/% | 囊胚发育率/% |
|---|---|---|---|---|---|
| 20%EG+20%DMSO | 96 | 97.92 | 79.79a | 38.67a | 8.00a |
| EDFS 40 | 58 | 96.55 | 75.00a | 33.33a | 7.14a |
| 对照组 | — | — | — | 58.10b | 8.57a |

(2)不同基础液对山羊卵母细胞冷冻-解冻后发育效果的影响　采用 DPBS 和 M 199 作为基础液所配制的 EDFS 40 对山羊的卵母细胞进行 OPS 法玻璃化冷冻，解冻后的形态正常率间、体外受精或激活后的卵裂率间和囊胚发育率间差异均不显著。故 DPBS 和 M 199 均可作为配制用于山羊卵母细胞冷冻保存的玻璃化液的基础液（表 4.31、表 4.32）。

表 4.31 不同基础液对山羊卵母细胞冷冻后体外受精效果的影响

| 玻璃化液 | 冷冻卵母细胞数/枚 | 回收率/% | 形态正常率/% | IVF 后卵裂率/% | 囊胚发育率/% |
|---|---|---|---|---|---|
| DPBS * EDFS 40 | 68 | 95.59 | 75.38a | 30.61a | 4.08a |
| M199 * EDFS 40 | 70 | 94.29 | 71.21a | 27.66a | 4.26a |

表 4.32 不同基础液对山羊卵母细胞冷冻后激活效果的影响

| 玻璃化液 | 冷冻卵母细胞数/枚 | 回收率/% | 形态正常率/% | 激活后卵裂率/% | 囊胚发育率/% |
|---|---|---|---|---|---|
| DPBS * EDFS 40 | 51 | 98.04 | 74.00a | 32.43a | 8.11a |
| M199 * EDFS 40 | 44 | 95.45 | 73.81a | 32.26a | 6.45a |

(3)不同成熟阶段的山羊卵母细胞冷冻-解冻后的发育效果　成熟 22 h 的山羊卵母细胞经 OPS 法冷冻后的形态正常率，显著高于未成熟的卵母细胞，而体外受精和激活后的卵裂率间和囊胚发育率间，差异均不显著，但未成熟卵母细胞经玻璃化冷冻后，无论是体外受精还是激活，均不能发育至桑葚胚或囊胚阶段(表 4.33、表 4.34)。

表 4.33 不同成熟阶段的山羊卵母细胞冷冻后体外受精效果

| 玻璃化液 | 卵母细胞成熟阶段 | 冷冻卵母细胞数 | 回收率/% | 形态正常率/% | IVF 后卵裂率/% | 囊胚发育率/% |
|---|---|---|---|---|---|---|
| 20%EG+20%DMSO | 成熟 22 h | 57 | 96.49 | 80.00a | 31.82a | 4.55a |
| | 未成熟卵 | 52 | 94.23 | 57.14a | 10.71a | 0a |

表 4.34 不同成熟阶段的山羊卵母细胞冷冻后激活效果

| 玻璃化液 | 卵母细胞成熟阶段 | 冷冻卵母细胞数 | 回收率/% | 形态正常率/% | 激活后卵裂率/% | 囊胚发育率/% |
|---|---|---|---|---|---|---|
| 20%EG+20%DMSO | 成熟 22 h | 46 | 97.83 | 82.22a | 37.84a | 8.11a |
| | 未成熟卵 | 55 | 94.55 | 55.78b | 13.79a | 0a |

3. 讨论

(1)不同玻璃化液对山羊卵母细胞解冻后发育效果的影响　试验结果表明，玻璃化液 20%EG+20%DMSO 和 EDFS 40 对山羊卵母细胞的冷冻效果间不存在显著差异。EDFS 40 中添加的大分子物质聚蔗糖的作用是在冷却过程中使溶液变为半固态，进而成为玻璃化固态；而添加蔗糖主要是提高卵母细胞外液的渗透压作用，在冷冻过程中使卵母细胞脱水，同时使渗透性抗冻保护剂渗透到细胞内部(朱士恩等，2002)。而解冻时蔗糖的渗透压作用又能脱出细胞内部的抗冻保护剂，解除其对卵母细胞的化学毒性作用(Sahas，*et al.*，1996；Kasaim，*et al.*，1992)。本研究对比 20%EG+20%DMSO 和 EDFS 40 的冷冻保护效果，目的是比较玻璃化液中蔗糖和聚蔗糖添加与否对山羊卵母细胞冷冻后发育效果的影响，由于添加蔗糖和聚蔗糖，玻璃化液 EDFS 40 的浓度增大、黏稠度增加，给操作带来了不便，试验结果表明，20%EG+20% DMSO 和 EDFS 40 均可作为冷冻山羊卵母细胞的玻璃化液。

(2)不同基础液对山羊卵母细胞解冻后发育效果的影响　研究表明,DPBS 和 M 199 均可作为配制冷冻液的基础液,二者均不影响山羊卵母细胞冷冻后的发育效果。李青旺等(2003)采用玻璃化冷冻法冷冻牛的 IVM 卵母细胞和 GV 期卵母细胞时比较了 PBS 和 TCM 199 对冷冻保护效果的影响,试验结果表明,二者在冷冻保护效果上无显著差异。Vajta 等(1999)用 OPS 法冷冻牛的胚胎时,也比较了 TCM 199 和 PBS 对冷冻保护效果的影响,结果是二者对解冻后胚胎的扩张囊胚率和孵化囊胚率均无影响。DPBS 和 M 199 是目前配制冷冻保护液中常用的两种基础液,从其对山羊卵母细胞冷冻后发育能力的影响上看,基础液的种类不是影响山羊卵母细胞冷冻效果的主要因素。

(3)不同成熟阶段对山羊卵母细胞解冻后发育效果的影响　研究表明,未成熟卵母细胞解冻后的形态正常率显著的低于成熟 22 h 的卵母细胞。刘海军等(2003)在冷冻山羊卵母细胞时发现,不论采用常规冷冻法还是 OPS 法,IVM 卵母细胞和 GV 期卵母细胞除形态上差异不显著外,受精率和卵裂率均是 IVM 卵母细胞高于 GV 期者。这与 Men 等(2002)、李青旺等(2003)关于牛的研究结果类似。未成熟卵母细胞冷冻后发育效果较成熟卵母细胞差,其原因可能是冷冻破坏了卵丘细胞与卵母细胞之间的联系,使细胞信号传导无法进行,而这些信号恰是卵母细胞成熟所必需的(Leddas 等,2001)。而卵母细胞成熟后,卵丘细胞与卵母细胞的缝隙连接数量急剧下降,并且因黏液化和卵丘细胞扩张,卵母细胞和周围的卵丘细胞不再偶联,卵丘细胞的突起自卵母细胞表面收回,这可能是成熟卵母细胞较未成熟卵母细胞耐冻的原因之一。此外,Wub 等(1998)认为,冷冻后的 GV 期卵母细胞微管和纺锤体的形成均受到影响,无法进行正常的减数分裂。再者,研究发现 GVBD 后纺锤体微管的重组对冷冻处理尤其敏感。同时,与成熟卵母细胞相比,未成熟卵母细胞对抗冻保护剂处理也更加敏感。

### 4.2.6　冷冻方法和冷冻保护液对山羊卵母细胞发育的影响

自 Whit tingham(1977)首次报道用常规冷冻法冷冻保存的小鼠卵母细胞成功产出活仔以来,国内外研究者对家畜及人的卵母细胞冷冻保存进行了诸多研究。目前卵母细胞的冷冻主要采用常规冷冻法和玻璃化冷冻法。常用的抗冻保护剂有二甲基亚砜(DMSO)、乙二醇(EG)、1,22-丙二醇(PROH)、蔗糖、聚蔗糖等。本研究从已有的卵母细胞冷冻保存方法和冷冻保护液入手,研究了不同冷冻方法、冷冻保护液对山羊卵母细胞冷冻-解冻后体外受精和激活效果的影响,旨在探索出适合山羊卵母细胞冷冻保存的稳定可靠方法,从而为建立山羊"卵子库",为体外受精、核移植和转基因等胚胎工程技术的发展提供参考。

1. 材料与方法

(1)材料

①开放式拉长塑料细管(OPS)的制备。参照朱士恩等(2002)的方法进行。

②溶液的配制。除特殊说明外,本研究中所使用的试剂均为 Sigma 产品。

FS 液:取 300 g/L 聚蔗糖(Ficoll 70),添加 0.5 mol/L 蔗糖,3.0 g/L BSA,经 DPBS(Gibco)溶解后制备而成。玻璃化液 EDFS 40:FS 液与 EG、DMSO 按 6∶2∶2 配比制备而成。玻璃化液 20%EG+20%DMSO:EG、DMSO 与 DPBS 按 2∶2∶6 配比制备而成。受精液:SOF(自制)+20 mg/L 肝素钠+20%发情山羊血清(自制)。胚胎发育液:SOF+1.0%NEAA+2.0%EAA。采卵液:M 199(Hyclone)+0.420 1 g/L $NaHCO_3$+2.383 g/L Hepes+2.603 g/L

Hepes2 Na＋0.065 g/L 青霉素＋0.050 g/L 链霉素＋10 mg/L 肝素钠（日本）＋1.0 g/L PVP（Amresco）。成熟培养液：M199（Gibco）＋10％FCS（杭州）＋20 IU/L FSH（日本）＋5 000 IU/L LH（宁波）＋1.0 mg/L $E_2$＋0.1 mmol/L β-巯基乙醇。

（2）卵母细胞的采集　卵巢取自于河北省唐县畜禽定点屠宰场。将摘取的卵巢放入30～35℃的生理盐水中，3 h内带回实验室，用带有12号针头的注射器抽吸2～6 mm卵泡中的卵母细胞，在实体显微镜下选择带有完整致密卵丘颗粒细胞的卵母细胞复合体（COCs），先用采卵液洗3～4遍后，移入成熟培养液，置于$CO_2$培养箱中培养。培养条件为38.5℃、100％湿度和5％ $CO_2$的空气。将入孵22 h的卵母细胞用200 μL移液器在成熟培养液中吹打卵丘颗粒细胞，以卵母细胞周围留有2～3层颗粒细胞为宜，洗3遍后先在含0.75 mg/L细胞松弛素（CB）的成熟培养液中37℃处理30 min，然后用成熟培养液洗3～4遍后进行冷冻保存。对照组则直接进行体外受精或激活。

（3）常规冷冻及解冻　将待冷冻的卵母细胞分别在含有0.5 mol/L EG或[PROH（Caledon）]和含有1.0 mol/L EG（或PROH）的冷冻液中各平衡5 min，然后转入含有115 mol/L EG（或PROH）的冷冻液中平衡15 min，同时将卵母细胞装入0.25 mL塑料细管中（图4.7），每管装5～10枚，用封口粉封口后放入程序降温仪内降温。先以1.0℃/min的速率从室温（23～25℃）降至−6.5℃，保持10 min，同时进行人工植冰，再以0.33℃/min的速率继续降温至−35℃，停留15 min后投入液氮中保存。解冻时，将细管从液氮中取出，先在空气中停留8～10 s，然后放入37℃的温水中，待细管中的冷冻液变得透明后取出，剪掉细管的两端，用吸有含1.5 mol/L EG（或PROH）的冷冻液的注射器将卵母细胞冲出。然后分别在含1.0、0.5 mol/L EG（或PROH）的冷冻液中以及DPBS＋3.0 g/L BSA中各停留5 min。用成熟培养液洗3遍，继续培养2 h后进行体外受精或激活。

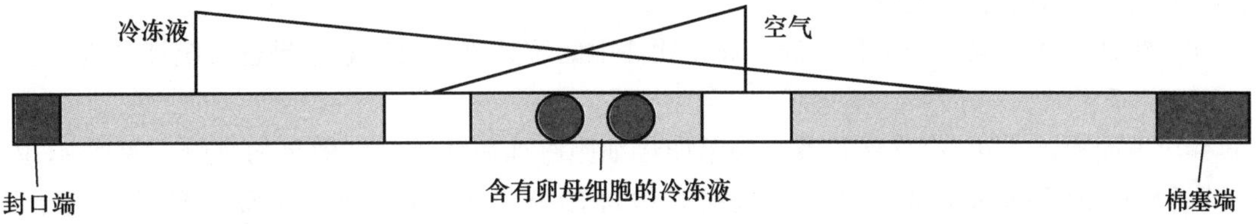


图4.7　常规冷冻装管示意图

（4）玻璃化细管法冷冻及解冻　将待冷冻的卵母细胞在10％EG＋10％DMSO的冷冻液中平衡5 min，然后将卵母细胞转至预先装好EDFS 40（或20％EG＋20％DMSO）的0.25 mL的塑料细管中（图4.8），用封口粉封口后投入液氮中保存。卵母细胞从接触到EDFS 40（或20％EG＋20％DMSO）至投入液氮的时间在25～30 s之内。解冻时，将细管从液氮中取出，先在空气中停留8～10 s，然后放入37℃的温水中，待细管中的蔗糖端变得透明后取出，剪掉细管的两端，用吸有0.5 mol/L蔗糖的注射器将卵母细胞从细管中冲入盛0.5 mol/L蔗糖的表面皿中，停留5 min后，将卵母细胞转移至DPBS＋3.0 g/L BSA中，停留5 min后，用成熟培养液洗3遍，再继续成熟2 h，进行体外受精或激活。

（5）OPS法冷冻及解冻　将待冷冻的卵母细胞在10％EG＋10％DMSO的冷冻液中平衡30 s后，移入20％EG＋20％DMSO（或EDFS 40）中25 s，吸入OPS管中后立即投入液氮中保存。解冻时，将OPS管尖端直接插入到37℃的0.5 mol/L蔗糖液中，用1 mL注射器将卵母

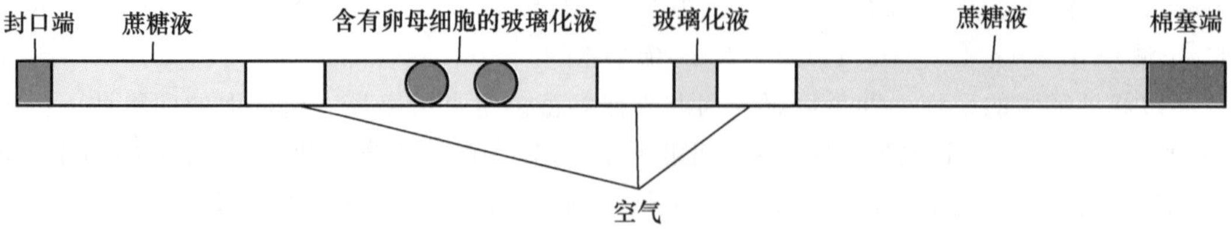


图 4.8 玻璃化细管法冷冻装管示意图

细胞吹出，停留 5 min 后，转移至 DPBS+310 g/L BSA 中，停留 5 min，用成熟培养液洗 3 遍后，再继续成熟 2 h，进行体外受精或激活。

(6)卵母细胞冷冻效果的评定

①体外受精及发育培养：将波尔山羊的冷冻精液解冻后，加 4 mL HSOF(自制)+20 mg/L肝素钠，1 000 r/min 离心 5 min，弃上清，再加入 4 mL HSOF+20 mg/L 肝素钠混匀后，1 000 r/min 离心 5 min，弃上清，加入 1 mL 受精液，混匀后，取 10～15 mL 加入到受精液小滴中(使精子密度在 $10^6$ 个/mL 以上)，与成熟卵母细胞共培养 22～24 h 后，用胚胎发育液将多余的精子和颗粒细胞等杂质洗脱掉，最后将其移入胚胎发育液中，38.5℃、5%$CO_2$、饱和湿度培养，观察并记录胚胎发育情况。

②激活及发育培养：参照敖红等(2003)的方法对冷冻-解冻后的成熟山羊卵母细胞进行激活。首先将卵母细胞在含 2 μmol/L 离子酶素的成熟培养液中 37℃处理 4 min，用胚胎发育液洗 3 次，平衡 5 min 后，移入含 1.9 mmol/L 62 - 二甲基氨基嘌呤(62DMAP)的发育液中，在 38.5℃、5%$CO_2$ 和饱和湿度的条件下培养 4 h，用发育液洗 3 遍后，移入胚胎发育液中进行发育培养，观察并记录胚胎发育情况。

(7)统计方法　采用卡方检验和 Excel 软件中的统计方法对试验结果进行统计分析。

2. 结果

(1)不同冷冻方法、冷冻保护液对山羊卵母细胞解冻后体外受精效果的影响　见表 4.35。以 EDFS 40 为冷冻保护液的细管法玻璃化冷冻的卵母细胞，其形态正常率极显著高于以 EDFS 40 为冷冻保护液的 OPS 法，显著高于以 20%EG+20%DMSO 为冷冻保护液的细管法玻璃化冷冻，而其他各组的形态正常率间差异均不显著。从体外受精后的卵裂率来看，OPS 法的效果最好，但同样是 OPS 法，冷冻保护液 20%EG+20%DMSO 略好于 EDFS 40，以 20%EG+20%DMSO 为冷冻保护液的 OPS 法与对照组的卵裂率间差异不显著，而以 EDFS 40 为冷冻保护液的 OPS 法则显著低于对照组的卵裂率，但各试验组间体外受精后的卵裂率间均不存在显著差异。从桑囊发育率来看，各试验组与对照组以及各试验组间差异均不显著，但以 20%EG+20%DMSO 为冷冻保护液的 OPS 法的结果与对照组最为接近。

(2)不同冷冻方法、冷冻保护液对山羊卵母细胞解冻后激活效果的影响　见表 4.36。无论是形态正常率、激活后卵裂率，还是桑囊发育率，各试验组间的差异均不显著。从激活后的卵裂率来看，仍然是 OPS 法的效果最好，但与对照组间仍存在着显著的差异。而常规冷冻法和细管法玻璃化冷冻的山羊卵母细胞激活后，卵裂率与对照组间存在极显著的差异。从激活后的桑囊发育率来看，各试验组与对照组间差异均不显著，但仍然以 20%EG+20%DMSO 为冷冻保护液的 OPS 法的效果与对照组最为接近。

表 4.35 不同冷冻方法、冷冻保护液冷冻后的山羊卵母细胞体外受精效果比较 枚

| 冷冻方法 | 冷冻保护液 | 冷冻卵母细胞数 | 回收卵数及回收卵率/% | 形态正常数及正常率/% | IVF后卵裂数及卵裂率/% | 桑囊发育数及发育率/% |
|---|---|---|---|---|---|---|
| 常规冷冻 | 1.5 mol/L PROH | 59 | 59(100) | 46(77.97)$^{ab}$ | 11(23.91)$^{Ab}$ | 1(2.17)$^{a}$ |
| | 1.5mol/L EG | 74 | 73(98.65) | 64(84.93)$^{ab}$ | 16(25.81)$^{Ab}$ | 2(3.23)$^{a}$ |
| 细管法玻璃化冷冻 | 20%EG+20%DMSO | 66 | 65(98.48) | 57(87.69)$^{ab}$ | 14(24.56)$^{Ab}$ | 2(3.51)$^{a}$ |
| | EDFS 40 | 94 | 92(97.87) | 83(90.22)$^{ab}$ | 21(25.30)$^{Ab}$ | 3(3.61)$^{a}$ |
| OPS 法 | 20%EG+20%DMSO | 77 | 72(93.51) | 57(79.17)$^{ab}$ | 19(33.33)$^{ab}$ | 3(5.26)$^{a}$ |
| | EDFS 40 | 103 | 97(94.17) | 71(73.20)$^{ab}$ | 22(30.99)$^{b}$ | 3(4.23)$^{a}$ |
| 对照 | — | — | — | — | 42/83(50.60)$^{ab}$ | 5/83(6.02)$^{a}$ |

注:同列肩标不同的大写出字母表示差异极显著($P<0.01$),同列肩标不同的小写字母表示差异显著($P<0.05$),具有相同字母表示差异不显著($P>0.05$)。下同。

表 4.36 不同冷冻方法、冷冻保护液冷冻后的山羊卵母细胞激活效果比较 枚

| 冷冻方法 | 冷冻保护液 | 冷冻卵母细胞数 | 回收卵数及回收率/% | 形态正常数及正常率/% | 激活后卵裂数及卵裂率/% | 桑囊发育数及发育率/% |
|---|---|---|---|---|---|---|
| 常规冷冻 | 1.5 mol/L PROH | 47 | 47(100) | 37(78.72)$^{2}$ | 9(24.32)$^{A2}$ | 1(2.70)$^{2}$ |
| | 1.5 mol/L EG | 71 | 71(100) | 61(85.92)$^{2}$ | 18(29.51)$^{A2}$ | 4(6.56)$^{2}$ |
| 细管法玻璃化冷冻 | 20%EG+20%DMSO | 59 | 59(100) | 51(86.44)$^{2}$ | 16(31.37)$^{A2}$ | 3(5.88)$^{2}$ |
| OPS 法 | EDFS 40 | 67 | 66(98.51) | 59(89.39)$^{2}$ | 18(30.51)$^{A2}$ | 4(6.78)$^{2}$ |
| | 20%EG+20%DMSO | 96 | 94(97.92) | 75(79.79)$^{2}$ | 29(38.67)$^{2}$ | 6(8.00)$^{2}$ |
| | EDFS 40 | 58 | 56(96.55) | 42(75.00)$^{2}$ | 14(33.33)$^{2}$ | 3(7.14)$^{2}$ |
| 对照 | — | — | — | — | 61/105(58.10)$^{Bb}$ | 9/105(8.57)$^{2}$ |

3. 讨论

(1)冷冻保存方法对山羊卵母细胞发育效果的影响 从体外受精和激活后卵母细胞的发育效果看,玻璃化冷冻好于常规冷冻。而从冷冻-解冻后的卵裂率和桑囊发育率来看,只有OPS法与对照组间不存在显著差异或差异较小。因此,OPS是冷冻保存山羊卵母细胞较为理想的方法。刘海军等(2003)在用常规冷冻法和OPS玻璃化法保存山羊IVM卵母细胞时发现,受精率和细胞发育率OPS玻璃化法的效果均显著高于常规冷冻法。常规冷冻法的效果低于玻璃化冷冻法,其原因是,在常规冷冻时细胞内外会形成冰晶,冰晶的形成对细胞造成物理性损伤,从而影响其活力。此外,目前所使用的抗冻保护剂对细胞均有一定的毒性,对细胞毒性的大小与溶液的浓度、化学成分、平衡温度以及平衡时间成正相关。常规冷冻的平衡时间相对较长,这就加大了对卵母细胞的毒性,导致其活力下降。而OPS法玻璃化冷冻,首先在细胞内外不形成冰晶,而是成为玻璃化固态,这就有效地降低了对细胞的物理性损伤;再者,由于冷冻液的体积较小(约2 μL),且OPS管壁很薄,降温和解冻时升温的速率都比细管法快得多。据测定,在OPS冷冻过程中,OPS管里的液体在−175～−25℃间的降温速率为22 500 ℃/min,在

0～－195℃间为 16 700 ℃/min,而作为对照仅装入 4 μL 冷冻液的 0.125 mL 细管的降温速率则分别为 25 500 ℃/min 和 24 380 ℃/min(Wagta J,*et al.*,1998)。OPS 管的温度变化速率约是普通细管的 10 倍,冷却速率的增加相应地降低了冷冻损伤。同时,在解冻过程中,OPS 管中的冷冻液立即得到稀释,卵母细胞在高浓度冷冻液中总的处理时间很短(约 30 s),这使冷冻保护剂对细胞的毒性降到了最低程度。由于 OPS 法操作简便,冷冻效果好,且不需要昂贵的降温设备,因此在卵母细胞的冷冻保存上具有非常广阔的应用前景。

(2)冷冻保护液对山羊卵母细胞发育效果的影响　试验结果表明,以 20%EG+20%DMSO 为冷冻保护液的 OPS 法冷冻的山羊卵母细胞发育效果最好,其次是以 EDFS 40 为冷冻保护液的 OPS 法冷冻,然而在细管法玻璃化冷冻中,则是 EDFS 40 的冷冻效果略好于 20%EG+20%DMSO,但它们的冷冻效果间不存在显著差异。对于常规冷冻而言,则是1.5 mol/L EG 好于 1.5 mol/L PROH。在玻璃化液中,选择 EG 和 DMSO 作为渗透性抗冻保护剂,是因为 EG 的相对分子质量较小,对细胞膜的通透性较强,化学毒性较小,但玻璃化形成状态差些;而 DMSO 的相对分子质量较 EG 大,渗透性也差些,化学毒性较大,但形成玻璃化状态要好一些。为此,2 种抗冻保护剂混合后,既提高了抗冻保护剂的渗透性,又缓解了 DMSO 的化学毒性,玻璃化状态形成的比较彻底。EDFS 40 中添加的大分子物质聚蔗糖的作用是,在冷却过程中使溶液变为半固态,进而成为玻璃化固态;而添加蔗糖主要是提高卵母细胞外液的渗透压作用,在冷冻过程中使卵母细胞脱水,同时使渗透性抗冻保护剂渗透到细胞内部。而解冻时,蔗糖的渗透压作用又能脱出细胞内部的抗冻保护剂,解除其对卵母细胞的化学毒性作用(Saha S,*et al.*,1996;Kasai M,*et al.*,1992)。在常规冷冻时,选择 EG 和 PROH 作为抗冻保护剂是因为二者的相对分子质量较小,渗透性较强,只需很短的时间就可以进入细胞内部(Renard J P,1984)。另外,PROH 还有助于细胞质在冷冻过程中变为无定型状态,这种状态在低温下稳定性很强,可限制解冻时冰晶的形成(Boutron P,1979)。但 Kasai M 等(2004)指出,EG 是目前应用最为广泛的渗透性抗冻保护剂。试验结果表明,EG 和 PROH 对山羊卵母细胞冷冻保护效果间差异不显著,但 EG 的效果略好于 PROH。无论是何种冷冻方法、冷冻保护液,冷冻-解冻后的山羊卵母细胞激活后的发育效果均好于体外受精后发育效果。首先,激活消除了精子因素对胚胎发育效果的影响。再者,由于冷冻会使微绒毛减少或消失,这将影响受精过程,而精子质膜不与缺乏微绒毛区域的卵膜融合(孙清原,1994),这可能是导致体外受精效果低于激活的原因之一。冯怀亮等(1995)将解冻后的牛卵母细胞和未经冷冻的卵母细胞用蛋白酶溶解透明带,结果发现,冷冻后的卵母细胞的透明带对蛋白酶的抵抗力增强。这可能是引起冷冻后的卵母细胞受精率下降,且低于激活效果的又一重要原因。

### 4.2.7　小结

(1)在夏洛来种公牛日粮中添加 diludine(二氢吡啶),可以提高种公牛采精量、精子活率、增加有效精液量,使冻精产量提高。可充分发挥优种公牛的生产潜力和获得良好的社会、经济效益。

(2)在波尔山羊精液冷冻试验中,离心不去除精清组的精子品质优于离心去除精清组和不作离心处理组。究其原因,可归纳为以下几点:①精清中的糖类、脂类(主要是磷脂)、维生素等对精子有利的物质随着离心冲洗处理而离开精子,这对精子是一种损害。②低速、短时间的离心处理对精子是有益的。短时间(6 min)的离心能提高精子运动能力,表现为精子的穿透能力增大。③离心处理可使精子的超微结构发生轻微影响，这种轻微影响可使稀释液中的抗冷冻物质（如甘油、葡萄糖等）较快地穿过精子膜，使精细胞内部和外部环境之间的物质达到平衡，并在冷冻过程中起到对精子的保护作用。④离心处理可明显降低解冻后精子的谷草转氨酶(GOT)释放量。精子解冻后活率与GOT释放量之间存在着明显的负相关，也就是说，解冻后精子的GOT释放量低，精子的活率必然高。波尔山羊去精清组的精子GOT的释放量在冷冻前较全精液GOT的释放量低，但是解冻后精清组的精子GOT的释放量较全精液高。

(3)冷冻和$\beta$-巯基乙醇处理均会对山羊精子造成不同程度损伤，为评价冻精质量提供了依据。单细胞凝胶电泳技术操作简便，可作为一种简单有效的检测山羊精子DNA损伤的方法。

(4)20%EG+20%DMSO和ED 40均可作为冷冻山羊卵母的玻璃冷冻液；DPBS和M 199均可作为配制冷冻液的基础液，二者均影响山羊卵母细胞冷冻后的发育效果。

(5)DPBS和M 199均可作为配制冷冻液的基础液，二者均不影响山羊卵母细胞冷冻后的发育效果。未成熟卵母细胞解冻后的形态正常率显著得低于成熟22 h的卵母细胞。未成熟卵母细胞冷冻后发育效果较成熟卵母细胞差，其原因可能是冷冻破坏了卵丘细胞与卵母细胞之间的联系，使细胞信号传导无法进行，而这些信号恰是卵母细胞成熟所必需的。而卵母细胞成熟后，卵丘细胞与卵母细胞的缝隙连接数量急剧下降，并且因黏液化和卵丘细胞扩张，卵母细胞和周围的卵丘细胞不再偶联，卵丘细胞的突起自卵母细胞表面收回，这可能是成熟卵母细胞较未成熟卵母细胞耐冻的原因之一。

（作者：桑润滋、李雪松、王保安、杨凌、赵宏远、李俊杰、吴云海、张国磊）

## 4.3 胚胎分割技术研究

### 4.3.1 概述

1. 胚胎分割的概念和意义

胚胎分割是继胚胎移植后迅速发展起来的一项胚胎工程新技术，它是指采用机械方法，用特制的显微刀片或玻璃微针将早期胚胎分割成为2等分，4等分或8等分，从而获得同卵双生、四生或八生的一项技术。由于来自同一枚胚胎的分割胚发育成为的个体具有相同的遗传物质，故胚胎分割也是获得克隆动物的方法之一。此外，通过胚胎分割，可以提高胚胎的利用率，增加每枚胚胎的后代繁殖数，并便于胚胎的性别鉴定，故在胚胎移植的推广过程中具有一定的实用价值。

2. 发展概况

最早的胚胎分割试验是在家兔进行的。1968年，Mullar等将家兔的8细胞胚胎一分为二，移植给受体母兔后，生出了仔兔。随后，Trounson和Moore(1974)分割绵羊胚胎，繁殖出同卵双羔。1979年，Willadsen等对绵羊胚胎进行分割，移植后成功地获得了一批绵羊早期胚胎分割的同卵双生后代。

进入20世纪80年代后，哺乳动物的胚胎分割技术发展很快。1981年，Willadsen等用玻璃细管针将绵羊4细胞和8细胞的早期胚胎分成四分胚和八分胚，成功地获得同卵四羔和同卵三羔。Ozoil 等(1982)把分割后的 14 枚牛二分胚分别装入备用透明带,立刻移植给 14 头受体,结果 9 头妊娠,其中 6 头怀有同卵胚胎。Williams 等(1982)分割受精后第 5.5～7 天牛胚胎,将半胚移植到黄牛子宫角,9 头妊娠,其中 6 头产下双犊。Gatica 等(1984)简化了操作方法,将卵裂球从透明带内取出,用玻璃针一分为二,再将半胚分别移入备用透明带中直接给 17 只受体,有 9 只妊娠,其中 7 只双胚。1984 年 6 月,Tsunoda 等报道了关于山羊胚胎的显微操作和冷冻山羊半胚的移植结果。1986 年,Warfied 等的研究表明:分割牛的晚期桑葚胚和囊胚,装与不装透明带对其半胚的体内存活率无明显影响。这说明在晚期桑葚胚以后的二分胚在子宫内发育,透明带并不是必不可少的,从而简化了胚胎分割程序。此外在马(Allen, *et al.*, 1984)、猪(Nagashima, *et al.*, 1988)等家畜也获得了同卵双生的后代。

胚胎分割和低温保存相结合是胚胎生物工程发展的一个新趋势。分割后半胚的冷冻和冷冻一解冻胚胎均取得成功。Willadsen 等(1980)将分割后的 12 枚绵羊半胚低温保存 1～2 个月后解冻,将其中 9 枚半胚进行移植,结果获得 3 只羔羊,其中 2 只同卵双生。Lehn-Jenson 等(1983)将牛桑葚胚分割后装入透明带,用琼脂包埋,经体内培养,选择发育至晚期桑葚胚的半胚冷冻,解冻后移植的半胚受胎率为 60%。另外,胚胎分割也可以与性别鉴定结合起来,将一半冷冻保存,另一半作染色体组型分析或 PCR 检测,即可判定其性别。结合半胚冷冻,可以建立已知性别的半胚冷冻库,这对于动物性别控制具有重大意义。

3. 胚胎分割的方法

(1) Williams 分割法　Williams 等(1982)将非手术采集的胚胎用显微细管固定,用显微外科刀从固定点的对面切割,将胚胎一分为二,其中一枚半胚移入备用的透明带内,另一半胚保留在原透明带内,随后将分割胚胎移植给受体家畜。该方法获得的分割胚移植妊娠率高,但操作比较烦琐,因此用于生产还有一定难度。

(2) Willadsen 分割法　将早期胚胎(2～16 - 细胞)手术法取出后,用显微吸管固定,用显微玻璃针切开透明带,分离卵裂球,并分别移入准备好的透明带内。此方法对胚胎损伤不大,可达到同卵多胎的目的,但技术要求更严格。

(3) 徒手切割法　该法是由内蒙古畜牧科学研究所建立的。在 90 mm×45 mm 塑料培养皿内,做数个约100 μL 的液滴,置于实体显微镜载物台上,移一枚胚胎入液滴,用右手拇指和食指捏好刀片,角度以指肚能接触皿底为宜,先用刀片在含有胚胎的液滴平皿底部轻轻划一痕,把胚胎拨移至痕迹线上,刀刃在胚胎中部由上至下将胚胎一分为二,再用吸管将 2 枚半胚移入净液滴洗净,装管移植。陈静波等用此法切割 12 枚牛的胚胎和 13 枚绵羊胚胎,移植后获得 9 头犊牛和8 只羔羊。这种分割方法简便易行,无需使用专门复杂的仪器,成功率也较高,现场生产条件下即可进行,但需防止胚胎污染。

(4) 酶消化透明带显微玻璃针分割法　在 25～27℃温度下,将卵子移入 0.2%～0.5%链霉蛋白酶液,经 3 min 以上,在体视镜下观察卵子。将透明带已脱落的卵子移至添加 BSA 的培养液中,洗涤除去透明带,再放入无 $Ca^{2+}$、$Mg^{2+}$ 的 PBS 中,用玻璃针直接分割。Nagashima 等人及 Tsunoda 等应用该法对小鼠的胚胎进行分割,将无明显卵裂球损伤的半胚移植给假孕母鼠获得半胚鼠。

用显微手术分割相对其他方法较为理想,操作程序大为简化,不需要酶消化透明带,用持卵器吸住胚胎,显微手术刀直接分割,胚胎在室温中暴露时间大为缩短,有利于胚胎的发育。若操作熟练,每个胚胎需 1 min 左右。但是,用显微手术刀直接分割胚胎,或多或少有胚胎卵裂球损伤,体外培养容易形成内细胞团发育不良的假囊胚。

我国学者近年也进行胚胎分割移植试验的研究,并取得了比较理想的成果。谭丽玲等(1987)牛 1/2 分割成功,蒋世娥等(1987)绵羊 1/2 分割产羔,郭志勤等(1989)绵羊 1/2 分割产同卵双羔,江苏农业科学院和中国科学院遗传所(1989)山羊 1/2 分割产羔,张涌等(1989)山羊 1/2 分割产同卵双羔,郭志勤等(1990)绵羊四分胚产同卵 3 羔。窦忠英等(1987)牛胚胎 1/2 分割产犊,谭丽玲、桑润滋等(1989)奶牛半胚移植黄牛产同卵双犊,谭丽玲、廖合模等(1989)奶牛 1/2 胚胎分割产同卵双犊,窦忠英等(1992)牛四分胚产同卵 3 犊,冯书堂等(1995)分割猪胚胎产仔,柏学进等(1996)奶牛半胚冷冻产犊,桑润滋、朱士恩等(1999)分割玻璃化冷冻牛胚胎产犊。

本节对简易胚胎分割仪的研制、新鲜和冷冻胚胎分割方法、提高分割胚胎移植妊娠率、奶牛半胚移植黄牛及玻璃化冷冻牛胚胎的分割等进行了研究。

### 4.3.2 HB-8804 型胚胎分割仪的研制及分割牛胚胎试验

动物胚胎分割技术,是 20 世纪 80 年代发展起来的一项胚胎生物技术,1985 年联邦德国 Nackel/Bremeehaven 奶牛胚胎移植站,分割牛胚胎 39 枚,将 78 枚半胚移植 78 头受体,结果 44 头受体妊娠,移植妊娠率为 56.4%,其中 16 头为孪生犊牛。Leibo(1987)分割 422 枚牛胚胎,半胚移植妊娠率为 52.4%,已接近整胚(56.5%)的水平。

国内窦忠英等(1986)研制出我国首例分割牛胚胎产下的单胎牛犊;谭丽玲等(1987)研制出我国首例胚胎分割产下的孪生牛犊。研究表明胚胎分割技术,不仅对扩大胚胎来源有重要意义,而且可人为制造同卵双仔。因分割仪为国外生产且价格昂贵,为了解决胚胎分割的手段问题,以促进我国动物胚胎分割技术的研究与开发,为此"河北省奶牛胚胎移植技术研究中心"于 1988 年初开展了胚胎分割仪的研制及分割牛胚胎试验。

1. 材料和方法

(1)分割仪主要以淘汰的显微镜零部件为主进行研制。

(2)供体牛为本"中心"的成年黑白花奶牛,年产奶量 6 000 kg 左右。

(3)受体牛为本"中心"低产奶牛和河北丰南县的农户黄牛。

(4)按常规超排方法对黑白花奶牛进行超排,第 7~8 天用非手术方法采集胚胎。FSH 的武汉生化制药厂产品批号 860501,15-甲基 $PGF_{2\alpha}$ 为上海五洲药厂生产。

(5)用形态鉴定法对早期胚胎进行鉴定,选择 A、B 级胚胎进行分割。

(6)胚胎分割和装管　胚胎不经链霉蛋白酶软化处理,而是在室温下将胚胎直接放入盛有灭活的 20%犊牛血清的 PBS 液的培养皿内,为防止胚胎滚动,把胚胎放在事先经刀片对培养皿底部划成的沟内,将培养皿置于体视显微镜下,将自制分割仪的微玻璃针水平置于胚胎上方正中,然后调节旋钮,立刻从上往下切,胚胎即被分成两部分,让半胚在培养皿内恢复一段时间后,不需要再装入透明带内,而是直接将裸半胚或留在不完整透明带内,半胚成对装入 0.25 mL 塑料细管内待移植。

(7)半胚移植　一种方法是,分割后的半胚立即用非手术法移入经同期发情处理、生殖疾能正常的本"中心"低产受体牛子宫角内。另一种方法是把装有囊胚的 0.25 mL 细管放入 1 只试管内,用棉塞塞紧,用汽车运至距分割地 20~50 km 的河北省丰南县农户黄牛。受体黄牛同样经同期发情处理且生殖机能正常。

2. 结果

(1)研制成功 HB-8804 型胚胎分割仪。HB 即河北二字汉语拼音字头，8804 型，即 1988 年 4 月研制成功并投入使用。该分割仪由持针器、调节旋钮、中轴、底坐、体视显微镜五部分构成(图 4.9)。

(2)共分割黑白花奶牛处于桑葚胚和早期囊胚阶段的胚胎 7 枚，将分割后的 7 对半胚，共移植 7 头受体牛(每头一对半胚)，经 90 d 后直检，结果有 3 头妊娠，移植妊娠率为 42.7%(3/7)，除一头流产外，其余两头分别于 1989 年 3 月 3 日和 3 月 14 日产下公、母奶牛犊各一头。

3. 结论

用自制的 HB-8804 型分割仪(图 4.9)，分割黑白花奶牛胚胎(一分为二)经移植后能产下成活犊牛。

图 4.9　桑润滋教授介绍自制 HB-8804 型简易胚胎分割仪

### 4.3.3　奶牛半胚移植于农户黄牛试验

近几年来，我们和一些单位相继移植奶牛胚胎到黄牛获得成功。实践证明，在我国当前缺少奶牛、牛奶供应不足的情况下，利用胚胎移植技术和丰富的黄牛资源是加速发展我国奶牛业的有效途径之一。如果结合胚胎分割技术，把 1 个胚胎分割成 2 个，使原有的胚胎数增加 1 倍，移植后就可以获得更多的奶牛(谭丽玲等，1989；Williams 等，1984；Leibo 等，1987)。这样更利于生产上应用和推广。我国奶牛多集中在城郊或国营农牧场。而黄牛大都在边远地区或分散饲养在农民家中，交通不便，给胚胎分割后尽快移植带来很大困难。本试验目的在于探索在农牧场分割的奶牛半胚移植给远处的农户黄牛的可能性。

1. 材料和方法

试验于 1988 年 5—6 月在本“中心”进行。供体为 3～9 岁的黑白花奶牛。年产奶量 6 000 kg左右。用国产促卵泡素(FSH，武汉生化制药厂产品，批号 860501)和前列腺素(15-甲基—$PGF_{2\alpha}$，上海五洲药厂产品）按常规超排方法处理供体奶牛。发情输精后，在第 7 天非手术采集胚胎并鉴定其质量。选择优质（1 级）胚胎（晚桑葚到囊胚期）用简单的方法进行分割。

分割时，把胚胎放在盛有 PBS 液（含 20%灭活小牛血清）的培养皿内，置于立体显微镜下，用 1 根固定在一侧显微操作器或自制分割仪上的微玻璃针，水平地放在胚胎上方正中（分割囊胚时要放在内细胞团上方正中）然后从上向下迅速压向培养皿底部。胚胎立即被分成相等两半。把这些没有透明带的半胚成对地吸入 0.25 mL 的塑料细管内，再把细管放入 1 支试管中或直接装入移植枪内，由汽车运至距"中心"40～50 km 的丰南县农户现场进行移植。在整个运输途中，使塑料细管保持水平状态，尽量避免无透明带的半胚受到震动。半胚在体外停留时间为 3～8 h。

受体黄牛预先已观察到与供体发情同期（±1 d），每头受体非手术移入 1 对半胚至黄体侧子宫角内。未返情的受体在 80～90 d 直肠检查确定是否妊娠。对初生犊牛称重。

2. 结果与分析

11 枚奶牛胚胎等分成 22 枚半胚。把 11 对裸半胚非手术移植给 11 头黄牛受体后，有 6 头受体（54.5%）妊娠。除 1 头受体后来流产外，其余 5 头受体足月产出 7 头奶牛犊，有两对同卵双胎。这是我国奶牛分割胚胎移植黄牛获得的首例同卵双犊，见彩图 4。除 1 对双胎是公犊外，其余 5 头均为母犊，见表 4.37。

表 4.37 等分 7 d 的奶牛胚胎，无带半胚成对移植给黄牛后的妊娠和产犊结果

| 供体牛号 | 受体牛畜主 | 分割前胚胎 | | 半胚在体外停留时间/h | 妊娠 | 产犊情况 | 初生重/kg |
|---|---|---|---|---|---|---|---|
| | | 发育阶段 | 质量 | | | | |
| 3808 | 郭东芬 | 早囊胚 | 1 级 | 6.5 | — | | |
| 3808 | 田仲明 | 囊胚 | 1 级 | 4.5 | — | | |
| 3808 | 蔺步来 | 早囊胚 | 1 级 | 5.0 | + | 母 | 42 |
| 3808 | 郭殿功 | 早囊胚 | 1 级 | 5.0 | + | 母 | 45 |
| 3808 | 阎振权 | 囊胚 | 1 级 | 6.5 | + | 双母 | 29.30 |
| 3398 | 郑士宽 | 晚桑葚 | 1 级 | 3.5 | — | | |
| 3398 | 朱玉良 | 晚桑葚 | 1 级 | 8.0 | + | 双公 | 33.35 |
| 4140 | 于来源 | 早囊胚 | 1 级 | 3.0 | — | | |
| 4140 | 刘双存 | 晚桑葚 | 1 级 | 7.0 | + | 母 | 46 |
| 4140 | 刘勇昌 | 晚桑葚 | 1 级 | 7.0 | + | 流产 | |
| 4140 | 刘春才 | 晚桑葚 | 1 级 | 8.0 | — | | |

结果表明：①用上述方法分割的奶牛半胚，不需再装回空透明带内。在经过一段较长时间运输后，成对移植到农户的黄牛受体内，受体妊娠率为 54.5%（6/11）。最后获得 31.8%（7/22）的半胚产犊率。若按未分割的整胚计算，产犊率为 63.6%（7/11）。比我们移植奶牛整胚给黄牛的产犊率 40.0%（30/75）高 23.6%。因此，整胚移植前通过分割成两半胚可以达到增加胚胎数和奶牛犊的目的。②胚胎从采出、分割到移植，半胚在体外停留 5～8 h 仍能存活，移植后在体内可发育到正常出生。这就使得运输鲜半胚并移植到远处黄牛成为可能。③黄牛

受体所生奶牛犊初生重(单胎 42～46 kg,双胎 1 头重 29～35 kg,与我们移植奶牛半胚到奶牛受体所产奶牛犊的初生重(单胎 40～50 kg,双胎 1 头重 22.5～31 kg)相当。说明利用黄牛作受体,移植成对奶牛半胚生产同卵双胎以获得更多奶牛犊是可行的。

3. 结论

在奶牛场用简单的方法分割胚胎后,将分割的裸半胚不需装入透明带,可直接放入细管内,经过运输再移植给分散饲养在远处的农户黄牛是完全可行的。

### 4.3.4 奶牛新鲜和冷冻胚胎分割移植试验

20 世纪 80 年代以来,家畜胚胎分割相继成功,特别是牛胚胎分割技术进展很快,很多研究结果表明,采用分割技术是增加胚胎数目和人造同卵双胎或多胎以获得更多犊牛的一个有效方法。

窦忠英等(1987)在我国首次获得胚胎分割的牛犊(单胎);谭丽玲等(1989)在我国首次获得经分割的同卵双犊(奶牛受体)。

为了探索影响分割胚胎移植妊娠的主要因素,建立健全简便、可靠的分割、移植方法,以达到增加胚胎数量、提高移植妊娠率和产犊率的目的,于 1988—1991 年开展了"奶牛新鲜和冷冻胚胎分割移植研究",现报告如下。

1. 材料和方法

(1)供体牛　供体牛为中国黑白花奶牛,受体为中国黑白花奶牛和中国北方农村户养黄牛;仪器、设备、药品、激素除胚胎分割仪为进口外,其余均为国产。

(2)供体牛的超排处理　用 FSH 对供体牛进行常规超排处理。

(3)胚胎的采集和鉴定　供体牛发情输精后的 7～8 d,用非手术法采卵,在立体显微镜下检查胚胎,并按形态鉴定法对胚胎质量评定,分为 A、B、C、D 四级,D 级为不可用胚胎。

(4)胚胎分割和装管　胚胎分割和装管均采用简易方法,即胚胎不经链霉蛋白酶软化处理,而是在室温下将胚胎直接放在盛有 20%犊牛血清的 PBS 液的培养皿内,把培养皿置于立体显微镜下,将分割仪的微玻璃针水平置于胚胎上方正中,然后调节旋钮迅速从上往下切,胚胎即被分成两部分,让半胚在培养皿内恢复一段时间后,不需再装入透明带内,而是用装胚胎的常规方法,直接将裸半胚装入 0.25 mL 塑料细管内。

(5)半胚移植　一种方法是不经运输,立即用非手术方法移植给和供体同在一处的奶牛受体。更主要的方法是把装有半胚的细管放入 1 只试管内,用棉塞塞紧,水平放置,减少振荡,用汽车运至距分割地点 20～50 km 的农户,给其黄牛移植。受体牛采用自然发情和同期发情的方法,使其与供体牛的发情同步差在±1 d 内,受体牛在移植前检查黄体发育状况,并根据黄体大小及所占卵巢的比例大小,分为优良和较差两级。

(6)胚胎的冷冻与解冻　①加入抗冻剂。鉴定为 A、B 级的胚胎,在室温下一步放入 10%甘油内平衡 10 min,装入 0.25 mL 塑料细管待冷冻。②冷冻方法。快速冷冻:将装有胚胎的细管从室温直接放入−6℃的冷冻仪内,降至−7℃时诱发结晶,并在此温度下平衡 10 min 之后,以 0.3℃/min 的速率降至−35℃,投入液氨保存。常规冷冻:将装有胚胎的细管在室温下放入冷冻仪内,以 1℃/min 的速率降至−7℃,在此温度诱发结晶并平衡 10 min,然后以 0.30℃/min 降至−35℃,投入液氨保存。③胚胎解冻。在液氨内保存 6～157 d 的胚胎放入

37℃水浴解冻。④脱除抗冻剂。解冻后的胚胎放入 1.0 mol/L 蔗糖液中 10 min,脱出甘油,然后以 20%犊牛血清 PBS 洗 2～3 次,每次 10 min。鉴定合格的胚胎待分割。⑤胚胎鉴定、胚胎分割、半胚移植同新鲜胚胎。

(7)妊娠检查、产犊登记及数据处理　90 d 后对未见返情的牛,进行直肠检查,确定妊娠与否,产犊时记录犊牛性别,单、双胎,初生重等。试验结果有关数据,经整理用生物统计方法检验差异显著性。

2. 结果与分析

(1)妊娠率及半胚产犊率　分割 7～8 d 的奶牛胚胎 66 枚(132 个半胚),裸半胚成对移植 66 头受体牛,90 d 妊检有 37 头妊娠,移植妊娠率为 56.1%,截至现在除 6 头流产和尚有 5 头妊娠牛待产外,已有 26 头受体产犊 35 头,其中有 9 对同卵双胎,双胎率为 34.6%(9/26),半胚产犊率为 29.2%(35/120)。

(2)不同因素对奶牛成对半胚移植妊娠率、半胚产犊率的影响　见表 4.38。

表 4.38　不同因素影响成对半胚移植妊娠率和半胚产犊率的比较*

| | 胚胎质量 | | | 胚胎在外时间/h | | | 胚胎发育阶段 | | 受体黄体状况 | | 受体品种 | |
|---|---|---|---|---|---|---|---|---|---|---|---|---|
| | A优 | B良 | C可 | 1.5～3 | 3.1～5 | 5.1～8 | 桑葚 | 囊胚 | 良好 | 差 | 黄牛 | 奶牛 |
| 妊娠受体/移植受体 | 22/35 | 12/23 | 3/8 | 15/25 | 6/11 | 16/30 | 19/31 | 18/35 | 33/52 | 4/14 | 26/45 | 11/21 |
| 妊娠率/% | 62.9 | 52.9 | 37.5 | 60.0 | 54.5 | 53.3 | 61.3 | 51.4 | 63.5 | 28.6 | 57.8 | 52.3 |
| 产犊数/移植半胚数 | 24/66 | 9/40 | 2/16 | 8/38 | 6/22 | 16/60 | 15/54 | 20/66 | 30/92 | 5/28 | 23/78 | 12/42 |
| 半胚产犊率/% | 36.4 | 22.5 | 12.5 | 21.1 | 27.2 | 27.6 | 27.8 | 30.3 | 32.6 | 17.9 | 29.5 | 28.6 |

注:各组除受体黄体状况良好和差的妊娠率差异显著外($P<0.05$),其他各组妊娠率和半胚产犊率均没有显著差异($P>0.05$)。

(3)移植及妊娠情况　共分割冻胚 11 枚,移植 11 头受体,5 头妊娠,移植妊娠率为 45.5%,半胚产犊率为 15.8%(3/19)。

(4)不同冷冻方法对冷冻胚胎分割、移植妊娠及半胚产犊率的影响　见表 4.39。

表 4.39　不同冷冻方法对冻胚分割移植的妊娠、半胚产犊率的影响

| 冷冻方法 | 分割冻胚 | 分割成半胚数 | 移植受体 | 妊娠受体 | 妊娠率/% | 流产 | 流产率/% | 产犊 | 半胚产犊率/% |
|---|---|---|---|---|---|---|---|---|---|
| 快速冷冻 | 4 | 7 | 4 | 1 | 25.0 | 0 | | 1 | 14.3 |
| 常规冷冻 | 7 | 12 | 7 | 4 | 57.4 | 2 | 50.0 | 2 | 16.7 |

由表 4.39 看出分割快速冷冻胚胎的妊娠率比常规冷冻的低,因试验头数少,有待进一步验证。

(5)半胚与整胚移植受体所生犊牛初生重的比较　见表 4.40。

由表 4.40 看出,7～8 d 的奶牛胚胎经分割对所生犊牛初生重无影响。

3. 讨论与结论

(1)影响成对半胚移植妊娠率和半胚产犊率的因素是多方面的,从本试验结果看,分割优质(A 级)胚胎,得到 62.9%的妊娠率和 36.4%的半胚产犊率,而分割 C 级胚胎,相应的结果仅为 37.5%和 12.5%。移植黄体状况良好的受体得到 63.5%的妊娠率和 32.6%的半胚产犊

率，而移植黄体较差受体的相应结果仅为 28.6% 和 17.9%，说明胚胎质量和受体黄体状况是影响半胚妊娠率和产犊率的主要因素。

表 4.40　分割胚胎与整胚胎所生犊牛初生重比较　kg

| | 单胎公 | | 单胎母 | | 双胎公 | | 双胎母 | |
|---|---|---|---|---|---|---|---|---|
| | 头数 | 初生重 | 头数 | 初生重 | 头数 | 初生重 | 头数 | 初生重 |
| 分割胚胎 | 5 | 43.6±4.7 | 7 | 41.6±4.1 | 4 | 32.3±2.2 | 4 | 30.5±1.3 |
| 整胚胎 | 7 | 42.5±4.6 | 7 | 40.6±2.5 | 4 | 35.3±4.6 | 6 | 28.9±5.7 |

(2)本试验结果表明，胚胎在移植前用简单方法分成两个半胚，成对移植可以作为提高产犊率的一种有效方法。66 个胚胎分割后，移植 66 头受体，37 头妊娠，不包括待产的 5 头牛将要产的牛犊，现在已得到 35 头犊头，半胚产犊率为 29.2%(35/120)。若按未分割的整胚计算，产犊率提高到 58.3%(35/60)，比我们移植整胚的产犊率 40%(30/75)提高了 18.3%。

(3)金川弘司等(1989)报道移植牛的半胚而产下的日本黑毛犊牛出生重很小，仅为 10 kg，基本上是标准出生重的一半。本试验结果表明，半胚所生犊牛的初生重正常，说明桑葚和囊胚期的胚胎经分割对所生犊牛初生重无影响。

(4)本试验获得分割快速冷冻胚胎的犊牛，简化了冷冻程序，缩短了操作时间，但移植妊娠率偏低，有待进一步改进和提高。

### 4.3.5　玻璃化冷冻牛胚胎分割移植试验

1. 材料

供体牛为河北省临漳县狄丘牛场的西杂母牛和河北省邯郸市牛奶公司的中国荷斯坦母牛。受体牛为中国北方黄牛和中国荷斯坦青年母牛。促卵泡生成素(FSH)由中国科学院动物研究所产纯化 FSH。玻璃化溶液为含 40%乙二醇、18%聚蔗糖和 0.3 mol/L 蔗糖的 mPBS 液，即 EFS 40。冲卵液为 mPBS 液。胚胎分割仪为瑞士产 Leiz 分割仪。

2. 方法

(1)供体牛的超排处理　利用纯化 FSH 对供体牛进行常规超排处理，每头牛注射 FSH 总剂量为 5.6～7.0 mg。

(2)胚胎采集和质量鉴定　于供体牛发情输精后第 7 天，采用非手术法子宫冲胚，在实体显微镜下按形态鉴定法对胚胎质量进行评定，分为 A、B、C、D 四级，选 A、B 级胚胎进行冷冻保存。

(3)胚胎的冷冻　冻前将冷冻液及所用器具在 20℃室温下，平衡 1～2 h，采用两步法将胚胎在 10%乙二醇溶液中平衡 5 min 后，移入塑料细管内 EFS40 中平衡 30 s 后投入液氮罐中保存。

(4)解冻后胚胎玻璃化冷冻液的脱除及其质量鉴定　将保存 205 d 的 10 枚牛胚胎，于 20℃水浴解冻，在实体显微镜下回收胚胎，然后将胚胎移入新鲜的 0.5 mol/L 蔗糖液中平衡 5 min，以脱除乙二醇，用 mPBS 洗涤胚胎 2 次除去聚蔗糖和蔗糖，之后按形态鉴定法对胚胎进行鉴定，选择可用胚胎待分割。

(5)胚胎分割　在 20℃下，把胚胎放在盛有加 20%犊牛血清的 PBS 液的培养皿内，把培养皿置于立体显微镜下，调节分割仪旋钮使微玻璃针水平置于胚胎正上方，再调节旋钮使微玻璃针从上往下切，胚胎即被分割成两部分，待半胚在培养液内恢复 5～10 min 后，直接将裸半胚装入 0.25 mL 塑料细管内，待移植。

(6)半胚移植 将成对裸半胚或单个裸半胚装入 0.25 mL 塑料细管内，用非手术法移入与胚胎日龄同步的受体牛子宫内。

3. 结果与讨论

共解冻 10 枚胚胎(其中西门塔尔×西杂母牛胚胎 4 枚，中国荷斯坦公牛×中国荷斯坦母牛胚胎 6 枚，回收率 100%)，将 10 枚胚胎分割成 20 枚半胚，除有 2 枚半胚不可用外，其余 18 枚可用半胚移植给 11 头受体(其中 7 头移双半胚，4 头移单半胚)，结果 2 头妊娠，移植妊娠率 18.2%，1 头流产，另一头(95652 号)于 1999-07-08 产一母犊(表 4.41、表 4.42)。见彩图 9。

**表 4.41 胚胎发育阶段对移植妊娠率的影响**

| 移植半胚数 | 移植受体/头 | 妊娠受体/头 | 移植妊娠率/% | 产犊情况 | 备注 |
|---|---|---|---|---|---|
| 移两枚半胚 | 7 | 2 | 28.6 | 产 1 母犊 | 1 头流产 |
| 移一枚半胚 | 4 | 0 | 0 | 0 | |
| 合 计 | 11 | 2 | 18.2 | 产 1 母犊 | 1 头流产 |

由表 4.41 看出，移植妊娠率偏低，其原因一方面是由于冷冻使胚胎透明带变脆弱，卵裂球联结疏松造成胚胎发育性差。另一方面是由于受体牛子宫和卵巢黄体生理状况欠佳所致。由上表看出，尽管移双半胚比移单半胚妊娠率高，但总的情况看，移植妊娠率偏低。

**表 4.42 受体牛品种对移植妊娠率的影响**

| 受体牛品种 | 移植受体/头 | 妊娠受体/头 | 移植妊娠率/% | 产犊情况 | 备注 |
|---|---|---|---|---|---|
| 黄牛 | 5 | 1 | 20.0 | | 流产 |
| 荷斯坦牛 | 6 | 1 | 16.7 | 产 1 母犊 | |

由表 4.42 看出，受体牛品种对移植妊娠无影响。

### 4.3.6 小结

(1)用自行研制的 HB-8804 型胚胎分割仪分割奶牛胚胎，移植后可成功产犊。

(2)在奶牛场用简单的方法分割胚胎后，将分割的裸半胚不需装入透明带，可直接放入细管内，经过运输再移植给分散饲养在远处的农户黄牛是完全可行的。

(3)胚胎在移植前用简单方法分成两个半胚，成对移植可以作为提高产犊率的一种有效方法。半胚产犊率为 29.2%(35/120)。若按未分割的整胚计算，产犊率提高到 58.3%(35/60)，比同期移植整胚的产犊率 40%(30/75)提高 18.3 个百分点。半胚所生犊牛的初生重正常，说明桑葚和囊胚期的胚胎经分割对所生犊牛初生重无影响。

(4)牛胚胎经玻璃化冷冻解冻后，再经分割移植成功产下世界首例牛犊。

(作者：桑润滋、郑新生、贾庆瑞、杨国欣、郑德富、靳胜新、张学明、谭丽玲、朱士恩、吴德国)

# 4.4 体外受精技术研究

## 4.4.1 概述

显微授精是20世纪80年代发展起来的一种新型的体外授精技术，下面我们分别进行介绍。

1. 体外受精与显微授精的概念

(1)体外受精的概念 体外受精(in vitro fertilization，IVF)就是将动物体内外获得的卵母细胞在体外(实验室)进行精卵结合的过程。由卵母细胞体外成熟、体外受精、受精卵体外培养三个关键技术环节构成。

(2)显微授精的概念 显微授精指的是借助显微操作将精子或精子细胞直接注入卵母细胞质内(或卵周隙中)来实现受精的一种方法，主要包括3种方法:透明带打孔法(partial zona dissection，PZD)、卵周隙内注入法(subzonal insertion，SUZI)和单精子卵胞质内注射法(itracytoplasmic sperm injection，ICSI)与前两种方法相比，ICSI具有受精率高、多精受精率低、排除透明带和卵质膜对精子入卵的阻碍作用，受精率不受精子浓度、形态、发生阶段、活力的影响等一系列优点。目前，显微授精主要集中在ICSI研究上，一般我们所说(狭义上)的“显微授精”即指ICSI。

2. 体外受精与显微授精的意义

(1)体外受精的意义

①可使由于输卵管堵塞或排卵障碍等原因不能受孕的母畜正常繁殖后代，提高繁殖效率。

②扩大胚胎来源，可以利用屠宰场卵巢上采集卵母细胞，或者结合活体采卵技术从良种家畜体内采集卵母细胞，IVF后为胚胎移植提供充足而廉价的胚胎。

③使犊牛和羔羊提早繁殖后代，缩短时代间隔，加快育种进程。

④为其他动物繁殖生物技术，如克隆、转基因、性别控制等提供丰富的试验材料和必要的试验手段。

⑤对人来讲解决女性不育的问题即“试管婴儿”，英国生理学家罗伯特·爱德华兹1978年7月25日获得世界首例“试管婴儿”以来，目前全球已有大约400万“试管婴儿”出生，为此罗伯特·爱德华兹获得2010年诺贝尔生理学和医学奖。

(2)显微授精的意义 ICSI作为普通的体外受精的补充和发展，将IVF和显微操作技术有效地结合起来，从它的诞生之日起就已经宣布了一个新的时代的到来。ICSI对于科学研究和生产实践都有着十分重要的意义：

①ICSI能建立更有效的受精试验模型。精子胞质内显微注射模型的优点在于，可以控制受精时间和固定精子入卵受精的精确位置，减少精子能耗，克服了透明带反应的特异性，有利于受精生物学更广泛、深入地研究。

②规模化生产性控胚胎。在畜牧生产上，利用性控精液，可以选择生产单一同源的雄性或雌性的高产种(商品)群体，综合利用ICSI技术，提高优良种公畜精液的利用效率，进而更有利于大规模的商业化生产。

③提高体外成熟卵母细胞的受精率。体外成熟的卵母细胞由于在成熟培养过程中透明带硬化，往往导致受精率下降，应用显微授精则可以提高这类卵母细胞的受精率。

④提高珍贵品种精子的利用率。从进化上来说，某一物种的灭绝往往是从该物种内的雄性群体的灭绝开始的。ICSI 只需单个精子就能使一个卵受精，可以大大提高濒危珍贵动物的精子的利用率，这对于整个自然界的生态平衡也是至关重要的。

⑤治疗雄性的不育症。采用常规授精方法无法繁殖后代的无精、少精、患有深度不育症（阻塞性无精症和非阻塞性无精症）的雄性个体，可以从曲精细管分离精子细胞可以生育后代，在 ICSI 技术的帮助下繁殖后代。所以该技术对于濒危动物的保护以及男性不育的治疗意义特别重大。

⑥提高转基因的效率。通过精子载体转基因技术，将目的基因和精子共孵育，制作转基因精子，然后进行 ICSI 操作的方法，可以简化转基因操作，提高转基因效率。

3. 体外受精与显微授精的发展概况

(1)体外受精的发展概况　最早哺乳动物研究始于 1878 年，德国科学家 Schenk 将排卵前的卵母细胞和附睾精子放入子宫液内进行孵育，观察到卵丘细胞分散，第二极体释放和卵裂现象。在此后的近 70 年里，IVF 技术未能获得新的发展。直到 1951 年，美籍华人张明觉和澳大利亚人 Austin 几乎同时发现了哺乳动物精子获能现象，Austin(1952)于次年将这种现象命名为“获能”(capacitation)。这一发现成为 IVF 的突破性转折点。从 1954 年开始，张明觉利用获能处理的精子进行体外受精实验，1959 年获得世界首例试管兔。1982 年 Brackett 等用体内成熟的卵母细胞体外受精，移植后获得世界第一例试管牛。1984 年 Rao 等最早报道了两例用在兔输卵管获能的精子是山羊卵母细胞受精成功的试验，通过胚胎移植后获得了后代。日本学者花田章(Hanada)1985 年用超排得到的山羊、绵羊卵母细胞经体外受精获得世界首例试管山羊、试管绵羊。

利用分离精子进行体外受精生产动物后代，最早是在英国剑桥生物有限公司(ABC)的 Cran 等开展这项研究的，并在 1993 年获得了预选性别的 IVF 胚胎，经胚胎移植后产下了 6 头预选性别的犊牛，性别准确率达 100%。早先 Merton 等(1997)在分离精子 IVF 试验中，发现分离精子对胚胎囊胚的发育有影响，分离精子的囊胚率只是未分离精子的 70%。但是 Cran 等报道用分离精子进行 IVF 试验来证实染料对牛卵的受精力影响不大。张明、卢克唤等(2002)的研究结果也表明，分离精子过程以及染色对牛的胚胎发育没有影响，只是分离精子对卵裂率有些影响。说明利用性控精子通过 IVF 生产性控胚胎是完全可行的。2006 年世界首例分离 XY 精子性别控制试管水牛在中国农业科学院广西水牛研究所诞生。

我国体外受精技术的研究起步于 20 世纪 80 年代后期，但进展很快，小鼠，陈秀兰等(1986)、兔，范必勤等(1987)、绵羊，旭日干等(1989)、牛，旭日干等(1989)、山羊，钱菊汾等(1990)、水牛，蒋和生等(1993)相继获得成功。江金益等(1990)用猪体外成熟的卵母细胞与冷冻保存的猪附睾精子获试管猪；桑润滋、朱士恩等(1999)用牛体外受精胚胎经玻璃化冷冻移植产犊。张丽珠等(1988)研制出首例试管婴儿。在推广应用方面，牛体外受精技术较为突出，20 世纪 90 年代，旭日干等在澳大利亚和加拿大的胚胎生产基地，利用体外受精技术，生产了近 4 万枚胚胎，实现了胚胎“工厂化”生产，在国内进行移植，已获良种试管牛犊 350 余头。

(2)显微授精的发展概况　最早的 ICSI 研究可以追溯到 20 世纪初，G. L. Kite(1914)为验证精子能否通过海星鞘而使海星授精的构想所进行的试验。1974 年首次报道可用 ICSI 产生后代，Brun(1974)注射了562枚爪蛙卵，获得4只形态正常的爪蛙。

哺乳动物ICSI试验研究得较晚，最先涉足的是Uehara和Yanagimachi(1976)，他们通过试验证明了雌雄配子质膜融合并非经核取致密和原核形成的必需条件。1988年，ICSI研究获得突破性进展，Hosoi等报道兔ICSI授精成功并获得后代。1995年，Limura和Yanagimachi改进了显微操作系统，应用Piezo-driven(压电素子微操作)装置对小鼠卵进行ICSI操作，大大提高了注射卵的成活率。Ahmadi等(1995)应用Piezo-driven获得了小鼠的ICSI后代，产仔率达30%。Michiko等(2003)用体外成熟卵母细胞获得三头健康ICSI小猪。1992年，Palermo等成功应用ICSI获得健康婴儿，从此人类对男性不育症治疗的历史翻至崭新的一页。目前，人精子胞质内注射的受精率可高达65%～70%，胚胎着床率也达到20%以上，ICSI已发展成为解决男性不育的理想手段。

我国的ICSI研究虽然起步较晚，但也取得了一定的进步。1992年卢圣忠进行了牛和猪的ICSI研究，牛受精率19.9%，分裂率9.4%，猪受精率25.2%，分裂率21.6%。1993年，罗军等报道兔ICSI获得的桑葚胚和囊胚发育率并顺利产得4只健康仔兔；1996年，黄振勇和陈大元等获得ICSI小鼠后代。在异种ICSI方面，1999年，李子义等进行小鼠精子和球形精子细胞ICSI研究，注射卵的存活率、受精率、卵裂率和囊胚率分别为21.4%，35.5%，32.3%和20.0%。同年李子义等将小鼠精子分别注入兔卵胞质和卵周隙中，均能激活卵母细胞，发生皮质反应形成原核，其中鼠-兔异种胚胎经体外培养治8-细胞期。牛向丽(2003)进行了水牛和黄牛种间异种受精的研究并取得了较好的体外发育效果。在人的显微授精技术方面，庄广伦等1996年首次在我国获得我国首例“显微试管婴儿”(桑润滋，2009)。

本节从动物活体与离体卵巢采卵、卵母细胞成熟、受精、早期体外胚胎培养发育等影响因素进行较系统研究，同时对影响山羊ICSI效果进行了研究。此外，对体外受精胚胎质量的检测方法和玻璃化冷冻保存、移植等进行了研究。

### 4.4.2 牛卵母细胞体外成熟及体外受精的研究

自从Chang(1959)获得第1例体外受精动物以来，哺乳动物卵母细胞体外成熟(IVM)、体外受精(IVF)、受精卵的体外培养(IVC)技术研究进展很快。但是，目前囊胚发育率还比较低，一般为20%～40%，提高卵母细胞成熟率对其后受精率和囊胚发育率的提高具有较大促进作用。FCS是卵母细胞成熟培养基中必需添加的物质，由于卵泡液与卵巢静脉血浆成分相似，为此本试验探索卵泡液对卵母细胞IVM的影响。Percoll梯度离心法是一种快速处理精子的方法，在国内已经开始使用，关于percoll液处理后对受精率的影响，国内报道甚少，为此开展了本项研究。

1. 材料与方法

(1)卵巢的采集与分类　母牛被屠宰后立即摘取卵巢，置于37℃添加双抗的生理盐水中，在5 h内运回实验室。根据卵巢上是否有明显突出卵巢表面的黄体，将卵巢分为黄体期和卵泡期。

(2)卵母细胞的采集和成熟培养　使用5 mL注射器和9号钝针头从卵巢表面2～5 mm小卵泡中抽吸卵母细胞，采卵液为DPBS液。在显微镜下选出胞质均匀、卵丘细胞致密的卵母细胞，在含10%FCS的TCM-199中洗涤2～3次，分别移入含不同成分的培养基中进行成熟培养 22～24 h。

(3)精子的准备及体外受精 ①上浮法：颗粒冻精解冻后，加到装有 SP-TALP 的试管底部，静置 40～60 min，然后离心洗涤 2～3 次(120 g/min，离心 10 min)。获能液为加有 15 mg/L 肝素的 SP-TALP 液。洗涤后的成熟卵母细胞移入加有 15 mg/L 肝素的受精微滴中，受精液为 Fert-TALP。②Percoll 法：把 2 mL 90%percoll 液(KCl 3 mmol，NaCl 800 mmol，$NaH_2PO_4$ 3 mmol，HEPES 100 mmol。上述溶液 1 份加入 9 份 percoll 原液，调 pH 值 7.3，然后再加入适量 $CaCl_2$ 2.0 mol，$MgCl_2$ 0.4 mol，乳酸 21.6 mol，$NaH_2CO_3$ 25 mol)加到离心管中，再贴壁缓慢加入 45% percoll 液(90%percoll 液与 SP-TALP 1∶1 混合)2 mL，最后把解冻的颗粒冻精 0.5～1 mL 加到分层液上。离心洗涤(700 g/min，离心 15 min)。获能液与受精液同上浮法。

2. 结果

(1)不同性周期阶段对卵母细胞体外成熟的影响 来自不同性周期阶段卵巢(卵泡期、黄体期)的卵母细胞，在 TCM-199+10%FCS 的培养液中经 22～24 h 的体外成熟培养后，成熟率分别为 63.9%和 58.7%，二者无统计学差异，结果见表 4.43。

表 4.43 不同性周期阶段对卵母细胞体外成熟的影响

| 性周期阶段 | 培养卵母细胞数 | 成熟数/(成熟率/%) |
|---|---|---|
| 卵泡期 | 155 | 99(63.9) |
| 黄体期 | 58 | 34(58.7) |

(2)外源激素对卵母细胞体外成熟的影响 在基础培养基 TCM-199+10%FCS 中分别加入 FSH(10 mg/L)，LH(5 mg/L)和同时加入 LH(10 mg/L)，17β-$E_2$(1 mg/L)用于成熟培养。对照组成熟率为 61.6%，试验组分别为 63.0%，64.0%，69.1%。添加雌激素组效果最好，但各组间均无统计学差异。结果见表 4.44。

表 4.44 外源激素对卵母细胞体外成熟的影响

| 组别 | 激素 | 培养卵子 | 成熟数/(成熟率/%) |
|---|---|---|---|
| 1 | — | 86 | 56(61.6) |
| 2 | FSH | 73 | 46(63.0) |
| 3 | LH | 75 | 48(64.0) |
| 4 | LH-17β-$E_2$ | 97 | 67(69.1) |

(3)新鲜卵泡液对卵母细胞体外成熟的影响 TCM-199+10%FCS 成熟培养基作为对照组，分别用 10%，20%，30%bFF 用于卵母细胞的体外成熟培养。试验 3 组成熟率略有下降，但与对照组差异不显著($P>0.05$)。第 2，4 组与对照组差异极显著。结果详见表 4.45。

(4)精子的处理方法对受精率及卵裂率的影响 卵母细胞成熟培养基为 TCM-199+10% FCS。同一头份颗粒冻精分别用 swim-up 和 percoll 法处理，在相同精子密度条件下[$(1\times10^6\sim2\times10^6)$个/mL]与成熟卵母细胞受精，受精率分别为 57.4%和 47.1%，差异显著($P<0.05$)。卵裂率分别为 29.6%和 29.2%，差异不显著($P>0.05$)。

表 4.45 卵泡液对卵母细胞体外成熟的影响

| 组别 | 成熟培养基 | 培养卵子 | 成熟数/(成熟率/%) |
|---|---|---|---|
| 1 | 10%FCS | 86 | 53(61.6)[Aa] |
| 2 | 10%bFF | 71 | 36(50.7)[B] |
| 3 | 10%bFF | 92 | 53(57.6)[a] |
| 4 | 10%bFF | 77 | 40(51.9)[B] |
| 5 | 10%FCS-20%bFF | 68 | 43(63.2)[Aa] |

表 4.46 精子的不同处理方法对受精率及卵裂率的影响

| 处理方法 | 成熟卵母细胞数 | 受精数(受精率/%) | 卵裂率/% |
|---|---|---|---|
| swim-up | 47 | 27(57.4) | 29.6 |
| percoll | 51 | 24(47.1) | 29.2 |

3. 讨论

(1)影响卵母细胞体外成熟的因素　有学者研究表明,卵巢所处性周期阶段影响卵母细胞的成熟培养,在无黄体期卵巢上的卵母细胞比黄体期和黄体前期卵巢上卵母细胞成熟效果要好。谭世俭(1991)将卵巢划分为早期黄体(ELP)、功能黄体(LP)和退化黄体3类,研究发现,各组卵裂率(77.8%～78.4%)和囊胚发育率(27.7%～31.3%)没有多大差别。Ebehoodi(1992)等研究发现,来自怀孕早期或未妊娠牛卵巢的卵母细胞,其卵裂率和囊胚形成率没有差异。本试验结果表明,卵泡期卵母细胞成熟效果优于黄体期卵母细胞,但二者无统计学差异。说明卵巢性周期阶段对卵母细胞体外成熟影响不大。这可能是由于卵母细胞均是从直径2～5 mm的卵泡中采集的,卵母细胞在体内所处发育阶段基本相似,用于体外培养时都选择A、B级的卵丘卵母细胞复合体。

诸多学者对于各种激素在卵母细胞成熟中的作用存在着分歧。旭日干(1989)研究证实,添加LH或HCG,受精率和卵裂率明显高于未添加者,但无显著差异。同时指出,HCG存在时,雌激素对牛卵母细胞的体外成熟不一定是必需的。徐建祥(1996)等认为,添加HCG(3 IU/mL)组成熟率低于对照组成熟率,但无统计学差异。添加FSH组(8 g/L)低于添加HCG组。本研究分别添加FSH,LH和17$\beta$-$E_2$,成熟率均高于对照组。在LH存在时,添加雌激素对卵母细胞的体外成熟是有益的,成熟率高于单独添加LH组。

牛卵泡液是一种均质液体,含有大量来自血清的生化因子及颗粒细胞、内膜细胞分泌因子,其中包括某些未知成分。周颂成(1993)等研究发现,成熟培养基中添加30%新鲜牛卵泡液,囊胚发育率显著高于对照组(29.8%对13.5%)($P<0.05$),但8-细胞前早期胚胎并没有发育上的优势。徐照学(1996)等也得到了相似结果,但添加剂量为20%。本研究用10%和30%卵泡液完全代替血清,成熟率显著降低,20%卵泡液代替血清成熟率略有降低,但差异不显著。这说明卵泡液的使用存在添加剂量的问题,因为卵泡液中含有卵母细胞成熟抑制因子(OMI),控制其使用浓度,一方面消除了对核成熟的抑制作用,另一方面又显示了对胞质成熟的促进作用。卵泡液的来源可能影响其作用效果,C. Carolar(1996)等研究表明,用10%牛卵

泡液代替10%血清，卵裂率(75%)与对照组(81%)无显著差异。

(2)精子的处理方法对体外受精的影响　在牛的IVF技术中，精子的处理方法应用最广泛的是采用BO液或Tyrode's液上浮法分离活精子。但是这种方法上浮时间长(40～60 min)，多次洗涤，有活力精子回收率比较低(9%)。Percoll梯度离心是近年来使用较多的一种快速处理精子的方法，其浓度梯度一般为90%，45%，45%和30%。这种方法洗涤分离活精子一次完成。应用90%和45%浓度梯度700 g/min，离心15 min，活精子回收率达40%，显著高于上浮法(J. J. Parrish，1995)。本研究Percoll法处理的精子，卵母细胞受精率(47.1%)显著低于上浮法处理精子的受精率(57.4%)，与Parrish(1995)等研究结果一致。卵裂率分别为29.2%和29.6%，差异不显著。推测percoll液中的某种成分可能影响精子获能，从而降低受精率，也许提高受精时精子密度可以补偿percoll法的这种不足。

4. 结论

结果表明，采集卵母细胞时卵巢所处性周期阶段对卵母细胞体外成熟的影响不大；成熟培养基中添加激素或新鲜卵泡液可以促进卵母细胞的体外成熟；percoll液处理精子降低受精率。本研究结果与同类报道比较结果偏低，这可能是由于卵巢运输时间较长的原因，另外试剂质量也是影响试验结果的主要因素。

### 4.4.3　牛体外受精胚胎的生产及玻璃化冷冻保存、移植研究

牛体外受精技术，也称试管牛。自1982年Brackett等获得世界上首例试管以来，特别是1988年卢克焕等世界首例完全体外化孪生试管牛犊降生后，该项研究受到世界各国普遍关注并得到迅速发展。据报道，英国剑桥ABC公司，目前年生产牛体外受精胚胎达10万～16万枚(郭志勤等，1998)。我国在牛体外受精方面的研究也取得重大进展，自1989年旭日干等在我国首获试管犊牛后，江苏农业科学院畜牧所，中国农业科学院畜牧所等单位先后获得成功，并得到一批试管牛犊。但在国内还未达到规模化生产试管牛的水平。

1998年，桑润滋、朱士恩等用EFS 40玻璃化冷冻液，对用非手术采自牛子宫内的胚胎，进行玻璃化冷冻保存，取得55.6%(5/9)妊娠率并产犊6头(1头产双犊)的结果。此方法，不需昂贵的胚胎冷冻仪，在生产(养牛场)条件下经几分钟即可完成冷冻保存。因其简便适用，更有利于牛胚胎移植技术的应用推广。

为使牛胚胎生产"工厂化"，并便于在生产中应用推广，进而为实现牛体外受精技术产业化奠定基础，开展了牛体外受精胚胎的生产及玻璃化冷冻保存、移植研究。现报告如下。

1. 材料与方法

(1)牛胚胎的生产

①卵母细胞的成熟培养。卵巢取自附近屠宰场，用装有35℃生理盐水的保温瓶，在3 h内运回实验室。在实验室内用37℃的生理盐水冲洗3次，以彻底去除血液。然后用带有18 G针头的一次性5 mL注射器，内吸1 mL左右的吸卵液，抽吸直径为2～6 mm的卵泡。吸卵液为M 199(GIBCO)+25 mmol/L HEPES(Sigma)+10 μg/mL肝素(Sigma)+0.4%BSA(Sigma)。将吸出液收集于15 mL一次性离心管中，静置5～10 min后，弃去上清液，在实体显微镜下回收形态及颜色正常，并多层卵丘细胞紧密包围的卵母细胞和卵丘细胞复合体($COC_S$)。收集的$COC_S$先用H 199(M 199+20 mmol/L HEPES+10% FCS(GIBCO)洗涤2次，再用B

199(M 199+10 mmol/L $NaHCO_3$(Sigma)+10% FCS)洗 1 次。然后，每 10 个 COCs 连同 10 μL B199 移入已在二氧化碳培养箱中平衡 2 h 左右的 40 μL 成熟培养液滴中。使用的培养皿是 ϕ60 mm 的一次性塑料培养皿(FALCON，USA)，每个培养皿中有 10 小滴，上下覆盖石蜡油(Sigma)。成熟培养液为 M 199＋10 μg/mL oFsH(Ovagen，New Zealand)＋10 μg/mL oLH (Ovagen，New Zealand)＋1 μg/mL $E_2$(Sigma)＋10%FCS。培养条件为 39℃，100%湿度和 5% $CO_2$ 的空气。

②体外受精。卵母细胞成熟培养到 20～22 h 时，开始体外受精。受精前 1～2 h 作好受精液滴，每滴 30 μL，每个培养皿 10 滴，放入二氧化碳培养箱中平衡，受精液为 TALP。在 30～35℃的水浴中解冻细管精液，用 TALP 液配制的 90%和 45%percoll(Sigma)进行密度梯度离心(700 g 或 2 200 r/min，20 min)，去除上清，沉淀用 5 mL HSOF(SOF＋20mmol/L HEPES+5 mmol/L $NaHCO_3$＋0.3% BSA)离心洗涤(200 g 或 1 200 r/min，5 min)1 次。去上清后用受精液将精子密度稀释至 $2\times10^6$/mL。在精子离心的同时，用 200 μL 移液器在原培养小滴反复吹打培养成熟的 COCs，以使卵子间相互分离，用 HSOF 洗涤 3 次后，每 5 个 COCs 连同 10 μL HSOF 移入受精液滴中。最后，用移液器吸取 10 μL 处理好的精液，加入含有卵子的受精小滴中体外受精。

③胚胎培养。精子与卵子共培养 24 h 后，受精卵移入有 0.5 mL HSOF 的 15 mL 离心管中，用振荡器振荡 30～60 s，以除掉卵丘细胞。用 HSOF 洗涤 2 次后，每 10 个受精卵连同 10 μL HSOF移入 20 μL 发育培养液滴中，在二氧化碳培养箱中继续培养 6～7 d。第 2 天统计卵裂率，第 3 天时换液 1 次，第 6 天或第 7 天统计囊胚发育率，胚胎培养液为 SOFaaBSA。

④另一部分是用 PBS 液为吸卵液，吸取的卵母细胞于 TCM199＋FSH(2 μg/mL)液中经 20 h 培养后体外受精。受精 6 h 后将卵子移入新鲜的 TCM199 培养液中，54 h 后去掉周围的卵丘细胞，继续与敷在培养皿底层的卵丘细胞共培养。第 6 天或第 7 天统计囊胚发育率。

(2)体外受精胚胎的玻璃化冷冻保存　一步法冷冻：在室温下(25±0.5)℃将早期囊胚移入含有 EFS 30(或 EFS 40)溶液的 0.25 mL 塑料细管中，平衡 1～2 min 后，直接投入液氮中冷冻保存。二步法冷冻：胚胎首先在 10%乙二醇溶液中预处理 5 min，再移入 EFS 40 溶液中平衡 30 s 后投入液氮中冷冻保存。

(3)玻璃化冷冻的体外受精胚胎的解冻、培养和移植

①胚胎的解冻和玻璃化冷冻液的脱除。液氮中保存的胚胎在 25℃水浴中解冻，将解冻后的胚胎在 0.5 mol/L 蔗糖液中平衡 5 min，去除乙二醇，用 0.4%BSA 的 PBS 冲洗胚胎 4～5 次，彻底除去聚蔗糖和蔗糖。用形态鉴定法对胚胎进行鉴定，选择可用者用于培养或移植。

②胚胎的培养和移植。将上述一部分胚胎，在 SOFaaBSA 液中继续培养，计算其发育率和孵化囊胚率。另一部分胚胎，用非手术法移入与胚龄基本同期化的受体牛内，统计移植妊娠结果。

2. 结果与分析

(1)用 SOF 培养卵子 1 125 枚，囊胚发育率达 31%；用 TCM 199 培养卵子 820 枚，囊胚发育率为 22.1%(表 4.47)　由表 4.47 可看出，用 SOF 液，受精率为 80.9%、卵裂率为 78.0%，桑葚胚率为 45.0%、囊胚率为 31.0%、分别优于 TCM 199 培养液的 75.0%、66.9%、38.1%、22.1%，但两组间差异不显著($P>0.05$)。并且也高于 Lu K. H. 和 Polge(1992)报道的牛体外受精后卵裂率为 76%，囊胚发育率为 29%的结果。

表 4.47 牛体外受精胚胎的发育率

| 培养液 | 入孵卵子数 | 受精卵子数(受精率/%) | 卵裂数(卵裂率/%) | 桑葚数(桑葚胚率/%) | 囊胚数(囊胚率/%) |
|---|---|---|---|---|---|
| SOF | 1 125 | 911(80.9)[a] | 878(78.0)[a] | 506(45.0)[a] | 349(31.0)[a] |
| TCM199 | 820 | 615(75.0)[a] | 549(66.9)[a] | 312(38.1)[a] | 181(22.1)[a] |

注:相同符号表示两组之间差异不显著($P>0.05$)。两组的重复试验次数均在 10 次以上。

(2)对不同玻璃化冷冻液及冷冻方法对牛体外受精早期囊胚发育率的影响进行了比较 由表 4.48 可知,以 EFS40 玻璃化溶液和二步冷冻方法的效果最好,发育胚率和孵化囊胚率分别为 80.1%(28/35)和 48.6%(17/35),接近于新鲜胚胎 89.3%(50/56)的发育胚率和 50%(28/56)的孵化囊胚率。本研究发育胚率 80.1%的结果,也高于 Tachikawa(1993)报道的利用乙二醇和丙三醇为主体的玻璃化冷冻保存,解冻后体外发育率为 72%~77%的结果。

表 4.48 不同玻璃化冷冻液及方法对牛体外受精早期囊胚发育率的影响

| 玻璃化溶液 | 冷冻方法 | 冷冻胚数/枚 | 回收胚数/枚 | 发育胚数/(发育胚率/%) | 孵化囊胚数(孵化囊胚率/%) |
|---|---|---|---|---|---|
| EFS40 | 一步法(1′) | 36 | 35 | 24(66.7) | 11(30.6) |
| | (2′) | 35 | 33 | 25(71.4) | 12(34.3) |
| | 二步法 | 35 | 35 | 28(80.1) | 17(48.6) |
| EFS30 | 一步法(1′) | 31 | 31 | 13(41.9) | 5(16.1) |
| | 二步法 | 30 | 30 | 23(76.7) | 5(16.7) |
| 对照组* | — | — | 56 | 50(89.3) | 28(50.0) |

注:* 新鲜囊胚于 PBS 液中平衡 30 min 后继续培养。

(3)用玻璃化法冷冻体外受精的 59 枚牛胚胎分三批解冻后,全部回收,胚胎可用率为 100%,共移入 51 头受体(其中 8 头移双胚),妊娠 14 头,移植妊娠率为 27.45%,其中第一批解冻的 20 枚可用胚胎移入 16 头受体(其中 4 头移双胚)经 90 d 妊娠检查,结果 5 头妊娠,移植妊娠率 31.3%(5/11)。这 5 头妊娠牛于 2000 年 2 月 6—12 日期间,在我国首次产下经玻璃化冷冻的试管牛 5 头。见彩图 10。第二,第三批移植成功的妊娠牛将于 2000 年 8 月和 9 月产犊。

(4)不同品种的受体牛对移植妊娠率的影响进行了比较 见表 4.49。

表 4.49 不同品种的受体牛对移植妊娠率的影响

| 受体牛品种 | 移植受体数 | 移植胚胎数 | 妊娠头数 | 移植妊娠率/% |
|---|---|---|---|---|
| 鲁西黄牛 | 17 | 17 | 4 | 23.53 |
| 中国荷斯坦牛 | 14 | 14 | 3 | 21.43 |

由表 4.49 可知,用鲁西黄牛与中国荷斯坦牛做受体的移植妊娠率二者差异不显著($P>0.05$)。

(5)移植胚胎数量对妊娠率的影响 见表 4.50。

由表 4.50 可看出,因移植 2 枚胚胎,增加了受孕的机会,其受胎率明显高于移植 1 枚的。

表 4.50 移植胚胎数量对妊娠率的影响

| 移胚数量 | 移植头数 | 妊娠头数 | 妊娠率/% |
|---|---|---|---|
| 2 枚 | 9 | 4 | 44.4 |
| 1 枚 | 42 | 10 | 23.6 |

### 4.4.4 提高绵羊卵母细胞发育能力的研究

近 20 年来，哺乳动物体外受精技术不断取得新的进展，为其在科研和生产中的应用提供了广阔的发展空间。屠宰场卵巢是进行体外受精研究的最为充足而廉价的卵子来源。然而，由于卵巢的运输保存以及卵母细胞的获取与筛选等方面还不尽完善，致使卵母细胞发育能力受到影响，进而严重影响到胚胎体外生产的效率。目前，羊卵母细胞体外成熟受精后发育至桑葚胚和囊胚的比例仅有 30%～40%（钱云等，2000）。

近年来，研究者对羊卵巢在培养前的保存温度与时间（薛慧文，2003；N. A. Wani，2002），采卵方法（N. A. Wani，1999；刘海军等，2001）等因素进行了研究，取得一些重要成果。我们在绵羊的体外受精研究中也发现，从不同温度保存的卵巢中采取的卵母细胞色泽变化明显。本试验就绵羊卵巢的不同保存温度以及不同的采卵方法对卵母细胞发育能力的影响进行了研究，以期为提高绵羊胚胎体外生产效率提供有用的参考依据。

1. 材料与方法

(1)试剂与用品　本研究中所用试剂，除特别指明外，均购自 Sigma 公司。TCM 199（Gibco）、FBS（Hyclone）、oFSH（新西兰）、oLH（新西兰），35 mm 培养皿（NUNC）。SOF、HSOF、H 199 均为自制，发情绵羊血清于绵羊发情当天用常规血清制备法自制。绵羊冻精购自河北省良种服务中心种羊场。

(2)绵羊卵巢的采集与运输　从河北大厂县的屠宰场收集绵羊卵巢，立即放入盛有灭菌生理盐水（含双抗）的温度为 37℃或 25℃保温瓶中，在 6～9 h 内运回实验室。用已预热 38.5℃并加入双抗的生理盐水将卵巢洗涤 2～3 次后，放入大口保温桶内，供采卵。

(3)卵母细胞的采集　采卵分为直接抽吸法，抽吸后再切割法和直接切割法。具体操作：①抽吸法：用 10 mL 一次性灭菌注射器预先吸取少许采卵液（TCM199＋5 mmol/L $NaHCO_3$＋10 mmol/L HEPES＋10 mmol/L HEPES - Na＋0.01 g/L 肝素钠＋4 g/L BSA＋0.065 g/L 青霉素＋0.05 g/L 链霉素），从卵巢表面吸取可见卵泡中卵母细胞，抽取 5 个左右卵巢后，将抽取液转移入底部划有格线的 60 mm 培养皿（国产）中，在实体显微镜下进行捡卵。②切割法：将 3～5 个卵巢放入盛有采卵液的底部划有格线的 60 mm 培养皿内，左手持尖头眼科镊子固定卵巢，右手用手术刀以纵横交错手法轻轻划破卵巢表面，再用镊子持卵巢在采卵液内轻轻晃动，使卵子进入到采卵液中。然后，在实体显微镜下进行捡卵。做好试验记录。采卵和捡卵人员固定。依据卵母细胞胞质均匀程度和卵丘细胞层数及完整性将卵母细胞分为 3 级：A 级，胞质均匀，卵丘细胞完整且 3 层以上；B 级，胞质均匀，卵丘细胞 3 层以上但不完整；C 级，胞质不均匀，或卵丘细胞较少，裸卵或退化的卵母细胞。A、B 级卵为可用卵。

(4)卵母细胞的体外成熟　采用传统的微滴培养。将挑选出的 A、B 级卵母细胞分别用采卵液洗涤1次，再用成熟液（TCM-199＋10％FBS（热灭活）＋10 μg/mL oFSH＋10 μg/mL oLH＋1 μg/mL 雌二醇＋0.1 mmol/L β-巯基乙醇）洗涤3次后，移入预先在培养箱平衡2 h以上的100 μL的成熟培养微滴中，每滴15～20枚卵母细胞。然后于39℃、5％$CO_2$、饱和湿度的条件下成熟培养24～26 h。

（5）体外受精与激活处理　卵母细胞成熟培养后分成两组，分别进行体外受精和孤雌激活。

①体外受精。受精液为：SOF液＋20％发情绵羊血清＋10 μg/mL 肝素钠。将绵羊冻精在37℃水中解冻后，用90％和45％的percoll以2 000 r/min，30 min离心一次，弃去上清，只留下精子沉淀。再用洗精液HSOF（25 mmol/L Hepes缓冲的SOF）以1 000 r/min，6 min离心洗涤1次，沉淀用SOF受精液稀释，调整精子密度为（$2\times10^6$～$8\times10^6$）个/mL精子。将体外成熟的卵母细胞吹打除去部分卵丘细胞后，用受精液洗涤3次，移入预先平衡好的30 μL的受精小滴中，每滴放8～10枚卵母细胞。然后加入20 μL的处理好的精子，使精子最终浓度为（$1\times10^6$～$3\times10^6$）个/mL精子。精卵共培养20～24 h。

②孤雌激活。将成熟后的卵母细胞用0.5％透明质酸酶消化卵丘-卵母细胞复合体（COCs），吹打完全去除卵丘细胞，在H199（TCM199＋25 mmol HEPES＋0.5％FBS）中洗涤，选择质量较好的卵母细胞移入已平衡好的5 μmol/L离子霉素中于培养箱中放置5 min，再移入2 mmol/L 6-DMAP于培养箱中处理4 h。

（6）胚胎体外培养　将受精或孤雌激活后的卵母细胞除去卵丘细胞后，用发育液SOFaaBSA（SOF＋1％MEM NEAA＋2％MEM EAA＋3 mg/mL BSA）洗涤3次，移入50 μL发育微滴中，每滴10～15枚卵子。于39℃，混合气（5％$CO_2$、7％$O_2$、88％$N_2$），饱和湿度中培养。培养至第4天更换一半培养液，弃去死卵，继续培养至第7天，统计发育至不同阶段的胚胎数。

（7）统计分析　试验均重复3次以上，以受精和孤雌激活后的卵裂率作为统计不同卵巢保存温度和采卵方法对卵母细胞发育能力影响的指标。以平均每个卵巢所用的采卵时间、获卵数、可用卵数、可用率和不可用率对不同采卵方法的采卵效率进行综合评定。试验数据采用卡方检验和$t$检验。

2. 试验结果

（1）卵巢运输时不同的保存温度对卵母细胞发育能力的影响　见表4.51。

表4.51　不同卵巢保存温度对卵母细胞发育潜力的影响

| 卵巢保存温度 | 卵巢数/个 | 可用卵数/枚 | 可用卵均数/枚 | 用于受精卵数/枚 | 卵裂率/％ |
|---|---|---|---|---|---|
| 37 | 634 | 980 | 1.55[a]（980/634） | 738 | 16.40[a]（121/738） |
| 25 | 482 | 920 | 1.91[a]（920/482） | 812 | 21.05[b]（171/812） |

注：同一列中，a∶b，$P<0.05$。

本试验结果表明，不同的卵巢保存温度对可用卵均数没有显著影响（$P>0.05$），但是37℃组卵母细胞的胞质颜色发黑或发黄的较多。经统计分析，37℃组的卵裂率显著低于25℃组（$P<0.05$）。

（2）不同采卵方法的采卵效果　见表4.52。

由表4.52可见，不同采卵方法的采卵效果存在显著差异。抽吸法的平均获卵数为2.7±0.3，切割法的平均获卵数为6.3±1.6，差异显著（$P<0.01$）。而可用率和可用卵均数同样是切割法显著高于抽吸法（$P<0.01$）。将抽吸法采卵后的卵巢再用切割法采卵，还可以获得与

抽吸法数量相当的可用卵母细胞($P>0.05$)。但即使两种方法综合运用(综合法),其获卵均数和可用卵均数也都显著低于切割法($P<0.01$ 和 $P<0.05$)。从采卵时间上比较,抽吸法用时最少,速度最快,切割法速度最慢,而综合法用时与切割法相当。

**表 4.52　不同采卵方法的采卵效果**

| 采卵方法 | | 卵巢/个 | 获卵总数/均数(枚) | 可用率/% | 不可用率/% | 可用卵子/卵巢/枚 | 不可用卵子/卵巢/枚 | 所用时间/min | 时间/卵巢/min |
|---|---|---|---|---|---|---|---|---|---|
| 综合法 | 先抽 | 58 | 156 ($2.7^{a}\pm0.3$) | $53.2^{a}$ (83/156) | $46.8^{a}$ (73/156) | $1.43^{a}\pm0.36$ | $1.26^{a}\pm0.27$ | 43 | 0.74 |
| | 后割 | 58 | 143 ($2.5^{a}\pm0.7$) | $46.9^{a}$ (67/143) | $53.1^{a}$ (76/143) | $1.16^{a}\pm0.38$ | $1.31^{a}\pm0.46$ | 55 | 0.95 |
| | 小计 | 58 | 299 ($5.2^{b}\pm1.1$) | $50.2^{a}$ (150/299) | $49.8^{a}$ (149/299) | $2.59^{b}\pm0.82$ | $2.57^{b}\pm0.80$ | 98 | 1.69 |
| 切割法 | | 64 | 402 ($6.3^{c}\pm1.6$) | $87.1^{b}$ (350/402) | $12.9^{b}$ (52/402) | $5.47^{d}\pm1.43$ | $0.81^{d}\pm0.37$ | 110 | 1.72 |

注:同一列中,a∶b,$P<0.01$;a∶c,$P<0.01$;b∶c,$P<0.05$;b∶d,$P<0.01$。

(3)不同采卵方法对绵羊卵母细胞发育能力的影响　见表 4.53。

**表 4.53　不同采卵方法对卵母细胞发育能力的影响**

| 采卵方法 | 体外受精 | | | 孤雌激活 | | |
|---|---|---|---|---|---|---|
| | 受精卵子数/枚 | 卵裂数/枚 | 卵裂率/% | 激活卵子数/枚 | 卵裂数/枚 | 卵裂率/% |
| 抽吸法 | 369 | 162 | $43.90^{a}$ | 70 | 45 | $64.29^{b}$ |
| 抽吸后再切割 | 332 | 129 | $38.86^{a}$ | 50 | 30 | $60.0^{b}$ |
| 切割法 | 339 | 193 | $59.93^{b}$ | 44 | 31 | $70.45^{b}$ |

注:同一行或列中,a∶b,$P<0.01$。

结果表明,抽吸法与抽吸后再切割获得的卵母细胞的体外受精卵裂率差异不显著($P>0.05$),但均显著低于切割法的受精卵裂率($P<0.01$)。而三种方法获得的卵母细胞的孤雌激活卵裂率差异不显著($P>0.05$),但以切割法的卵裂率较高。同一采卵方法的卵母细胞的孤雌激活卵裂率均显著高于体外受精的卵裂率($P<0.01$)。

3. 讨论

(1)一些研究表明,30～35℃(Pugh,*et al.*,1991),20℃(Slavik,*et al.*,1990),室温(Waltson,*et al.*,1994;Wani,*et al.*,1999)保存均对绵羊卵母细胞的成熟率没有影响。从收集卵巢到采集卵母细胞的时间间隔在 1～4 h 内对绵羊卵母细胞的成熟也没有显著影响(Pugh,*et al.*,1991;Wani 等,1999)。但 Moodie 和 Graham(1989)研究发现,绵羊的卵巢贮存于 22℃数小时对其卵母细胞的体外成熟无明显影响,但若贮存在体温条件下则会使卵母细胞的质量下降(桑润滋等,2002)。本研究结果表明,运输时间为 6～9 h 时,37℃保存卵巢比 25℃保存卵巢对卵母细胞的质量会产生不良影响,使卵母细胞的卵裂率显著降低($P<0.05$)。卵巢保存温度较高(37℃),或保存时间较长(6～9 h)可能是造成本试验卵裂率较低的原因。

(2)在胚胎体外生产中,从每个卵巢获得的卵母细胞的数量和质量是值得考虑的重要因素。卵母细胞的采集方法对卵母细胞的数量和质量有显著影响。本研究中切割法获取的卵母细胞总数、平均可用卵数均显著高于抽吸法，与 Wani 等(1999)的试验结果相似，但不可用卵数显著低于抽吸法。刘海军等(2001)在山羊上研究表明，切割法的可用卵数显著高于抽吸法，不可用卵数显著低于抽吸法，与本试验结果相同；但是抽吸法从每个卵巢获卵总数高于切割法，与本研究结果不同。造成这些差异的原因是他们只切割卵巢表面 2～6 mm 卵泡，而本实验采用盲切法。另外由于采卵人员和切割强度的不同，也会造成获卵数和可用卵率的差异。从操作时间上比较，切割法速度慢，平均每卵巢耗时为抽吸法的 2 倍多(1.72 min ∶ 0.74 min)。切割法的回收率高(90%)，且卵丘细胞不受损害；抽吸法由于使用针头的原因，易造成卵丘细胞的损坏和卵母细胞的丢失，回收率为 25%～60%。所以，抽吸法采卵后的卵巢依然存在相当数量的粘附在卵泡壁上的卵母细胞，对这些卵巢应用切割法再次采卵，可以充分利用卵巢资源。本研究表明，抽吸法采卵后的卵巢再用切割法采卵，可以获得与抽吸采卵时数量相当的卵母细胞，并且卵母细胞可用率和发育能力并未降低。

(3) Hamono 等(1993)证实采卵方法不同对牛卵巢采卵数及受精的囊胚发育率均会产生影响。Fagbohun 等(1991)报道，卵丘卵母细胞间的紧密连接是调节 FSH 刺激卵母细胞成熟的必要条件。卵丘细胞的存在对卵母细胞的成熟及其以后的发育是必需的，卵丘细胞可为卵母细胞的成熟提供必需的营养物质。本研究表明，不同的采卵方法对绵羊卵母细胞发育能力有较大影响。切割法的受精卵裂率显著高于抽吸法或抽吸后再切割法的卵裂率($P<0.01$)；从孤雌激活的卵裂率来看，3 种采卵方法差异不显著，但切割法明显较好。因此，切割法是采集绵羊卵巢卵母细胞的最佳方法。本试验使用的针头较细(10 mL 注射器原配针头)，可能影响了卵母细胞的发育能力。孤雌激活的卵裂率均显著高于相应的体外受精的卵裂率，可能与本试验中的受精处理不完善有关，也可能是由于受精与孤雌激活的作用机制不同导致的。据刘林等(1998)报道，卵母细胞收集方法影响其后的成熟和激活效果，剥离法比抽吸法所获得的卵母细胞成熟率高，激活更加正常。绵羊卵母细胞体外成熟卵龄影响其激活能力。幼龄(成熟 24 h)卵母细胞激活率低，老龄(成熟 36 h)卵母细胞更易被激活。但老龄卵母细胞的透明带硬化，使精子不能再穿入受精，可能是造成受精卵裂率低于孤雌激活卵裂率的原因。另外，本试验中的卵裂率普遍较低，可能与卵巢质量差、培养系统的不完善有关。因此，在成熟培养、精子获能处理和受精时机等方面还应进一步研究。

### 4.4.5 影响绵羊体外胚胎生产主要因素的研究

绵羊体外受精成功获得试管羔羊已有 20 多年的历史。由于体外胚胎生产能够降低胚胎生产成本，扩大胚胎来源，为相关胚胎生物技术、受精生物学和发育生物学提供合适的研究材料和研究手段，同时有利于种质资源的国际间交流和拯救濒危动物，因此受到广泛关注。许多学者为探讨各个环节对体外受精效果的影响，做了大量的工作，研究进展很快。但目前体外胚胎生产技术的累积效率却较低。在完全体外化条件下生产胚胎还有很多尚未解决的问题，如体外受精的受精率、卵裂率都较低，囊胚发育率更是大大低于体内，而且完全体外化生产的囊胚细胞数较少，细胞质量差容易碎裂，体外发育系统不是胚胎发育的良好环境，目前羊卵巢卵母细胞的 IVM/IVF/IVC 系统还不稳定，可重复性差；较低的生长率和比体内低得多的桑葚胚和囊胚的发育率极大地限制了这一技术的应用。尤其是在国内，羊的体外受精技术仍然不成熟，体外培养到囊胚的发育率还很低。只有解决了体外受精的技术问题，提高了体外生产胚胎的效率和质量,才能从根本上推动胚胎工程的发展。因此,本研究着手于系统地探讨体外受精中的诸多影响因素,如卵巢保存温度、采卵方法、成熟培养条件的改进、不同精子处理及胚胎体外培养方法等,以期为改善绵羊体外胚胎生产技术提供有用的参考依据。

1. 材料与方法

(1)试验材料　本试验所用试剂,除非特别声明,均购自 Sigma 公司。TCM199 液体(Gibco,批号:1193387);TCM199 粉剂(Hycolon,批号:SH30297.01);胎牛血清(Hycolon,批号:SH30396);FSH(新西兰,批号:220169);LH(新西兰,批号:00770418)。绵羊卵巢采自河北大厂县和河北唐县羊定点屠宰场,冻精购自河北省良种服务中心种羊场。PFF 是从成年猪卵巢大卵泡采集卵泡液,用低温冷冻离心机 10 000 r/min,30 min 离心制得。发情绵羊血清于绵羊发情当天用常规血清制备法自制,56℃灭活处理 30 min,分装冻存。

(2)试验方法

①卵巢的采集与运输。从屠宰场收集绵羊卵巢,立即放入盛有灭菌预热 25℃或 37℃左右的生理盐水(含双抗)的保温瓶中,在 6～9 h 内运回实验室。用已预热 38.5℃并加入双抗的生理盐水将卵巢洗涤 2～3 次后,放入大口保温桶内,供采卵。

②卵母细胞的采集。卵母细胞采集方法有抽吸法、切割法和抽吸后切割法。依据卵母细胞胞质均匀程度和卵丘细胞层数及完整性将卵母细胞分为 3 级,A、B 级卵为可用卵。参见卫恒习等(2005)。

③卵母细胞的体外成熟。将挑选出的 A、B 级卵母细胞分别用采卵液洗涤 1 次,再用成熟培养液洗涤 3 次后,移入预先在培养箱平衡 2 h 以上的 100 μL 的成熟培养微滴中,每滴 15～20 枚卵母细胞。培养条件为 39℃、5%$CO_2$、饱和湿度。成熟基础液为 TCM199+10%FCS。试验比较了不同成熟时间(21,24,27 h)、FBS 灭活与否以及 10%新鲜 PFF 的添加、不同 FSH 激素剂量(0,10,20,30 μg/mL)、不同激素组合(FSH+LH+$E_2$、FSH+LH、LH+$E_2$、FSH+$E_2$)及剂量组合(FSH+LH+$E_2$、FSH+LH+$E_2$+10%PFF、2×FSH+2×LH+$E_2$、2×FSH+2×LH+2×$E_2$)对绵羊卵母细胞体外受精的影响。

④精子的制备。TL-percoll 密度梯度离心法:取 2 管冻精,在 37℃水浴解冻。在 15 mL 离心管中依次加入用 TALP 液配制的 90%和 45%的 percoll 液各 2 mL,使分层。然后小心的将精液加到 45% percoll 液表面,以 2 000 r/min,20 min 离心 1 次,弃上清,只留下精子沉淀。再用 HSOF 洗精液悬浮,以 1 000 r/min,6 min 离心洗涤 1 次,沉淀用 400 μL 受精液稀释,调整精子密度为($3\times10^6$～$8\times10^6$)个/mL 精子。

BO-percoll 密度梯度离心法:取 2 管冻精,在 37℃水中解冻。用 BO 液配制的 60%和 45%的 BO-percoll 液以 2 000 r/min,15 min 离心 1 次,弃去上层液体,只留下沉淀部分。再加入 400 μL BO 受精液调整精子密度,使精子密度为($3\times10^6$～$8\times10^6$)个/mL 精子。

上浮离心洗涤法:取 1 管冷冻精液,37℃水浴解冻。然后小心的加到盛有 4 mL HSOF 或 BO 洗精液的 15 mL 离心管的底部。在 37℃水浴锅中倾斜放置 30 min 使精子上浮,然后从上层吸出 3.5 mL 液体于另一离心管中,1 000 r/min,5 min 离心 1 次,弃去上清,然后加入受精液 1 mL,使精子密度为($3\times10^6$～$8\times10^6$)个/mL 精子。

⑤体外受精与孤雌激活。将体外成熟的卵母细胞吹打除去部分卵丘细胞后,用受精液洗涤 3 次,移入预先平衡好的 30 μL 的受精小滴中,每滴放 8～10 枚卵母细胞,然后加入 20 μL 的处理好的精子。使精子最终浓度为($1\times10^6$～$3\times10^6$)个/mL 精子。精卵于培养箱中共同培养一定

时间，BO 液为 10～15 h，SOF 液为 20～24 h。受精条件为：39℃、5%$CO_2$ 的空气、饱和湿度。

将成熟后的卵母细胞用 0.1%透明质酸酶消化卵丘-卵母细胞复合体(COCs)，吹打完全去除卵丘细胞，在 H 199(TCM 199＋25 mmol/L HEPES＋0.5% FBS)中洗涤，选择质量较好的卵母细胞移入已平衡好的 5 μmol/L 离子霉素中于培养箱中放置 5 min，再移入 2 mmol/L 6-DMAP于培养箱中处理 4 h。

⑥早期胚胎体外培养。将受精或孤雌激活后的卵母细胞，用发育液洗涤 3～5 次，移入 50 μL发育微滴中，每滴 10～15 枚卵子。采用 39℃混合气(5%$CO_2$、7%$O_2$、88%$N_2$)培养，培养液为 SOFaaBSA，至第 7 天统计发育至不同阶段的胚胎数。试验比较了在 IVC 时每 48 h 更换 1/2 发育液与不换液处理对胚胎体外发育的影响。

2. 结果与分析

(1)不同卵巢保存温度对卵母细胞发育能力的影响　见表 4.54。

**表 4.54　不同卵巢保存温度对卵母细胞发育能力的影响**

| 卵巢保存温度/℃ | 重复 | 卵巢数/个 | 可用卵数/枚 | 可用卵均数/枚 | 用于受精卵数/枚 | 卵裂率/% |
|---|---|---|---|---|---|---|
| 37±2 | 6 | 634 | 980 | 1.55[a](980/634) | 738 | 16.40[a](121/738) |
| 25±2 | 4 | 482 | 920 | 1.91[a](920/482) | 812 | 21.05[b](171/812) |

注：同一列中，上标小写字母不同表示差异显著($P<0.05$)，上标大写字母不同表示差异极显著($P<0.01$)。以下各表同。

结果表明，不同的卵巢保存温度对可用卵均数没有显著影响($P>0.05$)，但是 37℃组卵母细胞的胞质色泽较差。经统计分析，37℃组的卵裂率显著低于 25℃组($P<0.05$)。因此，绵羊卵巢的运输保存温度以 25℃左右为宜。

(2)不同采卵方法的采卵效果　见表 4.55。

**表 4.55　不同采卵方法的采卵效果**

| 采卵方法 | 卵巢/个 | 获卵均数/枚 | 可用率/% | 可用卵均数/枚 | 不可用卵均数/枚 | 所用时间/min | 时间/卵巢/min |
|---|---|---|---|---|---|---|---|
| 抽吸法 | 58 | (2.7±0.3)[A] (156/58) | 53.2[A] (83/156) | 1.43±0.36[A] | 1.26±0.27[A] | 43 | 0.74[A] |
| 抽吸后切割法 | 58 | (2.5±0.7)[A] (143/58) | 46.9[A] (67/143) | 1.16±0.38[A] | 1.31±0.46[A] | 55 | 0.95[A] |
| 抽吸＋切割法 | 58 | (5.2±1.1)[Bb] (299/58) | 50.2[A] (150/299) | 2.59±0.82[Bb] | 2.57±0.80[Bb] | 98 | 1.69[B] |
| 切割法 | 64 | (6.3±1.6)[Bc] (402/64) | 87.1[B] (350/402) | 5.47±1.43[Cc] | 0.81±0.37[Cc] | 110 | 1.72[B] |

由表 4.55 可见，不同采卵方法的采卵效果存在显著差异。切割法的获卵均数、可用卵均数和可用率显著高于抽吸法($P<0.01$)。将抽吸法采卵后的卵巢再用切割法采卵，还可以获得与抽吸法数量相当的可用卵母细胞($P>0.05$)。但即使两种方法综合运用(抽吸＋抽吸后切割)，获卵均数和可用卵均数也都显著低于直接切割法($P<0.01$ 和 $P<0.05$)。由此得出，

切割法是最佳的采卵方法。但在采卵时间上，抽吸法速度最快，切割法速度最慢（$P<0.01$），而抽吸+切割法用时与切割法相当（$P>0.05$）。

（3）不同采卵方法对卵母细胞发育能力的影响　见表 4.56。

表 4.56　不同采卵方法对卵母细胞发育能力的影响

| 采卵方法 | 体外受精 | | | 孤雌激活 | | |
|---|---|---|---|---|---|---|
| | 受精卵子数/枚 | 卵裂数/枚 | 卵裂率/% | 激活卵子数/枚 | 卵裂数/枚 | 卵裂率/% |
| 抽吸法 | 369 | 162 | $43.90^{A}$ | 70 | 45 | $64.29^{B}$ |
| 抽吸后切割法 | 332 | 129 | $38.86^{A}$ | 50 | 30 | $60.0^{B}$ |
| 切割法 | 339 | 193 | $59.93^{B}$ | 44 | 31 | $70.45^{B}$ |

注：同一行或列中，不同大写字母上标表示差异极显著（$P<0.01$）。

表 4.56 结果表明，抽吸法获得的卵母细胞与抽吸后再切割获得的卵母细胞的体外受精卵裂率差异不显著（$P>0.05$），但均显著低于直接切割法的受精卵裂率（$P<0.01$）；而 3 种采卵方法来源的卵母细胞的孤雌激活卵裂率差异不显著（$P>0.05$），但以切割法的卵裂率较高。抽吸法或抽吸后再切割的卵母细胞的孤雌激活卵裂率显著高于体外受精的卵裂率（$P<0.01$），而切割法的卵母细胞的孤雌激活卵裂率与体外受精卵裂率差异不显著（$P>0.05$）。

（4）不同成熟培养时间对绵羊体外受精效果的影响　见表 4.57。

表 4.57　不同成熟培养时间对绵羊体外受精效果的影响

| 成熟时间/h | 受精卵数/枚 | 卵裂率/% | 桑-囊发育率/% |
|---|---|---|---|
| 21 | 181 | $23.20^{a}$(42/181) | $33.33^{a}$(14/42) |
| 24 | 181 | $21.55^{a}$(39/181) | $23.08^{a}$(9/39) |
| 27 | 119 | $14.29^{a}$(17/119) | $23.53^{a}$(4/17) |

由表 4.57 可见，不同成熟培养时间对绵羊卵母细胞的受精卵裂率和桑-囊发育率差异均不显著（$P>0.05$）。综合比较，成熟培养 21～24 h 是比较合适的绵羊卵母细胞成熟培养时间。

（5）FBS 灭活处理及 PFF 对绵羊 IVM/IVF 的影响　见表 4.58。

表 4.58　添加不同血清及 PFF 对绵羊卵母细胞 IVM/IVF 效果的影响

| 组　别 | 受精组 | | | 孤雌激活组 | | |
|---|---|---|---|---|---|---|
| | 受精卵数/枚 | 卵裂率/% | 桑-囊发育率/% | 孤雌激活卵/枚 | 卵裂率/% | 桑-囊发育率/% |
| 10%FBS(灭活) | 153 | $22.88^{a}$ (35/153) | $28.57^{ab}$ (10/35) | 28 | $28.57^{Aa}$ (8/28) | $37.5^{a}$ (3/8) |
| 10%FBS(未灭活) | 183 | $18.58^{a}$ (34/183) | $14.71^{b}$ (5/34) | 45 | $57.78^{b}$ (26/45) | $19.23^{a}$ (5/26) |
| 10%FBS(灭活)+10%PFF | 145 | $20.0^{a}$ (29/145) | $41.38^{a}$ (12/29) | 33 | $66.67^{Bc}$ (22/33) | $31.82^{a}$ (7/33) |

由表 4.58 看出，血清灭活与否及 10％新鲜 PFF 的添加对受精卵裂率无显著影响（$P>0.05$）。FBS 灭活组的桑-囊胚发育率高于 FBS 未灭活组。在 10％灭活 FBS 的基础上再添加 10％新鲜 PFF，其桑-囊胚发育率显著高于 FBS 未灭活组（$P<0.05$），表明 PFF 可能对绵羊卵母细胞的成熟质量具有促进作用。从孤雌激活组来看，FBS 未灭活组的卵裂率显著高于 FBS 灭活组（$P<0.05$），但添加 10％新鲜 PFF 后，FBS 灭活组的卵裂率极显著提高（$P<0.01$），并显著高于 FBS 未灭活组（$P<0.05$），说明 FBS 灭活处理的确使血清失去了一些有益的成分，但在添加新鲜 PFF 的情况下，可以弥补血清灭活的营养损失。而未灭活 FBS 组的桑-囊发育率明显降低，说明可能是血清中的补体成分与细胞膜发生补体反应。因此，血清灭活是必要的，而添加 10％的新鲜 PFF 是灭活血清的有益补充。

（6）不同 FSH 激素剂量对绵羊体外受精效果的影响　见表 4.59。

**表 4.59　不同 FSH 激素剂量对绵羊体外受精效果的影响**

| FSH 剂量 /(μg/mL) | LH 剂量 /(μg/mL) | $E_2$ 剂量 /(μg/mL) | 受精卵子数 /枚 | 卵裂率 /% | 桑-囊胚发育率/% |
|---|---|---|---|---|---|
| 0 | 10 | 1 | 60 | $3.33^B$ (2/60) | $0^a$ |
| 10 | 10 | 1 | 80 | $18.18^A$ (16/80) | $12.5^a$ (2/16) |
| 20 | 10 | 1 | 88 | $26.14^A$ (23/88) | $34.78^a$ (8/23) |
| 30 | 10 | 1 | 68 | $32.35^A$ (22/68) | $14.29^a$ (3/21) |

由表 4.59 可见，在 LH 和 $E_2$ 一定的情况下，不同 FSH 剂量对绵羊体外受精效果具有重要影响。添加 FSH 可以极显著提高受精卵裂率（$P<0.01$），且受精卵裂率随 FSH 剂量的增加有逐渐增高的趋势。但从桑-囊胚发育率来看，以 20 μg/mL 组效果最佳，但与其他组相比差异不显著（$P>0.05$），可能与发育胚胎数量较少有关。

（7）不同 FSH、LH、$E_2$ 组合及 PFF 对绵羊 IVM/IVF 的影响　见表 4.60。

**表 4.60　不同 FSH、LH、$E_2$ 组合对绵羊卵母细胞体外受精效果的影响**

| FSH 剂量 /(μg/mL) | LH 剂量 /(μg/mL) | $E_2$ 剂量 /(μg/mL) | 新鲜 PFF 10%(V/V) | 受精卵数/枚 | 卵裂率 /% | 桑-囊胚发育率/% |
|---|---|---|---|---|---|---|
| 10 | 10 | 1 | − | 135 | $11.85^a$ (16/135) | $12.5^a$ (2/16) |
| 10 | 10 | 1 | + | 118 | $19.49^a$(23/118) | $21.74^a$(5/23) |
| 20 | 20 | 1 | − | 161 | $15.53^a$ (25/161) | $24.0^a$ (6/25) |
| 20 | 20 | 2 | − | 123 | $13.82^a$ (17/123) | $5.88^a$ (1/17) |

由表 4.60 可见，FSH 和 LH 同时加倍或添加 10％新鲜 PFF，都对受精卵裂率和桑-囊发育率有所提高。而当 $E_2$ 加倍时，卵裂率和桑-囊发育率均有降低的趋势。所以，在成熟培养液中添加的 $E_2$ 可能对卵母细胞的体外成熟产生不良影响。

（8）FSH、LH 和 $E_2$ 的添加与否对绵羊体外受精效果的影响　见表 4.61。

从表 4.61 可知，FSH 对绵羊卵母细胞成熟是必不可少的，不添加 FSH 组，卵裂率和桑-囊发育率都明显降低（$P<0.01$），并且无桑-囊胚发育。LH 对绵羊卵裂率和桑-囊胚发育率无明显作

用($P>0.05$)。$E_2$ 的添加使绵羊受精卵裂率和桑-囊发育率降低,但差异不显著($P>0.05$)。

表 4.61　FSH、LH 和 $E_2$ 的添加与否对绵羊体外受精效果的影响

| 组别 | FSH (20 μg/mL) | LH (10 μg/mL) | $E_2$ (1 μg/mL) | 总卵数/枚 | 卵裂率/% | 桑-囊发育率/% |
|---|---|---|---|---|---|---|
| 1 | + | − | + | 70 | 24.29$^{Aa}$(17/70) | 17.65$^{a}$(3/17) |
| 2 | + | + | − | 121 | 26.45$^{A}$(32/121) | 18.75$^{a}$(6/32) |
| 3 | − | + | + | 63 | 0$^{Bb}$ | 0$^{a}$ |
| 对照 | + | + | + | 272 | 23.90$^{A}$(65/272) | 13.85$^{a}$(9/65) |

(9)不同受精液和精子处理方法的影响　见表 4.62。

表 4.62　不同受精液和精子处理方法的影响

| 受精液 | 精子制备方法 | 受精卵数/枚 | 卵裂率/% | <8-细胞率/% | 8~16-细胞率/% | 桑-囊发育率/% |
|---|---|---|---|---|---|---|
| SOF | SOF 上浮离心 | 126 | 20.63$^{a}$(26/126) | 42.31$^{ab}$(11/26) | 30.77$^{ab}$(8/26) | 26.92$^{ac}$(7/26) |
| | percoll 离心 | 113 | 33.63$^{b}$(38/113) | 21.05$^{a}$(8/38) | 42.10$^{a}$(16/38) | 36.84$^{ac}$(14/38) |
| | 总计 | 239 | 26.78$^{ab}$(64/239) | 29.69$^{Aa}$(19/64) | 37.5(24/64) | 32.81$^{c}$(21/64) |
| BO | BO 上浮离心 | 76 | 14.47$^{a}$(11/76) | 63.64$^{ab}$(7/11) | 27.27$^{ab}$(3/11) | 9.09$^{a}$(1/11) |
| | percoll 离心 | 106 | 27.36$^{b}$(29/106) | 68.97$^{b}$(20/29) | 17.24$^{b}$(5/29) | 13.79$^{a}$(4/29) |
| | 总计 | 182 | 21.99$^{ab}$(40/182) | 67.5$^{Bb}$(27/40) | 20.0 (8/40) | 12.5$^{ab}$(5/40) |

从表 4.62 可以看出,不同受精液对受精卵裂率没有显著影响($P>0.05$),但 SOF 液胚胎发育率显著高于 BO 液($P<0.05$)。BO 液组 8 细胞之前阻滞率极显著高于 SOF 液($P<0.01$)。从精子制备方法看,受精卵裂率和桑-囊胚发育率均为密度梯度离心法好于上浮离心法,并且 SOF 液密度梯度离心法的受精卵裂率显著高于 SOF 上浮离心法($P<0.05$)。

(10)发育培养是否换液对早期胚胎发育的影响　见表 4.63。

表 4.63　发育培养是否换液对早期胚胎发育的影响

| 发育处理 | 总卵数/枚 | 卵裂率/% | <8-细胞率/% | 8~16-细胞率/% | 桑-囊发育率/% |
|---|---|---|---|---|---|
| 不换液 | 194 | 28.87$^{a}$(56/194) | 67.86$^{a}$(38/56) | 21.43$^{a}$(12/56) | 10.71$^{a}$(6/56) |
| 换液 | 193 | 29.02$^{a}$(56/193) | 87.5$^{b}$(49/56) | 7.14$^{b}$(4/56) | 5.36$^{a}$(3/56) |

由表 4.63 可知,换液与不换液处理对受精卵裂率无显著影响($P>0.05$)。本试验培养的胚胎绝大多数在 8-细胞之前停止发育,换液组的胚胎发育阻滞率显著高于不换液组($P<0.05$)。桑-囊发育率不换液培养稍高于换液培养。可能换液过程中环境的变化或操作不当引起胚胎发育受阻。

3. 讨论

(1)卵巢保存温度和采卵方法对 IVP 的影响　近年来,卵巢运输保存温度和时间等这类以前不太为人所注意的条件开始受到人们的重视,并获得了一些重要结果(旭日干等)。有研

究表明，30～35℃、20℃和室温保存均对绵羊卵母细胞的成熟率没有影响，从收集卵巢到采集卵母细胞的时间间隔在 1～4 h 内对绵羊卵母细胞的成熟也没有显著影响，但研究发现，绵羊的卵巢贮存于 22℃数小时对其卵母细胞的体外成熟无明显影响，但若贮存在体温条件下则会使卵母细胞的质量下降。本研究结果表明，运输时间为 6～9 h 时，25℃组的受精卵裂率显著高于 37℃组($P<0.05$)。卵母细胞的发育能力可能受到保存温度与时间共同影响。

在胚胎体外生产中，从每个卵巢获得的卵母细胞的数量和质量是值得考虑的重要因素，卵母细胞的采集方法对卵母细胞的数量和质量有显著影响。本研究中切割法获取的卵母细胞总数、平均可用卵数均显著高于抽吸法，与 Wani 等(1999)的试验结果相似。切割法的回收率高(90%)，且卵丘细胞不受损害；而抽吸法的回收率为 25%～60%(钱云等，2000)。所以抽吸法采卵后的卵巢依然存在相当数量的黏附在卵泡壁上的卵母细胞，对这些卵巢应用切割法再次采卵，可以充分利用卵巢资源。本研究表明，抽吸法采卵后的卵巢再用切割法采卵，可以获得与抽吸采卵时相当的卵母细胞，并且卵母细胞可用率和卵裂率并未降低。抽吸法由于使用针头的原因，易造成卵丘细胞的损坏和卵母细胞的丢失。卵丘细胞的存在对卵母细胞的成熟及其以后的发育是必需的，卵丘细胞可为卵母细胞的成熟提供必需的营养物质。Fagbohun 等(1991)报道，卵丘卵母细胞间的紧密连接是调节 FSH 刺激卵母细胞成熟的必要条件。本研究表明，不同的采卵方法对绵羊卵母细胞发育能力有较大影响。切割法的受精卵裂率显著高于抽吸法或抽吸后再切割的卵裂率($P<0.01$)，因此切割法是采集绵羊卵巢卵母细胞的最佳方法。刘林等(1998)报道，卵母细胞收集方法影响其后的成熟和激活效果，剥离法比抽吸法所获得的卵母细胞成熟率高，激活更加正常。不同采卵方法由于采卵人员和试验条件的不同，会得出不同的试验结果。无论何种方法必须遵循的一个原则就是在最短的时间内获得最多的可用卵母细胞。因此，应合理选择采卵方法。

(2)成熟培养的影响因素　卵母细胞体外成熟的影响因素很多，成熟培养液种类、成熟培养时间、血清及卵泡液、激素与促性腺激素等都会对卵母细胞的成熟质量及受精后的胚胎发育产生影响。成熟培养时间对成熟度具有明显作用，培养时间过短、过长都影响卵母细胞的受精以及其后的胚胎发育(徐建祥等，1996)。张涌等(1999)通过对山羊卵母细胞体外成熟研究得出，培养 16 h 卵母细胞的成熟率显著低于培养 20 h 和 24 h 的卵母细胞；卵母细胞核成熟后再培养 3～4 h，有利于提高卵母细胞胞质成熟，这对受精卵裂和胚胎发育有重大影响。陈俊颖等(2004)在山羊上研究表明，培养时间为 27 h 和 24 h 时山羊卵母细胞的成熟率无显著差异，但显著高于 16 h 和 20 h 组。本试验中，以成熟培养 21 h 和 24 h 的卵裂率和胚胎发育率较高。造成这种差异的原因可能是培养条件不同，也可能是由于物种差异所致。

目前血清在体外成熟过程中的促进作用得到广泛的认可。众多的研究表明，FCS 优于 BSA，而 OCS 又优于 FCS。血清的作用不仅可以给卵母细胞提供成熟所需的营养物质，而且可以防止卵母细胞透明带硬化。通常血清在使用前要对其中的补体成分进行灭活处理，这有利于成熟培养系统的稳定。但也有报道，使用未灭活胎牛血清可以取得比灭活血清更好的受精率和胚胎发育率。本研究表明，FBS 灭活对绵羊体外受精的卵裂率无显著影响，但具有提高绵羊体外受精囊胚发育率的趋势，与李荣凤等在牛上的研究结果类似(李荣凤等，1995)。卵泡液是一种均质液体，含有大量来自血清的生化因子及细胞因子。在体外培养液中添加卵泡液能使卵母细胞的核成熟受到抑制，胞质发育程序却提前得到释放，使滞后于核成熟的胞质成熟能提前或与核成熟同步。石德顺等(1994)研究表明，在成熟培养液中添加 10% BFF，显著提高牛卵母细胞成熟受精后的囊胚发育率，但高浓度的 BFF(40%)则降低牛卵母细胞成熟后的受精率和胚胎发育率。崔亚利等(1999)用 10%和 30%的山羊卵泡液完全替代血清时，成熟率显著降低，说明卵泡液不能够完全代替血清的作用。猪卵泡液来源丰富，具有较大的开发利用前景，但 PFF 应用于绵羊体外成熟的研究却未见报道。本研究发现在 10%灭活 FBS 的基础上再添加 10%PFF 具有提高绵羊体外受精囊胚发育率和显著提高绵羊卵母细胞孤雌激活卵裂率的作用($P<0.01$)。表明卵泡液的作用不存在种属特异性，PFF 可以有效的作用于绵羊的体外受精中，添加 10% PFF 是对灭活 FBS 的有益补充。

激素对卵母细胞的成熟具有重要的调节作用，但激素浓度的影响表现为双向性，低剂量范围内为正效应，过高剂量呈抑制趋势(孙桂金等，2004)。目前对于激素的作用仍然存在争议，Keskintepe 等(1994)研究表明，添加 FSH 和 LH 能够显著提高山羊 IVP 效率。Crosby 等(1981)报道，在绵羊成熟液中添加 10 μg/mL LH，明显提高囊胚的获得率，而 Fukui 等报道 LH 无这一作用。有研究结果显示(Beker A R，*et al.*，2002)，17β-$E_2$ 对卵母细胞的体外成熟有抑制作用，而另一些研究表明，17β-$E_2$ 可促进卵母细胞在体外成熟中获得受精和胚胎发育的能力。所得结论差异的原因可能是由于培养条件不同或成熟培养液中添加未知大分子物质，从而掩盖、抑制或改变了激素作用。本研究表明，FSH 对绵羊卵母细胞体外成熟是必不可少的，能够提高受精卵裂率和囊胚发育率；LH 对绵羊体外成熟卵母细胞的受精卵裂率和桑-囊发育率无明显作用；$E_2$ 的添加对绵、山羊体外成熟、体外受精有负面影响，与 Beker 等的研究结果相同。激素对卵母细胞体外成熟的影响一直是一个悬而未决的问题，不过在无血清条件下，激素对卵母细胞的体外成熟作用已基本得到公认。

(3)体外受精的影响因素　影响体外受精的因素很多，其中受精的营养条件和环境条件是主要因素之一。不同的受精液种类对体外受精的影响效果不同。刘海军等(2001)研究表明，BO 液的受精率高于 TALP 液，但桑葚胚率低于 TALP 液，表明 TALP 液促进胚胎发育能力高于 BO 液。皮文辉等报道，含发情羊血清的 SOF 液受精卵裂率显著高于不含发情羊血清的 SOF 液($P<0.01$)。本研究表明：不同受精液对绵羊受精卵裂率没有显著影响，SOF 受精液稍高于 BO 受精液；而 BO 液的 8-细胞之前阻滞率显著高于 SOF 受精液($P<0.01$)。

获得高浓度的活力旺盛的精子并使之体外获能是体外受精的关键。目前常用的精子分离方法主要有上浮法和 percoll 密度梯度离心法。徐照学等(1998)报道，用 BO 液上浮法分离后活精子比例要比 percoll 分层液法高，并且可获得较高的受精率，受精卵发育至桑葚胚和囊胚阶段没有影响。但本研究中 SOF 液组受精卵裂率，密度梯度离心法显著高于上浮离心法($P<0.05$)，桑-囊胚发育率差异不显著($P>0.05$)；BO 液组，受精卵裂率和桑-囊胚发育率均为密度梯度离心法高于上浮离心法。造成差异的原因可能是与 percoll 分层液法的浓度梯度、分离条件以及 Percoll 液对精子的毒性作用有关。近年来，随着精子获能机制的逐步解析、生殖道液体中诱发获能和顶体反应的因子的明确、以及对一些离子(如 $Ca^{2+}$)在顶体反应中作用的深入了解，研究者已陆续得出各种可以诱导获能的有效成分。肝素钠、咖啡因、发情羊血清、BSA 和钙离子载体 A23187 等能引起精子细胞的 $Ca^{2+}$ 内流而导致精子获能。本研究没有对精子获能条件进行优化筛选，可能是造成卵裂率偏低的原因之一。

(4)胚胎培养的影响因素　IVF 胚发育培养是一件相当困难的工作，因为 IVF 胚的发育要经过早期卵裂、突破 8～16-细胞期阻滞、桑葚胚、囊胚及孵化囊胚等阶段，影响因素较多。同时它不仅要受到体外发育培养系统本身的制约和影响，而且还要受到受精过程以及受精以前卵母细胞成熟程度的影响。本研究采用的 SOFaa 混合气培养能够使绵羊受精卵成功发育到孵化囊胚阶段，但效率还不理想。在胚胎的发育中，发育液中的氨基酸会被胚胎代谢并分解为胺离子，这对胚胎发育是有害的(Gardner D. K.，1993；Trounson A. O.，1994)。为了提高囊胚发育率，进行了胚胎发育培养过程中换液与不换液的对比试验。结果表明，不换液组的效果好于换液组。换液组的胚胎大部分停止在 8-细胞之前阶段，而且桑-囊胚发育率也低于不换液组。这可能是本实验室条件下，换液操作使胚胎所处的环境变化剧烈而引起发育停滞。Garder 等(1993)报道在鼠和绵羊，增加胚胎培养密度或降低液滴体积(从 320 μL 降到 20 μL)可增加胚胎的卵裂和囊胚的形成。在小量培养液中培养的鼠、绵羊和牛胚胎可能产生一种或几种刺激胚胎发育的因子(Pugh，1993)。换液会失去这些有益的因子，这也可能是造成本试验换液组胚胎发育率降低的原因之一。

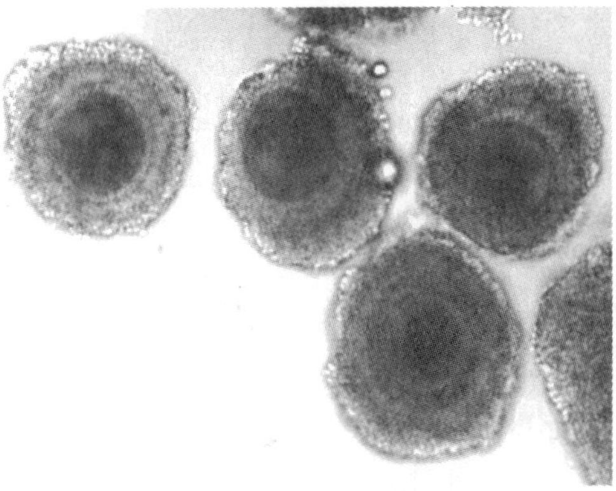

图 4.10 成熟前绵羊卵母细胞

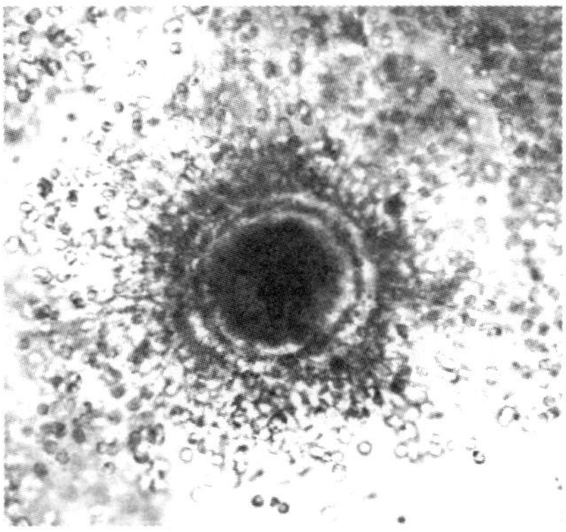

图 4.11 成熟后绵羊卵母细胞

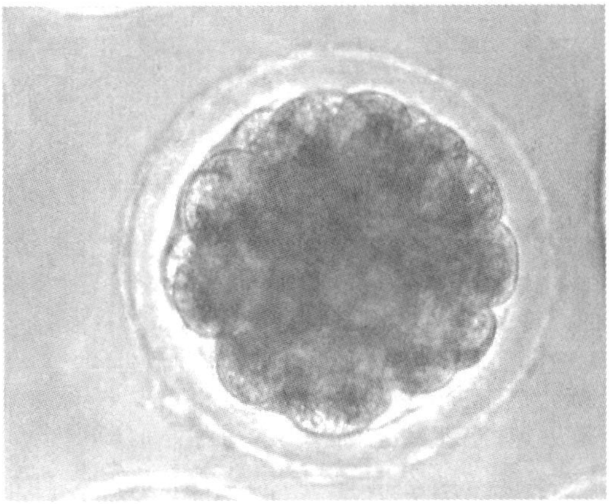

图 4.12 绵羊 16～32-细胞 IVF 胚胎

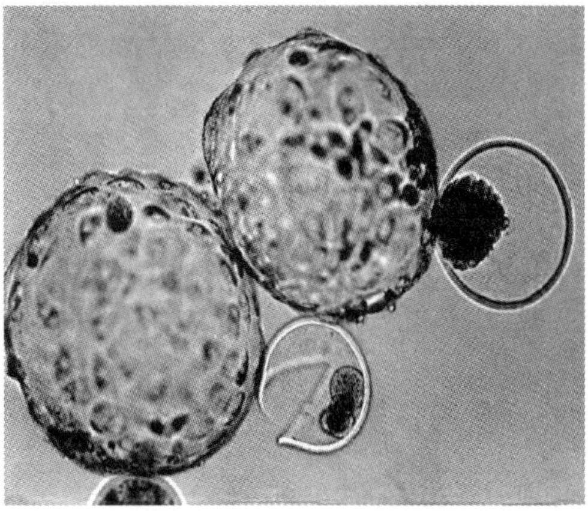

图 4.13 绵羊 IVF 孵化囊胚

### 4.4.6 影响山羊体外胚胎生产效果的主要因素

近年来，很多学者为探讨体外受精各个环节的影响因素，做了大量工作，体外受精技术取得了长足的进步，但仍然存在一些问题，如囊胚发育率低，且质量较差；山羊卵巢卵母细胞的

IVM/IVF/IVC系统还不稳定，可重复性差；体外发育系统不够完善，尚不能应用于生产等。在国内，羊的体外受精技术仍然不够成熟，囊胚发育率还很低。这不仅涉及体外成熟卵母细胞自身的质量，也涉及精子质量问题。只有解决体外受精的技术问题，提高体外生产胚胎的效率和质量，才能从根本上推动胚胎工程的发展。因此，本试验着重探讨体外成熟时间、成熟液中激素、氨基酸以及负压低氧条件对山羊体外胚胎生产的影响，旨在为改善山羊体外受精技术提供试验依据。

1. 材料与方法

(1)材料　所用试剂除非特殊说明均购自Sigma公司。TCM199液体(Gibco，批号：1193387)；TCM199粉剂(Hycolon，批号：SH30297101)；胎牛血清(杭州四季青，批号：200.0512)；FSH(日本，批号：203221)；LH(宁波，批号：030901)。山羊卵巢采自河北唐县羊定点屠宰场，山羊冻精为承德市畜牧所提供。

(2)卵母细胞的采集　从屠宰场收集山羊卵巢，立即放入盛有25℃左右灭菌生理盐水(含双抗)的保温瓶中，在5 h内运回实验室。用已预热38.5℃并加入双抗的生理盐水将卵巢洗涤2～3次后，放入大口保温桶内，供采卵。采用抽吸法采卵，在实体显微镜下进行捡卵。依据卵母细胞胞质均匀程度和卵丘细胞层数及完整性将卵母细胞分为3级，A、B级卵为可用卵(卫恒习等，2005)。

(3)卵母细胞的体外成熟　将挑选出的A、B级卵母细胞分别用采卵液(TCM199＋5 mmol/L $NaHCO_3$＋10 mmol/L Hepes＋10 mmol/L Hepes-Na＋0.01 g/L肝素钠＋0.1% PVP＋1%FCS＋0.065 g/L青霉素＋0.05 g/L链霉素)洗涤1次，再用成熟培养液(TCM199＋10%FCS＋0.02 AU/mL FSH＋5 IU/mL LH＋1 mg/L $E_2$＋0.1 mmol/L $\beta$-巯基乙醇)洗涤3次后，移入预先在培养箱平衡2 h以上的100 μL的成熟培养微滴中，每滴15～20枚卵母细胞。然后在38.7℃、5%$CO_2$、饱和湿度的条件或负压低氧条件下进行成熟培养。负压培养参照董亚娟等(2002)的做法，培养器内形成－300 mmHg、2%$CO_2$、8%～10%$O_2$、饱和湿度的负压培养环境，每隔48 h更换1次发泡颗粒。

(4)精子的制备　采用上浮离心洗涤法制备精子。37℃水浴解冻1管冷冻精液，然后小心地加到盛有4 mL HSOF的15 mL离心管的底部。在37℃水浴锅中倾斜放置30 min使精子上浮，然后从上层吸出315 mL液体于另一离心管中，1 000 r/min，5 min离心1次，弃去上清，然后加入受精液(SOF＋20%发情山羊血清＋20 mg/L肝素钠)1 mL，使精子密度为($5\times10^6$～$6\times10^6$)个/mL。

(5)体外受精　将体外成熟的卵母细胞吹打除去部分卵丘细胞后，用受精液洗涤3次，移入预先平衡好的30 μL的受精小滴中，每滴放8～10枚卵母细胞，然后加入20 μL处理好的精子。使精子最终密度为($1\times10^6$～$3\times10^6$)个/mL。精卵于培养箱中共孵育20～24 h。培养条件为38.7℃常规培养(5% $CO_2$、95%空气)和负压培养(－300 mmHg、2% $CO_2$、8%～10% $O_2$)。

(6)早期胚胎体外培养　将受精卵母细胞，用发育液洗涤3～5次，移入50 μL发育微滴中，每滴10～15枚卵子。采用38.7℃、5%$CO_2$、95%空气的卵丘细胞单层共培养和负压培养(－300 mmHg、2% $CO_2$、8%～5% $O_2$)，每48 h更换1/2新鲜培养液。至第7天统计发育至不同阶段的胚胎数。卵丘细胞单层的制备：将成熟后卵母细胞在原成熟微滴中吹打脱去部分颗粒细胞，捡出卵母细胞后继续培养，卵丘细胞就会贴壁形成细胞单层，换液后可用于早期胚胎发育培养。

(7)统计分析　采用卡方检验对数据进行统计分析。

2. 结果

(1)不同成熟培养时间对山羊 IVM/IVF 的影响　见表 4.64。

表 4.64　不同成熟培养时间对山羊体外受精的影响

| 成熟时间/h | 重复 | 受精卵数/枚 | 卵裂率/% | 囊胚发育率/% |
|---|---|---|---|---|
| 21 | 3 | 66 | $18.18^{a}$(12/66) | 0 |
| 24 | 3 | 74 | $37.84^{b}$(28/74) | $14.26^{a}$(4/28) |
| 27 | 3 | 60 | $33.33^{ab}$(20/60) | $15.0^{a}$(3/20) |

注:同一列中,上标小写字母不同表示差异显著($P<0.05$),上标大写字母不同表示差异极显著($P<0.01$)。下同。

由表 4.64 可见,山羊卵母细胞成熟培养 24 h 和 27 h 的卵裂率高于培养 21 h,其中培养 24 h 的卵裂率显著高于 21 h($P<0.05$)。因此,山羊卵母细胞体外成熟时间以 24～27 h 为宜,其卵裂率和囊胚发育率差异不显著($P>0.05$)。

(2)不同 FSH 剂量对山羊 IVM/IVF 的影响　见表 4.65。

表 4.65　不同剂量 FSH 对山羊体外成熟、体外受精的影响

| FSH 剂量/(AU/mL) | 重复 | 成熟时间/h | 受精卵数/枚 | 卵裂率/% | 囊胚发育率/% |
|---|---|---|---|---|---|
| 0 | 3 | 24 | 105 | $10.48^{A}$(11/105) | $0^{a}$ |
| 0.02 | 3 | 24 | 168 | $47.02^{B}$(79/168) | $6.33^{a}$(5/79) |
| 0.04 | 3 | 24 | 195 | $46.15^{B}$(90/195) | $6.67^{a}$(6/90) |
| 0.06 | 3 | 24 | 45 | $33.33^{B}$(15/45) | $0^{a}$ |

由表 4.65 可见,在本实验室条件下,成熟培养液中添加 FSH 组的卵裂率均极显著高于不添加 FSH 组($P<0.01$)。其中 FSH 添加剂量以 0.02,0.04 AU/mL 最佳,卵裂率较高,但胚胎发育率差异不显著($P>0.05$)。

(3)不同激素组合对山羊体外受精效果的影响　见表 4.66。

表 4.66　不同激素组合对山羊体外受精效果的影响

| 组别 | FSH | LH | $E_2$ | 成熟时间/h | 受精卵数/枚 | 卵裂率/% | 囊胚发育率/% |
|---|---|---|---|---|---|---|---|
| 1 | + | − | + | 24 | 78 | $35.90^{a}$(28/78) | $0^{ab}$ |
| 2 | + | + | − | 24 | 197 | $41.62^{a}$(82/197) | $15.85^{a}$(13/82) |
| 3 | − | + | + | 24 | 123 | $10.57^{b}$(13/123) | $0^{ab}$ |
| 对照 | + | + | + | 24 | 394 | $36.29^{a}$(143/394) | $6.99^{b}$(10/143) |

由表 4.66 可见,不添加 FSH 组,卵裂率和囊胚发育率都显著降低($P<0.01$);不添加 LH 组,卵裂率与对照组没有差异,但无囊胚发育。$E_2$ 的添加对山羊体外成熟、体外受精有负面影响,使受精卵裂率降低($P>0.05$),并极显著降低山羊胚胎发育率($P<0.01$)。总体来看,无 $E_2$ 成熟液效果最佳。

(4)成熟液中添加必需氨基酸(EAA)和非必需氨基酸(NEAA)对山羊 IVM/IVF 的影响

见表 4.67。

表 4.67 成熟液中添加 EAA 和 NEAA 对山羊体外受精效果的影响

| 组 别 | 重复 | 成熟时间/h | 受精卵数/枚 | 卵裂率/% | 囊胚发育率/% |
|---|---|---|---|---|---|
| 对照(无 AA) | 4 | 26 | 181 | 35.36[a](64/181) | 17.19[a](11/64) |
| 1%NEAA+2%EAA | 4 | 26 | 207 | 47.83[b](99/207) | 23.23[a](23/99) |
| 1%NEAA+1%EAA | 4 | 26 | 176 | 47.16[b](83/176) | 20.48[a](17/83) |

由表 4.67 可知,在无 $E_2$ 的成熟液中添加 EAA 和 NEAA 能够显著提高山羊体外受精卵裂率($P<0.05$),胚胎发育率也有提高的趋势。因此,山羊体外成熟液中添加氨基酸能够提高体外受精效果。

(5)不同气相条件对山羊卵母细胞 IVM 的影响 见表 4.68。

表 4.68 不同气相条件对山羊卵母细胞体外成熟的影响

| 组 别 | 重复 | 成熟时间/h | 成熟卵数/枚 | 受精卵裂率/% |
|---|---|---|---|---|
| 常压成熟 | 6 | 24 | 253 | 54.15[a](137/253) |
| 负压成熟 | 6 | 24 | 248 | 49.19[a](122/248) |

由表 4.68 可知,负压成熟培养的受精卵裂率与常压培养组差异不显著($P>0.05$)。因此,负压培养可以应用于山羊卵母细胞的体外成熟。

(6)不同气相条件对山羊 IVF 的影响 见表 4.69。

由表 4.69 可知,负压体外受精组的受精卵裂率极显著低于常压体外受精组($P<0.01$)。因此,负压培养会显著降低山羊体外胚胎生产的效率,在山羊体外受精阶段应予以避免负压低氧环境。

表 4.69 不同气相条件对体外受精的影响

| 组 别 | 重复 | 成熟时间/h | 成熟卵数/枚 | 受精卵裂率/% |
|---|---|---|---|---|
| 常压受精 | 4 | 24 | 130 | 74.62[A](97/130) |
| 负压受精 | 4 | 24 | 138 | 18.16[B](25/138) |

(7)不同气相条件对山羊早期胚胎 IVC 的影响 见表 4.70。

表 4.70 不同气相条件对早期胚胎发育的影响

| 组 别 | 重复 | 成熟时间/h | 成熟卵数/枚 | 受精卵裂率/% |
|---|---|---|---|---|
| 常压发育培养 | 4 | 24 | 97 | 9.28[a](9/97) |
| 负压发育培养 | 8 | 24 | 162 | 10.49[a](17/162) |

由表 4.70 可知,负压发育培养组的囊胚发育率高于常压培养组,但差异不显著($P>0.05$)。可能是试验数量较少的缘故,负压培养条件对山羊胚胎体外发育的影响还需进一步

研究。

3. 讨论

(1)不同成熟培养时间对山羊体外受精的影响　成熟培养时间对成熟度具有明显作用。培养时间过短、过长都会影响卵母细胞的受精以及其后的胚胎发育(徐建祥等,1996)。张涌等(1999)、刘凤军等(2005)通过对山羊卵母细胞体外成熟研究揭示,培养 16 h 卵母细胞的成熟率显著低于培养 20 h 和 24 h 的卵母细胞;卵母细胞核成熟后再培养 3～4 h,有利于提高卵母细胞胞质成熟,这对受精卵的卵裂和胚胎发育有重大影响。陈俊颖等(2004)研究表明,培养 27 h 和 24 h 时山羊卵母细胞的成熟率无显著差异,但显著高于 16 h 和 20 h 组,与本试验结果类似。因此,山羊成熟培养时间以 24～27 h 较为适宜。

(2)成熟液中激素对 IVM/IVF 的影响　激素对卵母细胞的成熟具有重要的调节作用,但激素浓度的影响表现为双向性,低剂量范围内为正效应,过高剂量呈抑制趋势。目前,对于激素的作用仍然存在争议。体外成熟培养证实,FSH 能促进卵母细胞周围卵丘细胞的扩展,有利于卵母细胞核成熟。然而当 FSH 浓度太大时,卵母细胞成熟后的受精分裂率和囊胚发育率呈下降趋势。在不含血清的成熟培养液中,只有 FSH 能影响卵母细胞的成熟,LH 没有作用(孙韬等,2003)。而 Crosby 等(1981)报道,在绵羊成熟液中添加 10 mg/L LH,可明显提高囊胚的获得率。Keskintepe 等(1994)研究表明,添加 FSH 和 LH 能够显著提高山羊 IVF 效率。有研究显示,$17\beta$-$E_2$ 对卵母细胞的体外成熟有抑制作用,孕激素($P_4$)可解除 $17\beta$-$E_2$ 的这种抑制作用。而另一些研究表明,$17\beta$-$E_2$ 可促进卵母细胞在体外成熟中获得受精和胚胎发育的能力(桑润滋等,2002),所得结论差异的原因可能在于成熟培养液中添加未知大分子物质和激素,会掩盖、抑制或改变激素的作用。本研究表明,FSH 对山羊卵母细胞体外成熟是必不可少的,能够提高受精卵裂率和囊胚发育率;LH 对山羊体外成熟卵母细胞的受精卵裂率和囊胚发育率无明显作用;$E_2$ 的添加对山羊体外成熟、体外受精有负面影响,与 Beker 等(2002)的研究结果相同。激素对卵母细胞体外成熟的影响一直是一个悬而未决的问题,不过在无血清条件下,激素对卵母细胞的体外成熟作用已基本得到公认。

(3)EAA 和 NEAA 在山羊卵母细胞 IVM 中的作用　Eagle's 氨基酸起初是用于培养体细胞的,后发现在培养液中加入 NEAA 可提高许多动物胚胎的发育能力。但 NEAA 可能还不能提供足够的氨基酸来满足胚胎蛋白质合成。张家新等(2000)报道,添加 0.5×EAA+1×NEAA 组获得较高的囊胚率。但 Eagle's 氨基酸是否对山羊卵母细胞体外成熟具有促进作用还未见报道。本试验在成熟液中添加 1%NEAA 和 1%～2%EAA 对山羊卵母细胞进行体外成熟观察,结果发现,添加 Eagle's 氨基酸能够显著提高山羊体外受精卵裂率($P<0.05$),也能提高胚胎发育率。这可能是 TCM199 中的氨基酸成分不足或不全面,加入 NEAA+EAA 能够提高卵母细胞成熟质量。众多的研究证明,卵母细胞受精后前 3 个细胞周期的细胞合成代谢均由卵母细胞中的母源基因及其产物如 mRNA 和 rRNA 完成,卵母细胞成熟的质量是影响体外受精的关键因素。卵母细胞的成熟过程是为以后的受精及胚胎发育积累营养物质的过程,需要合成大量的 RNA 和蛋白质。而加入氨基酸可满足蛋白质合成的需要,从而提高卵母细胞的成熟质量。

(4)负压低氧气相条件对山羊 IVM/IVF/IVC 的影响　董雅娟等(2002)对负压和常压气相条件下成熟培养的牛卵母细胞进行了比较,核成熟率分别为 83.3%和 85.5%,差异不显著($P>0.05$),与本试验结果相同。因此,负压低氧环境同样可适用于山羊卵母细胞的体外成熟。由于负压培养装置便于携带，因此使得下基层农场进行活体采卵用于胚胎体外生产成为可能。董雅娟等(2002)还发现，牛核移植重构胚在负压气相条件下卵裂率(70.0%)和囊胚发育率(35.8%)分别显著($P<0.05$)和极显著($P<0.01$)高于常压气相条件组(63.8%、23.2%)。该结果与 Varisanga 等(2000)报道的结果一致。但本试验表明，负压体外受精组的受精卵裂率极显著低于常压体外受精组($P<0.01$)，胚胎发育率略高于常压培养组，但差异不显著。可见本试验所采用的负压条件不利于山羊精子的体外受精过程。其原因可能是该负压低氧条件抑制了山羊精子的获能。精子在体内和体外获能时，表现出代谢增加，特别是糖酵解作用和氧耗量增加。$Ca^{2+}$ 内流和活性氧(ROS)产生似乎是精子获能中最早发生的事件，它们可能参与了在精子获能中起重要作用的腺苷酸环化酶的激活(陈大元等，2000)。精子在需氧环境中培养可产生活性氧(ROS)，高浓度的 ROS 对精子具有毒害作用，而较低浓度的 ROS 则参与精子受精能力的获得。因此，在山羊体外受精阶段应避免负压低氧环境。Suzuki 等(1999)报道，负压气相条件有利于牛胚胎的发育，因为牛发情时，子宫和输卵管处于紧张状态，子宫管腔处于一定程度负压，该培养环境模拟了活体子宫的负压、低氧环境，可抑

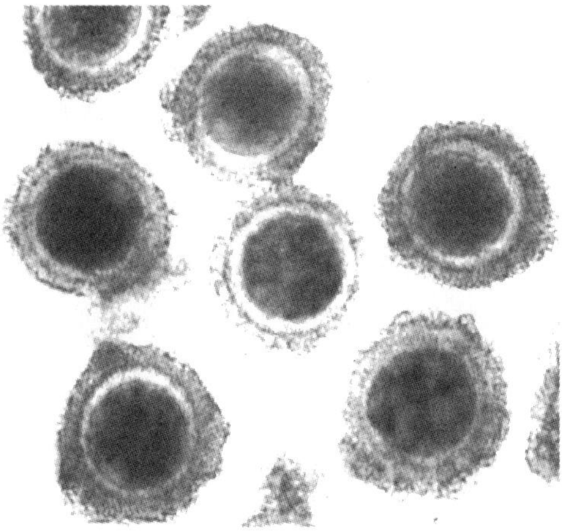

图 4.14　成熟前山羊卵母细胞

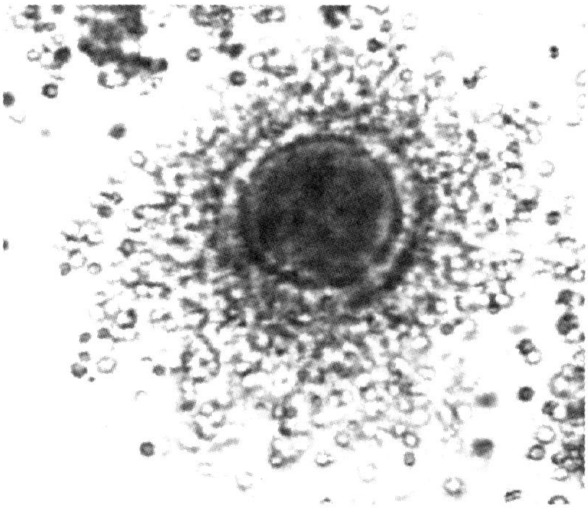

图 4.15　成熟后山羊卵母细胞

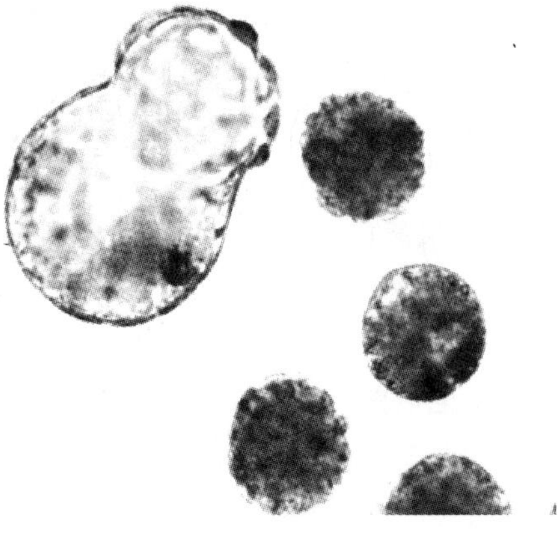

图 4.16　山羊 IVF 扩张囊胚

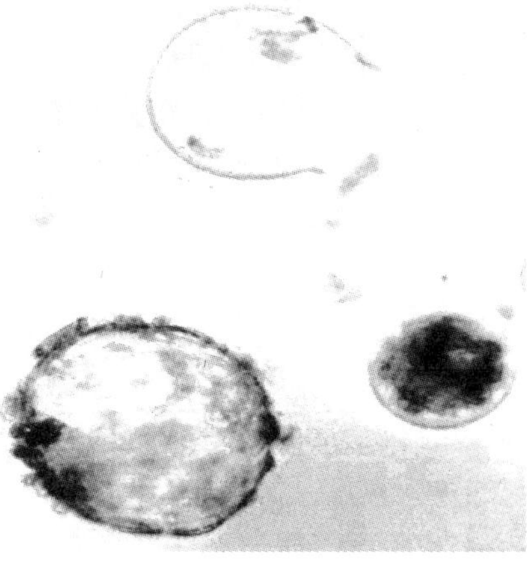

图 4.17　山羊 IVF 孵化囊胚

制活性氧对线粒体的破坏，对初期胚胎的减数分裂具有支持作用，并有利于胚胎的发育。Thompson 等(1990)在 12%低氧浓度的气相中，对牛的 2～4 细胞期胚进行培养，提高了致密桑葚胚的发育率。董雅娟等(2000)报道牛核移植重构胚在负压气相环境下的囊胚细胞数(108±3.3)极显著高于常压气相环境下的囊胚细胞数(98.5±3.3)($P<0.01$)，证明该培养系统对提高牛核移植重构胚的囊胚发育率及胚胎质量具有显著影响，与 Dong 等(2001)的报道相同。而本试验并未得出相同结果，其原因可能是发育培养胚胎数量较少的缘故，也可能是该负压条件并不适合山羊胚胎的体外发育。因此，对山羊胚胎体外发育的负压条件还需要进一步优化。

### 4.4.7 影响奶牛活体采卵及体外受精效果的主要因素

应用活体采卵(OPU)和体外受精技术可以充分挖掘良种母牛的繁殖潜力，获得大量遗传系谱明确的胚胎，从而缩短世代间隔，加速遗传进展(Galli, *et al.*., 2000)。国内外很多学者对 OPU 技术进行了研究，但采卵效率依然较低，主要表现在获卵数少、回收率低(Garcia and Salaheddine, 1998; Hashimoto, *et al.*., 1999)。本试验研究了不同采卵负压、不同采卵时间间隔以及采卵前 FSH 处理对 OPU 效果的影响，旨在为进一步提高该技术的效率积累资料。

1. 材料和方法

(1)试验动物　供体选自北京奶牛中心良种场，选择营养状况良好的成年健康荷斯坦母牛进行 OPU。

(2)试验仪器与试剂　使用 ALOKA SSD-900 型 B 超活体采卵系统。所需试剂主要有采卵液(PBS+0.5%血清+10 IU/mL 肝素+双抗)、体外成熟和受精以及发育用培养液、FSH、盐酸利多卡因、耦合剂等。

(3)试验方法　使用长 60 cm 的 18G 采卵针进行采卵。采卵操作前先对供体牛进行荐尾硬膜外麻醉，清除宿粪并对外阴清洗消毒；安装调试设备，将持针器与超声波探头固定在一起，对探头表面进行消毒并涂抹耦合剂；一只手将带有持针器的超声波探头插至阴道穹隆处，另一只手通过直肠把握卵巢，将卵巢隔着阴道壁贴于探头之上，然后将穿刺针插入持针器；操作者根据显示器的图像观察卵巢形态和卵泡位置，使卵泡位于进针线上，然后开启真空泵并推进穿刺针对卵泡进行穿刺，含有卵母细胞的卵泡液被抽入集卵杯。将卵母细胞捡出后，依据胞质均匀程度和卵丘细胞层数将其分为 3 级：A 级，胞质均匀，卵丘细胞完整且 3 层以上；B 级，胞质均匀，卵丘细胞 1～2 层或不完整；C 级，胞质不均匀，无卵丘细胞包裹或老化；A、B 级为可用卵。将可用卵进行体外成熟，然后体外受精并进行体外发育培养。

2. 结果与分析

(1)不同采卵负压对 OPU 效果的影响　采用不同采卵负压(9 333，12 998，14 665 和 17 332 Pa)对 4 头健康成年母牛进行 2 次/周连续 10 周 OPU，探讨不同采卵负压对获卵数、回收率和卵母细胞质量的影响，结果见表 4.71。

结果显示：头均穿刺数各组间差异不显著；9 333 Pa 负压下的头均获卵数显著低于其他各组($P<0.05$)，其他各组间差异不显著；12 998 Pa 负压下的回收率显著高于 9 333 Pa 组($P<0.05$)，14 665 Pa 组和 17 332 Pa 组回收率之间差异不显著，但均显著高于前两组，且与 9 333 Pa组差异极显著($P<0.01$)。17 332 Pa 负压下的 A、B 级卵母细胞率显著低于其他各组($P<0.05$)，其他各组间差异不显著。本试验表明，采卵负压的变化影响获卵数和回收率：负

压越低，头均获卵数越少，回收率也越低；负压越高，头均获卵数越高，回收率也越高。但采卵负压不可过高，否则破坏卵丘细胞，造成卵子质量下降。本试验中，17 332 Pa 的负压已经对卵丘细胞造成损伤，使卵子质量下降。

表 4.71　不同采卵负压对卵母细胞回收率以及卵子质量的影响

| 采卵负压/Pa | OPU 次数 OPU | 头均穿刺 | 头均获卵 | 回收率/% | A、B 级卵母细胞率/% |
|---|---|---|---|---|---|
| 9 333 | 20 | 9.85±3.82 | 4.35±2.03[a] | 44.16[Aa] | 67.82a |
| 12 998 | 20 | 10.35±3.45 | 5.80±2.19[b] | 56.04[b] | 62.07a |
| 14 665 | 20 | 10.45±3.38 | 6.90±2.08[b] | 66.03[Cc] | 68.84a |
| 17 332 | 20 | 10.70±3.53 | 7.20±2.67[b] | 67.29[Cc] | 48.61b |

注：同列内肩标不同小写字母表示差异显著($P<0.05$)，肩标不同大写字母表示差异极显著($P<0.01$)。下表同。

(2)不同采卵间隔对 OPU 效果的影响　选择 16 头健康成年母牛，随机分成 3 组，间隔 3，7 和 14 d 进行重复 OPU，研究不同采卵时间间隔对获卵数和回收率的影响，结果见表 4.72。

表 4.72　不同采卵时间间隔对卵母细胞回收率的影响

| 采卵方案 | OPU 头数 | OPU 次数 | 头均穿刺数 | 头均获卵数 | 回收率/% |
|---|---|---|---|---|---|
| 第 1 次 | 16 | 16 | 13.44±1.96[a] | 6.88±1.54[a] | 51.19±5.44[a] |
| 间隔 3 d | 6 | 24 | 7.71±1.51[b] | 5.29±1.19[b] | 68.61±4.19[b] |
| 间隔 7 d | 5 | 30 | 14.47±1.46[a] | 7.17±1.15[a] | 49.55±4.04[a] |
| 间隔 14 d | 5 | 25 | 15.16±1.57[a] | 7.20±1.24[a] | 47.49±4.36[a] |

间隔 3 d 进行 OPU，头均穿刺数、获卵数均显著低于其他各组($P<0.05$)；回收率为 68.61%，显著高于其他各组($P<0.05$)。说明间隔 3 d 反复进行 OPU，虽然每次 OPU 可穿刺卵泡数和获卵数减少，但是在一定时期的获卵总量上，间隔 3 d OPU 比间隔 7 d 和 14 d OPU 可获得较多数量的卵母细胞(10.58 枚/周)。

(3)采卵前 FSH 处理对 OPU 效果的影响　选择 13 头健康成年母牛，间隔 7 d 连续进行 5 次OPU。其中 9 头牛在采卵前 48 h 和 36 h 给供体牛分别注射 70 IU FSH(总剂量 140 IU)，与对照组(4 头，未处理)比较，研究 FSH 处理对获卵数、回收率、卵母细胞质量以及体外受精效果的影响，结果见表 4.73、表 4.74。

表 4.73　采卵前 FSH 处理对 OPU 结果的影响

| 分组 | OPU 次数 | 穿刺数 | 获卵数 | 头均穿刺数 | 头均获卵数 | 回收率/% |
|---|---|---|---|---|---|---|
| FSH 组 | 45 | 556 | 387 | 12.36±2.39a | 8.6±1.85a | 69.60 |
| 对照组 | 20 | 209 | 138 | 10.45±3.38b | 6.9±2.08b | 66.03 |

表 4.74　采卵前 FSH 处理对卵母细胞质量以及受精后体外发育的影响

| 分组 | 获卵总数 | A、B 级卵母细胞率/% | 卵裂率/% | 桑囊率/% |
|---|---|---|---|---|
| FSH 组 | 387 | 75.19(291/387) | 58.77(134/228) | 27.61(37/134) |
| 对照组 | 138 | 68.84(95/138) | 55.84(43/77) | 23.26(10/43) |

FSH 组头均穿刺数、头均获卵数均显著高于对照组($P<0.05$)，回收率两者差异不显著。说明 FSH 处理后可以促进卵泡发育，提高头均获卵数，但不影响卵母细胞回收率。

由表 4.74 可知，FSH 组 A、B 级卵母细胞率、卵裂率和桑囊发育率差异均不显著，说明 FSH 处理可显著提高 OPU 卵子数量，但并不影响卵子质量和早期胚胎体外发育。

3. 讨论

OPU 过程中真空泵压力和穿刺针的型号影响卵母细胞回收率和质量(Manik 等，2003)；合理的 OPU 时间间隔对于充分提高优良母畜的利用率有重要意义。本研究表明，使用 18 G 采卵针在 14 665 Pa 负压下卵子质量和回收率较高；以 2 次/周的时间间隔进行重复 OPU 是可行的，在同样的采卵时期内可获得较多的卵母细胞；OPU 前对供体用 FSH 处理可提高头均获卵数，但并不影响体外受精后的发育。影响 OPU 效果的因素很多，除了上述几个因素之外，操作者的技术熟练程度、采卵设备的性能以及供体自身状况也与 OPU 结果密切相关(Bols，2005)。需要说明的是，高频率重复 OPU 对供体母牛繁殖机能会造成一定损伤，但是由于采卵设备不同、技术熟练程度不同，对损伤的程度以及损伤的恢复情况还缺乏一致的认识，还需要大量的试验观察。

### 4.4.8 影响山羊腹腔镜法活体采卵及体外受精效果的研究

近年来，国内羊胚胎移植技术日趋成熟，已经在羊的繁殖生产中得到广泛应用，对推动我国引进优良种羊的迅速扩群、选育以及当地羊品种改良工作起到了举足轻重的作用，已产生了显著的社会经济效益。然而，当前胚胎移植所用胚胎都是通过对良种羊超数排卵，以手术法回收的胚胎，所得胚胎远远不能满足科研和生产的需要，而且成本高，容易造成供体羊输卵管，子宫或卵巢等生殖器官术后粘连，常常导致不孕。运用体外受精技术(in vitro fertilization，IVF)生产体外胚胎，可望解决胚胎移植所需胚胎的生产成本高及来源匮乏等问题；有利于充分挖掘优良母畜的繁殖潜力；并且能为胚胎工程的其他研究如胚胎细胞核移植，转基因，胚胎干细胞系的建立，胚胎性别鉴定，胚胎嵌合等提供丰富的试验材料和必要的研究手段；在拯救濒危动物和开发利用珍稀动物等方面也具有重要意义。目前从离体卵巢采集卵母细胞是体外受精研究所需卵母细胞的主要来源之一。一般是从屠宰场采集母畜的卵巢，抽取卵巢上的卵母细胞。像加拿大、美国等国家良种奶牛和肉牛的卵巢资源很丰富，采用体外受精技术生产种质优良的胚胎已实现了商业化。澳大利亚、新西兰和南非实现了良种羊体外胚胎生产的工厂化。我国每年从上述国家引进大量牛羊胚胎，花费大量外汇。但我国缺乏良种羊的卵巢资源，故所采卵母细胞种质一般较差，而且其系谱不明。这严重制约了我国良种山羊体外胚胎生产的产业化。而活体采卵技术(ovum pick-up，OPU)正是解决当前我国体外受精研究中存在的卵母细胞资源缺乏，系谱不明等问题的有效手段。活体采卵技术的研究与应用在国内外已有二十余年历史，目前在牛上开展的研究和应用较多，羊的活体采卵在国外已有一些研究，主要是运用腹腔镜进行活体采卵(laparoscopic ovum pick-up，LOPU)，但国内还较少，而且多为常规手术法，此法对母羊的生殖器官损伤较为严重，很难多次重复进行。为了能够进行重复采卵，提高羊的利用率，因此开展了山羊腹腔镜活体采卵的探索研究。

1. 材料与方法

(1)试验动物　活体采卵羊与胚胎移植受体羊均为无生殖疾病的健康杂种山羊，体重

25～40 kg，年龄 1～3 岁。

（2）主要药品及试剂　本试验所用试剂，除非特别声明，均购自 Sigma 公司。胎牛血清（FBS，Hycolon），促卵泡素（FSH，Folltropin-V，加拿大），FSH（宁波激素制品厂），促黄体素（LH，Lutropin-V，加拿大），氯前列烯醇（PG，宁波市激素制品有限公司），孕酮海绵栓（浙江台州东牧药业有限公司）。

（3）主要器械及设备　腹腔镜（上海贝克医疗器械有限公司），体视显微镜，二氧化碳培养箱，恒温水浴锅，手术器械，自制保定架等。

（4）试验方法　详述见下。

①LOPU 程序。采卵间隔时间为 1 周的羊在采卵前 1 周阴道放孕酮栓，间隔 2 周和 3 周的羊采卵前 10 d 埋栓，采卵前 36 h 注射 100 IU FSH，同时注射 400 IU PMSG。采卵前 12 h 羊禁食，不禁水，将羊运到手术室，进行全身麻醉，固定于保定架上，腹部手术部位的毛刮净，消毒，保定架倾斜 45°，头部处于低位，以利操作。腹中线做一 3～4 cm 切口，腹腔镜从切口中插入，然后卵巢固定钳也从切口进入，借助腹腔镜找到子宫，轻轻翻动，找到卵巢，用卵巢固定钳夹住卵巢韧带，将卵巢牵拉到切口外，用连有 9 号针头的注射器抽 2 mL 的抽卵液，然后抽吸卵巢上的 2～8 mm 的卵泡，抽卵的同时用生理盐水冲洗卵巢表面，采卵完成后送实验室检卵。

②卵巢的收集和卵母细胞的采集。从屠宰厂收集山羊卵巢，立即放入盛有 30℃生理盐水（含双抗）的保温瓶中，在 4 h 内运回实验室。用已预热 30℃的生理盐水将卵巢洗涤 2～3 次后，放入灭菌烧杯中，供采卵。将个卵巢放入盛有采卵液的底部划有格线的 ϕ60 mm 培养皿内，左手持尖头眼科镊子固定卵巢，右手拿持针钳夹一刮脸刀片，轻轻划破卵泡表面，再用镊子持卵巢在采卵液内轻轻晃动，使卵母细胞进入到采卵液中。然后，在实体显微镜下进行捡卵。

③卵母细胞的体外成熟。将挑选出的胞质均匀，卵丘细胞 3 层以上的卵母细胞分别用采卵液洗涤 1 次，再用成熟培养液洗涤 3 次后，移入预先在培养箱平衡 4 h 以上的 100 μL 的成熟培养微滴中，每滴 20 枚卵母细胞。成熟液为 TCM 199＋10％FBS（$V/V$）＋10 μg/mL FSH＋10 μg/mL LH＋1 μg/mL $E_2$＋20 ng/mL EGF，在 39℃、5％$CO_2$、饱和湿度的条件下成熟培养24 h。

④精子制备与体外受精。取 1 管冷冻精液，37℃水浴解冻。然后小心加到盛有 4 mL HSOF 洗精液的 15 mL 离心管的底部，在 37℃水浴锅中倾斜放置 30 min 使精子上浮，然后从上层吸出 3.5 mL 液体于另一离心管中，1 500 r/min 离心 5 min，弃去上清，然后加入适量受精液，使精子密度为（$5\times10^6$～$6\times10^6$）个/mL 精子。将体外成熟的卵母细胞吹打除去部分卵丘细胞后，用受精液洗涤 3 次，移入预先平衡好的 30 μL 的受精小滴中，每滴放 8～10 枚卵母细胞，然后加入 20 μL 处理好的精子。精卵在 39℃、5％$CO_2$、饱和湿度的条件下共培养 24 h。受精后 48 h 统计卵裂率。

⑤胚胎体外培养。精卵共孵育 24 h 后，将受精卵从受精液中取出，在 HSOF 中轻轻吹打除去全部卵丘细胞，用发育液洗涤 3 次，移入 50 μL 发育微滴中，每滴 10～15 枚卵母细胞。培养皿放入干净的塑料袋子装起来，用封口机将塑料袋完全封闭。用带针头的真空泵抽去塑料袋内的空气，冲入混合气体，再抽气、充气。如此重复 2 次，最后充气后用封口机封闭针头穿刺的小孔。将其放入培养箱中，采用 39℃，饱和湿度的条件下进行培养。发育液为 SOF＋1％ NEAA＋1％ EAA＋10 ng/mL EGF＋1 mmol/L *L*-谷氨酰胺＋8 mg/mL BSA，每 48 h 更换

1/2 新鲜培养液，培养到第 5 天统计桑葚胚率，第 8 天统计囊胚率。

⑥胚胎移植。受体羊采用孕酮栓＋PG 法进行同期发情处理，将经活体采卵一体外受精技术获得的 4～8 细胞胚胎移植到受体羊输卵管中，每只羊移植 5 枚。在移植 2 个月后用 B 超进行妊娠诊断。

(5)统计分析　数据采用单因素方差分析或卡方检验进行统计分析。

2. 结果与分析

(1)采卵针型号对卵母细胞回收效果的影响　见表 4.75。

表 4.75　不同型号采卵针对卵母细胞回收效果的影响

| 采卵针型号 | 卵巢数/个 | 卵泡数/个 | 卵母细胞回收率/% | 卵母细胞可用率/% | 平均获卵数/卵巢/个 |
|---|---|---|---|---|---|
| 7 | 24 | 190 | 52.63(100/190)[a] | 55.00(55/100)[a] | 4.16±2.9[a] |
| 9 | 41 | 292 | 66.78(195/292)[b] | 63.59(124/195)[b] | 6.63±3.5[b] |
| 12 | 26 | 149 | 62.41(93/149)[b] | 68.82(64/93)[b] | 5.73±3.1[ab] |

注：同一列中，上标小写字母不同表示差异显著($P<0.05$)。

由表 4.75 可以看出不同型号的针对卵母细胞的回收效果有较大影响，其中 9 号和 12 号针的卵母细胞回收率，可用率均显著高于 7 号针，9 号和 12 号针两组没有明显差异。9 号针的每个卵巢平均获卵数显著高于 7 号针。9 号针与 12 号针各项数据之间均无显著差异，但考虑到 12 号针较粗，对卵巢损伤比 9 号针可能要大，因此选择 9 号针作为活体采卵用针。

(2)不同采卵间隔时间对活体采卵效果及供试羊卵巢损伤情况的影响　见表 4.76。

表 4.76　不同采卵间隔时间对活体采卵效果的影响

| 间隔时间/周 | 只数 | 重复次数 | 卵泡总数/个 | 回收率/% | 可用卵率/% | 卵泡数/次/只/个 | 获卵数/次/只/个 |
|---|---|---|---|---|---|---|---|
| 1 | 4 | 3 | 145 | 72.41(105/155)[a] | 74.28(78/105)[a] | 12.08±5.1[b] | 8.75±3.6[b] |
| 2 | 4 | 3 | 187 | 76.47(143/187)[a] | 75.24(108/143)[a] | 15.58±6.5[a] | 11.91±4.1[a] |
| 3 | 4 | 3 | 179 | 78.29(137/179)[a] | 74.45(102/137)[a] | 14.92±4.2[a] | 11.42±3.2[a] |

注：同一列中，上标小写字母不同表示差异显著($P<0.05$)。

由表 4.76 可知间隔 1 周的每次每只卵泡数(12.08 个)、每次每只获卵数(8.75 个)，均显著低于间隔 2 周(15.58 个，11.97 个)和 3 周组(14.92 个、11.42 个，$P<0.05$)。卵母细胞回收率(分别为 75.48%、76.47%、78.29%)与可用卵率(74.36%、75.24%、74.45%)三组间无显著差异($P>0.05$)。间隔 2 周和 3 周的各组数据差异不显著。从表 4.77 可知看出间隔 1 周重复活体采卵对卵巢的损伤较大，卵巢在 1 周的时间内未能完全恢复，如图 4.18 所示，卵巢表面有较多的血斑；间隔 2 周组卵巢基本能够恢复正常，但卵巢表面也有少量的血斑(见图 4.19)；间隔 3 周组卵巢能够恢复正常(图 4.20)。

(3)不同来源卵母细胞对体外受精效果的影响　见表 4.78。

由表 4.78 可知离体卵巢获得的卵母细胞与活体采卵相比较，在卵裂率和桑葚胚率方面无显著差异，但二者的囊胚率差异显著($P<0.05$)，分别为 28.57%和 14.71%。

表 4.77　不同采卵间隔时间对卵巢伤情况的影响

| 间隔时间/周 | 只数 | 次数 | 卵巢恢复情况 |
| --- | --- | --- | --- |
| 1 | 4 | 1 | 正常 |
| | | 2 | 卵巢表面有较多血斑 |
| | | 3 | 卵巢表面有大量血斑 |
| 2 | 4 | 1 | 正常 |
| | | 2 | 卵巢表面有微量血斑 |
| | | 3 | 卵巢表面有少量血斑 |
| 3 | 4 | 1 | 正常 |
| | | 2 | 正常 |
| | | 3 | 正常 |

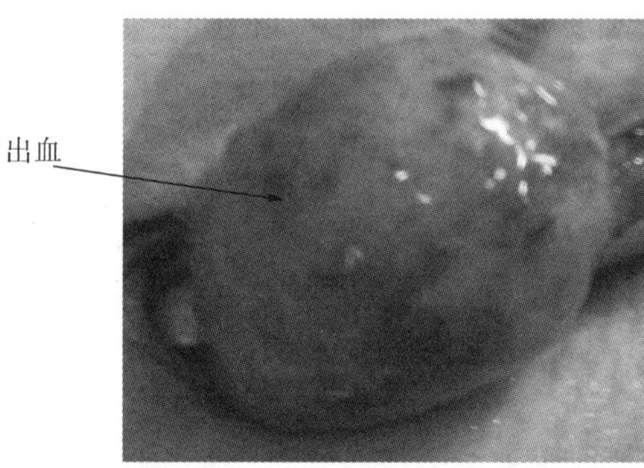


图 4.18　间隔 3 周活体采卵羊的卵巢恢复情况

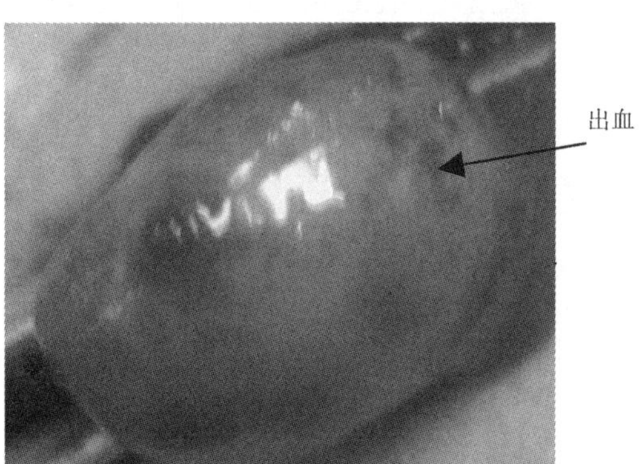


图 4.19　间隔 1 周活体采卵羊的卵巢恢复情况

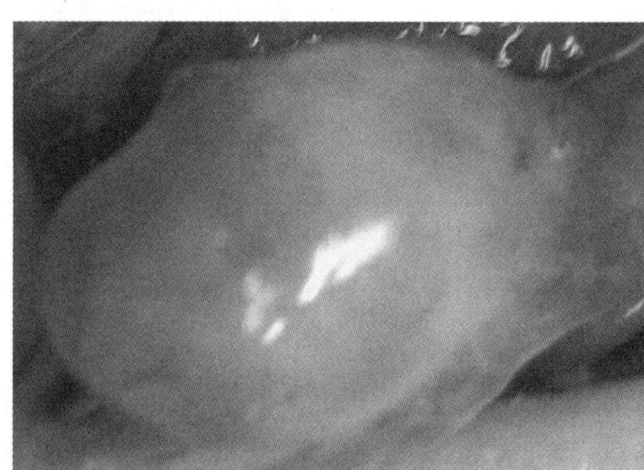

图 4.20　间隔 3 周活体采卵羊的卵巢恢复情况

(4)胚胎移植结果　活体采卵获得的卵母细胞进行体外受精,从中挑选 40 枚 4～8 - 细胞胚胎,移植到 8 只同期发情的受体羊输卵管中。移植后两个月用 B 超进行妊娠检查,确定一只羊妊娠,妊娠率为 12.5%,妊娠 150 d 后产下一只羔羊公羔(图 4.21)。

表 4.78 不同来源卵母细胞对体外受精效果的影响

| 卵母细胞来源 | 卵母细胞数/枚 | 卵裂数/枚 | 卵裂率/% | 桑葚胚率/% | 囊胚率/% |
|---|---|---|---|---|---|
| 离体卵巢 | 74 | 63 | 85.14(63/74)[a] | 52.38(33/63)[a] | 28.57(18/63)[a] |
| 活体采卵 | 82 | 68 | 83.33(68/82)[a] | 45.58(31/68)[a] | 14.71(10/68)[b] |

注:在同一列中上标小写字母不同表示差异显著($P<0.05$)。

3. 讨论

图 4.21 羔羊及其代孕母羊

(1)采卵针型号对卵母细胞回收效果的影响 试验结果表明采卵针型号对卵母细胞回收率,可用率均有较大影响。9号和12号针的回收率分别为66.78%和62.41%,显著高于7号针的52.63%;可用率分别为63.59%和68.82%,也显著高于7号针的55%。通过本试验我们发现7号针由于内径较细,卵母细胞经过针孔时,卵丘细胞容易被抽掉,形成较多的裸卵,甚至有的卵母细胞能够被抽成空透明带,针也易被堵塞。因此,7号针的卵母细胞回收率、可用率较9号和12号针明显要低。从本试验结果来看,9号针与12号针在卵母细胞回收率、可用率方面差异均不显著,说明这两种型号的针较适合作为采卵用针。一般国内羊离体卵巢用抽吸法采卵时,用的多为12号,因为12号针的内径较粗,因此对卵丘细胞的损伤较小,可获得较高的回收率和可用率。国外羊外活体采卵研究的较多,针号从16 G(回收率81%)到23 G针(回收率45%)均有使用。可以看出随着针号的增加,回收率呈下降趋势。需要说明的是国内针号越大,针的内径越大,而国外正好相反,针号越大,内径越小。因此,也就是说在16 G到23 G针之间,内径越小,回收率与可用率也会随之降低。为了便于国内外针号的比较,我们给出一个国内外针号的近似换算公式:国内与国外针头的大小关系近似为:23 G≈6号,22 G≈7号,21 G≈8号,20 G≈9号,18 G≈12号,16 G≈16号,14 G≈20号。有人对18 G(12号)与20 G(9号)采卵针进行比较,发现卵母细胞的回收率,可用率均无显著差异(Brussow K P,1997),与本试验结果相同。虽然9号针与12号针的采卵效果没有明显差异,然而12号针较粗可能对卵巢产生的损伤较大,因此,我们选择9号针进行随后的活体采卵试验。

(2)不同采卵间隔时间对活体采卵效果及供试羊卵巢损伤情况的影响 在试验中我们发现采卵间隔为1周时,卵巢表面存在大量血斑,卵泡被膜变硬,无法恢复到正常状态,可见卵泡减少,影响了活体采卵操作,导致卵泡数与获卵数显著低于间隔2周和3周组。而且卵巢与输卵管粘连也比较严重。在间隔2周组里供试羊卵巢基本能恢复正常,表面有少量血斑,但对采卵影响不大。间隔时间为3周时,供试羊卵巢恢复较好,与正常状态无明显差异。三组通过比较可以看出采卵间隔1周时,活体采卵对供试羊的卵巢损伤较大,1周的时间无法使卵巢恢复正常,这样间隔1周对羊进行活体采卵,会使卵巢长期处在受损状态下,持续的刺激对卵巢恢复极为不利。间隔2周和3周时,卵巢基本能够恢复正常。有研究表明重复活体采卵对母羊以后的生育无不良影响,甚至可以连续21次活采,但也有报道说重复卵泡穿刺可能引起卵泡内血肿卵巢被膜变硬,卵巢表面形成纤维组织。通过改变内分泌功能和卵泡的发育机制,OPU能够影响发情周期,表现为发情不规律,或是不发情。进行OPU的动物被穿刺的卵泡可能形成黄体，在黄体存在的情况下可能影响 OPU 的结果，如卵母细胞回收率和质量(Morton K M,2005)。本试验中发现供试羊的输卵管与卵巢有粘连发生，随着内窥镜活体采卵技校技术熟练程度的增加和方法的改进，粘连的发生可能会减少。国外大多数试验的 LOPU 间隔时间为 1 周或 2 周，但本试验表明，由于间隔 1 周时卵巢损伤较严重，对采卵效果有一定影响，而间隔 3 周时，供试羊的利用率又会有所下降，因此通过本试验综合考虑获卵数与羊的重复利用率，LOPU 的间隔时间以 2 周较为适宜，这样既保证了供试羊的重复利用率，又使其有足够的时间进行术后恢复，以获得较多的卵母细胞。

(3)不同来源卵母细胞对体外受精效果的影响　卵母细胞的质量对体外受精及随后的胚胎发育均有至关重要的影响，不同来源的卵母细胞差异较大。本试验中离体卵巢的卵母细胞囊胚率为 28.57%，而活体采卵获得卵母细胞的囊胚率为 14.71%，二者之间差异显著。这与 Baldassare 等报道的相同，用递减注射 FSH，一次大剂量注射 FSH 与对照组进行比较，活体采卵的卵母细胞回收率无显著差异，但对照组羊的卵母细胞发育能力显著高于激素处理组(Baldassare,*et al.*,1994)。活体采卵获得的卵母细胞质量差，囊胚率低，其原因可能与采卵前的激素处理有关，激素处理对羊卵母细胞的质量与发育能力影响一直存在很多有争议的研究结果。有研究比较了对照、等量注射 FSH、递减注射 FSH 对卵泡发育及卵母细胞发育能力的影响，结果对照组卵泡数显著低于等量和递减法，三组的成熟率(90.9%,85.7%和 87.7%)和卵裂率(75.2%,80.9%和 83.7%)均无明显差异，但等量注射比递减注射和对照组的囊胚率极显著的高(20.4%、11.8 %和 13.7%)(Berlinguer F,*et al.*,2004)。Ptaket,*et al.*(1999)用 96 IU FSH 6 次等量注射处理获得了较高的回收率及囊胚率。有试验证明卵泡成熟与卵母细胞成熟这两种现象并不是相互紧密联系的。因此，通过注射激素改变卵泡的发育来产生大量较大的健康卵泡，卵母细胞的成熟可能受到很大影响，导致很多卵母细胞看似健康，但却不具有完全的发育潜能(Blondin P,1996)。总之，采卵前对供体卵巢进行激素刺激不但对卵泡数，获卵数还对卵母细胞的发育能力有较大影响。

另外，对本试验结果的另外一个可能解释是所谓的成熟前假说(prematuration hypothesis)，这个学说称卵母细胞获得完全的发育能力是在成熟前的一段时期，这个时期正常情况下发生在 LH 峰出现前，排卵前的最后发育阶段，但这种成熟前的变化也会发生在闭锁卵泡中。通过卵母细胞的卵丘形态特征的研究已经证实了这一假说，闭锁卵泡中的卵母细胞多数卵丘不太紧凑，相对较暗，但这种卵母细胞却比联系紧凑、较为明亮的卵母细胞的囊胚发育率高，后者主要来自未闭锁的卵泡。一般来说，LOPU 获得的卵母细胞中少于三层卵丘细胞的较取自离体卵巢上的比例高，这种差异不是由于 LOPU 操作造成的，而是由于屠宰造成的。很明显，屠宰后卵丘细胞与颗粒细胞的联系变松，于是卵母细胞从卵泡壁上下来时会带有更多的卵丘细胞，屠宰可能增加了卵母细胞的发育能力，屠宰后取卵对卵母细胞的质量及发育能力起到了有益的作用，可能是由于屠宰诱导卵母细胞发生“成熟前假说”的一系列变化，来获得正常的发育能力，这被认为是屠宰厂来源的卵母细胞囊胚率比 LOPU 的高的一个原因(Hendriksen P J M,2004)。

4. 结论

(1)本试验结果表明 9 号和 12 号针的采卵效果较好。

(2)综合考虑活体采卵的效率及羊的利用率，活体采卵的间隔时间以 2 周为宜。

(3)活体采卵比离体卵巢的获得的卵母细胞的发育能力低。

(4)用腹腔镜活体采集山羊卵母细胞，经体外成熟、受精、培养及移植可产下正常的试管山羊。

### 4.4.9 影响山羊胞质内单精子注射(ICSI)效果因素的研究

显微授精是借助显微操作将精子或精子细胞直接注入卵母细胞质内(ICSI)或卵周隙中(SUZI)来实现受精的一种方法。ICSI以受精率高、多精受精率低等优点成为当前显微授精技术的主流,被广泛应用于优良种畜不育、野生动物保护、转基因动物生产、性控胚胎生产、男性不育和受精机制的理论研究等诸多领域。近年来,ICSI技术在人(Palermo,1992)、小鼠(Kimura,*et al.*,1995)、兔(Liu,*et al.*,2004)、猫(Gomez,*et al.*,2000)、马(Allen,*et al.*,2005)、绵羊(Catt,*et al.*,1996)、牛(Goto,*et al.*,1990)、猪(Lai,*et al.*,2001)、猴(Nusser,*et al.*,2001)和山羊(Binwang,*et al.*,2003)上等均已获得后代。我国的ICSI技术起步较晚,只有ICSI婴儿出生、小鼠(严阿勇等,2005)和兔(赵晓娥等,2005)成功获得ICSI后代的报道。国内山羊ICSI技术还没有较大的进展:李峰(2003)未判断是否正常受精卵裂,且样本量较小;赵晓娥(2005)只统计了正常卵裂率,未指出孤雌卵裂和正常受精卵裂的区分标准;周佳勃(2003)仅获得23.5%的桑葚胚率。鉴于ICSI技术存在精核解聚难、受精率低、孤雌激活率高、桑葚胚(囊胚)率低等问题,为提高山羊卵母细胞ICSI的效果,进而建立较稳定的ICSI技术平台,开展了此项研究。

1. 材料与方法

(1)试剂和主要操作液的配制　本试验所用试剂和药品,除非特别声明,均购自Sigma公司。

①采卵液:TCM199+5 mmol/L $NaHCO_3$+10 mmol/L HEPES+10 mmol/L HEPES-Na+0.01 g/L肝素钠+10 mol/L FBS+0.065 g/L青霉素+0.05 g/L链霉素。

②成熟培养液:TCM-199+10% FCS(*V*/*V*)+0.02 AU/mL FSH(日本)+5 IU/mL LH(宁波)+1 μg/mL $E_2$+0.1 mmol/L β-巯基乙醇。

③HSOF:HEPES+SOF+20%发情绵羊血清(*V*/*V*)。

④显微操作液:DPBS+5%FCS。

⑤ICSI受精胚发育液:SOF+1%NEAA+1% EAA+10 ng/mL EGF+1 mmol/L L-谷氨酰胺+8 mg/mL BSA。

(2)山羊卵巢的采集　从保定市唐县定点屠宰场收集山羊卵巢,然后立即投入盛有温度25~30℃生理盐水(含双抗)的保温瓶中,在3~4 h内运回实验室。

(3)卵母细胞的收集　抽吸法采集卵巢卵母细胞。将卵巢用预热好的含双抗的生理盐水洗净后,剔除卵巢表面的结缔组织及附着的输卵管,再用酒精浸泡1 min,最后用生理盐水洗净。用吸有少许采卵液的一次性10 mL灭菌注射器,吸取2~6 mm的卵泡。然后将抽取的混合液在体视显微镜下,收集卵丘-卵母细胞复合体(COCs)。

(4)卵母细胞的成熟培养与准备　将挑选出的A、B级COCs均用采卵液洗涤1次,再用成熟培养液洗涤3次后,移入预先在培养箱平衡2 h以上的100 μL的成熟培养微滴中,每滴放置15~20枚卵母细胞,38.7℃、5%$CO_2$、饱和湿度条件下培养23~25 h。而后用1%透明质酸酶脱去卵丘细胞,然后将第一极体明显、胞质良好的卵母细胞置于覆有石蜡油的操作微滴中备用。

(5)精子的处理与准备　精液处理：将采集的新鲜精液，37℃培养箱放置液化 5 min，37℃预热洗精液中自由上浮 30 min，离心自由上浮 2 次后，吸取适量上清液稀释至合适浓度，备用。冻精处理时除不需液化外，与鲜精处理方法一致。

(6)ICSI 显微操作(精子显微注射)　在 60 mm×15 mm 培养皿中，做 3 排液滴(2 滴/排)，自上而下依次为：洗针滴(含 12%PVP 的 DPBS)、精子滴(含 8%PVP 的 DPBS)和 ICSI 滴(20～25 枚卵母细胞/滴)。显微操作时，首先将注射针移到洗针滴，反复吹吸润洗后，再移至精子滴，选择直线前进运动的精子，在垂直于精子尾部中段处猛然划过，使精子尾部打折以确定质膜破裂，然后将单个精子从尾部吸入注射针开口端。微微提升注射针，并移至 ICSI 滴，同时降下固定针。调整固定针、注射针以及卵母细胞水平对称面使三者共平面并且处于最清晰的状态。此时用固定针固定卵母细胞，使第一极体位于相当于时针 12 点或 6 点的位置，注射针从相当于 9 点的位置穿过透明带，向着 3 点的方向深入，回吸少量细胞质，确定卵质膜已破后，再将单个精子连同微量的 PVP 操作液注入卵胞质内。随后，轻轻撤出注射针，从固定针将卵母细胞释放。

(7)ICSI 后卵母细胞的激活　注射后的卵母细胞用预备好的发育液洗 3 遍以上，平衡 0.5～1 h，而后进行激活处理。本研究采用两种激活处理：2.5 μmol/L 离子霉素处理 5 min+2 mmol/L 6-DMAP(试验一组)处理 3 h 和 2.5 μmol/L 离子霉素处理 15 min(试验二组)，以不激活处理(对照组)作为对照。

(8)ICSI 胚的体外培养和鉴定　激活处理后，将 ICSI 受精胚用发育液洗 6 遍，38.7℃、饱和湿度、混合气 (5%$CO_2$+5%$O_2$+90%$N_2$)或 20%$O_2$ 的空气的气相条件下培养。48 h 观察卵裂情况，5～10 d 统计桑葚胚、囊胚数。

ICSI 受精胚鉴定：发育培养 36 h 随机抽取部分已分裂 ICSI 胚(图 4.22)用 Hoechast33342 进行荧光染色观察(图 4.23)，可见精子头为孤雌胚(图 4.23 - A)，未见精子头为受精胚(图 4.23 - B)。

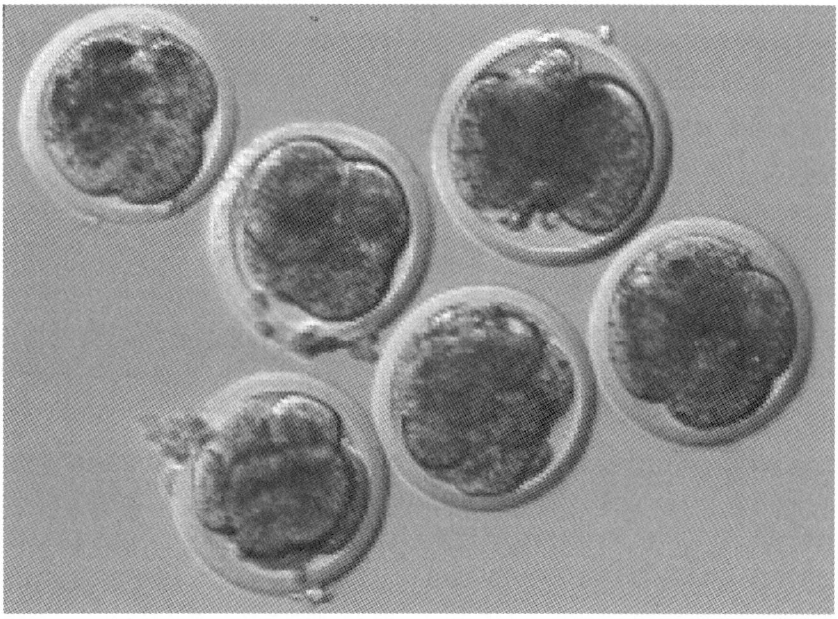

图 4.22　待染色胚胎(原始试验图片请见文后附图，下同)

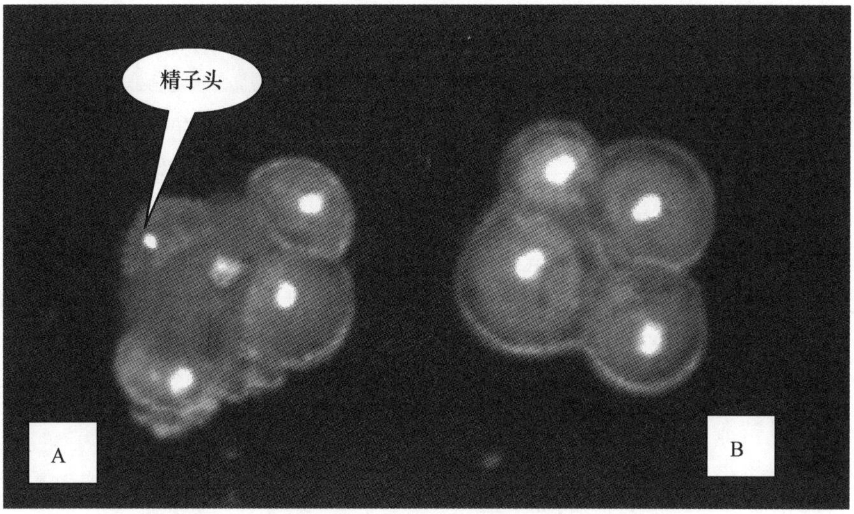


图 4.23 荧光染色判断受精

(9)统计分析 所得试验数据均用$\chi^2$检验对数据进行显著性检验。

2. 结果

(1)冻精和鲜精对 ICSI 受精率的影响 见表 4.79。

表 4.79 冻精和鲜精对 ICSI 受精率的影响

| 精液种类 | 染色卵母细胞数/枚 | 受精率/% |
|---|---|---|
| 鲜精 | 87 | 26.44(23/87)$^{a}$ |
| 冻精 | 113 | 52.21(59/113)$^{b}$ |

注:a,b:列内不同上标的值差异显著($P<0.05$)。

应用鲜精和冻精进行 ICSI,在固定其他影响因素的前提下,获得的受精率有所不同。由表 4.79 可见,冻精 ICSI 受精率(52.21%)显著高于鲜精(26.44%)($P<0.05$)。

(2)不同激活方法对 ICSI 卵裂率、胚胎发育的影响 见表 4.80。

表 4.80 不同激活方法对 ICSI 卵裂率、胚胎发育的影响

| 激活方法 | 卵母细胞数/枚 | 卵裂率/% | 桑葚胚率/% | 囊胚率/% |
|---|---|---|---|---|
| 对照组 | 63 | 7.94 (5/63)$^{aA}$ | 0 | 0 |
| 试验一组 | 125 | 78.40(98/125)$^{bB}$ | 46.94 (46/98)$^{a}$ | 9.18(10/98)$^{a}$ |
| 试验二组 | 104 | 82.69(86/104)$^{bB}$ | 47.67(41/86)$^{a}$ | 13.95(12/86)$^{a}$ |

注:a,b:列内不同上标的值差异显著($P<0.05$);A,B:列内不同上标的值差异极显著($P<0.01$)。

对照组卵裂率很低,胚胎不能发育到桑葚胚。试验一组(78.40%)和试验二组(82.69%)的卵裂率均极显著高于对照组(7.94%)($P<0.01$),而两个试验组的卵裂率差异不显著($P>0.05$);桑葚胚率:试验一组(46.94%)、试验二组(47.67%)两组之间差异不显著($P>0.05$);囊胚率:试验一组(9.18%)和试验二组(13.95%)两组间差异不显著($P>0.05$)。

(3)不同气相条件对 ICSI 胚胎发育的影响 见表 4.81。

表 4.81 不同气相条件对胚胎发育的影响

| 气相条件 | 卵母细胞数/枚 | 卵裂率/% | 桑葚胚率/% | 囊胚率/% |
|---|---|---|---|---|
| 空气(20% $O_2$) | 161 | 79.50(128/161)[a] | 39.84(51/128)[a] | 7.81(10/128)[a] |
| 混合气(5% $CO_2$ +5% $O_2$ + $N_2$ 90%) | 118 | 82.20(97/118)[a] | 47.42(46/97)[a] | 19.59(19/97)[b] |

注:a,b:列内不同上标的值差异显著($P<0.05$)。

由表 4.81 可见含 20% $O_2$ 的空气与混合气的卵裂率、桑葚胚率无显著差异($P>0.05$),但囊胚率方面,混合气(19.59%)则显著高于 20% $O_2$ 空气(7.81%)($P<0.05$),说明低氧条件(混合气)对囊胚的形成有促进作用(图 4.24)。

3. 讨论

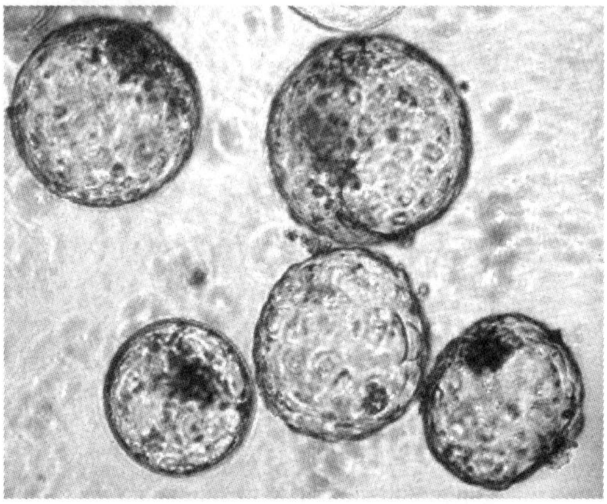

图 4.24 低氧条件下获得的囊胚

(1)冻精和鲜精对 ICSI 受精率的影响 精核解聚难、雄原核形成率低,是制约单精注射效果的关键因素之一。为了解决这一难题,科研工作者们尝试了激光断尾法(Ebnet T,2002),超声波断尾法、清洁剂洗剂法、显微微针断尾法、Piezo-driven 电脉冲处理法(Mizuno K,2002)等精子处理方法。精子的有效处理不仅可以保证精子注射的顺利完成,而最根本的目的在于给予精子一定的刺激,降低精子质膜的稳定性,促进精子遗传活性物质的释放,进而提高雄原核的形成率。冷冻精液生产过程中的骤然降温刺激以及解冻精液时的"冻融"刺激,势必会对精子质膜稳定性产较大的影响。鲜精精浆中 DF(去能因子)、精胺以及高浓度 $Zn^{2+}$ 的存在不利于精子的获能(陈大元,2000),冻精则由于冷冻保护剂的添加降低了这些获能抑制素的影响。笔者认为,冻精解冻上浮后再进行 ICSI,即等同于鲜精经冷冻、解冻处理后,再进行上浮、离心等处理,最后再用微针断尾,该过程综合了冷冻和微针制动对精子的刺激,其效果应好于鲜精 ICSI。本试验研究发现,ICSI 胚发育培养 36 h 时,随机抽取部分已分裂 ICSI 胚用 Hoechast-33342 进行荧光染色观察,冻精 ICSI 组和鲜精 ICSI 组的受精率(精核解聚率)分别为:52.21%和 26.44%,冻精 ICSI 组显著高于鲜精 ICSI 组($P<0.05$),这一试验结果与理论分析相一致。

(2)不同激活方法对 ICSI 卵裂、胚胎发育的影响 常用的 6-DMAP 的作用时间为 3~6 h,但激活后的胚胎会出现许多异常,如纺锤体的旋转被抑制,组蛋白和鱼精蛋白的交换被破坏,在精子染色体周围过早地形成一个新的核膜,不断地有小原核形成(Ledda S,1996),且后期发育受到了严重损伤(Lan J C,2004)。因此,在不影响激活效率的前提下,应尽可能地减少 6-DMAP 的作用时间,以缩小这种药物的有害影响(Lan J C,2005)。6-DMAP 的主要作用就是抑制卵母细胞第二极体,保证孤雌胚的二倍体核型,以利于孤雌胚胎的后期发育,而 ICSI 过程中精子的注入卵母细胞已构成受精卵的二倍体核型基础,所以,在 ICSI 卵激活过程中似乎就没必要再用 6-DMAP 联合激活了。本试验比较了两种激活方法(2.5 μmol/L 离子霉素处理 5 min+2 mmol/L 6-DMAP 处理 3 h 和 2.5 μmol/L 离子霉素处理 15 min)的激活方法对

ICSI 卵裂、胚胎发育的影响，结果为：试验一组(78.40%)和试验二组(82.69%)的卵裂率均极显著高于对照组(7.94%)($P<0.01$)，但是两个试验组之间无显著差异($P>0.05$)；桑葚胚发育率分别为试验一组(46.94%)、试验二组(47.67%)，两个组之间无显著差异($P>0.05$)；囊胚发育率方面，试验一组(9.18%)和试验二组(13.95%)两组间无显著差异($P>0.05$)。综合本研究结果：试验一组的卵裂率和桑葚胚率基本无异于试验二组，而后者的囊胚率较明显地高于前者(尽管统计上差异不显著，$P>0.05$)。出现以上结果的原因可能是：雌雄原核发育不同步，雄原核形成的滞后，6-DMAP 抑制卵母细胞第二极体的释放，未释放的第二极体可能与精核解聚产生某种微观上的冲突并影响胚胎的后期发育，而离子霉素只专一启动钙库中 $Ca^{2+}$ 的释放升高胞质内游离 $Ca^{2+}$ 浓度以激活卵母细胞，不会对卵母细胞其他方面的正常生长发育以及外来的精子造成过大的影响。

综上所述：从试验操作上来讲，试验二组的处理方法较简单易行；从激活效果上看，试验二组的囊胚率较高于试验一组；试验二组因未使用 6-DMAP，对卵母细胞造成的损伤也远小于试验一组。所以，笔者认为 ICSI 过程中的激活处理，单独用离子霉素激活比离子霉素＋6-DMAP 联合激活更合理、有效。

(3)不同气相条件对 ICSI 胚胎发育的影响　氧是输卵管和子宫环境的一个重要组成部分，并且对胚胎发育的调节有重要作用，兔子、啮齿类动物的输卵管中氧分压在 35～60 mmHg (5%～8%)，恒河猴子宫中的氧分压更低为 1.5%～2%。兔子子宫中的氧浓度在胚胎附植时会下降，从 5.3%降到 3.5%。已有研究表明在胚胎发育过程中将气相环境中的氧浓度由大气水平(20%)降到生理水平(5%)可提高胚胎的发育能力(Dennefal，2006)。但一些研究结果表明在这种低氧气相环境中成熟的卵母细胞其囊胚发育率明显低于 5%$CO_2$ 的空气(Andrew J，2000)。

本试验结果表明低氧的三气(5%$CO_2$＋5%$O_2$＋90%$N_2$)环境与含 20%氧的高氧环境(20%$O_2$ 的空气)相比，可显著提高囊胚发育率(分别为 19.59%和 7.81%)。此结果与 Fujitani 等人的研究结果相同，他们报道牛的胚胎在 5%$O_2$ 条件下培养，其囊胚率为 49%，显著高于 20%氧条件下的 17%，扩张囊胚为 19%对 6%，孵化囊胚率为 16%对 0%。可见高氧环境对胚胎的囊胚发育率有明显地抑制作用，这可能是由于处于高氧环境时，培养液中的氧自由基较高所致，因为氧自由基对胚胎有毒害作用，有试验表明在高氧条件下，添加某些抗氧化剂可提高胚胎的发育能力(Fugitani Y，*et al.*，1997)。因此低氧条件可能有助减少氧自由基的产生，从而促进胚胎的发育。

### 4.4.10 DMSO 和 FBS 对绵羊孤雌胚胎发育的影响

卵母细胞的孤雌激活及其发育能力的研究，是研究哺乳动物孤雌生殖及受精机制的重要手段之一，也是细胞核移植中的关键技术之一，对于探索核移植激活条件及提高核移植效率具有重要意义。常用的卵母细胞孤雌激活方法有电脉冲法、离子霉素联合 6-DMAP 法、乙醇激活法等。而 Tian 等(2007)发现二甲基亚砜(DMSO)对体外成熟的绵羊卵母细胞具有激活作用，但 DMSO 的添加量尚未确定。另外，血清对胚胎体外发育的影响已有大量报道(Robl J M，1981；Pinyopummintr T，1994)，但有关胎牛血清(FBS)对绵羊孤雌激活胚胎的研究则较少。因此，本试验采用点激活＋化学激活联合激活法处理绵羊卵母细胞，探讨 DMSO 和 FBS

对绵羊孤雌激活胚胎发育的影响，旨在优化绵羊卵母细胞孤雌胚胎的体外发育系统。

1. 材料与方法

(1)试剂及药液的配制　本试验所用药物除非特别说明均购自 Sigma 公司。采卵液：TCM 199＋5 mmol/L $NaHCO_3$＋10 mmol/L HEPES＋0.01 g/L 肝素钠＋1%FCS＋0.05 g/L青霉素＋0.05 g/L链霉素。卵母细胞成熟培养液：TCM 199＋10% FCS(*V*/*V*)＋10 μg/mL FSH＋10 μg/mL LH＋1 μg/mL $E_2$＋20 ng/mL EGF。电激活液：0.3 mmol/L *D*-甘露醇＋0.05 mmol/L $CaCl_2$＋0.1 mmol/L $MgSO_4$。离子霉素激活液：操作液＋2.5 μmol/L 离子霉素。6-DMAP 激活液：操作液＋2 mmol/L 6-DMAP。孤雌胚胎发育液：SOF＋1% NEAA＋1% EAA＋10 ng/mL EGF＋1 mmol/L *L*-谷氨酰胺＋8 mg/mL BSA/10%FBS。

(2)卵母细胞的收集和体外成熟　从保定市唐县羊定点屠宰场收集绵羊卵巢，立即放入盛有灭菌预热至 30℃左右的生理盐水(含双抗)的保温瓶中，在 3～4 h 内运回实验室。用切剖法获取卵母细胞，在实体显微镜下收集卵丘、卵母细胞复合体(COCs)，在 38.7℃、5%$CO_2$、饱和湿度的条件下进行成熟培养。

(3)卵母细胞电激活　激活条件为 1.25 kV/cm，40 μs，2 DC。

(4)卵母细胞化学激活　采用离子酶素＋6-DMAP 联合激活法。将电激活后的卵母细胞在 2.5 μmol/L 离子酶素中放置 5 min，然后放入 2 mmol/L 6-DMAP 中培养 2 h。

(5)试验设计及统计分析　试验包括 2 项内容，每项试验重复 3 次以上。试验 1：分析 6-DMAP激活液中分别添加 0%、1%、2%DMSO 对孤雌胚胎发育能力的影响；试验 2：以孤雌激活当天计为第 0 天，在胚胎发育的第 5 天，发育液中分别添加 BSA 和 FBS[添加量见(1)]，分析 BSA 和 FBS 对孤雌胚胎发育能力的影响。

试验数据用 SPASS 10.0 进行单因素方差分析，以 $\alpha=0.01$ 的显著水平检验。

2. 结果与分析

(1)不同浓度 DMSO 对孤雌胚胎发育能力的影响　见表 4.82。

化学激活试剂 6-DMAP 是由 DMSO 溶解的，但最终使用时其中 DMSO 的含量可以忽略不计。化学激活液中 DMSO 的含量增加到 1%，卵裂率和囊胚率显著提高($P<0.01$)。

表 4.82　不同浓度 DMSO 对孤雌胚胎发育的影响

| DMSO 浓度 | 培养胚胎数 | 卵裂胚胎数(率/%) | 桑葚胚数(率/%) | 囊胚数(率/%) |
|---|---|---|---|---|
| 0 | 122 | 85(69.84±1.675 7)A | 21(24.67±0.577 3)A | 10(11.74±0.923 6)A |
| 1 | 152 | 123(80.92±3.389 8)B | 38(30.87±0.913 1)B | 19(15.43±0.458 0)B |
| 2 | 135 | 108(80.00±0.451 3)B | 26(23.99±1.258 6)A | 13(12.07±0.902 0)A |

注：同列数据肩标不同大写字母表示差异极显著($P<0.01$)。下表同。

(2)不同蛋白添加物对孤雌胚胎发育能力的影响　见表 4.83。

表 4.83　不同浓度 FBS 对孤雌胚胎发育的影响

| 蛋白添加物 | 培养胚胎数 | 卵裂胚胎数(率/%) | 桑葚胚数(率/%) | 囊胚数(率/%) |
|---|---|---|---|---|
| BSA | 121 | 96(79.35±0.724 7) | 29(30.19±1.113 8) | 14(14.56±1.457 5)A |
| FBS | 137 | 111(81.05±1.507 7) | 35(31.56±0.790 1) | 26(23.43±0.317 9)B |

前期胚胎发育液中添加 BSA，在后期有糖的胚胎发育液中添加分别添加 BSA 或 FBS，发育液中添加 FBS 组囊胚率显著提高($P<0.01$)。

3. 讨论

在大多哺乳动物中，排出的卵母细胞都停留在 MⅡ期直至被精子受精激活或人工诱导激活才完成第二次成熟分裂。在 MⅡ期的卵母细胞中，不停的合成细胞静止因子(cytostatic factor，CSF)，使 CSF 一直处于高水平。当 MⅡ期卵母细胞受精时，立即激发卵内 $Ca^{2+}$ 升高。$Ca^{2+}$ 浓度升高涉及到卵子内的 2 种受体和 $Ca^{2+}$ 库，即 IP3 受体(三磷酸肌醇受体)和敏感性钙库以及 Ryanodine 受体和敏感性钙库。当少量 $Ca^{2+}$ 作用于 IP3 受体和 Ryanodine 受体后便可触发 IP3 敏感钙库和 Ryanodine 敏感钙库内贮存 $Ca^{2+}$ 释放，并具有 $Ca^{2+}$ 诱导的 $Ca^{2+}$ 释放的正反馈效应和负反馈效应，从而引起自身 $Ca^{2+}$ 重复性升高，导致细胞产生钙波和钙振荡。升高的 $Ca^{2+}$ 破坏了已存在的 CSF，引起卵母细胞的活化，促使卵母细胞离开 MⅡ期，完成减数分裂并进行发育。孤雌激活就是要模仿卵母细胞受精过程，激发卵内 $Ca^{2+}$ 升高，从而使卵母细胞分裂并进行发育。Larman 等研究表明，小鼠 MⅡ期卵母细胞在含 DMSO 的玻璃化冷冻液中，能够诱导胞内 $Ca^{2+}$ 瞬间升高。本试验在化学激活液中 DMSO 的含量增加到 1%，卵裂率和囊胚率显著提高，可能是 DMSO 导致卵母细胞内 $Ca^{2+}$ 库的瞬时钙释放，充分激活卵母细胞；同时，激活时钙波的产生会提高孤雌胚胎后期发育能力。但是，如果 DMSO 浓度较大，DMSO 具有渗透性，对细胞有一定的化学毒性。

BSA 和 FBS 是胚胎体外培养体系中添加的主要蛋白质来源物质。BSA 和 FBS 中都含有柠檬酸钠，它被认为是促进胚胎发育的有效成分之一(Kane D，1985)。本试验在孤雌胚胎发育第 5 天，发育液中添加 FBS，囊胚率显著提高。其原因，一方面是因为血清中含有高浓度的肌醇，其一些代谢产物具有促进有丝分裂的效应(Downes C P，1990)。另一方面是 Robl 等(1981)的试验表明，桑葚胚在含有血清的培养液中，囊胚的发育率提高；Pinyopummintr 等(1994)研究表明血清对牛早期胚胎发育的影响有 3 个方面：①对受精卵第一次细胞分裂有抑制作用；②对从 2 细胞发育到桑葚胚阶段的胚胎无有益作用；③可提高处于桑葚胚至早期囊胚阶段的胚胎进一步发育到囊胚和孵化囊胚阶段的效率。血清中还含有高浓度的柠檬酸钠，柠檬酸钠可刺激脂肪酸的合成，同时其又可以作为 $Ca^{2+}$ 的螯合剂，使细胞间紧密连接开放，从而增加细胞间溶质穿梭运输，因此柠檬酸钠可以保持细胞间连接的完整性，从而对桑葚胚及囊胚的形成具有重要意义(Gray C W，1992)。

### 4.4.11 小鼠囊胚内细胞团(ICM)和滋养层(TE)细胞双重染色方法

辅助生殖技术(assisted reproductive technology，ART)已普遍应用在人类生殖医学领域，随着 ART 的发展，ART 的安全性越来越受到人们的重视。由于所用试剂、耗材以及空气质量等都会影响到胚胎的发育，因此，质量控制就显得尤为重要。目前，人类辅助生殖技术中，多用精子存活试验和鼠胚试验来进行质量控制，而鼠胚试验比精子存活实验更接近人 IVF 的模型，更能反映培养基以及耗材质量对人类胚胎的影响。

鼠胚试验以囊胚形成率为检测指标，但是，单纯数量上的差异并不能完全达到质控的要求，应增加对囊胚质量的检测。囊胚细胞数是体现胚胎质量的重要标准之一，尤其是对囊胚阶段内细胞团(inner cell mass，ICM)和滋养层细胞(trophectoderm，TE)数的双重染色，分别计数，更能体现胚胎的质量(Bhuiyan M M，2007)，而且，能够研究不同培养条件下以及不同物种间 ICM 和

TE细胞数量的变化。因此，建立一种简便快速的双重染色方法将为ART实验室的质量控制提供有力的检测手段。

囊胚的双重染色方法有免疫法、钙离子载体法以及Triton X-100处理法，其中以Triton X-100处理法最为简便快捷。Bhuiyan等(2004)改进了这一染色方法，利用浓度为0.04%(*V*/*V*)的Triton X-100处理牛扩张期囊胚，将时间延长至3 min，使之更加容易操作和稳定。Triton X-100处理时间是这一染色方法的关键步骤，过长或者过短的操作时间都会影响试验结果，不同动物来源的囊胚的染色时间也会有所差异。小鼠的囊胚因为容易得到而被经常用于试验研究及观察，但是，所得到的囊胚质量的判断需要对ICM和TE进行双重染色，然后进一步计算其相应的细胞数。目前，关于小鼠囊胚双重染色的报道较少，因此，本试验利用浓度0.04%(*V*/*V*)的Triton X-100处理ICR系小鼠第3天早期囊胚和第4天囊胚，以期得出适合于ICR系小鼠第3天早期囊胚和第4天囊胚的最佳处理时间，为IVF实验室质量控制提供新的检验方法。

1. 材料与方法

(1)实验动物　6～8周龄健康ICR系小鼠，购自北京实验动物中心，在24℃、自动定时光照、自由饮水条件下，采用全价繁殖颗粒饲料饲养。

(2)胚胎获取　以常规方法对小鼠进行促排卵，自然受精获取2-细胞期胚胎，冲胚当天为第1天。以KSOM为培养液，在37℃、5% $CO_2$、95%空气、100%湿度的培养条件下，将体外培养获得的第3天的早期囊胚和第4天的囊胚进行细胞染色计数。

(3)染色方法　染色方法同Bhuiyan等。简言之，用链酶蛋白酶处理囊胚7～8 min，去除透明带，用PBS洗3遍后用Hoechst33342染色30 min，然后用0.04 %(*V*/*V*)Triton X-100处理，处理时间按本研究设计分为4组，再用PBS洗3遍后用0.005%(*W*/*V*)碘化丙啶(Propidium iodide, PI)染色10 min，然后压片，观测，计数。

(4)试验设计　按Triton X-100处理时间将第3天早期囊胚和第4天囊胚分别分为4个组：20，25，30，35 s和25，30，35，40 s。分别筛选早期囊胚和囊胚的最佳Triton X-100处理时间。超排3只小鼠，共获2-细胞期胚胎52枚，集中混合培养。在第3天选取20枚早期囊胚，随机平均分配到四组进行染色，第4天将剩余的形成囊胚的胚胎随机平均分到4组中染色。

(5)数据处理　采用SPSS 10.0 One-Way ANOVA进行数据统计，$P<0.05$为有统计学意义，$P>0.05$为没有统计学意义。

2. 结果与分析

(1)第3天早期囊胚试验结果　每个试验组5个胚胎，能够清楚观察到染色细胞数的胚胎数分别为5、4、4、5，成功率为90%。在各试验组当中，蓝色细胞数在20～25 s组间减少3.15个，25～30 s组间减少2个，30～35 s组间减少3.8个，蓝色细胞数组、粉红色细胞数以及两者间的比率均有统计学意义($P<0.05$)。4个组中蓝色细胞数/粉红色细胞数的比例分别为0.6，0.35，0.23和0.05。染色情况见图4.25。

(2)第4天囊胚试验结果　各组胚胎数分别为6、6、6、5，能够清楚观察到染色细胞数的胚胎数分别为4，5，5，4，成功率为78.3%。多试验组中，蓝色细胞数在20～25 s组间减少16个，25～30 s组间减少1.4个，30～35 s组间减少2.6个，30 s和35 s组中蓝色细胞数以及两者的比例没有统计学意义($P>0.05$)，与其他两组有统计学意义($P<0.05$)；30 s组粉红色荧光细胞数与其他各组有统计学意义($P<0.05$)。4个组中蓝色细胞数/粉红色细胞数的比例分别为1.25，0.30，0.24和0.17。染色情况见图4.26。

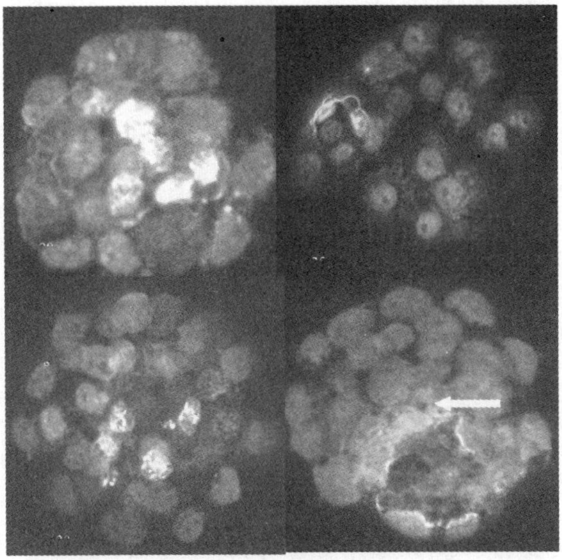

图 4.25 第 3 天早期囊胚结果(200×)

表 4.84 Triton X-100 处理时间对第 3 天早期囊胚双重染色效果的影响

| 组别 | 平均细胞总数 | 蓝色荧光细胞数 | 粉红荧光细胞数 | 蓝色荧光细胞数/粉红荧光细胞数 |
|---|---|---|---|---|
| 20 s | 27.8 | 10.4[a] | 17.4[a] | 0.60[a] |
| 25 s | 28 | 7.25[b] | 20.75[b] | 0.35[b] |
| 30 s | 28.5 | 5.25[c] | 23.25[c] | 0.23[c] |
| 35 s | 28.4 | 1.d4 | 27.00[d] | 0.05[d] |

注:同列数据上标小写字母相同表示有统计学意义($P<0.05$)。

表 4.85 Triton X-100 处理时间对第 4 天囊胚双重染色效果的影响

| 组别 | 平均细胞总数 | 蓝色荧光细胞数 | 粉红荧光细胞数 | 蓝色荧光细胞数/粉红荧光细胞数 |
|---|---|---|---|---|
| 25 s | 48.75 | 27[a] | 21.75[a] | 1.25[a] |
| 30 s | 47.4 | 11[b] | 36.4[b] | 0.30[b] |
| 35 s | 49.2 | 9.60[b] | 39.6b[c] | 0.24[bc] |
| 40 s | 48.75 | 7[c] | 41.75[c] | 0.17[c] |

注:同列数据上标小写字母不同($P<0.05$)有统计学意义,小写字母相同者表示没有统计学意义($P>0.05$)。

3. 讨论

IVF 实验室是 IVF 中极为重要的部分,对 IVF 结局有重要影响,Morbeck 等(2010)利用鼠胚试验证实 ART 中所用的矿物油在使用前进行洗涤的必要性。因此,对 IVF 实验室的质量控制是每个生殖中心所必须严格进行的一项工作。因为是不同种属,人们对用小鼠胚胎发育来推测用于 IVF 的试剂和耗材的准确性与可行性还存在争议(Gardner D K *et al.*,2005),但是这是目前最接近人类 IVF 的模型,已被多数实验室所接受,而且证明是有用的

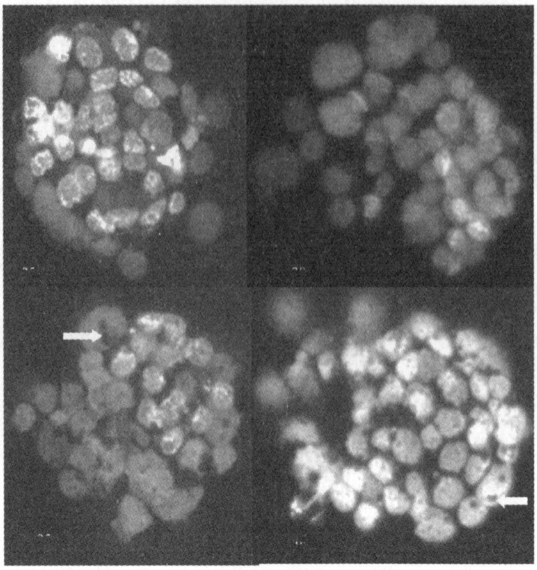

图 4.26　第 4 天早期囊胚结果(200×)

检测方法。

非离子型表面活性剂(Triton X-100),相对分子质量为 646.86($C_{34}H_{62}O_{11}$)。它能溶解细胞膜上的磷脂化合物,使细胞膜稳定性下降,增加细胞膜的通透性。以 Triton X-100 处理囊胚后,TE 细胞膜通透性增加,分子量较大的红色荧光染料 PI 便可以通过此细胞膜,对染色体进行染色,而短时间、低浓度 Triton X-100 的处理,不会影响到 ICM 细胞膜的稳定性,PI 便不会对 ICM 进行染色。分子量较小的蓝色荧光染料 Hoechst 33342 能够通过完整的细胞膜对 ICM 进行染色,从而,使 ICM 和 TE 被染上不同的颜色,达到双重染色的目的。李瑞岐等(2010)在之前的试验中用此方法对牛囊胚进行双重染色分别对 ICM 和 TE 细胞计数,证明果糖可以代替葡萄糖作为胚胎培养的能量代谢底物。

同免疫法和钙离子载体法一样,本染色方法同样属于侵入性染色方法。免疫法准确性较高,但是染色过程比较烦琐,用时较长,而且染色质量容易受温度、抗体稳定性等因素的影响。钙离子载体法和 Triton X-100 法均是以化学试剂作为细胞膜通透剂,使 PI 能够通过细胞膜,实现对细胞核的染色。这两种方法对试剂浓度和处理时间的依赖度较高,所用试剂浓度较高时,很难控制处理时间。与免疫法相比,这两种染色方法大大缩短了染色时间,提高了染色效率,尤其是 Triton X-100 法,操作简便,所需时间更短,成本也相对较低。

孟令君等(2008)用免疫方法对小鼠体外早期囊胚和囊胚进行了双重染色,试验结果显示,ICM 细胞数与 TE 细胞数比例分别为 0.4 和 0.35。在本试验中用 Triton X-100 对小鼠早期体外囊胚和囊胚分别处理 25 s 和 30 s 时,ICM 细胞数与 TE 细胞数比例分别为 0.35 和 0.3,与前者试验结果相符,说明本试验方法对小鼠体外发育的早期囊胚和囊胚用 Triton X-100 分别处理 25 s 和 30 s 较为合适。另外,不同品系小鼠的囊胚细胞数可能不同,因此,对于其他品系小鼠囊胚的最佳染色时间还有待于进一步研究。

从试验结果可以看出,在囊胚细胞总数没有显著差异的情况下,25～30 s 发蓝色荧光的细胞数减少的较多(16 个),而 30～35 s(1.4 个)以及 35～40 s(2.6 个)减少的较少,说明 ICM 细胞排列比 TE 细胞排列较紧密，不容易受 Triton X-100 的影响。Thouas 等(2001)在对牛囊胚双重染色时指出，细胞排列的紧密程度对染色时间存在影响。另外，也可能是由于囊胚腔的存在，使 Triton X-100 穿过囊胚腔对 ICM 细胞起作用需要一定的时间所致，而早期囊胚的囊胚腔较小，因此各组间细胞数减少的数目相当(分别为 3,2,4 个)。这也从另一方面说明，在对 ICR 系小鼠囊胚进行双重染色时，Triton X-100 处理 30 s 为最佳时间。

Rabindranath 等(1997)在使用该离子载体进行双重染色时指出，除物种因素外，细胞数目也是影响 TE 细胞染色时间的因素之一。通过本试验结果可以看出，早期囊胚细胞数较少，用 Triton X-100 处理 25 s 即可；当胚胎在囊胚阶段时，细胞数目增多，用 Triton X-100 处理 25 s 时只能是部分 TE 细胞染上红色，时间需增加到 30 s 才能取得较理想的效果。因此，本方法同钙离子载体法一样，必须注意胚胎发育时期的一致性，不同发育时期胚胎细胞数不同，用 Triton X-100 处理的时间也不同。

在本试验中观察到，用 Triton X-100 对胚胎进行处理后，囊胚腔会变小或者消失，并且，随着处理时间的延长，TE 细胞上出现了一些小腔(图 4.25、图 4.26 中白色箭头所示)。这可能是由于 Triton X-100 破坏了 TE 细胞间的有效连接，并使 TE 细胞遭到破坏，使之失去了“屏障”的作用所致。另外，我们注意到，如果胚胎在用 Triton X-100 处理前囊胚腔就消失的胚胎，染色结果一般会很差，基本上所有的细胞都会染成红色或者粉红色，这可能是由于 TE 细胞的“屏障”作用由于某些原因被提前破坏了。当用 Triton X-100 处理时，Triton X-100 就会通过这些间隙对 ICM 细胞起作用，从而使 ICM 细胞也被 PI 所染。McLaren 和 Smith(1997)指出，TE 细胞间连接的完整性和有功能性是对胚胎双重染色的基础。本试验结果与之相符。

质量控制的目的是为了维持 IVF 过程的稳定性，为临床方案的优化以及新方案的研究提供稳定的基础平台。随着 IVF 技术的深入，一个优秀的生殖中心必将有完善的质量控制体系作为保障。鼠胚试验虽然并不能完全说明体外培养条件对人类胚胎的影响，但是，通过对鼠胚试验中囊胚质量的准确评定，能够最大限度的体现胚胎培养环境对胚胎发育的影响。而且，囊胚细胞数，特别是 ICM 和 TE 细胞分别计数不仅能够体现囊胚的质量，同时，也能够检验非侵入性胚胎评分标准，如 IVF 中最常用的根据胚胎形态进行评分的方法(Matsuura K，2010)。

4. 结论

在本试验条件下，利用 Triton X-100 对 ICR 系小鼠体外发育的第 3 天和第 4 天囊胚分别处理 25 s 和 30 s 时能够取得较好的效果，此方法能够快速对小鼠囊胚进行双重染色，从而，更加准确的评估囊胚质量，可以作为 IVF 实验室质控的改进方法。

### 4.4.12 以囊胚双重染色方法检测果糖对牛早期胚胎发育效果的影响

能量代谢在胚胎体外生产中起着至关重要的作用，尽管发育阻滞与胚胎基因组的转录以及蛋白质合成不足有关，但这种发育阻滞和发育环境(如氧自由基)及新陈代谢也有非常密切的关系。Narindrek 等(2000)研究了牛胚胎附植前能量代谢的差异。结果显示，体外胚胎 12 - 细胞阶段能少量持续的优先利用丙酮酸，在 12 - 细胞到 16 - 细胞阶段最先观察到葡萄糖被氧化，从致密桑葚胚到扩张囊胚阶段，乳酸、丙酮酸、葡萄糖均明显的被氧化。作为己糖之一的果糖同样可被早期囊胚利用。Wales 等(1973)已证实,在母畜生殖道中有果糖的存在。Menezo 和 Khatchadourian(1990)发现,小鼠 1 - 细胞期体外胚胎能够代谢果糖而葡萄糖则不被利用,说明果糖有利于胚胎克服发育阻滞。Bhuiyan 等(2007)发现,以果糖代替葡萄糖,不影响早期胚胎的囊胚率,但是,可增加滋养层细胞数,提高囊胚质量。这说明在胚胎体外发育培养基中,果糖可以代替葡萄糖,并且有利于受精卵克服发育阻滞,提高囊胚质量。

随着人们对胚胎质量要求的不断提高,以囊胚细胞总数判断囊胚质量的传统染色方法已很难满足研究发展的需要。而对囊胚 ICM 细胞和 TE 细胞分别染色的双重染色技术正在越来越多的被采用。Handyside 和 Hunter(1984)根据 ICM 和 TE 细胞在形态结构和免疫学方面的差异,借助抗体结合荧光染料成功对这两种细胞进行了染色。Rabindranath(1997)借助钙离子载体成功的对小鼠、猪和牛的囊胚进行了双重染色。Thouas 等(2001)将染色程序进一步简单化,利用 Triton X-100 代替钙离子载体实现了对囊胚的双重染色,缩短了染色时间,降低了染色成本。

本试验以 Triton X-100 为细胞膜渗透剂,对牛第 8 天囊胚进行双重染色,并检测果糖代替葡萄糖后对牛早期胚胎体外发育效果的影响。

1. *材料与方法*

(1)牛卵巢的采集与运输　从保定郊区定点屠宰场收集牛卵巢,立即放入盛有灭菌预热(28℃)生理盐水(含双抗)的保温瓶中,在 3 h 内运回实验室。用已预热 37℃的生理盐水将卵巢洗涤 4～5 次后,放入盛有 37℃生理盐水灭菌烧杯中,再将烧杯放入 37℃水浴锅中,供采卵。

(2)牛卵母细胞采集和体外成熟(IVM)方法　在 25℃的无菌室中,用连有 18 号针头的 10 mL 注射器,先吸取捡卵液约 0.3 mL,然后从卵巢表面抽取 2～8 mm 直径卵泡中的卵丘-卵母细胞复合体(COCs),将抽取到的含有 COCs 和卵泡液的抽取物缓缓注入 35 mm 培养皿中置于实体显微镜下捡卵,挑选卵母细胞胞质均匀、有 3 层以上卵丘细胞紧密包裹的 COCs 用捡卵液清洗 2 遍,再用成熟液清洗 4 遍,之后进行成熟培养。

(3)体外受精(IVF)方法　步骤见下。

①精子制备。取 1 支荷斯坦种公牛冷冻精液,37℃水浴解冻,然后小心加到盛有 2 mL TALP-HEPES 的 5 mL 离心管的底部。在 $CO_2$ 培养箱中倾斜 30°放置 40 min 使精子上浮,然后从上层吸出 1.5 mL 液体于另一离心管中,1 000 r/min,8 min 离心 1 次,弃去上清,然后加入适量 TALP-IVF 受精液,使精子密度为($5\times10^6$～$6\times10^6$)个/mL 精子。

②精卵共孵育。将体外成熟的卵母细胞在 TALP-HEPES 液中洗 3 次后,再用受精液洗涤 3 次,移入预先平衡好的 30 μL 的受精小滴中,每滴放 10～15 枚卵母细胞,然后加入20 μL 处理好的精子。使精子最终浓度为($1\times10^6$～$2\times10^6$)个/mL 精子。精卵在 39℃、5%$CO_2$、饱和湿度的条件下共培养 18～24 h。

(4)体外成熟(IVC)方法　将受精后的卵母细胞,先用 TALP-HEPES 洗涤 3 次,去出多余卵丘细胞和死精子,之后再用发育液洗涤 3 次,最后移入 30 μL SOFaaci 发育液微滴中,每滴 10～15 枚卵母细胞。采用 39℃、饱和湿度、三气培养(5%$CO_2$+5%$O_2$+90%$N_2$)培养,每 48 h更换 50%新鲜培养液。受精后 48 h 统计卵裂率,培养到第 6 天统计桑葚胚率,第 8 天统计囊胚率。

(5)囊胚细胞(ICM/TE)双重染色方法　见下。

染色原理:非离子去污剂(Triton X-100)可以溶解细胞膜上的磷脂化合物,使细胞膜稳定性下降，通透性增加，从而，分子量较大的红色荧光染料碘化丙啶（propidium iodide, PI）可以通过此细胞膜，对染色体进行染色，而短时间、低浓度 Triton X-100 的处理，不会影响到 ICM 细胞膜的稳定性。分子量较小的蓝色荧光染料 Hoechst33342 能够通过 ICM 细胞膜对染色体进行染色，PI 则不能，从而使 ICM 和 TE 被染上不同的颜色，达到双重染色的目的。

染色步骤：简言之，用链酶蛋白酶处理囊胚 7～8 min，去除透明带，在 PBS 中洗 3 遍，之后用 Hoechst33342 染色 30 min，之后用 0.05%（V/V）Triton X-100 处理一定的时间，再用 PBS 洗 3 遍后用 0.005%（W/V）PI 染色 10 min，之后，进行压片，观测，计数。

（6）试验设计　试验一：Triton X-100 处理时间对成年牛第 8 天囊胚双重染色效果的影响。

发育第 8 天的扩张或者孵化囊胚用 Triton X-100 分别处理 50～59 s、60～69 s、70～79 s，选择最佳处理时间，以期达到最佳染色效果。

试验二：果糖代替葡萄糖后对成年牛胚胎发育效果的影响。

在上述试验结果的基础上，尝试以果糖代替葡萄糖，并且在 1～8 d 的培养基中都添加 1.5 mmol/L 果糖，以添加 1.5 mmol/L 葡萄糖组为对照，以双重染色方法检测试验结果。

（7）数据统计　数据采用 SPSS10.0 软件和$\chi^2$检验进行数据分析。

2. 试验结果

（1）Triton X-100 处理时间对成年牛第 8 天囊胚双重染色效果的影响　试验结果如表 4.86 所示，第 8 天囊胚以 Triton X-100 分别处理 50～60 s、60～70 s、70～80 s 后，颜色所显示的 ICM 细胞数和 TE 细胞数差异显著（$P<0.05$），其中 60～70 s 处理组效果最好，ICM 细胞数和 TE 细胞数分别为 48.2±12.4 和 93.5±28.6，ICM 细胞数占细胞总数的比例约为 0.33。见图 4.27 和彩图 15。

（2）果糖对成年牛胚胎发育效果的影响　由表 4.87 可知，果糖组与葡萄糖组卵裂率（62.2%相对 60.7，$P>0.05$）和囊胚率（32.0%相对 29.7%，$P>0.05$）差异均不显著，但是数据显示，前者囊胚细胞数高于后者（142.3 相对 136.2，$P>0.05$），在增加的细胞数中，主要是 TE 细胞数的增加（99.3 相对 89.9，$P>0.05$）。

**表 4.86　Triton X-100 处理时间对囊胚双重染色效果的影响**

| 组别 | 胚胎数/枚 | 细胞总数/个 | ICM 细胞数/个 | TE 细胞数/个 | ICM/Total |
|---|---|---|---|---|---|
| 50～59 s | 10 | 139.8±26.9a | 65.6±26.3a | 69.1±25.6a | 0.47 |
| 60～69 s | 9 | 142.5±30.1a | 48.2±12.4b | 93.5±28.6b | 0.33 |
| 70～79 s | 7 | 134.7±28.6a | 26.9±18.4C | 102.8±28.4C | 0.20 |

注：同一列数字上标小写字母相同表示差异不显著（$P>0.05$），不同代表差异显著（$P<0.05$）。

3. 讨论

（1）Triton X-100 处理时间对成年牛第 8 天囊胚双重染色效果的影响　通过试验染色结果可以看到，随着 Triton X-100 处理时间的延长，粉红色细胞数逐渐增加，蓝色细胞数目逐渐减少，这就说明，随着时间的延长，被 Triton X-100 破坏细胞膜的细胞数目逐渐增加，从而使 PI 进入细胞内对其进行染色。在预试验中，用小鼠囊胚进行双重染色试验时结果与之相似，不过处理时间要短的多（30 s）。Rabindranath 等（1997）在使用该离子载体进行双重染色时指出，除物种因素外，细胞数目也是影响 TE 细胞染色时间的因素之一。随着胚胎培养时间的增加，细胞数目也会不断增殖，因此，在使用本方法进行双重染色时，必须注意胚胎发育时期的一致性，不同发育时期胚胎细胞数不同，用 Triton X-100 处理的时间也不同。

表 4.87 果糖对成年牛胚胎发育效果的影响

| 组别 | 胚胎数/枚 | 卵裂率/% | 囊胚率/% | ICM 细胞数 | TE 细胞数 | 细胞总数/个 | ICM/Total |
| --- | --- | --- | --- | --- | --- | --- | --- |
| 果糖组 | 45 | 62.2±3.87a (28/45) | 32.0±1.73a (9/28) | 43.6±14.5a | 99.3±26.7a | 142.3±21a | 0.31 |
| 葡萄糖组 | 60 | 60.7±2.89a (37/60) | 29.7±4.16a (15/37) | 40.2±11.3a | 89.9±24.8a | 136.2±35a | 0.30 |

注：同一列数字上标小写字母相同表示差异不显著（$P>0.05$）。

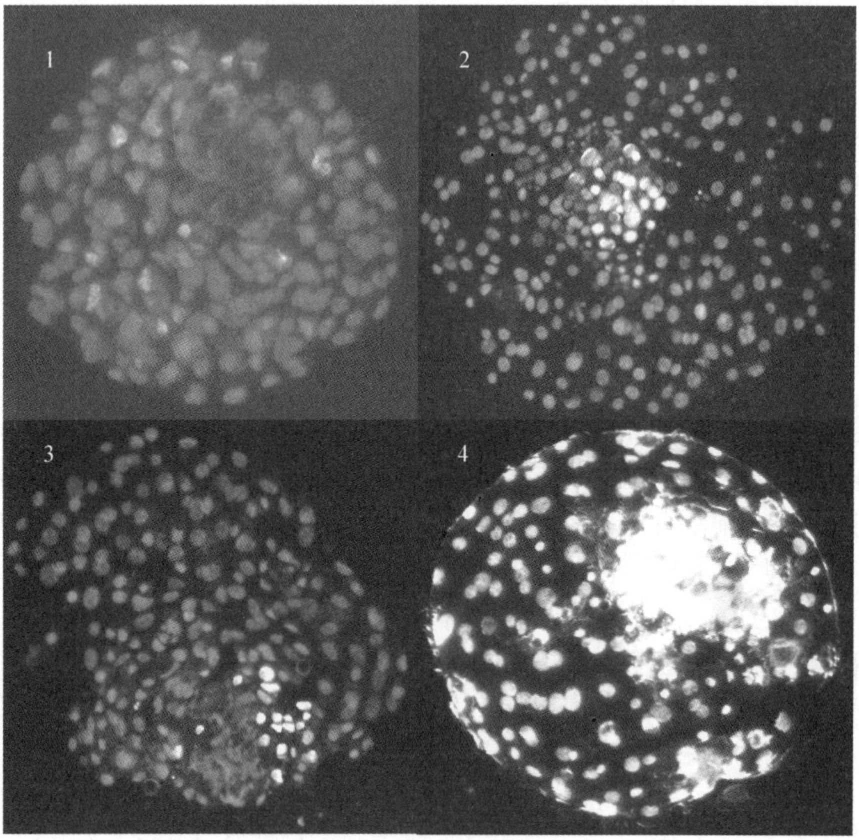


图 4.27 牛囊胚双重染色效果图

1. Triton X-100 处理 50～59 s 囊胚双重染色(200×)；2. Triton X-100 处理 60～69 s 囊胚双重染色(200×)；3. Triton X-100 处理 70～79 s 囊胚双重染色(200×)；4. Triton X-100 处理 0 s 囊胚双重染色(200×)

(2)果糖对胚胎发育效果的影响　能量底物的选择对胚胎的体外发育至关重要，在缺少葡萄糖的情况下，尽管丙酮酸钠和乳酸钠也能支持受精卵发育到囊胚（Kim J H，*et al.*，1993），但是由于胚胎在桑葚胚到囊胚时能量代谢主要以糖类代谢为主，因此，葡萄糖被广泛的应用于体外胚胎的囊胚形成阶段。同样，果糖也可以通过糖代谢的途径被分解利用。葡萄糖通过糖酵解或者磷酸戊糖途径，是在葡萄糖异构酶的作用下将6-磷酸葡萄糖转变为6-磷酸果糖被利用。同时，6-磷酸果糖也可以从外源果糖转变而来。Jean Kwun等(2003)在无血清的SOF培养基中，以果糖代替葡萄糖后，胚胎发育取得了良好的效果，无论是IVF胚胎还是体细胞克隆胚胎囊胚发育率均显著高于葡萄糖组，并且囊胚细胞数也显著高于葡萄糖组($P<0.05$)。Bhuiyan等(2007)以无动物源蛋白的KSOM为基础培养基培养牛IVF胚胎，果糖组与葡萄糖组囊胚率虽然差异不显著，但是，前者囊胚滋养层细胞数显著高于后者($P<0.05$)。本试验结果与之相符，在SOF培养基中以1.5 mmol/L的果糖代替葡萄糖后，卵裂率(62.2%相对60.7，$P>0.05$)、囊胚率(32.0%相对29.7%，$P>0.05$)虽然差异不显著，但是，数据显示果糖组囊胚形成率要高于葡萄糖组，而且，果糖组囊胚ICM和TE细胞数均高于葡萄糖组(43.6相对40.2，99.3相对89.9，$P>0.05$)。这说明果糖完全可以代替葡萄糖作为胚胎发育的能量代谢底物，而且，对于提高胚胎质量也有一定效果。Augustin等(2001)在牛的胚胎中检测到了果糖转运基因——果糖转运体-5的表达，这就更加证实了果糖在胚胎早期发育过程中的作用。

4. 结论

本试验结果显示，利用Triton X-100处理第8天囊胚时，处理时间以60～69 s为宜，ICM与囊胚细胞总数的比例约为0.33；果糖可以完全代替葡萄糖作为早期胚胎体外培养的能量代谢底物，而且，有利于提高囊胚质量。

### 4.4.13 小结

(1)采集卵母细胞时卵巢所处性周期阶段对卵母细胞体外成熟的影响不大；成熟培养基中添加激素或新鲜卵泡液可以促进卵母细胞的体外成熟；percoll液处理精子降低受精率。本研究结果与同类报道比较结果偏低，这可能是由于卵巢运输时间较长的原因，另外试剂质量也是影响试验结果的主要因素。

(2)牛离体卵巢的卵母细胞用SOF液，受精率为80.9%、卵裂率为78.0%，桑葚胚率为45.0%、囊胚率为31.0%、分别优于TCM199培养液的75.0%、66.9%、38.1%、22.1%，但两组间差异不显著($P>0.05$)；对不同玻璃化冷冻液及冷冻方法对牛体外受精早期囊胚发育率的影响进行了比较，以EFS40玻璃化溶液和二步冷冻方法的效果最好，发育胚率和孵化囊胚率分别为80.1%(28/35)和48.6%(17/35)接近于新鲜胚胎89.3%(50/56)的发育胚率和50%(28/56)的孵化囊胚率；用玻璃化法冷冻体外受精的59枚牛胚胎分三批解冻后，全部回收，胚胎可用率为100%，共移入51头受体(其中8头移双胚)，妊娠14头，移植妊娠率为27.45%。

(3)从屠宰场运输绵羊的离体卵巢在6～9 h的条件下，卵巢的保存温度对卵裂率有显著影响，25℃显著高于37℃。

(4)从屠宰场取回的绵羊离体卵巢，切割法获取的卵母细胞总数、平均可用卵数均显著高于抽吸法。切割法的回收率高(90%)，且卵丘细胞不受损害；而抽吸法的回收率为25%～60%。所以，抽吸法采卵后的卵巢依然存在相当数量黏附在卵泡壁上的卵母细胞，对这些卵巢应用切割法再次采卵，可以充分利用卵巢资源。抽吸法采卵后的卵巢再用切割法采卵，可以获得与抽吸采卵时相当的卵母细胞，并且卵母细胞可用率和卵裂率并未降低。

(5)抽吸法由于使用针头的原因，易造成卵丘细胞的损坏和卵母细胞的丢失。卵丘细胞的存在对卵母细胞的成熟及其以后的发育是必需的，卵丘细胞可为卵母细胞的成熟提供必需的营养物质。卵丘卵母细胞间的紧密连接是调节 FSH 刺激卵母细胞成熟的必要条件。不同的采卵方法对绵羊卵母细胞发育能力有较大影响。切割法的受精卵卵裂率显著高于抽吸法或抽吸后再切割的卵裂率($P<0.01$)，因此切割法是采集绵羊卵巢卵母细胞的最佳方法。不同采卵方法由于采卵人员和试验条件的不同，会得出不同的试验结果。无论何种方法必须遵循的一个原则就是在最短的时间内获得最多的可用卵母细胞。

(6)绵羊卵母细胞体外成熟的影响因素很多，成熟培养液种类、成熟培养时间、血清及卵泡液、激素与促性腺激素等都会对卵母细胞的成熟质量及受精后的胚胎发育产生影响。成熟培养时间对成熟度具有明显作用，培养时间过短、过长都影响卵母细胞的受精以及其后的胚胎发育。绵羊卵母细胞以成熟培养 21 h 和 24 h 的卵裂率和胚胎发育率较高。影响体外受精的因素很多，其中受精的营养条件和环境条件是主要因素之一。不同受精液对绵羊受精卵裂率没有显著影响，SOF 受精液稍高于 BO 受精液；而 BO 液的 8 -细胞之前阻滞率显著高于 SOF 受精液($P<0.01$)。获得高浓度的活力旺盛的精子并使之体外获能是体外受精的关键。目前常用的精子分离方法主要有上浮法和 percoll 密度梯度离心法。肝素钠、咖啡因、发情羊血清、BSA 和钙离子载体 A23187 等能引起精子细胞的 $Ca^{2+}$ 内流而导致精子获能。IVF 胚发育培养是一件相当困难的工作，因为 IVF 胚的发育要经过早期卵裂、突破 8～16 -细胞期阻滞、桑葚胚、囊胚及孵化囊胚等阶段，影响因素较多。同时它不仅要受到体外发育培养系统本身的制约和影响，而且还要受到受精过程以及受精以前卵母细胞成熟程度的影响。本研究采用的 SOFaa混合气培养能够使绵羊受精卵成功发育到孵化囊胚阶段。

(7)山羊卵母细胞成熟培养时间对成熟度具有明显作用。培养时间过短、过长都会影响卵母细胞的受精以及其后的胚胎发育。山羊成熟培养时间以 24～27 h 较为适宜。FSH 对山羊卵母细胞体外成熟是必不可少的，能够提高受精卵裂率和囊胚发育率；LH 对山羊体外成熟卵母细胞的受精卵裂率和囊胚发育率无明显作用；$E_2$ 的添加对山羊体外成熟、体外受精有负面影响，与 Beker 等(2002)的研究结果相同。激素对卵母细胞体外成熟的影响一直是一个悬而未决的问题，不过在无血清条件下，激素对卵母细胞的体外成熟作用已基本得到公认。在成熟液中添加 1%NEAA 和 1%～2%EAA 对山羊卵母细胞进行体外成熟观察，结果发现，添加 Eagle's 氨基酸能够显著提高山羊体外受精卵裂率($P<0.05$)，也能提高胚胎发育率。这可能是 TCM 199 中的氨基酸成分不足或不全面，加入 NEAA＋EAA 能够提高卵母细胞成熟质量。众多的研究证明，卵母细胞受精后前 3 个细胞周期的细胞合成代谢均由卵母细胞中的母源基因及其产物如 mRNA 和 rRNA 完成，卵母细胞成熟的质量是影响体外受精的关键因素。卵母细胞的成熟过程是为以后的受精及胚胎发育积累营养物质的过程，需要合成大量的 RNA 和蛋白质。而加入氨基酸可满足蛋白质合成的需要，从而提高卵母细胞的成熟质量。负压体外受精组的受精卵裂率极显著低于常压体外受精组($P<0.01$)，胚胎发育率略高于常压培养组，但差异不显著。

(8)奶牛活体采卵使用 18 G 采卵针在 14 665 Pa 负压下卵子质量和回收率较高；以 2 次/周的时间间隔进行重复 OPU 是可行的，在同样的采卵时期内可获得较多的卵母细胞；OPU 前对供体用 FSH 处理可提高头均获卵数，但并不影响体外受精后的发育。高频率重复 OPU 对供体母牛繁殖机能会造成一定损伤，但是由于采卵设备不同、技术熟练程度不同，对损伤的程度以及损伤的恢复情况还缺乏一致的认识，还需要大量的试验观察。

(9)成年山羊腹腔镜活体采卵以9号和12号针的采卵效果较好；综合考虑活体采卵的效率及羊的利用率，活体采卵的间隔时间以2周为宜；活体采卵比离体卵巢的获得的卵母细胞的发育能力低；用腹腔镜活体采集山羊卵母细胞，经体外成熟、受精、培养及移植，可产下正常试管山羊。

(10)研究发现，ICSI胚发育培养36 h时，随机抽取部分已分裂ICSI胚用Hoechast-33342进行荧光染色观察，冻精ICSI组和鲜精ICSI组的受精率(精核解聚率)分别为：52.21%和26.44%，冻精ICSI组显著高于鲜精ICSI组($P<0.05$)，其原因是冻精解冻上浮后再进行ICSI，即等同于鲜精经冷冻、解冻处理后，再进行上浮、离心等处理，最后再用微针断尾，该过程综合了冷冻和微针制动对精子的刺激，ICSI过程中的激活处理，单独用离子霉素激活比离子霉素+6-DMAP联合激活更合理、有效。低氧的三气($5\%CO_2+5\%O_2+90\%N_2$)环境与含20%氧的高氧环境(20% $O_2$ 的空气)相比，可显著提高囊胚发育率(分别为19.59%和7.81%)。这可能是由于处于高氧环境时，培养液中的氧自由基较高所致，因为氧自由基对胚胎有毒害作用。有试验表明在高氧条件下，添加某些抗氧化剂可提高胚胎的发育能力(Fugitani Y，*et al.*，1997)。因此低氧条件可能有助减少氧自由基的产生，从而促进胚胎的发育。

(11)利用Triton X-100对ICR系小鼠体外发育的第3天和第4天囊胚分别处理25 s和30 s时能够取得较好的效果，此方法能够快速对小鼠囊胚进行双重染色，从而，更加准确地评估囊胚质量，可以作为IVF实验室质控的改进方法。

(12)利用Triton X-100处理第8天囊胚时，处理时间以60～69 s为宜，ICM与囊胚细胞总数的比例约为0.33；果糖可以完全代替葡萄糖作为早期胚胎体外培养的能量代谢底物，而且，有利于提高囊胚质量。

(作者：桑润滋、卫恒习、麻柱、滑志民、张文龙、李瑞岐、孙洁、崔亚利、田树军、李俊杰、朱士恩、曾申明、张忠诚、陈永福、吴胜权、宣柏华)

## 4.5 胚胎干细胞技术研究

### 4.5.1 概述

1. 胚胎干细胞

(1)胚胎干细胞的概念　胚胎干细胞(embryonic stem cells，ES细胞)是一种从囊胚内细胞团细胞或胎儿原始生殖细胞经分离、体外抑制分化培养得到的具有发育全能性的细胞。

(2)胚胎干细胞研究的意义　ES细胞的分离和细胞系的建立是科学领域的重大成就之一，ES细胞在细胞学、发育生物学、畜牧学和医学上具有重要应用价值，因此胚胎干细胞技术是当今国内外研究的重点和热点。

(3)胚胎干细胞研究的发展概况　ES细胞的发展经历了以下几个阶段：

①EC细胞阶段。哺乳动物胚胎干细胞的研究源于小鼠的畸胎瘤细胞(embryonic carcinoma cells)，又称EC细胞。1958年，Stevens发现小鼠的畸胎瘤，并把它移植到“129品系”小鼠的精巢或肾脏的被膜下，获得了EC细胞。1974年Brinster发现在小鼠的囊胚中注射EC

细胞能形成嵌合体后代，1981 年，Mintz 等发现 EC 细胞能分化为生殖细胞。EC 细胞的发育多能性引起了人们浓厚的研究兴趣，到 1981 年为止世界上已获得 5 个染色体正常的小鼠 EC 细胞系。1989 年，Pera 等获得人的 EC 细胞，并发现它可分化为来源于早期胚胎三胚层的组织细胞。人的 EC 细胞仍然是研究人胚胎发育机理和细胞定向诱导分化常用的试验材料。由于 EC 细胞注入囊胚后能形成畸胎瘤或在成年期易发生恶性肿瘤，从 20 世纪 70 年代中后期，研究人员开始探索从正常小鼠胚胎中分离培养类似于 EC 细胞的发育全能性细胞。

②ES 细胞阶段。1981 年，Evans 和 Kaufman 宣布从延迟着床的小鼠胚胎中分离得到了胚胎干细胞，当时他们用两人名字的第一字母，把这种细胞命名为 EK 细胞（Evans and Kaufman，1981）。同年，Martin 也从囊胚的 ICM 中分离得到小鼠的 ES 细胞。

后来，Matsui 等（1991）和 Resnick 等（1992）分别发现了用 PGCs 培养分离小鼠 ES 细胞的新途径。此后，小鼠 ES 细胞的分离技术逐步程序化，并成为研究小鼠胚胎发育不可缺少的材料。1988 年 Doetschman 等建立了仓鼠的 ES 细胞系，1994 年 Wheeler 和 Robert 的研究小组分别用胚胎培养和原始生殖细胞（PGCs）培养法获得了猪的 ES 细胞，1996 年 Thomson 等获得了猴子的 ES 细胞。绵羊（Handyside，*et al.*，1987）、牛（Evans，*et al.*，1990）、水貂（Sukoyan，*et al.*，1992）、家兔（Giles，*et al.*，1993）和山羊（Meineche-Tillmann and Meinecke，1996）等相继获得类 ES 细胞。

人 ES 细胞的分离在近些年来取得突破性进展。1998 年美国威斯康星大学的 Thomson 等和以色列科学家合作，从人的体外受精囊胚中分离得到了 ES 细胞。同年，约翰霍普金斯大学的 Gearhart 等从流产 5～9 周龄胎儿的 PGCs 细胞中分离得到全能性干细胞。2000 年，澳大利亚 Monash 大学的 Reubinoff 等也从早期胚胎中分离出人的 ES 细胞。美国先进细胞技术公司的 Cibelli 等（2002）从猕猴孤雌激活的胚胎中分离出 ES 细胞系，这种细胞系在体外已培养 8 个月后仍然维持不分化状态。

③细胞和基因治疗阶段。人 ES 细胞的分离成功引起了医学界的震动，人们普遍认为 ES 细胞的应用将会引起一场医学革命。从理论上说，ES 细胞可修复机体内衰老、功能异常或损伤的细胞或组织，甚至可以形成新的器官。这给某些顽症的治疗带来了希望，人的寿命也会因此大大延长，具有极为广阔的基础研究和商业应用前景。近几年来，这一领域的研究进展突飞猛进。ES 细胞的研究也带动了成年动物体内干细胞分离和研究技术的发展。2000 年，小鼠的 ES 细胞在体外被诱导分化为血管前体细胞（Yamashita，*et al.*），分泌多巴胺的中脑神经元和后脑的 5-羟色胺神经元（Lee，*et al.*，2000）。2001 年，小鼠的 ES 细胞在体外被分化为具有分泌胰岛素功能的胰岛细胞（Lumelsky，*et al.*）。为克服供体细胞移植后的免疫反应，治疗型克隆技术的研究发展迅速（曾申明，2006）。

我国胚胎干细胞研究始于 20 世纪 80 年代，丛笑倩等（1984）报道了小鼠胚胎干细胞建系过程及其特性分析，徐新等（1999）从小鼠的原始生殖细胞中分离和克隆了小鼠的胚胎干细胞，陈伟胜等（1999）报道了鼠胚胎干细胞的种系嵌合体。童关等（1997）建立了兔的类胚胎干细胞系，用所建的兔胚胎干细胞样细胞卵母细胞核移植时，11％可发育到囊胚。陈立人等（1991）获得分离传代 7 代的猪类胚胎干细胞。桑润滋、韩建永等（2000）分离克隆出源于山羊早期胚胎的类 ES 细胞和源于山羊原始生殖细胞的类 EG 细胞并分别传至 5 代。窦忠英等（1995）分离克隆牛类胚胎干细胞，安立龙等（1999）将牛的类胚胎干细胞传至 7 代；窦忠英等（2000）将源于牛原始生殖细胞的类胚胎干细胞传至 15 代。盛慧珍等（2003）将 4 个不同年龄阶段的人体细胞核移植入去核的兔卵母细胞中，通过电激重新启动细胞发育至囊胚，并分离人 ES 细胞。

(4)胚胎干细胞自我更新、分化与定向分化有关机理　胚胎应用于临床之前必须弄清其相关的自我更新、分化与定向分化有关机理，从而尽量降低胚胎干细胞遗传物质的突变和改变，尽可能控制干细胞向特定组织或细胞分化(Draper，*et al.*，2004)。胚胎干细胞的多能性维持需要多种信号途径的相互作用与平衡。Pyle 等研究报道，neurotrophins 可通过 TRK(tropomyosin-related kinase)受体抑制胚胎干细胞的凋亡和分化，促进其自我更新和增殖。胚胎干细胞细胞核发生改变可以增进 neurotrophins 信号，因此 neurotrophins 可作为胚胎干细胞体外增殖维持自我更新的关键调控因子(Pyle，*et al.*，2006)。在胚胎干细胞体外扩增时，时常会出现细胞遗传异常，如染色体缺失、碱基改变等，许多基因异常改变常伴随着癌症的发生。Herszfeld 等首次发现细胞表面抗原 CD30 可作为胚胎干细胞核型异常的标记，CD30 阳性细胞对凋亡不敏感，而且易于增殖和体外扩增(Herszfeld，*et al.*，2006)。

胚胎干细胞不仅可以形成子代多能干细胞，即所谓的自我更新，而且可以分化形成内胚层、中胚层和外胚层所有的细胞类型。胚胎干细胞具有多能性，在体外它可以分化成三胚层的各种细胞，甚至精子和卵子。体外分化和定向分化机制的阐明有利于解释体内干细胞是如何产生、维持和分化成特定组织的，也有利于胚胎干细胞的临床应用。

胚胎干细胞命运受胞内和胞外多种信号途径的调控，干细胞周围环境(niches)发出信号作用于胞内信号，调节干细胞的增殖和分化。研究发现，在分化的细胞类型中，其基因只有10%～20%表达，主要是持家基因和组织特异性基因，与之相对，在 ES 细胞中有 30%～60%的基因表达，这些基因中可能含有低表达的组织特异性的基因。这些证据表明，ES 细胞以及成体干细胞处于“开放”状态，可表达多种组织特异性的基因，周围环境改变染色体结构、表观修饰、DNA 甲基化，从而使特定细胞基因表达。另外，多种组织特异基因在胚胎干细胞中低表达，使胚胎干细胞可接受周围微环境的多种信号，从而向多种组织分化或自我更新。随着干细胞相关研究的不断深入，胚胎干细胞特化为某一种或几种类型的细胞也成为可能。

(5)胚胎干细胞涉及的伦理问题　随着胚胎干细胞全能性研究的不断深入，胚胎干细胞体外建系成功、培养、诱导分化体系日趋完善，为胚胎干细胞在应用和临床上提供了一个诱人的前景。然而人类胚胎干细胞的研究离不开胚胎的破坏以及人类胚胎试验，这将强烈地触及人类传统的伦理道德问题，同时也成为胚胎干细胞研究与应用的一大障碍。

人类胚胎干细胞的材料来源有：人工授精中捐献的多余胚胎、死亡胎儿尸体、体细胞核转移术(SCNT)所创造的胚胎。对胚胎的认识目前产生两种截然不同的观点：一种观点认为人的生命是从受精卵开始，人类胚胎试验就是对人的不尊重，是侵犯人权，损害胚胎也就等于谋杀生命。因此，反对人胚胎干细胞的一切研究。对此，国际上不少国家，特别是西方国家，都以法律形式禁止堕胎并禁止胚胎试验。另一种观点认为早期胚胎只是生物细胞组织，是生物学意义上的人，只有当胚胎发育到 14 d 开始有了感觉神经系统，才具有人格生命，才算得上是道德意义上的人。所以前胚胎时期，在严格管理调控下进行胚胎干细胞研究，伦理上是可以接受的。对此，也有一部分国家支持这种观点，例如，英国允许发育 14 d 内胚胎用于特定目的的研究，日本、以色列等国采取相同的策略。

试验证明将人胚胎干细胞与体细胞融合后能使体细胞基因组重新回到胚胎状态，说明胚胎干细胞内的某些因子对体细胞去分化起着重要的作用。有报道，已经成功地将上皮细胞去分化回到胚胎状态。这项技术使科学家有可能不使用来源稀少的卵子而使体细胞重编程，这样就产生了替代治疗性克隆的技术手段，同时又能研究在干细胞中究竟是什么因子造成体细胞回到了胚胎状态。这种去分化后的细胞甚至还能分化成神经细胞、脂肪细胞、骨细胞。类似的这种试验可以证明体细胞通过一定途径能去分化到某一状态，但是目前还缺乏体内的试验证据。无疑这为将来的干细胞应用提供了无限契机，将来我们可能不再需要胚胎干细胞和成体干细胞，只需向病人的体细胞内加入某些因子就能使体细胞去分化到某一生理状态甚至回到某种干细胞水平，这种干细胞可以继续分化为患者需要的细胞。这种方案既不涉及伦理问题，同时又可避免免疫排斥问题，是一种安全有效的治疗方案。但要获得这种全新的技术手段必须对胚胎干细胞和成体干细胞生物学特性进行更全面地研究。

(6)胚胎干细胞的应用前景

①胚胎干细胞与细胞治疗。ES 细胞最深远的潜在用途在于它可能成为细胞替代治疗和组织器官移植的新来源。ES 细胞的生物学特性解决了替代治疗的两大难题：①ES 细胞无限的复制能力可以为替代治疗提供充足的移植来源；②ES 细胞的亚全能分化能力使之可以分化为多种功能细胞，从而用于治疗包括退行性病变、遗传疾病和肿瘤在内的任何丧失了正常细胞功能的疾病。帕金森氏病是由于大脑黑质内的细胞产生多巴胺的功能退化或丧失造成的。如果将 ES 细胞经体外分化、纯化获得能够产生的多巴胺神经细胞，将这些细胞注入病变部位，就能够治疗帕金森氏病。这种治疗方法就是细胞替代治疗。

②胚胎干细胞与组织工程。随着组织工程和材料技术的不断突破，干细胞技术与两者有机结合，就可能在体外培养出多细胞类型的组织，甚至三维的器官，最终用于移植治疗。某些Ⅰ型糖尿病患者，其胰岛内的所有功能细胞，包括生成胰岛素的 β 细胞，功能都遭到破坏。如果 ES 细胞能够在体外有效地分化为形成胰岛所有的细胞型，再将通过组织工程技术，使这些细胞生长形成的胰岛移植到患者体内，有可能从根本上治疗这种疾病。这种治疗方法就是组织/器官移植治疗。

③胚胎干细胞与核移植克隆(农业与医学)。在人体细胞克隆方面，2003 年盛慧珍领导的科学小组将 4 个不同年龄段的人体细胞核植入到去核的兔卵母细胞中，通过电击重新启动细胞发育至囊胚，并分离人 ES 细胞(Chen，*et al.*，2003)。虽然这些细胞没有完全达到人 ES 细胞的标准，但已符合其绝大多数的标准。2004 年，韩美科学家 Woo Suk Hwang 等首次利用人体细胞克隆技术，获得了人 ES 细胞。他们将捐献者的正常卵细胞脱核，再将体细胞核转移到去核卵细胞内，同样通过电击手段诱导卵子加以复制，体外培养至囊胚形成，取内细胞团成功建立了一株人 ESCs 系(Hwang，*et al.*，2004)。最近上述科学家以同样方法成功克隆出世界上首批与病人基因相符的 ES 细胞(Hwang，*et al.*，2005)。这一成果无疑是人类 ES 细胞研究的重大突破，在利用自身细胞或组织治疗疑难疾病方面开辟了新途径。

2. 精原干细胞

(1)概念　精原干细胞(spermatogonial stem cells，SSCs)位于雄性动物睾丸曲精细管生精上皮基膜内侧，是一群具有高度自我更新能力和分化潜能的细胞，它能向子代传递遗传信息。

(2)意义　在精子发生这一特殊的细胞分化过程中占有极其重要的地位：一方面能自我更新，另一方面还能源源不断地增殖分化形成各阶段的生精细胞直至精子；它是双倍体细胞，与单倍体配子相比能更完整的保存个体的遗传信息。

(3)发展概况　1994 年 Brinster 等在小鼠中进行精原干细胞移植试验，该试验利用显微注射技术，以 LacZ 基因为报告基因，将正常小鼠的精原于细胞移植入白消安处理过或遗传缺陷(干细胞因子受体缺失)的小鼠曲细精管中。在受者体内，精原干细胞出现增殖与分化，并产生成熟精子，LacZ 基因也可遗传入子代中。此后有关精原干细胞的研究越来越多，成为生殖领域的研究热点。

我国在精原干细胞领域的研究近年来也取得较大发展。从 2003 年开始，扬州大学李碧春教授带领课题组成员，经过四年的努力，探索出了利用鸡体内、外精原干细胞介导外源基因来生产转基因鸡。2004 年，中国科学院水生研究所洪汉云等以青鳉鱼为模式动物，成功获得正常精原细胞系。2007 年，王永彬等通过研究发现，对 4 周龄昆明白小鼠腹腔内单次注射白消安 30 mg/kg 或 40 mg/kg 剂量的白消安，30 d 后可以为精原干细胞移植提供受体小鼠。2009 年，内蒙古大学教授吴应积带领研究团队，采用 1 只精子活力很低、不育的无角多赛特绵羊公羊作为移植受体，将供体蒙古绵羊公羊睾丸中的精原干细胞经过富集制备，注射到受体公羊的睾丸中，让供体的精原干细胞在受体的睾丸中发育、分化，产生供体的精子。最终成功繁育了供体的后代。这是世界上首例绵羊精原干细胞移植试验。2009 年，马文智、田见晖等利用热处理制备小鼠精原干细胞移植受体获得成功，并利用热处理制备的受体小鼠顺利获得转基因后代，由于白消安处理对于受体存在可能致死的毒副作用，因此该技术体系的建立为人类、濒危畜禽及野生动物的精原干细胞移植研究提供了更加安全高效的方法。

(4)存在问题和前景　研究精原干细胞的生物学特性，建立鉴别方法，将其分离纯化，进行体外培养，探索体外培养系统的适宜条件以及增殖和分化的调控机制，从而建立干细胞系；再结合冷冻保存和转基因技术，运用精原干细胞移植技术将为转基因动物生产、动物克隆、男性避孕、治疗男性不育和人类某些遗传疾病提供新的方法和途径。精原干细胞和其他成体干细胞一样，具有潜在的多能性。在雄性动物中，精原干细胞具有完全的自身遗传背景，既可避免自体免疫排斥反应，又不会引起伦理学方面的争议。因此，它对细胞生物学、医学内分泌学和生殖医学的发展具有极大的推动作用，而且在濒危动物的保护和畜牧业领域也具有广阔的应用前景。

当然，SSCs 的研究仍存在很多亟须解决的问题。虽然通过 SSCs 移植已经得到转基因动物，但其效率仍然很低，而且很多动物身上都还有待于实验。SSCs 与微环境间的相互作用，以及决定 SSCs 增殖和分化的机制等，都是亟待展开研究的内容。相信随着人们对 SSCs 研究的不断深入，SSCs 将会有更加宽广的应用前景(柏学进，刘国世等，2000)。

3. 诱导多能性干细胞

(1)概念　利用特定的转录因子将体细胞诱导为多能性干细胞(induced pluripotent stem cell, iPS cell)的技术。

(2)意义　日本 Takahashi 等(2006)和美国 Yu 等(2007)分别宣布发现将普通皮肤细胞转化为干细胞的方法，这样得到的干细胞和胚胎干细胞的功能相差无几，称 iPS 细胞(诱导性多能干细胞)，这一发现被《自然》和《科学》杂志分别评为 2007 年世界第一和第二大科学进展。iPS 细胞在生物学和医学领域具有广阔的应用前景，有望成为实施自生医学和细胞治疗的重要细胞。

(3)发展概况　传统的胚胎干细胞源于囊胚内细胞团(inner cell mass, ICM)，因此，要建立特殊病人的干细胞系，必须要破坏胚胎。有些学者曾以单个卵裂球建立胚胎干细胞系(Klimanskaya, *et al.*, 2007)，但此方法技术难度大，很难应用于实践，同时很难保证胚胎不受到伤害。所以一些学者就大胆设想，是否可以应用明确的细胞因子将分化的细胞重新编程（reprogramming）、去分化（dedifferentiation），使之变成类似于胚胎干细胞的多能性细胞。这一想法首先由日本学者于2006年首先在小鼠上得以实现（Takahashi and Yamanaka，2006）。他们在前人研究基础上，选择胚胎干细胞和肿瘤细胞丰富表达的编码转录因子的基因，通过筛选、组合，发现Oct3/4、Sox2、c-Myc和Klf4可以将胎鼠成纤维细胞和小鼠尾尖成纤维细胞诱导形成类似ES细胞的克隆形态、生长特点并表达ES细胞的特异性表面标志基因等，免疫缺陷型小鼠皮下注射这些细胞可以形成畸胎瘤，形成三胚层的细胞，但是遗憾的是没有得到存活的嵌合体小鼠。接下来，在2007年，该研究组改进了研究方法，即选择Nanog启动子连接抗性基因构件预先对受体细胞进行基因修饰，之后采用Oct3/4、Sox2、c-Myc和Klf4经逆转录病毒诱导，再进行药物筛选，最终获得了在形态、生长特性、ES表面标志、基因表达、DNA甲基化方面更为接近ES细胞的iPS细胞，并得到了存活的嵌合体小鼠，同时证明iPS也可以参与形成生殖系细胞。然而，研究者也发现有约20%来源于iPS细胞的嵌合体小鼠发生了肿瘤，因此推测导致肿瘤发生的根源是诱导配方中的c-Myc活化所致（Takahashi and Yamanaka，2006）；在小鼠上获得iPS之后，利用同样四个因子，即人的Oct3/4、Sox2、c-Myc和Klf4，随后也得到了人的iPS（Takahashi，*et al.*，2007）。接着，去掉c-Myc，利用Oct4，Sox2和Klf4三个因子组合也能将成纤维细胞重新编程得到小鼠和人的诱导多能干细胞（Nakagawa，*et al.*，2008）。Huangfu等仅利用Oct4和Sox2就可从成纤维细胞得到iPS；Kim等利用Oct4和Klf4（或c-Myc）可将神经干细胞重编程得到iPS（Huangfu，*et al.*，2008；Kim，*et al.*，2008）。iPS细胞中插入序列可能存在潜在的危害和影响其功能，因此有些研究人员对转染程序和载体进行改进，得到了没有插入序列的iPS（Okita，*et al.*，2008；Varas，*et al.*，2008）。到目前为止获得iPS的效率仍然很低，所以不同实验室尝试提高iPS的获得效率，比如添加小分子物质、信号抑制物以及化学成分（Shi，*et al.*，2008；Silva，*et al.*，2008）。一些学者也已经开始利用iPS进行定向分化和试验性治疗（Dimos，*et al.*，2008；Ebert，*et al.*，2009；Wernig，*et al.*，2008）。另外，利用相似的方法，在恒河猴（Liu，*et al.*，2008）和大鼠（Li，*et al.*，2009）上也获得了iPS细胞系，而且获得大鼠的嵌合体，这对于研究相关的分子机制和人类疾病模型，具有重要意义。

我国对iPS细胞的研究也取得突破性进展，Qin等（2007）利用反转录病毒将Oct4、Sox2、c-Mye和K1f4导入未经遗传修饰的小鼠成纤维细胞，将其诱导成了iPS细胞。Liao等（2008）采用携带Oct3/4、Sox2、c-Myc、K1f4、Nanog和Lin28这6个基因的慢病毒转染新生儿阴茎包皮成纤维细胞，将其诱导成了iPS细胞；高绍荣等（2009）将培育的iPS细胞注入小鼠4倍体囊腔中，最终培育出成体小鼠，这是世界上首次利用iPS细胞培育出哺乳动物。周琪、曾凡一等（2009）首次用iPS细胞克隆出具有繁殖能力的小鼠。成为世界上第一次完全由iPS细胞孕育而成的活体小鼠，并证实了iPS细胞具有与胚胎干细胞一样的全能性。

（4）问题与展望　自iPS问世以来，几年时间，相关领域飞速发展，但仍处于初步阶段。虽然可以应用不同组合的细胞因子组合，使成体细胞去分化、重新编程，诱导成多能性干细胞。但这些方法稳定性较差，常常会出现中间类型的细胞和部分重编程细胞，这些细胞与真正iPS在体外培养、细胞增殖等方面非常相近，但其多能性很差，不能形成嵌合体，不能嵌入生殖系。有不同的细胞因子组合，通过什么途径、激活那些细胞通路使成体细胞去分化诱导成多能细胞的分子机理目前还不清楚，也是目前众多实验室集中研究的重点。研究表明，iPS与正常胚胎干细胞端粒酶特性非常相似(Marion,*et al.*, 2009)。但是否 iPS 能转变或取代正常的胚胎干细胞还有待于进一步研究。

虽然 iPS 研究还存在许多未知和争议,但因它是不用破坏卵子和胚胎,直接将成体细胞重新编程,诱导成为非常接近正常胚胎干细胞的多能性细胞,不存在任何伦理问题,而且简便易行,因此,iPS 研究是干细胞研究的又一重大里程碑。相信随着 iPS 获得效率的提高,iPS 质量的进一步提高,其必将取代或部分取代传统的胚胎干细胞,进行科学研究和临床应用。

本节对家兔和山羊类 ES 细胞和类 EG 细胞的分离与克隆及鉴定方法进行了研究,并且对影响家兔和山羊类 ES 细胞类 EG 细胞分离克隆效果的影响因素进行研究。

### 4.5.2 从早期胚胎分离和培养兔胚胎干细胞

胚胎干细胞(embryonic stem cell, ES cell)是从早期胚胎的内细胞团(inner cell mass, ICM)或原始生殖细胞(primordial germ cell, PGC)分离出来的,经体外分化抑制培养的一种高度未分化状态的细胞。ES 细胞不仅能够保持早期胚胎二倍体核性的体细胞特征和广泛参与包括生殖腺在内的各种组织的潜能,而且又像其他细胞一样可以体外培养、扩增、转化筛选和冷冻保存。这些特征使 ES 细胞在培养细胞与个体之间、体细胞与生殖细胞之间架起了桥梁。Graves(1993)首先进行了兔胚胎干细胞的分离和培养工作,建立了第一株兔类 ES 细胞系,传代培养 1 年以上,细胞仍能保持未分化状态。Du(1995)报道兔类 ES 细胞经核移植可发育到正常囊胚。Luc Schoon Jans(1996)证明用传代 15～22 次的多潜能 ES 细胞经囊胚注射能产生皮毛嵌合体。但是从早期胚胎建立兔 ES 细胞系的过程中,ES 的建系率很低,传代的过程中 ES 细胞易分化。本试验的目的在于从早期胚胎中分离与克隆出兔类 ES 细胞,完善兔 ES 细胞的分离与克隆的操作过程,探索影响兔 ES 细胞分离与克隆的因素,为建立兔 ES 细胞系积累经验提供有关参考。

1. 材料和方法

(1)小鼠胎儿成纤维细胞的制备　取 11～16 d 的小鼠胎儿,去除头部、四肢和内脏,用虹膜剪充分剪碎,加入 0.25%胰蛋白酶+0.04%EDTA 消化液,室温下用磁力搅拌器搅拌 20～30 min。将细胞浓度调至($2\times10^5$～$4\times10^5$)个/mL。在四孔板中加入 0.6 mL 细胞悬液,将培养皿置于 37℃、5% $CO_2$、饱和湿度的培养箱中培养,常规传代。饲养层在使用前 24 h,加 10 μg/mL丝裂霉素 C 培养液(DMEM+10%NBS 配制)处理 2～4 h。

(2)兔胚胎的获取和培养　6～12 月龄的家兔,自然发情,公母兔进行自然交配,交配后 96 h经外科手术法,用含 5%新生牛血清(newborn calf serum,NBS)的 PBS 液冲取胚胎,胚胎用 0.25% Pronase E 于 37℃处理,去除黏蛋白层和部分透明带,用 PBS 液清洗 3 次,收集胚胎,分别移植在已制备饲养层的四孔板中(NUNC 公司),37℃、5% $CO_2$、饱和湿度培养。培养液为:DMEM 低糖培养基(1 000 mg/L葡萄糖,不含丙酮钠,Gibco 公司),补加 10%NBS 和 10%FCS(fetal calf serum),0.1 mmol/L β-巯基乙醇,10 ng/mL LIF(leukemia inhibitory factor),10 ng/mL SCF(stem cell growth factor),100 IU/mL 青霉素,80 IU/mL 链霉素。

(3)内细胞团的增殖和离散　囊胚贴壁后,内细胞团逐渐增殖,数量增殖到一定的程度后,选择生长集中、隆起明显、形态仍无分化迹象的内细胞团(inner cell masses, ICM)集落进行初次传代。用玻璃针剥离 ICM 表面覆盖的滋养层,将 ICM 挑出,在 PBS 液中洗 1 次,用 0.25%

胰蛋白酶 0.04%EDTA 离散，接种到铺有饲养层的四孔板内培养，观察各种细胞集落的出现情况。

(4)类胚胎干细胞的分离和传代　分散培养的内细胞团细胞培养 3～7 d 后，在倒置显微镜下观察细胞生长，选择类 ES 细胞集落，用 0.25%胰蛋白酶+0.04%EDTA 离散后接种在新的饲养层上，当新的类 ES 细胞集落增殖到一定程度，且未出现分化之前进行传代。

(5)碱性磷酸酶(AKP)染色　将待测细胞用含 7.5%蔗糖的 1%多聚甲醛固定 10～15 min，底物 buffer(100 mmol/L Tris-HCl，pH9.5，50 mmol/L NaCl，50 mmol/L $MgCl_2$，0.1%Tween-20)平衡，室温避光染色：75 mg/mL NBT(nitroblue tetrazoliumsalt)溶于 70% DMF(dimethylformamide)，50 mg/mL BCIP(5-bromo-4-chloro-3-ingolyphophate toluidiniumsalt)溶于 100%DMF 中，染色前分别取 45，35 μL 溶于 10 mL 底物 buffer 中，新鲜配制。染色时间为 15～20 min。

(6)类 ES 细胞外分化试验　用 0.25%胰蛋白酶+0.04%EDTA 液轻微消化，将 ES 细胞消化成单个细胞，细胞接种于衰老的饲养层上，培养液为不含 LIF 和 SCF 的 ES 细胞培养液，每 2 d 换 1 次培养液，观察分化细胞生成情况。

2. 结果与分析

(1)兔囊胚的贴壁与 ICM 的增殖　带有部分透明带 96 h 的兔胚放置于饲养层 MEF 上，培养 72 h，71.4%(40/56)的胚胎贴壁于饲养层上，28.6%的胚胎仍呈悬浮状态，囊胚腔扩大，内细胞团位于胚胎的一侧生长。培养 96 h，已贴壁的内细胞团滋养层向外扩展，铺展在饲养层细胞之上形成胎盘。内细胞团的生长状态多种多样，大致可分为 3 种：团块状生长、迁徙生长和单层生长。

(2)兔内细胞团的离散和传代表现　囊胚培养 24～48 h 后，脱去透明带(图 4.28)；48～96 h 后，胚胎开始贴壁生长。内细胞团在两层滋养外胚层样细胞围成的腔内逐渐增殖，同时在胚胎的外围铺展出各种细胞，其中主要是上皮样细胞。也有少量胚胎在贴壁过程中发生破裂，内细胞团直接接触培养液，贴壁的胚胎一般生长较迅速。兔胚贴壁生长 2～4 d 后，将内细胞团离散再培养，24 h 后开始出现上皮样细胞集落，48 h 后陆续出现其他集落。主要包括：滋养层样细胞集落，上皮样细胞集落，类干细胞集落(图 4.29)。

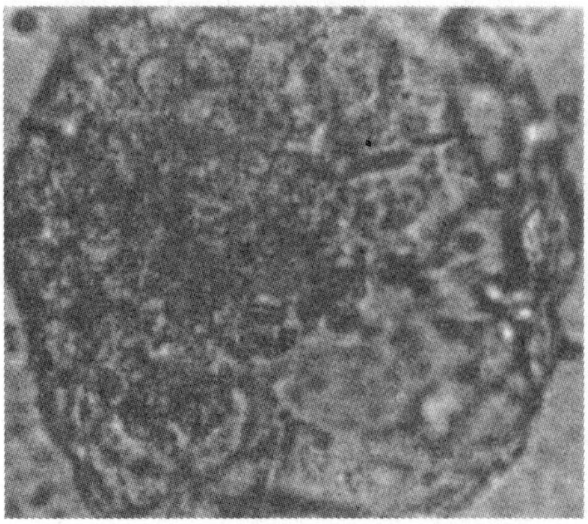

图 4.28　**囊胚在饲养层(MEF)上培养 48 h 后脱去透明带(400×)**

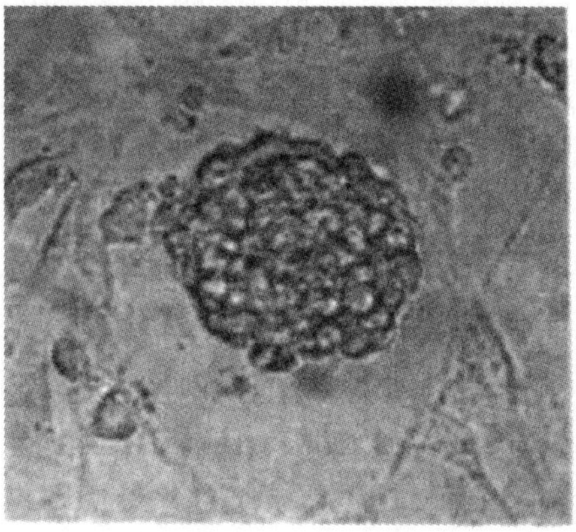

图 4.29　**在饲养层上生长的兔类 ES 细胞集落(400×)**

(3)AKP 染色 呈聚集生长的内细胞团培养 3～4 d,AKP 染色为强阳性,而迁徙型的内细胞团及其衍生物为阴性或弱阳性。未分化的 ES 细胞 AKP 染色为红色,饲养层细胞、分化的细胞不着色。

(4)兔类 ES 细胞的分化 当 ES 细胞培养在衰老的饲养层上时,兔类 ES 细胞团从第 5～6 天开始形成一些类胚体,进一步培养可出现囊状胚体。同时可观测到上皮样细胞、滋养层样细胞出现(见图 4.30,图 4.31)。

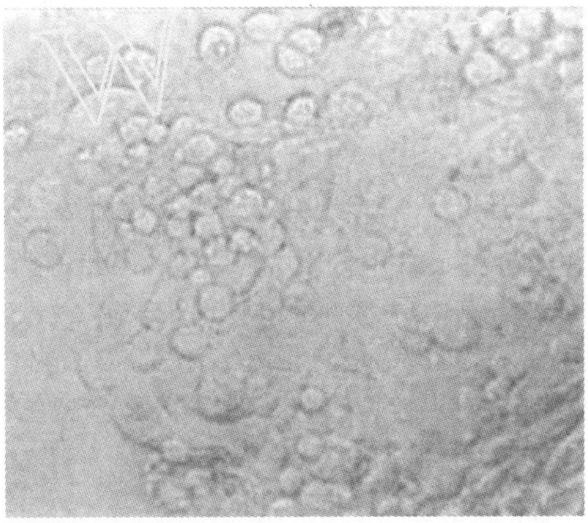

**图 4.30 兔类 ES 细胞接种在衰老的饲养层上分化成的滋养层样细胞(400×)**

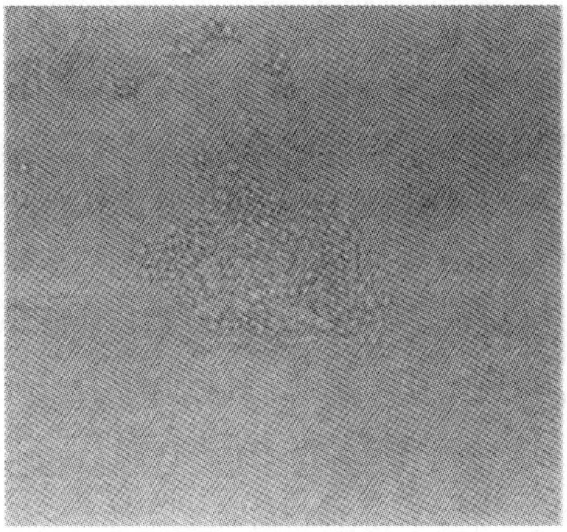

**图 4.31 兔类 ES 细胞接种在衰老的饲养层上分化成上皮样细胞(100×)**

3. 讨论

(1)胚龄对 ES 细胞分离和克隆的影响 ES 细胞具有发育的全能性,要从早期胚胎分离出 ES 细胞必须选择适当胚龄的胚胎,各种动物早期胚胎发育程序不同,分离 ICM 所需的时间各异。Evans 和 Kaufman(1981)从小鼠的延迟囊中首次建立了 ES 细胞系。Well(1991)等研究发现,129 只小鼠胚胎利用常规 ES 细胞培养液,在 STO(一种已建系的小鼠胚胎成纤维细胞)饲养层上培养 315 d,ES 细胞的获得率为 13.5%,延缓着床 5 d 的胚胎 ES 细胞获得率为 47.4%,从 515 d 的胚胎分离出原始外胚层,再进行体外培养,ES 细胞的获得率为 2.5%。Stroj E K 等(1993)从 69 个 10 d 猪胚胎中得到 14 个克隆,他们认为 9 d 猪胚不宜于分离 ES 细胞,以 10 d 胚胎为宜。赖良学等(1998,1997)认为,从保证全能性的角度考虑,3 d、3.5 d 和 4 d 的家兔胚胎均可用于 ES 细胞,该期间的胚胎卵裂球或 ICM 参与生殖系嵌合体的形成,交配后 144 h 胚泡的 ICM 发育能力似乎已受到限制。在本次试验中,96 h 兔胚胎的贴壁率与 Graves(1993)的结果一致,但是兔类 ES 细胞的传代次数和 ES 细胞保持多能性的时间低于 Graves(1993)的研究结果。试验步骤、试验方法仍需进一步的完善和改进。

(2)饲养层对 ES 细胞分离和克隆的影响 ES 细胞的成功分离,其中关键因素就是抑制其分化,而把 ES 细胞培养在饲养层上是最常用的措施之一。饲养层的作用是提供胚胎干细胞体外存活、增殖所必需的一些生长因子。生长因子对维持 ES 细胞的生长和抑制 ICM 的分化起着重要作用。目前最常用的饲养层细胞是小鼠胎儿成纤维细胞(mouse embryonic fibroblast, MEF)或 STO 细胞,ES 细胞在不同的饲养层细胞上生长的效果也有差异,Suemori (1987)研究了在 STO 饲养层细胞上建立的 6 个小鼠 ES 细胞系,形成肿瘤时只能形成 2～

3种组织，失去其多方向的分化能力，认为对于小鼠胚胎干细胞在维持核型方面，PMEF明显优于STO细胞饲养层，前者为正常的二倍体核性，后者多为四倍体核型。并且PMEF能够维持ES细胞系达两年之久，ES的细胞的形态、生长特性、核型和分化能力保持不变。童英等(1997)比较了STO细胞、MEF和兔胎儿成纤维细胞(rabbit embryonic fibroblast, REF)3种饲养层细胞对兔ES细胞的饲养效果，认为MEF细胞作为饲养层最好。赖良学等(1996)比较了MEF、SNL和REF条件培养基对兔ES细胞的分离效果，证明在MEF和SNL上，ICM都能维持较快的增殖速度，且传代能力高于REF。PMEF的分化抑制作用是因为细胞表面分泌一种抑制因子，而这种因子并不分泌到培养基中，而直接附着在细胞的表面。

(3)培养液中生长因子对ES细胞分离和克隆的影响　培养液不仅为ICM提供所需的营养和物质，而且提供饲养层细胞的营养和物质。现在普遍采用的ES细胞培养液是以DMEM为基础培养基，加入各种抑制分化因子和生长因子。饲养层细胞分泌的一些分化抑制因子LIF、SCF附着在细胞膜的表面，这些生长因子对于抑制ICM分化、促进ICM生长起着重要的作用。在无饲养层的情况下，单独使用LIF成功地分离和培养了小鼠的ES细胞系。Conquet等(1992)将LIF基因引入ES-D3细胞中，获得过度表达LIF基因的转染ES细胞系，它可以在无饲养层或LIF条件培养液中将小鼠的ES细胞传5～6代。培养液中添加SCF和LIF，能够增加猪PGC的数量，培养液中单独使用SCF，猪PGC的数量并不增加。SCF的主要作用是抑制干细胞凋亡。LIF除抑制干细胞凋亡外，还具有抑制分化的作用；同时血清中含有一些未知的有益因子，干细胞在这些因子的共同作用下，维持胚胎干细胞体外培养中干细胞特征，持续增殖，并保持并未分化状态。本实验的研究结果表明，兔类ES细胞在缺少LIF和SCF的ES培养液中，可分化为代表内、中、外三胚层的体细胞，与Lee(1988)、Graves(1993)的结果一致。兔类ES细胞的分化特性与猪、牛、小鼠、人等的分化特性相似。但是分离的多能性细胞是否为真正的胚胎干细胞，仍需要通过核移植和嵌合体来确定。

### 4.5.3　从原始生殖细胞分离和克隆兔的类胚胎干细胞

原始生殖细胞在早期胚胎的发育过程中，从尿囊后端迁徙到生殖嵴最终形成配子，通过碱性磷酸酶(AKP)染色可以鉴定PGC的迁徙路线。Resnick、Matsul(1992)从小鼠的原始生殖细胞中建立了干细胞系，并命名为胚胎生殖细胞系。Stewart(1994)证明EG细胞与ES细胞相似，小鼠的胚胎生殖细胞表现了多能胚胎细胞的所有形态特征，表达碱性磷酸酶(alkaline phosphatase, AKP)活性，而且EG细胞可在体外诱导产生类胚体，体内产生畸胎瘤，更为重要的是EG细胞参与种系嵌合体的形成。除小鼠外，人们已根据形态特征和免疫学特征鉴定了其他种类动物的EG细胞，包括猪(Piedrahita, 1998)、牛(Cherny, 1994)、兔(Lee, 1998)、大鼠(Mitani, 1994, Lee, 1998)和人(Shamblott, 1998)。EG建系的成功为胚胎干细胞建系提供了一个新途径，试验尝试以兔14～18 d胚胎为材料，采用兔胎儿生殖嵴及其周围组织与同源成纤维细胞共培养的方法，添加生长因子。在适宜环境中体外培养，分离兔的EG细胞，并分析其分化特性，确定从原始生殖细胞分离胚胎干细胞的最佳分离时间。

1. *材料和方法*

(1)PGC的分离与原代培养　见下。

①兔胎儿的处理。试验所用的兔为6～8月龄以上的成年兔。自然发情和自然交配，分别

于 14 d、16 d、18 d 处死孕兔，取出胎儿。PBS 液清洗后，在体视显微镜下用镊子剖腹，取生殖嵴后 1/3 部及其周围组织，并用虹膜剪充分剪碎。

②细胞离散。在剪碎的组织中加入 5 mL 0.25%胰蛋白酶+0.04%EDTA 消化液，室温磁力恒温搅拌 10～15 min 后，加入等量培养液中止消化。培养液为低糖 DMEM+10%NBS+10%FCS+0.1 mmol/L β-巯基乙醇+10 ng/mL LIF+10 ng/mL SCF。

③细胞培养。离散后的细胞，用孔径为 100 μm 的滤纱过滤，1 000 r/min 离心 5～10 min，弃上清液，重复 2 次。调整细胞悬液度为($1\times10^5$～$5\times10^5$)个/mL。在 50 mL 斜口培养瓶中加入 10 mL 细胞悬液，在 37℃、5%$CO_2$、饱和湿度条件下培养。48 h 后换液，以后隔日换液 1 次。

(2)PGC 传代和类 EG 细胞　获得 PGC 原代培养物在饲养层上分裂、扩增，2～4 d 类 EG 细胞集落出现，待其周围开始出现细胞分化时即可传代。将观测到的类 EG 细胞集落连同贴壁的成纤维细胞一起消化 2～3 min，机械吹打将细胞离散，用培养液中止消化，离心清洗，再用培养液制成细胞悬液，连续培养。若有必要重复上述过程 2～3 次，直到产生巢状生长的干细胞的集落，转移到有饲养层细胞 MEF 的培养瓶内进一步扩增，成系后的 PGC 细胞称为类 EG 细胞。

(3)碱性磷酸酶(AKP)　染色类 EG 细胞用 PBS 液冲洗 2 次，室温下 4%甲醛固定 15 min，PBS 液冲洗，200 ng/mL 2-NP(2-Naphthly phasphate)，1 mg/mL 快红，pH 8.2 Tris buffer，室温染色 30 min，PBS 液冲洗，镜检。

(4)体外分化试验　用 0.25%胰蛋白酶 0.04% EDTA 液轻微消化，将 ES 细胞消化成肉眼可见的小细胞团。将细胞团接种于衰老的饲养层上，悬浮培养，培养液为不含 LIF 和 SCF 的 EG 细胞培养液，每 2 d 换 1 次液，继续培养，观察胚体的形成和细胞分化情况。

2. 结果

(1)体外培养　兔原代 PGC 生长情况分散的 PGC 细胞与成纤维细胞均匀分布，在显微镜下成小点状。PGC 与成纤维细胞在体外有一个逐渐生长的过程，培养 12 h，4～5 个 PGC 细胞形成多细胞团，24～48 h 可见到 10～20 个 PGC 细胞组成的小集落，继续培养 3～6 d，PGC 的数量增加，集落呈典型的团块状、山丘状、长条状等。

(2)PGC 传代情况　离散成单个细胞状态的 PGC 细胞，传代 12～24 h 内就会聚集成集落，培养到 48～72 h 就会见到大量的呈团块状细胞集落。PGC 细胞与 ES 细胞的生长方式相同：细胞克隆和周边细胞存在明显的界线，组成克隆的细胞彼此界线不清，细胞克隆由单层或多层细胞密集而成，后者较多。克隆形状多样，多数呈岛状或团块状。一般按常规方法 1∶2 隔日传代 1 次。表 4.88 所示体外培养不同时期兔胚胎 PGC 的建系率，14 d 胎儿有 6 个 PGC 增殖形成突起的细胞克隆，可经过 4 次离散传代；16 d 胎儿有 3 个 PGC 克隆传代 2 次后分化。18 d 胎儿没有观察到 PGC 细胞克隆。

(3)体外分化试验情况　接种于 0.1%明胶处理过的培养皿上的 PGC 细胞部分聚集贴壁，培养一段时间，出现多种不同类型的细胞。从形态上分析包括：成纤维细胞、内胚层样细胞、神经样细胞和滋养层样细胞等。保持悬浮状态的细胞，细胞之间彼此黏附，聚集成团。4 d 后有简单类胚体出现，进一步培养成为囊状类胚体，最外层为较大细胞组成的内胚层样结构；在内胚层样细胞和中心未分化细胞间相隔一层折光很暗的非细胞结构。将胚体继续培养，10 d 左右胚体直径迅速增大，内部出现囊胚腔，形成囊状胚体。囊胚和早期分化出的内胚层之间的细胞类似胚胎发育过程中的外胚层；继续培养，囊胚腔进一步扩大，胚体内部的细胞变黑坏死，部分区域或整个胚体仅余一层上皮样细胞。见图 4.32 至图 4.35。

表 4.88 体外培养不同时期兔类 EG 获得情况

| 发育时间/d | 原代分离的胚胎数/个 | 类 EG 细胞的传代数/个 | | | | 观察到类 EG 细胞集落的代数 |
|---|---|---|---|---|---|---|
| | | 1 代 | 2 代 | 3 代 | 4 代 | |
| 14 | 43 | 6 | 4 | 2 | 2 | 4 |
| 16 | 25 | 3 | 1 | — | — | 2 |
| 18 | 15 | — | — | — | — | — |

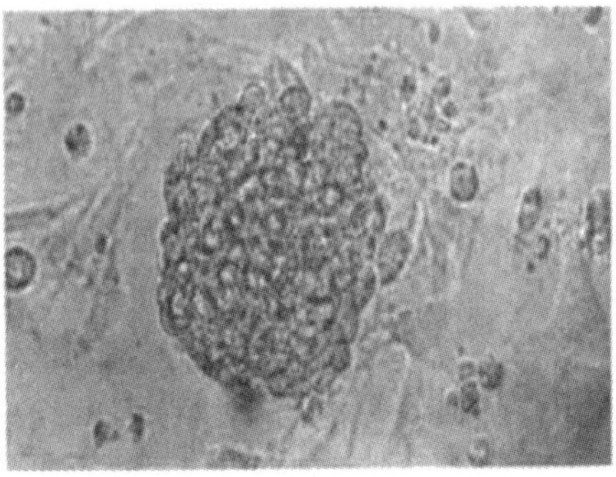

图 4.32 与同源成纤维细胞共培养兔类 EG 细胞集落(400×)

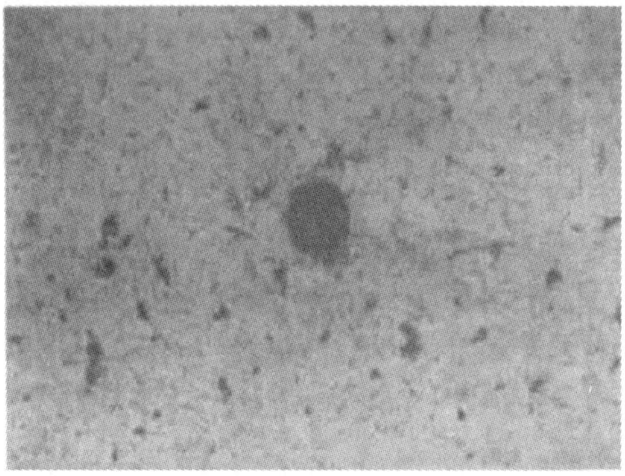

图 4.33 兔类 EG 集落，AKP 染色呈阳性(400×)

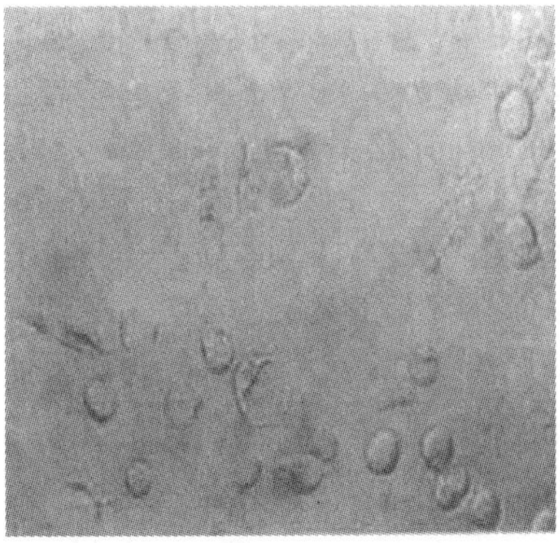

图 4.34 类囊胚的生成(400×)

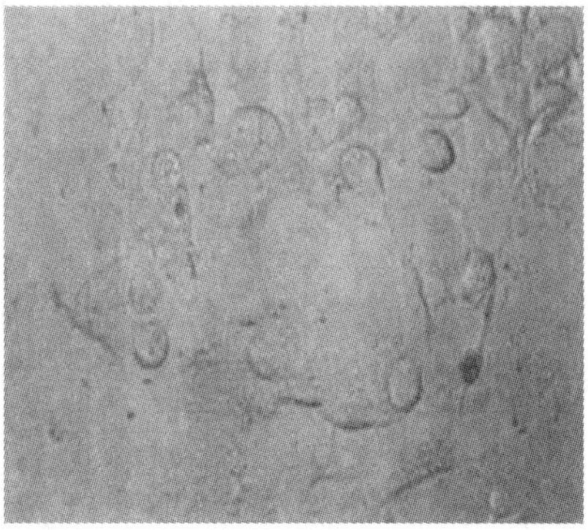

图 4.35 类 EG 细胞分化成神经样细胞(400×)

3. 讨论

EG 细胞具有发育的全能性，要从 PGC 中分离出 EG 细胞必须选择适当胚龄的胚胎，各种动物早期胚胎发育程序不同，分离 EG 细胞所需的时间各异。许新等(1999)以小鼠 815 d、1 015 d胚胎为材料，分离其中包含 PGC 的胚胎组织，经过几次分散、转移和传代，产生稳定的胚胎干细胞细胞集落，共建成 5 株胚胎干细胞系和没有得到长期培养的 1 215 d 胚胎的胚胎干细胞系。大鼠可取 1 015 d 尿囊中胚层组织块，1 215 d 背肠系膜及 1 315～1 415 d 生殖嵴。

从试验结果来看，分离 14,16,18 d 兔胎儿 PGC 及其周围组织，采用与同源成纤维细胞共培养的方法，在生长因子 LIF、SCF 的共同作用下，只有 14 d 胎儿获得了兔的类 EG 细胞。16,18 d 没有得到多次传代的细胞系。分析其原因可能是：14 d 的兔胚胎正好处于旺盛的增殖期，16～18 d 是调控 PGC 生长分化的关键时期；从理论上来说，用于分离 PGC 的胚龄越小，分化的程度越低，越具有全能性。时间过早 PGC 的数量少，不易分离到 PGC 细胞，而时间过晚，PGC 大部分处于转型期，杂质细胞较多也不易分离得到 PGC 细胞。但是，越来越多的试验表明，PGC 细胞的分离和克隆受时间的限制很小，甚至在性别分化以后仍可以分离得到 PGC 细胞。有的学者认为性别分化后，只是部分分化为性细胞，未分化的仍以干细胞的形式存在于动物体内，受体内环境的负调控作用，不增殖也不分化。但在体外培养时，其抑制因素降低，在适宜的环境下，仍可大量得到 PGC 细胞（李松等，2000）。本试验采用 PGC 及其周围组织与胎儿成纤维细胞共培养的方法，获得了传代多次的 PGC 样细胞克隆，同源成纤维细胞作为饲养层可能分泌生长因子和分化抑制因子，为 PGC 样细胞的增殖和处于未分化状态提供了所需的微环境。在 ES 细胞培养的过程中，如何保持胚胎干细胞的稳定性，仍需进一步研究和讨论。

### 4.5.4 山羊 PGCs 用于分离与克隆类 ES 细胞

原始生殖细胞（primo rdial germ cells，PGCs）是哺乳动物生殖细胞的祖细胞，起源于胚胎上胚层，在胚胎形成过程中逐渐迁移至生殖嵴，进而分化为两性配子。20 世纪 70 年代，人们对 PGCs 的特性就有所认识，但一直未能获得较大突破。PGCs 用于胚胎干细胞（ES 细胞）的分离与克隆始于 Matsui 等（1992）对小鼠 PGCs 长期培养，建立了胚胎生殖细胞（EG 细胞）系。此后，用 PGCs 分离与克隆 ES 细胞又在大鼠、猪、牛、山羊等动物和人上取得重要进展。但是，用 PGCs 分离与克隆 ES 细胞的培养体系仍很不完善，尤其在家畜。目前，国内未见到将 PGCs 用于山羊 ES 细胞分离和克隆的相关研究报道。本试验以经济价值较高的山羊为试验动物，采取怀孕 44 d 胎儿为材料，以传统的 PGCs 分离与克隆的方法和 PGCs 与其胎儿生殖嵴周围组织细胞共培养的方法获得类 ES 细胞，并对山羊类 ES 细胞在不同培养系统中的生长特性进行了尝试性研究。

1. 材料与方法

（1）饲养层的制备　步骤如下。

①小鼠胎儿成纤维细胞饲养层的制备。昆白系小鼠，由河北医科大学实验动物中心提供。自然发情、配种后 12～14 d，取小鼠胎儿制作胎儿成纤维细胞。待小鼠胎儿原代成纤维细胞（PMEF）铺满培养皿底时，用 10 $\mu$g /L 丝裂酶素 C（ROCHA）处理 90～100 min，按成纤维细胞传代的方法，以 $5\times10^4$ 个/$cm^3$ 细胞密度接种于 4 孔板内，培养液为含 15%FCS 的 DMEM（GIBCO）。

②山羊胎儿成纤维细胞饲养层的制作。屠宰场收集怀孕本地白山羊子宫，无菌条件，30℃左右，4 h 运回实验室。根据胎儿胴体长度大致推算胎儿日龄，取怀孕 30～40 d 胎儿制作成纤维细胞，当山羊胎儿原代成纤维细胞（PGEF）铺满培养皿底时，按 PMEF 饲养层制作方法制作 PGEF 饲养层。

（2）PGCs 的分离　提供 PGCs 的胎儿供体为成年、健康的本地白山羊，自然发情、配种后

44 d 屠宰，无菌取胎儿(共获 2 只，1 号和 2 号)。测量分离的山羊胎儿冠臀长，无钙镁 PBS 洗涤后，1 号按 Lee C K(1998)的方法进行 PGCs 分离。2 号在体视显微镜下剖取生殖嵴及其周围组织，眼科虹膜剪机械剪碎生殖腺及其周围组织，0.25%胰蛋白酶+0.04%EDTA 室温条件下消化 10 min 后(同时附以慢速磁力搅拌)，用 10%FCS 的 DMEM 终止消化。100 目滤网过滤组织液，1 500 r/min 离心 5 min，弃上清液，重复 2 次。再用 2 mL 培养液重新悬浮细胞，倒置显微镜下检测分离到的 PGCs 混合物，调整细胞密度(最终细胞密度为 $10^4$～$10^5$ 个/$cm^3$)，接种于 4 孔板内。

(3)PGCs 的培养与传代

①PGCs 的培养。将 PGCs 在 4 种培养系统中进行培养，第 1 种即是将由 1 号分离的 PGCs 接种于铺有 PMEF 饲养层的 4 孔板内；第 2 种是由 1 号分离的 PGCs 接种于铺有 PGEF 饲养层的 4 孔板内；第 3、4 种是将由 2 号分离的 PGCs 及其胎儿生殖嵴周围组织细胞进行共培养。前 3 种培养系统培养液均为含 15%FCS(Hyclone)、0.1 mmol/L β-巯基乙醇(Sigma)、15 μg/L LIF(R&D Systems)和 15 μg/L SCF(R&D Systems)的 DMEM。第 4 种培养系统为只含 15%FCS 的 DMEM。4 种培养系统条件均为 39℃，5%$CO_2$，饱和湿度。每 48 h 换液 1 次，每 12 h 对各培养皿细胞的生长、增殖行为观察 1 次。

②PGCs 的传代。当 PGCs 增殖为克隆集落后 4～6 d，其周围开始出现分化细胞时，即可传代，传代周期为 7～10 d。将观察到的 PGCs 克隆集落用细针挑出，用 0.25%胰蛋白酶+0.04%EDTA 室温条件下处理 5～10 min，用玻璃细管吹打，待细胞开始离散时，移入 DMEM+15%FCS 培养液中，再用细管吹打，附以细针机械离散 PGCs 克隆集落块，使其成为单个细胞或几个细胞的团块，洗涤后，接种新的相应饲养层上。第 3 种培养系统中的 PGCs 第 2 代以后代次均接种于 PGEF 饲养层上。

(4)碱性磷酸酶染色

①染色液的配置。取 4 mg 萘酚磷酸钠($A_2$ NP，Sigma)和 10 mg 快红(fast red，Sigma)溶于 10 mL Tris 缓冲液(含 2.19 g NaCl、0.9 g Tris、0.08 g $MgCl_2$)中。

②染色步骤。无钙镁 PBS 冲洗培养细胞表面，去除上浮的细胞杂质，无水乙醇 4℃固定 15 min，Tris 缓冲液冲洗，加染色液染色 30 min，无钙镁 PBS 冲洗，倒置显微镜下观察、拍照。

(5)染色体分析　选择传至 4 代、生长良好的 PGCs 培养孔，加入秋水仙素(北京经科试剂公司)，使最终质量浓度为 0.1 mg/L。继续培养 2.5 h，挑取 PGCs 集落，0.25%胰蛋白酶消化成单个细胞，1 500 r/min 离心 10 min，弃上清。加 37℃的 0.075 mol/L KCl 低渗溶液 1 mL，混匀，37℃水浴 20 min，离心去上清。固定液(甲醇与冰乙酸之比为 3∶1)固定 30 min，离心弃上清。固定液悬浮细胞，吸取 2～3 滴，滴于预冷的洁净载玻片上，立即轻轻吹散使细胞分布均匀，过火焰几次，使细胞平铺于载玻片上自然干燥。瑞氏染色液(杭州天和微生物试剂有限公司)染色 10 min，冲洗干燥后，树胶封片，在油镜下观察结果。

2. 结果与分析

(1)山羊 PGCs 的分离与传代效果　由表 4.89 可见，以 PMEF、PGEF 饲养层以及与生殖嵴周围组织共培养的方法添加细胞因子组均能分离出山羊的类 ES 细胞。传代后的类 ES 细胞在 PMEF 和 PGEF 上均能进行有效增殖，而不加细胞因子的第 4 种培养系统，在原代只见到 1 个类 ES 细胞集落，且集落出现较晚，增殖速度较慢，传代后未见克隆集落。

表 4.89　山羊 PGCs 的分离与传代效果

| 胎儿号 | 培养系统 | PGCs 分离克隆的类 ES 细胞集落数/个 | | | | | |
|---|---|---|---|---|---|---|---|
| | | 原代 | 1 代 | 2 代 | 3 代 | 4 代 | 5 代 |
| 1 | 第 1 种 | 7 | 8 | 11 | 4 | | |
| | 第 2 种 | 13 | 21 | 19 | 8 | 4 | 2 |
| 2 | 第 3 种 | 11 | 16 | 21 | 7 | 4 | |
| | 第 4 种 | 1 | | | | | |

(2)山羊 PGCs 原代培养及其生长行为　按 Lee C K(1998)的方法刚分离的 PGCs 在饲养层上均匀分布，单个 PGCs 体积较体细胞大，核也较大(图 4.36)。PGCs 短时间内出现迁移、相互聚集现象，24 h 开始贴壁、增殖，24～36 h 开始出现小集落，4～5 d 集落数增多，包括从 PGCs 聚集形成的克隆和增殖细胞的克隆扩展而形成的集落。经过短期培养，PGCs 迅速增殖。5～7 d 后，出现典型的岛状集落和山包状集落。组成集落的细胞彼此轮廓不清，集落明显突出饲养层表面，与周围界限明显。8～9 d 后，有的 PGCs 集落类 ES 细胞特征变得不典型，周边出现分化细胞，多为上皮样细胞。最好在分化细胞出现前进行传代。

与山羊成纤维细胞共培养的 PGCs，观察不到迁移、聚集现象。最初，难以与成纤维细胞相区别，直到 2～4 d PGCs 出现克隆集落。PGCs 增殖时，推开成纤维细胞向上、向四周生长，最终形成山包状或鸟巢状集落。PGCs 集落与周围成纤维细胞界限明显。

(3)山羊 PGCs 传代后的生长行为　离散的 PGCs 接种新的饲养层上，在较短的时间内(24 h)，相邻较近的离散成单个状态的 PGCs 出现彼此迁移、相互聚集，但此时无 ES 细胞的典型特征。培养至 2～4 d，才开始出现多个岛状结构的类 ES 细胞集落(图 4.37)，还有鸟巢状、条状等多种形态。山羊 PGCs 在 PMEF 饲养层和 PGEF 饲养层上生长形态相似，但在后者增殖速度较快，类 ES 细胞集落出现比较早(12～24 h)。山羊类 ES 细胞在 PMEF 饲养层上，开始出现分化细胞的时间比在 PGEF 饲养层上早，在 PMEF 和 PGEF 饲养层上，分别从第 3 代和第 4 代观察到类 ES 细胞分化出现的类神经细胞(图 4.38)、上皮细胞、类胚体和囊状胚体等。在培养系统第 1、2、3 中，类 ES 细胞集落数，在第 1 代和第 2 代中有增多的趋势，第 3 代以后，开始下降。

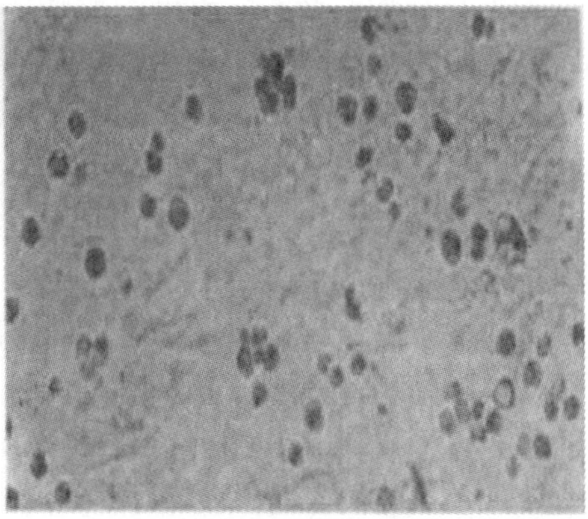

图 4.36　刚接种于饲养层上的 PGCs(100×)

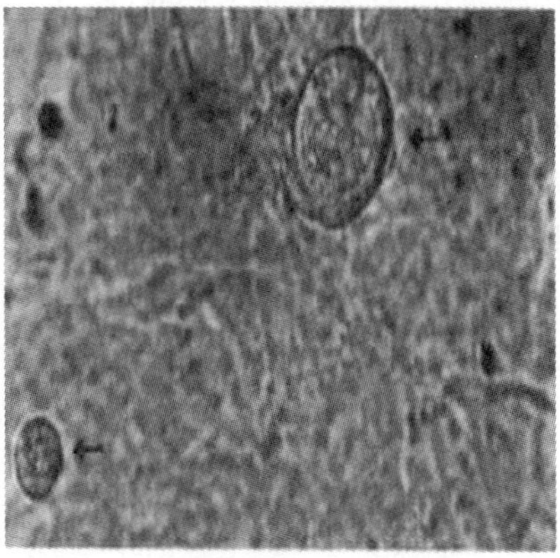

图 4.37　由 PGCs 分离、克隆的类 ES 细胞集落(100×)

(4)染色试验　第 4 代的山羊类 ES 细胞集落和单个未分化类 ES 细胞呈红棕色(图 4.39),分化的类 ES 细胞和饲养层细胞呈黄色或不着色。

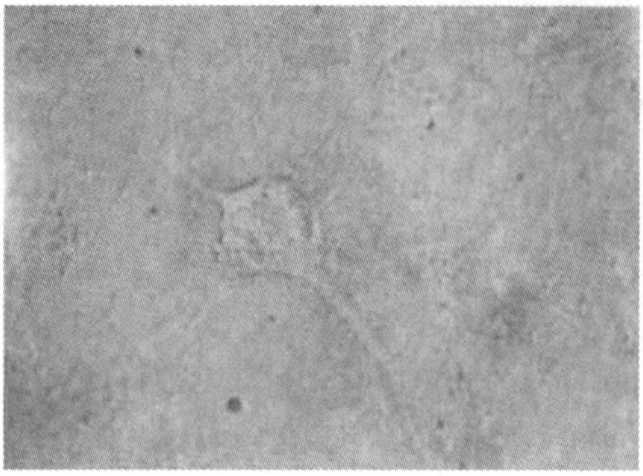

图 4.38　类 ES 细胞分化的类神经细胞(400×)

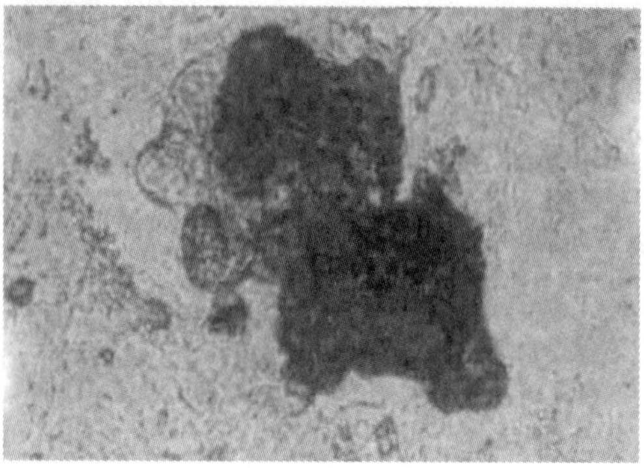

图 4.39　AP 染色呈阳性的类 ES 细胞集落(100×)

(5)染色体分析　染色后,共计数染色体离散、染色较好的细胞 45 个,其中 44 个为正常核型。

3. 讨论

本研究采用传统的 PGCs 分离与克隆 ES 细胞的方法,分别获得了传至 3、5 代的类 ES 细胞。采用山羊 PGCs 与其生殖嵴周围组织细胞共培养的方法可分离得到传至 4 代的类 ES 细胞集落,且所获得的类 ES 细胞集落特征相似。胎儿生殖嵴周围组织细胞多属于支持细胞,在培养皿中进行贴壁生长,当布满皿底时,细胞相互连接,出现生长的连接抑制。PGCs 在适宜的环境下可聚集,立体叠加生长。因此,山羊原代 PGCs 与其胎儿生殖嵴周围组织细胞可进行共培养,从而获得 PGCs 的克隆集落。这样就简化了 PGCs 分离、纯化的步骤,提高了从 PGCs 分离、克隆类 ES 细胞的效率。李松等(2000)和华进联等(2001)分别以 PGCs 与周围组织成纤维细胞共培养的方法,在未添加任何生长因子的情况下,也从牛和小鼠 PGCs 获得类 ES 克隆。这表明,牛和小鼠的原代胎儿成纤维细胞在共培养时可能会为其 PGCs 的存活和增殖提供所必需的细胞因子。但在本研究中,以共培养的方法,未加细胞因子组,只获得 1 个原代类 ES 细胞集落,传代后未见克隆集落,表明山羊 PGCs 在体外的存活与增殖可能需要足够细胞生长因子和抑制因子。Pesce 等(1993)证实,LIF 和 SCF 能缓解 PGCs 的凋亡,延长其存活时间。可见,采用饲养层并添加生长因子的培养系统,更有利于山羊 PGCs 的存活和增殖。

多数学者在从 PGCs 分离、克隆 ES 细胞时,都以 STO(成系的小鼠成纤维细胞)或 PMEF(小鼠原代成纤维细胞)作饲养层(韩建勇等,2001)。本试验采用同源原代成纤维细胞即 PGEF(山羊原代成纤维细胞)作饲养层,获得了优于 PMEF 作饲养层的培养结果。这表明,同源胎儿成纤维细胞饲养层更有利于 PGCs 的增殖。虽然 PGCs 的迁移以及细胞抑制因子对 PGCs 的抑制作用无种系的特异性,但是,同源同龄胎儿成纤维细胞所模拟的体外培养条件与 PGCs 在体内的生长环境更为接近,其分泌物更有助于激活靶细胞,并刺激其细胞表面 c - kit 受体,促进 PGCs 的增殖及保持其未分化状态。

PGCs 在体内迁移过程中剧烈分裂,数目不断增多。例如,从小鼠胚胎的原条、尿囊、后肠、背侧肠系膜和生殖嵴所观察的 Apase 染色呈阳性的 PGCs 的数目由最初的不足 100 增至

20 000～25 000。所以，掌握好采集 PGCs 胎儿的胎龄尤为重要。Kuhholzer 等(2000)采取怀孕 32 d 的山羊胎儿，Lee 等(2000)采用怀孕 25 d 的山羊胎儿，本试验采用 44 d 的胎儿均获得了类 ES 细胞克隆，表明在此期间的胎儿生殖嵴仍存在大量的 PGCs。另外，本实验室采用受孕 15 d 和 70 d 的胎儿生殖嵴均未获得 PGCs 克隆集落，这可能与 PGCs 数目过少或 PGCs 分化有关。

本研究对传至 4 代的 1 个 PGCs 集落进行碱性磷酸酶(AP)染色，呈阳性。而 Kuhholzer 等(2000)对 PGCs 原代集落和克隆集落分别染色，结果发现 AP 染色，原代和克隆集落均呈弱阳性，SSEA 21 和 EMA 21 反应在原代集落呈阳性，在克隆集落呈弱阳性。对于山羊 PGCs 克隆的免疫学检测有待进一步完善。

对自 PGCs 分离的传至 4 代的类 ES 细胞进行核型分析，其染色体基本为正常二倍体(44/45)核型。说明由山羊 PGCs 分离的类 ES 细胞在体外长期培养(30 d)仍能维持正常染色体倍数。在 PGCs 培养过程中，除具有类 ES 细胞集落外，还可观察到分化的类神经细胞、上皮样细胞和类胚体，说明由 PGCs 分离的类 ES 细胞具有多能性。

### 4.5.5 山羊类 ES 细胞的分离与克隆

胚胎干细胞(embryonic stem cell，ES 细胞)是胚胎性多能干细胞，由于其具有发育的多潜能性、种系传递功能和在体外可进行遗传操作(如基因导入、基因打靶等)(董克家，2000)，现已成为一种哺乳动物细胞分化、组织形成过程的基本体系，以及人类临床移植治疗的新的细胞来源。自 1981 年首次建立小鼠胚胎干细胞系之后，小鼠胚胎干细胞研究发展很快，许多实验室已建立了小鼠胚胎干细胞系和获得皮毛嵌合及种系嵌合的嵌合体小鼠。1998 年又获得了人胚胎干细胞后，使此领域成为各国学者研究的热点。对于家畜，各国学者也作了大量研究，目前已得到类 ES 细胞嵌合体猪(Wheeler M B，*et al.*，1995)、牛(Cibelli J B，1998)和类 ES 细胞核移植绵羊(Campbell K H S，1996)。但对于山羊，ES 细胞研究仅处于分离培养克隆建系阶段(Meinecke Tillmann By S，1996)。由于羊胚胎的特殊性，山羊类 ES 细胞分离克隆成功率较低。目前，国内未见相关研究报道。本试验以山羊 6～8 d 的桑葚胚、囊胚和孵化囊胚为材料，对其在体外培养的生长行为、增殖及传代后类 ES 细胞分离克隆效果及影响因素进行了尝试性研究。

1. 材料与方法

(1)山羊的超数排卵及胚胎的获取和培养　胚胎供体为健康的成年保定本地白山羊，在埋入阴道海绵栓塞(南京农业大学动物繁殖实验室提供)后的 14 d(第 1 次埋栓 10 d 时换栓1 次)开始肌肉注射 FSH(宁波激素制品厂生产)，以 3∶2∶2∶1 的比例连续注射 4 d，每天早、晚各 1 次，总剂量为 140～160 IU。在注射 FSH 后第 3 天下午撤除阴道海绵栓塞，同时注射氯前列腺烯醇(上海计划生育科学研究所生产)1 mL，于第 4 天早上再次注射氯前列腺烯醇 1 mL。供体羊一般在撤栓后 24～48 h 内发情，发情后第 1 次配种的同时注射促排卵 3 号(宁波激素制品厂生产)10 ug，间隔 12 h 再次配种，共 2～3 次。

在供体羊配种后 6～8 d，手术法采集胚胎，选择发育正常的胚胎并依据胚胎发育阶段(桑葚胚、囊胚、孵化囊胚)分组后，用培养液洗涤 3 次以上，分别于事先制备好的饲养层上进行培养。培养基为含 15%～20%FCS(Hyclone)、0.02 g/L 胰岛素(Sigma)、0.1 mmol/L β-巯基乙醇(Sigma)、100 IU/mL 青霉素、80 IU/mL 链霉素的 DMEM(Gibco),培养条件为 39℃、5% $CO_2$、饱和湿度。

(2)饲养层制备　步骤如下。

①小鼠胎儿成纤维细胞饲养层的制备。取 13～16 d 小鼠胎儿原代成纤维细胞(PMEF),用 19 mg/L 丝裂酶素 C(Rocha)处理 90～100 min,按成纤维细胞传代的方法,以 $5\times10^4$ 个/$cm^3$ 细胞密度接种于四孔板内。培养液为 DMEM+15%FCS。

②山羊胎儿成纤维细胞饲养层的制作。自屠宰场收集怀孕的本地白山羊子宫,在无菌、30℃左右条件下,4 h 内运回实验室。根据胎儿胴体长度大致推算胎儿日龄,无菌操作取 25～35 d 胎儿做成纤维细胞培养。当山羊胎儿原代成纤维细胞(PGEF)铺满培养皿底时,以 PMEF 饲养层制作方法制作 PGEF 饲养层。

(3)山羊类 ES 细胞的分离培养与传代　步骤如下。

①脱带囊胚的分割。囊胚脱带后,将其中一半数量的孵化囊胚,在显微镜下用自制的玻璃微针自中间平均分割成两半,其中一半含内细胞团(ICM),另一半不含 ICM。将含 ICM 的半分胚分别放在新鲜的 PMEF 饲养层和 PGEF 饲养层上进行培养。

②ICM 的培养与传代。孵化囊胚或脱带后的分割半胚(含 ICM)贴壁后,在 ICM 数量增殖到一定程度时,选择生长集中、隆起明显、形态仍未分化的 ICM 集落,进行初次传代。用玻璃微针将 ICM 挑出,在无钙镁 PBS 液中洗涤 2 次,在 0.25%胰蛋白酶+0.12%EDTA 中消化 10 min 左右,同时用吸管吹打,当细胞团开始离散时,将 ICM 团块移入培养液 DMEM+15% FCS 中,用直径为 1/4 ICM 团块的吸管吹打,同时辅以玻璃微针机械离散成单个细胞或几个细胞的小团块,接种到铺有新鲜饲养层的四孔板培养孔内。培养液含 15%～20% FCS、0.02 g/L 胰岛素、0.1 mmol/L β-巯基乙醇、1 000 IU/mL LIF(R&D SYSTEMS)、20 μg/L SCF(R&DSYSTEMS )、100 IU/mL 青霉素、80 IU/mL 链霉素的 DMEM。每 48 h 换液1 次,每 12 h 观察 1 次。

③类 ES 细胞的识别和传代。分离的 ICM 培养至 6～9 d,待新的细胞集落出现并增殖到一定程度时,挑取类 ES 细胞形态的集落,再进行传代,长出的 ES 细胞集落即为第 1 代类 ES 细胞,长到一定程度,用处理 ICM 的方法再进行下一次传代。

(4)AKP 染色　依据赖良学等(1995)的 AKP 染色方法进行类 ES 集落的染色。

(5)体外分化试验　挑取类 ES 细胞集落,将其轻度消化为几个细胞的小团块,于衰老的饲养层上进行悬浮培养。培养液不含 LIF 和 SCF 等细胞分化抑制因子。

(6)染色体分析　在含 ES 细胞集落的培养孔中加入秋水仙素(北京经科试剂公司),使最终质量浓度为 0.1 mg/L,继续培养 3 h 左右。挑取类 ES 集落,0.25%胰蛋白酶消化成单个细胞,1 500 r/min 离心 10 min,弃上清,加 37℃的 0.075 mol/L KCl 低渗溶液 1 mL,混匀,37℃水浴 20 min,离心弃上,固定液(甲醇与冰乙酸之比为 3∶1)固定 30 min,离心弃上清,再以固定液悬浮细胞。吸取 2～3 滴,滴加于预冷的洁净载玻片上,立即轻轻吹散使细胞分布均匀,过火焰几次,使细胞自然干燥,瑞氏染色液(杭州天和微生物试剂有限公司)染色 10 min,冲洗干燥后,树胶封片,在油镜下观察。

2. 结果

(1)山羊早期胚胎在不同饲养层上的培养　将所获胚胎依据胚胎发育阶段分组进行培养,结果见表 4.90。由表 4.90 可知,在 2 种不同饲养层上进行培养,囊胚的脱带时间均短于桑葚胚或早期囊胚，囊胚的脱带率均高于桑葚胚，而饲养层的种类对于胚胎的脱带时间以及脱带率影响不大。图 4.40A 为正在脱带的囊胚。

表 4.90 山羊早期胚胎在不同饲养层上的培养

| 饲养层 | 胚胎发育阶段 | 胚胎数/枚 | 脱带时间/h | 脱带率/% |
|---|---|---|---|---|
| PMEF | 桑葚胚 | 10 | 36～96 | 60(6/10) |
| PGEF | 囊胚 | 7 | 24～72 | 85.7(6/7) |
| | 桑葚胚 | 13 | 36～84 | 76.9(10/13) |
| | 囊胚 | 11 | 24～72 | 81.8%(9/11) |

(2)类 ES 细胞分离与克隆效果　将脱带整胚、脱带切割含 ICM 的半胚以及孵化囊胚，放于不同饲养层上进行培养，结果见表 4.91。由表 4.91 可知，脱带切割囊胚不论在 PMEF 饲养层上还是在 PGEF 饲养层上，其贴壁时间均短于脱带整胚以及孵化囊胚，而贴壁率高于脱带整胚，与孵化囊胚相似。脱带整胚及脱带切割半胚在 PMEF 饲养层上所获类 ES 细胞只能维持到 3 代，而在 PGEF 饲养层上，脱带切割半胚和孵化囊胚所获类 ES 细胞传至 5 代。

表 4.91 用不同处理方法、在不同饲养层上类 ES 细胞分离与克隆效果

| 饲养层 | 胚胎类型 | 胚胎数/枚 | 贴壁时间/h | 贴壁率/% | 类 ES 细胞传代胚数 | | | | | |
|---|---|---|---|---|---|---|---|---|---|---|
| | | | | | 0 代 | 1 代 | 2 代 | 3 代 | 4 代 | 5 代 |
| PMEF | 脱带整胚 | 6 | 24～84 | 33.3(2/6) | 2 | 2 | 1 | 1 | | |
| | 脱带切割半胚 | 6 | 12～60 | 83.3(5/6) | 5 | 5 | 3 | 2 | | |
| PGEF | 脱带整胚 | 9 | 24～72 | 44.4(4/9) | 4 | 4 | 3 | 1 | | |
| | 脱带切割半胚 | 10 | 12～48 | 80(8/10) | 8 | 7 | 5 | 2 | 2 | 1 |
| | 孵化囊胚 | 5 | 36～60 | 80(4/5) | 4 | 4 | 4 | 1 | 1 | 1 |

(3)山羊胚胎在饲养层上的生长行为　不经切割的整胚，脱带后，含 ICM 一端向下与饲养层细胞接触，24 h 开始贴壁(图 4.40B)，同时脱带后由于囊胚腔的增大，使胚胎比重变小，浮力增大，致使部分胚胎漂浮或悬浮于培养液中。ICM 贴壁后，多数胚胎滋胚层细胞悬浮于 ICM 之上，部分滋胚层细胞贴附 ICM 之上或贴附 ICM 四周开始贴壁生长，并向四周蔓延。这时，应用玻璃微针将悬浮于 ICM 上的滋胚层细胞及时剥离，否则会影响 ICM 的增殖和生长。增殖后的 ICM，有的呈扁平状，周围有滋养层细胞和上皮样细胞，立体感较差；有的呈岛状、鸟巢状，立体感较强。囊胚脱带切割后，含 ICM 的半胚在 12 h 后开始贴壁，并迅速增殖。贴壁速度、贴壁率均大于脱带后的整胚。切割半胚贴壁后，滋胚层细胞也迅速贴壁、增殖，呈扁平状、单层向四周蔓延，形成盘状，滋胚层细胞呈扁平多边形。而 ICM 细胞突出滋胚层细胞，立体叠加生长，开始立体感不强，随着 ICM 的增殖，逐渐形成立体感较强的山包状集落，细胞集落边缘整齐，与其他细胞界限明显，胞核大，核仁明显(图 4.40C)。培养至 6～9 d 时，ICM 集落周围开始出现分化的细胞，此时应及时传代。

(4)山羊 ICM 初次传代后的表现及类 ES 细胞的分离培养　在 ICM 分化前进行传代，贴附 ICM 之上的滋胚层细胞容易用玻璃微针剥离掉，表明 ICM 细胞与滋胚层细胞之间未发生

细胞间的连接。ICM 初次传代后，一般在 2～3 d 之内就会出现新的细胞集落。随着集落的增殖，出现不同的特征，根据集落和细胞形态，可将其分为 3 种：第 1 种为上皮细胞样集落，这种集落在整个培养过程中一直呈扁平状，集落周缘轮廓不清，与饲养层细胞界限不明显；第 2 种为 ES 样细胞集落，隆起明显，立体感强，其细胞小而圆，胞核大，胞质少，细胞接触紧密，界限不清楚(图 4.40D)；第 3 种为混合型集落，即由 ES 样细胞集落和上皮样细胞集落相间共同构成。根据形态将细胞集落进行归类，对类 ES 细胞集落进行传代。类 ES 集落较难消化吹散，细胞间黏附性强。单个 ES 细胞或几个 ES 细胞的团块 12 h 内贴壁，并迅速增殖，3～5 d 内出现岛状和条状集落，在未出现分化前及时传代。随着代数的增加，类 ES 细胞集落出现的时间平均延长到 12 h。在培养过程中，部分 ES 集落周边开始出现分化为上皮样和成纤维样的细胞，而有些 ES 集落呈铺展型和弥散型。

(5)AKP 检测　将传到 5 代的山羊类 ES 细胞集落人为终止传代进行染色，AKP 检测结果呈弱阳性。

(6)体外分化试验　在衰老饲养层上进行体外分化试验，可见 ES 细胞分化的上皮样细胞(图 4.40E)、星形细胞和类神经细胞，有类胚体和囊状胚体的出现(图 4.40F)。

(7)核型分析结果　将传至 5 代的山羊类 ES 细胞集落人为终止传代进行染色体分析，结果表明，74%(37/50)能维持正常的二倍体核型。

3. 讨论

(1)操作过程对山羊类 ES 细胞分离与克隆效果的影响　操作过程包括 ICM 离散时间、ICM 消化、ES 细胞集落的离散等。本研究认为，在 ICM 贴壁后，待 ICM 增殖到足够大，但没有分化迹象时分离 ICM 效果较好。这与孟国良等(2001)在小鼠上的研究一致。他们认为，如果 ICM 分离过早，由于此时 ICM 对酶相当敏感，离散 ICM 后出现 ES 集落的可能性小。对于 ICM 消化，由于 ICM 个体差异很大，很难确定消化时间，不同的人在建系时所用的消化时间差异很大(3～10 min)。本研究在对 ICM 和类 ES 细胞集落消化时，掌握在当其在胰蛋白酶液中开始出现离散细胞(10 min 左右)时，转移到血清的培养液中，以约 1/4 ICM 直径的微细管轻缓吹打成几个细胞的团块和少量的单个细胞。在培养时，单个细胞形成集落的几率很低，多数死亡或分化。这可能与消化过度有关。孟国良等(2001)在小鼠研究中也出现类似现象，ICM 消化为单个细胞，接种后很难出现新的 ES 集落。

(2)胚龄及胚胎分割对类 ES 细胞分离与克隆效果的影响　胚龄对类 ES 细胞的分离与克隆效果影响很大。本研究发现，随着胚龄的延长，胚胎的贴壁率增大，类 ES 细胞分离与克隆效果较好。这可能与不同时期 ICM 的活力及其表面受激活情况有关。Meinecke Tillmann 等(1996)以 7～8 d 山羊胚胎获得的类 ES 细胞传至 7 代，而用 10 d 和 11 d 胚盘为材料，获得的类 ES 细胞分别传至 9 代和 12 代。由此可见，对于山羊，可能附植后的胚盘更有利于 ES 细胞的分离与克隆，但材料的获得比较困难。用于 ES 细胞分离培养的最佳胚龄还有待于进一步研究。本研究中，采用对脱带后胚胎进行切割，对含 ICM 的半胚进行培养，获得较好的结果。半胚的培养最大好处是使 ICM 细胞与饲养层充分接触，更有利于贴壁。在脱带整胚的培养过程中，常常出现囊胚腔过大，造成胚胎浮力过大，使脱带胚胎悬浮或与饲养层接触不紧密，致使贴壁困难。另外，在观察时，由于晃动，还可能使刚刚贴壁的囊胚从饲养层上脱落下来。赖良学等(1996)采用切割脱带前胚胎的方法对兔囊胚进行培养，也使贴壁率由整胚的 16%提高到切割半胚的 61%。由此可见，对囊胚的切割及脱带后囊胚的切割均有利于 ICM 的贴壁与增殖。

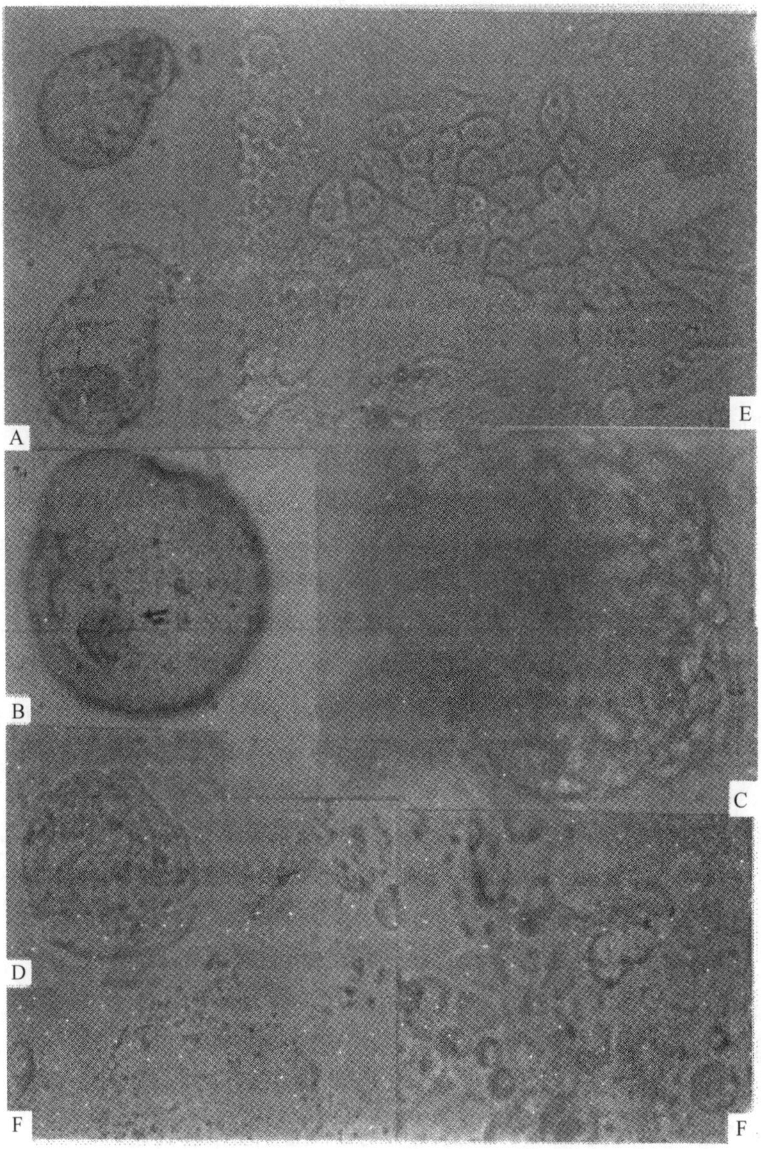


图 4.40 山羊类 ES 细胞的分离与克隆相关图片

A. 正在脱带的囊胚；B. 贴壁后的囊胚（箭头指 ICM）；C. 增殖的 ICM；D. 由 ICM 分离克隆的类 ES 细胞集落；E. 类 ES 细胞分化的上皮样细胞；F. 类 ES 细胞分化的类胚体和囊状胚体

(3)饲养层对类 ES 细胞分离与克隆效果的影响　饲养层对于 ES 细胞维持未分化状态具有重要作用。目前，饲养层来源包括 STO 细胞系、小鼠原代成纤维细胞(PMEF)、输卵管上皮细胞、肝脏成纤维细胞等，其中以前 2 种较为常用。多数试验表明，PMEF 饲养层优于 STO 细胞。本研究采用 PMEF 和同源胎儿成纤维细胞即 PGEF 作饲养层，比较了它们对山羊类 ES 细胞分离与克隆的效果。结果表明，PGEF 饲养层优于 PMEF 饲养层。这与 Matsui 等(1991)和 Strojeck(1990)的研究结果一致，他们认为同源同龄胎儿成纤维细胞所模拟的体外环境更有利于 ES 细胞系的建立。但有些学者认为，STO 或 PMEF 比其他细胞更适宜分离 ES 细胞。尽管如此，但有一点可以肯定，不同类型饲养层分泌情况不完全一致，仍需进一步弄清每种饲养层分泌成分和进一步寻找新的ES培养系统。

(4)培养基中生长因子及添加物对类ES细胞分离与克隆效果的影响　目前的ES细胞培养系统中大多数都添加干细胞生长因子(SCF)、白细胞抑制因子(LIF)、碱性成纤维细胞生长因子(bFGF)、毛喉素(forskolin,一种cAMP酶抑制剂)、非必需氨基酸、β-巯基乙醇、胰岛素等。研究证明,LIF是一种抑制ES细胞分化的基因多效性细胞因子。ES细胞表面具有与LIF高亲和力的受体,ES细胞及其分化产物亦表达LIF基因,ES细胞LIF基因表达水平很低,而分化的ES细胞LIF分泌相对较高。分化的ES细胞通过分泌LIF抑制未分化ES细胞的分化而达到平衡。而SCF可与ES细胞c2 kit受体结合,促进ES细胞的存活时间和增殖能力,维持ES细胞的未分化状态。β-巯基乙醇除了对胚胎细胞分裂增殖有促进作用外,还可以还原血清中的含硫化合物,防止过氧化物对ES细胞的损害。而胰岛素能促进早期胚胎卵裂速度,也能增加胚胎发育过程中囊胚细胞的有丝分裂和减少细胞死亡,因而使囊胚细胞数目增加。基于此,本研究在ICM传代前培养液中添加了胰岛素和β-巯基乙醇,传代后添加了LIF和SCF。结果表明,培养初期,饲养层所分泌的LIF、SCF等细胞因子可维持ICM的生长、增殖,随着培养时间的延长,需添加外源LIF和SCF等细胞因子才能维持和促进类ES集落的持续增殖。

(5)类ES细胞的多能性检测　ES细胞具有正常的二倍体核型,AKP染色呈阳性,体外分化可获得类胚体、囊状胚体以及其他组织细胞等特性。本研究对分离到的类ES细胞进行了染色、体外分化试验和核型分析,结果所获山羊类ES细胞AKP染色阳性,体外分化为类胚体、囊状胚体和上皮样细胞及类神经细胞,核型正常。这表明,山羊类ES细胞具有多潜能性。

综上所述,采用对山羊脱带后胚胎进行切割的处理方式,培养液中添加LIF、SCF、胰岛素和β-巯基乙醇等,在同源胎儿成纤维细胞饲养层上,分离克隆山羊类ES胞是较佳的选择。

### 4.5.6　小结

(1)以小鼠胎儿成纤维细胞饲养层作为分化抑制物,采用培养基为DMEM低糖培养基(4 500 mg/L葡萄糖不含丙酮酸钠),补加10%NBS和10%FCS,0.1 mmol/L β-巯基乙醇,10 ng/mL LIF,10 mg/mL SCF,37℃,5%$CO_2$培养,可从兔囊胚中分离出兔类ES细胞,并传代4次,经体外分化,出现囊状胚体并观测到上皮样细胞,滋养层细胞。

(2)从妊娠14 d兔胎儿原始生殖细胞(PGC)与其同源成纤维细胞共培养方法,培养基为DMEM低糖培养基(4 500 mg/L葡萄糖,不含丙酮酸钠),补加10% NBS和10% FCS,0.1 mmol/L β-巯基乙醇,10 ng/mL SCF,37℃,5%$CO_2$培养,分离出兔类ES细胞。体外分化培养一段时间,出现内胚层样、神经样、滋养层样等细胞,4 d后有简单类胚出现,进一步培养成为囊状类胚体,将胚体继续培养10 d左右胚体直径迅速增大,内部出现囊胚腔,形成囊状胚体,囊胚和早期分化的内胚层之间的细胞类似胚胎发育过程的外胚层;继续培养,囊胚会进一步扩大,胚体内部的细胞变黑坏死,部分区域或整个胚体仅余一层上皮样细胞。

(3)以PMEF或PGEF饲养层对山羊桑葚胚、囊胚和孵化囊胚进行分化抑制培养,培养基为20%～25% FCS、0.02 g/L胰岛素、0.1 mmol/L β-巯基乙醇、100 IU/mL青霉素、80 IU/mL链霉素的DMEM,培养条件为39℃、5%$CO_2$饱和湿度,获得我国首例山羊早期囊胚和孵化囊胚分离的类ES细胞。将脱带整胚、脱带切割含ICM的半胚以及孵化囊胚,放于不同饲养层上进行培养。脱带切割囊胚不论在 PMEF 饲养层上还是在 PGEF 饲养层上，其贴壁时间均短于脱带整胚以及孵化囊胚，而贴壁率高于脱带整胚，与孵化囊胚相似。脱带整胚及脱带切割半胚在 PMEF 饲养层上所获类 ES 细胞只能维持到 3 代，而在 PGEF 饲养层上，脱带切割半胚和孵化囊胚所获类 ES 细胞传至 5 代。将传到 5 代的山羊类 ES 细胞集落人为终止传代进行染色，AKP 检测结果呈弱阳性。在衰老饲养层上进行体外分化试验，可见 ES 细胞分化的上皮样细胞、星形细胞和类神经细胞，有类胚体和囊状胚体的出现。将传至 5 代的山羊类 ES 细胞集落人为终止传代进行染色体分析，结果表明，74%(37/50)能维持正常的二倍体核型。总之，采用对山羊脱带后胚胎进行切割的处理方式，培养液中添加 LIF、SCF、胰岛素和 $\beta$-巯基乙醇等，在同源胎儿成纤维细胞饲养层上，分离克隆山羊类 ES 是较佳的选择。

(4)采用山羊怀孕 44 d 胎儿的原始生殖细胞(PGCs)为材料，以传统的 PGCs 分离、克隆的方法与 PGCs 和其胎儿生殖嵴周围组织共培养的方法。分别获得我国传至 3、5 代的类 ES 细胞，和传至 4 代的类 ES 细胞。但后者更简化了 PGCs 分离、纯化的步骤，提高了从 PGCs 分离、克隆类 ES 细胞的效率。在 PGCs 的培养过程中，除具有 ES 细胞集落外，还观察到分化的神经细胞、上皮样细胞和类胚胎。说明从 PGCs 分离的类 ES 细胞具有多能性。

(作者：桑润滋、韩建永、周振明、孙国杰)

## 4.6 细胞核移植(克隆)技术研究

### 4.6.1 概述

1."克隆"的概念

"克隆"一词来源于希腊语"klon"，原意为插枝，即无性繁殖的意思。动物克隆是指动物不经过有性生殖的方式而直接获得与亲本具有相同遗传物质的后代的过程，包括孤雌激活生殖、卵裂球分离与培养、胚胎分割以及核移植等。通常，将所有非受精方式繁殖所获得的动物均称为克隆动物，将产生克隆动物的方法称之为克隆技术。在自然条件下，克隆广泛存在于动物、植物和微生物界。高等哺乳动物的同卵双生也是一种自然的克隆。在高等哺乳动物中，核移植是生产克隆动物最为有效的技术，根据所用供体细胞的来源又分为胚胎细胞克隆和体细胞克隆。

2."克隆"的意义

动物克隆技术对于动物育种、科学试验及发育生物学等基础理论问题的研究均有重要意义：

(1)能使遗传性状优秀的个体大量增殖，大大加快动物育种进展。

(2)可用来扩大转基因动物的后代数量，提高转基因动物的效率。

(3)通过胚胎性别鉴定，再克隆，可生产出大量预知性别的动物后代，对于性别控制具有重要实践意义。

(4)可用于珍稀和濒危动物的扩繁和保种。

(5)满足生物医学研究对实验动物的特殊需要，提高试验的准确性。

(6)以此技术为基础,可以研究许多极为重要的基础问题,如动物个体发生的核质互作关系、细胞核的去分化和重新编程问题以及重构胚的线粒体变化、细胞的老化等问题。

3. 细胞核移植发展概况

细胞核移植的研究最早可追溯到 1938 年,Spemann 首次提出将胚胎细胞核移入去核卵母细胞中的构想,并试图证明胚胎细胞何时才失去发育全能性。直到 1952 年,美国两位胚胎学家 Briggs 和 King 才利用已分化的蛙囊胚细胞核移植到去核的蛙卵母细胞中,得到了胚泡重新发育的结果,从而证明了在两栖类中不同时期的胚胎细胞核在相同的卵质中具有重新发育能力,在特定条件下,还可以恢复其发育的全能性,产生个体。随后,Gurdon(1962)用囊胚细胞核移植的方法获得了可繁殖的爪蟾,并再次证明成熟蛙已分化的细胞核只能支持发育到蝌蚪,而不能发育到成虫。此后,鉴于这项技术的巨大潜在应用价值,人们开始将其应用到哺乳动物的研究上。

哺乳动物核移植的早期研究开始于 1975 年,Bromhall 将兔胚的细胞核移植到未受精的卵母细胞中,获得了桑葚胚。随后,随着卵母细胞的体外成熟(IVM)、体外受精(IVF)和胚胎移植(ET)技术的发展,特别是显微操作技术的出现,使哺乳动物核移植研究取得重大突破。

1981 年,Illmensee 和 Hoppe 将小鼠囊胚内细胞团的细胞核移植到去核的受精卵中,获得了首批 3 只克隆小鼠。1983 年,McGrath 和 Solter 首次利用显微操作技术和细胞融合技术,将单细胞期小鼠胚胎作为核供体进行核移植,得到产仔结果,并建立重复性很高的核移植技术程序,使得核移植的效率得到大大的提高。1986 年,Willadsen 等用 8～16 -细胞期的绵羊胚胎卵裂球作为核供体,获得了 3 只核移植羊羔。1987 年,Prather 等将 2～32 -细胞期的牛胚胎卵裂球移入去核卵母细胞中,获得了 2 头牛犊。1988 年,Stice 和 Robl 用 8 -细胞期的兔胚卵裂球作为核供体,产下了 6 只克隆仔兔。1989 年,Prather 等采用原核交换的方法进行核移植试验,获得 7 头仔猪;用 4 -细胞期的胚胎卵裂球作为核供体,获得了 1 头仔猪。至此,多数动物的早期胚胎细胞核移植均已取得成功,人们逐步将注意力转向囊胚内细胞团细胞、胚胎干细胞和胎儿细胞的核移植以及继代克隆上面。Collas 和 Roble(1991)用兔囊胚的内细胞团细胞作为核供体进行核移植试验,获得了产仔的结果。随后,Collas 和 Barrnes(1994)将牛囊胚内细胞团的细胞核直接注射到去核卵母细胞中,亦获得了产犊的结果。1994 年,Keefer 等用胚胎内细胞团细胞作为核供体,获得了 4 头克隆牛犊。同年,Sims 和 First 移植培养 27 d 的胚胎内细胞团细胞(类干细胞),也获得了 4 头克隆牛犊。在绵羊,Campbell 等(1996)分离 9 日龄的绵羊囊胚内细胞团细胞进行传代培养,建立拟干细胞系,用血清饥饿法诱导其进入 G0 期后进行核移植试验,结果培养第 6 代供体细胞产羔 1 只,11 代的供体细胞产羔 3 只,13 代的供体细胞产羔 1 只。Wilmut 等(1997)用胎儿成纤维细胞作为核供体,也获得了 3 只克隆羔羊。在胚胎细胞的继代克隆研究方面,Stice 和 Keefer(1993)获得了第 1 代和第 3 代的胚胎细胞克隆牛犊各 1 头。

人们一直认为,高度分化的高等成年动物体细胞不具有基因组的全能性,故不能支持卵子完成个体发生的全过程。但 Wilmut 等的创造性工作则突破了这一禁区。1997 年,Wilmut 等将来自 6 岁的绵羊乳腺细胞用血清饥饿培养后作为核供体,结果克隆出了世界上第一例成年动物体细胞克隆的绵羊—“多莉”。随后,该项技术发展很快,并先后在多种动物取得成功。Wakayama 等(1998)等用直接注射法将卵丘细胞注入到去核卵母细胞中,克隆出 3 代共 50 只小鼠。Kato 等(1998)用牛的卵丘细胞和输卵管上皮细胞克隆出 8 头牛犊。Wells 等(1999)从活体牛卵巢内采得颗粒细胞作供体，获得 10 头克隆牛。Oikawa 等(2000)从 20 岁的日本黑牛获得颗粒细胞作为供核，获得 2 头犊牛。体细胞克隆山羊和猪的研究也分别由 Baguis 等(1999)和 Zrina 等(2000)取得成功。

我国哺乳动物克隆研究虽起步较晚，但近年来也取得了长足进展。自 1990 年杜淼等克隆出我国首例胚胎细胞克隆家兔，随后安民等(1993)、王斌等(1995)、周琪等(1996)先后又获得胚胎细胞克隆兔。

张涌等(1991)获得胚胎细胞克隆山羊；成勇(1995)获得 G0 代克隆山羊 2 只和 G1 代再克隆山羊 1 只；王玉阁等(1999)利用胎儿成纤维细胞获得 2 只体细胞克隆山羊；张涌等(2000)、成勇等(2001)、郭继彤等(2002)分别获得体细胞克隆山羊；刘海军等(2007)获得体细胞克隆波尔山羊后代；周欢敏等(2007)获得体细胞克隆绵羊后代。

李雪峰、谭丽玲与广西农业大学合作(1995)获得我国首例胚胎细胞克隆牛，陈永福等(2001)获冷冻胚胎细胞克隆牛，董雅娟等(2001)利用胎儿上皮成纤维细胞为核供体，获 2 头体细胞克隆牛；陈大元等(2002)获 14 头体细胞克隆牛；李宁等(2002)获我国第一头体细胞克隆冀南牛；新疆金牛公司(2003)获得 12 头体细胞克隆牛。

李宁等(2005)获得首例香猪的体细胞克隆猪；刘忠华等(2007)获得东北民猪白体细胞克隆猪；李宁等(2008)获得 5 头长白猪体细胞克隆猪。

中国科学院发育生物所和扬州大学合作(1999 年)获得转基因克隆羊；李宁等(2003)获得转入岩藻糖转移酶基因克隆牛，随后又获得了一批转入溶菌酶、人乳铁蛋白和人乳清蛋白的转基因体细胞克隆牛；刘忠华(2006)获得绿色荧光蛋白基因体细胞克隆猪。中国农业科学院畜牧所等(2008)获得一头转“ω-3”脂肪酸去饱和酶基因的克隆猪。赖良学等(2008)获得世界首例带有抗猪瘟病毒基因的克隆猪，上海交通大学医学部等(2007)获得世界首例绿色萤光蛋白基因转基因克隆兔。李光鹏、赖良学等(2009)获得世界首例含 ω-3 脂肪酸转基克隆牛；张涌等(2009)获得世界首例转入防御素基因克隆牛。

陈大元等(2007)利用北山羊体细胞为核供体，利用山羊卵母细胞为核受体，获得异种动物克隆的北山羊。

4. 关于克隆的伦理道德观念问题

克隆技术对畜牧业生产、珍稀动物保护及人类的健康等有十分重要的价值，我国支持动物克隆的研究与开发，但坚决反对克隆人。

原卫生部部长陈敏章于 1997 年 3 月 19 日由卫生部组织的关于克隆动物的专家座谈会上明确表示，中国反对克隆人(即生殖性克隆人)。这是因为动物克隆还处于试验阶段，克隆动物存在着不可挽回的缺陷，出生的个体有的畸形，为得到一个胚胎往往需要进行上百次的试验，成功率极低。动物出现上述问题，可以处理掉，如果人出现上述问题怎么办？另外即使能克隆出人，许多社会问题如无父母、归属、家庭、遗产等问题怎么处理？这必将会给社会造成混乱，这是伦理、道德和法律所不允许的。反对生殖性克隆、支持治疗性克隆是我国一贯的立场。换句话说，可以研究胚胎并从胚胎提取干细胞以开辟治疗癌症、帕金森病和早老性痴呆等多种疾病的途径。对人类有益，因此允许治疗性克隆的研究。反对生殖性克隆，就是反对用胚胎克隆一个完整的人。其理由是，人的生殖性克隆违反人类繁衍的自然法则，损害人类作为自然人的尊严，引起严重的道德、伦理、社会和法律问题。治疗性克隆与生殖性克隆有着本质的不同。治疗性克隆不会像生殖性克隆那样产生严重的道德、伦理、社会或法律问题，而且在严格监管下进行的治疗性克隆研究，不仅不会损害人类尊严，相反，对挽救人类生命和增进人类健康有着广阔前景和巨大潜力。对治疗性克隆要用严格的法规来管理。建议我国尽快制定法规，不仅是国家级的法规，而且在各个研究机构里应该有内部相关的生物伦理方面的审查委员会、专家委员会，来审议可能引起有关争议的治疗性克隆研究项目。

本节对核移植显微操作针的制备进行了研究，对影响胚胎细胞和体细胞核移植效果的因素（卵母细胞的去核、成熟、注核、融合、重构胚的培养发育）等进行了较系统研究。

### 4.6.2 动物胚胎细胞核移植显微操作用针的制备与应用

胚胎细胞核移植技术是哺乳动物胚胎工程的重要组成部分，是实现动物早期胚胎克隆的有效方法，在畜牧业生产上有着重要的潜在价值。同时，细胞核移植也是研究细胞发育过程中细胞分化、细胞全能性及各种基因表达与调控的一种有效手段。随着生物技术的快速发展，细胞生物学方面的研究显得更加紧要，核移植亦是细胞生物学中核质杂交的一个重要分支和研究核质关系的重要手段。在核移植中，显微操作工具（固定针、去核针、注核针）的制备对试验的各个环节有着重要影响，显微操作用针的好坏直接影响试验的成败。为此，本文总结了制作显微操作用针的经验与方法以供同行商榷。

1. 制针用玻璃管的准备

因显微操作仪的型号，生产厂家不同，所以需匹配成品玻璃管的外径也不同，其外径从1.0～1.5 mm不等。现用的玻璃管多与Nikon，Leica，Olympus等公司的操作仪相匹配，其外径为1.0 mm，壁厚0.02～0.15 mm。

从Fisher公司或Narishing公司进口的毛胚玻璃管，无需处理便可直接使用，但国内的有些厂家生产的毛胚玻璃管出厂时仅用75%的酒精浸泡，买来后应先硅化后再使用。硅化方法为：将毛胚玻璃管用四蒸水清洗一遍，烘干，然后内吸硅化液，使毛胚玻璃管内壁完全吸附一层硅化液后，在160℃下烘烤2 h即可使用。

2. 显微操作用针的制备

去核与注核针的制备　步骤如下。

①拉针。在PN-30型（日本Narishing公司）水平拉针仪上，根据哺乳动物种类和针用途的不同，调节拉针仪的加热温度（heater）、主磁力（magnet main）、副磁力（magnet sub）3个参数，拉成不同长度和外径的针。拉针长度指从针变细处到针尖尖端的长度（表4.92）。

表4.92　不同动物核移植显微操作用针制备参考值

| 动物种类 | 去除MⅡ期纺锤体用针 | | 持卵针 | | |
|---|---|---|---|---|---|
| | 拉针长度/mm | 内径/μm | 拉针长度/mm | 外径/μm | 内径/μm |
| 小鼠 | 10～14 | 10～12.5 | 10～14 | 87.5～112.5 | 19～21 |
| 兔 | 10～14 | 16.3～18.8 | 10～14 | 175～225 | 24～38 |
| 山羊 | 10～14 | 35～38 | 10～14 | 130～155 | 33～40 |

②断针。断针原理是煅烧仪上的电热丝及其上的玻璃珠在通电后被加热，此时与待断玻璃针接触并将其粘住，然后立即断电停止加热，依靠电热丝热胀冷缩的特性产生向下的拉力将

待断针拉断。针能否成功断开取决于以下因素：电热丝直径：电热丝直径为 100～150 μm 为宜，太粗易使针弯而不断，太细电热丝易被熔断；玻璃珠大小：半圆形玻璃珠外径为 80 μm 左右为宜，太大或太小都易使玻璃针弯而不断；电热丝的温度：断针温度要根据欲断针的外径不同而异，要断成外径粗的针，温度要高；反之，温度要低。在显微镜下观测，电热丝通电后微红时的温度较适宜断针。较高的温度易使针融化粘在玻璃珠上影响以后的断针或把玻璃珠和电热丝拉坏，太低则无法把针断开。

断针过程：以 MF-900 型水平断针仪为例（日本 Narishing 公司）先在 500 倍目镜下将电热丝及其上的玻璃珠调至最清晰处，然后再目测调节玻璃针上下左右的位置使针与玻璃珠位于同一水平面上。调节物距旋钮使针清晰地出现在目镜中，并根据所需针的长度和外径微调针的位置使欲断处位于玻璃珠的上方但不要接触（注意调解过程一定要稳而缓慢以免将针折断造成不必要的浪费）。然后将温度调节旋钮调至最低，踩下踏板接通电源并慢慢调节温度旋钮使电热丝及其上玻璃珠缓慢加热，至玻璃珠微红时，将待断针向玻璃珠靠近并紧贴，此时，针尖会有极小摆动，证明针与玻璃珠已紧贴并互相粘在一起。此时，立刻松开踏板断电停止加热，凭借电热丝和玻璃珠产生向下的压力将针断开。

③磨针。将上述断好的针，以 45°角固定在磨针仪上，在磨针仪的小圆形磨石上加水磨针或不加水磨针，调节持针器的升降杆，使针的尖端与磨石的平面刚好接触。加水磨针：加适量的三蒸水于 EG-400（日本 Narishing 公司）磨针仪滴水器中，打开滴水器的开关使水均匀滴下，调节磨针仪转速，使滴下的水不被迅速离心甩掉为宜。此法磨出的针较为干净，一般用时 5 min 磨好一根。不加水磨针：这样磨出的针会粘上灰尘和玻璃碎屑，届时可用 5%的氢氟酸和三蒸水清洗干净，其优点是可以加快磨针速度，一般用时 3 min 磨好一根。

④清洗。由一段于注射器相连的内径略大于针管外径的塑料管与磨好的针相连在 5%的氢氟酸中清洗针尖端外壁（向针内打气）数秒钟，然后将针分别移至另 10 个盛有三蒸水的管中继续清洗 10 遍。

⑤拔尖。温度：拔尖温度必须适宜，太高易使针口皱缩或使针融化，太低则尖拔的不够锋利或根本拔不出尖来。所以选择好适宜的拔尖温度极为重要，与断针温度相比，拔尖温度略高。拔尖过程：电热丝通电后玻璃珠加热，在 400 倍目镜下将针缓慢下降，接近玻璃珠并与之接触，待针一接触玻璃珠表面就迅速提升针进行拔尖。其长度因针不同而异（表 4.92）。

如果针尖拔的过于细长，说明拔尖温度过高，针此时易缩口，如果针尖过于短，不锋利或拔尖过程中针尖易断，说明拔尖温度过低。

⑥评定去核针与注核针的标准。管前端细的部分应有一定长度，一般不小于 10 mm，这样去核与注核时，细胞质或卵裂球在管内运行平稳易于控制。管内外径之差越小越好，即管壁越薄越好，在以后的操作中，操作误差小，使用方便。针尖斜面以 45°角为好，在拔尖后，尖端角下降为 30°角左右。

3. 持卵针的制备

(1)断针　根据用途断出持卵针所需内径。断针方法有两种：①在断针仪上断针。断针方法与断注射针方法相同。②用手直接断针。将拉好的针放于左手手指上，目测适宜的断针位置，右手用微砂轮划痕轻轻折断。

两种方法各有利弊：前者较易获得理想内径，但针易和电热丝或玻璃珠粘在一起，致使电热丝和玻璃珠变形或使电热丝折断；后者由于目测针外径，断完的针外径与所需偏差较大，但断口平整，操作简便。

(2)管口煅烧　将断针置于煅烧仪电热丝(带有玻璃珠)的对侧(水平断针仪)或上方(垂直断针仪)，然后接通电源加热，使管口内径回缩至所需内径时断电停止加热。如果管口太粗，易将除去卵丘细胞后的卵母细胞很大一部分吸入持卵管，甚至将卵母细胞完全吸入；太细，则不能稳定卵母细胞。

(3)评定持卵针的标准　管尖端外径和卵母细胞直径相差不应超过 10～30 μm。管口中央与卵母细胞中央应在同一水平线上，这样在固定卵母细胞时不会发生垂直方向上卵母细胞的运动；管口外径不宜太大，否则，卵母细胞不易按要求固定，在被固定前，有一个垂直方向上的位置变动，导致极体位置变化；管口外径太小，在去核时，卵母细胞往往摆动，影响操作。持卵针内径开口在中间为最佳。要做到这一点，必须保持断端平齐。

4. 获取胚胎卵裂球所用显微工具的制备

(1)制备方法　同持卵针的制备，只是用砂轮断针后，不再煅烧管口，以保持边缘锋利易于剥去胚胎透明带，亦可用微细玻璃针分离胚胎卵裂球。

(2)评定标准　管断面要平齐。管内径一定要小于所作胚胎的直径。

5. 弯针

根据不同显微操作仪对针弯的部位和角度的要求不同，可采用在煅烧仪上弯针或用小酒精灯打弯两种方法。

(1)煅烧仪弯针法　使针待弯处靠近电热丝的上方，但不要接触，将电热丝通电加热，逐渐升高温度，直至针弯到所需角度后停止加热。

(2)小酒精灯打弯法　将针待弯处靠近小酒精灯上方，用镊子下压针尖端，便可使针弯曲，直到弯至所需角度为止。

6. 针的保存

将制作好的针，存放于 70%乙醇清洗过的塑料盒中，固定存放。使用前用紫外线照射 20 min杀菌消毒。

### 4.6.3　家兔胚胎细胞核移植的研究

胚胎细胞核移植是用显微操作将分离的单个胚胎卵裂球导入除去染色质(核)的成熟的卵母细胞，经过电脉冲等方法使卵母细胞质与导入的细胞核融合，进而分裂发育为胚胎，并将该重组胚移植给受体，让其妊娠产仔的技术。其目的在于应用细胞工程的方法复制具有同一遗传性状的胚胎，进而产生出大量同基因型的克隆动物。它不仅是胚胎学、发育生物学、细胞生物学等学科的重要研究手段，而且在遗传育种、实验动物科学以及濒危动物的保护中均具重要意义。自 Illmensee 和 Hoppe(1981)首次报道用胚胎细胞核移植方法获得克隆小鼠后，类似技术应用于其他动物上，已得到了绵羊(Willadsen S M，1986)、牛(Pather R S，1987)、兔(Stice S L，1988)、猪(Prather R S，1989)和山羊(Yang Z 等，1991)核移植后代。尽管迄今已从 1 枚核供体胚胎获得了 7 头活的雄犊牛(Bondioli K R，1990)和 6 只小兔(Collas P，1991)，但核移植技术总的成功率仍较低，只有 1%～6%，这使得家畜克隆技术难以商业化。现在，核移植研究的目的已不再单纯为得到数量不多的核移植后代，更重要的是如何合理改善核移植程序，提高核移植成功率，寻找和增加高质量的核移植材料的问题。由于家兔早期胚胎的发育特征与其他几种大家畜相似，因此是较好的实验模型。本文将报道笔者在家兔核移植克隆方面的结果。

1. 材料和方法

(1)超数排卵与卵母细胞的采集　每只耳缘静脉注射 PMSG 80 IU，72 h 后每只注射 hCG 100 IU，13～15 h 后输卵管内冲取卵母细胞，冲卵液为添加体积分数 5%的胎牛血清(FCS)的杜氏磷酸缓冲盐(DPBS)溶液。

(2)卵母细胞的处理　用 0.3%透明质酸酶的 PBS 液于 39℃下培养 10 min，用内径为 150 μm 细管吹打除去颗粒细胞，用显微操作液(含 7.5 μg/mL 细胞松弛素和 0.4%BSA 的 DPBS)洗涤 3 遍，在 $CO_2$ 培养箱内培养 30 min 备用。

(3)细胞核供体胚胎的采集　超排母兔在注射 hCG 后立即与公兔交配，间隔 12 h 再配 1 次。此后 48～50 h 冲 16 -细胞胚，注 hCG 后 60～62 h 用外科手术的方式从供胚兔的子宫角尖端冲出 32 -细胞期胚，冲胚液同冲卵液。

(4)细胞核供体卵裂球的分离　用 0.5%胰蛋白酶＋0.04%EDTA 的 PBS 在 37.5℃条件下培养 30 min，消化掉黏蛋白层，再在酸性台氏液(pH＝2.5)中置 1～2 min，除去透明带。用 PBS(－)冲洗，再用吸胚管吹打，配合玻璃针机械法分离，即可得到离散的卵裂球。

(5)显微操作　将处理好的卵母细胞和卵裂球放入带凹槽载玻片上覆盖石蜡油约 50 μL 的操作液中，进行显微操作。先用固定吸管在第一极体对面或侧面吸住卵母细胞，用玻璃细针在卵母细胞透明带上有极体的部位做一破口(约为卵周长的 15%)，再用 25 μm 左右的带斜面的钝口去注核管从破口处刺入透明带，吸去第一极体连同其周围约 30%胞质，退出去注核管，吐出吸入的细胞质与第一极体，再将 1 个卵裂球吸入去注核管，从原来的创口刺入，将卵裂球注入卵周隙(图 4.41，图 4.42)。

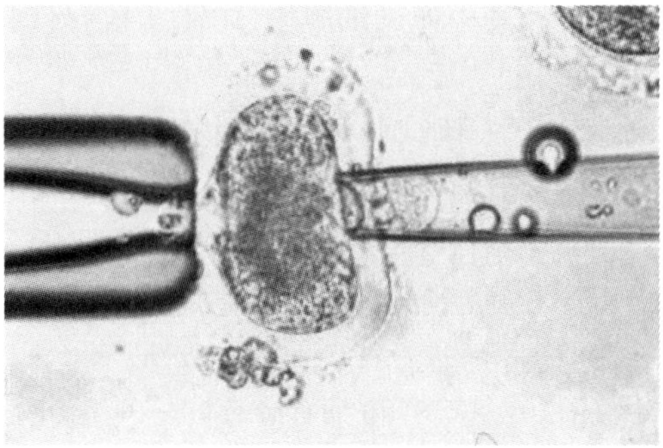

图 4.41　卵母细胞的去核

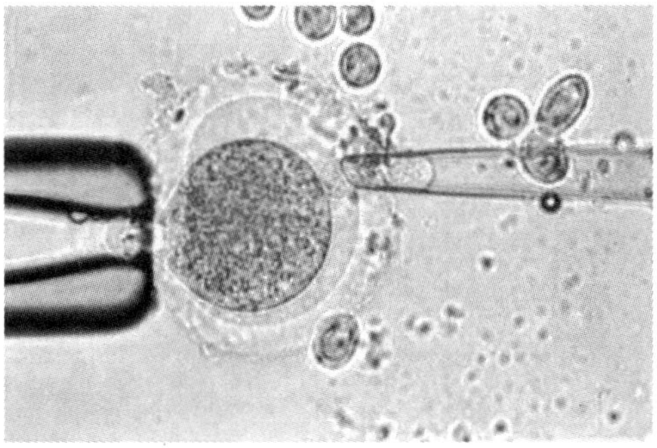

图 4.42　正在进行去核

(6)去核效果的检查　用乙酸地衣红染色法进行卵母细胞去核效果的检测。将去核后卵母细胞装片，用固定液(冰乙酸：无水乙醇＝1：3)固定过夜，用 1%乙酸地衣红染色 5 min，再用漂洗液(乙酰甘油)漂洗后进行镜检，有核部分染成深红色(图 4.43)。

(7)卵母细胞的激活与重组胚的电融合　电激活的操作程序同前将重组胚放入融合液 1～2 min，移至融合槽进行电融合。核移植重组胚胎的电融合条件是：电场强度为 2.0 kV/cm、电脉冲宽度为 100 μs 的 2 次直流脉冲。脉冲间隔为 30 min。第 1 次脉冲前先施加 10 V 的交流电场 5～10 s。融合液为：0.3 mol/L 甘露醇＋0.1 mmol/L $MgSO_4$＋0.05 mmol/L $CaCl_2$(图 4.44)。

(8)兔胎儿成纤维细胞饲养层的制作　取 19 日龄兔胎儿生殖嵴及其周围组织，分离培养原代兔胎儿成纤维细胞。当其传至 2～3 代时，用丝裂酶素 C 处理 2～2.5 h，调整细胞密度以

$5\times10^4$ 个/$cm^2$ 为宜，贴壁后即为备用饲养层。

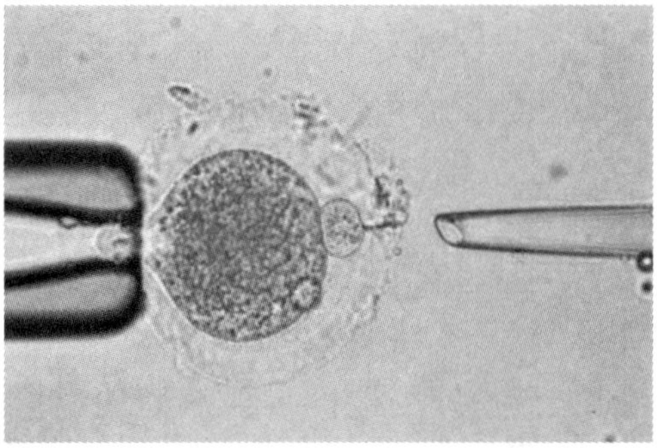

图 4.43　注核后的重构胚

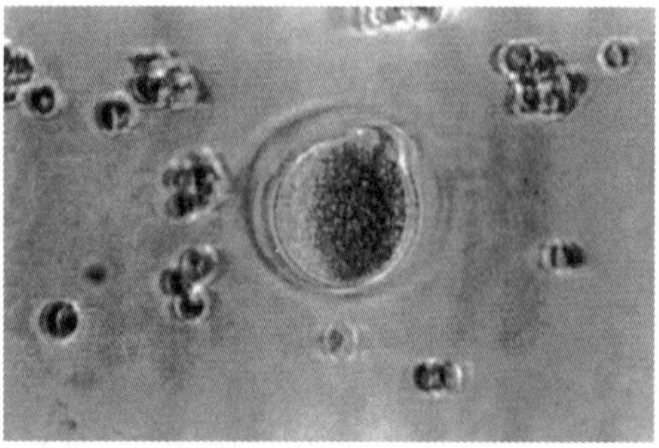

图 4.44　正在融合的重构胚

(9)电融合后重组胚的体外培养　将重组胚从操作液中移出，在培养液(10%FCS+TCM-199/DMEM)中洗涤平衡，转移到事先平衡的培养液微滴中，放入 $CO_2$ 培养箱，或者置于兔胚胎成纤维细胞饲养层上进行共培养。观察统计重组胚的发育情况。

(10)重组胚的手术移植　受体假孕母兔的准备基本同卵母细胞供体兔，只是 PMSG 超排剂量减半，与供卵兔同时注射 hCG，随后用玻璃棒刺激阴道子宫颈。将融合好的核移胚通过喇叭口移植到假孕兔输卵管内，单侧或双侧手术移植。假孕兔的选择原则是，若供核胚为♀白×♂白(新西兰白)，假孕兔选黑或灰(比利时或青紫蓝)；若供核胚为♀黑×♂黑，假孕兔选白。

2. 结果与分析

(1)家兔的超数排卵　本研究共超排试验用兔 59 只。对其中 29 只的超排效果进行统计，共冲出卵母细胞和胚胎 598 枚。总平均为每只 20.6 枚。其中卵母细胞供体 22.9 枚/只(435/19)，早期胚胎供体 16.3 枚/只(163/10)。

(2)卵母细胞的去核　本研究对 250 枚卵母细胞进行去核试验，189 枚去核成功，成功率为 75.6%。将 9 枚去核卵母细胞进行乙酸地乙红染色试验，以检测去核效果，结果 8 枚完全去核，去核率为 88.9%。

(3)重组胚的制作与融合　本项目共制作完成 176 枚重组胚，其中 135 枚融合成功，融合率为 76.7%。

(4)重组胚的发育　将重组胚分别在“TCM-199+10%FCS”和“TCM-199+兔胎儿成纤维细胞+10%FCS”2 种培养系统进行培养，后者 2～4-细胞发育率、8～16-细胞发育率以及桑葚胚和囊胚发育率分别为 65.7%、28.6%、22.9%，显著高于前者的 43.3%、26.7%、16.7%($P<0.01$)(表 4.93 至图 4.46)。

表 4.93　不同培养系统对重组胚体外发育的影响

| 培养系统 | 重组胚数 | 2～4-细胞胚 | | 8～16-细胞胚 | | 桑葚胚和囊胚 | |
|---|---|---|---|---|---|---|---|
| | | 发育数 | 发育率/% | 发育数 | 发育率/% | 发育数 | 发育率/% |
| TCM-199+10% FCS | 30 | 13 | 43.3 | 8 | 26.7 | 5 | 16.7 |
| 与成纤维细胞共同培养 | 35 | 23 | 65.7 | 10 | 28.6 | 8 | 22.9 |

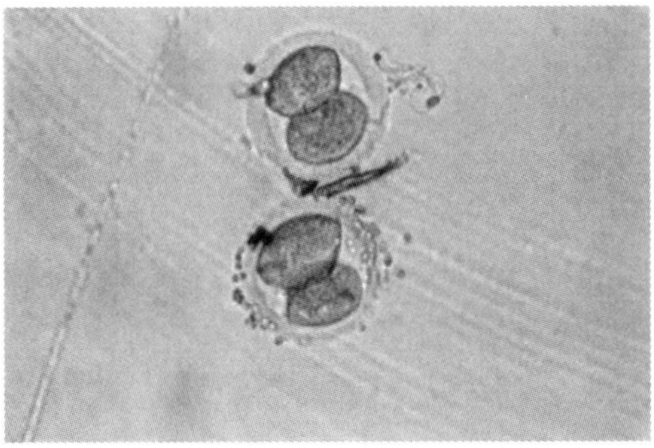

图 4.45 重组胚体外发育为 2-细胞

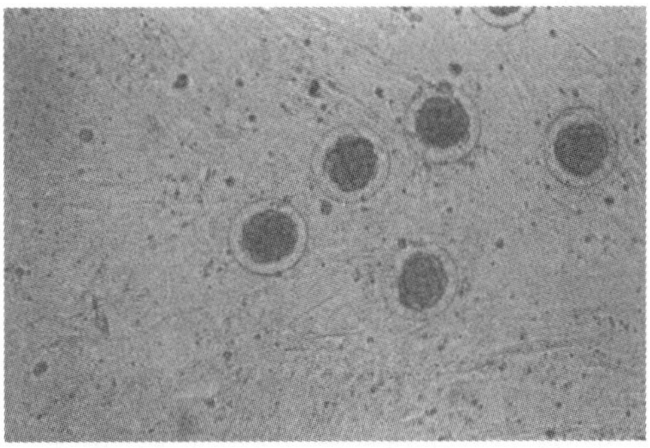

图 4.46 重组胚在饲养层上发育为桑葚胚

(5)重组胚的移植 将 111 枚重组胚移植给 9 只(12.3 枚/只)受体母兔,其中 2 只妊娠,1 只完成足月妊娠而产出克隆仔兔 2 只(图 4.47,图 4.48)。另 1 只在产前 1 周流产,娩出 1 只未足月的克隆死胎。重组胚移植成功率为 2.7%(3/111),见表 4.94。

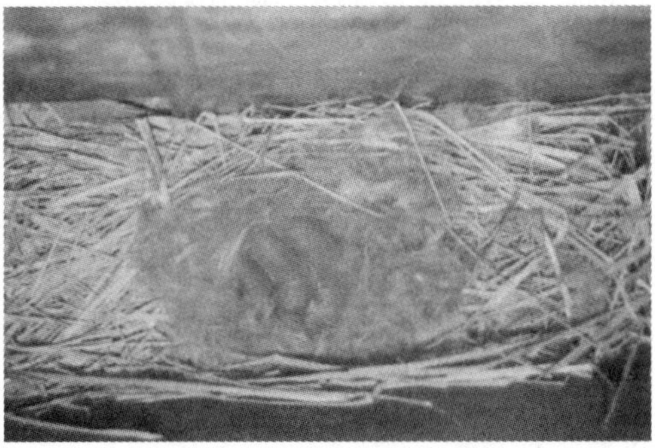

图 4.47 重组胚移植后产仔

图 4.48 生长 20 d 的核移植兔及其代孕母兔

表 4.94 核移植克隆胚发育至个体结果

| 供体胚期 | 受体号 | 移植胚数(1～2 细胞) | 产仔数 |
|---|---|---|---|
| 32 | 1 | 10 | 未妊娠 |
| 32 | 2 | 15 | 2♂(NZ*) |
| 32 | 3 | 13 | 未妊娠 |
| 32 | 4 | 9 | 未妊娠 |
| 32 | 5 | 13 | 未妊娠 |
| 16 | 6 | 11 | 未妊娠 |
| 16 | 7 | 13 | 未妊娠 |
| 16 | 8 | 14 | 1 流产 |
| 16 | 9 | 13 | 未妊娠 |

注:* 新西兰白兔。

3. 讨论

对于正常情况下的母兔，从排卵到胚胎着床前损失率约为 11.4%，着床后到胎儿娩出损失率约为 18.3%(陈立新，1999)。本研究的超排结果亦支持此观点，桑囊胚回收率显著低于卵母细胞回收率(22.9 枚/只相比 16.3 枚/只)，这可能也是重组胚胎产仔率低的原因之一。在重组胚移植的 9 只受体母兔中，1 只在移植后第 22 天流产 1 只未足月的死胎，这可能是由于在此期间(妊娠后 17～23 d 之间)，胎儿迅速生长，相互排挤，致使营养供应不均造成(陈立新，1999)，也可能是重组胚的"先天不足"。本试验经显微操作后卵母细胞去核成功率为 88.9%，这与 Stice 等(1988)在兔的核移植试验中所获去核成功率(92%)接近。笔者对 Willadsen(1986)方法稍做改进(图 4.41，图 4.42)，应用带斜面的钝口去注核管，而且在卵母细胞去核过程中，依据卵母细胞固定位置，选择一种破口方法，这样就加快了去核速率，缩短了卵母细胞在外界操作液中停留的时间。

本研究与兔胎儿成纤维细胞共同培养的重组胚的发育率，高于黄少华(1993)及 Yang(1990)等人的研究结果，也显著高于"TCM - 199＋10%FCS"培养系统的结果。这表明与兔胎儿成纤维细胞共同培养，有利于兔核移植重组胚的体外发育。这可能是兔胎儿成纤维细胞在生长时分泌一些有利于重组胚发育的未知细胞生长因子。到底这是一些什么物质和这些物质是如何影响重组胚发育的，还有待进一步研究。

本试验成功地获得了 3 只克隆仔兔，1 只于重组胚移植后 22 d 流产，另 2 只发育正常，核移植胚胎产仔率为 2.7%(3/111)。Stice 等(1988)认为从理论上计算兔核移植胚胎的产仔率应为 10%，实际上他们在兔胚胎核移植实验中所得到的产仔率仅为 3.7%(6/164)。产仔率与核移植重组胚的体外桑葚胚和囊胚发育率差异较大，其原因有待深入研究。兔核移植重组胚的移植成功表明，兔 16～32 -细胞胚胎的卵裂球导入去核卵母细胞中所形成的重组胚与正常的受精卵一样，具有发育的全能性，能够发育成为新的个体。

### 4.6.4 兔胚胎细胞核移植重组胚的发育力

哺乳动物细胞核移植虽然已取得了重大进展，但由于核移植重组胚的发育力很低，致使其成为制约核移植技术产业化应用的最大障碍。影响重组胚发育力的因素很多，包括供受体细胞周期、显微操作对受体卵子和供核的损伤、融合与激活参数的选择、体外培养系统和受体体内环境等。兔胚胎的转录活性、致密化期与牛、羊的相似，胚胎获得相对容易，因此兔成为研究核移植的理想动物模型。本研究就电融合与激活参数、体外培养系统等对兔胚胎细胞核移植重组胚发育力的影响进行了探索性研究，以便为核移植技术程序的进一步完善，提高核移植成功率提供依据。

1. 材料与方法

(1)试验动物　成年新西兰、比利时兔及其他杂种兔，购自山东农业科学院种兔厂、济南市郊大水坡村养殖专业户，单笼饲养，观察 1 周后用于试验。

(2)核受体卵母细胞及核供体卵裂球的准备　成年母兔连续 3 d 分 6 次依次递减颈部皮下注射 FSH，总剂量为 70 U，注完后 12 h，耳缘静脉注射 hCG 80 U，并用玻璃棒刺激阴道子宫颈，促进排卵。在注射 hCG 后 13～15 h，用含 5%胎牛血清(FCS)的 PBS 液从输卵管内冲取卵母细胞。将收集到的卵母细胞在 0.2%透明质酸酶溶液中 38℃孵育 5 min，再用与卵母细胞直径相当口径的钝口吸管吹吸除去卵丘细胞，最后用操作液洗涤3遍备用。

卵裂球核供体的准备。在超排母兔注射hCG后，立即与公兔交配，10 h后再配1次。在注射hCG后48～50 h冲取16-细胞胚，60～62 h冲取32-细胞胚，先后用0.25%胰蛋白酶和酸性台氏液除去胚胎黏蛋白层和软化透明带，最后移至PBS(一)中，用内径50 μm左右的钝口玻璃管吹吸，离散卵裂球。

(3)显微操作　按韩建永等(2000)提供方法进行，最终制成去核卵母细胞禾口卵裂球复合体(enucleated oocyts blastmere complexes, EOBC)。

(4)EOBC电融合及卵母细胞的电激活　不同电场强度对EOBC融合与激活及体外发育力的影响交变脉冲(AC)：10 V/mm，1.0 MHz，5 s，直流脉冲(DC)：电场强度分别为100，150，200，220 V/mm，电脉冲持续时间(脉冲宽度)为100 μm，脉冲次数为2次，间隔30 min。不同电脉冲宽度对EOBC融合与激活及体外发育力的影响AC：10 V/mm，1.0 MHz，5 s；DC；电场强度为200 V/mm；电脉冲宽度分别为40，80，100 μs，脉冲次数为2次，间隔30 min。每次电处理AC与DC施加顺序为：先施AC 3 s，施加DC，最后再施加AC 2 s。

(5)兔、小鼠胎儿成纤维细胞饲养层的制作　取13.5 d左右兔或小鼠胎儿，剥除胎膜，去胎儿头部、四肢和内脏，以PBS(一)冲洗至无血污，机械剪碎后，用0.25%胰蛋白酶消化成单个细胞，然后在含10%FCS的DMEM培养液中培养，分离原代胎儿成纤维细胞。当其传代至2～3代时，用丝裂酶素C处理2～2.5 h，调整细胞密度以5×10个/$cm^2$为宜，贴壁后即为兔胎儿成纤维细胞饲养层(REF feeder)或小鼠胎儿成纤维细胞饲养层(MEF feeder)。

(6)电融合后重组胚的体外培养　将重组胚分别培养于以下几种培养系统：①TCM-199+15%FCS微滴培养；②卵丘细胞共同培养；③TCM-199+15%FCS+MEF feeder共同培养；④DMEM+15%FCS+MEF feeder共同培养；⑤TCM-199+15%FCS+REF feeder共同培养；⑥共同培养。观察统计重组胚的发育情况。TCM-199(SIGMA)和DMEM(GBCO)均为基础培养液，按商品使用说明自配。

(7)重组胚的手术移植及体内发育　受体假孕母兔的准备基本同卵母细胞供体兔，只是FSH剂量减半。将重组胚事先在“TCM-199+15%FCS+REF feeder”培养系统中培养20 h左右，然后手术法将形态良好的1-细胞或2-细胞重组胚通过输卵管喇叭口移植到同期处理的假孕母兔输卵管相应部位，单侧或双侧移植。

2. 结果

(1)电场强度对EOBC融合效果及重组胚体外发育力的影响　于注射hCG后约20 h，对EOBC施以AC和不同电场强度的DC，处理后将融合胚胎于含15%FCS的TCM-199中培养。EOBC的电处理和培养结果见表4.95。第1组、第2组与第3组比较，2-细胞胚、8～16-细胞胚发育率差异均不显著($P>0.05$)，而融合率，第3组明显高于第2组($P>0.05$)和第1组($P<0.01$)，第2组又明显高于第1组($P<0.01$)，第3组与第4组比较，融合率无明显差异，但第4组2-细胞胚发育率明显低于第3组($P<0.05$)。由此可见，随电场强度的增加，30 min内融合率逐步提高，2-细胞胚和8～16-细胞胚的发育率不受场强明显影响，但当超过一定限度时，卵母细胞开始出现崩解，重组胚发育率开始下降。

(2)电脉冲宽度对EOBC融合效果及重组胚体外发育力的影响　对EOBC施以AC同脉冲宽度的DC果如表4.96。第2组与第3组在各项指标上差异均不显著($P>0.05$)，但第3组的2-细胞胚、8～16-细胞胚发育率比第2组有升高的趋势。第2组与第1组相比，30 min

内融合率、2-细胞胚发育率明显高于第1组($P<0.01$)。

表4.95 电场强度对EOBC电处理的影响

| 组别 | 试验次数 | 场强/(V/mm) | EOBC数 | 30 min内融合数及融合率/% | 2-细胞胚数及发育率/% | 8～16-细胞胚数及发育率/% |
|---|---|---|---|---|---|---|
| 1 | 4 | 100 | 22 | 6(27.3)[a] | 3(50)[a] | 2(33.3)[a] |
| 2 | 4 | 150 | 27 | 19(70.4)[b] | 9(47.4)[a] | 4(21.1)[a] |
| 3 | 4 | 200 | 35 | 28(80.0)[c] | 12(42.9)[a] | 6(21.4)[a] |
| 4 | 4 | 220 | 31 | 27(77.1)[c] | 9(33.3)[d] | — |

注:b∶a,c∶a为$P<0.01$;c∶b,d∶a为$P<0.05$。

(3)不同培养系统对重组胚体外发育的影响　培养结果见表4.97。(3)、(5)培养系统培养的重组胚2～4-细胞发育率显著高于(1)、(2)培养系统($P<0.01$),也明显高于(4)培养系统组($P<0.05$);重组胚8～16-细胞发育率,(3)、(5)、(6)培养系统均显著高于(1)、(2)、(4)培养系统($P<0.05$);而重组胚桑葚胚和囊胚发育率,(3)、(5)培养系统显著高于(1)、(2)、(4)培养系统($P<0.01$),(6)培养系统也明显高于(1)、(2)、(4)培养系统,而与(3)、(5)培养系统无明显差异($P<0.05$)。由此说明,基础培养液相同条件下,与胎儿成纤维细胞饲养层共同培养,尤其是与同源胎儿成纤维细胞饲养层共同培养,有利于重组胚的体外发育,尤其是有利于提高桑葚胚和囊胚的发育率。

表4.96 脉冲宽度对EOBC电处理的影响

| 组别 | 试验次数 | 脉冲宽度/μs | EOBC数 | 30 min内融合数及融合率/% | 2-细胞胚数及发育率/% | 8～16-细胞胚数及发育率/% |
|---|---|---|---|---|---|---|
| 1 | 3 | 40 | 17 | 10(58.8)[a] | 2(20)[a] | 0[a] |
| 2 | 3 | 80 | 19 | 16 (84.2)[b] | 7(43.8)[b] | 3(188)[b] |
| 3 | 3 | 100 | 24 | 19(79.2)[b] | 11(57.9)[b] | 5(263)[b] |

注:b∶a为$P<0.01$。

表4.97 不同培养系统对重组胚体外发育的影响

| 培养系统 | 重组胚数 | 2～4-细胞胚数及发育率% | 8～16-细胞胚数及发育率% | 桑葚胚或囊胚数及发育率/% |
|---|---|---|---|---|
| (1) | 26 | 10(38.5)[a] | 6(23.1)[a] | 0[d] |
| (2) | 25 | 11(44.0)[a] | 6(24.0)[a] | 4(16.0)[a] |
| (3) | 29 | 18(62.1)[b] | 8(27.6)[c] | 6(20.7)[b] |
| (4) | 24 | 13(54.2)[c] | 5(20.8)[a] | 2(8.3)[ad] |
| (5) | 35 | 23(65.7)[b] | 10(28.6)[c] | 8(22.9)[b] |
| (6) | 27 | 17(63.0)[b] | 8(29.6)[c] | 5(18.5)[ab] |

注:c∶b,a∶c,ad∶ab为$P<0.05$;a∶b,d∶a,d∶b,ad∶b为$P<0.01$。

(4)重组胚的移植及体内发育　将111枚重组胚移植给9只同期处理的受体母兔,其中2只妊娠,1只完成足月妊娠而产出克隆仔兔2只,另1只在移植后22 d娩出1只未足月的克隆死胎。重组胚移植成功率为2.7%(3/111),见表4.98。

表4.98 核移植重组胚发育至个体结果

| 供体胚期 | 受体数 | 移植胚数/枚 | 受体妊娠数/只 | 产仔数/只 |
|---|---|---|---|---|
| 32 | 3 | 34(单侧移植) | 1 | 2♂(NZ)* |
| 32 | 2 | 26(双侧移植) | 0 | 0 |
| 16 | 2 | 24(单侧移植) | 0 | 0 |
| 16 | 2 | 27(双侧移植) | 1 | 1(流产) |

注:NZ为新西兰白兔。

3. 讨论

(1)电场强度和电脉冲宽对EOBC融合效果及重组胚发育力的影响　卵母细胞与卵裂球的电融合和卵母细胞的激活是核移植程序中重要的一步。通过融合可将卵裂球的核引入受体细胞质,同时电刺激还可激活卵母细胞。这一步成功与否决定着核移植重组胚能否形成及其进一步发育的能力。各实验室在不同仪器、不同条件下得出的电融合与激活的最宜参数不尽相同。本研究结果表明,在一定电场强度范围内(100～200 V/mm),随电场强度的增加,30 min内融合率逐步提高,重组胚2-细胞和8～16-细胞发育率不受明显影响,但当超过一定限度(220 V/mm)时,卵母细胞开始出现崩解,重组胚发育能力开始下降。这些结果与CHeong等(1991)、Ozil等(1991)在小鼠与兔上的研究结果类似。这可能由于随电场强度的增加,引起卵母细胞膜穿孔增大,以致造成胞质的外溢。

给EOBC施以不同电脉冲宽度(40～100 μs),在一定电脉冲宽度范围内(80～100 μs),获得了相近的融合效果($P<0.05$)。随脉冲宽度的增加,重组胚的2-细胞和8～16-细胞发育率有升高的趋势($P>0.05$);当脉冲宽度低于80 μs时,融合率和重组胚的发育率则较低。这与唐铁山(1994)的研究结果类似。同样脉冲宽度超过一定限度,则会对卵母细胞造成一定损害(Rickard L F,1992)。脉冲宽度可能与卵母细胞的充分激活有关。卵母细胞激活后,使卵母细胞从MⅡ期释放出来,进入下一个细胞周期。这是使移入核基因重新开始表达(去分化)恢复至受精状态的一个前提。在一定范围内,随电脉冲宽度的增加,卵母细胞激活率升高,因此重组胚发育率也随之升高。但其详尽机理还需进一步研究。

(2)体外不同培养系统对重组胚发育力的影响影响胚胎　体外发育的因素,除气体环境、温度、湿度外,主要是培养液中某些化学成分的过量或不足。近年来,体外胚胎培养中最受青睐的方法是共同培养系统,它不仅可使胚胎通过其体外发育的“阻滞”期,而且也提高了其体外培养桑葚胚和囊胚的发育率。目前最常用的培养系统有卵丘/颗粒细胞单层和输卵管上皮单层等。研究者发现,在体外这些体细胞可分泌一些激素、生长因子、氨基酸及酶类,从而促进胚胎的发育,减小胚胎毒性(Wells D N,1999)。

本研究采用不同培养液中同源(兔)胎儿成纤维细胞饲养层和异源(小鼠)胎儿成纤维细胞饲养层与兔核移植重组胚共同培养,结果表明,应用共同培养系统(卵丘细胞、不同培养液中同源和异源胎儿成纤维细胞)均可不同程度地提高重组胚桑葚胚和囊胚的发育率,越过体外发育的“阻滞”期;胎儿成纤维细胞饲养层共同培养比卵丘细胞共同培养更能显著提高重组胚的发育力;基础培养液相同条件下,同源(兔)胎儿成纤维细胞饲养层共同培养更有利于兔胚细胞核移植重组胚的发育。本试验采用与卵丘细胞共同培养系统对重组胚进行体外培养,虽然可提高重组胚的桑-囊发育率，但由于卵丘细胞生长十分迅速，并且可以叠加生长，经常出现卵丘细胞过分生长而覆盖重组胚的现象，这样就会对重组胚的进一步发育不利。本试验重组胚体外共同培养，2～4 -细胞最高发育率达 65.7%(23/35)，高于黄少华等(1993)(58.0%，47/81)及 Yang 等(1990)(51.6%，33/64)的研究结果。王斌等(1995)，在体外培养体系中添加兔眼球玻璃体液，可使重组胚囊胚发育率高达 78.5%(73/93)，其方法值得借鉴。

本研究中，用丝裂霉素 0 处理 REF 和 MEF 的目的是使其失去有丝分裂的能力，但仍能生长存活。这样，一是不会出现成纤维细胞的过分生长，二是可降低其对培养液中营养成分的损耗，增长饲养层的使用寿命。试验结果证明，REF、MEF 饲养层，尤其是同源胎儿成纤维细胞饲养层共同培养是一种重组胚良好的培养系统。由试验结果推测，胎儿成纤维细胞在生长过程中也分泌一些有利于重组胚发育的未知细胞生长因子，对此还有待进一步研究。

(3)重组胚体内发育　重组胚移植后在体内发育能否支持到分娩，是检验重组胚发育能力的最有效方法。本试验将 111 枚重组胚移植给 9 只同期处理的受体母兔，得到 2 只正常的来自 32-细胞供核胚的核移仔兔和 1 只来自 16-细胞供核胚的流产核移仔兔。这说明兔 16～32-细胞胚在 MⅡ期卵母细胞质中可以被去分化，恢复到受精时的状态，进行再分化，具有发育的全能性。因为，兔胚胎发育由母源控制向胚胎控制的转变时期发生在 8-细胞期，即 16～32-细胞胚发育已由胚胎控制，这样就清除了单个卵裂球直接发育为一个体的可能性。研究表明，重组胚在体内发育到分娩的比率，远远低于体外培养的囊胚发育率。这可能有以下原因：①核供体与核受体细胞周期的影响。许多研究证明，以 MⅡ期卵母细胞为核受体，融合与激活同时进行时，只有 G1 期细胞核为适宜核供体。因为 G1 期供体核的 DNA 尚未复制，当它移植到卵母细胞质中时，DNA 只复制 1 次后再分裂，可产生 2 个正常染色体倍数的子细胞；以 G2 期核作供体时，其 DNA 已经合成，在核移植胚中其 DNA 再复制 1 次后才能分裂，这样就产生了 2 个多倍体的子细胞；当以 S 期核作为供体时，有些分裂球 DNA 已复制，因而导致部分核移植胚不正常(Collas P，1992)。现已知道，只有染色体倍数正常的胚胎才有可能发育为个体。本研究没有进行核供体的细胞周围同步化(或调整)，而在自然状态下，早期胚胎中处在 G1 期的分裂球只占 8%(Barnes F L，1993)。这样就造成重组胚发育产生染色体倍数正常的子细胞的几率下降，这可能是重组胚移植后低妊娠率和产仔率的主要原因。②繁殖免疫方面的原因。重组胚对于受体母兔来说是一种异物，从理论上讲，将重组胚移入受体体内就要受到免疫攻击。在正常情况下，同期处理的假孕母兔存在抑制母体免疫反应的物质，如甲胎蛋白(SFP)、妊娠相关球蛋白(PAG)等，这使细胞免疫功能处于被抑制状态，形成外周免疫无反应性。这样母体与移入胚胎就可以相互协调，从而正常妊娠、分娩。但是，由于受体要经过手术等刺激，有可能破坏其正常的免疫调节功能；另一方面，重组胚经过体外的操作，如透明带破口等，可能激活受体母兔的免疫反应，也可能降低自身的免疫耐受性，从而遭受免疫排斥，使移入胚胎退化或被受体母兔生殖道一些淋巴细胞、巨噬细胞所吞噬(张嘉保、周虚等，1999)。③受体母兔生理状态的影响。总之，核移植重组胚体内发育到分娩的比率仍然比较低，影响核移植重组胚发育的机制还需进一步研究。

### 4.6.5　不同去核、注核方法对山羊胚胎细胞核移植重构胚体外发育能力的影响

核移植作为一项动物克隆技术，提高技术程序的效率十分重要。它包含有 MⅡ期卵母细

胞的去核、核供体的准备、细胞周期的调控、细胞融合、重构胚的激活、重构胚的培养等多个技术环节。任何一个环节的失误都有可能对最后的结果产生影响，所以其效率的提高依赖于各个环节的改善，因此对核移植过程中的每一个技术环节的实践和分析对于提高总效率都是十分必要的。

在核移植研究中，卵母细胞的去核与注核成功与否和重组胚再程序化的状态密切相关，去核率越高，去除的卵母细胞质越少，其克隆胚胎最终发育成正常个体的可能性越大；注核时，注核成功率越高，带入去核卵母细胞内的无益因子越少，克隆胚胎发育成健康个体的可能性就越大。本试验就卵母细胞的去核方法和注核方法及其对克隆胚胎的后继发育能力的影响进行研究。

1. 材料与方法

(1)药液配制　本试验所用药物除非特别说明均购自 Sigma 公司。①山羊采卵液 TCM199＋5 mmol/L $NaHCO_3$ ＋10 mmol/L HEPES＋10 mmol/L＋0.01 g/L 肝素钠＋0.1％PVP＋1％FCS＋0.065 g/L 青霉素＋0.05 g/L 链霉素；②卵母细胞成熟培养液TCM-199＋10％ FCS($V/V$)＋0.02 AU/mL FSH(日本)＋5 IU/mL LH(宁波)＋1 μg/mL E2＋0.1 mmol/L β-巯基乙醇；③去、注核操作液 28.3 mg/mL Hepes＋7.5mg/mL CB＋PBS；④卵裂球分离液 2.5％胰蛋白酶＋1％EDTA＋无 $Ca^{2+}$、$Mg^{2+}$ 的 Hank's 液；⑤电融合液 0.3 mmol/L $D$-甘露醇＋0.05 mmol/L $CaCl_2$＋0.1 mmol/L $MgSO_4$。

(2)供核胚胎细胞的准备　选择体况好、体重年龄较一致的杂交关中奶山羊，以埋植孕酮栓法进行同期发情处理。以埋植孕酮栓为第 0 天，第 11 天换栓，第 16 天开始以每 4 d 8 次注射 FSH(总量 150 IU)，第 19 天上午撤栓并同时注射 PG 1 mg，撤栓后第 2 天待羊开始发情时，用公羊进行自然交配，10～12 h 后再配一次，第 3 天上午再用公羊交配一次。然后于配种后 4～5 d，用外科手术的方式从输卵管和子宫回收 16～32 -细胞期胚胎。回收胚胎的液体为含 10％ 胎牛血清(FCS)的磷酸盐缓冲液(PBS)。

凡收集的胚胎立即移入含 10％FBS 的 SOFaa 培养液中，在 38.7℃，5％ $CO_2$ 的培养箱中做短暂培养后，挑出 32 -细胞的胚胎待显微操作，不到 32 -细胞期的胚胎继续培养至 32 -细胞后待用。

(3)卵母细胞的收集和体外成熟　从保定市唐县羊定点屠宰场收集山羊卵巢，立即放入盛有灭菌预热至 30℃左右的生理盐水(含双抗)的保温瓶中，在 3～4 h 内运回实验室。用已预热并加入双抗的生理盐水将卵巢洗涤 2～3 次后，放入烧杯内并置于 38℃恒温水浴锅中。用切剖法获取卵母细胞，然后将卵母细胞用采卵液洗涤 1 次，再用成熟培养液洗涤 3 次后，移入预先在 $CO_2$ 培养箱中平衡 4 h 以上的 50 μL 的成熟培养微滴中，每滴放 15～20 枚卵母细胞。然后在 38.7℃、5％$CO_2$、饱和湿度的条件下进行成熟培养。

(4)卵母细胞成熟情况评定　将体外成熟培养 18～20 h 的卵母细胞分别用 0.1％的透明质酸酶脱去卵丘细胞，在体视显微镜下用吸胚管反复拨动卵母细胞，将排出第一极体的卵母细胞捡出以备去核。

(5)显微操作　见下。

①单个卵裂球的分离。在 23～28℃室温下，将收集的供核胚胎置于含 0.5％链蛋白酶 E 的 SOF 培养液中消化透明带，使之变薄，当透明带薄至即将消失时，将胚胎细胞迅速移出，然后在 SOF 培养液中洗 5～6 次，再在含胰蛋白酶 0.25％、0.1％EDTA 的无 $Ca^{2+}$、$Mg^{2+}$ 的 PBS

液中，用内径略大于卵裂球直径的光滑细玻璃管反复吹吸或用玻璃微针将胚胎分离成单个卵裂球。然后在 SOF 中清洗 3～5 次，再置于 SOFaa 培养液中，在 38.7℃、5%$CO_2$、饱和湿度的培养箱中做短暂培养，待显微操作。

②卵母细胞的去核。在 23～28℃室温下，将分离好的胚胎卵裂球和排出第一极体的卵母细胞移入加入 Hepes(28.3 mg/10 mL)和 CB(7.5 μg/mL)的 PBS 液中，进行显微操作。借助显微操作仪，采用改进的 McGrath-Solter 去核法和 Willadsen 去核法对卵母细胞进行去核。A. 改进的 McGrath-Solter 法。在显微镜下先用固定管吸住卵母细胞，然后用去核针调整第一极体的位置，使第一极体位于时钟 1:00—2:00 间位置，然后用尖端经拔尖的去核针针口向上直接从固定管对侧进针，然后稍微调节针口的位置，使其靠近第一极体底部，将第一极体及其连同其周围 1/4～1/5 的胞质吸除。B. 改进的 Willadsen 法。在显微镜下先用固定针吸住卵母细胞，然后用去核针调整第一极体的位置，使其位于时钟 12 点位置，然后用尖端封闭的玻璃细针在极体上方卵母细胞透明带上做一切口(为卵周长的 1/5 左右)，然后将玻璃针换为磨尖的内径为 25 μm 的去核管并用其在透明带切口的斜下方轻轻挤压卵母细胞，使第一极体连同其附近 1/4～1/3 的胞质溢出透明带，然后用去核针吸除溢出透明带的第一极体连同其附近的胞质。因本试验采用的两种去核方法均为盲吸法，所以需进行去核效果的检验。将去核后的卵母细胞移入含 5 μg/mL 的 hoechst 33342 的成熟培养液中染色 15 min 后用荧光显微镜检查去核效果。以去核后在卵母细胞质内没有出现蓝色荧光物质作为去核成功的标志，以此统计去核成功率。

③去核卵母细胞和卵裂球复合体(enucleated oocyts blastemer complexes，EOBC)的构建。采用两种注核方法进行重构胚的构建。胞质内直接注核法：用内径小于胚胎细胞卵裂球的注核针反复抽吸胚胎细胞卵裂球，使卵裂球的细胞膜破裂后用注核针吸取供体核并通过去核时造成的透明带裂口将胚胎卵裂球直接注入到去核后的卵母细胞胞质中构成 EOBC。透明带下注核法：将分离好的胚胎细胞卵裂球吸入注核针，然后通过去核时造成的透明带裂口将胚胎卵裂球直接注入到透明带下的卵周隙中构成 EOBC。

(6)EOBC 的电融合及卵母细胞的激活

①将透明带下注核法获得的去核卵母细胞＋卵裂球复合体(EOBC)先在电融合液内平衡 5～10 min，然后移至充满电融合液的融合槽内，细胞应置于两电极之间，然后用玻璃微针拨动 EOBC 使胚胎细胞卵裂球与去核卵母细胞质膜的接触面与两电极平行。然后用 2 个电场强度为 1.25 kV/cm、脉冲宽度为 30 μs 的电脉冲诱导 EOBC 的融合和激活。通电处理后，将 EOBC 在融合液中静置 10 min 移出并在 SOF 液中洗3～5 次，移入含 CB 7.5 mg/L 的 SOFaa 培养液中在 38.7℃、5%$CO_2$、饱和湿度条件下培养箱中培养，30 min 后观察并记录融合结果。已融合的即为重构胚，未融合的再次进行电融合使其融合。

②将胞质内注核法获得的 EOBC 先在电融合液内平衡 5～10 min，然后移至充满电融合液的融合槽内，直接施加 2 个电场强度为 1.25 kV/cm、脉冲宽度为 30 μs 的电脉冲诱导 EOBC 激活。

(7)重构胚的体外培养　将电融合和电激活后的重构胚从操作液中移出，在 SOFaa 培养液中洗涤 3～5 次，然后移入已在 38.7℃、5%$CO_2$、饱和湿度条件下平衡 4 h 的 SOFaa 培养液中，在 38.7℃、5%$CO_2$、饱和湿度条件下进行体外培养。24 h 后观察初始卵裂情况，在随后的时间里每 24 h 观察一次重构胚的发育情况。并在胚胎发育的不同阶段，随机取出几枚重构胚胎用 hoechst 33342(5 μg/mL)染色以确认在每个胚胎的卵裂球中都有核，以确认是移入的核进行了分裂而不是由于细胞质碎裂造成卵裂率偏高的假象。

(8)统计分析　用 SPSS 12.0 软件包对实验结果用单因素方差分析(One-Way Anova)和最小差异显著法(LSD)进行统计分析。数据以均值±标准差表示，$P<0.05$ 为差异显著。

2. 结果

(1)不同去核方法对山羊卵母细胞去核率和重构胚体外发育能力的影响　采用改进的 McGrath-Solter 去核法和改进的 Willadsen 去核法对山羊成熟卵母细胞去核率和重构胚的体外发育情况如表 4.99 所示。从表 4.99 可以看出，采用改进的 McGrath-Solter 去核法和改进的 Willadsen 去核法在去核成功率、所获重构胚的体外卵裂率和体外发育至桑葚胚率差异不显著($P>0.05$)。

(2)不同注核方法对山羊卵母细胞注核成功率和重构胚体外发育能力的影响　采用透明带下注核法和胞质内注核法的结果如表 4.100 所示，由表 4.100 可以看出，采用两种注核方法的注核成功率分别为 90.40%和 93.33%，两者之间差异不显著($P>0.05$)，但胞质内注核法经电激活后所获的重构胚卵裂率显著高于透明带下注核法($P<0.05$)，但两种方法所获得的体外发育桑葚胚率之间的差异不显著($P>0.05$)。

**表 4.99　不同去核方法对山羊胚胎细胞核移植重构胚体外发育能力的影响**

| 去核方法 | 去核卵数/枚 | 去核成功率/% | 重构胚卵裂率/% | 桑葚胚率/% |
|---|---|---|---|---|
| 改进的 McGrath-Solter 去核法 | 218 | $82.11\pm0.09^{a}$ | $62.58\pm0.09^{a}$ | $28.43\pm0.15^{a}$ |
| 改进的 Willadsen 去核法 | 124 | $84.68\pm0.10^{a}$ | $60.87\pm0.12^{a}$ | $30.36\pm0.11^{a}$ |

注：在同一列中上标小写字母不同表明差异显著($P<0.05$)。

**表 4.100　不同注核方法对山羊胚胎细胞核移植重构胚体外发育能力的影响**

| 注核方法 | 注核卵数/枚 | 注核成功率/% | 重构胚卵裂率/% | 桑葚胚率/% |
|---|---|---|---|---|
| 透明带下注核法 | 125 | $90.40\pm0.06^{a}$ | $51.33\pm0.08^{a}$ | $22.41\pm0.07^{a}$ |
| 胞质内注核法 | 105 | $93.33\pm0.06^{a}$ | $64.28\pm0.16^{b}$ | $26.98\pm0.13^{a}$ |

注：在同一列中上标小写字母不同表明差异显著($P<0.05$)。

3. 分析与讨论

核移植过程中受体细胞(包括 MⅡ期卵母细胞、受精卵和 2-细胞胚胎)的去核是完成核移植的关键。寻找一种快速、简便、高效且损伤小的去核方法，完全去除受体细胞核，最大限度保留周围的细胞质，无疑会促进重组胚的融合、激活和发育，从而提高核移植的效率。自核移植方法问世以来，众多研究者在实践过程中已经创造或改进了不少去核方法。但到目前为止基于多种因素，不少研究者仍采用盲吸法去核。根据盲吸过程中对透明带的不同处理，主要有以下两种方法：一种方法是 McGrath-Solter(1983)在小鼠核移植研究中创立的去核法(M-S 去核法)，另一种方法是 Willadsen(1986)在绵羊核移植研究中创立的 Willadsen 法，近年来众多研究者纷纷对两种方法进行改进，并取得了不错的试验效果。本研究中，在借鉴其他研究者去核方法的基础上分别对 McGrath-Solter 去核法和 Willadsen 法也做了一些改进，即在用 McGrath-Solter 法去核时，将极体的位置由固定针的对侧调至时钟的 1:00—2:00 之间，去核针从极体的下方刺入。这样在去核针穿刺透明带时不会直接对极体造成太大压力，极体位置、极体和中期染色体的相对位置都不会发生太大变化，并且在穿刺时去核针不用深入到胞质内，只需刺破胞质膜即可将极体及其周围1/4左右的胞质去除，这样既增加了去核的准确性，又减少了对卵母细胞的损伤。在用 Willadsen 法去核时，在参考刘东(2004)改进的两步挤压去核法的基础上，将钝口去核针换为磨尖但没有经过拔尖的尖端去核针。即在用固定针固定卵母细胞后，将极体调至时钟的12点或6点钟位置，然后用玻璃针沿第一极体底部穿过，然后在透明带作一为卵周长1/5～1/4的切口。将玻璃针换为磨尖的去核针并用其在透明带切口的斜下方轻轻挤压卵母细胞，使第一极体连同其附近1/4～1/3的胞质溢出透明带，然后用去核针吸除溢出透明带的第一极体连同其附近的胞质。换用磨尖的去核针不仅可以去核而且还可以作为注核针使用，这样就加快了显微操作的速度，减少了细胞在体外操作的时间，有利于重构胚以后的体外发育。本研究对比了改进后的两种去核方法在山羊胚胎细胞核移植中去核成功率和对重构胚体外发育能力的影响。结果表明，采用改进后的 McGrath-Solter 去核法和 Willadsen 法在去核成功率(82.11%相对84.68%)、重构胚卵裂率(62.58%相对60.87%)和桑葚胚率(27.10%相对28.81%)，均无显著差异($P>0.05$)。这与刘东(2004)、雷安民(2000)等的报道有所不同。这可能是因动物种类不同造成的差异，因为成熟18～20 h的山羊卵母细胞的中期染色体紧贴于第一极体下方或在第一极体附近，处于有利的去核位置，并且多数成熟的山羊卵母细胞在第一极体附近的细胞质表面会有突出的不用特殊装置即可在显微镜下观察到的泡状结构(郭继彤，2002)，经荧光检测，该结构内包含有中期染色体。所以此时无论是用 McGrath-Solter 去核法还是 Willadsen 法都可以通过仅去除第一极体和泡状结构及其周围少量胞质即可达到去核目的。并且通过对 McGrath-Solter 去核法进行改进后去核针穿刺透明带时不会直接对极体造成太大压力，极体位置、极体和中期染色体的相对位置都不会发生明显的变化，且去核针在穿刺时不用深入到胞质内，只需刺破胞质膜即可成功去核，这样既增加了去核的准确性，又减少了对卵母细胞的损伤。并且类第二极体排出结构不用特殊装置即可在显微镜下观察到，不需荧光检测。可以免除 UV 照射对卵母细胞造成的损伤。并且去核针还可以同时作为注核针使用，免去了 Willadsen 去核法中耗时较长的换针与调节卵母细胞切口过程，操作简便，准确迅速。

按照核供体细胞移入去核卵母细胞的部位的不同，注核方法可分两类，即透明带下注核法和胞质内注核法。

在本研究中分别采用透明带下注核法和胞质内注核法将32-及32-细胞期以上的单个胚胎细胞卵裂球注入去核的卵母细胞中。两者的注核成功率分别为90.40%和93.33%。经检验两者之间的差异不显著($P>0.05$)，但经透明带下注核法所得的 EOBC 经电融合和激活后的卵裂率显著低于胞质内注核法的卵裂率($P<0.05$)，以卵裂的重构胚作为统计基础所得到的桑葚胚率以胞质内注核法略高(26.98%相比22.41%)，但差异不显著($P>0.05$)。造成这一结果的原因可能是山羊胚胎细胞发育至32-细胞阶段或早期桑葚胚阶段时，此时的单个胚胎细胞卵裂球的直径较小，如用作细胞核移植的供体核并采用透明带下注核时，因其与受体细胞的质膜接触面较小，这时施加外源电压进行细胞融合时，会取得较低的细胞融合率。而采用胞质内注核法，因直接将供体细胞核注入受体胞质中省去了电融合过程，因而会获得较高的重构胚率。另外在核移植过程中供体核的重编程是核移植成败的关键，而该过程受存在于卵母细胞质中的某些特有因子(oocyte-specificfactors)的指导(Prather R S，2000)；进行胞质内核注射时，供体细胞膜和细胞质中的大量物质被丢弃，只有微量胞质随核带入受体卵母细胞；相反，用带下注核法注核然后进行细胞融合时供体细胞的所有物质全部进入受体。在供体细胞中也存在指导细胞进行分化的染色质相关物质。当供体细胞和卵母细胞融合时，供体细胞的染色质相关物质进入卵母细胞后，会阻止卵母细胞质中的特有因子对供体核重编程的指导作用；当采用胞质内注核时，供体细胞的染色质相关物质没有或进入受体细胞质很少，而只有与染色质相结合的因子随核一起进入卵母细胞。这将增加卵母细胞特有因子指导核重编程的可能性，这样胞质内注核法比带下注核然后进行细胞融合更有利于核重编程。在本研究中采用两种注核法所获得的桑葚胚率为胞质内注核法略高(26.98%)，但差异不显著。这一方面可能是在采用胞质内注核过程也不同程度的将供体细胞内与染色质相关的物质带入受体卵母细胞中，在一定程度上阻止了卵母细胞质中的特有因子对供体核重编程的指导作用。另一方面因为在本研究中克隆胚胎只发育到早期桑葚胚，而这些外来无益因子对供体核重编程指导作用的负面影响可能要到囊胚或生命发育的更高阶段才会得以体现。

### 4.6.6 秋水仙碱化学去核对山羊卵丘细胞核移植胚胎体外发育的影响

体细胞核移植技术对于动物育种、濒危动物保护、科学试验及发育生物学等基础理论问题的研究均有重要意义，但目前体细胞克隆成功率仅为1%～3%(Liu,2001)，其较低的成功率已成为制约这一技术应用的主要障碍，因此完善体细胞核移植技术体系仍是当前急需解决的问题。

受体卵母细胞在核移植前需进行去核处理，如果不对其进行去核处理或去核不完全，将会因重组胚染色体的非整倍性和多倍体而导致发育受阻和胚胎早期死亡，因此去核方法极为重要。化学去核是利用化学试剂处理卵母细胞使核区变透明(王敏康等，2001)或使核区位置在卵母细胞细胞膜表面形成突起(Yin X J, *et al.*, 2002; Kawakami M, *et al.*, 2003)，然后采用显微操作的方法去除卵母细胞细胞核。Tani 等(2006)用脱羰秋水仙碱处理牛 MⅡ期卵母细胞可诱导卵母细胞核区形成突起，蓝国成(2004)采用此法用脱羰秋水仙碱(demecolcine)处理山羊卵母细胞获得了100%的去核率。因脱羰秋水仙碱的毒性较大，不易购买，因此本试验选用了秋水仙碱类药物——秋水仙碱处理山羊卵母细胞，探讨了其在山羊卵母细胞去核中的作用，以及对克隆胚胎体外发育的影响。

1. 材料与方法

(1)试剂配制　山羊采卵液：TCM199＋5 mmol/L $NaHCO_3$＋10 mmol/L HEPES＋10 mmol/L HEPES-Na＋0.01 g/L 肝素钠＋10 mol/L FBS＋0.065 g/L 青霉素＋0.05 g/L 链霉素；卵母细胞成熟培养液：TCM-199＋10% FBS(*V*/*V*)＋10 μg/mL FSH(加拿大)＋10 μg/mL LH(加拿大)＋1 μg/mL $E_2$＋1 mmol/L *L*-谷氨酰胺＋20 ng/mL EGF；山羊克隆胚胎发育液：SOF＋1%NEAA＋1%EAA＋10 ng/mL EGF＋1 mmol/L *L*-谷氨酰胺＋8 mg/mL BSA。

(2)山羊卵母细胞的获取与体外成熟　从屠宰场采集的山羊卵巢，立即放入盛有灭菌预热至30℃左右的生理盐水(含双抗)的保温瓶中，在3～4 h内运回实验室。用已预热的生理盐水将卵巢洗涤2～3次后，放入烧杯内并置于30℃恒温水浴锅中，供采卵用。用刀片切割卵巢表面卵泡，在实体显微镜下收集卵丘-卵母细胞复合体(COC)，选取卵丘细胞层完整、致密，卵母细胞胞质均匀的COC，用采卵液清洗3～4次后进行成熟培养，培养条件为将成熟培养液置于38.5℃培养箱中预热4 h，然后将挑选的COC洗涤干净后置于38.5℃、5%$CO_2$、饱和湿度的$CO_2$培养箱内培养19 h。

(3)受体卵母细胞的选取　体外成熟19 h后，取出COC置于含0.1%透明质酸酶的操作液中用口径略大于卵母细胞直径的玻璃管反复吹打除去周围的卵丘细胞，在实体显微镜下挑选具有完整第一极体的卵母细胞备用。

(4)卵丘细胞单层的制备及供体卵丘细胞的准备　成熟卵母细胞用透明质酸酶消化后收集脱落的卵丘细胞于1.5 mL离心管中，加入含10% FCS的DMEM培养液离心洗涤，重悬浮后分到96孔板培养，卵丘细胞体外培养待其生长至80%汇合时用0.5%胰蛋白酶消化传代，用作共培养时将DMEM液吸出，加入发育液，在$CO_2$培养箱内平衡备用，用作核供体时用DMEM+0.5%FCS处理19 h。

(5)卵母细胞的去核与注核　将所获得的具有完整第一极体的卵母细胞移入含7.5 μg/mL细胞松弛素B(CB)的操作液中处理30 min，或将具有完整第一极体的卵母细胞用秋水仙碱处理后选择具胞质突起的卵母细胞置于操作液中，在显微操作仪下进行显微操作。用去核针将第一极体及其下方1/5～1/4胞质去除，以去除MⅡ期染色体；秋水仙碱处理后的卵母细胞去核时用去核针去除第一极体及突起的胞质。随机挑选去核后的卵母细胞用5 μg/mL hoechst染色15 min后在荧光显微镜下观察去核结果，以有无蓝色亮点作为去核完全与否的标志，统计去核率。将体细胞注入到胞质质膜与透明带夹角处，使供体细胞膜与受体胞质质膜紧密接触以利于融合。

用作供体的卵丘细胞均为体外培养1～2代，使用前经血清饥饿19 h的卵丘细胞，用胰酶消化成单个细胞后同卵母细胞共同置于操作液中，卵母细胞去核后立即注入供体卵丘细胞。

(6)卵母细胞胞质与供体卵丘细胞的融合　去核卵母细胞胞质与卵丘细胞复合体在电融合液中平衡1～2 min后，移入到充满融合液的电融合槽中，用实心玻璃微针拨动，使细胞接触面与场强方向垂直。融合条件为1.25 kV/cm，脉冲宽度为40 μs，电激2次，间隔1 s，电刺激后用操作液将复合体清洗数次后置于预先平衡好的发育液中于38.5℃、5%$CO_2$、饱和湿度的$CO_2$培养箱内培养30 min后观察融合结果。

(7)克隆胚胎的激活　采用离子酶素+6-DMAP联合激活法。将融合后的重构胚胎在2.5 μmol/L离子酶素中放置1 min，清洗6～7遍后放入2 mmol/L 6-DMAP中培养2 h，充分清洗后将重构胚胎移至发育液中培养。

(8)克隆胚胎的培养　激活的克隆胚胎在贴满单层卵丘细胞的培养孔中用发育液培养，单层卵丘细胞来源于体外成熟的卵母细胞，用添加10%FCS的DMEM培养成单层，共培养前用发育液替换DMEM+10%FCS液。培养过程中每48 h半量换液，记录胚胎体外发育情况。

(9)数据统计　试验数据用SPSS 10.0进行卡方检验，$P<0.05$为差异显著。

2. 试验结果

(1)不同浓度秋水仙碱对山羊卵母细胞形成突起的影响　秋水仙碱处理山羊卵母细胞后可诱导其形成胞质突起，如图4.49所示，不同浓度秋水仙碱处理体外成熟19 h的山羊卵母细胞0.5 h后形成突起的情况如表4.101所示，0.8 μg/mL秋水仙碱处理体外成熟19 h的山羊卵母细胞0.5 h时胞质突起率最高，可达91.27%，显著高于对照组及0.4 μg/mL处理组($P<0.05$)，虽然比1.6 μg/mL处理组的突起率高，但差异不显著($P>0.05$)。

表 4.101 不同浓度秋水仙碱处理体外成熟 19 h 的山羊卵母细胞 0.5 h 后形成突起的情况

| 秋水仙碱浓度/(μg/mL) | 处理卵数 | 具胞质突起的卵母细胞数 | 突起率/% |
|---|---|---|---|
| 0 | 207 | 51 | 24.64[a] |
| 0.4 | 63 | 48 | 76.19[b] |
| 0.8 | 126 | 115 | 91.27[c] |
| 1.6 | 80 | 70 | 87.50[c] |

注:同一列中上标字母不同表明差异显著($P<0.05$),以下同。

(2)不同去核方法对山羊卵母细胞去核率的影响　荧光染色发现胞质突起确为卵母细胞核区所在位置,如图 4.50 所示,以此为指示进行去核时去核率可达 100%,而盲吸去核法的去核率为 85.71%(表 4.102),结果显示秋水仙碱化学去核法的去核率显著高于盲吸去核法,二者差异显著($P<0.05$)。

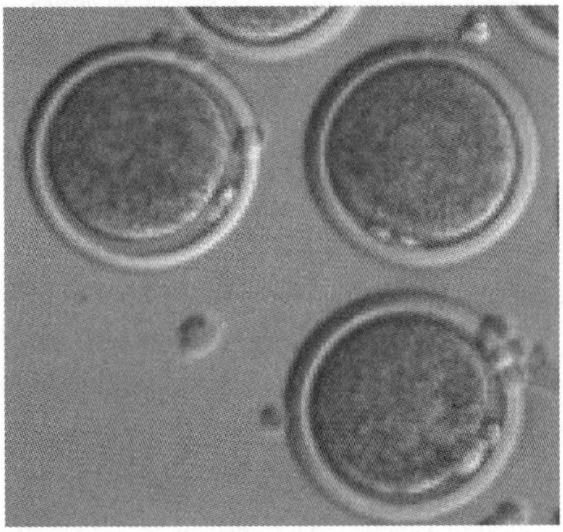

图 4.49　秋水仙碱处理山羊卵母细胞 0.5 h 后形成胞质突起(100×)

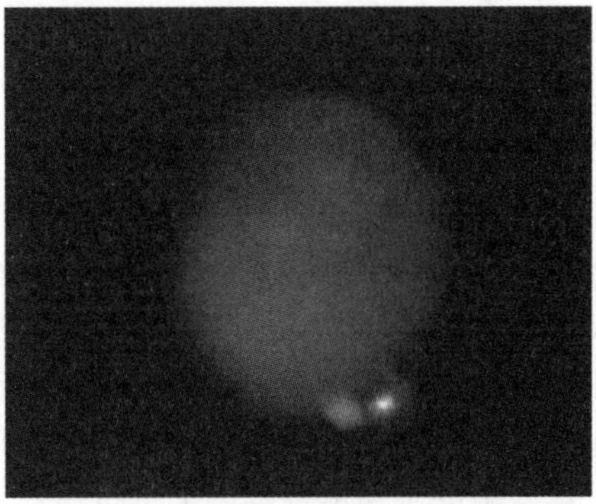

图 4.50　hoechst 荧光染色判断突起即为核区所在位置(320×)

表 4.102　不同去核方法对山羊卵母细胞去核率的影响

| 去核方法 | 卵母细胞数 | 去核卵母细胞数 | 去核率/% |
|---|---|---|---|
| 盲吸去核法 | 63 | 54 | 85.71[a] |
| 秋水仙碱化学去核法 | 70 | 70 | 100.00[b] |

(3)不同去核方法对山羊卵丘细胞核移植胚胎体外发育的影响　不同去核方法对山羊卵丘细胞核移植胚胎体外发育的影响如表 4.103 所示,秋水仙碱化学去核法得到的胚胎融合率为 61.11%,高于盲吸去核法,但统计学检验差异不显著($P>0.05$);秋水仙碱化学去核法得到的重构胚桑葚胚发育率为 18.18%,显著高于盲吸去核法构建的克隆胚胎($P<0.05$)。

3. 讨论

(1)秋水仙碱用于化学去核的可行性　目前常用于化学去核中的化学试剂是脱羰秋水仙碱(demecolcine),它是一种破坏微管稳定的药物,脱羰秋水仙碱诱导卵母细胞核区形成胞质突起的机理在于其在破坏纺锤体结构的同时强化将来要参与第二极体排出的微丝的作用,使这部分微丝聚集而形成收缩环，进而导致纺锤体胞质形成胞质突起（蓝国成，2004）。

表 4.103　不同去核方法对山羊卵丘细胞核移植胚胎体外发育的影响

| 去核方法 | 操作卵母细胞数 | 胚胎融合率/% | 卵裂率/% | 桑葚胚率/% |
|---|---|---|---|---|
| 盲吸去核法 | 148 | 79/148(53.37) | 60/79(75.95) | 6/79(7.59)[a] |
| 秋水仙碱化学去核法 | 144 | 88/144(61.11) | 72/88(81.82) | 16/88(18.18)[b] |

秋水仙碱与脱羰秋水仙碱均为秋水仙碱类药物，有报道指出秋水仙碱可用于合子的去核（Campbell K H S，*et al.*，1996）。由于脱羰秋水仙碱的毒性较大，不易购买，因此本试验选用秋水仙碱用于山羊卵母细胞的化学去核，结果发现秋水仙碱可诱导山羊卵母细胞形成胞质突起，经荧光染色后判断突起确为卵母细胞染色质，且通过比较不同浓度秋水仙碱诱导形成突起的情况发现，0.8 μg/mL 秋水仙碱处理体外成熟 19 h 的山羊卵母细胞 0.5 h 后胞质突起率最高，可达 91.27%，以此为指示进行显微操作去核时去核率可达 100%，显著高于盲吸去核的去核率。

（2）盲吸去核与秋水仙碱化学去核的比较　盲吸去核法中用 CB 处理卵母细胞，CB 作用于微丝，是一种肌动蛋白聚合抑制剂，具有阻止肌动蛋白聚合的功能（朱秀萍等，2005）；秋水仙碱是破坏微管稳定的药物，与微管蛋白作用阻止纺锤体形成，使染色体不能向两极移动，最终凝集成团，因而使细胞分裂停止于中期。CB 和秋水仙碱同为破坏细胞骨架的药物。

盲吸去核法是利用第一极体刚排出或排出后不久，染色体就在极体附近的原理用显微去核针吸取极体附近的部分细胞质以去除细胞核。盲吸去核法的缺点是在操作过程中卵母细胞的去核率受卵母细胞老化时间限制，一般认为在卵母细胞刚排出第一极体时，极体与卵母细胞的染色质相对位置较近，利用此方法进行去核操作可获得较高的去核率；而卵母细胞老化一段时间后由于极体的位置改变，极体与卵母细胞染色质之间的相对位置较远，此时利用此方法进行去核就不能去掉卵母细胞的染色体组（Miao Y L，*et al.*，2004），而且利用盲吸去核法进行去核时即使是在卵母细胞刚排出第一极体不久进行去核，去核率也不能达到 100%，此外盲吸去核法还需要去除 25%左右的胞质，由于去除胞质的量较大影响了克隆胚胎的体外发育能力（Bordigon V，1998），Zakartchenko 等（1997）报道移植时去除大量的胞质后重构胚胎体外发育能力明显下降。在体外受精前去除卵母细胞 1/2 胞质时，牛囊胚和桑葚胚所含的细胞数比未去除胞质的对照组少（Northy D L，1991）；而秋水仙碱化学去核法可使核区在卵母细胞细胞膜表面形成突起，在此指示下进行去核时所需去除的胞质量很少，从而可使供体细胞与受体卵母细胞质膜接触紧密，有利于重构胚胎的融合，另外还对重构胚胎的后续发育有利。本试验结果显示出应用秋水仙碱化学去核法构建的山羊卵丘细胞核移植胚胎桑葚胚发育率显著高于盲吸去核法构建的重构胚胎。

4. 结论

秋水仙碱可用于山羊卵母细胞的化学去核，且用 0.8 μg/mL 秋水仙碱处理体外成熟 19 h 的山羊卵母细胞 0.5 h 时胞质突起率最高，去核率可达 100%，用此法构建的重构胚胎的体外发育能力明显好于盲吸去核法构建的重构胚胎。

### 4.6.7 组蛋白乙酰化水平对山羊卵丘细胞核移植胚胎体外发育的影响

核移植技术对于动物育种、濒危动物保护、科学试验及发育生物学等基础理论问题的研究均有重要意义，但克隆效率较低，只有4%的重构胚可发育成个体(Wilmut I,2002)，且克隆动物孕期流产率高、围产期死亡率高、胎儿过度生长、出生后异常，普遍存在严重的生理缺陷，如循环衰竭、胎盘水肿、脐疝、呼吸疾病、免疫失调、肾/头/肝畸形等(Cibelli J B, *et al.*, 2002)。Dianel等(2000)提出供体核的不完全重编程导致在发育过程中有重要作用的基因没有表达或表达异常，是克隆效率低的主要原因。组蛋白乙酰化是基因组表观重编程的重要方面，研究发现克隆胚胎普遍存在组蛋白乙酰化不足的缺陷，Enright 等(2003)用一种组蛋白去乙酰化抑制剂(曲古菌素 A,TSA)处理供体细胞核发现 TSA 可增加供体细胞核的组蛋白乙酰化水平，提高囊胚发育率；Shi 等(2003)用另一种组蛋白去乙酰化抑制剂——丁酸钠(NaBu)处理供体细胞核，也得出了同样的结论。本试验研究了不同浓度 TSA 处理山羊供体卵丘细胞或重构胚胎后对克隆胚胎体外发育的影响。

1. 材料与方法

(1)试剂配制　山羊采卵液：TCM199＋5 mmol/L $NaHCO_3$＋10 mmol/L HEPES＋10 mmol/L HEPES-Na＋0.01 g/L 肝素钠＋10 mol/L FBS＋0.065 g/L 青霉素＋0.05 g/L 链霉素；卵母细胞成熟培养液：TCM-199＋10% FBS(*V*/*V*)＋10 μg /mL FSH(加拿大)＋10 μg /mL LH(加拿大)＋1 μg/mL $E_2$＋1 mmol/L *L*-谷氨酰胺＋20 ng/mL EGF；山羊克隆胚胎发育液：SOF＋1% NEAA＋1% EAA＋10 ng/mL EGF＋1 mmol/L *L*-谷氨酰胺＋8 mg/mL BSA。

(2)山羊卵母细胞的获取与体外成熟　从屠宰场采集的山羊卵巢，立即放入盛有灭菌预热至30℃左右的生理盐水(含双抗)的保温瓶中，在3～4 h内运回实验室。用已预热的生理盐水将卵巢洗涤2～3次后，放入烧杯内并置于30℃恒温水浴锅中，供采卵用。用刀片切割卵巢表面卵泡，在实体显微镜下收集卵丘卵母细胞复合体(COC)，选取卵丘细胞层完整、致密，卵母细胞胞质均匀的 COC，用采卵液清洗 3～4 次后进行成熟培养，培养条件为将培养液置于38.5℃培养箱中预热 4 h，然后将挑选的 COC 洗涤干净后置于 38.5℃、5%$CO_2$、饱和湿度的 $CO_2$ 培养箱内培养 19 h。

(3)受体卵母细胞的选取　体外成熟 19 h后，取出 COC 置于含 0.1%透明质酸酶的操作液中，用口径略大于卵母细胞直径的玻璃管反复吹打除去周围的卵丘细胞，在实体显微镜下挑选具有完整第一极体的卵母细胞备用。

(4)卵丘细胞单层的制备及供体卵丘细胞的准备　成熟卵母细胞用透明质酸酶消化后收集脱落的卵丘细胞于1.5 mL离心管中，加入含10% FCS的DMEM培养液离心洗涤，重悬浮后分到96孔板培养，卵丘细胞体外培养待其生长至80%汇合时用0.5%胰蛋白酶消化传代，用作共培养时将 DMEM 液吸出，加入发育液，在 $CO_2$ 培养箱内平衡备用；用作核供体时分别用添加 0 nmol/L、100 nmol/L、200 nmol/L、400 nmol/L、1 000 nmol/L TSA 的 0.5%FCS 的 DMEM 在 38.5℃、5%$CO_2$、饱和湿度的 $CO_2$ 培养箱内处理 19 h 备用，使用时用 0.5%胰蛋白酶消化处理 2～3 min，用移液枪吹打成单个细胞。

(5)卵母细胞的去核与注核　将所获得的具有完整第一极体的卵母细胞用不同浓度秋水

仙碱处理后选择具胞质突起的卵母细胞置于操作液中，在显微操作仪下进行显微操作，用去核针去除第一极体及突起的胞质。将体细胞注入到胞质质膜与透明带夹角处，使供体细胞膜与受体胞质质膜紧密接触以利于融合。

用作供体的卵丘细胞均为体外培养1～2代，使用前经血清饥饿19 h的卵丘细胞，用胰酶消化成单个细胞后同卵母细胞共同置于操作液中，卵母细胞去核后立即注入供体卵丘细胞。

(6)卵母细胞胞质与供体卵丘细胞的融合　去核卵母细胞胞质与卵丘细胞复合体在电融合液中平衡1～2 min后，移入到充满融合液的电融合槽中，用实心玻璃微针拨动复合体，使细胞接触面与场强方向垂直。融合条件为1.25 kV/cm，脉冲宽度为40 μs，电激2次，间隔1 s，电刺激后用操作液将复合体清洗数次后置于预先平衡好的发育液中于38.5℃、5%$CO_2$、饱和湿度的$CO_2$培养箱内培养30 min后观察融合结果。

(7)克隆胚胎的激活　采用离子酶素＋6-DMAP联合激活法。将融合后的重构胚胎在2.5 μmol/L离子酶素中放置1 min，清洗6～7遍后，分别放入含0 nmol/L、400 nmol/L、1 000 nmol/L TSA的2 mmol/L 6-DMAP中培养2 h，充分清洗后将重构胚胎移至发育液中培养。

(8)克隆胚胎的培养　激活的克隆胚胎在粘满单层卵丘细胞的培养孔中用SOFaa培养液培养，单层卵丘细胞来源于体外成熟的卵母细胞，用添加10%FCS的DMEM培养成单层，共培养前用SOFaa替换10% FCS的DMEM液。培养过程中每48 h半量换液，记录胚胎体外发育情况。

(9)数据统计　试验数据用SPSS 10.0进行卡方检验，$P<0.05$为差异显著。

2. 结果与分析

(1)不同浓度TSA处理山羊卵丘细胞对核移植胚胎融合率及体外发育的影响　不同浓度TSA处理山羊卵丘细胞19 h对核移植胚胎融合率及体外发育的影响如表4.104所示，由表4.104可知TSA处理卵丘细胞后可对核移植胚胎的融合率产生影响，用400 nmol/L TSA处理19 h后的卵丘细胞作为核供体时其与受体卵胞质的融合率显著高于对照及100 nmol/L TSA处理组($P<0.05$)，虽高于200 nmol/L TSA处理组及1 000 nmol/L TSA处理组，但经过统计学检验，三者差异不显著($P>0.05$)；用100 nmol/L、200 nmol/L、400 nmol/L TSA处理卵丘细胞19 h可不同程度提高山羊核移植胚胎体外发育能力，其中各组之间卵裂率差异不显著($P>0.05$)；400 nmol/L TSA处理组的桑葚胚率最高，显著高于对照组、100 nmol/L TSA处理组及1 000 nmol/L TSA处理组($P<0.05$)，但是与200 nmol/L TSA处理组差异不显著($P>0.05$)；囊胚率最高的为400 nmol/L TSA处理组，显著高于对照组及1 000 nmol/L TSA处理组($P<0.05$)，但与100 nmol/L TSA处理组及200 nmol/L TSA处理组差异不显著($P>0.05$)。

(2)不同浓度TSA处理重构胚胎时对其体外发育能力的影响　不同浓度TSA处理重构胚胎时对其体外发育能力的影响如表4.105所示，由表4.105可知，400 nmol/L TSA处理重构胚胎后，各项指标均较对照组有所提高，且囊胚发育率显著高于对照组($P<0.05$)；用1 000 nmol/L TSA处理后各项指标均较对照组的有不同程度的下降，但统计学检验差异不显著($P>0.05$)。

表 4.104 不同浓度 TSA 处理山羊卵丘细胞 19 h 对核移植胚胎体外发育的影响

| TSA 浓度 /(nmol/L) | 操作胚胎数 | 融合胚胎数(融合率/%) | 卵裂胚胎数(卵裂率/%) | 桑葚胚数(发育率/%) | 囊胚数(发育率/%) |
|---|---|---|---|---|---|
| 0 | 167 | 102(61.08[a]) | 84(82.35[a]) | 19(18.63[a]) | 2(1.96[ab]) |
| 100 | 146 | 90(61.64[a]) | 74(82.22[a]) | 17(18.89[a]) | 4(4.44[ac]) |
| 200 | 184 | 116(63.04[ab]) | 97(83.62[a]) | 26(22.41[ab]) | 8(6.90[bc]) |
| 400 | 154 | 112(72.72[b]) | 96(85.71[a]) | 32(28.57[b]) | 10(8.93[c]) |
| 1 000 | 139 | 90(64.75[ab]) | 72(80.00[a]) | 14(15.56[a]) | 1(1.11[a]) |

表 4.105 不同浓度 TSA 处理重构胚胎时对其体外发育能力的影响

| TSA 浓度 /(nmol/L) | 克隆胚胎数 | 卵裂胚胎数(卵裂率/%) | 桑葚胚数(发育率/%) | 囊胚数(发育率/%) |
|---|---|---|---|---|
| 0 | 116 | 96(82.76[a]) | 21(18.10[a]) | 2(1.72[a]) |
| 400 | 124 | 104(83.87[a]) | 33(26.61[a]) | 10(8.06[b]) |
| 1 000 | 103 | 83(80.58[a]) | 13(12.62[a]) | 0(0.00[a]) |

(3)400 nmol/L TSA 处理对山羊卵丘细胞核移植胚胎体外发育的影响　400 nmol/L TSA 分别处理供体细胞、重构胚胎及同时处理卵丘细胞和重构胚胎时对山羊卵丘细胞核移植胚胎体外发育的影响如表 4.106 所示，从表 4.106 可知胚胎卵裂率最高的为 84.92%，最低的为 82.14%，四者之间差异不显著($P>0.05$)；当用 400 nmol/L TSA 同时处理山羊供体卵丘细胞及重构胚胎时克隆胚胎的体外发育能力明显提高，桑葚胚率及囊胚率均较对照组有显著提高($P<0.05$)，囊胚发育率明显高于 400 nmol/L TSA 单独处理供体卵丘细胞组和 400 nmol/L TSA 单独处理重构胚胎组，差异显著($P<0.05$)；用 400 nmol/L TSA 单独处理供体卵丘细胞与单独处理重构胚胎时的效果相近，表现在两组体外培养时重构胚胎的桑葚胚及囊胚发育率间无明显差异($P>0.05$)。

表 4.106 400 nmol/L TSA 不同组合对山羊卵丘细胞核移植胚胎体外发育的影响

| TSA 不同组合类型 | 克隆胚胎数 | 卵裂胚胎数(卵裂率/%) | 桑葚胚数(发育率/%) | 囊胚数(发育率/%) |
|---|---|---|---|---|
| NT | 160 | 132(82.50[a]) | 29(18.13[a]) | 3(1.87[a]) |
| NT-TSA | 108 | 89(82.41[a]) | 29(26.85[ab]) | 9(8.33[b]) |
| TSA-NT | 114 | 95(83.33[a]) | 33(28.95[b]) | 10(8.77[b]) |
| TSA-TSA | 126 | 107(84.92[a]) | 42(33.33[b]) | 22(17.46[c]) |

注："NT"为对照，即供体卵丘细胞及核移植胚胎均未用 TSA 处理；"NT-TSA"表示供体卵丘细胞未用 TSA 处理，而核移植胚胎用 400 nmol/L TSA 处理；"TSA-NT"表示供体卵丘细胞用 400 nmol/L TSA 处理，而核移植胚胎未用 TSA 处理；"TSA-TSA"表示供体卵丘细胞及核移植胚胎均用 400 nmol/L TSA 处理相应时间。

3. 讨论

(1)不同浓度 TSA 处理山羊卵丘细胞对核移植胚胎融合率及体外发育的影响　在体细胞克隆中，用于核移植的供体细胞是高度分化的体细胞，其表观遗传状态与配子存在显著差异，供体细胞核必须在卵胞质因子作用下发生表观重编程，消除分化状态的记忆，激活对胚胎发育有重要作用的基因，并抑制与分化相关基因的表达，方可获得发育的全能性。克隆胚胎普遍存在DNA甲基化水平过高、组蛋白乙酰化水平不足的表观重编程缺陷(Beaujean N，*et al*.，2004；Dean W等，2001)，而这二者存在着某种内在联系，Nan等(1998)和Jones等(1998)发现在染色质的某些区域，基因组的甲基化模式可以指导组蛋白的去乙酰化，即DNA甲基化通过影响组蛋白乙酰化而起作用，特异染色质位点的组蛋白乙酰化水平与其相应DNA的甲基化水平通常是相对的。

曲古菌素A(TSA)源自链霉菌代谢产物，是一种非竞争性可逆的组蛋白脱乙酰化酶(HDAC)活性抑制剂，通过与HDAC催化位点相互作用抑制HDAC活性从而抑制组蛋白的去乙酰化作用(Wee G，*et al*.，2006)，使核小体组蛋白乙酰化水平升高，染色体结构松弛，有利于转录因子的结合，使基因表达增强。TSA是一种常用的组蛋白去乙酰化抑制剂，有报道指出TSA处理不仅可以提高组蛋白乙酰化水平还可刺激DNA发生去甲基化过程(Cervoni N，2001；German T M，2002)。

本研究发现用不同浓度TSA处理山羊卵丘细胞后核移植胚胎的融合率均较对照组有了不同程度的提高，这可能是供体细胞经TSA处理后体积有所增大，体积大的细胞与受体卵母细胞质膜接触面积大，有利于细胞融合，导致了融合率的提高(路凤花等，2005)(Prather R S，2000)；本试验用TSA处理山羊卵丘细胞发现400 nmol/L TSA处理卵丘细胞19 h可提高重构胚胎的体外发育能力，其桑葚胚及囊胚发育率明显提高；用1 000 nmol/L TSA处理供体卵丘细胞时重构胚胎体外发育能力低于对照组，这可能是由于TSA是一种抗肿瘤药物，其浓度过大会对细胞的增殖、分化产生一定的影响(Struhl K，2006)。本试验表明400 nmol/L TSA可改变山羊卵丘细胞的表观遗传状态，使之更适宜用作核供体。

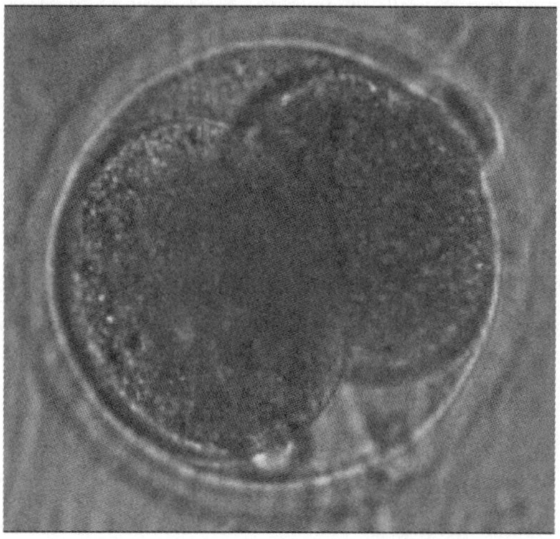

图4.51　**2-细胞山羊卵丘细胞核移植胚胎(320×)**

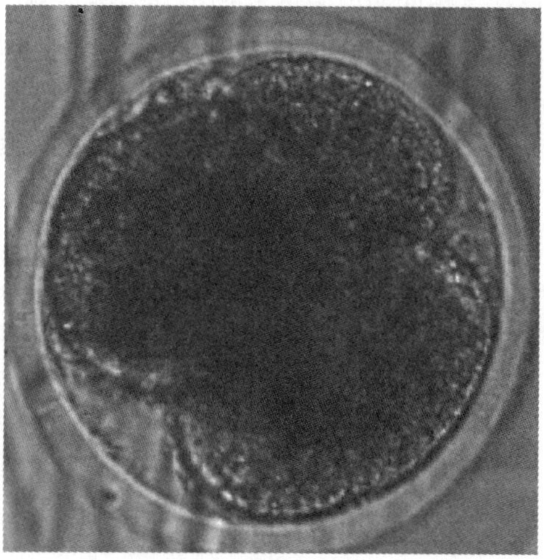

图4.52　**4-细胞山羊卵丘细胞核移植胚胎(320×)**

(2)不同浓度TSA处理重构胚胎时对其体外发育能力的影响　大多数两栖类及哺乳动物卵母细胞的发生过程是不连续的，停滞在第一次减数分裂前期双线期的卵母细胞受适宜刺激后发生生发泡破裂，完成第一次减数分裂，进入第二次休止期——第二次减数分裂中期(MⅡ)，此时的成熟卵母细胞受精后方可完成第二次减数分裂，排出第二极体。哺乳动物卵母细胞中核心组蛋白 H 3 和 H 4 的 N 末端在第一次减数分裂前期发生乙酰化，MⅠ及 MⅡ期在 HDAC 作用下发生去乙酰化(Akiyama T,2006)。小鼠卵母细胞激活或受精后雄原核高度乙酰化，使得合子原核中的组蛋白乙酰化水平得以恢复。组蛋白乙酰化水平的这种变化对消除减数分裂过程中成熟配子的基因表达状态(分化记忆)、建立胚胎发育模式具有重要意义，在表观遗传中具有重要作用(Kim J M,2003;Sarmento O F,*et al.*,2004;Li E,*et al.*,2002)。当体细胞移植入去核卵母细胞后也会发生同样的去乙酰化及重新乙酰化过程。Rybouchkin A,*et al.*(2006)研究发现小鼠卵丘细胞核移植中卵丘细胞组蛋白去乙酰化过程发生在胞质内注射后 1～3 h，TSA 处理后可抑制其组蛋白去乙酰化，但对重构胚胎体外发育无不利影响，且 TSA 体外处理时间延长后，克隆胚胎囊胚发育率明显提高。本试验结果显示出用 400 nmol/L TSA 处理山羊卵丘细胞核移植胚胎 2 h 后重构胚胎的体外发育能力明显增强，桑葚胚及囊胚发育率均显著高于对照组；当用 1 000 nmol/L TSA 处理重构胚胎时其发育能力有所下降可能是 TSA 的处理浓度过大影响了克隆胚胎的体外发育。

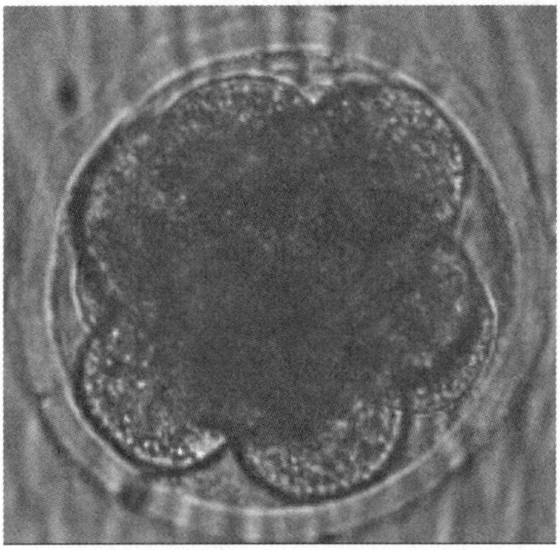

图 4.53 8-细胞山羊卵丘细胞核移植胚胎(320×)

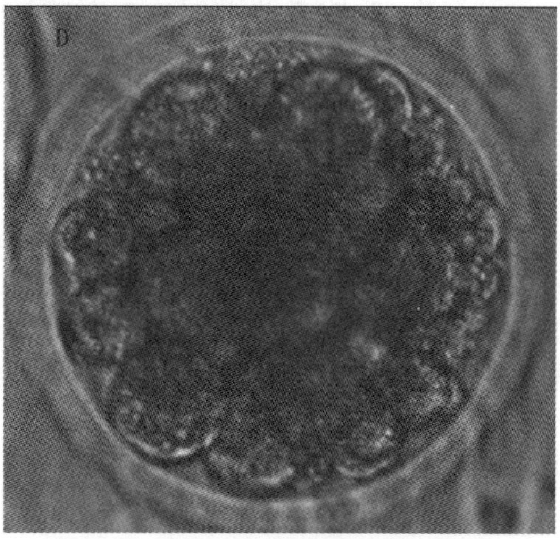


图 4.54 克隆桑葚胚(320×)

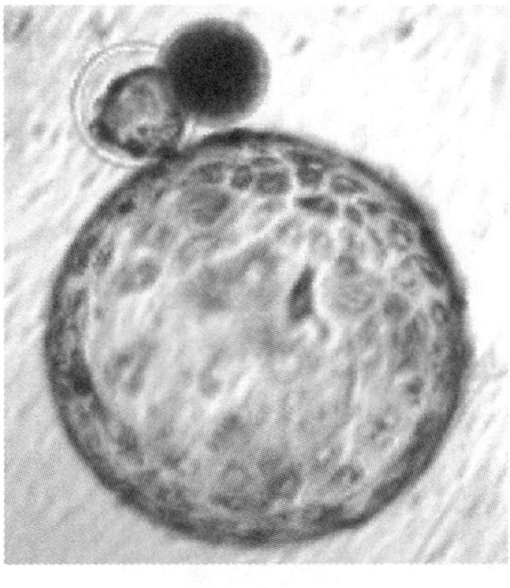

图 4.55 克隆孵化囊胚(50×)

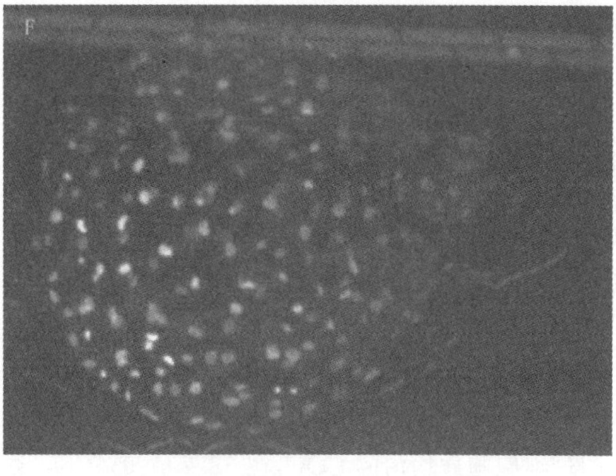


图 4.56 克隆孵化囊胚压片后荧光染色(50×)

(3)400 nmol/L TSA 处理对山羊卵丘细胞核移植胚胎体外发育的影响 Wee G,*et al.*

(2006)发现克隆牛胚胎中与发育相关的基因表达不正常,NT胚胎原核期组蛋白乙酰化异常,与IVF及TSA-NT胚胎(供体细胞用TSA处理)相比,NT胚胎原核期组蛋白H4第5位赖氨酸乙酰化(AcH4K5)水平较低;胚胎附植前发育过程中NT及TSA-NT胚胎8-细胞阶段时AcH4K5水平均明显低于IVF同期胚胎,但TSA-NT胚胎8-细胞阶段AcH4K5/DNA比例正常的胚胎数显著高于NT同期胚胎。这说明TSA处理牛供体细胞可增加克隆胚胎乙酰化水平,但仍低于IVF胚胎。Yang F K(2007)等指出供体细胞及克隆胚胎的组蛋白乙酰化水平与其发育能力相关,组蛋白乙酰化水平可作为判断体细胞核移植成功率的标志。本试验结果显示400 nmol/L TSA同时处理供体卵丘细胞及重构胚胎时克隆胚胎的体外发育能力明显好于对照组,桑葚胚及囊胚发育率均有显著提高,这表明山羊卵丘细胞核移植中用TSA单独处理供体细胞虽可使克隆胚胎乙酰化水平较对照组有所提高,但其提高水平仍低于TSA联合处理组。

### 4.6.8 5-氮-2′-脱氧核苷对绵羊体细胞核移植胚胎发育的影响

1997年,英国罗斯林研究所的Wilmut等(1997)利用绵羊乳腺细胞进行核移植试验,获得了世界上第一只体细胞核移植绵羊—多莉,这一成果开创了哺乳动物细胞体细胞核移植的新的里程碑。之后体细胞核移植牛(Kato,*et al.*,1998)、鼠(Wakayama,*et al.*,1998)、山羊(王玉阁等,1999)、猪(Polejaeva,*et al.*,2000)、兔(Matsuda,*et al.*,2002)、犬(Breong,*et al.*,2005)等相继问世,但核移植效率很低,目前报道的试验中核移植效率都低于4%(桑润滋,2006)。目前普遍认为核移植动物胚胎重编程异常是核移植效率低的主要原因,基因组重编程异常主要表现为基因组甲基化水平过高。

本试验在体细胞培养液和胚胎发育液中加入5-aza-dC,以降低体细胞和核移植胚胎基因组甲基化水平,使已分化的体细胞重编程回到全能状态,提高体细胞核移植胚胎发育率。

1. 材料和方法

(1)试剂及药液的配制　本试验所用药物除非特别说明均购自Sigma公司。

药液配制:①采卵液:TCM 199+5 mmol/L $NaHCO_3$+10 mmol/L HEPES+10 mmol/L+0.01 g/L肝素钠+1%FCS+0.05 g/L青霉素+0.05 g/L链霉素;②卵母细胞成熟培养液:TCM-199+10%FCS(v/v)+10 μg/mL FSH+10 μg/mL LH+1 μg/mL $E_2$+20 ng/mL EGF;③去核操作液:DPBS+1%FCS;④卵母细胞化学去核前处理液:操作液+0.8 μg/mL秋水仙胺;⑤电融合液:0.3 mmol/L *D*-甘露醇+0.05 mmol/L $CaCl_2$+0.1 mmol/L $MgSO_4$;⑥离子霉素激活液:操作液+2.5 μmol/L离子霉素;⑦6-DMAP激活液:操作液+2 mmol/L 6-DMAP;⑧卵丘细胞培养液:DMEM+10% FCS;⑨克隆胚胎发育液:SOF+1%NEAA+1% EAA+10 ng/mL EGF+1 mmol/L L-谷氨酰胺+8 mg/mL BSA。

(2)卵母细胞的收集和体外成熟　从保定市唐县羊定点屠宰场收集绵羊卵巢,立即放入盛有灭菌预热至30℃左右的生理盐水(含双抗)的保温瓶中,在3～4 h内运回实验室。用切剖法获取卵母细胞,在实体显微镜下收集卵丘卵母细胞复合体(COC),选取卵丘细胞层完整、致密,卵母细胞胞质均匀的COC,在38.7℃、5%$CO_2$、饱和湿度的条件下进行成熟培养。

(3)供体卵丘细胞准备　成熟卵母细胞用透明质酸酶消化后收集脱落的卵丘细胞于添加0 μmol/L、0.005 μmol/L、0.01 μmol/L、0.02 μmol/L 5-aza-dC的0.5%FCS的DMEM在

38.5℃、5%$CO_2$、饱和湿度的 $CO_2$ 培养条件下培养。核移植时用 0.5%胰蛋白酶消化处理 2～3 min，用移液枪吹打成单个细胞。

(4)卵母细胞的去核与注核　COC 体外成熟 19 h 后，取出 COC 置于含 0.1%透明质酸酶的操作液中去周围的卵丘细胞，将所获得的具有完整第一极体的卵母细胞移入到含 0.8 μg/mL 秋水仙胺的操作液中处理 30 min，然后选择具胞质突起的卵母细胞置于操作液中。在显微操作仪下进行显微操作，去除第一极体及突起的胞质。将体细胞注入到胞质质膜与透明带夹角处。

(5)卵母细胞胞质与供体卵丘细胞的融合　融合条件为 1.25 kV/cm，脉冲宽度为 40 μs，脉冲次数为 2 次，电刺激后于 38.5℃、5%$CO_2$、饱和湿度的 $CO_2$ 培养条件下培养 30 min 后观察融合结果。

(6)核移植后卵母细胞的激活及处理　采用离子酶素＋6-DMAP 联合激活法。将融合后的胚胎在 2.5 μmol/L 离子酶素中放置 1 min，清洗 6～7 遍后，放入 2 mmol/L 6-DMAP 中培养 1 h。

(7)克隆胚胎的培养　克隆胚胎分别在添加 0 μmol/L、0.005 μmol/L、0.01 μmol/L、0.02 μmol/L 5-aza-dC 的发育液中培养。培养过程中每 48 h 半量换液，记录胚胎体外发育情况。

(8)统计分析　使用 SPSS 10.0 对数据进行检验。

2. 结果

(1)不同浓度 5-aza-dC 培养绵羊卵丘细胞对核移植胚胎体外发育的影响　由表 4.107 可以看，出在体细胞培养液中分别加入 0 μmol/L、0.005 μmol/L、0.01 μmol/L、0.02 μmol/L 的 5-aza-dC，0.01 μmol/L 处理组的囊胚率显著高于其他组（$P<0.05$），其他各组间的卵裂率和桑葚胚率差异不显著（$P>0.05$）。

**表 4.107　不同浓度 5-aza-dC 培养绵羊卵丘细胞对核移植胚胎体外发育的影响**

| 5-aza-dC 浓度 /μmol/L | 培养胚胎数 | 卵裂胚胎数（卵裂率/%） | 桑葚胚数（发育率/%） | 囊胚数（发育率/%） |
|---|---|---|---|---|
| 0 | 113 | 92(81.42)[a] | 30(32.61)[a] | 4(4.35)[a] |
| 0.005 | 90 | 73(80.11)[a] | 24(32.88)[a] | 3(4.10)[a] |
| 0.01 | 137 | 111(81.02)[a] | 38(32.23)[a] | 10(9.01)[b] |
| 0.02 | 74 | 61(82.43)[a] | 20(27.03)[a] | 2(3.28)[a] |

注：在同一列中上标小写字母不同表示差异显著（$P<0.05$）。

(2)不同浓度 5-aza-dC 处理重构胚胎对其体外发育能力的影响　由表 4.108 可以看出，在激活后胚胎培养液中分别加入 0 μmol/L、0.005 μmol/L、0.01 μmol/L、0.02 μmol/L 的 5-aza-dC，0.01 μmol/L 处理组的囊胚率显著高于其他组（$P<0.05$），其他各组间的卵裂率和桑葚胚率差异不显著（$P>0.05$）。

(3)5-aza-dC 不同组合对核移植胚胎体外发育的影响　由表 4.109 可以看出 0.01 μmol/L 5-aza-dC 处理卵丘细胞组、0.01 μmol/L 5-aza-dC 处理激活后的重构胚组以及卵丘细胞和激活后的重构胚均用 0.01 μmol/L 5-aza-dC 处理组的囊胚率极显著高于不用 0.01 μmol/L 5-aza-dC 处理组($P<0.01$),其他各组间的囊胚率差异不显著($P>0.05$)。

表 4.108　不同浓度 5-aza-dC 处理重构胚胎对其体外发育能力的影响

| 5-aza-dC 浓度 /μmol/L | 培养胚胎数 | 卵裂胚胎数 (卵裂率/%) | 桑葚胚数 (发育率/%) | 囊胚数 (发育率/%) |
|---|---|---|---|---|
| 0 | 113 | 92(81.42)[a] | 30(32.61)[a] | 4(4.35)[a] |
| 0.005 | 100 | 82(82.00)[a] | 27(32.93)[a] | 3(3.66)[a] |
| 0.01 | 142 | 116(81.69)[a] | 39(33.62)[a] | 11(9.48)[b] |
| 0.02 | 98 | 80(81.63)[a] | 27(33.75)[a] | 3(3.75)[a] |

注:在同一列中上标小写字母不同表示差异显著($P<0.05$)。

3. 讨论

DNA 甲基化是一种表观重编程过程,基因组表观重编程是指 DNA 序列不改变而由其他修饰作用引起的基因沉默或表达,从而引起 DNA 功能的改变。DNA 甲基化对于哺乳动物的发育至关重要(Pawel Siedleckil,2006)。正常胚胎植入前,父本基因组相对于母本基因组快速主动去甲基化,母本基因组被动去甲基化。印记基因保持其甲基化。重新甲基化与囊胚期分化同步,相对于滋养外胚层,内细胞团(ICM)高度甲基化。Dean,*et al*.(2001)用 5 -甲基胞嘧啶免疫荧光抗体法检测核移植牛桑葚胚,发现了较高的甲基化水平。在核移植牛的胚胎中,当供体成纤维细胞被移入去核的卵母细胞后,基因组发生了一些去甲基化,然而在 2-细胞以后的胚胎中,没有发生进一步的去甲基化,相反,大部分核移植胚胎发生了过早的重新或从头甲基化。Beaujean 等(2004)用同样的方法分析绵羊成纤维细胞核移植胚胎发现 2 -细胞至 8 -细胞期的核移植胚胎染色特征与供体细胞相似,显示出过高的甲基化水平。以上现象均表明体细胞核移植中供体细胞重编程不充分,影响了核移植胚胎发育率。

表 4.109　5-aza-dC 不同组合对核移植胚胎体外发育的影响

| 5-aza-dC 不同组合类型 | 培养胚胎数 | 卵裂胚胎数 (卵裂率/%) | 桑葚胚数 (发育率/%) | 囊胚数 (发育率/%) |
|---|---|---|---|---|
| 0+0 | 113 | 92(81.42)[a] | 30(32.61)[a] | 4(4.35)[A] |
| 5-aza-dC+0 | 137 | 111(81.02)[a] | 38(32.23)[a] | 10(9.01)[B] |
| 0+5-aza-dC | 142 | 116(81.69)[a] | 39(33.62)[a] | 11(9.48)[B] |
| 5-aza-dC+5-aza-dC | 152 | 123(80.92)[a] | 41(33.33)[a] | 12(9.76)[B] |

注:"0+0"表示供体卵丘细胞及激活后的重构胚均未用 5-aza-dC+0 处理;"5-aza-dC+0"表示供体卵丘细胞用 0.01 μmol/L 5-aza-dC 处理,而激活后的重构胚未用 5-aza-dC 处理;"0+5-aza-dC"表示供体卵丘细胞未用 5-aza-dC 处理,而激活后的重构胚用 5-aza-dC 处理;"5-aza-dC+5-aza-dC" 表示供体卵丘细胞及激活后的重构胚均用 0.01 μmol/L 5-aza-dC 处理;在同一列中上标大写字母不同表示差异极显著($P<0.01$)。

脱氧胞嘧啶类似物 5-aza-dC 被广泛作为 DNA 甲基化抑制剂以促进基因表达和细胞分化。最早用于改变 DNA 甲基化转移酶的水平导致小鼠突变,以改变哺乳动物基因组甲基化水平。其作用机制是 5-aza-dC 与 DNA 甲基化转移酶共价结合,使酶的活性降低,从而导致 DNA 去甲基化(Ruth,*et al*.,1994)。

体细胞核移植供体的分化程度和甲基化状态影响核移植后重编程效率,甲基化水平较低的体细胞能够提高克隆效率。Enright 等(2002)用 5-aza-dC 处理供体，发现 0.01 μmol/L 5-aza-dC 可显著提高牛重构胚的融合率，卵裂率和囊胚率也有所提高，但 5-aza-dC 有一定的毒性，过高的浓度使其的毒性作用超过了对体细胞的重编程作用。本试验中使用 0.01 μmol/L 5-aza-dC 处理体细胞后，使已分化的体细胞基因组甲基化水平降低，这样体细胞在移入去核的卵母细胞后，胞质能够对体细胞进行有效的重编程，从而提高了体细胞核移植胚胎发育能力。

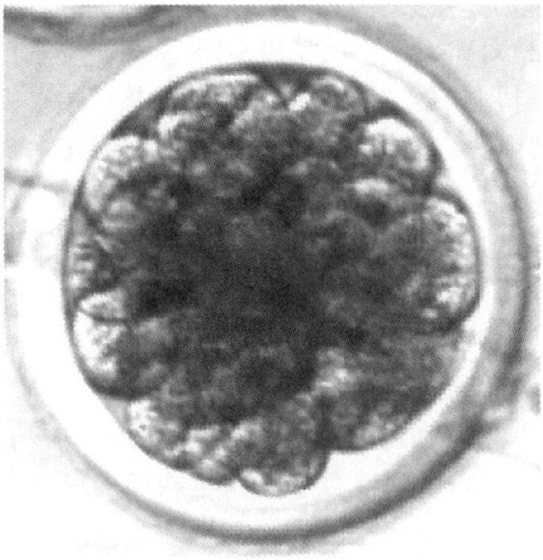

图 4.57 **发育至桑葚胚的核移植胚胎(200×)**

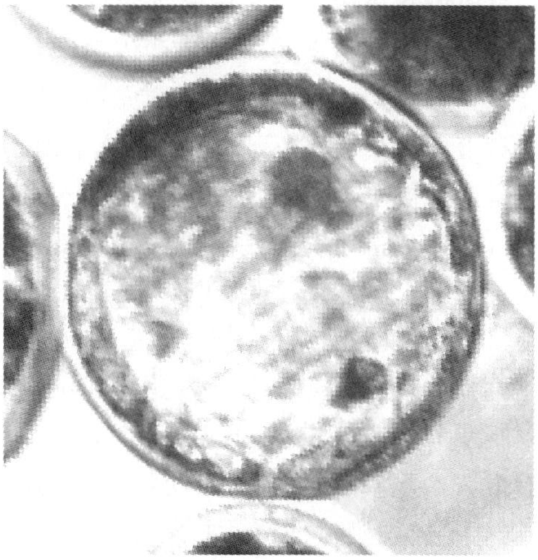

图 4.58 **发育至囊胚的核移植胚胎(100×)**

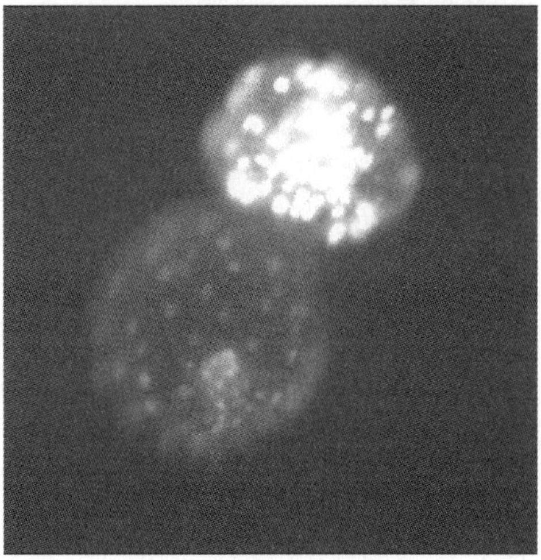

图 4.59 **核移植孵化囊胚压片后荧光染色(100×)**

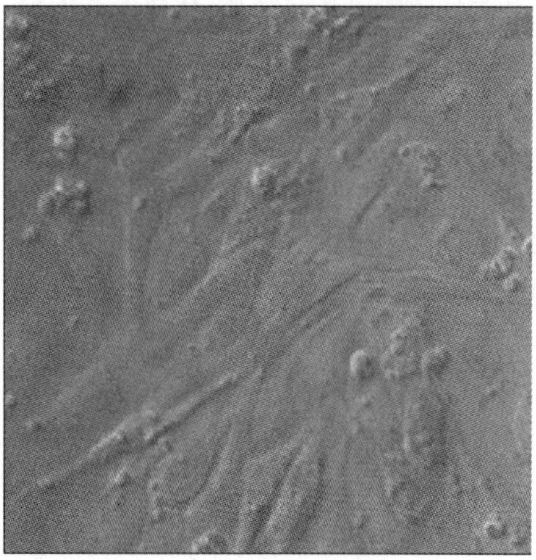

图 4.60 **经 0.01 μmol/L 5-aza-dC 处理的卵丘细胞(100×)**

影响核移植胚胎发育潜力的主要因素之一是供体核和受体细胞质细胞周期的一致性。在通常情况下，处于 MⅡ期的去核卵母细胞作为受体细胞质。由于 MⅡ期卵母细胞质含有较高水平的成熟促进因子(MPF)，MPF 使移入的体细胞发生核膜破裂(NEBD)、早熟染色体凝集(PCC)和 DNA 的合成。如果移入的体细胞处于 G0/G1 期，MPF 不会引起 DNA 的合成异常；如果移入的体细胞处于 S 期或 G2 期，MPF 可能会引起 DNA 的合成的异常。有报道指出供体细胞核的重塑对重构胚的发育是必需的，未发生 PCC 的克隆胚胎囊胚发育能力通常显著低于发生 PCC 重构胚的囊胚发育能力(Shin，*et al.*，2002)。经 5-aza-dC 处理的体细胞大部分处于 G0/G1 期，处于 G0/G1 期的细胞核染色质被修饰，转录水平下降，在 MPF 作用下发生 NEBD 和 PCC，而染色体倍型不会发生异常，而且静止核的染色质可能更容易被胞质能够对体细胞进行有效的重编程，从而提高了体细胞核移植胚胎发育能力。

目前还不清楚是什么因素导致核移植胚胎异常的甲基化模式。一个可能的解释是：因为体细胞和生殖细胞之间的表观遗传学差异，体细胞核对卵细胞质的反应不同，从而影响重构胚后续发育。例如，正常受精后，雌原核和雄原核高度协调的去甲基化过程可能在核移植重组胚中没有出现。我们还不清楚，供体核中因 DNA 甲基化所造成的所有表观遗传标记在发育过程中是否会被全部消除。在胚胎早期分裂阶段，那些本该去甲基化而没有去甲基化的 DNA 序列可能会被稳定的遗传给子代细胞。另一个可能的解释是：这些核移植胚中的异常甲基化模式可能是由于体细胞型 DNA 甲基化转移酶(Dnmt1)在早期重构胚中的异常表达引起的。在小鼠卵以及附植前胚胎中，只有 Dnmt1o(Dnmtl 在卵母细胞和早期胚胎的形式是 Dnmtlo)表达，而体细胞型 Dnmt1 不表达(Ratnam，*et al.*，2002)。而在核移植的小鼠附植前胚胎中，体细胞型 Dnmt1 基因的表达异常(Chung，*et al.*，2001)。在激活后的体细胞核移植重构胚培养液中加入 5-aza-dC，可能会使降低重构胚 Dnmt1 表达，从而降低核移植重构胚的甲基化水平，提高了体细胞核移植胚胎发育能力。

目前的研究结果认为可能是 DNA 异常的甲基化模式导致了核移植胚胎早期死亡以及核移植个体的发育畸形。本研究结果表明 DNA 甲基转移酶抑制剂 5-aza- dC 可以降低核移植供体和重构胚的甲基化水平，从而提高体细胞核移植胚胎发育率。

### 4.6.9 不同来源的山羊供核细胞对核移植重构胚发育的影响

体细胞核移植技术不仅是研究发育生物学中基础问题的重要手段，而且对于濒危动物保护、转基因动物培育等均有重要意义。我国哺乳动物克隆研究虽起步较晚，但近年来也取得了长足进展。张涌等(1991)报道利用胚胎细胞核移植技术获得了克隆山羊。我国的体细胞克隆研究进步很快，陈大元(2003)、郭继彤(2002)、王玉阁(1999)等在牛和山羊上均取得了成功，另外，我国在利用体细胞克隆技术生产转基因牛(Gong G，*et al.*，2004)、转基因山羊(Wang Y G，*et al.*，1999)上也取得了令人瞩目的成就。供体细胞在核移植中具有重要作用。目前，有关羊在这方面的报道还较少，为了提高和完善克隆羊技术以及再克隆技术，本试验开展了不同来源的山羊供核细胞对核移植重构胚发育影响的研究。

本试验分别以山羊的胚胎细胞、卵丘细胞、体细胞克隆胚胎细胞为核供体，比较了以这三种细胞为核供体得到的重构胚的体外发育能力，为山羊细胞核移植技术平台的建立提供技术支撑。

1. 材料与方法

(1)供体羊、激素、试剂以及药液的配制　供体羊为波尔山羊与本地母羊杂交改良羊，年龄在 3～4 岁，FSH 为日本产。孕酮栓为新西兰产，PG 为宁波产。

药液配制(本试验所用药物除非特别说明均购自 Sigma 公司)：

①采卵液：TCM 199＋5 mmol/L $NaHCO_3$＋10 mmol/L HEPES＋10 mmol/L＋0.01 g/

L 肝素钠＋1%FCS＋0.05 g/L 青霉素＋0.05 g/L 链霉素；

②卵母细胞成熟培养液：TCM-199＋10%FCS(v/v)＋10 μg/mL FSH＋10 μg/mL LH＋1 μg/mL$E_2$＋20 ng/mL EGF；

③电激活液：0.3 mmol/L D-甘露醇＋0.05 mmol/L $CaCl_2$＋0.1 mmol/L $MgSO_4$；

④离子霉素激活液：操作液＋2.5 μmol/L 离子霉素；

⑤6-DMAP 激活液：操作液＋2 mmol/L 6-DMAP。

(2)卵母细胞的来源与体外成熟　从保定市唐县羊定点屠宰场收集山羊卵巢，立即放入盛有灭菌预热至30℃左右的生理盐水(含双抗)的保温瓶中，在3～4 h内运回实验室。用切剖法获得卵母细胞，在实体显微镜下收集卵丘细胞-卵母细胞复合体(COCs)，在38.7℃、5%$CO_2$、饱和湿度的条件下进行成熟培养。

(3)不同核供体的准备

①体内供核细胞(胚胎卵裂球)的准备。体内胚胎的获得：选择体况好、体重年龄较一致的杂交关中奶山羊以埋植孕酮栓为第0天，第11天换栓，第16天开始以每4 d 8次注射FSH(总量12 mL)，第19天撤栓同时注射PG 0.1 mg，撤栓后第2天羊开始发情，提供核供体胚胎的羊用公羊进行自然交配，10～12 h后再配一次，于配种后5～6 d，用手术法从子宫回收桑葚期约32-细胞胚胎。回收胚胎冲胚液体为含10%胎牛血清(FBS)的磷酸盐缓冲液(PBS)。

凡收集的胚胎立即移入含10% FBS的SOFaa培养液中，在38.5℃、5%$CO_2$的培养箱中做短暂培养后，挑出32-细胞的胚胎待显微操作，不到32-细胞的继续培养至32-细胞后待用。

单个卵裂球的分离：将获得的供核胚(桑葚胚)置于含0.5%的链酶蛋白酶E的SOF培养液中消化透明带，使之变薄，当透明带薄至即将消失时，将胚胎细胞迅速移出，然后在SOF培养液中洗5～6次，在含胰蛋白酶0.25% EDTA0.1%的无$Ca^{2+}$、$Mg^{2+}$的PBS液中用内径大于卵裂球直径的光滑细玻璃管反复吹吸或用玻璃微针将卵裂球分离成单个卵裂球，然后在SOF中清洗3～5次，再置于SOFaa培养液中于38.7℃、5%$CO_2$、饱和湿度的条件下的$CO_2$培养箱中做短暂培养，待显微操作。

②供核细胞——卵丘细胞的准备(G0)。将成熟卵母细胞用透明质酸酶消化后收集脱落的卵丘细胞于1.5 mL离心管中，加入含10%FCS的DMEM培养基离心洗涤，在38.5℃、5%$CO_2$、饱和湿度的条件下的$CO_2$培养箱中培养传代3～4代。当核移植时用0.5%胰蛋白酶消化处理2～3 min，用移液枪吹打成单个细胞。

③供核细胞——克隆胚卵裂球的准备(G1)。以卵丘细胞为核供体生产的克隆胚胎(桑葚胚)的卵裂球为核供体，进行再克隆，方法同(2)、(3)、(4)、(5)、(6)、(7)。

(4)卵母细胞的去核与注核　COCs体外成熟19 h后，取出COCs置于含0.1%透明质酸酶的操作液中去除周围的卵丘细胞，将所获得的具有完整第一极体的卵母细胞移入含0.5 μg/mL秋水仙胺的操作液中处理30 min，然后选择胞质突起的卵母细胞置于操作液中。在显微操作仪下进行显微操作，去除第一极体及突起的胞质。将1.3.1、1.3.2和1.3.3获得的供核细胞注入到去核卵母细胞胞质质膜与透明带之间。

(5)卵母细胞胞质与供核细胞的融合　去核卵母细胞胞质与供核细胞复合体在电融合液中平衡1～2 min后，移入到充满融合液的电融合槽中，用实心玻璃微针拨动复合体，使细胞接触面与场强方向垂直。融合条件为1.25 kV/cm，脉冲宽度为40 μs，2 DC。电刺激后用操作液将复合体清洗数次后置于预先平衡好的发育液中于38.7℃、5%$CO_2$、饱和湿度的$CO_2$培养箱内培养 30 min 后观察融合结果。

(6)核移植后卵母细胞的激活及处理　采用离子霉素+6-DMAP 联合激活法。将融合后的胚胎在 2.5 μmol/L 离子霉素中放置 5 min,清洗 6～7 遍后,放入 2 mmol/L 6-DMAP 中培养 2 h。

(7)重构胚的培养　克隆胚胎在添加 0.01 μmol/L 5-aza-dC 的发育液中培养。培养过程中每 48 h 半量换液,培养至桑葚胚或囊胚。

(8)数据统计　采用$\chi^2$检验。

2. 结果与分析

由表 4.110 中数据可知,分别以超排桑葚胚、卵丘细胞、体细胞克隆胚为核供体的重构胚,卵裂率、桑葚胚率以及囊胚率差异均不显著($P>0.05$)。

3. 讨论

供核细胞在核移植中具有重要的作用,不同状态的供核细胞都会影响到核移植后重构胚的发育。一般认为,用雌性生殖系统的细胞作供核体可提高体细胞核移植效率。来自胚胎干细胞的克隆胚不需或几乎不需重编程,故而发育超过附植期的胚胎优于来自体细胞的克隆胚。以小鼠胚胎干细胞为供体细胞所做的试验也似乎证实了这一点,其核移胚的囊胚率最高达 88%(Amano, *et al.*, 2001)。本试验结果与之相符,在本试验中,分别以超排桑葚胚、卵丘细胞、体细胞克隆胚为核供体的重构胚,卵裂率、桑葚胚率以及囊胚率差异均不显著($P>0.05$),但是,数据显示,以超排桑葚胚为核供体的卵裂率、桑葚胚率和囊胚率最高。

**表 4.110　不同核供体来源的重构胚发育效果**

| 核供体来源 | 融合卵母细胞(胚胎)数 | 卵裂率/% | 桑葚胚率/% | 囊胚率/% |
|---|---|---|---|---|
| 超排(体内受精)桑葚胚的胚胎细胞 | 48 | 81.25$^a$(39/48) | 36.00$^a$(14/39) | 25.64$^a$(10/39) |
| 卵丘细胞 | 64 | 79.68$^a$(51/64) | 31.37$^a$(16/51) | 21.57$^a$(11/51) |
| 体细胞(卵丘细胞)核移植胚的胚胎细胞 | 50 | 64.00$^a$(32/50) | 28.13$^a$(9/32) | 12.50$^a$(4/32) |

注:同一列小写字母相同为差异不显著($P>0.05$)。

Wakayama 等(1998)比较了原代小鼠和克隆一代小鼠的颗粒细胞的核移植效率,其试验结果同样没有差异。张家新等(2008)比较了不同状态的牛供核细胞对核移植胚胎发育的影响,结果同样显示原代牛、克隆一代牛和克隆二代牛的供核细胞的融合率,卵裂率和囊胚率没有明显差异。本试验结果与之相符,虽然 G1 代胚胎的发育能力低于 G0 代,但是各项数据间差异不显著,说明不同克隆代数牛体细胞核移植效率的不同,可能不是由于克隆代数的差异所造成的。有研究指出这可能主要是由于个体差异所致。

4. 结论

在三种不同来源的供核细胞中,以体内受精所得桑葚胚卵裂球为核供体的重构胚发育能力最高,以卵丘细胞为核供体的重构胚发育能力次之,再克隆胚胎发育能力最低,但是各组间差异不显著。

### 4.6.10 小结

(1)超排母兔。16-32-细胞胚胎获得率显著低于卵母细胞获得率,证明兔卵(胚胎)从排卵到胚胎着床前有明显损失。兔16-32-细胞期胚胎细胞去核MⅡ期卵母细胞构成的核移植胚的适宜电融合与激活条件为:200 V/mm的电场强度、100 μs的脉冲宽度、二次脉冲、脉冲间隔时间为30 min;与同源胎儿成纤维细胞饲养层共同培养,有利于重组胚体外发育,尤其有利用提高桑葚胚和囊胚的发育率;获得了来源于16~32-细胞胚细胞的核移植仔兔,由此证明16~32-细胞胚卵裂球具有发育的全能性。

(2)山羊卵母细胞在体外成熟18~20 h时,用改进的MCGrath-Solter去核法去核,可以获得较佳的去核效果和重构胚发育率;以32-细胞期的胚胎细胞卵裂球作为核供体进行细胞核移植时,采用胞质内注核法优于透明带下注核法;用2个电场强度为1.25 kV/cm、脉冲宽度为30 μs的电脉冲诱导胚胎细胞核移植胚融合和激活可以获得较好的细胞融合和激活效果;山羊胚胎细胞核移植重构胚采用电激活后,再用离子霉素+6 DMAP进行二次化学激活可以获得较好的激活效果。

(3)绵羊卵母细胞使用0.5 μg/mL秋水仙胺,进行化学处理胞质突起率达91.80%,用0.8 μg/mL秋水仙碱处理体外成熟19 h的山羊卵母细胞0.5 h时,胞质突起率最高,去核率可达100%,此法构建的重构胚的体外发育能力明显好于盲吸去核法构建的重构胚。

(4)组蛋白去乙酰化抑制剂TSA处理山羊卵丘细胞供核细胞,影响核移植后的克隆胚胎的体外发育能力,400 nmol/L TSA处理山羊卵母细胞,可使克隆胚的体外发育能力增强,囊胚率明显高于对照组;400 nmol/L TSA同时处理山羊卵丘细胞供核细胞及卵母细胞时,所得克隆胚胎体外发育能力最佳,囊胚发育率最高,明显好于对照及TSA单独处理供体细胞组及TSA单独处理卵母细胞组。

(5)用0.01 μmol/L DNA甲基化转移酶抑制剂-5-氮-2′-脱氧核苷,处理绵羊卵丘细胞供核细胞或核移植重构胚,均能够提高绵羊卵丘细胞核移植重构胚胎的体外囊胚发育能力。

(6)用3种不同来源的山羊供核细胞进行核移植的结果表明,重构胚的体外发育能力高低,依次为以体内受精所得桑葚胚卵裂球为核供体、以卵丘细胞为核体体、以再克隆胚胎卵裂球为核供体,但各组间差异不显著。

(作者:桑润滋、韩建永、王文亭、李俊、滑志民、孙洁、李瑞岐、常万存、仲跻峰)

## 4.7 诱导幼畜卵泡发育(超排)与体外胚胎生产技术研究

### 4.7.1 概述

1. 概念

幼畜超数排卵有别于成年家畜超数排卵,是指通过外源激素刺激幼畜(犊牛、羔羊)卵巢上的卵泡发育,之后,通过真空泵或其他方法从卵巢上抽吸一定大小的卵泡来获得卵母细胞的技术。成熟的卵母细胞可直接用于体外受精,不成熟的在体外成熟后进行体外受精。

集幼畜的超数排卵与采卵、卵母细胞体外成熟、体外受精、胚胎体外培养和胚胎移植等技术为一体的生物高新技术体系简称为 JIVET 技术(juvenile in vitro embryo technology)。

2. 意义

(1)JIVET 技术可缩短时代间隔,加快育种进程。如果以 1～2 月龄犊牛为供体进行超排,进行连续活体采卵,当犊牛性成熟时至少可以看到自己的 2 代后代,世代间隔可大大缩短,从而加快育种进程。

(2)充分挖掘和利用优良母畜早期繁殖潜力。幼畜每次超排后可以获得比成年家畜多好几倍的卵母细胞,以羔羊为例每次超排后平均可获得 80 枚左右的卵母细胞。这就可以为一些基因优良或者较为稀缺的家畜的扩繁提供大量的生殖细胞资源,使其后代数量迅速增多。

(3)为胚胎工程科学研究提供更丰富的试验资源,幼畜超排可以为动物克隆、干细胞、转基因等胚胎工程研究提供所需的卵母细胞和胚胎的来源,可加速胚胎工程的发展。

(4)利用幼畜超排技术可探索卵子发生及卵泡波发育调控机理研究等。

3. 发展概况

1979 年 Carol A 等研究人员对 5～6 周龄的小羔羊注射外源激素 hCG,发现羔羊卵巢上有大量卵泡开始生长发育。之后很多学者就幼畜卵母细胞的发育能力进行了大量研究。

20 世纪 90 年代以后,人们对犊牛卵泡发育及胚胎体外培养进行了更为深入的研究,尤其是活体采卵技术(OPU)的发展,为供体重复利用提供了可能。1992 年 Armstrong 等在研究 3～8 周龄犊牛时得到了 91%的桑葚胚率和 27%的囊胚率,移植后有 2 头受体受孕,产下1 犊。1997 年 Armstrong 等指出,体外或体内培养的犊牛卵母细胞受精率差异不显著,囊胚率与成年牛相似,经体外受精生产的囊胚移植后,受体妊娠率为 30%～45%,与成年牛没有区别,他们推测,如果按照这样一整套程序和方案来用幼畜进行胚胎体外生产,每头 10～12 周龄的犊牛每次采集卵泡后可得到 8～10 个囊胚。1999 年 Grazyna 等人获得的羔羊早期胚胎进行移植妊娠率可达 30%～45%并繁育出了后代。2004 年 Kelly 等人的研究成果表明,4～8 周龄的羔羊激素诱导后通过 OPU 技术采集的卵母细胞生产的体外胚胎,其囊胚率达到 50%,胚胎移植后获得多个后代。2000 年 Maneesh 等对 2～3 月龄犊牛重复超排的情况进行了研究,并在研究中指出,供体牛在 15 月龄后妊娠率基本正常,说明对犊牛进行激素处理后对其以后发育影响不大或者没有影响。

2005 年 Johannes 等首次报道,未经超排的不到 2 月龄的犊牛卵母细胞能够发育到囊胚,移植后产下正常犊牛。2007 年 Perry 等在研究排卵卵泡直径与成功妊娠的关系时指出,直径等于 12.8 mm 的卵泡妊娠率高于直径$<$10.7 mm 和直径$>$15.7 mm 的卵泡的妊娠率($P<0.05$)。

国内目前对这方面的研究还不是很多。旭日干等(1993)成功获得了羔山羊卵母细胞体外受精的试管山羊。张锁链等人以羔羊卵巢卵母细胞为最初材料,把体外受精技术应用到绒山羊育种工作中,将继代卵母细胞继续体外受精,成功获得 2 只 $F_3$ 代试管羔羊,这一研究大大提高了幼龄家畜利用率。卢晟盛(2000)对犊牛离体卵巢卵母细胞后期发育有过简短报道,试验结果与成年牛相比不甚理想。桑润滋、田树军等(2007)采用 FSH＋PMSG 法对 9 只 1～2 月龄杜波杂交羔羊进行超排处理,活体采卵只均获卵数 40.3 枚,获得卵母细胞经体外受精和发育培养,移植给同期受体,成功产羔 4 只,采用相同方法处理 1～2 月龄奶羔山羊,11 只供体只均获卵数 63.7 枚,IVF 胚胎囊胚发育率为 25%,胚胎移植两只受体成功妊娠,妊娠足月后于 2008 年各产下 2 只和 3 只奶山羊羔。李瑞歧、桑润滋等(2007)对 1～2 月龄 10 头犊牛进行超排,头均获卵数 26 枚,卵裂率 42.3%,桑囊率 15.2%。

安晓荣等(2008)通过对 102 只美利奴羔羊大批试验后,证实了 JIVET 技术在我国开展的可能性。

本节对影响诱导羔羊和犊牛卵泡发育、体外成熟、受精、早期胚胎培养与发育等体外胚胎生产的因素进行了较系统研究。

### 4.7.2 诱导绵羊幼羔卵泡发育及体外胚胎生产

诱导幼羔卵泡发育技术,简称幼羔超排技术,可使每只 1～2 月龄羔羊平均每次超排获得可用卵母细胞 80～160 枚(Kelly,*et al.*,2005a,b),显著高于成年羊超排 10～20 枚(Koema,*et al.*, 2003),而成年羊不超排则仅能获得 3.6～6.6 枚(Shirazi,*et al.*, 2005)可用卵母细胞。因此,如果将幼羔超排技术与羊体外受精技术、胚胎移植技术进行组装集成(juvenile in vitro embryo transfer, JIVET)运用于养羊生产,可将羊的繁殖效率较常规胚胎移植提高约 20 倍,较自然繁殖提高约 60 倍,并使世代间隔缩短到正常的 1/4～1/3,这将大大加快羊育种及品种改良进程,同时也将解决羊胚胎移植商业化所需胚胎来源匮乏及胚胎生产成本昂贵的问题,应用前景十分广阔。

目前,国外对幼羔超排的研究结果表明,幼羔超排所获可用卵母细胞数量易受供体羔羊品种、年龄等因素影响(Morton,*et al.*, 2005a),且所生产体外胚胎发育能力较成年羊弱(Morton,*et al.*, 2005b; Leoni,*et al.*, 2006)。目前,对我国地方良种羊进行幼羔超排尚无相关报道。为此,本研究开展了小尾寒羊羔羊年龄、运输应激和重复超排对所获卵母细胞数量,以及发育液中添加乙二胺四乙酸(EDTA)对幼羔体外胚胎发育能力的影响,目的是为 JIVET 技术在我国养羊生产中推广应用提供参考依据。

1. 材料和方法

(1)试剂　促卵泡素(FSH)购自 Immuno Chemicals Products Ltd. (Auckland, New Zealand)和宁波第二激素厂;胎牛血清购自 Hyclone(Utah, USA),孕酮栓(CIDR)购自 Pharmacia & Upjohn Pty. Ltd;孕马血清(PMSG)购自天津市华孚高新生物技术公司,发情羊血清为自制。除非特别说明,其他化学试剂均购自 Sigma(Sigma Chemical, St. Louis, MO, USA)。

(2)幼羔超排方法　在幼羔年龄对超排所获卵母细胞数的影响试验中,选择发育整齐、健康状况良好的 6～8 周龄和 12～14 周龄哺乳杜泊与小尾寒羊杂交的一代母羔(简称杜寒羔羊),参照 Kelly,*et al.* (2005a)报道方法进行幼羔超排,具体方法为:间隔 12 h 进行连续 4 次肌肉注射 FSH(Immuno Chemicals Products Ltd. Auckland, New Zealand),每只羔羊总剂量为 160 mg,最后一次注射 FSH 同时肌肉注射 PMSG 500 IU。在运输应激对幼羔超排所获卵母细胞数的影响试验中,运输应激组(简称应激组)羔羊在开始超排前大约 24 h 用机动车运输 100 km(约 2 h),对照组不运输,应激组和对照组羔羊龄为 6～8 周龄,每只羔羊 FSH 总剂量为 240 IU(宁波第二激素厂),超排方法同上。在幼羔重复超排对所获卵母细胞数的影响试验中,重复超排是在 6～8 周龄羔羊第 1 次超排后间隔 3 周,进行第 2 次重复超排,超排方法同第 1 次超排,每只羔羊 FSH 总剂量为 240 IU(宁波第二激素厂)。

(3)幼羔卵母细胞采集　超排羔羊于最后一次肌肉注射 FSH 后 6～14 h，采用手术法活体采集卵母细胞，方法为：将卵巢引到腹腔外，用带有 18G 针头的 20 mL 注射器抽吸卵巢上可见卵泡，在显微镜下将卵丘-卵母细胞复合体(COCs)检出，其中形态正常、胞质均匀和颗粒细胞不少于 3 层的 COCs 为可用卵母细胞。记录每只羔羊所获卵母细胞数和可用卵母细胞数。

(4)卵母细胞体外成熟　将可用卵母细胞在成熟液中洗 3 次，移入 100 μL 成熟液滴中(Nunc 产 35 mm×10 mm 培养皿，液滴上覆盖矿物油，在培养箱中预先平衡 4 h)，每个液滴放入 15～20 枚卵母细胞，置于 5%$CO_2$、饱和湿度和 39℃的 $CO_2$ 培养箱中成熟培养 24 h。成熟培养液组成为：M199＋100 μmol/L 半胱氨酸＋10 μg/mL 促卵泡素＋10 μg/mL 促黄体素＋1 μg/mL 雌二醇＋10%(V/V)胎牛血清。

(5)体外受精　体外培养成熟的卵母细胞用口吸管进行吹打，除去部分颗粒细胞，在受精液中洗 3 次，移入 30 μL 的受精液滴中(Nunc 产 35 mm×10 mm 培养皿，液滴上覆盖矿物油，在培养箱中预先平衡 4 h)，每个液滴放入 10～20 枚卵母细胞，然后加入密度为 $1\times10^6$ 个/mL 的获能精子(精子来源于用假阴道采得的德克塞尔种公种的鲜精)。精子和卵母细胞在 5% $CO_2$、饱和湿度和 39℃的 $CO_2$ 培养箱中共孵育 24 h。受精液组成为：SOF 液＋20%发情羊血清(*V*/*V*)＋5 IU/mL 肝素钠。

(6)胚胎体外发育　于体外受精 24 h，将受精卵用吸管吹打脱除颗粒细胞，在胚胎发育液中洗 3 次，移入 30 μL 发育液滴中(Nunc 产 35 mm×10 mm 培养皿，液滴上覆盖矿物油，在培养箱中预先平衡 4 h)，每个微滴放入假定受精卵 15～20 枚，置于含有混合气(5%$CO_2$，5%$O_2$，90%$N_2$)、100%湿度和 39℃的 $CO_2$ 培养箱中进行体外发育培养。EDTA 组胚胎发育液组成：SOF＋1%非必需氨基酸(*V*/*V*)＋1%必需氨基酸(*V*/*V*)＋8 mg/mL 牛血清白蛋白＋10 μmol/L EDTA，对照组胚胎发育液组成：SOF＋1%非必需氨基酸(*V*/*V*)＋1%必需氨基酸(*V*/*V*)＋8 mg/mL 牛血清白蛋白。

(7)受体羊同期发情及胚胎移植　受体绵羊阴道埋植 CIDR 15 d，撤去 CIDR 同时每只受体注射 PMSG 250 IU。于受体羊发情后 2 d，采用手术法将胚胎移入受体卵巢上黄体发育良好的同侧输卵管内，每只受体移入 4～8 -细胞的体外受精胚胎 5～6 枚。统计移植受体的产羔结果。

(8)统计分析　试验结果采用 SPSS 统计软件 One-WayANOVA 程序进行方差分析。

2. 结果

(1)幼羔年龄对超排所获卵母细胞数的影响　不同周龄羔羊超排所获卵母细胞数的结果如表 4.111 所示，6～8 周龄羔羊的平均获卵数和可用卵数分别为(60.8±13.9)枚和(58.2±12.3)枚，显著高于 12～14 周龄羔羊的(27.3±5.1)枚和(26.0±4.9)枚($P<0.05$)；6～8 周龄组只均获可用卵率(95.0%)与 12～14 周龄组(94.4%)无显著性差异($P>0.05$)。图 4.61 可见，羔羊超排反应良好的卵巢体积显著增大，卵巢上密布充满卵泡液的小卵泡，卵泡的大小一致；而羔羊超排反应差的卵巢体积很小，卵巢上看不到有充满卵泡液的小卵泡分布。

表 4.111　幼羔年龄对超排所获卵母细胞数的影响

| 组别 | 样本数 | 平均卵数/枚 | 平均可用卵数/枚 | 平均可用卵率/% |
|---|---|---|---|---|
| 6—8 | 5 | $60.8\pm13.9^{a}$ | $58.2\pm12.3^{a}$ | $95.0\pm3.5^{a}$ |
| 12—14 | 5 | $27.3\pm5.1^{b}$ | $26.0\pm4.9^{b}$ | $94.4\pm2.5^{a}$ |

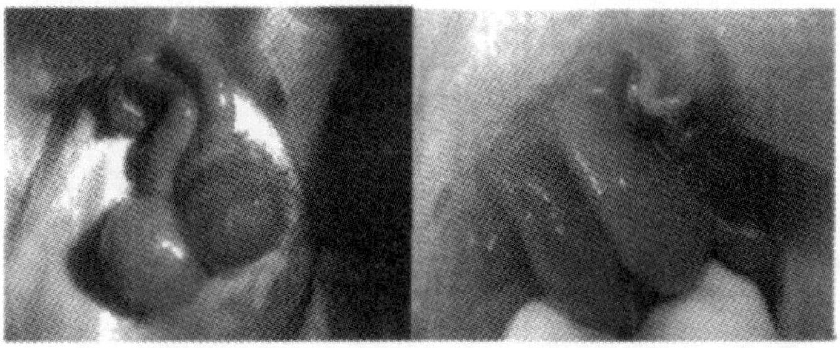

图 4.61 羔羊超排反应好的卵巢(左)和超排反应差的卵巢(右)

注:同一列中,上标字母不同表示差异显著($P<0.05$),上标字母相同表示差异不显著($P>0.05$)。

(2)运输应激对幼羔超排所获卵母细胞数的影响 应激组与对照组幼羔超排所获卵母细胞数结果见表 4.112。应激组与对照组在只均获卵数(39.3±21.2 相对 41.2±20.8)、平均获可用卵数(39.0±18.9 相对 38.4±17.3)和平均获可用卵率(98.1%相对 93.3%)方面均无显著性差异($P>0.05$)。

(3)幼羔重复超排对所获卵母细胞数的影响 结果如表 4.113 所示,重复超排组在平均获卵数(15.0±8.8)、平均获可用卵数(14.2±6.3)方面都极显著低于初次超排(40.3±10.8 和 38.7±9.7)($P<0.01$),但二者平均获可用卵率差异不显著($P>0.05$)。

表 4.112 运输应激对所获卵母细胞数的影响

| 组别 | 样本数 | 平均卵数/枚 | 平均可用卵数/枚 | 平均可用卵率/% |
|---|---|---|---|---|
| 应激组 | 4 | 39.3±21.2[a] | 39.0±18.9[a] | 98.1±7.6[a] |
| 对照组 | 5 | 41.2±20.8[b] | 38.4±17.3[b] | 93.3±3.8[a] |

注:同一列中,上标字母相同表示差异不显著($P>0.05$)。

表 4.113 幼羔重复超排对所获卵母细胞数的影响

| 组别 | 样本数 | 平均卵数/枚 | 平均可用卵数/枚 | 平均可用卵率/% |
|---|---|---|---|---|
| 初次超排 | 9 | 40.3±10.8[a] | 38.7±9.7[a] | 95.4±6.4[a] |
| 重复超排 | 9 | 15.0±8.8[b] | 14.2±6.3[b] | 92.2±6.1[a] |

注:同一列中,上标大写字母不同表示差异极显著($P<0.01$),上标小写字母相同表示差异不显著($P>0.05$)。

(4)发育液中添加 10 mol/L EDTA 对幼羔早期胚胎体外发育的影响 由表 4.114 可见,EDTA 组受精卵 48 h 卵裂率(59.0%)与对照组(50.8%)无显著差异($P>0.05$),体外受精(IVF)后第 5 天发育至 16 -细胞以上胚胎的百分率(100%)极显著高于对照组(46.9%)($P<0.01$)。

表 4.114 发育液中添加 10 μmol/L EDTA 对羔羊卵母细胞体外胚胎发育影响结果

| 组别 | 人工孵卵数/枚 | 卵裂数/枚 | 16 -细胞以上胚胎数/枚 |
|---|---|---|---|
| EDTA 组 | 61 | 36(59.0%[a]) | 36(100.0%[A]) |
| 对照组 | 63 | 32(50.8%[a]) | 11(46.9%[B]) |

注:同一列中,上标大写字母不同表示差异极显著($P<0.01$),上标小写字母相同表示差异不显著($P>0.05$)。

(5)幼羔超排生产体外胚胎移植产羔结果　如表4.115所示,幼羔超排所生产体外胚胎进行胚胎移植的产羔率为12.5%,共产4只羔羊,其中3只羔羊健康状况良好(图4.62),见彩图12。1只为死羔。这是我国杜寒杂交幼羔超排获得的首例试管绵羊。

**表4.115　幼羔超排所获体外受精胚胎进行移植的产羔结果**

| 移植受体数/只 | 产羔受体数/只 | 产羔数/只 |
| --- | --- | --- |
| 24 | 3(12.5%) | 4 |

注:1只受体羊产双羔。

3. 讨论

**图4.62　6~8周龄羔羊产生后代**

幼羔卵泡发育不同于成年羊的特点是缺乏卵泡征集和优势化的能力,因此幼羔卵巢上同时有很多卵泡发育时也不会发生卵泡闭锁(Land,*et al.*,1970),可见对幼羔进行超排较成年羊可获得更为理想的效果。在自然情况下,胎儿期羔羊卵巢上有腔卵泡第1次出现大约在妊娠期135 d,出生前后卵巢上有腔卵泡数量明显增多,4~8周龄时达到高峰,之后开始下降,到性成熟时卵巢上有腔卵泡发育数量降到一个较低的稳定状态,因此在羔羊卵巢上有腔卵泡发育数量达到最高峰时进行超排效果最好(Tassell,*et al.*,1978)。然而Kelly,*et al.*(2005b)研究结果进一步证实:胎儿期及哺乳期营养水平降低会影响羔羊发育,从而显著降低幼羔超排获卵数。针对我国小尾寒羊产羔率高(280%左右)、处于妊娠期的胎儿和哺乳期羔羊的营养水平相对较低的实际,本研究延迟小尾寒羊的超排周龄,比较6~8周龄和12~14周龄羔羊的超排效果,结果表明:6~8周龄组羔羊平均获卵数和可用卵数(60.8枚和58.2枚)均显著性高于12~14周龄组(27.3枚和26.0枚)($P<0.05$),表明选择6~8周龄羔羊进行超排的效果优于12~14周龄羔羊。然而,我国小尾寒羊幼羔超排的最佳年龄是多少,仍待进一步研究。幼羔超排效果除了易受羔羊品种、年龄等个体差异影响外,环境因素也可能会影响超排效果,其中运输应激是在开展幼羔超排过程中经常遇到的,然而幼羔超排前一定距离的运输应激是否会影响超排效果,目前尚不清楚。本研究结果显示:机动车运输100 km(约2 h)进行超排处理的运输应激组幼羔平均获卵数、平均获可用卵数和平均获可用卵率与对照组均无显著性差异($P>0.05$),表明幼羔在超排前进行一定距离的运输并不会降低幼羔超排效果。

幼羔重复超排可以提高每只供体所获卵母细胞总数,从而提高供体遗传资源的利用效率,然而供体羔羊每次超排处理所获卵母细胞数量会随重复超排次数的增加而逐渐减少(Valasi,*et al.*,2007)。本试验间隔3周重复超排,结果重复超排幼羔的获卵数较初次超排极显著降低($P<0.01$),与上述研究结果一致。Valasi,*et al.*(2007)研究认为卵巢对激素的反应性降低是导致重复超排所获卵母细胞数量下降的主要原因。而在本研究中,手术法采集卵母细胞容易造成卵巢、输卵管及子宫等相互粘连,在一定程度上也会影响卵母细胞采集效果。此外,虽然间隔3周进行重复超排,可以保障幼羔卵巢损伤基本得以恢复,但由于重复超排羔羊的年龄偏大,也可能是导致重复超排所获卵母细胞数量降低的原因。可见,改进手术采卵方法,降低手术粘连和对卵巢的损伤程度,从而缩短重复超排间隔时间,将有利于提高供体羔羊的利用

效率。

Kelly, *et al*.(2005b)证实初情期前羔羊作供体所采集的卵母细胞具有产生后代的能力，本研究幼羔超排所生产体外胚胎移植后成功产下 4 只羔羊进一步支持了上述研究结论，但移植产羔率仅为 12.5%，表明移植后的胚胎在发育过程中丢失率偏高。幼羔生产体外胚胎进行移植后的胚胎丢失率(80%)高于成年母羊(60%)(Ptak, *et al*., 1999)，其原因之一是幼羔体外生产的胚胎不能由母源基因组表达向胚胎基因组表达的顺利过渡(Armstrong, 2001)。在早期胚胎发育过程中，某些基因的激活会引起水中有害自由基含量上升，导致有丝分裂异常，从而使体外胚胎发育阻滞。EDTA 作为一种抗氧化剂，可以清除胚胎代谢过程中所产生的有害自由基(耿菊敏，2004)，有利于胚胎的体外发育。因此，在本研究中开展了在发育液中添加 EDTA 对幼羔早期胚胎体外发育的影响研究，结果 EDTA 组受精卵 48 h 卵裂率(59.0%)与对照组(50.8%)无显著差异($P>0.05$)，但体外受精(IVF)后第 5 天发育至 16-细胞以上胚胎的百分率(100%)极显著高于对照组(46.9%)($P<0.01$)，表明在早期胚胎发育液中添加 10 mmol/L EDTA 有利于提高幼羔供体所生产体外胚胎的发育能力。

### 4.7.3 影响羔山羊超排及体外胚胎发育效果因素研究

多年来，很多学者为探讨羔羊卵母细胞体外受精各个环节的影响因素，做了大量工作，体外受精技术取得了长足进步，但仍然存在一些问题，如超排方案尚无统一标准，个体及品种间超排效果差异较大；羔山羊卵巢卵母细胞的 IVM/ IVF/ IVC 系统还很不稳定，可重复性差；体外发育系统不够完善等。尤其在国内，羔山羊的体外受精技术不够成熟。因此，本试验进行了影响羔山羊超排及体外受精效果因素的研究，旨在为改善羔羊体外胚胎生产技术体系提供科学依据。

1. *材料与方法*

(1)试剂与动物　所用试剂：除非特殊说明均购自 Sigma 公司。TCM 199 液体(Gibco，批号：1193387)；TCM 199 粉剂(Hycolon，批号：SH30297.01)；胎牛血清(杭州四季青，批号：20070512)；肝素钠(Solarbio，批号：H8060)；FSH(日本，批号：203221)；PMSG(天津华孚，批号：031022)；PG(氯前列烯醇，宁波舒生激素厂，批号：070117)；FSH(新西兰 Ovagen，批号：6445；日本 Kawasaki，批号：203221)。

试验动物：本地羔山羊、唐山奶山羊羔羊、波尔山羊羔羊共 12 只。均按当地常规饲养。

(2)羔羊激素处理　采用 FSH+PMSG 法对 1～2 月龄羔羊进行颈部肌肉注射。2 d 4 次注射 FSH，间隔 12 h，最后 1 次注射 FSH 同时注射 PMSG 400 IU，FSH 总剂量为：新西兰 FSH 3.52 mg/只；日本 FSH 为 15 AU/只。最后一次注射激素后约 14 h 进行活体采卵。

(3)卵母细胞采集　羔羊活体采卵。肌肉注射 0.1 mL 左右速眠新Ⅱ号，并注射青、链霉素各一支，下腹部剪毛，清洗。2%碘酊涂擦，75%酒精棉球脱碘，在乳房前腹中线左右，避开血管，纵向做 2.5～3 cm 切口，从切口将卵巢拉出，用注射器(10 mL 注射器，9# 针头)采集卵巢上 2～8 mm 卵泡，注射器内提前吸有 2～3 mL 抽卵液(TCM 199+HEPES+HEPES-Na+肝素钠+血清+$NaHCO_3$)。发现抽卵液出现混浊时，应及时将存有卵母细胞的抽卵液移入 10 mL 离心管中暂存，并随即转入实验室内检取卵母细胞，在实体显微镜下选择带有完整致密的卵丘颗粒细胞、形态正常的卵丘-卵母细胞复合体(COCs)。采卵完毕，卵巢上涂抹 2%碘甘油，以防粘连。给羔羊注射约 0.1 mL 苏醒灵使其苏醒。间隔 30 d,对 4 只羔羊供体进行重复超排处理。

(4)卵母细胞体外成熟　将挑选出的 A、B 级卵母细胞用采卵液(TCM 199＋$NaHCO_3$＋Hepes＋HepesNa＋肝素钠＋0.1% PVP＋1% FCS＋青霉素＋链霉素)洗涤 1 次,再用成熟培养液(TCM199＋10% FCS＋FSH＋LH＋$E_2$)洗涤 3 次后,移入预先在培养箱平衡 2 h 以上的 100 μL 的成熟培养微滴中,每滴 15～20 枚卵母细胞。38.7℃、5% $CO_2$、饱和湿度条件成熟培养。

(5)精子的准备及体外受精　取采集的新鲜精液 50～100 μL,然后小心的加到盛有 4 mL HSOF 的离心管底部。在 37℃水浴锅中倾斜放置 30～50 min 使精子上浮,然后吸出 3 mL 上层液于另一离心管中,1 000 r/ min 离心 5 min,弃上清,然后加入受精液(SOF＋20%发情山羊血清＋肝素钠),使精子密度为($5\times10^6$～$6\times10^6$)个/mL。

将体外成熟的卵母细胞吹打除去大部分卵丘细胞,用受精液洗涤 3 次,移入预先平衡好的 30 μL 的受精微滴中,每滴 8～10 枚卵母细胞,然后加入 20 μL 处理好的精子悬液。使精子最终密度为($1\times10^6$～$3\times10^6$)个/mL。精卵于培养箱中共孵育 18～30 h。38.7℃饱和湿度培养(5%$CO_2$,95%空气)。

(6)早期胚胎体外培养　将受精卵用发育液洗涤 3～5 次,移入 50 μL 发育微滴中,每滴 10～15 枚卵子(38.7℃,5% $CO_2$,95%空气,5% $O_2$),每 48 h 微滴中更换 1/2 新鲜培养液。至第 7 天统计发育至不同阶段的胚胎数。

(7)受体同期发情方法　孕酮(孕酮海绵栓)＋PMSG＋PG 法。

(8)胚胎移植　羔羊卵母细胞经体外受精获得的胚胎,通过手术法,移植给无生殖疾病的受体母羊,移植后 40 d 进行 B 超妊娠检测。

(9)所产羔羊的微卫星 DNA 检测　随机选 10 对山羊微卫星 DNA 多态度性引物,对 5 只幼羔超排、体外受精获得的试管奶山羊羔羊、受体母羊及提供卵母细胞的羔羊、奶山羊种公羊进行微卫星 DNA 分析。

(10)统计分析　采用卡方检验和 SPSS 软件中的均值方差分析对数据进行统计学比较。

2. 结果

(1)激素 FSH 来源(产地)　由表 4.116 可看出,日本激素组受精率显著高于新西兰激素组($P<0.05$)。日本激素组均只获卵数高于新西兰激素组,差异极显著($P<0.01$)。两组的均只可用卵数差异不显著($P>0.05$)。

**表 4.116　不同产地 FSH 对获卵数和受精率的影响**

| 激素 | 个体数 | 平均获卵数 | 平均可用卵数 | 总受精率/% |
|---|---|---|---|---|
| 新西兰 | 8 | 46.25 (370/8)$^A$ | 24.38(195/8)$^a$ | 28.1(47/167)$^a$ |
| 日　本 | 4 | 62.25(249/4)$^B$ | 29.75(119/4)$^a$ | 39.4(50/127)$^b$ |

注:差异显著用不同小写字母角标表示,差异极显著用大写字母表示。下表同。

(2)羔羊日龄对超排效果影响　按日龄分为两组,从表 4.117 数据看,30～50 日龄组的平均获卵数、平均可用卵数极显著高于 51～70 日龄组($P<0.01$);不过两组的受精率经卡方检验差异不显著($P>0.05$)。

(3)成年山羊与羔山羊卵母细胞体外受精及发育对比　经卡方检验,羔山羊卵母细胞体外受精率($P<0.05$)和体外培养桑葚胚率均显著($P<0.05$)低于成年组,从试验获得数据看,成年羊体外培养囊胚率为羔羊组的 2.23 倍,显著高于羔羊组囊胚率($P<0.05$)。

表 4.117 日龄对获卵数和受精率的影响

| 日龄 | 个体数 | 平均获卵数 | 平均可用卵数 | 受精率/% |
|---|---|---|---|---|
| 30～50 | 7 | 58.55(527/9)[A] | 31.33(282/9)[A] | 36.6(93/254)[a] |
| 51～70 | 5 | 30.67 (92/3)[B] | 10.67(32/3)[B] | 28.1(9/32)[a] |

表 4.118 成年山羊与羔山羊卵母细胞体外受精及发育对比

| 类别 | 用卵数 | 受精率/% | 桑葚胚率/% | 囊胚率/% |
|---|---|---|---|---|
| 成年山羊 | 309 | 45.9(142/309)[a] | 35.9(51/142)[a] | 23.9(34/142)[a] |
| 羔山羊 | 286 | 34.9(100/286)[b] | 17.24(5/29)[b] | 10.7(3/29)[b] |

注：部分羔山羊受精卵用于移植，其余部分用于体外培养，故桑葚胚率计算基数小于卵裂数。

（4）重复超排效果比较　从每次获卵数来看，4 只羔羊第一次超排获卵数均明显多于第二次，平均获卵数 43.50 相对 8.75（图 4.63），不过羔羊二次超排卵母细胞受精率均显著高于第一次（图 4.64）。可能随年龄增长，卵母细胞的受精能力也有所增加。二次超排获得卵母细胞的体外发育最高阶段均优于首次超排获得的卵母细胞。说明供体羔羊可能随日龄增加，其卵母细胞体外发育能力逐步增强（表 4.119）。

表 4.119 两次超排受精卵发育最高阶段

| 羊号 | 首次超排 | 二次超排 |
|---|---|---|
| TN10 | 16 - 细胞 | 16 - 细胞 |
| DB05 | 4 - 细胞 | 8 - 细胞 |
| DB02 | 8 - 细胞 | 桑葚胚 |
| DB01 | 8 - 细胞 | 16 - 细胞 |

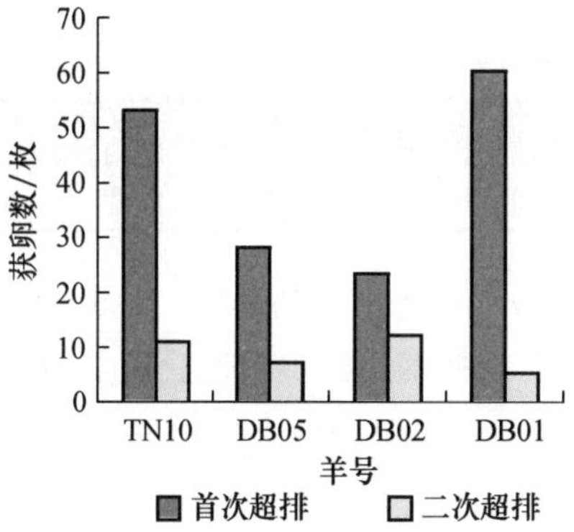


图 4.63 羔羊重复超排获卵数比较

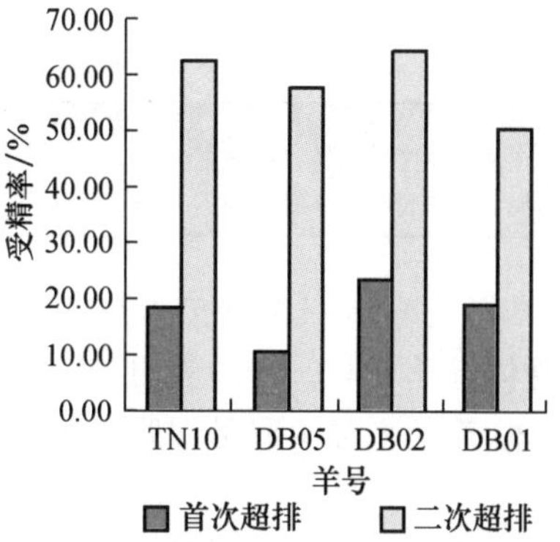


图 4.64 羔羊重复超排卵母细胞受精率比较

（5）精卵共孵育时间对受精率的影响　按照精卵共孵育时间不同将三组卵受精率进行比较，Ⅱ组受精率与Ⅰ、Ⅲ组相比差异极显著（$P<0.01$），Ⅱ组受精效果明显优于其他两组。Ⅰ组与Ⅲ组卵裂率差异不显著（$P>0.05$）。

（6）受精液 pH 值对受精率及胚胎后续发育的影响　按受精液 pH 值不同设置两试验组：Ⅰ组和Ⅱ组。由表 4.121 可看出，前者卵裂率明显高于后者（$P<0.01$），而桑葚胚率两组差异

不显著。

表 4.120 精卵共孵育时间对受精率的影响

| 精卵共孵育时间/h | 用卵数 | 卵裂数 | 卵裂率/% |
|---|---|---|---|
| Ⅰ 18～22 | 45 | 7 | 15.5[A] |
| Ⅱ 23～26 | 50 | 24 | 48[B] |
| Ⅲ 27～30 | 38 | 7 | 18.4[A] |

表 4.121 受精液 pH 对受精率的影响

| pH 值 | 用卵数 | 卵裂数 | 受精率/% | 桑葚胚率/% |
|---|---|---|---|---|
| 7.5～7.6 | 83 | 43 | 51.8[B] | 33.3(5/15)[a] |
| 7.7～7.8 | 181 | 54 | 29.8[A] | 27.3(3/11)[a] |

(7)羔羊体外胚胎移植效果　将羔羊超排获得的 50 枚(2～4 -细胞)体外胚胎移植给 12 只受体,移植 40 d 后进行 B 超妊娠检测,共 3 只受体妊娠。2 只受体成功产活羔 5 只。见表 4.122。

表 4.122 羔羊体外胚胎移植、妊娠及产羔情况

| 羔羊供体数 | 移植胚胎数 | 移植受体数 | 受体妊娠数 | 妊娠率/% | 产羔率/% |
|---|---|---|---|---|---|
| 12 | 50 | 12 | 3 | 25.0(3/12) | 41.67(5/12) |

(8)胚胎移植后所产羔羊的 DNA 微卫星检测　提取血液样本中 DNA,从 10 个位点中筛选出 5 个微卫星的引物—SR-CRSP1,SR-CRSP3,SR-CRSP5,CHINRA5C 和 CHSAT063C。在进行聚丙烯酰胺凝胶电泳(PAGE)。具体羔羊羊号与个体对应情况见表 4.123。

表 4.123 个体及羊号对应表

| 羊号 | 1 | 2 | 23 | 23A | 23B | 23C | 29 | 29A | 29B |
|---|---|---|---|---|---|---|---|---|---|
| 个体 | 供体 | 种公羊 | 受体甲 | 产羔 1 | 产羔 2 | 产羔 3 | 受体乙 | 产羔 4 | 产羔 5 |

PAGE 结果表明,5 只试管羔羊与细胞供体微卫星位点引物扩增的 DNA 片段长度相同或相近,而与受体母羊不同。结果表明,幼羔超排及体外受精技术所获得的试管羔羊 DNA 并非来自移植受体,而是来源于卵母细胞供体。如图 4.65 所示。

3. 讨论

(1)不同国外厂家 FSH 对超排获卵数及可用卵数的影响　近年来羔羊超排试验仍多选用进口激素,其中以加拿大和新西兰产的 FSH 应用较多。许多报道验证了加拿大 FSH 的高效性,但其价格也是进口激素中最为昂贵的。Jennifer M. Kelly 等(2004)应用加拿大 FSH (Folltropin, Bioniche, Canada)对 4～10 周龄美利奴母羔进行超排处理,各组均只获卵数为 70.8～94.2 枚,超排反应良好。Morton 等(2005)采用加拿大产 FSH (Folltropin-V) 对 19 只羔羊进行超排,平均获卵数高达 82 枚,平均获囊胚数 8.6 枚。而对于新西兰产 FSH 超排应用效果报道并不一致。邵庆勇等(2006)用 5 mg 新西兰产 FSH (Ovagen)对羔山羊进行重复超

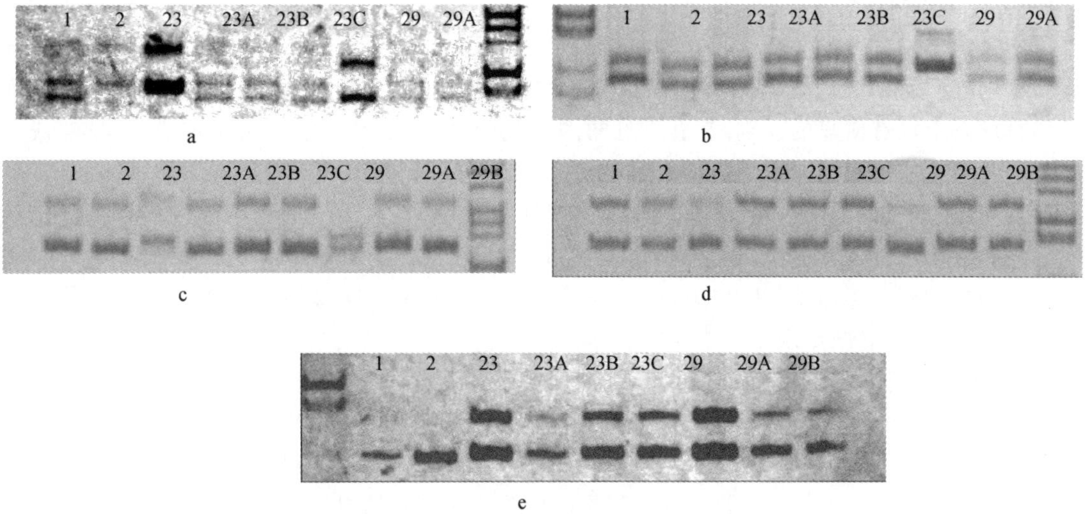


**图 4.65 5个微卫星标记在不同个体间序列长度差异**

a. SR-CRSP1；b. SR-CRSP3；c. SR-CRSP5；d. CHSAT063C；e. CHINRA5C

排研究，首次超排均只获卵数仅为 20.1 枚。Grazyna Ptak 等(2003)用 7 mg 新西兰产 FSH (Ovagen, Auckland, New Zealand) 对 1 月龄羔羊超排均只获卵数可达到近 40 枚。日本产 FSH 在牛的超排上应用较多，用于羔羊超排研究国内报道则很少。

所以本试验设计加入了日本 FSH 组，与新西兰激素组相对照。笔者进行预试验时，也采用 7.04 mg 新西兰产 FSH (Ovagen, Zealand)对羔羊进行超排处理，但大卵泡数明显较多，且卵巢表面可见卵泡数有限。正式试验时，笔者将新西兰 FSH 激素剂量减半，用 3.52 mg 新西兰 FSH 和 15 AU 日本产 FSH (KAWASAKI，川崎株式会社)分别对 8 只和 4 只 1～2 月龄羔羊进行了超排处理，结果发现，日本激素组的均只获卵数显著高于新西兰激素组(62.25 相对 46.25，$P<0.01$)。笔者认为，本试验中，日本产 FSH 应用效果优于新西兰产 FSH。

(2)羔山羊日龄对超排效果影响　不同发育阶段的羔羊超排处理后卵巢的反应程度差异较大。目前认为 1 月龄羔羊卵巢反应最为敏感，2～3 月龄较弱，而 5、7 月龄时超排效率明显低于 1 月龄。Grazyna Ptak 等(2003)对 19 只 1 月龄羔羊激素刺激时，其中仅有 4 只羔羊对激素反应不佳，重复超排时有 9 只羔羊对激素刺激无任何反应。Jennifer M. Kelly 等(2004)将 4～10 周龄母羔按周龄分为 4 周龄、6～8 周龄、8 周龄、9～10 周龄 4 组进行超排处理，试验结果表明，平均获可用卵数量与羔羊周龄呈显著负相关：按周龄递增，4 组的平均可用卵数分别为 165.3 枚、87.1 枚、77.2 枚和 66.3 枚。Morton 等(2005)对 19 只 3～6 周龄羔羊进行超排，平均获卵数高达 82 枚，平均获囊胚数 8.6 枚。本试验按日龄将羔羊分为 30～50 d 和 51～70 d 两组，低日龄组的只均获卵数为 58.55 枚、平均只可用卵数为 31.33 枚，均极显著高于高日龄组的 30.67 枚和 10.67 枚($P<0.01$)；而且低日龄组可用卵率也显著高于高日龄组(49.4%相对 34.8%，$P<0.05$)，不过两组的受精率差异不显著($P>0.05$)。本试验结果显示趋势与前述报道基本一致，表明 4～8 周龄或 1～2 月龄为羔羊的适宜超排时期。

(3)与成年羊卵母细胞体外受精及发育比较　近年来有许多研究报道幼畜卵母细胞的发育能力低于成年动物。Armstrong 等(1997)在用羔羊进行体外胚胎培养时囊胚率达到 33%，与成年羊38%相比略低，且羔羊胚胎移植后生存率为30%～45%，也稍低于成年羊，这种现象很可能是羔羊发育还不健全，内分泌状况与成年羊存在差异所致，但深刻的机理还有待进一步研究。同样Grazyna Ptak等(1999)在试验中观察到羔羊卵母细胞发育的囊胚和成年羊囊胚虽然在形态上没有明显的区别，都有可见的内细胞团，但羔羊胚胎发育明显较成年羊晚，成年羊囊胚一般在卵母细胞发育培养6 d后形成，而羔羊囊胚则在第8天或第9天出现，发生了胚胎延迟现象。本试验将屠宰场采集成年羊卵巢卵母细胞，与羔山羊卵母细胞进行体外受精及发育培养效果比较，结果发现，与先前报道基本一致，无论在受精率和体外发育情况，成年羊体外胚胎均显著好于羔山羊($P<0.05$)。不过笔者发现，羔山羊卵母细胞经体外受精和体外培养，在第7天即有囊胚出现。

(4)重复超排对羔羊超排效果的影响　近年来关于羔羊重复超排效果的报道基本一致。一般认为，随超排次数增加，获卵数呈递减趋势。I Valasi等(2006)对8～9周龄羔羊进行超排处理，再重复3次，间隔均为1个月，前后4次平均获可用卵数分别为：17枚、10枚、7枚和6枚。邵庆勇等(2006)进行的羔羊重复超排试验与I Valasi的报道基本一致，第1～4次诱导卵泡发育回收可用卵母细胞数分别为(11.1±3.2)、(8.3±1.8)、(6.6±3.7)、(6.0±1.7)枚。本试验仅进行了一次重复超排处理，获卵结果趋势显示与报道相一致。从每次获卵数来看，4只羔羊第一次超排获卵数均明显多于第二次。另外，关于羔羊重复超排各批次所得卵母细胞受精能力比较的报道较少，本试验室间隔1个月，对4只羔羊先后2次进行超排处理，第二次超排获得的卵母细胞受精率均显著高于第一次。可能随年龄增长，卵母细胞的受精能力也有所增加。另外从总体看，二次超排获得卵母细胞的体外发育最高阶段均优于首次超排获得的卵母细胞。说明供体羔羊可能随日龄增加，其卵母细胞体外发育能力也逐步增强。而J. K. O′Brien等(1996)的研究却发现羔羊与成年羊体外受精率和体外培养囊胚率差异不显著。羔羊卵母细胞发育能力与羔羊日龄的具体相关性还有待更深一步探究。

(5)精卵共孵育时间对卵母细胞受精情况的影响　精卵共孵育时间长短是体外受精体系重要一环，时间太短受精率下降，时间太长则多精受精数增多。在B 2液中一般为6～8 h，而用TALP或SOF液作受精液时可培养18～24 h。S. Ledda等(2001)发现，经24 h体外成熟的羔羊和成年羊卵母细胞达到MⅡ期比例相近，但羔羊卵母细胞内蛋氨酸和促成熟因子水平均显著低于成年羊卵母细胞。羔羊卵母细胞在成熟和受精时结构变化可能迟于成年羊卵母细胞。近年关于羔羊体外受精报道，精卵共孵育即受精时间从20～30 h不等。J. M. Kelly等(2006)将获得的羔羊卵母细胞经24 h体外成熟和24 h精卵共孵育，获得85.9%～95.8%受精率和39.7%～50.5%的囊胚率。J. M. Kelly等(2005)曾对羔羊卵母细胞进行约30 h体外受精，获得了59.8%～86.1%的卵裂率和27.7%～62.4%的囊胚率。本试验按照精卵共孵育时间不同将卵母细胞分为Ⅰ(18～22 h)、Ⅱ(23～26 h)、Ⅲ(27～30 h)3组，对其受精率进行比较，Ⅱ组受精率与Ⅰ、Ⅲ组相比差异极显著($P<0.01$)，此组受精效果明显好于其他两组。Ⅰ组与Ⅲ组间差异不显著($P>0.05$)。

(6)受精液pH值对受精率及胚胎后续发育的影响　受精液应能提供精子穿卵的正常条件，成熟的卵母细胞和获能的精子需要在一个合适的体外环境下共同培养一段时间，才能完成受精。将羔羊卵母细胞由体外成熟体系转入体外受精体系时，尚有部分卵母细胞为达到成熟或成熟不佳。而精液也有部分精子未达到获能状态。此时体系的pH值便尤为重要。精子获能的最适pH值为7.4～8.0，低于6.7获能时间延长，但pH值偏高不利于精子存活。而受精液 pH 值对卵母细胞有何影响国内报道很少。本试验便通过调定受精液 pH 值，将羔羊卵母细胞分为 pH 值 7.5～7.6 和 pH 值 7.7～7.8 两组，观察卵母细胞受精效果及其后续发育情况。由表 4.121 可看出，前者卵裂率 51.8% 明显高于后者的 29.8%（$P<0.01$），而两组桑葚胚率差异不显著（33.3%相对 27.3%，$P>0.05$）。

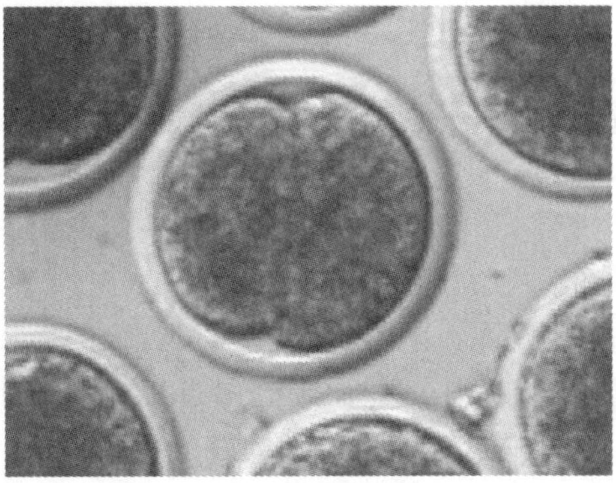

图 4.66 2-细胞

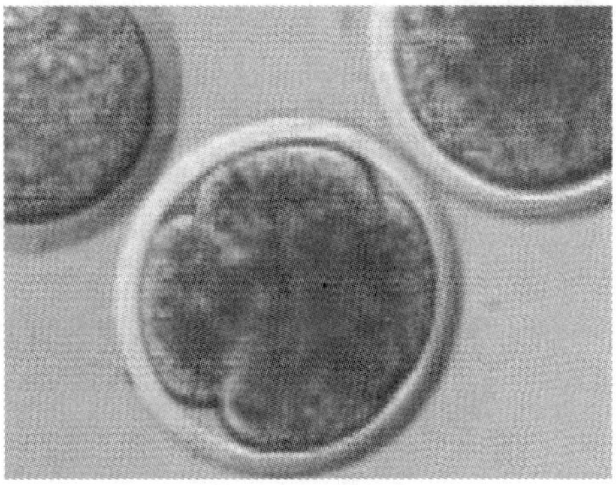

图 4.67 4-细胞

4. 结论

(1)采用日本产 FSH 对 30～50 日龄羔羊进行超排处理获卵效果较好，平均获卵数达 60.3 枚。

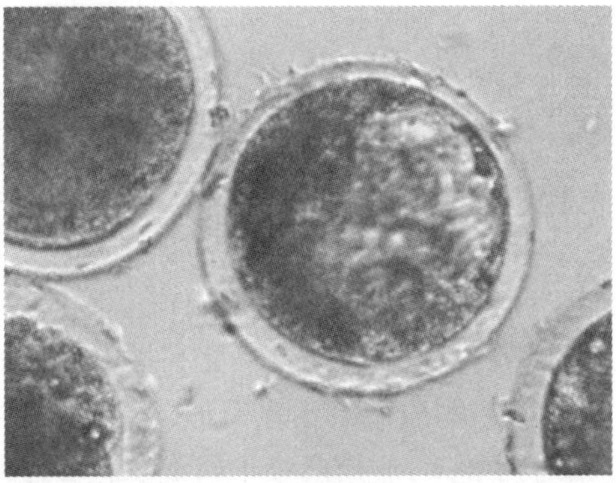

图 4.68 早期囊胚(7 d)

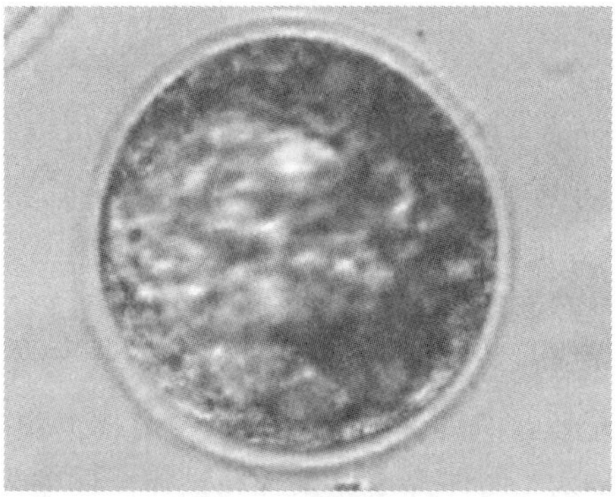

图 4.69 囊胚(8 d)

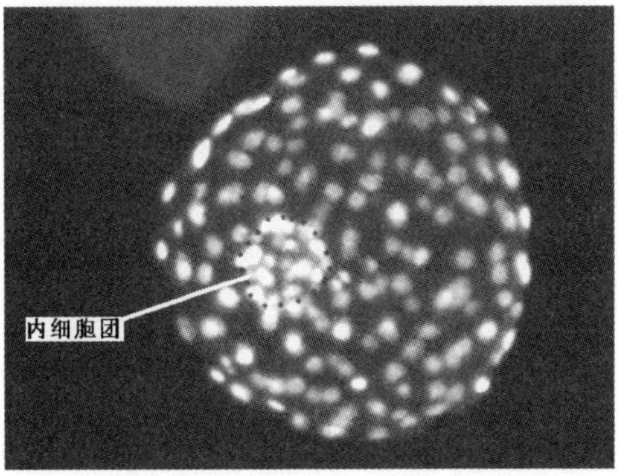


图 4.70 脱带囊胚染色细胞计数

图 4.71 我国首例 1 月龄幼羔奶山羊超排所生的试管山羊及其受体母羊

(2)体外成熟的卵母细胞在 pH 为 7.5～7.6 的受精体系内，经 22～26 h 精卵共孵育获得的体外受精及发育效果为佳。

(3)将 1 月龄奶山羊羔羊超排后体外生产的胚胎移植给 12 只受体，移植 40 d 后进行 B 超妊娠检测，共 3 只受体妊娠。截至 2008 年 6 月 15 日，2 只受体成功产下我国首例幼羔超排的试管奶山羊 5 只，羔羊生长正常。见彩图 13。

### 4.7.4 诱导荷斯坦犊牛卵泡发育及体外受精研究

JIVET(Juvenile In Vitro Embryo Transfer)技术，即幼畜胚胎体外生产技术，是集诱导幼畜的卵泡发育与采卵、卵母细胞体外成熟、体外受精、胚胎体外培养和胚胎移植等技术为一体的生物高技术体系，其在育种、优良或奇缺基因型动物(如转基因动物)扩繁等方面的优势已越来越受人们的青睐。早在 20 世纪 50 年代人们就发现，犊牛卵巢上经外源激素刺激后有大卵泡发育和黄体形成，并且在外源激素刺激下能够排卵，人工授精后在体内能可发育到 4～8 -细胞(Black W G *et al.*，1953)。20 世纪 90 年代以后，人们对犊牛卵泡发育及胚胎体外培养进行了更为深入的研究，尤其是活体采卵技术(OPU)的发展，为供体重复利用提供了可能。Armstrong 等(1992)在研究 3～8 周龄犊牛时得到了 91%的桑葚胚率和 27%的囊胚率，移植后有 2 头受体受孕，产下 1 犊。此后，来源于幼羔卵母细胞的羔绵羊(O'Brien J. K.，1997；Kochhar H. P.，2002)和羔山羊(Mogas T.，*et al.*，1997；Koeman J.，2003)也相继诞生。我国由旭日干等成功获得羔山羊卵母细胞体外受精的试管山羊，1994 年到 1999 年又开展了利用 JIVET 技术缩短绒山羊育种周期的研究，使通常在杂交育种过程中培育一代所需的 2 年以上的繁殖周期可以缩短为 7～8 个月，在一年零七个月的时间内就培育出了第三代杂种羔羊，相当于完成了常规育种年内才能完成的工作(张锁链、旭日干等，1999)。安晓荣等(2008)于 2006—2007 年通过对 102 只美利奴羔羊大批试验后得出了 JIVET 技术在我国开展的可行性。

相对于羔羊目前国内在犊牛 JIVET 方面的报道还很少。卢晟盛等(2000)对犊牛 JIVET 进行了初步尝试，卵裂率为 52.5%，没有发育到桑葚胚和囊胚，在其试验中没有指出供体的日龄，并且其卵母细胞来自犊牛的离体卵巢。本试验采用手术法进行活体采卵，分别从犊牛日龄、早期胚胎体外培养条件和供体个体差异 3 个方面对诱导 4～9 周龄犊牛卵泡发育和体外受精效果的影响进行了初步研究，以期为我国犊牛 JIVET 技术的发展提供借鉴。

1. *材料和方法*

(1)供体　本试验中所用供体均为 4～9 周龄的健康荷斯坦奶牛，共 10 头，由于条件限制，每次只能用 2 头犊牛，试验牛场为河北省保定市景盛奶业发展有限公司，季节为冬、春两季。

成年牛卵巢采自保定近郊屠宰场，卵巢于屠宰后 30 min 内从体内取出，放入盛有 27℃生理盐水(含双抗)的保温瓶内，2 h 内运回实验室处理。

(2)试剂　如非特别说明均购自 Sigma 公司。

(3)卵母细胞采集方法

①犊牛激素诱导方法及卵母细胞采集方法。先用 CIDR(CIDRG，C011031)处理 6 d，处理当天为第 0 天，在第 6 天注射 0.88 mg FSH(O-FSH，6445)，2 d 4 次等量注射，间隔 12 h，共 3.52 mg，在第一针注射 FSH 的同时注射 400 IU PMSG(宁波，020112)，于最后一针注射后 12～14 h 采卵。采卵方法为普通手术法采卵，肌肉注射速眠新 0.4 mL，全身麻醉后，将手术部

位清洗干净，用刮脸刀片刮净牛毛，消毒，沿腹中线开口，先将一侧卵巢牵拉到腹腔外，观察卵泡发育情况，之后利用带有 9 号针头的 10 mL 注射器(内有3 mL采卵液)抽吸 2～8 mm 卵泡，每采集约 10～15 个卵泡换一次注射器，之后迅速将其拿到无菌室进行捡卵。本侧采集完后用同样方法采集另一侧。采卵液为 ICM 199＋5 mmol/L $NaHCO_3$＋10 mmol/L HEPES＋10 mmol/L HEPES-Na＋0.66 g/L 肝素钠＋1% FBS＋0.065 g/L 青霉素＋0.05 g/L 链霉素。本试验中采卵人为同一人。

捡卵时选择卵丘没有扩散、胞质均匀的卵丘—卵母细胞复合物(cumulus oocytes complexes, COCs)，在采卵液中洗 2 遍，再在成熟液中洗 4 遍，之后，10 个 COCs 一组放入 100 μL 的成熟培养液滴(平衡 2 h)中培养 24 h，培养条件为 39℃、5%$CO_2$、饱和湿度。成熟培养液：M 199＋20%FBS＋10 μg/mL FSH＋10 μg/mL LH＋1 μg/mL $E_2$＋10 ng/mL EGF。

②成年牛卵母细胞采集方法。在 25℃的无菌室中，卵巢用 37℃灭菌的生理盐水洗 4～5 次后，放入 37℃水浴烧杯中，用连有 18 号针头的 10 mL 注射器，先吸取捡卵液约 0.3 mL，然后从卵巢表面抽取 2～8 mm 直径卵泡中的 COCs，将抽取到的含有 COCs 的卵泡液缓缓注入 ϕ35 mm 的培养皿中，置于实体显微镜下捡卵，挑选卵母细胞胞质均匀、有 3 层以上卵丘细胞紧密包裹的 COCs 用捡卵液清洗 2 遍，再用成熟液清洗 4 遍，之后进行成熟培养，方法及条件同上。

(4)颗粒细胞单层(GCM)的制备　吸取检过 COCs 的颗粒细胞液 2 mL 加至 10 mL 灭菌的离心管中，加入 1 mL 2%透明质酸酶溶液(PBS 配制)，混匀，37℃水浴静置 5 min，加入 3 mL 采卵液1 500 r/min 离心 5 min，弃去上清；再加入 5 mL 成熟液1 500 r/min 离心 5 min，弃去上清，再加入适量成熟培养液使其最终浓度为 $1\times10^7$ 个/mL。吸取 5 μL 该液，加入已在 $CO_2$ 培养箱中平衡 2 h 的 45 μL 培养液微滴中，待颗粒细胞扩散后，吸去大块凝聚物，最后，置于 $CO_2$ 培养箱中培养 42～48 h，备用(最终使用浓度约为 $1\times10^6$ 个/mL)，用之前更换已平衡过的 SOFaa 培养液。

(5)极体率检测　犊牛 COCs 和成年牛 COCs IVM 24 h 后各随机取 10 枚犊牛和成年牛的 COCs，分别放入 2%透明质酸酶溶液做成的 100 μL 液滴中，消化 5 min，用微吸管反复缓慢吹吸以除去卵丘细胞，再在 PBS 中洗 3 遍之后于体式显微镜下观察并统计极体率。犊牛重复 3 次，成年牛重复 5 次。

(6)体外受精

①精子制备。取 1 管荷斯坦种公牛冷冻精液，37℃水浴解冻，然后小心加到盛有 2 mL TALP-HEPES 的 5 mL 离心管的底部。在 $CO_2$ 培养箱中倾斜 30°放置 40 min 使精子上浮，然后从上层吸出 1.5 mL 液体于另一离心管中，1 000 r/min，8 min 离心 1 次，弃去上清，然后加入适量 TALP-Fert 受精液，使精子密度为($5\times10^6$～$6\times10^6$)个/mL 精子。

②精卵共孵育。将体外成熟的卵母细胞在 TALP-HEPES 液中洗 3 次后，再用受精液洗涤 3 次，移入预先平衡好的 30 μL 的受精小滴中，每滴放 10～15 枚卵母细胞，然后加入 20 μL 处理好的精子。使精子最终浓度为($1\times10^6$～$2\times10^6$)个/mL 精子。精卵在 39℃、5%$CO_2$、饱和湿度的条件下共培养 18～24 h。

(7)早期胚胎体外培养　将受精后的卵母细胞，先用 TALP-HEPES 洗涤 3 次，去出多余卵丘细胞和死精子，之后再用发育液洗涤 3 次，最后移入 50 μL 发育微滴中，每滴 10～15 枚卵母细胞。采用 39℃、饱和湿度、三气培养(5%$CO_2$＋5%$O_2$＋90%$N_2$)或与颗粒细胞进行共培养(5%$CO_2$，95%空气)，每 48 h 更换 50%新鲜培养液。受精后 48 h 统计卵裂率，培养到第

6天统计桑葚胚率，第8天统计囊胚率。培养液为SOFaa。

(8)统计分析　数据采用SPSS 10.0软件和$\chi^2$检验进行数据分析。

2. 结果

(1)犊牛日龄对诱导卵泡发育效果的影响　采用相同的激素处理方法处理不同日龄的10头母犊，结果如表4.124所示，30～40 d母犊平均获可用卵数为31.8枚，46～60 d的母犊平均获可用卵数为21.8个，前者比后者头均多10枚COCs，但是，二者差异不显著，且个体差异很大。

表4.124　日龄对诱导卵泡发育效果的影响

| 日龄/d | 犊牛数/头 | 获卵总数/枚 | 平均获卵数/枚 |
|---|---|---|---|
| 30～40 | 5 | 154 | 31.8±9.75$^{a}$ |
| 46～60 | 5 | 109 | 21.8±11.67$^{a}$ |

注：同一列中，上标小写字母相同表示差异不显著($P>0.05$)。

(2)犊牛和成年牛IVM 24 h后极体率比较　见表4.125。

(3)培养条件对胚胎早期发育的影响　犊牛胚胎在三气培养条件下卵裂率为48.5%，共培养条件下卵裂率为54.1%，二者差异不显著，但是，两者均显著低于成年牛卵母细胞卵裂率；不同条件下，桑葚胚率差异极显著(0相比15.2%)，但是，犊牛桑葚胚率和囊胚率均极显著低于成年牛。见表4.126。

表4.125　犊牛和成年牛极体率比较

| 组别 | 卵母细胞数/枚 | 极体率/% |
|---|---|---|
| 犊牛 Calf | 30 | 76.7(23/30)$^{a}$ |
| 成年牛 Cow | 50 | 82.0(41/50)$^{a}$ |

注：同一列中，上标小写字母相同表示差异不显著($P>0.05$)。

表4.126　培养条件对胚胎发育的影响

| 组别 | 培养条件 | 卵母细胞数/枚 | 卵裂率/% | 桑葚胚率/% | 囊胚率/% |
|---|---|---|---|---|---|
| 犊牛 Calf | 三气培养(5) $5\%CO_2+5\%O_2+90\%N_2$ | 132 | 48.5(64/132)$^{a}$ | 0$^{A}$ | 0$^{a}$ |
| | 共培养(4) ($5\%CO_2$,95%空气) | 61 | 54.1(33/61)$^{a}$ | 15.2(5/33)$^{B}$ | 3.0(1/33)$^{a}$ |
| 成年牛 Cow | 三气培养 $5\%CO_2+5\%O_2+90\%N_2$ | 102 | 78.4(80/102)$^{b}$ | 48.6(39/80)$^{C}$ | 30.0(24/80)$^{B}$ |
| | 共培养 | 98 | 79.6(78/98)$^{b}$ | 47.4(37/78)$^{C}$ | 28.2(22/78)$^{B}$ |

注：同一列中，上标字母相同表示差异不显著($P>0.05$)，上标小写字母不同表示差异显著($P<0.05$)。上标大写字母不同表示差异极显著($P<0.01$)。

(4)犊牛个体对诱导卵泡发育效果的影响　本试验总体诱导卵泡发育情况如表4.127所示，10头中有3头获卵数<10，分别为3，2，5枚，而且，卵泡较大，卵丘有部分扩散。另外7头获卵数均在17枚以上，总体可用率在90%以上。

表 4.127 犊牛个体对诱导卵泡发育效果的影响

| 组别 | 犊牛数/头 | 获卵总数/枚 | 平均获卵数/枚 |
|---|---|---|---|
| 获卵数＞10 | 7 | 253 | 36.14±7.81[a] |
| 获卵数＜10 | 3 | 10 | 3.33±0.88[b] |
| 合计 | 10 | 263 | 26.3 |

注：同一列中，上标字母不同表示差异显著（$P<0.05$）。

3. 讨论

（1）犊牛日龄对诱导卵泡发育效果的影响　和多数哺乳动物一样，牛的卵泡发生于胎儿时期，在怀孕晚期的胎儿卵巢上就可检测到有腔卵泡的存在，出生后不到几天在幼牛卵巢上就可检测到直径 3～5 mm 的有腔卵泡，2 月龄时数目达到最大 50 个（Erickson，1966）。Black 等（1953）指出，犊牛卵巢上经外源激素刺激后有卵泡发育。Amstrong 等（1994）诱导 1～2 月龄犊牛卵泡发育试验结果显示，激素处理后卵泡发育数量随供体周龄增加而显著增加。而本试验结果却相反，发现 4～6 周龄的犊牛激素处理后卵泡发育数量高于 7～9 周龄。值得注意的是，在 7～9 周龄的 5 头供体中，有三头体重＞65 kg，激素处理后发育卵泡数分别为 17，17，5 个，这就说明，在激素剂量相同的条件下，体重可能会影响卵泡的发育，本试验所用激素剂量可能比较适合于体重＜60 kg 的 4～6 周龄的犊牛，而对于体重较大的 7～9 周龄的犊牛此剂量难于满足卵泡发育所需，从而造成后者诱导效果显著低于前者。

（2）培养条件对胚胎早期发育的影响　有报道称，犊牛卵母细胞体外受精后卵裂率与成年牛差异不显著（Revel，*et al.*，1995），Armstrong 等（1994）也指出，体内成熟和体外成熟的犊牛卵母细胞受精后卵裂率与成年牛差异不显著。但是也有相反报道（Duby，*et al.*，1996），本试验中，犊牛胚胎在三气培养条件下卵裂率和共培养条件下卵裂率为差异不显著，但是均显著低于同条件下成年牛受精卵的卵裂率（54.1%相对 79.6%），这可能与本试验选择卵母细胞质量不严格有关，致使质量较差的卵母细胞也参与受精，影响了受精率。Kelly 等（1997）指出，卵裂率受卵母细胞质量的影响，Maneesh 等（2000）也得出了相同的结论。

另外本试验中，IVM 24 h 后犊牛卵母细胞极体率与成年牛差异不显著（76.0%相对 82.0%），说明试验条件可以使犊牛卵母细胞在体外达到核成熟，然而，犊牛早期胚胎发育能力却很低，在三气培养条件下只能发育到 8-细胞，说明本实验室此条件下无法使犊牛体外早期胚胎克服发育阻滞，而在与颗粒细胞共培养条件下，颗粒细胞能够产生有利于胚胎发育的一些因子，能够使部分胚胎克服发育阻滞，桑葚胚率为 15.2%，囊胚率为 3.0%。但是，均极显著低于同条件成年牛卵母细胞的桑葚胚率和囊胚率（47.4%和 28.2%），由此可以推断，除培养条件外，犊牛卵母细胞本身可能也存在发育缺陷。Gandolfi 等（1998）比较了犊牛和成年牛卵母细胞在成熟过程中卵母细胞直径、能量代谢以及卵母细胞和卵丘细胞中蛋白的合成，发现各项指标均存在差异。Salamone 等（2001）指出，小于 6 月龄犊牛的卵母细胞体外成熟后 MPF 和 MAPK 活性以及 IP3R 含量均显著低于成年牛卵母细胞，将成年牛卵丘细胞分别移入去核犊牛卵细胞和成年牛卵母细胞，前者囊胚率及显著低于后者，充分说明犊牛卵母细胞胞质不成熟或存在某些缺陷是造成早期胚胎发育能力低下的主要原因。

此外，在本试验中还注意到，部分犊牛卵母细胞透明带较脆弱，在早期胚胎体外培养时，有时可见到透明带变形和破裂现象，这也可能是影响犊牛卵母细胞受精率和早期胚胎发育能力的一个因素，不过，具体原因还有待于进一步研究。

(3)犊牛个体差异对激素诱导效果的影响　Maneesh 等(2000)在对 2—3 月龄犊牛激素处理时观察到发育卵泡变化范围为 5～70 个，个体差异非常明显。安晓荣等(2008)对 102 只美利奴羔羊进行了激素诱导，其中 89.2%个体的卵泡发育较好，平均获卵数为(79.1±65.5)枚。在本试验中，得到了相同的结果，试验共获卵 263 枚，其中有 3 头获卵数分别为 3,2,5 枚，卵巢上只有几个较大的卵泡发育，诱导效果非常差，而且卵丘有部分扩散，基本不可用。另外 7 头获卵数均在 17 枚以上，最高达 67 枚，总体可用率在 90%以上。可见，激素诱导犊牛卵泡发育存在较大的个体差异。其间，我们也对羔羊进行了激素诱导卵泡发育的研究，结果同样存在显著的个体差异。个体差异的原因有多种，不仅受外源激素处理方法的影响，不同的饲养方法也可能产生不同的结果(Rreret S,2006)。另外，近来有人指出幼畜不发育的卵母细胞中常含有突变的遗传因子，它将阻止细胞发育成胚胎，而且这些突变的遗传因子还引起基因的重组、修饰，使得胚胎发育异常，这样的胚胎即使能够进行移植，但不到妊娠一半时期就发生丢失、死亡等现象(Jeremy G,1997)，具体原因还有待进一步研究。另外，Maneesh 等(2000)结果显示，用 B 超检测诱导前有腔卵泡数与诱导后卵泡数显著相关，这样我们可以选择诱导前有腔卵泡数较多的供体进行激素处理，以获得数目较多、质量较好的卵母细胞，节约成本，提高 JIVET 技术的可行性。

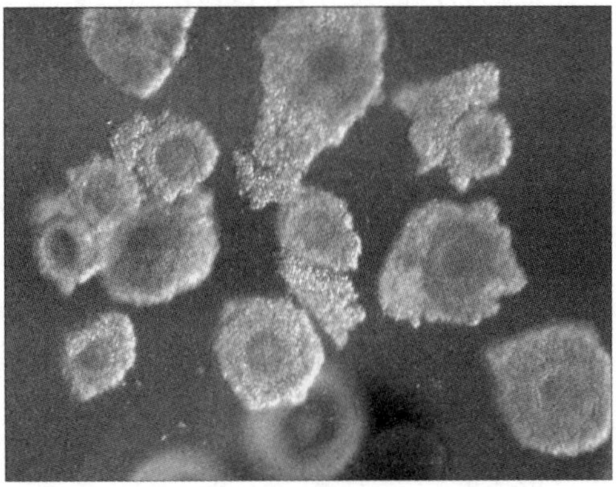

图 4.72　**成熟前犊牛 COCs**

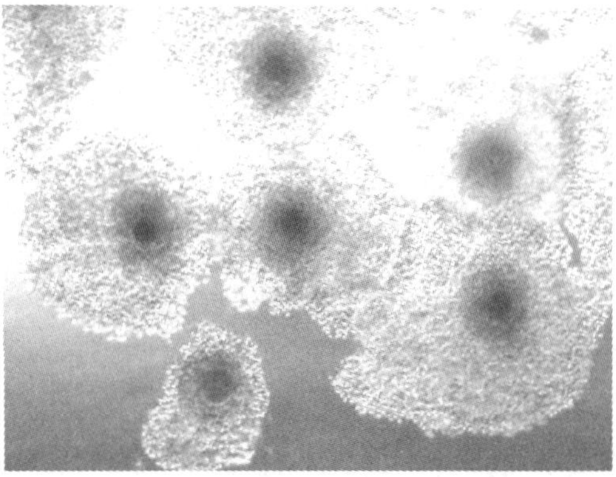

图 4.73　**体外成熟培养 24～25 h 的犊牛 COCs**

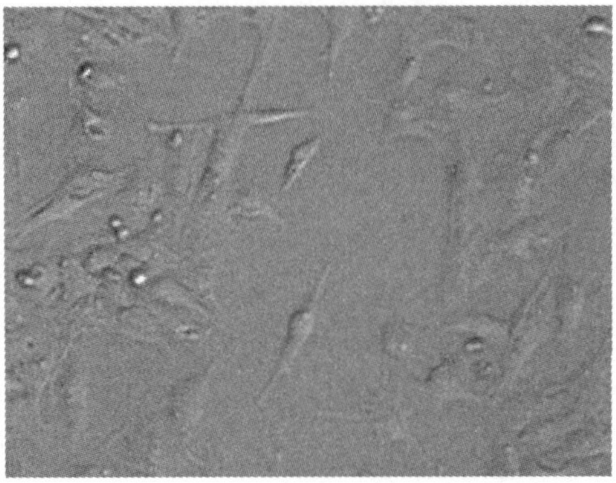

图 4.74　**共培养牛卵丘细胞**

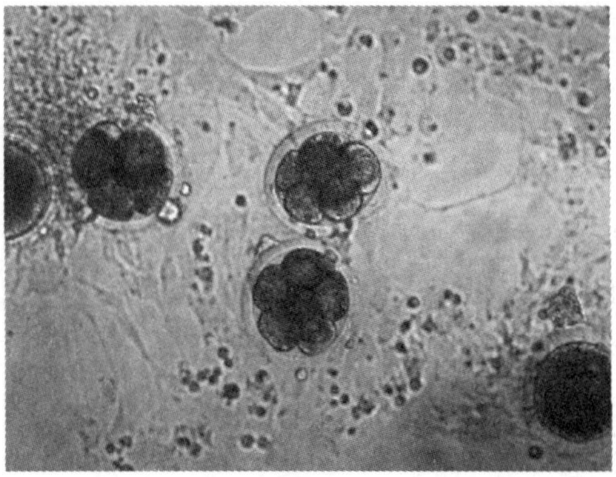

图 4.75　**第 3 天的犊牛 6～8 -细胞胚胎**

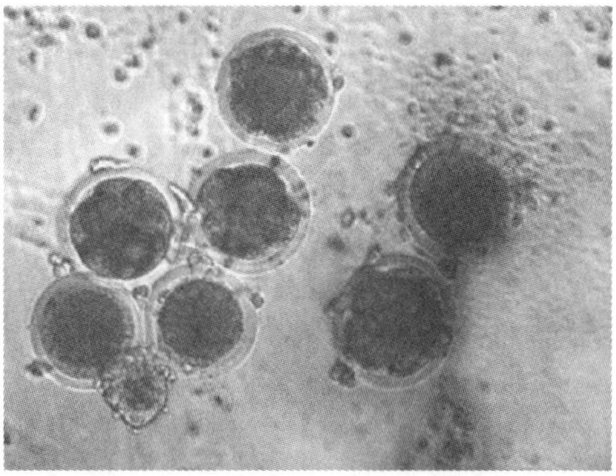

图 4.76 第 5 天的犊牛桑葚胚

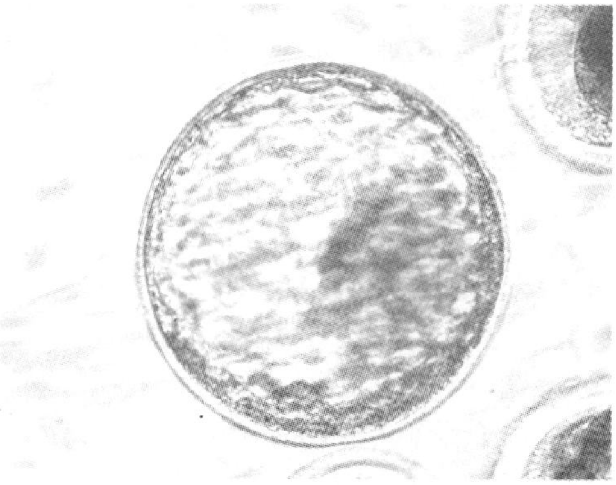

图 4.77 第 7 天的犊牛囊胚

4. 结论

本试验结果初步显示，犊牛日龄、胚胎培养条件以及犊牛个体差异三个方面对诱导犊牛卵泡发育和体外受精效果均有影响；本试验条件下获得的犊牛卵母细胞经 IVM、IVF、体外培养后获得了桑葚胚和囊胚，但是，犊牛胚胎体外发育能力显著低于成年牛胚胎体外发育能力，体外培养条件有待进一步改进。

### 4.7.5 小结

(1)运输应激不会降低诱导羔绵羊卵泡发育的采集卵母细胞数量；重复超排诱导羔绵羊、羔山羊卵泡发育均会显著降低采集卵母细胞数量；羔绵羊、羔山羊卵母细胞体外成熟、受精及体外胚胎发育能力均显著低于成年羊卵母细胞。

(2)发育液中加入 10 μmol/L EDTA 可显著提高羔绵羊卵母细胞的体外受精和体外胚胎早期发育能力。

(3)用日本、新西兰产 FSH 对羔山羊超排效果进行比较，只均获卵数分别为 62.25 枚和 46.25 枚，日本产 FSH 超排效果优于新西兰，对 30～50 日龄与 51～70 日龄羔山羊进行超排处理，头均获卵数分别为 58.55 枚和 30.67 枚，30～50 日龄优于 51～70 日龄。

(4)应用 JIVET 技术分别获得我国首例杜寒杂交幼羔试管绵羊和奶山羊 1 月龄幼羔试管山羊。但在诱导幼羔卵泡发育、卵母细胞体外成熟、受精、培养等技术方面仍有待进一步完善和提高。

(5)犊牛个体差异、犊牛日龄和胚胎体外培养条件对诱导犊牛卵泡发育和体外受精效果均有影响，本试验条件下获得的犊牛卵母细胞经 IVM、IVF、体外培养后获桑葚胚和囊胚，但是犊牛卵母细胞体外成熟、受精及胚胎体外发育能力显著低于成年牛离体卵巢的卵母细胞，体外培养条件有待进一步改进提高。

(作者：桑润滋、田树军、陈晓勇、李瑞岐、赵宏远、孙树春、李俊杰、张文龙、孙国庆、李祥龙)

## 主要参考文献

[1] 敖红，王海，连正兴，等. 不同化学激活方法对山羊卵母细胞激活效果的研究. 中国农业大学学报，2003，8

(5):18 - 20.
[2] 陈大元,李劲松,韩之明,等. 体细胞克隆牛:供体细胞和受体的影响. 科学通报,2003:14 - 17.
[3] 陈大元. 受精生物学—受精机制与生殖工程. 北京:科学出版社,2000.
[4] 陈俊颖,魏泓,叶华虎,等. 山羊体外受精的研究. 中国实验动物学报,2004,12(1):35 - 39.
[5] 陈立新. 家兔胚胎及胎儿死亡的原因与防制措施. 毛皮动物饲养,1999(1):15 - 17.
[6] 陈晓勇,田树军,桑润滋,等. 诱导幼羔卵泡发育及体外胚胎生产. 农业生物技术学报,2008(3):456 - 460.
[7] 陈秀兰,谭丽玲,等. 家畜胚胎移植. 上海:上海科学技术出版社,1983.
[8] 崔亚利,桑润滋. 牛卵母细胞体外成熟及体外受精的研究. 河北农业大学学报,1999,22(1):67 - 70.
[9] 董克家,陈雪银,黄元华. 干细胞生物学研究进展. 生物学通报,2000,36(6):9.
[10] 董雅娟,柏学进,Varisanga M D,等. 应用负压气相培养系统生产体细胞克隆牛的研究. 中国农业科学,2002,35(8):988 - 994.
[11] 冯怀亮,孙青原,李子义,等. 牛体外成熟卵母细胞冷冻保存的研究. 畜牧兽医学报,1995,26(6):481 -486.
[12] 郭继彤,安志兴,李煜,等. 成年耳细胞克隆山羊(Capra hircus). 中国农业科学(C 缉),2002,32(1):77 -83.
[13] 郭志勤. 家畜胚胎工程. 北京:科学技术出版社,1998:8.
[14] 韩建永,常万存,桑润滋,等. 家兔胚胎细胞核移植的研究. 河北农业大学学报,2000,23(2):1 - 5.
[15] 韩建永,等. 山羊 PGCs 用于分离与克隆类 ES 细胞. 中国兽医学报,2002(4):344 - 346.
[16] 韩建永,桑润滋,常万存. 哺乳动物 PGCs 用于多能干细胞培养的研究进展. 黑龙江畜牧兽医,2001,5:37 -38.
[17] 韩建永,桑润滋. 哺乳动物细胞核移植(克隆)研究进展. 河北畜牧兽医,1999,15(6):16 - 17.
[18] 洪琼花,朱士恩,周崇,等. 波尔山羊胚胎玻璃化冷冻保存及移植试验. 中国畜牧兽医学会动物繁殖学分会第十二届学术研讨会论文集,2004:404 - 408.
[19] 华进联,窦忠英,李松,等. 自原始生殖细胞分离克隆小鼠 ES 细胞研究初报. 西北农林科技大学学报(自然科学版),2001,29(1):22 - 29.
[20] 黄少华,靳瞻群,高昌恒,等. 家兔胚胎细胞核移植的研究. 中国农业科学,1993,26(3):1 - 6.
[21] 金川弘司,等. 家畜受精卵(胚胎)的分割和融合—家畜生物技术. 张继慈,等译. 乌鲁木齐:新疆人民出版社,1989:104.
[22] 赖良学,郑瑞珍,秦鹏春,等. 家兔桑葚胚和早期囊胚在饲养层表面的贴壁行为. 中国兽医学报,1997,17(2):161 - 165.
[23] 赖良学,郑瑞珍,秦鹏春,等. 影响体外培养兔胚发育和兔类 ES 细胞的若干因素. 中国兽医学报,1996,16(1):16 - 21.
[24] 赖良学,郑瑞珍,辛俭,等. 兔胚胎的一些与分离胚胎干细胞有关的生物学特性. 中国兽医学报,1998,18(4):351 - 364.
[25] 赖良学. 家兔胚胎干细胞的分离培养. 哈尔滨:东北农业大学,1995.
[26] 蓝国成. 山羊体细胞核移植技术研究. 东北农业大学博士论文,2004.
[27] 雷安民,高志敏,杨春荣,等. 牛卵母细胞去核方法的研究. 农业生物技术学报,2000,8(4):320,344.
[28] 李峰. 山羊卵母细胞显微受精 ICSI 及早期胚胎体外培养的研究. 硕士学位论文,2003.
[29] 李青旺,于永生,江中良,等. 玻璃化冷冻保存牛卵母细胞技术研究. 西北农林科技大学学报(自然科学版),2003,31(1):109 - 112.
[30] 李荣凤,薛晓先,旭日干. 灭活与未灭活发情母牛血清对牛体外受精卵发育的影响. 内蒙古大学学报(自然科学版),1995,26(5):604 - 607.
[31] 李瑞岐,桑润滋,等. 诱导荷斯坦犊牛卵泡发育及体外受精研究. 畜牧与兽医,2009(6):18 - 21.

[32] 李瑞岐,桑润滋. 以囊胚双重染色方法检验果糖对牛胚胎早期发育效果的影响. 中国畜牧杂志,2010(9):23-25.
[33] 李松,窦忠英,华进联,等. 从原始生殖细胞分离克隆牛胚胎干细胞. 干细胞和发育生物学,北京:军事医学科学出版社,2000:72-79.
[34] 李松,窦忠英,华进联,等. 从原始生殖细胞分离克隆牛胚胎干细胞的研究. 农业生物技术学报,2000,8(4):349-352.
[35] 刘东,汤琳琳,陈晓宇,等. 猪卵母细胞去核方法的改进. 上海实验动物科学,2004,24(3):134-137.
[36] 刘凤军,王勇胜,张涌. 山羊孤雌胚胎的体外培养. 中国兽医学报,2005,25(1):86-88.
[37] 刘海军,侯蓉,张美佳,等. 山羊卵母细胞冷冻保存及其对发育效果的影响. 畜牧兽医学报,2003,34(1):28-32.
[38] 刘林,张忠诚,王永胜. 绵羊体外成熟卵母细胞的电激活及其在体外孤雌发育的研究. 动物学报,1998,44(1):74-81.
[39] 刘铮铸,李祥龙,巩元芳,等. 不同离心速率对波尔山羊精液低温保存效果的影响. 中国草食动物,2002,22(4):3-5.
[40] 陆凤花,石德顺,韦英明,等. 不同融合条件对水牛体细胞核移植效果的影响. 广西农业生物科学,2005,24(1):1-5.
[41] 马毅,曹斌云,姬云涛. 山羊除精浆冷冻精液的研究进展. 国外畜牧科技,2001,28(4):33-35.
[42] 马毅. 波尔山羊除精浆冷冻精液机理的研究. 杨凌:西北农林科技大学,2002.
[43] E·S·F哈弗士. 农畜繁殖学. 许怀让,范必勤,组译. 重庆:科学技术文献出版社重庆分社,1982:697.
[44] 孟国良,汤富酬,滕路,等. 小鼠胚胎干细胞(ES细胞)建系和维持过程中的问题及对策. 遗传,2001,23(2):292-294.
[45] 孟令君,高建明,刘云海,等. 双重荧光染色法评定小鼠体内外囊胚质量的研究. 中国畜牧杂志,2008,44(3):49-59.
[46] 钱云,师蔚群,丁家桐. 哺乳动物体外受精的研究进展(待续). 动物科学与动物医学,2000,17(1):26-28.
[47] 桑润滋. 安格斯牛冻胚洲际间引种成功. 中国奶牛,1994(4):43.
[48] 桑润滋. 动物繁殖生物技术. 北京:中国农业出版社,2006:205-206,293-295,369-370,383-385,387-388,402.
[49] 桑润滋. 牛羊繁殖控制十大技术. 北京:中国农业出版社,2009:83-84,97-100.
[50] 桑润滋. 山羊类ES细胞的分离与克隆. 中国兽医学报,2003(4):403-407.
[51] 尚江华,张秀芳,黄右军,等. 添加β-巯基乙醇对水牛胚胎体外发育的影响. 草食家畜,2001,3:28-31.
[52] 邵庆勇,洪琼花,曾申明,等. 促卵泡素诱导羔山羊卵泡发育及活体采卵研究. 中国畜牧杂志,2006,42(13):15-17.
[53] 石德顺,卢克焕. 牛卵泡液对牛卵母细胞体外成熟的影响. 广西农业大学学报,1994,13(1):1-5.
[54] 孙桂金,敖红,尹逊河. 家畜卵泡卵母细胞体外成熟研究进展. 动物医学与动物科学,2004,21(11):11-12.
[55] 孙青原,秦鹏春,刘国艺,等. 牛卵泡卵母细胞冷冻损伤的研究. 中国兽医学报,1994,14(1):41-47.
[56] 孙韬,李裕强. 卵母细胞的体外成熟培养研究进展. 草食家畜,2003,2:30-34.
[57] 谭世俭,卢克焕. 不同发情周期阶段和不同体积卵泡的卵母细胞对体外受精及其发育的影响. 广西农学院学报,1991,10(2):15-19.
[58] 汤道玲,田华荣. 离心除精浆对长江三角洲白山羊精液冷冻保存的影响. 畜禽业,2004(7):39.
[59] 唐铁山. 家兔胚胎细胞核移植的研究. 杨凌:西北农业大学,1994.
[60] 田树军,桑润滋,李铁栓,等. 提高波尔山羊超排效果及移植妊娠率研究初报. 畜牧与兽医,2004(2):30

-31.
[61] 童英,刘爱民,尚克刚,等. 兔ES样细胞系的建立及其特性分析. 北京大学学报(自然科学版),1997,33(4):500-507.
[62] 王斌,范必勤,兔核移植胚胎的克隆研究. 畜牧兽医学报,1995,26(1):1-6.
[63] 王敏康,刘冀珑,李光鹏,等. 蔗糖预处理去核:一种可靠的无损害小鼠卵母细胞 MⅡ期去除法. 生殖医学杂志,2001,10(4):227-232.
[64] 王玉阁,邹贤刚,成国祥,等. 由胎儿成纤维细胞而来的克隆山羊(Capra hircus). 科学通报,1999,44(21):2319-2323.
[65] 卫恒习,桑润滋,李俊杰,等. 影响山羊体外胚胎生产的主要因素. 中国兽医学报, 2007,27 (5):755-759.
[66] 卫恒习,田树军,朱士恩,等. 提高绵羊卵母细胞发育能力的研究. 黑龙江畜牧兽医,2005,5:34-36.
[67] 徐建祥,周木清,陈小武,等. 不同条件对牛卵母细胞体外成熟的影响. 黑龙江动物繁殖,1996,4(2):13-14.
[68] 徐照学,钱菊汾,兰亚莉,等. BFF、rbGH 对牛卵泡卵母细胞体外受精后发育的影响. 中国兽医学报,1993,24(6):512-517.
[69] 徐照学,辛晓玲,王二耀,等. 山羊卵泡卵母细胞体外受精及受精卵的体外发育 . 中国兽医学报,1998,18(5):506-509.
[70] 许常龙. 山羊精液的保存. 黑龙江动物繁殖,2005,13(2):32-33.
[71] 许新,丛笑倩,严绪昌. 小鼠原始生殖细胞建系过程及其分化特性的分析. 实验生物学报,1999,32(3):251-263.
[72] 旭日干. 牛体外受精技术的研究进展. http: //www. ebuywww. net. cn/info_kj / sample007. htm.
[73] 薛慧文. 绵羊体外胚胎生产技术的现状与研究进展. 中国草食动物,2003 专辑:155-158.
[74] 严阿勇,李明,安晓荣. 胞浆内精子注射技术生产小鼠. 生物工程学报,2005,21(2):305-311.
[75] 张家新,郭丽丽,安晶,等.不同状态的牛供核细胞对核移植胚胎发育的影响. 2008,18(1):109-113.
[76] 张家新,侯健,史洪才,等. 氨基酸对绵羊体外受精胚胎发育的影响. 草食家畜,2000,3:27-30.
[77] 张嘉保,周虚. 动物繁殖学. 长春:吉林科学技术出版社,1999:200-214.
[78] 张锁链,廛洪武,徐振军,等. 绒山羊胚胎的体外培养、冷冻保存和移植的研究. 内蒙古大学学报(自然科学版),1996,27(4):547-552.
[79] 张锁链,刘东军,王建国,等. 通过体外受精技术缩短绒山羊育种周期的研究. 中国实验动物学报,1999,7(2):95-98.
[80] 张涌,刘泽隆,李裕强. 山羊卵泡卵母细胞体外成熟的研究. 西北农业大学学报,1999,27(1): 14-18.
[81] 张涌,王建辰,钱菊汾,等. 山羊卵核移植的研究. 中国农业科学,1991,24(5):1-61.
[82] 赵宏远,桑润滋,等. 影响羔羊超排及体外受精效果因素研究. 中国畜牧兽医学会第 14 次学术研讨会论文集,2008:119-121.
[83] 赵晓娥,王光亚,马保华. 布尔山羊细管冷冻精液研究初报. 西北农业大学学报,1999,27(1):19-22.
[84] 赵晓娥,武浩,王勇胜,等. 山羊卵母细胞的显微受精. 西北农林科技大学学报(自然科学版),2005,33(4):9-12.
[85] 周佳勃. 山羊体外受精和显微受精及相关问题的研究. 硕士学位论文,2003.
[86] 周文莲,武晓洛,卫秀乾. 离心速度与时间对精子活动的影响. 洛阳医学专科学校学报,1996,15(2):79-80.
[87] 周曾娣,黎曼依,陈云鹤,等. 超声断尾精子头显微受精—输卵管内移植研究的初步报告. 中国优生与遗传杂志,2003,11(1):72-73.
[88] 朱捷,张忠诚. 欧洲牛胚胎移植的现状和发展. 中国奶牛,1995,4:22-23.

[89] 朱士恩,曾申明,安晓荣,等. 绵羊体内外受精胚胎玻璃化冷冻保存. 中国兽医学报,2000,20(3):302-305.

[90] 朱士恩,曾申明,吴通义,等. OPS法玻璃化冷冻牛卵母细胞的研究. 中国农业科学,2002,35(6):700-704.

[91] 朱士恩. 家畜繁殖技术. 北京:中国农业出版社,2009:194-195.

[92] 朱士恩. 小鼠扩张囊胚细胞对不同抗冻保护剂通透性的测定. 中国农业大学学报,1998,3(5):110-113.

[93] 朱士恩. 中国动物繁殖学科60周年发展与展望. 北京:中国农业大学出版社,2010:6-7,158-159.

[94] 朱秀萍,朱淑文,张菁,等. 细胞松弛素C对猪卵母细胞去核的影响. 上海交通大学学报(农业科学版),2005,23(3):253-255.

[95] Akiyama T, Nagata M, Aoki F. Inadequate histone deacetylation during oocyte meiosis causes aneuploidy and embryo death in mice. PNAS, 2006, 103: 7339-7344.

[96] Allen W R. The development and application of the modern reproductive technologies to horse breeding. Reprod Domest Anim, 2005, 40(4): 310-329.

[97] Amano T, Kato Y, Tsunoda Y. Full-term development of enucleated mouse oocytes fused with embryonic stem cells from different cell lines. Reproduction, 2001, 121(5): 729-733.

[98] Andrew J. Watson, Paul De Sousa, Anita Caveney. Impact of Bovine Oocyte Maturation Media on Oocyte Transcript Levels, Blastocyst Development, Cell Number, and Apoptosis. BIOLOGY OF REPRODUCTION, 2000, 62: 355-364.

[99] Armstrong D T, Irvine B J, Earl C R, *et al*. Gonadotropin stimulation regimens for follicular aspiration and in vitro embryo production from calf oocytes. Theriogenology, 1994, 42(7): 1227-1236.

[100] Armstrong D T. Effects of maternal age on oocyte developmental competence. Theriogenology, 2001, 55: 1 303-1 322.

[101] Armstrong D T, Kotaras P. J, Earl C. R. Advances in production of embryos in vitro from juvenile and prepubertal oocytes from the calf and lamb. Reprod. Fert. Dev, 1997, 9: 333-339.

[102] Armstrong D T, Holm P, Irvine B, *et al*. Pregnancies and live birth from in vitro fertilization of calf oocytes collected by laparoscopic follicular aspiration . Theriogenology, 1992, 38: 667-678.

[103] Augustin R, Pocar P, Navarrete-Santos A, *et al*. Glucose transporter expression is developmentally regulated in in vitro derived bovine preimplantation embryos. Mol Reprod Dev, 2001, 60: 370-376.

[104] Baldassarre H, De Matos D G, Furnus C C, *et al*. Techniques for efficient recovery of sheep oocytes by laparoscopic folliculocentesis. Anim Reprod Sci, 1994, 35: 145-150.

[105] Baldassarre H, Furnus C C, De Matos D G, *et al*. In vitro production of sheep embryos using laparoscopic folliculocentesis: alternative gonadotrophin treatments for stimulation of oocyte donors. Theriogenology, 1996, 45: 707-717.

[106] Barnes F L, Collas P, Powell R, *et al*. Inflyence of recipient oocyte cell cycle stage on DNA synthesis, nuclear envelope breakdown, chromosome consitytion and development in nuclear transplant bovine embryos. Mol Reprod Dev, 1993, 36: 33-34.

[107] Barry D, Bavister, Teresa A. , *et al*. Development of in vitro matured/in vitro fertilized bovine embryos into morulae and blastocysts in defined culture media. Theriogenology, 1992, 37: 127-144.

[108] Beaujean N, Taylor J, Garden J, *et al*. Effect of limited DNA methylation reprogramming in the normal sheep embryo on somatic cell nuclear transfer. Biol Reprod, 2004, 71: 185-193.

[109] Beker A R, Colenbrander B, Bevers MM. Effects of 17beta-estradiol on the in vitro maturation of bovine oocytes. Theriogenology, 2002, 58(9): 1 663-1 673.

[110] Berlinguer F, Leoni G, Bogliolo L, *et al*. FSH different regimes affect the developmental capacity and

cryotolerance of embryos derived from oocytes collected from ovum pick-up in donor sheep. Theriogenology, 2004, 61: 1 477 - 1 486.

[111] Bhuiyan M M, Kang S K, Lee B C. Effects of fructose supplementation in chemically defined protein-free medium on development of bovine in vitro fertilized embryos. Anim Reprod Sci, 2007, 102(1 - 2): 137 - 144.

[112] Bhuiyan, M. M. U., Cho, J. K., Jang, G., *et al*. Effect of protein supplementation in potassium simplex optimization medium on preimplantation development of bovine non-transgenic and transgenic cloned embryos. Theriogenology, 2004, 62(8): 1403 - 1416.

[113] Bin Wang, H. Baldassarre, J. Pierson, *et al*. The in vitro and in vivo development of goat embryos produced by intracytoplasmic sperm injection using tail-cut spermatozoa. Zygote, 2003, 11: 219 - 227.

[114] Black W G, Ulberg L C, Christian R E, *et al*. Ovulation and fertilization in the hormone-stimulated calf. Dairy Science, 1953, 36: 274 - 280.

[115] Blondin P, Guilbault L A, Coenen K, *et al*. Superovulation can reduce the developmental competence of bovine oocytes. Theriogenology, 1996, 46: 1 191 - 1 203.

[116] Bols P E. Puncture of immature ovarian follicles in bovine assisted reproduction. Verhandelingen-Koninklijke Academie voor Geneeskunde van België, 2005, 67(3): 177 - 202.

[117] Bols P E J, Van Soom A, Ysebaert M T, *et al*. Effects of aspiration vacuum and needle diameter on cumulus oocyte complex morphology and developmental capacity of bovine oocytes. Theriogenology, 1996, 45: 1001 - 1014.

[118] Bondioli K R, Westhusin M E, Looney C R. Production of indentical bovine offs pring by nuclear transfer. Theriogenology, 1990 (33): 165 - 174.

[119] Bordigon V, Smith L C. Telophase enucleation: an improved method to prepare recipient cytoplasts for use in bovine nuclear transfer. Biol Reprod, 1998, 49: 29 - 36.

[120] Boutron P, Kaufmann A. Stability of the amorphous state in the system water21, 22 popanedio l. Cyobiology, 1979, 16: 557 - 568.

[121] Brussow K P, Torner H, Ratky J, *et al*. Ovum pick up in swine: the influence of aspiration vacuum pressure on oocyte recovery from preovulatory follicles. Acta Vet Hung, 1997, 45: 189 - 196.

[122] Byeong Chun Lee, Min Kyu Kim, Goo Jang, *et al*. Dogs cloned from adult somatic cells. Nature, 2005, 436: 641 - 641.

[123] Campbell K H S, Loi P, Otaegui P J, *et al*. Cell cycle co-ordination in embryo cloning by nuclear transfer. Reviews of Reproduction, 1996, 1: 40 - 44.

[124] Campbell K H S, Mcivhir J. Sheep cloned by nuclear transfer from cultured cell line. Nature, 1996, 380: 64 - 66.

[125] Catt S. L., J. M Catt, M. C. Gomez., *et al*. The birth of a male lamb derived from in vitro matured oocyte fertilized by intracytoplasmic sperm injection of a single presumptive' male' sperm. Vet. Rec., 1996, 139: 494 - 495.

[126] Cervoni N, Szyf M. Demethylase activity is directed by histone acetylation. Biol Chem, 2001, 276: 40778 -40787.

[127] Chen, Y., He, Z. X., Liu, A., *et al*. Embryonic stem cells generated by nuclear transfer of human somatic nuclei into rabbit oocytes. Cell Res, 2003, 13:251 - 263.

[128] Cheong H T, Takahashi Y, Kanagaw a H, *et al*. Effects of various electric fields on the fusion and invitrv development of mouse two-cell embryo. Theriogenology, 1991, 36: 875 - 885.

[129] Cherny R A, Merei J. Evidence for pluripotency of bovine primordial germ cell lines maintained in long-

term culture. Theriogenology, 1994, 41: 175.

[130] Chung Y. G., Ratnam S., Chailet J. R., *et al*. Abnormal regulation of DNA methyltransferase expression in cloned mouse embryos. Biol. Reprod, 2001, 69: 146 - 153.

[131] Cibelli J B, Campbell K H, Seidel G E, *et al*. The health profile of cloned animals. Nat Biotechnol, 2002, 20: 13 - 14.

[132] Cibelli J B. Production of germ line chimeric bovine fetuses from transgenic embryonic stem cells. Theriogenology, 1998, 3:241.

[133] Collas P, Balise J J, Robl J M. Effect of donor cell cycle stage on chromatin and spindle morphology in muclear transplant rabbit embryos. BiolReprod, 1992, 46: 501 - 511.

[134] Collas P, Robl J M. Development of rabbit nuclear transplant embryos from morula and blastocyst stage donor nuclei. Theriogenlogy, 1991 (35): 190.

[135] Conquet F N. Inhibited gastralation mouse embryos overexpressing the leukemia inhibitory factor. Proc Nat Acad Sci USA, 1992, 89: 8195 - 8199.

[136] Corteel J M. Variations de La Motilité et de La Fé con-dance Des Spermatozo des de Bouc. Ann Zootech,1976,25:567 - 571.

[137] Crosby, I. M., Osborn, J. C., Moor, R. M. Follicle cell regulation of protein sythesis and developmental competence in sheep oocytes. J. Reprod. Fertil., 1981, 62:575 - 582.

[138] Danials R, Hall V, Trounson A O. Analysis of gene transcription in bovine nuclear transfer embryos reconstructed with granulose cell nuclei. Biol Reprod, 2000, 63: 1034 - 1040.

[139] De Coppi, P., Bartsch, G., Jr., Siddiqui, *et al*. Isolation of amniotic stem cell lines with potential for therapy. Nat Biotechnol, 2007, 25:100 - 106.

[140] Dean W, Santoa F, Stojkovic M, *et al*. Conservation of methylation reprogramming in mammalian development: aberrant reprogramming in cloned embryos. PNAS, 2001, 98: 13734 - 13738.

[141] Deanne Feil, Michelle Lane, Claire T. Roberts. Effect of culturing mouse embryos under different oxygen concentrations on subsequent fetal and placental development. Physiol, 2006, 572(1): 87 - 96.

[142] Dochi O, Yamamoto Y. Direct transfer of bovine embryos frozenthawed in the presence of propylene glycol under onfarm conditions in an integrated embryo transfer program. Theriogenology, 1998, 49 (5): 1051 - 1058.

[143] Dong Y J, Varisanga N R, Mtango N R, *et al*. Improvment of the culture conditions for in vitro production of cattle embryos in a portable $CO_2$ incubator. Reprod Dem Anim, 2001, 36: 126.

[144] Downes C P, Macphee C H. Myo-inositol metabolites as cellar signals. Eur. J Biochem, 1990, 193: 1 - 18.

[145] Draper, J. S., Smith, K., Gokhale, P., *et al*. Recurrent gain of chromosomes 17q and 12 in cultured human embryonic stem cells. Nat Biotechnol, 2004, 22:53 - 54.

[146] Du F, Giles J R, Foote R H, *et al*. Nuclear transfer of putative rabbit embryonic stem cell leads to normal blastocyst development. J Rep Fert, 1995, 104: 219 - 223.

[147] Duby R T, Damiani P, Looney C R, *et al*. Prepuberal calves as oocyte donors: promises and problems. Theriogenology, 1996, 45: 121 - 130.

[148] E. Behboodi, G. B. Anderson, R. H. Bondurant. Development of in vitro fertilization oocytes from pregnant and nonpregnant cows in oviductal epithelial and cumulus-cell-coculture systems. Theriogenology, 1992, 38: 1077 - 1084.

[149] Ebner T, Moser M, Yaman C, *et al*. Successful birth after laser assisted immobilization of spermatozoa before intracytoplasmic injection. Fertil. Steril, 2002, 78: 417 - 418.

[150] Enright B P, Jeong B S, Yang X, *et al*. Epigenetic characteristics of bovine donor cells for nuclear transfer: levels of histone acetylation. Biol Reprod, 2003, 69: 1525 - 1530.

[151] Enright B P, Sung L Y, Chang C C, *et al*. Methylation and acetylation characteristics of cloned bovine embryos from donor cells treated with 5-aza-2'-Deoxycytidine. Biol Reprod, 2005, 72: 944 - 948.

[152] Erickson B H. Development and senescence of the postnatal bovine ovary. Anim Sci, 1966, 25: 800 -805.

[153] Evans M J, Kaufman M H. Establishment in culture pluripotential cell from mouse oocyte. Nature, 1981, 293: 154 - 156.

[154] Fagbohun C F, Downs SM. Metabolic coupling and lingand-stimulated meiotic maturation in the mouse oocyte-cumulus cell complex. Bio. Reprod, 1991, 45: 851 - 859.

[155] Feikun Yang, Ru Hao, Barbara Kessler, *et al*. Rabbit somatic cell cloning: effects of donor cell type, histone acetylation status and chimeric embryo complementation. Reproduction, 2007, 133: 219 - 230.

[156] Freret S, B Grimard, A A Ponter, *et al*. Reduction of body-weight gain enhances in vitro embryo production in overfed superovulated dairy heifers. Reproduction, 2006, 131(4): 783 - 794.

[157] Fujitani Y, Kasai K, Ohtani S,*et al*. Effect of Oxygen Concentration and Free Radicals on In Vitro Development of In Vitro-Produced Bovine Embryos1. Anim. Sci. , 1997, 75: 483 - 489.

[158] Fukui Y, Shakuma Y. Maturation of ovarian activation follicular size and the presence or absence of cumulus cells. Biol. Reprod. , 1980(22): 669 - 673.

[159] Galli C, Crotti G, Notari C, *et al*. Embryo production by ovum pick up from live donors. Theriogenology, 2000, 55: 1341 - 1357.

[160] Gandolfi F, Milanesi E, Pocar P, *et al*. Comparative analysis of calf and cow oocytes during in vitro maturation. Molecular Reproduction and Development, 1998, 49(2 ): 168 - 175.

[161] Garcia A,Salaheddine M. Effects of repeated ultrasound-guided transvaginal follicular aspiration on bovine oocyte recovery and subsequent follicular development. Theriogenology, 1998, 50: 575 - 585.

[162] Gardner D. K. ,Lane M. Amino acids and ammonium regulate mouse embryo development in culture. Biol. Reprod. , 1993, 48: 377.

[163] Gardner D K, Lane M. Culture and selection of viable blastocysts: a feasible proposition for human IVF. Hum. Repeod. , 1997, 3: 367 - 382.

[164] Gardner D K, Reed L, Linck D, *et al*. Quality control in human in vitro fertilization. Semin Reprod Med. 2005, 23(4): 319 - 324.

[165] German T M, Robertson K D. Chromatin remodelling, histone modifications and DNA methylation-How does it fall together. J. Cell Biochem, 2002, 87: 117 - 125.

[166] Gomez M C, Pope C E, Harris R. Births of kittens produced by intracytoplasmic sperm injection of domestic cat oocytes matured in vitro. Reprod Fertil, 2000, 12(728): 423 - 433.

[167] Gong G,Dai Y,Fan B,*et al*. Birth of calves expressing the enhanced green fluorescent protein after transfer of fresh or vitrified/thawed blastocysts produced by somatic cell nuclear transfer. Mol Reprod Dev, 2004, 69: 278 - 288.

[168] Goto K Ka, Takuma Y, Ogawa K. Fertilization of bovine oocytes by the injection of immobilised, killed spermatozoa. Veterinary Record, 1990, 127: 517 - 520.

[169] Gou, K. M. Field evaluation of juvenile in vitro embryo transfer (JIVET) in sheep, Anim. Reprod. Sci. (2008), doi: 10.1016/j. anireprosci. 2008. 05. 008.

[170] Graves K H, Moreadith. Derivation and characterization of putative pluripotential stem cell from preimplantation rabbit embryos. Mol Reprod Dev, 1993, 36: 424 - 433.

[171] Gray C W. Purification of an embryo trophic factor from commercial bovine serum albumin and its identification as citrate. J Reprod Fert, 1992, 94: 471 - 480.

[172] Grazyna Ptak, Marian Tischner, Nicola Bernabo, *et al*. Donor-Dependent Developmental Competence of Oocytes from Lambs Subjected to Repeated Hormonal Stimulation. Biology of Reproduction, 2003, (69): 278 - 285.

[173] Hamano S, Kuwaryama M. In vitro fertilization and development of bovine oocytes recovered from the ovaries of individual donors: A comparision between the cutting and aspiration method. Theriogenology, 1993(39): 703 - 712.

[174] Hammadehme, Askarias, Georgt, *et al*. Effect of freeze-thawing procedure on chromatin stability, mor-phological alteration and membrane integrity of human spermatozoa in fertile and subfertile men. Int J Androl, 1999, 22: 155 - 162.

[175] Handyside, A. H. , Hunter, S. A rapid procedure for visualising the inner cell mass and trophectoderm nuclei of mouse blastocysts in situ using polynucleotide-specific fluorochromes. Exp. Zool, 1984, 231 (3): 429 - 434.

[176] Hashimoto S, Takakura R, Minami N, *et al*. Ultrasound-guided follicle aspiration effect of the frequency of a linear transvaginal probe on the collection of bovine oocytes. Theriogenology, 1999, 52: 131 -138.

[177] Hendriksen P J M. , Steenweg W N M, Harkema J C. Effect of different stages of the follicular wave on in vitro developmental competence of bovine oocytes. Theriogenology, 2004, 61: 909 - 920.

[178] Hwang, W. S. , Ryu, Y. J. , Park, J. H. , Park, E. S. , Lee, E. G. , Koo, J. M. , Jeon, H. Y. , Lee, B. C. , Kang, S. K. , Kim, S. J. , *et al*. Evidence of a pluripotent human embryonic stem cell line derived from a cloned blastocyst. Science 303, 2004:1669 - 1674.

[179] Hyttel G, Vajta G, Callesen H. Vitrification of bovine oocytes with the open pulled straw method: ultrastrrctural consequences. Molecular Reproduction and Development, 2000, 56(1): 80 - 88.

[180] I. Valasi, L. Leontides, Th. Papanikolaou, *et al*. Age, FSH Dose and Follicular Aspiration Frequency Affect Oocyte Yield from Juvenile Donor Lambs. Reprod Dom Anim, 2007, 42: 230 - 237.

[181] Illmensee K, Hoppe P C. Nuclear transplantation in musmusculus development potential of nuclei from preimplantation embryos . Cell,1981(23): 9 - 18.

[182] J. M Kelly, D. O Kleemann, S. R Rudiger,*et al*. Effects of Grade of Oocyte-Cumulus Complex and the Interactions Between Grades on the Production of Blastocysts in the Cow, Ewe and Lamb. Reprod Dom Anim, 2006:1439 - 1531.

[183] J. M. Kelly, D. O. Kleemann, S. K. Walker. Enhanced efficiency in the production of offspring from 4-to 8-week-old lambs. Theriogenology, 2005 (63): 1876 - 1890.

[184] Jeremy G. Thompson. Comparison between in vivo-derived and in vitro-produced pre-elongation embryos from domestic ruminants. Reproduction, Fertility and Development, 1997, 9(3): 341 - 354.

[185] J J Parrish, A1krogenaes, J. L. Susko-Parrish *et al*. Effect of bovine sperm separation by either swim-up or percoll method on success of in vitro fertilization and early embryonic development. Theriogenology, 1995, 44: 859 - 869.

[186] Jones P L, Veenstra G J, Wade P A, *et al*. Methylated DNA and $MeCP_2$ recruit histone deacetylase to repress transcription. Nat Genet, 1998, 19: 187 - 191.

[187] K. M. Morton, S. L. Catt, W. M. C. Maxwell,*et al*. An efficient method of ovarian stimulation and in vitro embryo production from prepubertal lambs. Reprod. Fert. Dev, 2005(17): 701 - 706.

[188] Kane D. A low molecular weight extract of bovine serum albumin simulate rabbit blastocysyt cell divi-

sion and expassion. J Reprod Fert, 1985, 73: 147 - 150.

[189] Kasai M, Mukaida T. Cryop reservation of animal and human embryos by vitrification. Reprod Biomed Online, 2004, 9(2) : 164 - 170.

[190] Kasaim, Nishimorim, Zhu S E, *et al*. Survival of mouse morulae vitrified in an ethylene glycol-based solution after exposure to the solution at various temperatures. Biol Reprod, 1992, 47: 1134 - 1139.

[191] Kato Y, Tani T, Sotomaru Y, *et al*. Eight Calves Cloned from Somatic Cells of a Single Adult. Nature, 1998, 282: 2095 - 2098.

[192] Kelly J M, Kleemann D O, Walker S K. Enhanced efficiency in the production of offspring from 4-to 8-week-old lambs. Theriogenology, 2005a, 63:1876 - 1890.

[193] Kelly J M, Kleemann D O, Walker S K. The effect of nutrition during pregnancy on the in vitro production of embryos from resulting lambs. Theriogenology, 2005b, 63:2020 - 2031.

[194] Kelly J, Earl C, Rowe J, *et al*. Blastocyst production rates from different grades of oocytes collected from 2 to 3 month old calves. Theriogenology, 1997, 47(1) : 291

[195] Keskintepe, L. , Darwish G. M. , Kineme A. T. , *et al*. Term development of caprine embryos derived from immature oocytes in vitro. Theriogenology, 1994, 42: 527 - 535.

[196] Kim J H, Niwa K, Lim J M, *et al*. Effects of phosphate, energy substrates, and amino acids on development of in vitro-matured, in vitro-fertilized bovine oocytes in a chemically defeined, protein-free culture medium. Biol. Reprod. , 1993, 48: 1320 - 1325.

[197] Kim J M, Liu H, Tazaki M, *et al*. Changes in histone acetylation during mouse oocyte meiosis. J Cell Biol, 2003, 162: 37 - 46.

[198] Kimura Y, Yanagimachi R. Intracytoplasmic sperm injection in the mouse. Biol Reprod, 1995, 52: 709 -720.

[199] Kochhar H. P. , Wu B. , Morris L. H. , *et al*. Maturation status, protein synthesis and developmental competence of oocytes derived from lambs and ewes. Reprod. Domest. Anim. , 2002, 37: 19 - 25.

[200] Koema J, Keefer C L, Baldassarre H,*et al*. Developmental competence of prepubertal and adult goat oocytes cultured in semi-defined media following laparoscopic recovery. Theriogenology, 2003, 60: 879 -889.

[201] Krzyzosiaki, Evensond, Pittc, *et al*. Changes in susceptibility of bovine sperm to insitu DNA denaturation during prolonged incubation at ambienttem-perature under conditions of exposure to reactive oxygen species and nuclease inhibitor. Reprod Fertil Dev, 2000, 12: 251 - 261.

[202] Kuhholze B, Baguisi A, Overst rom E W. Longterm culture and characterizat ion of goat primo rdial germ cells. Theriogeno logy, 2000, 53 (5): 1071 - 1079.

[203] Kwun J, Chang K, Lim J, *et al*. Effects of exogenous hexoses on bovine in vitro fertilized and cloned embryo development: Improved blastocyst formation after glucose replacement with fructose in a serum-free culture medium. Mol Reprod Dev. , 2003, 65(2): 167 - 174.

[204] Lai L, Sun Q, Wu G. Development of porcine embryos and offspring after intracytoplasmic sperm injection with liposome transfected or non-transfected sperm into in vitro matured oocytes. Zygote, 2001, 9 (4): 339 - 346.

[205] Lan G C, Dong H, Wu Y G, *et al*. Effect of duration, concentration, and timing of ionomycin and 6-dimethylaminopurine (6-DMAP) treatment on activation of goat oocytes. Mol Reprod Dev, 2005, 71: 380 - 388.

[206] Lan G C, Ma S F, Wang Z Y, *et al*. Effects of post-treatment with 6-dimethylaminopurine (6-DMAP) on ethanol activation of mouse oocytes at different ages. J Exp Zool, 2004, 301A: 837 - 843.

[207] Land R B. Number of oocytes present at birth in the ovaries of pure and finnish landrace cross blackface and welsh sheep. Journal of Reproduction and Fertility, 1970, 21:517 - 521.

[208] Ledda S, Leoni G, Boyliolo L, *et al*. Oocyte cryopreservation and ovarinn tissue banking. Theriogenology, 2001, 55(6): 1359 - 1369.

[209] Ledda S, Loi P, Bogliolo L, *et al*. The effect of 6-dimeth-ylaminopurine (6-DMAP) on DNA synthesis in activated mammalian oocytes. Zygote , 1996, 4: 7 - 9.

[210] Lee C K, Moore K, Scales N, *et al*. Iso lat ion and genet ic t ransfo rmat ion of p rimo rdial germ cell (PGC) derived cells from cat t le, goats, rabbits and rats. A sian2 Aus J Anim Sci, 2000, 13 (5) : 587 - 594.

[211] Lee C K, Scales N, Newton G, *et al* . Isolation and initial characterization of primordial germ cell (PGC) derived from goat, rabbit and rats. Theriogenology, 1998, 49: 388.

[212] Leoni G G, Succu S, Berlinguer F, *et al*. Delay on the in vitro kinetic development of prepubertal ovine embryos. Animal Reproduction Science, 2006, 92:373 - 383.

[213] Li E. Chromatin modification and epigenetic reprogramming in mammalian development. Nat Rev Genet, 2002, 3: 662 - 673.

[214] Liu J L, Kusakabe H, Chang C C. Freeze-dried sperm fertilization leads to full-term development in rabbits. Biol Reprod, 2004, 70(6): 1776 - 1781.

[215] Liu L. Cloning efficiency and differentiation. NatBiotech, 2001, 19: 406.

[216] Lu K H, Polge C A. Summary of two-years results in large scale in vitro bovine embryos production. Proc. 12th. Int. Congr. Anim. Reprod. (The Hagve) 1992, 3: 1315 - 1317.

[217] Luc Schoonjans, Georgem, Albright, *et al*. Pluripotential rabbit embryonic stem cells are capable of forming overt coat color chimeras folling injection into blastocysts. Mol Rep Dev, 1996, 45: 439 - 443.

[218] Maneesh Taneja, Peter E J. Bols, Anneleen Van de Velde, Developmental Competence of Juvenile Calf Oocytes In Vitro and In Vivo: Influence of Donor Animal Variation and Repeated Gonadotropin Stimulation. Biology of reproduction, 2000, 62(1): 206 - 213.

[219] Manik R S, Singla S K, Palta P. Collection of oocytes through transvaginal ultrasound-guided aspiration of follicles in an Indian breed of cattle. Animal Reproduction Science, 2003, 76: 155 - 161.

[220] Marion, R. M. , Strati, K. , Li, H. , *et al*. Telomeres acquire embryonic stem cell characteristics in induced pluripotent stem cells. Cell Stem Cell 4, 2009:141 - 154.

[221] Martinez A G, Matkovic M. Cryop reservation of ovine embryos: slow freezing and vitrification. Theriogenology, 1998, 49 (5): 1039 - 1049.

[222] Matsuda J, Takahashi S, Ohkoshi K, *et al*. Production of transgenic chimera rabbit fetuses using somatic cell nuclear transfer. Cloning and Stem Cells, 2002, 4(1): 9 - 19.

[223] Matsui Y, Toksos D, Nishikawa S, *et al*. Effect of steel factor and leukaeemia inhibitory factor on murine primordial germ cell in culture. Nature, 1991, 353: 732 - 752.

[224] Matsui Y, Zesbo K, Hogan B L M, *et al*. Derivation of pluripotential embryonic stem cells from murine primordial germ cell in culture. Cell, 1992, 70: 841 - 847.

[225] Matsuura K, Hayashi N, Takiue C, *et al*. Blastocyst quality scoring based on morphologic grading correlates with cell number. Fertil Steril, 2010, 94(3): 1135 - 1137.

[226] Mc Grath J. Solter D. Nuclear transplantation in the mouse embryo by microsurgery and cell fusion. Science, 1983, 220(4603): 1300 - 1302.

[227] McLaren A, Smith, R. Functional test of tight junctions in the mouse blastocyst. Nature, 1977, 267 (5609): 351 - 353.

[228] Meinecke Tillmann By S, Meinecke B. Isolation of ES like cell line from ovine and caprine preimplantation embryos. J Anim Breed Genet, 1996, 113: 413 - 426.

[229] Men H S, Monson R L, Rutl Edgej J. Effect of meiotic stages and maturation protocols on bovine oocyteps resistance to cryopreservation. Theriogenology, 2002, 57(3): 1095 - 1103.

[230] Mene Menezo Y, Khatchadourian C. Implication de l'activite glucose 6 phosphate isomerase (EC 5.3.1.9) dans l'arret de la segmentation de l'oeuf de souris au stade 2-cellules in vitro. C. R. Acad. Sci. Paris, 1990, 310:297 - 301.

[231] Miao Y L, Ma S F, Liu X Y, *et al*. Fate of the first polar bodies in mouse oocytes. Mol Reprod Dec, 2004, 69: 66 - 76.

[232] Mitani T, Takahashi N, Kawase E, *et al*. Proliferation of alkaline phosphotase positive cell from cultured primordial germ cell in rat. Theriogenology, 1994, 41:336.

[233] Mizuno K, Hoshi K, Huang T. Fertilization and embryo development in a mouse ICSI model using human and mouse sperm after immobilisation in polyvinlypyrrolidone. Hum. Reprod, 2002, 17: 2350 - 2355.

[234] Mogas, T., Palomo, M. J., Izquierdo M. D., Developmental capacity of in vitro matured and fertilized oocytes from prepubertal and adult goats. Theriogenology, 1997, 47: 1189 - 1203.

[235] Morton K M, Catt S L, Maxwell W M, *et al*. Effects of lamb age, hormone stimulation and response to hormone stimulation on the yield and in vitro developmental competence of prepubertal lamb oocytes. Reproduction, Fertility and Development, 2005a, 17:593 - 601.

[236] Morton K M, Catt S L, Maxwell W M, *et al*. In vitro and in vivo developmental capabilities and kinetics of in vitro development of in vitro matured oocytes from adult, unstimulated and hormone-stimulated prepubertal ewes. Theriogenology, 2005b, 64:1320 - 1332.

[237] Morton K M, Graaf S P, Campbell A, *et al*. Repeat Ovum Pick-up and In Vitro Embryo Production from Adult Ewes with and without FSH Treatment. Reprod Dom Anim, 2005, 40: 422 - 428.

[238] N. A. Wani, G. M. Wani, M. Z. Khan., *et al*. Effect of different factors on the recovery rate of oocytes for the in vitro maturation and in vitro fertilisation procedures in sheep. Small Ruminant Research, 1999, 34: 71 - 76.

[239] N. A. Wani. In vitro maturation and in vitro fertilization of sheep oocytes. Small Ruminant Research, 2002(44): 89 - 95.

[240] Nan X, Ng H H, Johnson C A, *et al*. Transcriptional repression by the methyl-CpG-binding protein $MeCP_2$ involves a histone deacetylase complex. Nature, 1998, 393: 386 - 389.

[241] Narinderk. Energy metabolism in preimplantation bovine embryos derived in vitro or in vivo. Biology of Reproduction, 2000, 62: 847 - 856.

[242] Niemann H. Comparison of survival rates of day 7 and 8 bovine blastocysts after fast freezing and thawing. Theriogenology, 1982, 18: 445 - 452.

[243] Northy D L, Nuttleman P R, Rosenkrans C F. Removal of bovine oocyte cytoplasm prior to fertilization reduces cell number in embryos. Bio Reprod, 1991, 44: 156.

[244] Nusser K D, Mitalipov S, Widmann A. Developmental competence of oocytes after ICSI in the rhesus monkey. HumReprod, 2001, 16: 130 - 137.

[245] Ozil J P, Modlinski J A. Effects of electric field on fusion rate and survival of 2-cell rabbit embryos. Theriogenology, 1991, 36: 875 - 885.

[246] O'Brien J K, Catt S L, Ireland KA. In vitro and in vivo developmental capacity of oocytes from prepubertal and adult sheep. Theriogenology, 1997, 47:1433 - 1443.

[247] Palermo G, Joris H, Devroey P, *et al*. Pregnancies after intracytoplasmic injection of single spermatozoon into an oocyte. Lancet, 1992, 340: 17-18.

[248] Pather R S, Barnes F L, Sims M M, *et al*. Nuclear transplantation in the bovine embryo: assenment of donor nuclei and recipient oocyte. Biol. Reprod, 1987 (37): 859-866.

[249] Pawel Siedleckil, Piotr Zielenkiewicz. Mammalian DNA methyltransferases. Acta Biochimica Polonica, 2006, 53: 245-256.

[250] Pesce M, Farrace M G, Piacentini M, *et al*. Stem cell factor and lenkemia inhibitory factor promo tep rimor dial germ cell survival by supp ressing programmed cell death. Bis Dev, 1993, 118: 1089-1094.

[251] Petyim S, Baege R, Forsberg M, Department of Obstetrics and Gynaecology, Department of Clinical Chemistry, Faculty of Veterinary Medicine,Centre for Reproductive Biology in Uppsala, Swedish University of Agricultural Sciences (SLU), Uppsala, Sweden. Vet. Med, 2000, 47: 627-640 .

[252] Piedrahita J A, Moore K, Oetama B, *et al*. Generation of transgenic porcine chimeras using primordial germ cell-derived colonies. Biol Reprod, 1998, 58: 3121-3129.

[253] Pinyopummintr T, Bavister B D. Development of bovine embryo in a cell-free culture medium effects of type of serum timing of its inlusion and in activation. Theriogenology, 1994, 41: 1241-1249.

[254] Polejaeva I. A, Chen S. H, Vaught T. D, *et al*, Cloned pigs produced by nuclear transfer from adult somatic cells. Nature, 2000, 407: 86-90.

[255] Prather R S, Sims M M, First N L. Nucleartrans plantation in early pig embryos. Theriogenology, 1989 (31): 299.

[256] Prather R S. Pigs is pigs. Science, 2000, 289: 1886-1887.

[257] Ptak G, Dattena M, Loi P, *et al*. Ovum pick-up in sheep: efficiency of in vitro embryo production, vitrification and birth of offspring. Theriogenology, 1999, 52: 1105-1114.

[258] Ptak G, Loi P, Dattena M, Tischner M. *et al*. Offspring from 1-month-old lambs: Studies on the developmental capability of prepubertal oocytes. Biology of Reproduction,1999, 61:1568-1574.

[259] Pugh P. A. , Thompson J. G. , McGowan L. T. , *et al*. Survival after transfer of fresh or frozen bovine embryos produced in vitro in a cell-and serum-free medium. Proc. Aust. Soc. Reprod. Biol. , 1993, 25: 86 (Abstr. ).

[260] Pyle, A. D. , Lock, L. F. , and Donovan, P. J. Neurotrophins mediate human embryonic stem cell survival. Nat Biotechnol, 2006, 24:344-350.

[261] Rabindranath de la Fuente, W. Allan King. Use of a chemically defined system for the direct comparison of inner cell mass and trophectoderm distribution in murine, porcine and bovine embryos. Zygote, 1997(5): 309-320.

[262] Ratnam S. , Mertineit C. , Ding F. , *et al*. Dynamics of Dnmtl methyltransferase expreddion and intracellular localization during oogenesis and preimplanation development. Dev. Biol. , 2002, 245: 304-314.

[263] Renard J P, Babinet C. High survival of mouse embryos after rapid freezing and thawing inside plastic straws with 1, 22 propanediol as cryoprotectant. J Exp Zool, 1984, 230: 443-448.

[264] Resnich J L, Bixler L S, Chen L Z, *et al*. Long term proliferation of mouse primordial germ cells in culture. Nature, 1992, 359: 550-551.

[265] Revel F, Mermillod P, Peynot N, Low developmental capacity of in vitro matured and fertilized oocytes from calves compared with that of cows. Journal of reproduction and fertility, 1995, 103(1): 115-120.

[266] Rickard L F, White K L. Electrofusion-induced intracellar $Ca^{2+}$ flux and its effedt on murine oocyte activation. Mol Repro Dev, 1992, 31: 152-159.

[267] Robl J M , Davis D L. Effects of serum on swine morulave and blastocysts in vitro. J Anim Sci, 1981, 52: 1450 - 1456.

[268] Ruth Jŭttermann, En Li, Rudolf Jaenisch. Toxicity of 5-aza-2′-deoxycytidine to mammalian cells is mediated primarily by covalent trapping of DNA methyltransferase rather than DNA demethylation. PNAS. 1994, 91: 11797 - 11801.

[269] Rybouchkin A, Kato Y, Tsunoda Y. Role of histone acetylation in reprogramming of somatic nuclei following nuclear transfer. Biol Reprod, 2006, 74: 1083 - 1089.

[270] S. Ledda, L. Bogliolo, G. Leoni, *et al*. Cell Coupling and Maturation-Promoting Factor Activity in In Vitro-Matured Prepubertal and Adult Sheep Oocytes. Biology of Reproduction, 2001, 65: 247 - 252.

[271] Saha S, Otoi T, Takagi M, *et al*. Normal calves obtained after direct transfer of vitrified bovine embryos using ethylene glycol, trehalose, and polyvinylpyrrolidone. Cryobiology, 1996, 33(3): 291 - 299.

[272] Salamone D F, Damiani P, Fissore R A, *et al*. Biochemical and Developmental Evidence That Ooplasmic Maturation of Prepubertal Bovine Oocytes Is Compromised. Bioloigy of Reproduction, 2001, 64 (6): 1761 - 1768.

[273] Sang Runzi, Zhu Shien, Zheng Defu, *et al*. A preliminary study on the cryop reservation of bovine embryos by vitrification. 4th Asian Symposium on Animal Biotechnology. Japan, Kamiina, 1998: 162 -165.

[274] Sarmento O F, Digilio L C, Wang Y, *et al*. Dynamic alterations of specific histone modifications during early murine development. J Cell Sci, 2004, 117: 4449 - 4459.

[275] Seide G E. Field trails with cryopreserved bovine embryos. In: Beier HM, Linder HR (eds). Fertilization of the Human Egg in Vitro, 1983: 343 - 352.

[276] Shamblott M J, Axelman J, Wang S P, *et al*. Derivation of pluripotent of stem cells from cultured human primordial germ cells. Proc Natl Acad Sci USA, 1998, 95: 13726 - 13731.

[277] Shi W, Hoeflich A, Flasuinkei H, *et al*. Induction of a senescent - like phenotype does not confer the ability of bovine immortal cells to support the development of nuclear transfer embryos. Biol Reprod, 2003, 69: 301 - 309.

[278] Shin M R,Park S W,Shim H,*et al*. Nuclear and microtuble reorganization in nuclear transferred bovine embryos. Mol Reprod Dev, 2002, 62: 74 - 82.

[279] Shirazi A, Shams-Esfandabadi N and Hosseini S M. A comparison of two recovery methods of ovine oocytes for in vitro maturation. Small Ruminant Research, 2005, 58:283 - 286.

[280] Stewart C L, Gadi I, Barlow D P, *et al*. Stem cells from primordial germcells can reenter the germ line. Development, 1994, 161: 626 - 628.

[281] Stice S L, Robl J M. Nuclear reprogramming in nuclear transplated rabbit embryos. Biol. Reprod, 1988 (39): 657 - 664.

[282] Stroj Ekm, Reed M A, Hoover J L, *et al*. A method for cultivating morphologically undifferentiated embryonic stem cells. Theriogenology, 1993, 33(4): 901 - 904.

[283] Strojeck R M, Reed M A, Hoover J L, *et al*. A method for culturing morphorlogically undifferentiated embryonic stem cells from porcine blastocyists. Theriogenology, 1990, 33: 901 - 903.

[284] Struhl K. Histone acetylation and transcriptional regulatory mechanisms. Genes & Development, 2006, 12: 599 - 606.

[285] Suemori. Establishment of the embryo-derived stem (ES) cell lines from mouse blastocysts: effects of the feeder ceels layer. Development Growth and Differention, 1987, 29(2): 133 - 139.

[286] Suzuki T, Sumantri C, Khan N H, *et al*. Development of simple portable carbondioxide incubator for in

vitro production of bovine embryos. Anim Reprod Sci, 1999, 54: 149 - 157.

[287] Tachikawa. Successful vitrification of bovine blastocysts derived by in vitro maturation and fertilization. Molecular Reproduction and Development, 1993, 34: 266 - 271.

[288] Tani T, Shimada H, Kato Y, *et al*. Demecolcine - assisted enucleation for bovine cloning. Cloning and Stem Cells, 2006, 8: 61 - 66.

[289] Tassell R, Chamley W A, Kennedy J P. Gonadotrophin levels and ovarian development in the neonatal ewe lamb. Australian Journal of Biological Sciences,1978, 31:267 - 273.

[290] Thomas K R, Gapecchi M R. Site-directed mutagenesis by gene targeting in mouse embryo-derived stem cells. Cell, 1987, 50: 503 - 512.

[291] Thompson J G E, Simson A C, Pugh P A. Effect of oxygen concentration on in vitro development of preimplantation sheep and cattle embryos. J Reprod Fert, 1990, 89: 573 - 578.

[292] Thouas G A, Korfiatis N A, French A J, *et al*. Simplified technique for differential staining of inner cell mass and trophectoderm cells of mouse and bovine blastocysts. Reproductive BioMedicine Online, 2001, 3(1): 25 - 29.

[293] Tian S J, Yan C L, Yang H X, *et al*. Vitrification solution containing DMSO and EG can induce parthenogenetic actibation of in vitro matured ovine oocytes and decrease sperm peneteation. Anim Peprod Sci, 2007, 101: 365 - 371.

[294] Trounson A. O. , Pushett D. , Maclellan L. J. , *et al*. Current status of IVM/IVF and embryo culture in humans and farm animals. Theriogenology, 1994, 41: 57

[295] Tuli P K. Holtz W. Effect of Glycerolization Procedure and Removal of Seminal Plasma on Post-thaw Survival and GOT-release from Boer Goat Spermatowa. Theriogenology, 1994, 42(3): 547 - 555.

[296] Vajta G, Holm P, Greve T, *et al*. Vitrification of porcine embryos using the Open Pulled Straw (OPS) method. Acta Vet Scand, 1997, 38(4): 349 - 352.

[297] Vajta G, Holm P, Kuwayama M, *et al*. Open pulled straw (OPS) vitrification: A new way to reduce cryoinjuries of bovine ova and embryos. Molecular Reproduction and Development, 1998, 51(1): 53 - 58.

[298] Vajta G, Rindom N, Peura T T, *et al*. The effect of media, serum and temperature on in vitro survival of bovine blastocysts after open pulled straw (OPS) vitrification. Theriogenology, 1999, 52(5): 939 - 948.

[299] Valasi I , Leontides L, Papanikolaoul T,*et al*. Age,FSH dose and follicular aspiration frequency affect oocyte yield from juvenile donor lambs. Reproduction in Domestic Animals, 2007, 42:230 - 237.

[300] Varisanga M D, Dong Y J, Mtango N R; *et al*. Bovine blastocyst obtained from reconstructed cytoplast and karyoplasts using a smiple protable $CO_2$ incubator. Cloning, 2000, 4: 167 - 173.

[301] Wakayama T, Perry A C, Zuccot ti M, *et al* . Full-term development of mice from enucleated oocytes injected with cumulus cell nuclei. Nature, 1998, 394: 368 - 374.

[302] Wakayama T, Yanagimachi R. The first polar body can be used for the production of normal offspring in mice. Biol Reprod, 1998, 59: 100 - 104.

[303] Wales R G. The uterus of the ewe. II. Chemical analysis of uterine fluid collected by canulation. Aust. J. Biol. Sci. ,1973, 26:947 - 59.

[304] Wang Y G, Zhou X G, Liu J L, *et al*. Cloned goats (Capra hircus) from fetal fibroblast cell lines. Chinese Science Bulletin, 1999, 45: 34 - 38.

[305] Ward W S, Coffey D S. DNA packaging and organization inmammaliansms inspermatozoa: comparision with somatic cells. Biol Reprod, 1991, 44: 569 - 574.

[306] Wee G, Koo D B, Song B S, *et al*. Inheritable Histone H4 Acetylation of Somatic Chromatins in Cloned Embryos. Journal of Biological Chemical, 2006, 281: 6048 - 6057.

[307] Wells D N, Misiu P M, Tervit H R. Future opporunities in livestock production and biom edicine from advances in animal cloning. Theriogenology, 1999, 51(1): 217 - 223.

[308] Wells D N. On the isolation of embryonic stem cell: comparative behavior of murine, porcine and ovine embryos. Theriogenology, 1991, 35(1): 293 - 296.

[309] Wheeler M B, Runde L A, Bleck G T, *et al*. Product ion of chimeric swine from embryonic stem (ES) cells. Cell, 1995, 52 (suppl. 1): 136.

[310] Whittingham D G. Fertilizati on in vitro and developments to term of unfer tilized mouse oocytes previously stored at −196℃. J Reprod Fertil, 1977, 49: 89 - 94.

[311] Willadsen S M. Nuclear transplantation in sheep embryos. Nature, 1986 (320): 63 - 65.

[312] Wilmut I, Beaujean N. Somatic cell nuclear transfer. Nature, 2002, 419: 583 - 585.

[313] Wilmut, A. E. Schnieke, J. Mcwhir, *et al*. Viable offspring derived from fetal and adult mammalian cells. Nature, 1997, 385: 810 - 813.

[314] Wu B, Tong J, Leibo S P. Effect of chilling bovine germinal vesicle-stage oocytes on formation of microtubrles and the meiotic spindle. Theriogenology, 1998, 49(1): 177 - 186.

[315] Yang X Z, Jiang S E, Kovacs A, *et al*. Nuclear totipotency of cultured rabbit morula to su pport full-term development following nuclear transfer. Biol. Re prod, 1992 (47): 636 - 643.

[316] Yang X Z, Zhang L, Kovacs A, *et al* Potential of hypertonic medium treatment for embryo micromanipulation: Ⅱ. Assessment of subzona insertion and eletrofusion of blastom ere to intact or functionally enucleated oocytes in rabbits. Mol Reprod Dev, 1990, 27: 118 - 129.

[317] Yang Z, Jianchen W, Jufen Q, *et al*. Nuclear transplantation in goats. Theriogenology, 1991 (35): 299.

[318] Yin X J, Tani T, Yonemura I, *et al*. Production of cloned pigs from adult somatic cells by chemically assisted removal of maternal chromosomes. Biol Reprod, 2002,67(2): 442 - 446.

[319] Zakhartchenko V, Stoikovic M, Brem G, *et al*. Karyoplast-cytoplast volume ratio in bovine nuclear transfer embryos: effect on developmental potential. Mol Reprod Dev, 1997, 48: 332 - 338.

# 第5章

# 动物繁殖技术进展

本章主要从生殖生理、配子冷冻保存、性别控制、诱导卵泡发育(超数排卵)与体外(受精)胚胎生产、细胞核移植(克隆)、胚胎干细胞等技术,国内外研究进展以及我国动物繁殖技术研究进展进行了综述。

## 5.1 生殖生理研究进展

### 5.1.1 促性腺激素释放激素及其类似物在动物繁殖上的应用

自 Schally 等 1971 年首先阐明了下丘脑 GnRH 结构为十肽后,通过更换该激素分子中的某个氨基酸或以其他方法改变其结构,已经合成了 1 000 多种 GnRH 的类似物,已在医学、生理学、化学、畜牧兽医等领域广泛应用,并发挥了重要作用。

1. GnRH 化学特性与主要生理功能

(1)合成部位及化学特性　GnRH(促性腺激素释放激素),又称为 LHRH 或 LRH,由下丘脑弓状核合成,贮存在正中隆起,化学特性为十肽。

(2)主要生理功能　生理剂量的 GnRH 主要引起垂体 LH 和 FSH 的释放与合成,但以对 LH 的刺激作用为主,所以又叫促黄体素释放激素。

(3)GnRH 类似物　天然 GnRH 在下丘脑含量极低,而且不易提取,成本昂贵,难以在生产中应用推广,目前人们用人工合成的方法,生产 GnRH 类似物,不仅价格便宜,而且其作用比天然的 GnRH 大几十倍或几百倍。国内合成 GnRH 类似物主要有 LRH - $A_2$(促排 2 号)、LRH - $A_3$(促排 3 号)等。

2. GnRH 作用特点

(1)可提高动物繁殖率;提高情期受胎率;缩短产后发情时间和胎间距;提高超排效果,增加获胚数和可用胚数量;提高产仔数。

(2)对牛、马、猪、羊、猴等动物均能提高其繁殖率,畜种间无特异性。

(3)GnRH的有效剂量范围比较大,以奶牛为例,在50～400 μg之间均有效。究竟多大剂量为最佳剂量有待进一步确定。

3. GnRH提高动物繁殖率的机理

(1)提高情期受胎率的机理　家畜在配种前或配种时外源注射GnRH后,一方面通过下丘脑-垂体-卵巢轴引起垂体释放LH和FSH,LH在FSH协同下,作用于卵巢促进卵泡破裂排卵,增加与精子受精的机会,从而提高受胎率;另一方面LH的分泌又促进黄体的发育增加了孕酮分泌量,利于胚胎存活,研究表明,经GnRH处理后母牛的孕酮水平比未处理的要高。

(2)缩短产后发情时间机理　在母牛产后11～15 d,给母牛注射GnRH,可使LH释放增多,LH浓度急剧升高,并刺激子宫防御系统和卵巢机能,使产后母牛子宫和卵巢等生殖系统得到及早恢复,使产后母牛发情。

(3)提高家畜超排效果和产仔率的机理　GnRH作用到垂体,形成排卵前LH峰,一方面利于超排后形成的多个卵泡的破裂,提高排卵数,增加早期胚胎数量;另一方面提高了超排供体家畜排卵的同期化程度,使超排后多个卵泡排卵时间更趋一致,使排卵更加集中,更利于与精子形成受精卵。

4. 国内外用GnRH提高动物繁殖率的情况

Nash等(1980)报道,GnRH能提高产后奶牛第1次配种的受胎率。Stevenson等(1984)报道,在输精后30 min注射100 μg GnRH能使屡配荷斯坦牛的受胎率提高将近21%。Phatak等(1986)调查了GnRH对961头屡配不孕奶牛受胎率的影响,发现GnRH能显著提高其受胎率。Wubiset等(1986)报道,超排奶牛在发情时注射200 μg GnRH,排卵数和采卵数略有提高,发育胚胎数从每头6.2枚提高到9.4枚,受精率从76%提高到92%。Foote等(1989)报道,用一种GnRH类似物——Buserelin能够提高超排奶牛的受精率,但是对排卵数、获卵数及可用胚胎数没有影响。Prado Delgado等(1984)报道,GnRH对超排母牛的各项指标均没有影响。桑润滋等(1991)报道,对超排黑白花奶牛,输第1次精的同时肌肉注射LRH-$A_2$ 200 μg或LRH-$A_3$ 100 μg,试验组(26头)头均获胚数达6.96枚,头均可用胚数为4.31枚,分别比对照组(22头)的6.55枚和2.64枚提高0.41枚和1.67枚。岳奎忠等(1994)报道,母牛用FSH超排发情后输精的同时,肌肉注射LRH-$A_3$ 400 μg,结果与不注LRH-$A_3$的对照组相比,可用胚高105.6%。沈斌等(1992)报道,母牛产后13～15 d肌肉注射GnRH 1 000 IU,与产后不经任何处理的母牛相比,产犊到第1次配种的天数分别为(69.55±21.86) d和(73.14±24.01) d,产犊到受胎的天数分别为(80.85±29.68) d和(99.18±29.25) d。许声松(1996)报道,在华南地区,用LRH-$A_3$ 500 IU处理产后12～15 d奶牛,使子宫复原时间缩短(27 d相对33 d),产后首次发情时间提前(53 d相对80 d),120 d受胎率(50%相对20%)明显提高。北京动物研究所内分泌室报道,应用2～4 mg LH对患有生殖功能疾病的母马进行治疗(即静脉注射或肌肉注射LH 2～4 mg),24～48 h内能促使持续4～6 d不排卵的母马排卵。两个月后检查受胎率大于85%。黄利奴等(2002)报道,将正常发情青年母猪16头,其中8头在发情开始后20 h肌肉注射LRH-$A_3$ 0.2 μg/kg,结果明显提高了母猪排卵数和排卵率,分别比8头对照母猪增加6.12个排卵数和28.56%排卵率。桑润滋等(1995)报道,在给河北细毛羊输精的同时肌肉注射LRH-$A_3$ 40～80 μg,结果情期受胎率比对照组提高6.3%～

27.2%。桑润滋等(2003)报道,在超排波尔山羊第1次配种的同时肌肉注射 LRH-$A_3$ 15 μg,试验组头均获胚数和头均可用胚数分别为16.70±8.14和(15.40±8.28)枚,而对照组分别为15.27±6.62和(12.16±7.68)枚,其中头均可用胚差异显著。

5. 使用GnRH应注意的几个问题

(1)关于注射时间　以发情高潮注射GnRH,过6 h以后人工授精效果较好,其受胎率最高,此时注射GnRH,刚好与体内LH的自然分泌峰相一致,增强了LH的功能。

(2)关于应用频率　应用GnRH的频率最好在一个繁殖周期应用1次为宜,并非应用越多越好。这是因为首先就其本身功能而言,它受激素的正负反馈调节,当大量应用之后,可促进LH的大量分泌,反过来抑制体内下丘脑GnRH的分泌。其次,就下丘脑功能而言,如果大量或频繁应用外源GnRH,易造成下丘脑的依赖性,使下丘脑的机能退化。

(3)关于使用剂量　从试验报道看,对奶牛50~400 μg均有效。最佳剂量有待进一步确定。另外需要说明的是,1996年以前(宁波激素厂)成品的标示量为10%粗品的含量,之后的标示量为原料药纯含量,前后标量相差10倍。应用时需注意产品说明书,是粗品还是纯品含量。宁波激素厂推荐 LRH-$A_2$、$A_3$ 纯品牛、猪的正常用量为25~30 μg/头,羊为15 μg/只,兔为0.3~0.5 μg/只。其他待进一步确认。

(4)对受胎率无影响的结果　国内外大多数报道认为配种期间应用GnRH能提高奶牛的情期受胎率。但也有的试验结果认为对受胎率没有影响。分析其原因一方面是由于GnRH注射的时间、剂量、方法不同,另一方面是由于牛个体的差异而造成的,对那些自身GnRH或LH分泌量不足或LH峰出现时间与排卵时间相对关系异常的个体,外源GnRH的影响就能显示出来,而对那些自身GnRH或LH分泌正常的个体,外源GnRH对其有利影响就可能显示不出来。只要外源注射GnRH的时间、方法、剂量得当,对提高动物受胎率是有益的。

### 5.1.2　一氧化氮对下丘脑-垂体-卵巢轴的生理调控

一氧化氮(nitric oxide, NO)是近年来生命科学领域中研究热点之一,NO是由一氧化氮合成酶(NOS)催化L-精氨酸(L-Arg)合成的。哺乳动物体内存在3种不同形式的NOS,其中神经元型(nNOS)和内皮细胞型(eNOS)属于构成型,第3种是诱导型(iNOS)。NO生物学效应是通过激活鸟苷酸环化酶引起cGMP增加,从而发挥生理调节作用。近年来的研究证明,NO在雌性生殖系统中起着十分重要的调节作用。NO通过在下丘脑和垂体水平的作用调控生殖活动(Dixit, *et al.*, 2001),刺激GnRH和LH的分泌。在卵母细胞和卵泡膜细胞中存在iNOS和eNOS,NO对于体外培养卵泡的正常发育是必须的,卵泡发育受阻和排卵抑制都与NO合成抑制相关(Leila, *et al.*, 2004);杨涛等发现NO参与恢复卵母细胞的减数分裂(Toy等,2004);Dong等(1999)在大鼠体内发现,排卵后,NO对孕酮合成和维持黄体有积极的效应。但在黄体溶解时期NO刺激 $PGF_{2\alpha}$ 的合成而减少孕酮的分泌(杨涛等,2004)。大量的材料证明NO可以调节不同的生殖过程,如调节卵泡的发育,卵母细胞减数分裂成熟,卵巢类固醇激素合成,排卵,黄体的功能等。文章就NO/NOS系统与哺乳动物下丘脑-垂体-卵巢轴关系的研究进展综述如下。

1. NO对下丘脑和垂体的影响

在内分泌系统中,下丘脑、垂体和性腺分泌的激素在功能和调节上相互作用,构成了一个完整的生殖内分泌调节系统。NO 作为一种信息分子是否会对这一系统产生作用,许多学者进行了大量的研究。Dixit 认为 NO 通过在下丘脑和垂体水平的作用来调控生殖活动(Dixit 等,2001)。Bhat 等(1995)报道在大鼠体内 NO 刺激 GnRH 释放。NO 可能还涉及控制排卵前的 LH 波峰,因为 Bonavera 等(1994)在大鼠体内应用 NOS 抑制剂可以减少 LH 释放,并且 Lamar 等(1999)发现在下丘脑视前区 nNOS 表达伴随 LH 峰的释放。下丘脑和垂体细胞生成的 NO 可以促进母畜性行为。Mani 等(1994)分别应用 NOS 抑制剂和 NO 供体可以抑制或者刺激大母鼠的脊柱前弯。NO 在下丘脑和垂体水平调节生殖活动,刺激 GnRH 和 LH 的分泌,也刺激发情。

2. NO 对卵巢生理功能的调控

(1)NO 和卵巢类固醇的合成　卵巢分泌的性腺类固醇激素主要为雌激素和孕酮,现已证实 NO 能抑制类固醇激素的合成。Dave 等(1997)认为 NO 对性腺类固醇合成有消极的影响,他们用 SNAP(一种 NO 供体)或 NAMP(一种 NO 抑制剂)培养卵泡颗粒细胞和内膜细胞可分别显著抑制或刺激雌二醇和孕酮释放。至于 NO 抑制卵巢雌激素和孕酮分泌的机制还不完全清楚,一般认为,NO 对雌二醇(基础雌二醇和促腺激素刺激产生的雌二醇)的抑制效应可能是因为 NO 抑制了细胞色素 P450arom(芳香酶负责雌二醇的生成),继而使雄烯二酮(它是合成雌二醇的前体)的分泌受到抑制(图 5.1)。由此学者们推测 NO 抑制性激素的分泌可能是通过芳香酶的信使 RNA(mRNA)水平减少或酶的作用减少来实现的。

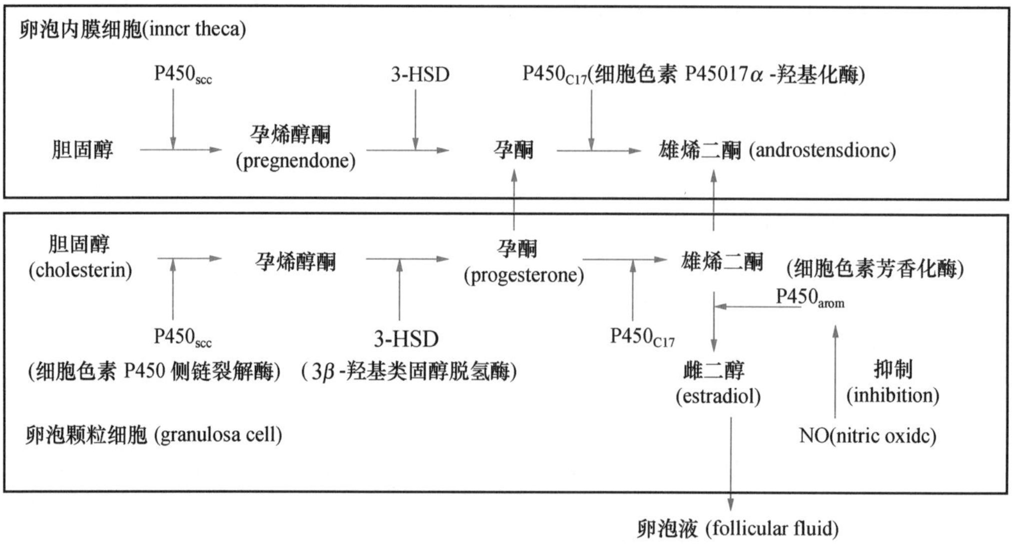


图 5.1　卵泡颗粒细胞 NO 抑制雌二醇合成示意图

(2)NO 和卵泡发育　众所周知,卵泡发育受各种因素调控,其中 NO 似乎起着重要的作用。Rosselli(1998)认为 NO 含量在卵泡生长期间是变化的。Leila 等报道,在卵母细胞和卵泡膜细胞中存在 iNOS 和 eNOS,NO 对于体外培养卵泡的正常发育是必须的,卵泡发育受阻和排卵抑制都与抑制 NO 合成相关(Leila,*et al.*,2004)。Jablonka 等(1997)发现在未成熟的大鼠体内由 PMSG 诱导卵泡的生长,eNOS 量呈相应的增长而 iNOS 表达量不增加。用 hCG 来诱导卵泡的生长,iNOS 和 eNOS 两种同工酶都会增加。另一方面,Matsumi 等(1998)发现从未成熟的大鼠卵泡的颗粒细胞中用 PMSG 诱导可使 iNOS mRNA 量减少,学者们认为 NO

可能扮演一种细胞因子的角色。NO 对细胞起着双重作用,NO 可作为一种抑制增生剂,在一些细胞类型中抑制有丝分裂。另一方面,证实 NO 有促进生长效应,即在有碱性纤维原细胞生长因子协同作用下,NO 可以增加颗粒细胞中表皮生长因子(EGF)受体,促进卵泡生长。以上证据表明,NO 可能对细胞生长起着精确调控作用,NO 能否起作用主要依靠一些在卵巢中的生长因子之间的相互作用。

在出生后大多数卵泡发生卵泡闭锁,NO 是否与这一现象有联系呢? Basini 等(1998)发现小卵泡的颗粒细胞中高水平的 NO 会抑制细胞的凋亡,而大卵泡的颗粒细胞中低水平的 NO 有相反的效应。随后有学者在大鼠未成熟的卵泡和排卵期的卵泡的颗粒细胞中发现 NO 具有保护效应。Qiumei 等报道在大鼠的粒层细胞中 Fas/FasL 系统通过激活半胱氨酸蛋白酶(Caspase)来诱导细胞调亡,常伴随 iNOS 表达降低。他们推测 NO 通过抑制 Caspase,从而抑制 Fas/FasL 系统诱导细胞凋亡(Chung 等,2001)。此外,Chung(2001)认为 NO 对细胞凋亡的调控取决于它的浓度和多种分子相互作用(如铁、硫、蛋白质等)。NO 对于卵泡生长的影响表现为,局部产生低浓度的 NO 有助于调节卵泡生长和可能抑制细胞凋亡,而高浓度的 NO 则有可能以过氧化亚硝酸盐的形式促进细胞凋亡。

(3)NO 对卵母细胞成熟的影响　卵母细胞成熟包括核成熟和胞质成熟,是指卵母细胞恢复减数分裂并进一步发育到第二次减数分裂中期的过程。Jablonka 等(2000)发现敲除 eNOS 基因的小鼠表现为处于减数分裂 MⅡ期卵母细胞数目减少,高百分比的卵母细胞保持在 MI 期。TAO 等(2000)报道,猪卵巢中有特定的细胞表达 eNOS 和 iNOS,并且它们诱导合成的 NO 参与恢复卵母细胞的减数分裂。此外,Sengoku(2001)报道在堆积被黏附的卵母细胞上 SNP(NO 供体)可以刺激卵母细胞减数分裂成熟到 MII 期。NO 对卵母细胞成熟有重要的影响,在卵泡液中 NO 的浓度和卵母细胞质量及其发育能力之间存在一定的关系。

(4)NO 与排卵　排卵是一个极其复杂的过程,涉及多方面因素的调节。排卵过程取决于促性腺激素和类固醇激素的活动,以及参与炎症反应的调控因素如细胞因子、前列腺激素等。近年的研究表明,NOS/NO 系统还涉及排卵机制,它的效应主要是作用于脉管系统和前列腺素的生成。Bonllo 等(1996)应用 NO 抑制剂抑制排卵,并且抑制 IL 21 在 LH 诱导的排卵率上的积极效应。此外,Hefler 等(2002)报道小鼠体内 eNOS 缺乏与经超排处理后的排卵数减少相关,Jablonka 等(1998)发现在用 hCG 诱导敲除 eNOS 基因的雌性小鼠排卵数显著减少。Zackrisson 等(1996)发现在即将排卵大鼠的卵泡膜、基质区域出现高水平的 eNOS。Leila 等(2004)报道,在体内 NOS 抑制剂可以显著减少排卵数,但在体外没有显著影响,推测在体内 NOS 抑制剂可能是通过调节卵泡以外的组织来实现的。Salvemini 等(1997)指出,NO 刺激排卵的机制可能是在排卵前期,通过激活环氧化酶刺激前列腺素的生成来实现,前列腺素有助于炎症反应,从而加强卵泡破裂的过程。Matousek 等(2001)发现 NO 通过增加滤泡内压力的方式使卵泡破裂,既可以增加脉管的流动和卵泡腔液体的渗出物,也可以刺激卵巢组织收缩。

(5)NO 与黄体功能　大量的证据证明,NO 具有调节黄体功能的作用,但它的作用取决于黄体的发展时期。Hurwitz 等(1997)指出 NO 和 PGE 一起使用时,NO 似乎可以影响脉管系统和蛋白质水解过程。Korzekwa 等(2004)报道在牛的黄体中局部产生的 $PGF_{2\alpha}$ 和 NO 作为自分泌或旁分泌因子可以调节黄体的分泌作用。Hurwitz 等(2002)发现,iNOS 调节 NO 分泌,NO 刺激 PGE 的合成,有效地增加孕酮的生成。Dong 等(1999)在大鼠体内也发现 NO 对孕酮合成和维持黄体有积极的效应;他们推测 NO 能阻止或降低 $PGF_{2\alpha}$ 对黄体分泌孕酮的抑制效应，因此可以维持足够的孕酮。NO 还可能参与黄体血管形成的调控。事实上，Reynolds 等(2000)发现通过毛细血管周细胞产生大量的脉管内皮生长因子可以刺激平滑肌细胞舒张并且有利于血管生成，黄体细胞血流增加导致 NO 生成。

NO 还涉及黄体的溶解，这取决于催产素调节前列腺素的释放。NOS 活动增强可以促进催产素的活动，并且 NO 刺激 $PGF_{2\alpha}$ 的合成，反过来又增加 NOS 活动，因此激活了一个有效的反馈机制。与此同时，NO 参与黄体衰退是选择性机制，NO 减少孕酮的合成从而抑制雌二醇的生成，随后导致黄体颗粒细胞凋亡。事实上，在黄体的末期，iNOS 诱导合成大量的 NO 可能是细胞凋亡的前奏。

3. 卵巢内 NO 产生的调控

NO 通过调节促性腺激素释放激素，直接作用于卵巢，由下丘脑 GnRH 神经元和卵巢脉管系统生成 NO。各种类型的细胞也可以产生 NO，如颗粒细胞，膜细胞和黄体细胞等。Zackrisson 等(1996)的研究结果表明，来自优势、次级、小卵泡的颗粒细胞和大鼠卵泡膜、基质、黄体细胞也能表达 iNOS。Leila 等发现在小鼠的卵母细胞和卵泡膜细胞中表达 iNOS 和 eNOS，在粒层细胞和卵母细胞中显著表达 iNOSmRNA(Leilam，2004)。Jablonka 等(1997)认为 iNOS 和 eNOS 的表达受促性腺激素的调控，由于 PMSG 和 HCG 能够影响 eNOS 和 iNOS 的浓度，因此可以确定两个异构体都参与卵巢的功能。此外，Rosselli 等(1994)研究表明，NO 生成量(通过测量亚硝酸盐和硝酸钾的浓度)随着卵泡发育(雌二醇在卵泡中含量逐渐增加)而增加，间接证明雌二醇诱导 NO 的释放。Anteby 等(1996 年)发现人类卵泡液中亚硝酸盐和硝酸盐浓度与卵泡大小呈正相关，且亚硝酸盐和硝酸盐浓度与 $E_2$ 浓度成正相关，亚硝酸盐和硝酸盐浓度与卵巢血流速度呈负相关。虽然 eNOS 和 iNOS 的表达和活动很大程度上依赖于细胞的类型和动物的种类等，但是它们似乎都涉及了卵巢的不同生理过程。

4. 前景

NO 已涉及到生殖生理学各个领域，对卵巢起着重要的调节作用。对 NO 的研究不仅有可能阐明许多未能解释的生殖生理现象，深化和拓宽对某些生殖疾病的认识，而且有可能对防治许多生殖疾病提供新思路和新手段。NO 生成及调节作用似乎在卵巢生理学方面是必需的，有关 NO 作用机理尚需深入探讨，今后的研究方向是要证实卵巢机能不良是否与 NO 合成相关，以及是否能通过 NO 治疗克服这些缺陷。

(作者：桑润滋、张志胜、吴向丰)

## 5.2 配子冷冻保存技术研究进展

### 5.2.1 羊精液冷冻保存技术研究进展

绵、山羊的精液冷冻保存目前虽然已经进入生产应用阶段，但普遍存在情期受胎率不稳定、重复率低等诸多问题。综合目前国内外的试验资料，现在的主要问题在稀释液的成分、抗冷冻剂、冷冻方法、解冻温度和输精方法等方面。

1. 绵、山羊的精液冷冻历史

绵羊的精液冷冻保存技术的研究，国外始于 20 世纪 50 年代，Emmens(1950)按冷冻牛精液的方法，将绵羊精液冷冻到－79℃，获得了较高的存活率；山羊的精液冷冻保存技术的研究，国外始于20世纪70年代中期，我国这方面的研究始于20世纪60年代中期。1981年中国农业科学院畜牧所开始进行小规模试验。目前情期受胎率在45%～76.4%。

2. 绵、山羊的精液冷冻保存的稀释液成分

在温度变化过程中，精清对精子的保护能力是有限的，为了延长精子在体外的存活时间和受精力，便于保存和运输，常向精液中加入适宜精子存活的稀释液。稀释液的成分和含量必须符合精子的生物学特性和低温保护性能。精液稀释的重要目的是保护精子在降温、冷冻和解冻中免受低温损伤。对稀释液基本要求的项目包括pH值、缓冲性、渗透压和低温保护性能。王超等(1995)报道，稀释液的渗透压为9.5～11.5个大气压，pH值为7.5左右时，冷冻精液解冻后的活力较高。大多数研究者发现，提高稀释液的渗透压可增加冻精的存活率。例如等渗的柠檬酸盐溶液里添加戊糖(Pentose)可提高冻精的存活率，这是由于补偿了甘油引起的溶液渗透压下降。绵羊精子能忍耐两倍于等渗液的葡萄糖液，因为葡萄糖(单糖)能渗入到精细胞内，而使精细胞内外保持等渗(Zhuravlj，1982)，双糖则没有这种性质。Salamon等(1969)研究证实，稀释液的最适渗透压因稀释液成分的种类而异，冷冻绵羊颗粒精液以高渗液的效果为好。

(1)糖类　主要作用是提供精子营养和补充精子能量，另外还具有低温保护性能和稳定细胞膜蛋白质—脂类复合物的作用。Salamon等(1967)报道，三糖的低温保护性能高于双糖和单糖。Nauk(1974)(1991)发现，几种糖类稳定细胞膜蛋白质—脂类复合物的性能大小顺序为：棉子糖＞蔗糖＞乳糖＞果糖＞葡萄糖，且某种糖与另一种糖配合使用的效果比单一使用要好。Salamon等(1972)研究证实，在Tris液中葡萄糖的效果优于果糖、乳糖和棉子糖。

(2)奶类和卵黄　稀释液中加入一定数量的奶类和卵黄，具有调节渗透压、降低精液中电解质浓度、保护精子膜等作用，有利于精子的存活，另外还具有防冷冻和防冷休克的作用。卵黄有维持精子活力、保护精子顶体和线粒体膜的作用，这些保护性能是由于其脂蛋白浓度较低的缘故(Watson，*et al.*，1973)。奶液是等渗体液，内含多种有利于维持精子活力的成分，因而较早被用于稀释牛精液，奶液也被用于稀释新鲜绵羊精液和液态保存绵羊精液(Emmens，*et al.*，1962；Maxwell，*et al.*，1993)。奶类用于绵羊的精液冷冻时，须添加阿拉伯糖、果糖等糖类或卵黄(Blackshaw，1955；Aamdal，*et al.*，1982)。由于山羊精液中含有一种特殊物质(有的资料上称为磷脂酶A)，据说这种酶能引起精子凝结，是精清中抑制精子抗冻能力的主要成分。也有的资料称该物质能与卵黄产生凝集作用，因而在未去精清的情况下，最好不用卵黄，如要用以5%为宜(王超等，1995)。

(3)缓冲物质　在稀释液中加入缓冲物质的目的是保证精液适宜的pH值，以利于精子的存活。在缓冲物质中，无论是山羊，还是绵羊，均以三羟基甲氨基烷(Tris，简称三基)效果最好，三基不仅有良好的缓冲性，另外还具有利尿性和渗透性，且高浓度对精子的毒性也较低(Nahas，1961)。也有资料反映乙二胺四乙酸钠(EDTA)效果也不错。其他缓冲物质如N-三基(羟甲基)甲基-2-氨基磺酸(tes)、N-2(羟乙基)哌嗪-n-乙烷磺酸(hepes)和哌嗪-N-2-乙烷磺酸(pipes)的缓冲性能优于三基(Good，*et al.*，1966)。

(4)抗冻害物质　常用的有甘油、二甲基亚砜(DMSO)、乙二醇和酰胺类物质，Payne等(1993)报道，北极鱼的抗冻蛋白(antif reeze protein)对绵羊精子有低温保护性能。甘油能渗入细胞内，自Polge等(1949)发现甘油的低温保护性能之后，便广泛用作精液的冷冻保护剂。

这种保护性能与甘油能浓缩或结合细胞内水有关。另外，甘油还具有阻碍冰晶核形成和增长的性能及制菌作用(Milovanov,1962)，因此是较好的低温保护剂，虽然甘油有低温保护性能，但是在降温前用甘油处理时会损害精细胞结构。为此，Varnavskij 等(1974)建议甘油可在冷冻前10～30 min 添加。Fieser P1S1(1986)报道，稀释液中甘油的浓度为 4%(*V*/*V*)，冷冻速度为1 000℃/min，或甘油浓度为 8%(*V*/*V*)，冷冻速度为 530℃/min 时，解冻后的存活率都很理想。但甘油浓度超过 8%时，解冻后的存活率显著下降，这是由于甘油对精子的活力和受精力的毒害作用，例如甘油能破坏精子的顶体。赵晓娥(1999)报道，由于乙二醇分子量较甘油小，渗入或渗出细胞的速率与水分子差异不大，渗透压反应较小，波尔山羊冷冻精液中用 5%(*V*/*V*)的乙二醇作为抗冷冻剂，精液解冻后，在常温下放置 24 h，其活力仍能满足输精要求，说明乙二醇在常温下(12～15℃)对精子无毒害作用(赵晓娥等，1999)。刘玉峰等(2002)报道，在制作绵羊冷冻精液时，用 5%的乙二醇代替甘油也取得较好的效果。在 Tris 稀释液中，当 DMSO、乙二醇、甘油和丙二醇的浓度(*V*/*V*)均为 30%时，对应的解冻后活力分别为 4.9%、44.7%、44.6%和 32.7%(Maxwwell W M C,1984)。

(5)抗生素及其他　虽然羊的人工授精过程中各个环节均在严格的操作下进行，有时精液也难免受到某些微生物的污染，加入抗生素的目的是为了保护精子的抗菌作用。羊的精液稀释液中抗生素的用量一般为：青霉素 1 000 μg/mL；双氢链霉素 1 000 μg/mL。左福元等(2002)报道，硫酸庆大霉素 100 μg/mL 优于青霉素和链霉素。有的资料上报道恩诺沙星的效果较好。黄成全等(1997)报道，将 5 mmol/L 的咖啡因添加于冷冻前的山羊稀释精液中，能显著提高山羊精液的解冻后活率，增强精子的耐冻性，使山羊冷冻精液配种的情期受胎率提高 9.58%。

(6)稀释液配合方法　常用的有：①柠檬酸钠—糖类—甘油—卵黄—抗菌药物；②EDTA—柠檬酸钠—糖类—甘油—卵黄—抗菌药物；以及(3) Tris—柠檬酸—糖类—甘油—卵黄—抗菌药物。赵晓娥等(1999)报道，EDTA—柠檬酸钠—葡萄糖组合优于柠檬酸钠—果糖组合。王超等(1995)报道 Tris—柠檬酸—果糖组合优于 EDTA—氨基乙酸—葡萄糖和果糖组合。徐刚毅等(2000)报道，Tris—柠檬酸—葡萄糖组合优于柠檬酸三钠—葡萄糖和柠檬酸—葡萄糖组合。赵有璋等(2003)报道，基础液采用 Tris—柠檬酸—糖类等，可使精液的冻后活率达到 0.45 以上，为当地绵羊输精，30 d 内不返情率达 65.67%。

研究证实，维生素 E 添加到含葡萄糖、$EDTA_2Na_2$ 或三基的糖类稀释液中，对精液进行无氧处理效果较好(Varnavskij 等，1976；Milo2vanov 等，1976)。Nauk 等(1992)报道，乳糖—卵黄稀释液添加抗氧化剂 fenozane 和 epihyd 能提高解冻后精子活力，后一种还能提高受精率。

3. 绵、山羊精液的冷冻—解冻

(1)绵、山羊精液的冷冻　冻前采用两步法稀释，精子与甘油是在 25℃下开始接触；而一步稀释法是在 30℃就开始接触。Salamon(1968)证实，一步法或两步法稀释后平衡 2.5 h，颗粒冷冻效果很好，特别是两步法。Lopatko(1963)试验 24 h 内的平衡效果，发现 4 h 的较好，且效果与稀释比例、甘油浓度和从开始降温到 5℃的速度有关。4 倍稀释、6%浓度甘油和慢速降温的存活率最高。细管精液的平衡方法有两种，一种是在 30℃的环境下，分装稀释精液于细管内并封口，随后在 5℃的环境下平衡；另一种是在 30℃的环境下把稀释精液放入试管内和细管一起在 5℃的环境下平衡，然后在 5℃的环境中分装。Menger 等(1982)报道，以1 635 ℃/min降温的细管冻精，解冻后存活率高于此降温速度以上和以下的存活率。细管精液可以通过调节细管与液氮面的距离来完成。Salamon(1968)证实,精液直接滴入液氮中冻结的精子复苏率极低或全部死亡。这表明精液不宜直接放入液氮中快速冷冻。

马毅等(2001)报道,在精液稀释时对山羊精液进行去精清处理,去除精液中的有害物质,可改善精子的获能,提高解冻精子的品质。目前常用的去除或部分去除精清的方法有:离心洗涤法、凝胶过滤法、percoll 密度梯度离心法、精子上游处理法等。

据报道,用林格氏液(Ring's Solution)(即脱脂稀释液)冲洗山羊精子。冲洗方法:按 1∶20 的比例加入与精液同温的林格氏液,以 1 000 r/min 离心 10 min,弃去上清液。重复一遍此步骤,再立即进行下一步处理之前,再加入 1 mL 林格氏液(桑润滋等,2006)。

(2)精液解冻 颗粒精液所用的解冻稀释液为 2.9%柠檬酸钠、肌醇—柠檬酸盐、葡萄糖—柠檬酸盐和果糖—柠檬酸盐,也可用维生素 B12 及其他复方制剂。Pontbriand 等(1989)认为 35～40℃或50～70℃解冻,对精子存活率或顶体完整性和产羔率无影响。吴广安等(2001)报道,80℃高温干解冻(试管中无解冻液)优于 40℃低温湿解冻(在解冻液中),湿解冻以 40℃最好,并且一次解冻一粒冻精活力最好。Smirnov 等(1978)报道,先将冻精颗粒放在温的(60～80℃)盛有解冻液的试管里,当颗粒 2/3 融化时,便将解冻管转移到 35～40℃水中,这样有利于颗粒中还未融化的液体快速融化,并防止精液过热。实际生产中一般颗粒精液采用 40℃湿解冻,细管精液在 40℃水中直接解冻。

4. 输精方法

绵、山羊的冷冻精液能否被广泛地应用,关键取决于受胎率和产羔率的高低。产羔率低是目前羊的冷冻精液不能被广泛推广应用的主要原因。综合国内外试验资料,一般常用的输精方法有开膣器输精法、子宫颈深部输精(GSA2AI 技术)(Buckrell B C,1994)和腹腔镜宫内输精法三种,目前提倡深部输精法。

5. 存在的问题

(1)由于山羊的精清中含有一种能抑制精子抗冻能力的特殊物质,因此采用了去精清处理,必然可以提高解冻精子的品质。目前常用的去除或部分去除精清的四种方法中,离心洗涤法简单易操作,但存在的问题是离心转速低,上清液中精子密度大,离心转速高对精子损伤大等问题。而其他 3 种方法又存在操作复杂,实际生产中难以推广使用等缺点。

(2)同等活力的鲜精和冻精,用一般的输精方法,冻精的受胎率和产羔率均低于鲜精。据 Watson(1995)报道,冷冻—解冻后精子在雌性生殖道内所需的获能时间比鲜精所需的时间短,而且具有明显获能特征的精子较多,寿命较短,如果在短时间内不能与卵子接触,其受精能力就会丧失,因此目前提倡使用深部输精法。问题是开膣器输精法操作简单,但输精部位浅,受胎率低;而子宫颈深部输精和腹腔镜宫内输精法操作复杂,实际生产中不易掌握。

6. 展望

(1)由于山羊精清中含有一种不利于精子保存的酶,并且这种酶与卵黄发生反应后可能产生一种能杀死精子的毒害物质。因此,配制稀释液时,在不进行去精清处理的情况下,可以不用卵黄,而用奶液代替,可以取得较好的结果。

(2)由于山羊精清中不利于精子保存的酶的存在,寻找一种较理想的去精清方法也是以后研究的方向。

### 5.2.2 家畜卵母细胞冷冻保存技术研究进展

自 Whittingham(1997)首次成功地报道冷冻—解冻的小鼠卵母细胞活仔以来，国内外诸多学者对家畜及人的卵母细胞冷冻保存进行了研究。目前，已有小鼠、家兔、牛等动物以及人的卵母细胞冷冻成功并得到了后代。在国内，山羊、绵羊、猪等家畜的卵母细胞冷冻保存也已有报道。随着胚胎工程技术的不断发展，卵母细胞的冷冻保存越来越受到重视，这将推动卵母细胞的冷冻保存取得更大进展。

1. 抗冻保护剂

在卵母细胞和胚胎的冷冻保存时，需使用抗冻保护剂，它可以改变细胞在冷冻过程中的物理化学环境，减轻或避免冷冻、解冻过程中的冷冻损伤。抗冻保护剂主要为一些易溶于水的低分子量有机物及个别高分子有机物。常用的抗冻保护剂分为渗透性抗冻保护剂和非渗透性抗冻保护剂两大类。

(1)渗透性抗冻保护剂　渗透性抗冻保护剂又称为细胞内液抗冻保护剂，它们易于通过细胞膜。其中包括甘油、二甲基亚砜(DMSO)、乙二醇(EG)、1,2-丙二醇(PROH)、乙烯醇、乙烯胺、乙酰胺等。

(2)非渗透性抗冻保护剂　非渗透性抗冻保护剂又称为细胞外液抗冻保护剂，它们不渗入细胞内部。其中包括蔗糖、聚蔗糖 Ficoll、葡聚糖、海藻糖、半乳糖、胎牛血清(FCS)、聚乙烯吡咯烷酮(PVP)、聚乙烯乙二醇、左旋糖苷、牛血清白蛋白(BSA)等。

2. 卵母细胞冷冻保存方法

(1)常规冷冻法　常规冷冻法又称慢速冷冻法。该法一般以 DMSO、甘油、EG、PROH 等作为抗冻保护剂，经过由低浓度到高浓度的抗冻保护剂处理三到四步后，投入液氮中保存，其主要目的是使卵母细胞逐步的适应高浓度的抗冻保护剂，使抗冻保护剂能充分的渗透到细胞中去。这种方法的一般程序为：从室温以 1℃/min 的速度降至－6～－7℃以后，进行人工植冰，保持 10 min，再以 0.1～0.5 ℃/min 的速度降至－30～－80℃，然后投入液氮中保存。李辉等(2002)采用常规冷冻法保存绵羊的卵母细胞，解冻后形态正常率为 79.71%，体外受精后的卵裂率为 26.06%，并且其中有 30.23%的胚胎发育达 8-细胞以上。刘海军等(2003)采用程序冷冻法对山羊 GV 期卵母细胞、培养 9 h 的卵母细胞和 IVM 卵母细胞进行冷冻保存，解冻后形态正常率分别为 83.6%，84.0%和 85.8%，前二者的卵母细胞成熟率分别为 19.7%和 20.6%。由于该法在冷冻过程中会形成冰晶，容易损伤细胞，而且操作复杂，耗时长，需要昂贵的降温设备，这就是其在生产中推广受限的一些影响因素。于永生等(2002)采用常规冷冻法冷冻牛的卵泡卵母细胞经体外受精获得了 11.1%的受精率和 5.6%的卵裂率。

(2)玻璃化冷冻法　自 Rall 等(1985)用玻璃化法成功的保存了小鼠的胚胎以来，经过国内外诸多学者的改进，冷冻方法已基本成熟。玻璃化冷冻法因其耗时短，而且无需昂贵的程序降温仪，从而受到众多人士的青睐。该法一般采用高浓度的玻璃化溶液作为冷冻保护液，它由多种抗冻保护剂按一定比例混合而成，因其浓度高，低温时会变得黏稠，不形成冰晶，而是形成无规则的玻璃样固体，这就有效的减少了对细胞的冰晶损伤。但卵母细胞暴露在玻璃化溶液中的时间应严格控制在一定范围之内，否则高浓度的抗冻保护剂会对细胞产生毒害作用。

①细管法。此法以 0.25 mL 细管作为承载卵母细胞的工具。李辉等(2002)以甘油和 EG

作为抗冻保护剂，将绵羊的卵母细胞经两次平衡后，移入玻璃化溶液 0.5 min 内投入液氮保存，解冻后形态正常率为 94.30%，体外受精后的卵裂率为 31.87%，并且其中有 32.76%的胚胎发育至 8 - 细胞以上。李青旺等(2003)采用一步法和二步法对牛的 GV 期卵母细胞和 IVM 卵母细胞进行了冷冻保存试验结果表明，二步法的冷冻效果显著优于一步法。

②OPS 法。OPS 法即开放式拉长塑料细管法(open pulled straw)，是由丹麦人 Vajta G. 于 1996 年发明的。在国内，朱士恩等(2002)、谭世俭等(2002)用不同的加热条件制备了 OPS 管，并用于牛的卵母细胞的冷冻保存。OPS 管内径一般为 0.8～1.0 mm，管壁厚度在 0.08 mm左右，约为正常的 0.25 mL 细管原来直径和管壁厚度的一半。OPS 法的冷冻速度可达 20 000%/min，是细管法的 10 倍左右，极大地降低了冷冻损伤。装管时，将含有卵母细胞和抗冻保护剂的混合物，利用毛细管的虹吸作用一并吸入 OPS 管中，投入液氮中保存。解冻时，只要将 OPS 管细端浸入一定温度的解冻液中，卵母细胞和胚胎就会由于沉降作用而进入解冻液中。此法操作简单，效率高。冷海军等(2003)用 OPS 玻璃化法对山羊的 GV 期卵母细胞、培养 9 h 的卵母细胞和 IVM 卵母细胞进行冻保存，解冻后形态正常率分别为 84.1%，83.0% 和 83.8%，前二者的卵母细胞成熟率分别为 27.6%和 30.9%，并且得出了 OPS( 法在解冻后的卵母细胞成熟率、受精率和卵裂率等指标均高于程序冷冻法的结论。Vajta G.(1998)采用 OPS 法对牛的卵母细胞进行了冷冻保存；体外受精后，获得了 25%的囊胚率。据谭世俭等(2002)报道，牛卵母细胞在 IVM 21 h 后用 OPS 法玻璃化冷冻，体外受精后获得了 48.2%的卵裂率和 22.8%囊胚率。Hurtt AE 等(2000)使用 OPS 玻璃化法成功的冷冻了马的卵母细胞。

③电子显微镜铜网法。此法以电子显微镜铜网作为承载工具，采用不足 1 μL 的小体积冷冻液和液氮直接接触，其冷冻速率可达 3 000℃/min。该法可使卵母细胞迅速的经过致死温区，但由于此法冷冻操作过程较复杂，导致其应用受限。Martino 等(1996)采用该法对牛成熟卵母细胞进行了冷冻保存，体外受精后，卵裂率可达 30%。

④微滴法。此法不使用任何承载物，将胚胎于抗冻保护剂中平衡一段时间后，将约 6 μL 的含有卵母细胞的冷冻液小滴直接滴入液氮中，然后将这种小颗粒置于小管中，放入液氮中保存。微滴法最早应用于小鼠的胚胎保存。该法的缺点是容易造成胚胎或卵母细胞的丢失和污染，同时不便于冷冻过程中对胚胎或卵母细胞进行标记。有人提出，为了防止胚胎的污染问题可将液氮进行过滤除菌后再使用。

⑤SSV 法。SSV 法即坚硬表面玻璃化法(solid-surfase vitrification)，是 Dinnves 等(2000)在微滴法的基础上改进而来的一种新方法。此法将包有锡纸的金属块作为冷冻载体，使其部分浸入到液氮中，其表面温度可达－150～－180℃，然后将含有卵母细胞的玻璃化溶液微滴(1～2 μL)滴在金属块表面即可。该法将无容器的微滴玻璃化与冷的金属表面热交换增加的优势结合起来，而且洁净的金属表面利于微滴的无菌操作。有人已在牛的卵母细胞冷冻保存上使用了 SSV 法。Begin 等(2003)曾用 SSV 法冷冻了山羊的卵母细胞，未得到满意的结果。

⑥CLV 法。即冷环玻璃化法(cryo-loop vitrifiction)，该降温速度快，以 Cryo-loop 作为胚胎的承载工具。将直径为 0.5～0.7 mm 的 Cryo-loop 固定在具有小磁球的不锈钢锥顶上。Cryo-loop 法最早应用于小鼠和人胚胎的冷冻保存。该法的基本操作程序为：首先将胚胎在一定浓度的抗冻保护剂中预处理一段时间，然后把胚胎移到附有玻璃化溶液的 Cryo-loop 上，

30 s之内将其投入浸在液氮中的冷冻管中。Beigin I(2003)用CLV法冷冻了山羊的卵母细胞获得了89%的存活率,与对照组差异不显著。

3. 冷冻保存对卵母细胞发育潜力的影响

由于冷冻保存对卵母细胞的结构造成了一定程度的损伤,从而导致解冻后的卵母细胞发育潜力明显下降。

(1)在实体显微镜下观察解冻后的卵母细胞发现,冷冻对卵母细胞最明显的损伤是卵母细胞和卵丘细胞的分离,有的部位卵丘细胞脱落,局部质膜内陷。由于卵丘细胞参与卵母细胞的成熟,卵丘细胞的脱落则会降低其成熟率。虽然已成熟的卵母细胞周围是否有卵丘细胞不影响其冷冻后的发育潜力,但对于未成熟的卵母细胞来说,冷冻后卵母细胞的存活及发育潜力与卵丘细胞层数有关,卵丘细胞对未成熟卵母细胞起到保护和营养作用。因此,冷冻—解冻过程中引起的卵丘细胞分离及脱落是使卵母细胞发育潜力下降的重要原因之一。

(2)在解冻后的卵母细胞中发现,个别的卵母细胞的透明带及质膜破裂,微绒毛减少或消失。与多细胞的胚胎不同,卵母细胞膜一旦破坏,即使是很小的破坏,也会使其失去发育能力,因为细胞膜不仅对细胞的存活起重要作用,而且还参与受精时精卵质膜的融合。另外,微绒毛的丢失可能会影响受精过程,因为正常受精时,精子质膜不与缺乏微绒毛区域的卵膜融合。此外,微绒毛的减少或消失,可增加卵质膜的表面积,使卵母细胞解冻时过度膨胀,引起透明带破裂。

(3)冯怀亮(1995)将解冻后的卵母细胞和未经冷冻的卵母细胞分别用蛋白酶溶解其透明带,结果发现冷冻后的卵母细胞的透明带对蛋白酶的抵抗力增强,这可能是引起受精率下降的重要原因之一。

(4)由于冷冻造成了细胞骨架的破坏,引起了微丝、微管的解聚;抑制了卵母细胞的成熟和受精过程中将要发生的细胞器的重排;同时,还抑制了纺锤体的形成,使卵母细胞无法进行正常的减数分裂。

(5)据 MenⅡ等(2003)报道,无论是慢速冷冻法还是玻璃化法均会对卵母细胞的 DNA 造成损伤。

(6)冷冻虽然对卵母细胞的线粒体、内质网等细胞器也造成了一定的破坏,但经体外培养后线粒体的嵴是可以再生的,在加上有少量的线粒体是没有受到损伤的,冷冻解冻后膨胀的内质网体外培养后也可恢复,因此冷冻解冻过程中线粒体和内质网的损伤对卵母细胞的发育成熟并不是致命的。

(作者:桑润滋、杨凌、李雪松)

## 5.3 性别控制技术研究进展

### 5.3.1 精子分离技术研究进展及其在畜牧生产上的应用

对家畜进行性别控制,将给畜牧业带来巨大的经济效益,因此是人们一直追求的目标。在受精之前对精子进行有目的的选择—即将 X 和 Y 精子分离,是实现性别控制最理想的途径。自从 1925 年 Lush 首先采用离心法分离兔子的 X 和 Y 精子以来,许多科学工作者对分离精子做了大量的研究，尝试了许多方法，但一直未获得满意的结果。直到20世纪80—90年代，以X和Y精子DNA含量存在差异的原理，应用流式细胞仪分离X和Y精子技术才取得突破性进展，目前经分离的X和Y精子（性控精液）已在畜牧（特别是奶牛）生产上得到了应用。使性别控制这一梦想终于变成为现实。本文就精子分离技术研究进展以及在畜牧生产的应用及前景做一概述。

1. 精子分离技术研究进展

1910年Guyer首先发现哺乳动物的性染色体。1913—1920年Wodsedalak，先后研究了猪、马和牛精细胞中的性染色体。随后许多研究证实，一个个体的性别取决于受精时雌雄配子所携带的性染色体类型，雌性动物卵子所含有的性染色体均为X染色体，雄性动物精子含有一个X染色体和一个Y染色体，携带Y染色体的精子与卵子的X染色体受精就发育成雄性（XY）携带X染色体的精子与卵子的X染色体受精就发育成雌性（XX）。根据此理论若将Y精子与X精子人为分离开，用某一类精子与卵子受精就可以达到控制家畜性别的目的。

1925年Lush首先报道分离兔子的X和Y精子，80多年来，科学家们对分离精子的研究做了不懈的努力，他们依据以X精子和Y精子之间，如密度、重量、形态、大小、活力、表面电荷、表面抗原以及DNA含量不同等对精子进行分离。可概括为物理学、免疫学和流式细胞仪分离法。

（1）物理学分离法

①percoll密度梯度离心（沉积分离）法。此法是根据X精子比Y精子稍重，在percoll分离液中X精子的沉降速率快于Y精子，通过适当的离心作用，力图将X和Y精子分开。

②电泳分离法。此法是根据X精子和Y精子表面带有电荷不同的原理，力图将X、Y精子分开。

③层流分离法。此法是根据X精子和Y精子具有不同的运动方式或特点，力图将X和Y精子分开。

④白蛋白液柱分离法。此方法是根据在黏滞的白蛋白液柱中，Y精子的游动速率比X精子快的原理。

⑤上游法。此法的根据是Y精子的泳动速率快于X精子，其密度也比X精子低，在上游液中停留时间比X精子长，故可在上游液中富集到Y精子。

此外还有传递逆流电流法，Sephadex凝胶过滤法、称重法、形态大小分辨等物理学法等。

（2）免疫学分离法　此法是根据H-Y抗原在X精子和Y精子表面上存在差异，故利用H-Y抗体检测精子质膜上存在的H-Y抗原，力图将X精子和Y精子分离开。

从20世纪50—90年代，有许多人用物理法和免疫法进行分离X精子与Y精子的试验研究，虽然都曾有成功的报道，但是通过荧光原位杂交技术（FISH）和流式细胞仪测定技术，对上述方法分离后的精子进行检测发现，无论是物理学方法和免疫学方法都缺乏可靠性和可重复性（Pinkel D，*et al.*，1982；Johnson L A，1988；Upreti G C，1988），而流式细胞仪分离法才是目前比较科学、比较可靠，准确性较高的分离精子的方法。本文重点介绍此方法的研究进展及其应用。

（3）流式细胞仪分离法　1944年Averg等人发现了DNA是遗传信息的携带者。20世纪60年代后期流式细胞仪问世。1976年Gledhill等人首先利用流式细胞仪测定X和Y精子的DNA。1979年Moruzzi发现X和Y精子中的DNA含量存在差异。1983年Garner等人，测定到家畜X和Y精子DNA含量的差异为3.6%～4.0%。1986年Johnson和Pinkel改良了普通的流式细胞仪，使其专门适用于分离活精子。上述研究为最终利用改良的流式细胞仪分离X和Y精子打下了基础。在1989年之前，这一技术仅用于分析精子细胞核DNA的含量和分辨非活性的X和Y精子。直至1989年Johnson等人首先报道用流式细胞仪成功地分离兔子活的X和Y精子，并用分离的精子受精产下后代以后，这一技术的研究才取得突破性和实质性的进展。随后，在牛(Cran, *et al.*, 1993; Seidel, *et al.*, 1997)、猪(Johnson, 1991; Rath, *et al.*, 1997)、羊(Cran, *et al.*, 1997)、马(Buchanan, *et al.*, 2000)都相继取得成功。

①流式细胞仪分离精子的理论基础。在哺乳动物中，每一个体的X精子和Y精子，其DNA含量都是恒定的。但X染色体的DNA含量都要高于Y染色体，因而X和Y精子之间DNA含量的差异，就为流式细胞仪进行X和Y精子分离提供了理论依据。

②流式细胞仪分离精子的方法。将精子稀释并与荧光染料Hoechst 33342共同培养，这种染料定量与DNA结合。当精子通过流式细胞分离仪进被定位从而被激光束激发，由于X精子比Y精子含较多的DNA，所以X精子放射出较强的荧光信号，放射出的信号通过仪器和计算机系统扩增，分析并分辨出哪些是X精子或是Y精子。当含有精子的缓冲液离开激光系统时，借助于颤动的流动室将垂直流下的液柱变成微小的液滴。与此同时，含有单个精子的液滴被充上正、负电荷，并借助两块各自带正、负电的偏斜板，把X精子或Y精子分别引导到两个收集管中。从而把X和Y精子分离开。

③关于精子分离的效率。十几年来，由于分离技术的不断改进，精子分离效率有了惊人的提高。从分离速度看，目前分离速度已提高了30倍。由20世纪90年代初每小时只能分离X和Y精子各36万个，而现在约各为1 100万个。据(Welch and Johnson, 1999)对猪和牛精子分析结果其纯度在85%～90%之间。陆阳清(2004)，用流式细胞分离仪对水牛精子进行分析，X和Y精子的分离纯度分别为94%和89%。

④关于分离对精子的影响。Libbus等(1987)把分离过程中经过激光照射和H33342染色的精子细胞核注入到仓鼠卵中，然后检测DNA断裂以及染色体交换情况，结果显示，这些因素对精子DNA的影响不大。Garner等(2001)利用精子染色质结构分析法(SCSA)检测对精子DNA完整性的影响，结果表明：如果精子不染色、不进行激光照射，只是通过流式细胞仪，分离精子的DNA完整率降低1.8%；如果只进行激光照射，不染色，则DNA完整率进一步降低2.0%；如果既染色又进行激光照射，则DNA损伤增加1.5%。Parrilla等(2004)用流式细胞仪分离的猪的精子进行受精，发现H33342染色和激光照射不会造成后代仔猪的遗传改变。Boe - Hansen等(2005)采用中性彗星分析法(NCA)和精子染色质结构分析法(SCSA)两种方法对牛的性控冻精和常规冻精的DNA完整性进行检测发现，两个试验组的精子DNA完整率没有显著差异。这些试验表明，流式细胞仪分离精子过程对精子DNA的影响很小(1.8%～2%)。

Garner and Suh(2002)以及Seidel and Garner(2002)，在评估流式细胞仪分离精子过程中分离加压、H33342染色和激光照射对牛精子活力的影响时发现，分离加压对精子造成的损伤最大，精子活力下降18.6%；在分离加压的同时进行激光照射，不进行H33342染色，精子活力下降25.4%；在分离加压同时进行H33342染色，不进行激光照射，精子活力下降29.0%；如果所有因素都加上(分离加压＋激光照射＋H33342染色)，精子活力下降29.3%；而且不同种公牛的精子对分离过程各项操作的敏感性存在明显差异。

Zhang 等(2003)用 3 头种公牛的 H33342 染色分离精液、染色未分离精液和对照组精液进行体外受精试验表明，分离精液、染色未分离精液受精后的卵裂率显著低于对照组(53.1%，59.9%，69.7%)($P<0.05$)；但 3 个处理组的囊胚发育率没有显著差异($P>0.05$)；此外，不同种公牛个体间，精液受精后的卵裂率和囊胚发育率都存在显著性差异。

赵世芳等(2006)采用荧光染色法，对牛新鲜精液、分离精液、常规冻精和性控冻精四个处理组的精子活力、顶体完整率、线粒体活性和获能状况进行检测，结果表明：精液体外培养 10 min时，新鲜精液与分离精液组在精子活力(83.5%相对 83.7%)、顶体完整率(73.7%相对 76.9%)、线粒体活性(75.7%相对 78.1%)和获能精子百分率(28.7%相对 32.9%)上均无显著性差异($P>0.05$)；但体外培养 4～6 h 时，两组间出现了显著性差异(精子活力：61.5%相对 54.4%；顶体完整率：51.5%相对 43.6%；获能精子百分率：40.7%相对 55.2%)($P<0.05$)。冷冻处理明显降低了未分离和分离精液的精子活力(83.5% 相对 52.7%，83.7% 相对 46.3%)、顶体完整率(73.7%相对 57.0%，76.9%相对 53.7%)和线粒体活性(75.7%相对 55.7%，78.1%相对 47.1%)，同时显著增加了获能精子百分率(28.7%相对 41.9%，32.9%相对 50.1%)($P<0.05$)。上述结果表明：分离处理对精子的损伤要小于冷冻处理；但分离处理使精子的存活期缩短，对冷冻处理的耐受性降低。他们还采用荧光染色法对精子的高度稀释、荧光染色以及分离加压操作对牛精子生理机能的影响进行研究，结果表明，对照组与稀释组在精子活力(46.3% 相对 37.8%)、顶体完整率(54.8% 相对 44.2%)和获能(41.8% 相对 53.2%)上均存在显著差异($P<0.05$)；分离组与前两组在所检测的四个精子指标上均存在显著差异(精子活力：29.0%相对 37.8%相对 46.3%；顶体完整率：38.0%相对 44.2%相对 54.8%；线粒体活性：23.5%相对 37.0%相对 41.1%；获能精子百分率：62.5%相对 53.2%相对 41.8%)($P<0.05$)；而 H33342 染色组与分离组间差异不显著(精子活力：38.3%相对 39.2%；顶体完整率：43.5%相对 44.1%；线粒体活性：38.7%相对 38.6%；获能精子百分率：52.0%相对 52.1%)($P>0.05$)。上述结果表明：流式细胞仪分离精子过程中，分离加压和高度稀释是造成精子损伤的主要原因，H33342 染色对精子生理机能影响很小，无统计学差异。

2. 精子分离技术(性控精液)在畜牧生产上的应用

(1)性控精液在人工授精(AI)上的应用　随着精子分离的速度加快，每小时可分离 X 精子和 Y 精子各 1 100 万，加上技术的不断改进，使分离精子应用于牛 AI 已变成现实。据 Seidel 等(1999)报道，他们在两年中(1997—1999)共做了 11 个试验，使用了 1 370 头青年母牛，其中 1 000 头接受分离精子输精，370 头为对照组。将 11 个试验中的相同处理组综合一起，其怀孕率情况详见表 5.1。

表 5.1　不同授精剂量、授精部位以及冷冻分离精子和冷冻正常精子授精后(平均 65 d)的妊娠

| 试验组别 | 输精剂量($\times10^6$) | 输精部位 | 受体头数 | 怀孕头数/怀孕率/% |
|---|---|---|---|---|
| 试验组(分离冻精) | 1～1.5 | 子宫体 | 262 | 132(50) |
| | 1～1.5 | 子宫角 | 158 | 85(54) |
| | 3.0 | 子宫体 | 171 | 88(52) |
| | 3.0 | 子宫角 | 72 | 39(54) |
| 对照组 | 20.0 | 子宫体 | 218 | 141(65) |

上述试验输精后所产犊牛准确率 Y 精子为 90%，X 精子为 83%，从分离精子妊娠率和母所产犊牛准确率看，分离精子应用于 AI 是可行的。

性控精液在奶牛上的应用，结果不尽一致。Andersson 等(2006)报道共有 306 头泌乳奶牛，用 $2\times10^6$ 性控精液配种 157 头，受胎率为 21%，产犊率为 20%，远远低于正常精液受胎率和产犊率(21%相对 46%；20%相对 45%)。而 Crichton(2005)的结果与 Andersson 不一致，他用 $2\times10^6$ 性控精液配种泌乳奶牛受胎率可达 40.4%，接近正常精液的受胎率。

Seidel(2002)用 $1.5\times10^6$、$4.5\times10^6$ 的性控精液和 $20\times10^6$ 的正常精液配种青年安格斯牛，发现两种剂量性控精液配种后怀孕率差异不显著，总的怀孕率为 53%，而性控精液与正常精液怀孕率差异显著(53%相对 66%)，从配种后 2 个月到临产，性控精液和正常精液流产率差异不显著(5.4%相对 4.7%)，新生犊的死亡率也没有差异。Bodmer(2005)报道用 $2\times10^6$ 的精子数性控精液配种，青年牛受胎率为 46.3%，青年母牛和经产母牛混合配种，受胎率为 32.3%。可见，性控精液在青年母牛上的应用好于经产母牛。

Doyle(1999)以同等剂量进行输精配种，发现性控精液的怀孕率是正常精液的 60%～80%。Seidel(1999)在配种后 2 个月内，流产率高于正常精液的 1%～2%。Tubman(2004)性控精液对妊娠期、出生体重、断奶体重以及出生后的死亡率没有影响，出生的个体各项生理指标也未见异常。

孙树春等(2007)报道，他们于 2005—2006 年，对 135 头荷期坦奶牛，用国产性控精液 AI，情期受胎率为 54.81%(74/135)，而常规精液情期受胎率为 60.61%(40/66)，差异不显著。用性控精液对青年荷斯坦牛和经产荷斯坦牛情期受胎率进行了比较，前者为 66.13%(41/62)，后者为 45.21%，差异极显著($P<0.01$)。受孕的 74 头牛当时已产 35 头，其中母犊 34 头，母犊率为 97.14%。

张维忠等 2006 年报道，应用 X 冻精，给青年母牛 AI，情期受胎率为 65%(734/1 131)，随机抽取怀孕 55～90 d 68 头牛用 B 超仪进行性别鉴定，母犊率为 94.1%(64/68)。

在其他家畜，Johnson 等(1991)用分离猪 X 和 Y 精子给 8 头和 10 头母猪进行输卵管内 AI 并各获得 37 头和 34 头仔猪，母和公性别准确率分别为 86%和 74%。Buchanan 等(2000)用低剂量($2.5\times10^7$)分离的马精子输入即将排卵的同侧子宫角顶端，获得 57%的怀孕率。Cran 等(1997)也报道过用分离羊精子进行输卵管输精后产下羔羊的成功例子。

刘雪江(2006)报道，借助腹腔内窥镜以 $4\times10^6$、$2\times10^6$、$1\times10^6$ 剂量的内蒙古绒山羊 X 精液，给同品种母羊进行子宫颈深部 AI，妊娠率分别为 34%、56%、60%；母羔性控准确率分别为 90%、85%、100%。

曾有权等(2006)报道，他们使用流式细胞仪，对猪精液进行 X、Y 精子分离，对陆川母猪输卵管输精，怀孕率 25%，并于 2006 年 5 月 6 日产出 5 头性控仔猪。

(2)性控精液在体内胚胎生产(超数排卵)上的应用　Sartori(2004)将性控精液用于超数排卵，受精率和可用胚胎率分别为 61.9%和 30.8%，而非性控精液为 90.9%、71.3%。Schenk(2006)报道用 $20\times10^6$ 性控精液，能获得与非性控精液一样的超排效果，但用 $2\times10^6$ 低剂量输精，受精率显著下降，他认为性控精液数量不足是影响超排效果主要原因之一。

黄河等(2005)报道，他们应用 X 冻精对 4 个单位的 75 头超排供体母牛进行 2～3 次(3～4 支细管)输精，共获可用胚 339 枚，头均获可用胚 4.5 枚，应用 LAMP 法对 61 枚胚胎进行性别鉴定，结果雌性胚胎比例为 100%(61/61)。将 11 枚性控冻胚移植，妊娠率为 63.6%(7/11)。

段保宁等(2006)报道，对青年荷斯坦母牛进行超排，15 头用常规冻精输精，头均获可用胚 5.8 枚，20 头用 X 冻精输精，头均获可用胚 3.3 枚，差异显著。此外，还对常规冻精的胚胎与 X 冻精胚胎的移植妊娠率和母犊率进行比较，前者分别为 52.34%(301/575)和 48.94%(136/282)，后者分别为 45.00%(18/40)和 87.5%(14/16)，母犊率差异显著。

(3)性控精液在体外胚胎生产(IVP)上的应用

①屠宰场卵巢卵体外受精(IVF)生产性控胚胎。Cran 等(1993)把分离的 X 精子和 Y 精子分别和卵子进行 IVF，并将获得的预选性别胚胎移植到 9 头受体母牛，其中 4 头怀孕并分别产下 3 头母犊牛和 3 头公犊牛，其性别准确率都达到 100%。随后，Cran 等(1995)又将分离的 Y 精子进行 IVF 并将获得的胚胎冷冻后再移植给 106 头受体母牛，每头移植两枚胚胎，共产下 37 头公犊牛(占 90%)和 4 头母犊牛(占 10%)。

梁兴伟等(2005)用分离的水牛精子进行 IVF 生产性控胚胎，并进行了冷冻保存和胚胎移植试验，结果显示分离精子 IVF 后分裂率比黄牛低(仅 40%左右)，但囊胚发育率与黄牛的相似。经冷冻保存和解冻后，性控胚胎(122/172，70.9%)与非性控胚胎(112/153，73.2%)的复苏率无显著差异。将冷冻胚胎移植给 9 头受体母水牛，结果 4 头怀孕，受胎率 44.4%。卢克焕等 2006 获得首例性控试管水牛。

用屠宰场卵巢卵生产性控 IVF 胚胎可使成本大幅度下降，但这样生产胚胎系谱不清楚。

②活体采卵(OPU)体外受精(IVF)生产性控胚胎。为了后代系谱明确，可以通过活体采卵，将每头母牛卵巢上采集的卵母细胞单独进行 IVF，生产性控 IVF 胚胎。Wilson *et al.*，(2005)通过活体采卵获得卵母细胞用性控精液进行 IVF，囊胚率低于正常精液。麻柱等(2006)对荷斯坦母牛进行 OPU 将采得的 90 枚卵母细胞分为试验组(45 枚)和对照组(45 枚)。试验组用性控冻精 IVF，对照组用常规冻精 IVF，结果试验组和对照组的桑葚胚率、囊胚率分别为 27%(9/33)、18%(6/33)和 31%(11/36)、22%(8/36)。

(4)性控精液在单精子胞质内注射(ICSI)上的应用　单精子胞质内注射(ICSI)也是 IVF 的另一种选择。此法对于充分利用由于分离数量较少以及活力可能降低的分离精子意义更大。Hamano 等(1999)用分离精子进行 ICSI 后已获得 10 头预选性别犊牛，其性别准确率为 80%。在羊，Catt 等(1996)用 ICSI 方法把一个分离的 Y 精子注射到卵子后也获得了 1 头公羔羊。Probst 等(2002)分离猪精子 ICSI 后获得13 头猪。

梁媛媛(2005)比较用分离与未分离精子进行 ICSI 时，发现分离精子的 ICSI 效果与未分离精子并无显著差异，分离精子卵裂率和囊胚率分别为 76.9%和 33.9%；未分离精子卵裂率和囊胚率分别为 80.1%和 35.3%。

性控精液用于 ICSI 还在试验阶段，未能用于生产。因此，提高效率、建立高效 ICSI 技术平台仍是急需解决的问题。

3. 性控精液目前存在的问题

(1)受精能力低，情期受胎率低　Seidel 等(1998)用低剂量的分离精液($2\times10^6$ 个精子/剂量)和正常剂量的对照组精液($20\times10^6$ 个精子)进行 AI 试验，结果发现分离冻精后的受胎率约为对照组的 60%～80%。Seidel 等(1999)和 Doyle 等(1999)用相同剂量的分离精液和对照组精液进行试验，也得到了类似的结果。这一现象的可能原因是，流式细胞仪分离精子过程对精子造成了某些损伤(Schenk，*et al.*，1999)。而在性控冻精和常规冻精 AI 的对比试验中，大多数研究结果表明，性控冻精的妊娠率约为常规冻精的 60%～80%；妊娠后 1～2 个月的流产率，性控冻精比常规冻精高1%～2%(Mcnutt,*et al.*, 1996; Seidel,*et al.*, 1996)。

Lu等(1999)进行的IVF试验表明，分离冻精的囊胚发育率要明显低于对照组。性控冻精受精能力的下降，与精子的活力和生理机能在分离和冷冻过程受到损害有关。因此，如何进一步提高分离精子的受精能力进而提高情期受胎率仍是今后研究的主要内容。

(2)分离速率低　利用改进流式细胞仪分离速率与20世纪90年代相比，虽然提高了30多倍。目前每台每小时可分离X精子和Y精子各1 100万，按每天24 h生产，每台每天可分离2.64亿，每个剂量按200万计算，每台每天生产132个剂量，每台全年生产48 680个剂量。2006年我国奶牛存栏1 300万头，成母牛按55%计算，可繁母牛为715万头，远远不能满足可繁母牛的需求。

(3)分离纯度　在牛上能达90%以上。母犊率在90%以上，但在猪上分离纯度还达不到牛的水平，在不影响分离效率的前提下，如何进一步提高性控精液的分离纯度，也是今后研究的重要课题。

(4)价格偏高　目前国内性控精液每个剂量在200～300元，比常规精液高近10倍，养牛户不愿意接受。今后如何降低性控精液的成本，也是使该项技术尽快推广应用需解决的问题。

(5)认识问题　以前由于科学技术水平的限制，性别控制技术一直未能实现。部分养殖户对此项技术的科学性和真实性持怀疑态度，不相信母犊率能达到90%以上，需进一步加大宣传力度和示范推广规模。

(6)规范问题　目前国内主要有三家企业能生产牛性控精液，估计每年生产能力在100万个剂量左右，应着手制定性控精液生产标准(国标)。

由于性控精液存活时间和有效精子数都较常规精液低和少，按牛的常规精液人工授精方法，不能保证受胎率，应着手制订性控精液人工授精标准(国标)。

4. 前景

据农业部预测2015年和2030年全国奶类总产量将分别达到$3.322\times10^7$ t、$6.4\times10^7$ t，人均占有量分别达到23 kg、40 kg(中国奶业科技发展战略，2006)，而2006年我国牛奶总产2 846.6 t，要完成上述任务，除提高奶牛单产水平外，仍需迅速扩繁良种奶牛，用性控精液母犊率提高近1倍，按目前我国性控精液生产能力，每年产100万个剂量，每产1头母犊需2.5个剂量，每年可产40万头母犊，每头母犊按3 000元计算，每年可创效益12亿元。应用前景看好。此外在性控胚胎生产等方面前景也十分广阔。

### 5.3.2　应用分子生物学方法鉴定胚胎性别的研究进展

胚胎性别鉴定的方法很多，主要有细胞遗传学方法、免疫学方法和分子生物学方法。随着分子生物学的发展，特别是20世纪90年代SRY基因(睾丸决定因子)的发现，使越来越多的人们利用分子生物学方法来鉴定胚胎性别。文章对应用分子生物学技术来鉴定胚胎性别的基本理论和基本方法及相关性的试验进行了综述。

1. 性别鉴定的意义

性别鉴定意义重大，在科研和生产上得到人们的广泛关注。性别鉴定能够控制某些性别限制或性别影响的性状，如产奶性能、产肉性能、产毛性能、产蛋性能等，从而更好地为人类服务，提高生产上的经济效益；能够消灭某些与染色体有关的性连锁疾病，消灭不理想的隐性性状可以加快遗传进展和畜群的更新，促进畜牧业的发展；科研上，能够促进发育生物学和分子生物学的发展，研究雌雄发育过程中的分化差异；此外，性别鉴定在考古学和法医学等方面应用也很广泛。

2. 应用分子生物学方法鉴定胚胎性别的原理

（1）性别决定的基本理论　SRY 基因位于 Y 染色体短臂，从着丝粒到端粒与拟常染色体区相邻的 35 kb 的范围内。人类 SRY 的基因只有 1 个外显子，长 850 bp；还有 1 个多聚腺苷酸位点和 2 个转录起始点，其间是个可读框，可编码 204 个氨基酸，其中包含可编码 79 个氨基酸的保守区—HMG 盒。蛋白的 HMG 盒可与特定的序列结合，调控睾丸发育过程中基因的转录（王毅，2000）。

SRY 基因被认为是决定性别的开关基因，性别决定和分化是一个以 SRY 基因为主导的多基因参与的有序协调过程。与性别决定有关的其他基因还有 ZFX、ZFY、MIS、AMH、WT-1、SF-1、DAX-1、DSS 基因等。Lesulis 等（2001）报道，SOX-9 基因能够诱导小鼠睾丸的形成，也是一个性别鉴定的特异性基因。此外，有袋动物的发育受基因和激素的双重作用，共同控制性别的分化还有一些鼠科动物没有 Y 染色体，雌雄个体的核型不能通过 G-带辨别，且没有 SRY 基因（朱必才等，2002）。这些动物的具体性别控制有待进一步的研究。

（2）应用分子生物学方法鉴定胚胎性别的原理　哺乳动物的胚胎在囊胚期之前，其卵裂球是全能的，即在一定的条件下，单个卵裂球能够发育为完整的后代。每个卵裂球都包含动物发育所需要的所有基因，当然也包括性别鉴定所涉及到的各种基因。这样，应用分子生物学方法对雄性特有的目的基因进行鉴定，从而鉴定性别。但是，Hartshorn C 等（2003）认为，8-细胞期的胚胎中表达的 XIST 往往集中在 2 个卵裂球中，早期胚胎卵裂球在功能上并不是完全相同的。

3. 应用分子生物学方法鉴定胚胎性别的方法

（1）胚胎的取样　胚胎的取样涉及到胚胎的分割，胚胎分割的方法很多，主要有 Williams 分割法、Willadsen 分割法、酶消化透明带后分割法、徒手分割法、显微手术分割法、毛细细管法等方法，在进行性别鉴定取样时主要采用后 3 种方法。

①徒手分割法。此法主要适用于分割体积较大的胚胎。在 90 mm×45 mm 塑料培养皿内，做数个约 100 μL 的液滴，置于体式显微镜载物台上，移 1 枚胚胎入液滴，右手捏住刀片，先在含有胚胎的液滴平皿底部划一痕迹，把胚胎移至痕迹线上，并用刀从胚胎中部将胚胎一分为二，再用吸管将 2 枚半胚移入净液滴洗净，装管移植。此法简便易行，无需使用显微操作系统，成功率也比较高，适宜现场生产，但要防止胚胎污染（李树静等，2002）。

②显微手术分割法。此法主要适用于分割桑葚胚和囊胚。在显微操作仪的帮助下，用微吸管固定胚胎，用玻璃针或显微手术刀将胚胎对称切割。在切割桑葚胚时，需要在不含钙、镁离子的培养液中，以降低细胞间的连接和由于切割造成的损伤。对胚胎的分割要注意对称，尤其是囊胚，要注意将内细胞团对称地一分为二。显微手术分割法相对于其他方法较为理想，操作程序大为简化，不需要酶消化透明带，胚胎在室温中暴露时间大为缩短，有利于胚胎发育。但是，该法对卵裂球有些损伤，体外培养容易形成内细胞团发育不良的假囊胚。

③毛细管法。此法适合分离 2～8-细胞的卵裂球。在显微操作仪帮助下，用固定针吸住胚胎，用另一个玻璃针挑开胚胎透明带，细胞团自透明带中脱出，再用毛细管吹吸胚胎，得到单个卵裂球，将卵裂球移入空透明带中，体外培养。

(2)胚胎的提取方法

①煮沸法。在体视显微镜下,取适当数量的胚胎细胞放到离心管中,并加入 10 μL 的无菌超纯水,100℃煮沸 10~15 min,然后立即置于冰上冷却 10 min,取上清液用于 PCR 扩增。

②反复冻融法。在体视显微镜下取适当数量的胚胎细胞并加入 6~7 μL 无菌超纯水,在液氮中冷冻后取出并立即解冻,反复冻融几次,然后离心直接用于 PCR 扩增。

③碱胜裂解法。ALB(200 mmol/L KOH,50 mmol/L DTT)以每管 100 μL 冻存于 -20℃ 下待用,避免反复冻融,每管解冻后一次性使用。ALB 中加入胚胎细胞和石蜡油后于 65℃加热 10 min,再加入 5 μL 中和液(200 mmol/L Tricine)中和,然后进行性别鉴定。也有人用 30 mmol/L NaOH 于室温下作用 5 min。

④Tris 法。在体视显微镜下,切取一定数量的胚胎细胞,放到含 10 mmol/L Tris - HCl (pH 值为 8.0)值为的离心管中,在 95℃下作用 5 min。

⑤PK - TW 方法。配制的蛋白酶 K 的浓度为 0.1 g/mL,加入 0.5%的 Tween - 20,在 37℃下作用 10 min,然后在 99℃下作用 10 min。

(3)胚胎性别的鉴定方法

①核酸探针法。该方法发展于 20 世纪 80 年代末期,主要根据 Y 染色体上的特异序列设计同位素标记的 DNA 探针,使其与胚胎细胞中的 DNA 同源序列杂交,根据杂交情况来判断 Y 染色体的有无。但是,该方法灵敏度低,耗时长。

②FISH 法。荧光原位杂交是近几年发展起来的一项新技术,它是以荧光标记取代同位素标记的一种原位杂交方法,首先将 DNA 与某种介导分子结合,然后通过免疫化学过程连上荧光染料。将其与基因杂交,进行性别鉴定。该方法敏感,快速,并出现了多色荧光原位杂交,可以显示多种颜色,是很有前途的一种方法。但是,此法价格昂贵,操作复杂。

Lavery S(2004)通过胚胎分割,将单个卵裂球进行分析,从而鉴定性别,避免了伴性遗传的血友病的传播。Lee J H 等(2004)利用牛 Y 染色体的 BtY2 序列设计探针,用生物素—16dUTP 标记探针,然后对分离的卵裂球进行 FISH 分析,性别的准确率达到 96%。Pujola 等人认为,FISH 通常在细胞分裂间期进行,但是细胞分裂间期又分为 G1、S、G2 期,不同时期都有可能会影响到 FISH 的判定结果的准确性。复制首先发生在染色体的特定序列,然后是端粒序列,最后是着丝粒序列。DNA 的复制可能会导致处于增殖期的细胞的 7%的误判。因此,使用一定细胞周期内的特定的标记序列可以避免这种误判(Pujol A 等,2004)。

③PCR 法。应用 PCR 技术对奶牛进行性别鉴定是在牛 Y 染色体 DNA 文库及筛选得到特异的克隆并进行测序的基础上,设计并合成一对与 Y 染色体特异性片断两端的正链和负链互补的小片段单链寡聚核苷酸引物(长度在 20 bp 左右);并在胚胎分割技术的支持下,用少量分割胚胎细胞中的 DNA 为模板进行 PCR 扩增将扩增产物进行琼脂糖凝胶电泳和 EB 染色后,再进行紫外激光检测。出现特异性条带的是雄性胚胎,否则为雌性胚胎。

Lee J H 等(2003)将 8~16 - 细胞的胚胎进行了染色体核型分析。结果,染色体核型分析和用 PCR 扩增鉴定性别的结果的符合率为 83.3%。由此认为,形态学正常的胚胎 8~16 - 细胞有混倍体胚胎和染色体嵌合型胚胎,从而导致了单个卵裂球性别判定的误判。Lopes R F 等(2001)得出,经胚胎分割和性别鉴定后的胚胎妊娠率与经鲜胚移植后的胚胎妊娠率无明显差别(50%~60%和 55%~61%)。鉴定胚胎性别的准确率为 90%~100%,效率为 92%~94%。

④LAMP 法。此法是对目标基因的 6 个区段设定 4 种引物,利用链置换反应在等温条件

下使其发生反应。即把基因检样、引物、链置换型 DNA 聚合酶、基质等在一定条件下(63～65℃)保温,至完成反应鉴定的过程。此法只用一步工艺就可完成。

双链 DNA 在 65℃左右处于动态平衡状态,任一条引物对双链的互补部位进行碱基配对时,其中一条链就会脱落,变成单链。LAMP 法就是利用这一特点,对目标基因进行扩增的。

反应过程中,dNTP 会析出焦磷酸根,可与溶液中的镁离子形成焦磷酸镁的衍生物,大量衍生物会导致溶液中出现白色混浊沉淀,用肉眼或浊度仪均可方便鉴定扩增与否。

Hirayama 等(2004)用 LAMP 法来鉴定奶牛胚胎性别,妊娠率达到 57.4%,准确率达到 100%。王海浪、薛建华等(2003)利用 LAMP 法鉴定奶牛胚胎性别,准确率达到 100%。

4. 应用分子生物学方法鉴定胚胎性别时存在的问题与展望

利用分子生物学方法来鉴定胚胎性别是一种比较成功的鉴定方法,也是现在利用最多的胚胎性别鉴定方法,并已经投入到生产中,出现了用于性别鉴定的试剂盒和相关的 FISH 基因探针。但是,该方法还有许多不足之处,如胚胎取样数目的确定,取样方法的优化,DNA 污染等问题都是今后要解决的基本问题此外,扩增 PCR 目的基因的确定,引物的合理设计,检测方法的简化等方面也需要改进和标准化。

(作者:桑润滋、段保宁)

## 5.4 诱导卵泡发育(超数排卵)与体外(受精)胚胎生产技术研究进展

### 5.4.1 牛羊超数排卵方法研究进展

超数排卵(简称超排)可诱导大量卵泡成熟排卵,增加可移植胚胎的数量,在家畜胚胎移植中起着至关重要的作用,同时也是进行转基因动物生产和动物克隆等研究的基础手段之一。目前家畜的超排主要用于牛羊,以使用 FSH 或 PMSG 为主。也有人在试验通过抑制素免疫进行,效果明显,但超排个体反应差异较大,这一问题目前仍无法解决。本文就牛羊超排方法的研究进展进行综述,以使人们对超排有更多了解,促进超排方法的改进,超排效果的提高。

1. 基础超排方法

初级卵泡经过征集、选择、优势化,而发育到可排卵阶段,其间绝大多数卵泡(如反刍动物 99%以上)的命运是闭锁退化。超排处理就是降低发育卵泡的闭锁率,增加早期卵泡发育到高级阶段的数量,是一个连续的动态过程,这一过程受中枢神经系统、垂体前叶和卵巢间激素调控。超排处理常见的方法有:①降低或消除卵巢对促性腺激素释放的负反馈反应,这主要针对 FSH,如进行抑制素免疫。②增加外源激素,提高血液中促性腺激素浓度。生产中较多采用后者,而且常与刺激内源促性腺激素释放的方法结合进行。

(1)FSH 法　以发情当天为 0 d,在发情周期的适当时间,即卵泡波发生时(12～13 d 或 17～18 d),开始肌肉注射或皮下注射 FSH,以递减剂量或恒量连续注射 3 d 6 次或 4 d 8 次,即每天 2 次,间隔 12 h。FSH 总剂量按牛、羊的体重、胎次作适当调整:羊一般为 150～300 IU,牛略高。FSH 注射完后随即进行试情。

(2)PMSG法　在发情周期的适当时间(发情周期12～13 d或16～18 d),羊一次性肌肉注射或皮下注射PMSG 800～1 500 IU,出现发情后或配种当天肌肉注射hCG 500～750 IU。牛按每千克体重5 IU左右确定PMSG后48 h或60 h各肌肉注射PG一次,剂量0.2～0.4 mg,在出现发情后12 h,即第1次输精的同时肌肉注射抗PMSG。

2. 超排方法的改进

目前,困扰超数排卵效果有2个主要因素:超排反应变异范围大和黄体早期退化。与FSH相比PMSG省时、省力、成本低,但有副作用;FSH虽然副作用小,但要求多次注射,较麻烦,对供体造成的应激较大,成本也较高(桑润滋等,2003;俞颂东等,2002)。针对这些问题,人们主要就如何在最大限度发挥PMSG、FSH作用的前提下,尽可能减少或消除它们的缺点做了较多的探索改进。

(1)PMSG+抗PMSG　PMSG是最初在山羊的胚胎移植的科研和生产中广泛应用的超排激素(Cognie Y,1999),早在1983年Armstrong就曾用PMSG对山羊进行超排,一次注射750～1 250 IU,平均获胚(10.8±1.2)个。1985年Durant给山羊一次注射PMSG 500 IU,取得了同样的效果。但是用PMSG超排时,由于PMSG半衰期比较长,且具有FSH和LH两重作用,因此大量应用PMSG处理时会带来一些副作用,如:容易造成卵巢肿大,不排卵的卵泡增多,使雌二醇($E_2$)分泌增多造成胚胎发育早期,外周血中高$E_2$水平,形成不利于早期胚胎发育的雌激素主导的子宫环境,使发育中的胚胎质量下降,并能使黄体早期退化,而使胚胎回收率下降。Pintado等(1998)于撤去孕酮阴道栓前第36小时注射1 000 IU PMSG,在撤栓后的第28小时静脉注射PMSG抗体,得到的可用胚数比对照组(仅用PMSG)几乎增加1倍(5.75∶2.75,$P<0.01$)。但排卵平均增加不明显,可能是个体差异的原因。Saharrea等(1998)在山羊发情开始后84 h注射hCG,有力地阻止了PMSG超排引起的黄体早期退化。但试验表明,用FSH进行超排处理在排卵率、受精率、优质胚产量上要优于PMSG。因此,现在生产中已经较少使用PMSG进行超排,一般使用FSH。

(2)FSH+孕激素(CIDR)+PG法　此法是将同期发情和超数排卵结合在一起的方法,是目前使用最多的牛羊超排方法。其具体操作是给供体在阴道内放入第1个CIDR,10 d后取出,同时放入第2个CIDR,5 d后后开始注射FSH,或给供体放入第1个CIDR,9～10 d后开始注射FSH,连续递减剂量注4 d 8次,在第7次注射FSH时取出CIDR,并同时注射PG,一般取出CIDR后24～28 h发情。

(3)FSH+PVP　Armstrong的试验中,用FSH处理山羊后平均排卵数为(16.1±0.8)个。显著高于一次性注射PMSG处理后的平均(10.8±1.2)个。Kiessling等(1986)对奶山羊进行了FSH和PMSG超排对比试验,FSH超排获得胚胎数为17($n=2$)枚,明显超过了PMSG处理组获得的2($n=2$)枚。因此近年来,此种方法的应用较PMSG要多。FSH的超排效果虽然优于PMSG,但因其半衰期短,必须进行多次注射才能起作用,程序烦琐。为了简化FSH的注射程序、降低动物的应激反应,有人将其溶于大分子聚合物聚乙烯吡咯酮(PVP)中,进行一次性的肌肉注射。由于PVP是大分子聚合物,用其作为FSH的载体,和FSH混合后注射,可使FSH缓慢释放从而延长FSH的作用时间,一次性注射FSH即可达到超排的目的。研究表明,FSH制剂用PVP溶解进行一次注射超排时,其在母牛体内的半衰期可延长到大约3 d,而溶解在盐水中的FSH半衰期仅为5 h左右。Smith等(1973)最早将此法用于肉牛的超排,以后许多学者对此方法进行了研究和改进。Yamamoto等将30 mg FSH溶于10 mL 300 g/L PVP 中，一次肌肉注射对牛进行超排获得良好效果。曾培坚(1997)报道，分别用 7.5 mg(中国科学院动物所生产)、250 IU、300 IU(武汉生物制药厂生产)FSH 溶于 10 mL 15%PVP 中进行一次性注射超排绵羊，头均获胚分别为 5.0，4.67 和 5.0 枚。李键等用 30%PVP 溶液稀释 FSH 后一次注射总剂量超排处理波尔山羊与 FSH 递减法多次注射对比，分别获得可用胚(22±1.0)枚和(19.0±11.1)枚，差异不显著。试验表明，将 FSH 溶于 PVP 载体中一次注射，可用于家畜的超排，但 PVP 的最佳分子量和浓度等，有待进一步试验研究。

(4)FSH 预处理　Waer 等在发情后的第 2 天或第 3 天给青年母牛 10 mg FSH 作预处理，随后在 11～16 d 再进行总量为 35 mg FSH 正常处理，结果预处理青年母牛平均排卵 3.5 枚，对照组为 2.1 枚。Rejamahendran 等在发情周期的第 3 天和第 4 天给予 35 mg FSH 作预处理，结果比正常 FSH 程序回收到的卵子多($P<0.05$)，每头母牛回收的优质胚胎增加 1.6 枚。但 Lussier 等(1989)试验表明排卵数并未提高。

(5)FSH+$E_2$　一般供体牛在放入 CIDR 后第 9 天开始注射 FSH 进行超排。耿繁军等在放入 CIDR 的同时肌肉注射 5 mg 17β-$E_2$ 后的 4 d 后就进行超排，结果获得可用胚数和 A 级胚胎数与一般方法差异不显著，但使超排全过程时间缩短，相应的在胚胎移植过程中受到天气变化等不利因素的影响程度减小，可操作性相对增强。

(6)FSH+激光照射穴位　王志刚等(1999)用 He-Ne 激光照射穴位结合外源性 FSH 处理牛，增加了胚胎数和可用胚胎数，试验组头均胚胎数比对照组多 2.2 枚，头均可用胚数比对照组多 1.9 枚，差异显著。

(7)FSH+重组的牛生长激素　Gong 等(1996)在青年母牛上，用重组的牛生长激素(rbGH/rBST)增加了有腔卵泡(2～5 mm)的数量，增强了对 eCG 的超排反应，胚胎回收的最终结果显示，rbGH 预处理显著提高了母牛的排卵数、胚胎回收率与可移植胚数量，可用胚率明显增加。另外，卵巢囊肿等排卵反应差现象发生率显著低于对照组。在绵羊上，Joyce 等(1998)发现，用 FSH 超排处理前使用生长激素(rGH)启动的预处理方法，改变了产雌激素大卵泡 IGF(类胰岛素生长期因子)系统，使卵巢上中等大小的卵泡生理性成熟度及数目增加，但未改变排卵率反应。

(8)FSH+GnRH　Akinlosotu 等(1993)对山羊用 FSH 进行超排时，在发情开始时给予一定量的 GnRH 可以减少胚胎回收时不排卵大卵泡数量的出现，结果不但提高了胚胎质量，而且提高了可移胚数和受孕率。Fry 等(1999)在牛的试验中报道：超排时，用促性腺激素刺激 72 h 后，给予一定量的 GnRH 大大增加卵巢上 $d \geq 5$ mm 的卵泡数量，提高了超排效果。桑润滋等在牛发情输精同时注射 LRH，结果可用胚率比对照组高 21.6%，差异极显著。

(9)FSH+PMSG　也有人采取 PMSG 和 FSH 相结合的方法，用 PMSG 代替部分 FSH 进行超排处理。岳奎忠等(2000)于第 1 次注射 FSH 的同时，加注 PMSG 200 IU。超排母羊的平均红体数为(13.94±1.11)个，平均获卵(10.59±0.97)个，获卵率为 78.20%，显著超过了单纯使用 FSH 处理。Pintado 等(1998)用 PMSG 替代部分 FSH，获得了和单纯使用 FSH 一样数量的可用胚，大大降低了超排的成本。

(10)FSH+抑制素免疫　有人尝试用人工合成的抑制素免疫法对羊进行超排试验。Wheaton 等(1992)用高度纯化的抑制素抗血清主动免疫绵羊，排卵率较对照组提高 3.3 倍。桑润滋等(2000)也用抑制素免疫母牛，并结合纯化 FSH，超排结果，试验组头均胚胎数和头均可用胚数分别比对照组增加 2.4 枚和 1.4 枚。大量的事实表明，供体进行抑制素免疫后，所产生的抗体中和了外周血浆中的抑制素,减弱了其对垂体的负反馈作用,从而使 FSH 分泌增加,促进卵泡发育并提高了排卵率。

3. 小结

应用同一种超排方法,不同的个体之间超排结果差异较大,除了个体本身的因素外,激素的应用也起着很大的作用。激素剂量过大,卵巢上发育的卵泡数和排卵数量过多,会导致卵巢体积的异常增大和卵子接受过程的机械障碍,经输卵管伞接受到的卵子数量却有限(章志国等,2003)。剂量不足,则达不到预期的超排效果。杨梅等(2003)、桑润滋(2003)等多人对激素的最佳剂量进行了研究,但由于激素的生产厂家、生产批号不同,供体的状况也有差别,因此不能得到统一的标准。Moor 等(1984)提出,激素制剂中 FSH/LH 的比例在刺激卵巢反应中起着重要作用。Armstrong 等(1984)用 FSH/LH 比例最低的 FSH 制剂对绵羊和山羊进行超排,结果超排率和胚胎产量提高。激素注射途径的不同也影响着供体的超排反应。在羊上,肌肉注射 LH 或 hCG 时,促排反应慢且排卵同期化较差,而静脉注射时,激素作用快,羊排卵同期化好,而且静脉注射比肌肉注射激素用量要少。俞颂东等(2002)报道激素肌肉注射部位选在臀部的效果明显好于颈部。

供体超排后配种时是否需要注射 hCG 或 LH 促进排卵,对此看法尚不一致。Hafez 认为,成年母牛、绵羊和山羊不需要外源性 LH 或 hCG。王光亚也同意这种观点,他的试验显示,山羊超排后能表现发情,内源性的 LH 足以诱导大多数卵泡的排卵,增加外源性的 LH 似乎不能提高超排效果。但也有大量的报道称在超排时注射 LH 或 hCG 可提高超排效果。本实验室曾对此进行了研究,表明在肉羊配种时注射 LH,使血液中 LH 浓度增加,可以增加获胚数,减少未排卵泡数。

目前,超数排卵技术已经广泛应用于生产,但是个体的超排效果差异很大。许多专家学者对此进行了分析研究,发现造成超排效果不稳定的因素很多。一般繁殖力高的品种对促性腺激素的反应比繁殖力低的品种好,成年的比幼龄的反应好,营养状况好的比营养差的反应好,在繁殖季节比非繁殖季节反应好。其他可以控制的因素主要是超排方法的制定、激素的使用。因此,超排程序的改进研究仍是提高个体超排效果的研究重点。

### 5.4.2 牛活体采卵技术研究进展

近年来,应用活体采卵(ovum pick-up,OPU)、体外受精技术进行胚胎体外化生产(in vitro production,IVP)越来越受到人们的重视。通过活体采卵可以获得大量系谱明确的卵母细胞,并且对供体母牛的生产和繁殖机能影响不大,因而已经成为当前 IVP 技术中获得卵母细胞的重要途径之一。

1. 活体采卵的方法

活体采卵的方法主要有盲采法、内窥镜法和 B 型超声波导引法 3 种。

(1)盲采法　盲采法主要利用简易采卵器进行采卵。采卵器主要由持针器、三通导管和真空泵三部分组成。采卵时将持针器送至待穿刺卵巢一侧的阴道穹隆,通过直肠把握卵巢并拉至持针器头部,推进穿刺针穿过穹隆,凭手的感觉向卵巢有卵泡处穿刺,同时开启真空泵进行抽吸。

据卢晟盛等(1999)报道,应用该法卵子回收数为 1.5 枚/(头·次);朱化彬等(2001)报道卵子回收数为 6.04 枚/(头·次)，卵母细胞回收率为 42.9%。二者研究结果有很大差异，可能与供体牛的繁殖机能、术者技术熟练程度以及采卵设备性能有关。

(2)内窥镜法 1982 年，Sirard 首先将内窥镜用于牛卵母细胞的采集，并将获得的成熟卵母细胞进行体外受精，经胚胎移植成功获得牛犊。应用内窥镜法进行活体采卵时，为了便于操作，先向腹腔充入一些 $CO_2$ 气体；一只手直肠把握卵巢，另一只手把握内窥镜筒，根据屏幕上的图像调整持针器与卵巢的位置，确定要穿刺的卵泡，开启真空泵，同时进行穿刺。

倪和民等(1999)应用内窥镜法对青年牛进行 1 次/周和 2 次/周连续活体采卵，卵子回收数分别为 2.4 和 4.4 枚/(头·次)，差异极显著；对成年牛进行 1 次/周和 2 次/周连续活体采卵，卵子回收数分别为 1.9 和 5.4 枚/(头·次)，差异极显著。

(3)B 型超声波导引法 1988 年，荷兰的 Pieterse 首先利用超声波技术(B 超)通过子宫壁从活体牛卵巢采到牛卵母细胞。之后，国外很多学者对该技术进行了广泛深入的研究。

B 型超声波导引法主要利用不同组织对高频声波吸收和反射强度不同的原理，当探头在阴道穹隆处与卵巢接触时，黄体、卵泡和卵巢结构在屏幕上显示明暗不同的图像：卵泡呈大小不同边缘清晰的黑色圆形图像；黄体的图像一般比卵泡的图像大，且边缘不太清晰；卵巢实质呈灰白色；穿刺针呈亮白色；操作者据此进行采卵操作。操作前把装有抽卵液的集卵杯与负压泵和穿刺针连接，使导管内充满抽卵液，然后将持针器与超声波探头固定在一起，探头表面涂抹耦合剂；一只手将带有持针器的超声波探头插至一侧阴道穹隆，另一只手通过直肠把握，将卵巢隔着阴道壁帖于探头之上，然后将穿刺针插入持针器。操作者根据图像调整探头与卵巢的相对位置，使卵泡位于采卵线上，此时开启真空泵并推进穿刺针对卵泡进行穿刺。充分抽吸后的卵泡将发生凹陷并呈现与周围组织相同的灰白色。确认抽吸完全后，冲洗与穿刺针相连的导管以确保卵母细胞进入集卵杯。同样的方法对另一侧卵巢进行采集。采卵过程中容易抽吸到血液，凝集后易堵塞导管，使卵母细胞丢失，因此要在采卵液中加入一定量的肝素，防止血液凝集。

目前，B 超导引法已经成为国际上最主要的活体采卵方法之一，在国内也越来越受到人们的重视。据徐照学(1999)报道，应用 B 超导引法进行活体采卵，卵母细胞回收率为 53.9%，头均获卵子 6.1 枚/次，卵裂率和囊胚发育率分别为 75.2%和 29.7%；辛以良(1999)报道的回收率为 41%。

2. 影响活体采卵效果的因素

(1)采卵频率 Gibbons 等(1994)研究了不同采卵频率(1 次/周和 2 次/周)对卵母细胞回收率和胚胎发育能力的影响，虽然头均获卵数和回收率差异不显著，但 2 次/周获得的卵母细胞质量比较高，经体外受精可获得较多可用胚。研究表明，重复活体采卵对母牛的卵巢有一定损伤，但通过一段时间的恢复，可以达到正常繁殖力，并不影响母牛繁殖与生产。因此，在不影响卵巢机能的情况下可以进行 2 次/周的采卵。

(2)外源激素 对于有繁殖障碍的牛在采卵前进行激素处理是必要的，可以提高获卵数和卵子质量。倪和民等(1999)对不发情母牛用 PMSG 和 FSH 处理后再进行采卵，每次头均可采卵泡数为 2.3 个和 4.4 个，获卵母细胞数为 1.1 枚/次和 2.3 枚/次。

(3)采卵仪器操作参数 采卵仪器的各项操作参数会影响采卵效果。对于 B 超导引法来说真空泵压力和穿刺针的型号影响卵母细胞回收率和质量。负压越大，针越细，对卵丘细胞损伤越大，却回收率高；负压越小，针越粗，对卵丘细胞损伤越小，但回收率低；而卵丘细胞对于卵母细胞的体外成熟非常重要。Hashimoto 等(1999)的研究表明,使用 18G 针头、40 mmHg 负压和 21G 针头、120 mmHg 负压的一二级卵母细胞回收率最高。Bols 等(1994)将原采卵针改进为与塑料导管相连的一次性短针头,但我们在实践中发现,由于塑料导管较软,所以不利于穿刺阴道穹隆。探头的种类影响采卵效果,Bols 等(2003)对比了凸阵探头和线阵探头对获卵数的影响,前者获卵数高于后者(14.2±7.2 相对 7.4±6.1),且前者可更清楚地看到小卵泡。探头的扫描频率也影响采卵效果,Hashimoto 等(1999)探讨了不同扫描频率对采卵效果的影响,表明在7.5 MHz 下,获卵数、回收率、卵子质量均好于 5 MHz。

(4)季节与性周期　春季和秋季采卵效果较好,冬季的采卵效果较差。冬季温度较低,如果采卵室与培养室距离较远,不利于卵母细胞的保存运输。一般认为在一个发情周期中,有 3 个左右卵泡波发育,采卵效果最好的时间是发情开始时。性周期中的不同时间,卵泡直径大小不同。Pieterse 等(1991)发现,中等直径卵泡(6～10 mm)的卵母细胞的回收率高于大直径卵泡(＞10 mm)。这可能是因为大卵泡在抽吸时内壁形成皱褶,阻碍了卵母细胞的抽出。

除了以上影响活体采卵效果的因素外,供体自身的繁殖机能和操作者的技术水平也会影响采卵结果。

3. 存在问题

盲采法完全依赖操作者的经验进行,结果不稳定,回收率低,且对卵巢和阴道组织损伤比较大,延长了采卵间隔,降低了采卵频率,因此限制了该技术的应用。内窥镜法可直观、准确地对卵泡进行穿刺,对卵巢损伤很小,但对阴道穹隆损伤比较大,且设备复杂,操作烦琐。应用 B 超导引进行活体采卵的优点是对阴道壁组织损伤较小,采卵间隔短,且操作速度快,卵母细胞回收率高,是目前比较理想的活体采卵方法,但是该技术较难掌握,而且超声设备比较昂贵,不便于普及。

活体采卵获得的卵母细胞受精率和发育率较低,可能是由于采卵过程对卵丘细胞造成一定损伤,影响了随后的受精和发育。另外,长期、频繁进行活体采卵对供体母牛,尤其是奶牛的生产和繁殖机能有无伤害还不能得出结论,还需要大量的实验观察。

4. 活体采卵技术前景展望

在今后的研究中改进与简化活体采卵技术程序,进一步提高卵母细胞回收率、受精率和发育率,降低生产成本将成为研究热点。应用活体采卵技术可以充分发挥优良母牛的繁殖潜力,加快育种进展,促进胚胎体外化生产体系的建立,推进各项胚胎工程技术的发展,具有广阔的发展前景。

### 5.4.3　哺乳动物胚胎体外生产技术研究概况

胚胎的体外生产技术又叫体外受精技术(in vitro fertilization,IVF)。哺乳动物体外受精技术的研究已具有 120 多年的历史。1951 年,Chang 和 Austin 同时发现了精子获能现象,使胚胎体外生产技术获得突破性进展(桑润滋等,2006)。已先后获得了 30 余种动物的试管后代(钱云,2000;刘红林等,1996),并于近 20 年在牛、羊上获得了迅速发展。在畜牧业生产中,体外受精与人工授精(AI)、胚胎移植(ET)和性别控制(SC)四种技术合称为畜牧业的四大法宝(卢克焕,2002)。家畜体外受精研究最早的动物是绵羊,1959 年,Dauzier 等进行了绵羊体外受精试验的尝试(皮文辉,2003)。但直到 1985 年,日本学者花田章(Hanada)对体内成熟的卵母细胞进行体外受精，才培育出世界上第一只试管绵羊（宋杰等，1997）。1984 年，旭日干和日本学者 Hanada 等首次利用钙离子载体 A23187 和咖啡因等药物诱导山羊精子获能成功并培育出世界首例试管山羊。

我国家畜体外受精研究起步于 20 世纪 80 年代后期，但进展很快。1989 年，旭日干获得了我国首例绵羊体外受精后代。钱菊汾等（1991）用与 Hanada 同样的方法获得了我国首例试管山羊。1992 年，刘灵等培育出世界上第一只由卵巢卵母细胞经体外成熟、体外受精而得到的试管山羊。1997 年，宋杰等首次用屠宰场废弃卵巢卵母细胞，经体外成熟、体外受精得到两只雌性白山羊。

IVP 技术是由一系列的技术步骤组成的，它包括卵巢卵母细胞的获得、卵母细胞的体外成熟（in vitro maturation，IVM）、精子的制备与获能处理（sperm capacitation）、体外受精和早期胚胎的体外培养（embryo culture）等技术。但体外胚胎生产技术的累积效率却很低，卵母细胞体外成熟受精后发育至桑葚和囊胚的比例仅有 30%～40%（钱云等，2000）。因此，IVP 技术一方面具有广阔的发展和应用前景，另一方面仍有许多悬而未决的问题需进一步研究。现将近年来有关体外受精的进展情况汇总如下。

1. *卵母细胞体外成熟*

（1）卵母细胞体外成熟和调节机制　卵母细胞的成熟是一个复杂的生物学过程，被称为“卵母细胞获能”（oocyte capacitation）（P. Hyttel 等，1997），此获能过程包括恢复减数分裂并进入到第二次减数分裂中期（MⅡ）的核成熟和经历一系列复杂生理生化变化的细胞质成熟。卵母细胞的成熟调节是一个复杂的多因子调节过程，调节机制是近年来研究的热点。卵母细胞减数分裂的启动机制目前仍不清楚，现在的研究认为，OMI（成熟抑制因子）及 cAMP 参与核网期阻滞调节。人们对卵母细胞减数分裂的恢复机制进行了大量的研究，目前已比较清楚。cAMP 含量降低能促使卵母细胞减数分裂发生，是诱导卵母细胞成熟的先决条件。MPF（成熟促进因子）是一种蛋白激酶，由催化亚基 $P34^{cdc2}$ 和调节亚基 Cyclin 组成，能直接催化一些与细胞分裂有关的蛋白质磷酸化，促使细胞由间期向 M 期转化。CSF（细胞生长抑制因子）能促进和维持 MPF 活性，使细胞维持在 M 期状态。近年来的研究认为，$Ca^{2+}$ 与 CaM（钙调素）结合成 $Ca^{2+}$ - CaM 时，就会启动卵母细胞的成熟机制。此外，MAP（微管辅助蛋白）、C - mos 原癌基因及其蛋白产物等均能促进减数分裂的恢复（孙桂金等，2004）。

（2）卵母细胞体外成熟培养方法　当前体外成熟的卵母细胞主要来源于屠宰场卵巢和活体采卵获得的未成熟卵母细胞。卵母细胞都必须经过筛选之后再进行成熟培养，这是体外生产胚胎能否成功的一个关键步骤。目前在绵羊的 IVP 中多根据卵丘细胞层数和卵母细胞胞浆的特点，将卵母细胞评定为优、良和差三个等级（Wani N. A.，1999）。在体外受精实践中，通常选择胞质均匀并充满于透明带，周围包被着完整的卵丘细胞或部分卵丘细胞脱落的优、良级卵母细胞。

卵母细胞体外成熟的研究，自 1965 年以来有了很大的进展。目前常用的成熟培养系统有开放培养系统和微滴培养系统。微滴培养系统适用于卵母细胞数量较少的情况，并且能稳定成熟培养液的渗透压、且不易污染，成为各实验室的首选系统。目前除了人和小鼠的卵母细胞采用 37℃培养以外，大多数家畜都采用 38～39℃，在 5% $CO_2$、饱和湿度、95%空气的 $CO_2$ 培养箱中进行培养（秦鹏春等，2001）。成熟培养时间因动物种类不同而异。在羊上，成熟培养时间一般为 16～27 h。张涌等（1999）通过对山羊卵母细胞体外成熟研究得出，培养 16 h 卵母细胞的成熟率显著低于培养 20 h 和 24 h 的卵母细胞；卵母细胞核成熟后再培养 3～4 h，有利于提高卵母细胞成熟，这对受精卵裂和胚胎发育有重大影响。

卵母细胞体外成熟的基础培养液应用最为广泛的是 TCM 199，其成熟培养效果相对较好，牛、羊的卵母细胞核成熟率都能达到 80%以上。通过完善成熟液可以提高卵母细胞的发育能力和胞质成熟的质量，进而提高受精后的胚胎发育率和胚胎质量。为了获得在体外充分成熟的卵母细胞，其体外成熟培养液需要在基础培养液中加入一定浓度的血清、性腺激素、促性腺激素、细胞因子及生长因子等物质。目前，FCS、OCS、BSA、卵泡液等蛋白添加物，细胞因子及生长因子等广泛应用于卵母细胞体外成熟培养的研究中。陈俊颖等(2004)报道在山羊卵母细胞体外成熟培养液中添加 FCS、ECS，可显著提高卵母细胞的受精和发育能力。血清的作用不仅可以给卵母细胞提供成熟所需的营养物质，而且可以防止卵母细胞透明带硬化。张涌等(1998)报道同种动物的血清要优于异种动物血清。Sanbuissho 和 Threfall(1989)通过比较不同发情阶段母牛血清对牛卵母细胞体外成熟培养发现，发情盛期的母牛血清要优于其他发情周期阶段的血清。Zhang 等(1991)对牛卵母细胞体外成熟的研究结果显示，胰岛素能促进卵丘细胞的扩展，并提高卵母细胞成熟后的受精率。体外成熟培养研究表明，生长因子对卵母细胞的核成熟和细胞质成熟均有一定的促进作用，特别是在无血清的条件下。

FSH 是调节卵泡发育的一种重要激素，可刺激颗粒细胞的芳香化酶活性，将卵泡的微环境由雄激素化转变为雌激素，进而使得卵泡能够成熟排卵。体外成熟培养证实，FSH 能促进卵母细胞周围卵丘细胞的扩展，有利于卵母细胞核成熟。然而当 FSH 浓度太大时，卵母细胞成熟后的受精分裂率和囊胚发育率有下降的趋势。LH 一般认为是卵母细胞体内成熟的诱导者，因排卵前卵泡卵母细胞的成熟分裂恢复与 LH 峰的时间基本一致。卵泡体外培养结果表明：LH 或 hCG 能诱导卵泡内卵母细胞成熟分裂的恢复。17β - $E_2$ 在卵泡发育过程中起着重要作用，他能致敏卵泡颗粒细胞对促性腺激素的反应能力，并刺激颗粒细胞的增殖与分化。但目前 17β - $E_2$ 在体外培养中的作用存在争议。张涌等(1999)研究了 FCS、17β - $E_2$、FSH、LH 对山羊卵泡卵母细胞成熟的作用，获得 92.5%的成熟率，并建立了卵母细胞成熟的理想培养系统为：TCM199＋10%～15%FCS＋1～2 mg/L 17β - $E_2$＋10 mg/L FSH＋20～50 mg/L LH。

哺乳动物卵母细胞的体外成熟培养的效果，除了受培养条件、基础培养液及添加成分影响外，还受到多种因素的影响，如卵母细胞的来源、动物年龄、卵母细胞本身的质量、卵母细胞采集前卵巢的保存温度与保存时间、不同采卵方法、卵泡的大小等。

到目前为止，尽管人们在羊卵母细胞的 IVM 方面做了大量工作，所采用的培养系统能使 90%左右的卵母细胞发育成熟，有 80%左右的卵子完成受精和卵裂，但其中能够发育为可供移植的胚胎比例依旧较低，这可能与卵细胞质的成熟不充分有关，因此尚需我们在探索卵母细胞核质同步成熟的基础上，对目前的成熟培养系统做进一步改进和完善。

2. 精子获能与体外受精

(1)精子获能的原理　精子获能是一个多时相、多步骤的十分复杂的生理现象(孙少华等，1998)。它是顶体反应的前奏，顶体反应是获能的必然结果，是受精的必要条件(陈大元等，2000)。一般认为精子获能的意义在于使精子准备发生顶体反应和超激化，促使精子穿透卵子(陈世林，2002)。为了与卵子受精，精子必须要有很强的活力，还要有具备顶体反应的能力以及穿过卵子卵丘细胞和透明带、最后与卵膜融合的能力。精子不经获能是不会发生顶体反应的(陈大元等，2000)。精子体外获能的进程是：首先脱去精子表面的抗原物质和去能因子，并促使精子质膜的胆固醇外流，导致膜的通透性增加。而后 $Ca^{2+}$ 进入精子内部，激活腺苷酸环化酶，抑制磷酸二酯酶，诱发 cAMP 的浓度升高，进而导致膜蛋白重新分布，膜的稳定性进一步下降，精子的获能即告完成。因此，任何导致精子被膜蛋白脱除，质膜稳定性下降，通透性增加，和 $Ca^{2+}$ 内流的处理方法均可诱导精子获能。

在自然情况下，精子获能受自主神经和雌性甾体激素的调控，雌激素有利于精子获能，而大剂量孕激素则抑制获能（万鹏程等，2003）。精子获能并不是同时发生的，即具有“异质性”。张明觉最早发现精子获能是一个可逆的过程，获能的精子一旦与精浆和附睾液接触，又可去获能（decapacitation）。表明精浆中存在着一种去能因子（decapacitation factor，DF），DF 参与获能的调节，具有抑制 $Ca^{2+}$ 内流，稳定顶体的作用，以防止精子过早获能。一般认为 DF 是一种糖蛋白大分子，如从牛精浆分离到的 $Ca^{2+}$ 转运抑制蛋白、精浆中的精胺以及 $Zn^{2+}$ 等都可看作是去获能因子（袁运生等，2002）。

（2）精子获能与体外受精方法　精子的体外获能（capacitation）是体外受精技术的关键步骤之一，是精子受精必须经历的一个阶段。1951 年，Chang 和 Austin 对精子获能现象的发现使体外受精技术获得突破性进展，为哺乳动物体外受精工程奠定了基础（陈世林等，2002）。体外获能的研究主要是模拟精子体内获能的环境和过程（陈大元，2002）。

早期研究精子的体外获能通常使用各种动物的体液（如输卵管液、卵泡液、血清），这些液体成分复杂，很难确定何种成分参与诱发或支持精子获能。自从 Toyoda 等最先报道了一种特定的化学培养液获能体外受精成功以来，分析体外精子获能已成为比较容易的事情。目前常用的获能液或受精液有 BO 液、台罗氏液（TALP）和 SOF 液。研究表明，体外获能的最适 pH 值为 7.4～8.0。在精子获能处理之前，一般要将高活力精子分离出来，其方法主要有上浮法（swimming up）、玻璃棉（glasswool）过滤法和 percoll 密度梯度离心法。活力较好的精子可直接离心洗涤制备用于体外受精的精子。据报道，来自附睾的精子较易获能，冷冻精液较新鲜精液容易获能，体外受精效果也较好（皮文辉，2003）。精子的获能处理，主要是使用高离子强度液、钙离子载体 A23187、肝素和 BSA 等，以促使 $Ca^{2+}$ 进入精子顶体并刺激精子内部 pH 升高，从而诱发精子获能（钱云等，2002）。肝素与精子结合后，能引起精子细胞的 $Ca^{2+}$ 内流而导致精子获能。一般认为，肝素在体外获能体系中的最佳浓度范围为 25～100 μg/mL。A23187 能直接诱发 $Ca^{2+}$ 进入精子细胞内部，从而使精子获能。通常使用含 0.5～1.0 μmol/L A23187 的无 BSA 的 BO 液处理精子 5 min，然后加入等量的含 1%BSA 的 BO 液终止 A23187 的作用，即可加入到受精滴中进行受精。咖啡因具有增强精子活力的作用，用咖啡因处理精子可以提高受精率（黄建民等，1999）。另外，发情羊血清是诱导绵羊精子获能的有效物质（皮文辉等，2004）。目前，国内外在羊体外受精的研究中，都取得了较高的受精率，且较稳定。Younis 等用肝素、咖啡因处理的山羊精子，获得了 70%～85%的受精率（Younis A. L.，1991）。刘灵等（1992）用肝素和 BSA 获能，受精率高达 89.7%，并获得世界首批卵泡卵母细胞体外受精后代。De Smedt 等（1992）也获得了 85%的受精率。周佳勃等（2004）研究表明，山羊精子获能的最佳肝素浓度为 50 μg /mL，获能比率达 55%，受精率 81.2%。同时还证明，与单层输卵管上皮细胞共培养能提高山羊精子获能、体外受精和卵裂率。

体外受精是将经过获能处理后的精子和成熟培养后的卵母细胞进行共同孵育，使精子和卵子结合，形成合子。通常做法是：将成熟培养后的卵母细胞用吸管进行吹打，除去部分卵丘细胞。将卵母细胞用受精液洗涤 3 次后，移入到受精微滴（50～100 μL）中，每滴移入 10～

20 枚。再将获能处理的精子加入受精微滴中，调整精子的密度为$(1\times10^6\sim6\times10^6)$/mL。然后在培养箱中采用38.5～39℃、5%$CO_2$、饱和湿度、95%空气的条件精卵共同孵育。共孵育时间因动物种类和精子处理方法不同而异。通常在 TALP 液和 SOF 液中需要 18～24 h，而在 BO 液中仅需要 6～8 h。成功的体外受精不仅依赖于卵母细胞的成熟和精子的获能，而且精子的来源、精卵比率、精卵孵育时间、温度、pH 值、渗透压、受精液等也是重要的影响因素。

长期以来，多精受精问题一直是体外受精的一个难点。其主要原因可能是体外受精卵子分泌的皮质颗粒在卵周隙之间不能很好的扩散。多精受精也与受精时间和受精密度有关。如何使体外受精类似于体内，还有待进一步探讨。最近，Li 等(2003)采用细管作为受精容器，在猪上的研究表明，细管内受精可明显降低多精受精率，提高正常受精率。

3. 早期胚胎体外培养

(1)早期胚胎发育机理　IVF 胚发育培养是一件相当困难的工作，因为 IVF 胚的发育要经过早期卵裂、突破 8～16 - 细胞期阻滞、桑葚胚、囊胚及孵化囊胚等阶段。同时它不仅要受到体外发育培养系统本身的制约和影响，而且还要受到受精过程以及受精以前卵母细胞成熟程度的影响。

受精卵在早期发育的前几个细胞周期中，其合成代谢是由贮存在卵母细胞质中的 rRNA 和 mRNA 负责完成的，所以在这个时期内，细胞可以顺利的分裂、发育。随着胚胎的继续发育，合子的基因开始启动转录，其代谢活动逐步由母源 mRNA 控制向合子本身的 mRNA 控制过渡。在这个过渡过程中，胚胎对所处的环境条件特别敏感，很容易出现发育阻滞现象(development block)。发育阻断出现的时间与合子基因启动的时间有关，牛和羊胚胎发生在8～16 - 细胞期。

尽管发育阻滞和胚胎基因组的转录以及蛋白质合成不足有关，但这种发育阻滞和发育环境(如氧自由基)及代谢也有非常密切的关系。从 20 世纪 70 年代起，人们就对小鼠、牛等哺乳动物胚胎的代谢过程(如能量物质、氨基酸等)作了大量的研究工作。Narindrek 等(2000)研究了牛胚胎附植前能量代谢的差异。结果显示，体外胚胎 12 - 细胞阶段能少量持续的优先利用丙酮酸，在 12 - 细胞到 16 - 细胞阶段最先观察到葡萄糖被氧化，从致密桑葚胚到扩张囊胚阶段，乳酸、丙酮酸、葡萄糖均明显的被氧化。从合子到囊胚阶段，葡萄糖通过磷酸戊糖的代谢量增加了 15 倍。用放免方法证实，早期胚胎葡萄糖的代谢以磷酸戊糖为主，该途径在囊胚时很活跃。大多数动物的胚胎在 8 - 细胞之后才出现糖酵解途径(陈俊颖，2002)。在胚胎致密化之前，抑制葡萄糖酵解途径失败是产生 8～16 - 细胞发育阻断的一个原因(Gardner D K，1997)。

(2)早期胚胎体外培养方法　目前常用于胚胎体外培养的基础培养液有成分复杂的 TCM 199、Ham's F - 10 和化学成分明确的 SOFaa 和 CR1aa 等培养液。如何使胚胎通过发育阻滞，一直是近些年胚胎体外培养的研究热点。最初，人们采用降低气相环境中的氧浓度，采用混合气(90%$N_2$，5%$CO_2$，5%$O_2$)来促使胚胎通过发育阻断，并取得了一定的效果，但结果的重复性较差。后来的研究发现，与体细胞共培养是促使胚胎通过发育阻断的最为有效的途径，并由此导致胚胎体外生产技术的迅速发展。目前用于胚胎共同培养的体细胞主要有输卵管上皮细胞、滋养层细胞、卵丘细胞、颗粒细胞、黄体细胞、子宫内膜细胞等。体细胞对胚胎的有利效应，可能是通过分泌生长促进因子、去除培养液中有毒化合物(如重金属双价离子)或降低培养液中 $O_2$ 的分压实现的(叶荣等，2004)。卢晟盛等(1994)利用 TCM 199＋10%OCS 与颗粒细胞单层(GCM)共培养，囊胚发育率为 47.1%。

近年来，随着研究工作的不断深入，胚胎的发育阻断也可以通过改善培养条件和在培养液中添加生长因子或细胞外基质因子等克服。FCS、NCS、OCS、SS 和 BSA 是常被用于胚胎培养的蛋白添加物，培养效果较好的是 OCS 和 SS。Gardner 等(1994)研究了在 SOF 中添加氨基酸与否对羊合子卵裂率和发育率的影响，结果显示：对于含有 EAA 和 NEAA 的 SOF 培养液每 48 h 换一次培养液后，明显地增加了囊胚细胞数(SOF，52 相对 SOFaa，105)和囊胚率(SOF，29%相对 SOFaa，67%)。值得注意的是在发育培养系统中添加各类生长因子对胚胎的发育也有明显的促进作用，能使胚胎通过发育阻断，并能增加胚胎的细胞数和提高胚胎的质量。

传统的常规培养方法可分为微滴培养法和四孔板法，是将胚胎单独培养在培养液中，不添加任何其他细胞。随着培养液的改进和培养条件的改善，采用常规培养方法进行胚胎培养的效率和质量得到较大的提高，目前成为胚胎培养的主要方法。Canseco 等经过研究，建议每 10 μL 培养液培养 5 枚胚胎较为适宜。最近建立了一种 WOW 培养法(Vajta G，2000)和 GO 培养法(Thouas G A，2001)适合于胚胎数量较少情况的发育培养。

从目前国内外普遍研究水平来看，在发育培养这个环节上还有 50%～60%的受精卵在 2～16-细胞期退化，其原因尚不清楚。进一步探索 IVF 胚的发育机制，提高体外发育率，是各国 IVF 研究者目前正在攻克的难题之一。

4. 存在问题与发展前景

近年来，很多学者为了探讨各个环节对体外受精效果的影响，做了大量的工作。体外受精技术已经取得了长足的进步，但仍然存在一些问题，如体外受精的受精率，卵裂率都较低，囊胚发育率更是大大低于体内，而且完全体外化生产的囊胚细胞数较少，细胞质量差容易碎裂(陈俊颖，2002)，体外发育系统不是胚胎发育的良好环境，许多动物的胚胎生产技术路线仅止于实验室阶段，尚不能应用于生产等(周佳勃，2003)。体外受精技术环节多，在很多时候，不同实验室或不同试验批次的卵裂率和囊胚率差别很大。由于体外技术十分复杂，很多干扰因素是在操作过程中自然产生的。新旧培养液、血清来源、石蜡油、培养皿、过滤器、水质及其他添加物均有影响，卵巢质量及运输过程中的温度变化以及实验操作的影响也很大，要找到发育率低的原因是比较困难的(陈俊颖，2002)。迄今为止，有关牛的体外受精试验的研究报道较多，而有关山羊和绵羊的体外成熟和体外受精的研究报道较少。目前，羊卵巢卵母细胞的 IVM/IVF/IVC 系统还不稳定，可重复性差。这不仅有体外成熟卵母细胞自身的质量问题，也有精子质量的问题(周佳勃，2004)。较低的生长率和比体内低得多的桑葚胚和囊胚的发育率极大地限制了这一技术的应用。尤其是在国内，羊的体外受精技术仍然不成熟，体外培养到囊胚的发育率还很低。

总之，体外受精技术一方面具有广阔的发展和应用前景，另一方面仍有许多悬而未决的问题需要进一步研究。只有解决了体外受精的技术问题，提高了体外生产胚胎的效率和质量，才能从根本上推动胚胎工程的发展。

### 5.4.4 卵胞浆内单精子显微注射的研究进展

1992 年 Palermo 和 Steirteghem V 率先用人的卵母细胞上进行 ICSI，并成功诞生世界上首例 ICSI 试管婴儿。ICSI 技术成为了男性不育治疗新的里程碑。目前，小鼠(1995)、金仓鼠(2002)、老鼠(2003)、兔子(2001)、牛(1990)、绵羊(1996)、马(2001)、猫(1998)、猪(2000)和猴子(1999)等物种已相继获得了单精注射后代。

但是,单精注射人为地回避了自然受孕的几个环节,如避开了对异常精子或卵子的选择;环境改变或机械的和化学的接触对卵母细胞的损害,可能干扰减数分裂或有丝分裂;外界各种因素所致突变而产生遗传病等,所以ICSI是否比其他助孕技术具有更高的风险而为人们所关注。

1. 第一极体的相关研究

(1)第一极体形态与ICSI效率　众所周知第一极体的有无是判断卵母细胞成熟与否的重要标准之一,但是关于第一极体的形态与ICSI的效率之间关系的研究报道并不多见。2004年,博洛尼亚大学医学部的学者报道了相关的研究,在167个连续的治疗周期内对596枚卵母细胞进行了ICSI注射处理,并在去除卵丘细胞后和ICSI操作之前分别检查第一极体的形态,以此来衡量体外培养的效果。他们的数据统计分析显示:第一极体的形态与胚胎质量、妊娠率、着床率等之间没有显著的相关性。

(2)ICSI注射时第一极体的相对位置　注射精子时尽量远离细胞核,可以最大限度地降低对卵母细胞纺锤体的机械损伤。杨素芳利用Spindle-view系统检测了卵母细胞不同的培养成熟时间纺锤体与第一极体的相对位置,结果表明体外成熟18～22 h的卵子,其纺锤体与第一极体在同一平面上夹角小于30°的几率在60%以上。所以我们可以根据不同的成熟时间,根据第一极体的位置来选择最佳的注射针入针位置,尽可能地降低卵母细胞的纺锤体损伤,进而保证其后继的第2次减数分裂以及ICSI胚胎的整倍体发生率。综合资料报道,在人和动物的ICSI上较常用的是体外成熟24～26 h,将第一极体固定在相对于时钟12:00或6:00的位置,注射针沿着3:00—9:00的方向进针,一般认为这样能最大限度的降低对纺锤体的损伤。

2. 精子制动研究

单精注射需将单个精子注入卵母细胞,因而降低精子运动速率(精子制动),减少精子与微针培养皿黏附是必须的。精子制动的方法较多,比如激光断尾法,超声波断尾法,热处理法,冷冻法,清洁剂洗剂法,还有Piezo-driven电脉冲处理法等。最常用的方法就是添加PVP增加操作液的黏性降低精子运动速度,然后选择位于操作盘底部的单个精子用微针挤压其尾部中段,最终制动。但PVP是人工合成的塑料无法被溶菌酶消化降解,将它随精子注入卵母细胞肯定会影响ICSI的效率与安全性。Wei H等证实,降低PVP的浓度,雌雄原核形成率均有所提高,对照组(PVP浓度0%)的原核形成率(88.6%)显著高于4%(84.9%)和10%(74.1%),考虑到操作时的难度,他们建议PVP浓度不低于4%。鉴于PVP的毒性,研究人类ICSI的学者从自然合成物质中筛选出与PVP功能相同比较安全的生理替代品(透明质酸盐+人血清白蛋白)来制动精子,并取得了比较好的临床应用效果(Barak等,2001)。

3. 有关精子顶体的研究

自然受精条件下顶体及其内含物不会进入卵母细胞,单精注射将顶体引入卵胞质极可能对胚胎的生长和后代的健康产生不利的影响。Takeuchi T等(2004)认为ICSI过程中挤压精子尾可以诱发某种程度上的顶体破裂甚至于顶体消失,这可能是ICSI能保持高效率的最好解释。Morozumi K等(2005)对顶体的毒性进行了更深入的研究:将3个以上的顶体完整的精子注入1个卵母细胞会增加其畸形和消融率;如果是注射无顶体的精子,无论数量多少都不会造成畸形和消融;注射4个以上的人类精子至老鼠的单个卵母细胞,卵母细胞均出现一种囊泡状结构;但如果注射的是无顶体的精子,不论精子的数目如何都不会出现囊泡状结构。出现以上现象的原因可能是精子顶体酶的作用致使卵母细胞畸形和消融。胰岛素和透明质酸酶具有与精子顶体类似的活性，给正受精的老鼠胚胎注射小剂量的胰岛素和透明质酸酶会影响其附植前后的发育(1.4 pg 的胰岛素或 1.2～3.6 pg 的透明质酸酶均能使单个卵母细胞形态异常进而崩解)。鉴于顶体酶对胚胎发育有潜在的危害，精子顶体大的动物进行单精注射时，应先去除顶体。去除顶体可能会增加单精注射的效率。尽管人类和老鼠的单精注射去除顶体不是必需的，但是从理论上来看仍然是有益的。

4. IVF 和 ICSI 相关研究

在人类医学领域，应用 IVF 和 ICSI 辅助生育的后代分别称为第一代试管婴儿和第二代试管婴儿。IVF 体外培养的技术平台是 ICSI 的基础，一般说来 IVF 更趋向于治疗女性不孕，而 ICSI 则主要是用于治疗男性的深度不育(梗阻性和非梗阻性无精症)。

(1)IVF 失败 ICSI 补救注射的可行性　体外授精(IVF)的成功率一般为 80%～90%。研究者们对于能否把 ICSI 作为 IVF 失败的补救措施这一观点上一直存在分歧。Kulczylnskil W 等(2002)对 ICSI 补救注射组卵母细胞(试验组)和处于同期进行 ICSI 处理组卵母细胞(对照组)之间的受精率以及妊娠率进行了比较。结果发现：注射后第 2 天，试验组的 4 细胞形成率显著高于对照组；而对照组的妊娠率为 25.3%，试验组却无一妊娠。从理论上来讲 ICSI 可以作为 IVF 失败后的补救措施，但是鉴于胚胎的后继发育潜力很差，IVF 失败的多见于卵母细胞或精子的本身固有的染色体(胞浆)的损伤或异常，而 ICSI 只是在某种程度能够节约了精子的消耗并不能修复卵或精子的损伤，所以 IVF 失败后进行 ICSI 补救似乎也就没有必要了。

(2)ICSI 和 IVF 操作后胚泡发育能力的比较　尽管 ICSI 成功的报道已经屡见不鲜，但是从理论上来讲活力(形态)不正常的精子以及注射的机械刺激对后续胚泡发育的影响是不可避免的，所以很多学者推测：与 IVF 相比，ICSI 的伤害性大、处理之后的胚泡发育能力也相对较低。

John C M 等(2000)对 ICSI 组(Ⅰ组)和 IVF 组(Ⅱ组)胚泡发育能力的进行了比较研究，结果发现注射(或授精)39～42 h Ⅰ组胚胎的细胞数均值(3.48±0.03)显著($P<0.01$)高于Ⅱ组(3.22±0.03)，63～66 h 细胞数均值则无明显差异，Ⅱ组囊胚率(31.83±1.9)极显著($P<0.001$)高于Ⅰ组(23.0±1.4)。Van Landuyt L 等(2005)将同胞卵母细胞分别进行 IVF 或 ICSI，发现：ICSI 中早期胚胎卵裂率(37.1%)高于 IVF(14.1%)，两种操作方法受精后第 2 天 4-细胞以下胚胎与第 3 天 8-细胞以下胚胎比例相近，ICSI 与 IVF 总体胚泡形成率无差异，高质量胚泡比例也无差异，两种操作方法的总周期效率相近，同胞卵母细胞分别行不同的受精操作方法，其胚胎发育及卵泡形成无差异，早期观点认为 ICSI 技术可损害胚泡的发育能力，在研究中未得到证实。

5. ICSI 安全性研究

早在 1998 年曾有过 1 岁大 ICSI 婴儿的智力发育异常的报道，为了进一步确认 ICSI 的安全性，许多科研工作者又进行了广泛的研究。澳大利亚学者 Leslie G. I. 等(2003)就 ICSI 婴儿的智力发育是否正常进行了研究，他们比较了澳大利亚辅助生育和自然生育(conceive naturally，NC)的 5 岁儿童的智力发育水平，结果发现：ICSI 组($n=97$)、IVF 组($n=80$)、NC 组($n=110$)平均智商分别为 110±18、111±13 和 114±13，差异不显著($P=0.21$)；智力发育延迟率(IQ<85)ICSI 组(5.2%)、IVF 组(2.5%)和 NC 组(0.9%)之间也不存在极限著差异($P=0.18$)。希腊学者 Papaligoura Z 等(2004)也得出了与澳大利亚学者的一样结论，他们认

为与自然受孕相比那些进行辅助生殖手段得以受孕的母亲承担了更大的精神压力，所以 ICSI 的安全性是不容置疑的。与前两国学者相比，I. Ponjaert-Kristoffersen 等(2005)进行的国际合作性的研究似乎更具说服力，他们研究测试了来自欧洲五国(英国、瑞士、希腊等)，年龄均为 5 岁的 511 名 ICSI 儿童、424 名 IVF 儿童和 488 名 NC 儿童，结果发现：血统、地域、教育水平(母亲的)有所不同，但 ICSI、IVF 以及 NC 儿童在智力、身体素质、表达能力、会话能力、综合能力等方面均不存在显著差异。Zini A 等(2006)在精子 DNA 损伤的诱因、检测方法以及检测的必要性方面也作了较深入的研究，类似的研究将促进 ICSI 安全性的进一步提高。

6. 前景展望

相信随着精子的染色体检测、胚胎附植前的遗传学鉴定、ICSI 受精胚的微丝微管免疫学检验等手段的不断完善以及卵母细胞激活的分子机制和精核解聚的深层机理等理论研究的不断深入，ICSI 的效率和安全性会大大提高，该技术在科学研究以及生产实践的诸多领域将发挥越来越重要作用。

### 5.4.5 诱导羔羊卵泡发育及体外胚胎生产研究进展

1. 诱导羔羊卵泡发育方法

(1)孕酮栓＋激素方法　该方法是将孕酮以栓剂形式放置阴道内一定时间后再用促性腺激素刺激，然后撤掉孕酮栓，再进行卵母细胞采集。Ledda 等对 30～40 d 的羔羊进行激素处理：给羔羊埋栓 (为成年羊用栓 1/6 尺寸) 6 d，撤栓前 36 h 一次性分别注射 120 IU GnRH 和 400 IU PMSG。撤栓 24 h 后采卵，每只羔羊平均得到(86.2±7.9)枚卵母细胞，成熟率为 77.9%(Ledda S，1999)。Ptak 等(1999)给 1 月龄的羔羊放置孕酮栓 8 d，第 5、6、7 天每天早晚两次注射 2.7 mg FSH，第 8 天撤栓采卵得到约 29 枚卵母细胞，49.8%培养到成熟，囊胚率为 22.9%。Morton 等(2004)通过性别分离的精子与羔羊卵母细胞受精并结合胚胎冷冻方法研究体外胚胎生产时，对羔羊超数排卵采用如下方法：先给 3～4 周和 6～7 周供体羔羊注射 50 μg 安息香酸雌二醇，48 h 后将 1/2 的含有 3.0 mg 的 18 - 甲炔诺酮栓埋植 10 d，在理植第 7 天时肌肉注射 400 IU PMSGM 和一支 50 mg 猪促性腺激素(p - FSH )，两天后再肌肉注射一支 40 mg p - FSH，结果得到两只羔羊。

(2)促性腺激素处理方法　张锁链等(1994)以 FSH 或 FSH - LH 4 种不同处理方法对 29 只 68～110 日龄羔山羊进行处理，结果表明采用 FSH - LH(肌肉注射)进行处理得到的卵子经体外受精后，其卵裂率明显高于其他方法得到卵子的卵裂率。刘东军等(1996)对 2～4 月龄的杂种山羊，用 FSH、FSH＋LH (静脉注射)、FSH＋LH (肌肉注射)3 种方法进行激素处理，结果：FSH＋LH (肌肉注射)组效果最好：平均回收到 15.0 枚卵母细胞，体外培养成熟率达 76.5%。Kelly 等(2005)比较了 FSH (4×40 mg)分 4 次 (间隔 12 h) 等量和 1 次 (1×160 mg) 肌肉注射方法，最后一次注射 FSH 同时注射 eCG 400 IU。结果表明 FSH 分 4 次等量效果最好，平均每只供体羔羊得到(88±22.3)枚卵母细胞，卵裂率为 77.5%。Kelly 等(2005)对 9 周龄的美利奴羔羊采用了类似的超排方法，结果最好的处理组平均每只羔羊得到(162.3±23.2)枚卵母细胞，各处理组卵裂率 78.2%～93.7%。

2. 卵母细胞采集

目前，幼羔超排后卵母细胞的采集主要是通过活体采集或屠宰后采集，由于活体采集卵母细胞后供体可以重复利用。因此，活体采卵已成为当今推广应用幼羔超排卵母细胞采集一项关键技术。

活体采集卵母细胞（oocyte recovery from live donors），又称 OPU（ovum pick up）技术，可分为超声波探测法、内窥镜法及手术法。目前，幼羔活体采卵常用方法主要有腹腔内窥镜采卵法及手术法。

（1）腹腔内窥镜采卵法　腹腔镜采卵法（LFA，laparoscopic follicular aspiration），也叫腹腔镜活体采卵（LOPU，laparoscopic ovum pick-up）、腹腔镜卵母细胞回收（laparoscopic oocyte collecrion，LOC），简称内窥镜法（endoscopy），是在借助腹腔镜清楚观察卵巢状态条件下通过操作杆和采卵针头的配合，将卵泡中的卵母细胞抽吸出来。

（2）手术法活体采卵　手术法活体采卵是借助外科手术，将卵巢暴露于腹腔外并固定，直接用针头将卵泡中的卵母细胞抽吸出来。手术法采卵对卵巢的观察比较直观，固定卵巢较容易，整个采卵过程只需 5～10 min，卵母细胞回收效果稳定，技术性要求较低，回收率可稳定在65%以上，Graff 等手术法采卵回收率达 69.8 %，Ptak 等（1999）对 4～5 周龄和 3～6 岁绵羊手术法活体采卵，卵母细胞回收率分别为 88.2%和 83.3 %，二者间无显著性差异。内窥镜法与手术法相比，由于不将卵巢及子宫暴露在体外，降低了繁殖器官的粘连程度，可重复性高，可减少供体的应激，但需要价格昂贵的内窥镜相关设备，且对采卵人员的技术熟练程度要求较高。

3. 影响诱导幼羔卵泡发育效果的主要因素

衡量诱导幼羔卵泡发育效果的主要指标是卵母细胞的数量和质量，以及卵母细胞受精后的发育能力。影响诱导幼羔卵泡发育效果的因素很多，如羔羊（母性遗传、营养水平、年龄），激素处理方法，处理次数，采卵方法等。

（1）羔羊年龄　有人认为羔羊在出生后 4 周卵泡数量达到高峰，但有很多研究并没有选择 4 周龄羔羊，而是选择 4～8 周龄（Ptak G，2003），9 周龄（Kelly G M，2005），3～6 周龄等，2003 年 Ptak 等研究比较不同月龄（1、2、3、5、7 月龄）的诱导卵泡发育效果，认为 1 月龄羔羊卵泡反应和卵泡数量最好，3 月龄羊效果最差，19 只 1 月龄羔羊有 4 只（22%）对激素没有反应，仅有少量直径小于 2 mm 的卵泡。2005 年 Morton 等报道 6～7 周龄羔羊比 3～4 周龄羊卵母细胞体外受精后囊胚率高（17.4%相对 21.4%）。

（2）激素处理方法　不同激素处理方法会对羔羊卵泡发育，卵母细胞质量及受精后胚胎发育力有较大影响，Ptak 等（2003）研究证实放栓后单纯注射 FSH（处理组 1）的卵母细胞体外受精后囊胚率（22.9%）明显高于放栓第 7 天注射 FSH＋eCG（处理组 2）组（5%），但 2005 年 Kelly 等（2005）采用 FSH＋eCG 直接注射的方法的卵母细胞体外受精后囊胚率达 62.4%。处理组 2 在撤栓后注射 GnRH（处理组 3）得到的卵母细胞培养后只有 30%的卵丘细胞扩散，与 Earl 等报道采用类似方法处理 6～7 周龄羊结果相矛盾，这可能与羔羊年龄和品种有关，Ptak 等的研究认为放栓期间注射 FSH＋eCG 处理组卵泡尺度（5～6 mm）要好于单纯注射 FSH 组（3～4 mm）。

（3）营养条件　在妊娠期 70 d，胎羊生殖细胞数量达到高峰，但随后由于噬菌作用使得生殖细胞大量丢失（Mauleon P，1976），100 d 卵泡开始生长，次级卵泡在妊娠 120 d 时出现（Mcnatty KP，1995）。由此推测妊娠期母性营养是影响卵母细胞质童的主要因素，2005 年 Kelly 等研究羔羊营养水平对幼羔超排效果：将母羊配种前 80 d 和部分妊娠期（即羔羊出生前）分为

3个阶段:妊娠前80 d至妊娠后70 d,71～100 d和101～126 d。结果表明在71～100 d和(或)101～126 d阶段内高营养标准的质量母羊所怀羔羊所获得卵母细胞体外受精后囊胚效率较高,说明在妊娠期内超排羔羊的营养状况影响其卵母细胞发育及体外受精后胚胎发育能力。

(4)激素来源　研究证实对羔羊卵巢卵母细胞进行激素处理能够提高卵母细胞的发育能力(Revel F,1995),但卵母细胞体外最终发育成胚胎的能力受羔羊因素影响很大(Kelly,2005),不同品种和不同年龄的羔羊对激素反应存在差异。尽管这些方法很大程度上是在成年羊超数排卵基础上建立起来的(Ptak G,1999),但羔羊卵泡生长发育可能与成年羊有所不同。虽然很多研究认为卵母细胞采集前给予促性腺激素是必要的并能提高卵母细胞的发育能力(Obrien J K,1996),但Mogas等(1997)报道对未成年山羊和成年山羊卵巢进行FSH处理并没有提高胚胎的发育能力。这可能与试验羊的年龄和品种相关。

激素来源对诱导卵泡发育效果影响很大,不同厂家同种激素会影响羔羊对激素反应的敏感性,张锁链使用宁波FSH诱导羔山羊卵泡发育,只均获卵数45枚(张锁链等,1994);Kelly等(2005)报道采用加拿大FSH效果较好,只均获卵数在66.3～165.3枚;邵庆勇等(2006)使用新西兰FSH诱导羔山羊卵泡发育获卵数为20.1枚;Ledda等(1999)使用意大利FSH只均获卵数为86.2枚。

(5)环境因素　研究证实使用外源激素进行诱导羔羊卵泡发育可以提高所获卵母细胞数量,体外成熟能力以及体外胚胎发育到囊胚的能力(Morton K M,2005),但羔羊对激素反应存在差异,这种差异有营养方面的原因(Kelly,2005),也可能有其他环境因素原因,如运输应激等。

(6)超排次数　重复超排可以提高每只供体所获卵母细胞总数,从而提高供体遗传资源的利用效率,然而供体羔羊每次激素处理所获卵母细胞数量会随重复次数增加而逐渐减少(Valasi I,2007)。邵庆勇等(2006)对8只131～150日龄山羊采用5 mg FSH诱导卵泡发育后,采用手术法间隔7 d进行采卵,第1～4次诱导卵泡发育的可用卵泡数分别为(20.1±5.6),(15.5±3.2),(9.3±3.7),(8.7±2.5)枚,回收可用卵母细胞数分别为(11.1±3.2),(8.3±1.8),(6.6±3.7),(6.0±1.7)枚,随采卵次数增加,每只羊的可用卵泡数呈下降趋势;不同采卵次数之间卵泡直径、回收卵母细胞的可用率无显著性差异。Valasi等(2007)研究认为卵巢对激素的反应性降低是导致重复超排所获卵母细胞数量下降的主要原因。

(7)采卵方法　采卵方法会影响获卵数量及再次诱导卵泡发育效果,由于采用手术法采集卵母细胞,对羔羊卵巢及输卵管等生殖器官损伤较大,造成卵巢、输卵管和子宫相互严重粘连,影响卵母细胞采集效果,也是重复导致所获卵母细胞数量降低的原因之一。

*4. 羔羊卵母细胞体外胚胎生产*

(1)卵母细胞体外成熟　哺乳动物卵母细胞发育能力是在生长过程中获得的,在这一过程中要完成核成熟(Crozet N,1981)以及维持胚胎发育的胞质变化:蛋白质和RNA储存,钙调控机制,MPF和MAPK活性的变化,细胞器重新分布等(Anguita B,2007),这些储存对于维持胚胎基因组激活前的胚胎发育是必要的(Bachvarova R F,1992)。虽然在适当条件下培养羔羊卵母细胞可以克服第一次减数分裂前期的阻滞,形成纺锤体,排除第一极体,到达第二次减数分裂中期(MII期)(Ledda S,1997),但羔羊卵母细胞与成年羊卵母细胞在体外成熟能力、受精和胚胎发育能力方面一直存在争议(Gandolfi F,1998;Martino A,1994)。

目前很多报道羔羊卵母细胞体外成熟采用与成年羊卵母细胞成熟类似的基础培养液：即在基础培养液中添加血清（FBS，EGS）、促性腺激素（FSH，L H）和雌激素等（Izquierdo D，1999）。Mogas 等（1997）研究认为性成熟前山羊的卵母细胞体外成熟能力与成年山羊卵母细胞类似，在 2 mL 成熟培养基中添加来自青春期母羊的颗粒细胞能显著提高卵母细胞成熟率。我国地方品种幼龄羊和成年羊卵母细胞体外受精效果是否也存在差异，还未见报道。

（2）羔羊卵母细胞体外受精　很多试验采用 SOF（Kelly J，2005），TALP（Izquierdo D，2002）和 Hepes - M199（Morton K M，2004）作为受精基础培养基。Izquierdo 等（1999）研究比较了精子获能和受精培养基对性成熟前山羊卵母细胞体外受精及胚胎早期发育的影响，结果表明：添加肝素的精子获能培养基（DM）和含有亚牛磺酸的 TALP 培养基精子穿卵率和受精率最高（79.6%和 55.1%）；而使用咖啡因没有提高精子穿卵率，相反，青霉胺、亚牛磺酸、肾上腺素混合物却降低了精子穿卵率。

对牛（Ijaz A，1992）和人（桑润滋等，2006）精液进行低温保存的研究结果表明，低温保存可促使精子发生获能反应，并有利于受精。Perez 等（1996）证实冷冻保存公羊精液可促进精子发生顶体反应，但不影响受精能力。精液处理方法会影响羊卵母细胞体外受精效果，目前，国内外通常利用冷冻精液来制备 IVF 精子，尚未见采用新鲜精液制备精子与羔羊卵母细胞体外受精的报道。

（3）羔羊早期胚胎发育　虽然有很多试验研究共培养体系，但效果不如常规培养方式，而且程序繁琐。近几年，很多试验和生产采用常规培养：以 SOF 或 M 199 作为发育培养基，另外加入血清（FBS，FCS，ESS 等）或 BSA 和氨基酸。Kelly 两次试验均采用 SOF＋8 mg/mL BSA＋ 氨基酸（NEAA，EAA）作为早期胚胎发育培养液，结果囊胚占卵裂卵的比例达 62.4%和 64.68%，可以看出采用这种发育培养方式具有可重复性。

羔羊体外胚胎与成年羊发育能力存在一定争议，有些研究认为羔羊体外胚胎发育能力较成年羊弱（Leani G，2006），但还有报道认为二者没有明显差异（Koeman J，2000），Koeman 等（2000）研究也认为性成熟前山羊和成年山羊卵母细胞成熟和卵裂差异不显著，而且桑葚胚（5%相对 4%）和囊胚发育差异也不显著（6%相对 7%），囊胚内细胞数也没有差异（$P>0.05$）。

羔羊体外胚胎发育大多是借鉴成年羊体外胚胎生产体系，羔羊和成年羊早期胚胎在同样的培养体系培养发育是否存在差异，存在怎样的差异以及如何提高羔羊体外胚胎发育能力，都是应解决的问题。

5. 羔羊体外胚胎移植

目前，许多研究者所生产的羔羊胚胎移植后可以妊娠，并能够繁育出后代。Armstrong 等生产的羔羊胚胎移植后妊娠率达 30%～45%，同样 Ptak 将 1 月龄羔羊囊胚移植到 10 个受体中，平均每只受体移 2～3 枚胚胎，最终繁育出了 4 只后代。这些研究成果表明利用幼龄羔羊来繁育后代的技术体系日趋成熟，但与成年羊相比还有一定的差距。2003 年 Ptak 又将 107 枚经过 IVF 的羔羊胚胎和 50 枚成年羊胚胎同时移植给受体，结果羔羊胚胎与成年羊胚胎在妊娠率上没有什么差异，但在后代上羔羊胚胎明显低于成年羊。这说明羔羊胚胎移植后可以产生后代，但移植成活率及产羔率较低。

虽然有报道称羔羊和成年羊卵母细胞受精后囊胚率类似，甚至前者较高，囊胚内细胞数和形态没有差异（Ptak G，1999）。但来自羔羊的胚胎移植后受体妊娠率普遍较低，羔羊体外胚胎在母体内附植及附植后的发育力较弱。总之,提高羔羊卵母细胞的体外胚胎生产效率和移植妊娠率是应着力解决的主要问题。

6. 幼羔超排及体外胚胎生产技术存在问题及发展前景

目前,幼羔超排早期利用技术国外研究较多,但利用幼羔作供体生产体外胚胎效率较低仍是一个普遍问题,因此需要进行深入开展影响幼羔超早期利用技术效率因素的研究。

(1)超排方法繁多,超排效果不稳定　各试验研究采用的超排方法繁多,都获得了一定的结果。但激素的使用剂量和来源(纯度)是影响超排效果的重要因素,使用外源激素虽能够增加羔羊卵巢卵母细胞数量,但始终没有形成较为统一的激素应用标准或方案。

(2)品种、日龄对超排效果的影响　因品种不同、年龄不同,绵羊、山羊羔羊均对激素反应存在不同程度的差异。尽管国外对幼羔超排研究较多,但因没有形成某一特定品种、特定日龄的超排剂量标准,从而使得超排效果不稳定,可重复性不高。对某一特定品种、特定日龄阶段的山羊羔羊的卵巢进行外源激素刺激,究竟会对其卵母细胞体外成熟、体外受精等效果产生何种影响有待进一步细致研究。

(3)山羊羔羊体外受精及胚胎发育体系尚不健全　目前山羊羔羊体外胚胎生产体系中,成熟液、受精液、发育液以及其他相关用液在各试验探索中研究重点不同,关于某种成分、某一理化条件对体外受精和发育影响的研究仍不完备,有待进一步细化进行研究。

(4)缺乏独立的山羊羔羊体外胚胎生产体系　目前,山羊羔羊体外胚胎生产大多是利用成年山羊体外胚胎生产体系,可能因生理水平、激素敏感性等差异的存在,使得羔羊体外胚胎生产效率普遍较低,因此,需要进一步研究山羊羔羊卵母细胞的体外成熟、受精及胚胎体外发育,不断完善羔羊体外培养系统,以提高羔羊体外胚胎生产效率。

利用诱导幼羔卵泡发育及体外胚胎生产技术可使 1 只 1～2 月龄羔羊在不到 2 年的时间内,可产生 250 只后代。将这一技术运用于羊新品种培育及品种改良,可以显著加快羊育种和改良进程;将这一技术应用于拯救濒危羊品种资源,将使繁殖效率大大提高;将该技术与胚胎移植技术相给合,则可解决胚胎移植所需胚胎来源匮乏及胚胎生产成本昂贵的问题,将大大促进羊胚胎生产和胚胎移植的商业化。因此幼羔超早期利用技术将在育种及保种工作中发挥更大的作用,应用前景十分广阔。

### 5.4.6　影响犊牛早期胚胎体外发育的因素

幼畜胚胎体外生产技术,是集诱导幼畜卵泡发育与采卵、卵母细胞体外成熟、体外受精、胚胎体外培养和胚胎移植等技术为一体的生物高新技术体系,简称 JIVET 技术(juvenile in vitro embryo transfer)。目前,利用犊牛卵母细胞进行胚胎体外生产已成为家畜繁殖学领域中研究的热点之一,以犊牛为供体不仅可为胚胎体外生产提供大量的卵母细胞资源,满足人们科研和生产的需求,而且还可以大大缩短世代间隔,加快育种进程,并且,这也是优良或奇缺基因型动物(如转基因动物)有力的扩繁手段。本文就犊牛 JIVET 技术的研究概况及影响犊牛胚胎体外发育的因素综述如下。

1. 以犊牛为供体进行胚胎体外生产的研究概况

早在 20 世纪 50 年代人们就发现,犊牛卵巢上经外源激素刺激后有大卵泡发育和黄体形成,并且在外源激素刺激下能够排卵,人工授精后在体内可发育到 4～8 - 细胞(Black, *et al.*,

1953)，从而证明激素诱导也能使犊牛卵泡发育、排卵、受精和发育。之后，很多学者就犊牛卵母细胞的发育能力进行了大量研究。20世纪90年代以后，人们对犊牛卵泡发育及胚胎体外培养进行了更为深入的研究，尤其是活体采卵技术(OPU)的发展，为供体重复利用提供了可能。1992年Armstrong等在研究3～8周龄犊牛时得到了91%的桑葚胚率和27%的囊胚率，移植后有2头受体受孕，产下1犊。1997年Armstrong等指出，体外或体内培养的犊牛卵母细胞受精率差异不显著，囊胚率与成年牛相似，经体外受精生产的囊胚移植后，受体妊娠率与成年牛没有区别，他们推测，如果按照这样一整套程序和方案来用犊牛进行胚胎体外生产，每头次10～12周龄犊牛的胚胎移植后可使8～10头受体妊娠。2000年Maneesh等对2～3月龄犊牛重复诱导采卵的情况进行了研究，并在研究中指出，供体牛在15月龄后妊娠率基本正常，说明对犊牛进行激素处理后对其以后发育影响不大或者没有影响。2005年Johannes等首次报道，未经激素处理的不到2月龄的犊牛卵母细胞能够发育到囊胚，移植后产下正常犊牛。

国内目前对这方面的研究还很少，旭日干等(1993)成功获得羔山羊卵母细胞体外受精的试管山羊。张锁链等在研究羔山羊卵泡发育及卵母细胞体外成熟时发现40～60日龄的羔羊卵泡数、卵母细胞数较121～150日龄多，且前者卵母细胞的回收卵率明显较后者(60%相对40.8%)高。安晓荣等指出了羔羊JIVET技术在我国的可行性。相对于羔羊目前国内对犊牛JIVET技术的报道还很少，2000年卢晟盛对犊牛离体卵巢卵母细胞后期发育有过简短报道，河北省牛羊胚胎技术研究中心于2007年11月到2008年4月份对10头1～2月龄犊牛初步开展了激素诱导卵泡发育和活体采卵的研究，试验结果显示4～6周龄的卵泡发育效果好于7～8周龄，平均获卵数分别为31.8和21.8枚。在与颗粒细胞细胞共培养的条件下，桑囊率为15.2%。体外培养体系还有待于进一步改进和优化。

2. 影响犊牛卵母细胞及胚胎体外发育能力的因素

尽管犊牛卵巢卵泡库对胚胎体外生产(IVP)表现了巨大的潜力，而且，在IVF及IVP方面都取得了巨大进步，但是，还有许多不确定因素影响着幼龄家畜卵母细胞的发育能力，并且，不同学者间研究结果也存在很大差异。

(1)犊牛卵母细胞胞质　Revel等(1995)对3月龄犊牛卵母细胞的体外成熟、体外受精和体外培养进行了研究，发现受精率和卵裂率与成年牛差异不显著，但是，体外培养7 d后囊胚率极显著低于成年牛，同样妊娠率也显著低于成年牛，说明在犊牛卵母细胞中一些控制囊胚形成的一些关键因子可能尚未完全出现或表达。有学者指出，这可能是因为犊牛卵母细胞胞质存在缺陷造成的，Damiani等(1996)指出，犊牛卵母细胞胞质不完全成熟或成熟迟缓。但是，犊牛卵泡直径为2～8 mm的卵母细胞在体外培养用减数分裂抑制剂处理24 h后并没有改善其发育能力。Gandolfi等(1998)比较了犊牛和成年牛卵母细胞在成熟过程中卵母细胞直径、能量代谢以及卵母细胞和卵丘细胞中蛋白的合成，发现各项指标均存在差异。Salamone等(2001)指出，小于6月龄犊牛的卵母细胞体外成熟后，MPF和MAPK活性以及IP3R含量极显著低于成年牛卵母细胞，将成年牛卵丘细胞分别移入去核犊牛卵细胞和成年牛卵母细胞，前者囊胚率极显著低于后者。说明犊牛卵母细胞胞质不成熟或存在某些缺陷是造成早期胚胎发育能力低下的主要原因。

(2)卵泡液　1996年Khatir等指出，成年牛和犊牛卵母细胞发育能力的不同不单与卵母细胞蛋白型有关，卵泡液可能在决定卵母细胞或卵泡发育方面起着重要的调节作用。1997年

Khatir 等对犊牛卵泡液及其对成年牛和犊牛卵母细胞胞质成熟的影响作了研究，发现犊牛卵泡液中雌二醇浓度比成年牛低，在成年牛卵母细胞成熟液中添加 10%胎牛血清(FCS)或 10%犊牛卵泡液均能提高受精率和囊胚发育率，但是在犊牛卵母细胞成熟液中添加 FCS、犊牛卵泡液或成年牛卵泡液后并不能改善其发育能力，说明 FCS 和犊牛卵泡液中包含有使卵母细胞成熟和发育的因子，但是，犊牛卵母细胞可能缺乏相应的受体与之反应，这些因子的特异受体可能在供体性成熟或接近性成熟时才表达。

(3)卵泡直径　Kauffold 等(2005)在对直径>8 mm 的犊牛卵母细胞进行体外受精后得到了>60%的囊胚率，指出犊牛卵母细胞发育能力与卵泡直径有关。Perry 等(2007)在研究排卵卵泡直径与成功妊娠的关系时指出，卵泡直径为 12.8 mm 的卵泡妊娠率高于卵泡直径<10.7 mm 和卵泡直径>15.7 mm 的卵泡的妊娠率($P<0.05$)。然而，Kauffold 等(2005)在对卵泡直径>8 mm 和 4～8 mm 的卵泡分组研究后得出，犊牛胚胎发育能力与卵泡大小无关。不过二者均未对采自 2～4 mm 卵泡中的卵母细胞体外发育能力进行研究。

(4)激素处理方法　激素方案除影响采集的卵丘-卵母细胞复合体(COCs)数量外，还对卵母细胞的发育潜力构成影响。为了获得较高数目和较高质量的卵母细胞来生产更多更优良的胚胎，许多实验室就激素处理方案相继进行了研究和报道。Armstrong(1992)采用 GnRH、FSH+LH、hCG 3 种方法对犊牛进行处理，均获得了可用的 COCs，但 FSH+LH 的方法获得的 COCs 复合体数量和囊胚率较另外两种方法高，无论是体内成熟还是体外成熟的卵母细胞，其卵裂率和囊胚率均与成年牛差异不显著。该方法以获得体内成熟的卵母细胞(卵泡直径>5 mm)为目的，缺点是卵母细胞采集时间不易确定，太早卵母细胞不成熟，太晚容易造成卵母细胞丢失。因此，随着体外成熟条件的改进，人们逐渐趋向于卵母细胞的体外成熟，这样在处理供体时便只需进行 FSH 处理，等卵泡发育到一定大小(2～8 mm)便可进行采卵，效率比较高。Maneesh 等(2000)采用只注射 FSH 2 d 4 次的方法对犊牛进行了诱导处理及体外受精试验，头均卵泡数 55.1 枚，卵裂率和囊胚率分别为 42%和 10%，显著低于成年牛。本实验室采用相同的处理方法，使用新西兰产 FSH 对 10 头 1～2 月龄犊牛进行诱导，头均获卵数 26.3(263/10)，共培养时卵裂率为 54.1%(33/61)，桑囊率 15.2%(5/33)(未发表)。可见，犊牛最佳激素处理方案以及体外培养体系还有待进一步优化。

(5)供体年龄　和多数哺乳动物一样，牛的卵泡发生于胎儿时期，在怀孕晚期的胎儿卵巢上就可检测到有腔卵泡的存在，出生不到几天在犊牛卵巢上就可见卵泡直径为 3～5 mm 的有腔卵泡，数目随着日龄的增长而增长，2 月龄时数目达到最大(50 个)，其后数量开始下降，到青春期后保持相稳定(Erickson B H，1996)。供体年龄对激素处理后卵泡数量和胚胎发育具有较大的影响。Amstrong(1994)指出，激素诱导后卵泡发育数量随供体月龄增加而显著增加，发育能力与月龄无关，Presicce 等(1994)指出不经激素处理的犊牛卵母细胞发育能力与供体月龄相关，激素处理后可消除这种差异。说明激素处理可减弱年龄因素的影响。

(6)供体牛个体差异　Maneesh 等(2000)观察到供体牛间卵泡发育数量和胚胎发育能力存在很大的个体差异，个体间可用卵泡数变化范围为 5～164，胚胎移植后，所有妊娠受体的胚胎均来自激素诱导卵泡发育好的个体。在本试验中共处理 10 头犊牛，可用卵泡数变化范围为 2～84，个体差异十分明显。个体差异的原因有多种，不仅受外源激素处理方法的影响，而且还因内源性激素的分泌水平不同而出现差异(Rawlings N C，2003)，不同的饲养方法也可能产生不同的结果。另外，近来有人指出幼畜不发育的卵母细胞中常含有突变的遗传因子，它将阻止细胞发育成胚胎，而且这些突变的遗传因子还引起基因的重组、修饰，使得胚胎发育异常，这样的胚胎即使能够进行移植，但不到妊娠一半时期就发生丢失、死亡等现象（Frets，2006），具体原因还有待进一步研究。

3. 存在问题与发展前景

目前的研究表明，使用激素诱导获得的卵母细胞，并不能取得一致的预期效果。除了供体母牛的品种特性、个体差异外，即使是同一个体同一体积的卵泡对促性腺激素的反应也并不都是一样的。而且，从多数研究结果来看，犊牛卵母细胞发育能力较成年牛要低，胚胎在移植后受体妊娠率下降、不能妊娠或胚胎丢失率较高，原因可能是卵母细胞胞质存在缺陷，其蛋白表达量也相对少。因此，克服犊牛卵母细胞胞质缺陷，提高其受精后发育能力成了犊牛 JIVET 的瓶颈。

尽管如此，犊牛卵泡库对于育种和科研等方面的意义和潜力是不容忽视的。若配合转基因和动物克隆技术，除可提供遗传育种、细胞生物学及免疫等相关领域的研究之用外，还可以加速基因改良、生产高价生物医药产品等，供人类临床医学之用。随着研究的进一步深入，以上问题定会一一解决，相信包括牛在内的很多家畜将在幼年时就可为人类做出巨大的贡献。

## 5.4.7 幼畜与成年畜超排卵发育潜能差异研究进展

1999 年，Ptak G 等在世界上首次报道，对 1 月龄幼羔进行超数排卵生产出后代羔羊。将幼羔超排技术与羊体外受精技术、胚胎移植技术进行组装集成，简称 JlVET（juvenile in vitro embryo transfer）技术，运用于养羊生产，可将羊的繁殖效率较常规胚胎移植提高约 20 倍，较自然繁殖提高约 60 倍，并使世代间隔缩短到正常的 1/4～1/3，这将充分挖掘和利用优良母羊的早期繁殖潜力，加快羊育种及品种改良进程，同时也将解决羊胚胎移植商业化所需胚胎来源匮乏及胚胎生产成本昂贵的问题，将大大促进胚胎生产的商业化应用，前景十分广阔（陈晓勇、田树军、桑润滋等，2008）。但是，人们在研究和应用过程中发现了问题，就是幼畜超排所得卵的发育潜能比成年畜低（Leoni G G，*et al.*，2009）。另外，利用未成年动物超排技术可探索卵子发生及卵泡发育调控机理，为动物克隆、胚胎干细胞、转基因和卵子库建立等其他生物技术提供丰富的试验材料和必要的研究方法。幼畜的卵具有较低的卵裂率和囊胚率，还可以代表胚胎体外研究的负面模型（Khatir H，*et al.*，1996；K. Reynaud，*et al.*，2002）。为此，诸多研究者们对幼畜和成年畜超排的卵在各方面进行了比较。

1. 幼畜和成年畜超排的卵在细胞水平差异的比较

（1）严格筛查后，成熟率、囊胚率、妊娠率的差异　早在 1997 年，Armstrong D T，kotaras P J 等（1997）为了得到更多有活力的卵，就对供体的选择、卵的收集方法和激素刺激的方法做了评价。经过严格的筛查试验和评价后，他们得出结论，小牛及未成年羊的卵在体外成熟率与在体内的成熟率没有明显不同，囊胚率与成年供体得到的发育率在体外培养也很相似。小牛和未成年羊卵培养出的囊胚进行胚胎移植后妊娠率为 30%～45%，怀孕受体足月产下正常后代，与超数排卵体内所得的胚胎再移植的期望结果产仔率相似。这项研究表明，未成年畜的卵与成年畜的卵没有差别。

有些人坚持认为是没有差异的，但是大部分人都认为差异是存在的。G. G. Leoni 等（2006）研究了成年羊和未成年羊体外发育动力学，胚胎在各个阶段持续的时间有很大差异，得出由这两个来源得到的胚胎发育能力的确有所不同的结论。

(2)成熟率、受精率、卵裂率和囊胚发育率方面的差异　1997年，O'Brien JK等对体外培养的幼羔超排的卵和成年羊超排所得的卵进行体外培养，发现成熟率、受精率和卵裂率并没有显著不同，但是幼羔卵在受精以后发育到囊胚期的比率显著低于成年羊组(分别为15.4%和34.1%)。将这两种来源得到的囊胚移植到成年羊受体内，妊娠率和所产羔羊的数量也没有不同。Leoni G G等人(2009)，证明由未成年羊卵得到的胚胎比对应的成年羊胚胎发育潜能低。对发育到囊胚的未成年羊胚胎，与成年羊的做了比较，在囊胚形成的时间上、以及cyclinB1、E-cadherin、Na/K ATPase、HSP90β和水通道蛋白3的RNA数量上也没有差别。这些结果表明，由幼羔得到的胚胎比由成年羊得到的胚胎在体外培养发育潜能低，但是发育到囊胚期的这些卵，与从成年羊得到的胚胎一样，都有发育成新个体的平等能力。换句话说，部分幼羔卵只是在受精后卵裂开始后到囊胚期之前的一段时间内显示出了不同，发生发育阻滞。

(3)卵的直径、能量变化、蛋白质合成方面的差异　为了研究小牛卵与成年牛卵发育活力的不同，1998年，Gandolfi F, Milanesit等进行了比较研究。他们在体外成熟培养过程中分析比较了三个参数：卵的直径、卵的能量变化、卵的蛋白质合成与卵丘细胞。在这两个组中选取3～5 mm直径的卵泡，获得卵丘复合体。结果是：①小牛卵平均直径(118.08±1.15)μm比成年牛卵直径(122.83±0.74)μm小，差异显著($P<0.02$)。②在体外成熟的最初3 h，小牛卵代谢谷氨酸盐和丙酮酸盐的速率比成年牛卵慢。但是培养24 h后，这两种盐类在小牛卵中的代谢速度与成年牛卵大致相等。③两种卵在体外培养的开始阶段，蛋白质合成很旺盛，之后下降，小牛卵体外成熟9 h后，蛋白质合成显著下降，而成年牛卵这种现象则在体外成熟24 h后才发生。体外成熟的小牛卵体外受精后发育潜能低于成年牛卵。

2002年，Kochhar H P，Wu B等比较了幼羔卵与成年羊卵。他们将两组卵在成熟培养基中培养26 h，并利用激光共聚焦显微镜检测染色体和微管特异性标记的卵，每隔2 h检测一次。幼羔卵24 h到MⅡ期成熟率为60%，而成年羊24 h成熟率为85.7%。放射性标记卵蛋白显示，$S^{35}$-Met和$S^{35}$-Cys合成率，成年羊卵比幼羔卵高。虽然两种卵卵裂率很相似，但是幼羔卵达到囊胚期的比例显著低于成年羊的($P<0.05$)。然而，这两种囊胚在内细胞团和滋养层中显示出相似的细胞谱系分布。也就是说，这两个组，在成熟阶段蛋白质合成率上有差别，但受精后卵裂率相似，幼羔卵囊胚率低，然而若是发育成了囊胚，则囊胚没有差别。这个结论与1997年，O'Brien J K等人和1998年，Gandolfi F, Milanesit等的结论很一致。

(4)卵细胞核的差异　在2006年，Ptak G, Mastsukawa K等研究了未成年羊的卵细胞核，对成年羊和羔羊进行了核互换，而且通过超显微结构观察核仁的特征。最后他们得出青春期前配子核不完全成熟的结论，把羔羊得到的胚胎在体内发育阻滞率高的原因归结于幼羔卵中测得的低基因组范围的甲基化。但是，K. Reynaud等(2002)进行核移植试验表明，未成年动物的卵胞质成熟是不完全的，有缺陷的卵更小，包含的MPF及MAPK较少，代谢的不同及细胞器都可以观察到。这两个结论，一是说核不成熟，另一说胞质不成熟，这两个事件一定是存在某种内在联系，值得再仔细研究。

(5)卵母细胞胞质的差异　Velilla E, Izquierdo D等(2004)的研究显示，未成年山羊的卵在GV期皮质颗粒在胞质中均匀分布。未成年羊经过IVM的MⅡ期卵和由成年羊排出体外的卵在卵母细胞膜下形成单层皮质。受精20 h后，未成年羊IVM后得到的受精卵显示出完全的CG胞吐现象，而成年羊排出的卵体外受精后，在皮质区域呈现CG聚集物。

2. 幼畜和成年畜超排的卵分子生物学差异的比较

随着分子生物学研究技术的发展，人们纷纷把目光转向了功能基因组学和表观遗传学，以便进行更加细致和深入的研究。

Anguita B 等在 2006 年研究了未成年山羊卵母细胞总 RNA、蛋白质含量、周期蛋白(Cyclin)B1 表达及发育能力。他们在 IVM 前后，将样品卵处理为裸卵并根据其直径(<110 μm, 110～125 μm, 125～135 μm; >135 μm)分为 4 个组，然后通过分光光度计进行总 RNA 含量分析，通过比色测定进行总蛋白含量分析，通过 RT - PCR 进行 Cyclin B1 转录分析。试验证明，在 IVM 之前的卵中，大于 135 μm 的组与其他组有显著不同($P<0.05$)，其他各组总 RNA 的含量、总蛋白的含量和 CyclinB1 mRNA 的含量没有显著不同。在 IVM 之后，各组卵除总 RNA 含量外，其他各方面没有明显不同。最大的卵总 RNA 的量(>135 μm,(12.3±1.84)ng/卵)比其他 3 组[(19.2±1.38)～(22.1±4.44)] ng/卵；$P<0.05$)都低。不同组卵的卵裂率显著不同(<110 μm,3.0%；110～125 μm,32%；125～135 μm,50%；>135 μm,73%)($P<0.05$)。只有>125 μm 直径的卵发育到囊胚阶段(125～135 μm,7%；>135 μm,10%)。这项研究表明，未成年山羊卵总 RNA 的含量、总蛋白的含量和 CyclinB1mRNA 的含量没有显著不同，但是直径较大的卵，在 IVM 之后总 RNA 的量是较少的，这种卵囊胚发育率比较高。胚胎切割的成功这一事实也说明，总 RNA 的量与发育潜能无关，可能与 RNA 的种类或者 RNA 量与细胞体积比有关。

2007 年，Osman V Patel, Anilkumar Bettegowda 等研究了牛的两种卵及早期胚胎中 mRNA 转录量的差异，以及 mRNA 的量与胚胎的发育潜能的关系。他们利用微阵，微阵列是从成年牛原始卵泡分离到卵后指导合成的，与未成年牛(低发育潜能模型)比较。成年的卵显示出的 mRNA 的量为 193 个基因，未成年的卵有 223 个基因被检测到。微阵数据和后续分析表明，重要的过量表达的 mRNA 在成年卵中编码激素分泌分级基因，并且这些基因被选出来做更深入的研究分析。通过实时定量 PCR 研究可以肯定，第一次卵裂时间(卵的发育潜能)与卵泡抑素 mRNA 的量之间的关系是值得注意的。我们可以推测，基因种类的过量表达，与 DNA 甲基化之间可能存在直接关系。

3. 前景与展望

由前人研究结果我们可以得知，关于幼畜和成年畜的卵之间有无差别还存在争议，但大部分人都倾向于认同差异的存在。假设这两种卵是存在差异的，这种差异主要显示在由受精后至囊胚这一段时期内，停留在发育阻滞期。从受精卵到单细胞胚胎是母源 mRNA 控制，母源 mRNA 发生瞬时多聚或脱腺苷酸化，使细胞内保持一定数量的表达 RNA，对早期胚胎进行发育调节。母源 mRNA 以不被翻译的形式稳定地贮存在卵母细胞中。不同动物的母源 mRNA 的降解时间不同，但是现有的研究表明，其发生降解的时间与胚胎早期发育发生阻滞的时间是基本上相符的(李拥军、赵有璋等，2005)。我们可以得知，是卵母细胞在发育成熟过程中调控 mRNA 方面有问题。Gandolfi F, Milanesit 等(1998)研究了牛的这两种卵的直径和发育潜能的关系，后续研究发现，直径较大的卵，在 IVM 之后总 RNA 的量是较少的，这种卵囊胚发育率比较高。mRNA 的差异，即基因表达调控的差异，在哺乳动物发育过程中，原始生殖细胞 DNA 保持非甲基化状态，到配子形成晚期，生殖细胞被甲基化，成体的生殖细胞甲基化水平增高(翟中和，2000)。所以，很有必要对幼畜和成年畜的单卵进行甲基化状态的比较。

另外，对于卵母细胞的研究，早期只是成熟率、受精率、卵裂率及囊胚率的统计和观察以及细胞水平的研究。从宏观水平这样观察，缺乏严格统一的检测标准，而且不能深入挖掘这些现象的内在原因。随着分子生物学的发展，现在各种分子生物学技术已经运用成熟，如单个卵母细胞的差异显示 RT-PCR、实时定量 PCR、基因芯片技术，甲基化检测等，运用这些技术，可以更加深入地探索这两种卵的内在本质差异。

随着研究内容的逐步深入和试验技术手段的提升，都要求我们必须要综合运用各种实验技术，从卵成熟以前和成熟过程中、以及受精后的发育过程中更加细微的功能基因组表达情况着手研究比较，定然会有更多的新内容、新发现。

（作者：桑润滋、吕津、卫恒习、麻柱、张文龙、李瑞岐、赵宏远、张艳普）

## 5.5 细胞核移植(克隆)技术研究进展

### 5.5.1 哺乳动物细胞核移植机理研究进展

自 Illmensee 和 Hoppe(1981)首次获得胚胎细胞核移植小鼠以来，已相继在绵羊(Willadsen，1986)、牛(Prather，*et al.*，1987)、兔(Stice，*et al.*，1988)、猪(Prather，*et al.*，1989)、山羊(张涌等，1991)等动物上获得胚细胞核移植后代，直到 1997 年 2 月，英国罗斯林研究所的 Wilmut 等人利用绵羊乳腺细胞进行核移植试验，才获得了世界上第一只体细胞克隆绵羊——多利(Dolly)(Wilmut I，1997)，这一成果开创了哺乳动物细胞核移植的新的里程碑。此后，不同学者采用与 Wilmu 等人相似的方法分别获得牛的皮肤成纤维细胞、牛卵丘细胞、牛乳腺上皮细胞及耳组织类成纤维细胞和牛输卵管上皮细胞为核供体的体细胞核移植后代。与此同时，Wakayama 等(1998)和 Cibelli 等(1998)利用与 Wilmut 方法不同的“檀香山”技术克隆出以卵丘细胞为核供体的体细胞核移植小鼠。现在核移植研究的目的已不在单纯为得到数量不多的核移植后代，更重要的是如何合理改善核移植程序，提高核移植成功率，寻找和增核移植材料从而阐明其有关机理的问题。虽然有大量核移植资料的报道，但尚未有资料对其机理进行系统整理，为此，谨对哺乳动物细胞核移植有关机理的研究进展作一综述。

核移植所依赖的理论基础是来源于同一胚胎或细胞系的所有细胞核都含有与受精卵完全相同的遗传信息，从基因组成上应该具有与受精卵一样的指导个体发育的全部潜能。随着胚胎的发育与细胞分化，核的某些基因组发生了变化，导致这些基因组不能再恢复到从前的状态，从而使核的全能性丧失。目前的核移植程序可使附植前胚胎甚至经一定处理的体细胞核发生发育程序的重排(去分化)和发育程序重新活化(再分化)，使初步分化的胚细胞核和已分化的体细胞核恢复到受精时的状态以重新指导胚胎发育至正常个体。但关于移入的核与细胞质间是如何相互作用的，以及核去分化的详细机制还不十分清楚，只是根据核移入后的形态变化探讨可能涉及去分化的某些因子和发生的可能机理。

1. 哺乳动物早期胚胎基因组的转录激活与分化

探明早期胚胎基因组的转录激活与分化机制，可为胚胎细胞核移植提供重要的理论依据。从精卵结合、放出第二极体开始，至第一细胞周期的中期结束，为受精过程，此后便进入卵裂阶段。一般认为卵裂是由母源性的信息和蛋白质控制的，这是在卵子发生过程中转录后或翻译后贮存的。卵裂的特点是快速同步分裂，细胞周期主要由 S 和 M 期组成，G1 和 G2 期时间很短，几乎检测不出。这一时期即使使用转录抑制剂(a-amanitin)也不会抑制卵裂进行。随着卵裂的进行，细胞分裂开始不同步，细胞周期中出现明显较长的 G2 期，导致细胞周期的延长，胚胎开始对 a-amanitin 敏感，同时蛋白质合成量与类型发生重大变化。这些变化意味着开始由母源控制向合子(胚胎)控制发育的转变(maternal - zygotic transtion，MZT)。这正是体外培养的大多数动物胚胎发生发育阻滞的时期。

MZT 后，胚胎发育进程就由胚胎自身的基因组控制了。不同的动物胚胎基因组转录活性启动的时间不同，小鼠发生在 2 - 细胞期，牛发生在 8 - 细胞期，绵羊在 8 - 细胞期，猪在 4 - 细胞期，兔在 8 - 细胞期(李逸平等，1992)。MZT 后，随着胚胎发育要发生胚细胞形态和功能上的变化 - 分化。分化的机制目前认为是基因的差异转录和转录产物的差异加工，同时细胞间联系的建立和细胞识别与通讯影响着分化的类型与进程。分化具有渐进性和相对的不可逆性，随分化的进行逐渐出现特殊的细胞类型，并失去了再形成其他类型细胞的能力。哺乳动物早期胚胎发育过程中的细胞分化也是这样，胚胎基因组在特定发育阶段的特定激活和表达控制着发育的进程和细胞分化(Crosby I M，1988)。哺乳动物胚胎形态学的最初分化发生在极化后的致密化期，致密化期在牛发生在 16～32 - 细胞，兔在 32～64 - 细胞，小鼠在 8～16 - 细胞。胚胎的致密化也是基因水平控制的分化事件，如细胞间的连接(间隙连接、紧密连接等)和细胞通讯的建立，都依赖于这一时期胚胎基因的特定表达。随胚胎的进一步发育，在囊胚期最先出现形态和功能上不同的两种分化细胞类型，即 ICM 细胞和滋胚层(TE)细胞(Zlomek C A，1990)。

2. 体细胞核全能性的恢复

体细胞核移植的成功主要归于 G0 期细胞的捕获。正常情况下，有些细胞，如卵丘细胞、睾丸支持细胞、足细胞、神经细胞等大多处于自然休眠状态(G0 期)。Wakayama 等(1998)和 Cibelli 等(1998)正是利用这一现象，通过试验选用直径为 10～12 μm 处于自然休眠期的小鼠卵丘细胞作核供体，对处于细胞第二减数分裂中期(MⅡ期)的小鼠卵母细胞进行去核，并将其作为核受体，从而获得了小鼠体细胞克隆后代。Wilmut 等(1997)利用"血清饥饿"法，即逐步减少培养液中血清浓度，诱导培养的体细胞处于 G0 期，从而恢复体细胞核去分化和再分化的能力。继 Wilmut 之后，不同学者利用相似的方法也分别获得不同体细胞核移植的后代。但，Cibelli 等(1998)运用处于自然非休眠期的牛胎儿成纤维细胞作核供体，也成功地进行了体细胞转基因牛犊的克隆。另外，有关成年绵羊体细胞供体核处于 G0 期时，其重构胚比处于同期的胎儿体细胞或胚胎分裂球供体核的重构胚囊胚发育率都低(Cibeli J B，1998)。这表明，除了供体核的细胞周期阶段之外，还有其他因素参与了细胞核的再程序化(reprogramming)，这还需进一步深入研究。

3. 核受体卵母细胞的激活

卵母细胞激活的原理即是通过电刺激、钙离子载体等方法，使卵母细胞从 MⅡ期中解放出来，并恢复到"受精"时的状态。由精子诱发的正常卵母细胞激活可引起卵母细胞质 $Ca^{2+}$ 浓度脉冲性规律升高，并一直持续几个小时，电刺激等引起的卵母细胞质的激活可能不在电刺激本身，而在于电刺激等引起的膜穿孔(或通透性增大)进一步引起离子流动。卵母细胞的充分激活是一持续机制，并非点状事件，毫无疑问最有效的激活程序应是模仿精子对卵母细胞刺激的反应(Miyazaki S I，1988)。电脉冲可使胞质膜上形成小孔、膜去极化、渗透性改变，对细胞

内游离 $Ca^{2+}$ 瞬间释放；电脉冲另一个可能途径是质膜破裂，启动磷酸戊糖途径：某些膜表面受体激活后，促进肌醇磷酸脂水解成三磷酸肌醇，刺激细胞内 $Ca^{2+}$ 释放，细胞内 $Ca^{2+}$ 释放后作为第二信使促使细胞外 $Ca^{2+}$ 内流（Rickardl F，1992）；第三种可能途径是电刺激引起膜电压依赖性钙通道开放（Smith L C，1989）。

4. 核受体细胞质使移入胚细胞核去分化及再分化的机制

牛、绵羊、兔、山羊、小鼠等的核移植研究结果表明，MZT 后的胚细胞甚至 ICM 细胞的核移入 MⅡ期卵母细胞质后均可支持核移胚发育至正常个体，这些核来源于胚胎基因组激活后形态和功能上初步分化的胚细胞。另外，Dolly 的出生打破了原有的传统结论：已分化的哺乳动物体细胞核不具备全能性。尽管移入核与细胞质间的作用详细机制还不清楚，但有一点是肯定的，即 MⅡ期卵母细胞质的确对移入的核发生了去分化，并重新激活了核的发育程序。许多核移植试验观察到，胚核移入同时激活的 MⅡ期卵母细胞质后要发生一系列的形态变化（即核修饰），包括移入核的核膜崩解（nuclear evenlop breakdown，NEBD），染色体超前浓缩（premature chromosome condensation，PCC），核仁分散、核膜重新出现和类原核的形成（pronuclear formation，PN）以及原核膨大等（Smith L C，1988；Smith L C，1994）。这一过程与精子入卵后发生的变化极为相似，而且在时间上也基本同步。如果在卵母细胞激活一段时间后再移入供体核，则不会发生 NEBD 等核修饰变化。引起核修饰的首要因子便是卵母细胞促成熟因子（maturation promoting factor，MPF）（Fulka J R，1994）。

（1）MPF 在细胞周期中的变化及其调节细胞周期的机理　在高等生物分裂期细胞和成熟卵子内均具有 MPF，其活性随细胞周期的不同而异，如在体细胞，MPF 出现于 G2 期，分裂中期达到高峰，后期开始下降，G1 期消失。脊椎动物和两栖类的卵母细胞在成熟过程中，MPF 在 MⅠ期保持高水平，在后期Ⅰ、末期Ⅰ时下降，在 MⅡ期又重新上升。卵母细胞在受精或人工激活后 MPF 失活，减数分裂抑制得到释放，从而进入第一次胚胎细胞周期。

MPF 是许多细胞周期的调节物，它是由 Cyclin 和 P34cdc2 两个亚单位组成的。Cyclin 是 cdc13＋基因的产物，在细胞周期中不稳定，G1 期无 Cyclin，至 G2 期开始合成，M 中期达到高峰，M 期结束前迅速降解。P34cdc2 是由 cdc2＋基因产生的蛋白质激酶，它存在于整个细胞周期内，但在周期内产生两种变化，其一是表现磷酸化或非磷酸化；其二是单独存在或与其他蛋白质形成复合体。现已证明，启动细胞进入 M 期的关键是 P34cdc2 发生去磷酸化，导致该激酶活性增高。G2 期前（G1 期和 S 期），P34cdc2 发生磷酸化，与 Cyclin 分开，激酶处于失活状态，所催化的靶蛋白均处于去磷酸化状态；G2 期末，P34cdc2 与 Cyclin 形成有功能的复合体 MPF，P34cdc2 开始去磷酸化，激酶活性出现，所有靶蛋白则开始发生磷酸化，细胞进入 M 期，到中期达到高峰，其后逐渐降低。到末期前 P34cdc2 激酶活性开始消失，复合体解体，激酶重新磷酸化，同时靶蛋白在磷酸酶作用下去磷酸化，Cyclin 迅速降解，细胞通过 M 期进入 G1 期。Cyclin 的降解是导致 MPF 失活的重要因素。一旦 P34cdc2 激酶被激活，细胞内将出现 M 期的各种特征，如染色体浓缩、细胞骨架重排、核膜破裂等（Smith SD，1994）。在体外，P34cdc2 能使许多蛋白质磷酸化，其中包括 H1 组蛋白、核纤层蛋白、P60STC、T-抗原、RNA 聚合酶Ⅱ和生长因子。相似地，卵母细胞在进入 MⅡ期时，P34cdc2 保持去磷酸化状态的活性形式，它能触发一系列反应，导致 NEBD、PCC 和纺锤体形成，使卵母细胞进入第二次减数分裂和使其停止在该状态。

（2）MPF 在核质互换中的作用　大量研究表明，把基因转录活性启动前、后的绵羊、牛、兔、猪以及山羊等的胚细胞甚至经过一定处理的某些体细胞与去核MⅡ期卵母细胞融合，重组胚均可发育至正常个体，这表明：MⅡ期卵母细胞质能使移入核发生去分化再分化的能力，可能是核移植所需要的适宜的细胞质；胚胎自身基因组转录活性的启动尚不足导致胚细胞核的基因组发生不可逆的变化，某些体细胞经过一定处理如"血清饥饿"法，也可使其恢复"全能性"。MⅡ期卵母细胞质中MPF活性很高，同时这一时期有一种细胞静止因子(cytostatic factor, CSF)活性也高，以维持MPF的活性，这是使移入核发生NEBD和PCC的原因。NEBD的结果，使移入核的染色体暴露给MⅡ期卵质(Smith LC,1988)。在卵质激活后，CSF降解，MPF活性很快降至基础水平甚至消失，这在小鼠发生在激活后的2 h以内，牛在9 h以内，兔在2.5～3 h。MPF活性降解或消失后，MⅡ期卵母细胞质就丧失了使移入核发生NEBD和PCC的能力。有些学者认为激活的MⅡ期卵母细胞质对移入核的形态修饰是移入核基因重新开始表达(去分化)恢复至受精状态的一个前提条件。

在胚胎细胞核移植中，许多学者对核供体与核受体所处细胞周期对重组胚发育的影响进行了大量研究。COLLAS等用秋水仙碱和DNA合成抑制剂来处理核供体，对不同时期的供体核在核移胚中形态学变化进行了系统研究。如以G1期和S早期核作为供体，其PCC过程中，中期染色体和纺锤丝在大多数情况下保持完整；以S晚期核作为供体，则出现不正常染色体。这表明，G1期和S早期的染色体浓缩对核移胚结构影响不大，而S晚期核的染色体浓缩影响核移胚的结构，从而影响核移胚的发育，以兔胚G1期卵裂球作供体，重组胚囊胚发育率为71%，而以S晚期卵裂球为供体，囊胚发育率仅为15%。

出现上述结果的原因是因为成熟卵母细胞质(MⅡ)中具有高水平的MPF，所有供体核移入此时卵母细胞后，都发生NEBD和PCC，接着进行DNA复制。G1期供体核的DNA尚未复制，当它移植到卵母细胞质中时，DNA只复制一次后再分裂，可产生两个正常染色体倍数的子细胞；以G2期核作供体时，其DNA已经合成，在核移植胚中其DNA再复制一次后才能分裂，这样就产生了两个多倍体的子细胞；当以S期核作为供体时，有些分裂球DNA已复制，因而导致部分核移植胚不正常。正是由于卵母细胞质MPF使所有的核发生了复制，产生了不同倍数的染色体，从而影响核移胚正常发育的潜能。

哺乳动物核移植中，核受体胞质处在分裂期，而供体核多处在间期，这种核、质的不同步可能是影响核移胚发育的主要因素。以MⅡ期卵母细胞作为受体，只有G1期或G0期供体核适宜作供体。两栖类的核移胚获得了较高的发育率，可能是由于低等动物的分子调节机制不如高等动物的精确所致。尽管以G1期分裂球作为供体时，核移胚获得了较高的发育率，但在自然状态下，早期胚胎中处在G1的分裂球只占8%。如果将胚胎中的分裂球进行同步处理，既费时，所用试剂也可能对核移胚产生不利影响。因而设想，用人工激活的方法使卵母细胞从分裂停滞中释放出来，使胞质进入"间期"环境，可能有利于核移植胚胎的发育。Campbell等研究表明，体外成熟的牛卵母细胞经电刺激后10 h移入供体核，由于此时MPF活性最低，处于G1期和S期的供体核不发生NEBD，而是直接进行DNA的合成，而处于G2期的供体核没有DNA合成。以激活后10 h的牛卵母细胞为受体，获得了比对照组较高的囊胚发育率(55.4%∶21.3%)。正是消除了因PCC可能导致的供体核染色体结构与数量异常，使得G1、S期或G2期核在核移植胚第一个细胞周期中DNA的复制相协调，因而获得了较高的发育率。最近的研究进一步表明，牛核移植在MPF活性消失后，其异常染色体数目减少。在此基础上，Campbell等提出以下两条协调供体核和去核卵母细胞的途径：其一，选取处于G0或G1期的细胞核供体;其二,选取 MPF 水平低时的卵母细胞受体。现在看来,前者的可能性大一些,这是因为去核时多选处于 MⅡ期卵母细胞,这时卵母细胞极体易于观察,染色体位于极体附近,便于去核。Wilmut 等(1997)率先在世界上获得体细胞克隆绵羊与其 G0 期细胞的成功捕获有关。

5. 存在问题及未来发展方向

哺乳动物细胞核移植技术虽然取得了一定进展,在生物医药领域也得到了初步应用。但是,该技术目前还很不完善。存活率低和异常发育是当今核移植技术的最大缺陷。导致这些现象的原因很多,缺乏基础理论支撑是其中之一。动物克隆技术的不断完善,还需要分子遗传学、细胞学、发育生物学等相关基础学科的进一步研究和发展。

基因组重新编程的机制尚不清楚。人们虽然观测到核移植后细胞核的激活与早期胚胎原核发育类似,但较详细的信息仍不甚明了。其中,成熟促进因子(MPF)、核膜破裂(NEBD)和早熟染色体凝集(PCC)在基因组重编过程中的作用还需进一步阐明。

基因印记(imprinting)对核移植后基因组重新编程的影响。基因印记现象在哺乳动物的发育过程中普遍存在,它是指基因的表达与否取决于它们是在父源染色体上还是母源染色体上。有些印记基因只从母源染色体上表达,而有些则只从父源染色体上表达。基因印记与动物克隆技术的成功及不足有何关系值得深入研究。

种间细胞核移植核质互作机制。Dominko 等发现,去核的牛卵细胞能使来自羊、猴、鼠、猪等不同种属的细胞核激活,并在体外发育为相应的胚胎;陈大元等报道,大熊猫供核体细胞在兔卵胞质中也可去分化而支持早期重构胚发育为囊胚。但目前还没有一个可继续发育为完整的动物个体。如果这项工作成功,将十分有利于濒危动物的保护。

总之,哺乳动物细胞核移植已在理论基础等方面取得一定进展,但还很薄弱,要更彻底弄清其有关机理,提高核移植的成功率,还需不懈努力。

### 5.5.2 基因组表观重编程对体细胞核移植成功率的影响

世界首例体细胞核移植多莉羊的诞生有力证明了核移植(nuclear transfer, NT)成功与否在于卵母细胞核使 DNA 重编程的能力,而与供体细胞是否处于全能状态无关。在这一理论指导下,其他体细胞作为核供体成功克隆出了小鼠、牛、山羊、猪等多个物种(Keefer C L, 2002),但克隆总体效率较低,且克隆动物孕期流产率高、围产期死亡率高、胎儿过度生长、出生后异常,普遍存在严重的生理缺陷,如循环衰竭、胎盘水肿、脐疝、呼吸疾病、免疫失调、肾、头、肝畸形等(Cibelli J B,2002)。

Young 等(1998)发现基因的异常印迹(DNA 甲基化异常)可导致克隆动物出现"巨型综合症"(large off spring syndrome)及围产期死亡;Dianel 等(2000)提出供体核的不完全重编程,导致在发育过程中,有重要作用的基因没有表达或异常表达,是克隆效率低的主要原因。本文就影响体细胞核移植成功率的主要因素——基因组表观重编程及其对体细胞核移植胚胎发育的影响,以及如何促进基因组表观重编程等问题综述如下。

1. 基因组表观重编程

哺乳动物基因组表观重编程指 DNA 序列不改变而由其他修饰作用引起的 DNA 功能的改变。基因组表观重编程保证发育过程中基因表达的正确性,DNA 甲基化及组蛋白修饰是两大重编程机制,其中 DNA 甲基化重编程是基因组的主要表观遗传修饰方式,DNA 甲基化是指 CpG 双核苷酸在 DNA 甲基化转移酶（Dnmt）作用下使胞嘧啶的 5 号碳原子发生甲基化（Santos F，2004），它与组织特异性基因表达、细胞分化、基因组印迹、X 染色体失活、染色质结构调控、细胞老化等一系列生物事件是密不可分的。以小鼠为例，哺乳动物发育过程中发生 2 次DNA 甲基化重编程，分别发生在生殖细胞发育及胚胎附植前这 2 个时间段。原始生殖细胞（PGCs）迁移至生殖嵴，进行分化和增殖，此时 PGCs 经历基因组范围的去甲基化重编程，随后发生重新甲基化过程，这一阶段的重编程是亲代印迹基因重新确立所必需的；第 2 阶段的甲基化重编程发生在受精及囊胚形成时期。受精时，来自父本的染色体基因组在卵胞质作用下发生显著变化，在 DNA 复制开始前整个基因组发生去甲基化，此过程发生时无 DNA 复制或基因转录，称之为主动去甲基化。由于 DNA 复制过程中缺乏主要的 DNA 甲基转移酶如 Dnmt1，而导致新合成的子代链不能进行甲基化，染色体在复制过程中维持甲基化失败的现象称为被动去甲基化，2 - 胞期至桑葚胚阶段的去甲基化主要是被动的，重新甲基化始于第 5 个细胞周期，与细胞第 1 次分化同步，囊胚分化出 2 个细胞系即具有发育全能性的内细胞团（inner cell mass，ICM）及主要形成胎盘组织的滋养层（trophectoderm，TE）细胞，ICM 甲基化程度高，TE 细胞甲基化程度较低。

不同哺乳动物第二阶段甲基化重编程方式有所不同，如绵羊去甲基化水平十分有限（Beaujean N，2004），兔合子基因组不表现主动去甲基化过程（Shi W，2004）牛合子发生部分去甲基化（Beaujean N，2004），16 - 胞期发生重新甲基化（Deanw，2001），而小鼠、大鼠、猪及人类均已报道受精后不久雄原核即发生大范围的去甲基化重编程（Beaujean N，2004）。真核细胞中，DNA 与组蛋白是染色质的主要成分。组蛋白是一组等电点大于 10 的碱性蛋白质，进化上十分保守。真核生物的染色体上主要含有 5 种组蛋白，即核心组蛋白 H2a、H2b、H3、H4 及连接组蛋白 H1。核心组蛋白八聚体（H2a、H2b、H3、H4 各 2 分子组成），连接组蛋白 H1 和 150 bp 的 DNA 共同组成了染色体的基本单位 - 核小体。核小体核心组蛋白的 5′ - N 末端位于双螺旋的大沟中，其赖氨酸、丝氨酸、精氨酸残基可通过甲基化、乙酰化、磷酸化及 ADP - 核糖基化等作用被共价修饰。核心组蛋白中重要氨基酸残基的联合修饰可能会导致编码基因的表达，染色体的特定阶段及其构型决定着这些修饰的开与关。组蛋白上增加的乙酰基中和掉 1 个正电荷，可减弱组蛋白与带负电的 DNA 骨架的相互作用，促进组蛋白 - DNA 复合物的结构松散，使转录因子容易结合到它们的作用位点，促进基因的转录（Santos F，2004）。

2. 体细胞核移植胚胎存在表观重编程缺陷

克隆动物普遍存在 DNA 甲基化水平过高，组蛋白乙酰化不足等表观重编程缺陷。Dean 等（2001）用 5 - 甲基胞嘧啶免疫荧光抗体法（anti - 5 - methyl cytosine immnuoflurescence）检测克隆牛桑葚胚处于细胞分裂中期的细胞核发现了较高的甲基化水平。供体成纤维细胞移入去核卵母细胞后，基因组发生了主动去甲基化，2 - 细胞至 4 - 细胞胚胎发生了被动去甲基化，重新甲基化则发生在 10 - 细胞期至 16 - 细胞期，与正常胚胎相比，其囊胚的甲基化水平过高。Beaujean 等（2004）用同样的方法分析绵羊成纤维细胞核移植胚胎发现 2 - 细胞期至 8 - 细胞期的核移植胚胎染色特征与供体细胞相似，显示出过高的甲基化水平，核移植胚胎囊胚期滋养层细胞甲基化程度高于体内胚胎，以上现象均表明体细胞核移植中供体细胞重编程不充分。这是由于体细胞克隆中，用于核移植的供体细胞是高度分化的体细胞，其 DNA 甲基化水平较雌雄配子甲基化水平高，供体细胞核必须在卵胞质因子作用下发生表观重编程，消除分化状态的记忆，激活对胚胎发育有重要作用的基因，并抑制与分化相关基因的表达，方可获得发育的全能性。

3. 促进体细胞核移植胚胎重编程的方法

(1)选择 G0/G1 期的供体　目前核移植研究中,普遍采用 MⅡ期卵母细胞作为核受体,MⅡ期卵胞质中成熟促进因子(maturation promoting factor, MPF)活性较高,受精或激活后其活性迅速下降,体细胞移植入 MⅡ期卵胞质后在高活性的 MPF 作用下发生核膜破裂(nuclear envelope breakdown, NEBD)及染色质成熟前凝集(premature chromosome condensation, PCC)等形态重塑(Kowahara M,2005),而 NEBD 有利于胞质蛋白与移植核蛋白的交换,可促进核的重编程。NEBD、PCC 现象发生后不久即发生染色体复制,为保证重构胚正常的染色体倍型常使用 G0/G1 期细胞核作为核供体。胚胎干细胞(embryostem cell, ESC)中 60%的细胞处于细胞周期的 S 期,卵丘细胞或经血清饥饿的成纤维细胞则处于 G0/G1 期,ESC 细胞作为核供体组建的重构胚囊胚发育率显著低于卵丘细胞或经血清饥饿的成纤维细胞,原因是只有少数处于 G1 期的 ESC 细胞才能完成正常的卵裂、发育(Rideout W M,2001)。因此,将处于 G0/G1 期的供体细胞移入 MⅡ期卵胞质中有助于重构胚的表观重编程,可提高其囊胚发育率。

(2)改变体细胞的表观遗传方式　体细胞的甲基化水平或提高其组蛋白乙酰化水平可有助于 NT 胚胎表观重编程的完成。Enright 等(2003)用一种组蛋白去乙酰化抑制剂(毛发抑制素 - A,TSA)处理供体核发现 TSA 可增加供体核的组蛋白乙酰化水平,提高囊胚发育率;Shi 等(2003)用另一种组蛋白去乙酰化抑制剂 - 丁酸钠(NaBu)处理供体细胞核,也得出了同样的结论;Enright 等(2005)用 DNA 甲基转移酶抑制剂(5 - aza - dC)处理供体核发现 0.01 μmol/L 5 - aza - dC 可显著提高牛重构胚的融合率($P<0.05$),胚胎卵裂率及囊胚发育率也有所提高。

(3)其他方法　Gioia 等(2005)指出卵母细胞的成熟质量决定着其表观重编程的能力,研究发现猪体内成熟(in vivo maturation)的卵母细胞体外受精(in vitro fertilization, IVF)后 80%的雄原核经历主动去甲基化过程,组蛋白 H4 高度乙酰化,而仅 40%体外成熟(in vitro maturation, IVM)的卵母细胞 IVF 后显示相似的变化,因此改进卵母细胞体外成熟培养方法,提高卵母细胞成熟质量可促进移植核的表观重编程;Enright 等(2003)报道细胞传代培养可影响 SNT 胚胎的表观重编程,试验表明细胞经传代培养后其组蛋白乙酰化水平明显提高;此外,不同供体细胞类型可影响 SNT 胚胎的表观重编程,如小鼠中卵丘细胞核移植胚胎囊胚发育率及成活率均高于成纤维细胞核移植胚胎(Rideout W M,2001)。

4. 结语

核移植技术对于动物育种、濒危动物保护、科学试验及发育生物学等基础理论问题的研究均有重要意义,但其较低的成功率是制约这一技术应用的主要障碍,深入研究哺乳动物表观重编程机制,促进克隆动物表观重编程无疑会大大提高核移植的成功率,使该项技术在理论和应用研究中发挥更大的作用。

### 5.5.3　影响哺乳动物细胞核移植效果的因素

核移植程序繁杂,每一步操作所用试剂、材料与方案等都会影响到核移植效率,因而其影响因素十分众多,在此我们仅对目前研究较多的因素加以阐述。

1. 卵母细胞来源

目前在核移植牛研究中应用最广泛的卵母细胞是从屠宰场所采卵巢中获得，卵母细胞经体外成熟而来。研究表明，用来自直径 1～3 mm 卵泡的卵母细胞与来自直径 6～12 mm 卵泡卵母细胞作受体，重构胚发育能力无差异（Piedrahita J A，2002）。使用屠宰动物的卵母细胞虽然具有来源充足，成本低等优点，但也明显存在两点不足：其一，屠宰动物有旺季也有淡季，在屠宰淡季时就很难获得充足的卵母细胞用于研究；其二，对于某些特殊领域研究需要大量遗传背景完全一致的核移植胚胎或后代，屠宰动物卵巢回收卵母细胞明显达不到这个要求，因为重构胚或核移植后代的胞质遗传因素（线粒体 DNA）几乎完全来自受体胞质（Takeda K，1999）。Reggio 比较了屠宰场回收的山羊卵母细胞与超排获得的卵母细胞作受体时，发现二者在可移胚率及移植后的妊娠率上均无差异（Reggio B C，2001）。而 Wells 的研究则表明，用于核移植受体时，超排获得的卵母细胞优于体外成熟卵母细胞，但差异不显著（Wells D N，*et al.*，1997）。杨向忠比较了牛卵母细胞体外成熟 20～22 h 去核后继续培养 8～10 h 或 18～20 h 后获得激活能力，然后进行核移植，结果后者的卵裂率和桑囊发育率与体内卵母细胞无差异（Xiangzhongyang 等，1993）。用作核移植时，兔的老化卵母细胞（交配后 19 h 取卵）优于幼龄卵母细胞（交配后 14 h 取卵）（Adenot P G，1997）。但以猪 IVM 33 h 和 44 h 的卵母细胞为受体进行核移植时，前者的卵裂率和囊胚率显著高于后者（Keda I，2001），这可能是卵龄对核移植效率的影响存在种间差异。

2. 卵母细胞去核效果

在核移植操作中如果去核不完全，可能导致胚胎染色体的非整倍性，造成卵裂异常，发育受阻和早期胚胎死亡。另外，去核操作中常破坏受体卵母细胞的正常生理状态。

3. 供体细胞的来源

（1）供体动物年龄　Kasinathan 等（2001）研究认为，来自不同年龄及不同分化程度的细胞，其细胞周期特征虽有实质差异，但这些因素对核移胚胎的体外发育无影响。Kubota 等（2000）的研究也证实了这一点，他以体外长期培养（3 个月）的 17 岁衰老牛的皮肤成纤维细胞为供体，并未发现其对核移植胚胎的发育能力有影响。同样，Hill 等（2000）用来自 21 岁公牛的成纤维细胞与胎牛成纤维细胞作核移植供体，发现它们具有相似的囊胚发育率。Enright 等（2002）的研究也证明，由衰老动物克隆而来的个体具有正常的繁殖发育能力。但也有研究表明，来自成年牛体细胞的核移植胚胎在怀孕后期流产率高，并且出生的犊牛，与核供体来自新生牛与胎牛的体细胞核移植犊牛相比，异常率高（Kato Y，*et al.*，2000）。

（2）供体细胞的传代次数　成年兔成纤维细胞的原代细胞较传代细胞囊胚发育率低，经细胞周期分析，传 6～12 代的细胞更易进入 G0/G1 期。Hill 以克隆牛胎儿成纤维细胞体外培养传代，用 2 代与 18 代细胞作供体，发现尽管前者囊胚发育率低于后者，但并无显著差异（Hill J R，2001）。

（3）供体细胞的组织来源　在已经做过的超过 200 种组织学类型的哺乳动物供体细胞中，只有不到 5%的产下克隆后代，因此认为，供体细胞的组织特异性对克隆效率有重要影响（Oback B，2001），研究表明，不仅不同细胞系，即使是同一原代细胞系的不同克隆株，其核移植胚胎的发育率也有差异（Kuhholzer B，2001）。但目前尚未发现理想的供体细胞。目前普遍认为，使用来自雌性生殖系统的细胞（如卵丘/颗粒细胞、输卵管细胞、乳腺细胞和子宫细胞等）作供核体可提高体细胞核移植效率（Amano T，*et al.*，2001）。然而，Kishi 等（2000）的试验证明耳成纤维细胞与去核卵母细胞的融合率显著高于来自初乳的乳腺上皮细胞，但在卵裂率及囊胚发育上二者无显著差异。另据报道(Zakhartchenko V，1999)，无论是否进行了血清饥饿，来自原代牛耳皮肤成纤维细胞的重构胚的囊胚率均显著高于来自原代乳腺上皮细胞的重构胚，而用乳腺上皮的无限细胞系为供体时，则没有能发育成囊胚的。Rideout 等(2001)认为体细胞来自于胚胎干细胞的核移植胚胎不需或几乎不需重编程，故而胚胎发育能力高于来自体细胞的核移植胚胎。目前尚未有一种明确的方法可用来鉴定哪些细胞群落适合核移植。

4. 细胞周期阶段对核移植的影响

体细胞研究结果表明，G1 和 G2 期细胞与 S 期细胞融合后，G1 期核可诱导 S 期，在 S 期核中完成 DNA 复制；但 G2 期保持不变，只是在核膜破裂后 DNA 才能再复制。间期(G1、S、G2 期)核与 M 期细胞融合时，由于 MPF 的作用，诱导早熟染色体凝集(premature chromosome condensation, PCC)。在小鼠、兔的细胞核移植胚胎中观察到了 PCC 现象。PCC 的主要作用是导致核膜破裂和间期染色质的早熟性凝集，也可导致染色体损伤，损伤程度依供体核所处细胞周期阶段的不同而异(Collas P，1992)。供体与受体胞质细胞周期阶段的协调有利于核移植胚胎的发育。

在克隆羊“Dolly”诞生之前，人们一直试图获得体细胞克隆后代，但都未取得成功。1997 年，Wilmut(1997)成功地以 6 岁母羊乳腺上皮细胞克隆出成活后代“Dolly”，他认为自己成功的关键是对供体细胞进行了血清饥饿诱导其进入 G0 期。此后，许多人都模仿他的方法获得了多种体细胞克隆后代。Campbell(1996)也认为 G0 期细胞的染色体被认为进行了某种修饰，由此推测休眠状态的染色体在卵母细胞质中得到更完善的修饰，而这种修饰对重编程可能十分关键。Alberio 等(2000)也证明将 M 期卵裂球移入去核卵母细胞内，不能使胚胎正常发育，并推测这可能是由于核移植后有丝分裂核不适当的重修饰造成染色质异常而导致的。但以后许多人的研究结果证实，G0 期并非是体细胞核移植所必需，Shiga 等(1999)用非休眠期的成年公牛肌肉细胞获得存活后代；Cibelli 等(1998)用处于生长增殖期的胎牛成纤维细胞(主要处于 S 期)进行核移植获得发育到期的犊牛，Wakayama 等(1999)用来自 G1 和 G2 期的小鼠胚胎干细胞作供体移入 MⅡ期去核且未激活的卵母细胞内，也获得了发育到期的正常小鼠；Ohi 等(2001)用 M 期和 G1 期的胚胎干细胞做供体均获得了鼠胎儿。

总之，在体细胞核移植试验研究中，供核细胞所处的细胞周期直接影响核移植效率。目前所采用的受核胞质均为 MⅡ期卵母细胞质，胞质中 MPF 活性很高，供核细胞移入到去核卵母细胞后在高活性 MPF 作用下发生 NEBD 及 PCC 等现象，随后发生 DNA 的重新复制。为保证重构胚正确的染色体倍型，常用同步于 G0/G1 期的细胞作核供体或者将受体卵母细胞胞质预先激活，使之 MPF 活性下降，成为“万能受体”(Campbell K H S，*et al.*，1996)。而有报道指出 MPF 引起的 NEBD、PCC 等现象对移植核的重编程是必需的(Kono T，1997；Kawahara M，2005)，因此现在体细胞核移植中常采用血清饥饿法使供体细胞处于 G0/G1 期(Wilmut I，1997)。

5. 融合－激活方案

目前常采用的融合－激活方案有 3 种：融合前激活，即在卵母细胞与供核体细胞融合前激活卵母细胞；融合时激活，即在将供受体融合的同时激活卵母细胞；融合后激活，是在供受体融合后数小时再激活重构胚的一种方法，可延长核在受体胞质内的作用时间，使重编程更彻底。

这 3 种方法的区别主要在于电刺激会使 MPF 活性下降，最终归结于出不同细胞周期的供体细胞和受体细胞的相互作用。

6. 重构胚培养

重构胚的培养方法对其活力及能否完成全程发育十分重要。由于子宫和输卵管是早期胚胎的天然生活环境,所以体内培养胚胎质量优于体外培养胚。但由于体内培养代价高,操作复杂(需要手术操作),且不利于监测胚胎发育情况,因而人们一直在努力发展高效的体外培养系统。目前有3种体外培养系统用于哺乳动物胚胎培养:①添加能量底物的简单盐溶液。这类培养液最初由支持特定小鼠杂交系受精卵发育而建立,实践中常用的有M16、CZB等,但培养基中通常需添加胎牛血清(fetal bovine serum, FBS)或牛血清白蛋白(bovine serum albumin, BSA)。②复杂组织培养基。这些培养基已实现商业化,如Ham's F-10,其中包含氨基酸、维生素和核酸前体等,使用时常添加FBS,但这些培养基的基本代谢物水平与雌性生殖道很少有同源性。③共培养系统。即在培养系统中添加一些饲养细胞。据认为体细胞可去除培养基中对胚胎发育不利的因子,另外,饲养细胞可能也会产生一些有利于胚胎发育的代谢物。共培养系统中采用的饲养细胞多为雌性动物生殖系统的细胞,如输卵管上皮细胞、子宫内膜细胞、卵丘细胞和颗粒细胞等。体外培养系统的缺陷也是导致胚胎吸收、死亡、流产、死胎或出生后死亡、以及胎儿过大综合症的一个重要方面(张靖飞等,2002)。

### 5.5.4 体细胞核移植(克隆)研究进展及机理

1. 哺乳动物体细胞核移植技术研究概况

Gurdon等(1975)用爪蟾,Diberardino和Orr(1992)用蛙分化细胞进行的核移植都得到了蝌蚪,证实了在两栖动物上至少部分分化的细胞具有发育的全能性,细胞分化后在基因组上不发生不可逆的改变,基因组上存在重新启动发育所需的所有基因,这一理论为哺乳动物体细胞核移植研究奠定了理论基础。

1984年,Czolouska等把小鼠胎儿胸腺细胞移植到未激活的中期Ⅱ的卵母细胞中时,细胞核出现了早熟性染色体凝集(premature chromosome condensation,PCC)。而当细胞核移入激活后的卵母细胞内,细胞核出现染色体去凝集,核膨胀以及核仁出现等形态变化,培养24 h后细胞核体积增大到原来的200倍,而且胸腺细胞与卵母细胞融合的时间对细胞核的重组影响较大。胸腺细胞在卵母细胞激活前30 min以前进行融合,细胞核出现PCC结构和微核结构,在卵母细胞激活前10~30 min和激活后1 h以后再融入卵母细胞,胸腺细胞发生膨胀的体积比雌原核还大,胸腺细胞在卵母细胞激活后1 h再融入卵母细胞,细胞核大的出现发育阻滞,不发生形态上的变化。该研究表明了已分化体细胞移入卵母细胞后可以发生形态重组,可以形成原核样的结构,他也推测体细胞能够支持胚胎的发育。

Kono等(1991)报道了用小鼠胸腺细胞核移植后得到了发育的囊胚,但移植后未获得分娩的核移植小鼠。由于当时细胞分化理论认为哺乳动物的细胞分化在遗传结构上发生了不可逆的改变,细胞分化是由于基因的缺失引起的,人们普遍认为哺乳动物体细胞已失去了发育的全能性,这些研究结果未被人们所重视。直到1997年,Wilmut等得到了举世瞩目的第一只成年体细胞核移植绵羊——“Dolly”后,体细胞核移植才受到广泛的关注,人们才开始重新认识细胞分化的本质以及细胞分化的理论基础,Wilmut等首次证明了成年动物分化的细胞具有发育的全能性,可以维持核移植胚胎发育到出生。当然,人们对Dolly羊也提出了置疑,但DNA

指纹分析证明了 Dolly 的确来自成年绵羊乳腺上皮细胞(Ashworth D,1998)。Dolly 的诞生为体细胞核移植时代的来临拉开了序幕,此后小鼠(Wakayama T,1998)、牛(Kato Y,1998)、山羊(Baguisi A,1999)、猪(Polejaeva I A,2000)、大鼠(Zhou Q,2003)等动物的体细胞核移植后代也相继诞生。最值得一提的是,2007 年 11 月 14 日美国俄勒冈州比弗顿的国家灵长类动物研究中心研究人员正式在《自然》杂志上发表了最新研究成果,称利用体细胞核转移技术成功克隆出猕猴胚胎,这是科学家首次成功克隆灵长类动物胚胎(J. A. Byrne 等,2007)。

我国哺乳动物体细胞克隆研究虽起步较晚,但近年来也取得了长足进展。

王玉阁等(1999)利用胎儿成纤维细胞获得 2 只体细胞克隆山羊;张涌等(2000)、成勇等(2001)、郭继彤等(2002)分别获得体细胞克隆山羊;刘海军等(2007)获得体细胞克隆波尔山羊后代;周欢敏等(2007)获得体细胞克隆绵羊后代。

董雅娟等(2001)利用胎儿上皮成纤维细胞为核供体,获 2 头体细胞克隆牛;陈大元等(2002)获 14 头体细胞克隆牛;李宁等(2002)获我国第一头体细胞克隆冀南牛;新疆金牛公司(2003)获得 12 头体细胞克隆牛。

李宁等(2005)获得首例香猪的体细胞克隆猪;刘忠华等(2007)获得东北民猪白体细胞克隆猪;李宁等(2008)获得 5 头长白猪体细胞克隆猪。

中国科学院发育生物所和扬州大学合作(1999 年)获得转基因克隆羊;李宁等(2003)获得转入岩藻糖转移酶基因克隆牛,随后又获得了一批转入溶菌酶、人乳铁蛋白和人乳清蛋白的转基因体细胞克隆牛;刘忠华(2006)获得绿色荧光蛋白基因体细胞克隆猪。中国农业科学院畜牧所等(2008)获得一头转"ω-3"脂肪酸去饱和酶基因的克隆猪。赖良学等(2008)获得世界首例"带有抗猪瘟病毒基因的克隆猪,上海交通大学医学部等(2007)获得世界首例绿色萤光蛋白基因转基因克隆兔。李光鹏、赖良学等(2009)获得世界首例含 ω-3 脂肪酸转基克隆牛;张涌等(2009)获得世界首例转入防御素基因克隆牛。

陈大元等(2007)利用北山羊体细胞为核供体,利用山羊卵母细胞为核受体,获得异种动物克隆的北山羊。陈大元研究员领导的科研小组报道,大熊猫体细胞核在兔的卵母细胞质中可去分化并支持早期重构胚发育至囊胚(陈大元等,1999)。

*2. 体细胞核移植机理研究*

体细胞核移植的基本原理为:已发生早期分化的体细胞核移植到成熟卵母细胞中,可因其中特殊因子的作用,植入核基因表达被重新编排或调整,将"发育钟"拨回到受精状态(0 点),即恢复"全能性"(totipotence)。因而经过核移植后的重构胚胎可以正常发育为具有相同遗传物质的新生个体。

在个体发生过程中,机体组织所有体细胞都从受精卵继承了同一套遗传物质,然而,在不同类型的细胞中,只有一部分特定的基因被激活表达。也就是说虽然所有的细胞拥有同一套基因组,它们都来源于受精卵,但表型却不相同。这是通过表观遗传机制——染色体修饰和 DNA 甲基化完成,它们能使基因组携带一些稳定而可逆的遗传标记,从而导致基因的分化表达。这些表观修饰是可遗传、可逆的,所以细胞表型可变,在一定条件下体细胞可恢复到全能性。已经在许多物种中证明,通过体细胞核移植,成功的重编程可使分化的体细胞回到全能状态。进行体细胞核移植,需要卵母细胞对已分化的体细胞基因组进行重编程,使之回归到全能状态,只有这样克隆动物才能正常发育。哺乳动物基因组表观重编程是指 DNA 序列不改变而由其他修饰作用引起的 DNA 功能的改变。哺乳动物基因组表观重编程包括 DNA 甲基化、印记基因、X染色体失活、端粒、组蛋白修饰等。

(1)基因组表观重编程

①DNA甲基化。DNA甲基化是基因组重编程的主要表观遗传修饰方式。无论对于单细胞生物还是多细胞生物,DNA甲基化是DNA表观修饰中研究的最多的一个。在哺乳动物和其他脊椎动物,甲基化发生在对称的而核苷酸CpG上,在DNA甲基化转移酶Dnmt作用下形成5-甲基胞嘧啶(5-methylcytosine,5MeC),表明基因组中有一个特殊的机制维持基因组的甲基化。至少有3种孤立的,有催化活性的DNA甲基化转移酶参与了DNA甲基化的建立和维持,Dnmt1,Dnmt3a和Dnmt3b。Dnmt1有两种异构体,即卵母细胞特异型(Dnmt1o)和体细胞特异型。体细胞特异型Dnmt1通常被认为是“维持”甲基化转移酶,因为它的作用可能是在DNA复制后复制甲基化模式,卵母细胞特异型Dnmt1o的作用是维持而不是建立母本基因组的印迹状态。Dnmt3家族有Dnmt3a,Dnmt3b, Dnmt31等多个异构体。胚胎附植后的甲基化ES细胞中外源整合序列的甲基化以及印迹的建立(Dnmt31)都需要这些酶的参与(Bestor T,2000),而且还发现:Dnmt3a对甲基化的DNA有强烈的偏好性(Yokochi T,2002)。虽已证明酶Dnmt3a和Dnmt3b能使DNA重新甲基化,但还不知道基因组中甲基化建立的特殊机制是什么。体内主动去甲基化中,没有酶执行这一功能。基因组范围内甲基化程度的改变,如敲除甲基化酶基因,会导致胚胎死亡或发育缺陷,但导致不正常发育的根本原因有待研究。有一点可以肯定的是,在哺乳动物发育过程中,体内存在基因组范围的重编程(Reik W,2001)。在受精时,来自父本的染色体基因组在卵母细胞胞质作用下发生显著变化,DNA复制开始前整个基因组发生去甲基化,此过程发生时无DNA复制或基因转录,称之为主动去甲基化。由于DNA复制过程中缺乏主要的DNA甲基转移酶如Dnmt1,而导致新合成的子代链不能进行甲基化,染色体在复制过程中维持甲基化失败的现象称为被动去甲基化(Santos F,2004)。

另外,基因组甲基化与癌症密切相关,CpG位点是肿瘤中癌基因和抑癌基因突变的热点,全基因组的低甲基化与局部高甲基化并存是肿瘤一大特征。DNA甲基化抑制剂能快速的重新激活沉寂基因,甲基化抑制剂:5-氮胞苷(5-aza-CR)和5-氮-2′-脱氧核苷(5-aza-dC),最初被认为是细胞毒性物质,但是随后被发现它们具有很强的甲基化抑制作用,有试验结果表明它们可以抑制癌细胞的生长(李秀梅等,2005;倪志等,2006)。

②印记基因。印记这一概念最初由Crouse(1960)提出,指二倍体基因组中一些基因的表达有亲本选择性,即只有来自父本或母本的等位基因表达,而另一等位基因不表达,造成一种后成不对称,这种同源染色体基因表达活性不同的现象即为基因组印记。最早从分子水平鉴定的印记基因是类胰岛素生长因子Ⅱ(insulin-like growth factorⅡ,IGF2)与它的受体(insulin-like growth factor type-2 receptor,IGF2R)。目前在哺乳动物中已发现40多个印记基因,在有袋类也发现一些印记基因,但在其他脊椎动物如鸟类、鱼类中则没有发现印记基因。

在哺乳动物中所发现的印记基因大都具有如下几个特点:很少是单独存在的,大约有80%以上都是与其他的印记基因呈簇排列;所有的印记基因都有一个或几个印记中心IC(imprinting center),也即差异甲基化区DMR(differentially methylated region DMR);在印记基因的DMR内,有富含CpG的CpG区(CpG island);基因印记是可以逆转的(杨明升等,2002)。

由于DNA甲基化水平不同,成熟配子染色体结构的不同,受精后甲基化水平会发生进一步的变化。总体来说,原始生殖细胞甲基化程度低,配子甲基化程度升高,精子甲基化程度高于卵子。组织中重复序列甲基化程度高,但配子中情况相反。配子基因组甲基化程度的不同可在特殊组织基因组中看到,但这种情况在卵裂过程中消失。受精后几小时,父本基因组相对于母本基因组快速去甲基化,母本基因组在卵裂过程中被动去甲基化。近年研究表明,牛核移植胚胎附植前经常发生不正常的甲基化,使 Fgf4、Fgf2r、IL6 不能激活(Willian M,2001)。

印记对发育起重要的调控作用。基因组的表观修饰保证发育过程中基因正常表达,涉及到基因组甲基化,尤其在胚胎早期,涉及各个基因如何开启和关闭。目前体细胞核移植成功率低,普遍认为与体细胞核在卵母细胞中不能正确再程序化有关,尤其涉及到一些印记基因的甲基化和去甲基化不完全。

③X 染色体失活。剂量补偿效应是通过雌性体细胞中一条染色体失活而基因表达受到抑制,这一过程称为 X 染色体失活。在胚胎植入前,雌性胚胎的两条 X 染色体均具有转录活性。细胞分化时,一条 X 染色体失活并沉默。Xist(X-inactive specific transcript)基因在 X 染色体失活中起重要作用,它编码非翻译的 RNA,启动 X 染色体的失活。Xist 基因在 X 染色体的失活中心(X-chromosome inactive center, XIC)开始转录,并使整条染色体转录失活(Penny G D,1996;Marahrens Y,1997)。

雌性胚胎附植前的卵裂期两条 X 染色体均有活性,在胚胎外胚层一条 X 染色体随机失活。相反,在滋养层外胚层(TE)父本 X 染色体先失活。TE 参与胚胎胎盘的形成。在小鼠试验中,体细胞核移植(X 染色体带有遗传标记),在外胚层 X 染色体随机失活,而在 TE 中 X 染色体并非随机失活(Willian M,2001)。Xue 等人(2002)通过研究 MAOA 及 9 个 X-linked 的基因在存活和死亡克隆牛中的表达,发现 10 个基因中有 9 个异常表达,而且 Xist 基因处于过低甲基化水平,表明不完全的核重编程可能使 X 染色体上产生异常的表观遗传标记,影响了随机的和印记的 X 染色体的失活。

④端粒。端粒是染色体末端的一段序列,它和端粒结合蛋白组成核蛋白复合物,广泛存在于真核生物细胞中。不同真核细胞的端粒有着类似的序列和结构,端粒序列高度保守,一般由极其简单的串联重复序列组成。例如人是 5′TTAGGG,重复次数为 800～3 000 次。端粒的生物学功能主要是保护染色体末端的完整性,防止染色体末端的降解、融合和重排。由于聚合酶末端复制缺陷问题,在染色体复制过程中,其末端的端粒序列得不到完整复制而发生丢失。这就需要一种机制来完成染色体末端复制问题。一种核糖核蛋白端粒酶—端粒酶,能够以自身为模板合成端粒序列添加到染色体末端,从而弥补端粒的丢失。在个体发育过程中,细胞缺乏功能性的端粒酶,因此正常人体细胞发生一次分裂活动,其端粒长度会缩短 50～100 bp。这种随细胞分裂而发生渐进性缩短的程度最终导致细胞永久性丧失分裂增殖能力,细胞随之发生衰老和死亡,即细胞复制性衰老(Von Z T,1995)。有证据表明破坏细胞端粒酶活性引起端粒缩短和细胞衰老。而在缺乏端粒酶活性的正常人体细胞中激活端粒酶导致端粒的延伸和这种细胞的无限增殖(Bodar A G,1998)。另外,通过测定端粒的长度可以预测细胞的寿命(Vaziri H,1994)。

一旦体细胞开始分化,大多数细胞端粒的长度将逐渐变短。这样就提出一个问题,即是不是由于供体体细胞端粒长度短,使得克隆动物提前衰老。第一只克隆羊的端粒长度变短,而克隆牛中没有这种现象。用衰老的牛胚胎细胞作核供体,端粒长度和细胞增殖的生命期会得到恢复,甚至会因为克隆过程而延长。克隆胚胎端粒酶的活性恢复程度与鼠和牛的情况一致。

假定衰老的体细胞中的端粒酶表达从而恢复了端粒的长度，可能是早期胚胎酶活性重新调整了已变短的供体基因组的端粒(Willian M,2001)。

⑤组蛋白修饰。在真核生物核小体核心组蛋白的 5′-N 末端位于双螺旋的大沟中，其赖氨酸、丝氨酸、精氨酸残基可通过甲基化、乙酰化、磷酸化及 ADP-核糖基化等作用被共价修饰。组蛋白乙酰化反应多发生在核心组蛋白 Lys 残基，组蛋白乙酰转移酶(histone acetylase, HAT)和脱乙酰转移酶(histone deacetylase, HDAC)的作用是将乙酰辅酶 A 的乙酰基移去或增加到组蛋白 Lys 的 ε-$NH^{3+}$ 上，从而进行基因表达的调控(安丽娜等,2005)。组蛋白上增加的乙酰基中和掉一个正电荷，这样可减弱组蛋白与带负电的 DNA 骨架的相互作用，促进组蛋白-DNA 复合物的结构松散，使转录因子容易结合到其在 DNA 上的作用位点，从而促进基因的转录(Finnin M S,1999)。

(2)核质互作　卵母细胞中 MPF 对供核细胞在胞质中的构型变化起着非常重要的作用(Campbell KHS,1999)。MⅠ期和 MⅡ期的卵胞质中 MPF 水平相对较高，体细胞处于高水平的 MPF 环境中，将会发生 NEBD 与 PCC 等现象，然后启动 DNA 复制。有报道指出 NEBD 有利于胞质蛋白与移植核蛋白的交换，可促进核的重编程；在重构胚胎中供体核发生 PCC 是核发生重塑的一个重要标志。在受体卵母细胞激活前移入供体核，供体核会发生染色质凝集(Szollosi D, *et al.*, 1988)，当卵母细胞中 MPF 活性消失后，移入的染色质不发生凝集。供体核染色质发生 PCC 可为其进入末期做准备。报道指出供体细胞核的重塑对重构胚的发育是必需的，未发生 PCC 的克隆胚胎囊胚发育能力通常显著低于发生 PCC 重构胚的囊胚发育能力(Shin M R,2002)。

激活的卵母细胞 MPF 下降，此时的供核体细胞不论处于细胞周期的哪个阶段，移植到卵胞质中都可以正常进行后续的细胞生长，增殖事件(Campbell K, *et al.*, 1996)。高水平的 MPF 可能对供核的重新程序化有益，供核在这种环境下发生 NEBD 和 PCC，发生活跃的核质间物质交换，NEBD、PCC 现象发生后不久即发生染色体复制，为保证重构胚正常的染色体倍型常使用 G0/G1 期细胞核作为核供体。ES 细胞中 60%的细胞处于细胞周期的 S 期，卵丘细胞或经血清饥饿的成纤维细胞则处于 G0/G1 期，ESC 细胞作为核供体组建的重构胚囊胚发育率显著低于卵丘细胞或经血清饥饿的成纤维细胞，原因是只有少数处于 G1 期的 ESC 细胞才能完成正常地卵裂、发育(William M,2001)。因此，将处于 G0/G1 期的供体细胞移入 MⅡ期卵胞质中有助于重构胚的表观重编程，可提高其囊胚发育率。

(作者：桑润滋、李俊、孙洁、韩建永)

## 5.6 胚胎干细胞技术研究

### 5.6.1 影响动物胚胎干细胞分离和克隆效果的因素研究进展

胚胎干细胞(embryonic stem cell, ES 细胞)细胞是由早期胚胎内细胞团(inner cell mass, ICM)或原始生殖细胞(primordial germ cells, PGCs)，经体外分化抑制培养筛选出的一种具有多潜能性的胚性细胞。自 1981 年，Evans 和 Kaufulnan 建立小鼠的胚胎干细胞系以来，人们先后分离到仓鼠(Doetschman T，1988)、猪(Evans M J；钱永胜，1996)、牛(Satio S，1992；Tsuchiya Y，1994)、羊(Tsuchiya Y，1994；Tillmann 等，1996)、兔(Graves K H，1993；赖良学，1995)、水貂(Sukoyan，1991)和恒河猴(Bongan A，1994，Thompson J A，1995)的类 ES 细胞。这些细胞在体外能长期保持增殖和未分化状态，又像其他细胞一样可以体外培养、扩增、筛选、转化和冻存，这些特征使其在培养的细胞和个体发育之间、体细胞与生殖细胞之间架起了桥梁，成为当前生物工程研究的热点和难点，在细胞生物学、发育生物学、遗传学和医学等领域中发挥日益重要的作用。1998 年，美国 Thomson 和 Shamblote 两个研究小组分别从早期胚胎和 PGCs 建立了人类 ES 细胞系，在国际上引起了轰动。Science 杂志将人类 ES 细胞研究成果评为 1999 年世界十大科技进展之首，美国《时代》周刊将其列为 20 世纪末世界十大科技成就之首，并认为细胞和人类基因组将同时成为新世纪最具发展和应用前景的领域，因此掀起了 ES 细胞研究的高潮。尽管在人和小鼠上建立了 ES 细胞系，在牛、羊、猪等家畜也获得了类 ES 细胞，但这项技术尚不成熟，有关影响胚胎干细胞分离与克隆效果的影响因素有待进一步研究。

1. 饲养层细胞的影响

饲养层细胞的作用主要是抑制 ES 细胞的分化。Piedrahita(1990)比较了不同饲养层细胞对胚胎 ICM 的影响，羊、猪和小鼠胚胎在不同饲养层细胞上的生长行为不一样，全胚和分离的 ICM 在 STO(可连续传代的小鼠成纤维细胞系)细胞上不扩展，而在同源胚胎的成纤维细胞上扩展，但不能分离出 ES 细胞；猪的全胚和 ICM 在 BRL(布法罗大鼠肝细胞)、PEF(猪上皮成纤维细胞)、PUE(猪子宫上皮细胞)等饲养层细胞上不能扩展，只在 STO 或 STO＋BRLCM(布发罗大鼠肝细胞条件培养基)能附着和增殖，迁移到饲养层上形成类 ES 细胞，传两代后消失；而小鼠全胚和 ICM 不管在 STO 还是在小鼠胚胎成纤维细胞上均可附着和生长。由此可见不同动物对饲养层细胞的要求是不一样的，小鼠胚胎适应性广，对小鼠适宜的条件对其他动物不一定适宜。必须选择合适的饲养层细胞抑制 ICM 分化，促进 ICM 生长。赖良学等(1996)研究发现，以 REF(兔胎儿成纤维细胞)为饲养层时，兔胚胎贴壁率比在 PMEF(小鼠胎儿成纤维细胞)和 SNL(经白血病抑制因子转化了小鼠成纤维细胞系)上显著地低。童英和赖良学等用 STO 细胞、PMEF、REF 作为饲养层，比较了 3 种饲养层细胞对兔细胞的分离效果，认为 PMEF 作为饲养层最好。Predrahita 等(1990)也认为 PMEF 比其他细胞更适宜分离胚胎干细胞，但 Strojek 等(1990)认为同源胚胎成纤维细胞优于 PMEF 细胞。Matsui 等(1991)研究表明：同源胚胎成纤维细胞所模拟的体外培养条件与 PGCs 在体内生长的环境最为接近，更有利于胚胎干细胞系的建立。尚克刚等(1994)发现 STO 细胞和鼠胚原代成纤维细胞(PMEF)两种饲养层细胞都可以维持 ES 细胞的正常形态和体外分化能力，但 STO 细胞不能维持细胞的正常二倍体核型，PMEF 的效果比 STO 为佳。ES 细胞维持未分化状态和正常的二倍体核型是进行核移植和嵌合体制作前提条件，因此也是一个专门的重要研究课题。以上说明饲养层细胞是进行 ES 细胞分离的关键因素之一，要建立高效的抑制分化体系，其他因素还有待于研究。

2. 生长因子的影响

饲养层细胞的主要作用是抑制 ES 细胞的分化。研究表明：饲养层细胞可以分泌一些分化抑制因子，如 LIF、DIA、HILDA(尚克刚，1994；Moreau J F，1988；Smith A G，1987)。根据 Williams 等(1988)的分析认为这 3 种因子是同一种分子，由于它具有多向性促生长作用，对不同的细胞有不同的作用。20 世纪 90 年代初以来,ES 细胞体外存活、增殖所需要的一些生长因子逐渐被阐明(Donovan P J,1994),主要是干细胞生长因子(stem cell growth factor,SCF)(Godin I,1991;Godin I,1991;Dolci SDE,1991;Matsui D,1991;Pesce M,1993)和碱性成纤维细胞生长因子(basic fibroblast growth factor,bFGF)(Resnick J L,1992;Matsui Y K,1992)分别与 ES 表面的 SCF 受体(c - kit 受体)、LIF 受体、bFGF 受体相结,激活细胞内相应的信号传导通路,产生特定的 ES 细胞表型。SCF 的主要作用是抑制 ES 细胞的凋亡,LIF 除抑制 ES 凋亡外,还具有抑制 ES 细胞分化的作用,bFGF 能促进 ES 细胞增殖;SCF 和 LIF 可提高 ES 细胞对有丝分裂原的反应性,在这些生长因子的共同作用下,维持 ES 细胞体外培养过程中的干细胞特征,持续增殖,并保持未分化状态。

胚胎干细胞表型的维持依赖于环境中抑制分化因素,起主要作用的是 LIF。LIF 在 500～5 000 IU/mL,ES 细胞培养在这种浓度的 LIF 中 95%以上的细胞维持 ES 表型,ES 细胞的克隆数也依赖于 LIF 的浓度,当 LIF 浓度由 500～5 000 降至 50～500 IU/mL,ES 细胞的克隆数也相应下降至 50%～60%。利用富含 LIF 的 CM(条件培养基)或含重组 LIF 的培养基分离小鼠 ES 细胞已获成功。这说明 LIF 完全能取代饲养层细胞维持小鼠 ES 细胞的全能性。但在大家畜上以 LIF 代替饲养层细胞或 CM 来分离 ES 还没有成功的报道。

3. 基础培养基的影响

现在普遍采用的 ES 细胞培养液是以 DMEM 为基础培养基,部分学者采用 TCM 199+MEM 或 F 12+DMEM 作为培养基,DMEM 最早是为肿瘤细胞的培养设计的。ES 细胞体外生长特性与肿瘤细胞有许多相似之处,因此最早选用了 DMEM 分离小鼠的胚胎干细胞,但是 ES 细胞有自己的生长特点。Hertogh 等(1995)证明,17 mmol/L 葡萄糖浓度就足以保证兔囊胚的正常发育。Jeseph 等认为 0.2 g/L 葡萄糖浓度有利于兔囊胚的生长,过高则有副作用。尚克刚等认为,高糖有利于分离小鼠 ES 细胞。Strojek 研究发现在影响猪 ES 细胞建立与培养的诸因素中,胰岛素与 β - 巯基乙醇似乎是必需的;添加猪血清的效果比添加牛血清好,推侧可能存在内分泌协同作用。

不同的实验室采取的血清量也不同,一般采用 10%～20%NBS 或 FCS。动物血清的个体差异很大,细胞培养之前应对每批动物血清进行严格的控制,该方法不仅容易得到纯化的 ES 细胞,而且可以找到影响分化的关键因子。

4. 胚胎的影响

胚胎干细胞具有发育的全能性,要从早期胚胎分离出 ES 细胞必须选择适当胚龄的胚胎,各种动物早期胚胎发育程序不同,分离 ICM 所需时间各异。

Evans 等认为 ES 细胞必须存在十分精确的时间分离。Well 等研究发现,129 品系小鼠胚胎培养在常规 ES 细胞培养液中和 STO 饲养层上,3～5 d 的胚胎 ES 获得率为 13.5%,但延迟着床 5 d 的胚胎 ES 获得率为 47.4%,从 5.5 d 的胚胎分离出原始外胚层,在体外培养,ES 得率为 2.5%。Strojek 等从 69 枚 10 d 猪胚胎中得到 14 个克隆,他们认为 9 d 猪胚不宜分离 ES 细胞,以 10 d 胚胎为宜。赖良学等认为从保证全能性的角度考虑,3 日龄、3.5 日龄和 4 日龄的家兔胚胎均可用于 ES 细胞的分离,该期间的胚胎卵裂球或 ICM 参与生殖系嵌合体的形成,交配后 144 h 胚泡的 ICM 发育能力似乎已受到限制。其他哺乳动物,包括猪、牛和绵羊都是采用早期囊胚进行 ES 细胞的分离,囊胚形成前后,可能是分离其 ES 细胞的最佳时期。

5. 遗传背景的影响

近年来，许多学者发现，不同遗传背景对ES细胞的建系有一定的影响。1989年，Hassan等人比较了两种纯系小鼠与杂交小鼠的胚胎在产生ES细胞集落上的差别。我国学者尚克刚(1994)比较了小鼠C57BL/6品系、129品系和C57BL/6与129杂交的囊胚在形成胚胎干细胞(ES细胞)集落上的差异。C57BL/6品系的正常囊胚经培养后只有17.4%的胚胎出现ES集落，细胞生长迅速但极易分化。129品系为41%。细胞生长比较缓慢。而杂交鼠胚易于出现细胞集落，高达75%，有利于ES细胞系的建立。

人们还发现在制作嵌合体时，供体品系和受体品系之间的配合和选择是一个非常重要的问题。1990年Dechiara等通过十分细致的工作进一步强调了嵌合体制作时遗传背景的重要性。这些研究结果说明，通过嵌合体实现细胞转变为生殖细胞的途径，必须制备多种来源的不同ES细胞系，以适应嵌合体制作时ES细胞在遗传背景上的选择和搭配的需要。

上述研究结果表明：各实验室为探索ES细胞的培养条件做了大量的工作，最终的目的就是为了建立各种动物的ES细胞系。但到目前为止，只有人和小鼠的ES细胞建系成功。其他家畜猪、牛、羊、兔等虽然获得重大突破，分离到了类ES细胞，尚无一家证明所建立的干细胞系能参与生殖系的嵌合，具有全能性。这主要是因为各种动物胚胎发育特点不同，不能像小鼠一样找到各种动物分离ES细胞的最佳胚胎发育阶段和相应的处理方法。无法建立各种动物特异的高效的抑制分化体系，包括为各种动物寻找合适的饲养层，饲养层的抑制分化机理的研究，多种细胞生长因子配合使用，哪几种添加因子配合更好，其最佳剂量为多大，还需进一步研究。对不同动物胚胎的生长条件和营养需求还缺少了解，特别是基础培养基的选择和各种添加物的研究，以建立保证胚胎干细胞有效增殖培养系统。还有，传代方式与细胞损伤的程度，细胞密度与选择性生长，pH值的恒定和血清的选择都是应当予以注意的因素。

### 5.6.2 哺乳动物PGCs用于多能性干细胞培养的研究进展

哺乳动物原始生殖细胞(primordial germ cell, PGCs)是从尿囊基部向分化的性腺迁移的胚胎细胞，并最终形成配子，它是继胚胎癌细胞(embryonic carcinoma cells, EC细胞)或畸胎瘤干细胞(teratocarcinoma stem cells)和胚胎干细胞(embryonic stem cells, ES细胞)之后发现的又一种多能性干细胞资源。目前，把EC细胞、ES细胞和EG细胞统称为胚胎干细胞。由于PGCs培养建立的EG细胞系具有与经典ES细胞相似的生物学特性，如核型正常、具有嵌合能力、可在体外培养、增殖、克隆和冻存等，而且在多能干细胞培养中PGCs比附植前胚胎具有更大的优势。因此，PGCs在干细胞研究领域内作为一个新的生长点，受到各国学者的关注。

1. PGCs研究概况

早在20世纪70年代，Jeon和Brinster分别对小鼠PGCs的形态结构和能量代谢进行了研究。1982年，DeFelici用EDTA/percoll法分离到小鼠PGCs；1990年，Leichthammer分离到牛、猪、兔的PGCs。直到1992年，Matsui等和Resnick等几乎同时用小鼠PGCs建立了干细胞系，从此揭开了用哺乳动物的PGCs分离多能干细胞的序幕。其结果表明，来自小鼠PGCs的干细胞集落，细胞排列密集成鸟巢状，碱性磷酸酶染色和胚胎阶段特异性抗原-1呈阳性，传20代以上核型仍保持正常或接近正常；体外悬浮培养形成简单胚体和囊状胚体，在干细胞集落周围出现包括自律细胞、神经细胞、内皮细胞及成纤维细胞在内的多种分化细胞；将9～15代干细胞注射裸鼠皮下形成畸胎瘤；囊胚注射，生出4只皮毛嵌合体。1994年，Stewart利用PGCs建立了干细胞系并得到生殖系嵌合小鼠。同年，Mitani等分别取大鼠交配后7.5 d（7.5 dpc）整胚、8.5 dpc含羊膜的中线组织、9.5 dpc的尿囊-原条组织、10.5 dpc的尿囊-中胚层组织、12.5 dpc的背肠系膜及13.5～14.5 dpc的生殖嵴消化后用小鼠成纤维细胞无限系（STO）作饲养层，添加1 000 IU/mL白血病抑制因子（leukemia inhibitory factor，LIF）而获得干细胞集落；Cherny等将29～35 d胎儿生殖嵴分离而来的PGCs培养于同龄牛胚胎成纤维细胞饲养层上获得来自PGCs的牛胚胎干细胞。此后，Shim等（1997）培养从24～25 d猪胚生殖嵴及背肠系膜分离的PGCs而获得可连续传代的胚胎干细胞。Piedrahita（1998）用从25～27 d猪胎儿分离到的PGCs建立干细胞系，并得到嵌合体猪。来自PGCs的人类胚胎干细胞研究也取得重大进展，Shamblott等（1998）用机械方法加胰蛋白酶离散35～63 d人胎儿生殖嵴和肠系膜，将分离到的PGCs培养于STO饲养层表面，获得人胚胎干细胞集落。国内常万存等（1998）采用来自妊娠终止胚胎生殖嵴的PGCs分离人胚胎干细胞，体外传至4代。

2. PGCs用于胚胎干细胞培养的影响因素

PGCs用于多能干细胞建系的原理是分离具有发育全能性的PGCs，使用分化抑制物使之增殖而保持未分化状态，并一代一代传递下去。PGCs用于多能干细胞培养，其体外培养系统必须满足两方面的要求：一是促进PGCs增殖；二是保持PGCs未分化。

（1）基础培养基的选择　目前多数学者采用DMEM为基础培养基，这是因为DMEM比较适于生长速度快和贴壁性能差的细胞，而PGCs细胞正符合这一特点。研究证明采用DMEM为基础培养基能保证EG细胞和饲养层细胞的基本生长要求。也有学者用TCM-199加MEM-a（De Felici等）或F-12加DMEM等作为基础培养基，但效果不如DMEM。TCM-199多用于胚胎的体外培养，F-12尤其适用于进行单细胞培养和克隆化培养。

（2）不同饲养层对EG细胞建系的影响　适宜饲养层的使用使得体外培养的PGCs增殖成为可能。饲养层的制作是将具有贴附能力的细胞（如成纤维细胞、子宫上皮细胞、大鼠干细胞等）贴壁培养，用丝裂酶素C或γ-射线照射，阻断其有丝分裂但使其仍保持分泌活性，从而提供PGCs体外存活增殖必需的生长因子。目前广泛使用的饲养层是由STO或小鼠原始胚胎成纤维细胞（PMEF）制备而成的。其他还有输卵管上皮细胞、子宫上皮细胞、颗粒细胞、胎儿的睾丸、肾、肝成纤维细胞及TM4足细胞制备的饲养层。Piedrahita（1990）认为PMEF比其他细胞更适宜分离胚胎干细胞，但Strojek等（1990）认为同源胚胎成纤维细胞优于PMEF细胞。Matsui等（1991）研究表明，同源同龄胚胎成纤维细胞所模拟的体外培养条件与PGCs在体内生长的环境最为接近，更有利于EG细胞系的建立，其分泌物与MEF相比，更有助于激活靶细胞，并能刺激其细胞表面c-kit受体表达，促进PGCs的增殖及保持其未分化状态。De Felici等将分离出的PGCs分别培养于TM4细胞（从小鼠睾丸支持细胞获得）、STO细胞、F 9细胞（一种小鼠胚胎瘤细胞）和cos细胞（SV-40转染的猴肾细胞），观察体细胞对PGCs的作用及PGCs对体细胞的黏附能力，结果表明，TM 4和STO细胞能支持PGCs的体外存活和增殖，而F 9和cos则不能。

（3）分化抑制物的选择　PGCs在迁移过程中，所经过的细胞能产生一些促进其存活、迁移和增殖的因子。包括LIF、干细胞生长因子（stem cell factors，SCF）和碱性成纤维细胞生长因子（basic fibroblast growth factor，BFGF）。所以在体外培养系统中添加这些因子以及其类似物(如 Forskolin 等)有利于 PGCs 体外增殖,保持未分化状态。De Felici 等将小鼠的 PGCs 培养于添加 LIF 的 TM4 细胞饲养层上,发现 LIF(10 ng/mL)可显著减少 10.5 dpc 小鼠 PGCs 的分化。Matsui 等研究发现在培养液中加入 SCF,对 PGCs 的增殖与存活有显著影响,并能促进胚胎干细胞集落的形成。DeFelici 等研究表明,在培养液中添加 Forskolin 可提高胞间 cAMP 的水平,而 cAMP 可明显刺激培养中的 PGCs 增殖。许多学者用成纤维细胞制作饲养层,添加有关细胞生长因子,与 PGCs 共同培养均能获得多能干细胞,而且,根据不同生长因子的作用机制,联合使用多种生长因子,更有利于 PGCs 的增殖,EG 细胞系的建立。

(4)PGCs 分离时期及分离方法　根据不同动物胚胎的发育以及不同时期胚胎 PGCs 在体内所处的位置不同而取相应的组织。已经证明,小鼠 PGCs 取 8.5～12.5 dpc 时的生殖嵴,大鼠取 10 dpc 的尿囊中胚层、12.5 dpc 背肠系膜及 13.5～14.5 dpc 的生殖嵴等,兔取 18～21 dpc的生殖嵴,猪取 23～25 dpc 生殖嵴,牛取 29～35 dpc 的生殖嵴(董晓等,2000)。PGCs 分离方法也直接影响着培养结果。如果采用的培养方法影响了细胞的活力,即使建立了有效的培养系统,仍不能保证获得 EG 集落。分离 PGCs 的方法已在仓鼠、大鼠和小鼠上建立。主要思路为:①通过机械剪碎得到较少的生殖细胞;②用酶处理得到大量的生殖细胞后,通过过夜培养可除去部分体细胞,生殖细胞从培养皿皿底分离,而体细胞仍贴附于培养皿皿底。其不足之处是用酶处理会影响到细胞的活性。目前收集 PGCs 的常用方法主要有:①针刺性腺使细胞释放或用硅化玻璃盖片挤压获得 PGCs;②Ⅰ型胶原酶溶液将机械剪碎的性腺消化 15 min,用 DNA 酶洗涤吹浮并离心后可获得 PGCs;③机械剪碎的性腺用 EDTA 解聚,辅以针刺可获得 PGCs 细胞。比较而言,三种方法中,法②所获得的细胞数目是法①10～20 倍,是法③的 3～4 倍,但其缺点是 PGCs 细胞的表面有可能被改变,从而产生一种不正常贴附培养皿的趋势,总群落中 PGCs 的百分含量低于法③处理后得到的 PGCs 的百分含量。法③获得的 PGCs 在活细胞中所占的比例显著高于法①与法②处理后 PGCs 所占活细胞的比例。同时 PGCs 的贴附行为也未发生太多改变,即 EDTA 处理后的细胞表面的性质改变要比酶处理改变的少。另外,少量生殖腺周围的体细胞与 PGCs 共同培养有利于体外培养的 PGCs 的存活和增殖。

(5)其他外源性物质的添加　血清能供给细胞营养物质,促进细胞 DNA 的合成。干细胞苛刻的培养条件对血清的质量要求极为严格,购回的血清需用集落形成率测定法和连续传代培养法进行鉴定后才能使用。除了各种生长因子外,有些学者还在培养基中添加非必需氨基酸、柠檬酸钠、β-巯基乙醇等物质以利于胚胎干细胞的培养(安立龙等,2000)。这些添加物为细胞蛋白质的合成提供原料,促进细胞的分裂增殖,防止过氧化物对培养细胞的损害,促进细胞贴壁,但通常优质血清及基本培养基就能满足细胞的基本生长要求,只需添加 LIF 和 SCF 等生长因子即可。

3. *存在问题及前景*

目前 PGCs 细胞贴壁效率低、体外培养条件要求苛刻、EG 细胞建系程序复杂、建系效率低是 PGCs 用于多能性干细胞培养中普遍存在的问题,急需进一步完善 PGCs 的体外培养系统,探索更为适宜更为简易的建系方法。将生殖嵴及其周围组织一起进行直接培养,组成同源细胞共同培养体系,已成功地获得人类 EG 细胞系,这种方法是否可以推广到哺乳动物上需进一步验证。如果成功,那么 PGCs 用于多能干细胞的培养方法将会简化,建系成功率也将提高。业已证明,多种细胞生长因子配合使用效果更好,但哪几种添加因子配合更好,其最佳剂量为多大，还需进一步研究。另外，有关PGCs的增殖与迁移机制和影响PGCs变异的因素还需进一步探明。虽然PGCs用于多能干细胞的培养还存在许多问题，但与经典的胚胎干细胞培养路线相比，除了PGCs取材时期相对较长外，无论在数量上还是取材方法上，PGCs的获得均比桑葚胚和囊胚的获取有优势，而且由PGCs来的胚胎干细胞将在分析印记基因对胚胎发育的影响方面发挥独特作用。随着研究的进一步深入，PGCs及其干细胞的建系为生殖细胞发育分化和成熟的调节机制以及生殖系肿瘤产生的研究提供丰富的材料，也将加速体外研究胚胎发育分化的进程，拓宽人们对遗传和发育的认识和研究手段。将PGCs及其所形成的干细胞用于基因转移工程、动物克隆技术、组织器官替代疗法、动物遗传育种和生命科学研究，其前景让人欢欣鼓舞。正如MiaBuehr(1997)在其综述中所述："这是一个让研究PGCs的学者们充满激情的时代，也是一个有作为的时代，在此领域内巨大的科学意义和潜在的应用前景吸引着我们、也鼓舞着我们为之奋斗"。

（作者：桑润滋、韩建永、孙国杰、周振明）

## 5.7 我国动物繁殖技术研究进展

### 5.7.1 河北省动物繁殖技术的研究进展

繁殖是畜牧业生产中关键环节。发展畜牧业的中心任务就是增加畜禽的数量和提高其质量，数量的增长有赖于繁殖，质量的提高除改进培育和饲养条件外，主要也是通过繁殖才能实现。繁殖在畜牧业有着非常重要的意义。基于上述原因我国劳动人民从古至今都十分重视动物繁殖。河北省更是如此。

1. 历史悠久的河北省动物繁殖

河北省是我国畜牧业开发最早的地区之一，武安、磁山新石器时代早期文化遗址中发现有猪、狗、鸡等原始畜禽。到仰韶文化和龙山文化时期，河北境内已初步形成了马、牛、羊、鸡、犬、豕六畜俱全的畜牧业。商周时代在繁殖技术上采用混群放牧方法，以利配种，并在配种后，公母分群，以利保胎。春秋战国时期，诸国争雄称霸，连年战争，养马受到重视，并由于农业深耕挽驾之需，培育了牛、马、驴役畜，推广了繁殖骡的技术和牛耕技术。秦汉时期，相畜及畜禽良种选育有了很大发展。武清等地汉墓出土的青瓦猪及其仔猪，外形具有华北大型猪的特征。定州出土的东汉时期的陶猪及连茅圈证明，家畜饲养管理技术较发达。隋唐时期，尤其是盛唐朝代，为了发展农业，牛、马、驴、骡等家畜饲养受到重视，畜牧业空前发展。由于"牧养有法，医疗有术"，养马业兴盛。为了选育良种及征调便利，建立了马籍和马印制度(张妥，1993)。

辽、元、明、清朝代，河北为畿辅之地，为防卫需要，盛养马匹，马匹繁育技术有较大发展。

1840年鸦片战争以后，为了培养畜牧兽医专门人才，1904年冬，清朝北洋练兵处在保定创立北洋马医学堂，是我国最早的兽医学校，后改名为陆军兽医学校，1919年迁至北京。1935年成立的察哈尔张北畜牧学校1902年成立的直隶农务学堂为河北培养了大批畜牧兽医人才。

1902年河北农业大学前身——直隶农务学堂诞生，1905年直隶农务学堂创办了《北直农话报》(即河北农业大学学报前身),在1906年出版的《北直农话报》第8期4~7页,范卿的《畜产学:繁殖改良论》指出:“咱们的东邻,有个日本,每年派人到外国去,选买公马六七匹,一匹就得用2万块洋元。他的百姓们也得买三四十匹,这个便宜些,一匹也得用六七千块,买了这个马,不轻易使用,先以它配牲口,使变种子,借用它的遗传力,所以日本的马现在就一年强似一年”。该文还给出了繁殖改良的具体办法,“取身子强壮,用同族繁殖,如日本、高丽、中国的公母马交合”,或者“取形体改样,用异族繁殖,如中国、阿拉伯、英国的公母马交合”(范卿,1906)。

2. 河北省动物繁殖技术进展

(1)大群混配　从远古到近代河北省的家畜,一般都是公母混群任其自由交配。如牧区马群一匹公马占母马10~20匹,自由配种。山岳区的养牛,成群放牧,随时可配,但配种期多在四五月间,正值春忙,受胎率很低。平原区绵羊都是二三十只成群,公母羊2岁开始交配,公母比例约1∶(10~15),高原区约1∶(20~30),自由交配,6月开始,一直到年底。因此,分娩从11月拖延到次年5月,有冬羔春羔之分。猪的繁殖,因多为原始品种猪,性成熟极早,母猪3个月开始发情,公猪还要早,时常有“窝里跳”(哺乳期内同胞交配受孕)的事实,因此第一二胎繁殖率颇低。一般母猪育成率80%~85%,在河北省乡间很少有专养公猪的农户,多由粮油作坊带养一头,农民赶来母猪交配。这种粗放管理,大群混配的繁殖方法是原始牧业的特征,一直延续到近代。

(2)种畜户配种　种畜户在河北省农村历史上早已出现。由于分户饲养,配种较为困难,因而出现了养种公畜的农户,在配种季节上集赶会,走村串户,为农户饲养的母畜配种。20世纪50年代初,著名种畜户阳原县东井集公社配种员杨进业,全家14口人,都是配种员,从1958—1960年共配种繁殖大牲畜1 185头。种畜户配种辐射面大,比大群混配提高准胎率1倍以上。种畜户的出现适应了传统畜牧业的发展。

(3)家畜配种站配种　1950年,河北省农业厅先后建立了保定、昌黎等省属畜牧场及家畜繁殖场,为各地提供优良种畜种禽。1953年11月,在张北县庙滩建立了河北省第一个国营家畜配种站,下设22个配种分站,饲养苏联纯血种公马58匹,短角种公牛12头,美利奴种公羊54只,与本地母畜杂交配种。1954年,通过该站繁殖出杂种幼畜2万余头。此后各地陆续建立家畜配种站。承担了当地母畜配种任务。

(4)家畜人工授精技术——常温精液　1952年3月,在察北牧场训练首批绵羊人工授精员,并在蔚县代王城、宣化县深井、张北县馒头营、二台等地建立河北省首批绵羊人工授精站。到1959年仅张家口地区人工授精绵羊16万只。1981年河北省御道口牧场用人工授精技术,全场14 000只纯种细毛羊,繁活率达120%,单群羊(150只)母羊繁活率达150%,均创大群体和单群繁活率全国最高纪录。1990年沽源县畜牧局1只澳洲美利公羊,采用高倍稀释,共配母羊6 655只,受胎率达93.7%(6 237/6 655)。马(驴)直肠检查法人工授精,1954年,华北农业科学研究所严炎在河北省博野县杨村将直肠检查法用于驴的发情鉴定,董伟、王孝鑫等在河北省张北县察布淖配种站将直肠检查法用于马和驴的发情鉴定。1954年11月,在察北牧场举办马匹人工授精技术训练班,在全省推广大家畜的人工授精技术。到1959年仅张家口地区有马牛人工授精站59处,年输精配种马驴3万多头。此后,河北省在马匹繁殖中大力推广应用人工授精技术。1978年河北省御道口牧场桑润滋采用直肠检查方法鉴定发情人工授精,取得180匹母马繁活率达85%的好成绩。20世纪60—70年代,人工授精技术推广到猪禽和家兔。

(5)家畜人工授精——冷冻精液　我省郭海生等参与全国绵羊精液冷冻技术科研协作组，1980年在我省围场县进行绵羊冷冻精液试验，取得情期受胎率达55.3%(330/597)的较好效果[绵羊精液冷冻研究资料汇编(第五辑)，1983]。河北农业大学桑润滋，杨凌等(2002)采用对精液离心但不去除精清的方法，对波尔山羊精液进行冷冻保存，解冻后活力达0.4以上，情期受胎率达68.7%。1982年张家口农专杨正等取得家兔冷冻精液保存成功。1975年和1976年，在承德市和石家庄市先后建立了公牛站，饲养肉(奶)用种公牛，生产冻精。30年来共生产奶(肉)牛冷冻精液近3 000万个剂量，改良奶牛肉牛1 000余万头(次)，截至2005年，全省饲养纯种奶、肉种公牛140头，全省拥有良种繁育站6 417个，从业人员近万人，形成了省、市、县、乡(小区)个体改良站形成的改良网络，覆盖全省的158个县(市、区)。

(6)生殖生理研究　“九五”期间，河北农业大学李建国和桑润滋教授分别开展了热应激对荷斯坦母牛繁殖性能、产奶性能和对荷斯坦公牛和利木赞公牛精液品质的影响研究，并从生理生化指标、生殖激素等研究了造成热应激的机理。“九五”期间，桑润滋等对氦氖激光穴位照射超排母牛和抑制素主动免疫对牛超排效果的影响及机制开展了研究。此外，还对生殖激素诱导母牛双胎及机理进行了研究。

河北省畜牧研究所张英杰，刘月琴(2001)开展了小尾寒羊高繁殖力内分泌机理研究；河北农业大学桑润滋，吕津等(2004)对超排期间波尔山羊主要生殖激素FSH、LH、$E_2$、$P_4$变化规律及其与排卵效果的关系进行了研究；桑润滋，吴向丰等(2005)从超排期间NO及主要生殖激素水平对山羊、绵羊超排差异机理进行研究。

“九五”至“十五”期间河北农业大学等承担科技部“肉牛、奶牛高效快繁关键技术研究与示范”课题，通过注射LRH、益宫康、前列腺素等提高肉牛繁殖率，使试验区21万头可繁母牛繁活率达70.2%。通过提高精液品质、优化母牛受胎环境、防治繁殖障碍、规范操作等措施，使试验区的18.9万头可繁奶母牛繁活率达到80%以上。首次从直肠温度、呼吸频率、血清和精清生化指标全面系统开展热应激影响利木赞、夏洛来肉用种公牛和荷斯坦种公牛精液品质的研究，并揭示了热应激造成其精液品质下降的机制，同时还首次提出种公牛热应激的判定标准(直肠温度38.9℃，呼吸频率54.3次/min)。首次从胚胎生物技术、复合促性腺激素及抑制素免疫三条途径综合诱导肉牛产双胎并均获成功。使肉牛双胎率达30.3%。

(7)超数排卵与胚胎移植技术

①牛的超数排卵与胚胎移植。1983年芦台农场奶牛实验站桑润滋等在河北省首次获得奶牛非手术胚胎移植的犊牛。接着根据我国奶牛少，奶牛供不应求，而黄牛资源丰富的特点，为加速发展我省奶牛业，1984年又开展了“黑白花奶牛胚胎移植黄牛的研究”。1985年7月3号受体黄牛“借腹怀胎”成功地产下了河北省第1头奶牛犊(也是全国第2例)。于1985—1986年又产下我国首批黄牛“借腹怀胎”所生奶牛犊15头，为快速扩繁奶牛开辟了一条新的途径。我国第一篇奶牛胚胎移植黄牛论文——《黑白花奶牛胚胎移植黄牛试验》刊于《中国畜牧杂志》1987年第1期(桑润滋等，1987)。芦台农场奶牛实验站对年产11 000 kg的2502号高产奶牛进行重复超排试验，从1987年至1990年以3～6个月的间隔，用国产激素重复超排9次，共获可用胚85枚，头均9.4枚，共获胚胎移植后代21头。“九五”期间，河北农业大学将我国传统的中兽医针灸与现代激光技术相结合，在国内外首次发现用氦氖激光穴位照射超排肉用母牛，每头供体可用胚胎数比对照组提高了1.9枚。并探明了具体的穴位、功率和作用时间，同时揭示了其机理(王志刚等，1999)。“十五”期间，依据卵泡波原理，结合氦氖激光对超

排荷斯坦奶牛进行穴位照射，头均可用胚比对照组提高 1.5 枚。河北农业大学桑润滋和南皮县周强合作，在我国研制成具有自主知识产权的“强润牌”牛用非手术胚胎移植器及配套的硬外套和软外套(专利号：200510105236.2)，经试验与国外同类产品移植受胎率无差异，但成本显著降低。据不完全统计，20 多年来全省共移植受体约 6 万头，产胚胎移植后代近 3 万头。

②羊的超数排卵与胚胎移植。2001 年 4 月河北省畜牧良种工作站和中国科学院遗传所合作，波尔山羊胚胎移植获得成功；2001 年 9 月河北农业大学取得南江黄羊胚胎移植成功，这是我国南江黄羊胚胎移植首次成功；2002 年 3 月河北农业大学取得夏洛来、萨福克绵羊胚胎移植成功；2004 年取得杜泊绵羊胚胎移植成功。2005 年承德畜牧研究所取得绒山羊胚胎移植成功。2002 年 11 月河北农业大学在河北省临西县对 61 只波尔山羊超排，共获可用胚 1 023 枚，只均获可用胚 16.8 枚，移植受体 701 只，共产羔 429 只，每只供体一次超排只均产羔 7.2 只，创国内大群体胚胎移植新高。2002 年河北农业大学对承德市畜牧研究所饲养的 3 号供体羊进行超排，一次超排获得 18 只后代。2006 年河北省畜牧良种工作站获得美利奴超细毛羊胚胎移植的纯种羔羊。近年来，据不完全统计全省共移植绵山羊受体近 20 000 只，产良种羔羊 10 000 余只。

(8)胚胎生物技术

①胚胎冷冻技术。芦台农场奶牛实验站桑润滋等 1984 年取得兔胚胎超低温冷冻保存成功。1987 年 7 月，河北省芦台农场奶牛实验站常规冷冻保存奶牛胚胎获得成功。1989 年又开展了冻胚洲际引种试验，并于 1990 年获得成功。河北农业大学与中国农业大学朱士恩博士合作，开展牛胚胎玻璃化冷冻保存研究，1998 年在河北临漳县产下我国首例玻璃化冷冻牛犊。2004 年河北农业大学开展了山羊卵母细胞冷冻保存研究，将常规冷冻法、玻璃化细管法和 OPS 法对羊卵母细胞冷冻效果进行了比较。结果表明 3 种冷冻方法解冻后形态正常率分别为 83.33%(70/84)、75.12%(157/209)和 72.76% (203/279)。2006—2007 年，河北省畜牧兽医良种工作站获得美利奴超细毛羊冷冻胚胎的纯种羔羊。

②活体采卵与体外受精技术。“九五”期间，为进一步扩大胚胎来源，河北农业大学与中国农业大学朱士恩博士合作开展牛的体外受精研究，通过对卵母细胞成熟液、精子获能液、早期胚胎培养液等的改进，使牛体外受精囊胚发育率达 31.0%(349/1125)，2000 年在河北省临漳县产下我国首例玻璃化冷冻试管牛犊(朱士恩、桑润滋等，2000)。“十五”期间河北农业大学又开展了羊的体外受精技术研究，共采集绵羊卵巢 3 560 个，平均每个卵巢获卵 1.61 枚；受精卵裂率 47.83%；桑 - 囊发育率 15.53%。采集山羊卵巢 856 个，平均每个卵巢获卵 2.05 枚；受精卵裂率 54.80%；桑 - 囊发育率 9.37%。与此同时河北农业大学与北京奶牛中心合作，取得一次活体采卵获可用胚 1.2 枚、屠宰牛每个卵巢平均获可用胚 1.9 枚的结果，2007 年和 2008 年，河北农业大学先后获得首例杜寒杂交幼羔超排的试管绵羊和 1 月龄奶山羊幼羔超排试管山羊，2008 年又获得荷斯坦犊牛超排的囊胚。为工厂化生产牛胚胎奠定了基础。

③动物克隆技术。1989 年，河北省芦台农场奶牛实验站用自制 HB - 8004 型简易胚胎分割仪，对奶牛胚胎分割(一分为二)产分割胚牛犊；1989 年芦台农场奶牛实验站桑润滋与中国科学院遗传所谭丽玲合作，在唐山市丰南县首获奶牛半胚移植黄牛的同卵孪生奶牛犊；1999 年，河北农业大学与山东省生物技术中心合作获得了胚胎细胞核移植兔；1999 年河北农业大学与朱士恩教授合作，在邯郸市奶牛场产下我国首例玻璃化冷冻分割牛犊；2004 年河北

农业大学李相运在北京大学作博士后期间获得 ES 细胞核移植小鼠；2005 年河北农业大学获得山羊胚胎细胞核移植桑葚期的重构胚；2007 年和 2008 年又先后获得山羊和绵羊体细胞克隆的重构囊胚。

④胚胎干细胞研究。2000 年，河北农业大学获得了兔类 ES 细胞和类 EG 细胞。2001 年，河北农业大学首次采用山羊原始生殖嵴与上皮组织、结缔组织等周围组织共同培养的方法，分离克隆山羊生殖细胞(PGCs)，获得传至 5 代的类 EG 集落，经体外分化试验得到类神经细胞、类上皮细胞和类胚体。对山羊早期胚胎进行分离和克隆，在我国首次获得山羊类胚胎干细胞(类 ES)并传至 5 代，经体外分化试验得到类神经细胞和类上皮细胞。2004 年河北农业大学李相运在北京大学作博士后期间建立了简便而快速分离小鼠 ES 细胞的技术平台以及分阶段胚胎培养基，获得了完全由 ES 细胞发育而来的 ES 小鼠。

⑤性别控制技术。20 世纪 60 年代以来，推广了雏鸡肛门鉴别技术，准确率可达 95%。1978 年，河北省张家口农专朱元照教授、胡一化讲师等以该校来航鸡 L 系、E 系、Br 系原始群体为基础，对快慢羽的遗传方式、基因频率和基因型频率，纯系选育、自别雌雄杂种鸡的准确率进行了研究，经过 3 年正反杂交试验证实，用来航慢羽系作母本，快羽系作父本，杂交后子一代慢羽雏鸡皆为公雏，快羽雏鸡绝大多数为母雏，其准确率为 95%～100%。2005 年河北农业大学与北京奶牛中心合作应用性控精液输精生产性控胚胎，头均获可用胚数为 3.5 枚，冻胚移植妊娠率达 45%，母犊率为 87.5%。“十五”期间河北农业大学与河北国富爱德生物工程有限公司合作，应用性控体外冻胚共移植受体 1 882 头，妊娠 646 头，移植妊娠率达 34.3%，母犊率达 96.1%。2005 年 10 月河北农业大学用性控精液对奶牛进行人工授精，情期受胎率达 54.81%(74/135)，其中青年牛受胎率达 66.13%(41/62)；对已产犊的 26 头统计母犊率达 92.3%(24/26)。2007 年又获得我国首例经激素诱导用 X 精液输精的 3 对荷斯坦双母犊。性控精液人工授精推广达 1 万头以上。

3. 新中国成立以来河北省育成的家畜品种

家畜繁殖作为家畜育种的主要手段，新中国成立后河北省育成了以下家畜品种。

(1)猪的品种培育　1953 年育成了定县猪。此后又分别育成了昌黎猪、涿县猪。1983 年河北省芦台农场等单位育成了芦台白猪。河北省畜牧研究所与河北农业大学等单位联合育成了冀合白猪。

(2)牛的品种培育　1985 年，河北与吉林、内蒙古三省区联合培育成乳肉兼用的草原红牛。20 世纪 80 年代河北省畜牧研究所郑主泽和河北农业大学陈春芳等参与了中国黑白花奶牛的育种工作，和其他省区一起共同培育成中国黑白花奶牛，现统一称为中国荷斯坦奶牛。

(3)羊的品种培育　河北省畜牧研究所尹文兴与河北农业大学刘中等于 20 世纪 80 年代培育成河北细毛羊。

(4)马的品种培育　1958 年河北省张家口地区和张北县畜牧局的科技人员共同培育成了张北马。

(5)兔的品种培育　1986 年河北农业大学姜殿武等育成了虎皮黄兔，1988 年张家口高等农业专科学校杨正等育成了塞北兔。

4. 承担的科研课题及取得的成果与奖励

截至 2005 年的不完全统计，共承担省部级以上科研课题 40 余项，取得省部级以上奖励 30 余项，其中国家级奖励 2 项。

5. 发表的论文论著

截至2005年的不完全统计共发表论文300余篇，其中被SCI收录11篇。主编教育部推荐研究生教材《动物繁殖生物技术》和面向21世纪课程教材《畜牧学概论》本科生教材30余部。

6. 现有的省级科研单位和具有动物科技专业的高校

现有的省级科研单位2个，河北省畜牧兽医研究所和河北省牛羊胚胎工程技术研究中心。河北省目前有河北农业大学、河北科技师范学院、河北北方学院、河北工程大学4所高等院校设有动物科技本科专业，其中河北农业大学动物科技学院具有动物遗传育种与繁殖专业博士和硕士学位授予权，河北工程大学农学院的动科系具有动物遗传育种与繁殖专业硕士学位授予权，已培养研究生80余人。

7. 动物繁育对河北省畜牧业的推动作用

繁殖是畜牧业生产中关键环节。繁殖在河北省畜牧业中发挥了非常重要的作用。2005年河北省羊、牛、猪、鸡的良种覆盖率分别达到79.7%、87.3%、95.0%、95.1%。蛋、奶、肉总产分别达到$4.59\times10^6$ t、$3.403\times10^6$ t、$5.776\times10^6$ t，分别居全国的1、3、5位，畜牧业总产值达到1 100多亿元，占全省大农业总产值的42%。占全国畜牧业总产值的10%。河北省奶牛、肉牛、生猪、蛋鸡、肉羊均被农业部列为全国的优势产区。河北省畜牧业在河北省的农业结构调整、社会主义新农村建设和国民经济中发挥了重要的作用。

8. 几点体会

(1)各级领导的重视，各个部门的大力支持是取得上述成绩的保障。河北省委、省政府十分重视畜牧业的发展，明确提出要把河北省畜牧业建成大农业中的第一主导产业，实现由畜牧业大省向畜牧业强省的跨越。省领导多次到畜牧生产单位和科研单位、大专院校指导工作。

2004年，河北省人民政府以冀政(2004)50号文件下发“关于印发河北省发展千万吨奶工程实施规划”的通知。依据上述规划，2015年河北省奶类总产量将由2003年的$1.97\times10^6$ t提高到$1\times10^7$ t，奶牛存栏由2003年的130万头提高到280万头，奶母牛平均年产奶量由2003年的不足4 t提高到6 t。

省畜牧兽医局、省科技厅、省财政厅、省发改委等部门十分重视河北畜禽的改良工作，历年都投入大量的生产和科研经费，加快畜禽的改良。省畜牧兽医局下发了多个关于加快畜禽改良的文件。

(2)广大畜牧工作者和科技人员的努力拼搏和团结协作是取得上述成绩的关键。

(3)自己和自己比，河北省在动物繁殖上取得了较大进展，但与发达省市相比仍存在较大差距，特别是与发达国家相比差距就更大。建议全省各级领导、各个部门继续加大在动物繁殖方面的投入，以缩小与发达省市和发达国家的差距，尽快实现由畜牧大省向畜牧强省的跨越。

### 5.7.2 我国奶牛胚胎移植和胚胎工程现状及“十一五”的重点研究领域

我国牛的胚胎移植始于20世纪70年代，与发达国家相比虽然起步较晚，但进展较快。近30年来，我国牛胚胎移植经试验研究、发展提高和推广应用3个阶段，取得了许多重要成果，不仅缩小了与发达国家的差距，而且在奶牛迅速扩繁和育种中发挥了重要作用。目前牛的胚胎移植正向产业化迈进，向胚胎工程延伸。现就我国奶牛胚胎移植、胚胎工程取得的成绩、存在的问题及“十一五”的重点研究领域作一概述。

1. 我国牛胚胎移植和胚胎工程发展的3个阶段和取得的主要成果

(1)试验研究阶段(20世纪70年代初期至20世纪80年代中期)

①实验研究。中国科学院遗传研究所和上海市牛奶公司合作,分别于1978年和1982年在我国首次取得奶牛新鲜胚胎移植和奶牛胚胎超低温冷冻保存的成功(中国科学院遗传研究所203组和上海市奶牛公司第7牧场,1979;陈秀兰等,1983)。此后有多个单位开展奶牛胚胎移植试验研究并取得成功。

②学术交流。1982年和1984年中国奶牛协会和中国畜牧兽医学会动物繁殖学分会共同主持,先后在西安和南昌召开了两次奶牛胚胎移植技术研讨会,总结和交流奶牛胚胎移植的经验和教训。

③超数排卵和移植妊娠效果。奶牛超数排卵(以下简称超排)和移植妊娠效果见表5.2和表5.3。

表5.2 试验研究阶段我国供体牛超排情况统计表

| 超排头/次 | 头均获胚胎/枚 | 头均可用胚胎/枚 | 每头超排牛获犊头/头 | 资源来源 |
|---|---|---|---|---|
| 329 | 2.9 | 1.5 | <0.5 | ACCCET[1)] |

表5.3 试验研究阶段我国受体牛移植妊娠情况统计表

| 鲜胚移植受体/头 | 妊娠受体/头 | 移植妊娠率/% | 冻胚移植受体/头 | 妊娠受体/头 | 移植妊娠率/% | 资料来源 |
|---|---|---|---|---|---|---|
| 160 | 38 | 23.8 | 29 | 5 | 17.2 | ACCCET[1)] |

④实验阶段特点。试验头数少,超排效果和移植妊娠水平低,以新鲜胚胎为主。

(2)发展提高阶段(20世纪80年代中期至20世纪90年代中期)

①试验研究。窦忠英(1987)牛新鲜胚胎分割(1/2)产犊。谭丽玲等(1992)奶牛新鲜胚胎分割(1/2)产同卵双犊。谭丽玲和桑润滋(1990)奶牛半胚移植黄牛产同卵双犊。郭志勤(1988)牛冷冻胚胎分割产同卵双犊。窦忠英(1992)四分胚产同卵三犊。旭日干等(1990)体外受精(卵巢卵母细胞)产犊。卢克焕等(1994)体外受精胚胎经常规冷冻移植成功。柏学进等(1997)半胚裸露冷冻保存产犊。罗应荣和宫云浩(1993)应用上述方法鉴定牛胚胎性别准确率达100%。李雪峰等(1995)获得体外培养发育至8～32-细胞核移植的1头克隆牛。

②学术交流。在此期间,中国奶牛协会和中国畜牧兽医学会家畜繁殖学分会先后于1986年和1988年在唐山、北京召开了两次全国奶牛胚胎移植技术研讨会,同时于1983、1987、1989、1991、1993和1995年分别在长春、洛阳、泰安、北京、广州和南宁召开了包括胚胎生物技术在内的6次“动物繁殖”学术研讨会。就提高超数排卵和采卵效果、提高冷冻胚胎成活率、提高胚胎移植妊娠率以及如何结合我国国情尽快使牛胚胎移植技术在生产中应用等问题进行了交流和研讨,对推动我国牛胚胎移植技术的发展起到重要作用。

在国内开展学术交流的基础上积极开展国际间学术交流,加拿大、美国、日本等国家从事胚胎移植的同行、专家,多次来华讲学和进行学术交流,我国也多次派团和派员赴国外考察学习和进行合作研究;并分别于1990年和1992年在北京、乌鲁木齐召开了两次动物胚胎移植及相关生物技术国际学术会议。与此同时在河北、吉林、内蒙、新疆、北京等地举办多次全国牛胚胎移植培训班，培训技术人员数百人次。上述活动对提高我国胚胎移植技术水平，发挥了重要作用，也为胚胎移植的应用推广奠定了基础。

③超排和移植妊娠效果（表 5.4 和表 5.5）。在这一阶段开展胚胎移植研究的单位增多，群体规模增大，水平有所提高。冷冻胚胎比例增大，以奶牛做供体，让黄牛做受体“借腹怀胎”生奶牛，是我国胚胎移植的特色。

表 5.4　发展提高阶段我国供体牛超排情况统计

| 超排供体头/只 | 头均获胚胎/枚 | 头均可用胚胎/枚 | 每头(只)超排供体牛获犊牛数/头 | 资源来源 |
|---|---|---|---|---|
| 1 501 | 5.6 | 3.6 | <1.0 | ACCCET[1] |

胚胎移植技术作为一种手段在奶牛育种上发挥了巨大作用。例如，我国在“八五”国家科技攻关项目中，对奶牛 MOET(multiple ovulation and embryo transfer)育种进行了研究，结果表明，较现行的常规育种的遗传进展提高 50%～100%。

表 5.5　发展提高阶段我国受体牛移植妊娠情况统计

| 鲜胚移植受体/头 | 妊娠受体/头 | 移植妊娠率/% | 冻胚移植受体/头 | 妊娠受体/头 | 移植妊娠率/% | 资料来源 |
|---|---|---|---|---|---|---|
| 160 | 38 | 23.8 | 29 | 5 | 17.2 | ACCCET[1] |

(3)推广应用阶段(20 世纪 90 年代中期至今)

①试验研究。桑润滋等(1999)牛玻璃化冷冻胚胎获得成功。桑润滋等(2000)分割玻璃化冷冻牛胚胎产犊。朱士恩等(2000)牛体受精胚胎经玻璃化冷冻保存产犊。董雅娟等(2002)获得 2 头健康体细胞克隆牛。陈大元等(2003)成活 5 头体细胞克隆牛。新疆金牛生物股份有限公司与北京动物所及澳大利亚卡斯特拉研究所合作移植克隆胚胎 479 头，受孕 57 头，2003 年共存活克隆牛 12 头，吕自立(2003)。李宁等截至 2003 年 8 月，共获得 27 头克隆牛(韩建永等，2003)。李松和窦忠英(2000)将源于牛原始生殖细胞的类胚胎干细胞最高传至 8 代。李宁等截至 2003 年 10 月，已经获得 4 头转基因牛，其中一头为世界首次转入有人岩藻糖转移酶基因，并且是世界首例同时转有 3 个基因的转基因牛(韩建永等，2003)。

②学术交流。分别于 1996、1997 年在南京、北京召开了两次动物胚胎移植及相关生物技术国际学术会议。2001 年和 2003 年在乌鲁木齐市和合肥市召开了全国首届和第二届胚胎生物技术交流会，2004 年在西北农林科技大学召开了全国首届动物生物技术学术交流会。1998、2000、2002 和 2004 年先后在呼和浩特、武汉、昆明和宁波召开了 4 次以胚胎生物技术为主要内容的动物繁殖技术研讨会。上述学术交流对推动我国胚胎移植技术向产业化迈进、向胚胎工程延伸起到重要作用。

③超排和胚胎移植效果。见表 5.6。

④胚胎移植推广与产业化。农业部 2002 年，在北京、河北、内蒙古、黑龙江、山西、陕西、宁夏、山东和新疆 9 个省(区、市)组织实施了“万枚高产奶牛胚胎移植富民工程”项目，共组织供体牛 3 000 多头，生产高产奶牛胚胎 15 400 枚，每头供体牛头均生产合格胚胎 5.13 枚。截至

2002年底完成移植奶牛胚胎15 757枚，移植妊娠率达到45%～52%。2003年生母牛犊3 000多头。“十五”期间国家投资1.5亿元，在河北、北京、上海、黑龙江和内蒙古等省区市实施的“十五”国家重大科技攻关专项——“奶业重大关键技术研究与产业化技术集成示范”项目，明确规定利用胚胎移植技术培育高产核心牛群。

表5.6 推广应用阶段我国受体牛超排、移植妊娠情况统计

| 超排头/次 | 头均获胚/枚 | 鲜胚移植/头 | 移植妊娠率/% | 冻胚移植/头 | 移植妊娠率/% | 资料来源 |
|---|---|---|---|---|---|---|
| 806 | 5.6～6.1 | 936 | 63.25 | 2 870 | 50.11 | Guo(2001) |
| 859 | 5.9 | 2 123 | 51.76 | | | Luo and Zhu (1993) |

“十五”期间，河北省三鹿乳业有限公司和河北农业大学共同承担了国家奶业重大专项——华北农区奶业现代化生产技术集成与产业化示范课题，其中河北农业大学承担了“河北省优质、高产奶牛快速繁殖研究与产业化示范”子课题，他们联合全省6个胚胎移植单位共同实施。截至2005年7月累计移植高产奶牛胚胎12 000余枚，鲜胚移植妊娠率达55%以上，冻胚移植妊娠率达40%。其中用性控胚胎移植受体1 882头，妊娠率达35%，对已产犊的258头犊牛性别统计，母犊率为94.96%。近些年来据不完全统计全省从财政扶持奶牛胚胎移植经费总计达2 000多万元，全省累计移植牛胚胎约2.5万枚，累计产胚胎移植后代近万头。国家奶业重大专项在河北的实施，极大地促进了河北省奶业的发展。河北省奶牛存栏、年牛奶产量、人均占有量分别由2000年的62.1万头、$8.42\times10^5$ t和14.4 kg增加到2004年的160万头、$2.7\times10^6$ t和40.0 kg，分别为2000年的2.6倍、3.2倍和2.8倍。河北省政府2004年提出实施“千万吨奶工程”，此“工程”的目标到2015年全省奶牛存栏和牛奶产量由2004年的160万头和$2.7\times10^6$ t增加到280万头和$1\times10^7$ t，实现由奶业大省向奶业强省的跨越。近年来，随着奶牛业的发展，胚胎移植推广范围逐渐扩大，国内有数十个单位和公司开展此项业务，并探讨胚胎移植产业化的路子。目前从胚胎移植研发与产业化的模式看有以下几种作法。国内与国外合资(作)组成公司。如北京安伯胚胎生物技术有限公司、北京向中生物技术公司、河北国富爱德生物工程有限公司等属此种模式。科研单位、高等院校以技术入股方式与企业合作组成公司。如新疆天康畜牧生物技术股份有限公司、新疆呼图壁胚胎工程中心等属此种模式。企业投资聘请科技人员成立公司，如新疆金牛胚胎生物工程中心、山东临沂盛能奶牛胚胎公司、河北陆海胚胎移植有限公司等属此种模式。以科研单位、高校自己的科研教学人员组成独立实体。如北京奶牛中心、河北省牛羊胚胎工程技术研究中心、中国农业科学院畜牧所、中国农业大学在河北廊坊建立的圣隆生物工程有限公司等属此种模式。上述几种模式除个别几家有盈余外，大部分还不能自立，主要靠国家经费支持。从地域看在奶牛数量多，奶业发达的省、市、自治区如北京、河北、新疆、内蒙古等牛胚胎移植开展的规模较大。我国牛胚胎移植数量总体进展情况见表5.7。随着我国养牛业的发展，纯种奶牛紧缺，促进了牛胚胎移植技术在生产中的应用推广。此阶段的特点是技术逐渐成熟，已达到实际应用水平，规模不断扩大，使牛胚胎移植技术走向市场，并在纯种扩繁、育种、胚胎工程研究中发挥重要作用。

*2. 存在的问题*

(1)缺少高生产性能的供体牛群。建议在一些优种种牛场建立专门生产胚胎的基地。

(2)胚移所需设备、激素和药品大都依靠进口，加大了胚移成本，应加速胚移器械、激素和

药品的国产化和标准化。

表 5.7　我国牛胚胎移植数量总体进展情况统计

| 年度 | 处理供体数头(次)/年 | 移植受体牛数头(次)/年 | 每头(次)超排供体年获犊牛数/头 |
|---|---|---|---|
| 1978—1983 | 20～150 | 100～200 | <0.5 |
| 1984—1986 | 250～350 | 200～70 | <1.0 |
| 1987—1990 | 400 | 600～800 | 1.0 |
| 1991—1995 | 500 | 1 000～2 000 | 1.0～2.0 |
| 1996—1999 | 500～700 | 2 000～5 000 | 2.0 |
| 2000—2002 | 1 000～5 000 | 5 000～25 000 | 2.0～2.5 |
| 2003—2004 | 6 000～8 000 | 30 000～40 000 | 2.0～2.5 |

(3)在超排和移植技术水平方面还有待于进一步提高。

(4)由于胚胎来源困难,胚胎移植的成本仍然偏高,产一头母犊需 6 000 元左右,国家不补贴,农民难以承受。

(5)目前,从事胚胎移植专业技术人才匮乏,应加强专业技术人才的培养。

(6)胚胎移植的开发尚不规范,产业化机制尚不健全。

(7)在胚胎高技术如克隆、转基因等效率比较低。

3."十一五"研究与推广重点

(1)基础和攻关研究

①研究影响奶牛转基因效率、生物反应器效率关键技术及机制,如外源基因定点整合和可调控表达技术、转基因技术与体细胞克隆技术结合生产转基因奶牛等。

②研究影响奶牛细胞核移植(克隆)效率关键技术及机制,如奶牛体细胞核移植胚完全再程序研究、卵母细胞去核、激活以及重构胚的构建方式技术体系研究等。

③研究影响奶牛胚胎干细胞建系的因素及机制,如 ES 细胞维持自我更新和定向分化的分子机理、ES 细胞治疗中的免疫排斥问题、分离 ES 细胞的新途径、用 ES 细胞生产转基因牛等。

④研究和完善以活体采卵为主的体外胚胎生产技术体系。

⑤继续开展提高奶牛 X、Y 精子分离效率与质量研究,研究性控精液对超排效果和性比例的影响以及早期胚胎性别鉴定准确、快捷的方法。

(2)推广

①将单项的胚胎工程技术(超排、冷冻、移植、体外受精、X、Y 精子分离及克隆等)组装集成,建立我国高效的胚胎工程技术体系。

②胚胎移植技术是迅速扩繁奶牛的一条重要途径,对加快我国奶牛业的发展有重要作用,由于目前成本较高,国家应继续加大胚胎移植推广资金的投入,扩大移植规模。特别是扩大推广性控胚胎的规模。

③应继续研究和探讨胚胎移植与胚胎工程产业化的方法与体制。

### 5.7.3 我国奶牛繁殖技术研究进展——我国奶牛繁殖60年回顾

自1949年新中国建立到2009年刚好60年，我国奶牛繁殖的研究与推广走过了60年的历程，在各级政府、部门重视和支持下，在广大奶牛科技工作者共同努力下，我国奶牛繁殖工作取得了举世瞩目的成绩。奶牛繁殖技术取得了突飞猛进的发展，经历了由自然交配向人工授精、胚胎移植、胚胎工程发展的四个时期。现综述如下。

1. 自然交配时期(1949—1952年)

自建国至1952年，由于受技术水平的局限，我国奶牛繁殖主要靠传统的公、母牛自然交配的方法，用此方法，1头公牛每年仅可配种母牛几十头，不仅繁殖率低，而且还得需要饲养大量公牛，繁殖成本高、效率低。

2. 人工授精时期(1952年至今)

我国奶牛人工授精始于20世纪50年代，经历了新鲜精液、冷冻精液、同期发情结合冷冻精液、冷冻性控精液四个阶段。

(1)新鲜精液人工授精阶段(20世纪50年代初期至20世纪60年代末期) 我国奶牛在繁殖上应用人工授精技术始于1952年，北京市双桥农场首先应用人工授精技术给奶牛配种成功。1952年10月至1953年9月，广西王丕建等用奶用种公牛新鲜精液改良黄牛361头，受胎率达74.05%(234/361)，此时采用的是开膣器阴道输精法。

1954年北京市双桥农场，最先用直肠把握子宫颈深部输精法获得成功。1963年在北京举办了直肠把握深部输精法培训班，1966年后在全国推广，结果表明此法比阴道输精法受胎率提高10%～15%，促进了人工授精技术向深度、广度发展。

(2)冷冻精液人工授精阶段(20世纪50年代末期至今) 20世纪50年代末60年代初，内蒙古畜牧科学院、黑龙江省畜牧研究所研制成功用干冰(－78℃)作冷源、用安瓿分装的牛冷冻精液，曾用于部分牧区改良本地黄牛，但由于种种原因，未能推广。

1963年北京市北郊农场在原中央畜牧所(即现在中国农业科学院北京畜牧兽医研究所)的协助下，用干冰作冷源研制颗粒冻精成功。1965年上海市成立种公站并开展以干冰作冷源的冻精生产和人工授精。

1965年原农垦部从荷兰引进第一台液氮发生器，在北京市北郊农场建立了奶用种公牛试验点，开展以液氮(－196℃)为冷源，颗粒冻精的研究，1966年研制成功，用于人工授精取得了比较满意的效果。1972年用液氮为冷源生产的颗粒冻精情期受胎率达55.6%(145/261)，与同期常温新鲜精液的情期受胎率55.3%相当。接着原农林部科教司于1972年底召开了部分省市家畜人工授精(冷冻精液)技术座谈会，部署牛冷冻精液的研究与推广工作，并于1973年在北京市北郊农场奶用种公牛试验点的基础上，建立了北京市种公牛站，当年该站即承担了原农林部下达的“家畜冷冻精液人工授精繁殖技术”的重点科技项目，继续从颗粒冻精稀释液配方、冷冻工具、冷冻温度等方面进行深入研究，同时开始颗粒冻精的批量生产。1973年12月在天津召开了“北方地区黑白花奶牛育种组会议”，进一步部署牛冷冻精液推广工作，并于1974年委托北京市牛奶公司举办了“家畜冷冻精液培训班”。此时，全国已有14个省市开展牛冷冻精液的试制和推广工作，建输精点139处。1975年四川机械设计院液氮罐试制成功，并于1977年试用于生产。到1981年我国奶牛颗粒冻精的普及率已达85%，大、中城市近

100%。据当年对33万头奶牛的统计，用颗粒冻精配种的母牛情期受胎率，南方为47.6%，北方为54.2%。

细管冻精与颗粒冻精比较，具有冻后活力强、不易污染、易标记、使用方便等优点。于是我国于20世纪70年代中期开始细管冻精的引进与开发，并用手工方法进行过生产，但由于缺乏细管分装机、印字机等机械化生产设备，制约了产量和推广速度，直到1981年北京市种公牛站从法国引进了细管冻精的全套设备，才得到广泛推广。1982年全国约64万头奶牛，几乎全部实行了人工授精。

为了保证冻精质量，促进这项技术的推广应用，我国于1984年颁布了牛冷冻精液标准(GB 4143—84，由吉林省农业科学院杨学时等主持起草)。“标准”对冻精的剂型、剂量、精子活力、精子数量、精子畸形率、顶体完整率、每毫升精液中的细菌数、解冻后存活时间都明确了指标，并对冻精生产工艺、使用方法、包装、标记、贮存、运输进行了规范。冻精国家标准的颁布实施，对奶牛人工授精技术的推广普及起到重要作用。为了对牛冻精质量实施有效监督和控制，农业部分别在北京和南京设立了专门的质量监督检验机构，定期或不定期对各地种公站生产的冷冻精液进行监督抽查或统检。据1996年对我国北方25个种公牛站统计，细管冻精的生产量和推广量分别占到55.17%和55.04%，目前100%为细管冻精。

随着对冷冻方法的不断完善，我国冷冻精液生产质量逐年提高，1992年合格率为66%，1997年提高到80%，2008年提高到96%。据2007年统计，我国拥有约50个种公牛站，共饲养种公牛2 624头。其中荷斯坦种公牛1 418头，年产冻精2 900万个剂量，头均生产2.1万个剂量。母牛繁殖情况缺乏全国统计数字，据河北省奶业协会繁育组桑润滋、安永福，2007年对河北省2004—2006年的31个奶牛场(小区)近8万头可繁奶牛繁殖情况调查统计，主要繁殖情况如下：情期受胎率：平均为59.6%；总受胎率：平均为91.9%；胎间距：平均为400.5 d；母牛产犊到第一次发情时间：平均为63.07 d；流产率：平均为4.01%；犊牛成活率：平均为95.6%；青年牛首次参加配种月龄：平均为17月龄；每配准一头牛用冻精平均为1.98个剂量；每配准一头牛所需配种费平均为72.4元(常规精液)。

《牛冷冻精液》(GB 4143—84)标准实施近20年，使牛冷冻精液的质量和人工授精的受胎率有了明显的提高，对我国奶牛扩繁和奶牛业的发展起到了积极作用，但是随着我国畜牧科技发展和国际上一些先进技术的引进，以及生产实践表明，原“标准”中一些技术指标要求和一些提法已不适合当前生产技术的需要。因此农业部于2002年下达了对“标准”的修订任务。由农业部牛冷冻精液质量监测中心负责起草，经几年的工作和试用，于2008年国家颁布了经修改后的牛冷冻精液新标准(GB 4143—2008)。

新标准增加了适用对象的水牛和牦牛；增加了术语和定义，如精子活力、畸形率、前进运动精子数、细菌数等，并有中英文对照；增加了抽样、试验方法。冻精解冻活力由原来的30%(0.3)修改为35%(0.35)；每剂量中直线运动精子数由原来下限1 000万个修改为800万个(水牛1 000万个)；精子畸形率由原来上限20%修改为18%(水牛20%)；细菌菌落数上限每毫升由原来1 000个，修改为每剂量800个。

删除了安瓿和颗粒剂型、精子顶体完整率、存活时间等内容。总之修订后的新标准更与国际接轨。

(3)同期发情与冷冻精液相结合的人工授精阶段(20世纪70年代至今)　国际上，自20世纪60年代后，随着生殖生理和生殖内分泌研究的快速进展和知识的积累，研究出多种经济有效的激素制剂，为同期发情技术研究与应用奠定了坚实基础。

我国在同期发情方面的研究始于 1976 年，原北京农业大学畜牧系董伟教授等，开始研究进口和国产激素控制母牛同期发情技术，此后各地的畜牧科学工作者对同期发情的方法和效果进行了大量的试验研究。目前主要形成以下 3 种方法：

①延长黄体期的孕激素法。主要有孕激素埋植法和孕激素阴道栓法，用上述两种方法处理奶牛 48～96 h 后，大部分牛发情。

②缩短黄体期的前列腺素(PG)法。从用药方式上，有子宫注入法和肌肉注射法两种，前者比后者用药量少。

1 次 PG 法：因牛对 5 d 以上的功能性黄体才有作用，故一次注射法，理想的发情率最高只能达到 70%。

2 次 PG 法：为克服一次处理中有部分牛不能发情的不足，通常采用间隔 11 d 后再做第 2 次处理，可获得较高的同期发情率和受胎率。

③孕激素+PG 法。先用孕激素处理 7 d，处理结束时再注射 PG，这样可获得较高的发情率和受胎率。

目前，此技术已发展为一项成熟的技术，由于利用同期发情技术，能够规模化组织人工授精，并可实现定时输精，因此大大促进了人工授精更广泛的应用。同时，同期发情也是胚胎移植中，供体与受体实现同期化的一项必不可少的技术。

(4)性控冷冻精液人工授精阶段(21 世纪初至今)　根据 X 和 Y 精子 DNA 含量的微小差异，1989 年 Johnson 等人首先报道用流式细胞仪成功分离活的 X 和 Y 精子，并用分离的精子授精产下后代。1993 年 Cran *et al*. 在牛上获得成功。

与国外相比，我国奶牛性控精液的试验研究工作起步较晚，但近年来发展迅速，2001 年 10 月黑龙江省大庆市田丰生物工程公司，进行奶牛精液分离研究，2003 年 11 月，我国第一头性控奶牛犊在该公司诞生。2004 年内蒙古蒙牛繁育生物有限公司、XY 种畜(天津)有限公司，先后从美国引进精子分离设备(流式细胞分离仪)和技术，进行奶牛性控精液的试验研究和规模化生产；目前国内上述三家企业，拥有 26 台流式细胞分离仪，年生产性控精液的能力估计可达 50 万～100 万个剂量(200 万 X 精子为一个剂量)。我国奶牛性控精液生产能力居世界第一。近年来，内蒙古、河北、黑龙江、新疆等大部分省(区)在奶牛上推广用性控精液人工授精技术。目前全国每年用性控精液人工授精母牛 10 万头以上。

性控精液人工授精情期受胎率青年牛 55%左右，与常规精液相当，经产牛情期受胎率比常规精液约低 10%。母犊率均在 90%以上。

桑润滋等 2006 年对 28 头荷斯坦青年母牛用 PMSG 诱导发情排双卵，发情时用 X 精液进行人工授精，2007 年产下我国首批荷斯坦双母犊(3 对 6 头，成活 5 头)。性控精液人工授精的应用对奶牛的迅速扩繁正发挥着重要作用。

总之，人工授精技术的推广应用，不仅大幅度提高优秀公牛的利用率，使良种奶牛得到快速扩繁，而且使奶牛产奶量也得到迅速提高。以北京市为例，20 世纪 50 年初期，采用自然交配时，奶牛年单产牛奶 4 500 kg；60 年代中期应用新鲜精液人工授精技术后，达到 5 000 kg；70 年代应用冷冻精液人工授精技术后达到 5 798 kg；90 年代提高到 7 000 kg；2008 年提高到近 8 000 kg。

应用人工授精(AI)育种体系，育成了中国荷斯坦牛和中国西门塔尔牛。所谓 AI 育种体系就是以人工授精技术为基础的育种体系，我国自 20 世纪 70 年代以来，利用 AI 育种体系先后育成了中国荷斯坦牛和中国西门塔尔牛。

3. 胚胎移植时期(20 世纪 70 年代至今)

我国牛的胚胎移植始于 20 世纪 70 年代，与发达国家相比虽然起步较晚，但进展较快。30 年来，我国牛胚胎移植经过试验研究、发展提高、推广应用 3 个阶段，取得了有目共睹的成绩，缩小了与发达国家的差距，目前牛的胚胎移植正向产业化迈进，向胚胎工程延伸。

(1)试验研究阶段(20 世纪 70 年代中期至 20 世纪 80 年代中期)　我国奶牛胚胎移植(奶牛移奶牛)，首先由中国科学院遗传所和上海市牛奶公司 1978 年获得成功，此后有十多个单位开展了牛胚胎移植的试验研究工作，并先后获得成功。1983 年、1985 年中国奶牛协会，在西安、南昌召开两次全国牛胚胎移植技术研讨会。

此阶段的特点是：试验头数少、水平低，以新鲜胚胎为主。其超排、移植妊娠情况如表 5.8、表 5.9 所示。

表 5.8　试验研究阶段我国供体牛超排情况统计

| 超排头/次 | 头均获胚胎/枚 | 头均可用胚胎/枚 | 每头超排牛获犊牛/头 | 资料来源 |
|---|---|---|---|---|
| 377 | 2.3 | 1.0 | <0.5 | 1983 年第一次全国牛胚移研讨会(1975—1982 年)统计资料 |
| 329 | 2.9 | 1.5 | <0.5 | 1985 年第二次全国牛胚移研讨会(1983—1984 年)统计资料 |

(2)发展提高阶段(20 世纪 80 年代中期至 20 世纪 90 年代中期)　在此期间，中国奶牛协会 1986 年在唐山、1988 年在北京又召开了两次全国奶牛胚胎移植技术研讨会。自 1983 年以来中国奶牛协会繁殖专业委员会每年召开一次奶牛繁殖学术研讨会，中国畜牧兽医学会动物繁殖分会每两年召开一次包括牛胚胎移植技术在内的“动物繁殖”学术研讨会。就提高超数排卵和采卵效果，提高冷冻胚胎成活率，提高胚胎移植妊娠率以及如何结合我国国情，尽快使牛胚胎移植技术在生产中应用等问题进行了交流和研讨，对推动我国牛胚胎移植技术的发展起到重要作用。

表 5.9　试验研究阶段我国受体牛移植妊娠情况统计

| 鲜胚移植受体/头 | 妊娠受体/头 | 移植妊娠率/% | 冻胚移植受体/头 | 妊娠受体/头 | 移植妊娠率/% | 资料来源 |
|---|---|---|---|---|---|---|
| 157 | 32 | 20.4 | 0 | 0 | 0 | 1983 年第一次全国牛胚移研讨会(1975—1982 年)统计资料 |
| 160 | 38 | 23.8 | 29 | 5 | 17.2 | 1985 年第二次全国牛胚移研讨会(1983—1984 年)统计资料 |

在国内开展学术交流的基础上积极开展国际间学术交流，加拿大、美国、日本、澳大利亚、法国等国家从事胚胎移植的同行、专家，多次来华讲学和进行学术交流，我国也多次派团和派员赴国外考察学习和进行合作研究；并分别于 1990、1992、1996、1997 年在北京、南京、乌鲁木齐、南京、北京召开多次动物胚胎移植及相关生物技术国际学术会议。与此同时在北京、河北、

吉林、内蒙古、新疆等地举办多次全国性牛胚胎移植培训班，培训技术人员数百人次，上述活动对提高我国胚胎移植技术水平，发挥了重要作用，也为胚胎移植的应用推广奠定了基础。根据我国奶牛少，黄牛多的特点自 20 世纪 80 年代开始进行把奶牛移植给黄牛，让黄牛借腹怀胎生产奶牛的研究工作。1985 年 7—12 月，河北省芦台农场奶牛实验站桑润滋等，产下我国首批 15 头奶牛移植黄牛所生奶牛犊，接着 1987 年 5—7 月吉林省农业科学院金正泰等，又产下奶牛移植黄牛所生奶牛犊 93 头。此阶段特点是：开展胚胎移植研究的单位增多、群体规模增大、水平有所提高，冷冻胚胎比例增大，但受胎率低，以奶牛做供体，让黄牛做受体“借腹怀胎”生奶牛，是我国胚胎移植的特色。此阶段其超排、移植妊娠情况如表 5.10、表 5.11 所示。

**表 5.10 发展提高阶段我国供体牛超排情况统计**

| 超排供体头/只 | 头均获胚胎/枚 | 头均可用胚胎/枚 | 每头(只)超排供体牛获犊牛数/头 | 资料来源 |
|---|---|---|---|---|
| 1 501 | 5.6 | 3.6 | <1.0 | 1986 年和 1988 年第三、四次全国牛胚移研讨会资料 |

**表 5.11 发展提高阶段我国受体牛移植妊娠情况统计**

| 鲜胚移植受体/头 | 妊娠受体/头 | 移植妊娠率/% | 冻胚移植受体/头 | 妊娠受体/头 | 移植妊娠率/% | 资料来源 |
|---|---|---|---|---|---|---|
| 1 687<br>(378) | 666<br>(145) | 39.4<br>(38.4) | 610 | 131 | 21.5 | 1986 年和 1988 年第三、四次全国牛胚移研讨会资料 |

注：(　)内为 1986 年第三次全国胚移会鲜胚移植黄牛情况。

(3)推广应用阶段(20 世纪 90 年代中期至今)，目前正向产业化迈进，向胚胎工程延伸随着我国养牛业的发展，纯种奶牛、肉牛紧缺，促进了牛胚胎移植技术在生产中的应用推广。

农业部于 2002 年在北京、河北、内蒙古、黑龙江、山西、陕西、宁夏、山东和新疆九个省(区、市)组织实施了“万枚高产奶牛胚胎富民工程”项目，带动全国完成胚胎移植 25 000 枚，获得 5 000 头左右的高产母牛。

“十五”期间国家投资 1.5 亿元，在河北、北京、上海、黑龙江和内蒙古等省区市实施的“十五”国家重大科技攻关专项——“奶业重大关键技术研究与产业化技术集成示范”项目，利用胚胎移植技术培育高产核心牛数万头。胚胎移植技术在奶牛扩繁中发挥了重要作用。

利用 MOET 育种体系，培育高产奶牛。随着超数排卵、胚胎移植(ET)水平的提高，20 世纪 90 年代我国开始应用 MOET 育种体系培育高产奶牛，其间育成高产奶牛 278 头，头胎平均全期产奶量 7 480 kg，比同期头胎非 ET 牛高 9%～18%，其中产奶量超过 8 000 kg 的 ET 牛有 46 头，使用这批 ET 牛作为种母牛，又培育了新一代优秀母牛后代 120 头，与此同时培育公犊牛 78 头。1994 年起选留 37 头青年公牛并转入北京种公牛站，最终选留 18 头作种公牛。目前用 MOET 选育并作为主配公牛在北京市乃至全国的奶牛育种中，发挥了重要作用。

此阶段的特点是：技术逐渐成熟，已达到实际应用水平，规模不断扩大使用性控胚胎比例增多，使牛胚胎移植技术走向市场，并在纯种扩繁、育种、胚胎工程研究中发挥重要作用。牛超排和移植妊娠情况见表 5.12。

表 5.12 推广应用阶段我国牛超排、移植妊娠情况统计

| 超排头/次 | 头均获胚/枚 | 鲜胚移植/头 | 移植妊娠率/% | 冻胚移植/头 | 移植妊娠率/% | 资料来源 |
|---|---|---|---|---|---|---|
| 806 | 5.6～6.1 | 936 | 63.25 | 2 870 | 50.11 | 郭志勤等(2001) |
| 859 | 5.9 | 2 123 | 51.76 | | | 罗应荣、朱化彬等(2001) |

4. 胚胎工程时期(20 世纪 70 年代末期至今)

从 20 世纪 70 年代,在动物胚胎移植技术迅速发展的同时,人们把注意力又转到对胚胎进行加工改造,以期进一步提高胚胎的利用价值,因而兴起了胚胎生物技术——胚胎工程。主要包括胚胎冷冻、体外受精、胚胎性别鉴定、核移植(克隆)、胚胎干细胞、转基因技术等。

我国奶牛胚胎工程研究起始于 20 世纪 70 年代末,但进展很快。

(1)胚胎超低温冷冻保存　奶牛胚胎(常规)冷冻:中国科学院遗传研究所和上海市牛奶公司(1982)获得成功。牛胚胎玻璃化冷冻:桑润滋、朱士恩等(1998)获得成功。

(2)体外受精　旭日干等(1989)卵巢卵细胞产犊;江金溢等(1990)牛体外受精胚胎冷冻成功;桑润滋、朱士恩等(1999)牛体外受精胚胎经玻璃化冷冻保存移植产犊。

(3)胚胎性别鉴定　曾溢滔、胡明信等(1992),通过 PCR 直接扩增牛胚胎的 SRY 特异 DNA 序列,对牛胚胎性别进行鉴定后移植产犊,准确率达 100%;罗应荣等(1992)应用上述方法鉴定牛胚胎性别准确率达 82%。

(4)克隆

①牛新鲜胚胎(1/2)分割。窦忠英等(1987)分割牛胚胎产犊;谭丽玲、廖和模等(1989)分割奶牛胚胎产同卵双犊;谭丽玲、桑润滋等(1989)奶牛半胚移植于黄牛产同卵双犊。

②牛冷冻胚胎(1/2)分割。奶牛:郭志勤等(1989)产同卵双犊;柏学进等(1996)半胚裸露冷冻保存产犊;桑润滋、朱士恩、吴德国等(1999)分割玻璃化冷冻牛胚胎产犊。

③牛新鲜胚胎(1/4)分割。奶牛:谭丽玲、李乐义等(1992)四分胚产犊;窦忠英等(1992)四分胚产同卵三犊。

④胚胎细胞核移植。李雪峰、谭丽玲等与原广西农业大学合作(1996)获得体外培养发育至 8～32-细胞核移植的 1 头克隆牛。

⑤体细胞核移植。董雅娟、柏学进等(2001)获得 2 头体细胞克隆牛;陈大元等 2002 年成活 5 头体细胞克隆牛;新疆金牛生物科学院 2003 年存活 12 头克隆牛;李宁等截至 2003 年已获得 27 头克隆牛;2004 年李宁等对由加拿大政府赠送给中国人民的世界顶尖种公牛——"龙",进行体细胞克隆成功,产下"大隆"和"二隆"。

(5)胚胎干细胞　窦忠英等(1995)分离克隆出牛类胚胎干细胞;窦忠英等(1999)将源于牛早期胚胎内细胞团的牛类胚胎干细胞最高传至 6 代;2000 年将源于牛原始生殖细胞的类胚胎干细胞最高传至 15 代。

(6)转基因　李宁等截至 2004 年已获得 14 头转基因牛。其中一头为世界首次转入有人岩藻糖转移酶基因,也是世界首例同时转有 3 个基因的转基因牛。

总之,我国在奶牛胚胎工程研究方面取得了较大进展,缩小了与发达国家之间的差距。

综上所述，建国60年来我国奶牛繁殖技术取得突飞猛进的发展，奶牛繁殖工作取得举世瞩目的成绩，这是有目共睹的。但与国外先进水平相比仍存在一定差距。在国际上，一头良种公牛每年产冻精平均为3万～5万个剂量，高产个体可达10万个剂量以上，而我国平均为2.1万个剂量；国际上，牛人工授精受胎率在60%～70%，我国在60%以下；在体外受精、克隆、胚胎干细胞、转基因等胚胎工程的研究方面，整体水平还落后于国外，这些都有待于我们改进和提高。我们坚信经广大奶牛科技工作者的不懈努力，我国奶牛繁殖技术在不远的将来一定能达到国际先进水平。我们相信在各级政府、部门的重视和支持下，奶牛繁殖技术在我国奶牛良种扩繁和质量的提高上将发挥更大的作用。

### 5.7.4 我国羊胚胎移植及胚胎工程研究进展

1. 历史沿革

我国羊的胚胎移植技术的发展，大体上经历了试验研究（20世纪70年代初期至80年代中期）、发展提高（20世纪80年代中期至90年代中期）、推广应用（20世纪90年代中期至今）3个阶段，目前正向胚胎工程的高深技术延伸，向产业化迈进。

2. 取得的主要成绩（进展）

(1)试验研究阶段（20世纪70年代初期至20世纪80年代中期）

①新鲜胚胎移植。我国羊胚胎移植技术研究起始于20世纪70年代初，1973年中国科学院遗传所陈秀兰等绵羊胚胎移植首次获得成功；1980年西北农业大学王建辰等山羊胚胎移植获得成功；谭丽玲、郭志勤等（1976）绵羊胚胎低温（10℃）保存10 d产羔。

②羊冷冻胚胎移植。刘守仁等（1979）获得首例用干冰（－79℃）冷冻保存后的绵羊羔一只；中国农科院畜牧研究所（1980）绵羊（超低温液氮－196℃）冷冻胚胎移植成功；西北农业大学王光亚（1987）山羊冷冻胚胎移植成功。

据1976年新疆畜牧科学研究所郭志勤等报道，他们用武汉生化制药厂生产的FSH（300单位）对1.5岁46只新疆母羊进行超排处理，在发情后60～70 h，手术法从输卵管采卵，头均获受精卵2.7～3.37枚，单胚移植136只受体羊产羔47只。1976年黑龙江省畜牧研究所等对30只优质供体母羊超排，移植50只受体，18只产羔，移植受胎率为36.0%。1977年郭志勤、牛树理等利用70只成年新疆细毛母羊，分组超排试验，在发情后95 h，只均获胚胎8.9枚。

1977年郭志勤、牛树理等借鉴阉猪方法，发明简易手术法仅2～3 min可移植一只受体羊。

1985年成充、陈广智等，对经产母绵羊采用牵拉子宫和插入导管进进行非手术采集和移植获得成功，采卵率为30.4%，移植妊娠率为22.7%，产羔率为4.5%。

此阶段采卵和移植主要以手术法为主。因非手术法操作困难，采卵率低，主要分为输卵管法和子宫角法。此阶段超排效果和移植妊娠率均较低，研究的单位也较少，主要是一些科研院所、大专院校开展一些试验性研究，试验的规模也比较小。

(2)发展提高阶段（20世纪80年代中期至20世纪90年代中期）

①胚胎工程研究进展迅速。二分胚：中国农业科学院畜牧研究所蒋世娥等（1987）绵羊胚胎分割产羔；郭志勤等（1989）绵羊胚胎分割产同卵双羔；江苏农业科学院和中国科学院遗传所（1989）分割山羊胚胎产羔；张涌等（1992）山羊胚胎分割产同卵双羔。

四分胚：郭克勤等(1990)绵羊胚胎四分胚分割产同卵三羔。

胚胎冷冻 1/2 分割：郭志勤、罗应荣等(1989)绵羊冷冻胚胎 1/2 分割胚产同卵双羔；张涌等(1989)山羊胚胎分割产羔，1992 年产同卵双羔。

体外受精：旭日干等(1989)绵羊卵巢卵母细胞体外受精产羔；钱菊汾等(1990)山羊输卵管卵母细胞体外受精产羔。

胚胎性别鉴定：宫云浩等(1992)通过 PCR 直接扩增绵羊胚胎的 SRY 特异 DNA 序列鉴定绵羊胚胎性别，准确率达 80%。

胚胎细胞核移植(克隆)：张涌等(1991 年)获得胚胎细胞核移克隆山羊；邹贤刚、杜淼等(1995)获得第三代重组胚的 4 只克隆山羊；徐少甫(1992)通过显微注射人生长激素基因，获得转基因水平。

②超排方法上有所改变，超排效果上有所提高。此阶段，在超排方法有较大的改进和提高，由于 PGF2α 或其类似物如氯前列烯醇广泛应用于羊超数排卵，在超排方法上有所改变，超排效果有所提高，主要方法是：

FSH+PG 法：绵羊在发情周期的 11～13 d，山羊在发情周期的 9～17 d 开始肌肉注射 FSH，以递减剂量，以 12 h 的间隔连续注射 3 d 6 次或 4 d 8 次，第 5 次注射 FSH 同时肌肉注射 PG，发情后输精配种。

PMSG+PG 法：绵羊在发情周期的 11～13 d，山羊在发情周期的 16～18 d，一次肌肉注射 PMSG，48 h 后再肌肉注射 PG，发情后输精配种。

1994 年丁红、郭志勤、陈静波等制定了我国第一部绵羊胚胎移植操作规程(地方标准：DB65/T2505—94)。

此阶段，因羊胚胎移植采用手术法为主，易发生术后粘连，加之绵、山羊个体价值较低，市场需求少，只是少数单位进行扩大试验研究，羊胚胎移植技术未能广泛推广应用。

(3)推广应用阶段(20 世纪 90 年代中期至今)

①提高超排效果研究。

a. 个体对超排效果的影响。品种：赵霞(2002)用国产 FSH 对德美肉毛兼用羊和无角道赛特羊的超排效果进行了比较，结果德美羊和无角道赛特羊，头均可用胚分别为 13.2 枚和 12.4 枚，两种羊差异不显著。

年龄：张锁林等(2001)用国产 FSH 对不同年龄的波尔山羊超排效果进行比较，结果表明，2～5 岁羊平均回收胚胎 23.3 枚为最佳，与 1 岁羊的 11.3 枚，6～8 岁羊 9.3 枚，存在显著差异。石国庆、刘京红等(2002)报道，他们对不同年龄的绵羊进行超排，结果 7～8 岁的头均可用胚为 6.89 枚，1.5 岁头均可用胚为 4.90 枚。

胎次：李键等(2002)用国产 FSH 对各胎次波尔山羊超排效果进行了比较，结果 2～3 胎头均可用胚为 18.43 枚，优于育成羊的 3.3 枚、1 胎羊的 2.0 枚、4～5 胎羊的 4.2 枚。

体重：张锁林等(2001)，用国产 FSH 对不同体重的波尔山羊的超排效果进行了比较，结果表明，5～50，51～60，61～70 kg 的头均回收胚胎分别为 23.3 枚、20.5 枚、21.8 枚。

重复超排：赵霞等(2002)用国产 FSH 以 2 个月的间隔对山羊进行重复超排，第一次头均可用胚 17.3 枚，第二次为 17.4 枚。而在张锁林、王述宇对重复超排的研究中，首次超排比第二、三次超排效果好。

卵巢侧：桑润滋等(2002)就波尔山羊左、右侧卵巢对超排效果的影响进行了比较，左侧卵巢头均获可用胚 8.45 枚,右侧为 8.26 枚,表明左、右侧卵巢对超排反应无显著差异。

卵巢卵泡:杨亚卫等(2002)他们对波尔山羊超排采卵时卵巢上有无卵泡对超排效果有无影响进行了研究,结果有卵泡的头均可用胚为 9.18 枚,无卵泡的为 16.47 枚,表明卵泡的存在对超排效果影响较大。

b. 环境条件对超排效果的影响。季节:桑润滋等(2002)在河北省用澳大利亚和新西兰产 FSH,对不同季节的超排效果进行了比较,结果表明,春、秋、冬三个季节超排的头均可用胚分别为 10.86、11.30、11.00 枚,差异不显著。张锁林等(2001)用国产 FSH 对波尔山羊在繁殖季节和非繁殖季节的超排效果进行了比较,表明繁殖季节平均回收胚胎 20.7 枚,显著高于非繁殖季节的 9.8 枚。余文莉等(1999)在内蒙古地区用国产 FSH 于不同月份对绵羊超排效果进行了比较,结果 8 月中旬至 9 月中旬、9 月中旬至 10 月中旬、10 月中旬至 11 月中旬,可用胚平均数分别为 1.2,5.4,11.1 枚,表明在内蒙古地区以 10 月中旬至 11 月中旬超排效果为佳。

饲养条件:苏和等(2002)用国产 FSH 对舍饲为主和放牧为主的羊进行超排效果比较,结果舍饲为主的头均可用胚为 14.27 枚,放牧为主的为 9.19 枚。

自然发情与诱导发情:苏和等(2001)对自然发情和 PG 诱导发情的波尔山羊超排效果进行了比较,前者头均可用胚为 16.88 枚,后者为 17.30 枚,差异不显著。

c. 不同处理方法对超排效果的影响。不同国家激素产品:桑润滋等(2002)对不同国家生产的 FSH 对波尔山羊超排效果进行了比较,结果表明用国产(动物所产)、日本产、新西兰产、澳大利亚产 FSH 超排,头均可用胚数分别为 15.93,15.66,14.94,9.18 枚,以国产(动物所)、日本产 FSH 超排效果为佳。

不同批次 FSH 产品:李键等(2002)用宁波激素厂生产的不同批号 FSH 对山羊超排效果进行了比较,宁波 990118 批号,20000629 批号 20010515 批号头均可用胚分别为 20.3 枚、15.27 枚、15.35 枚。

不同剂量 FSH 产品:桑润滋等(2002)就 FSH 不同剂量对波尔山羊超排效果进行了比较。中国科学院动物所产 FSH:7,7,6,8 mL,头均可用胚分别为 13.8,16.0,19.20 枚;日本产 FSH:10~12,14~16,18~20 mL,头均可用胚分别为 14.41,19.63,16.50 枚;新西兰产 FSH:8~9,10~12,14~16 mL,头均可用胚分别为 10.52,17.17,15.51 枚;澳大利亚产 FSH:8~9,10~12,14~16 mL,头均可用胚分别为 6.92,10.23,9.0 枚。

PVP 缓释剂处理 FSH:李键等(2002)用 30%聚乙烯吡咯烷酮(PVP)溶液稀释后一次注射总剂量 FSH,与用生理盐水稀释 FSH 递减多次注射超排效果进行了比较,结果头均可用胚分别为 22 枚和 19 枚,差异不显著。

FSH+PMSG:岳奎忠等(1999)对黑龙江地方山羊用 FSH 处理 4 d 8 次,第一次注射 FSH 同时加注 PMSG 与 FSH 单独超排处理进行了比较,前者头均获卵数为 10.59 枚,后者为 5.83 枚,差异显著。

注射 LRH 或 LRH+$P_4$:桑润滋等(2002)用 FSH 对供体山羊超排,在发情第一次输精同时肌肉注射 LRH-$A_3$ 15 mg,或在配种后第 3 天连续注孕酮($P_4$)3 d,每天 2 次,每次 10 mg,与对照组(未注射组)进行比较,结果头均可用胚胎数依次为 15.40,16.04,12.16 枚。以注 LRH-$A_3$+$P_4$ 为佳。

PMSG 与 FSH 比较:石国庆、刘守仁等(2002),他们用 FSH 和 PMSG 对毛用绵羊超排效果进行了比较，表明 FSH 组比 PMSG 组头均获胚数、可用胚数均高。

②提高胚胎移植妊娠率的研究。影响胚胎移植妊娠率的因素是多方面的，而且各种因素都相互制约，我国主要从以下影响因素进行了研究。

a. 胚胎因素。胚胎质量：田树军、桑润滋等(2003)，他们对波尔山羊 A、B 级桑葚胚移植效果进行了比较，结果 A 级、B 级妊娠率依次为 50.4%和 38.3%。

胚胎数量：田树军、桑润滋等(2003)，他们对不同波尔山羊不同移植胚胎数量对妊娠率的影响进行了比较：A 级胚胎移植 1 枚和 2 枚的妊娠率分别为 50.4%、61.1%，B 级胚胎移植 1 枚和 2 枚的妊娠率分别为 38.3%和 53.4%。杨亚卫等(2002)采用子宫移植法，其中移单胚、双胚、三胚的妊娠率依次为 54.1%、51.7%、66.7%，差异不显著，他们认为移胚数对妊娠率影响不大。

胚胎发育阶段：田树军、桑润滋等(2003)，他们对波尔山羊囊胚和桑葚胚移植效果进行了比较，结果移植囊胚比桑葚胚妊娠率有提高的趋势(53.1%：50.4%)。

洪琼花等(2002)，他们对波尔山羊桑葚胚、囊胚、扩张囊胚、孵化囊胚对移植产羔率的影响进行了比较，结果产羔率依次为 43.18%、62.22%、58.26%、51.72%。陈建泉、王述宇等(2002)，他们把波尔山羊 2，4，8，16 细胞阶段的胚胎进行移植，移植妊娠率分别为 48.9%、61.8%、58.0%、66.7%。

b. 母体因素。供体年龄：石国庆等(2002)，他们就供体羊年龄对绵羊胚胎移植效果的影响进行了比较，结果 8 月龄、18 月龄、7～8 岁供体羊所产胚胎的移植妊娠率分别为 0、50.0%、63.4%。

供体卵巢上卵泡的有无：杨亚卫等(2002)，他们对波尔山羊供体卵巢上卵泡有无对移植妊娠率影响进行了比较，表明有卵泡组的妊娠率为 20.6%，无卵泡组为 54.0%，差异极显著。

受体母羊卵巢黄体数量：洪琼花等(2002)，他们对波尔山羊胚胎移植受体上 1 个黄体和大于 2 个黄体妊娠效果进行了比较，结果 1 个黄体的和大于 2 个黄体的产羔率分别为 49.55%和 64.83%。田树军、桑润滋等(2003)他们对河北当地山羊受体上 1，2，3 个黄体移植妊娠率进行了比较，结果妊娠率依次为 50.6%、48.7%、51.6%。

受体卵巢上卵泡数：田树军、桑润滋等(2003)，对受体卵巢上卵泡数对妊娠产羔效果的影响进行了研究，表明卵巢上无卵泡，1 个卵泡、2 个卵泡的妊娠率分别为 51.6%、52.4%、38.3%。

输卵管单侧与双侧移植：陈建泉、王述宇(2002)，用波尔山羊胚胎给受体羊分别进行单侧移植和双侧移植试验，妊娠率前者为 41.2%，后者为 59.5%，双侧移植妊娠率明显高于单侧移植。

供、受体发情同步差：田树军、桑润滋等(2003)对供、受体羊发情同步差对妊娠率影响进行了比较，结果同步差在 0～24 h、24～48 h、>48 h 妊娠率分别为 52%、50%、44%，表明随同步差的加大，妊娠率有下降趋势。

c. 其他因素。受体自然发情与诱导发情：余文莉等(1998)对绵羊试验结果为，自然发情与人工诱导发情妊娠率分别为 83.3%和 72.7%。

手术方法：丁红等(1999)用常规手术法，小挑法、内窥镜法对绵羊进行胚胎移植，3 种方法的妊娠率分别为 47.6%、68.4%和 71.4%。

移植方向：田树军、桑润滋等(2003)在进行子宫移植时，对向子宫角尖端移植与向子宫角基部移植进行了比较。结果前者妊娠率为 52.87%，高于后者的 40.63%。

③超排效果和移植妊娠率有较大提高，为推广应用奠定了基础。在超数排卵方法上，形成稳定、可靠、适用的超排方法，即孕激素（CIDR）＋FSH＋PG法，即在供体羊发情周期的任意一天，在阴道放入第一个CIDR，于第10天后将其取出，并在阴道放入第二个CIDR，在放入第二个CIDR的第5天开始，以12 h的间隔，连续4 d 8次注射FSH，第8天取出CIDR，同时肌肉注射PG发情后配种（输精）。此方法不受发情周期的限制，可规模化开展超排，加之羊用采卵管的应用，超排和效果稳定。

在移植方法，由于内窥镜和移植器的使用，妊娠率大幅提高。为胚胎移植的推广应用提供了技术支撑。

④胚胎工程研究更加深入。郭志勤等（1992—1998）用精子载体法，导入人胰岛素、生长激素及抗胰蛋白酶基因，先后获得转基因绵羊77只，经检测其中2只绵羊乳汁中人胰岛素含量分别达183 mg/L和199 mg/L，；曾溢涛等（1996）获得人凝血因子基因的一只转基因山羊；张涌等（2000年）获得体细胞克隆山羊；中国农业大学和北京兴绿原生物科技中心合作（2000）获得人α抗胰蛋白酶基因的转基因山羊；桑润滋、韩建永等（2000）分离克隆出源于山羊早期胚胎类的ES细胞和源于山羊原始生殖细胞的类EG细胞，并分别传至5代；成勇等（2001年）获得体细胞克隆山羊，并通过DNA指纹图谱分析，所得克隆山羊后代的指纹图谱与提供细胞核的羊完全一致；中国科学院动物（2005）获得首例体细胞克隆南江黄羊；刘海军等（2007）获得波尔山羊体细胞克隆羊；天津农业科学院畜牧研究所（2007）获我国首例肌肉抑制素前肽转基因山羊；桑润滋、田树军等（2007）获得我国首例杜寒杂交幼羔超数排卵试管绵羊；洪琼花、朱士恩等（2007）采用细管法（一步法、二步法）对波尔山羊胚胎进行玻璃化冷冻保存，解冻后移植产羔率分别为40.54%和51.3%，用OPS法玻璃化冷冻，解冻后移植的产羔率达51.43%；桑润滋、田树军等（2008年）获得我国首例奶山羊幼羔超数排卵试管奶山羊。郭志勤等（2009）、陈静波等（2009）羔羊超数排卵体外生产胚胎获得了多批超细毛羊和肉羊之羔。

⑤胚胎移植技术在种羊迅速扩繁中得到广泛应用。20世纪90年代中期，随着我国肉羊业的兴起，1995年我国开始从国外引入波尔山羊，因其改良本地山羊效果显著。纯种肉用种羊供不应求，从而为山羊胚胎移植提供了市场条件，促进了胚胎移植技术在生产中的应用。为满足种羊的需求，国内很多单位纷纷采用胚胎移植技术迅速扩繁波尔山羊，据1999—2000年召开的二次全国养羊生产交流会的不完全统计，截至2000年，全国波尔山羊存栏6 000只以上，除进口约3 000只外，其余近3 000只均是应用胚胎移植技术迅速扩繁增加的。与此同时，肉用绵羊萨福克、无角道赛特、德克赛尔、夏洛来、杜波等胚胎移植数量也达相当规模。21世纪初，在全国形成了以炒种为特点的波尔山羊热，此时全国有20余个企业和团队开展胚胎移植服务，据2002年在顺义召开的全国养羊生产交流会报道，1只波尔山羊公羊拍卖价最高达13.8万元。由于胚胎移植技术的广泛应用，短短几年肉用种羊需求就达到饱和。

21世纪初超细毛价格的提升，促进了超细毛羊的发展，超细毛羊供种不足，促进了应用胚胎移植技术在超细毛羊迅速扩繁上的应用。新疆农垦科学院畜牧兽医研究所截至2002年，处理优秀的美利奴超细毛母羊766只（次），获可用胚胎5 025枚，头均656枚，移植受体4 350只，受胎2 051只，产羔2 619只，平均1.9枚胚胎产一只羔羊。据2006年河北省畜牧工作站，采用阴道栓＋PMSG＋FSH＋PG方法，用澳大利亚产FSH对成年美利奴超细毛羊进行超排。共获可用胚9 396枚，头均5.4枚。除冷冻6 840枚外，其余2 556枚可用新鲜胚胎，共移植受体1 800只，共产羔1 500只，平均每1.7枚胚胎产一只羔羊。推广应用阶段我国绵羊和波尔山羊超排、移植妊娠结果情况见表 5.13、表 5.14。

**表 5.13 推广应用阶段我国绵羊超排、移植妊娠情况统计**

| 超排只数/只 | 头均可用胚/枚 | 移植受体/只 | 移植妊娠率/% | 资料来源 | 备注 |
|---|---|---|---|---|---|
| 630 | 9.77 | 5 363 | 70.40 | 李树静等(1998) | 肉用绵羊 |
| 456 | 6.56 | 4 350 | 47.15 | 石国庆等(2002) | 美利奴超细毛羊 |
| 195 | 5.83 | 627 | 67.94 | 王贵江等(2006) | 美利奴超细毛羊 |
| 481 | 6.98 | 1 604 | 55.00 | 陈静波等(2009) | 肉用绵羊 |
| | | 306 | 40.00 | 陈静波等(2009) | 肉用绵羊冻胚移植 |

**表 5.14 推广应用阶段我国波尔山羊超排、移植妊娠情况统计**

| 超排只数/只 | 头均可用胚/枚 | 移植受体/只 | 产羔/只 | 移植产羔率/% | 每超排 1 只供体羊获羔数 | 资料来源 |
|---|---|---|---|---|---|---|
| 73 | 9.9 | 492 | 367 | 74.6 | 5.0 | 陕西宝鸡市农业局(2001) |
| 61 | 16.8 | 701 | 429 | 50.89 | 7.2 | 桑润滋等(2002) |
| 76 | 10.5(A、B级) | 367 | — | 55.6 | — | 洪琼花等(2002) |

3. 存在问题

(1)羊只个体小，胚胎采集和移植现在大都是用手术法，供体羊采卵 2～3 次后，由于子宫、卵巢和输卵管易发生粘连，超排采卵和移植次数受到限制，尚不能向牛那样用非手术法多次重复超排采卵和移植。

(2)羊为季节性发情动物，在非繁殖季节不宜做胚胎移植。

(3)胚胎移植所需设备、药品、激素等主要依靠进口，加大胚移成本。

(4)羊克隆、转基因等胚胎工程研究虽已获得成功，在整体效率上还比较低，与发达国家尚有一定差距。

4. 发展前景

羊胚胎移植技术在我国种羊扩群和育种中发挥了重要作用，解决采卵、移植的粘连问题，提高完善幼羔超排，体外受精技术，扩大胚胎来源，降低胚胎移植成本，提高胚胎移植经济效益是今后应着重解决的问题。在胚胎工程研究中应继续深入开展，克隆、胚胎干细胞，转基因结合生物反应器等研究，提高整体效率，提高胚胎的利用价值。我们相信，胚胎移植和胚胎工程技术在养羊生产中必将发挥越来越大的作用，发展前景十分广阔。

### 5.7.5 我国奶牛、肉牛胚胎移植技术研究进展

我国牛胚胎移植技术研究始于 20 世纪 70 年代，与发达国家相比虽然起步较晚，但进展较快。30 多年来，我国牛胚胎移植经试验研究、发展提高、推广应用 3 个阶段，取得了有目共睹的成绩，不仅缩小了与发达国家的差距，而且在奶牛快速扩繁和育种中发挥了重要作用。目前，牛胚胎移植正向产业化迈进，向胚胎工程延伸。现就我国奶牛胚胎移植、胚胎工程研究进

展综述如下。

1. 奶牛、肉牛胚胎移植、胚胎工程发展的三个阶段和取得的主要成绩

我国牛胚胎移植技术经过科研工作者的努力已经从试验研究阶段走向发展提高阶段，正在进入推广应用阶段，并正向胚胎工程延伸，向产业化迈进。

(1)试验研究阶段(20 世纪 70 年代初期至 20 世纪 80 年代中期)

①试验研究。中国科学院遗传研究所和上海市牛奶公司合作，分别于 1978 年和 1982 年在我国首次取得奶牛新鲜胚胎移植和奶牛胚胎超低温冷冻保存的成功。此后有多个单位开展奶牛胚胎移植试验研究并取得成功。

②学术交流。1982 年和 1984 年中国奶牛协会和中国畜牧兽医学会动物繁殖学分会共同主持，先后在西安和南昌召开了两次奶牛胚胎移植技术研讨会，总结和交流奶牛胚胎移植的经验和教训。1978—1983 年中国畜牧兽医学会动物繁殖学分会，先后在成都、湛江、长春召开三次学术研讨会，对胚胎移植技术进行了交流。

③超数排卵和移植妊娠效果。奶牛超数排卵(以下简称超排)和移植妊娠效果见表 5.15 和表 5.16。

④试验阶段的特点。试验头数少，超排效果和移植妊娠水平低，以新鲜胚胎为主。

(2)发展提高阶段(20 世纪 80 年代中期至 20 世纪 90 年代中期)

①试验研究。窦忠英等(1987)牛新鲜胚胎分割(1/2)产犊。谭丽玲、廖和模等(1992)奶牛新鲜胚胎分割(1/2)产同卵双犊。谭丽玲、桑润滋等(1989)奶牛半胚移植黄牛产同卵双犊。郭志勤等(1989)牛冷冻胚胎分割产同卵双犊。窦忠英等(1992)四分胚产同卵三犊。旭日干等(1990)体外受精(卵巢卵母细胞)产犊。卢克焕等(1994)体外受精胚胎经常规冷冻移植成功。曾溢滔、胡明信等(1992)通过 PCR 直接扩增牛胚胎的 SRY 特异 DNA 序列鉴定牛胚胎性别，准确率达 100%。罗应荣等(1993)应用上述方法鉴定牛胚胎性别准确率达 100%。李雪峰、谭丽玲、石德顺等(1995)获得体外培养发育至 8～32 - 胞核移植的 1 头克隆牛。

表 5.15 试验研究阶段我国供体牛超排情况统计

| 超排头/次 | 头均获胚胎/枚 | 头均可用胚胎/枚 | 每头超排牛获犊牛/头 | 资料来源 |
|---|---|---|---|---|
| 329 | 2.9 | 1.5 | <0.5 | 第二次全国牛胚移研讨会(1985)统计资料 |

表 5.16 试验研究阶段我国受体牛移植妊娠情况统计

| 鲜胚移植受体/头 | 妊娠受体/头 | 移植妊娠率/% | 冻胚移植受体/头 | 妊娠受体/头 | 移植妊娠率/% | 资料来源 |
|---|---|---|---|---|---|---|
| 160 | 38 | 23.8 | 29 | 5 | 17.2% | 第二次全国牛胚移研讨会(1985)统计资料 |

②学术交流。在此期间，中国奶牛协会和中国畜牧兽医学会家畜繁殖学分会先后于 1986 年和 1988 年在唐山、北京召开了两次全国奶牛胚胎移植技术研讨会，同时于 1987、1989、1991、1993 和 1995 年分别在洛阳、泰安、北京、广州、南宁召开了包括胚胎生物技术在内的

5次“动物繁殖”学术研讨会。就提高超数排卵和采卵效果，提高冷冻胚胎成活率，提高胚胎移植妊娠率以及如何结合我国国情，尽快使牛胚胎移植技术在生产中应用等问题进行了交流和研讨，对推动我国牛胚胎移植技术的发展起到重要作用。

在国内开展学术交流的基础上积极开展国际间学术交流，加拿大、美国、日本等国家从事胚胎移植的同行、专家，多次来华讲学和进行学术交流，我国也多次派团和派员赴国外考察学习和进行合作研究；并分别于1990年、1992年在北京、乌鲁木齐召开了两次动物胚胎移植及相关生物技术国际学术会议。与此同时在河北、吉林、内蒙古、新疆、北京等地举办多次全国牛胚胎移植培训班，培训技术人员数百人次，上述活动对提高我国胚胎移植技术水平，发挥了重要作用，也为胚胎移植的应用推广奠定了基础。

③超排和移植妊娠效果。为发展我国奶业，根据我国奶牛数量不足，黄牛较多的特点，自20世纪80年代开始了将奶牛胚胎移植给黄牛，让黄牛借腹怀胎生产奶牛的研究。1985年7月至1986年12月，河北省芦台农场奶牛实验站桑润滋等获得我国首批15头黄牛所生胚胎移植奶牛犊，接着1987年5—7月吉林省农业科学院金正泰等又获得黄牛所生胚胎移植奶牛犊93头。此阶段关于超排、移植妊娠的统计结果见表5.17、表5.18。

④胚胎移植技术开始在肉牛上研发。“九五”以前，我国胚胎移植研究以奶牛为主，随着我国生活水平的提高，牛肉需求加大，肉牛业的发展提到议事日程。为此，“九五”期间，河北、河南、山东三省共同承担了国家重中之重课题“肉牛规模化养殖及产业化技术研究与开发”，从北美引进夏洛来、西门塔尔、安格斯等纯种肉牛冻胚600枚在国内进行扩繁，共移植600头本地受体，冻胚移植妊娠率达40.1%(241/600)。与此同时，中国农业科学院畜牧研究所等单位“九五”期间承担了国家重点攻关计划“应用胚胎生物技术快速扩繁良种肉牛及杂交改良牛”，肉用母牛超排头均获可用胚7.2枚，鲜胚移植成功率为54.9%(210/366)，冻胚移植成功率为49.5%(2 114/4 268)。除此以外，新疆和内蒙古等也开展了肉牛胚胎移植技术研发。

表5.17 发展提高阶段我国供体牛超排情况统计

| 超排供体/头 | 头均获胚胎/枚 | 头均可用胚胎/枚 | 每头超排供体牛获犊牛数/头 | 资料来源 |
|---|---|---|---|---|
| 1 501 | 5.6 | 3.6 | <1.0 | 1986年、1988年第三、四次全国牛胚移研讨会资料 |

表5.18 发展提高阶段我国受体牛移植妊娠情况统计

| 鲜胚移植受体/头 | 妊娠受体/头 | 移植妊娠率/% | 冻胚移植受体/头 | 妊娠受体/头 | 移植妊娠率/% | 资料来源 |
|---|---|---|---|---|---|---|
| 1 687<br>(378) | 666<br>(145) | 39.4<br>(38.4) | 610 | 131 | 21.5 | 1986年和1988年第三、四次全国牛胚移研讨会资料 |

注：(　)内为1986年第三次全国胚胎移植研讨会鲜胚移植黄牛情况。

上述研究为缓解我国对高产优质纯种肉牛的需求发挥了重要作用，为肉牛胚胎移植的推广应用奠定了基础。

⑤在奶牛育种上的应用。胚胎移植作为一种品种快速扩繁技术手段在奶牛育种上发挥了巨大作用。例如，我国在"八五"国家科技攻关项目中，对奶牛 MOET 育种技术进行研究，结果，在我国成功建立起奶牛 MOET 育种技术体系，较现行的常规育种方法遗传进展提高 50%～100%，该技术方法获得了国家科技进步二等奖，该技术不但为中国荷斯坦奶牛新品种得成功培育做出了重要贡献，而且该技术的实施加速了配种培育的进程。

⑥发展提高阶段特点。从品种上由奶牛扩展到肉牛，开展胚胎移植研究的单位增多、群体规模增大，水平有所提高，冷冻胚胎比例增大，以奶牛做供体，让黄牛做受体"借腹怀胎"生奶牛，是这一阶段我国胚胎移植的特色。

(3)推广应用阶段(20 世纪 90 年代中期至今)　目前正向产业化迈进，向胚胎工程延伸。

①试验研究。柏学进等(1997)半胚裸露冷冻保存产犊。桑润滋、朱士恩等(1999)牛玻璃化冷冻胚胎获得成功。桑润滋、朱士恩、吴德国等(2000)分割玻璃化冷冻牛胚胎产犊。朱士恩、桑润滋等(2000)牛体受精胚胎经玻璃化冷冻保存产犊。董雅娟、柏学进等(2002)获得 2 头健康体细胞克隆牛。陈大元等(2003)成活 5 头体细胞克隆牛。新疆金牛生物股份有限公司与北京动物所及澳大利亚卡斯特拉研究所合作移植克隆胚胎，2003 年共存活克隆牛 12 头。中国农业大学李宁等截至 2003 年 8 月，共获得 27 头克隆牛。2004 年，李宁等对由加拿大政府赠送给中国人民的世界顶尖种公牛 -"龙"进行体细胞克隆，成功产下"大隆"和"二隆"。窦忠英等分离克隆出牛类胚胎干细胞(1995)并传至 6 代(1999)，2000 年又将源于牛原始生殖细胞的类胚胎干细胞最高传至 15 代。李宁等截至 2004 年已获得 14 头转基因牛。其中一头为世界首次转入有人岩藻糖转移酶基因，也是世界首例同时转有 3 个基因的转基因牛。

②学术交流。分别于 1996、1997 年在南京、北京召开了两次动物胚胎移植及相关生物技术国际学术会议，2001 年和 2003 年在乌鲁木齐市和合肥市召开了首届和第二届胚胎生物技术交流会，2004 年在西北农林科技大学召开了首届动物生物技术学术交流会，1998 年、2000 年、2002 年、2004 年、2006 年和 2008 年先后在呼和浩特、武汉、昆明、宁波、保定、青岛召开了 6 次以胚胎生物技术为主要内容的动物繁殖技术研讨会。上述学术交流对推动我国胚胎移植技术向产业化迈进、向胚胎工程延伸起到重要作用。

③超排和胚胎移植效果。对这一阶段超排和移植情况的统计分析结果见表 5.19。

**表 5.19　推广应用阶段我国牛超排、移植妊娠情况统计**

| 超排头(次) | 头均获胚/枚 | 鲜胚移植/头 | 移植妊娠率/% | 冻胚移植/头 | 移植妊娠率/% | 资料来源 |
|---|---|---|---|---|---|---|
| 806 | 5.6～6.1 | 936 | 63.25 | 2 870 | 50.11 | 郭志勤等(2001) |
| 859 | 5.9 | 2 123 | 51.76 | | | 罗应荣、朱化彬等(2001) |
| 1 332 | 5.8 | — | — | 4 295 | 53.88 | 李树静等(2009) |

由北京奶牛中心和黑龙江省畜牧所承担"九五"国家重点科技攻关计划项目(1996—2000)"应用胚胎生物技术建立高产奶牛繁育体系和生产体系"共超排供体母牛 859 头次，获可用胚胎 5 067 枚，头均获可用胚胎 5.91 枚。移植受体母牛 4 102 头，妊娠 2 123 头，受胎率 51.76%，获良种母犊 1 049 头，系谱优秀种公犊 11 头。移植性别鉴定胚 59 枚，受胎率

37.3%，产犊22头，性别鉴定符合率100%。累计繁殖8 000 kg以上的高产奶牛1 049头，其中9 000 kg以上，乳脂量270～290 kg的高产奶牛核心群331头。在北京，黑龙江建立了两个高产奶牛良种繁育基地。

④胚胎移植推广与产业化。农业部2002年，在北京、河北、内蒙古、黑龙江、山西、陕西、宁夏、山东和新疆九个省(区、市)组织实施了"万枚高产奶牛胚胎移植富民工程"项目，共组织供体牛三千多头，生产高产奶牛胚胎15 400枚，每头供体牛头均生产合格胚胎5.13枚。截至2002年底完成移植奶牛胚胎15 757枚，移植妊娠率达到45%至52%。2003年生母牛犊3 000多头。

"十五"期间国家投资1.5亿元，在河北、北京、上海、黑龙江和内蒙古等省区市实施的"十五"国家重大科技攻关专项——"奶业重大关键技术研究与产业化技术集成示范"项目，明确规定利用胚胎移植技术培育高产核心奶牛群。

利用MOET育种体系，培育高产奶牛。随着超数排卵、胚胎移植(ET)水平的提高，20世纪90年代我国开始应用MOET育种体系培育高产奶牛，其间育成高产奶牛278头，头胎平均全期产奶量7 480 kg，比同期头胎非ET牛高9%～18%，其中产奶量超过8 000 kg的ET牛有46头，使用这批ET牛作为种母牛，又培育了新一代优秀母牛后代120头，与此同时培育公犊牛78头。1994年起选留37头青年公牛并转入北京种公牛站，最终选留18头作种公牛。目前用MOET技术选育的并在选配中作为配种主力的种公牛在北京市乃至全国的奶牛育种中，发挥了重要作用。

近年来，随着奶牛业的发展，胚胎移植推广范围逐渐扩大，国内有数十个单位和公司开展此项业务，并探讨胚胎移植产业化的路子。目前从胚胎移植研发与产业化的模式看有以下几种作法：a. 国内与国外合资(作)组成公司；b. 科研单位、高等院校以技术入股方式与企业合作组成公司；c. 企业投资聘请科技人员成立公司；d. 以科研单位、高校自己的科研教学人员组成独立实体。上述几种模式除个别几家有盈余外，大部分还不能自立，主要靠国家经费支持。从地域看在奶牛数量多，奶业发达的省、市、自治区如北京、河北、黑龙江、新疆、内蒙古等地牛胚胎移植开展的规模较大。

⑤推广应用阶段特点。随着我国养牛业的发展，高产纯种奶牛紧缺，促进了牛胚胎移植技术在生产中的应用推广。此阶段技术逐渐成熟，已达到实际应用水平，胚胎移植规模不断扩大，效率不断提高，已经走向市场，并在高产核心群的快速扩繁、优秀种公牛的选育、胚胎工程相关技术研究中发挥重要作用。

*2. 存在的问题*

综上所述，自20世纪70年代以来，我国奶牛胚胎移植及胚胎工程技术取得突飞猛进的发展，但与国外先进水平相比仍存在一定差距，主要表现在：

(1)缺少高生产性能的供体牛群，胚胎来源困难。

(2)胚移所需设备、激素、药品大都依靠进口，胚移成本高。

(3)在超排和移植技术水平方面还有待于进一步提高。

(4)胚胎移植技术尚不规范，产业化机制尚不健全。

(5)胚胎高技术如克隆、转基因等效率比较低。

*3. 展望与发展前景*

中国是养牛大国，目前我国奶牛存栏量已达到1 400万头，居世界前列，但良种高产奶牛比例不足50%，而奶牛年头均单产4.8 t，人均仅20多kg，不足发达国家人均占有量的1/10。良种奶牛育种和高产奶牛群体扩繁在今后相当长一段时期内将是我国奶业发展和畜牧业结构调整的重点内容。

目前我国每年移植奶牛胚胎2万～3万枚，可生产母犊牛6 000头左右。而全世界每年出生的胚胎移植牛超过30万头，与国际奶牛业发展状况相比，我国奶牛胚胎移植仍需大力发展提高，胚胎移植产业化还有广阔的发展空间。

随着奶牛体细胞克隆和转基因技术的逐步成熟，优质牛奶转基因蛋白等产品将应用于保健、医疗等行业，行业的交叉将会使奶牛业向更广泛的领域发展，这也为胚胎移植技术提供了广阔的应用空间。今后，奶牛的胚胎移植技术将不仅在畜牧生产方面，甚至在医药、食品、保健品等生产行业中展现出巨大的生命力，并将在多个领域发挥越来越重要的作用。

从我国国情和奶业战略发展角度看，我国土地资源紧缺，可用于饲料种植和畜牧养殖的土地有限，若要提高我国牛奶产量，增加人均奶制品占有量，不能单纯地从增加奶牛饲养量的途径来解决。通过遗传改良，提高高产奶牛群体所占比例，提高奶牛单产是实现我国奶业长足发展的最有效途径。而奶牛胚胎移植作为快速扩繁高产奶牛的有效技术手段，具有广阔的应用前景和重要的现实意义。

### 5.7.6 成绩卓著的我国动物繁殖科学30年——纪念我国改革开放30周年

1978年党中央提出改革开放的战略决策，至今已走过了整整30年，作为年轻的动物繁殖科学，乘改革开放的东风，与我国其他各项事业一样，30年来取得了突飞猛进和举世瞩目的发展。如果说自建国的1949年到1978年这30年，是动物繁殖科学起步、打基础、发展较快的30年，那么从1979年到2008年改革开放的30年，就是动物繁殖科学完善、发展壮大、成绩卓著的30年。下面就我国动物繁殖科学近30年的发展历程和取得的主要成绩作简要综述如下。

1. 编辑出版多种高水平本科生、研究生教材和著作

1980年由董伟主编出版了全国统编教材——《家畜繁殖学》第一版，1990年又出版了第二版，2000年和2004年张忠诚主编出版了《家畜繁殖学》第三、四版，杨利国(2003)、郑鸿培(2005)分别主编了“十五”规划教材——《动物繁殖学》。期间还有刘健(1986)；王元兴(1993)；渊锡藩(1993)；王恒(1993)；张嘉保、周虚(1999)；周虚、张嘉保(2003)；阎萍(2005)等主编的《家畜繁殖学》或《动物繁殖学》本科生教材；2002年和2006年桑润滋主编出版了全国高等农业院校教学指导委员会推荐研究生教学用书——《动物繁殖生物技术》(第一版)和教育部推荐研究生教学用书——《动物繁殖生物技术》(第二版)、2006年朱士恩主编出版了全国高等农业院校教学指导委员会推荐研究生教学用书——《动物生殖生理学》；此外，郑丕留主编的《驴骡繁殖》、杨学时主编的《马匹人工授精》、董伟主编的《家畜繁殖进展》和《家畜生殖激素》、谢成侠主编的《动物繁殖原理》、王建辰、章孝荣主编的《动物生殖调控》、陈大元主编的《受精生物学》、郭志勤主编的《家畜胚胎工程》等著作。上述教材、著作对我国动物繁殖专业的本科生、研究生培养及动物繁殖科学水平的提高起到了重要作用。

2. 学科建设与人才培养成绩显著

1981年将“动物繁殖”确定为硕士学位专业，1984年又确定为博士学位专业，1997年调整为“动物遗传育种与繁殖”专业，目前有20多个单位具有动物繁殖专业硕士学位授予权；十几

个单位具有博士学位授予权，已培养硕士 1 300 余人、博士数百人。

3. 国内外学术交流活跃

自 1978 年动物繁殖学分会成立以来，产生了七届动物繁殖理事会，先后召开了十三次全国动物繁殖学术研讨会，据不完全统计共发表论文 1 250 余篇(详见表 5.20 和图 5.2)。

表 5.20　历次全国动物繁殖学术研讨会发表论文情况统计

| 届次 | 时间 | 地点 | 参加人数 | 论文篇数 | 论文分类 | | | | | | | | | |
|---|---|---|---|---|---|---|---|---|---|---|---|---|---|---|
| | | | | | 生殖生理 | | 人工授精 | | 胚胎生物技术 | | 提高繁殖率 | | 其他 | |
| | | | | | 篇数 | 百分比/% | 篇数 | 百分比/% | 篇数 | 百分比/% | 篇数 | 百分比/% | 篇数 | 百分比/% |
| 1 | 1978.11 | 四川成都 | — | 48 | 2 | 4.2 | 20 | 41.6 | 8 | 16.7 | 15 | 31.5 | 3 | 6.3 |
| 2 | 1982.10 | 江苏镇江 | — | 91 | 18 | 19.7 | 31 | 34.1 | 9 | 9.9 | 29 | 31.9 | 4 | 4.4 |
| 3 | 1985.8 | 吉林长春 | 115 | 78 | 20 | 25.6 | 31 | 39.7 | 9 | 11.5 | 16 | 20.5 | 2 | 2.6 |
| 4 | 1987.9 | 河南洛阳 | 190 | 85 | 14 | 16.5 | 22 | 25.9 | 15 | 17.6 | 31 | 36.5 | 3 | 3.5 |
| 5 | 1989.10 | 山东泰安 | 173 | 119 | 16 | 13.4 | 22 | 18.5 | 22 | 18.5 | 55 | 46.2 | 4 | 3.4 |
| 6 | 1991.11 | 北京 | 160 | 110 | 21 | 19.1 | 26 | 23.6 | 41 | 37.3 | 22 | 20.0 | — | — |
| 7 | 1993.11 | 广东广州 | 120 | 123 | 28 | 22.8 | 21 | 17.1 | 43 | 40.0 | 31 | 25.2 | — | — |
| 8 | 1995.10 | 广西南宁 | 119 | 100 | 17 | 17.0 | 14 | 14.0 | 43 | 43.0 | 26 | 26.0 | — | — |
| 9 | 1998.8 | 内蒙呼市 | 74 | 43 | 5 | 11.6 | 6 | 14.0 | 26 | 60.5 | 4 | 9.3 | 2 | 4.7 |
| 10 | 2000.11 | 湖北武汉 | 110 | 51 | 8 | 15.7 | 6 | 11.8 | 26 | 51.0 | 9 | 17.7 | 2 | 3.9 |
| 11 | 2002.11 | 云南昆明 | 130 | 63 | 4 | 6.3 | 3 | 4.8 | 45 | 71.4 | 8 | 12.7 | 3 | 6.3 |
| 12 | 2004.8 | 浙江宁波 | 170 | 139 | 16 | 11.5 | 11 | 7.9 | 100 | 71.9 | 5 | 3.6 | 7 | 5.0 |
| 13 | 2006.7 | 河北保定 | 230 | 166 | 17 | 10.2 | 14 | 8.4 | 113 | 68.1 | 17 | 10.2 | 5 | 3.0 |
| 合计 | | | | 1 216 | 186 | 15.3 | 127 | 10.4 | 500 | 41.1 | 268 | 22.0 | 35 | 2.9 |

注：第 11 次昆明会议实际收到论文 90 篇，其中 63 篇收入论文集，故按 63 篇统计，其余 27 篇刊于云南畜牧兽医，未计算在内。

由表 5.20 和图 5.2 分析有以下特点和启示：

(1)生殖生理论文占论文总数平均 15%左右(4.2%～25.6%)，目前占到 10%左右，是个下降趋势，应加强生殖生理方面的基础理论研究，为繁殖技术的提高提供理论支撑。

(2)冷冻精液和人工授精占论文总数平均 10%左右，由最初的 41.6%下降到目前的 10%，也是个下降的趋势，但并不表明冷冻精液和人工授精没有研究的价值，相反，仍有许多问题值得深入研究，人工授精目前仍是我国提高动物繁殖率的主要技术。

(3)胚胎移植与胚胎生物技术论文占论文总数平均 41%左右，从 1978 年的占 16.7%提高到 1998 年的 50 以上，目前占到 70%左右，表明胚胎生物技术是动物繁殖学科研究的主流方向。

(4)提高繁殖率论文占论文总数平均 22%左右，但从 1998 年近 10 以来仅占 10%左右，下降较快，提高繁殖率是实践性相对较强的领域，应予以关注。

另外，中国奶牛(业)协会繁殖专业委员会先后召开了 23 次繁殖技术研讨会。此外还召开

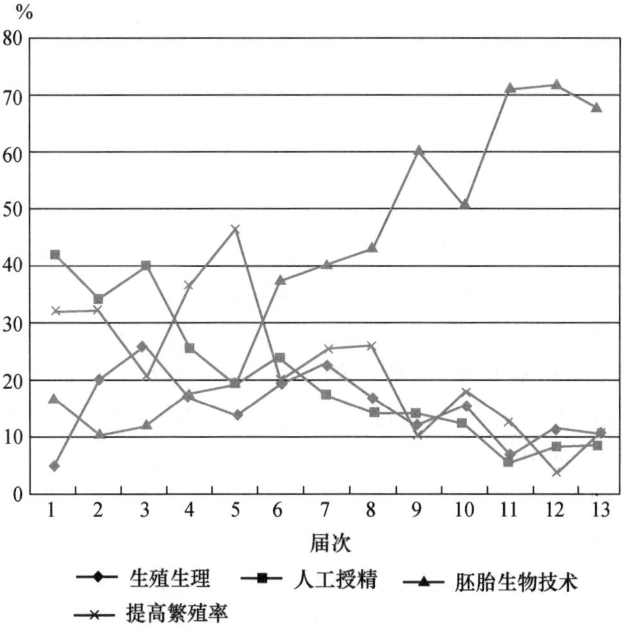


图 5.2 历次全国动物繁殖学术研讨会发表论文类别情况变化

了6次胚胎生物技术的专门学术会议。期间，还承办了多次动物繁殖与胚胎生物技术国际会议，如1990年10月在北京召开的“国际生殖、生物学术会议”、1992年7月在乌鲁木齐市召开的“动物胚胎移植及有关生物技术国际学术研讨会”、1996年11月在南京召开的“第二届亚洲动物生物技术会议”、1997年6月在北京召开的“动物生物技术国际会议”以及2006年8月在西宁召开的“第十三届国际动物繁殖生物技术会议”等。亚洲动物繁殖会即将于今年11月在我国昆明举行，目前我国正在争办2012年的第17届国际动物繁殖会。与此同时，我国多次派人赴国外参加国际性会议。举办了多次全国性的培训班，特别是20世纪70年代以来先后在北京、河北、吉林、内蒙古、新疆等地举办了多次全国性胚胎移植培训班，除此以外，我国还邀请加拿大、日本、荷兰、德国、澳大利亚等国家从事动物繁殖同行来华讲学，我国也多次派人赴国外考察学习和进行合作研究。上述学术活动对我国动物繁殖科学水平的提高起到了重要作用。

4. 科学研究水平明显提高，缩短了与发达国家的差距

30年来，无论是动物繁殖基础理论研究，还是繁殖技术改进与创新，以及繁殖管理和产品开发都取得了举世瞩目的进展。

(1)繁殖生理进展迅速 自20世纪70年代后，放免测定技术(RIA法)和酶免测定技术(ELISA)的引进和建立，使生殖内分泌研究取得了长足进步，如对我国主要家畜品种的初情期、早熟性、多胎性机理的研究等；不同繁殖阶段生殖激素变化规律的研究，为利用外源激素控制动物繁殖活动提供了依据；阐明了生殖细胞抗原性，母体与胎儿之间的免疫关系，免疫性不育等，充实了繁殖免疫学内容；由于电镜的应用和胚胎工程的开展，对配子发生、卵泡发育、受精、早期胚胎发育、营养对繁殖的影响等生殖调控的分子机制有了更深入地了解，为胚胎生物技术研究奠定了基础。根据比较繁殖学研究，发现不同动物在繁殖规律上有共同处，如各种激

素的作用及其繁殖机能的生理反应、发情周期的周而复始、受精、妊娠乃至分娩的规律性变化，而繁殖季节、繁殖周期、排卵类型、胎盘类型、窝产仔数、泌乳期以及对繁殖疾病的敏感性则有其特殊性，因此使人们才能有针对性提高不同动物的繁殖力。

尤其是近 10 多年，在母牛生殖生理研究中超声波技术被广泛应用，如对卵泡发育、卵泡波、卵巢形态结构的变化规律及特点进行观察和分析。此外，随着分子生物学的发展和国家科研投入的加大使得猪等动物生殖生理研究进入快速发展期。如在猪的生殖生理学研究中，除了从分子水平阐述猪生殖过程中的机理外，更多的研究集中在寻找中国猪种高繁殖力的分子标记或主效基因。分别报到了 FSHβ 亚基基因、雌激素受体(ESR)基因、氟烷基因(Hal)、促乳素受体(PRLR)基因、肥胖基因(OB)、骨调素(OPN)基因等候选基因与猪繁殖力的关系。其中比较明确地提出了 FSHβ 亚基基因、雌激素受体(ESR)基因是猪高繁殖力的主效基因。目前，有关繁殖性状相关的基因表达、生殖过程的基因调控甚至蛋白质组学研究正如火如荼地进行着，新的研究成果不断涌现，与国际先进水平的差距逐渐缩小。

(2)繁殖技术成绩显著

①人工授精和精液冷冻保存得到广泛应用。自 20 世纪 60 年代普及了奶牛的新鲜精液人工授精后，从 1977 年开始在全国推广牛的冷冻精液，目前全国各省区共有 40 余个冷冻精液站，据估测，已形成年产近 2 000 万个剂量的牛冻精生产能力，大中城市奶牛已普及了人工授精，利用人工授精技术杂交改良黄牛每年都在千万头以上。我国绵羊人工授精的规模及冷冻精液研究水平，居世界前列。在养羊发达的新疆、内蒙古等北方省区已经普及人工授精，对中国美利奴、新疆细毛羊及东北细毛羊的育成起了重要作用。猪的人工授精自 20 世纪 50 年代在广西开展以来，目前南方各省区开展得较广泛，我国猪人工授精及冷冻精液的研究开始较早，技术水平及输精母猪数均处于领先地位。除了上述家畜外，骆驼、鹿、犬、兔、狐等特种经济动物及某些野生动物人工授精也相继获得成功。总之，人工授精技术的推广应用，对家畜品种改良、提高动物生产力、促进畜牧业的发展发挥了巨大作用。

值得提出的是，我国在大熊猫的繁殖中取得了多项里程碑意义的成果，20 世纪 90 年代以前，大熊猫主要靠自然繁殖，产仔率仅为 33%左右，幼仔成活率大约也只有 33%左右，经科技人员的攻关，1978 年，在北京动物园采用鲜精首先取得了大熊猫人工授精的成功，1980 年成都动物园采用冷冻精液输精首次成功产下后代，通过改进电刺激采精技术、研制并应用细管冻精，将尿液雌激素以及孕激素的监测等技术应用于发情鉴定与排卵监测中，使大熊猫的繁殖效率得以进一步提高，产仔率达到 50%～60%。近几年来大熊猫幼仔的成活率获得进一步提高，达到 90%以上。大熊猫繁殖瓶颈问题的解决，使圈养大熊猫数量增长迅速，目前达到 239 只，取得了举世瞩目的成就。我国在大熊猫繁殖方面居国际领先水平。

②胚胎生物技术研究不断深入、应用不断扩大。我国的胚胎生物技术的研究始于 20 世纪 70 年代初期，经过试验研究阶段(20 世纪 70 年代初期至 20 世纪 80 年代中期)、发展提高阶段(20 世纪 80 年代中期至 20 世纪 90 年代初期)和生产应用阶段(20 世纪 90 年代初期至今)的 3 个阶段后，目前正向胚胎工程延伸，向产业化方向发展。

在我国已有多种动物的胚胎移植、胚胎冷冻、体外受精、胚胎分割、胚胎和体细胞核移植、性别控制获得成功，并具备大规模生产性控奶牛精液和胚胎的能力；已获得小鼠、山羊、牛、猪等动物的类胚胎干细胞，在牛、羊、猪转基因和乳腺生物反应器方面也取得较大进展。其中在动物胚胎玻璃化冷冻保存、牛羊体外受精、动物克隆技术等研究方面达到国际先进水平。在水牛克隆、性控等研究处于国际领先水平。

胚胎生物技术作为家畜育种(MOET)的主要手段，在中国荷斯坦奶牛和超细毛羊、肉用羊育种中发挥了重要作用；在肉用种牛、肉用种羊快速扩繁方面效果明显，缓解了我国肉用种牛和肉用种羊的不足，对提高肉牛、肉羊的良种覆盖率发挥了重要作用；更值得一提的是，因奶牛是家畜中经济价值最高的畜种之一，加之可以采用非手术方法采胚和移植，所以奶牛胚胎移植的应用最为广泛。进入 21 世纪以来，我国年移植受体牛数万头，为迅速扩繁高产奶牛起到较大作用。

总之，胚胎生物技术在畜禽扩群(增加种畜禽数量)、育种(提高种畜禽质量)、保种(保护动物多样性)、引种(优良种畜禽交流)、医学(生物制药与治疗)、规模化生产(繁殖控制技术)等领域发挥了巨大作用，为我国畜牧业又好又快发展提供了技术支撑。

(3)繁殖管理更加科学、产品开发更加广泛、产品质量更加规范

①繁殖管理更加科学。30 年来，发布、实施了一系列奶牛繁殖管理的相关标准(技术规程)。如，牛冷冻精液国家标准(GB 4143—84)；牛、羊用采精器行业标准(NY530—2002)；兽用输精枪行业标准(NY531—2002)；输精细管行业标准(NY1161—2006)；牛冷冻精液生产技术规程行业标准(NY/T1234—2006)；奶牛胚胎移植技术规程行业标准(NY/T1445—2007)；牛人工授精技术规程行业标准(NY/T1335—2007)；牛胚胎移植技术规程行业标准(NY/T1572—2007)；种公牛饲养管理技术规程行业标准(NY/T1446—2007)等。上述标准(技术规程)对提高我国人工授精和胚胎移植技术水平及推广应用发挥了和正在发挥重要作用。

②产品开发更加广泛、产品质量更加规范。已开发出符合中国兽药规范(兽药质量标准)的多种用于动物繁殖的药物。如注射用垂体促黄体素，注射用血促性素(孕马血清促性腺激素)，注射用垂体促卵泡素，氯前列烯醇(钠)，注射用促黄体素释放释放激素 A2、A3，氟孕酮栓、黄体酮、缩宫素、绒促性素(绒毛膜促性腺激素)等。许多厂家实行 GMP(Good Manufacture Practice)规范，产品质量更加有保障。

5. 问题与建议

改革开放 30 年来，在各级政府、各个部门大力支持下、在广大科技人员和畜牧工作者奋力拼搏下，我国动物繁殖科学在教学、科研和畜牧生产中发挥了重要作用，并且缩小了与发达国家的差距，但是一分为二评价我国动物繁殖科学工作仍存在一定问题，主要是：

(1)教学和研究手段相对落后，整体水平与发达国家尚有差距，有待进一步提高。

(2)技术开发有待规范，产业化机制有待健全。

(3)研究与开发资金的支持力度有待加大。

### 5.7.7 中国畜牧兽医学会动物繁殖学分会十五次(1978—2010)学术研讨会回顾

1. 第 1 次全国家畜繁殖与人工授精学术会议

(1)时间、地点　1978 年 11 月于四川成都。

(2)会议特点

①文化大革命后首次会议，48 篇论文于 1979 年 3 月由农业出版社正式出版。

②本次会议以家畜精液冷冻为主，包括牛、水牛、猪、绵羊、滩羊等家畜；其次牛、羊同期发

情研究较多。

③家兔(1973)、绵羊(1974)、牛(1978)新鲜胚胎移植成功,胚胎移植研究开始起步。

④基础研究较少,研究畜种较少,主要为马、驴、牛、羊、猪。

⑤产生第一届家畜繁殖与人工授精理事会,郑丕留当选为理事长,梁克用当选秘书长。

2. 第2次全国家畜繁殖与人工授精学术会议

(1)时间、地点　1982年10月于江苏镇江。

(2)会议特点

①研究领域扩大,除主要家畜外,还包括主要家禽及人工饲养的野生、半野生动物。

②基础研究受到重视,有多篇关于生殖生理、生殖激素的研究论文。

③很多基层单位的技术人员从生产实际出发提出课题,通过研究、解决问题,促进了生产的发展。

④马(1982)、猪(1982)新鲜胚胎移植成功;兔(1979)、绵羊(1980)、牛(1982)胚胎冷冻保存研究成功。

⑤产生了第二届全国家畜繁殖与人工授精理事会,安民教授当选为理事长,罗应荣当选秘书长。

3. 第3次全国家畜繁殖与人工授精学术会议

(1)时间、地点　1985年8月于吉林长春。

(2)会议特点

①生殖生理基础理论研究方面学术水平有了显著提高。如“北京地区黑白花奶牛发情、排卵及授精效果的观察”,对了解我国黑白花奶牛的生殖生理规律提供了基础资料。“妊娠母猪类固醇激素水平不孕机理的探讨”,提出了妊娠40～50 d母猪外周血孕酮含量和为早期妊娠诊断的依据。还有“猪血清AKP活性与发情周期关系的研究”、“绵羊睾丸组织LDH同功酶—X生理功能的探讨”等论文。

②冷冻精液与人工授精研究进一步深入,精液冷冻工艺的改进有进展,除颗粒外,有些单位对细管以及金属管包装猪精液冷冻技术进行了研究。鸡的电刺激采精获得初步成功。鹿新鲜和冷冻精液人工授精成功。

③胚胎移植研究方兴未艾,多个单位、多种畜种、新鲜和冷冻胚胎移植成功,并产下后代。但由于这项技术受家畜的个体、超排药物和操作技术等多种因素的影响,效果还不理想,也不稳定。

④试验方法的研究有较大进展,如“用大鼠卵巢受体建立牛促黄体素放射受体分析法的研究”、“放射免疫直测法分析奶牛发情周期与妊娠早期孕酮水平的变化”等。

4. 第4次全国家畜繁殖与人工授精学术会议

(1)时间、地点　1987年9月于河南洛阳。

(2)会议特点

①与畜牧生产和繁殖有关厂家参加会议,并开始给会议赞助。

②繁殖技术标准化问题已经提到议事日程上来,牛精液冷冻国家标准已经颁布。

③进行了理事会换届选举,产生第三届理事会,董伟教授当选为理事长,安民、刘健、王瑞祥、郭志勤当选副理事长,罗应荣当选秘书长,副秘书长为胡明信、张忠诚。

(3)学术交流

共收到论文85篇。

①生殖生理的基础研究又有新的进展，开始系统地通过生殖激素的测定研究奶山羊等家畜的性机能发育规律，激素的测定方法不断改进；酶免疫测定孕酮方法开始应用；开展了繁殖免疫的理论与应用研究。

②冷冻精液与人工授精，着重在改进稀释液配方及提高解冻后精子活率方面研究为多，如在绵羊精液中加入还原物质和阿拉伯树胶使冻精活力达 0.5～0.7，在大家畜精液中添加前列腺素；在鸡精液中添加催产素、咖啡因等。

③胚胎移植从鲜胚转到冻胚，从奶牛移奶牛转到奶牛移黄牛，并开始研究影响胚胎移植成功率的各种因素如激素使用、胚胎质量评定，供、受体选择等。胚胎生物技术有了良好开端，小白鼠(1987)体外受精获得成功；牛(1986)、绵羊(1987)胚胎(二分胚)分割获得成功。胚胎性别鉴定和基因库已开始研究。

④提高繁殖率：开始把繁殖免疫技术、激素、电磁波和激光用于生产上，为提高家畜繁殖力和克服繁殖障碍做了尝试。

5. 第 5 次全国动物繁殖学术会议

(1)时间、地点　1989 年 10 月于山东泰安。

(2)会议特点　根据近年来繁殖研究领域不断扩大，研究对象愈来愈广泛，除家畜外，家禽和经济动物的繁殖问题受到足够重视。经征得多位会员意见，将“全国家畜繁殖与人工授精学术讨论会”改为“全国动物繁殖学术会”。

(3)学术交流　共收到论文 119 篇。

①生殖生理：在山羊早期胚胎发育的光镜研究、早孕因子的检测和抗 PMSG 血清研制及应用等取得一些新的有价值的研究结果。

②冷冻精液与人工授精：绵羊和猪的冷冻精液研究和应用范围都有所扩大；某些地区根据当地情况制定了地方冷冻精液标准；在禽类和其他经济动物繁殖方面有多篇论文，包括动物精子超微结构、精液特点、人工授精技术等。

③胚胎移植与胚胎生物技术：胚胎移植研究比已往更加广泛和深入。并逐步向应用于生产过渡。从我国养牛业现实情况出发，仍以用奶牛胚胎移植黄牛为主和以冻胚为主，冻胚移植成功率达 40%左右；此外在猪和羊的胚胎移植和胚胎生物技术方面有较大进展；牛(1989)、绵羊(1990)胚胎分割(四分胚)获得成功；绵羊、牛(均为 1989)冷冻胚胎分割(二分胚)获得成功。兔、绵羊、牛(均为 1989)和猪(1989)体外受精成功。

④提高繁殖率：双羔素使用头数超万头，平均双羔率可提高 20%左右，最高羊群可提高 63.8%；在应用释放激素、治疗方法、新的药械以及繁殖基本规律等方面开展了提高繁殖率研究，并取得较好效果。

6. 第 6 次全国动物繁殖学术会议

(1)时间、地点　1991 年 11 月于北京。

(2)会议特点

①中国畜牧兽医学会原理事长陈凌风，新理事长、畜牧兽医司司长陈耀春出席会议并讲话。

②首次在会议前将论文汇编发到各位代表手中，并首次举办优秀论文的评选，对参评的 24 篇论文选出 11 篇优秀论文，并颁发了获奖证书。

③进行了理事会换届改选工作，产生第四届理事会，董伟教授再次当选理事长，罗应荣当

选秘书长，安民、刘健、王瑞祥、郭志勤当选副理事长。郑丕留教授为名誉理事长。谢成侠、王丕建、王建辰、张天佑、杭维才、严忠慎、严炎、王秀阁老专家、教授为荣誉理事。

(3)学术交流　共收到论文110篇。

①生殖生理方面：有"从生殖内分泌角度探讨湖羊多产机理"、"特定电磁波(TDP)对繁殖功能影响的研究"、"枫径和长白母猪首次发情周期血清牛促卵泡素等五种生殖激素分泌模式的研究"、"雄烯二酮单克隆抗体的制备及其被动免疫新疆细毛羊的效应"等多篇论文。研究面广，包括奶牛、水牛、犏牛、猪、绵羊、山羊、鸡、鸭、马鹿、熊等。

②冷冻精液与人工授精方面：有"猪低剂量人工授精的推广应用"、"牛精液冷冻曲线的研究"、"冷冻精液精子复苏规律及其机理试验研究"等多篇论文，其中猪低剂量人工授精技术打破了多年来常规的剂量、四川1990年用低剂量授精166万窝取得优异的效果。

③胚胎移植与生物技术研究是本次会议论文数量最多的，其中胚胎移植方面有"影响黑白花母牛超数排卵效果的主要因素分析"、"奶牛胚胎移植引进技术的消化吸收的研究"、"母猪超数排卵的研究"等。生物技术方面进展快，缩小了与国际研究水平的差距。牛、绵羊(均为1991)胚胎应用聚合酶链反应(PCR)扩增SRY序列进行胚胎性别鉴定成功；家兔胚胎细胞核(1991)和山羊胚胎细胞核(1991)移植成功；猪冷冻胚胎(−20℃)移植成功(1991)。

④在提高繁殖率方面有较广泛的研究，如预产期内诱发母兔定时分娩的研究，高温季节母猪流产原因的研究，母牛产后子宫分泌物检查及产后的监护等。

7. 第7次全国动物繁殖学术会议

(1)时间、地点　1993年11月于广东广州。

(2)会议特点　本次会议有3个明显特点：①研究层次深，学术水平高；②研究内容广，动物种类多；③既突出生产实际问题，又重视基础研究。

(3)学术交流　共收到论文123篇。

①生殖生理：有多篇论文，如GnRH对人工孪生处理母牛下丘脑—垂体性腺轴的调控；公母北京黑猪生成熟间血清LH变化模式比较；母牛血清促性腺激素释放激素酶免疫测定方法的建立；太湖猪性早熟和高效繁殖力特性的研究等。

②冷冻精液与人工授精：气候因素对荷斯坦公牛精液品质影响；低温保存公猪精液的无卵黄稀释液的研究；公野牦牛高效繁殖力因析，二氢吡啶对提高公牛精液品质的机理探讨等。

③胚胎移植与胚胎生物技术：本次会议生物技术从研究广度和深度均有较大进展。a. 兔单精子显微注射受精获得成功(1993)；b. 肉牛冷冻胚胎洲际引种获得成功(1993)；c. 基因转移，显微注射法转移猪生长激素基因获得成功(1993)、猪微注射胚胎的自体移植获得成功(1993)；d. 胚胎性别鉴定：应用PCR技术鉴定牛和绵羊胚胎性别及应用研究；e. 性别控制：应用生殖免疫学技术控制乳牛性别的研究、利用生母液提高雌性比率的研究、不同输精时间和方法控制性比率的研究等；f. 体外受精：利用IVM/IVF技术生产试管牛的研究、牛体外受精胚胎卵裂球阶段对其体外发育能力影响的研究等；g. 胚胎冷冻：蔗糖浓度和稀释方法对玻璃化冷冻的牛体外受精胚胎成活的影响；h. 动物胚胎细胞核移植：兔胚卵裂球的移植与重组胚的发育、兔卵母细胞电激活及体外孤雌发育的研究等。

④提高繁殖率：牛羊双胎研究与应用进行了黄牛双胎素的研究；性甾体抗原接种绵山羊后双羔效果的研究、雄烯二酮主动免疫提高绵羊繁殖率研究、黑山羊双羔技术研究、双羔素在新疆土疆细毛羊中的应用等。茸鹿种间和亚种间杂交提高F1繁殖力的研究。

评选出优秀论文12篇,并颁发获奖证书。

8. 第8次全国动物繁殖学术会议

(1)时间、地点 1995年10月于广西南宁。

(2)会议特点

①进行了理事会换届选举,产生第五届全国动物繁殖理事会、刘健教授当选为理事长,罗应荣(常务副理事长,兼秘书长)、张忠诚、胡明信、朱裕鼎、郭志勤、王瑞祥等当选为副理事长,朱士恩当选副秘书长。

②首次有外国同行专家参加学术交流。韩国忠南大学农科大学朴昌植在大会上做了猪体外受精研究的报告。

评选出优秀论文12篇,并颁发获奖证书。

(3)学术交流 共收到论文100篇。

①生殖生理:研究水平进一步提高,有睾丸与卵巢在家兔性别决定中的生理作用、新疆细毛羊发情及卵巢活动季节性变异的研究、野家牦牛杂种公牛生精水平的研究、初情前期母猪垂体细胞LH和FSH的释放及其对GnRH类似物的反应,新疆细毛羊阴囊周径、外周血液中睾酮含量及精液品质的关系等多篇基础研究论文。

②冷冻精液与人工授精:经济动物冷冻精液与人工授精论文增多,如德国牧羊犬冷冻精子超微结构的研究、白枕鹤人工授精技术的实验研究、丝毛乌骨鸡精液品质测定及人工授精试验、狸獭人工授精研究等。

③胚胎移植与胚胎生物技术:超数排卵研究更加深入,有奶牛超排技术中几个问题的现实分析、超排奶牛孕酮含量与超排效应相关性的初步探讨、肌肉注射维生素A、维生素D、维生素E和微量元素硒(Se)提高供体母牛超排效果试验、超排对供体奶牛生产性能和繁殖的影响、老龄和幼龄细毛羊超排效果、转基因兔研究中供体母兔的超数排卵等多篇论文。胚胎生物技术研究更加广泛和深入。a. 胚胎分割:生产同卵孪生猪的研究。b. 冷冻方面:小鼠扩大囊胚玻璃化超低温保存技术的研究、奶牛裸露冷冻半胚移植试验、中国荷斯坦牛冷冻胚胎分割移植试验研究、牛体外受精胚胎一步脱除防冻剂冷冻方法的研究、体外受精胚胎经冷冻保存三年移植受孕情况等多篇论文。c. 围绕提高体外受精成功率方面有多篇论文,如颗粒细胞对牛体外受精的影响、肝素及血小板激活对牛卵母细胞体外受精的影响、单层细胞种类因素对牛体外受精胚胎的培养效果观察、离体卵巢的保存时间和温度对牛体外受精效果的影响、两种方法对牛体外受精及体外发育影响的研究、牛体外受精早期胚胎体外培养方法的研究、培养液及其添加物对早期牛胚胎在体外发育的影响等。d. 性别鉴定与性别控制:奶牛胚胎鉴定实用配套技术的初步试验、猪SRY基因的分子克隆及其序列分析、奶牛性别控制与H-Y单克隆抗体制备的研究、不同授精时间对仔猪性比影响的研究、生母液调节奶山羊后代性比试验、微量元素与家畜性别研究等。e. 细胞核移植:牛胚胎细胞核移植成功(1995)。f. 基因转移:猪导入生长激素基因的研究等。

④提高繁殖率:开发出一些提高繁殖率的新药并在生产中推广应用、如中兽药新制剂“生子宝”在提高奶牛情期受胎率中的应用效果、猪宝灵的开发和应用研究等。

9. 第9次全国动物繁殖学术会

(1)时间、地点 1998年8月于内蒙古呼和浩特。

(2)会议特点

①本次会议原定1997年召开，由于各方面原因推迟到1998年召开。可喜的是与会代表中青年和研究生比例较往次会议有较大提高，这说明我国动物繁殖领域后继有人。

②会上我国动物繁殖界著名的专家、教授就国际家畜繁殖学及生物技术领域前沿性研究进展及我国的研究现状做了综述报告。

③与动物繁殖有关的国外公司(如日本富士平工业株式会社、美国辉瑞公司等)的产品进入中国市场，并给会议赞助。

④由于长江流域和东北地区洪灾严重，一些代表未能参加会议，因此本次会议从参加人数、论文数量较历次会议均偏少。尤其在繁殖生理和提高繁殖率方面的文章更少。

(3)学术交流　共收到论文43篇。

①生殖生理：有CAZ对配种期雄性马鹿性行为及血清睾酮水平影响的初步研究、野家牦牛杂种公牛睾丸定量组织学的研究等。

②冷冻精液与人工授精：牛细管精液冷冻有重大突破，采用浸入法代替常规的熏蒸法，冻后精子活率平均达到0.48，精子复苏率平均达到72.7%，分别比熏蒸法提高8%和12%。绵羊冷冻精液腹腔内窥镜子宫角深部输精取得较大进展，情期受胎率达72%～73%(32/44)，比常规冷冻精液输精法的情期受胎率55.45%(178/321)提高17.28%。

③胚胎移植和生物技术进展较大，主要体现在以下几方面：

a. 胚胎移植和胚胎生物技术已在生产中应用和推广，并正向产业化迈进。内蒙古自治区技术监督局以DB151/T290—1998发布了“牛胚胎移植技术规程”地方标准。到1998年7月，已累计移植受体牛2 937头，移植妊娠率达46.1%；移植受体绵羊5 363只，移植妊娠率达70.4%。新疆维吾尔自治区也已累计移植受体牛和受体绵羊各数千只。大大加快了两个自治区优良家畜(牛和绵羊)的繁殖速度。内蒙古自治区政府1997年12月做出以胚胎移植和胚胎生物技术为主要技术手段，在全自治区推进家畜种子工程决定。新疆牧科院与宁夏农业科学院畜牧所合作，在国家生物工程中心立项，开展“牛、羊胚胎移植技术应用开发中试”。

此外，据内蒙古、山东、河北、河南、宁夏、新疆等省(区)不完全统计，从国外引进肉牛良种冷冻胚胎数千枚，对提高我国肉牛供种能力将发挥巨大作用。

b. 胚胎生物技术研究更加深入，水平进一步提高。胚胎细胞核移植(克隆)研究更加深入：山羊继代克隆研究，获第二代重组胚的4只克隆羊(1995)、猪4～8-细胞胚胎细胞核移植获5头克隆猪(1997)、对牛原代和继代细胞核移植初步结果进行了比较。拓宽了扩大胚胎来源的研究领域：牛活体采卵成功，并用活体受卵采集的卵母细胞体外受精生产胚胎获得成功，桑囊率为15.2%(47/310)；此外不同成熟时间对黄牛小腔卵母细胞体外成熟率的影响进行了研究。性别控制取得较大进展，根据X、Y精子运动速度的微小差异，利用分离液和分离管分离X、Y精子，用经分离后的Y精子对100头母牛人工授精，共产犊61头，其中公犊57头，母犊4头，公犊率达93.4%。转基因研究取得重大突破，在一只转基因母羊的乳汁中获得能分泌有活性的治疗血友病的人凝血因子IX。将人类补体衰减加速因子显微注入猪的受精卵中，所产仔猪有18头显示阳性，转基因效率达3.5%(18/517)；此外，还进行了牛乳腺细胞系BME—LIB酪蛋白分泌的诱导人促红细胞生成素(hEPO)表达的研究等。简便易行的牛胚胎玻璃化冷冻保存获得成功，用EFS 40冷冻牛胚胎12枚，解冻后12枚全部可用，冻胚可用率为100%，移植9头受体，5头妊娠，移植妊娠率达55.6%(5/9)，妊娠足月后于1998年7月已产6头牛犊，其中1头产双犊。

评选出优秀论文9篇，并颁发了获奖证书。

10. 第10次全国动物繁殖学术会议

(1)时间、地点　2000年11月于湖北武汉。

(2)会议特点

①来自全国24个省(市、自治区)从事教学、科研、科技推广和畜牧生产工作的110位代表出席了会议。刘健理事长以“我国动物繁殖学50年”为题对建国50年(1949—1999)我国动物繁殖学科的发展和动物繁殖学的研究进展进行了全面的、概括性总结，并对动物繁殖学的发展前景作了展望。大会还邀请了本学科和相关学科学术造诣颇深的科学家做了专题报告。

②为利于动物胚胎生物技术研究与推广，为提高动物繁殖教学质量和人才培养，经研究一致同意成立“动物胚胎生物技术专业委员会”和“动物繁殖教学专业委员会”，分别由郭志勤研究员和杨利国教授任主任。

③进行了理事会换届选举，产生第六届全国动物繁殖理事会，张忠诚教授当选为理事长，朱士恩(兼秘书长)、郭志勤、桑润滋、卢克焕、张嘉保、杨利国、魏庆信、李树静当选副理事长，朱化彬当选副秘书长。安民教授、刘健教授为名誉理事长。

(3)学术交流　共收到论文51篇，有30多人在会上交流。

①生殖生理方面：主要论文有“Ieptin(瘦素)与生殖”、“牛卵巢黄体类型与卵泡生长发育关系的组织学研究”、“波尔山羊繁殖性能的观察和测定”、“黄牛用PMSG和氯前列烯醇及抗PMSG抗体处理前后发情周期的外周血中GnRH水平”、“西藏高原环境下母猪性发育与性周期中外周血清生殖激素含量的测定”等。

②冷冻精液和人工授精：这两项技术水平已接近世界水平。主要论文有“细管精液冷冻方法的研究(二报)”、“现代集约化猪场人工授精技术研究”、“密集浸入式精液程控冷冻仪在牛冷冻精液生产中的应用”、“发挥人工授精技术优势促进茸鹿养殖业的发展”等。

③胚胎移植与胚胎生物技术：该领域进展很快，牛、羊胚胎移植技术的推广加速了该技术向产业化迈进。

根据我国家畜胚胎移植，特别是牛羊胚胎移植转向推广应用阶段的情况下，对我国胚胎移植的现状、存在问题及如何健康发展进行了分析和论述，主要论文有：“家畜胚胎移植及胚胎工程在中国的发展”、“牛胚胎生物技术产业化与我国养牛业的发展”、“牛胚胎移植技术推广应用因素分析及前景展望”等。

胚胎生物技术向实用和深层次发展，发表的主要论文有：“应用MOET技术培养‘U’系羊新类群的研究”、“开放式塑料细管法(OPS)玻璃化冷冻牛卵母细胞”、“家猪腔前卵泡卵母细胞分离采集和体外成熟研究”、“采用内窥镜与超声波仪进行卵母细胞采集(OPU)实验研究”、“牛体外受精卵(22～24 h)玻璃化冷冻保存研究”、“牛羊乳腺生物反应器研究”、“猪的胚胎细胞核移植”、“猪卵泡抑制素模拟肽基因在大肠杆菌中的融合表达”、“禽类血管活性肠肽与乙肝病毒核心抗原融合基因的构建”、“中国转基因猪研究”等。

④提高繁殖率：此方面研究与生产实际紧密结合，发表的主要论文有：“人工诱导牛双胎途径及效果研究”、“奶牛繁殖力的影响因素及提高措施”、“应用CIDR和PMSG诱导东北梅花鹿(*C. N. hortulorulm*)同期发情的初步研究”、“奶牛繁殖力的影响因素及提高措施”等。

从51篇论文中评选出优秀论文15篇，并颁发优秀论文证书。

11. 第11次全国动物繁殖学术会议

(1)时间、地点　2002年11月于云南昆明。

(2)会议特点

①来自全国22个省(市、自治区)的130余名代表出席了会议,在开幕式上,首先为不幸逝世的我国著名动物繁殖学家王丕建先生举行了悼念仪式,以缅怀这位德高望重的老前辈。

②中国畜牧兽医学会副理事长兼秘书长闫汉平先生参加了会议并发表了讲话。体现了上级学会对本分会的关心和支持。

③张忠诚、卢克焕教授等8名知名专家及日本著名繁殖学专家葛西孙三郎在大会做了有关家畜胚胎移植及胚胎工程国内外研究与应用现状,家畜性别控制、生殖免疫、家畜玻璃化冷冻保存研究进展等专题学术报告。

④教学专业委员会召开了首次动物繁殖教学交流会,桑润滋主编介绍了由全国高等农业院校教学指导委员会推荐,河北农业大学、中国农业大学、南京农业大学、解放军军需大学等9个单位14名编委参编的由中国农业出版社出版的研究生教学用书—《动物繁殖生物技术》的编写过程及各章、节的主要内容;各教学单位交流了本科生和研究生教学工作中的经验和存在问题,探讨了如何进一步提高教学质量的措施。

(3)学术交流　共收到论文90篇,其中63篇编入会议论文集,34人在大会上交流。

①生殖生理:高营养摄入水平对后备小母鸡卵泡发育和闭锁的影响机制研究,热应激对种公牛精液品质及血清激素水平的影响,奶牛妊娠、分娩前后血浆NO的变化及意义等。

②冷冻精液和人工授精:抗冻保护剂的不同浓度对黑熊精液冷冻保存效果研究,湘潭市推广生猪人工授精技术的经验与体会等。

③胚胎移植及胚胎生物技术:胚胎干细胞的研究是本次会议的特点,主要论文有影响猪ES细胞培养建系因素研究,胚胎于细胞系的成功建立,山羊类ES细胞的分离与克隆研究,山羊PGCS用于分离克隆类ES细胞的研究,来自牛体细胞核移植胚胎的类ES细胞再克隆的可能性研究等。

a. 体外受精:血管内皮生长因子对牛卵母细胞体外成熟、体外受精、体外发育的影响,影响猪卵母细胞体外成熟的两种因素,不同激活方法对猪体外成熟卵母细胞发育的影响等,季节效应对常年体外受精的影响,胎犊血清对猪体外受精胚胎早期发育的影响,用流动细胞检索仪分离的精子进行牛卵母细胞体外受精的研究,卵巢回收时间对猪体外受精的影响等。

b. 核移植:核移植前激活牛受体卵子对供体核形态变化的影响,水牛体细胞核移植的研究等。

c. 转基因:原核注射法转基因猪外源基因整合位点的分布及其遗传规律等。

d. 性别控制:应用PCR技术鉴定牛早期胚胎性别方法优化的研究。

e. 卵母细胞和胚胎冷冻:绵羊卵母细胞冷冻保存方法研究,绵羊卵母细胞玻璃化冷冻保存研究,细管法和OPS法玻璃化冷冻保存小鼠原核胚的比较研究等。

共评选出19篇优秀论文,并颁发证书。

12. 第12次全国动物繁殖学术会议

(1)时间、地点　2004年8月于浙江宁波。

(2)会议特点

①来自全国23个省、市(自治区)大专院校、科研院所和企业的有关专家170多人参加了

会议。参会代表是历届最多一次，在开幕式上首先为今年不幸逝世的我国著名动物繁殖学家、我分会创始人之一郑丕留先生举行了悼念仪式，以缅怀这位畜牧界有口皆碑的老前辈。宁波市政府及相关单位领导分别讲话，体现了会议举办地政府和相关单位对会议的重视和支持。中国畜牧兽医学会副理事长兼秘书长闫汉平先生在开幕式上讲话，体现了上级学会对本分会的关心和支持。

②本次会议还进行了理事会换届选举，张忠诚理事长代表十一次繁殖分会对四年来的工作进行了全面总结，经民主选举产生的第七届理事会，由 65 名理事组成。理事会选举产生 27 名常务理事，又经常务理事选举产生了理事会领导班子，张忠诚教授再次当选为理事长，副理事长朱士恩（兼秘书长）、郭志勤、桑润滋、卢克焕、张嘉保、杨利国、魏庆信、李树静。

③本次会议由宁波市激素制品有限公司承办，新疆金牛胚胎生物工程中心协办。会上有东北农业大学、河北农业大学、莱阳农学院、天津农科院畜牧研究所 4 个单位争办下届会议，经常务理事会讨论决定下届（13 届）动物繁殖学术会议由河北农业大学承办。经常务理事会研究决定申办第 17 届国际动物繁殖会议在我国举行。

(3)学术交流　本次会议共征集到学术论文 139 篇，论文数量历届最多。陈秀兰、谭丽玲等 14 名老一辈专家及日本阴山总一、森安悟在大会上做了特邀报告，卢克焕教授介绍了第十五届国际动物繁殖会议情况，有 23 人在大会上报告了他们的研究进展。交流的论文充分体现了从上届繁殖会议以来我国动物繁殖学研究的成果和现状。从征集到的 139 篇论文看。

①生殖生理 16 篇。

②冷冻精液与人工授精 11 篇。

③胚胎移植及胚胎生物技术 100 篇，表明胚胎移植产业化及相关胚胎生物技术仍是我国动物繁殖学界主要的研究领域，在动物克隆，胚胎性别鉴定新方法，卵母细胞和胚胎玻璃化冷冻的研究与应用等方面取得了长足进步。

④提高繁殖率 5 篇。其他 7 篇。

大会评选出 15 篇优秀论文，颁发了证书和奖金。

13. 第 13 次全国动物繁殖学术研讨会

(1)时间、地点　2006 年 7 月于河北保定。

(2)会议特点

①本次会议是参会代表人数最多（230 人），收录论文最多（166 篇），参会年轻学者（研究生）所占比例最大的一次会议。河北省畜牧局副局长张强、保定市人民政府副市长李国英、河北农业大学校长刘大群以及中国畜牧兽医学会副理事长兼秘书长闫汉平出席了会议，体现了各级领导对会议的关心和重视。

②本次会议承办单位是河北农业大学和河北省畜牧兽医学会；支持单位是河北省畜牧局、保定市人民政府；协办单位是石家庄三鹿集团股份有限公司、河北省牛羊胚胎工程技术研究中心、河北省畜牧良种工作站、保定市畜牧水产局、北京安伯胚胎生物技术中心。

③研究畜禽品种广泛，涉及牛、羊、猪、马、鹿、兔、狐狸、犬、大熊猫、禽类、小鼠等。

④与会代表参观了河北农业大学百年校史展览、河北农大新校区和挂靠在河北农业大学的河北省牛羊胚胎工程技术研究中心。

⑤日本富士平工业株式会社、北京东方联鸣科技发展有限公司等 9 个厂家在会上进行了展销。

⑥会上有青岛农业大学、东北农业大学、上海计划生育研究所等单位争办下届会议。经常务理事会讨论决定下届(14届)动物繁殖学术会议由青岛农业大学承办。

(3)学术交流　大会邀请胡明信、桑润滋、朱士恩、杨利国等8位专家分别做了主题报告,近40名学者进行大会发言,从中评选出了19篇"三鹿杯"优秀论文,并颁发了证书和奖金。报告和论文体现了自上一届研讨会以来我国在动物繁殖学领域取得的新进展、新成就。本次大会是学术氛围浓厚、学术水平较高的一次会议。

①生殖生理论文共17篇,主要涉及在卵泡发育和卵子发生、受精和胚胎发育、营养对繁殖的影响等生殖调控的分子机制,以及生殖免疫方面取得的显著进展。

②冷冻精液和人工授精论文14篇,主要以牛性控冷冻精液人工授精技术和猪冷冻精液保存及人工授精技术是本领域的特点。

③胚胎移植与胚胎生物技术论文113篇,是此次会议所占比例最大,代表了目前该领域的主流研究方向。在转基因RNAi技术、动物干细胞技术、动物克隆技术、牛羊性别控制技术、活体采卵与体外受精技术及胚胎冷冻保存技术等的研究与应用方面取得显著进步,特别是利用流氏细胞分离仪分离X、Y精子的性别控制技术,已在奶牛业上广泛应用并逐步商品化。

④提高繁殖率17篇论文,利用光照技术提高羊和蛋鸡繁殖率是该领域的特点。

14. 第14次全国动物繁殖学术研讨会

(1)时间、地点　2008年8月于山东青岛。

(2)会议特点

①本次会议承办单位是青岛农业大学,来自全国23个省、市、自治区从事教学、科研、科技推广和畜牧生产工作的325位代表参加了会议,共收录论文217篇,参会人数、收录论文数为历届会议之最。畜种涉及牛、羊、猪、鹿、犬、鸡、鸭、鹅和小鼠等。

②本次会议得到山东省科技厅、农业厅、畜牧办公室、农业科学院领导的祝贺。山东省畜牧业办公室慕永泰主任、青岛农业大学戴洪义副校长、中国畜牧兽医学会副理事长兼秘书长闫汉平出席会议并致辞。

③动物繁殖学会第七届理事会理事长张忠诚教授发言,首先回顾了近年来我国动物繁殖学取得的诸多成就,并代表第七届理事会向长期以来在动物繁殖教学、科研和科技推广中做出重要贡献的老一辈科学家表示感谢,并向中青年学者提出了殷切期望和要求。

④进行理事会换届选举,经民主选举产生了第八届理事会,由108名理事组成,理事会选举产生46名常务理事,又经常务理事选举产生了理事会领导班子,朱士恩教授当选为理事长,桑润滋、卢克焕、张嘉保、杨利国、李树静、陈静波、朱化彬、张晓霞、柏学进当选副理事长,田见晖当选秘书长;任命周虚、刘国世为副秘书长;刘健、张忠诚教授为名誉理事长。

⑤大会组委会授予安民、刘健、张忠诚三位教授"小黑牛杯"动物繁殖学分会功勋奖,并颁发了奖杯。

⑥评选出优秀论文20篇,并颁发优秀论文证书和奖金。确定第15次学术研讨会由天津农科院畜牧研究所承办。

(3)学术交流　大会邀请中国工程院院士李宁教授及日本株式会社细胞研究所所长铃木达行教授分别做了题为"克隆猪和转基因猪研究与开发的现状"、"新开发的胚胎回收、培养液和2段式移植器的有效性"的专题报告。此外,中国农业大学朱士恩教授、广西农业大学卢克焕教授、河北农业大学桑润滋教授、华中农业大学杨利国教授分别做了"小鼠2-PN原核胚冷冻保存及其线粒体、微管空间分布”、“第16届国际动物繁殖大会概况”、“成绩卓著的我国动物繁殖科学30年——纪念我国改革开放30周年”、“加强学科交叉，促进繁殖发展——根据诺贝尔奖成果分析学科交叉的重要性”的报告，另有33人在大会和分组会上发言。

①生殖生理论文共53篇(占24.4%)。主要有抑制素基因疫苗纯度和剂量对基因免疫黄牛的免疫反应性和黄体发育的影响、猪卵丘细胞凋亡与孤雌激活胚胎发育关系研究、不同直径猪卵泡中FoxO3α转录因子细胞内钙离子对卵巢颗粒细胞的调节、第二信使cAMP/cGMP信号通路元件蛋白在中国荷斯坦奶牛卵巢中的定位研究等。

②冷冻精液人工授精20篇(占9.2%)。主要有X精液在奶牛诱导双胎中产双母犊试验、梅花鹿XY分离精液腹腔镜输精的初步观察、应用精子分析系统进行牛冷冻精液检测的研究等。

③胚胎移植及胚胎生物技术124篇(占57.1%)。利用胚胎移植相关技术进行种猪SPF净化培育研究、影响山羊胞质内单精子注射(ICSI)效果因素研究、荷斯坦读牛超数排卵及体外受精研究、沼泽型水牛与河流型水牛亚种间体细胞核移植的研究、利用Rcd重组系统对牛酪蛋白基因间不同长度的间隔序列及αSI-酪蛋白基因CDS区的敲除、牛骨髓间充质干细胞体外定向分化为心肌样细胞、犊牛精原干细胞的分离制备、冷冻保存和体外培养研究等。

④提高繁殖率16篇(占7.4%)。兽用B超在奶牛卵巢疾病诊断中的应用、奶牛性控胶囊生产应用扩大试验等。

15. 第15次全国动物繁殖学术研讨会

(1)时间、地点　2010年8月于天津。

(2)会议特点

①本次会议由天津市畜牧兽医研究所承办，协办单位是：云南省畜牧兽医科学院、北京安伯胚胎生物技术中心、宁波市三生药业有限公司、天津市奶牛发展中心。来自全国23个省(市、自治区)从事教学、科研、科技推广和畜牧生产工作的443位代表参加了会议，共收录论文222篇。参会人数、收录论文数创历届会议之最。与会代表中青年约占80%，体现了科学家逐渐趋于年轻化的趋势，年轻科研工作者科研素质的提高，为我国的动物繁殖事业注入了新鲜血液。

②开幕式由动物繁殖学分会秘书长田见晖教授主持，中国畜牧兽医学会名誉理事长、中国科学院院士吴常信教授代表中国畜牧兽医学会致辞，向大会表示祝贺。天津市农委科教处处长吕福旭和天津市畜牧研究所所长李千军分别讲话，对大会表示祝贺。并介绍了天津市畜牧业的发展概况。

③动物繁殖学会授予安民、刘健、张忠诚3位教授动物繁殖学科终生成就奖；授于郭志勤、胡明信、罗应荣、桑润滋、卢克焕5位教授建国60周年动物繁殖学科功勋奖，并分别颁发了奖杯和证书。经专家认真评审，本次会议共评选出25篇优秀论文，并颁发了证书与奖金。

④经中、日、韩3国动物繁殖学会领导人商议，决定中、日、韩三国动物繁殖学术交流会每两年召开一次，并定于下届会议2012年在日本举行。本次会议共展示墙报24篇。充分体现了我国动物繁殖学术会议的国际化。

⑤常务理事会听取了申办下次会议几个单位的陈述，经投票表决，东北农业大学获得动物繁殖学分会第十六次学术会议的承办权，决定下次会议于2012年8月在哈尔滨召开。

⑥在闭幕式上，理事长朱士恩教授做了本届理事会两年来的工作汇报，他首先对两年来理事会及全体会员在科研、教学和服务“三农”方面所取得成绩给以肯定，并鼓励与会代表积极发挥学会作用，为我国畜牧业发展做出应有贡献。

(3)学术交流　大会邀请了吴常信院士做了题为《学术规范的制定与宣传》的专题报告,本学科国际上学术造诣颇深的科学家日本繁殖学会理事长 Manabe Noboru 教授和韩国动物繁殖学会理事长 Gu Min Jung 分别介绍了"日本动物繁殖学会"和"韩国动物繁殖学会"。日本专家 Kikuchi Kazuhiro、SATO Eimei、Tsukamura Hiroko 和韩国专家 Dong Il Jin 和 Gyu-Jin Rho 也分别做了专题报告。

此外,北京生命科学研究所高绍荣研究员、中国农业大学张忠诚教授、朱士恩教授、河北农业大学桑润滋教授分别做了《细胞多能性研究进展》、《中国动物繁殖学分会 32 年回眸》、《卵母细胞与胚胎玻璃化冷冻保存技术研究新进展》、《动物繁殖十大控制技术》的主题报告;阎萍、周虚等 16 位专家和研究生分别在生殖生理、人工授精、胚胎生物技术、提高繁殖力等方面进行大会学术交流。本次会议收集的论文数量和质量比历次会议均有较大提高。

①生殖生理共 39 篇(占 17.6%)。如:神经营养因子与动物繁殖、大熊猫雄性配子生物学基础研究与应用、猪卵泡囊肿中卵泡细胞凋亡与增殖关系等。

②人工授精 18 篇(占 8.1%)。如:猪精液超低温冷冻保存前后精子特性及蛋白酪氨酸磷酸化研究、多糖在猪精液冷冻稀释液的作用研究等。

③胚胎生物技术 145 篇(占 65.3%)。如:猪卵泡抑素(follistatin)基因真核表达载体的构建及体外表达、精原干细胞与动物转基因新技术、外源褪黑素对牛卵母细胞体外成熟、受精、早期胚胎发育的影响、体细胞克隆制备肌肉生长抑制素(myostatin)基因敲除猪、以囊胚双重染色方法检测果糖对牛胚胎早期发育效果的影响、牛精子总 RNA 制备及 mRNA 线性扩增初步研究、组蛋白磷酸化在绵羊卵母细胞体外成熟过程中的变化研究等。

④提高繁殖力 12 篇(占 5.4%)。如:提高羊繁殖性能技术措施等。

研究涉及的动物品种有牛、羊、猪、马、鹿、水牛、牦牛、大额牛、大熊猫、鹅、小鼠等。

总之,近几年我国在生物技术领域进展很快,克隆、转基因、胚胎干细胞等胚胎生物技术水平逐年提高,已接近世界先进水平;畜禽人工授精、奶牛性别控制、牛、羊胚胎移植等技术在生产上已广泛应用,为提高畜禽繁殖力和畜牧业增效及农民增收发挥了重要作用。

**表 5.21　历次全国动物繁殖学术研讨会发表论文情况统计**

| 届次 | 时间 | 地点 | 参加人数 | 论文篇数 | 论文分类 | | | | | | | | | |
|---|---|---|---|---|---|---|---|---|---|---|---|---|---|---|
| | | | | | 生殖生理 | | 人工授精 | | 胚胎生物技术 | | 提高繁殖力 | | 其他 | |
| | | | | | 篇数 | % | 篇数 | % | 篇数 | % | 篇数 | % | 篇数 | % |
| 1 | 1978.11 | 四川成都 | — | 48 | 2 | 4.2 | 20 | 41.6 | 8 | 16.7 | 15 | 31.5 | 3 | 6.3 |
| 2 | 1982.10 | 江苏镇江 | — | 91 | 18 | 19.7 | 31 | 34.1 | 9 | 9.9 | 29 | 31.9 | 4 | 4.4 |
| 3 | 1985.08 | 吉林长春 | 115 | 78 | 20 | 25.6 | 31 | 39.7 | 9 | 11.5 | 16 | 20.5 | 2 | 2.6 |
| 4 | 1987.09 | 河南洛阳 | 190 | 85 | 14 | 16.5 | 22 | 25.9 | 15 | 17.6 | 31 | 36.5 | 3 | 3.5 |
| 5 | 1989.10 | 山东泰安 | 173 | 119 | 16 | 13.4 | 22 | 18.5 | 22 | 18.5 | 55 | 46.2 | 4 | 3.4 |
| 6 | 1991.11 | 北京 | 160 | 110 | 21 | 19.1 | 26 | 23.6 | 41 | 37.3 | 22 | 20.0 | — | — |
| 7 | 1993.11 | 广东广州 | 120 | 123 | 28 | 22.8 | 21 | 17.1 | 43 | 40.0 | 31 | 25.2 | — | — |
| 8 | 1995.10 | 广西南宁 | 119 | 100 | 17 | 17.0 | 14 | 14.0 | 43 | 43.0 | 26 | 26.0 | — | — |
| 9 | 1998.08 | 内蒙古呼市 | 74 | 43 | 5 | 11.6 | 6 | 14.0 | 26 | 60.5 | 4 | 9.3 | 2 | 4.7 |

续表 5.21

| 届次 | 时间 | 地点 | 参加人数 | 论文篇数 | 论文分类 | | | | | | | | | |
|---|---|---|---|---|---|---|---|---|---|---|---|---|---|---|
| | | | | | 生殖生理 | | 人工授精 | | 胚胎生物技术 | | 提高繁殖力 | | 其他 | |
| | | | | | 篇数 | % | 篇数 | % | 篇数 | % | 篇数 | % | 篇数 | % |
| 10 | 2000.11 | 湖北武汉 | 110 | 51 | 8 | 15.7 | 6 | 11.8 | 26 | 51.0 | 9 | 17.7 | 2 | 3.9 |
| 11 | 2002.11 | 云南昆明 | 130 | 63 | 4 | 6.3 | 3 | 4.8 | 45 | 71.4 | 8 | 12.7 | 3 | 6.3 |
| 12 | 2004.08 | 浙江宁波 | 170 | 139 | 16 | 11.5 | 11 | 7.9 | 100 | 71.9 | 5 | 3.6 | 7 | 5.0 |
| 13 | 2006.07 | 河北保定 | 230 | 166 | 17 | 10.2 | 14 | 8.4 | 113 | 68.1 | 17 | 10.2 | 5 | 3.0 |
| 14 | 2008.08 | 山东青岛 | 325 | 217 | 53 | 24.2 | 20 | 9.2 | 124 | 57.1 | 16 | 7.4 | 4 | 1.8 |
| 15 | 2010.08 | 天津市 | 443 | 222 | 39 | 17.6 | 18 | 8.1 | 145 | 65.3 | 12 | 5.4 | 8 | 3.6 |
| 合计 | | | | 1 655 | 292 | 17.6 | 165 | 10.0 | 769 | 46.5 | 296 | 17.9 | 47 | 2.8 |

注:第 11 次云南昆明会议实际收到论文 90 篇,其中 63 篇收入论文集,另外 27 篇刊于云南畜牧兽医,未计算在内。

(作者:桑润滋、张忠诚、李树静、陈静波)

## 参考文献


[1] 安立龙,杨奇,窦忠英,等. 影响牛干细胞分离与克隆效率的因素. 叶鑫生,许田,汤锡芳等主编. 干细胞和发育生物学. 北京:军事医学科学院出版社,2000,4:93 - 98.

[2] 安丽娜,王树人. 组蛋白乙酰化/去乙酰化与染色质结构及基因转录调控的关系. 国外医学遗传学分册,2005,28(3):133 - 137.

[3] 柏学进,吴铁荣,薛建华,等. 奶牛裸露冷冻半胚移植试验. 中国兽医学报,1997,17(2):109 - 111.

[4] 常万存,窦忠英. 原始生殖细胞的人类胚胎干细胞克隆. 西北农业大学学报,1998,26(6):105 - 107.

[5] 陈大元,陈玉村. 大熊猫供核体细胞在兔卵胞质中可去分化而支持早期重构胚发育. 中国科学(C 辑),1999,29:324 - 330.

[6] 陈大元,李劲松,韩之明,等. 体细胞克隆牛:供体细胞和受体的影响. 科学通报,2003,48(8):768 - 773.

[7] 陈大元,李劲松,韩之明,等. 体细胞克隆牛;供体细胞和受体的影响. 科学通报,2003,9:14 - 17.

[8] 陈大元. 受精生物学—受精机制与生殖工程. 北京:科学出版社,2000:8.

[9] 陈大元,孙青原. 大熊猫供核细胞在兔卵胞质中可去分化而支持早期重构胚发育. 中国科学,1999(3):324 - 330.

[10] 陈俊颖. 山羊体外受精及其影响因素的研究. 重庆:第三军医大学,2002.

[11] 陈俊颖,魏泓,叶华虎,等. 山羊体外受精的研究. 中国实验动物学报,2004,12(1):35 - 39.

[12] 陈世林,李颖康,达文政,等. 精子体外获能影响因素. 宁夏农林科技,2002(1):43 - 44.

[13] 陈晓勇,田树军,桑润滋,等. 诱导幼羔卵泡发育及体外胚胎生产. 农业生物技术学报, 2008,16 (3):456 - 460.

[14] 陈秀兰,谭丽玲,荣瑞章. 家畜胚胎移植. 上海:上海科学技术出版社,1993.

[15] 董伟. 家畜的生殖激素. 北京:农业出版社,1985:118.

[16] 董晓,冯书堂,郑行. 胚胎干细胞研究进展. 国外畜牧科技,2000,27(4):24 - 26.

[17] 董亚娟,柏学进,李建栋,等. 牛体细胞核移植技术. 中国兽医学报,2002,2(4):347 - 350.

[18] 窦忠英. 奶牛胚胎分割试验报告. 西北农业大学学报,1987,15:19 - 24.

[19] 窦忠英. 奶牛胚胎一分为四分割移植试验. 西北农业大学学报,1992,20:1 - 4.

[20] 段保宁,桑润滋. 奶牛超数排卵及性控胚胎生产的研究. 保定:河北农业大学硕士学位论文,2006:36-37.

[21] 范必勤. 克隆动物研究进展. 生物工程进出口展,2000(4):11-15.

[22] 范卿. 畜产学:繁殖改良论. 北直农话报,1906(8):4-7.

[23] 耿繁军,陈美凯. 两种不同超排时间安排方案的效果比较. 草食家畜,2003(增刊):96.

[24] 郭志勤. 家畜胚胎工程. 北京:中国科学技术出版社,1998.

[25] 韩建永,李宁,邱宏伟,等. 体细胞克隆技术与我国奶牛业发展. 中国农业科技导报,2004,6(3):9-16.

[26] 黄河,李鑫,扈长春,等. 应用X精子冷冻液生产体内性控胚胎的试验研究进展. 中国奶业协会第二十次繁殖技术研讨会会议论文集,2005:159-164.

[27] 黄建民,黄天华,张维政,等. 诱导牛精子体外获能的培养基及方法. 中国兽医学报,1999,19(2):197-200.

[28] 黄利权,方坚勇. GnRH类似物和孕酮对猪排卵及受胎率的影响. 中国兽医学报,2002(4):399-400.

[29] 黄全成. 咖啡因提高山羊精液冷冻效果试验. 甘肃畜牧兽医,1997(1):132.

[30] 科学技术部. 中国奶业科技发展战略. 北京:中国农业出版社,2006:83-84.

[31] 赖良学. 家兔胚胎干细胞的分离培养. 沈阳:东北农业大学,1995.

[32] 赖良学. 影响体外培养免胚发育和免类ES细胞分离的若干因素. 中国兽医学报,1996,16(1):16-21.

[33] 李键,张红,马保华,等. 波尔山羊胚胎移植奶山羊应用技术研究. 西南农业学报,2002,15(3):94-97.

[34] 李树静,余文莉. 肉牛胚胎移植规模化开发配套技术的研究. 黑龙江动物繁殖,2002,8(2):1-4.

[35] 李松,窦忠英. 从原始生殖细胞分离克隆牛胚胎干细胞的研究. 农业生物技术学报,2000,8(4):349-352.

[36] 李秀梅,刘南植,倪志,等. 5-氮杂-2′-脱氧胞苷对SW48结肠腺癌细胞生物学行为的影响. 世界华人消化杂志,2005,13(17):2094-2097.

[37] 李雪峰,谭丽玲,石德顺,等. 牛细胞核移植研究简报. 广西农业生物科学,1995,14(3):193-194.

[38] 李逸平,左嘉客. 哺乳类早期胚胎发育阻滞的形成与突破. 细胞生物学杂志,1992,14(4):153-157.

[39] 李拥军,赵有璋. 山羊早期胚胎发育基因表达的研究. 兰州:甘肃农业大学博士学位论文,2005.

[40] 刘东军,张锁链,王建国,等. 不同超数排卵方法所获羔山羊卵母细胞体外成熟率及体外受精率的比较. 畜牧兽医学报,1996,27:422-427.

[41] 刘红林,范必勤. 哺乳动物卵母细胞的体外成熟. 畜牧与兽医,1996,4:180-183.

[42] 刘灵,钱菊汾,张涌. 山羊卵巢卵母细胞的体外受精. 西北农业大学学报,1992,20(增刊):111-114.

[43] 刘玉峰. 乙二醇对绵羊冻精效果的研究. 中国草食动物,2002(6):911.

[44] 卢克焕. 哺乳动物性别控制研究进展. 中国兽医学报,2002,22(4):411-414.

[45] 卢克焕,黄凤玲,阳年生. 牛体外受精胚胎移植后的怀孕率及双胎率. 广西农业大学学报,1994,13(1):83-86.

[46] 卢晟盛,蒋如明,谭世俭,等. 利用初情期前女牛卵母细胞在体外生产胚胎的尝试. 广西畜牧兽医,2000,02:7-8.

[47] 卢晟盛,蒋如明,韦英明,等. 利用自制简易采卵器采集牛卵子并体外受精生产胚胎的初步报道. 广西农业生物科学,1999(3):209-212.

[48] 卢晟盛,卢克焕. 不同血清种类及其浓度对牛卵母细胞体外受精的影响. 广西农业大学学报,1994,13(1):21-26.

[49] 吕自力. 体细胞克隆牛的规模化生产. 新疆农业科学,2003,40(增刊):23-24.

[50] 罗应荣,宫云浩. 应用PCR技术鉴定牛和绵羊胚胎性别及应用试验. 全国第七次动物繁殖学术讨论会论文摘要汇编,1993:58.

[51] 麻柱,桑润滋. 荷斯坦牛活体采卵与体外授精技术研究. 保定:河北农业大学硕士学位论文,2006:

23 -24.
[52] 马毅. 山羊除精浆冷冻精液的研究进展. 国外畜牧科技,2001,28(4):1.
[53] 倪和民,郭勇,朱鼎裕,等. 奶牛活体采卵的研究. 中国农业科学,1999,32(5):87 - 94.
[54] 倪志,刘南植,李林芳,等. 5 - Aza - CdR 对人结肠癌 Lovo 细胞增殖凋亡及抑癌基因 RUNX3 表达的影响. 世界华人消化杂志,2006,14(2):184 - 188.
[55] 皮文辉. 绵羊卵母细胞体外成熟与体外受精的初步研究. 广西:广西大学,2003.
[56] 皮文辉,张树山,倪建宏,等. 发情羊血清、肝素对绵羊卵母细胞体外受精的影响. 中国草食动物,2004,24(1):6 - 8.
[57] 钱永胜,窦忠英. 牛和猪胚胎干细胞的分离与克隆. 四川大学学报(自然科学版),1996(专辑):142 -147.
[58] 钱云,师蔚群,丁家桐. 哺乳动物体外受精的研究进展(续完). 动物科学与动物医学,2000,13(2):27 -29.
[59] 钱云,师蔚群,丁家桐. 哺乳动物体外受精研究进展(待续). 动物科学与动物医学,2000,17(1):26 - 28.
[60] 秦鹏春. 哺乳动物胚胎学. 北京:科学出版社,2001:4.
[61] 桑润滋,陈岳云,李承义,等. 奶牛非手术胚胎移植试验初报. 第三届全国家畜繁殖与人工授精学术研讨会论文摘要选编,1985:61 - 62.
[62] 桑润滋. 成绩卓著的我国动物繁殖科学 30 年. 黑龙江动物繁殖,2008(6):1 - 3.
[63] 桑润滋. 动物繁殖生物技术. 北京:中国农业出版社,2006:223,348 - 349.
[64] 桑润滋,李建国,郭纲,等. LRH - $A_3$ 提高细毛羊受胎率试验. 中国畜牧杂志,1995(3):39 - 40.
[65] 桑润滋,李英. 优质、高效肉牛生产与产品加工. 北京:中国农业科技出版社,2000:44 - 47.
[66] 桑润滋. 肉羊快繁新技术. 北京:中国农业大学出版社,2003.
[67] 桑润滋,田树军,李铁栓,等. 影响波尔山羊超排效果因素的研究. 草食家畜,2003(增刊):84 - 87.
[68] 桑润滋,汪庆有,杨国欣,等. 黑白花奶牛胚胎移植黄牛试验. 中国畜牧杂志,1987(1):34 - 35.
[69] 桑润滋,王志刚,田树军,等. 抑制素(IB)主动免疫对牛超排效果的影响及机制. 中国兽医学报,2000,20(6):597 - 600.
[70] 桑润滋. 我国奶牛胚胎移植和胚胎工程现状及"十一五"重点研究领域. 农业生物技术学报,2006(4):451 -455.
[71] 桑润滋,朱士恩,吴德国,等. 玻璃化冷冻牛胚胎的分割移植试验初报. 农业生物技术学报,2000,8(2):128.
[72] 桑润滋,朱士恩,郑德富,等. 牛胚胎玻璃化冷冻保存研究初报. 中国畜牧杂志,1999,5:24 - 25.
[73] 桑润滋,朱玉林,等. 注射国产 LRH 对提高奶牛超数排卵后胚胎质量的作用. 中国奶牛,1991(4):33 -34.
[74] 尚克刚. 饲养层对维持新建 ES 细胞系的影响. 北京大学学报(自然科学版),1994,30(4):500 - 507.
[75] 邵庆勇,洪琼花,曾申明,等. 促卵泡素诱导羔山羊卵泡发育及活体采卵研究. 中国畜牧杂志,2006,42:15 -17.
[76] 沈斌,沈水芳. 用 GnRH、ICI80996 处理提高奶牛产后繁殖力的探讨. 中国奶牛,1992(1):27 - 28.
[77] 宋杰,王文英,高运东,等. 白山羊体外成熟卵母细胞的体外受精和受精卵移植. 中国畜牧杂志,1997,33(4):44 - 45.
[78] 孙桂金,敖红, 尹逊河. 家畜卵泡卵母细胞体外成熟研究进展. 动物医学与动物科学,2004,21(11):11 -12.
[79] 孙少华,桑润滋,师守堃. 哺乳动物体外受精研究进展及其在家畜育种中的应用. 黄牛杂志,1998,24(4):58 - 61.
[80] 孙树春,桑润滋,孙国庆,等. 性控精液对奶牛人工授精情期受胎率及性比例的影响. 黑龙江动物繁殖,2007(1):6 - 8.

[81] 谭丽玲,廖和模,桑润滋,等. 1987～1990年奶牛胚胎分割研究. 国外畜牧学——草食家畜. 1992(增刊):44-46.

[82] 谭丽玲,桑润滋. 奶牛半胚移植于农户黄牛. 中国畜牧杂志,1990,26(4):44-45.

[83] 万鹏程,石国庆. 哺乳动物精子体外获能原理与进展. 草食家畜,第二届全国动物胚胎生物技术暨第九届兽医产科学研讨会论文集,2003(增刊):37-39.

[84] 王超. 山羊精液冷冻过程中影响因素分析. 畜牧与兽医,1995,27(1):1.

[85] 王福兆. 乳牛学. 3版. 北京:科学技术文献出版社,2004:134.

[86] 王光亚,段恩奎. 山羊胚胎工程. 北京:天则出版社,1993.

[87] 王海浪,薛建华. 简便快速的胚胎性别鉴定方法—LAMP法. 黑龙江动物繁殖,2003,11(4):38-39.

[88] 王建辰,章孝荣. 动物生殖调控. 合肥:安徽科学技术出版社,1998.

[89] 王强,顾玲,张涌. 化学诱导法——卵母细胞去核新策略. 生物工程学报,2003,19(6):763-766.

[90] 王玉阁,邹贤刚,成国祥,等. 由胎儿成纤维细胞而来的克隆山羊(Capra hircus). 科学通报,1999,44(21):2319-2323.

[91] 王志刚,桑润滋. He-Ne激光照射对牛超排效果影响及机理研究. 河北农业大学学报,1999(4):129-132.

[92] 吴广安. 波尔山羊冻精解冻效果的分析. 中国畜牧杂志,2001,37(1):1.

[93] 辛以良,张向利,盛宇,等. B型超声波导引采集牛卵母细胞. 当代畜牧,1999(5):5-6.

[94] 徐照学,兰亚莉,西康裕,等. 高产奶牛连续活体采卵及卵母细胞体外受精. 中国兽医学报,1999,19(4):371-373.

[95] 许声松. LRH-$A_2$对华南地区荷斯坦奶牛产后恢复繁殖机能的研究. 中国奶牛,1996(5):19-21.

[96] 旭日干,贾荣. 农业生物技术进展与展望. 合肥:中国科学技术大学出版社,1993.

[97] 旭日干,张连锁,薛晓先,等. 绵羊体外成熟、体外受精卵的体外发育及移植后的产羔. 内蒙古大学学报(自然科学版),1989,20(4):564-569.

[98] 旭日干,张锁链,薛晓先. 牛体外受精卵的移植产犊. 中国科学通报,1990,21:1666-1667.

[99] 杨梅,王旭光,施巧婷,等. 山羊用CIDR+FSH超数排卵处理的效果与卵母细胞成熟情况观察. 草食家畜,2003,1(季刊):26-27.

[100] 杨明升,刘红林,陈杰. 印记基因的印记机制及其表达调控. 生命的化学,2002,22(1):1-3.

[101] 叶荣,陈学进,杨利国. 哺乳动物早期胚胎体外发育阻滞的产生与克服. 黑龙江畜牧兽医,2004,1:62-64.

[102] 俞颂东,王友明,余东游. 影响家畜超排效果因素和几种超排方法. 草食家畜,2002(1):29-32.

[103] 袁运生,章孝荣. 精子获能机理及调控. 黑龙江动物繁殖,2002,10(1):15-17.

[104] 岳奎忠,吴铁荣,柏学进,等. GnRH类似物LRH-$A_3$配合FSH对超排母牛胚胎质量的影响. 中国畜牧杂志,1994(6):19-20.

[105] 岳奎忠,于元松. 改进山羊超数排卵方法的研究. 东北农业大学学报,2003,31(1):72-76.

[106] 曾溢滔,胡明信. 应用PCR扩增牛SRY序列进行奶牛胚胎性别的鉴定及移植. 国外畜牧学——草食家畜,1992(增刊):102-106.

[107] 曾有权,陆阳清. 流式细胞仪在猪性别控制中的应用研究. 中国畜牧兽医学会动物繁殖学分会第十三次学术研讨会论文集,2006:106-108.

[108] 翟中和. 细胞生物学. 北京:高等教育出版社,2000:434-435.

[109] 张靖飞,李裕强,刘月凤. 动物胚胎体外培养研究进展. 动物科学与动物医学,2002,19(2):19-22.

[110] 张锁链,刘东军,麋洪武,等. 羔山羊的超数排卵及体外受精. 内蒙古大学学报:自然科学版,1994,25(02):205-208.

[111] 张锁链,刘东军,王建国,等. 羔山羊的超数排卵及体外授精. 内蒙古大学学报(自然科学版),1994,25:

205 - 208.
[112] 张妥. 河北省科学技术志. 北京:中国科学技术出版社,1993:8.
[113] 张维忠,王安江. X精子性控冻精在奶牛场的应用效果及前景. 中国畜牧兽医学会动物繁殖学分会第十三次学术研讨会论文集,2006:473 - 476.
[114] 张涌,刘素娟,李裕强,等. 山羊大腔卵泡卵母细胞的体外成熟和体外受精. 河北农业大学学报,1998,21(1):45 - 48.
[115] 张涌,刘泽隆,李裕强. 山羊卵泡卵母细胞体外成熟的研究. 西北农业大学学报,1999,27(1):14 - 18.
[116] 张涌,王建辰,钱菊汾,等. 山羊卵核移植的研究. 中国农业科学,1991,24(5):1 - 6.
[117] 章志国,章孝荣. 动物超数排卵的影响因素及发展现状. 安徽农业科学,2003,31(1):41 - 43.
[118] 赵世芳. 流式细胞仪精子分离及冷冻处理对牛精子生理机能的影响. 中国农业大学硕士论文,2006:11 -12.
[119] 赵有璋. 提高绵、山羊颗粒冻精品质的研究. 中国草食动物,2003(1):351.
[120] 中国奶业协会. 中国奶业发展战略研究. 北京:中国农业出版社,2005:84 - 87.
[121] 中国畜牧兽医学会. 家畜繁殖与人工授精. 北京:农业出版社,1980:202.
[122] 周佳勃. 山羊体外受精和显微受精及相关问题的研究. 黑龙江:东北农业大学,2003.
[123] 周佳勃,吴延光,刘丽清,等. 肝素处理山羊精子体外获能的研究. 生物工程学报,2004,20(2):252 -256.
[124] 周佳勃,吴延光,罗明久,等. 影响山羊体外受精的因素. 动物学报,2004,50(2):216 - 221.
[125] 朱化彬,敖红,刘云海,等. 牛活体采集卵母细胞技术的研究. 中国畜牧杂志,2001(2):28 - 29.
[126] 朱士恩. 中国动物繁殖学科60周年发展与展望. 北京:中国农业大学出版社,2010.
[127] Adenot P G, Szolfost, Chesne P, *et al*. In vivo aging of oocytes influence the behavior of nuclei transferred to enucleated rabbit oocytes. Mol ReprodDev, 1997, 46(3): 325 - 336.
[128] Alberio R, Motlik J, Stojkovic M, *et al*. Benavior of M-phase synchronized blastomeres after nuclear transfer in cattle. Mol Reprod Dev, 2000, 57(1): 37 - 47.
[129] Amano T, Kato Y, Tsunoda Y. Full-term development of enucleated mouse oocytes fused with embryonic stem cells from different cell lines. Reproduction, 2001, 121(5): 729 - 733.
[130] Andersson M, Taponen J, Kommen M, *et al*. Pregnancy rates in lactating Holstein-Friesian cows after artificial insemination with aexed sperm. Reproduction in Domestic Animals, 2006(41): 95.
[131] Anguita B, Jim'enez-Macedo A R, Izquierdo D, *et al*. Effect of oocyte diameter on meiotic competence, embryo development, p34 (cdc2) expression and MPF activity in prepubertal goat oocytes. Theriogenology, 2007, 67:526 - 536.
[132] Anguita B. Total RNA and protein content, Cyclin B1 expression and developmental competence of prepubertal goat oocytes. Anim. Reprod. Sci, 2008,103 (3):290 - 303.
[133] Anmstrong D T, Irvine B, Earl C R. In vitro fertilisation of follicular oocytes from juvenile lambs and their developmental competence in vitro and in vivo. Biol Reprod(Suppl. ), 1994, 50:189.
[134] Armstrong D T, Holm P, Irvin B, *et al*. Pregnancies and live birth from in vitro fertilization of calf oocytes collected by laproscopic follicular aspiration. Theriogenology, 1992, 38, 667 - 678.
[135] Armstrong D T, Irvine B J, Earl C R, *et al*. Gonadotropin stimulation regimens for follicular aspiration and in vitro embryo production from calf oocytes. Theriogenology, 1994, 42(7): 1227 - 1236.
[136] Armstrong D T, Kotaras P J,Earl C R. Advances in production of embryos in vitro from juverile and prepubertal oocytes from the calf and lamb. Reprod Fertil, 1997,9(3):333 - 339.
[137] Ashworth. D, Bishop M, Campbell K, *et al*. DNA miscrosatellite analysis of Dolly. Nature, 1998, 394:329.

[138] Bachvarova R F. A maternal tail of poly(A): the long and the short of it. Cell , 1992, 69: 895 - 897.
[139] Baguisi A, Behboodi E, Melican D T, *et al*. Production of goats by somatic cell nuclear transfer. Nat Biotechnol, 1999, 17:456 - 461.
[140] Barak Y, MeÂneÂzo Y. A physiological replacement for polyvinylpyrrolidone (PVP) in assisted reproductive technology. Hum. Fertil, 2001, 4: 99 - 103.
[141] Beaujean N, Taylor J, Garden J, *et al*. Effect of limited DNA methylation reprogramming in the normal sheep embryo on somatic cell uclear transfer. Biol Reprod, 2004, 71: 185 - 193.
[142] Bestor T. H.. The DNA methyltransfersaes of mammals. Hum. Mol. Genet. , 2000,9:2395 - 2402.
[143] Black W G, Ulberg L C, Christian R E, *et al*. Ovulation and fertilization in the hormone-stimulated calf. Dairy Sci, 1953, 36: 274 - 280.
[144] Bodar A G, Oullette M, Frolkis M, *et al*. Extension of lifespan by introduction of telomerase into normal human cells. Science, 1998, 279(5349):349.
[145] Bodmer M, Janett F, Hassin M, *et al*. Fertility in heifers and cows after low dose insemination with sex-sorted and non-sorted sperm under field conditions. Theriogenology, 2005(64): 1647 - 1655.
[146] Boe - Hansen G B, Morris I D, Ersboll A K, *et al*. DNA integrity in sexed bull sperm assessed by neutral comet assay and sperm chromatin structure assay. Theriogenology, 2005, 63: 1789 - 1802.
[147] Bols P E J, Leroy J L M R, Vanholder T, *et al*. A comparison of a mechanical sector and a linear array transducer for ultrasound-guided transvaginal oocyte retrieval(OPU)in the cow. Theriogenology, 2004, 62: 906 - 914.
[148] Bols P E J, Vandenheede J M M, Van Soom A, *et al*. Transvaginal ovum pick-up(OPU)in the cow: A new disposable needle guidance system. Theriogenology,1995,43:677 - 687.
[149] Bongao A. The growth of inter deli mass of human blastocysts. Theriogenology, 1994(41): 167.
[150] Buchanan B R, Seidel Jr C E, McCue P M, *et al*. Inseminations of mares with low numbers of either unsexed or sexed spermatozoa. Theriogenology, 2000, 53: 1333 - 1344.
[151] Buehr M. The primordial germ cells of mammals: som current perspective. Exp Cell Res, 1997, 232 (7): 194 - 207.
[152] Campbell K H,Loi P,Otaegui P J,*et al*. Cell cycle co-ordimation in embryo cloning by nuclear transfer. Rev eprod,1996,1:40 - 46.
[153] Campbell K H S, Loi P, Otaegui P J, *et al*. Cell cycle co-ordination in embryo cloning by nuclear transfer. Reviews of Reproduction, 1996, 1: 40 - 44.
[154] Campbell K H S. Nuclear equivalence,nuclear transfer,and the cycle. Cloning,1999,1:3 - 15.
[155] Catt S L, Catt J W, Gomez M C, *et al*. Birth of a male lamb from an in vitro matured oocyte fertilized by intracytoplasmic injection of a single presumptive male spermatozoa. Vet. Rec,1996,139: 494 - 495.
[156] Chung H T, Pae H O, Choi B M, *et al*. Nitricoxide as a bioregulator of apoptosis. Biochem Biophys Res Commun, 2001, 282: 1075 - 1079.
[157] Cibeli J B, Stice S L, Golueke P L, *et al*. Cloned transgenic calves produced from nonquiscent feteal fibroblasts. Science, 1998, 280: 1256 - 1258.
[158] Cibelli J B, Campbell K H, Seidel G E, *et al*. The health profile of cloned animals. Nat Biotechnol, 2002, 20: 13 - 14.
[159] Cognie Y. State of the artin sheep-goat embryo transfer. Theriogenology, 1999, 51(1): 105 - 106.
[160] Collas P, C. Pinto-Correia, Ponce de Leon F. A. , *et al*. Effect of donor cell cycle stage on chromatin and spindle morphology in nuclear transfer rabbit embryos. Biol Reprod, 1992, 46: 501 - 511.
[161] Cran D G, Johnson L A, Miller N G A, *et al*. Production of calves following separation of X - and Y -

chromosome bearing sperm and in vitro fertilisation. Vet. Rec. , 1993, 132: 40 - 41.

[162] Cran D G, McKelvey W A C, King M E, *et al*. Production of lambs by low dose intrauterine insemination with flow cytometrically sorted and unsorted sperm. Theriogenology, 1997, 47: 267.

[163] Crichton E, Huffman S, McSweeney K, *et al*. 347 artificial insemination of lactating Holstein cows with sexed sperm. Peproduction, fertility and Development. , 2005, 18(2):281.

[164] Crosby I M, Gandolfif, Moor R M. Control of protein synthesis during early cleavage of sheep embryos. J Reprod Fert, 1988, 82: 769 - 775.

[165] Crozet N, Motlik J, Szollosi D. Nucleolar fine structure and RNA synthesis in porcine oocytes during early stages of antnum formation. Biology of the Cell, 1981, 41:35 - 42.

[166] Czolouska R, Modlinski J A, Tarkowski A K. Behaviour of thymocyte uudei in non-activated and activated mouse oocytes. J. Cell. Sci. , 1984, 69:19 - 34.

[167] Damiani P, Fissore R A, Cibelli J B, *et al*. Evaluation of developmental competence, nuclear and ooplasmic maturation of calf oocytes. Mol Reprod Dev , 1996, 45: 521 - 534.

[168] Danials R, Hall V, Trounson A O. Analysis of gene transcription in bovine nuclear transfer embryos reconstructed with granulose cell nuclei. Biol Reprod, 2000, 63: 1034 - 1040.

[169] Dean W, Santoa F, Stojkovic M, *et al*. Conservation of methylation reprogramming in mammalian development: aberrant reprogramming in cloned embryos. PNAS, 2001, 98: 13734 - 13738.

[170] De Smedt V. , N. Crozet, M. Ahmed-Ali, *et al*. In vitro maturation and fertilization of goat oocytes. Theriogenology,1992,37:1049.

[171] Diberardino M A, Orr N H. Genomic potential of erythroid and leukoeytic cells of Rana Pipiensanalyzed by nulear transfer into diplotene an maturing oocytes. Differentitation, 1992, 50:1 - 13.

[172] Dixit V D, Parvizi N. Nitricoxide and the control of reproduction. Anim Reprod Sci, 2001, 65: 1 - 16.

[173] Doetschman T. Establishment of hamster blastocyst-derived embryonic stem (ES) cells. Dev Biol, 1988, 127: 224 - 227.

[174] Dolci S. , D. E. Williams, M. K. Ernst. Requirement for mast cell growth factor for primordial germ cell survivalin culture. Nature, 1991, 352: 809 - 811.

[175] Donnay I, Faerge I, Grondahl C, *et al*. Effect of prematuration, meiosis activating sterol and enriched maturation medium on the nuclear maturation and competence to development of calf oocytes. Theriogenology, 2004, 62: 1 093 - 1 107.

[176] Donovan P. J. Growth factor regulation of mouse primordial germ cell development. Current Topics in Develop Biol, 1994, 29: 189 - 225.

[177] Doyle S P, Seidel G E, Schenk J L, *et al*. Artificial insemination of lactating Angus cows with sexed semen. Proc. Western Section Am. Soc. Anim. Sci, 1999, 50: 203 - 205.

[178] Enright B P, Jeong B S, Yang X, *et al*. Epigenetic characteristics of bovine donor cells for nuclear transfer:levels of histone acetylation. Biol Reprod, 2003, 69: 1525 - 1530.

[179] Enright B P, Sung L Y, Chang C C, *et al*. Methylation and acetylation characteristics of cloned bovine embryos from donor cells treated with 5 - aza - 2′ - Deoxycytidine. Biol Reprod, 2005, 72: 44 - 948.

[180] Enright B P, Taneja M, Schreiber D, *et al*. Reproductive characteristics of cloned heifers from adult somatic cells. Biol Reprod, 2002, 66(2): 291 - 296.

[181] Erickson B H. Development and senescence of the postnatal bovine ovary. Anim Sci, 1966, 25: 800 -805.

[182] Evans M J, Kaufman M H. Establishment in culture of pluripotential cells from mouse embryos. Nature, 1981, 292: 154 - 156.

[183] Finnin M S, Donigian J R, Cohen A, *et al*. Structures of a histone deacetylase homologue bound to the TSA and SAHA inhibitors. Nature, 1999, 401: 188 - 193.

[184] Foote R H, Allen S E, Henderson B. Buserslin in a superovlatory regimen for Holstein cows: 2. Yield and quality of embryos in commercial herds. Theriogenology, 1989, 31(2): 385 - 392.

[185] Freret S, Grimard B, Ponter A A, *et al*. Reduction of body-weight gain enhances in vitro embryo production in overfed superovulated dairy heifers. Reproduction, 2006, 131: 783 - 794.

[186] Fry R C, Simpson T L, Squires T J. Ultrasonically guided transvaginal oocyte recovery from calves treated with or without GnRH. Theriogenology, 1999, 49(6): 1077 - 1082.

[187] Fulka J R, Ouhibi N, Moor R M. Nuclear transplantation in mammals: the role of maturation promoting factor (MPF). Reprod in Domestic Animals, 1994, 29(5): 352 - 353.

[188] Gandolfi F, Milanesi E, Pocar P, *et al*. Comparative analysis of calf and cow oocytes during in vitro maturation. Mol Reprod Dev, 1998, 49:168 - 175.

[189] Gardner D. K. ,Lane M. ,Spitzer A. ,*et al*. Enhanced rates of cleavage and development for sheep zygotes cultured to the blastocyst stage in vitro in the absence of serum and somatic cells:amino acids,vitamins,and culturing embryos in groups stimulate development. Biol. Reprod, 1994,50:390 - 400.

[190] Garner D L, Gledhill B L. , Pinkel D. , *et al*. , Quantification of the X and Y chromosome-bearing spermatozoa of domestic animals by flow cytometry. Biol. Reprod. , 1983, 28: 312 - 321.

[191] Garner D L, Suh T K. Effect of Hoechst 33342 staining and laser illumination on the viability of sex - sorted bovine sperm. Theriogenology, 2002: 57.

[192] Garner D L. Title Sex - Sorting mammalian sperm: concept to application in animals. Journal of andrology, 2001, 22(4): 519 - 526.

[193] G. G. Leoni, S. Succu, Berlinguer, *et al*. Delay on the in vitro kinetic development of prepubertal ovine embryos. Anim. Reprod. Sci,2006,92(3 - 4):373 - 383.

[194] Gibbons J R, Beal W E, Krisher R L, *et al*. Effects of once-versus twice-weekly transvaginal follicular aspiration on bovine oocyte recovery and embryo development. Theriogenology, 1994,42:405 - 419.

[195] Gioia L, Barboni B, Turriani M, *et al*. The capability of reprogramming the male chromatin after fertilization is depend on the quality of oocyte maturation. Reproduction, 2005, 130: 29 - 39.

[196] Godin I. , Deed, J. Cooke. Effects of the steel gene produce on mouse primordial berm cell in culture. Nature, 1991, 352: 807 - 809.

[197] Gong G, Dai Y, Fan B, *et al*. Birth of calves expressing the enhanced green fluorescent protein after transfer of fresh or vitrified/thawed blastocysts produced by somatic cell nuclear transfer. Mol Reprod Dev, 2004, 69:278 - 288.

[198] Graves K H, Moreadit R W. Derivation and characterization of putative pluripocential embcycnic stem cell from preimplantation rabbit embryos. Mol Reprod Rev, 1993, 36: 424 - 433.

[199] Gurdon J B, Laskey R A, Keeves O R. The developmental capacity of nuclei transplanted from keratinized skin cells of adult frogs. J. Embryol. Exp. Morphol,1975, 34: 93 - 112.

[200] Hamano K, Li X, Qian X, *et al*. Gender preselection in cattle with intracytoplasmically injected, flow cytometrically sorted sperm heads. Biol Reprod, 1999, 60, 1194 - 1197.

[201] Hartshorn C,Rice J E,Wangh L J. Differential pattern of Xist RNA accumulation in single blastomeres osp;ated from 8 - cell stage mouse embryos following laser zona drilling. Mol Reprod Dev. 2003, 64(1): 41 - 51.

[202] Hashimoto S, Takakura R, Minami N, *et al*. Ultrasound-guided follicle aspiration effect of the frequency of a linear transvaginal probe on the collection of bovine oocytes. Theriogenology,1999,52:131 - 138.

[203] Hefler L A, Gregg A R. Inducible and endot helial nit ric oxide synt hase: Genetic background affect s ovulation in mice. Fertil Steril, 2002, 77: 147 - 151.

[204] Hill J R, Winger Q A, Burghardt R C, *et al*. Bovine nuclear transfer embryo development using cells derived from a cloned fetus. Anim Reprod Sci, 2001, 67:17 - 26.

[205] Hill J R, Winger Q A, Long C R. Development rates of male bovine nuclear transfer embryos derived from adult and fetal cells. Biol Reprod, 2000, 62(5): 1135 - 1140.

[206] Hirayama H, Kageyama S, Rapid sexing of bovine preimplantation embryos using loop-mediated isothermal amplification . Theriogenology, 2004, 62(5):887 - 896.

[207] Hurwitz A, Finci Yeheskel Z, Milwidsky A, *et al*. Regulation of cyclooxygenase activity and progesterone production intherat corpusluteum by inducible nitric oxide synthase. Reprodution, 2002, 123: 663 - 669.

[208] Ijaz A, Hunter A G. Evaluation of a TEST yolk sperm capacitation system for use in bovine in vitro fertilization. J Dairy Science, 1992, 75:394 - 398.

[209] Illmenseek, Hoppe P C. Nuclear transplantation in mouse musculus: developmental potential of nuclei from preimplantation embryos. Cell, 1981, 23: 9 - 16.

[210] Izquierdo D, Villamediana P, Lopez-Bejar M, *et al*. Effect of in vitro and in vivo culture on embryo development from prepubertal goat IVM-IVF oocytes. Theriogenology, 2002, 57: 1431 - 1441.

[211] Izquierdo D, Vllamediana P, Paramio M T. Effect of culture media on embryo development from prepubertal goat IVM-IVF oocytes. Theriogenology, 1999, 52(5):847 - 861.

[212] Jablonka Shariff A, Olson L M. Nitricoxide is essential for optimal meiotic maturation of murine cumulusoocyte complexes in vitro. Mol Reprod Dev, 2000, 55: 412 - 421.

[213] John C. M, Dumoulin, Cooncn E, Bras M, *et al*. Comparison of in-vitro development of embryos originating from either conventional in-vitro fertilization or intracytoplasmic sperm injection. Human Reprod, 2000, 15(2): 402 - 409.

[214] Johnson L A, Flook J P, Hawk H W. Sex preselection in rabbits: live birth from X and Y sperm separated by DNA and cell sorting. Biol Reprod, 1989, 41: 199 - 203.

[215] Johnson L A. Flow cytometric determination of sperm sex ratio in semen purportedly enriched for X or Y bearing sperm. Theriogenology, 1988, 29: 265.

[216] Johnson L A. , Pinkel D. Modification of a laser - based flow cytometer for high resolution DNA analysis of mammalian spermatozoa. Cytometry, 1986, 7: 268 - 273.

[217] Johnson L A. Sex selection in swine: altered sex ratios in offspring following surgical insemination of flow sorted X - and Y - bearing spermatozoa. Reprod Domestic Anim. , 1991, 26: 309 - 314.

[218] Joyce I M, K halid M, Haresign W. Growth hormone priming as an adjunct treatment in super ovulatory protocols in the ewe alters follicle development but has no effect on ovulation rate. Theriogenology, 1998, 50(6): 873 - 884.

[219] Kasinathan P, Knott JG, Moreira P N, *et al*. Effect of firboblast donor cell age and cell cycle on development of bovine nuclear transfer embryos in vitro. Biol Reprod, 2001, 64(5): 1487 - 1493.

[220] Kato Y, Tani T, Sotomaru Y, *et al*. Eight calves cloned from somatic cells of a single adult. Science, 1998, 282:2 095 - 2 098.

[221] Kato Y, Tani T, Tsunoda Y. Cloning of calves from various somatic cell types of made and female adult, newborn and fetal cows. J Reprod Fertile, 2000, 120(2): 231 - 237.

[222] Kauffold J, Amer H A, Bergfeld U, *et al*. The in vitro developmental competence of oocytes from juvenile calves is related to follicular diameter. J Reprod Dev , 2005, 51(3): 325 - 332.

[223] Kauffold J, Amer H A, Bergfeld U, *et al*. Offspring from Nonstimulated Calves at an Age Younger than Two Month: A preliminary Report. Journal of Reproduction and Development, 2005, 51(4): 527-532.

[224] Kawahara M, Wakai T, Yamanaka K I, *et al*. Caffine promotes premature chromosome condensation formation and in vitro development in porcine reconstructed embryos via a high level of maturation promoting factor activity during nuclear transfer. Reproduction, 2005, 130: 351-357.

[225] Keda I, Takahashi Y. Effects of maturational age of porcine oocytes on the induction of activation and development in vitro following somatic cell nuclear transfer. J Vet Med Sci, 2001, 63(9): 1003-1008.

[226] Keefer C L, Keyston R, Lazaris A, *et al*. Production of cloned goats after nuclear transfer using adult somatic cells. Biol Reprod, 2002, 66: 199-203.

[227] Kelly J M, David O, Simon K, *et al*. Enhanced efficiency in the production of offspring from 4-to-8-week-old lambs. Theriogenology, 2005, 63:1876-1890.

[228] Kelly J M, David O, Simon K, *et al*. The effect of nutrition during pregnancy on the in vitro production of embryos from resulting lambs. Theriogenology, 2005, 63: 2020-2031.

[229] Khatir H, C Carolan, P Lonergan, *et al*. Characterization of calf follicular fluid and its ability to support cytoplasmic maturation of cow and calf oocytes. Reprod Fertil, 1997, 111(2): 267-275.

[230] Khatir H, Lonergan P, Carolan C, *et al*. Prepubertal bovine oocyte: a negative model for studying oocyte developmental competence. Mol Reprod Dev, 1996, 45(2): 231-239.

[231] Kishi M, Itagaki Y. Takakura R, *et al*. Nuclear transfer in cattle using clostrum-derived mammary gland epithelial cells and ear-derived fibroblast cells. Theriogenology, 2000, 54(5): 675-684.

[232] Kochhar H P, Wu B, Maturation of oocytes derived from lambs and ewes. Reprod Domest Anim, 2002,37(1):19-25.

[233] Koeman J, Keefer C L, Baldassarre H, *et al*. Developmental competence of prepubertal and adult goat oocytes cultured in semi-defined media following laparoscopic recovery. Theriogenology, 2003, 60:879-889.

[234] Koeman J, Keefer C L, Baldassarre H, *et al*. Developmental competence of prepubertal and adult goat oocytes cultured in semi-defined media. Theriogenology, 2000, 53:297.

[235] Kono T, Kwon O Y, Dgawa M, *et al*. Development of mouse oocytes receving embryonic nuclei and thymocytes. Theriogenology, 1991, 35:227.

[236] Kono T. Nuclear transfer and reprogramming. Reviews of Reproduction, 1997, 2: 74-80.

[237] Korzekwa A, Jaroszewski J J, Bogacki M, *et al*. Effect s of prostaglandin F (alpha) and nitricoxide on the secretory function of bovine luteal cells. J Reprod Dev, 2004, 50(4): 411-417.

[238] Kowahara M, Wakai T, Yamanaka K I, *et al*. Caffine promotes premature chromosome condensation formation and in vitro development in porcine reconstructed embryos via a high level of maturation promoting factor activity during nuclear transfer. Reproduction, 2005, 130: 351-357.

[239] K. Reynaud, M. A. Driancourt. Particularités du follicule et de l'ovocyte prépubères Specificities of prepubertal follicles and oocytes. Gynécologie Obstétrique & Fertilité, 2002,30(10):814-816.

[240] Kubota C, Yamakuchi H, Todoroki J, *et al*. Six cloned calves produced from adult fibroblast cells after long-term culture. Proc Natl Acad Sci USA, 2000, 97(3): 990-995.

[241] Kuhholzer B, Hawley R J, Lai L, *et al*. Clonal lines of transgenic fibroblast cells derived from the same fetus result in different development when used for nuclear transfer in pigs. Biol Reprod, 2001, 64(6): 1695-1698.

[242] Kulczylnskil W, Dhont M, Grygoruk C, *et al*. Rescue ICSI of unfertilized oocytes after IVF. Human

Reprod, 2002, 17(9): 2423 - 2427.

[243] Lavery S, Preimplantation genetic diagnosis :new reproductive options for carriers of haemophilis. Haemophilia, 2004, Suppl 4:126 - 132.

[244] Leani G, Succu S, Berlinguer F, *et al*. Delay on the in vitro kinetic development of prepubertal ovine embryos. Animal Reproduction Science, 2006, 92:373 - 383.

[245] Ledda S, Bogliolo L, Calvia P, *et al*. Meiotic progression and developmental competence of oocytes collected from juvenile and adult ewes. J. Reprod. Fert, 1997, 109:73 - 78.

[246] Ledda S, Bogliolo L, Leoni G, *et al*. Production and lambing rate of blastocysts derived from in vitro matured oocytes after gonadotropin treatment of prepubertal ewes. J Anim Sci, 1999, 77:2234 - 2239.

[247] Ledda S, Bogliolo L, Leoni Q *et al*. Cell Coupling and Maturation-Promoting Factor Activity in In Vitro-Matured Prepubertal and Adult Sheep Oocytes. Biology of reproduction, 2001, 65:247 - 252.

[248] Lee J H, Park J H, Frequency of sex chromosomal mosaicism in bovine embryos and its effects on sexing using a single blastomere by PCR. Zygote, 2003, 11(1):87 - 93.

[249] Lee J H, Park J H, Sexing using single blastomere derived from IVF embryos by fluorescence in situ hybridisation(Fish). Theriogenology, 2004,62(8):1452 - 1458.

[250] Leichthammer F, Baunack E, Brem G. Behaviour of living primordial germ cells of livestock in vitro. Theriogenology, 1990, 33(6): 1221 - 1230.

[251] Leila M, Richard C, Geraldine M, *et al*. Pharmacological manipulation of nitricoxide levels in mouse follicle cultures demonst rates key role of extrafollicular control of ovulation. HumReprod, 2004, 19: 1705 -1712.

[252] Leila M, Richard C, Hart G M. Expression of nitricoxide synthase and effect of substrate manipulation of the nitricoxide pathway in mouse ovarian follicles. Hum ReprodJan, 2004: 19: 30 - 40.

[253] Leoni G G, Succus, Sattav, *et al*. Invitro production and cryotolerance of prepubertal and adult goat blastocysts obtained from oocytes coolected by laparoscopic oocyte-pick-up (LOPU) after FSH treatment. Reprod Fertil Dev, 2009, 21(7):901 - 908.

[254] Leslie G. I, Gibson F. L, Mc Mahon C, *et al*. Children conceived using ICSI do not have an increased risk of delayed mental development at 5 years of age. Human Reprod, 2003, 18(10): 2067 - 2072.

[255] Libbus B L, Perreault S D, Johnson L A, *et al*. Incidence of chromosome aberrations in mammalian sperm stained with Hoechst 33342 and UV - laser irradiated during flow sorting. Mutat Res, 1987, 182: 265 - 274.

[256] Lopes R F, Forell F, Splitting and biopsy for bovine embryo sexing under field conditions. Theriogenology, 2001, 56(9):1383 - 1392.

[257] Lu K H, Cran D G, Seidel G E. In vitro fertilization with flow-cytometrically-sorted bovine sperm. Theriogenology, 1999, 52: 1393 - 1400.

[258] Maneesh Taneja, Peter E. J. Bols, Anneleen Van de Velde, *et al*. Developmental Competence of Juvenile Calf Oocytes In Vitro and In Vivo: Influence of Donor Animal Variation and Repeated Gonadotropin Stimulation. Biology of reproduction, 2000, 62: 206 - 213.

[259] Marahrens Y, Panning B, Dausman J, *et al*. Xist-deficient mice are defective in dosage compensation but not spermatogenesis. Genes Dev,1997, 11: 156 - 166.

[260] Martino A, Mogas M T, Palomo M J, *et al*. Meiotic competence of prepubertal goat oocytes[J]. Theriogenology, 1994, 41:969 - 980.

[261] Matousek M, Carati C, Gannon B, *et al*. Changes in intrafollicular pressure in the rat ovary by nitricoxide and by alteration of systemic blood pressure. Eur J Obst Gynec Reprod Biol, 2001, 98: 46 - 52.

[262] Matsni Y, Toksoz D, Nishikawa S, *et al*. Effect of steel factor and leukaeemia inhibitory factor on murine primordial germ cells in culture. Nature, 1991, 353: 732 - 752.

[263] Matsui, D. Toksos, S. Nishikswa. Effect of steel factor and leukemia inhibitory factor on marin primordial germ cells in culture. Nature, 1991, 353: 750 - 752.

[264] Matsui Y. , K. Zesbo, B. L. Hogan. Derivation of pluripotential embryonic stem cells from murin primordial germ cells in culture. Cell, 1992, 70: 841 - 847.

[265] Mauleon P. Migratory phase of gene cells and sexual differentiation of the gonad in sheep embryos. Ann Biol Anim Biochim Biophys, 1976, 16:159 - 173.

[266] McNatty K P, Smith P, Hudson N L, *et al*. Development of the sheep ovary during fetal and early neonatal life and the effect of fecundity genes. J Reprod Fertil Suppl, 1995, 49:123 - 135.

[267] McNutt T L, Johnson L A. Flow cytometric sorting of sperm: influence on fertilization and embryo/fetal development in the rabbit. Mol Reprod Dev, 1996, 43: 261 - 267.

[268] Miyazaki S I. Fertilization potential and calcium transients in mammalian eggs. Dev Growth and Differ, 1988, 30 (6): 603 - 610.

[269] Mogas T, Palomo M J, Izquierdo M D,*et al*. Developmental capacity of in vitro matured and fertilized oocytes from prepubertal and adult goats. Theriogenology, 1997, 47: 1189 - 1203.

[270] Moreau J F Leukemia inhibitory factor is identical to the myeloid growth factor human interleukin for DA cells. Nature, 1988, 336: 690 - 692.

[271] Morozumi K, Yanagimachi R. Incorporation of the acrosome into the oocyte during intracytoplasmic sperm injection could be potentially hazardous to embryo development. PNAS, 2005, 102: 14209 - 14214.

[272] Morton K M, Catt S L, I-Iollinshead F K, *et al*. Production of Lambs After the Transfer of Fresh and Cryopreserved in vitro Produced Embryos from Prepubertal Lamb Oocytes and Unsorted and Sex-sorted Frozen-thawed Spermatozoa. Reprod Dom Anim, 2004, 39:454 - 461.

[273] Morton K M, Catt S L, Maxwell W M, *et al*. Effects of lamb age, hormone stimulation and response to hormone stimulation on the yield and in vitro developmental competence of prepubertal lamb oocytes. Reprod Fertil Dev, 2005, 17:593 - 601.

[274] Morton K M. Developmental capabilities of embryos produced in vitro from prepubertal lamb oocytes. Reprod Domest Anim,2008,43(2):137 - 143.

[275] Morton K M, Sally L, Catt W M, *et al*. In vitro and in vivo developmental capabilities and kinetics of in vitro development of in vitro matured oocytes from adult, unstimulated and hormone-stimulated prepubertal ewes. Theriogenology, 2005, 64:1320 - 1332.

[276] Moruzzi J F. Selecting a mammalian species for the separation of X - and Y - chromosome - bearing spermatozoa. J. Reprod. And Sterility. , 1979, 57: 319 - 323.

[277] Narinderk. Energy metabolism in preimplantation bovine embryos derived in vitro or in vivo. Biology of Reproduction,2000,62:847 - 856.

[278] Nash Jr J G, Ball L, Olson J D. Effects on reproduction performance of administration of GnRH to early postpartum dairy cows. J Anim Sci, 1980, 50: 1017 - 1021.

[279] Oback B, Wells D. Donor cells for cloning: many are called but few are chosen. Cloning and Stem Cells, 2001, 3(4): 257.

[280] O'Brien J K, Catt S L, *et al*. In vitro and in vivo developmental capacity of oocytes from prepubertal and adult sheep. Theriogenology, 1997,47(7):1433 - 1443.

[281] OBrien J K, Dwarte D, Ryan J P, *et al*. Developmental capacityenergy metabolism and ultrastructure of mature oocytes from prepubertal and adult sheep. Reprod Fertil Dev, 1996, 8: 1029 - 1037.

[282] Ohi S, Hosaka K, Ohkawa M, *et al*. Cloned murine fetus produced by nuclear transfer using metaphase-arrested embryonic stem cells [J]. Hum Cell, 2001, 14(4): 317 - 322.

[283] Osman V Patel, Anilkumar Bettegowdal Functional genomics studies of oocyte competence: evidence that reduced transcript abundance for follistatin is associated with poor developmental competence of bovine oocytes. Reproduction , 2007(133):95 - 106.

[284]Papaligoura Z, Panopoulou-Maratou Cognitive development of 12 month old Greek infants conceived after ICSI and the effects of the method on their parents. Human Reprod, 2004, 19(6): 1488 - 1493.

[285] Parrilla I, Vazquez J M, Cuello C, *et al*. Hoechst 33342 stain and u. v. laser exposure do not induce genotoxic effects in flow - sorted boar spermatozoa. Reproduction, 2004, 128: 615 - 621.

[286] Penny G D, Kay G F, Sheardown S A, *et al*. Requirement for Xist in the X chromosome inactivation. Nature, 1996, 379: 131 - 137.

[287] Perez L J, Valcareel A, Hems M A, *et al*. Evidance that frozen-thawed ram spermatozoa show accelerated capacitation in vitro as assessd by chlortetracycline assay. Theriogenology, 1996, 46:131 - 140.

[288] Perry G A, Smith M F, Roberts A J, *et al*. Relationship between size of the ovulatory follicle and pregnancy success in beef heifers. Anim Sci, 2007, 85: 684 - 689.

[289] Pesce M. , G. Ferrae, M. Pracentini. Stem cell factor and leukemia inhibitory factor promote primordial germ cell survival by suppressing programmed cell death (apoptosis). Development, 1993, 118: 1089 - 1194.

[290] Phatak A P. Effect of GnRH on conception rate in repentbreeder dairy cows. Theriogenology, 1986, 26 (5): 605 - 609.

[291] P. Hyttel,T. Fair,H. Callesen,*et al*. Oocyte growth,capacitation and final maturation in cattle. Therigenology,1997,47:23 - 32.

[292] Piedrahica J A. Isolation of embryonic stem cell-like clones from porcine embryos. Theriologenology, 1988, 20(1): 285 - 287.

[293] Piedrahita J A, Anderson G B, Bondurant R H. Influence of feeder layertype on the efficiency of isolation of porcine embryo-derivedcellines. Theriogenology, 1990, 34(5): 865 - 877.

[294] Piedrahita J A, Moor K, Oetama B, *et al*. Generation of transgenic porcine chimeras using PGC-derived colonies. Biology of Reproduction, 1998, 58: 1321 - 1329.

[295] Piedrahita J A, Wells D N, Miller A L, *et al*. Effects of follicular size of cytoplast donor on the efficiency of cloning in cattle. Mol Reprod Dev, 2002, 6(3): 317 - 326.

[296] Pieterse M C, Vos Plom, Kruip Tam, *et al*. Characteristics of bovine estrous cycles during repeated transvaginal ultrasound-guided puncturing of follicles for ovum pick-up. Theriogenology, 1991, 35: 401 -403.

[297] Pinkel D, Gledhill B L, Lake S, *et al*. High resolution DNA measurements of mammalian sperm. Cytometry, 1982, 3: 1 - 9.

[298] Pintado B, Gutierrez-Adan A, Perez Llano B. Super ovulatory response of murcian goats to treatments based on PMSG/anti- PMSG or combined FSH/PMSG administration. Theriogenology, 1998, 50(3): 357 - 364.

[299] Polejaeva I A, Chen S H, Vaught T D, *et al*. Cloned pigs produced by nuclear transfer from adult somatic cells. Nature, 2000, 407:86 - 90.

[300] Ponjaert-Kristoffersen I, Bonduelle M. International Collaborative Study of Intracytoplasmic Sperm Injection-Conceived, In Vitro Fertilization-Conceived, and Naturally Conceived 5 - Year-Old Child Outcomes: Cognitive and Motor Assessments. Pediatrics, 2005, 115: 283 - 289.

[301] Prado Delgado A R, Elsden R P, Seidel Jr G E. Effects of GnRH on response to superovulation in cattle. Theriogenology, 1984, 21: 254 - 256.

[302] Prather R S, Barnes F L, Simes M L, *et al*. Nuclear transfer in the bovine embryo: assessment of donor nuclei and recipient oocytes. Biol Reprod, 1987, 37: 859 - 866.

[303] Prather R S, Sims M M, First N L. Nuclear transplantation in early pig embryos. Biol Reprod, 1989, 41: 414 - 418.

[304] Presicce G A, Jiang S, Simkin M, *et al*. Age and hormonal dependence of acquisition of oocyte competence for embryogenesis in prepubertal calves. Biol Reprod, 1997, 56: 386 - 392.

[305] Probst S, Rath D. Production of piglets using intracytoplasmic sperm injection with flowcytometrically sorted boar semen and artificially activated. Theriogenology, 2002(8691): 1 - 13.

[306] Ptak G, Loi P, Dattena M, *et al*. Offspring from one-month old lambs: studies on the developmental capability of prepubertal oocytes. J. Bio. Reprod, 1999, 61:1568 - 1574.

[307] Ptak G, Mastsukawa K, Developmental and functional evidence of nuclear immaturity in prepubertal oocytes. Hum Reprod, 2006,21(9):2228 - 2237.

[308] Ptak G Tischner M, Bernabb N, *et al*. Donor-dependent developmental competence of oocytes from lambs subjected to repeated hormonal stimulation. J . Bio. Reprod, 2003, 69:278 - 285.

[309] Pujol A,Benet J, The use of a cell-cycle phase-marker may decrease the percentage of errors when using FISH in PGD . Cytogenet Genome Res, 2004,105(1):29 - 35.

[310] Qian J F,Zhang Y. Experiment on in vitro capacitation of ejaculated sperm and in vitro fertilization in the dairy goat. Theriogenology,1991,1:35.

[311] Rath D, Johnson L A, Dobrinsky G R, *et al*. Production of piglets pre - selected for sex following in vitro fertilization with X and Y chromosome bearing spermatozoa sorted by flow cytometry. Theriogenology, 1997(47): 795 - 800.

[312] Rawlings N C, Evans A C, Honaramooz A, *et al*. Antral follicle growth and endocrine changes in prepubertal cattle, sheep and goats. Anim Reprod Sci, 2003, 78(3 - 4):259 - 270.

[313] Reggio B C, Janes A N, Green H L, *et al*. Cloned transgenic offspring resulting from somatic cell nuclear transfer in the goat:oocytes derived from both folli-stimulating hormone-stimulated and non-stimulated abattoir-derived ovaries. Biol Reprod, 2001, 65(5): 1528 - 1533.

[314] Reik W, Dean W, Walter J. Epigenetic reprogramming in Mammalian Development. Science, 2001, 293:1089 - 1093.

[315] Resnick J. L. , L. S. Bixler, L. Z. Cheng. Long term proliferation of mouse primordial germ cells in culture. Nature, 1992, 359: 550 - 551.

[316] Revel F, Mermillod P, Peynot N, *et al*. Low developmental capacity of in vitro matured and fertilized oocytes from calves compared to that of cows. J Reprod Fertil,1995,103:115 - 120.

[317] Reynolds L P, GrazulBilska A T, Redmer D A. Angiogenesisin the corpus luteum. Endocrine, 2000, 12: 129.

[318] Rickard L F, White K L. Electrofusion induced intracellar $Ca^{2+}$ flux and its effect on murine oocyte activation. Mol Repro Dev, 1992, 31: 152 - 159.

[319] Rideout W M, Eggan K, Jaenisch R. Nuclear cloning and epigenetic reprogramming of the genome. Science, 2001, 293: 1093 - 1098.

[320] Saharrea A, Valencia J,Balcazar A, *et al*. Pretreatment with recombinant bovine somatotropin enhances the super ovulatory response to FSH in heifers. Theriogenology, 1998, 50(7): 1039 - 1052.

[321] Salamone D. F, P. Damiani, R. A. Fissore, *et al*. Biochemical and Developmental Evidence That Oop-

lasmic Maturation of Prepubertal Bovine Oocytes Is Compromised. Bioloigy of Reproduction, 2001, 64: 1761 - 1768.

[322] Sanbusissho A, Threlfall W R. The effects of estrous cow serum on the in vitro maturation and fertilization of the bovine follicular oocyte in vitro. Theriogenology, 1989, 31: 300 - 309.

[323] Santos F, Dean W. Epigenetic reprogramming during early development in mammals. Reproduction, 2004, 147: 643 - 651.

[324] Sartori R, Souza A H, Guenther J N, *et al*. Fertilization rate and embryo quality in superovulated Holstein heifers artificially inseminated with X - sorted or unsorted sperm. Anim Reprod., 2004 (1): 86 -90.

[325] Satio S. Bovine embryonic stem-like culture over several passage. Dev Biol, 1992, 20(3): 134 - 141.

[326] Schenk J L, Suh T K, Cran D G, *et al*. Crypreservation of flow-sorted bovine spermatozoa. Theriogenology, 1999, 52: 1375 - 1391.

[327] Schenk J L, Suh T K, Seidel G E Jr. Embryo production from superovulated cattle following insemination of sexed sperm. Theriogenology, 2006, 65(2): 299 - 307.

[328] Seidel G E, Allen C H, Brink Z, *et al*. Insemination of heifers with very low number of frozen spermatozoa. J Anim Sci, 1996, 74 (suppl 1): 235.

[329] Seidel G E, Garner D L. Current status of sexing mammalian spermatozoa. Reproduction, 2002, 124: 733 - 743.

[330] Seidel G E. Jr., Johnson L A., Allen C H., *et al*. Uterine insemination of heifers with very low numbers of nonfrozen and sexed spermatozoa. Theriogenology, 1997, 48: 1255 - 1264.

[331] Seidel G E, Schenk J L, Herickhoff L A, *et al*. Insemination of heifers with sexed sperm. Theriogenology, 1999b, 52: 1407 - 1420.

[332] Shamblot M J, Atelman J, Wang S, *et al*. Derivation of pluripotent stem cells from cultured human primordial germ cells. Proc Natl Acad Sci USA, 1998, 95: 13726 - 13731.

[333] Shiga K, Fujita T. Production of calves by transfer of nuclei from cultured somatic cells obtain from Japanese blace bulls. Theriogenology, 1999, 52(3): 527 - 535.

[334] Shim H, Gutierrez-Adan A, Chen LR, *et al*. Isolation of pluripotent stem cells from cultured porcine primordial germ cells. Biology of Reproduction, 1997, 57: 1089 - 1095.

[335] Shin M R, Park S W, Shim H, *et al*. Nuclear and microtuble reorganization in nuclear-transferred bovine embryos. Mol Reprod Dev, 2002, 62: 74 - 82.

[336] Shi W, DirimF, Wolf E, *et al*. Methylation reprogramming and chromosomal aneuploidy in In Vivo fertilized and cloned rabbit preimplantation embryos. Biol Reprod, 2004, 71: 340 - 347.

[337] Shi W, Hoeflich A, Flasuinkei H, *et al*. Induction of a senescent-like phenotype does not confer the ability of bovine immortal cells to support the development of nuclear transfer embryos. Biol Reprod, 2003, 69: 301 - 309.

[338] Smith A G, Hooper M L. Buffalo rat liver cells produce a diffusible activity which inhibits the differentiation of marine ernbryonal carcinoma and embryonic stem cells. Dev. Biol, 1987, 121: 1 - 9.

[339] Smith L C, Wilmut I, Hunter R H F. Influence of cell cycle stage at nuclear transplantation on the development in vitro of mouse embryos. J Reprod Fert, 1988, 84: 619 - 624.

[340] Smith L C, Wilmut I. Influence of nuclear and cytoplasmic activity on the development in vivo of sheep embryos after nuclear transplantation. Biol Reprod, 1989, 40: 1027 - 1035.

[341] Smith S D, Soloy E, Averyb, *et al*. Nucleus remodeling in reconstructed cattle embryos. Theriogenology, 1994, 41: 298 - 304.

[342] Stevenson J S, Schmidt M K, Call E P. Gonadotropin releasing hormone and conception of Holstein. J Dairy Sci, 1981, 67: 140 - 145.

[343] Stewart C L, Gadi I, Bhatt H. Stem cells from primordial germ cellscan reenter the germ line. Devel Bio, 1994, 161(2): 626 - 628.

[344] Sticf S L, Robl J M. Nuclear reprogramming in nuclear transplant rabbit embryos. Biol Reprod, 1988, 39: 657 - 664.

[345] Strojek R M, Reed M A, Hoover J L, *et al*. A method for culturing morphorlogically undifferentiated embryonic stem cells from porcineblastocyists. Theriogenology, 1990, 33: 901 - 903.

[346] Sukoyan. Isolation and cultivation of blastocyot derived scem call liner from American Mink (Muslela Vsion). Mol Repord Rev, 1991(33): 418 - 421.

[347] Szollosi D,Czolowska R,Szollosi M,*et al*. Remodeling of mouse thymocyte, nuclei depends on the time of their transfer into activated,homologous oocytes. J Cell Sci,1988,91:603 - 623.

[348] Takeda K, Takahashi S, Onishi A, *et al*. Dominant distributionof mitochondria DNA from recipient oocytes in bovine embryos and offspring after nuclear transfer. J Reprod Fertil, 1999, 116(2): 253 - 259.

[349] Takeuchi T, Colombero L. T, Neri Q. V, *et al*. Does ICSI require acrosomal disruption? An ultrastructural study. Human Reprod, 2004, 19(1): 114 - 117.

[350] Tao Y, Fu Z, Zhang M, *et al*. Immunohistochemical localization of inducible and endothelial nitricoxide synthase in porcine ovaries and effects of NO on antrum formation and oocyte meiotic maturation. Mol Cell Endocrinol, 2004, 222(122): 93 - 103.

[351] Thompson J A. Isolation of a prinuste embryonic cell line. Deve Biol, 1995(92): 7844 - 7848.

[352] Thouas G A,Jones G M,Trounson AO. A novel method of micro-culture of mouse zygotes to the blastocyst stage-the "GO" system. In Proceedings of the 17th Annual Conference of the European Society of Human Reproduction and Embryology (ESHRE),Lausanne,Switzerland,2001:168.

[353] Tillmann, Meinecke. Isolation of ES-like cell lines from ovine and caprine preimplantation cmbryos. J Anim Breed Genet, 1996, 113: 413 - 426.

[354] Tsuchiya Y. Isolstion of ICM-derived cell colonies from sheep blastolysts. Theriogndrgy, 1994, 41: 321.

[355] Tubman Flow cytometry was 90% accurate in sorting sperm into male and female cells. Anim. Sci, 2004(82):1029.

[356] Upreti G C, Riches P C, Johnson L A. Attempted sexing of bovine spermatozoa by fractionation on a percoll density gradient. Gamete Research, 1988, 20: 83 - 92.

[357] Vajta G,Peura T,Holm P. ,*et al*. New method for culture of zona-included or zona-free embryos: the well of the well (WOW) system. Mol. Reprod. Dev. ,2000,55:256 - 264.

[358] Valasi I, Leontides L, Papanikolaou Th, *et al*. Age, FSH Dose and Follicular Aspiration Frequency Affect Oocyte Yield from Juvenile Donor Lambs. Reprod Dom Anim, 2007, 42: 230 - 237.

[359] Van Landuyt L, Devos A, Joris H, *et al*. Blastocyst formation in vitro fertilization versus intracytoplasmic sperm injection cycles: Influence of the fertilization procedure. Fertil. Steril, 2005, 83(5): 1397 -1403.

[360] Vaziri H, Dragowska W, Alloopp R, *et al*. Evidence for a mitotic clock in human hematopoietic stem cells: loss of telomeric DNA with age. PNAS, 1994, 91:98 - 57.

[361] Velilla E, Izquierdo D, Distribution of prepubertal and adult goat oocyte cortical granules during meiotic maturation and fertilization: ultrastructural and cytochemical study. Mol Reprod Dev, 2004,68(4): 507 - 514.

[362] Von Z T, Saretzki G, Docke W, *et al*. Mild hypoxia shortens telomeres and inhibits proliferation of fibroblasts: a model for senescence? Exp Cell Res, 1995, 220:186 - 193.

[363] Wakayama T, Perry A C, Zuccotti M, *et al*. Full - term development of mice from enucleated oocytes injected with cumulus cell nuclei. Nature, 1998, 394:369 - 374.

[364] Wakayama T, Yanagimachi R. Cloning of male mice from adult tail-tip cells. Nature Genet, 1999, 22 (2): 127 - 128.

[365] Wang Y G, Zhou X G, Liu J L, *et al*. Cloned goats(Capra hircus) from fetal fibroblast cell lines. Chinese Science Bulletin, 1999,45:34 - 38.

[366] Wani N. A. ,Wani G. M. ,Khan M. Z. ,*et al*. Effect of different factors on the recovery of oocytes for in vitro maturation and in vitro fertilisation procedures in sheep. Small Ruminant Research, 1999, 34: 71 -76.

[367] Welch G R. , Johnson L A. Sex preselection: laboratory validation of the sperm sex ratio of flow sorted X -and Y - sperm by sort reanalysis for DNA. Theriogenology, 1999,52: 1343 - 1352.

[368] Wells D N, Misica P M, Day T A, *et al*. Production of cloned lambs from an established embryonic cell line: a comparison between in vivo and in vitro-matured cytoplusts. Biol Reprod, 1997, 57(2): 385 -393.

[369] Willadsen S M. Nuclear transplantation in sheep embryos. Nature, 1986, 227: 298 - 300.

[370] William M, Rideout Ⅲ, Kevin Eggan, *et al*. Nuclear cloning and epigenetic reprogramming of the genome. Science,2001,293:1093 - 1098.

[371] Williams R L Myeloid Leukemia inhibitory factor maintains the developmental potentialof embryonic stem sell. Nature, 1988, 336: 684 - 687.

[372] Willian M Rideout Ⅲ, Kevin Eggan, Rudolf Jaenisch. Nuclear cloning and epigenetic reprogramming of the genome. Science, 2001,293 :1093 - 1098.

[373] Wilmut I, Schnieke A E, McWhir J, *et al*. Viable offspring derived from fetal and adult mammalian cells. Nature, 1997, 385: 810 - 813.

[374] Wilson R D, Weigel K A, Fricke P M, *et al*. In vitro production of Holstein embryos using sex-sorted sperm and oocyted from selected cull cows. Dairy Sci. 2005, 88:776 - 782.

[375] Wubiset A, Graves C N, Spahr S L, *et al*. Effects of GnRH treatment on superovulatory responses of dairy cows. Theriogenology, 1986, 25: 423 - 427.

[376] Xiangzhong Yang, Shie Jiang, Paul Farrell, *et al*. Nuclear transfer in cattle: effect of nuclear donor cells, cytoplast age, co-culture, and embryotransfer. Mol Reprod Dev, 1993, 35(l): 29 - 36.

[377] Xue F, Tian X C, Du F, *et al*. Aberrant patterns of X chromosome inactivation in bovine clones. Nat Genet, 2002, 31: 216 - 219.

[378] Yokochi T. Robertson K. D.. Preferential methylation of unmethylated DNA by de novo DNA methylation transferase Dnmt3a. J. Biol. Chem, 2002, 277: 11735 - 11745.

[379] Yong-Hai LI, Wei Ma, Ming LI, *et al*. Reduced Polyspermic Penetration in Porcine Oocytes Inseminated in a New In Vitro Fertilization(IVF) System: Straw IVF. Biology of Reproduction, 2003, 69:1580 - 1585.

[380] Young L E, SinClair K D, Wilmut I. Large offspring syndrome in cattle and sheep. Rev Reprod, 1998, 3: 155.

[381] Younis A. L. , K. A. Zuelke, K. M. Harper, *et al*. In vitro fertilization of goat oocytes. Biol. Reprod. , 1991,44:1177.

[382] Zakhartchenko V, Alberio R, Stojkovic M, *et al*. Adult cloning in cattle: potential of nuclei from a permanent cell line and from primary cultures. Mol Reprod Dev. 1999, 54(3): 264 - 272.

[383] Zhang L. The effect of insulin on maturation and devolpment of in vitro fertilized bovine oocytes. Theriogenology,1991,35:301.

[384] Zhang M, Lu K H, Seidel G E. Development of bovine embryos after in vitro fertilization of oocytes with flow cytometrically sorted, stained and unsorted sperm from different bulls. Theriogenology, 2003, 60: 1657 - 1663.

[385] Zhou Q, Renard J P, Friec G L. Generation of fertile cloned rats by regulating oocyte activation. Science, 2003, 302;1179.

[386] Zini A, Libman J. Sperm DNA damage: clinical significance in the era of assisted reproduction. CMAJ, 2006, 175(5): 495 - 500.

[387] Ziomek C A, Cnatot CL, Manes C. Polarization of blastomere in the cleaving rabbit embryo. J Exp Zool, 1990, 256: 81 - 91.

# 编　后

动物繁殖学是研究动物生殖活动及其调控规律和调控技术的科学，是生物科学与畜牧生产相结合形成的应用学科，是加强畜禽品种改良、保证畜牧业快速发展的重要手段，是现代动物科学或畜牧科学中研究最活跃的学科之一。动物繁殖学以动物的生殖规律和提高动物特别是家畜繁殖生产效率为重点研究内容，对畜群数量增长和质量提高，尤其是对加速畜禽的品质改良和良种畜禽繁育群的建立，起着重要的理论指导和促进作用。

桑润滋先生等编著的《动物高效繁殖理论与实践》一书，从生殖生理研究、繁殖控制技术研究、胚胎移植技术、配子与胚胎生物技术研究和动物繁殖技术进展5个方面对动物繁殖学理论和实践进行了探索。比较全面地反映了桑润滋先生以及所带领的科研团队在动物繁殖研究方面取得的成就和对动物繁殖学理论和实践发展的贡献。专著中的内容大多来源于作者40余年的努力探索、实践和积累（主要成果详见附表1）。

桑润滋先生及所带领的科研团队，在动物繁殖理论与实践上取得了丰硕的成果：

在1984年建立的河北省奶牛胚胎移植技术研究中心的基础上，经20年的积淀，2005年建成了河北省重点实验室——河北省牛羊胚胎工程技术研究中心，“动物遗传育种与繁殖”学科获得硕士和博士学位授予权，并评为河北省重点学科。

建立了精子、卵子与胚胎冷冻保存；成年牛羊体内、外胚胎生产；羊显微授精；羊胚胎和体细胞核移植（克隆）；犊牛、幼羔JIVET技术5个技术平台。

创建了黄牛“借腹怀胎”快速扩繁纯种奶牛、肉牛；本地羊“借腹怀胎”快速扩繁纯种肉用羊、毛用羊；肉牛“北繁南育”区域化、专业化生产3个技术体系。

1972年创群牧马繁殖成活率85.3%（151/177）的全国新高。

1981年创细毛羊大群体14 000只成母羊繁活率120.0%和单群162只美利奴母羊繁活率达150.0%（247/162）的全国新高。

1985—1986年取得了“产下我国首批（15头）黄牛‘借腹怀胎’生奶牛犊”的科研成果。

1989年与谭丽玲研究员合作，取得了“产下我国首例奶牛半胚移植黄牛同卵孪生奶牛犊”的成功。

1990年安格斯肉牛冷冻胚胎洲际引种在我国首获成功。

与朱士恩教授合作，1998年获得我国首例玻璃化冷冻胚胎牛犊，1999年获得首例玻璃化冷冻胚胎分割牛犊,2000 年获得我国首例玻璃化冷冻“试管牛”。

2000 年在我国首次获得分离克隆山羊早期胚胎的类胚胎干细胞(类 ES 细胞)和羊胎儿生殖细胞的类胚胎干细胞(类 EG 细胞)。

2001 年获得我国首例南江黄羊胚胎移植的 14 只羔羊。

2007 年获得我国首例经激素诱导排双卵、用性控 X 精液输精的 3 对荷斯坦双母犊。

2007 年和 2008 年分别获得我国首例杜寒杂交幼羔超排“试管绵羊”和一月龄幼羔超排“试管奶山羊”。

在动物繁殖和胚胎生物技术研究方面获得多项创新成果(详见附表 2)。

取得的成果先后在河北、黑龙江、河南、江苏等省的 40 多个县(场)推广,取得显著的经济和社会效益。

桑润滋先生十分重视人才培养和教学工作,先后培养 26 名研究生,为本科生和研究生讲授家畜(动物)繁殖学、动物细胞工程、动物繁殖生物技术、现代繁殖科学进展与实践等课程,主讲的本科生“动物繁殖学”被评为河北省精品课程。主编、副主编高等院校教材和著作 18 部(详见附表 3),其中主编的《动物繁殖生物技术》被教育部确定为研究生推荐教材。在人才培养方面,除注重对本科生和研究生培养外,也注重对青年教师的培养,科研团队的青年教师有 9 人(次)破格晋升为副教授和教授,成为教学、科研的骨干。

桑润滋先生积极参加国内、外学术交流与活动,平均每年参加全国性学术会议 5 次以上,并进行学术交流。2000 年被选为动物繁殖学会副理事长后,更是积极为繁殖学会的发展献言献策。曾多次赴国外考察交流:1986 年赴澳大利亚考察、学习牛胚胎移植技术;1997 年应邀赴韩国晋州产业大学进行访问,并做“中国荷斯坦牛新鲜和冷冻胚胎分割技术研究”报告;2002 年和 2004 年作为畜牧专家分别陪同由河北省省长纽茂生和河北省委书记白克明为团长的河北省经贸代表团赴澳大利亚、新西兰、韩国访问。

曾任农业部第二届全国高等农业院校教学指导委员会学科组成员;教育部第四届科学技术委员会学部委员;国家科学奖励评审委员;《黄牛杂志》、《河北农业科学》编委;河北省第三、四届自然科学基金评审委员;阜新、张家口、承德等市以及宁河、怀来、临漳、丰南、临西、丰润等县(区)畜牧技术顾问。目前,兼任中国畜牧兽医学会动物繁殖学分会副理事长、中国农业生物技术学会理事、中国畜牧业协会养羊业分会技术顾问、河北省奶业协会副理事长、《今日畜牧兽医》编委、《河北奶业》杂志编委会副主任、河北农业大学学报常务编委等职务,为我国畜牧兽医事业的发展贡献力量。

桑润滋先生在动物繁殖学学术上的成就和对畜牧兽医事业的贡献赢得了社会的尊敬和赞扬,国内、外新闻媒体先后对桑先生及其科研团队的科研成果和事迹报道 100 余次,同时桑先生也获得了很高的荣誉,曾荣获“全国劳动模范”、“为我国畜牧兽医事业做出重大贡献先进个人”、“全国优秀奶业科技工作者”、“建国 60 年动物繁殖学科功勋奖”、“河北省劳动模范”、“河北省有突出贡献的中青年专业技术人才”、“河北省农业先进工作者”、“河北省优秀科技工作者”、“河北省畜牧兽医十佳科技工作者”等荣誉称号(2003 年被推荐为中国工程院院士增选的 628 名有效候选人之一)。

2009 年 8 月,桑润滋先生退休后,将大部分精力用于对以往编著的论文、著作、取得的科研成果等进行整理和编辑的工作上,经过努力,反映桑先生及其科研团队主要研究成果的学术著作《动物高效繁殖理论与实践》编撰完成,并入选国家出版基金项目“现代农业高新技术成果从书”，得到国家出版基金的资助。本书既是科研团队集体智慧的结晶，也是桑先生40余年科研与生产实践工作的总结。桑先生诚恳地表示，本书的出版和发行如能为我国动物繁殖学科及相关学科的教学和科研起到应有的作用，是其最大的心愿。

在本书编辑过程中，我们深深地体会到了桑先生对动物繁殖学的热爱和执著，体会到了桑先生及其科研团队在动物繁殖学科研探索中的艰辛和成就，以及对我国动物繁殖学科发展做出的贡献。桑先生及其科研团队在动物繁殖领域教学、科研和生产3方面的特殊工作经历和成就，赋予了《动物高效繁殖理论与实践》一书特有的风格。相信本书的出版不仅能够赢得广大畜牧兽医科研工作者的欢迎，也同样能够赢得畜牧兽医学科广大师生的欢迎。

附表1　获省(部)级科技奖励情况

附表2　在胚胎生物技术研究方面取得的创新成果

附表3　主编(主审)的教材和著作

本书编辑

2011年6月

附表1 获省(部)级科技奖励情况

| 序号 | 时间 | 项目名称 | 奖项名称 | 获奖等级及排名 |
|---|---|---|---|---|
| 1 | 2000 | 肉牛高效快繁综合配套技术 | 河北省科技进步奖 | 一等奖/第一名 |
| 2 | 2002 | 应用胚胎生物技术加快纯(良)种肉牛繁殖 | 教育部科学技术奖 | 一等奖/第一名 |
| 3 | 2004 | 河北省肉牛规模化养殖生产技术体系 | 河北省省长特别贡献奖 | 第二名 |
| 4 | 1999 | 市场经济条件下山区技术经济开发的科技管理方法与实践 | 河北省山区创业奖 | 一等奖/第二名 |
| 5 | 1999 | 人工诱导肉牛双胎途径与机理 | 河北省科技进步奖 | 二等奖/第一名 |
| 6 | 2004 | 应用生物技术加快纯(良)种肉羊繁殖效率研究与开发 | 河北省科技进步奖 | 二等奖/第一名 |
| 7 | 2006 | 优质高产奶牛快速繁殖技术研究与产业化示范 | 河北省科技进步奖 | 二等奖/第一名 |
| 8 | 2008 | 肉羊快速繁殖技术研究、集成与推广 | 河北省科技进步奖 | 二等奖/第一名 |
| 9 | 2010 | 羊克隆、高效高排及精液冷冻研究与产业化示范 | 河北省科技进步奖 | 二等奖/第一名 |
| 10 | 1999 | 良种奶牛配套增产技术 | 农业部丰收计划奖 | 二等奖/第五名 |
| 11 | 1997 | 提高奶牛胚胎冷冻与移植效果 | 河北省科技进步奖 | 三等奖/第一名 |
| 12 | 1992 | 奶牛半胚移植农户黄牛试验 | 河北省科技进步奖 | 三等奖/第二名 |
| 13 | 1995 | 细毛羊毛肉分流高效繁饲技术 | 河北省科技进步奖 | 三等奖/第二名 |
| 14 | 1999 | 热应激降低奶牛繁殖及泌乳力的机理 | 河北省科技进步奖 | 三等奖/第二名 |
| 15 | 1993 | 奶牛胚胎分割移植技术 | 河北省科技进步奖 | 四等奖/第一名 |
| 16 | 2000 | 肉牛杂交优势预测评估及在生产中的应用 | 河北省山区创业奖 | 三等奖/第四名 |

附表 2 在胚胎生物技术研究方面取得的创新成果

| 序号 | 项 目 |
|---|---|
| 1 | 首次发现并证实应用氦氖激光穴位照射超排母牛能显著提高获胚数并揭示其机理 |
| 2 | 首次应用并证实从猪精液中提取的抑制素主动免疫超排母牛可提高获胚数并揭示其机理 |
| 3 | 首次从精清和血清的生化指标、呼吸频率、直肠温度等方面系统地研究了热应激对种公牛精液品质的影响，揭示了热应激造成精液品质下降的机理，提出了种公牛热应激的判定参数 |
| 4 | 首次采用对精液离心但不去除精清的方法，证实可显著提高波尔山羊精液冷冻保存效果 |
| 5 | 首次发现波尔山羊超排后，有白色的异常黄体发生，异常黄体与正常黄体的超排羊相比，头均可用胚数、可用胚率显著降低，据此提出异常黄体的有无，可作为判定波尔山羊超排效果差与好的重要标准之一 |
| 6 | 通过对山羊与绵羊超排期体内血浆中一氧化氮及主要生殖激素变化规律的研究，首次揭示了山羊超排效果优于绵羊的机理 |
| 7 | 首次研究发现用秋水仙碱处理山羊体外成熟的卵母细胞，可使其核区形成胞质突起，以此为指示进行显微操作，去核率达 100%，并研究出用秋水仙碱处理的最佳浓度和时间 |
| 8 | 首次研究证实用曲古菌素 - A(TSA)同时处理山羊卵丘细胞(核供体)和卵母细胞(核受体)，可显著提高体细胞克隆胚胎的发育能力，并研究出最佳处理浓度 |
| 9 | 首次研究证实用 5 氮 - 2′ - 脱氧核苷(5 - aza - dc)同时处理绵羊供体细胞和激活后的重构胚，可显著提高体细胞克隆胚胎的体外发育能力，并研究出最佳处理浓度 |
| 10 | 首次证实用山羊冻精进行 ICSI(单精子胞质内显微授精)的受精率显著高于鲜精(52.12%：26.44%)，并且还证实山羊 ICSI 技术中，单独用离子霉素处理比传统的离子霉素＋6 - DMAP 联合激活处理，不仅方法更简便易行，而且效果更佳 |
| 11 | 在我国首先建立了采卵前依据 B 超仪监测超排羊卵巢大小、黄体回声数预测超排效果的方法 |
| 12 | 在我国首次建立了用单细胞凝胶电泳技术，以测定羊冷冻精子 DNA 损伤程度为依据，评价羊冷冻精液质量的方法 |
| 13 | 在我国首先建立了用 Triton - x - 100(非离子去污剂)，对处于囊胚阶段的牛胚胎进行双重染色处理鉴别囊胚质量的技术方法，并研究出最佳处理时间，同时证明果糖不仅可以代替葡萄糖做牛早期胚胎体外培养的能量代谢底物，而且可以提高囊胚质量 |

附表 3　主编(主审)的教材和著作

| 序号 | 著作(教材)名称 | 出版社及时间 | 字数 | 备注 |
| --- | --- | --- | --- | --- |
| 1 | 动物繁殖生物技术(第2版)(主编) | 北京:中国农业出版社,2006 | 79万字 | 研究生教材 |
| 2 | 动物高效繁殖理论与实践(合著) | 北京:中国农业大学出版社,2011 | 85万字 | 专著(国家出版基金资助) |
| 3 | 动物繁殖生物技术(主编) | 北京:中国农业出版社,2002 | 65万字 | 研究生教材 |
| 4 | 畜牧学概论(与李建国共同主编) | 北京:中国农业科学技术出版社,1997 | 50万字 | 本科教材 |
| 5 | 现代肉牛产业化生产(与李英共同主编) | 石家庄:河北科学技术出版社,2000 | 89万字 | 著作 |
| 6 | 动物生殖生理学(主审) | 北京:中国农业出版社,2006 | 39万字 | 研究生教材 |
| 7 | 家畜繁殖学(第五版)(主审) | 北京:中国农业出版社,2009 | 59万字 | 普通高等教育"十一五"国家级规划教材、全国高等农林院校"十一五"规划教材 |
| 8 | 动物繁殖学(第二版)(主审) | 北京:中国农业出版社,2010 | 59万字 | 普通高等教育"十一五"国家级规划教材、全国高等农林院校"十一五"规划教材 |
| 9 | 牛羊繁殖控制十大技术(主编) | 北京:中国农业出版社,2009 | 17万字 | 著作 |
| 10 | 奶牛养殖小区建设与管理(主编) | 北京:中国农业出版社,2005 | 33万字 | 著作 |
| 11 | 肉羊快繁新技术(主编) | 北京:中国农业大学出版社,2000 | 32万字 | 著作 |
| 12 | 实用畜禽繁殖技术(主编) | 北京:金盾出版社,2008 | 22万字 | 著作 |
| 13 | 优质高效肉牛生产与产品加工(主编) | 北京:中国农业科学技术出版社,2000 | 40万字 | 著作 |
| 14 | 李福成易地育肥肉牛技术(主编) | 北京:中国农业出版社,1995 | 10万字 | 著作 |